温诗铸 黄平 田煜 马丽然 著
Wen Shizhu Huang Ping Tian Yu Ma Liran

摩擦学原理 第5版
Principles of Tribology

Fifth Edition

U0214864

清华大学出版社
北京

内 容 简 介

本书反映了摩擦学研究的最新进展以及作者从事该领域研究的成果，系统地阐述了摩擦学的基本原理与应用、现代摩擦学的研究状况和发展趋势。

全书共22章，由润滑理论与润滑设计、摩擦磨损机理与控制、应用摩擦学等三部分组成。除摩擦学传统内容外，还论述了摩擦学与相关学科交叉而形成的研究领域的进展。本书针对工程实际中的各种摩擦学现象，着重阐述了摩擦过程中的变化规律和特征，进而介绍了基本理论、分析计算方法以及实验测试技术，并说明它们在工程中的实际应用。

本书可作为机械设计与理论专业的研究生教材以及高等院校机械类专业的教学参考书，也可供从事机械设计和研究的工程技术人员参考。

图书在版编目（CIP）数据

摩擦学原理/温诗铸等著. —5版. —北京：清华大学出版社，2018（2025.5重印）
ISBN 978-7-302-50008-7

Ⅰ. ①摩… Ⅱ. ①温… Ⅲ. ①摩擦—理论 Ⅳ. ①O313.5

中国版本图书馆CIP数据核字(2018)第076794号

责任编辑：赵　斌
封面设计：常雪影
责任校对：赵丽敏
责任印制：宋　林

出版发行：清华大学出版社
网　　址：https://www.tup.com.cn，https://www.wqxuetang.com
地　　址：北京清华大学学研大厦A座　　**邮　　编**：100084
社 总 机：010-83470000　　**邮　　购**：010-62786544
投稿与读者服务：010-62776969，c-service@tup.tsinghua.edu.cn
质量反馈：010-62772015，zhiliang@tup.tsinghua.edu.cn
印 装 者：三河市龙大印装有限公司
经　　销：全国新华书店
开　　本：185mm×260mm　　**印　　张**：32　　**字　　数**：775千字
（附光盘1张）
版　　次：1990年1月第1版　2018年5月第5版　　**印　　次**：2025年5月第11次印刷
定　　价：98.00元

产品编号：078521-01

Preface

This book reflects the current developments from the tribology research results of the authors for a long term. It is a systematic presentation of tribology fundamentals and their applications. It also presents the current state and development trend in tribology research.

There are 22 chapters in the book, consisting of three parts including lubrication theory and lubrication design, friction and wear mechanism and control, and applied tribology. Besides the classical tribology contents, it also covers scopes of intercross research areas of tribology. The book focuses on the regularities and characteristics of the tribological phenomena in the practice. Furthermore, it presents the basic theory, numerical analysis methods and experimental measuring techniques of tribology as well as their applications in engineering.

The book is intended for use as a textbook for senior-level or post-graduate students majoring in mechanology or in the related fields in the universities. It can also be served as a valuable reference for practicing engineers in machine design and research.

第5版 前言

FOREWORD

清华大学摩擦学国家重点实验室于1984年开始筹建，1988年通过国家验收并正式成立，成为我国摩擦学领域重要的基础性研究和人才培养基地，一直致力于服务国家的现代化建设，迄今已走过30余年的历程。与此同时，温诗铸教授撰写的《摩擦学原理》著作于1988年末定稿，1990年初正式出版发行，迄今也走过近30年历程。在这一过程中，根据科学研究持续发展，我们不断充实和扩展学科内容，相继修订再版。该书可作为培养机械工程学科以摩擦学为研究方向、机械设计与理论专业研究生的学位课程教材，也可作为从事相关学科领域科学技术人员的参考书。

《摩擦学原理》自出版以来得到从事机械工程科技工作的同行们的热情支持，得以广泛引用，对于推动摩擦学知识传播和科学技术发展起到重要作用。1992年，本书获得第六届全国优秀科技图书二等奖。

在这近30年期间，《摩擦学原理》从初版到历次修订共发行了4版。篇幅逐版增加，由初版40.9万字，扩充到第4版67.5万字，增加了近60%，所阐述的科学内容在深度和广度方面都有很大的发展。从《摩擦学原理(第2版)》开始，邀请了在清华大学摩擦学国家重点实验室工作多年的黄平教授共同编写。黄平教授在摩擦学研究中取得了丰硕的创新成果，对于不断提高本书的学术水平做出了重要贡献。

2012年，根据英国Wiley出版社的要求，我们在中文版《摩擦学原理(第4版)》的基础上出版了英文版 *Principles of Tribology*。2015年，再次应Wiley出版社的要求，作者进一步充实和补充内容，*Principles of Tribology*(*2nd Edition*)于2017年8月在国外出版发行，同年10月在中国大陆出版发行。

科学实践使我们深刻认识到科技著作必须跟随着科学技术的日益发展而不断充实提高，我们需要努力发现本学科发展的新原理新技术，同时也要密切关注未来社会生产提出的挑战和需求。为此，在《摩擦学原理(第5版)》的编写过程中，我们力争做到推陈出新。为此，我们邀请清华大学摩擦学国家重点实验室在科学研究中做出突出贡献的青年学者田煜和马丽然共同参与编写。他们学风严谨踏实，具有开拓进取和求实创新的精神，一贯坚持深入科学研究实践。在本学科及其相关领域，积累了较全面的认识。本书由他们对于全书进行进一步整合修订，同时，根据近年来科学技术的发展补充了新的内容。

在本书编写中，我们力图全面系统地反映当今摩擦学的基本内容，同时，介绍新近的研究进展以及未来发展趋势。对于本学科的经典内容作了进一步精炼。

本书引用了国内外许多学者的研究成果，作者对于他们为摩擦学发展做出的贡献，及为本书出版给予的热情支持，表示最衷心的感谢！

温诗铸

2018年1月于清华大学

第1版 前言

FOREWORD

摩擦学(tribology)是有关摩擦、磨损与润滑科学的总称。它是研究在摩擦与磨损过程中两个相对运动表面之间相互作用、变化及其有关的理论与实践的一门学科。由于摩擦引起能量的转换、磨损则导致表面损坏和材料损耗,因而润滑是降低摩擦和减少磨损的最有效的措施。摩擦、磨损与润滑三者之间的关系十分密切。

摩擦学的研究对于国民经济具有重要意义。据估计,全世界有 1/2～1/3 的能源以各种形式消耗在摩擦上。而摩擦导致的磨损是机械设备失效的主要原因,大约有 80%的损坏零件是由于各种形式的磨损引起的。因此,控制摩擦减少磨损、改善润滑性能已成为节约能源和原材料、缩短维修时间的重要措施。同时,摩擦学对于提高产品质量、延长机械设备的使用寿命和增加可靠性也有重要作用。由于摩擦学对工农业生产和人民生活的巨大影响,因而引起世界各国的普遍重视,成为近 30 年来迅速发展的技术学科,并得到日益广泛的应用。

摩擦学问题中各种因素往往错综复杂,涉及多门学科,例如,流体力学、固体力学、流变学、热物理、应用数学、材料科学、物理化学,以及化学和物理学等内容,因此多学科的综合分析是摩擦学研究的显著特点。

由于摩擦学现象发生在表面层,影响因素繁多,这就使得理论分析和实验研究都较为困难,因而理论与实验研究的相互促进和补充是摩擦学研究的另一个特点。随着理论研究的日益深入和科学技术的不断进步,目前摩擦学研究方法的发展正由宏观进入微观,由定性进入定量,由静态进入动态,以及由单一学科的分析进入多学科的综合研究。

目前已经有各种有关摩擦学的书籍出版,但大都偏重于介绍摩擦学的部分领域。本书试图全面地阐述摩擦学整个领域的基本理论与应用,以使读者获得较系统的知识和了解本学科的全貌。全书共计 25 章,可以分为 3 部分：第 1～10 章介绍流体润滑理论；第 11～18 章论及弹性流体动压润滑与边界润滑理论；第 19～25 章阐述摩擦与磨损问题。

本书试图尽可能地介绍摩擦学最新的研究领域和发展趋势。关于本学科的经典内容,凡属基础理论,也都力求陈述清楚。

本书是在参阅大量专业文献,总结我们自己多年来的科学研究和教学经验的基础上编写而成的。它是一本适合研究生和大学生使用的教学参考书,亦可供从事摩擦学研究和设计的工程技术人员使用。

由于摩擦学涉及的范围较广，而本书的篇幅有限，因此，在取材和论述方面必然存在不少缺点，敬请广大读者批评指正。

在本书编写过程中，得到清华大学摩擦学研究所的同事和研究生的热情支持和帮助，在此对他们表示真诚的感谢。

温诗铸

1988 年 6 月

第2版前言

FOREWORD

摩擦学作为一门实践性很强的技术基础学科，它的形成和发展与社会生产要求和科学技术的进步密切相关，因而摩擦学的研究模式和研究范畴也在不断发展。

早期的摩擦学研究以18世纪G. Amontons和C. A. Coulomb对固体摩擦的研究为代表，他们根据大量的试验归纳出滑动摩擦的经典公式。这一时期的研究是以试验为基础的经验研究模式。19世纪末O. Reynolds根据黏性流体力学揭示出润滑膜的承载机理，并建立表征润滑膜力学特性的基本方程，奠定了流体润滑的理论基础，从而开创了基于连续介质力学的研究模式。在20世纪20年代以后，由于生产发展的需要，摩擦学的研究领域得以进一步扩大。其间W. B. Hardy提出依靠润滑油中的极性分子与金属表面的物理化学作用而形成吸附膜的边界润滑理论，推动了润滑剂和添加剂化学研究；G. A. Tomlinson从分子运动角度解释固体滑动过程中的能量转换和摩擦起因；特别是F. P. Bowdon和D. Tabor建立了以黏着效应和犁沟效应为基础的摩擦磨损理论。这些研究不仅扩展了摩擦学的范畴，而且使它发展成为一门涉及力学、材料科学、热物理和物理化学等的交叉学科，从而开创了多学科综合研究的模式。

1965年英国教育科学研究部发表《关于摩擦学教育和研究报告》，首次提出tribology(摩擦学)一词，扼要地定义为"关于摩擦过程的科学"。此后，摩擦学作为一门独立的学科受到世界各国工业界和教育研究部门的普遍重视，摩擦学研究进入了一个新的发展时期。

随着理论与应用研究的深入开展，人们认识到：为了有效地发挥摩擦学在经济建设中的潜在效益，在研究模式上的发展趋势将是由宏观进入微观，由定性进入定量，由静态进入动态，由单一学科的分析进入多学科的综合研究。同时，研究领域也逐步扩展，开始从分析摩擦学现象为主逐步向着分析与控制相结合，甚至以控制摩擦学性能为目标的方向发展。此外，摩擦学研究工作也从以往主要面向设备维修和技术改造逐步进入机械产品的创新设计领域。

现代科学技术特别是信息科学、材料科学和纳米科技的发展对摩擦学研究起着巨大的推动作用。例如，随着计算机科学和数值分析技术的迅猛发展，许多复杂的摩擦学现象有可能进行相当精确的定量计算。在流体润滑研究中采用数值模拟分析方法，已经建立了能够考虑多项实际因素综合影响的润滑理论，为现代机械润滑设计提供更加符合实际的理论基础。

又如，电子显微镜及各种材料表面微观分析仪器的广泛应用，为磨损表面层分析提供了研究磨损机理的手段。与此同时，材料科学的发展促使许多新材料以及一系列表面处理技术的出现，对磨损研究向着广度和深度发展有着重要的推动作用。现代磨损研究的领域已从金属材料为主体扩展到非金属材料(包括陶瓷、聚合物及复合材料)的研究。而表面处理技术即利用各种物理、化学或机械的方法使材料表面层具有优异的性能已成为近年来摩擦学研究中发展最为迅速的领域之一。

纳米科技的发展派生出一系列新学科，纳米摩擦学或称微观摩擦学就是其中之一。它的迅速兴起也是本学科发展的必然趋势，因为摩擦学的研究对象是发生在摩擦表面和界面上的微观动态行为与变化，而在摩擦过程中界面所表现出的宏观特性与微观结构密切相关。纳米摩擦学提供了一种新的研究模式，即从原子分子尺度上揭示摩擦磨损与润滑机理，从而建立材料微观结构与宏观特性之间的构性关系，这将更加符合摩擦学的研究规律。可以说，纳米摩擦学的出现标志着摩擦学发展进入了一个新阶段。

此外，摩擦学作为一门交叉学科往往与其他学科相互交叉渗透从而形成新的研究领域，这是摩擦学发展的显著特点。近年来出现的摩擦化学、生物摩擦学、生态摩擦学等有可能成为今后的重点研究领域。

本书是在作者以前出版的《摩擦学原理》(清华大学出版社 1990 年出版)的基础上重新编写而成的。该书曾两次印刷，发行 8000 册，并获得 1992 年第六届全国优秀科技图书二等奖。本书试图反映现代摩擦学的全貌，尽可能地介绍新的研究领域和发展趋势。显然，这些新的研究领域在理论和实践上目前都还不够成熟，通过简略的阐述希望能够引起读者关注并推动这些领域的发展。对于本学科的经典内容，凡属基础知识的力求陈述清楚。

由于摩擦学涉及的范围广泛，而本书的篇幅有限，因此在取材和论述方面必然存在不妥和不足之处，敬请广大读者批评指正。

作者邀请同事多年的黄平教授共同编写本书。黄平教授在摩擦学研究中取得的丰硕成果，以及他的创新精神给作者以深刻的印象。在本书出版之际，作者对于黄平教授的合作和他付出的辛勤劳动致以谢意。同时，在本书编写中，引用了国内外许多学者的研究成果，对于他们以及数十年来与作者通力合作为清华大学摩擦学研究的发展做出贡献，并为本书编写给予热情支持与帮助的同事和研究生，表示最真诚的感谢。

温诗铸

2002 年元旦于清华园

第3版 前言

FOREWORD

随着科学技术的迅速发展，近年来摩擦学的内容和范畴得到了进一步扩展，并取得了许多新的研究成果。正如我们在本书第 2 版的前言中指出的，随着纳米科学技术的发展，微观摩擦学越来越受到人们的广泛关注。除了前两版介绍的内容外，人们对于摩擦起因的微观模型和纳米润滑膜特性进行了更加深入的研究。

本书第 3 版是在前两版的基础上，根据摩擦学研究的新发展进行修改、补充而形成的。自本书于 1990 年出版第 1 版、于 2002 年出版第 2 版以来，受到了广大读者的欢迎，已成为本学科重要的参考图书之一。据粗略统计，本书前两版公开检索到的引用次数超过 2000 次。与此同时，也有读者对本书提出了不少的建议和意见，使我们感到有必要进行一次修订再版，以满足广大读者的需要。

本书第 3 版保留了第 2 版的编写架构，分 3 篇，分别是润滑理论与润滑设计篇、摩擦磨损机理与控制篇和应用摩擦学篇，共 18 章。除了对原版的错误进行补正外，主要的修改内容包括：为了更加突出润滑剂特性对各种润滑状态的影响，本版将润滑剂的湿润性并入第 1 章。虽然利用流量推导雷诺方程比较直观，但数学上不够严谨，因此在第 2 章雷诺方程的推导中，引入连续方程分析得出雷诺方程的一般形式。有兴趣的读者可以对比这两种推导过程，深入理解雷诺方程的本质。第 3 章中增加了处理阶梯问题的算法介绍，并删减了多重网格法算例。将原 4.10 节的弹流润滑状态图移至第 2 章。将第 6 章和第 7 章做了对调，在第 6 章的纳米薄膜润滑中，加入了纳米气体润滑分析，这些内容对计算机磁头/磁盘以及其他气体薄膜支承的设计是十分重要的。对第 10 章的内容做了调整，特别增加了微观摩擦理论一节，对现今几种微观摩擦模型作了介绍。在第 14 章摩擦磨损实验与状态检测中，增加了薄膜润滑测量装置和原子力显微镜测量原理和方法。将原第 18 章的内容精简后分别并入其他章节，例如摩擦噪声与控制移至第 10 章；并根据现代航天科学技术发展的需要，将第 18 章改为空间摩擦学作为新增加的内容。在本版的最后还增加了中英文对照和检索，以方便读者阅读使用。

我们设想，通过本版的修订，将使本书内容更加系统和完善。

我们也充分认识到，科学技术和经济建设的不断发展，将给摩擦学增加更多、更新的内容。所以，本书在取材和论述方面可能存在许多不足之处，敬请广大读者批评指正。

在本书编写中引用了国内外许多学者的研究成果，对于他们以及数十年来与作者通力合作为摩擦学的发展做出贡献，并为本书编写给予热情支持与帮助的同事和研究生们，再一次致以最诚挚的感谢。

温诗铸

黄　平

2008年春节

第4版前言

FOREWORD

本书第 4 版是在前 3 版以及 2012 年由 Wiley 和清华大学出版社共同出版的英文版 *Principles of Tribology* 的基础上，根据近年来摩擦学研究的热点和前几版的不足之处加以修改和完善形成的。本书自 1990 年第 1 版出版，并经多次改版、重印和完善以来，受到了广大读者的欢迎，成为摩擦学学科的重要参考图书之一。根据读者对本书提出的建议和意见，以及国内外科学技术的发展，促使我们感到有必要进一步对本书进行修订。

本书第 4 版保留了第 3 版的基本构架，分 3 篇共 20 章。这次再版的一项重要工作是对原版的错误进行较为详细的勘正。另外，针对我国高速铁路和城市轨道交通的实施，将滚动摩擦单独列出一章(第 11 章)。虽然在前几版中，滚动摩擦作为摩擦的一个典型现象，在书中有所提及，但只是给出了它的基本定义。在本版的第 11 章中，我们对滚动摩擦定义、滚动摩擦理论、在滚动摩擦过程中的黏着-滑动现象，以及滚动摩擦在铁路轮-轨中的接触和发热等问题的研究做了较详细的介绍。事实上，滚动摩擦广泛应用于交通运输车辆、机械制造、生产生活的许多方面，滚动摩擦有着不可替代的功能。另一个主要新增的内容就是第 20 章的微机电系统摩擦学。这部分内容包括了原子力显微镜在微机电系统摩擦学中的应用，微机电摩擦学研究和微磨损机理分析，这些内容都是随着微机电系统的快速发展而带来的研究热点。当然，无论是滚动摩擦，还是微机电系统摩擦学的内容远不止于此，限于篇幅有限，我们只能做必要的取舍。我们希望通过本次再版使本书内容更加系统和完善。

我们认识到，随着科学技术和经济建设的不断发展，必将给摩擦学学科的内容增加更新、更多的原理和应用。

最后，我们在本书编写中引用了国内外许多学者的研究成果，对于他们以及长期以来与作者通力合作为摩擦学的发展做出贡献，并为本书编写给予热情支持与帮助的同事和研究生们，再一次致以最诚挚的感谢。对本书存在的不足之处和需要完善的地方，敬请广大读者提出宝贵的意见和建议。

温诗铸
黄　平
2012 年 8 月

CONTENTS

目录

第1篇　润滑理论与润滑设计

第2篇 摩擦磨损机理与控制

CONTENTS

Part One Lubrication Theory and Lubrication Design

Part Two Friction and Wear Mechanisms and Friction Control

第 1 篇

润滑理论与润滑设计

第1章 润滑膜特性

1.1 润滑状态

润滑的目的是在相互摩擦表面之间形成具有法向承载能力而切向剪切强度低的稳定的润滑膜，用它来减少摩擦阻力和降低材料磨损。在现代工业中，用作润滑剂的流体种类繁多，除了最常用的润滑油和润滑脂之外，空气或气体润滑现在已相当普遍，用水或其他工业流体作为润滑剂也日益广泛，例如，在核反应堆里采用液态金属钠润滑。在某些场合也可以使用固体润滑剂，例如石墨、二硫化钼或聚四氟乙烯(PTFE)等。所以，润滑膜可以是液体或气体组成的流体膜，也可以是固体膜。根据润滑膜的形成原理和特征，润滑状态可以分为：①流体动压润滑；②流体静压润滑；③弹性流体动压润滑(简称弹流润滑)；④薄膜润滑；⑤边界润滑；⑥干摩擦状态等6种基本状态。表1-1列出了各种润滑状态的基本特征。

表1-1 各种润滑状态的基本特征

润滑状态	典型膜厚	润滑膜形成方式	应　　用
流体动压润滑	1～100μm	由摩擦表面的相对运动所产生的动压效应形成流体润滑膜	中高速下的面接触摩擦副，如滑动轴承
流体静压润滑	1～100μm	通过外部压力将流体送入摩擦表面之间，强制形成润滑膜	各种速度下的面接触摩擦副，如滑动轴承、导轨等
弹性流体动压润滑	0.1～1μm	与流体动压润滑相同	中高速下点线接触摩擦副，如齿轮、滚动轴承等
薄膜润滑	10～100nm	与流体动压润滑相同，同时受表面效应作用	低速下高精度接触摩擦副，如精密滚动轴承等
边界润滑	1～50nm	润滑油分子与金属表面产生物理或化学作用而形成润滑膜	低速重载条件下的高精度摩擦副
干摩擦	1～10nm	表面氧化膜、气体吸附膜等	无润滑或自润滑的摩擦副

各种润滑状态所形成的润滑膜厚度不同，但是单纯由润滑膜的厚度还无法准确地判断润滑状态，尚需与表面粗糙度进行对比。图1-1列出润滑膜厚度与粗糙度的数量级。只有当润滑膜厚度足以超过两表面的粗糙峰高度时，才有可能完全避免峰点接触而实现全膜流体润滑。对于实际机械中的摩擦副，常常会有几种润滑状态同时存在，统称为混合润滑状态。

根据润滑膜厚度鉴别润滑状态的方法虽然是可靠的，但由于测量上的困难，往往不便采用。有时，也可以用摩擦因数值作为判断各种润滑状态的依据。图1-2为不同润滑状态对应的摩擦因数的典型值。

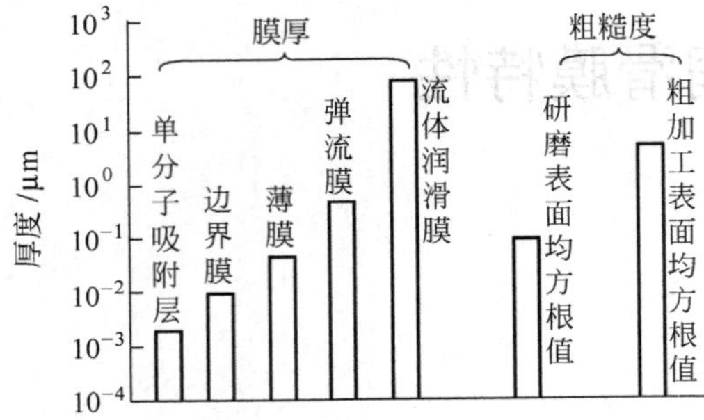

图 1-1 润滑膜厚度与粗糙度

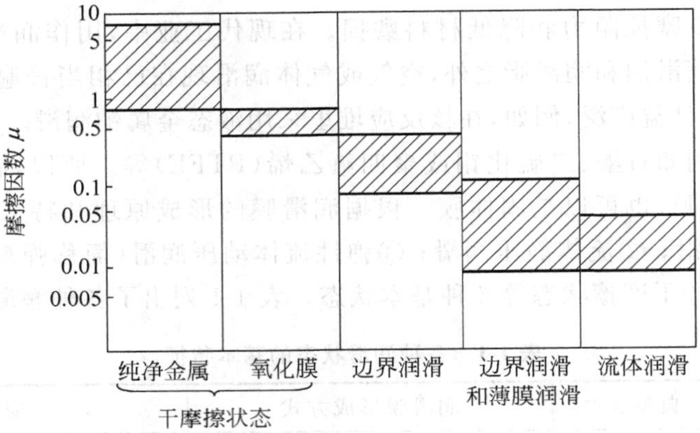

图 1-2 摩擦因数的典型值

随着工况参数的改变，润滑状态将发生转化。图 1-3 是典型的 Stribeck 曲线，它表示滑动轴承的润滑状态转化过程和摩擦因数随无量纲轴承特性数($\eta U/p$)的变化规律。这里，η 为润滑油黏度；U 为滑动速度；p 为轴承单位面积载荷。

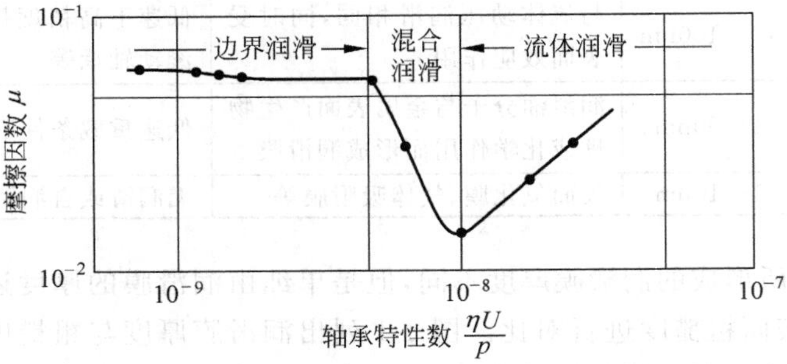

图 1-3 Stribeck 曲线

应当指出：研究各种润滑状态特性及其变化规律所涉及的学科各不相同，处理问题的方法也不一样。流体润滑包括流体动压润滑和流体静压润滑，主要是应用黏性流体力学和传热学等来分析润滑膜的承载能力及其他力学特性。在弹性流体动压润滑中，由于载荷集中作用，还要根据弹性力学分析接触表面的变形以及润滑剂的流变学性能。对于边界润滑状态，则要从物理化学的角度研究润滑膜的形成与破坏机理。薄膜润滑兼有流体润滑和边界润滑的特性。在干摩擦状态中，主要的问题是限制磨损，涉及材料科学、弹塑性力学、传热学、物理化学等内容。

1.2 润滑油的密度

密度是润滑剂最常用的物理指标之一。在润滑分析中，通常认为润滑油是不可压缩的，并且忽略热膨胀的影响，因而将密度视为常量。一般以20℃时的密度作为标准。表1-2给出了部分基础润滑油的密度。

表1-2 部分基础润滑油的密度

润滑油	密度/(g/cm^3)	润滑油	密度/(g/cm^3)
三磷酸酯	0.915～0.937	水溶性聚亚烷基乙二醇	1.03～1.06
二苯基磷酸酯	0.990	非水溶聚亚烷基乙二醇	0.98～1.00
三羟甲苯基磷酸酯	1.161	二甲基硅油	0.76～0.97
羟甲苯基二苯磷酸酯	1.205	乙基-甲基硅油	0.95
氯化二苯基	1.226～1.538	苯基甲基硅油	0.99～1.10

事实上，润滑油的密度是压力和温度的函数。在某些条件下，例如弹性流体动压润滑状态，必须考虑润滑油的密度变化，进行变密度的润滑分析。

润滑油所受压力增加时，其体积减小因而密度增加，所以密度随压力的变化可用压缩系数C来表示，即

$$C=\frac{1}{\rho}\frac{\mathrm{d}\rho}{\mathrm{d}p}=\frac{V}{M}\frac{\mathrm{d}(M/V)}{\mathrm{d}p}=-\frac{1}{V}\frac{\mathrm{d}V}{\mathrm{d}p} \tag{1-1}$$

式中，V为已知质量为M的润滑油的体积。

由此可得

$$\rho_p=\rho_0[1+C(p-p_0)]$$

式中，ρ_0和ρ_p分别为在压力p_0和p下的密度。

对于润滑油可取C的表达式为

$$C=(7.25-\lg\eta)\times10^{-10}$$

式中，黏度η的单位为mPa·s时，C的单位为m^2/N。

为了计算方便，也常采用如下的密度与压力关系式

$$\rho_p=\rho_0\left(1+\frac{0.6p}{1+1.7p}\right) \tag{1-2}$$

式中，p的单位为GPa。

温度对密度的影响是由于热膨胀造成体积增加，从而使密度减小。若润滑油的热膨胀系数为α_T，则

$$\rho_T=\rho_0[1-\alpha_T(T-T_0)] \tag{1-3}$$

式中，ρ_T为温度T时的密度；而ρ_0为温度T_0时的密度；α_T的单位为$℃^{-1}$。

通常润滑油的α_T值可用两个关系式表示。如果黏度单位用mPa·s，当黏度低于

3000mPa・s 时，$\lg\eta \leqslant 3.5$，则

$$\alpha_T = \left(10 - \frac{9}{5}\lg\eta\right) \times 10^{-4}$$

而当黏度高于 3000mPa・s，即 $\lg\eta > 3.5$ 时，

$$\alpha_T = \left(5 - \frac{3}{8}\lg\eta\right) \times 10^{-4}$$

1.3　流体的黏度

与密度相比，润滑剂的黏度随温度、压力等工况参数的变化更为显著，对润滑的影响很大。气体润滑时，润滑剂的可压缩性(即密度随压力的变化)将具有重要作用。而对于弹性流体动压润滑状态，温度和压力对润滑剂黏度的影响及其压缩性都将成为不可忽略的问题。

1.3.1　动力黏度与运动黏度

流体的黏滞性是流体抵抗剪切变形的能力，黏度是流体黏滞性的度量，用以描述流动时的内摩擦。

1. 动力黏度

牛顿(Newton)最先提出黏性流体的流动模型，他认为流体的流动是许多极薄的流体层之间的相对滑动，如图 1-4 所示。在厚度为 h 的流体表面上有一块面积为 A 的平板，在力 F 的作用下以速度 U 运动。此时，由于黏性流体的内摩擦力将运动依次传递到各层流体，使流动较快的层减速，而流动较慢的层加速，形成按一定规律变化的流速分布。当 A、B 表面平行时，各层流速 u 将按直线分布。

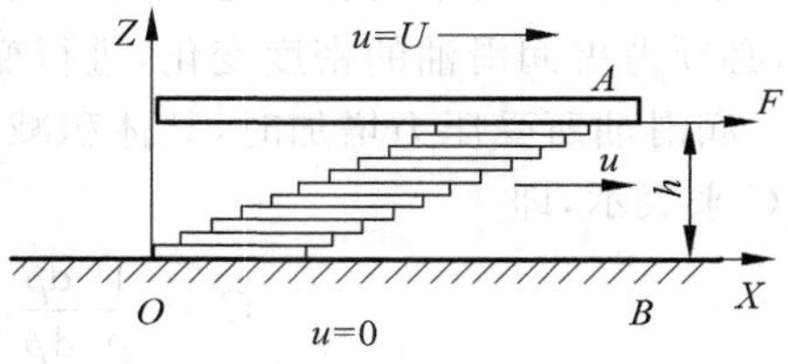

图 1-4　牛顿流体流动模型

部分流体满足牛顿黏性定律，即

$$\tau = \eta\dot{\gamma} \tag{1-4}$$

式中，τ 为剪应力，即单位面积上的摩擦力，$\tau = F/A$；$\dot{\gamma}$ 为剪应变率。

$$\dot{\gamma} = \frac{d\gamma}{dt} = \frac{d}{dt}\frac{dx}{dz} = \frac{d}{dz}\frac{dx}{dt} = \frac{du}{dz}$$

由上式可知：剪应变率等于流动速度沿流体厚度方向的变化梯度。这样，牛顿黏性定律可写成

$$\tau = \eta\frac{du}{dz} \tag{1-5}$$

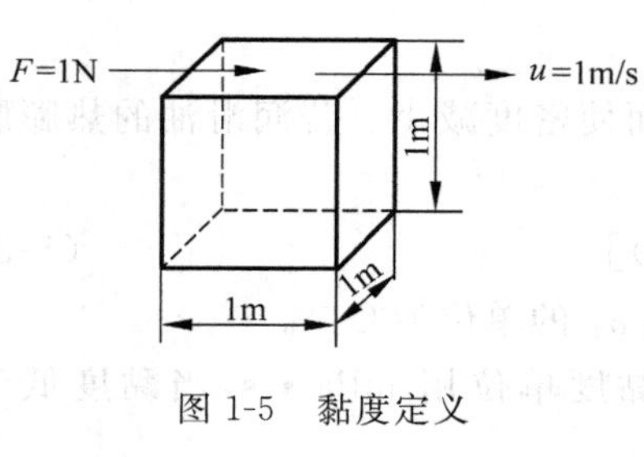

图 1-5　黏度定义

式中，比例常数 η 为流体的动力黏度。

动力黏度是剪应力与剪应变率之比。在国际单位制(SI)中，它的单位为 N・s/m^2，或写作 Pa・s，如图 1-5 所示。

在工程应用中常采用 CGS 制，动力黏度的单位用 Poise，简称 P(泊)，或 P 的百分之一，即 cP(厘泊)。

$$1\mathrm{P}=1\mathrm{dyn}\cdot\mathrm{s/cm^2}=0.1\mathrm{N}\cdot\mathrm{s/m^2}=0.1\mathrm{Pa}\cdot\mathrm{s}$$

各种不同流体的动力黏度数值范围很宽。空气的动力黏度为0.02mPa·s，而水的黏度为1mPa·s，润滑油的黏度范围为2～400mPa·s，熔化的沥青的黏度可达700mPa·s。

凡是服从牛顿黏性定律的流体统称为牛顿流体，而不符合牛顿黏性定律的流体为非牛顿流体。实践证明：在一般工况条件下的大多数润滑油特别是矿物油均具有牛顿流体性质。

2. 运动黏度

在工程中，常用流体的动力黏度 η 与其密度 ρ 的比值作为流体的运动黏度，常用 ν 表示。运动黏度的表达式为

$$\nu=\frac{\eta}{\rho} \tag{1-6}$$

运动黏度在国际单位制中的单位为 $\mathrm{m^2/s}$。

在CGS单位制中，运动黏度的单位为Stoke，简称St(斯)，$1\mathrm{St}=10^2\mathrm{mm^2/s}=10^{-4}\mathrm{m^2/s}$。实际上常用St的百分之一，即cSt(厘斯)作为单位，因而 $1\mathrm{cSt}=1\mathrm{mm^2/s}$。

1.3.2 黏度与温度的关系

黏度随温度而变化是润滑剂的一个十分重要的特性。通常，润滑油的黏度越高，其对温度的变化就越敏感。

流体的黏度是分子间的引力作用和动量的综合表现。分子间的引力随着分子间的距离会发生明显改变，而分子的动量取决于运动速度。当温度升高时，流体分子运动的平均速度增大，分子的动量增加，分子间的距离增大，从而使分子间的作用力减小。因此，液体的黏度随温度的升高而急剧下降，从而明显影响流体的润滑作用。

为了确定摩擦副在实际工况条件下的润滑性能，必须根据润滑剂所在工作温度下的黏度进行分析。这样，热分析和温度计算就成为润滑理论的主要内容之一。而气体的黏度则随温度的升高而略有增加。

人们对于润滑剂的黏度温度特性做了大量的研究，并提出了许多关系式，各种公式都存在着应用上的局限性。

1. 黏温方程

大多数润滑油的黏度随温度上升会剧烈下降，它们之间的变化规律的次切线 $\frac{1}{\eta}\frac{\mathrm{d}\eta}{\mathrm{d}T}$ 具有多项式形式。黏度与温度的关系式可以写成如下几种形式：

Reynolds
$$\eta=\eta_0\mathrm{e}^{-\beta(T-T_0)} \tag{1-7}$$

Andrade-Erying
$$\eta=\eta_0\mathrm{e}^{\frac{a}{T}} \tag{1-8}$$

Slotte
$$\eta=\frac{s}{(\alpha+T)^m} \tag{1-9}$$

Vogel
$$\eta=\eta_0\mathrm{e}^{b/(T+\theta)} \tag{1-10}$$

式中，η_0 为温度为 T_0 时的黏度；η 为温度为 T 时的黏度；β 为黏温系数，可近似取作0.03/℃；$m=1,2,\cdots$；θ 表示“无限黏度”温度，对于标准矿物油，可取95；α、s、b 均为常数。

在这些黏温方程中，Reynolds黏温方程在数值计算中使用起来较方便，而Vogel黏温方程描述黏温关系更为准确。

2. ASTM 黏温图

美国材料与试验协会(American Society for Testing and Materials,ASTM)用黏度指数来表示黏温关系,并给出相应的黏温线图。其关系式为

$$(\nu + a) = bd^{1/T^c} \tag{1-11}$$

式中,ν 为运动黏度;a、b、c 和 d 均为常数;T 为绝对温度。

当 ν 的单位为 mm^2/s 时,$a=0.6\sim0.75$,$b=1$,$d=10$,在ASTM坐标纸上,采用双对数的纵坐标和单对数的横坐标,上式为一直线,如图1-6所示。其方程为

$$\ln\ln(\nu + a) = A - B\ln T \tag{1-12}$$

其优点是只需测定两个温度下的黏度值以决定待定常数 A 和 B,然后根据直线即可确定其他温度下的黏度。

对于通常的矿物油,采用ASTM线图十分有效,还可将直线的倾角用作评定润滑油黏温特性的指标。

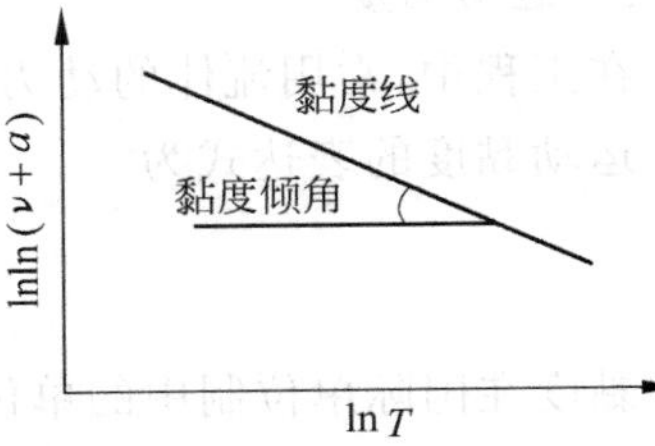

图1-6 ASTM线图

3. 黏度指数

用黏度指数(viscosity index,VI)来表示各种润滑油黏度随温度的变化程度,是一种应用普遍的经验方法。它的表达式为

$$\mathrm{VI} = \frac{L-U}{L-H} \times 100 \tag{1-13}$$

首先,测量出待测油在210℉(≈85℃)时的运动黏度值,然后据此选出在210℉具有同样黏度且黏度指数分别为0和100的标准油。式(1-13)中的 L 和 H 是这两种标准油在100℉(≈38℃)时的运动黏度。U 是该待测油在100℉时的运动黏度。然后用式(1-13)计算得到该润滑油的黏度指数值。

在表1-3中给出了几种润滑油的黏度指数。

表1-3 几种润滑油的黏度指数

油 品	VI值	$\nu_{100°F}$ /(mm^2/s)	$\nu_{210°F}$ /(mm^2/s)
矿物油	100	132	14.5
多级油10W/30	147	140	17.5
硅油	400	130	53

黏度指数高的润滑油表明它的黏度随温度的变化小,因而黏温稳定性能好。

1.3.3 黏度与压力的关系

当液体或气体所受的压力增加时,分子之间的距离减小而分子间的作用力增大,因而黏度增加。通常,当矿物油所受压力超过0.02GPa时,黏度随压力变化会十分显著。随着压力的增加,黏度的变化率也增加,润滑油在1GPa压力下的黏度比其常压下的黏度高几个量级。当压力更高时,矿物油将丧失液体性质而变成蜡状固体。由此可知:对于重载荷流体动压润滑,特别是弹性流体动压润滑状态,黏压特性是至关重要的因素之一。

描述黏度和压力之间变化规律的黏压方程主要有

Barus
$$\eta = \eta_0 e^{\alpha p} \tag{1-14}$$

Roelands　$\eta = \eta_0 \exp\{(\ln\eta_0 + 9.67)[-1 + (1 + p_0 p)^z]\}$　(1-15)

Cameron　$\eta = \eta_0 (1 + cp)^{16}$　(1-16)

式中，η 为压力 p 时的黏度；η_0 为大气压下($p=0$)的黏度；α 为黏压系数；p_0 为压力系数，可取为 5.1×10^{-9}；对一般的矿物油，z 通常可取为 0.68，c 可近似取为 $\alpha/15$。

当压力大于 1GPa 后，Barus 黏压方程得到的黏度值过大，而 Roelands 黏压方程则更符合实际情况。

黏压系数 α 一般可取 $2.2\times10^{-8}\mathrm{m^2/N}$。各类润滑油的黏压系数值在表 1-4 和表 1-5 中给出。

表 1-4　矿物油的黏压系数 α　$10^{-8}\mathrm{m^2/N}$

温度/℃	环烷基			石蜡基		
	锭子油	轻机油	重机油	轻机油	重机油	汽缸油
30	2.1	2.6	2.8	2.2	2.4	3.4
60	1.6	2.0	2.3	1.9	2.1	2.8
90	1.3	1.6	1.8	1.4	1.6	2.2

表 1-5　部分基础油在 25℃ 时的黏压系数 α　$10^{-8}\mathrm{m^2/N}$

润滑油类型	α	润滑油类型	α
石蜡基	1.5～2.4	烷基硅油	1.4～1.8
环烷基	2.5～3.6	聚醚	1.1～1.7
芳香基	4～8	芳香硅油	3～5
聚烯烃	1.5～2.0	氯化烷烃	0.7～5
双酯	1.5～2.5		

在国外，很早就开始研究润滑油的黏压特性，相继发表了几百种润滑油的黏压数据，建立的高压黏度计的工作压力达到 3GPa 以上。

1.3.4　黏度同时随温度和压力变化的关系式

当同时考虑温度和压力对黏度的影响时，通常将黏温、黏压公式组合在一起。通常采用的表达式如下：

Barus 与 Reynolds　$\eta = \eta_0 \exp[\alpha p - \beta(T - T_0)]$　(1-17)

Roelands

$$\eta = \eta_0 \exp\left\{(\ln\eta_0 + 9.67)\left[(1 + 5.1\times10^{-9} p)^{0.68} \times \left(\frac{T-138}{T_0-138}\right)^{-1.1} - 1\right]\right\} \quad (1\text{-}18)$$

式(1-17)较简单，便于运算；而式(1-18)则较准确。

1.4　非牛顿特性与流变模型

一般地，润滑油可视为牛顿流体。对于牛顿流体，剪应力与剪应变率的关系是通过原点的直线，如图 1-7 中的 C，直线的斜率为黏度值。牛顿流体的黏度只随温度和压力而改变，与剪应变率无关。

凡是不同于上述特性的流体统称为非牛顿流体，如图 1-7 中的润滑脂、A、B 和 D。非牛顿流体可以表现为塑性、伪塑性和膨胀性等形式。对于伪塑性和膨胀性流体，通常用指数关系式近似地描述其非线性性质，即

$$\tau = \phi\dot{\gamma}^n \tag{1-19}$$

式中，ϕ 和 n 为常数；对于牛顿流体 $n=1$，ϕ 为动力黏度。

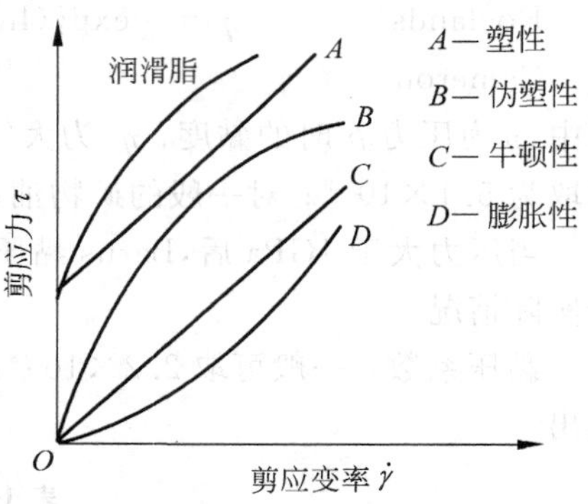

图 1-7 不同类型流体的 τ-$\dot{\gamma}$ 曲线

图 1-7 中 A 代表的塑性体亦称 Bingham 体，它具有屈服应力 τ_s，当剪应力超过 τ_s 时才产生流动，其流变关系式为

$$\tau = \tau_s + \phi\dot{\gamma} \tag{1-20}$$

润滑脂的非牛顿性质类似于 Bingham 体，但剪应力与剪应变率呈非线性关系。润滑脂的流变特性可用下列公式近似地表述

$$\tau = \tau_s + \phi\dot{\gamma}^n \tag{1-21}$$

为了改善使用性能，现代润滑油通常含有由多种高分子材料组成的添加剂，加之大量使用合成润滑剂，常呈现出显著的非牛顿性质，使得润滑剂的流变行为成为润滑设计中不可忽视的因素。

在润滑理论研究中，常用的非牛顿流体模型的本构方程有以下几种。

1. Ree-Eyring 本构方程

$$\dot{\gamma} = \frac{\tau_0}{\eta_0}\sinh\left(\frac{\tau}{\tau_0}\right) \tag{1-22}$$

这是润滑理论中最常用的非牛顿流体本构方程之一，其主要特点是剪应力与剪应变率的关系是非线性的，并且剪应力可以无限增加。

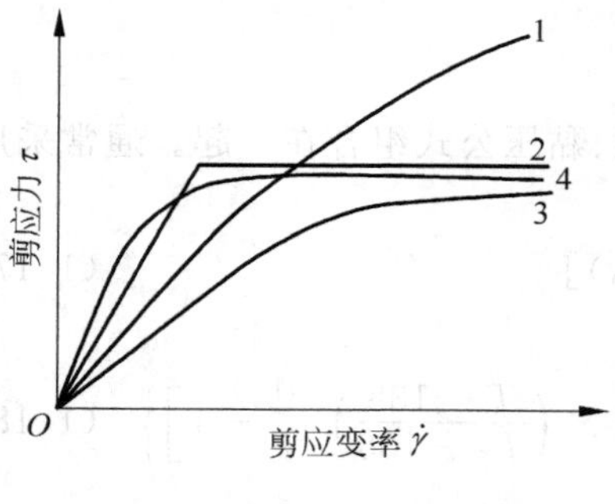

图 1-8 各类流体模型本构曲线

1—Ree-Eyring 流体；2—极限剪切流体；3—圆形本构流体；4—温度效应流体

实践表明，Ree-Eyring 模型较准确地描述了某些液体的流变特性，特别适用于简单液体。它的剪应力 τ 与剪应变率 $\dot{\gamma}$ 的关系曲线如图 1-8 中曲线 1 所示。τ_0 和 η_0 是两个流变参数，其数值与液体的种类和分子结构有关。τ_0 为特征应力，它表示剪应变率与剪应力呈现明显的非线性时的剪应力数值；η_0 为低剪应力时液体的黏度。

2. 黏塑性本构方程

图 1-8 中，曲线 2 为极限剪切流体模型的流变特性。若令 τ_L 为极限剪应力，则剪应力随剪应变率的变化规律由两条直线描述，即

$$\left.\begin{aligned} &\text{当 } \dot{\gamma} = \frac{\tau}{\eta_0}, \quad \tau_L \geqslant \eta_0 \mid \dot{\gamma} \mid \\ &\text{当 } \tau = \tau_L, \quad \tau_L < \eta_0 \mid \dot{\gamma} \mid \end{aligned}\right\} \tag{1-23}$$

这一方程的线性部分就是牛顿流体。当剪应力达到极限剪应力后，其值不再随剪应变率增加而增加。由于本构方程由两条直线构成，在它们的交点处的导数出现间断。

例如，在弹流润滑条件下，润滑剂在极短的瞬间穿过接触区，它所能承受的剪应力存在极限值。极限剪应力 τ_L 的数值随压力和温度而变化。实验表明：润滑油的 $\tau_L \approx 4\times10^5 \sim 2\times10^7$ Pa。

3. 圆形本构方程

这是近年提出的一种渐近本构方程，通常将其用于温度引起的流体非牛顿特性研究。其曲线有连续的导数，剪应力随剪应变率不断增大而趋近极限值 τ_L，如图 1-8 中的曲线 3。

$$\dot{\gamma} = \frac{\tau_L \tau}{\eta_0 \sqrt{\tau_L^2 - \tau^2}} \tag{1-24}$$

4. 温度效应本构方程

温度效应本构方程曲线如图 1-8 中的曲线 4 所示，这是作者[1]在考虑温度对黏度的影响后推导得到的。这一模型的最大特点是在剪应力达到最大值后，随剪应变率的增加剪应力开始下降。

$$\tau = \frac{\eta_0 \dot{\gamma}}{\alpha \dot{\gamma}^2 + 1} \tag{1-25}$$

式中，$\alpha = 2\beta\eta_0 x/\rho c u_0$，其与润滑剂的物理性能、温度特性和摩擦副结构尺寸有关。其中 β 是黏温系数；η_0 是黏度；x 是计算点与入口处的距离；ρ 是润滑剂的密度；c 是润滑剂的比热容；u_0 是运动表面的速度。

5. 线性黏弹性本构方程

实验证明，当流体被施加急剧变化的应力时还将呈现弹性效应，即此时的流体具有黏弹性。在弹流润滑计算中，最常采用的黏弹性流变模型是线性黏弹性体，即 Maxwell 体，如图 1-9 所示。对于纯弹性体，它遵守胡克定律，即

$$\gamma_e = \frac{\tau}{G} = \frac{de_1}{dz}$$

式中，γ_e 为弹性剪应变；G 为剪切模量。

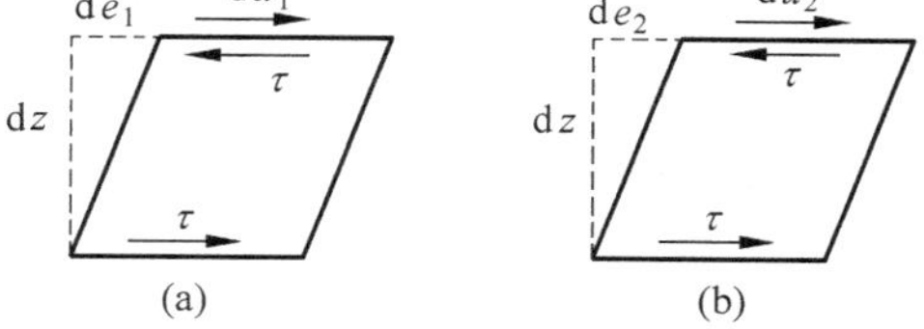

图 1-9 Maxwell 黏弹性体

(a) 纯弹性；(b) 纯黏性

将上式对时间 t 求导数，因为 $du_1 = d\dot{e}_1$，所以

$$\dot{\gamma}_e = \frac{du_1}{dz} = \frac{d\dot{e}_1}{dz} = \frac{1}{G}\frac{d\tau}{dt}$$

对于纯黏性体，它服从牛顿黏性定律，因为 $du_2 = d\dot{e}_2$，因而

$$\dot{\gamma}_v = \frac{du_2}{dz} = \frac{d\dot{e}_2}{dz} = \frac{\tau}{\eta}$$

这样，对于线性黏弹性体，它同时具有牛顿流体和胡克固体的性质，其流变特性的本构方程为

$$\dot{\gamma}=\dot{\gamma}_v+\dot{\gamma}_e=\frac{\tau}{\eta}+\frac{1}{G}\frac{d\tau}{dt} \tag{1-26}$$

式(1-26)表明，黏弹性体的主要特点是剪应变率与时间有关。线性黏弹性体的流变特性是采用黏度 η 和剪切弹性模量 G 两个参数来描述的，因而形式简单。但是，Maxwell 模型是根据微小剪应变条件得出的，用它来计算剪应变较大的弹流润滑不能得到满意的结果，采用线性黏弹性体计算的摩擦因数将大于实际测量值。

6. 非线性黏弹性本构方程

Maxwell 模型计算得到的弹流润滑摩擦因数偏大，原因是由式(1-26)右端第一项的牛顿流体黏性引起的，因此在实际使用中可以用非牛顿流体黏性代替牛顿流体黏性，即

$$\dot{\gamma}=F(\tau)+\frac{1}{G}\frac{d\tau}{dt} \tag{1-27}$$

式中，$F(\tau)$ 为非线性黏性函数。

Johnson 和 Tevaarwerk[2] 综合 Maxwell 模型和 Ree-Eyring 模型，提出如下的非线性黏弹性体本构方程，即

$$\dot{\gamma}=\frac{\tau_0}{\eta_0}\sinh\frac{\tau}{\tau_0}+\frac{1}{G}\frac{d\tau}{dt} \tag{1-28}$$

当 $\tau\ll\tau_0$ 时，$\sinh\tau/\tau_0\approx\tau/\tau_0$，此时 $F(\tau)=\tau/\eta_0$，即牛顿黏性定律。这样，式(1-28)与线性黏弹性体的本构方程式(1-26)完全相同。由此可见 Johnson 和 Tevaarwerk 提出的流体模型概括了润滑剂的线性和非线性黏性、线性和非线性弹性以及弹性和塑性行为。这一流体模型可以适用于各种不同弹流润滑状态，见图 1-10。

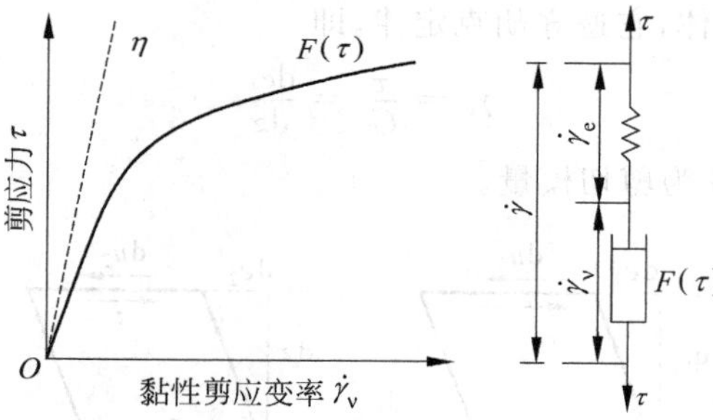

图 1-10 非线性黏弹性体

7. 简单黏弹性本构方程

Bair 和 Winer[3] 提出了一种较为简单的黏弹性体模型，其剪应力与剪应变率的关系式为

$$\dot{\gamma}=\frac{1}{G_\infty}\frac{d\tau}{dt}-\frac{\tau_L}{\eta}\ln\left(1-\frac{\tau}{\tau_L}\right) \tag{1-29}$$

式中，G_∞ 为极限剪切模量，它是从各种频率的振动实验中推导出的无限振动频率下的剪切模量；τ_L 为极限切应力；η 为低剪应力下的黏度。这 3 个流变参数也都是压力和温度的函数，它们的数值通过实验方法测定。

对方程(1-29)进行量纲化处理。设量纲化剪应力 $\tau^*=\tau/\tau_L$；量纲化剪应变率 $\dot{\gamma}^*=$

$\dot{\gamma}\eta/\tau_L$；令 $\tau^*=\dfrac{\eta}{G_\infty\tau_L}\dfrac{d\tau}{dt}$，则方程(1-29)的量纲化形式为

$$\dot{\gamma}^*=\tau^*-\ln(1-\tau^*) \tag{1-30}$$

图1-11列出了量纲化剪应力 τ^* 与量纲化剪应变率 $\dot{\gamma}^*$ 的关系。根据式(1-30)计算得到的线接触弹流润滑的摩擦曲线与实验结果取得了良好的一致性。

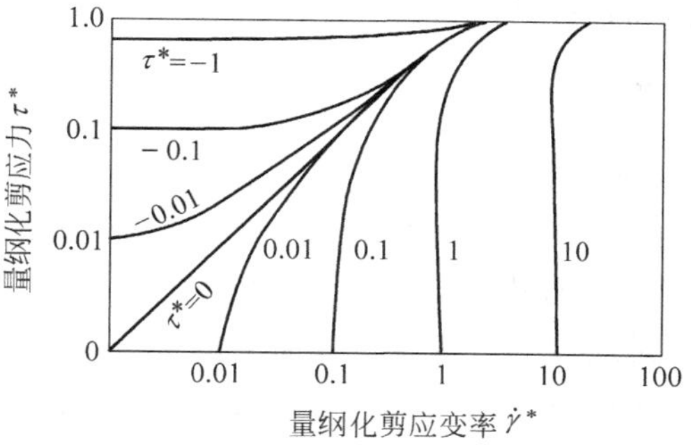

图1-11　τ^* 与 $\dot{\gamma}^*$ 的关系

由上可知：在非牛顿流体的 τ 与 $\dot{\gamma}$ 的关系式中包含不止一个流变参数。通常套用牛顿黏性定律，使用"表观黏度"来表示非牛顿流体在给定的剪应变率下的剪应力与剪应变率之比。

在润滑问题中，还有两个较重要的非牛顿特性对润滑性能具有显著影响，即

(1) 剪应变率稀化。大多数液体在高剪应变率(如 $10^6\sim10^8\,s^{-1}$)时黏度将降低而呈非牛顿性。对于两相液体(例如乳剂、润滑脂)、高黏性的油或含有聚合物的油，在较低的剪应变率(如 $10^2\sim10^6\,s^{-1}$)下就可能出现非牛顿性，这种现象称为剪应变率稀化或伪塑性(pseudoplastic)，如图1-12所示。具有伪塑性的液体通常是由无规则排列的长链分子组成，在剪切作用下使分子排列规则化，从而减少相邻层之间的作用而降低了表观黏度。

(2) 剪切时间稀化。流体表观黏度随着剪切持续时间的延长而不断降低的现象称为剪切时间稀化或触变性(thixotropic)，如图1-13所示。触变性通常是可逆的，即当剪切作用停止后，经过充分的恢复时间，黏度将回复到原来数值或接近原来数值。对于润滑脂和稠乳剂而言，出现触变性的原因是它们的结构在剪切作用下不断破坏，同时又自行重建。当结构破坏不断发展时，表观黏度连续降低，直到破坏与重建达到平衡而获得黏度的稳定值。

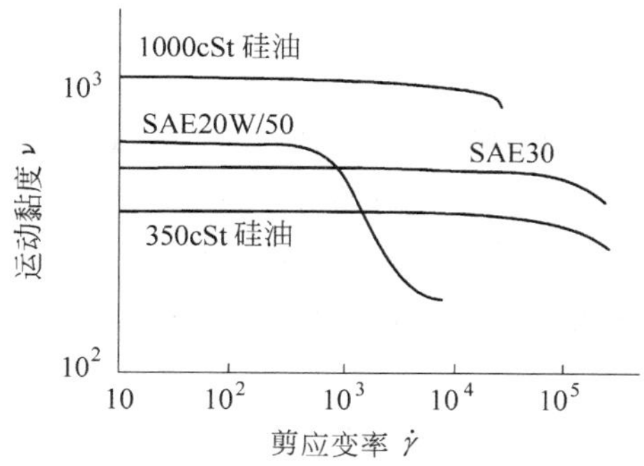

图1-12　伪塑性

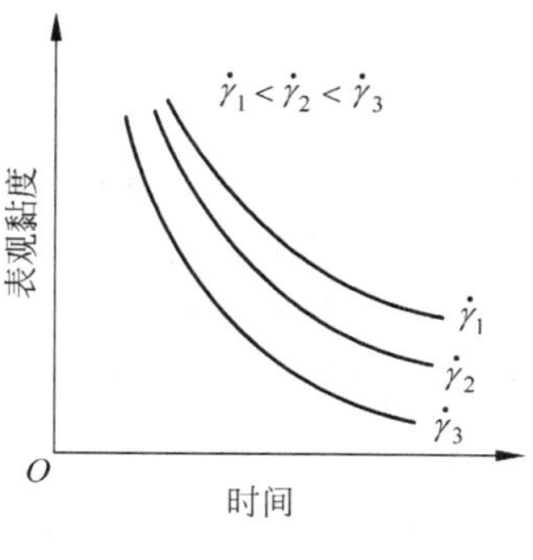

图1-13　触变性

1.5　润滑剂的湿润性

一般认为边界润滑膜的机理与润滑剂的湿润性有关。另外,存在润滑油的两固体表面间的黏着等现象也与润滑油的表面张力大小密切相关。润滑剂分子在摩擦表面生成吸附膜所依靠的黏附能与其表面湿润性密切相关。

1.5.1　湿润性与接触角

当微量的液体与固体表面接触时,液体可能完全取代原来覆盖在固体表面的气体而铺展开,这种情况称为湿润(wetting);也可能形成一个球形的液滴,与固体只发生点接触而完全不湿润;有时是处于这两种极端状态之间的中间状态。

在通常情况下,湿润性是通过测量液体在表面上的接触角实现的。如图 1-14 所示,接触角 θ 定义为固、液、气三相的交界点上固-液界面与液-气界面切线之间的夹角。接触角 θ 的大小介于完全湿润的 0°和完全不湿润的 180°之间。表面接触角 θ 大则表示该表面是疏润性的,而接触角 θ 小则为亲润性的,它的黏附能大于液体的内聚能。表面接触角的大小是由固体和液体的表面张力或表面自由能决定的。表面张力代表液体表面增加单位面积所需要做的功,是液体的基本物理化学性质之一,通常以 mN/m 为单位。

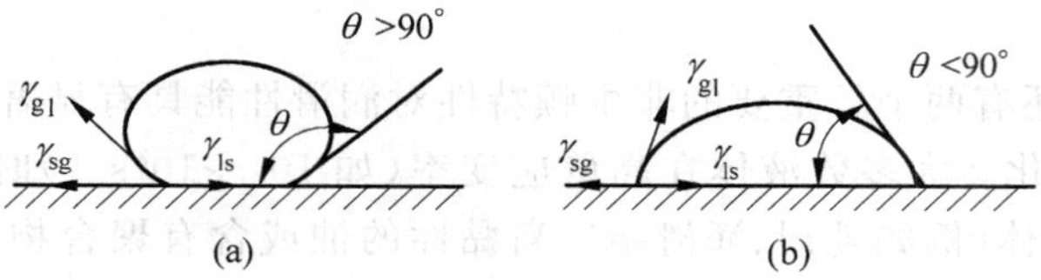

图 1-14　湿润性与接触角

图 1-14 中还给出了接触角与表面张力之间的关系。假如以 γ_{gl}、γ_{ls} 和 γ_{sg} 分别表示气-液界面、液-固界面和固-气界面的表面张力,则

$$\gamma_{sg} = \gamma_{ls} + \gamma_{gl}\cos\theta \tag{1-31}$$

接触角 θ 可以用投影法等方法测得,液体的表面张力 γ_{gl} 可以用表面张力仪测出,从而可以求得湿润能 $\gamma_{sg} - \gamma_{ls}$(一般 γ_{sg} 和 γ_{sl} 难以通过实验测定)。另外,接触角 θ 还与固体表面的粗糙度以及温度等因素有关。

1.5.2　表面张力

表面张力实质上是液-气两相分子结构和相互间作用力的不同造成界面能量过剩的结果。处于液体表面的分子来自气相的分子间作用力比来自液体内的分子间作用力要小得多,表面的分子受到指向内部的合力。要使液体表面分子脱离就必须做功,导致体系能量的升高,这部分能量就是表面自由能。使得表面分子受到沿表面方向的侧向约束力就是表面张力。

当宽度为 w 的液膜在长度方向增加 Δl 时,体系的自由能变化为

$$\Delta G = 2\gamma w \Delta l = \gamma \Delta A \tag{1-32}$$

式中，ΔA 为体系表面积的增量；γ 称为表面自由能(surface free energy)，单位为mJ/m^2。对液体来说，表面自由能等同于表面张力，两者具有相同的量纲。

液体的表面张力有多种测量方法，如毛细上升法、气泡最大压力法、停滴法、悬滴法、滴重法等，但最直接的方法是脱环法(也称圆环法)。这种方法是测量将水平接触液面的圆环拉离液面过程所需的平衡力。水平接触液面的圆环(通常用铂环，以保证与绝大部分液体接触时接触角为零)被提拉时将带起一些液体，形成液柱。环对测力传感器施加的力包括环的自重和带起液体的重力 P。P 随提起高度的增加而增加，但有一个极限，超过此值，环和液面脱开。外力提起最高液柱是通过液体表面张力实现的，满足：

$$P = 4\pi\gamma(R + r) \tag{1-33}$$

式中，R 为环的内半径；r 为环丝的半径；γ 为被测液体的表面张力。实际上，液柱并非圆柱形，修正后的表面张力测量公式为

$$\gamma = \frac{FP}{4\pi(R + r)} \tag{1-34}$$

式中，F 为校正因子，它是 R/r 和 R^3/V 的函数，V 是圆环带起来的液体体积。

液体的表面张力一般随温度的升高而线性下降。表面张力也会受压力的影响，但关系比较复杂。一些添加剂(如表面活性剂)会显著改变液体的表面张力。对铁磁流体来说，其表面张力也受外加磁场大小的影响。

表 1-6 给出了部分液体在 20℃时的表面张力数值。

表 1-6 部分液体的表面张力(20℃)

液　体	表面张力/(mN/m)	液　体	表面张力/(mN/m)
纯水	72	聚 α 烯烃	28.5
机械油	29	葵二酸二辛酯	31
季戊四醇酯	30	季戊四醇四己酸酯	24
全氟聚醚	20	甲基硅油	21

1.6 黏度的测量与换算

测量黏度采用黏度计。黏度计的种类繁多，按照它们的工作原理可以归纳为 3 类，即旋转式、落体式和毛细管式。

1. *旋转式黏度计*

旋转式黏度计的两个元件之间充满待测液体，其中一个固定而另一个旋转。通过测定相对旋转时使液体受剪切的阻力矩来计算液体的动力黏度。它的主要形式有转筒黏度计(图 1-15(a))和锥板式流变仪(图 1-15(b))，前者由两个同心圆筒组成，后者由一平面和一圆锥面组成。这些黏度计能在不同的速度下旋转，可以测量不同剪应变率时的黏度，特别适用于非牛顿流体的测量。

2. *落体式黏度计*

最常用的落体式黏度计是用一个钢球在充满待测流体的管子中下落的终速度来测定黏度。当球与管子的间隙很小时，落球黏度计可用来测量气体的黏度，而且还可以测量处于高

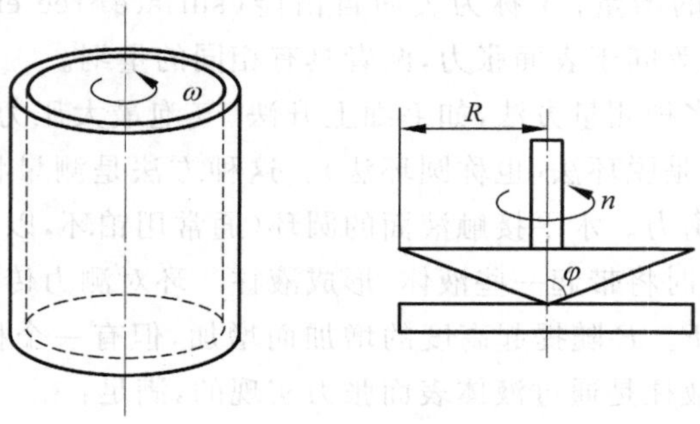

图 1-15 旋转式黏度计

(a) 转筒黏度计；(b) 锥板式流变仪

压力下的流体黏度。落体式黏度计的另一形式是落筒黏度计，它由两个立式同心圆筒组成，两圆筒之间灌满待测流体，外筒固定，内筒下落。落筒黏度计主要用于测量高黏度的流体。

3. 毛细管式黏度计

毛细管式黏度计是以一定容积的液体，依靠压力差或者自身的质量，流过一根标准毛细管所需的时间来测定液体的黏度。毛细管黏度计又有绝对黏度计和相对黏度计两种形式，绝对黏度计是根据黏性流体力学的公式计算黏度值；而相对黏度计是用已知黏度的液体进行校准，先获得黏度计常数，再确定待测液体的黏度。由于尺寸误差不影响测量结果，相对黏度计的精度较高。

如图 1-16 所示，已知毛细管式黏度计的常数 c，在某温度下测量一定流量的液体流出毛细管的时间 t（即图 1-16 中 A、B 间椭球所含的流体的液面从 A 降至 B 所需的时间），就可求出该液体此时的运动黏度为

$$\nu = ct \tag{1-35}$$

若测得该液体的密度 ρ，其动力黏度则为

$$\eta = \rho\nu \tag{1-36}$$

常用的商业毛细管式黏度计有雷氏（Redwood）、赛氏（Saybolt）和恩氏（Engler）黏度计 3 种，它们的结构类似，只是所用液体的容积和毛细管尺寸不同。例如，图 1-17 所示的恩氏黏度计求出的恩氏黏度的计算式为

$$\text{恩氏黏度}(^\circ\text{E}) = \frac{\text{200L 液体流出的时间}}{\text{相同容积的水流出时间}} \tag{1-37}$$

不同黏度计测得的相对黏度值各不相同，需要通过经验公式或图表将它们换算成运动黏度。这 3 种黏度计的测量值与厘斯（$1\text{cSt}=10^{-6}\text{m}^2/\text{s}$）之间的换算关系可参见图 1-18。

应当指出，商业黏度计通常只能测量一般条件下的黏度，不能完全反映润滑膜的流变性质。为此，人们设计了许多专用的黏度测量装置测量极高或极低黏度，以及使用微量待测液体的黏度计，测量高压或高剪应率下液体的黏度，以及黏弹性液体流动性能的测量装置等。作者[4]利用光干涉技术测量不同润滑油的弹流润滑膜厚，并以标准液体作基准，标定出国产润滑油的黏压系数。汪仁友[5]在他的博士论文中采用冲击方法研究了润滑油在高压下的黏度及其流变性能。

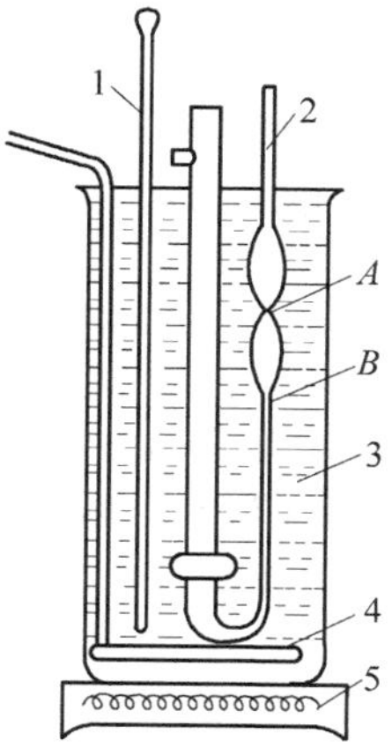

图 1-16 普通毛细管式黏度计

1—温度计；2—毛细管式黏度计；

3—水浴或油浴；4—搅拌器；5—加热器

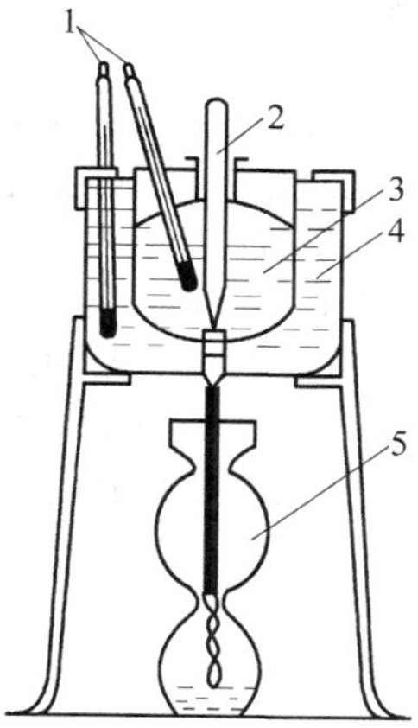

图 1-17 恩氏毛细管黏度计

1—温度计；2—木塞；

3—润滑油试样；4—热浴；5—接收瓶

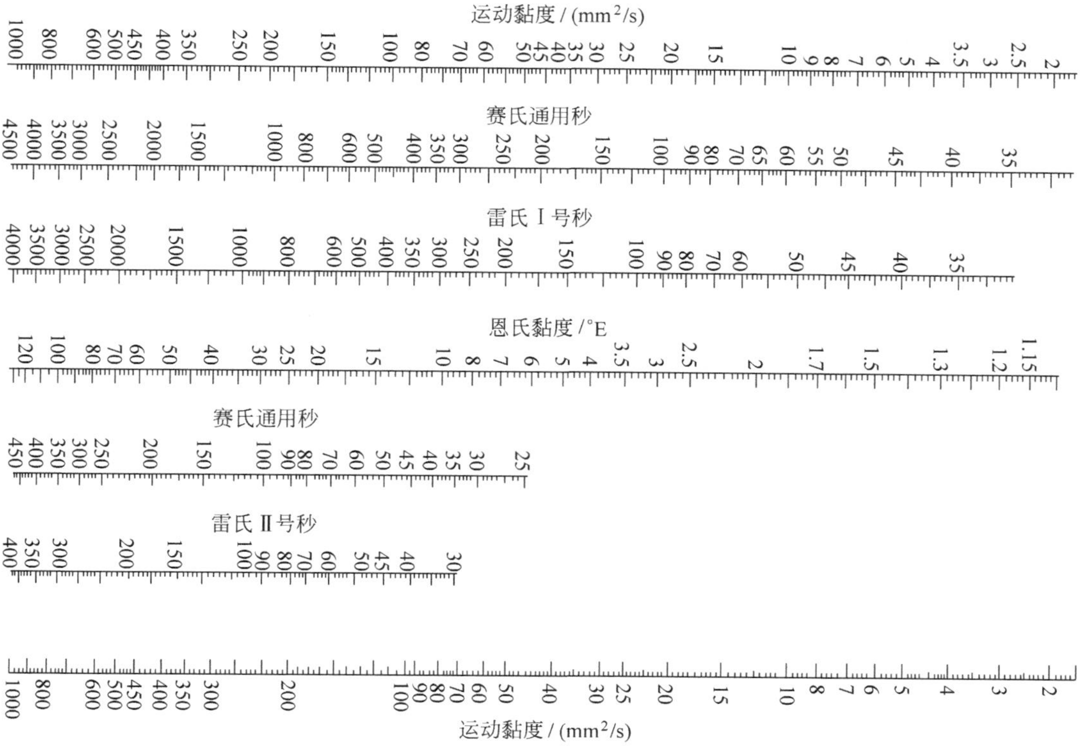

图 1-18 黏度换算

参考文献

[1] 黄平，温诗铸. 温度的非牛顿效应及其润滑失效机理分析[J]. 润滑与密封，1996(2)：14-16.

[2] JOHNSON K L, TEVAARWERK J L. Shear behavior of elastohydrodynamic oil films[J]. Proc. Royal Society of London, 1977, A356: 215-236.

[3] BAIR S, WINER W O. A rheological model for elastohydrodynamic contacts based on primary laboratory data[J]. Trans. ASME, Series F., 1979, 101(3): 258-265.

[4] 于效光，温诗铸. 光干涉法测定润滑油黏压系数的研究[J]. 润滑与密封，1984(3)：10-14.

[5] 汪仁友. 高压冲击黏度测试技术与润滑油的流变特性研究[D]. 北京：清华大学，1997.

第2章　流体润滑理论基础

流体润滑包含流体动压润滑和弹性流体动压润滑等状态。从数学观点分析，各种流体润滑计算的基本内容是对 Navier-Stokes 方程的特殊形式——雷诺方程的应用和求解。

1883 年，Tower 对火车轮轴的轴承进行了实验，首次观察到流体动压现象。随后，1886 年雷诺根据流体力学提出了润滑理论的基本方程，成功地揭示了流体膜产生动压的机理，为现代流体润滑理论奠定了基础。

雷诺方程是二阶偏微分方程，以往依靠解析方法求解，必须经过许多简化处理才能获得近似解，因而理论计算具有很大的误差。当今由于计算机技术的迅速发展，复杂的润滑问题有可能进行数值解算。此外，先进的测试技术对于润滑现象可进行深入细致的观察，从而建立更加完善的物理数学模型。这样，许多工程问题的润滑计算大大接近于实际。目前，润滑计算已在机械设计中占有重要的地位。

对于刚性表面的流体润滑，通常称为流体动压润滑理论，它基于下列的基本方程：

(1) 运动方程：代表动量守恒原理，亦称为 Navier-Stokes 方程；

(2) 连续方程：代表质量守恒原理；

(3) 能量方程：代表能量守恒原理；

(4) 状态方程：建立密度与压力、温度的关系；

(5) 黏度方程：建立黏度与压力、温度的关系。

对于弹性表面的润滑问题，还需要加入弹性变形方程，因此称为弹性流体动压润滑理论。由运动方程和连续方程推导出的雷诺方程是流体润滑理论最基本的方程。

2.1　雷诺方程

2.1.1　基本假设

(1) 忽略体积力(如重力或磁力等)的作用。

(2) 流体在界面上无滑动，即贴于表面的流体流速与表面速度相同。

(3) 在沿润滑膜厚度方向不计压力的变化。由于膜厚仅几十微米或更小，压力不会发生明显的变化。

(4) 与油膜厚度相比较，轴承表面的曲率半径很大，因而忽略油膜曲率的影响，并用平移速度代替转动速度。

(5) 润滑剂是牛顿流体。这对于一般工况条件下使用的矿物油而言是合理的。

(6) 流动为层流，油膜中不存在涡流和湍流。对于高速大型轴承，可能处于湍流润滑。

(7) 与黏性力比较，可忽略惯性力的影响，包括流体加速的力和油膜弯曲的离心力。然而,对于高速大型轴承需要考虑惯性力的影响。

(8) 沿润滑膜厚度方向黏度数值不变。这个假设没有实际根据,只是为了数学运算方便所做的简化。

对于一般流体润滑问题,以上假设(1)～假设(4)基本上是正确的;而假设(5)～假设(8)是为简化而引入的,只能有条件地使用,在某些工况下必须加以修正。

2.1.2　方程推导

运用上述假设,由 Navier-Stoke 方程和连续方程可以直接推导出雷诺方程。但是,为了使读者了解流体润滑中的物理现象,这里采用微元体分析方法推导雷诺方程。其主要步骤如下:

(1) 由微元体受力平衡条件,求出流体沿膜厚方向的流速分布;

(2) 将流速沿润滑膜厚度方向积分,求得流量;

(3) 应用流量连续条件,最后推导出雷诺方程的普遍形式。

1. 微元体平衡

润滑膜中的微元体在 X 方向的受力如图 2-1 所示,它只受流体压力 p 和黏性力 τ 的作用(假设(1)和假设(7))。设 u、v、w 分别为流体沿坐标 X、Y、Z 方向的流速,流速 u 为主要速度分量,其次是 v。而 z 为沿膜厚方向的尺寸,其数值比 x 或 y 都小得多。因此,与速度梯度 $\partial u/\partial z$ 和 $\partial v/\partial z$ 相比较,其他速度梯度均可忽略不计。这样,在 X 方向的受力中,$\mathrm{d}x\mathrm{d}z$ 表面无黏性剪应力作用。

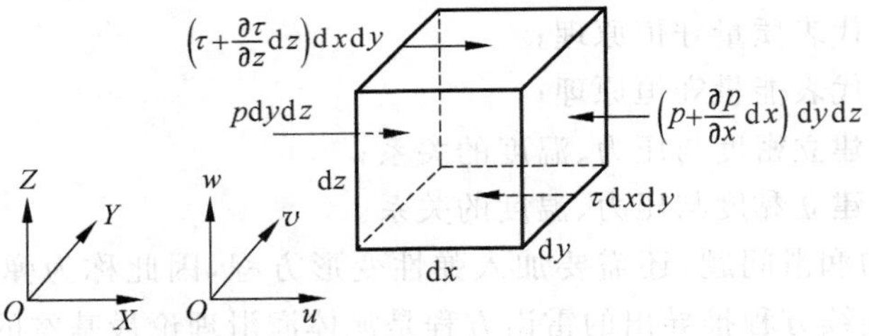

图 2-1　微元体的受力

由 X 方向受力平衡,可得

$$p\mathrm{d}y\mathrm{d}z+\left(\tau+\frac{\partial \tau}{\partial z}\mathrm{d}z\right)\mathrm{d}x\mathrm{d}y=\left(p+\frac{\partial p}{\partial x}\mathrm{d}x\right)\mathrm{d}y\mathrm{d}z+\tau\mathrm{d}x\mathrm{d}y \tag{2-1}$$

从而有

$$\frac{\partial p}{\partial x}=\frac{\partial \tau}{\partial z} \tag{2-2}$$

根据牛顿黏性定律,$\tau=\eta\dfrac{\partial u}{\partial z}$(假设(5)和假设(6)),故

$$\frac{\partial p}{\partial x}=\frac{\partial}{\partial z}\left(\eta\frac{\partial u}{\partial z}\right) \tag{2-3}$$

同理

$$\frac{\partial p}{\partial y}=\frac{\partial}{\partial z}\left(\eta\frac{\partial v}{\partial z}\right) \tag{2-4}$$

且

$$\frac{\partial p}{\partial z}=0 \quad (假设(3))$$

由于 p 不是 z 的函数(假设(3)),而 η 也不是 z 的函数(假设(8)),将式(2-3)对 z 积分两次,于是

$$\eta\frac{\partial u}{\partial z}=\int\frac{\partial p}{\partial x}\mathrm{d}z=\frac{\partial p}{\partial x}z+C_1$$

$$\eta u=\int\left(\frac{\partial p}{\partial x}z+C_1\right)\mathrm{d}z=\frac{\partial p}{\partial x}\frac{z^2}{2}+C_1z+C_2$$

用边界条件确定 C_1 和 C_2。由于界面上流体速度等于表面速度(假设(2)),如果两固体表面的速度为 U_0 和 U_h,即当 $z=0$ 时,$u=U_0$;当 $z=h$ 时,$u=U_h$,如图 2-2 所示,求得

$$C_2=\eta U_0,\quad C_1=(U_h-U_0)\frac{\eta}{h}-\frac{\partial p}{\partial x}\frac{h}{2}$$

因此,润滑膜中任意点沿 X 方向的流速为

$$u=\frac{1}{2\eta}\frac{\partial p}{\partial x}(z^2-zh)+(U_h-U_0)\frac{z}{h}+U_0 \tag{2-5}$$

同理

$$v=\frac{1}{2\eta}\frac{\partial p}{\partial y}(z^2-zh)+(V_h-V_0)\frac{z}{h}+V_0 \tag{2-6}$$

图 2-2 表示流速 u 沿 Z 向的分布,它由 3 部分组成:第 1 项按抛物线分布,表示由 $\partial p/\partial x$ 引起的流动,故称“压力流动”;第 2 项按线性(三角形)分布,代表由于两表面的相对滑动速度 (U_h-U_0) 引起的流动,称为“速度流动”;第 3 项是常数,表示整个润滑膜以速度 U_0 运动,沿膜厚方向即 Z 向各点的速度相同。

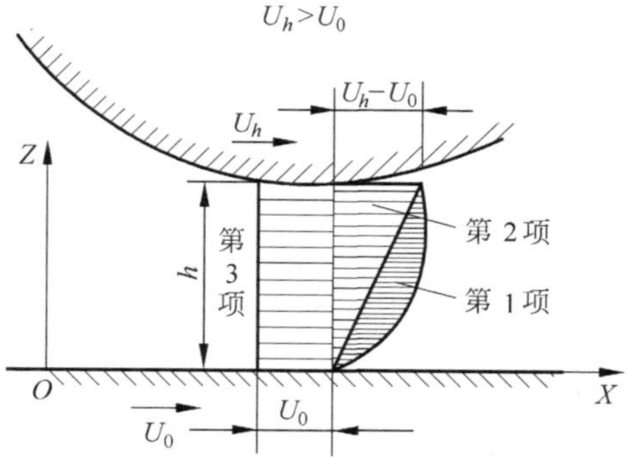

图 2-2　流速组成

2. 连续方程的积分

流体力学连续方程为:

$$\frac{\partial\rho}{\partial t}+\left[\frac{\partial(\rho u)}{\partial x}+\frac{\partial(\rho v)}{\partial y}+\frac{\partial(\rho w)}{\partial z}\right]=0 \tag{2-7}$$

将式(2-7)沿润滑膜厚度 Z 方向进行积分,有

$$\int_0^{h(x,y)} \frac{\partial \rho}{\partial t}\mathrm{d}z + \int_0^{h(x,y)} \frac{\partial(\rho u)}{\partial x}\mathrm{d}z + \int_0^{h(x,y)} \frac{\partial(\rho v)}{\partial y}\mathrm{d}z + \int_0^{h(x,y)} \frac{\partial(\rho w)}{\partial z}\mathrm{d}z = 0 \tag{2-8}$$

将式(2-8)的积分、微分次序交换，注意到式(2-8)的积分上限 h 是 x、y 的函数，并将式(2-5)和式(2-6)代入，式(2-8)可写成

$$\frac{\partial}{\partial x}\left(\frac{\rho h^3}{\eta}\frac{\partial p}{\partial x}\right)+\frac{\partial}{\partial y}\left(\frac{\rho h^3}{\eta}\frac{\partial p}{\partial y}\right)=6(U_0-U_h)\frac{\partial(\rho h)}{\partial x}+6(V_0-V_h)\frac{\partial(\rho h)}{\partial y}+$$
$$6\rho h\frac{\partial(U_0-U_h)}{\partial x}+6\rho h\frac{\partial(V_0-V_h)}{\partial y}+12\frac{\partial(\rho h)}{\partial t} \tag{2-9}$$

式(2-9)即为一般形式的雷诺方程。注意在上式用到了$\frac{\partial h}{\partial t}=w_h-w_0$。

若令 $U=U_0-U_h$，$V=V_0-V_h$，并认为流体密度 ρ 不随时间变化，雷诺方程可以写成

$$\frac{\partial}{\partial x}\left(\frac{\rho h^3}{\eta}\frac{\partial p}{\partial x}\right)+\frac{\partial}{\partial y}\left(\frac{\rho h^3}{\eta}\frac{\partial p}{\partial y}\right)=6\left[\frac{\partial}{\partial x}(U\rho h)+\frac{\partial}{\partial y}(V\rho h)+2\rho(w_h-w_0)\right] \tag{2-10}$$

也可以采用单元控制体模型，运用质量守恒定理直接推导出式(2-10)[1-2]。

2.2 流体动压润滑

2.2.1 流体动压形成机理

雷诺方程(2-10)的左端表示润滑膜压力在润滑表面上随坐标 x、y 的变化，右端表示产生润滑膜压力的各种效应。

将式(2-10)右端展开，各项的物理意义如下：

(1) $U\rho\frac{\partial h}{\partial x}$，$V\rho\frac{\partial h}{\partial y}$——动压效应；

(2) $\rho h\frac{\partial U}{\partial x}$，$\rho h\frac{\partial V}{\partial y}$——伸缩效应；

(3) $Uh\frac{\partial \rho}{\partial x}$，$Vh\frac{\partial \rho}{\partial y}$——变密度效应；

(4) $\rho\frac{\partial h}{\partial t}$——挤压效应。

压力形成机理如图 2-3 所示。

图 2-3(a)说明滑动轴承的形状特征及其产生的动压效应。当下表面以速度 U 运动时，沿运动方向的间隙逐渐减小，润滑剂从大口流向小口，形成收敛间隙。此时，由于速度流动引起的单位长度上的流量(由图中三角形面积表示)沿运动方向逐渐减少，由流量连续条件，必然产生如图所示的压力分布。此压力引起的压力流动将减少大口的流入流量，而增加小口的流出流量，以保持各断面上的流量相等。由此可见，流体沿收敛间隙流动将产生正压力，而沿发散间隙流动时一般不能产生正压力。

图 2-3(b)表示伸缩效应。当固体表面由于弹性变形或其他原因使表面速度随位置而变化时，将引起各断面的流量不同而产生压力流动。为了产生正压力，表面速度沿运动方向应逐渐降低。

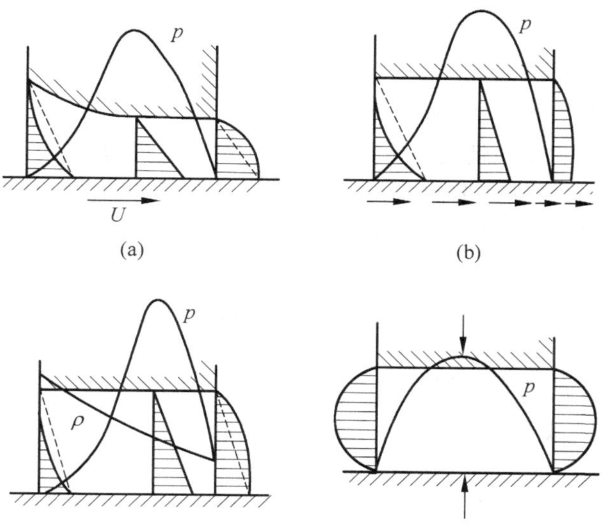

图 2-3　压力形成机理

(a) 动压效应；(b) 伸缩效应；(c) 变密度效应；(d) 挤压效应

图 2-3(c)为变密度效应。当润滑剂密度沿运动方向逐渐降低时，虽然各断面的容积流量相同，但质量流量不同，也将产生流体压力。密度的变化可以是润滑剂通过间隙时，由于温度逐渐改变引起的，也可以是外加热源使固体温度不同而引起的。虽然变密度效应产生的流体压力并不高，但有可能使相互平行的表面具有一定的承载能力。

图 2-3(d)表示两个平行表面在法向力作用下使润滑膜厚度逐渐减薄而产生压力流动，称为挤压效应。但是，当两表面分离时，润滑膜将产生空穴现象。

动压效应和挤压效应通常是形成润滑膜压力的两个主要因素。

雷诺方程是润滑理论的基本公式，正确理解和使用雷诺方程是进行润滑分析的重点，同时还应能够提出求解雷诺方程所需要的压力边界条件。一般来说，每个边界应提出一个边界条件。但是，当某边界的位置不能确定时，则需要增加一个条件，如雷诺边界条件。对于非稳态润滑问题还需要提出初始条件。最后，需要指出：当推导雷诺方程的假设不成立时，应当采用简化的流体力学基本方程进行求解。

弹流润滑是在流体润滑的雷诺方程基础上，考虑摩擦表面的弹性变形和润滑剂的黏压特性后得到的另一种动压润滑形式。由于弹流润滑是在线、点接触情况下出现，因此正确理解和掌握其基本特点也是本章的重点之一。

2.2.2　雷诺方程的边界条件与初始条件

1. 边界条件

求解雷诺方程时，需根据压力边界条件来确定积分常数。压力边界条件一般有两种形式，即

强制边界条件 $p|_s=0$

自然边界条件 $\left.\frac{\partial p}{\partial n}\right|_s=0$

其中，s 是求解域的边界；n 是边界的法向。

通常根据几何结构和供油情况不难确定油膜入口和出口边界。但是对于诸如滑动轴承的润滑表面，同时包含收敛和发散间隙，油膜出口边界在发散间隙的位置无法事先确定。为此，可假设在该边界上同时满足压力和压力导数为零的条件来确定其位置。这种边界条件称为雷诺边界条件，其形式如下：

$$p|_s=0 \quad 和 \quad \left.\frac{\partial p}{\partial n}\right|_s=0$$

下面给出边界条件的两个实例。

(1) 在 $0\leqslant x\leqslant L$ 区域上的一维边界条件

当边界已知时 $p|_{x=0}=0$；$p|_{x=L}=0$

当出口边界未知时 $p|_{x=0}=0$；$p|_{x=x'}=0$ 和 $\left.\frac{\partial p}{\partial x}\right|_{x=x'}=0$

(2) 在 $0\leqslant x\leqslant L, -B/2\leqslant y\leqslant B/2$ 长方形区域上的二维边界条件

当边界已知时 $p|_{x=0}=0$；$p|_{x=L}=0$；$p|_{y=\pm B/2}=0$

当出口边界未知时 $p|_{x=0}=0$；$p|_{x=x'}=0$ 和 $\left.\frac{\partial p}{\partial x}\right|_{x=x'}=0$；$p|_{y=\pm B/2}=0$

以上 x'为待定的出口边界。

2. *初始条件*

对于速度或载荷随时间变化的非稳态工况的润滑问题，例如内燃机曲轴轴承的流体动压润滑，雷诺方程含有挤压项，即式(2-10)的右端最后一项。此时润滑膜厚将随时间变化，因此需要提出方程求解的初始条件。初始条件的一般提法是

初始膜厚 $h|_{t=0}=h_0(x,y,0)$

初始压力 $p|_{t=0}=p_0(x,y,0)$

如果需要考虑润滑剂黏度和密度随时间的变化，也应当给出它们相应的初始条件。

2.2.3 流体润滑特性计算

由雷诺方程求得压力分布以后，进而可以计算流体润滑的静态特性，包括承载量、摩擦力、流量等。

1. *承载量 W*

在整个润滑膜范围内，将压力 $p(x,y)$ 积分就可求得润滑膜承载量，即

$$W=\iint p\mathrm{d}x\mathrm{d}y$$

2. *摩擦力 F*

润滑膜作用在固体表面的摩擦力可以将与表面接触的流体层中的剪应力沿整个润滑膜范围内积分而求得。将式(2-5)代入牛顿黏性定律，流体的剪应力为

$$\tau=\eta\frac{\partial u}{\partial z}=\frac{1}{2}\frac{\partial p}{\partial x}(2z-h)+(U_h-U_0)\frac{\eta}{h}$$

对 $z=0$ 和 $z=h$ 表面上的剪应力积分，得

$$F_0 = \iint \tau \mid_{z=0} \mathrm{d}x\mathrm{d}y$$

$$F_h = \iint \tau \mid_{z=h} \mathrm{d}x\mathrm{d}y$$

式中，F_0 和 F_h 分别是 $z=0$ 和 $z=h$ 表面上的摩擦力。

摩擦力求得之后，进而可以确定摩擦因数 $\mu=F/W$，以及摩擦功率损失和因黏性摩擦所产生的发热量。

3. 润滑剂流量 Q

通过润滑膜边界流出的流量可以按下式计算：

$$Q_x = \int q_x \mathrm{d}y$$

$$Q_y = \int q_y \mathrm{d}x$$

将各个边界的流出流量总和加起来即求得总流量。计算流量的必要性在于确定必须的供油量以保证润滑油填满间隙。同时，流量的多少影响对流散热的程度，根据流出流量和摩擦功率损失还可以计算润滑膜的热平衡温度。

2.3 接触问题的弹性力学基础

Hertz 接触理论是根据完全弹性体的静态接触条件得出的，通常被用来计算曲面接触副的弹性变形和应力场，因此，是弹流润滑和接触疲劳磨损研究的理论基础之一。

2.3.1 线接触问题

1. 几何模拟与弹性模拟

工程实际中的接触表面可能是各种形状的曲面，但由于接触区的宽度远小于接触点的曲率半径，因而可以对接触表面作适当的几何简化。

由于弹流润滑研究只涉及接触点附近的区域，所以一般两表面的线接触问题可以用两个半径分别与接触点的曲率半径相等的圆柱体的接触来近似。这两个圆柱体接触还可以进一步变换为一个当量圆柱与一个平面的接触，使它们构成的间隙形状与实际情况相近，如图 2-4 所示。

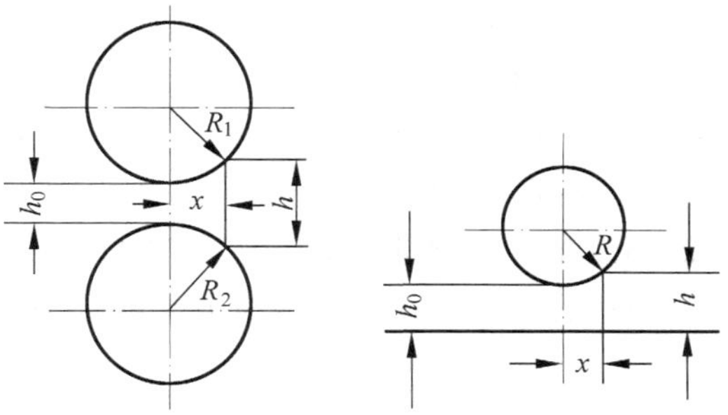

(a) (b)

图 2-4 油膜间隙与当量圆柱

图 2-4(a)所示的两个圆柱所构成的间隙，即油膜厚度可以由几何关系求得

$$h = h_0 + (R_1 - \sqrt{R_1^2 - x^2}) + (R_2 - \sqrt{R_2^2 - x^2}) \approx h_0 + \frac{x^2}{2R}$$

式中

$$R = \frac{R_1 R_2}{R_1 + R_2} \tag{2-11}$$

这里，R 为当量曲率半径，如图 2-4(b)所示。

如果两个圆柱的中心处于接触点的同一侧，且 $R_1 > R_2$，当量曲率半径为

$$R = \frac{R_1 R_2}{R_1 - R_2} \tag{2-12}$$

图 2-4(b)的间隙形状和图 2-4(a)的间隙形状有相同的方程，因此它们的润滑情况是等效的。此外，根据弹性模拟原则还可以用一个具有当量弹性模量 E' 的弹性圆柱与一刚性平面的接触来代替弹性模量分别为 E_1 和 E_2、泊松比分别为 μ_1 和 μ_2 的两个弹性圆柱的接触，使当量弹性圆柱的接触变形等于两个弹性圆柱接触时的变形之和。这一当量弹性模量为

$$\frac{1}{E'} = \frac{1}{2}\left(\frac{1-\mu_1^2}{E_1} + \frac{1-\mu_2^2}{E_2}\right) \tag{2-13}$$

综上所述，两个任意截面的弹性柱体的接触问题，经过几何模拟和弹性模拟，最终可变换为具有当量曲率半径 R 和当量弹性模量 E' 的弹性圆柱与刚性平面的接触问题，它们的润滑结果是等效的。因此，在弹流润滑研究中，只需要讨论这种当量润滑问题。

2. 接触应力与接触区尺寸

如图 2-5 所示，两个弹性圆柱在载荷 W 作用下相互挤压，接触线扩展成为一个狭长的面。如前所述，两个弹性圆柱的接触，可等效为一当量弹性圆柱和一刚性平面的接触问题，因此在弹流润滑研究中，可以将接触区视为平面。

根据 Hertz 弹性接触理论，接触区的半宽 b 为

$$b = \left(\frac{8WR}{\pi LE'}\right)^{1/2} \tag{2-14}$$

式中，R 为当量曲率半径；E' 为当量弹性模量；L 为圆柱长度。

在接触区上，表面接触应力依照半椭圆规律分布，即

$$p = p_0\left(1 - \frac{x^2}{b^2}\right)^{1/2} \tag{2-15}$$

式中，p 为接触应力；p_0 为最大接触应力，它可按下式计算

$$p_0 = \frac{2W}{\pi bL} = \left(\frac{WE'}{2\pi RL}\right)^{1/2} = \frac{E'b}{4R} \tag{2-16}$$

在接触体表层内，作用在接触区中心线(图 2-6 的 Z 轴)上的主应力 σ_x、σ_y 和 σ_z 均为压应力，图 2-6 给出这些主应力沿 Z 轴变化的曲线。

虽然各主应力的最大值都发生在接触表面，但主要影响材料接触疲劳的 45°剪应力的最大值却发生在接触体内。分析表明，最大的 45°剪应力是由 σ_x 和 σ_z 构成的，即

$$\tau_{zx} = \frac{1}{2}(\sigma_z - \sigma_x)$$

它的最大值 $\tau_{zx,\max} = 0.301 p_0$，作用在距表面 $0.786b$ 处，它对接触疲劳磨损有重要作用。

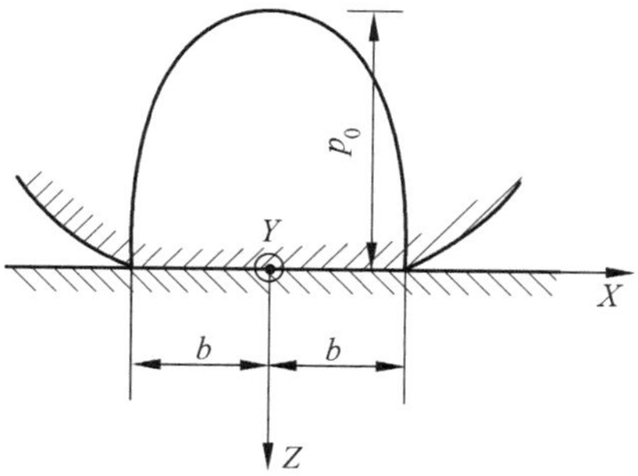

图 2-5　线接触问题

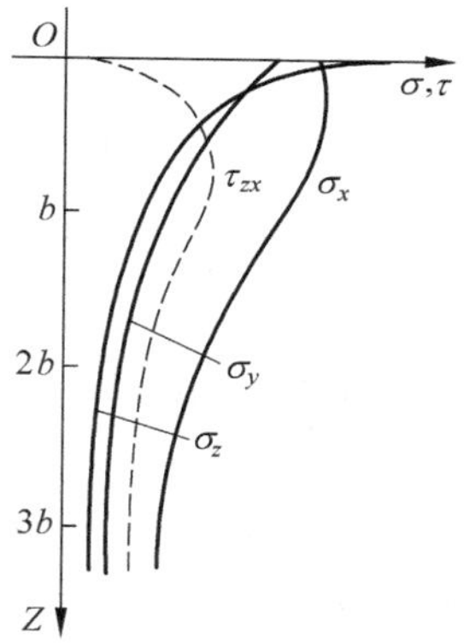

图 2-6　接触体内沿中心线上的应力变化曲线

2.3.2　点接触问题

1. 接触几何关系

点接触的一般情况是椭圆接触，即接触区为椭圆。两个任意形状的物体的接触可以表示为以接触点处的两个主曲率半径构成的椭圆体相接触。

图 2-7 给出两个任意形状物体接触时接触点附近的几何关系。两物体在各自的两个正交主平面上接触点的主曲率半径分别为 R_{1x}、R_{1y} 和 R_{2x}、R_{2y}。正交主平面与公切面的交线为坐标轴 X_1、Y_1 及 X_2、Y_2，两组坐标轴相互夹角为 γ。

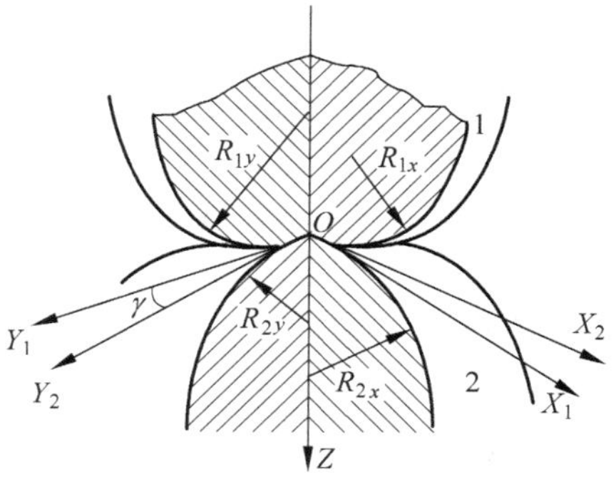

图 2-7　点接触问题的一般情况

在工程问题中，通常 $\gamma=0$。如果忽略高阶微量，则两物体邻近接触点的表面可用以下方程表示

$$\left.\begin{aligned} z_1 &= A_1x^2 + A_2xy + A_3y^2 \\ z_2 &= B_1x^2 + B_2xy + B_3y^2 \end{aligned}\right\} \tag{2-17}$$

式中，A_1、A_2、A_3 和 B_1、B_2、B_3 都是常数。

沿 Z 轴方向上两物体表面间的距离 s 为

$$s = z_2 - z_1 = (B_1 - A_1)x^2 + (B_2 - A_2)xy + (B_3 - A_3)y^2$$

通过适当选取 X 和 Y 坐标轴方向，总可以使方程(2-17)不含 xy 项，于是两物体表面间

的距离表示为

$$s = Ax^2 + By^2 \tag{2-18}$$

式中，常数 A、B 与两物体的几何形状有关，它们的数值为

$$A + B = \frac{1}{2}\left(\frac{1}{R_{1x}} + \frac{1}{R_{1y}} + \frac{1}{R_{2x}} + \frac{1}{R_{2y}}\right)$$

$$B - A = \frac{1}{2}\left[\left(\frac{1}{R_{1x}} - \frac{1}{R_{1y}}\right)^2 + \left(\frac{1}{R_{2x}} - \frac{1}{R_{2y}}\right)^2 + 2\left(\frac{1}{R_{1x}} - \frac{1}{R_{1y}}\right)\left(\frac{1}{R_{2x}} - \frac{1}{R_{2y}}\right)\cos 2\gamma\right]^{1/2} \tag{2-19}$$

由式(2-18)可知，在 XOY 平面上，s 的等值线是一族椭圆。若将两物体沿 Z 轴方向施加载荷压紧，弹性变形后的接触区将具有椭圆边界。

2. 接触应力与接触区尺寸

根据 Hertz 接触理论，接触应力在接触区内按照椭球体规律分布。如果以 a、b 分别表示接触区椭圆的长、短半轴，当接触椭圆的短轴方向与 X 轴相重合时，接触应力 p 为

$$p = p_0\left(1 - \frac{x^2}{b^2} - \frac{y^2}{a^2}\right)^{\frac{1}{2}} \tag{2-20}$$

最大 Hertz 接触应力 p_0 为

$$p_0 = \frac{3W}{2\pi ab} \tag{2-21}$$

式中，W 为总载荷。

在工程设计中，接触椭圆的尺寸 a 和 b 的数值可以采用下列公式计算

$$a = k_a\left[\frac{3W}{2E'(A+B)}\right]^{1/3} \tag{2-22}$$

$$b = k_b\left[\frac{3W}{2E'(A+B)}\right]^{1/3} \tag{2-23}$$

若令

$$\cos\theta = \frac{B-A}{B+A} \tag{2-24}$$

从图 2-8 中，根据 θ 可以得到 k_a 和 k_b 的数值。

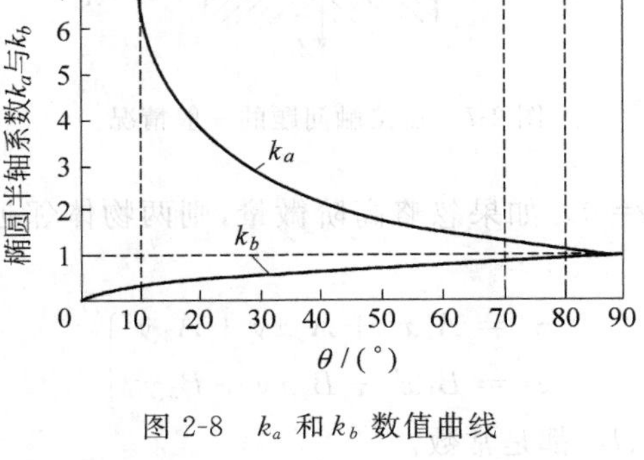

图 2-8　k_a 和 k_b 数值曲线

由以上各公式可以看出，最大接触应力与载荷不呈线性关系。在线接触问题中，最大接触应力与载荷的平方根成正比，而点接触的最大的接触应力与载荷的立方根成正比。这是

由于随着载荷的增加，接触面积也增大，使接触面上的最大接触应力的增加比载荷增加缓慢。应力与载荷呈非线性关系是弹性接触问题的重要特征。接触问题的另一个特征是接触应力的大小与材料的弹性模量和泊松比有关，这是因为接触面积与接触物体的弹性变形情况有关的缘故。

在工程实际中，最普遍的点接触问题是两个接触物体的主平面相互重合，即图 2-7 中的 γ 角为 0°或 90°。由于它相对简单且具有普遍性，迄今为止的点接触弹流理论研究仅限于这类问题。

如图 2-9 所示，$\gamma=0°$或 90°，如果选择两个主平面作为坐标轴 X 和 Y 的方向，并记 XOZ 平面内两物体在接触点处的主曲率半径分别为 R_{x1} 和 R_{x2}，而 YOZ 平面内的主曲率半径分别为 R_{1y} 和 R_{2y}，于是，由式(2-18)和式(2-19)得

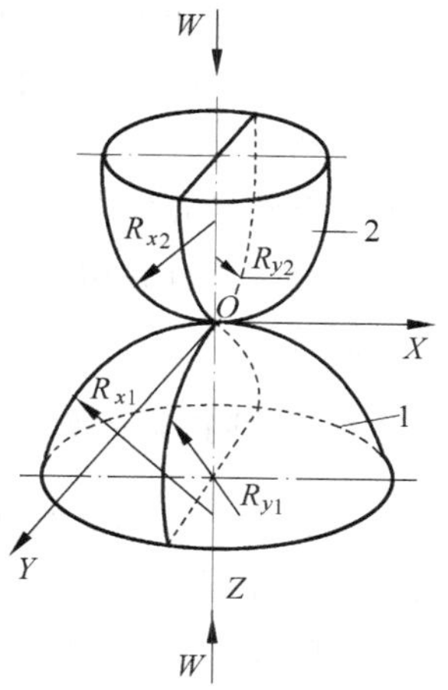

图 2-9　主平面重合的点接触

$$s=\frac{x^2}{2R_x}+\frac{y^2}{2R_y} \tag{2-25}$$

其中

$$\frac{1}{R_x}=\frac{1}{R_{x1}}+\frac{1}{R_{x2}} \tag{2-26}$$

$$\frac{1}{R_y}=\frac{1}{R_{y1}}+\frac{1}{R_{y2}} \tag{2-27}$$

由此可见，两个弹性物体的点接触问题可以视为在接触点处具有当量主曲率半径 R_x、R_y 和当量弹性模量 E'的弹性椭球体与刚性平面相接触。

如果图 2-9 所示的两表面之间存在润滑油膜，且接触中心 O 点的中心膜厚为 h_c，在油膜压力作用下表面产生的弹性变形为 $\delta(x,y)$，那么油膜厚度的表达式可以写为

$$h(x,y)=h_c+s(x,y)+\delta(x,y)-\delta(0,0)$$

即

$$h(x,y)=h_c+\frac{x^2}{2R_x}+\frac{y^2}{2R_y}+\delta(x,y)-\delta(0,0) \tag{2-28}$$

由于中心膜厚 $h_c=h_0+\delta(0,0)$，这里 h_0 为刚体中心膜厚，所以油膜几何方程又可以表达为

$$h(x,y)=h_0+\frac{x^2}{2R_x}+\frac{y^2}{2R_y}+\delta(x,y) \tag{2-29}$$

在弹流润滑计算中，式(2-28)和式(2-29)两种形式的油膜几何方程均可采用。注意 h_0 不是真正意义上的膜厚，有可能是负值，但膜厚 h 不能为负。

2.4　弹性流体动压润滑(入口区分析)

弹性流体动压润滑(elasto-hydrodynamic lubrication)简称为弹流润滑(EHL 或 EHD)，是摩擦学近 40 年来发展的重要领域，它主要研究名义上是点、线接触摩擦副的润滑问题。弹流润滑问题的特征是：由于摩擦副的载荷集中作用，接触区内的压力很高，因而在润滑计

算中要考虑接触表面的弹性变形和润滑剂的黏压效应。这样，弹流润滑理论在数学上就比较复杂，通常只能应用计算机进行数值计算求解。有关弹流润滑问题的数值求解方程将在下一章介绍。

本节介绍 Грубин[3] 在 1949 年提出的弹流润滑入口区分析方法，首次将雷诺流体润滑理论和 Hertz 弹性接触理论[4]联系起来处理弹流润滑问题，并给出线接触等温弹流润滑问题的近似解。

2.4.1 线接触的弹性变形

如图 2-10 所示，点画线表示半径为 R 的弹性圆柱与刚性平面在无载荷时相互接触的情况。当施加载荷 W 后，两表面相互挤压而产生位移，变形后的情况如图中实线所示。显然，在接触应力作用下，接触区以外的表面也产生变形。

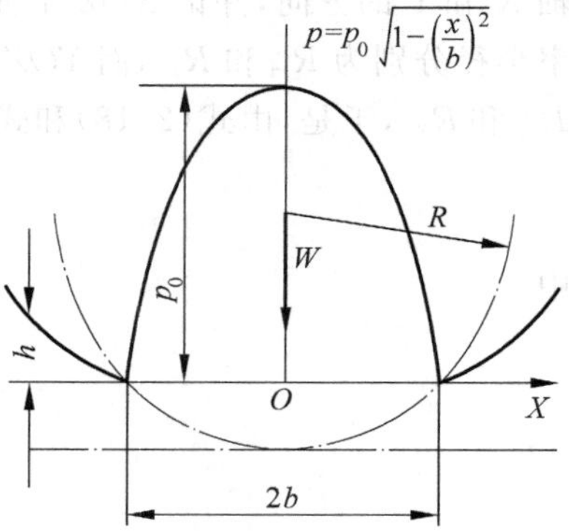

图 2-10 Hertz 线接触的变形

根据 Hertz 理论，在接触区以外的间隙方程为

$$h=\frac{2bp_0}{E'}\left[\frac{x}{b}\sqrt{\frac{x^2}{b^2}-1}-\ln\left(\frac{x}{b}+\sqrt{\frac{x^2}{b^2}-1}\right)\right] \tag{2-30}$$

令 $E_L=\pi E'$ 称为拉梅常数；令

$$\delta=4\left[\frac{x}{b}\sqrt{\frac{x^2}{b^2}-1}-\ln\left(\frac{x}{b}+\sqrt{\frac{x^2}{b^2}-1}\right)\right]$$

可知，δ 是 x 的函数，并且只有当 $\left|\frac{x}{b}\right|\geqslant 1$ 时，δ 才有意义。

将上述关系式代入式(2-30)，并利用式(2-16)可得

$$h=\frac{W}{E_L L}\delta$$

2.4.2 考虑黏压效应的雷诺方程

将 Barus 黏压关系式 $\eta=\eta_0 e^{\alpha p}$ 代入一维雷诺方程，有

$$\frac{dp}{dx}=12U\eta_0 e^{\alpha p}\frac{h-\bar{h}}{h^3} \tag{2-31}$$

若令诱导压力 $q=\frac{1-e^{-\alpha p}}{\alpha}$，则

$$\frac{dq}{dx}=-\frac{1}{\alpha}\frac{d}{dx}e^{-\alpha p}=e^{-\alpha p}\frac{dp}{dx}$$

将上式代入式(2-31)，即可求得考虑黏压效应的雷诺方程

$$\frac{dq}{dx}=12U\eta_0\frac{h-\bar{h}}{h^3} \tag{2-32}$$

式(2-32)表明：经变换以后，用诱导压力 q 来代替压力 p，考虑黏压关系的雷诺方程与等黏度的雷诺方程的形式相同。

2.4.3　入口分析与讨论

Грубин 对于线接触弹流润滑问题做了如下十分巧妙的推论：

(1) 在接触区绝大部分的压力很高，以致 $e^{-\alpha p}$ 趋于 0，因而诱导压力 $q=\frac{1}{\alpha}(1-e^{-\alpha p})$ 趋于 $\frac{1}{\alpha}$，即常数。如果在接触区内 q 值为常数，则 $\frac{dq}{dx}=0$，由雷诺方程(2-32)得知 $h=\bar{h}=h_0$，即接触区内油膜厚度为一常量，在接触区内形成平行间隙。进一步可推断，在接触区内，不论有无油膜存在，其压力分布相同，即按照 Hertz 分布。

(2) 由于接触区内的油膜压力比接触区以外的入口区($x<-b$)高得多，可以认为，弹性柱体的变形只取决于接触区内的 Hertz 压力分布，也就是说在接触区以外仍然保持无油膜时的弹性变形，间隙形状可按下式计算

$$h = h_0 + \frac{W}{E_L L}\delta \tag{2-33}$$

(3) 如图 2-11 所示，入口区形成收敛间隙所产生的流体动压 p 在 $x=-b$ 处应满足压力相等的条件，即 $q=1/\alpha$。根据这一条件便可求得油膜厚度 h_0 值。

图 2-11 给出 Грубин 分析的压力分布和油膜形状。以上的推论被以后的精确计算和实验证明基本符合实际。

应当指出，Грубин 理论只限于入口区分析，而在出口区情况更为复杂，也需要对 Hertz 压力分布和变形进行修正，否则不能满足流量连续条件。这是由于在接触中心处 $dp/dx=0$，只存在速度流动，其流量为 Uh_0。但在 $x=+b$ 处，压力梯度 $dp/dx=-2p_0/b$，因而在出口区除速度流动之外还存在相当大的压力流动，总流量要比接触中心的大得多。

图 2-12 是线接触弹流润滑数值解的结果。可以看到：为了满足流量连续条件，出口区表面的弹性变形趋于恢复，使间隙减小形成颈缩。通常颈缩处的最小油膜厚度 h_{min} 约是按 Грубин 公式求得，约为 h_0 的 75%。由于颈缩的存在，在相应的位置上将出现二次压力峰。颈缩和二次压力峰是弹流润滑的重要特征。

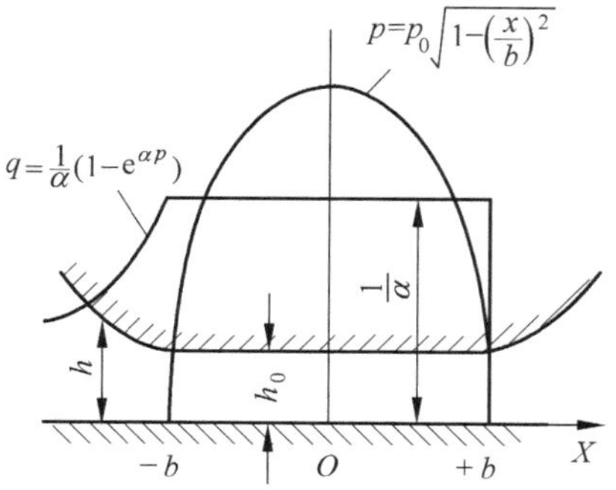

图 2-11　压力分布和油膜形状

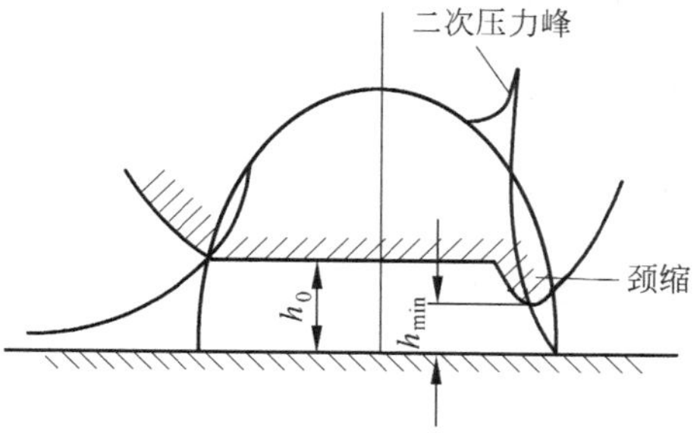

图 2-12　弹流压力与膜厚的数值解

2.4.4　Грубин 膜厚公式

将入口区的楔形间隙方程(2-33)代入考虑黏压效应的雷诺方程(2-32)得到

$$\frac{\mathrm{d}q}{\mathrm{d}x}=12U\eta_0\frac{W\delta}{E_{\mathrm{L}}Lh^3} \tag{2-34}$$

进行量纲化处理，令

$$Q=\left(\frac{W}{E_{\mathrm{L}}L}\right)^2\frac{q}{12U\eta_0 b},\quad X=\frac{x}{b},\quad H=\frac{hE_{\mathrm{L}}L}{W},\quad H_0=\frac{h_0E_{\mathrm{L}}L}{W}$$

由间隙方程得

$$H=H_0+\delta$$

将上述各关系式代入式(2-34)，雷诺方程量纲化形式变为

$$\frac{\mathrm{d}Q}{\mathrm{d}X}=\frac{\delta}{H^3}$$

根据边界条件，当 $X=-\infty$ 时，$Q=0$。而要求计算 $X=-1$ 处的 Q 值，所以可以采用下面的定积分，即

$$Q\mid_{X=-1}=\int_{-\infty}^{-1}\frac{\delta}{H^3}\mathrm{d}X=\int_{-\infty}^{-1}\frac{\delta}{(H_0+\delta)^3}\mathrm{d}X$$

在该积分式中，H_0 与 X 无关，δ 为 X 的函数，采用数值积分法对于一系列的 H_0 数值求出定积分值，然后将结果整理成经验关系式，即

$$Q\mid_{X=-1}=0.0986H_0^{-11/8} \tag{2-35}$$

如前所述，在 $x=-b$ 处应满足 $q=1/\alpha$ 的条件，则得 $Q\mid_{X=-1}=\left(\frac{W}{E_{\mathrm{L}}L}\right)^2\frac{1}{12U\eta_0 b\alpha}$。将这一结果代入式(2-35)，并代入 $E_{\mathrm{L}}=\pi E$，$b=\left(\frac{8WR}{\pi LE'}\right)^{1/2}$，经整理得

$$\frac{h_0}{R}=1.95\left[\frac{U\eta_0\alpha}{R}\right]^{8/11}\left(\frac{E'LR}{W}\right)^{1/11} \tag{2-36}$$

这就是弹流润滑理论中著名的Грубин公式。

为了便于分析比较，采用Dowson提出的量纲化参数来表示。这组量纲化参数为

油膜厚度参数 $H_0^*=\frac{h_0}{R}$

材料参数 $G^*=\alpha E'$

速度参数 $U^*=\frac{\eta_0 U}{E'R}$

载荷参数 $W^*=\frac{W}{E'RL}$

则Грубин公式为

$$H_0^*=1.95\frac{(G^*U^*)^{8/11}}{W^{*\,1/11}} \tag{2-37}$$

式(2-37)相当准确地给出了平均油膜厚度的近似值，通常它比测量值大20%左右。

Грубин提出的入口区分析弹流问题的近似方法被广泛地引用来处理弹流润滑的其他问题。例如，对于球与平面接触的弹流润滑，相当于Грубин理论的膜厚公式为

$$\frac{h_0}{R}=1.73\left[\frac{U\eta_0\alpha}{R}\right]^{5/7}\left(\frac{E'R^2}{W}\right)^{1/21} \tag{2-38}$$

2.5 润滑脂的润滑

润滑脂是在润滑油中加入稠化剂所制成的半固体胶状物质。常用的稠化剂是脂肪酸金属皂，这种皂纤维构成网状框架，其间储存润滑油。由于润滑脂是纤维组成的三维框架结构，它不能作层流流动，在润滑过程中呈现出复杂的宏观力学特性，即表现为具有时间效应的黏塑性流体。图 2-13 表示润滑脂的流变特性，其主要特点可归纳如下：

(1) 通常润滑脂的黏度随剪应变率的增加而降低，因而剪应力与剪应变率呈现非线性关系。

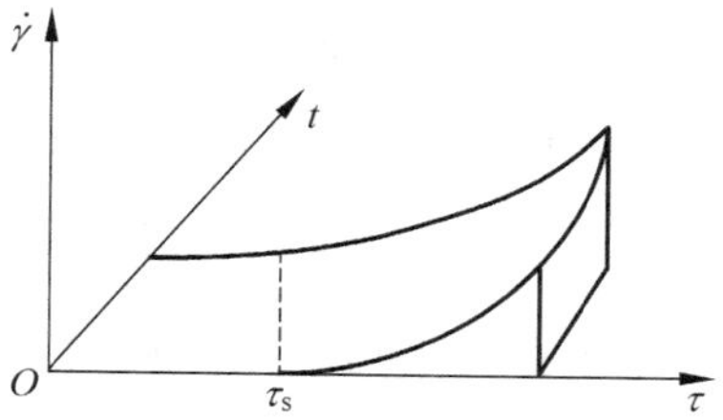

图 2-13　润滑脂流变特性

(2) 如图 2-13 所示，润滑脂具有屈服剪应力 τ_s，只有当施加的剪应力 $\tau>\tau_s$ 时，润滑脂才产生流动而表现出流体性质。当 $\tau\leqslant\tau_s$ 时，润滑脂表现为固体性质，并可具有一定的弹性变形。由于润滑脂具有屈服剪应力特性，使得润滑膜中剪应力 $\tau\leqslant\tau_s$ 的区域将出现无剪切流动层。在该流动层中，与流动速度垂直方向上的各点将具有相同的流速，即形成整体。

(3) 润滑脂具有触变性。当润滑脂在一定的剪应变率下流动时，随着剪切时间的延长，剪应力逐渐减小，即黏度随着时间而降低。而当剪切停止以后，黏度将部分地恢复。由此可见，脂润滑状态是处于动态的变化过程，而所谓的稳态润滑只能是相对稳定状态。

描述润滑脂流变特性的本构方程目前主要采用以下 3 种：

(1) Ostwald 模型

$$\tau = \phi\dot{\gamma}^n$$

(2) Bingham 模型

$$\tau = \tau_s + \phi\dot{\gamma}$$

(3) Herschel-Bulkley 模型

$$\tau = \tau_s + \phi\dot{\gamma}^n$$

式中，n 为流变指数；ϕ 为塑性黏度。

实践表明，Herschel-Bulkley 模型比较符合实验结果，在中低速范围时准确度更高。此外，当 $n=1$ 时，它转变为 Bingham 模型；而当 $\tau_s=0$ 时，为 Ostwald 模型。因此，Herschel-Bulkley 模型具有普遍性。

严格地说，流变参数 τ_s、ϕ 和 n 都应是温度和压力的函数。对于等温润滑问题可以不考虑温度的影响。而流变参数与压力的关系通常按简化处理，即认为流变指数 n 与压力 p 无关，而屈服剪应力 τ_s 和塑性黏度 ϕ 随压力 p 按指数关系变化。故

$$\left.\begin{aligned}\tau_s &= \tau_{s0}\,e^{\alpha p}\\ \phi &= \phi_0\,e^{\alpha p}\end{aligned}\right\} \tag{2-39}$$

式中，τ_{s0} 和 ϕ_0 为润滑脂在常压下的屈服剪应力和塑性黏度；α 为润滑脂所含基础油的黏压系数。

建立脂润滑方程的思路与油润滑问题相类似，根据本构方程以及微元体平衡条件和流

量连续条件推导雷诺方程。但是,由于润滑脂 Herschel-Bulkley 模型本构方程中含有屈服剪应力 τ_s,将润滑膜分割成无剪切流动层和剪切流动层两部分,必须分别处理,使推导过程复杂化。基于 Herschel-Bulkley 模型润滑脂的一维雷诺方程为

$$\frac{dp}{dx}=2\phi\left[2\left(2+\frac{1}{n}\right)\right]^n\frac{U^n(h-\bar{h})^n}{h^{2n+1}}\left[1-\frac{2\tau_s}{\frac{dp}{dx}h}\right]^{-(n+1)}\left[1+\frac{n}{n+1}\frac{2\tau_s}{\frac{dp}{dx}h}\right]^{-n} \tag{2-40}$$

关于方程(2-40)的推导读者可参见文献[5]、[6]。式中$\bar{h}$为 $dp/dx=0$ 处的膜厚。

若令 $\tau_s=0$,方程(2-40)将变为基于 Ostwald 模型的雷诺方程,即

$$\frac{dp}{dx}=\frac{2\phi}{h^{2n+1}}U^n\left[2\left(2+\frac{1}{n}\right)\right]^n(h-\bar{h})^n$$

若令 $\tau_s=0$ 和 $n=1$,方程(2-40)变换成牛顿流体一维雷诺方程

$$\frac{dp}{dx}=12\phi U\frac{h-\bar{h}}{h^3}$$

式中,ϕ 为动力黏度。

应当指出:根据不同工况可以推导得到不同形式的雷诺方程,它们的适用场合不完全相同,在使用过程中必须根据自己的情况加以选择和改造。

2.6 润滑状态图

2.6.1 线接触问题的润滑状态图

有关接触摩擦副的润滑问题,人们提出了从刚性等黏度润滑到弹性变黏度润滑等各种不同的理论,因而相应地得出各种不同的油膜厚度计算公式。然而,这些公式都有各自的适用范围,如果超出一定的参数范围来使用,必将产生较大的误差。

为了工程计算的方便,有必要划分各种润滑状态区和标明各种润滑公式的适用范围,为此,采用一组统一的量纲化参数,把各种润滑状态下的油膜厚度用图线或公式表示在同一张图上,这种线图常称为弹流润滑状态图或油膜厚度图。这里介绍 1977 年 Hooke 根据 Johnson 的研究进一步改进而编制的润滑状态图[7]。

在有关接触润滑的各种油膜厚度计算公式中,所采用的量纲化参数共有十多组,而每组由 3 或 4 个参数组成,各个参数的物理意义和表达形式也不相同。从数学上分析,若要表示油膜厚度与其他物理量之间的关系,只需要 3 个量纲化参数就够了。Johnson 在分析的基础上归纳了 3 个具有明确物理意义的量纲化参数,用这 3 个统一的量纲化参数可以表示接触润滑的各种膜厚公式。这 3 个量纲化参数为

膜厚参数 $$h_f=\frac{h_{min}W}{\eta_0 URL}$$

黏性参数 $$g_v=\left(\frac{\alpha^2W^3}{\eta_0UR^2L^3}\right)^{1/2}$$

弹性参数 $$g_e=\left(\frac{W^2}{\eta_0UE'RL^2}\right)^{1/2}$$

膜厚参数 h_f 表示实际最小油膜厚度与刚性润滑理论算得的油膜厚度相比较的大小,黏性参数 g_v 表示润滑剂的黏度随压力变化的大小,弹性参数 g_e 表示表面弹性变形的大小。

如果上述参数用 Dowson 提出的量纲化参数(见 2.4 节)来表示,则它们之间的关系式为

$$\left.\begin{aligned} h_f &= \frac{H_0^* W^*}{U^*} \\ g_v &= \frac{G^* W^{*3/2}}{U^{*1/2}} \\ g_e &= \frac{W^*}{U^{*1/2}} \end{aligned}\right\} \tag{2-41}$$

图 2-14 是 Hooke 提出的线接触弹流润滑状态图[7]。图中纵坐标为黏性参数 g_v,横坐标为弹性参数 g_e,并绘出通过计算求得的量纲化膜厚参数 h_f 的等值曲线,同时,以 4 条直线为界将整个图面划分成 4 个润滑状态区,给出了各区所适用的线接触润滑油膜厚度计算公式。

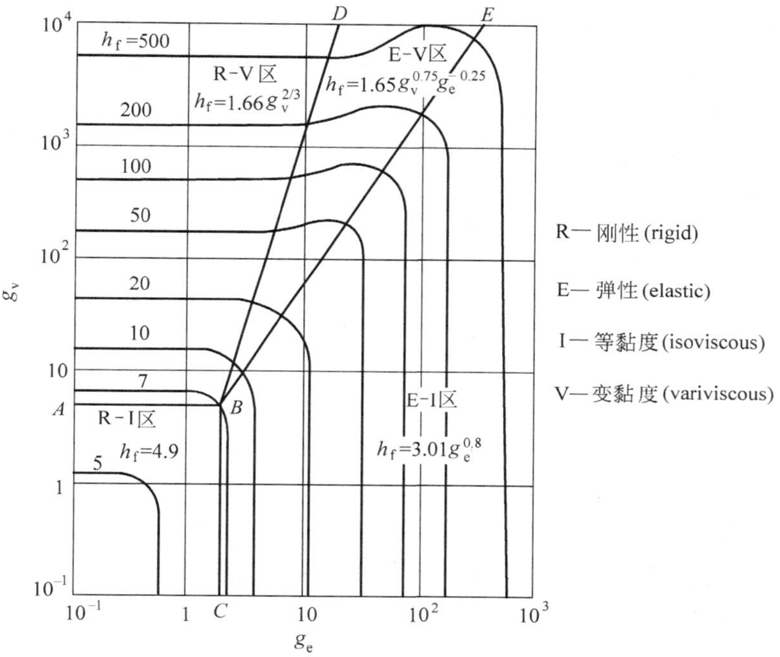

图 2-14　线接触弹流润滑状态图

如图 2-14 所示,汇交于 B 点的 4 条直线的方程式为

$$AB:\quad g_v = 5 \qquad\qquad BD:\quad g_v^{-1/3} g_e = 1$$

$$BC:\quad g_e = 2 \qquad\qquad BE:\quad g_v g_e^{-7/5} = 2$$

这 4 个润滑状态区的情况如下。

1. 刚性-等黏度(R-I)区

在此区域内,由于 g_v 和 g_e 数值都很小,也就是说压力使黏度无明显的变化,表面弹性变形甚微,因此黏压效应和弹性变形均可忽略不计。这种状态符合高速轻载时采用任何润滑剂的金属接触副的润滑条件。此时,可以根据 Martin 刚性等黏度润滑公式计算油膜厚度,即

$$h_f = 4.9, \quad 即 \quad h_{min} = \frac{4.9\eta_0 URL}{W} \tag{2-42}$$

可见,在刚性-等黏度区内,h_f 为定值,与 g_v 和 g_e 的大小无关。

2. 刚性-变黏度(R-V)区

在这一区内，g_e 仍然保持较低的数值，即表面弹性变形很小，可近似地按刚性处理。而 g_v 值较高，黏压效应成为不可忽视的因素，这种状态符合中等载荷时润滑剂的黏压效应比表面弹性变形影响更显著的金属接触副。此时，油膜厚度可按照 Blok 公式计算

$$h_f = 1.66 g_v^{2/3} \tag{2-43}$$

如果采用 Dowson 量纲化参数来表示 Blok 公式，则得

$$H_{min}^* = 1.66(G^* U^*)^{2/3}$$

Blok 公式写成有量纲形式，即

$$h_{min} = 1.66 (\eta_0 U \alpha)^{2/3} R^{1/3} \tag{2-44}$$

3. 弹性-等黏度(E-I)区

该区 g_v 的数值较低，因此可认为黏度保持不变。而 g_e 的数值较高说明表面弹性变形对润滑起着主要作用。这种状态符合表面变形显著而黏压效应相对影响很小的润滑条件，例如，采用任何润滑剂的橡胶接触副或者用水润滑的金属接触副等。

对于这种润滑状态，油膜厚度的计算可采用 Herrebrugh 公式。Hooke 根据数值计算的结果将该式修改为

$$h_f = 3.01 g_e^{0.8} \tag{2-45}$$

当采用 Dowson 量纲化参数时，Herrebrugh 公式为

$$H_{min}^* = 2.32 \frac{U^{*0.6}}{W^{*0.2}}$$

该公式的有量纲形式为

$$h_{min} = \frac{2.32 (\eta_0 U R)^{0.6} L^{0.2}}{E'^{0.4} W^{0.2}} \tag{2-46}$$

4. 弹性-变黏度(E-V)区

对于这种润滑状态，由于 g_v 和 g_e 的数值都很高，因而黏压效应和弹性变形对于油膜厚度具有综合影响。这种润滑状态符合重载荷条件下采用大多数润滑剂的金属接触副，油膜厚度根据 Dowson-Higginson 公式计算，即

$$h_f = 2.65 g_v^{0.54} g_e^{0.06}$$

参照其他学者得到的弹流润滑计算结果，通常将上式修正为

$$h_f = 1.65 g_v^{0.75} g_e^{-0.25} \tag{2-47}$$

计算表明，在各润滑状态区以内，按上述各膜厚公式的计算值和由图线查得的数值相差一般不大于 10%～20%。而在两个润滑区的交界线附近误差较大，最大误差不超过 30%。

在工程实际应用中，根据工况条件算出黏性参数 g_v 和弹性参数 g_e 的数值，再由这两个坐标值由图 2-14 确定对应的点。这样，就可以直接查出膜厚参数 h_f，或者根据该点所在润滑区相适应的公式计算油膜厚度。

2.6.2　点接触问题的润滑状态图

点接触弹流润滑理论的应用与线接触弹流相类似。对于不同的润滑区域应采用不同的油膜厚度公式，因而在计算前必须先利用润滑状态图确定实际机械所处的润滑区域。

1979 年，Hamrock 和 Dowson 提出了椭圆接触的润滑状态图[7]，采用 4 个量纲化参数，即

膜厚参数
$$h_f = \frac{h_{min}W^2}{\eta_0^2 U^2 R_x^3} = \frac{H_{min}^* W^{*2}}{U^{*2}} \tag{2-48}$$

黏性参数
$$g_v = \frac{\alpha W^3}{\eta_0^2 U^2 R_x^4} = \frac{G^* W^{*3}}{U^{*2}} \tag{2-49}$$

弹性参数
$$g_e = \left(\frac{W^4}{\eta_0^3 U^3 E' R_x^5}\right)^{2/3} = \frac{W^{*8/3}}{U^{*2}} \tag{2-50}$$

椭圆率
$$k = \frac{a}{b} = 1.03\left(\frac{R_y}{R_x}\right)^{0.64} \tag{2-51}$$

采用上述量纲化参数，椭圆接触问题的4个润滑状态区的最小油膜厚度计算公式如下。

(1) 刚性-等黏度润滑状态

$$\left.\begin{aligned} h_f &= 128\frac{R_y}{R_x}\phi^2\left[0.131\arctan\left(\frac{R_y}{2R_x}\right)+1.683\right]^2 \\ \frac{1}{\phi} &= 1+\frac{2R_x}{3R_y} \end{aligned}\right\} \tag{2-52}$$

(2) 刚性-变黏度润滑状态

$$h_f = 1.66 g_v^{2/3}(1-e^{-0.68k}) \tag{2-53}$$

(3) 弹性-等黏度润滑状态

$$h_f = 8.70 g_v^{-0.67}(1-0.85^{-0.31k}) \tag{2-54}$$

(4) 弹性-变黏度润滑状态

$$h_f = 3.42 g_v^{0.49} g_e^{0.17}(1-e^{-0.68k}) \tag{2-55}$$

图2-15和图2-16分别为$k=1$和$k=3$时椭圆接触润滑状态图。图中划分为4个润滑状态区域。椭圆接触的润滑状态图的应用与线接触润滑状态图相同，首先根据机械零件的工作条件确定参数g_v、g_e和k的数值，然后从图上查出所处的润滑状态区，最后选用相应的公式计算最小油膜厚度。

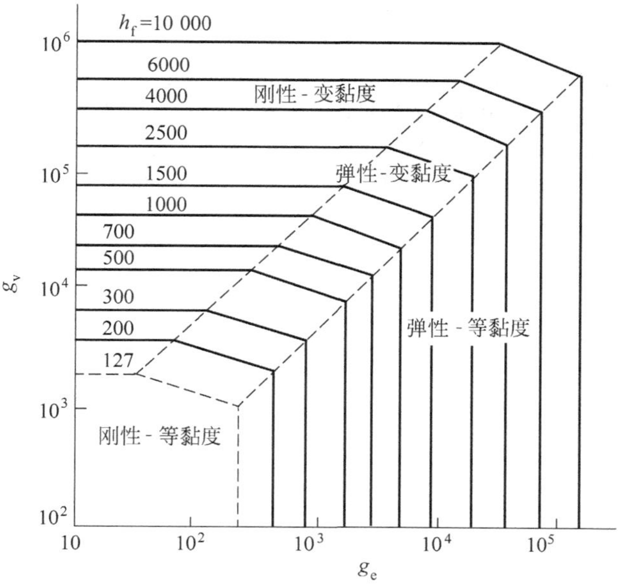

图2-15　$k=1$时椭圆接触润滑状态图

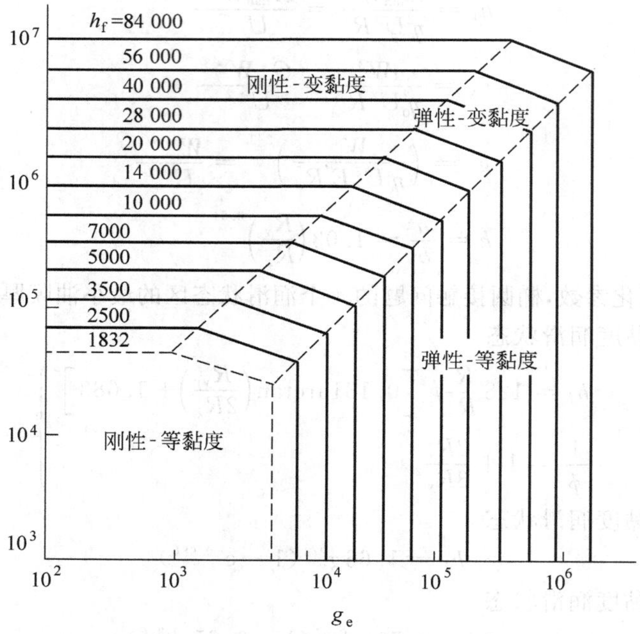

图 2-16 $k=3$ 时椭圆接触润滑状态图

参考文献

[1] 温诗铸. 摩擦学原理[M]. 北京：清华大学出版社，1990.

[2] 温诗铸，黄平. 摩擦学原理[M]. 2版. 北京：清华大学出版社，2002.

[3] ГРУБИН А Н. Основы гидродинамической теории смазки тяжелонгруженных чилиндрических поверхностей[J]. цнитмащ，1949(30)：126-184.

[4] TIMOSHENKO S，GOODIER J N. Theory of Elasticity[M]. New York：McGraw-Hill，1973.

[5] 应自能. 润滑脂的流变特性及其弹流润滑机理的研究[D]. 北京：清华大学，1985.

[6] 温诗铸，杨沛然. 弹性流体动力润滑[M]. 北京：清华大学出版社，1992.

[7] DOWSON D，HIGGINSON G R. Elasto-hydrodynamic Lubrication[M]. London：Pergamon Press，1997.

第3章　润滑计算的数值解法

各种流体润滑问题都涉及在狭小间隙中的流体黏性流动，描写这种物理现象的基本方程为雷诺方程，它的普遍形式是

$$\frac{\partial}{\partial x}\left(\frac{\rho h^3}{\eta}\frac{\partial p}{\partial x}\right)+\frac{\partial}{\partial y}\left(\frac{\rho h^3}{\eta}\frac{\partial p}{\partial y}\right)=6\left(U\frac{\partial \rho h}{\partial x}+V\frac{\partial \rho h}{\partial y}+2\frac{\partial \rho h}{\partial t}\right) \tag{3-1}$$

这个椭圆形的偏微分方程仅仅对于特殊的间隙形状才可能求得解析解，而对于复杂的几何形状或工况条件下的润滑问题，无法用解析方法求得精确解。随着电算技术的迅速发展，数值法成为求解润滑问题的有效途径。

数值法是将偏微分方程转化为代数方程组的变换方法。它的一般原则是：首先将求解域划分成有限个数的单元，并使每一个单元充分微小，以至于可以认为在各单元内的未知量(例如油膜压力 p)相等或者依照线性变化，而不会造成很大的误差。然后，通过物理分析或数学变换方法，将求解的偏微分方程写成离散形式，即将它转化为一组线性代数方程。该代数方程组表示了各个单元的待求未知量与周围各单元未知量的关系。最后，根据 Gauss 消去法或者 Gauss-Seidel 迭代法求解代数方程组，从而求得整个求解域上的未知量。

用来求解雷诺方程的数值方法很多，最常用的是有限差分法、有限元法和边界元法，这些方法都是将求解域划分成许多个单元，但是处理方法各不相同。在有限差分法和有限元法中，代替基本方程的函数在求解域内是近似的，但完全满足边界条件。而边界元法所用的函数在求解域内完全满足基本方程，但是却近似地满足边界条件。

能量方程和弹性变形方程是流体润滑问题中考虑热效应和表面弹性变形时必须求解的重要方程，在本章中也将介绍它们的数值解法。近年发展的多重网格法在润滑计算中得到广泛的应用。本章的最后还将介绍如何用多重网格法求解微分方程和积分方程。

3.1　雷诺方程的数值解法

3.1.1　有限差分法

根据边界条件求解雷诺方程，这在数学上称为边值问题。在流体润滑计算中，有限差分法的应用最为普遍。现将有限差分法求数值解的步骤和方法说明如下。

首先，将所求解的偏微分方程量纲化。这样做的目的是减少自变量和因变量的数目，同时用量纲化参数表示的解具有通用性。

然后，将求解域划分成等距的或不等距的网格。图 3-1 为等距网格，在 X 方向有 m 个节点，Y 方向有 n 个节点，总计 $m\times n$ 个节点。网格划分的疏密程度根据计算精度要求确定。有时为提高计算精度，可在未知量变化剧烈的区段内细化网格，即采用两种或几种不同

间距的分格,或者采用按一定比例递减的分格方法。

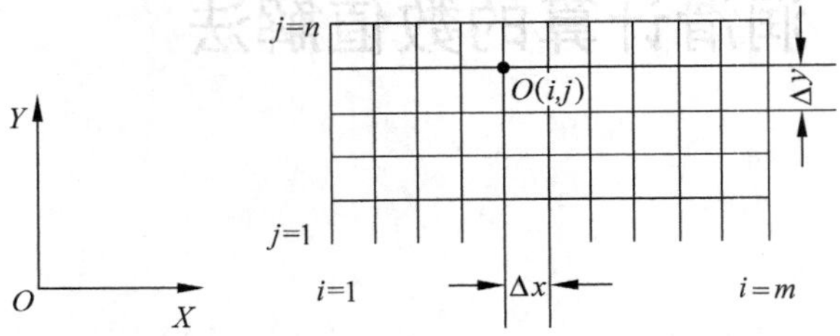

图 3-1　等距网格划分

如果用 ϕ 代表所求的未知量(例如油膜压力 p),则变量 ϕ 在整个域中的分布可以用各节点的 ϕ 值来表示。根据差分原理,任意节点 $O(i,j)$ 的一阶和二阶偏导数都可以由其周围节点的变量值来表示。

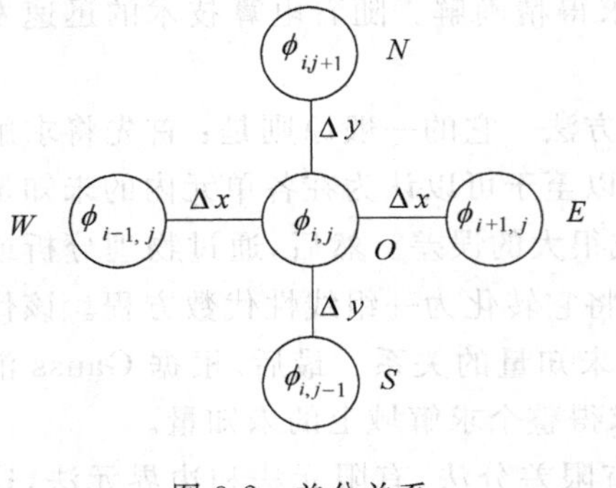

图 3-2　差分关系

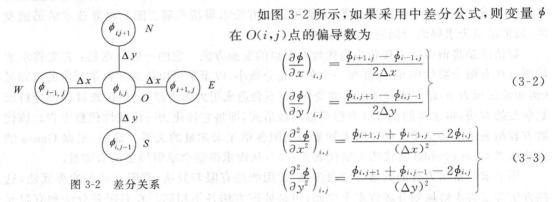

如图 3-2 所示,如果采用中差分公式,则变量 ϕ 在 $O(i,j)$ 点的偏导数为

$$\left.\begin{aligned}\left(\frac{\partial\phi}{\partial x}\right)_{i,j}&=\frac{\phi_{i+1,j}-\phi_{i-1,j}}{2\Delta x}\\\left(\frac{\partial\phi}{\partial y}\right)_{i,j}&=\frac{\phi_{i,j+1}-\phi_{i,j-1}}{2\Delta y}\end{aligned}\right\}\tag{3-2}$$

$$\left.\begin{aligned}\left(\frac{\partial^2\phi}{\partial x^2}\right)_{i,j}&=\frac{\phi_{i+1,j}+\phi_{i-1,j}-2\phi_{i,j}}{(\Delta x)^2}\\\left(\frac{\partial^2\phi}{\partial y^2}\right)_{i,j}&=\frac{\phi_{i,j+1}+\phi_{i,j-1}-2\phi_{i,j}}{(\Delta y)^2}\end{aligned}\right\}\tag{3-3}$$

在求解域的边界上或者根据计算要求也可采用前差分公式,即

$$\left.\begin{aligned}\left(\frac{\partial\phi}{\partial x}\right)_{i,j}&=\frac{\phi_{i+1,j}-\phi_{i,j}}{\Delta x}\\\left(\frac{\partial\phi}{\partial y}\right)_{i,j}&=\frac{\phi_{i,j+1}-\phi_{i,j}}{\Delta y}\end{aligned}\right\}\tag{3-4}$$

或者用后差分公式,即

$$\left.\begin{aligned}\left(\frac{\partial\phi}{\partial x}\right)_{i,j}&=\frac{\phi_{i,j}-\phi_{i-1,j}}{\Delta x}\\\left(\frac{\partial\phi}{\partial y}\right)_{i,j}&=\frac{\phi_{i,j}-\phi_{i,j-1}}{\Delta y}\end{aligned}\right\}\tag{3-5a}$$

通常,中差分的精度最高,若采用下面的中差分表达式,则精度更高,例如

$$\left(\frac{\partial\phi}{\partial x}\right)_{i,j}=\frac{\phi_{i+1/2,j}-\phi_{i-1/2,j}}{\Delta x}\tag{3-5b}$$

以 ϕ 表示润滑膜压力,将雷诺方程写成二维二阶偏微分方程的标准形式,即

$$A\frac{\partial^2\phi}{\partial x^2}+B\frac{\partial^2\phi}{\partial y^2}+C\frac{\partial\phi}{\partial x}+D\frac{\partial\phi}{\partial y}=E$$

式中,A、B、C、D 和 E 均为已知量。

将上述方程应用到各个节点，根据中差分公式(3-2)和式(3-3)用差商代替偏导数，即可求得各节点的变量 $\phi_{i,j}$ 与相邻各节点变量的关系。这种关系可以写成

$$\phi_{i,j} = C_N\phi_{i,j+1} + C_S\,\phi_{i,j-1} + C_E\,\phi_{i+1,j} + C_W\,\phi_{i-1,j} + G \tag{3-6}$$

式(3-6)中各系数值随节点位置而改变。其中

$$C_N = \left(\frac{B}{\Delta y^2} + \frac{D}{2\Delta y}\right)\Big/K$$

$$C_S = \left(\frac{B}{\Delta y^2} - \frac{D}{2\Delta y}\right)\Big/K$$

$$C_E = \left(\frac{A}{\Delta x^2} + \frac{C}{2\Delta x}\right)\Big/K$$

$$C_W = \left(\frac{A}{\Delta x^2} - \frac{C}{2\Delta x}\right)\Big/K$$

$$G = -\frac{E}{K},\quad K = 2\left(\frac{A}{\Delta x^2} + \frac{B}{\Delta y^2}\right)$$

方程(3-6)是有限差分法的计算方程，对于每个节点都可以写出一个方程，而在边界上的节点变量应满足边界条件，它们的数值是已知量。这样，就可以求得一组线性代数方程。方程与未知量数目相一致，所以可以求解。采用消去法或迭代法求解代数方程组，并使计算结果满足一定的收敛精度，最终求得整个求解域上各节点的变量值。

以下介绍流体润滑问题的有限差分法求解。

1. 流体静压润滑

在稳定工况下，流体静压润滑的油膜厚度 h 为常数，若不考虑相对滑动和热效应，则黏度 η 也是常数。这时雷诺方程可简化为 Laplace 方程，即

$$\nabla^2 p = \frac{\partial^2 p}{\partial x^2} + \frac{\partial^2 p}{\partial y^2} = 0 \tag{3-7}$$

将上式量纲化，令 $x=XA$，$y=YB$，A、B 为几何尺寸；$p=Pp_r$，p_r 为油腔压力；$\alpha=A^2/B^2$；则量纲化雷诺方程为

$$\frac{\partial^2 P}{\partial X^2} + \alpha\frac{\partial^2 P}{\partial Y^2} = 0 \tag{3-8}$$

求解方程(3-8)的边界条件为

(1) 在油腔内 $P=1$；

(2) 在四周边缘上 $P=0$。

将中差分公式(3-3)代入基本方程(3-8)得

$$\frac{P_{i+1,j} + P_{i-1,j} - 2P_{i,j}}{\Delta X^2} + \alpha\frac{P_{i,j+1} + P_{i,j-1} - 2P_{i,j}}{\Delta Y^2} = 0 \tag{3-9}$$

给出边界条件即可由方程(3-9)求得油膜压力分布的数值解。

2. 流体动压润滑

用于不可压缩流体动压润滑轴承的雷诺方程为

$$\frac{\partial}{\partial x}\left(\frac{h^3}{\eta}\frac{\partial p}{\partial x}\right) + \frac{\partial}{\partial y}\left(\frac{h^3}{\eta}\frac{\partial p}{\partial y}\right) = 6U\frac{\partial h}{\partial x} \tag{3-10}$$

当 h 是 x、y 的已知函数时，对于等黏度润滑问题而言，方程(3-10)是线性的。对于变黏度润滑问题，则需要考虑黏度随温度或压力的变化，特别是呈非牛顿性的润滑剂的黏度还

受各点速度梯度的影响，则方程(3-10)变成非线性偏微分方程，求解过程较为复杂。

1) 准二维问题求解

在润滑问题的工程计算中，往往采用准二维简化方法。其要点是对于二维变化的油膜压力，预先给定沿某一坐标方向(如轴向)的变化规律，再将这一规律代入二维的雷诺方程，即变换为容易求解的一维问题。

根据 Ocvirk 对无限短轴承的分析，油膜压力 p 沿 Y 方向(即轴向)的分布规律为抛物线，即

$$p = p_c(1 - Y^{\phi}) \tag{3-11}$$

式中，p_c 为轴向中间断面上的压力；Y 为量纲化坐标；ϕ 为指数。实践表明，将轴向压力分布指数 ϕ 取为 2 适合大多数有限长轴承的情况。

下面以斜面楔形滑块的等黏度润滑计算为例说明雷诺方程的准二维解法。图 3-3 所示为有限长斜面滑块。

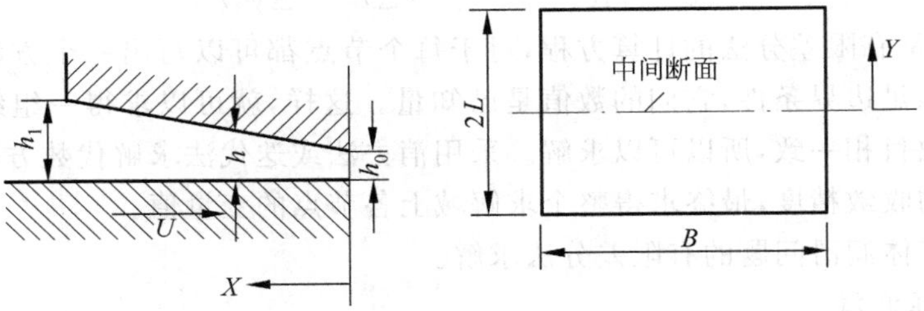

图 3-3 斜面滑块

若令

$$x = XB$$

$$y = YL$$

$$p = P\,\frac{6\eta UB}{h_0^2}$$

$$\alpha = \frac{B^2}{L^2}$$

$$h = h_0\left(1 + X\,\frac{h_1 - h_0}{h_0}\right) = Hh_0$$

代入式(3-10)后得量纲化基本方程：

$$\frac{\partial^2 P}{\partial X^2} + \alpha\,\frac{\partial^2 P}{\partial Y^2} + \frac{3}{H}\,\frac{\mathrm{d}H}{\mathrm{d}X}\,\frac{\partial P}{\partial X} = \frac{1}{H^3}\,\frac{\mathrm{d}H}{\mathrm{d}X} \tag{3-12}$$

这种形式的方程被称为 Poisson 方程。

再将 $P = P_c(1 - Y^2)$ 代入方程(3-12)，则变换成只含变量 P_c 和 X 的方程，即可求解中间断面上量纲化压力 P_c 随 X 的变化。因而

$$\frac{\partial^2 P_c}{\partial X^2} + \frac{3}{H}\,\frac{\mathrm{d}H}{\mathrm{d}X}\,\frac{\partial P_c}{\partial X} - 2\alpha P_c = \frac{1}{H^3}\,\frac{\mathrm{d}H}{\mathrm{d}X}$$

或

$$\frac{\partial^2 P_c}{\partial X^2} + a\,\frac{\partial P_c}{\partial X} + bP_c = c \tag{3-13}$$

方程(3-13)中各系数值为

$$a = \frac{3}{H}\frac{\mathrm{d}H}{\mathrm{d}x}$$

$$b = -2\alpha = -\frac{2B^2}{L^2}$$

$$c = \frac{1}{H^3}\frac{\mathrm{d}H}{\mathrm{d}X}$$

差分方程可写成

$$P_i + C_E P_{i-1} + C_W P_{i+1} = G$$

式中，C_E、C_W、G 是由 a、b、c 表达的系数。

2）二维问题求解

通常的径向滑动轴承设计采用等黏度润滑计算，即假定润滑膜具有相同的黏度，同时认为间隙 h 只是 x 的函数，而不考虑安装误差和轴的弯曲变形。

将轴承表面沿平面展开，如图 3-4 所示，并代入 $x=R\theta$，$\mathrm{d}x=R\mathrm{d}\theta$，则雷诺方程变为

$$\frac{\partial}{\partial\theta}\left(h^3\frac{\partial p}{\partial\theta}\right)+h^3R^2\frac{\partial^2 p}{\partial y^2} = 6U\eta R\frac{\mathrm{d}h}{\mathrm{d}\theta} \tag{3-14}$$

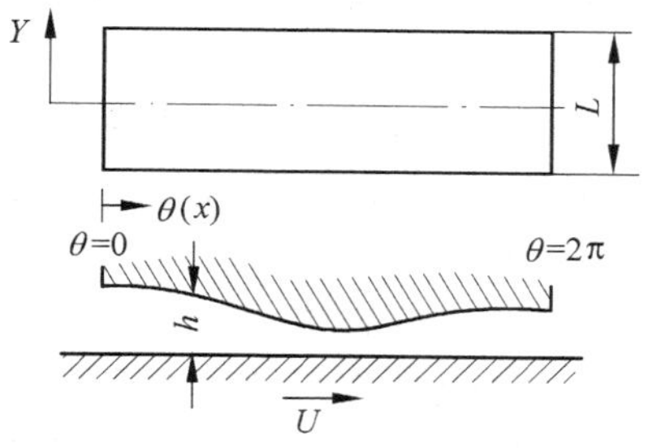

图 3-4　径向轴承展开

若令

$$y = YL/2$$
$$\alpha = (2R/L)^2$$
$$h = c(1+\varepsilon\cos\theta) = Hc$$
$$p = P\frac{6U\eta R}{c^2}$$

代入后，得量纲化雷诺方程

$$\left.\begin{aligned}&\frac{\partial}{\partial\theta}\left(H^3\frac{\partial P}{\partial\theta}\right)+\alpha H^3\frac{\partial^2 P}{\partial Y^2} = \frac{\mathrm{d}H}{\mathrm{d}\theta}\\&\frac{\partial^2 P}{\partial\theta^2}+\alpha\frac{\partial^2 P}{\partial Y^2}-\frac{3\varepsilon\sin\theta}{1+\varepsilon\cos\theta}\frac{\partial P}{\partial\theta} = -\frac{\varepsilon\sin\theta}{(1+\varepsilon\cos\theta)^2}\end{aligned}\right\} \tag{3-15}$$

以上各式中，R 为轴承半径；L 为轴承长度；ε 为偏心率，$\varepsilon=e/c$，e 为偏心距，c 为半径间隙。

然后，应用差分公式得出式(3-6)形式的计算方程。由于变量 P 是二维变化的，所以代数方程包含 5 个系数。

对于径向轴承，方程(3-15)中两个自变量的变化范围是：在轴向中间断面处，$Y=0$；在边缘处，$Y=1$。而 θ 在 $0\sim2\pi$ 之间变化，这一问题的边界条件为

（1）轴向方向。在边缘 $Y=1$ 处，$P=0$；在中间断面 $Y=0$ 处，$\frac{\partial P}{\partial Y}=0$。

（2）圆周方向。按雷诺边界条件，即油膜起点在 $\theta=0$ 处，取 $P=0$；油膜终点在发散区间内符合 $P=0$ 及 $\partial P/\partial\theta=0$ 的地方。油膜终点的位置必须在求解过程中加以确定，是浮动边界条件。即应用迭代法求解代数方程组时，在每次迭代过程中，对于 $P<0$ 的各节点令 $P=0$，最终可以自然地确定油膜终点位置。

等黏度润滑计算的另一个困难问题是如何确定黏度的数值。在流体动压润滑中，黏性摩擦使得油膜中各点的温度不同，因而黏度也不同。精确的方法是根据温度场进行变黏度润滑计算，显然，这是相当复杂的。

为了考虑温度的影响，等黏度计算中采用有效黏度 η_e 代入雷诺方程。有效黏度值应根据轴承有效温度 T_e 的大小来确定。

假设由摩擦功转化的热量全部由油流带走，则热平衡方程为

$$FU = Jc_V\rho Q\Delta T$$

$$\Delta T = \frac{FU}{Jc_V\rho Q} = \frac{2p\eta U^2 RL}{Jc_V\rho Qc}$$

式中，ΔT 为润滑油温升；F 为轴颈摩擦力，由 Петров 摩擦可得，$F=2\pi U\eta RL/c$；U 为滑动速度；J 为热功当量；c_V 为比定体热容；ρ 为密度；Q 为容积流量；η 为黏度；R 和 L 为轴承的半径和长度；c 为半径间隙。

显然，有效温度 T_e 介于轴承入口油温和出口油温之间，因此，写成

$$T_e = T_i + k\Delta T$$

式中，T_i 为入口油温；k 值介于 0 与 1 之间。

王应龙等[1]对可倾瓦轴承的润滑计算得出，有效温度取作 0.9 乘以各瓦块的平均温度时，按等黏度计算的承载量与变黏度润滑计算和实验结果十分接近。

有效黏度是求解雷诺方程的基本参数，它的数值取决于温升，而温升的确定又依赖于求解雷诺方程。这种相互制约的关系必须采用反复迭代的方法求解。

3.1.2 有限元法与边界元法

下面对润滑计算中的有限元法与边界元法作简要的介绍。

1. 有限元法

有限元法是从弹性力学计算中发展起来，继而在流体润滑计算中得到应用的一种数值计算方法。与有限差分法比较，有限元法的主要优点是：适应性强、受几何形状的限制较少、可处理各种定解条件、单元大小和节点可以任意选取、计算精度较高。但是，有限元法计算方程的构成比较复杂。

应用有限元法必须先按照变分原理推导出所求解方程的泛函。用于不可压缩流体润滑计算的雷诺方程普遍形式为

$$\frac{\partial}{\partial x}\left(\frac{h^3}{12\eta}\frac{\partial p}{\partial x}\right)+\frac{\partial}{\partial y}\left(\frac{h^3}{12\eta}\frac{\partial p}{\partial y}\right)=\frac{1}{2}\frac{\partial(hU)}{\partial x}+\frac{1}{2}\frac{\partial(hV)}{\partial y}+\frac{\partial h}{\partial t} \quad (3\text{-}16)$$

写作矢量形式

$$\nabla\cdot\left(\frac{h^3}{12\eta}\nabla p\right)=\frac{1}{2}\nabla\cdot(h\boldsymbol{U})+\dot{h} \quad (3\text{-}17)$$

式中，$\nabla=\boldsymbol{i}\frac{\partial}{\partial x}+\boldsymbol{j}\frac{\partial}{\partial y}$；$\boldsymbol{U}$ 为速度矢量；$\dot{h}=\frac{\partial h}{\partial t}$。

如图 3-5 所示，润滑区域划分成若干个三角形单元。在边界上存在两类边界条件，即在 s_p 边界上压力为已知量，$p=p_0$；在 s_q 边界上流量为已知量，$q=q_0$。

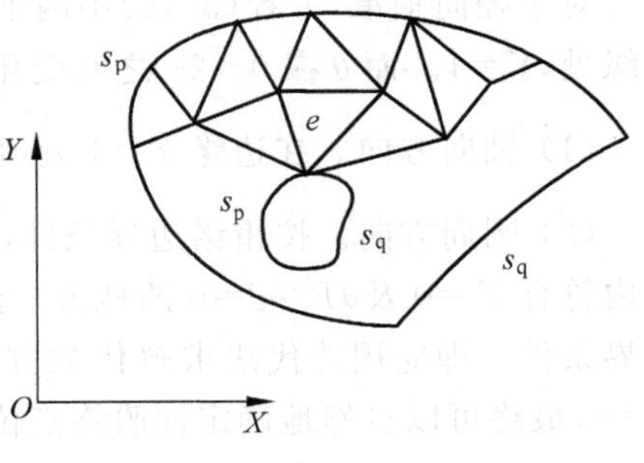

图 3-5 润滑区有限元划分

设在 e 单元中的压力为 p_e，则定义 e 单元的泛函 J_e 为

$$J_e = -\iint_A \left[-\frac{h^3}{12\eta} \nabla p_e \cdot \nabla p_e + h\boldsymbol{U} \cdot \nabla p_e - 2\dot{h} p_e \right] \mathrm{d}A + 2\int_{s_q} q_0 p_e \mathrm{d}s \tag{3-18}$$

式中，A 为积分面积；s 为积分长度。

如果润滑区域共划分为 n 个单元，各单元泛函的总和应为

$$J = \sum_{e=1}^{n} J_e$$

根据变分原理，泛函存在极值或驻定值的必要条件是它的变分为零，即

$$\delta J = \sum_{e=1}^{n} \delta J_e = 0 \tag{3-19}$$

由欧拉-拉格朗日公式可以证明：符合上述边界条件由雷诺方程(3-17)求得的解 $p(x,y)$，能够满足泛函驻定值条件(3-19)。反之，由驻定值条件(3-19)求得的解 $p(x,y)$，必然是雷诺方程(3-17)在上述边界条件下的解。这样，有限元法是将不能直接积分求解的二维雷诺方程转化为求泛函的驻定值，而由式(3-19)建成的计算方程可以求解。

通常，有限元法的求解过程可归纳如下：

(1) 将求解域划分成若干三角形或者四边形单元；

(2) 按变分原理写出所求解方程的泛函；

(3) 建立插值函数，即以单元各节点上的变量数值表示单元内任意点的数值；

(4) 根据驻定值条件建立在单元内节点未知量的代数方程组；

(5) 用叠加方法建立总体节点未知量的代数方程组；

(6) 求解代数方程组。

2. 边界元法

边界元法是 20 世纪 70 年代末发展起来的数值计算技术。它的基本特点是通过数学方法建立求解域内未知量与边界上未知量之间的关系，这样，只需要将边界划分成若干个单元，求解边界上未知量，进而推算求解域内未知量。所以，边界元法的主要优点是代数方程数很少，同时显著地减少了数据量，尤其是在求解二维和三维问题时更加突出。此外，边界元法的计算精度高于有限元法，并且可以方便地计算混合问题。然而，建立边界元法的计算方程在数学上十分困难。

目前边界元法主要应用于分析弹性力学和传热学问题。作者[2]在 1982 年以 Rayleigh 阶梯滑块为例介绍了边界元方法在润滑计算中的应用。

如图 3-6 所示，阶梯滑块依润滑膜厚度不同可分为 Ω_1、Ω_2 两部分。每一部分油膜的压力 p 所遵循的雷诺方程为

$$\nabla^2 p = \frac{\partial^2 p}{\partial x^2} + \frac{\partial^2 p}{\partial y^2} = 0 \tag{3-20}$$

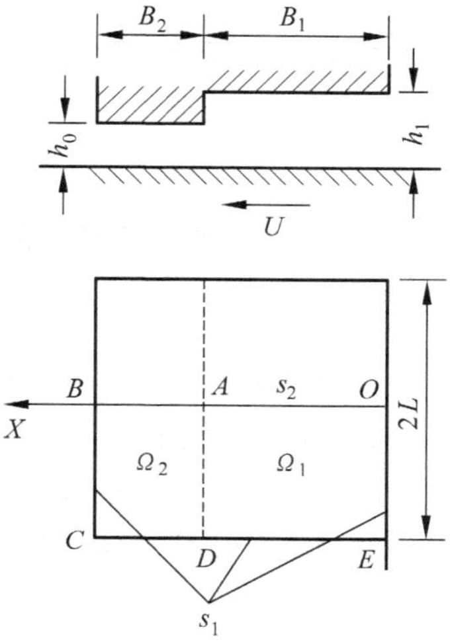

图 3-6　阶梯滑块

根据对称性只需分析滑块的一半，即 $OBCE$ 部分。其总边界 s 可分成 s_1 和 s_2 两类，$s = s_1 + s_2$。边界条件分别为：

在 s_1 边界上 $p=p_0=0$；在 s_2 边界上 $q=\dfrac{\partial p}{\partial y}=q_0=0$。引入一个能满足基本方程(3-20)的权函数 P,根据加权残数方法可得

$$\int_{\Omega}(\nabla^2 p)P\mathrm{d}\Omega=\int_{s_2}(q-q_0)P\mathrm{d}s-\int_{s_1}(p-p_0)Q\mathrm{d}s$$

式中,$Q=\partial P/\partial Y$。

经过数学分析,求得本问题的权函数为

$$P=\ln\frac{1}{r}\Big/2\pi$$

式中,r 为 i 点至各点的距离。

求解域中任意点的未知量 p_i 与边界上积分的关系为

$$p_i+\int_s pQ\mathrm{d}s=\int_s qP\mathrm{d}s \tag{3-21}$$

同样,边界上任意点的未知量 p_i 与边界上积分的关系为

$$\frac{1}{2}p_i+\int_s pQ\mathrm{d}s=\int_s qP\mathrm{d}s \tag{3-22}$$

由式(3-22)求得边界上各点未知量后,利用式(3-21)即可计算域内各点未知量。

将求解域边界划分成 n 个单元。为简单起见,采用如图 3-7 所示的直线单元,以 n 段直线代替实际边界。同时取单元的中点为节点,并假定各单元上未知量相等或按线性变化。

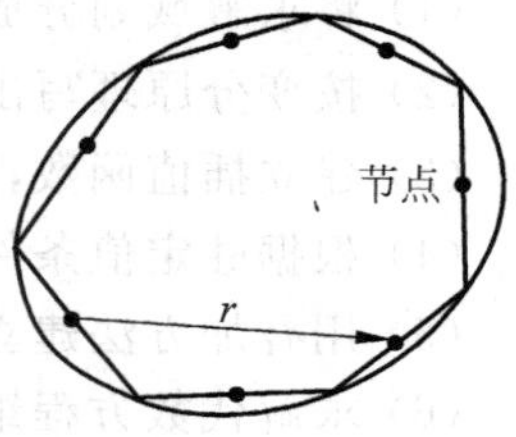

图 3-7 边界元划分

将方程(3-22)应用到等值单元的边界上,即

$$\frac{1}{2}p_i+\sum_{j=1}^{n}p_j\int_{s_j}Q\mathrm{d}s=\sum_{j=1}^{n}q_j\int_{s_j}P\mathrm{d}s \tag{3-23}$$

每个节点有 p 和 q 两个变量,共有 $2n$ 个变量。其中,有 n_1 个 p 值和 n_2 个 q 值根据边界条件给出,且 $n_1+n_2=n$,所以只有 n 个未知量。由式(3-23)得到 n 个代数方程,因此,整个方程组具有确定解,即可求得边界上各节点的 p 和 q 值。然后由方程(3-21)计算域内各点的未知量。方程(3-21)的离散形式为

$$p_i=\sum_{i=1}^{n}q_i\int_{s_j}P\mathrm{d}s-\sum_{j=1}^{n}p_j\int_{s_j}Q\mathrm{d}s$$

3.1.3 数值解法的其他问题

1. 参数变换

当径向轴承的偏心率较大(例如 $\varepsilon>0.8$),或者楔形滑块具有较大的倾斜角时,最小油膜厚度 $h_{\min}$ 值很小,而在 $h_{\min}$ 附近膜厚的变化率 $\mathrm{d}h/\mathrm{d}x$ 数值很高,这就会造成在 $h_{\min}$ 附近很窄的区间内油膜压力急剧变化。此时,除非采用非常细密的网格,否则计算结果严重失真,而很密的网格又将使计算工作量增加。此外,压力在很小区间内的急剧变化,常常导致雷诺方程的求解过程不稳定。

为了克服这一困难,可以进行参数变换。对于流体润滑计算,常用的变换关系为 $M=ph^{3/2}$,称为 Vogenpohl 变换。

将 $M=ph^{3/2}$ 代入雷诺方程直接求解变量 M，然后再根据变换关系计算出 p 的数值。当 $h_{\min}$ 数值很小时，在它附近的 p 值剧增，如果以 M 为变量，M 的数值不至于变得很大。同时，M 值在 $h_{\min}$ 附近的变化也较平缓。所以，采用 M 作为变量可以获得较高的计算精度。

2. 数值积分

对于流体润滑问题，在求得压力分布以后，为了计算承载量、摩擦力和流量等都需要应用数值积分方法。

这里，以图 3-3 所示的斜面滑块为例说明计算方法的基本要点。

（1）承载量

$$W=\iint p\mathrm{d}x\mathrm{d}y$$

$$W^{*}=\frac{Wh_0^2}{6U\eta LB^2}=\iint P\mathrm{d}X\mathrm{d}Y$$

（2）摩擦力

$$F=\iint \tau\mathrm{d}x\mathrm{d}y=\iint\left(\frac{\eta U}{h}\mp\frac{h}{2}\frac{\partial p}{\partial x}\right)\mathrm{d}x\mathrm{d}y$$

$$F^{*}=\frac{Fh_0}{U\eta LB}=\iint\left(\frac{1}{H}\mp 3H\frac{\partial P}{\partial X}\right)\mathrm{d}X\mathrm{d}Y$$

（3）容积流量

$$Q_x=\int\left(\frac{Uh}{2}-\frac{h^3}{12\eta}\frac{\partial p}{\partial x}\right)\mathrm{d}y$$

$$Q_x^{*}=\frac{Q_x}{ULh_0}=\int\left(\frac{H}{2}-\frac{H^3}{2}\frac{\partial P}{\partial X}\right)\mathrm{d}Y=\int q_x^{*}\,\mathrm{d}Y$$

$$Q_y=\int\left(-\frac{h^3}{12\eta}\frac{\partial p}{\partial y}\right)\mathrm{d}x$$

$$Q_y^{*}=\frac{Q_y}{ULh_0}=\int\alpha\left(-\frac{H^3}{2}\frac{\partial P}{\partial Y}\right)\mathrm{d}X=\int q_y^{*}\,\mathrm{d}X$$

以上各式中，W^{*}、F^{*}、Q_x^{*}、Q_y^{*}、q_x^{*} 和 q_y^{*} 为量纲化变量。

用数值方法计算以上积分通常采用 Simpson 法则。例如，计算沿 X 方向的流量 Q_x^{*} 时有

$$Q_x^{*}=\frac{1}{3(m-1)}\Delta Y(q_{x1}^{*}+4q_{x2}^{*}+2q_{x3}^{*}+4q_{x4}^{*}+\cdots+q_{xm}^{*})$$

式中，m 为节点数，采用 Simpson 法则时，m 须为奇数；$q_{x1}^{*},q_{x2}^{*},\cdots,q_{xm}^{*}$ 为各节点的流量；ΔY 为节点之间步长。

计算 W^{*} 和 F^{*} 要连续应用 Simpson 法则两次，先按一个方向积分，然后将计算结果沿另一方向数值积分。此外，在计算 F^{*}、Q_x^{*}、Q_y^{*} 时，还需预先计算各节点的 $\partial P/\partial X$ 或 $\partial P/\partial Y$ 数值，对于内部节点，采用中差分公式(3-2)不难求得它们的数值。而对于边缘上的节点，则可应用三点抛物线公式计算。假设压力分布函数为 $p=ax^2+bx+c$，则

$$\frac{\partial p}{\partial x}=2ax+b$$

即

$$\left(\frac{\partial p}{\partial x}\right)_{1j}=b$$

根据各点压力求得 b 值后，即得

$$\left(\frac{\partial p}{\partial x}\right)_{1j}=\frac{4p_{2j}-p_{3j}-3p_{1j}}{2\Delta x}$$

3. 计算公式与多元回归法

数值方法的优点是对于复杂的问题能够给出较准确的解，这对于某些重要的设计和理论研究无疑是有效的手段。然而，数值方法在使用上的缺点是它求解的是个别的具体算例，缺乏一般的通用性。为了增加数值解的通用性，可以将若干组计算数据采用多元回归方法归纳成拟合公式。

先列出影响某一性能 P 的各个相关参数 A、B、C、D、…，然后，根据经验资料选择适当的函数表示各个相关参数与该性能的关系，通常采用指数函数的形式，即

$$P=KA^aB^bC^cD^d\cdots$$

最后，根据一组数量足够的(例如500个)理论计算或者实验测量的数据，采用多元回归法确定上式中的常数 K 和指数 a、b、c、d 等的数值。显然，这样确定的拟合公式不可能十分准确地符合全部数据，而只能是具有一定的可信度。同时，还必须进行反复试算和修改才能得到满意的结果。

4. 突变膜厚(阶梯)的处理

在雷诺方程(3-1)的左端项中，记流量系数为

$$\frac{\rho h^3}{\eta}=k$$

如果利用中差分式

$$\left(\frac{\partial \phi}{\partial x}\right)_{i,j}=\frac{\phi_{i+1/2,j}-\phi_{i-1/2,j}}{\Delta x}$$

因为流量系数 k 是 x 的函数，在计算过程中一般只知道在网格点 $i-1$、i 和 $i+1$ 上的流量系数值 k_{i-1}、k_i 和 k_{i+1}，所以需要用这些已知的节点流量系数表示控制容积中间界面 $i-1/2$ 处的流量系数值 $k_{i-1/2}$ 以及中间界面 $i+1/2$ 处的流量系数值 $k_{i+1/2}$。因此，需要确定计算中间界面流量系数 $k_{i-1/2}$、$k_{i+1/2}$ 的方法。下面的讨论针对不均匀流量系数的情况，这种不均匀性可能是由阶梯突变产生的，也可能是由温度分布的不均匀导致的。

一般用中间差分求中间界面流量系数 $k_{i-1/2}$ 的最简单和直观的方法是假设 k 在 $i-1$ 和 i 之间呈线性变化，于是有

$$k_{i-1/2}=(1-\alpha)k_{i-1}+\alpha k_i \tag{3-24}$$

式中，α 是插入因子，按下式计算：

$$\alpha\equiv\frac{(\delta x)_{i-1/2-}}{(\delta x)_{i-1/2}}$$

式中，$(\delta x)_{i-1/2}$ 代表 $i-1$ 到 i 间的距离；$(\delta x)_{i-1/2-}$ 为 $i-1/2$ 到 $i-1$ 的距离。

如果界面 $i-1/2$ 位于节点 $i-1$ 到节点 i 的中点，那么由式(3-24)得到 $\alpha=0.5$，即 $k_{i-1/2}$ 是 k_{i-1} 与 k_i 的算术平均值。

在膜厚突变(阶梯)情况下这种简单化的做法会导致相当不准确的结果，因此，它不能准确地处理流量系数的突然变化问题。有一种简单而且要比这种做法好得多的替代办法可以采用。在阐明这种替代的方法时，需要指出：我们主要关心的不是流量系数在界面 $i-1/2$ 上的局部值的大小，而是要得到一个通过压力降求得描述的界面流量 $Q_{i-1/2}$ 的正确表达式，

从而最终得到正确的压力值。从雷诺方程的分析知道，压力流与压力差的关系为

$$Q_{i-1/2}=\frac{k_{i-1/2}(P_i-P_{i-1})}{(\delta x)_{i-1/2}} \tag{3-25a}$$

为了得到式(3-25a)中"正确"的 $k_{i-1/2}$，来讨论突变阶梯的情况，围绕着网格点 i 的控制容积具有均匀的流量系数 k_i，而围绕着 $i-1$ 点的控制容积则具有均匀的流量系数 k_{i-1}。对于在 $i-1$ 点与 i 点之间为阶梯膜厚，可以得出下列结果：

$$P_i-P_{i-1}=\frac{Q_{i-1/2}(\delta x)_{i-1/2-}}{k_{i-1}}+\frac{Q_{i-1/2}(\delta x)_{i-1/2+}}{k_i}$$

或

$$Q_{i-1/2}=\frac{P_i-P_{i-1}}{(\delta x)_{i-1/2-}/k_{i-1}+(\delta x)_{i-1/2+}/k_i} \tag{3-25b}$$

对比式(3-25a)和式(3-25b)，可以得到

$$k_{i-1/2}=\left(\frac{\alpha}{k_{i-1}}+\frac{1-\alpha}{k_i}\right)^{-1} \tag{3-26a}$$

当中间界面位于 $i-1$ 和 i 之间的中点时，有 $\alpha=0.5$。于是

$$k_{i-1/2}^{-1}=0.5(k_i^{-1}+k_{i-1}^{-1})$$

或

$$k_{i-1/2}=\frac{2k_ik_{i-1}}{k_i+k_{i-1}} \tag{3-26b}$$

方程(3-26)说明 $k_{i-1/2}$ 是 k_{i-1} 和 k_i 的调和平均值，而不是方程(3-24)给出的算术平均值。

3.2 能量方程的数值解法

前面讨论的流体润滑计算是按等黏度进行的，也就是说忽略润滑膜温度场的影响。然而，除了极轻的载荷和极低的速度之外，润滑膜温度分布将是影响润滑性能的重要因素。这是因为温度显著地改变润滑剂的黏度，进而影响压力分布和承载能力。此外，润滑表面由于温升而产生的热变形使间隙形状改变，从而影响润滑性能。温度过高还可能引起润滑剂和表面材料失效，通常取局部温度的极限值为 120～140℃。

为了求得润滑膜中的温度分布，需要求解能量方程，而在推导能量方程之前，还必须讨论润滑膜的发热和散热方式。

3.2.1 传导与对流散热

润滑膜中热量的散失主要通过两种途径：

(1) 沿油膜厚度方向(Z 向)通过固体表面的传导散热；

(2) 沿油膜长宽方向(X 和 Y 向)由润滑剂的流动而产生的对流散热。

这两种散热方式所散失热量的相对比例因润滑条件而不同。现在以两块无限长平行平板间的油膜散热情况来分析它们之间的关系，如图 3-8 所示。

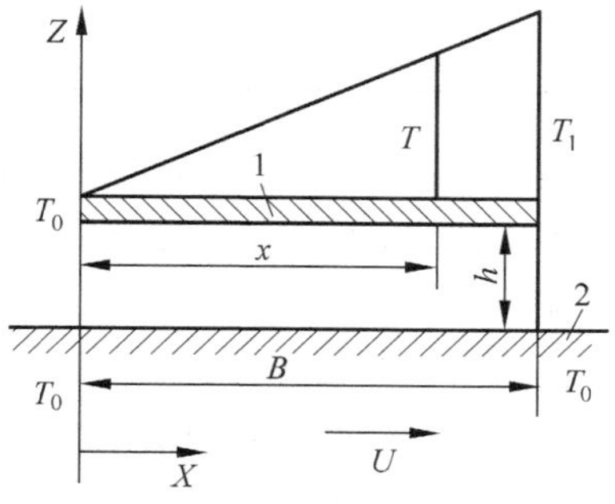

图 3-8 散热分析

设静止板 1 的温度按线性分布，两端的温度分别为

T_0 和 T_1，运动板 2 的表面温度保持为 T_0，因而温升为 $\Delta T=T_1-T_0$。两平板宽度为 B，其间充满润滑油，膜厚为 h。现来分析单位长度上通过传导和对流的散热量。

1. 传导散热量 H_d

设沿油膜厚度方向的温度梯度按线性规律变化，即

$$\frac{dT}{dz}=\frac{x}{B}\frac{\Delta T}{h}$$

单位长度上传导散热量为

$$H_d=\int_0^B K\frac{dT}{dz}dx=\int_0^B K\frac{x}{B}\frac{\Delta T}{h}dx=\frac{KB\Delta T}{2h} \tag{3-27}$$

式中，K 为油膜的热传导系数。

2. 对流散热量 H_v

若 q_x 为润滑油沿 X 方向单位长度上的容积流量，ρ 为润滑油密度，c 为润滑油比热容，而油膜的平均温升为 $\Delta T/2$，则得

$$H_v=q_x\rho c\frac{\Delta T}{2}=\frac{1}{4}Uh\rho c\Delta T \tag{3-28}$$

将传导散热与对流散热的比值称为 Peclet 数，即

$$\text{Peclet 数}=\frac{H_d}{H_v}=\frac{K}{\rho c}\frac{2B}{Uh^2} \tag{3-29}$$

由此可见，Peclet 数可用来表征润滑系统的散热情况。当上述比值为无限大时，表示该润滑系统无对流散热，全部的热量依靠传导散走。此时，由于没有对流散热，而当容积流量 q_x 不为零时必然 ΔT 为零，这就是说油膜沿 X 方向的温度相等，润滑油的流动为等温过程。而当 Peclet 数为零时，表示全部热量通过对流散热而无热传导现象，因而沿 Z 方向的温度相等，油膜与固体表面不发生热交换，润滑油的流动为绝热过程。然而，上述两种极端状况都不符合实际润滑情况。

对于典型的矿物润滑油，通常 $K/\rho c=8\times10^{-8}\,\mathrm{m^2/s}$。若取 $B=25\mathrm{mm}$，对于不同 h 和 U 值的 Peclet 数计算值列于表 3-1。

表 3-1 Peclet 数(B=25mm)

滑动速度 U/(m/s)	油膜厚度 h/μm		
	100	30	10
10	0.04	0.4	4
30	0.01	0.1	1
100	0.004	0.04	0.4

表 3-1 表明，实际润滑系统的 Peclet 数是有限数值，即同时存在传导和对流两种散热方式。可以认为，当 Peclet 数≥0.4 时，散热方式以传导为主；而 Peclet 数≤0.1 时，散热方式以对流为主。

由式(3-29)可知，油膜厚度 h 是影响散热方式的主要因素，Peclet 数随 h 的增加而急剧降低，从而导致对流散热的加强。

显然，流体动压润滑状态是以对流散热为主要方式，通常可不考虑传导散热，所以将润滑油流动视为绝热过程。而在弹流润滑状态下，热量的散失主要依靠热传导，在润滑膜温度

场计算中，往往忽略对流散热的影响。但是，对于速度非常高的弹流润滑，对流散热可能成为不可忽视的因素。

3.2.2　能量方程

本节采用简明的方法推导适用于流体动压润滑膜的能量方程。

对于流体润滑问题而言，可以忽略流体流动时的动能和势能变化，这样，流体的能量变化仅是温度的函数。假设流动处于稳定状态，因而所有的变量不随时间变化。此外，在流体动压润滑状态下，以对流散热为主而可以忽略沿膜厚方向的热传导，所以$\partial T/\partial z=0$，润滑膜温度 T 只是 x 和 y 的函数。

下面分析流体在流动中热能和机械功的变化。如图 3-9 所示，取 X 方向宽度为 δx、Y 方向长度为 δy、Z 方向高度为 h 的微柱体进行分析。设 q_x 和 q_y 分别代表微柱体在 X 和 Y 方向的容积流量，那么流入微柱体的热流量应为

$$H_x = q_x T\rho c$$

和

$$H_y = q_y T\rho c$$

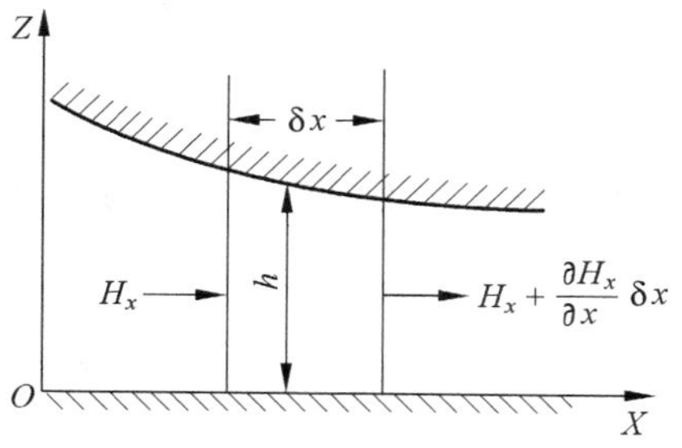

图 3-9　热流动

在 X 和 Y 方向流出微柱体的热流量分别为

$$\left(H_x + \frac{\partial H_x}{\partial x}\delta x\right) \quad 和 \quad \left(H_y + \frac{\partial H_y}{\partial y}\delta y\right)$$

若取 $\delta x=\delta y=1$，则流入单位截面积的微柱体的热量总和为

$$H_x - \left(H_x + \frac{\partial H_x}{\partial x}\right) + H_y - \left(H_y + \frac{\partial H_y}{\partial y}\right) = -\frac{\partial H_x}{\partial x} - \frac{\partial H_y}{\partial y}$$

如果以 S 表示在单位截面积的微柱体中所做的机械功，那么根据能量守恒原理可以得到如下关系式(J 为热功当量)：

$$-\frac{\partial H_x}{\partial x} - \frac{\partial H_y}{\partial y} = \frac{S}{J}$$

将 H_x 和 H_y 代入以后，上式变为

$$\frac{\partial(q_x T)}{\partial x} + \frac{\partial(q_y T)}{\partial y} = -\frac{S}{J\rho c}$$

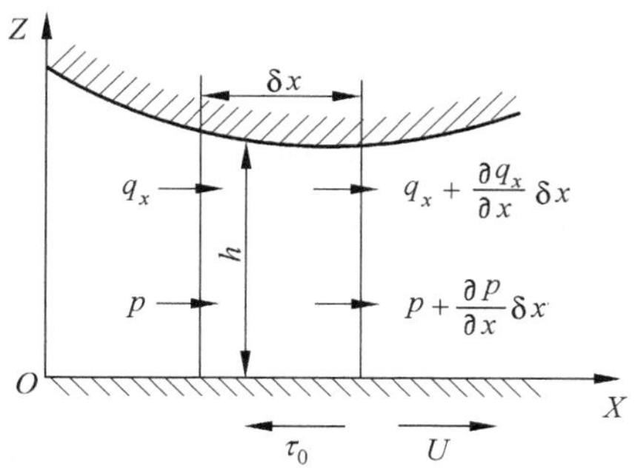

图 3-10　流体流动

由流量连续条件知

$$\frac{\partial q_x}{\partial x} + \frac{\partial q_y}{\partial y} = 0$$

则得

$$q_x \frac{\partial T}{\partial x} + q_y \frac{\partial T}{\partial y} = -\frac{S}{J\rho c} \tag{3-30}$$

现在讨论在单位截面积微柱体中所做的功，对于黏性流动它应包含流动功和摩擦功两部分。前者是流动中反抗压力所需要的功；后者是运动表面的剪应力所消耗的功，如图 3-10 所示。

由图 3-10 可知，在 X 方向的流动功为

$$\left(p+\frac{\partial p}{\partial x}\delta x\right)\left(q_x+\frac{\partial q_x}{\partial x}\delta x\right)-pq_x$$

对于单位截面积微柱体，$\delta x=1$，再忽略高阶微量，沿 X 方向的流动功变为

$$q_x\frac{\partial p}{\partial x}+p\frac{\partial q_x}{\partial x}$$

同时考虑沿 X 和 Y 方向的流动，则对单位截面积微柱体所做的总流动功 W 为

$$W=q_x\frac{\partial p}{\partial x}+q_y\frac{\partial p}{\partial y}+p\left(\frac{\partial q_x}{\partial x}+\frac{\partial q_y}{\partial y}\right)$$

又因 $\frac{\partial q_x}{\partial x}+\frac{\partial q_y}{\partial y}=0$，因而总流动功变为

$$W=q_x\frac{\partial p}{\partial x}+q_y\frac{\partial p}{\partial y}$$

根据第 2 章求得作用在运动表面的剪应力 τ_0 后，则消耗于单位截面积微柱体的摩擦功为

$$\tau_0 U=\left(-\frac{h}{2}\frac{\partial p}{\partial x}-\frac{\eta U}{h}\right)U$$

这样，单位截面积微柱体所消耗的总功 S 为

$$S=q_x\frac{\partial p}{\partial x}+q_y\frac{\partial p}{\partial y}-\left(\frac{h}{2}\frac{\partial p}{\partial x}+\frac{\eta U}{h}\right)U$$

将 q_x 和 q_y 代入上式，得

$$S=-\frac{\eta U^2}{h}-\frac{h^3}{12\eta}\left[\left(\frac{\partial p}{\partial x}\right)^2+\left(\frac{\partial p}{\partial y}\right)^2\right]$$

将式(3-30)代入上式，经整理求得适用于流体动压润滑的能量方程为

$$q_x\frac{\partial T}{\partial x}+q_y\frac{\partial T}{\partial y}=\frac{\eta U^2}{J\rho ch}+\frac{h^3}{12\eta J\rho c}\left[\left(\frac{\partial p}{\partial x}\right)^2+\left(\frac{\partial p}{\partial y}\right)^2\right] \tag{3-31}$$

3.2.3 能量方程的数值解法

如前所述，首先需将能量方程量纲化。若令

$$X=\frac{x}{B},\quad Y=\frac{y}{L},\quad H=\frac{h}{h_0},\quad \alpha=\frac{B}{L},\quad P=\frac{h_0^2}{6U\eta_s B}p,$$

$$Q=\frac{q}{Uh_0},\quad \eta^*=\frac{\eta}{\eta_s},\quad T^*=\frac{2J\rho ch_0^2}{UB\eta_s}T$$

式中，η_s 为入口黏度，将以上关系式代入能量方程(3-31)得量纲化形式，即

$$\frac{\partial T^*}{\partial X}=\frac{1}{Q_x}\left\{-\alpha Q_y\frac{\partial T^*}{\partial Y}+\frac{2\eta^*}{H}+\frac{6H}{\eta^*}\left[\left(\frac{\partial P}{\partial X}\right)^2+\alpha^2\left(\frac{\partial P}{\partial Y}\right)^2\right]\right\} \tag{3-32}$$

式中

$$\left.\begin{aligned}Q_x&=\frac{H}{2}-\frac{H^3}{2}\frac{\partial P}{\partial X}\\ Q_y&=-\frac{H^3}{2}\frac{\partial P}{\partial Y}\end{aligned}\right\} \tag{3-33}$$

从式(3-32)和式(3-33)可知，要求解温度场必须先求得压力场，即$\partial P/\partial X$ 和$\partial P/\partial Y$ 的数值，而压力又受到温度的影响，所以考虑热效应的流体润滑计算必须对雷诺方程和能量方程联立求解。

此外，温度分析是一个二维问题，当计算$\partial T/\partial X$ 时必须事先已知$\partial T/\partial Y$ 的数值。

润滑膜温度场计算的特点是：润滑剂在供油温度下进入润滑膜入口，此后润滑剂的温度随着流动而逐渐变化。这类问题在数学上称为初值问题。初值问题的数值计算通常采用步进方法(marching)，其基本要点如下：

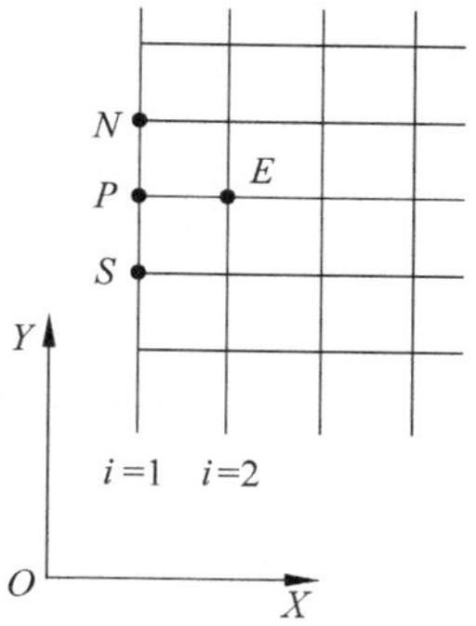

图 3-11　温度计算网格

如图 3-11 所示，将求解域划分网格。选定沿轴向(Y 方向)温度已知的一排节点作为计算的初值，例如，选择供油温度已知的轴向油槽位置为 $i=1$，这样，在 $i=1$ 的各节点温度 T_{1j}^* 为已知值。

当 T_{1j}^* 已知后，采用中差分公式或三点抛物线公式即可计算 $i=1$ 排各节点的$\left(\frac{\partial T^*}{\partial Y}\right)_{1j}$值。此外，如果压力场已知，则按照同样方法可以确定$\left(\frac{\partial P}{\partial X}\right)_{1j}$、$\left(\frac{\partial P}{\partial Y}\right)_{1j}$以及 Q_{1j}和 Q_{1j}等的数值。将这些数值代入能量方程(3-32)就可以解得$\left(\frac{\partial T^*}{\partial X}\right)_{1j}$，进而可求得 $i=2$ 排各节点的温度 T_{2j}^*。

当 T_{2j}^* 确定后，重复上述步骤将推算出 T_{3j}^* 的数值。依次类推，逐排推算到最后一排。

必须指出，应用上述的步进方法求解温度场可能出现下列情况：首先，步进的方向必须与润滑剂的流动方向保持一致。如果沿 X 轴的方向步进，则应当满足 $Q_x>0$ 的条件。然而，当遇到供油压力很高的供油点，或者在收敛间隙入口区产生很大的压力梯度时，可能出现 $Q_x<0$，即逆流区。显然，对于逆流区就不能简单地采用上述的步进方法求解温度场。另外，当 $Q_x=0$ 时，由方程(3-32)得出$\partial T^*/\partial X$ 为无穷大，此时，上述方法将无法求解。

3.3　弹性流体动压润滑数值解法

对于弹流润滑问题，为了能全面考虑整个域内的弹性变形和压力分布的相互影响，并求得精确解，必须依靠计算机进行数值求解。

3.3.1　线接触弹流的数值解法

Петрусевич 首次求得线接触等温弹流润滑的数值解，并提出了油膜厚度计算公式。尽管提出的公式由于数据有限而带有很大误差，但所获得的具有典型弹流润滑特征的压力分布和油膜形状无疑是弹流研究中的重大发展。1959 年以后，Dowson 和 Higginson[3] 对等温线接触弹流问题进行了系统的数值计算，并在此基础上提出了适合实际使用的膜厚计算公式。这一公式已经被实验所验证，目前得到广泛的应用。

1. 基本方程

弹流润滑计算需要同时求解以下方程组。

1）雷诺方程

$$\frac{\mathrm{d}}{\mathrm{d}x}\left(\frac{\rho h^3}{12\eta}\frac{\mathrm{d}p}{\mathrm{d}x}\right)=U\frac{\mathrm{d}(\rho h)}{\mathrm{d}x} \tag{3-34}$$

式中，平均速度 $U=(u_1+u_2)/2$；h、η 和 ρ 均为 x 的函数。

雷诺边界条件是：

（1）油膜起点 $x=x_1$ 处，$p=0$；

（2）油膜终点 $x=x_2$ 处，$p=\frac{\partial p}{\partial x}=0$。

这里，x_1 应根据润滑油的供应充足程度选取，通常 $x_1=(5\sim15)b$；x_2 为在出口区油膜自然破裂的边界，其数值在求解过程中确定。

2）膜厚方程

如图 3-12 所示，弹性圆柱接触时任意点 x 处油膜厚度的表达式为

$$h(x)=h_c+\frac{x^2}{2R}+v(x) \tag{3-35}$$

式中，h_c 为没有变形时的中心膜厚；R 为当量曲率半径；$v(x)$ 为由于压力产生的弹性变形位移。

3）弹性变形方程

对于线接触问题，接触体的长度和曲率半径远大于接触宽度，可以认为属于平面应变状态，相当于平直的弹性半无限体受分布载荷作用，如图 3-13 所示。根据弹性力学有关理论，推导出表面上各点沿垂直方向的弹性位移为

$$v(x)=-\frac{2}{\pi E'}\int_{s_1}^{s_2}p(s)\ln(s-x)^2\,\mathrm{d}s+c \tag{3-36}$$

式中，s 是 X 轴上的附加坐标，它表示任意线载荷 $p(s)\mathrm{d}s$ 与坐标原点的距离；$p(s)$ 为载荷分布函数；s_1 和 s_2 分别为载荷 $p(x)$ 的起点和终点坐标；E' 为当量弹性模量；c 为待定常数。

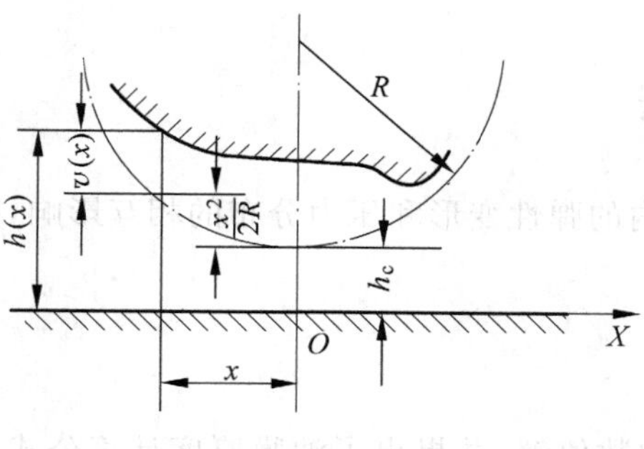

图 3-12　间隙形状

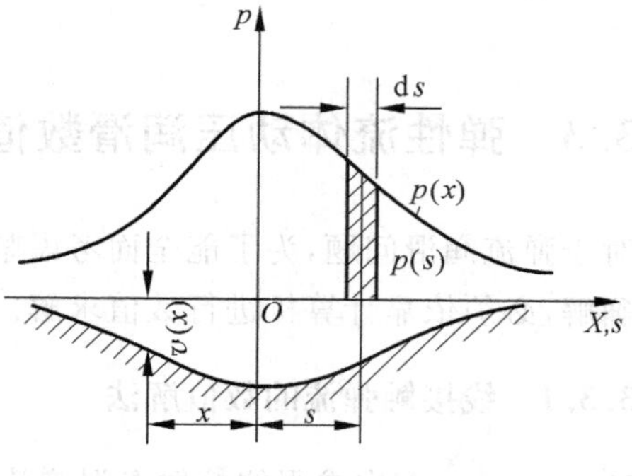

图 3-13　弹性变形

4）黏度-压力关系式

通常采用 Barus 黏压公式，即

$$\eta=\eta_0\mathrm{e}^{\alpha p} \tag{3-37}$$

5）密度-压力关系式

采用根据实验曲线整理而得到的密度-压力关系式，即

$$\rho = \rho_0\left(1 + \frac{0.6p}{1 + 1.7p}\right) \tag{3-38}$$

2. 雷诺方程的求解

由方程(3-34)可知，影响压力分布的变量有 η、h 和 ρ。通常的润滑油近乎不可压缩流体，密度 ρ 随压力 p 的最大增加量为 33%，所以密度的变化对求解的影响不大，可以选用简单的密度-压力关系式，甚至于不考虑密度的变化。但是，η 随 p 按指数关系急剧变化，而且在方程中包含 h 的 3 次方，这就表明：黏压效应和弹性变形对弹流问题中的雷诺方程求解影响十分显著，这也是弹流润滑计算需要特别注意的问题。

此外，从弹流润滑的压力分布情况可知：压力 p 和它的导数值 $\mathrm{d}p/\mathrm{d}x$ 都是在很窄的区间内急剧变化的场函数。为了使求解过程稳定，通常须采用参数变换，使变量在求解域内的变化平缓。

常用的参数变换是采用诱导压力 $q(x)$，令 $q(x)=\frac{1}{\alpha}(1-\mathrm{e}^{-\alpha p})$，并考虑黏压效应，则雷诺方程变为

$$\frac{\mathrm{d}}{\mathrm{d}x}\left(\rho h^3 \frac{\mathrm{d}q}{\mathrm{d}x}\right) = 12\eta_0 U \frac{\mathrm{d}(\rho h)}{\mathrm{d}x} \tag{3-39}$$

将 $q(x)$解出后，即可求得 $p(x)$：

$$p(x) = -\frac{1}{\alpha}\ln[1 - \alpha q(x)]$$

在弹流计算中也可用 Vogenpohl 变换，即令 $M(x)=p(x)[h(x)]^{3/2}$，则雷诺方程为

$$\frac{\mathrm{d}}{\mathrm{d}x}\left(\frac{\rho h^{3/2}}{\eta}\frac{\mathrm{d}M}{\mathrm{d}x}\right) - \frac{3}{2}\frac{\mathrm{d}}{\mathrm{d}x}\left(\frac{\rho h^{1/2}M}{\eta}\frac{\mathrm{d}h}{\mathrm{d}x}\right) = 12U\frac{\mathrm{d}(\rho h)}{\mathrm{d}x} \tag{3-40}$$

3. 弹性变形方程的求解法

如果给定压力分布 $p(x)$，计算方程(3-36)的积分即可得到各点的变形量 $v(x)$。然而，变形方程中的积分部分

$$I = \int_{s_1}^{s_2} p(s)\ln(s-x)^2\,\mathrm{d}s \tag{3-41}$$

是一个奇异积分，奇点为 $s=x$，此处被积函数无意义。这是弹性变形计算的困难之一。避免奇异积分的一种简便方法是采取分段积分。由于被积函数在除 $s=x$ 点之外都是连续的，所以可以将积分近似地处理为

$$I = \int_{s_1}^{x-\Delta x} p(s)\ln(s-x)^2\,\mathrm{d}s + \int_{x+\Delta x}^{s_2} p(s)\ln(s-x)^2\,\mathrm{d}s \tag{3-42}$$

这样，可把奇点排除在积分区间之外。然而，这种方法的困难是如何恰当地确定 Δx 的数值，如果选择不当将产生相当大的计算误差。

另一种克服奇异积分的办法是将连续分布的压力 $p(x)$进行离散处理，这种方法可参考文献[4]。其要点如下：

将整个积分区间$[x_1, x_2]$划分成若干子区间，并把每一个子区间上的压力分布 $p(x)$近似地表示为 x 的多项式，如

$$p(x) = c_1 + c_2 x + c_3 x^2$$

式中，系数 c_1、c_2 和 c_3 根据已知的节点压力值用待定系数方法确定。例如，第 i 个子区间

$[x_i, x_{i+1}]$上的分布压力为 $p_i(x)=c_{1i}+c_{2i}x+c_{3i}x^2$。

于是，第 i 个子区间$[x_i, x_{i+1}]$上的压力 $p_i(x)$在各点所产生的变形位移的积分变为

$$I_i=\int_{x_i}^{x_{i+1}}(c_{1i}+c_{2i}s+c_{3i}s^2)\ln(x-s)^2\mathrm{d}s$$

$$=2\left(c_{1i}\int_{x_i}^{x_{i+1}}\ln|x-s|\mathrm{d}s+c_{2i}\int_{x_i}^{x_{i+1}}s\ln|x-s|\mathrm{d}s+c_{3i}\int_{x_i}^{x_{i+1}}s^2\ln|x-s|\mathrm{d}s\right)$$

上式中各项的积分可利用关于$\int\ln s\mathrm{d}s$、$\int s\ln s\mathrm{d}s$以及$\int s^2\ln s\mathrm{d}s$的积分公式，这样就可求得 I_i 的解析解。

在上述计算中，x 为所求变形量处的位置坐标，所以它的数值应在整个求解域中选取，这可以分 3 个区间来进行，即 $x\leqslant x_i<x_{i+1}$，$x_i<x<x_{i+1}$ 以及 $x_i<x_{i+1}\leqslant x$。除了 $x_i<x<x_{i+1}$之外，在其他两个区间内，当 $x=x_i$ 或者 $x=x_{i+1}$时都将出现奇异积分问题。

例如，当 $x\leqslant x_i<x_{i+1}$时，若令 $DX=x_{i+1}-x_i$ 和 $X=x_i-x$，则有

$$\frac{I_i}{2}=(c_{1i}+c_{2i}x+c_{3i}x^2)[(X+DX)\ln(X+DX)-X\ln X-DX]+$$

$$(c_{2i}+2c_{3i}x)\left[(X+DX)^2\ln(X+DX)-X^2\ln X-\frac{2XDX+DX^2}{2}\right]\Big/2+$$

$$c_{3i}\left[(X+DX)^3\ln(X+DX)-X^3\ln X-\frac{3XDX(X+DX)+DX^3}{3}\right]\Big/3$$

上式只要 $X\neq0$ 均可求得 I_i 的数值。而当 $X=0$ 即 $x=x_i$ 时，I_i 为奇异积分，此时可运用极限公式$\lim\limits_{t\to0^+}t\ln t=0$ 求得 I_i 的数值，即

$$\frac{I_i}{2}=(c_{1i}+c_{2i}x+c_{3i}x^2)[DX\ln DX-DX]+$$

$$(c_{2i}+2c_{3i}x)\left[DX^2\ln DX-\frac{DX^2}{2}\right]\Big/2+c_{3i}\left[DX^3\ln DX-\frac{DX^3}{3}\right]\Big/3$$

对于 $x_i<x_{i+1}\leqslant x$ 区间，采用相同的方法也可以克服当 $x=x_{i+1}$时出现奇异积分的困难，并推得相类似的结果。

4. Dowson-Higginson 线接触膜厚公式

在大量和系统的数值计算基础上，Dowson 等人先后两次提出线接触弹流润滑的最小油膜厚度计算公式。实验表明，根据 Dowson-Higginson 公式算得的油膜厚度与实测值十分接近，但有时数值偏大。1967 年提出的公式为

$$H_{\min}^*=2.65\frac{G^{*0.54}U^{*0.7}}{W^{*0.13}}\tag{3-43}$$

其有量纲形式为

$$h_{\min}=\frac{2.65\alpha^{0.54}(\eta_0U)^{0.7}R^{0.43}L^{0.13}}{E'^{0.03}W^{0.13}}\tag{3-44}$$

以上就是通常采用的 Dowson-Higginson 公式。式中量纲化参数的定义 H^*、G^*、U^*、W^* 见 2.4 节。

由以上公式可知，线接触弹流润滑的最小膜厚 $h_{\min}$随入口黏度 η_0 和平均速度 U 的增加最为显著，而 $h_{\min}$与载荷 W 的关系是弱变化，即载荷大幅增加，但膜厚减小甚微。这是弹流润滑的基本特性之一。

必须指出，Dowson 公式是用来计算颈缩处的最小膜厚 h_{min}，而 Грубин 公式实际上是计算接触区入口处 $x=-b$ 的膜厚 h_0。Dowson 等人用数值计算证明，接触中心膜厚 h_c 与 Грубин 公式的计算值相当接近；同时，最小膜厚与中心膜厚的比值 $h_{min}/h_c=3/4$。

应当注意，Dowson-Higginson 公式和 Грубин 公式一样具有一定的适用范围。当材料参数 $G^*<1000$，即低弹性模量的材料采用低黏压系数的润滑剂润滑时，或者对载荷参数 $W^*<10^5$ 的轻载荷情况，式(3-43)的计算值均存在较大的误差。此外，上述公式的推导基于充分供油条件下的等温弹流润滑状态，如果供油不足出现乏油，将导致油膜厚度降低；而在高速条件下的剪切热将引起黏度下降，也会使膜厚减小。

3.3.2　点接触弹流的数值解法

点接触的一般情况是两个椭圆体相接触而形成椭圆接触区，它比线接触问题复杂得多，因此发展也较缓慢。一直到 1965 年，Archard 和 Cowking 对于圆接触弹流润滑提出了第一个 Грубин 型的近似解。1970 年，Cheng(郑绪云)对于椭圆接触弹流得出了 Грубин 型解。1976 年以后，Hamrock 和 Dowson 对椭圆接触问题进行了系统的数值计算，并提出最小油膜厚度的计算公式。随后，作者与朱东[5]提出了椭圆接触弹流润滑的完全数值解，这里，就求解中的主要问题做简要介绍。

1. *雷诺方程求解*

在一般情况下，接触点的表面速度不一定与接触区椭圆的主轴方向相吻合，此时雷诺方程应写成

$$\frac{\partial}{\partial x}\left(\frac{\rho h^3}{\eta}\frac{\partial p}{\partial x}\right)+\frac{\partial}{\partial y}\left(\frac{\rho h^3}{\eta}\frac{\partial p}{\partial y}\right)=12\left(U\frac{\partial \rho h}{\partial x}+V\frac{\partial \rho h}{\partial y}\right) \tag{3-45}$$

选取如图 3-14 所示的坐标轴和求解域，X 轴与接触椭圆的短轴相一致。若接触点两表面在 X 和 Y 方向的速度分量分别为 u_1、u_2 和 v_1、v_2，则在 X 和 Y 方向的平均速度为

$$U=\frac{1}{2}(u_1+u_2)$$

$$V=\frac{1}{2}(v_1+v_2)$$

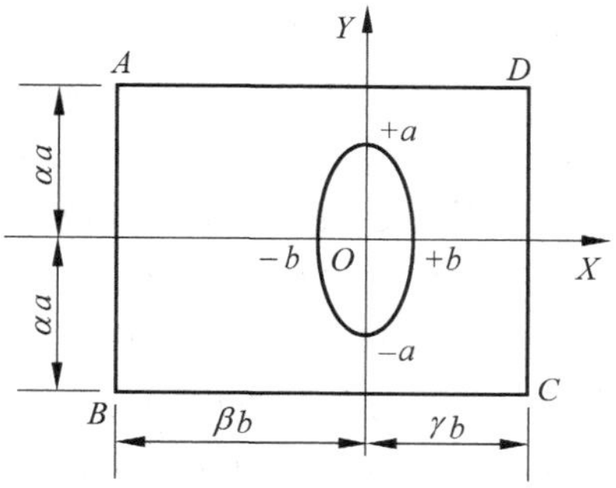

图 3-14　点接触求解域

求解是从如图 3-14 所示的矩形求解域上开始进行的。其中 AB 为入口边，CD 为出口边，而 AD 和 BC 为端泄边，则 α、β 和 γ 用来确定求解域边界的位置，通常取 $\alpha=2$、$\beta=4$；而 γ 与出口边界有关，应在求解过程中确定。

求解方程(3-45)的边界条件是：在求解域的入口和端泄边界上压力为零，即当 $x=-\beta b$ 和 $y=\pm\alpha a$ 时，$p=0$。而在出口边界 $x=\gamma b$ 上采用雷诺边界条件，应为 $p=0$ 和 $\partial p/\partial x=0$。

与线接触弹流的情况相同，为了便于求解，应对雷诺方程进行参数变换。令诱导压力 $q(x,y)$ 为

$$q(x,y)\equiv\frac{1}{\alpha}\left[1-e^{-\alpha p(x,y)}\right]$$

则

$$\frac{\partial q}{\partial x}=\mathrm{e}^{-\alpha p}\frac{\partial p}{\partial x},\quad \frac{\partial q}{\partial y}=\mathrm{e}^{-\alpha p}\frac{\partial p}{\partial y}$$

代入方程(3-45)并利用 Barus 黏压关系式 $\eta=\eta_0\mathrm{e}^{\alpha p}$，得

$$\frac{\partial}{\partial x}\left(\rho h^3\frac{\partial q}{\partial x}\right)+\frac{\partial}{\partial y}\left(\rho h^3\frac{\partial q}{\partial y}\right)=12\eta_0\left[U\frac{\partial}{\partial x}(\rho h)+V\frac{\partial}{\partial y}(\rho h)\right] \tag{3-46}$$

式(3-46)是考虑黏压效应的二维雷诺方程。

2. 弹性变形方程求解

根据弹性力学可知，弹性表面上的分布压力 $p(x,y)$ 在表面上各点产生的变形位移 $\delta(x,y)$ 用下列关系表示：

$$\delta(x,y)=\frac{2}{\pi E'}\iint_{\Omega}\frac{p(\xi,\lambda)}{\sqrt{(x-\xi)^2+(y-\lambda)^2}}\mathrm{d}\xi\mathrm{d}\lambda \tag{3-47}$$

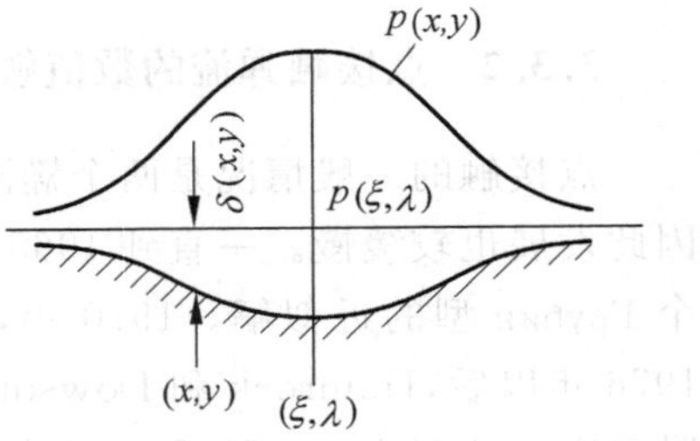

图 3-15 弹性变形

如图 3-15 所示，ξ 和 λ 为对应于 x 和 y 的附加坐标；Ω 为求解域。

式(3-47)中积分式的分母部分表示压力作用点(ξ,λ)与要计算变形量的点(x,y)之间的距离。显然，当 $x=\xi,y=\lambda$ 时，上述积分是奇异的。克服奇异积分采取的办法是：先将坐标原点平移到(ξ,λ)，式(3-47)变为

$$\delta(x,y)=\frac{2}{\pi E'}\iint_{\Omega}\frac{p(x,y)}{\sqrt{x^2+y^2}}\mathrm{d}x\mathrm{d}y$$

然后作极坐标变换：$x=r\cos\theta,y=r\sin\theta$，则

$$\delta(x,y)=\frac{2}{\pi E'}\iint_{\Omega}p(r,\theta)\mathrm{d}r\mathrm{d}\theta$$

上式可得到用三角函数表示的积分结果。

弹性变形计算的另一个困难是计算工作量过大。如果采用通常的数值积分方法，则在每一次迭代中由于分布压力 $p(x,y)$ 的不同，都需要计算每一个节点的变形，而计算每一个节点的变形又必须对整个求解域计算一遍积分，这样，计算工作量太大，而且所需要占用的计算机存储单元也很多。为了克服这一困难，十分有效的办法是采用变形矩阵。

如果将求解域划分成网格，在 X 方向共 m 个节点，Y 方向共 n 个节点。设(i,j)为在 X 方向编号为 i 而在 Y 方向编号为 j 的节点，并且定义 D_{ij}^{kl} 为在节点(i,j)处有单位节点压力作用而其余节点上压力为零时，在节点(k,l)上产生的变形量。于是，弹性变形方程的离散形式为

$$\delta_{kl}=\frac{2}{\pi E'}\sum_{i=1}^{n}\sum_{j=1}^{m}D_{ij}^{kl}p_{ij} \tag{3-48}$$

式中，δ_{kl} 为节点(k,l)处的弹性变形量；p_{ij} 为节点(i,j)处的节点压力。

这样，只需一次算出全部 D_{ij}^{kl} 并存储起来，在迭代过程中反复计算变形时即可代入式(3-48)，而不必重复计算数值积分，从而大量地减少运算工作量。

然而，变形矩阵的元素 D_{ij}^{kl} 共有$(m\times n)^2$ 个，因而占用的存储单元太多。为了节约存储量，可在 Y 方向采用等距网格，此时

$$D_{ij}^{kl}=D_{is}^{kl}$$

式中，$s=|j-l|+1$。故只需计算并存储 D_{is}^{kl} 共计 $(m\times n)\times m$ 个量，再由上式可推算全部 D_{ij}^{kl}。当然，如果在 X 方向也采用等距网格，则只需计算和存储的元素将进一步减少至 $m\times n$ 个，但会导致计算精度降低。

当变形计算完成以后，代入膜厚方程

$$h(x,y)=h_0+\frac{x^2}{2R_x}+\frac{y^2}{2R_y}+\delta(x,y) \tag{3-49}$$

式中，R_x、R_y 分别为沿 x、y 方向的当量曲率半径。再将式(3-49)代入雷诺方程即可求解。

3. Hamrock-Dowson 点接触膜厚公式

Hamrock 和 Dowson 对等温点接触弹流润滑进行了系统的数值分析，并提出了以下油膜厚度计算公式，即 Hamrock-Dowson 公式。

$$H_{\min}^{*}=3.63\frac{G^{*0.49}U^{*0.68}}{W^{*0.073}}(1-\mathrm{e}^{-0.68k}) \tag{3-50}$$

$$H_{\mathrm{c}}^{*}=2.69\frac{G^{*0.53}U^{*0.67}}{W^{*0.067}}(1-0.61\mathrm{e}^{-0.73k}) \tag{3-51}$$

以上两式的量纲化参数为

最小油膜厚度参数 $H_{\min}^{*}=\dfrac{h_{\min}}{R_x}$

中心油膜厚度参数 $H_{\mathrm{c}}^{*}=\dfrac{h_{\mathrm{c}}}{R_x}$

材料参数 $G^{*}=\alpha E'$

速度参数 $U^{*}=\dfrac{\eta_0 U}{E'R_x}$

载荷参数 $W^{*}=\dfrac{W}{E'R_x^2}$

椭圆率 $k=\dfrac{a}{b}$

式(3-50)和式(3-51)中括号内因子用以考虑端泄影响，它的大小与椭圆率 k 有关。椭圆率可以按下式近似计算：

$$k=1.03\left(\frac{R_x}{R_y}\right)^{0.64}$$

当其他参数保持不变时，由 Hamrock-Dowson 公式算得的油膜厚度随椭圆率的增加而迅速增大。但当 $k>5$ 时，油膜厚度随 k 值的变化就很小。此时，由式(3-50)计算的点接触最小膜厚度和由式(3-43)求得的线接触最小膜厚度基本相同。而由式(3-51)算得的点接触中心膜厚 h_{c} 值与 Грубин 公式算得的入口处的油膜厚度 h_0 也基本相同。由此可知，对于椭圆率 $k>5$ 的椭圆接触的弹流油膜厚度，可以近似地采用线接触膜厚公式进行计算。

点接触弹流润滑的压力分布和油膜形状比线接触弹流(参见图 2-12)复杂得多。图 3-16 和图 3-17 引自 Ranger 于 1974 年在英国帝国理工学院的博士论文中的一个算例，表示了点接触弹流润滑油的典型特征。

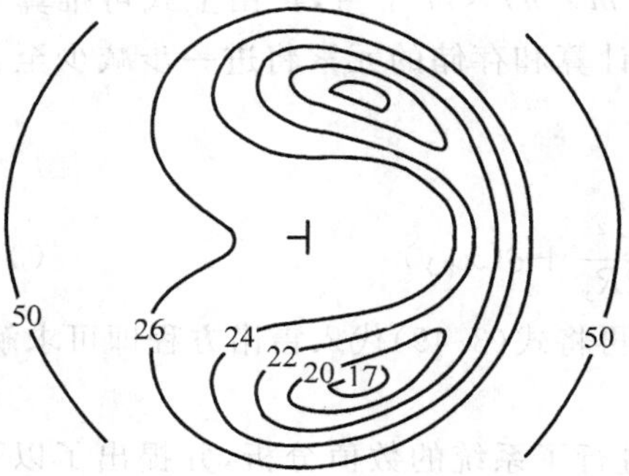

图 3-16 点接触膜厚等值线

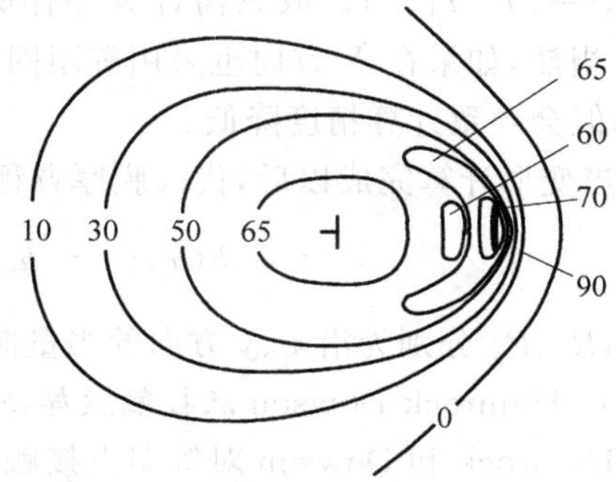

图 3-17 点接触压力等值线

图 3-16 表明，点接触弹流的油膜形状接触区形成马蹄形的凹陷，则两侧靠近出口区产生颈缩，最小膜厚通常出现在两侧的颈缩处。

由图 3-17 可知，点接触弹流润滑的压力分布存在新月形的二次压力峰区，则中心面上的压力峰数值最高，并且与接触中心的距离最远。

应当指出，本节介绍的弹流润滑理论是根据理想化的物理模型建立的，即假设润滑油的流动是稳态工况下的等温过程，润滑油为牛顿流体以及摩擦表面绝对光滑等。显然，大多数实际机械中的弹流润滑问题不能符合或者不完全符合理想模型所做的各项假设。为此，从 20 世纪 80 年代开始人们针对工程中实际影响因素对上述假设逐一修正，提出了一系列的弹流润滑数值解。例如，以高速重载摩擦副为背景，考虑润滑膜的热效应及温度场影响的热弹流问题[6]，考虑润滑膜非牛顿性质的流变弹流问题[7]，考虑工况参数随时间变化引起动态效应的稳态弹流问题[8]，以及分析表面粗糙度影响的部分弹流和微观弹流问题等[9]。随后，还由考虑单一实际因素向着建立考虑多种因素综合影响的工程模型弹流润滑理论发展[10]。在这方面清华大学摩擦学国家重点实验室作出了较系统的理论计算和实验研究，汇集研究成果，出版了学术专著《弹性流体动力润滑》(清华大学出版社，1992 年)[11]。

此外，为了推进弹流理论的应用，还根据不同的供油情况，提出了充分供油、乏油和严重乏油即干涸润滑的弹流问题[12]，以及相对运动方向与接触椭圆主轴不重合或附加绕接触面法线转动的弹流润滑问题[13,14]。

最后还需要说明，由于篇幅所限，本章只能够介绍流体润滑数值计算最基础的理论知识与方法。现存的有关润滑问题的数值求解方法很多，读者可根据润滑分析计算的具体情况，参考文献[11]和有关资料选择合适的方法。

3.4 用多重网格法求解润滑问题

近年来发展的多重网格法为复杂的弹流润滑问题的数值计算提供了非常有力的工具，与多重网格积分法一起使用具有迭代速度快、收敛性好等特点，已经广泛应用于弹流数值求解。下面对它作简略介绍。

3.4.1 多重网格法的基本原理

多重网格法是针对迭代方法求解大型代数方程组而提出的。用迭代方法解代数方程组时，近似解与精确解之间的偏差可以分解为多种频率的偏差分量，其中高频分量在稠密的网格上可以很快地消除，而低频分量只有在稀疏的网格上才能消除。多重网格法的基本思想就是，对于同一问题，轮流在稠密网格和稀疏网格上进行迭代，从而使高频偏差分量和低频偏差分量都能很快地消除，以最大限度地减少数值运算的工作量[12]。

1. 网格结构

以一维问题为例，在最稠密的第3层网格设置17个等距节点，第2层网格设置9个等距节点，而最稀疏的第1层网格应设置5个等距节点，其结构如图3-18所示。

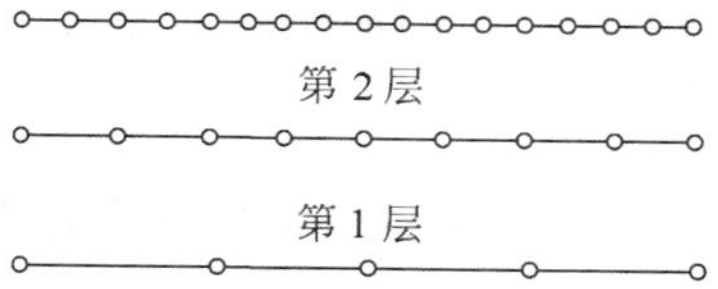

图3-18　一维多重网格结构

现约定节点最少的网格为第1层，它上面的网格依次类推。约定最高一层为第 m 层，一般可取 $m=2^n+1$，这样网格划分和计算较容易。另外，应用多重网格法时以等距网格为宜，但在不同的坐标方向上可不必等距。例如，对于二维问题，在同一层网格上可有 $\Delta x \neq \Delta y$，但是这种改变必须在量纲化方程中加以考虑。

2. 方程的离散

求解域为 Ω 的求解方程一般写为

$$\mathrm{L}\boldsymbol{u} = \boldsymbol{f} \tag{3-52}$$

式中，L为算子，可以是微分、积分或其他算子；$\boldsymbol{u}$ 是需求解的未知函数；$\boldsymbol{f}$ 为右端项，它一般是已知的。

当用某种数值方法求解方程(3-52)时，需先将 Ω 划分为某种网格，然后在网格上把式(3-52)离散为一个代数方程组。应用多重网格法时，必须在每层网格上都对式(3-52)进行离散。在第 k 层网格上离散算式记为

$$\mathrm{L}^k\boldsymbol{u}^k = \boldsymbol{f}^k \tag{3-53}$$

式中

$$\boldsymbol{u}^k = \{u^k\} = (u_1^k, u_2^k, \cdots, u_{n_k-1}^k)$$

$$\boldsymbol{f}_k = \{f^k\} = (f_1^k, f_2^k, \cdots, f_{n_k-1}^k)$$

3. 光滑、限制和延拓

应用多重网格法，一般是选用某种迭代解法如Gauss-Seidel迭代法来求式(3-53)所表示的代数方程组的近似解。迭代过程一般在各层网格上进行几次迭代，然后把结果转移到另一层网格上。在最粗的一层网格上进行较多次数的迭代。由于粗网格的节点个数很少，所以整个迭代时间很短。在相邻两层网格之间，把结果从较稠密的网格转移到较稀疏的网格上的操作叫做限制，通过限制算子实现；相反则叫做延拓，通过延拓插值算子实现。简单的限制和延拓算子如下。

(1) 映射算子。它是一种特殊的算子，可以用作限制和延拓算子。它直接将某层网格上的数值转移到相邻的网格上，如图3-19所示。

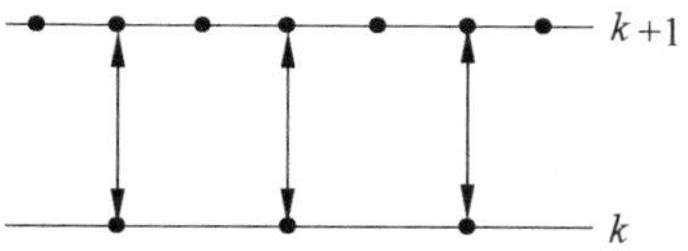

图3-19　映射算子

(2) 加权限制算子。如图3-20所示，该算子将相邻节点值加权后转移给下层网格。

(3) 加权插值算子。如图3-21所示，该算子将相邻的节点值加权后的数值转移给上层网格。

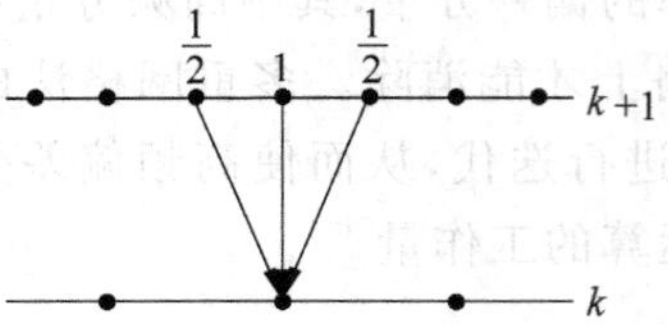

图 3-20 加权限制算子

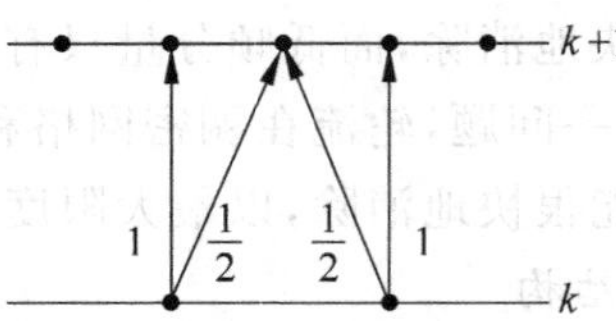

图 3-21 加权插值算子

上面给出的加权算子为线性的，对非线性较强的问题，可以选用高次加权算子，如下文所述。

3.4.2 非线性问题的全近似格式

在多重网格法中，求解线性问题多选用粗网格修正格式，而解非线性问题则需使用全近似格式(full approximation scheme，FAS)。因为弹流润滑问题是非线性的，所以对 FAS 进行较详细的介绍，FAS 对线性问题也同样适用。

应用 FAS，任何非线性问题在第 k 层网格上的代数方程组也可写成式(3-53)的形式，即

$$\mathrm{L}^k \boldsymbol{u}^k = \boldsymbol{f}^k$$

如果 $k\neq 1$，则以 $\bar{\boldsymbol{u}}^k$ 为初始值对式(3-53)作 v_1 次松弛迭代，得到近似解 $\tilde{\boldsymbol{u}}^k$ 后，应用限制算子 I_k^{k-1} 可把 $\tilde{\boldsymbol{u}}^k$ 转移到下一层网格上作为初值，即

$$\bar{\boldsymbol{u}}^{k-1} = I_k^{k-1}\tilde{\boldsymbol{u}}^k$$

在第 $k-1$ 层网格上，代数方程组为

$$\mathrm{L}^{k-1}\boldsymbol{u}^{k-1} = \boldsymbol{f}^{k-1} \tag{3-54}$$

如何确定式(3-54)中的 $\boldsymbol{f}^{k-1}$ 是 FAS 的关键。因为解方程组(3-54)的目的是修正解方程组(3-53)而得到的近似解 $\tilde{\boldsymbol{u}}^k$，所以对 $\boldsymbol{f}^{k-1}$ 的分析必须从式(3-53)和 $\tilde{\boldsymbol{u}}^k$ 着手。

从式(3-53)的两端均减去 $\mathrm{L}^k\tilde{\boldsymbol{u}}^k$，得

$$\mathrm{L}^k\boldsymbol{u}^k - \mathrm{L}^k\tilde{\boldsymbol{u}}^k = \boldsymbol{f}^k - \mathrm{L}^k\tilde{\boldsymbol{u}}^k$$

式中，等号前面的部分表示近似解产生的运算亏损量，将其记为 $\boldsymbol{r}^k$，显然有

$$\boldsymbol{r}^k = \boldsymbol{f}^k - \mathrm{L}^k\tilde{\boldsymbol{u}}^k \tag{3-55}$$

因为第 $k-1$ 层网格上的运算是为第 k 层网格服务的，所以在把 $\tilde{\boldsymbol{u}}^k$ 限制到下一层网格的同时，应将 $\tilde{\boldsymbol{u}}^k$ 造成的亏损量 $\boldsymbol{r}^k$ 也限制下去。因此，在第 $k-1$ 层网格上应该有如下的运算关系：

$$\mathrm{L}^{k-1}\boldsymbol{u}^{k-1} - \mathrm{L}^{k-1}(I_k^{k-1}\tilde{\boldsymbol{u}}^k) = I_k^{k-1}\boldsymbol{r}^k$$

上式对线性问题是严格成立的，对非线性问题也近似成立。将式(3-55)代入上式得

$$\mathrm{L}^{k-1}\boldsymbol{u}^{k-1} = \mathrm{L}^{k-1}(I_k^{k-1}\tilde{\boldsymbol{u}}^k) + I_k^{k-1}(\boldsymbol{f}^k - \mathrm{L}^k\tilde{\boldsymbol{u}}^k) \tag{3-56}$$

比较式(3-53)和式(3-56)可知，在式(3-56)中，右端函数应为

$$\boldsymbol{f}^{k-1} = \mathrm{L}^{k-1}(I_k^{k-1}\tilde{\boldsymbol{u}}^k) + I_k^{k-1}(\boldsymbol{f}^k - \mathrm{L}^k\tilde{\boldsymbol{u}}^k) \tag{3-57}$$

由式(3-57)可知，只有当 $k=m$，即在最稠密的一层网格上，数值计算方程组的右端项才可直接由原方程的右端函数得到，而在以下各层网格上，方程组的右端项均含有上一层网格上的近似解引起的运算亏损量。

应用式(3-57)得到方程组(3-54)中的 $\boldsymbol{f}^{k-1}$ 后，第 $k-1$ 层网格上的代数方程组就已经确定了。接下来可以令 $k=k-1$，将运算位置从上一层网格转移到已确定了代数方程组的网格上，并进行 v_1 次(如果 $k\neq1$)或 v_0 次(如果 $k=1$)松弛迭代。

如果在第 k 层网格上经过光滑已得到了 $\tilde{\boldsymbol{u}}^k$，欲使用它去修正上一层网格上的近似解，并不是将 $\tilde{\boldsymbol{u}}^k$ 经插值直接转移到上一层网格上，而是把本层光滑后得到的修正量通过插值转移到上一层，使其与 $\tilde{\boldsymbol{u}}^{k+1}$ 叠加，叠加的结果用来作为在第 $k+1$ 层网格上进行 v_2 次松弛迭代的初始值。上述过程可用算式表示为

$$\bar{\boldsymbol{u}}^{k+1}=\tilde{\boldsymbol{u}}^{k+1}+I_k^{k+1}(\tilde{\boldsymbol{u}}^k-I_{k+1}^k\,\tilde{\boldsymbol{u}}^{k+1})$$

3.4.3　V 循环和 W 循环

用多重网格法的解算过程实际上就是以限制和延拓为手段，轮流地在各层网格上对方程组(3-53)进行光滑，即有限次松弛迭代的过程。V 循环和 W 循环是对上述过程形象的描述。图 3-22 所示为 $m=4$ 时的 V 循环过程，图 3-23 所示为 $m=4$ 时的 W 循环过程。

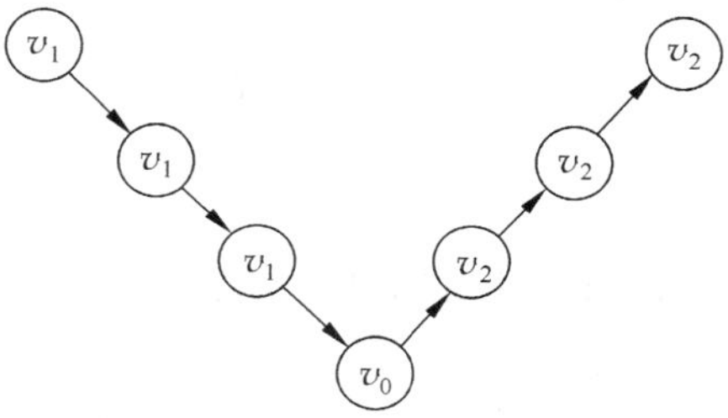

图 3-22　$m=4$ 的 V 循环

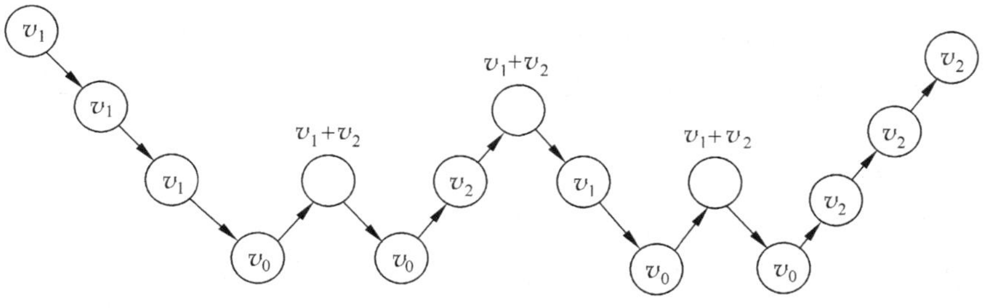

图 3-23　$m=4$ 的 W 循环

在图 3-22 和图 3-23 中，指向斜下方的箭头表示限制，指向斜上方的箭头表示延拓，圆圈则表示光滑。此外，v_1、v_2 和 v_0 分别为限制、延拓和在最底层网格上松弛迭代的次数。

3.4.4　用多重网格法解弹流问题时应注意的问题[13]

1. 迭代法

迭代过程包括压力修正与载荷平衡所需的刚体位移的修正，这些都是在某一网格下进行的。对于压力修正，常用的 Gauss-Seidel 迭代法对较轻的压力适用；当压力较大时这种方法容易发散，所以在高压力区可采用 Jacobi 双极子迭代法，这种迭代法修正压力的方程

可写成

$$\bar{P}_i = \tilde{P}_i + c_1\delta_i$$

式中，c_1 是松弛因子；δ_i 是压力修正量；$\tilde{P}_i$ 和 $\bar{P}_i$ 分别是迭代修正前后的压力。

这样对 k 级网格来说，求解方程为

$$L_k(P_i) = 0$$

对 Gauss-Seidel 迭代法 $$\delta_i = \left(\frac{\partial L_k}{\partial P_i}\right)^{-1}\bar{\gamma}_i$$

对 Jacobi 双极子迭代法 $$\delta_i = \left(\frac{\partial L_k}{\partial P_i} - \frac{\partial L_k}{\partial P_{i-1}}\right)^{-1}\tilde{\gamma}_i$$

式中，

$$\bar{\gamma}_i = -[\varepsilon_{i-1/2}\bar{P}_{i-1} - (\varepsilon_{i-1/2} + \varepsilon_{i+1/2})\bar{P}_i + \varepsilon_{i+1/2}\bar{P}_{i+1}]/\delta^2 + (\bar{\rho}_i\tilde{H}_i - \bar{\rho}_{i-1}\tilde{H}_{i-1})/\delta$$

$\tilde{\gamma}_i$ 是将上式中 $\bar{P}_{i-1}$ 换成 $\tilde{P}_{i-1}$。$\partial L_k/\partial P_k$ 为 L_k 对 P_i 的导数，由于 H_i 也是压力的函数，所以求导时应予以考虑，但为了方便起见，ε 对 P_i 的函数在求导时可以不计，这样可得

$$\frac{\partial L_k}{\partial P_i} = -(\varepsilon_{i-1/2} + \varepsilon_{i+1/2})/\delta^2 + \frac{1}{\pi}(\bar{\rho}_i K_{ii}^{\delta\delta} - \bar{\rho}_{i-1}K_{i-1,i}^{\delta\delta})/\delta \tag{3-58}$$

$\dfrac{\partial L_k}{\partial P_{i-1}}$的求法依次类推。

在采用 Jacobi 双极子迭代法时要注意同时在本点加上 δ_i 和在前点减去 δ_i，即

$$\bar{P}_i = \tilde{P}_i + c_2\delta_i,\quad \bar{P}_{i-1} = \tilde{P}_{i-1} - c_2\delta_i$$

载荷平衡条件是通过修正刚体位移 H_0 来改变压力值间接完成的，做法是

$$\bar{H}_0 = \tilde{H}_0 + c_3\left[g^{\Delta} - \frac{\Delta}{\pi}\sum_{j=1}^{N-1}(P_j + P_{j+1})\right]$$

式中，c_2 和 c_3 均为松弛因子；Δ 是对应粗网格的节点距离；g^{Δ} 是对应粗网格的量纲化载荷。为了计算稳定起见，通常刚体位移的修正只是在最粗一级网格上进行，这样还有利于减少计算量。

2. 迭代方法的选用

在迭代过程中修正压力时，上述两种方法可以同时在同一问题计算的不同区域上使用。这是因为迭代是减少局部误差的方法，不论采用何种方法，只要全域误差均满足要求即可，所以可以分别在高压区和低压区采用两种迭代方法。另一个问题是如何划分这两种迭代方法适用的区域。因为当某点方程未满足时，要修正的压力可分为两部分(见式(3-58))，即

压力影响部分 $$A_1 = (\varepsilon_{i-1/2} + \varepsilon_{i+1/2})/\delta^2$$

膜厚影响部分 $$A_2 = \frac{1}{\pi}(\bar{\rho}_i K_{ii}^{\delta\delta} - \bar{\rho}_{i-1}K_{i-1,i}^{\delta\delta})/\delta$$

当 A_1 较大时，Gauss-Seidel 法修正较有效；而当 A_2 较大时，由于 γ_i 中的膜厚没有修正，从而采用 Gauss-Seidel 法会使压力与膜厚不能协调变化，从而容易发散。通常采用 A_1 和 A_2 的比值来作为划分迭代适用区的参量。计算表明，在 $A_1 \geqslant 0.1A_2$ 的区域上采用 Gauss-Seidel 法，而在 $A_1 < A_2$ 的区域上采用 Jacobi 双极子法效果较好。

3. 松弛因子与网格变换方式

松弛因子的选择常关系到计算是否收敛。在多重网格法的迭代过程中需要选择 3 个松

弛因子：Gauss-Seidel 迭代松弛因子 c_1、Jacobi 双极子迭代松弛因子 c_2 和刚体位移修正松弛因子 c_3。通常这些松弛因子的取值要靠经验。前两个松弛因子大致的取值范围是：$c_1=0.3\sim1.0$ 和 $c_2=0.1\sim0.6$。计算发现，c_2 对收敛的影响较大，特别在重载荷工况下，c_2 应取小值。但对 c_3 则没有较确定的范围来决定它。事实上，利用已有的经验公式就可以得到一个既简单易行、又效果较好的取值方法。这是因为通常膜厚与工况参数的关系可以表示成

$$h = G^{\alpha}U^{\beta}W^{\gamma}$$

式中，G 为剪切模量；E 为材料综合弹性模量；α、β、γ 为经验公式指数。如果载荷不平衡，可以认为当载荷有一增量时对应的膜厚增量为

$$\mathrm{d}h = \gamma G^{\alpha}U^{\beta}W^{\gamma-1}\mathrm{d}W \tag{3-59}$$

由于 $g^{\Delta} - \dfrac{\Delta}{\pi}\sum_{j=1}^{N-1}(P_j + P_{j+1})$ 为 $-\mathrm{d}W$，所以这时的刚体位移修正量为 $\mathrm{d}h$，即

$$\mathrm{d}h = \overline{H}_0 - \widetilde{H}_0 = -c_3\mathrm{d}W \tag{3-60}$$

从式(3-59)和式(3-60)可以确定松弛因子 c_3。

网格变化方式通常是从最高一级逐级降至最低一级，在每级中迭代 v_1 次。然后在最低一级迭代 v_0 次，同时修正刚体位移。再逐级回到最高级，每级迭代 v_2 次。这样的过程称为一个 V 循环。作者[16]的经验是：$v_1=2$，$v_0=5\sim20$，$v_2=1$。

对于通常的数值算法，随着节点数的增加，耗费机时成倍增加。而对于多重网格法来说，进行同样次数的 V 循环迭代，时间基本上与节点数呈线性关系。

3.4.5　多重网格积分法

如果使用了多重网格积分法，则计算时间基本上与节点数成正比。因此，节点数越多，多重网格积分法的优势就越明显。

当理解了两层网格积分法后，对多层网格的积分可以类推，因此这里首先介绍线接触问题中两层网格间的积分。

多重网格积分法是把要求在细网格上的积分传递到粗网格上，在粗网格上积分，再把计算结果转移回细网格，在细网格上进行修正，以得到细网格上满足精度要求的积分结果。

假设两层网格中上层的细网格用小写字母 h 作上标，其节点号数用小写字母 i,j 表示，而下层的粗网格用大写字母 H 作上标，其节点号数用大写字母 I,J 表示。于是，上层网格上的节点号数为 i 或 j 等于 $0,1,\cdots,n$；而下层网格上的节点号数为 I 或 J 等于 $0,1,\cdots,N$。粗网格的间距是细网格的 1 倍，即有 $n=2N-1$。

对线接触问题的弹性变形积分公式为

$$w(X) = \int_{X_a}^{X_b} \ln|X - X'|P(X')\mathrm{d}X'$$

在已知细网格的节点压力和积分系数后，数值积分的计算式为

$$w_i^h = \sum_{j=0}^{n} K_{i,j}^{hh} P_j^h \tag{3-61}$$

式中，$K_{i,j}^{hh}$ 使用了两个上标 h，第一个 h 与第一个下标相对应，说明 i 是细网格上的节点号数，第二个 h 与第二个下标相对应，说明 j 也是细网格上的节点号数。

细网格的计算量很大，如果按下层粗网格进行数值积分，则积分为

$$w_I^H = \sum_{J=0}^{N} K_{I,J}^{HH} P_J^H \tag{3-62}$$

虽然式(3-62)的积分工作量比式(3-61)少了很多,但是由于下层网格较粗,其积分结果显然不如上层细网格精确。因此必须对粗网格的积分进行修正,以得到与细网格同样精度的积分值。这包括以下一些步骤。

1. 压力下传

虽然可以直接用对应细网格节点的压力作为粗网格的节点压力,但是为了考虑压力的变化,应当将细网格上的压力插值后传递到粗网格上。插值公式为

$$P_I^H = \frac{1}{32}(-P_{2I-3}^h + 9P_{2I-2}^h + 16P_{2I-1}^h + 9P_{2I}^h - P_{2I+1}^h), \quad I = 2,3,\cdots,N-1 \tag{3-63}$$

上式中,左端项为粗网格节点压力,右端项均为细网格节点的压力。对 $I=1$ 和 N,上式修改成

$$P_I^H = \frac{1}{32}(16P_1^h + 18P_3^h - 2P_5^h) \tag{3-64}$$

$$P_N^H = \frac{1}{32}(-2P_{n-2}^h + 18P_{n-1}^h + 16P_n^h) \tag{3-65}$$

2. 积分系数下传

$$K_{I,J}^{HH} = K_{2I-1,2J-1}^{hh} \tag{3-66}$$

式中,左端项为粗网格节点积分系数,右端项为细网格节点的积分系数。

3. 粗网格积分

$$w_I^H = \sum_{J=0}^{N} K_{I,J}^{HH} P_J^H \tag{3-67}$$

注意,上式虽然形式上与式(3-62)同,但它的积分系数和压力是从细网格传下来的,而不是在粗网格上生成的。

4. 积分值插值回代

由于在部分细网格上节点的积分值未计算,因此可以利用已知节点的值进行插值得到。具体做法是对与粗网格节点重合的细网格节点作映射,即

$$\tilde{w}_{2I-1}^h = w_I^H \tag{3-68}$$

对于不与粗网格节点重合的细网格节点进行插值可用

$$\tilde{w}_{2I}^h = \frac{1}{16}(-w_{I-1}^H + 9w_I^H + 9w_{I+1}^H - w_{I+2}^H) \tag{3-69}$$

对 $i=2$ 或 $i=n-1$ 的细网格节点,可以取相邻两节点的平均值。

5. 细网格修正

对细网格上积分值的修正应当包括三部分,分别是对积分系数的修正、对映射节点积分值的修正和对插值节点积分值的修正。

(1) 对积分系数的修正。对积分系数修正的做法是:首先计算积分系数的插值,然后将细网格的积分系数减去插值数值得到修正需要的差值。由于映射积分节点和插值积分节点得到的积分值不同,因此还必须考虑两者的差异。积分系数的插值数值按下式计算:

$$\widetilde{K}_{2I-1,2J-1}^{hh} = \frac{1}{16}(9K_{I+1,J}^{HH} + 9K_{I-1,J}^{HH} - K_{I+3,J}^{HH} - K_{I-3,J}^{HH}) \tag{3-70}$$

相邻积分节点不适合采用高次插值，因此可采用内插计算代替，即

$$\widetilde{K}^{hh}_{1,2J-1}=\frac{1}{8}(9K^{HH}_{2,J}-K^{HH}_{4,J}) \tag{3-71}$$

$$\widetilde{K}^{hh}_{2,2J-1}=\frac{1}{16}(9K^{HH}_{1,J}+9K^{HH}_{3,J}-K^{HH}_{3,J}-K^{HH}_{5,J}) \tag{3-72}$$

$$\widetilde{K}^{hh}_{3,2J-1}=\frac{1}{16}(9K^{HH}_{2,J}+9K^{HH}_{4,J}-K^{HH}_{2,J}-K^{HH}_{6,J}) \tag{3-73}$$

对映射节点，计算积分系数和插值积分系数的差为

$$\Delta\widetilde{K}^{hh}_{i,j}=K^{hh}_{i,j}-\widetilde{K}^{hh}_{i,j}$$

对插值节点，计算积分系数和插值积分系数的差为

$$\Delta\widetilde{K}^{hh}_{i,j}=\begin{cases}0, & \text{投影节点}\\ K^{hh}_{i,j}-\widetilde{K}^{hh}_{i,j}, & \text{插值节点}\end{cases}$$

（2）利用积分系数差值对映射节点积分值的修正：

$$w^{h}_{2I-1}=\widetilde{w}^{H}_{2I-1}+\sum_{j=1}^{M}\Delta\widetilde{K}^{hh}_{i,j}p_j\Delta x \tag{3-74}$$

（3）利用积分系数差值对插值节点积分值的修正：

$$w^{h}_{2I}=\widetilde{w}^{h}_{2I}+\sum_{j=1}^{M}\Delta\hat{K}^{hh}_{i,j}p_j\Delta x \tag{3-75}$$

上式中，$M\geqslant 3+2\ln(n)$，M 取整数。

6. 向多重网格推广

对整个多重网格，执行多重网格积分法的步骤如下：

（1）按 $M\geqslant 3+2\ln(n)$ 计算修正时的求和次数 M；

（2）按式(3-63)～式(3-66)下传节点参数(压力、积分系数等)至最粗层网格；

（3）按式(3-67)求得在最粗层网格上的数值积分；

（4）按式(3-66)计算上一层网格对应节点的积分系数；

（5）按式(3-70)～式(3-73)插值计算上一层网格的积分系数；

（6）按式(3-68)映射得到上一层网格对应节点上的积分数值；

（7）按式(3-74)对映射的积分数值进行修正；

（8）按式(3-69)插值得到上一层网格非对应节点上的积分数值；

（9）按式(3-75)对插值的积分数值进行修正；

（10）返回第(4)步做上一层的计算，直至回到最细层网格后计算结束。

需要指出，在采用多重网格积分法时，必须正确理解对各参数修正的重要性。修正的主要目的是通过较少的粗网格的计算和修正得到与细网格同样精度的积分值。

参考文献

[1] 王应龙，黄亭亭，温诗铸. 可倾径向轴承变温度静动态性能计算[J]. 清华大学学报，1987，27(增1)：84-91.

[2] 温诗铸. 边界元方法在润滑问题中的应用——Rayleigh 阶梯轴承[J]. 润滑与密封，1982(3)：10-16.

[3] DOWSON D，HIGGINSON G R. Elasto-hydrodynamic Lubrication[M]. London：Pergamon Press，1997.

[4] 温诗铸,朱东.等温弹性流体动力润滑问题的直接迭代解[J].润滑与密封,1985(4):20-25,1986(4):9-15.

[5] ZHU D, WEN S. A full numerical solution for the thermoelastohydrodynamic problem in elliptical contacts[J]. Trans. ASME, Journal of Tribology, 1984,106(2):246-254.

[6] WEN S, YING T. A theoretical and experimental study of EHL lubricated with grease[J]. Trans. ASME, Journal of Tribology, 1988, 110(1):38-43.

[7] REN N, ZHU D, WEN S. Experimental method for quantitative analysis of transient EHL[J]. Tribology International, 1991, 24(4):225-230.

[8] HUANG P, WEN S. Study on oil film and pressure distribution of miero-EHL[J]. Trans. ASME, Journal of Tribology, 1992, 114(1):42-46.

[9] YANG P, WEN S. The behavior of non-Newtonian thermal EHL film in line contact at dynamic loads [J]. Trans. ASME, Journal of Tribology, 1992, 114(1):81-85.

[10] 温诗铸,黄平.弹性流体动力润滑的计算方法综述[C]//第五届全国摩擦学学术会议论文集.武汉:机械工业部武汉材料保护研究所,1992:198-204.

[11] 温诗铸,杨沛然.弹性流体动力润滑[M].北京:清华大学出版社,1992.

[12] LIU J, WEN S. Fully flooded, starved and parched lubrication at point contact system[J]. Wear, 1992(159):135-140.

[13] HUANG C, WEN S, HUANG P. Multilevel solution of the elastohydrodynamic lubrication of concentrated contacts in spiroid gears[J]. Trans. ASME, Journal of Tribology, 1993, 115(3):481-486.

[14] HUANG C, WEN S, HUANG P. Multilevel solution of the elastohydrodynamic lubrication of elliptical contacts with rotational lubricant entrainment[C]// Proc. lst International Symposium on Tribology, Beijing: Tsinghua University Press,1993:124-131.

[15] LUBRECHT A A, ten NAREL W E, BOSMA R. Multigrid, an alternative method for calculating film thickness and pressure profiles in elastohydrodynamic lubricated line contacts [J]. Trans. ASME,Journal of Tribology, 1989, 108(4):551-556.

[16] 黄平,温诗铸.多重网格法求解线接触弹流问题[J].清华大学学报,1992,32(5):26-34.

[17] 温诗铸.摩擦学原理[M].北京:清华大学出版社,1990.

[18] 温诗铸,黄平.摩擦学原理[M].2版.北京:清华大学出版社,2002.

[19] 温诗铸,杨沛然.弹性流体动力润滑[M].北京:清华大学出版社,1992.

第4章　典型机械零件的润滑设计

本章介绍一些典型机械零件的润滑设计。首先以滑块问题为例说明各润滑特性参数的计算，然后讨论各类滑动轴承、滚动轴承、齿轮和凸轮机构等的润滑计算[1]。

4.1　滑块与止推轴承

楔形滑块是润滑设计中最简单的问题，当滑块的几何形状不十分复杂时，常常可以得到解析解。另外，对滑块问题的分析不仅有助于了解润滑的基本特性，而且也是止推轴承润滑设计的基础。

4.1.1　基本方程

求解无限长滑块问题由于不考虑端泄，雷诺方程简化成一维常微分方程。当膜厚方程已知时，可以求得方程的通解，再代入边界条件和连接条件得到压力分布。利用压力分布可以求得载荷、摩擦力和流量等润滑特性参数。

1. 雷诺方程

求解滑块问题的雷诺方程为

$$\frac{\mathrm{d}}{\mathrm{d}x}\left(h^{3}\ \frac{\mathrm{d}p}{\mathrm{d}x}\right)=6U\eta\ \frac{\mathrm{d}h}{\mathrm{d}x} \tag{4-1}$$

对这一方程积分两次后，其通解可以写成

$$p=\int\frac{6U\eta}{h^{2}}\mathrm{d}x+C_{1}\int\frac{\mathrm{d}x}{h^{3}}+C_{2}$$

式中，C_1 和 C_2 为积分常数，由下面的边界条件确定。

2. 边界条件

常用的两种压力边界条件是：

(1) $p|_{x=0}=0$；$p|_{x=B}=0$（B 为滑块宽度）；

(2) $p|_{x=0}=0$；$p|_{x=x'}=0$ 和 $\left.\frac{\partial p}{\partial x}\right|_{x=x'}=0$（$x'$为待定出口边界，$x'\leqslant B$）。

3. 连接条件

当膜厚函数不连续或其导数不连续时，以不连续处为分界线分别写出两边压力方程，这样待定积分常数的个数会相应增加。因此必须在不连续处加上相应的连接条件。设不连续处的坐标为 x^*，则连接条件如下。

(1) 压力连续条件

$$p\,|_{x=x^{*}-0}=p\,|_{x=x^{*}+0} \tag{4-2}$$

(2) 流量连续条件

$$\left[-\frac{h^3}{12}\frac{\partial p}{\partial x}+(U_1+U_2)\frac{h}{2}\right]_{x=x^*-0}=\left[-\frac{h^3}{12}\frac{\partial p}{\partial x}+(U_1+U_2)\frac{h}{2}\right]_{x=x^*+0} \tag{4-3}$$

4.1.2 几种形式的滑块

除了直线滑块外，其他类型的滑块有曲面滑块、组合滑块和阶梯滑块等。下面给出无限长直线滑块的算例，如图 4-1 所示。

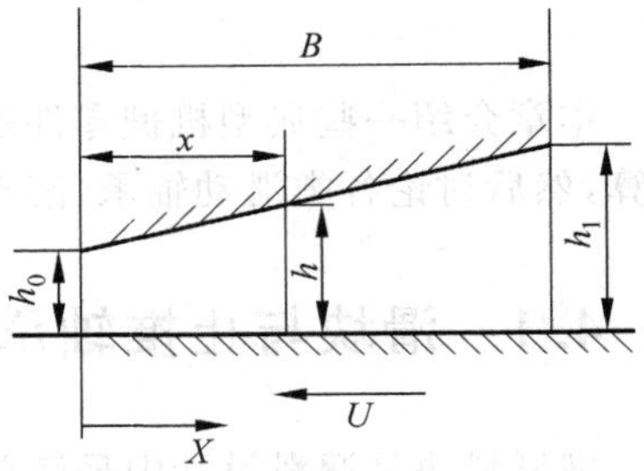

图 4-1 普通滑块

1. 膜厚方程

设 $K=\frac{h_1-h_0}{h_0}$，有

$$h=h_0\left(1+K\frac{x}{B}\right)$$

2. 压力分布

由于膜厚 h 和坐标 x 呈线性，因此将膜厚对 x 求导，得

$$\mathrm{d}h=K\frac{h_0}{B}\mathrm{d}x$$

将上式代入一维雷诺方程，并对变量 h 进行积分可得

$$p=-\frac{6U\eta B}{Kh_0}\left(-\frac{1}{h}+\frac{\bar{h}}{2h^2}+C\right)$$

式中，$\bar{h}$ 为 $\frac{\mathrm{d}p}{\mathrm{d}x}=0$ 处即最大压力处的油膜厚度。

利用边界条件 $p|_{h=h_0}=0$ 和 $p|_{h=h_1}=0$ 求得

$$\bar{h}=\frac{2h_0h_1}{h_0+h_1},\quad C=\frac{1}{h_0+h_1}$$

从而

$$p=-\frac{6U\eta B}{Kh_0}\left(-\frac{1}{h}+\frac{h_0h_1}{h_0+h_1}\frac{1}{h^2}+\frac{1}{h_0+h_1}\right) \tag{4-4}$$

3. 载荷

单位长度承载量为

$$\frac{W}{L}=\int_0^B p\mathrm{d}x=\frac{B}{h_0K}\int_{h_0}^{h_1}p\mathrm{d}h$$

$$=\frac{6U\eta B^2}{K^2h_0^2}\left[\ln\frac{h_1}{h_0}-\frac{2(h_1-h_0)}{h_0+h_1}\right]=\frac{6U\eta B^2}{K^2h_0^2}\left[\ln(K+1)-\frac{2K}{K+2}\right] \tag{4-5}$$

式中，L 为 Y 方向长度。

将 W 对 K 求极值，即令 $\mathrm{d}W/\mathrm{d}K=0$，可以求得对应于最大承载量的 K 值，得 $K=1.2$，$h_1/h_0=2.2$ 时，W 为最大值。

4. 压力中心

压力中心就是载荷作用点，可通过对原点取矩求得。如图 4-1 所示，设压力中心与原点的距离为 x_0，单位长度上的承载量为 W/L，因此

$$\frac{x_0 W}{L} = \int_0^B px\,\mathrm{d}x$$

将式(4-4)、式(4-5)代入，经积分运算后，得

$$\frac{x_0}{B} = \frac{K(6+K) - 2(2K+3)\ln(1+K)}{2K[(2+K)\ln(1+K) - 2K]} \tag{4-6}$$

5. 摩擦力

表面上的剪应力为

$$\tau = \eta\frac{\partial u}{\partial z} = \frac{\partial p}{\partial x}\left(z - \frac{h}{2}\right) + \frac{\eta}{h}U$$

单位长度的摩擦力为

$$\frac{F_{h,0}}{L} = \int_0^B \tau_{h,0}\,\mathrm{d}x\mathrm{d}y = \int_0^B \left(\pm\frac{\partial p}{\partial x}\frac{h}{2} + \eta\frac{U}{h}\right)\mathrm{d}x$$

式中，F_h、τ_h 和 F_0、τ_0 分别为 $x=h$ 和 $z=0$ 表面上的摩擦力与剪应力。

上式第一项积分可用分部积分法，求得，即

$$\int_0^B \pm\frac{\partial p}{\partial x}\frac{h}{2}\mathrm{d}x = p\frac{h}{2}\Big|_0^B \mp \int_0^B p\frac{\mathrm{d}h}{2} = \mp\frac{h_0 K}{2B}\int_0^B p\mathrm{d}x = \mp\frac{h_0 K}{2B}\frac{W}{L}$$

因此可以得到单位长度上的摩擦力为

$$\frac{F_{h,0}}{L} = \frac{\eta UB}{h_0}\frac{\ln(K+1)}{K} \mp \frac{h_0 K}{2B}\frac{W}{L} \tag{4-7}$$

6. 流量

由于无限长滑块不存在端泄流量，即 $q_y=0$，因而流量为

$$Q_x = \int_0^L q_x\mathrm{d}y = \int_0^L \left(-\frac{h^3}{12\eta}\frac{\mathrm{d}p}{\mathrm{d}x} + \frac{Uh}{2}\right)\mathrm{d}y$$

可以证明，当 $h=\bar{h}$ 时，$\mathrm{d}p/\mathrm{d}x=0$，故单位长度的流量为

$$\frac{Q_x}{L} = \frac{1}{L}\int_0^L \frac{U\bar{h}}{2}\mathrm{d}y = Uh_0\frac{K+1}{K+2} \tag{4-8}$$

由直线构成的滑块还有如图 4-2 和图 4-3 所示的组合滑块和 Rayleigh 阶梯滑块等，求解雷诺方程时需要在膜厚不连续处引入连接条件如式(4-2)和式(4-3)。

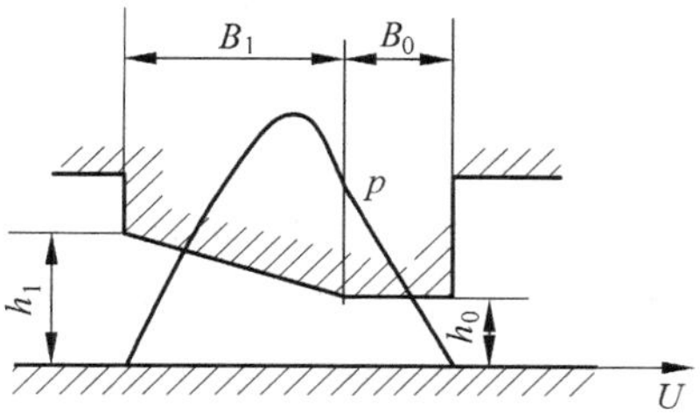

图 4-2　组合滑块

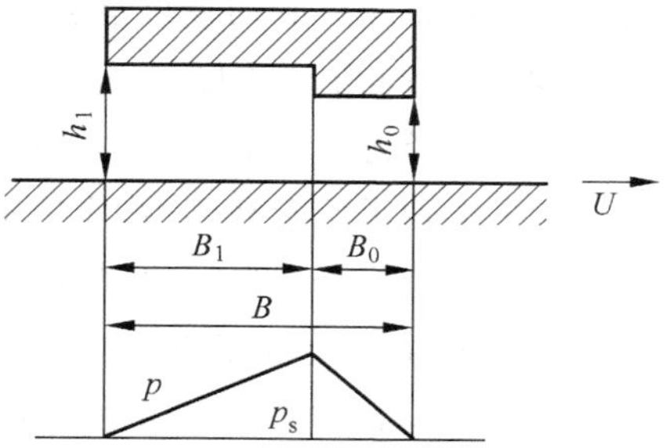

图 4-3　Rayleigh 阶梯滑块

4.1.3　有限长滑块

关于有限长滑块的润滑计算需要求解二维雷诺方程，除少数情况可以采用解析方法之

外，还有数值计算方法和电模拟法。数值计算法的要点已在第3章讨论过。

电模拟法的依据是：决定电参数关系的微分方程和决定流体润滑参数关系的微分方程基本相同，这样，在按对应关系建立的电模拟装置上，测出各点的电参量即可推算相应的润滑参数。

Kingsbury在1931年提出用电解槽模拟法求解。电解液内的电压与电流的关系式为

$$\frac{\partial}{\partial x}\left(h_s\frac{\partial E}{\partial x}\right)+\frac{\partial}{\partial y}\left(h_s\frac{\partial E}{\partial y}\right)=\frac{kI}{A} \tag{4-9}$$

式中，E为电压；I为电流；k为电解液的电阻率；h_s为槽深度；A为单元液柱顶部面积。

而等黏度计算的雷诺方程为

$$\frac{\partial}{\partial x}\left(h^3\frac{\partial p}{\partial x}\right)+\frac{\partial}{\partial y}\left(h^3\frac{\partial p}{\partial y}\right)=6\eta U\frac{\partial h}{\partial x} \tag{4-10}$$

将式(4-9)与式(4-10)相比较，可找到参数对应关系是h_s—h^3、E—p、k/A—6η、I—$U\dfrac{\partial h}{\partial x}$。这样就可以根据上述关系设计电解槽装置，使电解液各处的深度模拟油膜厚度；适当配制电解液，使其电阻率模拟润滑油的黏度；控制供给电流，使它模拟滑动速度。因此，测出各点的电压就可得到对应点油膜压力的模拟值。

模拟法可以取足够多的点作为测定对象，求得大量数据，在电子计算机普遍使用以前，模拟法得到实际应用。当前对于有限长的润滑问题，采用电子计算技术求得数值解特别简便，并且适用于复杂的几何形状和各种工况下的润滑性能计算。例如，作者采用了边界元方法计算有限长阶梯滑块的润滑问题[2]。作者[3]还对黏塑性流体润滑的滑块因润滑膜滑动而导致失效进行了分析。

4.1.4 止推轴承

流体动压润滑的止推轴承主要用于重型机械设备，例如水轮机、立式风扇、泵、大型透平机械以及船舶推进器等。

止推轴承的承载能力受速度的影响很大。为了形成充分的动压润滑，通常要求平均滑动速度大于3m/s，而最高滑动速度受到摩擦功率损失以及因发热而产生的最大温度的限制，有关资料表明最高滑动速度可达到90m/s。止推轴承典型的平均油膜压力为3.5～7MPa，对于一个直径为800mm的止推轴承，可承受载荷为6×10^5N。

为了提高止推轴承的承载能力，应使轴承表面尽可能多的部分构成收敛楔形，因此，通常将轴承表面均分为若干扇形滑块，如图4-4所示。滑块之间留作供油油沟，油沟所对应的圆心角占15%。每个滑块宽度$B=0.85\pi D_m/n$，滑块长度$L=(D_1-D_2)/2$，而轴承的总承载量应为nW。这里，D_1、D_2和D_m分别为止推盘的外径、内径和中径，n为滑块数。

为简便起见，在工程设计中常用长方形代替扇形。当$K=1$时，按扇形滑块计算的承载量仅比长方形滑块的约大7%。

影响止推轴承性能的重要因素是温度和滑块变形。黏性发热所造成的温度升高使润滑油的黏度显著下降，在滑块中央的黏度通常只有入口黏度的20%～40%。精确地考虑温度影响需要进行变温度的润滑计算。但在工程设计中，也常根据油膜的平均温度来粗略地考

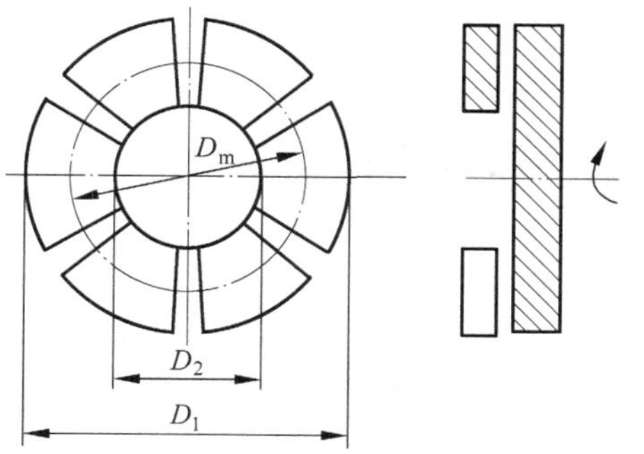

图 4-4　止推轴承

虑黏度的变化。

在忽略热传导的前提下，根据润滑膜的热平衡条件可以计算平均温升 ΔT，即

$$\rho c Q \Delta T = kH \tag{4-11}$$

式中，ρ 为润滑油密度；c 为润滑油比热容；Q 为流量；H 为摩擦功率损失；而 k 为半经验常数，$k=0.6$。

依照 ΔT 决定油膜平均温度和润滑油的黏度值。计算时采用反复迭代的方法，直到各项参数相互适应为止。

实践证明，在止推轴承中，由于滑块的安装制造误差、工作中的弹性变形和热变形等因素所造成的间隙变化，往往超过最小油膜厚度的数值，因此，必须考虑这些因素的影响。计算滑块的弹性变形和热变形涉及求解薄板挠曲的双调和方程，通过数值计算可以得到所需的结果。

从雷诺方程可知，两平行平面之间是不能形成动压油膜的，因此须沿轴承止推面按一块块扇形面积构成楔形。图 4-5 是常见的固定瓦动压止推轴承。其楔形的倾斜角固定不变。在楔形顶部留出平台，用来承受停车后的轴向载荷。图(a)为单向固定瓦，只能单方向形成流体动压膜；图(b)为双向固定瓦，在正反方向均可形成动压膜。

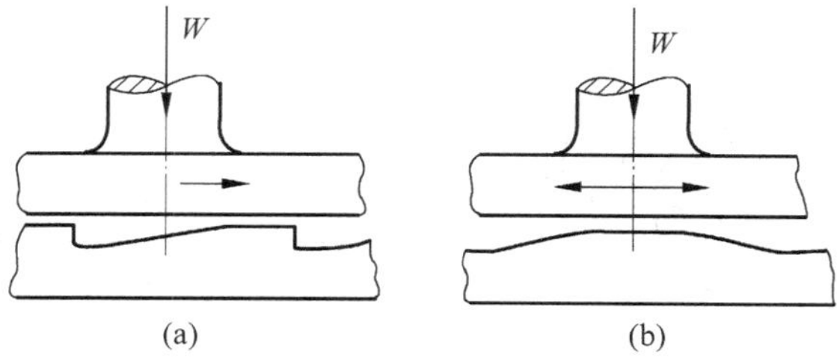

图 4-5　固定瓦动压止推轴承

(a) 单向固定瓦；(b) 双向固定瓦

图 4-6 是两种可倾瓦止推轴承，图(a)为刚性支承可倾瓦止推轴承，其扇形块的倾斜角能随载荷的改变而自行调整，因此承载性能优越；图(b)为弹性支承可倾瓦止推轴承，其扇形块的支承有较大弹性，因此倾斜角可以在一定范围内随载荷改变而改变。

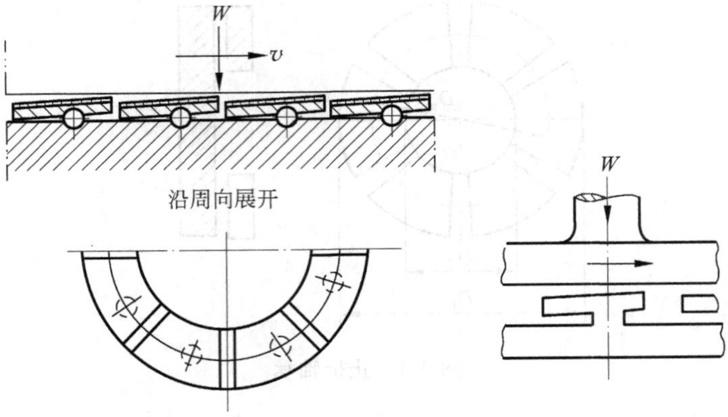

图 4-6 可倾瓦止推轴承

(a) 刚性支承可倾瓦止推轴承；(b) 弹性支承可倾瓦止推轴承

4.2 径向滑动轴承

在流体动压润滑的机械零件中最常见的是径向滑动轴承。通常轴承孔的直径比轴颈直径大千分之二左右，当轴颈处于偏心位置时，两个表面组成收敛楔形。通过轴颈的转动，使润滑膜产生流体动压以支承轴颈上的载荷。实际轴承的工作情况十分复杂，由于影响因素很多，在数学上求解困难，因此当前的润滑理论都经过不同程度的简化。

4.2.1 轴心位置与间隙形状

轴颈旋转将润滑油带入收敛间隙而产生流体动压，油膜压力的合力与轴颈上的载荷平衡，其平衡位置偏于一侧，如图 4-7 所示。

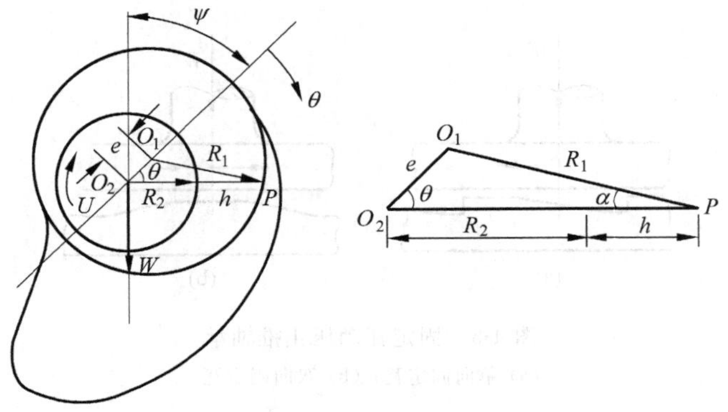

图 4-7 轴心位置

轴心 O_2 的平衡位置通过两个参数可以完全确定，即偏位角 ψ 和偏心率 ε。偏位角 ψ 为轴承与轴颈的连心线 O_1O_2 与载荷 W 的作用线之间的夹角。而偏心率 $\varepsilon=e/c$，这里，e 为偏心距，c 为半径间隙，$c=R_1-R_2$。

由图 4-7 可知，间隙 h 是 θ 角的函数。在$\triangle O_1O_2P$ 中，按正弦定律得

$$\frac{e}{\sin\alpha}=\frac{R_1}{\sin\theta},\quad 即\ \sin\alpha=\frac{e}{R_1}\sin\theta$$

又

$$\cos\alpha=(1-\sin^2\alpha)^{1/2}=\left(1-\frac{e^2}{R_1^2}\sin^2\theta\right)^2=1-\frac{2e^2}{R_1^2}\sin^2\theta+\cdots$$

通常 $e/R_1\ll1$，忽略高阶微量可取 $\cos\alpha=1$。

由几何关系得

$$h+R_2=e\cos\theta+R_1\cos\alpha=e\cos\theta+R_1$$

所以

$$h=e\cos\theta+c=c(1+\varepsilon\cos\theta)\tag{4-12}$$

式(4-12)表示的轴承的间隙形状为余弦函数，该表达式的误差仅为 0.1%。

4.2.2　无限短轴承

当轴承沿 y 方向的尺寸远小于沿 x 方向的尺寸时，则$\partial p/\partial y$ 远大于$\partial p/\partial x$，此时可近似地令$\partial p/\partial x=0$。通常 h 只随 x 变化而与 y 无关，则雷诺方程变为

$$\frac{\mathrm{d}}{\mathrm{d}y}\left(h^3\frac{\mathrm{d}p}{\mathrm{d}y}\right)=6U\eta\frac{\mathrm{d}h}{\mathrm{d}x}\tag{4-13}$$

边界条件为：当 $y=\pm\dfrac{L}{2}$时，$p=0$；当 $y=0$ 时，由于对称性$\dfrac{\mathrm{d}p}{\mathrm{d}y}=0$。

将方程(4-13)积分两次并代入边界条件后，求得任何已知间隙形状的压力分布为

$$p=3U\eta\frac{1}{h^3}\frac{\mathrm{d}h}{\mathrm{d}x}\left(y^2-\frac{L^2}{4}\right)\tag{4-14}$$

或

$$p=\frac{3U\eta\varepsilon\sin\theta}{c^2R(1+\varepsilon\cos\theta)^3}\left(\frac{L^2}{4}-y^2\right)$$

无限短径向轴承理论对于长径比 $L/D=0.25$ 的轴承可得到满意的近似结果，当今的润滑轴承，特别是高速轴承中多采用较小的 L/D 值，因此无限短轴承理论有着一定的应用意义。

1. 承载量

如果采用半 Sommerfeld 边界条件，只考虑收敛间隙在 $0\leqslant\theta\leqslant\pi$ 范围内的油膜压力。将载荷 W 表示为沿连心线方向的分量 W_x 和沿垂直连心线方向的分量 W_y，则有

$$W_x=\frac{U\eta L^3}{c^2}\frac{\varepsilon^2}{(1-\varepsilon^2)^2}$$

$$W_y=\frac{U\eta L^3}{c^2}\frac{\pi\varepsilon}{4(1-\varepsilon^2)^{3/2}}$$

则承载量为

$$W=\sqrt{W_x^2+W_y^2}=\frac{U\eta L^3\varepsilon}{c^2(1-\varepsilon^2)}\sqrt{\frac{16\varepsilon^2+\pi^2(1-\varepsilon^2)}{16(1-\varepsilon)^2}}\tag{4-15}$$

将承载量量纲化得到的一个表征轴承承载能力的综合参数称为 Sommerfeld 数，它的表达式为

$$\Delta = \frac{W/L}{U\eta}\frac{c^2}{R^2}$$

这样，式(4-15)变为

$$\Delta = \left(\frac{L}{D}\right)^2 \frac{\pi\varepsilon}{(1-\varepsilon^2)^2}\sqrt{\left(\frac{16}{\pi^2}-1\right)\varepsilon^2+1} \tag{4-16}$$

式(4-16)表明，Δ 与 L/D 和 ε 有关，即当 L/D 和 ε 的数值增加时，Δ 值也增加，故承载量 W 增加。但是，选择过大的 L/D 数值将使轴承的发热和温度增加，反而使润滑油的有效黏度降低。而 ε 值的增大使 h_{min} 的数值减小，它受到必须保持两粗糙表面不相互接触的限制。

2. 偏位角与轴心轨迹

偏位角的计算公式为

$$\tan\psi = \frac{W_y}{W_x} = \frac{\pi}{4}\frac{\sqrt{1-\varepsilon^2}}{\varepsilon} \tag{4-17}$$

已知 $\tan\psi = \frac{\sin\psi}{\cos\psi} = \frac{\sqrt{1-\cos^2\psi}}{\cos\psi}$，如果近似地取 $\frac{\pi}{4}\approx 1$，则对照以上两式可得

$$\cos\psi = \varepsilon = \frac{e}{c}$$

上述方程在极坐标系中的图形为一半圆，如图 4-8 所示。由此可知，确定轴心平衡位置的两个参数 ε 和 ψ 彼此不是独立的，随着轴承工作参数的改变，轴心位置将在 ε-ψ 关系描绘的半圆上运动，所以称它为轨迹圆。

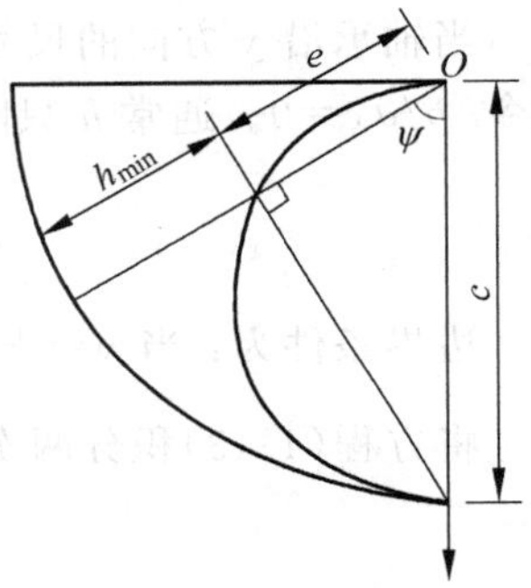

图 4-8　无限短轴承轨迹图

3. 流量

轴承在运转中润滑油不停地泄漏，为了保持完整的润滑油膜和轴承冷却，就必须不断地补充润滑油。补充流量由两部分组成：一部分是承载油膜起始点和终止点的流量差；另一部分是压力供油时从轴承供油处附近直接流出的流量。前者是由油膜压力引起的，称为端泄流量，是流量的主要部分；而后者为与供油压力有关的轴向流量，它对轴承的冷却有一定的影响。

1）油膜端泄流量

径向轴承圆周方向的单位宽度的流量为

$$q_\theta = -\frac{h^3}{12\eta R}\frac{\partial p}{\partial\theta} + \frac{1}{2}Uh$$

由于无限短轴承理论中的$\partial p/\partial\theta = 0$，因此

$$q_\theta = \frac{1}{2}Uh$$

总流量为

$$Q_\theta = \frac{1}{2}UhL$$

由于在起始点 $h=c(1+\varepsilon)$，终止点 $h=c(1-\varepsilon)$，所以端泄流量为

$$Q_c=\frac{1}{2}ULc(1+\varepsilon)-\frac{1}{2}ULc(1-\varepsilon)=ULc\varepsilon \tag{4-18}$$

2）压力供油的轴向流量

润滑油通入轴承通常有3种结构：周间油槽、给油孔、轴向油槽或油腔。供油引起的轴向流量取决于供油压力、润滑油黏度以及供油处结构和几何尺寸，而与轴的旋转速度无关。各种供油结构的轴向流量计算可参考文献[1]。

4. 摩擦力与摩擦因数

由无限短轴承理论得 $\partial p/\partial\theta=0$，即沿圆周方向不存在由于压力变化引起的剪切应力，因而 $\tau=\eta U/h$，则作用在轴颈上的摩擦力为

$$F=\int_{-L/2}^{L/2}\int_0^{2\pi}\tau R\,\mathrm{d}\theta\mathrm{d}y=\frac{2\pi\eta URL}{c}\frac{1}{(1-\varepsilon^2)^{1/2}} \tag{4-19}$$

按无限短轴承理论求得的摩擦因数为

$$\mu=\frac{F}{W}=\frac{8Rc}{L^2}\frac{(1-\varepsilon^2)^{3/2}}{\varepsilon(0.62\varepsilon^2+1)^{1/2}} \tag{4-20}$$

4.2.3 无限长轴承

无限长轴承可以近似地取 $\mathrm{d}p/\mathrm{d}y=0$，即不考虑端泄，因此雷诺方程成为常微分方程

$$\frac{\mathrm{d}}{\mathrm{d}x}\left(h^3\frac{\mathrm{d}p}{\mathrm{d}x}\right)=6U\eta\frac{\mathrm{d}h}{\mathrm{d}x}$$

积分后得

$$\frac{\mathrm{d}p}{\mathrm{d}x}=6U\eta\frac{h-\bar{h}}{h^3} \tag{4-21}$$

式中，$h=\bar{h}$ 处 $\mathrm{d}p/\mathrm{d}x=0$。式(4-21)可改写成

$$\frac{\mathrm{d}p}{\mathrm{d}\theta}=6U\eta R\frac{h-\bar{h}}{h^3}$$

代入 $h=c(1+\varepsilon\cos\theta)$ 后，积分得

$$p=\frac{6\eta UR}{c^2}\left[\int\frac{\mathrm{d}\theta}{(1+\varepsilon\cos\theta)^2}-\frac{\bar{h}}{c}\int\frac{\mathrm{d}\theta}{(1+\varepsilon\cos\theta)^3}\right]+C_1 \tag{4-22}$$

式中，$\bar{h}$、C_1 为积分常数。

通过 Sommerfeld 积分变换可以对雷诺方程求得解析解。Sommerfeld 变换为

$$\cos\gamma=\frac{\varepsilon+\cos\theta}{1+\varepsilon\cos\theta} \tag{4-23}$$

由此可得到

$$\cos\theta=\frac{\cos\gamma-\varepsilon}{1-\varepsilon\cos\gamma},\quad \mathrm{d}\theta=\frac{(1-\varepsilon^2)^{1/2}}{1-\varepsilon\cos\gamma}\mathrm{d}\gamma$$

进行变换积分，式(4-22)中的两个积分分别为

$$\int\frac{\mathrm{d}\theta}{(1+\varepsilon\cos\theta)^2}=\frac{1}{(1-\varepsilon^2)^{3/2}}(\gamma-\varepsilon\sin\gamma)$$

$$\int\frac{\mathrm{d}\theta}{(1+\varepsilon\cos\theta)^3}=\frac{1}{(1-\varepsilon^2)^{5/2}}\left(\gamma-2\varepsilon\sin\gamma+\frac{\varepsilon^2\gamma}{2}+\frac{\varepsilon^2}{4}\sin2\gamma\right)$$

则式(4-22)变为

$$p(\gamma)=\frac{6U\eta R}{c^2}\left[\frac{\gamma-\varepsilon\sin\gamma}{(1-\varepsilon^2)^{3/2}}-\frac{\bar{h}}{c(1-\varepsilon^2)^{5/2}}\left(\gamma-2\varepsilon\sin\gamma+\frac{\varepsilon^2\gamma}{2}+\frac{\varepsilon^2}{4}\sin2\gamma\right)\right]+C_1 \tag{4-24}$$

通常采用雷诺边界条件：油膜起始点 $\theta=0,p=0$；油膜终止点 $\theta=\theta_2,p=0$ 和 $\mathrm{d}p/\mathrm{d}x=0$，如图 4-9 所示。假若油膜压力的最大值在 $\theta_1=\pi-\alpha$ 处，则取油膜终止点的位置 $\theta_2=\pi+\alpha$ 处，即可同时满足 $p=0$ 和 $\mathrm{d}p/\mathrm{d}x=0$ 条件。

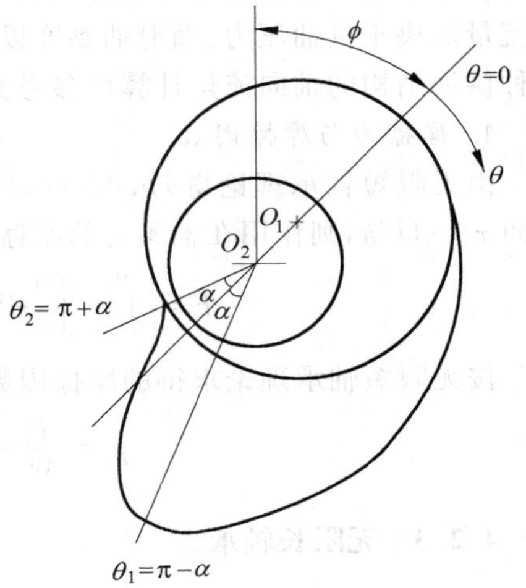

图 4-9 雷诺边界条件

在 $\theta_1=\pi-\alpha$ 处，压力 p 达最大值，即 $\mathrm{d}p/\mathrm{d}\theta=0$，故此处的油膜厚度为 $\bar{h}$，对应的变换角 $\gamma_1=\pi-\beta$。由式(4-23)的变换关系可得

$$1-\varepsilon\cos\gamma_1=1-\frac{\varepsilon(\varepsilon+\cos\theta_1)}{1+\varepsilon\cos\theta_1}=\frac{1-\varepsilon^2}{1+\varepsilon\cos\theta_1}$$

$$1+\varepsilon\cos\theta_1=\frac{1-\varepsilon^2}{1-\varepsilon\cos\gamma_1}=\frac{1-\varepsilon^2}{1+\varepsilon\cos\beta}$$

即 $\bar{h}=c(1+\varepsilon\cos\theta_1)=\dfrac{c(1-\varepsilon^2)}{1+\varepsilon\cos\beta}$

然后，将 $\bar{h}$ 代入式(4-24)则

$$p(\gamma)=\frac{6U\eta R}{c^2(1-\varepsilon^2)^{3/2}}\left[\gamma-\varepsilon\sin\gamma-\frac{\gamma(2+\varepsilon^2)-4\varepsilon\sin\gamma+\varepsilon^2\sin\gamma\cos\gamma}{2(1+\varepsilon\cos\beta)}\right]+C_1$$

根据油膜起始点条件：在 $\theta=0$ 即 $\gamma=0$ 时，$p=0$，则 $C_1=0$。再利用油膜终止点条件可求得 β 值，即当 $\gamma=\gamma_2=\pi+\beta$ 时，$p=0$，代入上式后简化得

$$\varepsilon\sin\beta\cos\beta+2(\pi+\beta)\cos\beta-(\pi+\beta)\varepsilon-2\sin\beta=0 \tag{4-25}$$

由式(4-25)确定 β 值以后，可计算 γ_1 和 γ_2 的数值以及压力分布、承载量和偏位角。经演算，载荷分量为

$$W\sin\psi=\int_0^{\pi+\alpha}LRp\sin\theta\mathrm{d}\theta=\frac{6U\eta L(R/c)^2[(\pi+\beta)\cos\beta-\sin\beta]}{(1-\varepsilon^2)^{1/2}(1+\varepsilon\cos\beta)}$$

$$W\cos\psi=\int_0^{\pi+\alpha}LRp\cos\theta\mathrm{d}\theta=-\frac{3U\eta L(R/c)^2\varepsilon(1+\cos\beta)^2}{(1-\varepsilon^2)(1+\varepsilon\cos\beta)}$$

承载量为

$$\begin{aligned}W&=\sqrt{(W\sin\psi)^2+(W\cos\psi)^2}\\&=\frac{3U\eta L(R/c)^2}{(1-\varepsilon^2)^{1/2}(1+\varepsilon\cos\beta)}\left\{\frac{\varepsilon^2(1+\cos\beta)^4}{1-\varepsilon^2}+4[(\pi+\beta)\cos\beta-\sin\beta]^2\right\}^{1/2}\end{aligned} \tag{4-26}$$

偏位角为

$$\psi=\arctan\left[-\frac{2(1-\varepsilon^2)^{1/2}[\sin\beta-(\pi+\beta)\cos\beta]}{\varepsilon(1+\cos\beta)^2}\right] \tag{4-27}$$

现在讨论无限长轴承中的摩擦力。作用在两表面的剪应力为

$$\tau_{h,0} = \pm \frac{\mathrm{d}p}{\mathrm{d}x}\frac{h}{2} + \eta\frac{U}{h}$$

式中，正号指轴颈表面，即 $z=h$；负号指轴承表面，即 $z=0$。

两表面上的摩擦阻力为

$$F_{h,0} = L\int\tau_{h,0}\mathrm{d}x = L\left(\pm\int_0^{\pi+\alpha}\frac{\mathrm{d}p}{\mathrm{d}\theta}\frac{h}{2}\mathrm{d}\theta + \int_0^{2\pi}\eta\frac{UR}{h}\mathrm{d}\theta\right)$$

应当指出，上式中的第一项为压力流动的摩擦力，因而积分的上下限与雷诺边界条件所确定的压力分布范围一致，即从 0 到$(\pi+\alpha)$。第二项为速度流动所产生的摩擦力，采用从 0 到 2π 的积分上下限，即假定在整个圆周的间隙中都充满润滑油而不出现气泡和条状流束。

采用分部积分方法积分上式，最后求得

$$F_{h,0} = \pm\frac{c\varepsilon}{2R}W\sin\psi + \frac{2\pi U\eta RL}{c(1-\varepsilon^2)^{1/2}} \tag{4-28}$$

$$\mu\left(\frac{R}{c}\right) = \frac{1}{2}\varepsilon\sin\psi + \frac{2\pi}{(1-\varepsilon^2)^{1/2}}\frac{1}{\Delta} \tag{4-29}$$

式中，F_h、F_0 分别为作用在轴颈表面和轴承表面的摩擦力；μ 为轴颈表面的摩擦因数。

由图 4-10 可以看出，轴颈摩擦力 F_h 与轴承摩擦力 F_0 的差值由外载荷 W 偏心所致。假设轴颈和轴承表面的半径均为 R，作用在润滑膜上摩擦力矩之差为

$$F_hR - F_0R = Wc\varepsilon\sin\psi$$

此外，作用在轴颈和轴承上的载荷因偏心所形成的力偶为

$$We\sin\psi = Wc\varepsilon\sin\psi$$

上述力偶正好与轴颈和轴承摩擦力矩的差值平衡。

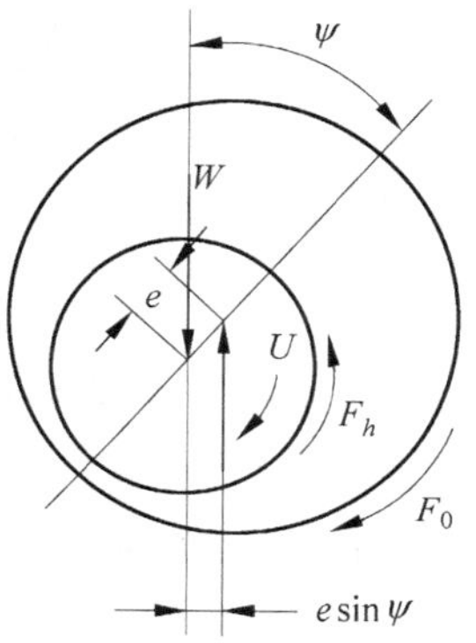

图 4-10　摩擦力

4.3　静压轴承

流体静压润滑的承载油膜是依靠由外界通入压力流体而强制形成的。即使两润滑表面无相对滑动，也可以实现良好的流体润滑。流体静压润滑具有的优点主要是：

(1) 承载能力和油膜厚度与滑动速度无关；

(2) 非常强的油膜刚度，因而可以获得很高的支承精度；

(3) 较低的摩擦因数，以消除静摩擦力影响。

静压润滑的主要缺点是：结构复杂，并需要配置压力油的供给系统，它往往影响静压润滑轴承的工作寿命和可靠性。

将无相对滑动速度的条件代入雷诺方程，得到求解静压润滑问题的雷诺方程为

$$\frac{\partial}{\partial x}\left(\frac{\rho h^3}{\eta}\frac{\partial p}{\partial x}\right) + \frac{\partial}{\partial y}\left(\frac{\rho h^3}{\eta}\frac{\partial p}{\partial y}\right) = 0 \tag{4-30}$$

如果在此基础上，再考虑等膜厚、不可压缩或等黏度等条件，上面的雷诺方程还可以进一步简化。

4.3.1 静压止推盘

图 4-11 所示为单油腔圆形止推盘，外径为 R，圆盘中心开设半径为 R_0 的油腔，润滑油以供油压力 p_r 送入油腔，而油腔深度足以保证腔内的油全部处于油腔压力 p_r 作用之下。

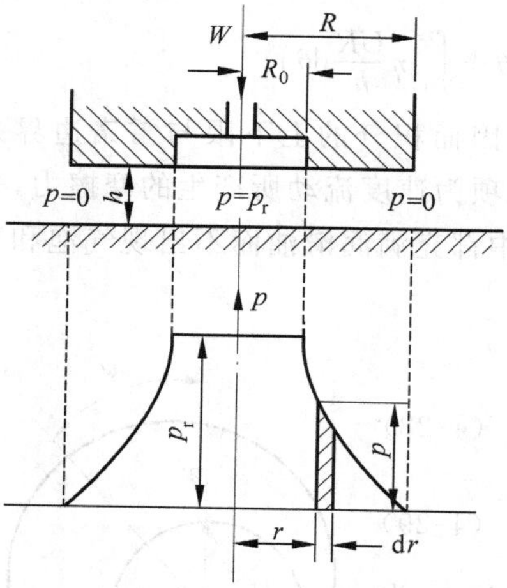

图 4-11 单油腔圆形止推盘

1. 雷诺方程

对于不可压缩和等黏度润滑剂，以及等膜厚的止推盘，求解润滑膜压力的雷诺方程为

$$\frac{\partial^2 p}{\partial x^2}+\frac{\partial^2 p}{\partial y^2}=0$$

考虑到问题的轴对称性，可以将这一方程写成圆柱坐标形式，即压力与角度 θ 无关，方程最后简化为

$$\frac{\partial}{\partial r}\left(r\frac{\partial p}{\partial r}\right)=0$$

2. 压力分布、流量和承载量

求解雷诺方程，并代入压力边界条件可以得到压力分布。再作相应的运算就可以确定压力分布 p、流量 Q 和承载量 W 等。结果如下：

当 $R_0 \leqslant r \leqslant R$ 时，

$$p=\frac{p_r}{\ln R/R_0}\ln\frac{R}{r} \tag{4-31}$$

$$Q=\frac{\pi h^3 p_r}{6\eta}\frac{1}{\ln(R/R_0)} \tag{4-32}$$

$$W=\frac{\pi p_r}{2}\left[\frac{R^2-R_0^2}{\ln(R/R_0)}\right]=\frac{3\eta R^2 Q}{h^3}\left[1-\left(\frac{R_0}{R}\right)^2\right] \tag{4-33}$$

式(4-33)表明，静压润滑的承载量 W 与油腔压力 p_r 和轴承尺寸有关，而与 h^3 成反比。

4.3.2 静压径向轴承

图 4-12 所示为四油腔静压径向轴承，4 个节流器 C_1、C_2、C_3 和 C_4 由同一高压泵供油，因而供油压力均为 p_s，经节流器后油压降低。轴颈所受载荷 W 由 4 个油腔压力 p_{r1}、p_{r2}、p_{r3} 和 p_{r4} 所产生压力分布的矢量和来平衡。如果轴颈因载荷变化而偏移向某个油腔，如油腔 3 时，则油腔 1 附近的间隙增大，流量增加，由于节流器 C_1 的调节作用使得油腔压力 p_{r1} 降低。相反地，在油腔 3 附近由于间隙减小，流量降低，通过节流器 C_3 的调节作用使得油腔压力 p_{r3} 升高。这样，轴颈由两侧油腔压力的变化而达到新的平衡位置。

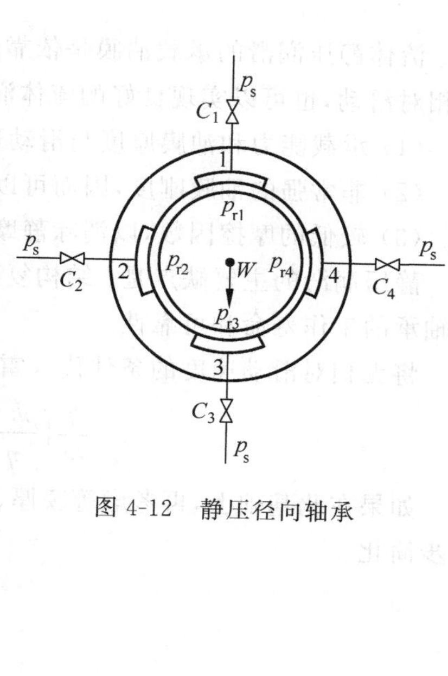

图 4-12 静压径向轴承

4.3.3　轴承刚度与节流器

静压轴承的正常工作条件应是油膜压力的总和必须与载荷平衡，同时，为了保持油膜压力分布，供给油腔的流量应该等于经过轴承支承面溢出的流量。这样，当轴承的结构尺寸和油腔压力 p_r 一定时，静压轴承的承载量就被确定。如果外载荷超过这一确定数值而油腔压力又不随载荷改变时，则在过载条件下油膜将破裂，因而这种轴承无刚度可言。这样，为了使静压轴承能适应载荷的变化，并具有足够的油膜刚度，就必须在润滑油供给系统中加入流量控制装置，用以调整油腔中的压力。

图 4-13 所示为典型的静压轴承润滑剂供应系统。最简单的供油方法是采用图 4-13(a)所示的恒流系统。在这种系统中，流量控制装置是高压的定量泵，它以恒定的流量向油腔供油，而不受油腔压力大小的影响。当载荷增加后，油膜厚度随之减小，由于流量保持不变，所以油腔压力升高，使油膜压力的总和与载荷建立平衡。

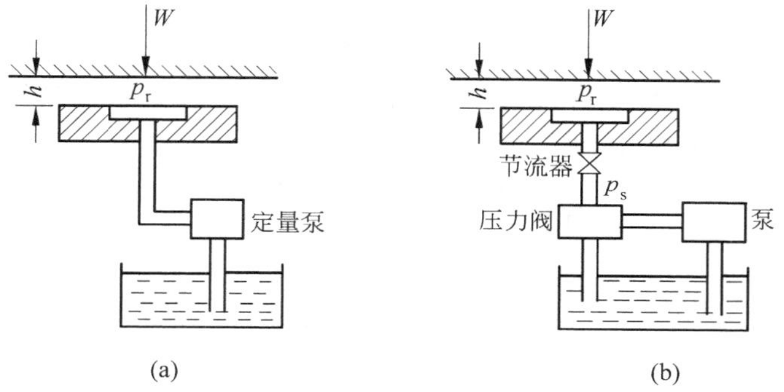

图 4-13　静压轴承润滑剂供应系统

(a) 恒流系统；(b) 恒压系统

然而，最常见的静压轴承是采用如图 4-13(b)所示的恒压系统。从油泵经压力阀得到恒定的压力，而不受供油流量的影响。再在压力控制阀与油腔之间设置节流器，它用来控制进入油腔的流量和油腔压力，以适应载荷的变化。

节流器的作用实质上是产生流动阻力以增加润滑系统的刚度和稳定性。它们的结构形式繁多，但是功能基本相同。如图 4-13(b)所示，当载荷增加时，油膜厚度减小，从油腔中流出的流量随之减少，而通过节流器的流量取决于它两端的压力差，当流量减少时，节流器两端的压力差也就减小。于是，如果供油压力 p_s 保持恒定，则油腔压力 p_r 升高，从而使承载能力提高。

对于多油腔静压轴承，为保证正常工作，必须分别调节各油腔的压力，以适应各自的不同载荷。在恒流系统中，每个油腔应当独立地由一个定量泵供油，显然，这在实用上和经济上都是不可取的。而在恒压系统中，每个油腔配置一个节流器，就可以实现在同一个高压泵供油条件下分别调节各油腔的压力。

下面，以图 4-11 所示的单油腔圆形止推盘为例，讨论各种流量控制装置的油膜刚度。

1）定量泵

轴承刚度是油膜抵抗载荷变动的能力，也就是产生单位油膜厚度变化所需的载荷变动

量。刚度系数 K 定义为

$$K=-\frac{\mathrm{d}W}{\mathrm{d}h}$$

由式(4-33)单油腔圆形止推盘的载荷为

$$W=\frac{3\eta R^2 Q}{h^3}\left[1-\left(\frac{R_0}{R}\right)^2\right]$$

对于恒流系统，由定量泵流入轴承的流量 Q 恒定不变，由上式可得

$$K=\frac{3W}{h} \tag{4-34}$$

由此可知，恒流系统的静压轴承刚度与膜厚的 4 次方成反比，所以具有较大的数值。

2) 毛细管节流器

毛细管节流器是长度远大于孔径的细长管道，如注射针管、环形管、螺旋槽等都属于此类。润滑剂通过直径为 d、长度为 l 的毛细管流入油腔，其流量可用 Poiseuille 公式表示

$$Q=\frac{\pi d^4 \Delta p}{128\eta l} \tag{4-35}$$

式中，Δp 为毛细管两端的压力差，$\Delta p=p_s-p_r$。显然，由式(4-35)给出的流入流量应与式(4-32)的轴承流出流量相等，即

$$\frac{\pi d^4 \Delta p}{128\eta l}=\frac{\pi h^3 p_r}{6\eta}\frac{1}{\ln(R/R_0)}$$

即

$$\frac{\Delta p}{p_r}=\frac{64 l h^3}{3d^4}\frac{1}{\ln(R/R_0)} \tag{4-36}$$

通常选取$\frac{\Delta p}{p_r}=\frac{1}{2}$，相当于$\frac{\Delta p}{p_s}\approx\frac{1}{3}$。根据式(4-36)即可确定毛细管节流器的几何参数。

在恒压系统中采用毛细管节流时，圆形止推盘的油膜刚度为

$$K=\frac{3W}{h}\left(\frac{h^3 Q k_c}{p_r+h^3 Q k_c}\right) \tag{4-37}$$

这里，节流系数 $k_c=\frac{128l}{\pi d^4}$。

式(4-37)表明，用毛细管节流的轴承刚度低于恒流系统的轴承刚度。

3) 薄壁小孔节流器

这种节流器是通过在薄板上开设孔径大于薄板厚度的小孔来控制流量，设小孔直径为 d，则通过的流量为

$$Q=\frac{\pi d^2}{4}\sqrt{\frac{2\Delta p}{\rho}}c_d \tag{4-38}$$

式中，c_d 为流量系数；ρ 为流体密度；Δp 为小孔两端的压力差，$\Delta p=p_s-p_r$。

然后，根据通过节流器的流量与轴承流量相等的条件可以得到

$$\frac{\pi d^2}{4}\sqrt{\frac{2\Delta p}{\rho}}c_d=\frac{\pi h^3 p_r}{6\eta}\frac{1}{\ln(R/R_0)} \tag{4-39}$$

根据式(4-39)可进行节流器的参数计算。

分析表明，薄壁小孔节流的轴承刚度略高于毛细管节流，但是小孔节流的轴承刚度值与

流体黏度有关，也就是说刚度将受到温度的影响。

4）反馈控制阀

设计有特殊功能的控制阀可以巨大地改变静压轴承的刚度性能，例如通过测量的信号反馈控制流入油腔的流量和油腔压力，有可能实现静压轴承油膜厚度不随载荷变化而变化，即油膜刚度值达无限大，甚至使油膜厚度随载荷的增加而增加。

4.4　挤压轴承

如果载荷沿膜厚方向交替变化，支承面之间的润滑剂就会受到挤压作用。当载荷交替变化的速度适当时，支承面间的润滑剂来不及全部挤出而形成挤压膜润滑。这种挤压膜可承受很大的载荷，例如航空发动机活塞销轴承的载荷为 35MPa，剪床或冲床曲轴销轴承的载荷可达到 55MPa。

在分析挤压膜润滑时，假定支承面之间无相对滑动，润滑剂的黏度为常数。这样，雷诺方程变为

$$\frac{\partial}{\partial x}\left(h^3\frac{\partial p}{\partial x}\right)+\frac{\partial}{\partial y}\left(h^3\frac{\partial p}{\partial y}\right)=12\eta\frac{\partial h}{\partial t} \tag{4-40}$$

求解这一方程即可确定载荷与膜厚变化的关系。

4.4.1　矩形板挤压

如图 4-14 所示，两块无限长矩形板在载荷 W 作用下相互靠近，间隙中充满黏性润滑剂，在两板之间形成挤压润滑。

此时，雷诺方程(4-40)应为

$$\frac{\mathrm{d}}{\mathrm{d}x}\left(h^3\frac{\mathrm{d}p}{\mathrm{d}x}\right)=12\eta\frac{\mathrm{d}h}{\mathrm{d}t}$$

由于 h 不是 x 的函数，上式经两次积分，并代入边界条件：

$$\left.\frac{\mathrm{d}p}{\mathrm{d}x}\right|_{x=0}=0,\quad p\,|_{x=\pm B/2}=0$$

求得压力分布为

$$p=\frac{6\eta}{h^3}\frac{\mathrm{d}h}{\mathrm{d}t}\left(x^2-\frac{B^2}{4}\right) \tag{4-41}$$

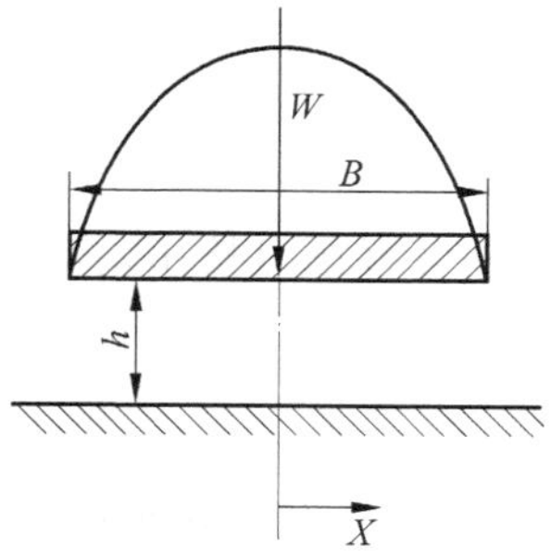

图 4-14　矩形板挤压

式(4-41)表明，压力按抛物线分布，最大压力为 $p_{\max}=-\frac{3\eta B^2}{2h^3}\frac{\mathrm{d}h}{\mathrm{d}t}$。单位长度上的承载量为

$$\frac{W}{L}=\int_{-B/2}^{B/2}p\mathrm{d}x=-\frac{\eta B^3}{h^3}\frac{\mathrm{d}h}{\mathrm{d}t} \tag{4-42}$$

当载荷使膜厚逐渐变薄时，$\mathrm{d}h/\mathrm{d}t$ 为负值，由式(4-42)知，润滑膜压力为正而具有承载能力。而当载荷反向时，膜厚增大则挤压效应消失。如果继续向间隙补充润滑剂，则当载荷再向下时，又将形成挤压润滑。

对于有限长矩形板的挤压润滑，其单位长度上的承载量为

$$\frac{W}{L}=-\beta\frac{\eta B^3}{h^3}\frac{\mathrm{d}h}{\mathrm{d}t} \tag{4-43}$$

端泄系数 β 的数值取决于 B/L 比值。

有限长矩形板膜厚由 h_1 减小到 h_2 所经历的时间 Δt 为

$$\Delta t=-\int_{h_1}^{h_2}\beta\frac{\eta B^3 L}{W}\frac{1}{h^3}\mathrm{d}h=\beta\frac{\eta B^3 L}{2W}\left(\frac{1}{h_2^2}-\frac{1}{h_1^2}\right) \tag{4-44}$$

4.4.2 圆盘挤压

为了分析半径为 a 的圆盘挤压润滑，将方程(4-40)变换为极坐标形式，即

$$\frac{\partial}{\partial r}\left(rh^3\frac{\partial p}{\partial r}\right)+\frac{\partial}{r\partial\theta}\left(h^3\frac{\partial p}{\partial\theta}\right)=12r\eta\frac{\partial h}{\partial t} \tag{4-45}$$

由于对称性，$\partial p/\partial\theta=0$，且 h 与 r 无关，故

$$\frac{\mathrm{d}}{\mathrm{d}r}\left(rh^3\frac{\mathrm{d}p}{\mathrm{d}r}\right)=\frac{12\eta r}{h^3}\frac{\mathrm{d}h}{\mathrm{d}t}$$

上式积分后，代入边界条件：$\left.\frac{\mathrm{d}p}{\mathrm{d}r}\right|_{r=0}=0$，$p|_{r=a}=0$，则得

$$p=\frac{3\eta(r^2-a^2)}{h^3}\frac{\mathrm{d}h}{\mathrm{d}t} \tag{4-46}$$

承载量为

$$W=\int_0^a 2\pi pr\,\mathrm{d}r=-\frac{3\pi\eta a^4}{2h^3}\frac{\mathrm{d}h}{\mathrm{d}t} \tag{4-47}$$

从而求出膜厚由 h_1 降到 h_2 所需的时间

$$\Delta t=\frac{3\pi\eta a^4}{4W}\left(\frac{1}{h_2^2}-\frac{1}{h_1^2}\right) \tag{4-48}$$

对于椭圆盘挤压，若 a 和 b 表示椭圆的长半轴和短半轴，可以求得承载量公式为

$$W=-\frac{3\pi\eta}{h^3}\frac{a^3b^3}{a^2+b^2}\frac{\mathrm{d}h}{\mathrm{d}t} \tag{4-49}$$

4.4.3 径向轴承挤压

如图4-15所示，径向轴承在载荷 W 作用下形成挤压润滑时，轴心移动速度应为 $\frac{\mathrm{d}e}{\mathrm{d}t}=c\frac{\mathrm{d}\varepsilon}{\mathrm{d}t}$，而膜厚变化率依各点位置不同而不同，即

$$\frac{\mathrm{d}h}{\mathrm{d}t}=c\cos\theta\frac{\mathrm{d}\varepsilon}{\mathrm{d}t}$$

显然，在 $\pi/2<\theta<3\pi/2$ 范围内，$\frac{\mathrm{d}h}{\mathrm{d}t}$ 为负值。

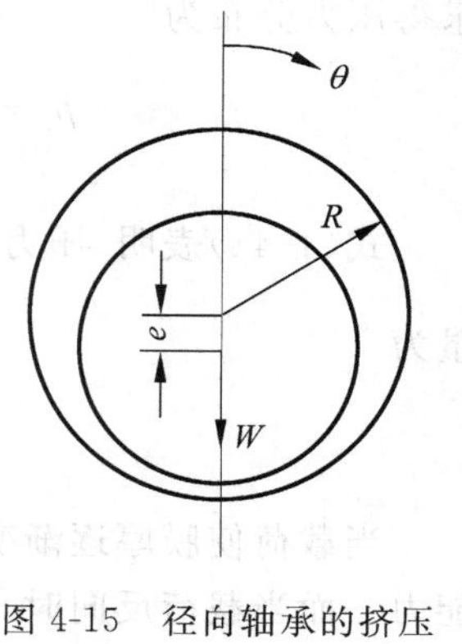

图4-15 径向轴承的挤压

对于无限长轴承，$\partial p/\partial y=0$，且 $x=R\theta$，则方程(4-40)变为

$$\frac{\mathrm{d}}{\mathrm{d}\theta}\left[(1+\varepsilon\cos\theta)^3\frac{\mathrm{d}p}{\mathrm{d}\theta}\right]=12\eta\frac{R^2}{c^2}\cos\theta\frac{\mathrm{d}\varepsilon}{\mathrm{d}t}$$

将上式积分，并代入Sommerfeld边界条件：当 $\theta=0$ 时，$p=0$；当 $\theta=\pi$ 时，$\mathrm{d}p/\mathrm{d}\theta=0$。

求得压力分布为

$$p=6\eta\frac{R^2}{c^2}\frac{1}{\varepsilon}\left[\frac{1}{(1+\varepsilon\cos\theta)^2}-\frac{1}{(1+\varepsilon)^2}\right]\frac{\mathrm{d}\varepsilon}{\mathrm{d}t}$$

由于压力分布对称于 $\theta=\pi$，所以挤压膜承载量为

$$\frac{W}{L}=2\int_0^{\pi}pR\cos\theta\mathrm{d}\theta=\frac{\eta R^3}{c^2}\frac{12\pi}{(1-\varepsilon^2)^{3/2}}\frac{\mathrm{d}\varepsilon}{\mathrm{d}t} \tag{4-50}$$

由式(4-50)求得偏心率由 ε_1 增加到 ε_2 所经历的时间 Δt 为

$$\Delta t=\frac{12\pi\eta LR^3}{Wc^2}\left[\frac{\varepsilon_2}{(1-\varepsilon_2^2)^{1/2}}-\frac{\varepsilon_1}{(1-\varepsilon_1^2)^{1/2}}\right] \tag{4-51}$$

应当指出，式(4-50)和式(4-51)是对于 360°全周轴承采用 Sommerfeld 边界条件得出的。如果对于全周轴承采用半 Sommerfeld 条件，或者采用对于 180°部分轴承的挤压膜润滑，压力分布的边界条件应为：$\theta=\pm\pi/2$ 时，$p=0$。此时，按照无限长轴承理论可得

$$\frac{W}{L}=\frac{12\eta R^3}{c^2}\left[\frac{\varepsilon}{1-\varepsilon^2}+\frac{2}{(1-\varepsilon^2)^{3/2}}\arctan\left(\frac{1+\varepsilon}{1-\varepsilon}\right)^{1/2}\right]\frac{\mathrm{d}\varepsilon}{\mathrm{d}t} \tag{4-52}$$

$$\Delta t=\frac{24\eta LR^3}{Wc^2}\left[\frac{\varepsilon_2}{(1-\varepsilon_2^2)^{1/2}}\arctan\left(\frac{1+\varepsilon_2}{1-\varepsilon_2}\right)^{1/2}-\frac{\varepsilon_1}{(1-\varepsilon_1^2)^{1/2}}\arctan\left(\frac{1+\varepsilon_1}{1-\varepsilon_1}\right)^{1/2}\right] \tag{4-53}$$

采用同样的方法分析半球面轴承的挤压问题，其结果是

$$W=\frac{6\pi\eta R^4}{c^2}\left[\frac{1}{\varepsilon^3}\ln(1-\varepsilon)+\frac{1}{\varepsilon^2(1-\varepsilon)}-\frac{1}{2\varepsilon}\right]\frac{\mathrm{d}\varepsilon}{\mathrm{d}t} \tag{4-54}$$

$$\Delta t=\frac{3\pi\eta R^4}{Wc^2}\left[\frac{\varepsilon_2-\varepsilon_1}{\varepsilon_1\varepsilon_2}+\frac{1+\varepsilon_1^2}{\varepsilon_1^2}\ln(1-\varepsilon_1)-\frac{1+\varepsilon_2^2}{\varepsilon_2^2}\ln(1-\varepsilon_2)\right] \tag{4-55}$$

4.5 动载轴承

前面所讨论的是载荷大小和方向都不变化的稳定载荷轴承，在给定的工况参数下，径向轴承的轴心或者止推轴承的止推盘就处于一个确定的位置并保持不变。所以这类轴承所包含的参数与时间无关。

实际上许多轴承所承受的载荷大小、方向或者旋转速度等参数是随时间而变化的，这种轴承统称为非稳定载荷轴承或动载荷轴承，显然，动载荷轴承的轴心或止推盘的位置将依照一定的轨迹而运动，如果工况参数是周期性函数，则轴心运动轨迹是一条复杂的封闭曲线。

典型的动载荷轴承如内燃机的曲轴、连杆、活塞销等的轴承，它们所受载荷的大小和方向均为周期性变化。具有不平衡质量的转子的支持轴承承受着大小基本不变的旋转载荷。而稳定载荷轴承在启动、停车过程中以及受到振动冲击作用时，都属于动载荷轴承。

动载荷轴承就其工作原理可分为两类。第一类是轴颈不绕自身的中心转动即无相对滑动，而轴颈中心在载荷作用下沿一定的轨迹运动。此时，轴颈和轴承表面主要是沿油膜厚度方向运动，油膜压力由挤压效应产生。另一类动载荷轴承是同时存在轴颈绕自身中心转动和轴颈中心的运动。因此，油膜压力包括两种来源：轴颈转动产生的动压效应和轴心运动产生的挤压效应。

应用于液体润滑计算的雷诺方程的普遍形式是分析动载荷轴承的基本方程，可以写成

$$\frac{\partial}{\partial x}\left(\frac{h^3}{\eta}\frac{\partial p}{\partial x}\right)+\frac{\partial}{\partial y}\left(\frac{h^3}{\eta}\frac{\partial p}{\partial y}\right)=6U\frac{\partial h}{\partial x}+12V_0 \tag{4-56}$$

式中，$V_0=w_h-w_0$。方程(4-56)的右端第一项表示动压效应，第二项代表挤压效应。将雷诺方程应用于稳定载荷轴承时，可以忽略挤压效应的作用，即令 $w_h-w_0=0$。

由于油膜中压力分布与轴心位移之间的复杂关系，在分析动载荷轴承的承载量时，不能简单地将动压效应和挤压效应所产生的承载力叠加。因此，动载荷轴承的润滑计算相当复杂，只有极简单的情况才能得到解析解。

动载荷轴承计算的另一特点是分析过程与稳定载荷轴承恰恰相反。前几章分析稳定载荷轴承时，根据给定的几何条件直接求解雷诺方程得到压力分布，进而确定轴承载荷的大小和方向。而在动载荷轴承计算中，已知载荷大小和方向随时间的变化情况，要求确定轴心几何位置和运动轨迹，所以是逆解雷诺方程。

由式(4-56)计算动载荷轴承的轴心轨迹在数学上属于初值问题。根据给定的轴心初始位置，通常采用步进方法逐点确定轴心运动轨迹。

4.5.1 动载荷径向轴承的雷诺方程

图 4-16 所示为动载荷径向轴承的运动关系。轴颈除围绕自身中心以角速度 ω 旋转之外，在动载荷 W 作用下轴心还按照一定的轨迹运动。如果选取 $\phi=0$ 为参考坐标轴，将轴心的运动分解到沿连心线方向和垂直连心线方向，则轴心运动的速度分量分别为：$c\,\dfrac{\mathrm{d}\varepsilon}{\mathrm{d}t}$ 和 $e\,\dfrac{\mathrm{d}(\psi+\phi)}{\mathrm{d}t}$。这里，$\phi$ 为载荷位置角，ψ 为偏位角。

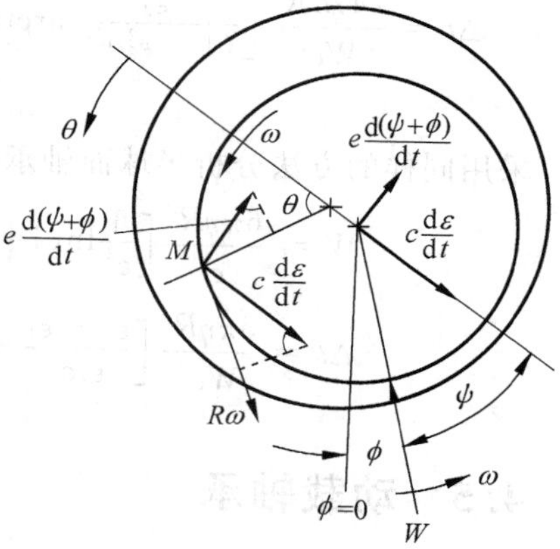

图 4-16 动载荷径向轴承的运动关系

这样，轴颈表面上各点相对于轴承表面存在切向速度和法向速度。设轴颈表面上坐标角为 θ 的任意点 M 的切向速度为 U，法向速度为 V_0，则

$$U=R\omega+c\frac{\mathrm{d}\varepsilon}{\mathrm{d}t}\sin\theta-c\varepsilon\frac{\mathrm{d}(\psi+\phi)}{\mathrm{d}t}\cos\theta$$

$$V_0=c\frac{\mathrm{d}\varepsilon}{\mathrm{d}t}\cos\theta+c\varepsilon\frac{\mathrm{d}(\psi+\phi)}{\mathrm{d}t}\sin\theta$$

将 U 和 V_0 的表达式代入方程(4-56)，考虑到 $c/R\ll 2$ 和 $e/R\ll 2\cos\theta$，以及 $x=R\theta$、$h=c(1+\varepsilon\cos\theta)$。即可得到用于分析动载荷径向轴承的雷诺方程

$$\frac{\partial}{\partial\theta}\left(h^3\frac{\partial p}{\partial\theta}\right)+R^2\frac{\partial}{\partial y}\left(h^3\frac{\partial p}{\partial y}\right)=6\eta R^2\left[\left(\omega-2\omega_L-2\frac{\mathrm{d}\psi}{\mathrm{d}t}\right)\frac{\mathrm{d}h}{\mathrm{d}\theta}+2c\frac{\mathrm{d}\varepsilon}{\mathrm{d}t}\cos\theta\right] \tag{4-57}$$

式中，$\omega_L=\mathrm{d}\phi/\mathrm{d}t$ 为所加载荷 W 的旋转角速度。方程(4-57)右端第一项含 $\mathrm{d}h/\mathrm{d}\theta$，它表示收敛油膜所引起的动压效应；而含 $\mathrm{d}\varepsilon/\mathrm{d}t$ 的项表示径向运动产生的挤压效应。

为了得到方程(4-57)的解析解，通常应用无限长或无限短近似计算。

对于无限长轴承，令 $\partial p/\partial y=0$。方程(4-57)经积分后代入 Sommerfeld 边界条件，即当 $\theta=0$ 和 $\theta=2\pi$ 时，$p=0$，则得

$$p=6\eta\left(\frac{R}{c}\right)^2\left\{\frac{2+\varepsilon\cos\theta}{(1+\varepsilon\cos\theta)^2}\frac{\varepsilon\sin\theta}{2+\varepsilon^2}\left(\omega-2\omega_L-2\frac{d\psi}{dt}\right)+\frac{1}{\varepsilon}\left[\frac{1}{(1+\varepsilon\cos\theta)^2}-\frac{1}{(1+\varepsilon)^2}\right]\frac{d\varepsilon}{dt}\right\} \tag{4-58}$$

可以看出，当 $\omega_L=d\psi/dt=d\varepsilon/dt=0$ 时，式(4-58)与稳定载荷轴承的 Sommerfeld 解析解相同。

将式(4-58)沿着连心线和垂直连心线方向积分，求得承载能力

$$\left.\begin{aligned}\frac{S\sin\psi}{12\pi^2}&=\frac{\varepsilon}{(2+\varepsilon^2)(1-\varepsilon^2)^{1/2}}\frac{1}{\omega}\left(\omega-2\omega_L-2\frac{d\psi}{dt}\right)\\\frac{S\cos\psi}{12\pi^2}&=\frac{\varepsilon}{(1-\varepsilon^2)^{3/2}}\frac{1}{\omega}\frac{d\varepsilon}{dt}\end{aligned}\right\} \tag{4-59}$$

式中，$S=\frac{p}{N\eta}\left(\frac{c}{R}\right)^2$，而 $p=\frac{W}{LD}$，N 为轴颈转速(r/s)。S 为表示承载能力的量纲化参数，有些文献常称 S 为 Sommerfeld 数。当 $\omega_L=d\psi/dt=d\varepsilon/dt=0$ 时，方程(4-59)与稳定载荷轴承的 Sommerfeld 解相同。

对于无限短轴承，由于$\partial p/\partial\theta=0$，由式(4-57)直接积分求得压力分布，即

$$p=6\eta\left(\frac{R}{c}\right)^2\left[\left(\frac{L}{D}\right)^2-\left(\frac{y}{R}\right)^2\right]\frac{1}{(1+\varepsilon\cos\theta)^3}\left[\frac{\varepsilon}{2}\left(\omega-2\omega_L-2\frac{d\psi}{dt}\right)\sin\theta-\frac{d\varepsilon}{dt}\cos\theta\right] \tag{4-60}$$

将式(4-60)积分求得无限短动载荷轴承的承载量，即

$$\left.\begin{aligned}\frac{S\sin\psi}{4\pi^2}&=\left(\frac{L}{D}\right)^2\frac{\varepsilon}{2(1-\varepsilon^2)^{3/2}}\frac{1}{\omega}\left(\omega-2\omega_L-2\frac{d\psi}{dt}\right)\\\frac{S\cos\psi}{4\pi^2}&=\left(\frac{L}{D}\right)^2\frac{1+2\varepsilon^2}{(1-\varepsilon^2)^{5/2}}\frac{1}{\omega}\frac{d\varepsilon}{dt}\end{aligned}\right\} \tag{4-61}$$

用于无限长轴承的式(4-59)和用于无限短轴承的式(4-61)给出了载荷和运动参数之间的关系，所以是动载荷轴承计算的基本方程。当轴心的运动参数 $d\varepsilon/dt$ 和 $d\psi/dt$ 为已知量，而要求计算轴承载荷时，式(4-59)和式(4-61)变为代数方程，计算并无困难。然而，动载荷轴承计算提出的问题是载荷为已知量，而要求计算轴心运动轨迹和最大偏心距。这样就必须求解包含 ψ 和 ε 的微分方程，特别是当 S、ω 和 ω_L 为时间 t 的函数时，通过积分式(4-59)或者式(4-61)求得解析解十分困难。

4.5.2　简单动载荷轴承计算

本节将讨论简单形式的动载荷径向轴承的计算及其润滑特性[4]。

1. 突加载荷的轴承

如前所述，稳定载荷轴承的轴心平衡位置相对于轴承是固定的。当轴心处于平衡位置时再突加一个稳定的载荷，此时，由于突加载荷的作用，轴心将在平衡位置附近的一个封闭轨迹上循环运动。轨迹曲线取决于轴心的初始位置和稳定载荷的大小。

由于是方向不变的载荷，所以 $\omega_L=d\phi/dt=0$。根据无限长轴承计算式(4-59)可得

$$\frac{S\sin\psi}{12\pi^2}=\frac{\varepsilon}{(2+\varepsilon^2)(1-\varepsilon^2)^{1/2}}\left(1-\frac{2}{\omega}\frac{d\psi}{dt}\right)$$

$$\frac{S\cos\psi}{12\pi^2}=\frac{\varepsilon}{(1-\varepsilon^2)^{3/2}}\frac{1}{\omega}\frac{\mathrm{d}\varepsilon}{\mathrm{d}t}$$

此两式确定了 ε 和 ψ 的关系，在消去 $\mathrm{d}t$ 以后进行积分，将求得径向轴承在突加载荷作用下轴心的运动轨迹，即

$$\sin\psi=\frac{12\pi^2}{5\varepsilon(1-\varepsilon^2)^{1/2}}\frac{1}{S}+K\frac{(1-\varepsilon^2)^{3/4}}{\varepsilon} \tag{4-62}$$

式(4-62)描述一族轨迹曲线，常数 K 值由轴心的初始位置决定，而轴心轨迹取决于 K 值。

通常将按稳定载荷所确定的轴心位置称为轨迹的极，记作 ε_0 和 ψ_0。根据式(4-59)，令 $\omega_L=\mathrm{d}\psi/\mathrm{d}t=\mathrm{d}\varepsilon/\mathrm{d}t=0$，即可以求得极的数值，即

$$\frac{S}{12\pi^2}=\frac{\varepsilon_0}{(2+\varepsilon_0^2)(1-\varepsilon_0^2)^{1/2}}$$

$$\psi_0=\frac{\pi}{2}$$

对于无限短轴承，采用同样的方法根据式(4-61)求解轴心轨迹和极。结果为

$$\sin\psi=\frac{\pi^2\varepsilon}{S(1-\varepsilon^2)^{3/2}}\left(\frac{L}{D}\right)^2-K^2\frac{(1-\varepsilon^2)^{3/2}}{\varepsilon} \tag{4-63}$$

$$\frac{S}{2\pi^2}\left(\frac{D}{L}\right)^2=\frac{\varepsilon_0}{(1-\varepsilon_0^2)^{3/2}}$$

$$\psi_0=\frac{\pi}{2}$$

图 4-17 给出由式(4-62)和式(4-63)所描述的曲线族，其轨迹的极为 $\varepsilon_0=0.7$。这些曲线有两个极限状态：一是轨迹为一点，即轴心稳定地处于极的位置；另一是轨迹为圆，它对应于初始位置为 $\varepsilon=1$ 的情况。

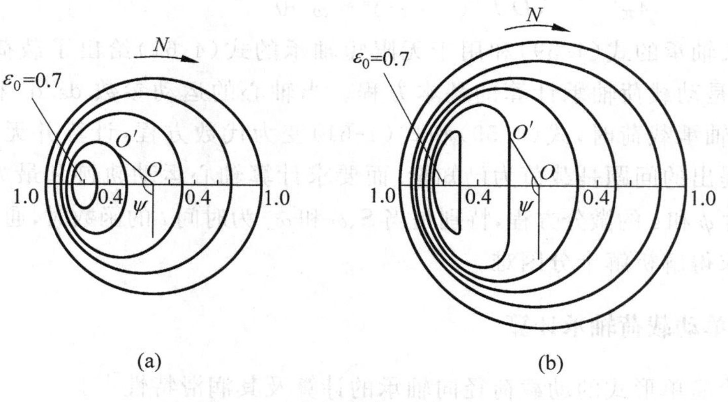

图 4-17 突加载荷的轴心轨迹

(a) 无限长轴承；(b) 无限短轴承

应当指出，上述分析所基于的物理模型是无阻尼的自由振动系统。实际上，由于润滑膜的阻尼作用，轴心在运转中将逐渐地趋于极的位置并达到稳定状态。

2. *旋转载荷的轴承*

现在分析另一种典型的动载荷轴承，即作用的载荷大小恒定而载荷以不变的角速度旋转的轴承。如果轴承工作处于稳定状态，可以假设轴心运动轨迹的相位和幅值是恒定值，即

$d\psi/dt=d\varepsilon/dt=0$。由无限长轴承的方程组可得

$$\left.\begin{aligned}&\frac{S}{12\pi^2}=\frac{\varepsilon}{(2+\varepsilon^2)(1-\varepsilon^2)^{1/2}}\left(1-2\frac{\omega_L}{\omega}\right)\\&\psi=\frac{\pi}{2}\end{aligned}\right\}\tag{4-64}$$

可以证明,式(4-64)所包含的承载能力由两部分组成:一是在定向载荷作用下,轴颈以 ω 自转时的承载量;另一是轴颈不自转而载荷以 ω_L 旋转时的承载量。两者相位差为180°,根据代数相加就可得到式(4-64)给出的总承载量。

式(4-64)还表明,旋转载荷轴承的承载能力取决于 ω 与 ω_L 的相对值。当 $\omega_L=0$ 即 $\omega_L/\omega=0$ 时,为稳定载荷轴承,此时 S 值最大。而当 $\omega_L=2\omega$ 时,S 值为零,这一结论表明轴承出现半频涡动时的剧烈振动。

4.5.3 一般动载荷轴承计算

一般条件下的动载荷轴承所受载荷的大小和方向都随时间而变化,而轴颈的转速有时也是时间的函数。对于这种轴承,要根据载荷和转速变化情况求解轴心运动轨迹,即便是采用数值方法计算也是相当复杂的。

如前所述,求解轴心运动属于初值问题。从轴心的初始位置开始,将各瞬时载荷视作一个稳定载荷,从而求出相对应的轴心位置,再把这些瞬时轴心连接起来就得到轴心的运动轨迹。

这里,简略地介绍几种求解动载荷轴承方法的要点。

1. 无限短轴承计算法

1962年,Milne提出应用无限短轴承理论计算圆轴承轴心运动轨迹的方法。其主要特点是根据直接积分方程(4-57)求得压力分布式(4-60)。经整理,式(4-60)变为

$$p=\frac{6\eta c}{h^3}\left(y^2-\frac{L^2}{4}\right)\left[\frac{d\varepsilon}{dt}\cos\theta-\varepsilon\left(\frac{\omega}{2}-\omega_L-\frac{d\psi}{dt}\right)\sin\theta\right]\tag{4-65}$$

如图4-16所示,将式(4-65)积分可以求得沿连心线方向和垂直连心线方向的载荷分量 W_ε 和 W_a。在计算该积分值时,必须已知在圆周方向的油膜边界,好在无限短轴承的解本身已经给出了这一边界条件。根据边界上存在 $p=0$,由式(4-65)求得

油膜起始点　$$\theta_1=\arctan\frac{2\dfrac{d\varepsilon}{dt}}{\varepsilon\left(\omega-2\omega_L-2\dfrac{d\psi}{dt}\right)}$$

油膜终止点　$$\theta_2=\theta_1+\pi$$

由此可知,为了确定 θ_1、θ_2,就必须已知 $d\varepsilon/dt$、$d\psi/dt$。而 $d\varepsilon/dt$、$d\psi/dt$ 又取决于 θ_1、θ_2、W_ε、W_a 等的数值。根据推导,可得出它们之间的关系为

$$\frac{d\varepsilon}{dt}=\frac{k(I_2W_\varepsilon+I_3W_a)}{I_1I_3-I_2^2}$$

$$\frac{d\psi}{dt}=\frac{\omega}{2}-\omega_L-\frac{k(I_1W_\varepsilon+I_2W_a)}{I_1I_3-I_2^2}$$

这里,k 为与轴承参数和初始位置相关的常数;I_1、I_2、I_3 为包含 θ 和 ε 并以 θ_1 和 θ_2 为上下限的积分式。

这样，求解 $\mathrm{d}\varepsilon/\mathrm{d}t$ 和 $\mathrm{d}\psi/\mathrm{d}t$ 的数值需要将以上的关系式联立迭代。

轴心运动轨迹计算的顺序可以是：先将时间划分成间隔，使每一间隔时间很短，可以近似地认为在各间隔时间内 $\mathrm{d}\varepsilon/\mathrm{d}t$ 和 $\mathrm{d}\psi/\mathrm{d}t$ 保持为常数，即轴心为匀速运动。根据给定的轴承载荷变化情况确定各个时间的载荷分量 W_ε 和 W_a，再通过数值计算求解上述关系式得到对应于各个时间的 $\mathrm{d}\varepsilon/\mathrm{d}t$ 和 $\mathrm{d}\psi/\mathrm{d}t$ 数值。随后，从轴心的初始位置开始，由第 1 个时间间隔的 $\mathrm{d}\varepsilon/\mathrm{d}t$ 和 $\mathrm{d}\psi/\mathrm{d}t$，依照匀速运动规律即可确定轴心在第 2 个时间间隔开始时的位置。然后，再由第 2 个时间间隔的 $\mathrm{d}\varepsilon/\mathrm{d}t$ 和 $\mathrm{d}\psi/\mathrm{d}t$ 确定第 3 个时间间隔开始的位置。依此类推，逐点步进即可求得轴心轨迹曲线。

2. 油膜压力叠加法

1957 年，Hahm 提出将动载荷轴承油膜压力视为动压效应和挤压效应产生压力的叠加。先将用于动载荷轴承的雷诺方程量纲化。若令

$$Y=\frac{2y}{L},\quad \alpha=\left(\frac{2R}{L}\right)^2$$

$$P=\frac{p}{\eta\left(\omega-2\omega_{\mathrm{L}}-2\dfrac{\mathrm{d}\psi}{\mathrm{d}t}\right)}\left(\frac{c}{R}\right)^2$$

$$Q=\frac{2\dfrac{\mathrm{d}\varepsilon}{\mathrm{d}t}}{\omega-2\omega_{\mathrm{L}}-2\dfrac{\mathrm{d}\psi}{\mathrm{d}t}}$$

则式(4-57)变为量纲化形式

$$\frac{\partial}{\partial\theta}\left((1+\varepsilon\cos\theta)^3\frac{\partial P}{\partial\theta}\right)+\alpha(1+\varepsilon\cos\theta)^3\frac{\partial^2 P}{\partial Y^2}=-6\varepsilon\sin\theta+6Q\cos\theta \tag{4-66}$$

方程(4-66)为线性偏微分方程，右端各项的解可以叠加。于是

$$P=P_1+QP_2 \tag{4-67}$$

其中 P_1、P_2 分别满足下列方程

$$\frac{\partial}{\partial\theta}\left((1+\varepsilon\cos\theta)^3\frac{\partial P_1}{\partial\theta}\right)+\alpha(1+\varepsilon\cos\theta)^3\frac{\partial^2 P_1}{\partial Y^2}=-6\varepsilon\sin\theta$$

$$\frac{\partial}{\partial\theta}\left((1+\varepsilon\cos\theta)^3\frac{\partial P_2}{\partial\theta}\right)+\alpha(1+\varepsilon\cos\theta)^3\frac{\partial^2 P_2}{\partial Y^2}=6\cos\theta$$

由以上两方程根据相同的边界条件求得 P_1 和 P_2 后，即可由式(4-67)求得 P_0，这里 P 是以参数 Q 表示的满足式(4-66)的解。

在油膜承载区内对 P 进行积分，从而建立载荷分量 W_ε、W_a 与 $\mathrm{d}\varepsilon/\mathrm{d}t$、$\mathrm{d}\psi/\mathrm{d}t$ 之间的关系。这样，根据已知的载荷变化可以计算各瞬时的运动速度 $\mathrm{d}\varepsilon/\mathrm{d}t$ 和 $\mathrm{d}\psi/\mathrm{d}t$。随后采用上述步进方法即可确定轴心轨迹曲线。

3. 油膜承载力叠加法

为了克服动载荷雷诺方程求通解的困难，1949 年 Holland 提出了简化计算方法。其要点是：对轴颈的旋转运动和挤压运动分开计算，按各自的边界条件分别求解。然后，将旋转运动产生的承载力与挤压运动的承载力矢量相加，并与外载荷平衡，从而建立载荷与轴心运动速度的关系。

如图 4-18 所示，由于根据不同的边界条件计算压力分布，忽略了相互作用和负压影响，所以 Holland 方法实际上是一种简化计算。

由式(4-57)，纯旋转运动时的雷诺方程为

$$\frac{\partial}{\partial\theta}\left((1+\varepsilon\cos\theta)^3\frac{\partial p}{\partial\theta}\right)+R^2\frac{\partial}{\partial y}(1+\varepsilon\cos\theta)^3\frac{\partial p}{\partial y}$$

$$=-\frac{6\eta R^2}{c^2}\varepsilon\left(\omega-2\omega_L-2\frac{\mathrm{d}\psi}{\mathrm{d}t}\right)\sin\theta \tag{4-68}$$

纯挤压运动时的雷诺方程为

$$\frac{\partial}{\partial\theta}\left[(1+\cos\theta)^3\frac{\partial p}{\partial\theta}+R^2\frac{\partial}{\partial y}(1+\cos\theta)^3\frac{\partial p}{\partial y}\right]=\frac{12\eta R^2}{C}\frac{\mathrm{d}\varepsilon}{\mathrm{d}t}\cos\theta \tag{4-69}$$

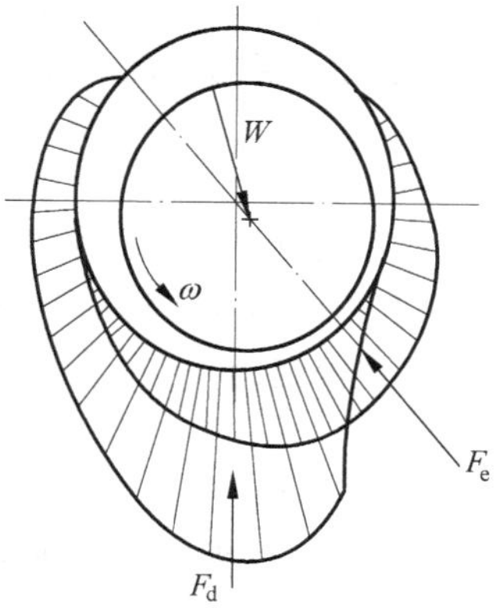

图 4-18 旋转与挤压油膜力

根据以上两方程分别求得纯旋转运动承载力 F_d 和纯挤压运动承载力 F_e，合成后与外载荷 W 平衡，即可建立载荷与 $\mathrm{d}\varepsilon/\mathrm{d}t$ 和 $\mathrm{d}\psi/\mathrm{d}t$ 的关系，进而采用步进法计算轴心运动轨迹。

应当指出，动载轴承的润滑设计是流体润滑中十分复杂的问题，即使是如上各式所述的光滑表面等温润滑计算也是相当困难的。然而，计算机数值计算技术的发展，使得考虑各种影响因素的动载轴承润滑计算成为可能。例如，王晓力[5]在博士论文中针对内燃机曲轴轴承提出了考虑表面形貌和热效应的动载轴承计算。

4.6 气体轴承

以气体(主要是空气)作为润滑剂的轴承可以实现极高速度的运转，滑动速度可达 100m/s 或更高，并可获得极低的摩擦因数和发热，例如，直径 $D=34\text{mm}$、长度 $L=40\text{mm}$ 的动压空气轴承在转速 $n=21\,000\text{r/min}$ 时，温升约为 3℃，摩擦功率仅为 7.35W(0.01 马力)。在一些工况条件下，例如，高低温工作环境、原子能工业以及纺织和食品加工设备等的轴承，特别适宜采用气体润滑。但是，气体润滑的轴承承载能力较低，以及轴承的制造精度要求较高，限制了它们更广泛的应用。

与液体润滑相同，气体轴承也有动压润滑和静压润滑两类。由于气体动压润滑所得到的承载量极低，目前主要使用气体静压轴承。

4.6.1 气体轴承的基本方程

气体润滑的主要特征表现为气体的可压缩性，因此必须将气体的密度作为变量来处理，即采用变密度的雷诺方程。由第 2 章得

$$\frac{\partial}{\partial x}\left(\frac{\rho h^3}{\eta}\frac{\partial p}{\partial x}\right)+\frac{\partial}{\partial y}\left(\frac{\rho h^3}{\eta}\frac{\partial p}{\partial y}\right)=6\left[U\frac{\partial}{\partial x}(\rho h)+2\frac{\partial}{\partial t}(\rho h)\right] \tag{4-70}$$

气体的黏度值很低，例如在 20℃时空气的黏度约比锭子油的黏度低 4000 倍，因此在一般工况条件下的摩擦功率损失可以忽略不计。此外，气体的黏度随温度和压力的升高而增加。所以，气体润滑的热效应问题只有在很高的速度时才显得重要，通常的气体润滑计算是

按照等温状态进行的，取黏度为常数值。

气体的密度随温度和压力而变化，气体状态方程式为

$$\frac{p}{\rho}=RT$$

式中，T 为绝对温度；R 为气体常数，对于一定的气体其值不变。

对于通常的气体润滑问题，可以把气体润滑视为等温过程，其误差不超过百分之几。此时，状态方程变为

$$p=k\rho \tag{4-71}$$

式中，k 为比例常数。此外，当气体润滑过程非常迅速以至于热量来不及传递时，还可以把这种过程视为绝热的。绝热过程的气体状态方程为

$$p=k\rho^{n} \tag{4-72}$$

式中，n 为气体的比热容比，它和气体分子中的原子数有关。对于空气，$n=1.4$。

对于等温过程的气体润滑，将方程(4-71)代入雷诺方程得到

$$\frac{\partial}{\partial x}\left(h^{3}p\frac{\partial p}{\partial x}\right)+\frac{\partial}{\partial y}\left(h^{3}p\frac{\partial p}{\partial y}\right)=6\eta\left[U\frac{\partial}{\partial x}(ph)+2\frac{\partial}{\partial t}(ph)\right] \tag{4-73}$$

方程(4-73)是气体润滑计算的基本方程。

对于动压润滑来说，液体润滑剂在收敛或发散间隙中的压力可以大于或小于环境压力，润滑膜压力与环境压力无关。而在气体润滑中，气膜压力总是大于环境压力，这是由于周围的气体可以自由地进入间隙的缘故。所以，气体润滑的承载能力随环境压力的升高而增加，在雷诺方程中必须采用绝对压力。

在气体润滑中，表面的加工精度是影响润滑性能的重要因素。通常气膜厚度与表面粗糙度具有相同的数量级，表面微观形状影响气膜压力的数值。而表面的椭圆度和波纹度将引起气体的交替膨胀和压缩，导致气膜压力的降低和升高，因而改变压力分布和流动情况。

气体润滑压力分布的边界条件较为简单，而气体的黏度又基本上不变，这使得润滑计算趋于简化。但是，由于雷诺方程中包含密度这一变量，它的数值取决于润滑中气体所处的状态，即使是采用最简单的等温过程，气体润滑的微分方程也是非线性的，这就造成数学处理上的困难。

由于气体轴承的润滑介质是可压缩流体，因而轴承转子系统运动稳定性降低。气体静压轴承通常不开设油腔，因为油腔容纳气体后常常导致气膜共振。

常用的节流器形式有小孔式、狭缝式和多孔质式等。小孔式节流使流出的气体向四周扩散，周围的压力随与孔的距离增大而下降。这样，孔与孔之间的气体压力较低，从而降低了承载能力。如果采用若干条狭缝组成节流装置，将使轴承的承载能力和刚度大大增加。作为其极端情况，可采用由金属小颗粒烧结而成的多孔质材料作为节流装置，气体经颗粒间的空隙流到轴承表面，将获得更高的承载能力和稳定性。

4.6.2 气体轴承的类型

气体润滑轴承的气膜厚度很薄，因此气体轴承制造要求十分精确。气体轴承的主要缺点是承载量和稳定性较低，为提高承载量和运动稳定性，设计了许多种结构，这些结构原则上也可以应用于流体润滑轴承。

如图 4-19 所示，平面动压径向轴承的展开面为平面，只形成一个楔形间隙，无需开设供气装置。这种轴承的结构简单，但稳定性较差。当轴瓦采用多孔质材料时，可使振摆旋转稳定性能得到改善。在轴瓦外加上弹性膜片支承，可以提高轴承的稳定性。

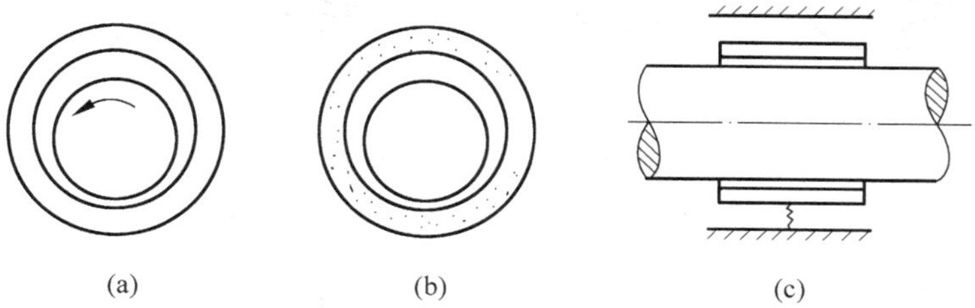

图 4-19 平面动压径向轴承

(a) 普通径向轴承；(b) 多孔质全周轴承；(c) 弹性支承全周轴承

图 4-20 是多楔动压径向轴承。轴承面是由几段不同的圆弧表面组成，每个圆弧分别构成楔形间隙。典型的多楔轴承是可倾瓦轴承，它由数个瓦块组成，瓦块的倾角可随载荷大小而自动改变。其稳定性好，但结构复杂。瓦块也可以采用多孔质材料。此外，多叶形轴承和混合式轴承也都属于多楔轴承。

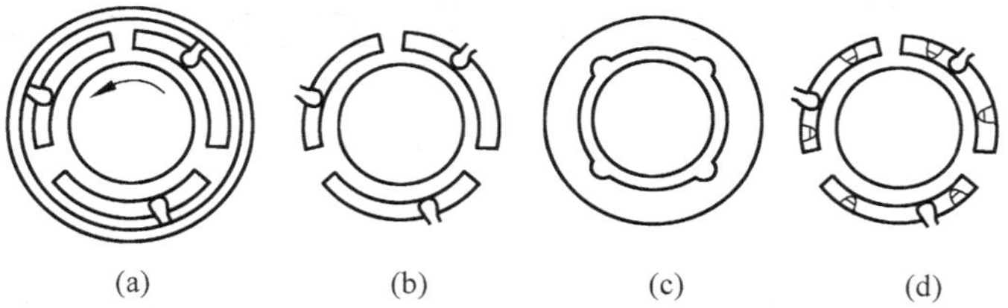

图 4-20 多楔动压径向轴承

(a) 普通可倾瓦；(b) 多孔质瓦块；(c) 多叶形轴承；(d) 混合式轴承

带槽的动压气体轴承即在轴颈或轴承表面制出多条沟槽，借助轴颈的旋转将气体压入槽内产生压力承载，如图 4-21 所示。这类轴承承载能力和稳定性均较好，广泛用于小型高速旋转机械中，也常用在球面和锥面的止推轴承中。沟槽可做成人字、一字或螺旋状。

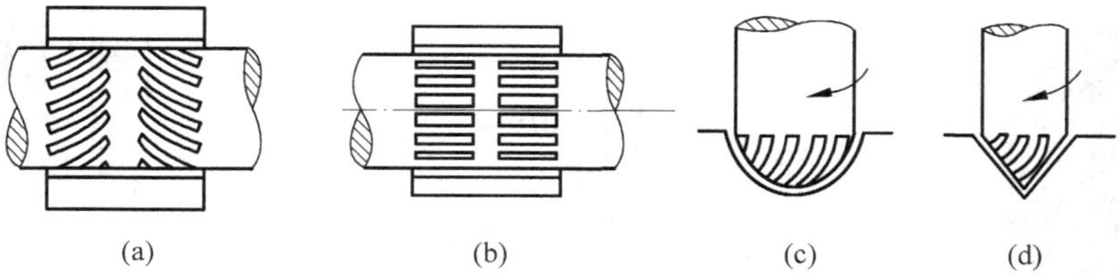

图 4-21 带槽气体轴承

(a) 人字槽；(b) 两列水平槽；(c) 球形槽；(d) 圆锥形槽

图 4-22 中的挠性面径向轴承可用于超高速旋转机械中。轴承表面为具有弹性的挠性面。挠性面一般由金属箔带根据需要做成不同形状。它的稳定性好，对微小的尺寸变化和不对中有较好的适应能力。

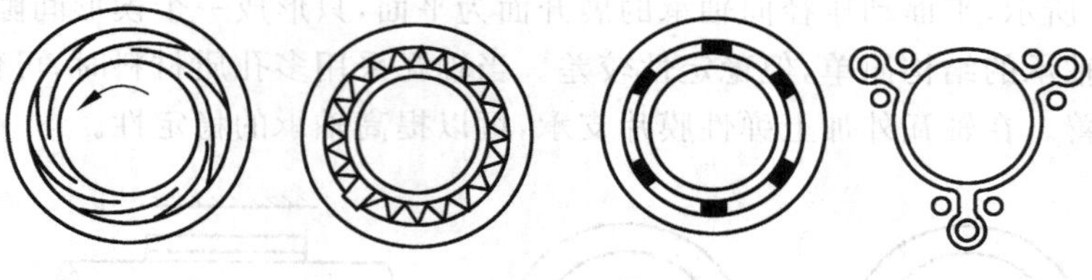

图 4-22　挠性面径向轴承
(a) 箔片；(b) 弹性片簧；(c) 弹性体；(d) 弹性曲簧

图 4-23 所示为动压气体止推轴承结构。止推轴承也有阶梯式、带槽式、可倾瓦式和挠性面等形式。阶梯轴承结构简单、稳定性好，但承载能力较低。带槽轴承承载能力较高，但稳定性稍差。可倾瓦轴承和挠性面轴承精度较高，但结构复杂。它们各有特点，可根据实际需要选用。

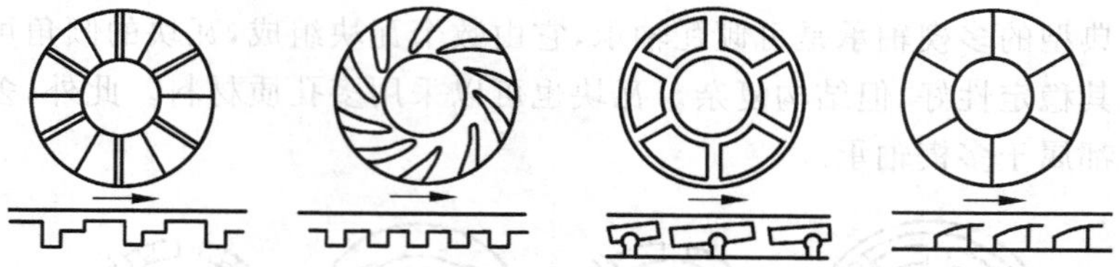

图 4-23　气体止推轴承
(a) 阶梯式；(b) 带槽式；(c) 可倾瓦；(d) 挠性面

图 4-24 是起浮供气的止推轴承，在止推盘的螺旋槽内对称地开有数个供气孔，通入压缩气体产生附加的静压作用，在启动过程中可避免表面擦伤。

图 4-25 所示为两种可倾瓦动压径向轴承的起浮供气结构。在开始工作时，由于自重等原因，动压轴承会出现偏载，造成一边接触，使轴承启动困难。采用外部供气使轴颈悬浮起来，称为起浮供气，起浮供气一般从其支点轴导入。

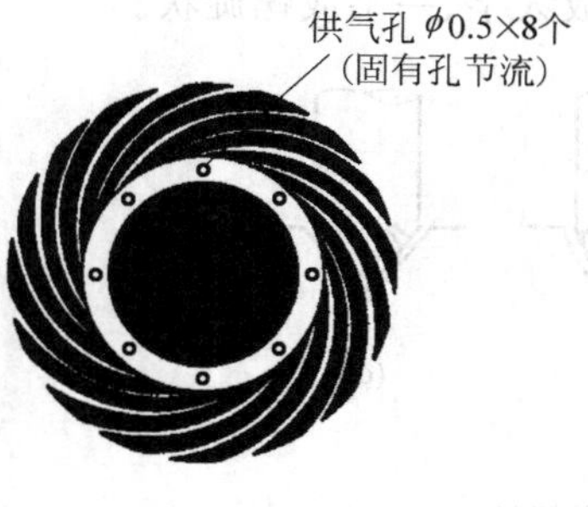

图 4-24　起浮供气的止推轴承

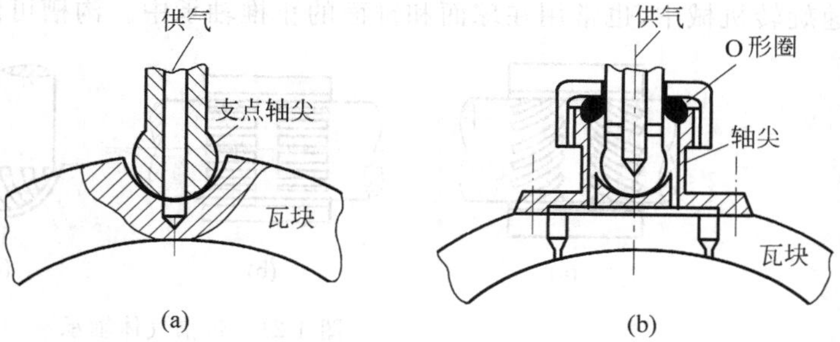

图 4-25　可倾瓦动压径向轴承的起浮供气结构

气体静压轴承的承载能力受轴承结构影响较大。例如，作者[6]曾对小孔节流的静压空气轴承的结构进行比较，图 4-26 所示为实验中采用的止推轴承。圆锥式轴承的转子和定子的锥角分别为 100°和 90°；节流小孔直径 0.4～1mm，共 6 孔均布，小孔方向设计成平行于转子轴线(B 型)和倾斜 44°(A 型)两种。平面式轴承的定子端部具有 2°～3°的斜角,用以控制流量使承载量提高。

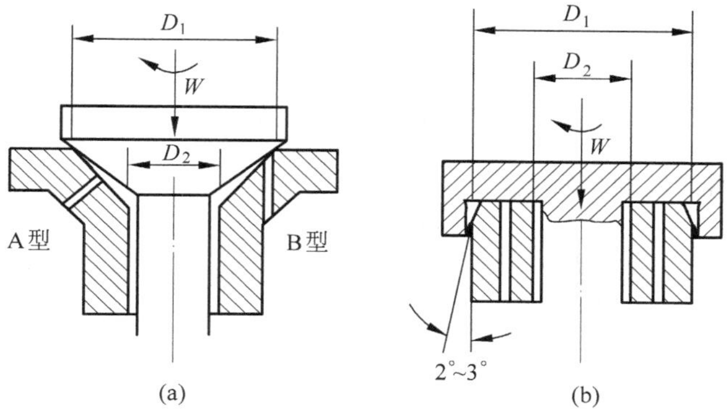

图 4-26　气体静压止推轴承

实验表明,在相同承载面积的条件下,圆锥式轴承的承载能力比平面式的高,供气压力越高差距越大,例如,p_s=0.6MPa 时,圆锥式 B 型的承载量为平面式轴承的 2.17 倍。

4.7　滚动轴承

如前所述,20 世纪 70 年代发展成熟的弹流润滑理论,为点线接触机械零件的润滑设计提供了理论基础,并在工程设计中得到实施。然而,弹流润滑理论的应用还处于发展阶段。这不仅因为现今各种弹流润滑公式本身存在一定的条件性,而且还由于这类机械零件的接触状况处于相当复杂的变化过程,因而分析中必须采用简化处理,使得计算结果带有局限性。下面以几种典型的点线接触零件为例,扼要说明全膜弹流润滑理论的应用。

实践证明,高速精密滚动轴承的滚动体与滚道之间可以保持一定厚度的弹流油膜,例如陀螺电机轴承、航空发动机主轴轴承、精密机床主轴轴承等。同时,滚动轴承形成全膜弹流润滑时,接触疲劳寿命至少可以超过按美国减摩轴承制造商协会(Anti-Friction Bearing Manufacturer's Association,AFBMA)规定的计算值的一倍。

要进行滚动轴承的弹流润滑计算,必须预先确定滚动体与座圈之间的运动关系和力的作用。然而,滚动轴承的动力学分析十分复杂,而且轴承内部各元件的运动情况又与所处的润滑状态密切相关。Dowson 等人对滚子轴承的分析表明,按照刚性等黏度润滑理论分析时,滚子与座圈之间存在相当大的滑动。如果采用弹流润滑理论进行分析,则证明弹流油膜可以传递滚子与座圈之间的作用力而不产生明显的滑动,所以弹流润滑下的滚动轴承其内部运动关系可视为纯滚动。

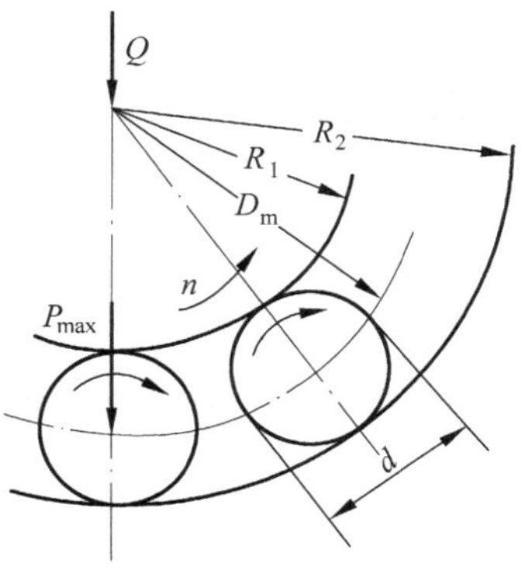

图 4-27　滚子轴承

图 4-27 表示滚子轴承的情况。根据几何和运动关系可以推导出当量曲率半径、平均速度和载荷的表达式。

1. 当量曲率半径 R

设内圈滚道的半径为 R_1、外圈滚道的半径为 R_2、滚子的直径为 $d=2r$，并令 $\lambda=d/D_m$，D_m 为平均直径，则对于滚子与内圈滚道的接触点，

$$R=\frac{R_1 r}{R_1+r}=\frac{\left(\frac{D_m}{2}-\frac{d}{2}\right)\frac{d}{2}}{\left(\frac{D_m}{2}-\frac{d}{2}\right)+\frac{d}{2}}=\frac{d}{2}(1-\lambda)$$

对于滚子与外圈滚道的接触点，

$$R=\frac{R_2 r}{R_2-r}=\frac{\left(\frac{D_m}{2}+\frac{d}{2}\right)\frac{d}{2}}{\left(\frac{D_m}{2}+\frac{d}{2}\right)-\frac{d}{2}}=\frac{d}{2}(1+\lambda)$$

2. 表面平均速度 U

若 n 为轴承内圈的转速。根据滚子与滚道之间作纯滚动的条件，可以推得它们的运动关系。

滚子自转转速

$$n_0=\frac{1+2s}{2s(1+s)}n$$

滚子公转转速

$$n_c=\frac{1}{2(1+s)}n$$

式中，$s=\frac{r}{R_1}=\frac{\lambda}{1-\lambda}$。这样，接触点的表面平均速度为

$$U=\frac{\pi}{30}(n-n_c)\left(\frac{D_m}{2}-\frac{d}{2}\right)=\frac{\pi n}{30}\,\frac{d}{4}\,\frac{1-\lambda^2}{\lambda}$$

3. 单位宽度上的载荷 W/L

滚动轴承中各个滚动体所受的载荷不同，为了计算最小油膜厚度，需要求出受力最大的滚动体承受的载荷。而载荷在滚动轴承中的分布规律与轴承部件的变形情况相关。Dowson 等人对于几何形状精确的滚子轴承的分析表明：如果轴承的滚子总数为 z，轴承的总载荷为 Q，则滚子所受的最大载荷为

$$P_{max}=\frac{4Q}{z}$$

若滚子的有效接触长度为 l，则单位宽度上的载荷为

$$\frac{W}{L}=\frac{4Q}{zl}$$

将以上各关系式代入 Dowson-Higginson 线接触弹流膜厚公式，即求得滚子轴承最小油膜厚度如下：

(1) 在滚子与内圈滚道之间为

$$h_{min}=0.336\left[\frac{d}{2}(1-\lambda)\right]^{1.13}\alpha^{0.54}\left[\frac{\eta_0 n}{\lambda}(1+\lambda)\right]^{0.7}\times\frac{1}{E'^{0.03}}\left(\frac{zl}{4Q}\right)^{0.13} \quad (4\text{-}74)$$

（2）在滚子与外圈滚道之间为

$$h_{\min} = 0.336\left[\frac{d}{2}(1+\lambda)\right]^{1.13}\alpha^{0.54}\left[\frac{\eta_0 n}{\lambda}(1-\lambda)\right]^{0.7}\times\frac{1}{E'^{0.03}}\left(\frac{zl}{4Q}\right)^{0.13} \tag{4-75}$$

通常滚动体与外圈滚道之间的油膜厚度将大于与内圈滚道之间的油膜厚度，所以一般只需要计算滚动体与内圈滚道的油膜厚度。

对于球轴承，钢球与座圈是点接触，根据轴承的几何和运动关系，采用点接触弹流膜厚公式也可以计算出最小油膜厚度。

应当指出，滚动轴承在实际工作中各滚动体的运动和受力状况是不断变化的，因此并不是完全处于全膜润滑状态[7,8]。

4.8 齿轮润滑

齿轮润滑问题的重要性以及人们对这一问题的重视推动了弹流润滑理论的产生和迅速发展。自从 1916 年 Martin 首先用雷诺方程分析齿轮润滑问题以来，经过数十年不断地完善，现代润滑理论已经能够比较接近实际地处理一些齿轮润滑问题。因而美国齿轮制造者协会（American Gear Manufacturer's Association，AGMA）建议把弹流油膜厚度计算作为齿轮传动设计的一个重要部分。

应当指出，当前的弹流润滑计算公式是针对稳定状态建立的，也就是说各个物理量不随时间而变化。然而，齿轮啮合是相当复杂的运动过程，其接触几何、表面速度和载荷都随时间而变化，因而油膜厚度也是变化的。如果考虑到轮齿的每个啮合循环所需的时间远远大于润滑油流经 Hertz 接触区的时间，对于齿轮的润滑计算就可以按照准稳定状态来处理。这就是说轮齿沿啮合线上的任一接触点的润滑情况可以用两个当量圆柱的接触情况来模拟，而它的弹流油膜厚度可以根据此点接触时的瞬时曲率半径、相对于接触点的表面速度和载荷等来确定，并与这些参数的变化率无关。这样，由稳态条件推导的弹流润滑计算公式仍然可以适用。

4.8.1 渐开线齿轮传动

首先讨论一对渐开线齿轮在啮合循环中的油膜厚度变化，如图 4-28 所示。

若渐开线齿轮中心距为 $a=r_1+r_2$，传动比 $i=r_2/r_1>1$，则节圆半径为

$$r_1 = \frac{a}{i+1}$$

$$r_2 = \frac{ai}{i+1}$$

当轮齿在 K 点啮合时，根据渐开线齿轮的性质，两个当量圆柱的中心分别在 N_1 点和 N_2 点，它们的中心距为 $N_1N_2=(r_1+r_2)\sin\alpha$，其中 α 为啮合角，对于标准齿轮，$\alpha=\alpha_0=20°$。

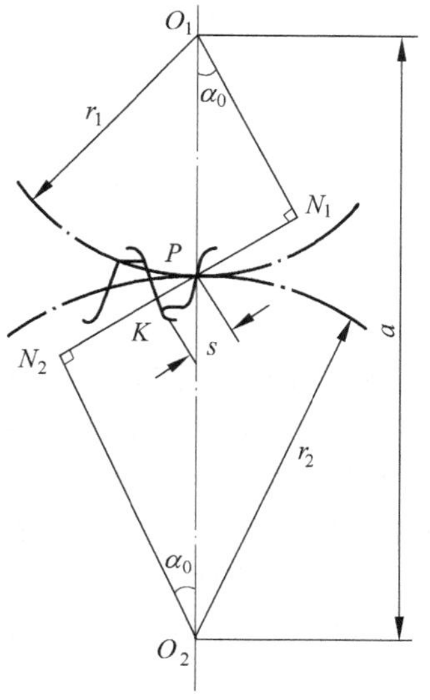

图 4-28 渐开线齿轮

两个当量圆柱的半径分别为

$$R_1 = r_1 \sin\alpha_0 + s$$
$$R_2 = r_2 \sin\alpha_0 - s$$

则当量曲率半径 R 为

$$R = \frac{R_1 R_2}{R_1 + R_2} = \frac{(r_1 \sin\alpha_0 + s)(r_2 \sin\alpha_0 - s)}{(r_1 + r_2)\sin\alpha_0} \tag{4-76}$$

两表面相对于接触点 K 的速度为

$$u_1 = \frac{\pi n_1}{30}(r_1 \sin\alpha_0 + s)$$

$$u_2 = \frac{\pi n_2}{30}(r_2 \sin\alpha_0 - s)$$

所以，两个当量圆柱的平均速度为

$$U = \frac{1}{2}(u_1 + u_2) = \frac{\pi n_2}{30}\left[r_2 \sin\alpha_0 + \frac{s}{2}(1 - i)\right] \tag{4-77}$$

以上式中，s 为接触点至节点的距离。渐开线齿轮的啮合线与两个基圆的公切线相重合，而接触线的长度主要取决于模数或者径节。一对轮齿实际的接触范围可以用 s 值的变化范围来表示。设 h_1 和 h_2 分别为两齿轮的齿顶高，则 s 值的变化范围将是从

$$-\left[\sqrt{(r_2 + h_2)^2 - r_2^2 \cos^2\alpha_0} - r_2 \sin\alpha_0\right]$$

变化到

$$+\left[\sqrt{(r_1 + h_1)^2 - r_1^2 \cos^2\alpha_0} - r_1 \sin\alpha_0\right]$$

Dowson 和 Higginson[9] 将线接触弹流润滑最小膜厚公式、式(4-76)和式(4-77)代入，计算出齿轮在啮合循环中油膜厚度的变化情况，如图 4-29 所示。

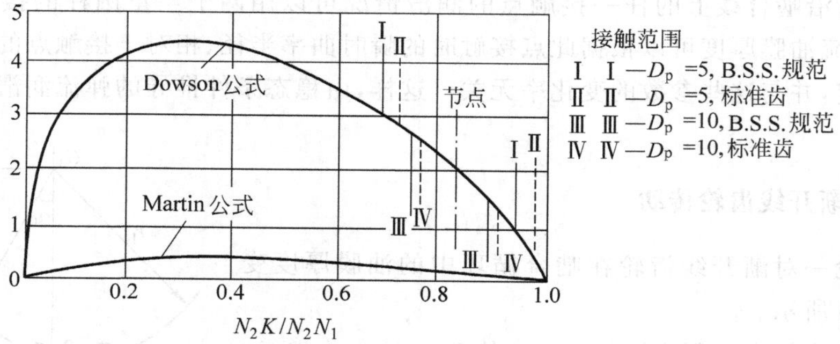

图 4-29 齿轮啮合循环中的膜厚变化

所采用的计算参数为：中心距 a=0.3m、大齿轮转速 n_2=1000r/min、传动比 i=5、载荷 W/L=0.4×10^6N/m、润滑油黏度 η_0=0.075Pa·s。图 4-29 中标出了两种径节 D_p=5 和 10，相当于模数 m=5.08mm 和 2.54mm。同时还标出了两种齿顶高，即标准齿顶高和按英国规范 B.S.S.436 计算的齿顶高。标准齿顶高等于径节的倒数。

图 4-29 表明，在等温条件下，当小齿轮齿顶与大齿轮齿根相接触时油膜最厚，而当大齿轮齿顶与小齿轮齿根接触时油膜厚度最薄，节点啮合时的油膜厚度居中。此外，Martin 提出的不考虑表面弹性变形和黏压效应的润滑公式的计算结果与实际相差悬殊。

节点啮合的油膜厚度对于齿轮润滑而言具有一定的代表性，这是由于节点啮合时齿面

为纯滚动，计算方法简单，用等温弹流计算可以得到较高的精度。所以在齿轮传动的润滑设计中，通常以节点啮合时的油膜厚度为依据。

1974 年，Akin 应用 Dowson-Higginson 线接触最小膜厚公式，分析各种渐开线齿轮的润滑问题，提出了节点啮合的油膜厚度计算公式。

1. 当量曲率半径 R

根据几何模拟关系，两轮齿接触时的当量曲率半径为

$$R = \frac{R_1 R_2}{R_1 \pm R_2}$$

式中，R_1、R_2 为两轮齿在节点处渐开线的曲率半径，“＋”号为外啮合、“－”号为内啮合。

由齿轮啮合原理推得各种渐开线齿轮节点啮合的当量曲率半径如下：

直齿圆柱齿轮 $R = a\sin\alpha_n \dfrac{i}{(i \pm 1)^2}$

斜齿圆柱齿轮 $R = \dfrac{a\sin\alpha_n}{\cos^2\beta} \dfrac{i}{(i \pm 1)^2}$

直齿圆锥齿轮 $R = L_m \sin\alpha_n \dfrac{i}{i^2 + 1}$

弧齿圆锥齿轮 $R = \dfrac{L_m \sin\alpha_n}{\cos^2\beta_m} \dfrac{i}{i^2 + 1}$

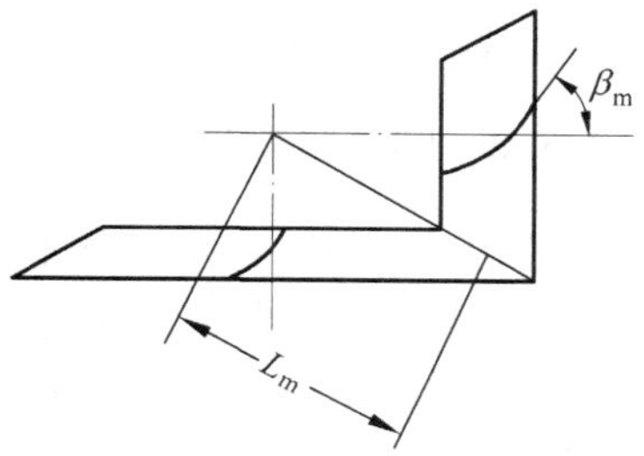

图 4-30 圆锥齿轮

以上各式中，α_n 为法面啮合角；β 为节圆螺旋角；L_m 为圆锥齿轮齿宽中点处的节锥长；β_m 为弧齿圆锥齿轮齿宽中点处的节圆螺旋角，参见图 4-30。

2. 表面平均速度 U

根据在法面上相对于节点的表面速度求得平均速度为

直齿圆柱齿轮 $U = \dfrac{\pi n_1}{30}\left(\dfrac{a}{i \pm 1}\right)\sin\alpha_n$

斜齿圆柱齿轮 $U = \dfrac{\pi n_1}{30}\left(\dfrac{a}{i \pm 1}\right)\dfrac{\sin\alpha_n}{\cos\beta}$

直齿圆锥齿轮 $U = \dfrac{\pi n_1}{30}\dfrac{L_m}{i}\sin\alpha_n$

弧齿圆锥齿轮 $U = \dfrac{\pi n_1}{30}\dfrac{L_m}{i}\dfrac{\sin\alpha_n}{\cos\beta_m}$

以上各式中的 n_1 为小齿轮转速。

3. 单位接触宽度上的载荷 W/L

如果以 F_t 表示节点啮合时的圆周力，b 为轮齿宽度，β_b 为基圆螺旋角，则各种齿轮在单位接触宽度上的载荷分别为

直齿圆柱齿轮和直齿圆锥齿轮 $\dfrac{W}{L} = \dfrac{F_t}{b\cos\alpha_n}$

斜齿圆柱齿轮 $\dfrac{W}{L} = \dfrac{F_t \cos\beta_b}{b\cos\alpha_n \cos\beta}$

弧齿圆锥齿轮 $\dfrac{W}{L} = \dfrac{F_t \cos\beta_b}{b\cos\alpha_n \cos\beta_m}$

最后，将以上推导出的当量曲率半径 R、平均速度 U 和单位接触宽度上的载荷 W/L 代

入线接触最小膜厚公式，推导出各种齿轮在节点啮合时最小油膜厚度公式，即

直齿圆柱齿轮和斜齿圆柱齿轮

$$h_{\min}=\frac{2.65\alpha^{0.54}}{E'^{0.03}(W/L)^{0.13}}\left(\frac{\pi n_1\eta_0}{30}\right)^{0.7}\frac{(a\sin\alpha_n)^{1.13}}{\cos^{1.56}\beta}\frac{i^{0.43}}{(i\pm 1)^{1.56}} \tag{4-78}$$

直齿圆锥齿轮和弧齿圆锥齿轮

$$h_{\min}=\frac{2.65\alpha^{0.54}}{E'^{0.03}(W/L)^{0.13}}\left(\frac{\pi n_1\eta_0}{30}\right)^{0.7}\frac{(L_m\sin\alpha_n)^{1.13}}{\cos^{1.56}\beta}\frac{i^{0.27}}{(i^2\pm 1)^{0.43}} \tag{4-79}$$

应当指出，当今齿轮的润滑计算还不完备，以上计算方法除渐开线直齿齿轮之外，都是非常简化的。大多数齿轮的轮齿，特别是空间齿轮的轮齿是由三维共轭曲面构成的非Hertz接触，不仅接触区形状不规则，而且滑动方向有时不与接触区主平面重合，甚至还存在绕接触区法线的转动，因此，直接套用经典的弹流润滑膜厚公式将产生很大误差。为此，我们对于Hertz接触润滑[10, 11]和弧齿圆锥齿轮的弹流润滑[12]进行了探讨。

4.8.2 圆弧齿轮传动

齿轮传动的良好润滑条件不仅与齿形参数有关，而且还取决于齿廓曲线。依照齿面相对运动的特点，圆弧齿轮对于建立轮齿间油膜润滑的条件极为有利，为渐开线齿轮所不及，特别是在高速传动中，其优越性更为显著。

图4-31给出了圆弧齿轮的啮合情况。

在啮合过程中，圆弧齿轮的轮齿相当于两个圆弧面柱体的对滚，相互运动和几何关系都比较复杂，对于圆弧齿轮的润滑设计问题，目前尚无系统而深入的研究。刘莹[13]曾就圆弧齿轮的弹流润滑问题提出了如下的简化计算方法，可以供工程设计时参考。

如图4-31所示，两齿轮的节圆半径分别为 R_{01} 和 R_{02}、端面压力角为 α_s、接触点移距为 l。由于在端面上凸齿齿廓的圆弧半径（一般取为 l）要比凹齿的圆弧半径略小，因而理论上圆弧齿轮的啮合应是点接触。但是经过磨合以后，轮齿接触部位迅速扩大到占整个齿高的60%～80%以上，这样，圆弧齿轮的啮合实际上可以处理为两个圆弧面柱体的线接触。柱体的半径分别为 R_{K1} 和 R_{K2}、宽度为 $2L$、圆弧面半径为 l。

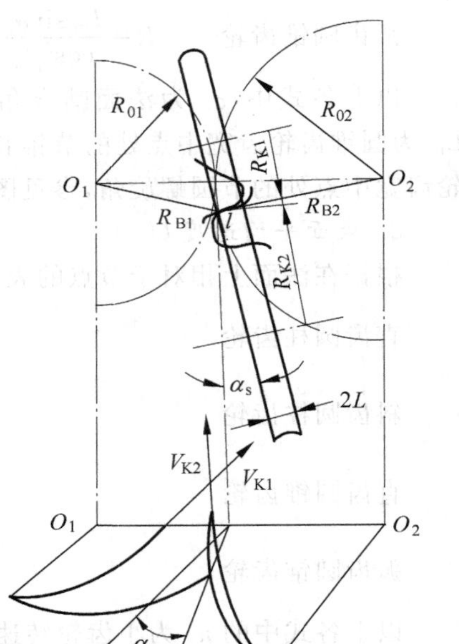

图4-31 圆弧齿轮传动

根据圆弧齿轮的啮合原理可以推导出与接触迹相切的两共轭齿面的法向曲率半径 R_{K1} 和 R_{K2}，即圆弧面柱体的半径分别为

$$R_{K1}=\frac{R_{B1}^2+R_{01}^2\cot^2\beta}{R_{01}\sin\alpha_s+l}\sqrt{1+\left(\frac{\cos\alpha_s}{\cot\beta}\right)^2}$$

$$R_{K2}=\frac{R_{B2}^2+R_{02}^2\cot^2\beta}{R_{02}\sin\alpha_s-l}\sqrt{1+\left(\frac{\cos\alpha_s}{\cot\beta}\right)^2}$$

式中，β 为螺旋角；R_{B1}、R_{B2} 为接触迹所在圆柱的半径，由图4-31所示的几何关系可得

$$R_{B1} = \sqrt{l^2\cos^2\alpha_s + (R_{01} + l\sin\alpha_s)^2}$$

$$R_{B2} = \sqrt{l^2\cos^2\alpha_s + (R_{02} - l\sin\alpha_s)^2}$$

沿齿高方向的接触宽为 $2L$，一般选取

$$L = l(\alpha_s - \delta) = Km_n(\alpha_s - \delta)$$

式中，K 为系数，通常 $K=1.4$；m_n 为齿轮法面模数；δ 为工艺角。

两圆弧面柱体的对滚速度即啮合点沿接触迹的线速度 V_{K1} 和 V_{K2}，分别为

$$V_{K1} = V_0\sqrt{1 + \cot^2\beta + \left(\frac{l}{R_{01}}\right)^2 + \frac{2l\sin\alpha_s}{R_{01}}} = V_0\sqrt{\cot^2\beta + \left(\frac{R_{B1}}{R_{01}}\right)^2}$$

$$V_{K2} = V_0\sqrt{1 + \cot^2\beta + \left(\frac{l}{R_{02}}\right)^2 - \frac{2l\sin\alpha_s}{R_{02}}} = V_0\sqrt{\cot^2\beta + \left(\frac{R_{B2}}{R_{02}}\right)^2}$$

式中，V_0 为节圆的线速度。

作用在轮齿上的法向力 F_n 与圆周力 F_t 的关系为

$$F_n = \frac{F_t}{\cos\alpha_s}\sqrt{1 + \left(\frac{\cos\alpha_s}{\cot\beta}\right)^2}$$

所以，单位宽度上的载荷为 $F_n/2L$。

这样，相当于圆弧齿轮啮合的两个圆弧面柱体的几何尺寸、运动速度和载荷可以由以上各式求出。然后，根据圆弧面柱体的几何和运动特点，近似地引用弹流润滑最小膜厚公式，并结合圆弧齿轮的情况进行简化处理，即可得到弹流润滑最小油膜厚度的计算公式，对于钢制圆弧齿轮采用矿物油润滑时，最小膜厚公式为

$$h_{min} = 0.8663\eta_0^{0.7}\left(\frac{2L}{F_n}\right)^{0.13}\left[(V_{K1} + V_{K2}) - \frac{L^2}{2l}\left(\frac{V_{K1}}{R_{K1}} - \frac{V_{K2}}{R_{K2}}\right)\right]^{0.7} \cdot \left[\frac{R_{K1}R_{K2}}{R_{K1} + R_{K2}} - \frac{L(R_{K2} - R_{K1})}{2l(R_{K1} + R_{K2})}\right]^{0.43} \tag{4-80}$$

在近似计算时，式(4-80)中两个方括号里的后面一项都可以忽略不计，并且取 $R_{B1}=R_{01}$ 和 $R_{B2}=R_{02}$，则上式进一步简化为

$$h_{min} = 0.8663\eta_0^{0.7}\left(\frac{2L}{F_n}\right)^{0.13}\left[\frac{2V_0}{\sin\beta}\right]^{0.7} \cdot \left[\frac{1 + \cot^2\beta}{\left(\frac{1}{R_{01}^2} - \frac{1}{R_{02}^2}\right)l + \left(\frac{1}{R_{01}} + \frac{1}{R_{02}}\right)\sin\alpha_s}\sqrt{1 + \left(\frac{\cos\alpha_s}{\cot\beta}\right)^2}\right]^{0.43} \tag{4-81}$$

4.9 凸轮润滑

凸轮及其从动件是以滑动为主的点线接触摩擦副。同时，凸轮表面的接触应力很高，例如，内燃机中的凸轮最大接触应力一般为 0.7～1.4GPa。所以，以往普遍认为凸轮及其从动件之间处于混合润滑状态。然而，随着弹流润滑理论的发展，人们了解到凸轮与从动件之间能够形成弹流润滑，并把油膜厚度作为判断凸轮磨损性能的指标，以及设计凸轮轮廓型线的依据。

在凸轮机构的工作循环中，接触点的曲率半径、速度和载荷都是变化的，因而油膜厚度

也将相应地变化。与齿轮传动的情况相同，在工程设计中，凸轮机构的弹流润滑计算可以按准稳定状态处理。

这里介绍应用较广泛的凸轮挺杆机构的弹流润滑计算，其他类型的凸轮机构处理方法类似。

Deschler 和 Wittmann 对于凸轮与挺杆的弹流润滑进行了简化分析。他们根据线接触最小膜厚公式，并考虑到凸轮机构通常采用钢材制造和矿物油润滑，其 E' 和 α 的数值变化不大，可以取为常数，而 W/L 对于 $h_{\min}$ 的影响很小，可以忽略不计。这样，最小膜厚公式简化为

$$h_{\min} = 1.6 \times 10^{-5} \sqrt{\eta_0 UR} \tag{4-82}$$

图 4-32 为凸轮挺杆机构的示意图。

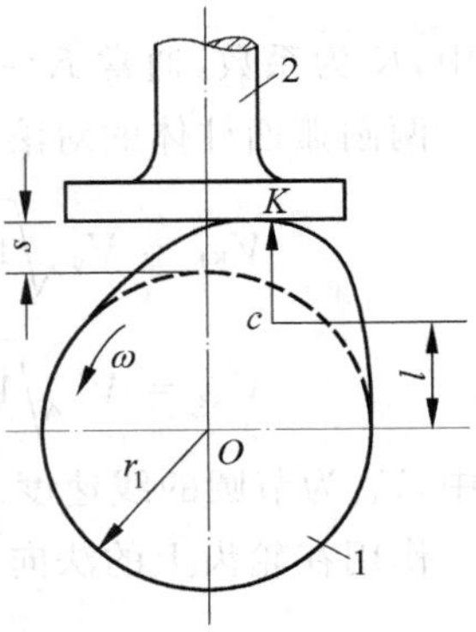

图 4-32 凸轮挺杆机构
1—凸轮；2—挺杆

设挺杆只沿垂直方向作升降运动而不绕自身轴线旋转，于是挺杆表面在接触点 K 处沿切线(水平)方向的绝对速度 $u_2=0$。而凸轮表面在接触点 K 处沿切线(水平)方向的绝对速度为

$$u_1 = \omega(r_0 + s) = \omega(l + \rho)$$

式中，ω 为凸轮旋转角速度；r_0 为凸轮基圆半径；s 为挺杆升程；l 为接触点处凸轮曲率中心 c 到凸轮中心的垂直距离；ρ 为接触点处凸轮型线的曲率半径。

显然，在工作过程中，接触点 K 在不断地移动，而形成流体动压的有效速度或卷吸速度应当是两个表面相对于接触点的运动速度。接触点 K 本身沿切线方向的绝对速度等于凸轮型线瞬时曲率中心 c 沿切线方向的速度，即 $u_c=\omega l$。所以，卷吸速度 U 为

$$U = \frac{1}{2}[(u_1 - u_c) + (u_2 - u_c)] = \frac{\omega}{2}[2\rho - (r_0 + s)]$$

又知接触点处的当量曲率半径 $R=\rho$。将以上关系代入简化公式(4-82)，即可求得在 K 点接触时凸轮与挺杆之间的最小膜厚为

$$h_{\min} = 1.6 \times 10^{-5} \sqrt{\frac{\omega\eta_0}{2}(r_0 + s)} \sqrt{\left| 2\left(\frac{\rho}{r_0 + s}\right)^2 - \frac{\rho}{r_0 + s} \right|} \tag{4-83}$$

令量纲化几何参数 $N=\rho/(r_0+s)$，它表示凸轮型线的几何关系，被称为凸轮弹流润滑特性数。由式(4-83)可以得出，当 $N=0$ 或 $N=0.5$ 时，得 $h_{\min}=0$；而在 $0<N<0.5$ 范围内，当 $N=0.25$ 时，$h_{\min}$ 为极大值，以 h_r 表示。润滑特性数 N 与相对膜厚 $h_{\min}/h_r$ 之间的关系曲线如图 4-33 所示。

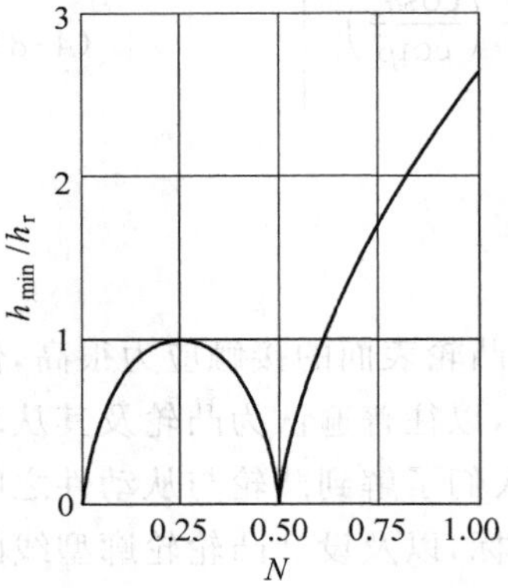

图 4-33 $h_{\min}/h_r$ 与 N 的关系

由图 4-33 可知，凸轮型线所确定的薄油膜厚度区域处于 $0<N<0.5$ 范围内；而当 $N>0.5$ 时，油膜厚度将随着 N 值的增加而增加。因此为使凸轮的磨损量降低，就应避开 $0<N<0.5$ 的区域，即选择较大的 N 值。但是增大 N 值往往受到凸轮设计中其他因素的限制。

利用式(4-83)可以确定凸轮工作循环中各个转角位置时的 $h_{\min}$ 数值以及它的变化情况，进而分析凸轮表面的磨损

分布和评价凸轮轮廓型线。

参考文献

[1] 温诗铸.摩擦学原理[M].北京：清华大学出版社，1990.

[2] 温诗铸.边界元方程在润滑问题中的应用：Rayleigh 阶梯轴承[J].润滑与密封，1982(3)：10-16.

[3] 黄平，温诗铸.粘-塑性流体润滑失效研究——润滑问题[J].自然科学进展，1995，5(4)：435-439.

[4] PINKUS O，STERNTICHT B.流体动力润滑理论[M].西安交通大学轴承研究小组，译.北京：机械工业出版社，1980.

[5] 王晓力.计入表面形貌效应的内燃机主轴承热流体动力润滑分析[D].北京：清华大学，1999.

[6] 温诗铸，吴昆，于德潜.静压空气轴承的试验与分析[J].机械工程学报，1962，10(3)：1-16.

[7] 邵凤常，温诗铸.谐波齿轮传动柔性滚动轴承润滑状态的测量[J].润滑与密封，1991(4)：6-10.

[8] 刘健海，温诗铸.分析滚动轴承部分油膜润滑状态的两种计算模型[J].摩擦学学报，1992，12(2)：116-211.

[9] DOWSON D，HIGGINSON G R. Elasto-hydrodynamic Lubrication [M]. London：Pergamon Press，1997.

[10] HUANG C，WEN S. Elastohydrodynamic lubrication of long elliptical contacts under heavy load [J]. Chinese Journal of Mechanical Engineering，1993，6(2)：145-152.

[11] HUANG C，WEN S，HUANG P，et al. Multilevel solution of the elastohydrodynamic lubrication of elliptical contacts with rotational lubricant entrainment[J]. Proc. 1st International Symposium on Tribology，1993(1)：124-131.

[12] HUANG C，WEN S，HUANG P. Multilevel Solution of the elastohydrodynamic lubrication of concentrated contacts in spiroid gears[J]. Trans. ASME，Journal of Tribology，1993，115(3)：481-486.

[13] 刘莹.圆弧齿轮的弹性流体动力润滑计算[M]//周仲荣，谢友柏.摩擦学设计——案例分析及论述.成都：西南交通大学出版社，2000：108-111.

[14] 温诗铸，黄平.摩擦学原理[M].2 版.北京：清华大学出版社，2002.

第5章　特殊流体介质润滑

通常使用的润滑剂主要是润滑油或润滑脂。但是在某些特殊场合必须采用一些特殊流体介质作为润滑剂。这一章，我们将集中介绍几种特殊润滑剂的润滑机理和理论，主要包括：磁流体润滑、微极流体润滑、液晶润滑、水薄膜润滑中的双电层效应和乳液润滑等内容。

5.1　磁流体润滑

磁流体材料的出现可追溯到18世纪。人们曾发现铁磁颗粒可以分散于液态溶媒中。1938年，Elmore用化学方法制成了粒度约200Å① 的 Fe_3O_4 胶体溶液的铁磁流体。20世纪40年代，已有人将含微米级粒度的铁磁流体用作密封材料，这时的粒度较大。随后，磁流体技术在20世纪60年代得以发展，目前磁流体已在机械、印刷、选矿、声光电元器件和医疗等领域得到广泛的应用。

5.1.1　磁流体的组成与分类

磁流体为液态分散体物质，它是一种对磁场敏感、可流动的液态磁性材料，由基液（如油和水等）、分散质（磁性固体颗粒）以及包覆在分散质表面的分散剂等三部分组成。根据磁性颗粒的粒度大小，磁流体分为悬浊液、胶体溶液或真溶液。悬浊液和胶体溶液都是以强磁性微细粉末（如Fe、Fe_3O_4 等）分散在液相中构成的。真溶液是一种顺磁性盐（如 $MnCl_2$、$Mn(NO_3)_2$ 等）的饱和水溶液。

分散质为铁磁性物质的亦称铁磁流体（ferro-fluid）。在本节讨论中，未特别说明的均指铁磁流体。通常使用水、油类（如煤油、酯、醚等有机溶液），有时也用液态金属或合金（如Hg、K、Na等）作为磁流体的载液或基液。基液为水的称为水基磁流体，为油的称油基磁流体。磁流体的性能主要与分散质的种类和浓度有关，而磁流体的液体性质主要与基液的种类与浓度有关。磁流体的应用取决于它的磁性能、黏滞性和稳定性。

某些顺磁性盐分散于水中可形成真溶液体系的磁流体。这种磁流体的稳定性能好，但磁性能很差，因而其应用受到很大限制，因为人们使用磁流体的目的正是为了充分发挥磁流体的磁效应。虽然悬浊液磁流体的磁性能较好，但其稳定性很差，容易产生沉淀和凝聚，也限制了它的使用范围。因此，目前人们研究较多的、应用较广的是胶体溶液磁流体。

5.1.2　磁流体的性质

通常假定磁流体是均匀的两相混合物。流体主要的性质有密度和黏度，由于磁流体是

---

① $1Å=10^{-10}m$。

一种受磁场控制的流体，所以它的磁化性能也很重要。

1. 磁流体的密度

磁流体的重量和体积是基液和固体颗粒之总和，即

$$V_f = V_c + V_p$$

$$G_f = G_c + G_p$$

式中，V_f、V_c 和 V_p 分别是磁流体的总体积、基液体积和固体颗粒体积；G_f、G_c 和 G_p 分别是磁流体总重量、基液重量和固体颗粒重量。

可以得到磁流体的密度为

$$\rho_f = \frac{1}{g}\frac{G_c + G_p}{V_c + V_p} = \frac{V_c}{V_c + V_p}\rho_c + \frac{V_p}{V_c + V_p}\rho_p = (1-\phi)\rho_c + \phi\rho_p \tag{5-1}$$

式中，ϕ 称为体积分数，为

$$\phi = \frac{V_p}{V_c + V_p}$$

2. 磁流体的黏度

可以将磁流体内的固相磁性颗粒看作是一个个小环形电流。这些小环形电流在外磁场的作用下受到使其磁矩与外磁场方向一致的力矩。外磁场对磁流体黏度的影响可用下式表示

$$\eta_H = \eta_0 + \Delta\eta \tag{5-2}$$

式中，η_H 为磁流体黏度；η_0 为外磁场强度为 0 时的磁流体黏度；$\Delta\eta$ 为外磁场产生的附加黏度。

若 μ_0 是真空磁导率，$\boldsymbol{M}$ 为磁化强度，$\boldsymbol{H}$ 为在 x 和 y 方向上的磁场强度，$\boldsymbol{\omega}$ 为流体旋涡速度，则附加黏度 $\Delta\eta$ 与上述参数间的关系为

$$\boldsymbol{\omega}\Delta\eta = \mu_0 \boldsymbol{M} \times \boldsymbol{H} \tag{5-3}$$

可以看出，当外磁场矢量垂直于涡旋矢量时，磁场使铁磁流体的黏度增加。而当外磁场矢量平行于涡旋矢量时，磁场不改变铁磁流体的黏度。

磁场对流动方向不同的磁流体黏度也有不同的影响。图 5-1 中给出了分别平行于磁场和垂直于磁场流动的铁磁流体的附加黏度随所施加磁场强度的变化曲线。可以看出，平行于磁场流动时，磁流体的黏度增加较多。

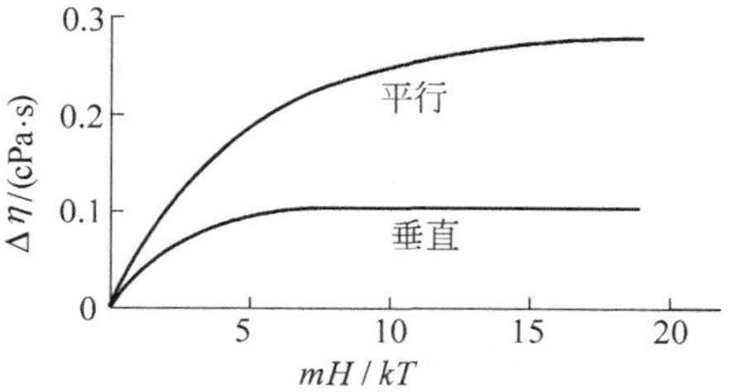

图 5-1 磁场强度对不同流动方向的铁磁流体黏度的影响

m—磁偶极矩；H—磁场强度；k—玻尔兹曼常数；T—绝对温度

在润滑计算中，为了计算简单起见，一般不考虑因磁场引起的磁流体黏度的变化。

3. 磁流体的磁化强度

磁流体归类于超顺磁流体，但由于它遵循顺磁性物质的基本理论，因此仍可以使用

Langevin 的经典理论来研究磁流体的磁化问题。

设每一磁性颗粒的体积为 V_{pl}，这些磁性颗粒都是偶极子，则单位体积的磁性颗粒内的磁矩 $\boldsymbol{L}_m$ 与磁场强度 $\boldsymbol{H}_0$ 和磁化强度 $\boldsymbol{M}$ 之间的关系为

$$\frac{\boldsymbol{L}_m}{V_{pl}} = \mu \boldsymbol{M} \times \boldsymbol{H}_0 \tag{5-4}$$

4. 磁流体的稳定性

磁流体的稳定性包括热稳定性和胶体稳定性。热稳定性是指磁流体中的铁磁颗粒随温度增加继续保留在工作间隙内的性能。对于长期在高温下工作的磁流体，通常使用高分子合成润滑油作为基液。图 5-2 中给出了 A、B、C、D、E、F 共 6 种不同润滑油基液的磁流体在 175℃下凝固所需的时间，它显示了磁流体的相对热稳定性。显然，凝固时间越长，磁流体的热稳定性就越好。

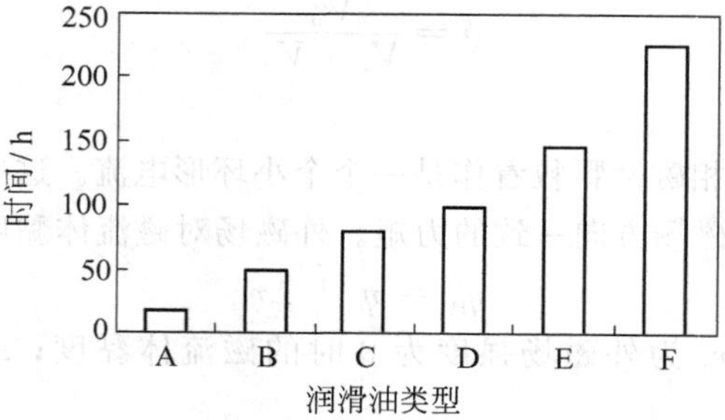

图 5-2 磁流体的热稳定性

磁流体的胶体稳定性是指磁流体的铁磁颗粒在有梯度的磁场中保持悬浮在基液中而不发生沉淀或偏析的能力。一般将磁流体放置在固定磁场强度的磁场中保持一定的时间，然后测定仍悬浮在胶体中的百分比。百分比越大则稳定性越好。

在忽略重力作用的情况下，颗粒数量沿高度方向的梯度为

$$\frac{dn}{dz} = -\frac{D^3 M_s n}{24kT}\frac{dH}{dz} \tag{5-5}$$

式中，n 是颗粒数量；z 是高度；D 是连包覆层在内的颗粒尺寸；M_s 是饱和磁化强度；k 是热力学系数；T 是温度；H 是磁场强度。

磁流体在磁场中的稳定性判据为

$$\frac{1}{n}\frac{dn}{dz} \leqslant 1 \tag{5-6}$$

由于颗粒直径的上限是饱和磁化强度和所加磁场的梯度函数，颗粒直径应当在图 5-3 中所对应的磁化强度曲线之下才能保证稳定性。磁流体的颗粒直径越小稳定性越好。

最后，表 5-1 中给出了几种常用的磁流体的主要物理特性。

5.1.3 磁流体润滑的基本方程

磁流体润滑的雷诺方程也是从流体力学的基本方程推导得到的，包括连续方程、平衡方程等。

表 5-1 几种常用磁流体的主要物理特性

基液	材料代号	饱和磁化强度/(A/m)	密度/(g/cm³)	黏度/(10^{-3}Pa·s)	冰点/℃	沸点(133.3Pa下)/℃	起始磁化率/(m/H)	表面张力/(10^{-3}N/m)	热导率10^{-2}/(W/(m·℃))	比热容/(kJ/(kg·℃))	膨胀系数/(10^{-4}℃$^{-1}$)
二酯基	D01	2.51	1.185	75	−37	148.9	0.5				
烃基	H01	2.51	1.05	3	4.4	76.7	0.4	28	14.6	1.72	2.78
	H02	5.02	1.25	6	7	76.7	0.8	28	14.6	1.84	2.67
碳氟基	F01	1.26	2.05	2500	−34.4	182.2	0.2	18	8.4	1.97	3.28
酯基	E01	7.54	1.40	35	−63.2	40	1.0	21	13	3.73	2.5
	E02	5.02	1.30	30	−56.7	148.9	0.8	26	13	3.73	2.5
	E03	2.51	1.15	14	−56.7	148.9	0.4	26	13	3.73	2.5
水基	A01	2.51	1.18	7	0	25.6	0.6	26	58.6	4.2	1.61
	A02	5.02	1.38	100	0	25.6	1.2	26	58.6	4.2	1.56
聚苯醚基	V01	1.26	2.05	7500	10	260	0.2				

注：表中黏度适用于剪切率＞$10s^{-1}$，膨胀系数适用于平均温度25～93℃。

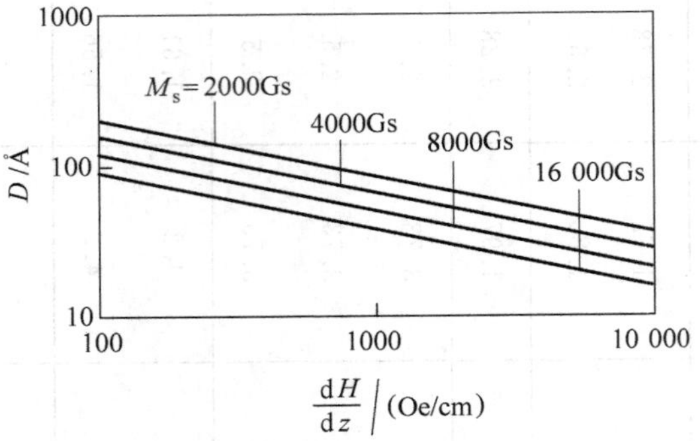

图 5-3 磁流体在磁场中的稳定性

简化后的连续方程为

$$\frac{\partial \rho u}{\partial x}+\frac{\partial \rho v}{\partial y}+\frac{\partial \rho w}{\partial z}=0$$

在采用了与第 2 章油润滑同样的假设后，经简化的 Navier-Stokes 方程为

$$\left.\begin{aligned}\frac{\partial p}{\partial x}&=\frac{\partial}{\partial z}\left(\eta_{\mathrm{H}}\frac{\partial u}{\partial z}\right)+\frac{\partial}{\partial x}\int_0^{H_x}\mu_0 M_x \mathrm{d}H_x\\ \frac{\partial p}{\partial y}&=\frac{\partial}{\partial z}\left(\eta_{\mathrm{H}}\frac{\partial v}{\partial z}\right)+\frac{\partial}{\partial y}\int_0^{H_y}\mu_0 M_y \mathrm{d}H_y\end{aligned}\right\}\tag{5-7}$$

式中，μ_0 是真空磁导率；M_x 和 M_y 分别为 x 和 y 方向上的磁化强度；H_x 和 H_y 分别为 x 和 y 方向上的磁感应强度；η_{H} 为磁流体的黏度。如果认为磁流体各向同性，且磁场强度各向相等时，式(5-7)中的积分可统一表示为

$$p_{\mathrm{M}}=\int_0^H \mu_0 M \mathrm{d}H\tag{5-8}$$

式中，p_{M} 为磁场产生的诱导压力。则式(5-7)变为

$$\left.\begin{aligned}\frac{\partial}{\partial x}\left(p-\int_0^H \mu_0 M\mathrm{d}H\right)&=\frac{\partial}{\partial z}\left(\eta_{\mathrm{H}}\frac{\partial u}{\partial z}\right)\\ \frac{\partial}{\partial y}\left(p-\int_0^H \mu_0 M\mathrm{d}H\right)&=\frac{\partial}{\partial z}\left(\eta_{\mathrm{H}}\frac{\partial v}{\partial z}\right)\end{aligned}\right\}\tag{5-9}$$

$p'=p-p_{\mathrm{M}}$ 称为等效压力。

采用与第 2 章类似的推导方法，可得到关于磁流体润滑的普遍形式的雷诺方程

$$\frac{\partial}{\partial x}\left(\frac{\rho h^3}{\eta_{\mathrm{H}}}\frac{\partial p'}{\partial x}\right)+\frac{\partial}{\partial y}\left(\frac{\rho h^3}{\eta_{\mathrm{H}}}\frac{\partial p'}{\partial y}\right)=6\left[\frac{\partial(U\rho h)}{\partial x}+\frac{\partial(V\rho h)}{\partial y}+2\rho(w_h-w_0)\right]\tag{5-10}$$

式中，$U=U_0+U_h$，$V=V_0+V_h$。

需要指出，式(5-10)中的压力 p' 是流体动压力，并不是总压力，所以其求解的边界条件仍然可按通常的雷诺边界条件给出(参见第 2 章)。然而，与一般的流体动压润滑不同的是：磁流体润滑的承载能力除流体动压力之外，还有磁力场的作用，而且磁力场是作用于整个润滑区域上，因此，磁流体润滑求解载荷的方程与一般流体润滑问题的积分区域不同。

磁流体载荷平衡方程为

$$W=\iint_{\Omega'}p'\mathrm{d}x\mathrm{d}y+\iint_{\Omega}\left(\mu_0\int_0^H M\mathrm{d}H\right)\mathrm{d}x\mathrm{d}y\tag{5-11}$$

式中，W 是载荷，Ω' 是雷诺方程的有效润滑区域，而 Ω 是润滑区全域。

从式(5-11)可知，在同样的载荷作用下，由于磁流体的磁力承担了部分载荷，因此流体动压相应会减少。或者说同样厚度的磁流体润滑膜的承载能力要比普通流体润滑膜大。

5.1.4　各种因素对磁流体弹流润滑膜厚的影响

下面摘引作者的研究生汪仁友[1]的一些计算结果来介绍磁感应强度和体积分数对磁流体弹流润滑特性的影响。

(1) 磁感应强度对最小膜厚的影响

图 5-4 所示为磁感应强度对最小膜厚的影响。

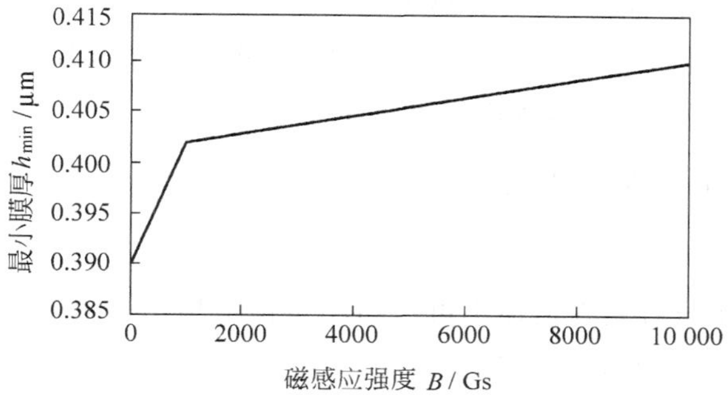

图 5-4　磁感应强度对最小膜厚的影响

图 5-4 表明，当外界磁场的磁感应强度增大时，由于磁流体中磁性颗粒的磁力影响，最小膜厚有所增加。在膜厚较小时增加得较快，当膜厚增大到一定程度后，增加量趋于平缓。

(2) 体积分数 ϕ 对最小膜厚的影响

图 5-5 所示为体积分数对最小膜厚的影响曲线。

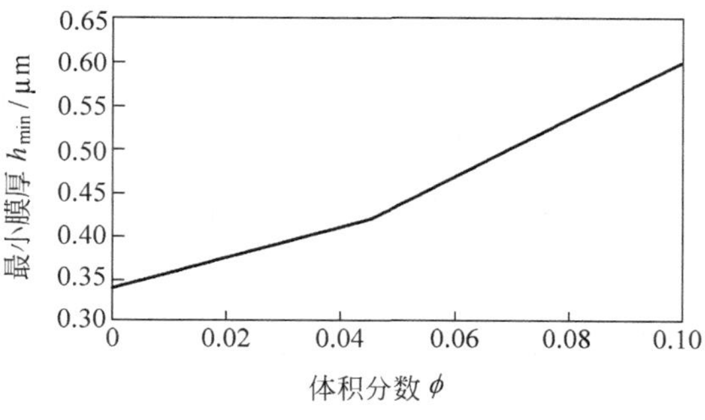

图 5-5　体积分数对最小膜厚的影响

从图 5-5 可以看出，体积分数对最小膜厚的影响在一定范围内基本上是线性的，即磁流体的磁性颗粒的体积分数越大，磁流体的成膜能力也越大。但是，由于磁流体有一定的饱和度，因此实际上体积分数不可能过大。

5.2 微极流体润滑

在润滑理论中最基本的假设就是润滑剂是均匀的连续介质，即不考虑其内部的微观结构。但是，人们认识到在某些条件下，例如对具有长链状分子聚合物的润滑剂或是带有固体颗粒的润滑剂等进行润滑分析，这一假设不完全符合实际情况。这里讨论的一种子集流体称为微极流体(micropolar fluid)，它是由具有单独质量和速度的颗粒组成的群体结构。

微极流体模型忽略了微单元的变形，仍保持颗粒的微运动，因此，仍然可以利用连续介质理论。但是，由于考虑颗粒的长度，因此在流体的运动分析中应加入流体颗粒的转动项，这样，采用微极流体模型的润滑剂，具有显著的非牛顿流体的特性。

1982 年 Singh 和 Sinha[2] 推导了微极流体三维问题的雷诺方程。本节以他们的推导为基础，介绍微极流体润滑的基本理论和一些计算结果。

5.2.1 微极流体的基本方程

1. *微极流体力学基本方程*

微极流体润滑基本方程是在流体不可压缩的条件下推出的。在直角坐标系下，微极流体三维定常流体力学方程的表达式为

$$\frac{\partial u}{\partial x}+\frac{\partial v}{\partial y}+\frac{\partial w}{\partial z}=0 \tag{5-12}$$

$$\left.\begin{aligned}
&\frac{1}{2}(2\mu+\chi)\left(\frac{\partial^2 u}{\partial x^2}+\frac{\partial^2 u}{\partial y^2}+\frac{\partial^2 u}{\partial z^2}\right)+\chi\left(\frac{\partial \omega_3}{\partial y}-\frac{\partial \omega_2}{\partial z}\right)-\frac{\partial p}{\partial x}=\rho\left(u\frac{\partial u}{\partial x}+u\frac{\partial u}{\partial y}+u\frac{\partial u}{\partial z}\right)\\
&\frac{1}{2}(2\mu+\chi)\left(\frac{\partial^2 v}{\partial x^2}+\frac{\partial^2 v}{\partial y^2}+\frac{\partial^2 v}{\partial z^2}\right)+\chi\left(\frac{\partial \omega_1}{\partial z}-\frac{\partial \omega_3}{\partial x}\right)-\frac{\partial p}{\partial y}=\rho\left(v\frac{\partial v}{\partial x}+v\frac{\partial v}{\partial y}+v\frac{\partial v}{\partial z}\right)\\
&\frac{1}{2}(2\mu+\chi)\left(\frac{\partial^2 w}{\partial x^2}+\frac{\partial^2 w}{\partial y^2}+\frac{\partial^2 w}{\partial z^2}\right)+\chi\left(\frac{\partial \omega_2}{\partial x}-\frac{\partial \omega_1}{\partial y}\right)-\frac{\partial p}{\partial z}=\rho\left(w\frac{\partial w}{\partial x}+w\frac{\partial w}{\partial y}+w\frac{\partial w}{\partial z}\right)\\
&\gamma\left(\frac{\partial^2 \omega_1}{\partial x^2}+\frac{\partial^2 \omega_1}{\partial y^2}+\frac{\partial^2 \omega_1}{\partial z^2}\right)+\chi\left(\frac{\partial w}{\partial y}-\frac{\partial v}{\partial z}\right)-2\chi\omega_1=\rho J\left(u\frac{\partial \omega_1}{\partial x}+v\frac{\partial \omega_1}{\partial y}+w\frac{\partial \omega_1}{\partial z}\right)\\
&\gamma\left(\frac{\partial^2 \omega_2}{\partial x^2}+\frac{\partial^2 \omega_2}{\partial y^2}+\frac{\partial^2 \omega_2}{\partial z^2}\right)+\chi\left(\frac{\partial u}{\partial z}-\frac{\partial w}{\partial x}\right)-2\chi\omega_2=\rho J\left(u\frac{\partial \omega_2}{\partial x}+v\frac{\partial \omega_2}{\partial y}+w\frac{\partial \omega_2}{\partial z}\right)\\
&\gamma\left(\frac{\partial^2 \omega_3}{\partial x^2}+\frac{\partial^2 \omega_3}{\partial y^2}+\frac{\partial^2 \omega_3}{\partial z^2}\right)+\chi\left(\frac{\partial v}{\partial x}-\frac{\partial u}{\partial y}\right)-2\chi\omega_3=\rho J\left(u\frac{\partial \omega_3}{\partial x}+v\frac{\partial \omega_3}{\partial y}+w\frac{\partial \omega_3}{\partial z}\right)
\end{aligned}\right\} \tag{5-13}$$

式中，u、v、w 分别是微极流体在 x、y、z 方向上的流速；ω_1、ω_2、ω_3 分别是微极流体在 x、y、z 方向上的转动角速度；μ 是牛顿流体的黏度；χ 是微极流体的旋转黏度；ρ 是密度；J 是微极流体的惯性系数；γ 是微极流体材料常数。

方程(5-12)是流体质量连续方程，由于流体是不可压缩的，因此式中的密度 ρ 已约去。式(5-13)含有 3 个线动量方程和 3 个角动量守恒方程。由于微极流体分子具有一定的特征长度 l，所以上面的方程除了包含 3 个平移的动量方程外，还加入了 3 个转动的动量方程。

2. *微极流体润滑的雷诺方程*

首先，将上面的变量进行量纲化

$$X=x/a,\quad Y=y/b,\quad Z=z/h$$
$$\bar{u}=u/U,\quad \bar{v}=v/U,\quad \bar{w}=w/U$$
$$\bar{\omega}_i=\omega_i h/U,\quad P=ph_1^2/(\mu+\chi/2)Ua$$
$$\delta_1=h/a,\quad \delta_2=h/b,\quad \delta_3=h_1/a,\quad \delta_4=b/a$$
$$\xi=h_1/h,\quad L=h_1/l,\quad l=(\gamma/4\mu)^{1/2},\quad N=\{\chi/(2\mu+\chi)\}^{1/2}$$

式中，a、b 分别是 x、y 方向的特征长度；h 是膜厚；h_1 最小膜厚；U 是固体表面的滑动速度；l 是微极流体的特征长度。上式中还有 2 个综合参数，L 是量纲化特征长度；N 是耦合系数。

根据推导雷诺方程时采用的假设，即层流、无体积力作用、膜厚与长宽方向相比很薄、界面无滑动、表面光滑且无孔隙等，再通过量纲分析可以得到

$$Re=2\rho hU/(2\mu+x)\ll 1,\quad Re'=\rho jUh/4\mu l^2\ll 1$$
$$\frac{\partial}{\partial x}\ll\frac{\partial}{\partial z},\quad \frac{\partial}{\partial y}\ll\frac{\partial}{\partial z}$$
$$w\ll u,\quad w\ll v,\quad \delta_1\ll 1,\quad \delta_2\ll 1,\quad \delta_3\ll 1$$
$$\xi\approx O(1),\quad \delta_4\approx O(1)$$

对式(5-13)中的这些量进行比较，略去小量，其无量纲形式可以简化为

$$\left.\begin{aligned}
&\frac{\partial^2\bar{u}}{\partial Z^2}-2N^2\frac{\partial\bar{\omega}_2}{\partial Z}-\frac{1}{\xi^2}\frac{\partial P}{\partial X}=0\\
&\frac{\partial^2\bar{v}}{\partial Z^2}+2N^2\frac{\partial\bar{\omega}_1}{\partial Z}-\frac{1}{\xi^2}\frac{\partial P}{\partial Y}=0\\
&\frac{\partial P}{\partial Z}=0\\
&\frac{\partial^2\bar{\omega}_1}{\partial Z^2}-\frac{N^2L^2}{2(1-N^2)\xi^2}\frac{\partial\bar{v}}{\partial Z}-\frac{N^2L^2}{(1-N^2)\xi^2}\bar{\omega}_1=0\\
&\frac{\partial^2\bar{\omega}_2}{\partial Z^2}+\frac{N^2L^2}{2(1-N^2)\xi^2}\frac{\partial\bar{u}}{\partial Z}-\frac{N^2L^2}{(1-N^2)\xi^2}\bar{\omega}_2=0\\
&\frac{\partial^2\bar{\omega}_3}{\partial Z^2}-\frac{N^2L^2}{(1-N^2)\xi^2}\bar{\omega}_3=0
\end{aligned}\right\}\tag{5-14}$$

从式(5-14)的第 3 式可知：$p=p(x,y)$。利用式(5-14)第 6 式和边界条件可得：$\omega_z=0$。将方程(5-14)还原成有量纲形式，把其中的第 3 式和第 6 式代入其他各式，可得

$$\left.\begin{aligned}
&\left(\mu+\frac{1}{2}\chi\right)\frac{\partial^2 u}{\partial z^2}-\chi\frac{\partial\omega_2}{\partial z}-\frac{\partial p}{\partial x}=0\\
&\left(\mu+\frac{1}{2}\chi\right)\frac{\partial^2 v}{\partial z^2}+\chi\frac{\partial\omega_1}{\partial z}-\frac{\partial p}{\partial y}=0\\
&\frac{\partial^2\omega_1}{\partial z^2}-2\chi\omega_1-\chi\frac{\partial v}{\partial z}=0\\
&\frac{\partial^2\omega_2}{\partial z^2}-2\chi\omega_2+\chi\frac{\partial u}{\partial z}=0
\end{aligned}\right\}\tag{5-15}$$

当给定边界条件后，就可以对具体的润滑问题推导出相应的流速表达式。一般润滑问题的流速具有如下的边界条件：

当 $z=0$ 时 $u=U_{11}$，$v=U_{12}$，$\omega_1=0$，$\omega_2=0$

当 $z=h$ 时 $u=U_{21}$，$v=U_{22}$，$\omega_1=0$，$\omega_2=0$

可以验证，方程(5-15)在上述速度边界条件下具有如下的解：

$$\left.\begin{aligned}
u&=\frac{1}{\eta}\left(\frac{\partial p}{\partial x}\frac{z^2}{2}+A_{11}z\right)-\frac{2N^2}{m}\{A_{21}\sinh(mz)+A_{31}\sinh(mz)\}+A_{41}\\
v&=\frac{1}{\eta}\left(\frac{\partial p}{\partial y}\frac{z^2}{2}+A_{12}z\right)-\frac{2N^2}{m}\{A_{22}\sinh(mz)+A_{32}\sinh(mz)\}+A_{42}\\
\omega_1&=\left\{-\frac{1}{2\eta}\left(\frac{\partial p}{\partial z}z+A_{12}\right)-A_{22}\cosh(mz)+A_{32}\sinh(mz)\right\}\\
\omega_2&=\left\{-\frac{1}{2\eta}\left(\frac{\partial p}{\partial z}z+A_{11}\right)-A_{21}\cosh(mz)+A_{31}\sinh(mz)\right\}
\end{aligned}\right\}\tag{5-16}$$

式中

$$A_{1j}=\frac{1}{A_5}\left\{(U_{2j}-U_{1j})\sinh(mh)-\frac{h}{2\eta}\frac{\partial p}{\partial x_j}\left[h\sinh(mh)+\frac{2N^2}{m}(1-\cosh(mh))\right]\right\}$$

$$A_{2j}=\frac{1}{\eta A_5}\left\{(U_{2j}-U_{1j})\frac{1-\cosh(mh)}{2}-\right.$$
$$\left.\frac{h}{2\eta}\frac{\partial p}{\partial x_j}\left[\frac{h}{2}\{\cosh(mh)-1\}+\left\{h-\frac{2N^2}{m}\sinh(mh)\right\}\right]\right\}$$

$$A_{3j}=\frac{A_{1j}}{2\eta}$$

$$A_{4j}=U_{1j}+\frac{2N^2}{m}A_{3j}$$

其中

$$A_5=\frac{h}{\eta}\left[\sinh(mh)-\frac{2N^2}{mh}\{\cosh(mh)-1\}\right]$$

这里，下标 j 取 1 和 2；$x_1=x, x_2=y, m=N/l$，而 $\eta=\mu+\chi/2$ 是微极流体的黏度。

通过对流速公式(5-16)的积分，可以进一步得到流量表达式

$$\left.\begin{aligned}
q_x&=\int_0^h\rho u\,\mathrm{d}z=\frac{\rho h}{2}(U_{11}+U_{21})-\frac{\rho f(N,l,h)}{12\eta}\frac{\partial p}{\partial x}\\
q_y&=\int_0^h\rho v\,\mathrm{d}z=\frac{\rho h}{2}(U_{11}+U_{21})-\frac{\rho f(N,l,h)}{12\eta}\frac{\partial p}{\partial y}
\end{aligned}\right\}\tag{5-17}$$

式中，$f(N,l,h)=h^3+12l^2h-6Nlh^2\coth\left(\dfrac{Nh}{2l}\right)$。

将式(5-17)代入积分后的流量连续方程(5-12)，最终得到求解微极流体的普遍雷诺方程为

$$\frac{\partial}{\partial x}\left(\frac{\rho f(N,l,h)}{12\eta}\frac{\partial p}{\partial x}\right)+\frac{\partial}{\partial y}\left(\frac{\rho f(N,l,h)}{12\eta}\frac{\partial p}{\partial y}\right)$$
$$=\frac{1}{2}\frac{\partial}{\partial x}\{\rho(U_{11}+U_{21})h\}+\frac{1}{2}\frac{\partial}{\partial y}\{\rho(U_{12}+U_{22})h\}-U_{21}\frac{\partial\rho h}{\partial x}-U_{22}\frac{\partial\rho h}{\partial y}+\rho V_h-\rho V_0\tag{5-18}$$

可以看到，考虑微极流体润滑时，相当于对经典雷诺方程的黏度项加以修正。当微极流

体的长度 l 趋于 $0(L\to\infty)$ 时，由于 $f(N,\ l,\ h)\to h^3$，且 $\eta\to\mu$，因此方程(5-18)将还原成经典的雷诺方程。

另外需要指出，在 Singh 和 Sinha 的推导过程中，采用了流体不可压缩的假设，因此从严格意义上来说，式(5-18)只能用于不可压缩流体的润滑问题。虽然在式(5-18)中，流体的密度 ρ 是可以约去的，但是为了与经典雷诺方程相比较，这里仍保留了密度 ρ。

5.2.2 微极流体参数对润滑性能的影响

1. 对压力和载荷的影响

图 5-6 和图 5-7 给出了不同长径比 B/D 下，图 5-6 中偏心率 $\varepsilon=0.5$ 径向滑动轴承的量纲化压力分布和载荷。令轴承间隙 c 与微极流体特征长度 l 的比值为量纲化特征长度 L，这里取其平方 $L^2=(c/l)^2=12$，耦合系数的平方为 $N^2=1/3$。

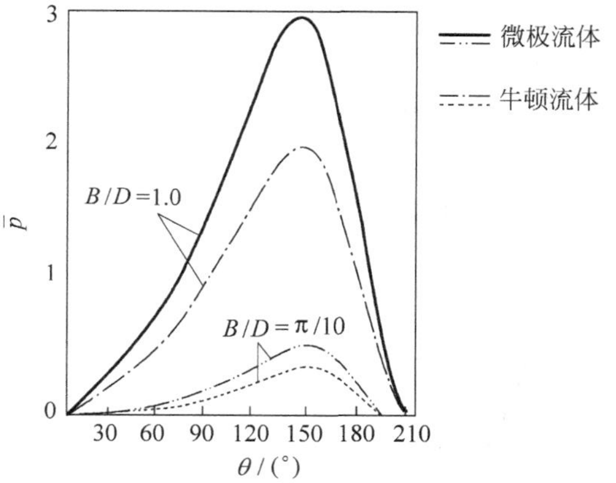

图 5-6 量纲化压力分布 $\bar{p}$

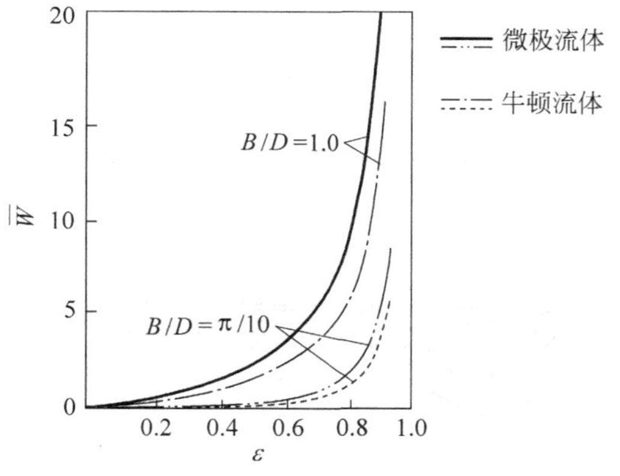

图 5-7 量纲化载荷 $\overline{W}$

从图 5-6 和图 5-7 中可以看出，同样工况条件下，微极流体的流体压力和载荷都较牛顿流体润滑有一定增加。

2. 微极流体主要参数的影响

微极流体模型中有 2 个主要参数，即耦合系数 N 和特征长度 l 或量纲化特征长度 L。下面根据径向滑动轴承的解对这 2 个参数的影响进行讨论。

图 5-8、图 5-9 和图 5-10 分别给出了量纲化载荷、量纲化摩擦力和摩擦因数随微极流体的量纲化特征长度 L 和耦合系数 N 的变化趋势。其中，耦合系数 N 作为参变量。

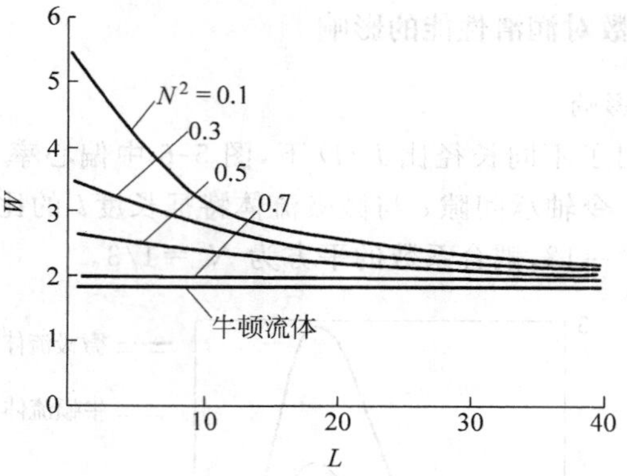

图 5-8 量纲化载荷随量纲化特征长度的变化

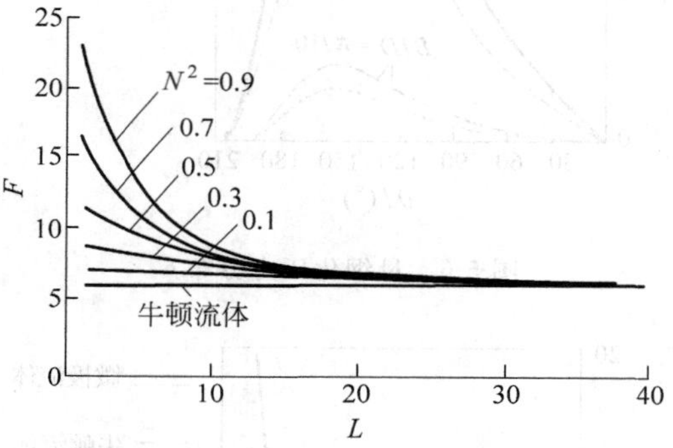

图 5-9 量纲化摩擦力随量纲化特征长度的变化

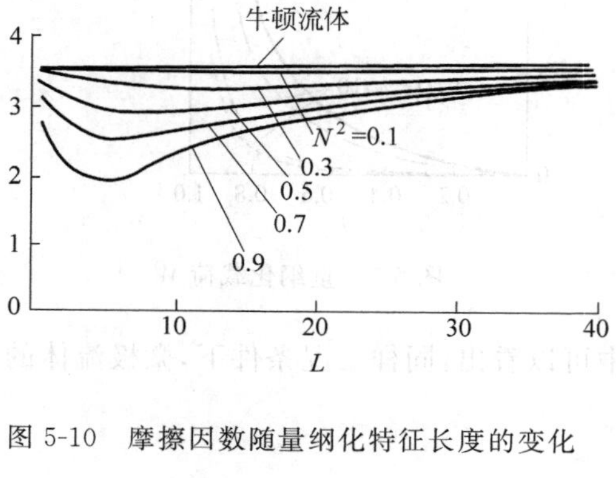

图 5-10 摩擦因数随量纲化特征长度的变化

从图 5-8 中可以看出，①耦合系数越小量纲化载荷就越大，因此轴承的承载能力也就越大；②量纲化特征长度 L 越小即微极流体的特征长度 l 越大，载荷越偏离牛顿流体润滑时的载荷，这说明微极流体的特征长度对润滑剂的非牛顿特性的影响很大。当轴承的间隙 c 接近微极流体的特征长度 l(即 $L=1$)时，承载力上升得很快。特别是耦合系数较小时，偏离牛顿流体的解更远。而当 L 很大即微极流体趋于理想流体时，解也趋近牛顿流体的解。

图 5-9 给出的量纲化摩擦力随耦合系数减小和量纲化特征长度增加而趋于牛顿流体解。从图 5-10 给出的摩擦因数可以发现：微极流体的量纲化特征长度在 1～10 之间，摩擦因数有一最小值。这是由于在此点之前载荷的增加比摩擦力增加要快，因此导致摩擦因数不断下降。当量纲化微极流体长度大于此点之后，摩擦力的增加比载荷增加要快，从而引起摩擦因数上升。但是，微极流体的摩擦因数始终小于牛顿流体的摩擦因数，并随着耦合系数 N 的减小不断趋于牛顿流体的摩擦因数。

5.3　液晶润滑

液晶态(liquid crystal)是介于固体和液体之间的物态，被认为是物质通常具有的固、液、气等三态之外的所谓第四态。液晶态分子呈一维或二维长程有序排列。液晶润滑剂的分子在垂直于表面的方向上表现为固体特性，阻止表面间的直接接触，因而具有较强的承载能力。而在滑动剪切方向上，液晶表现为低黏度的液体特性，可有效地降低摩擦因数[4-6]。

液晶的润滑行为不同于一般的牛顿流体，其摩擦因数与速度、黏度、载荷的关系不能组合成 Stribeck 曲线。与牛顿流体相比，在高载荷、低速度条件下，层状液晶可维持较低的摩擦因数，其摩擦因数几乎不随速度变化。

液晶润滑剂的结构对其摩擦学性能有很大的影响。一些向列和近晶液晶分子的结构可分为两部分：①烷基基因是液晶分子的柔性部分；②氰基、苯基基团是液晶分子的刚性部分。其类型有：CB 液晶(4,4′-烷基氨基联苯)，ECB 液晶(4,4′-烷氧基氰基联苯)和 CPC 液晶(对烷基环己基氰基苯)等。其中，CB 的刚性最低，CPC 的刚性最高。研究表明在一定条件下，液晶分子刚性越强，摩擦因数越低。

5.3.1　液晶化合物分类

虽然在物理性质上，液晶表现为液体，但它却具有有序介质的性质。常见液晶主要可分为两类：溶致液晶和温致液晶。

1. *溶致液晶及其摩擦学性能*

溶致液晶(lyotropic liquid crystal)是一种特殊的溶液，在一定的浓度范围内表现晶体特性，其结构见图 5-11。

溶致液晶由长链分子和溶剂(一般为水)构成，其长链分子主要是皂类或清冷剂类化合物。非水溶剂溶致液晶可作为润滑剂使用。它的优点有：具有低剪切强度的层状结构，在与层状结构垂直的方向具有类似固体结构的刚性和承载能力，对疏水和亲水添加剂具有兼容性；其缺点是：晶状结构的温度范围窄和流动不稳定性。

为了利用溶致液晶进行有效的润滑，可以通过液晶结构的分子设计改善其温度适应范

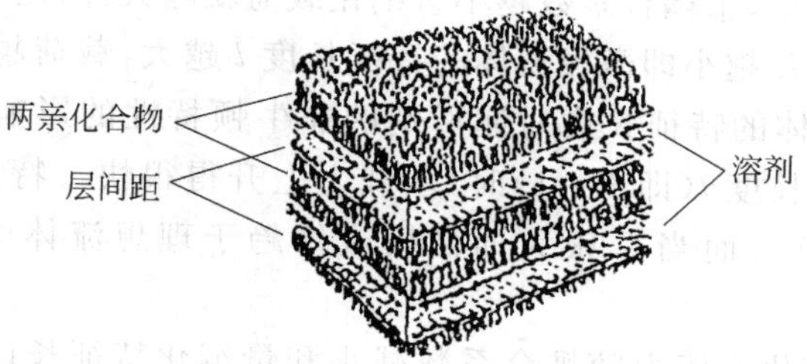

图 5-11　溶致液晶的结构

围。例如，在三乙醇胶长链酸酯液晶体系中，使用烷基磺酸可使其热稳定性大幅增强，采用丙三醇溶剂可使其无向性转换温度成倍提高。

对溶致液晶进行化学修饰可以改善其结构稳定性。在液晶结构的极性端引入聚合物，可以增强刚性和抗波动稳定性；在烷链甲基间引入长链烃，可以增强抗剪切稳定性，使大部分的剪切能量可以就地耗散，不至于扰乱液晶的有序结构。通过化学修饰方法还可以使液晶在边界润滑条件下具有更低的摩擦因数和较高的承载能力。例如，在三乙醇胺烷基苯磺酸酯液晶体系中，引入苯乙烯聚合物和十六碳烯聚合物，可使其球盘摩擦实验的摩擦因数由 0.06～0.08 降至 0.03～0.04，而承载能力提高 5 倍。

由于溶致液晶合成方便，价格较为低廉，因此是一种有广泛应用前景的合成润滑剂，特别是作为金属加工润滑液。

2. 温致液晶及其摩擦学性能

温致液晶(thermotropic liquid crystal)为无向性固体。与溶致液晶相比，温致液晶在摩擦学中的研究和应用更为广泛，其结构见图 5-12。

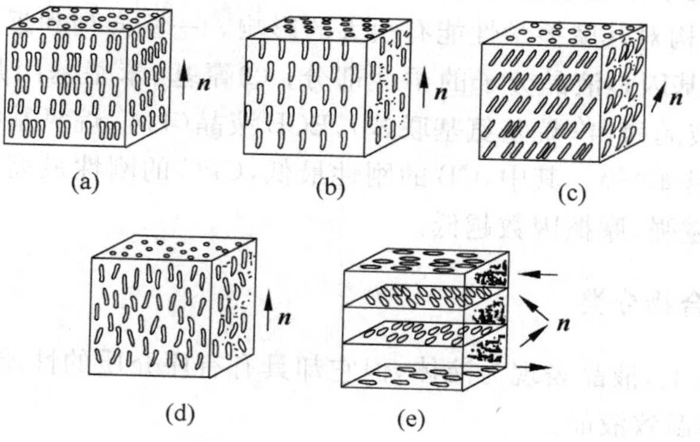

图 5-12　温致液晶的分类与结构

(a) 近晶结构-近晶 a 相；(b) 近晶结构-近晶 b 相；(c) 近晶结构-近晶 c 相；(d) 向列结构；(e) 胆甾体结构

温致液晶在一定的温度范围内表现出晶体特性，具有以下几种不同的结构：

(1) 近晶结构，其微结构在层内定向；

(2) 向列结构，其微结构在一个方向上定向；

(3) 胆甾体结构，其微结构沿螺旋定向。

对一系列温致液晶化合物或其共熔混合物在室温下的摩擦学性能进行考察发现，绝大多数液晶化合物都具有较低的摩擦因数。

温度是影响液晶润滑性能的重要因素，如图 5-13 所示，图中 MS20 为航空润滑油。由图可知，在无向性转变温度 T_{IN}之前液晶可以进行有效的润滑，摩擦因数不随温度变化。但超过 T_{IN}之后，液晶分子定向结构受到扰乱，其润滑性能逐渐降低。在超过 T_{IN} 20℃之后，液晶仍具有一定的减摩作用，这可能是摩擦剪切作用诱导液晶分子局部有序排列所致。而通常润滑油没有这种转变特性。另外，研究还表明：当液晶(MBBA)的膜厚小于 100nm 时，就观察不到液晶无向性结构转变，这可能是表面能对液晶膜的有序结构具有限定作用。通过不同液晶化合物的混合得到低共熔点混合物，可以拓宽其液晶态温度范围。

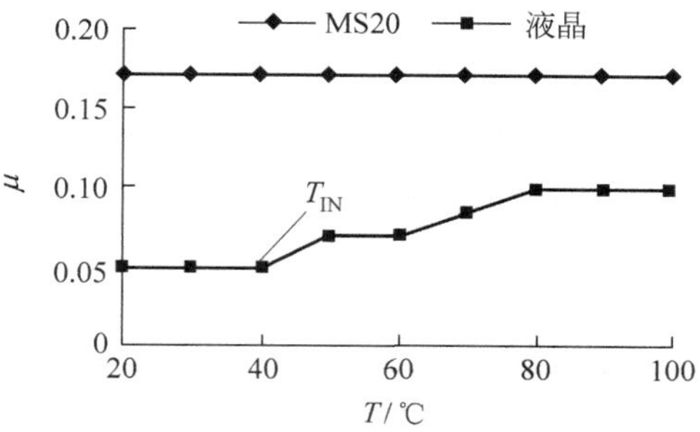

图 5-13 液晶摩擦因数与温度的关系

液晶化合物的定向结构可受到外界场如电场、磁场等的影响，进而改变其摩擦学性能。如在外界直流或交流电场的作用下，液晶的摩擦因数可降低 25%。但这种降低作用受到无向性转化温度 T_{IN}的影响，当超过 T_{IN}之后，虽然温度对液晶本身的摩擦因数无显著影响，但电场对摩擦因数的降低效果却有削弱。

由于液晶的这种电场效应是主动的和可逆的，因此它在摩擦传动和控制中有一定的应用前景。

5.3.2 液晶润滑的变形分析

由于液晶具有层状结构，因此它的润滑分析方法也与通常油润滑不同，现在液晶润滑理论还不很完善。这里以 Rhim 等人提出的液晶润滑数值模型对液晶润滑的变形分析作简要介绍，讨论只限于液晶分子排列方向与层面法向同向的近晶形(见图 5-12(a))的情况。

如图 5-14 所示，进入楔形间隙之前液晶层与层之间相互平行。当进入楔形区后，液晶层面依然与两表面保持平行，因而小端的液晶必然受到挤压，同时大端则会发生分离。设楔形角为 2θ，楔形块的长度为 B，大端膜厚为 $2H$，小端膜厚为 $2h_1$，液晶层间的平均厚度为 Δa，Burgers 矢量的值为 b(即液晶的原子间距)，则边界上的位错 $L=b\Delta a/\theta$。

图 5-15 是 Rhim 等人[4]提出的液晶流变模型。在该模型中，将液晶层理想化视为多孔的平面，液晶层之间由弹簧连接，液晶可以像牛顿流体一样平行于这些平面流动。在膜厚方向上，液晶的流动如同渗透一样会受到多孔介质的阻力，该阻力正比于压力梯度。在等温、不可压缩条件下，不考虑体积力时，液晶层与层之间的弹性变形可以仅用一个位移分量 $w(x,y,z)$来描述。w 是液晶层局部的位移，它服从下面的偏微分方程

$$e\frac{\partial^2 w}{\partial z^2}-k\left(\frac{\partial^4 w}{\partial x^4}+2\frac{\partial^4 w}{\partial x^2\partial z^2}+\frac{\partial^4 w}{\partial z^4}\right)=0 \tag{5-19}$$

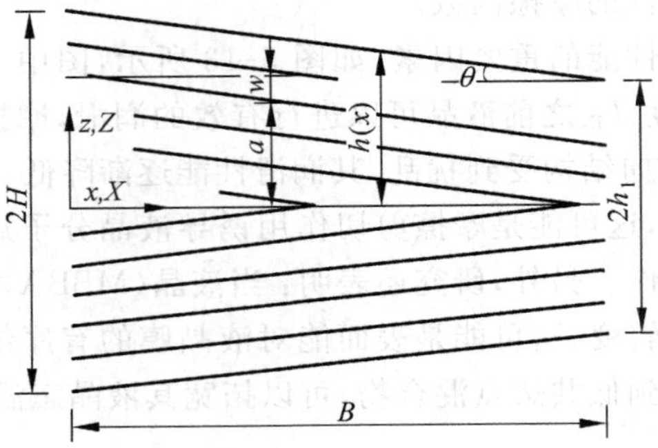

图 5-14　液晶润滑原理示意图

式中，z 是垂直于液晶层面的局部坐标轴，x 和 y 都是沿层面的局部坐标轴，且相互垂直；e 和 k 是液晶的材料系数，分别是层间压缩弹性模量和分离模量，e 具有应力的量纲，k 具有力的量纲。

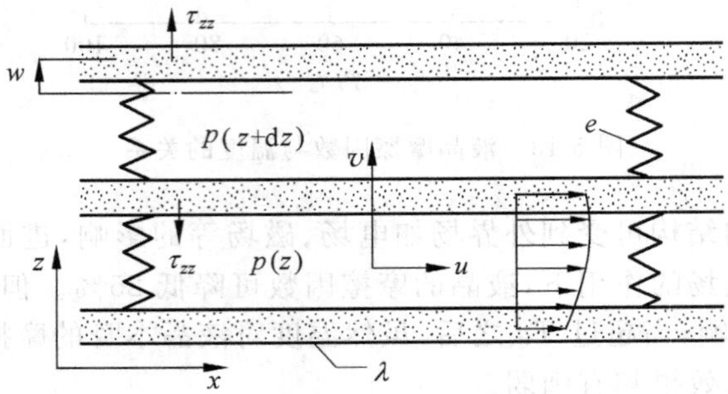

图 5-15　液晶流变模型

为简便起见，下面只讨论无限长滑块构成的二维问题。将坐标和位移量纲化，即

$$X = x/B, \quad Z = z/H, \quad W = w/H$$

式中，B 是滑块的长度，H 是大端膜厚的二分之一。

方程(5-19)可以写成

$$\frac{\partial^2 W}{\partial Z^2} - \lambda^2 \frac{\partial^4 W}{\partial X^4} = 0 \tag{5-20}$$

式中，λ 是液晶渗透系数，具有长度单位，$\lambda = \sqrt{kH^2/eB^2}$。

对于只有一个孤立的边界位错的液晶，描述局部变形 W 的式(5-20)有下面的解

$$W_i = -\frac{\Delta a(Z - Z_0)}{4\,|\,Z - Z_0\,|}\left[\operatorname{erf}\left(\frac{X - X_0}{\sqrt{4\lambda\,|\,Z - Z_0\,|}}\right) + \operatorname{erf}\left(\frac{X_0}{\sqrt{4\lambda\,|\,Z - Z_0\,|}}\right)\right] \tag{5-21}$$

式中，X_0 和 Z_0 分别是 X 和 Z 轴的边界值；Δa 是液晶层的平均厚度；erf 是误差函数。

当液晶内部有多个位错，只要它们相距足够远，则液晶层位移的解是每一个单独位错解的叠加。对于如图 5-14 所示讨论的液晶被限制在薄的楔形区内的刚性边界内，液晶层的变形可以从式(5-21)给出，具有下面的形式：

$$W = \sum_{i=1}^{n}[W_i(X, Z, X_{0i}, Z_{0i}) + \delta W(X, Z)] \tag{5-22}$$

其中假设液晶层平行于楔形表面，相应的边界条件如以下各式：

$$\delta W[X,-h(X)] = 1-h(X)-\sum_{i=1}^{n}W_i[X,-h(X)]$$

$$\delta W[X,h(X)] = 1+h(X)-\sum_{i=1}^{n}W_i[X,h(X)]$$

$$\delta W(0,Z) = 0$$

$$\frac{\partial^2 W(0,Z)}{\partial X^2} = 0$$

$$\delta W(1,Z) = -[1-h_1]\mathrm{sign}(Z)-\sum_{i=1}^{n}W_i[1,Z]$$

$$\frac{\partial^2 W(1,Z)}{\partial X^2} = 0$$

式中，sign 为符号函数，即 $Z \geqslant 0$ 取正号，$Z<0$ 取负号。

事实上，在这些边界条件下，方程(5-20)无法直接得到如式(5-21)的解析解，因此，必须采用数值法对 $\delta W(X,Z)$ 进行求解。通常的方法可以是有限元或有限差分法，将节点处的变形作为未知量代入方程(5-20)，再根据上述边界条件求解。例如：

$$\delta W(X,Z) = N_i(\xi,\eta)\delta W_i$$

式中，$N_i(\xi,\eta)$ 是有限元中已知的形函数；δW_i 是节点变形未知量。

下面介绍 Rhim 等人给出的有限元法分析结果。计算所取的参数是：$B=0.01\mathrm{m}$，$h=10^{-4}\mathrm{m}$，$k=10^{-1}\mathrm{N}$，$e=10^{7}\mathrm{Pa}$，$\lambda^2=hH^2/eB^4=10^{-18}$。

图 5-16 说明没有位错时的液晶层在经过楔形区时的位移和形状，层面经位移变成了扭转的四边形。为了适应楔形区域膜厚逐渐减少的限制，液晶层如同固体弹簧逐渐被压薄。显然，在压缩量大于一层的厚度时这种变形情况是不可能发生的。

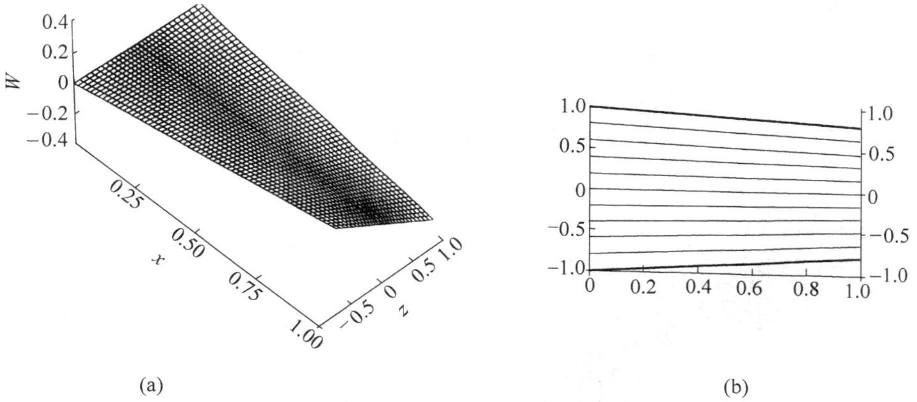

图 5-16 没有位错的液晶层 W 分布($h_1=0.8$)

(a) 液晶层位移；(b) 侧面形状

图 5-17 的三个子图分别给出了典型的液晶位移、节点位移和侧面形状。它表示 $h_1=0.8$，边界发生位错 $L=b\Delta a/\theta=0.1$ 时的情况。从数学上方程(5-20)存在有奇异点，这可以在图 5-17 上清楚地看出。在接近固体表面处，液晶基本上与表面平行，保持一个恒定的膜厚。

但是，在中心附近的位错处会发生突变，而不是逐渐变化的情况（见图 5-17(a)）。从节点位移（见图 5-17(b)）上可以看到许多小的皱纹，它造成的液晶层的扭转方式与图 5-16 不同。

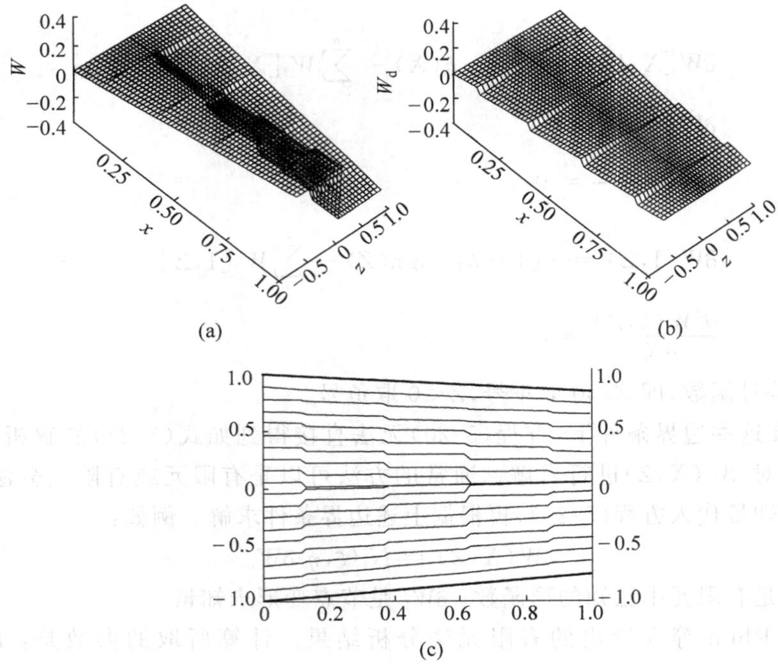

图 5-17　有位错的液晶层 W 分布（$h_1=0.8, L=0.1$）

(a) 液晶位移；(b) 节点位移（W_d 为不考虑位错的位移）；(c) 侧面形状

图 5-18 给出小 Burgers 矢量值时有位错的位移 W。它与图 5-17 不同的是液晶的 Burgers 矢量值很小或液晶层与层之间的距离较大，即 $L=b\Delta a/\theta=0.02$。从图 5-18 中可以看到，在最小膜厚为 $h_1=0.8$ 和有 20 个边界上位错单位时的位移情况。除了在位错附近可以看到微小的皱纹外，在其他远离位错区的地方几乎看不到皱纹，这主要是由于 Burgers 矢量的数值很小的缘故。另外，中心区突变的幅度也有所减少。

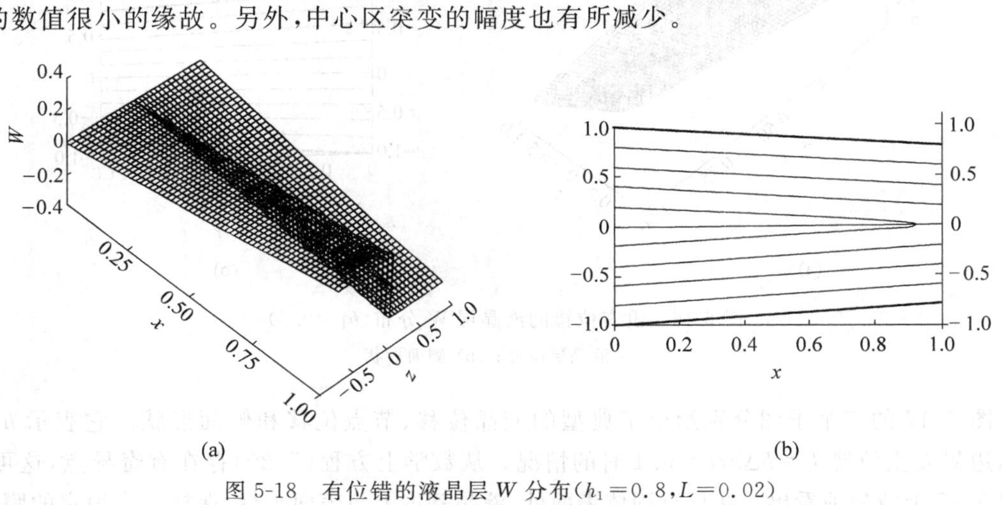

图 5-18　有位错的液晶层 W 分布（$h_1=0.8, L=0.02$）

(a) 液晶层位移；(b) 侧面形状

5.3.3　液晶润滑添加剂的摩擦机理

温致液晶化合物价格比较贵，使用温致液晶作为单纯的润滑剂无疑会受到价格因素的制约。但它们作为润滑油添加剂应用前景广阔，因为人们所关心的仅仅是边界层的润滑。以传统的润滑油为基础油加入液晶化合物可以改善其润滑效果，已研究过的基础油有凡士林、矿物油、硅油、酯类油和人造关节滑液等。此外，也有专利报道使用胆甾醇己酸酯来改善MS20航空油的润滑。液晶添加剂4,4′-戊基氰基联苯(K15)在聚乙二醇酯中的减摩效果优于纯液晶化合物。而且，使用液晶作为润滑添加剂，还可以克服纯液晶在稳定性和温度适应性方面的不足。

1. 4-正戊基-4′-氰基联苯的摩擦机理

姚俊兵等人[6]对4-正戊基-4′-氰基联苯(5CB)在不同基础液中的摩擦性能的研究指出，5CB在正十六烷中表现出良好的减摩擦性；而单纯的5CB对戊四醇酯不显示减摩擦作用，但加入平行取向诱导剂癸二酯后，经过摩擦诱导期，可使戊四醇酯的摩擦因数大幅降低。

4-正戊基-4′-氰基联苯在润滑油中的浓度一般较低，因此它在边界层只能形成很薄的润滑膜。由于表面力场的作用，这层薄膜可以保持向列态的有序结构。在摩擦条件下，这种结构更易形成。在所形成的膜结构中，液晶分子的长轴方向沿着平行于摩擦方向排列。该种膜结构的示意图见图5-19。

在边界层形成的4-正戊基-4′-氰基联苯液晶态薄膜，在载荷方向表现为刚性，从而有助于提高润滑油的极压性和抗磨能力。而在剪切方向则表现为低黏度液体特性，易于剪切，从而提高油品的减摩性能。

2. 胆甾烯基油烯基碳酸酯的摩擦机理

胆甾烯基油烯基碳酸酯在基础油中形成了一层螺旋态的有序结构的薄膜，如图5-20所示。在薄膜的结构中，大多数液晶分子的长轴方向沿着摩擦方向排列，因此，在载荷方向显示出一定的刚度，在剪切方向表现出低黏度，添加剂在基础油中可改善油品的减摩性能。

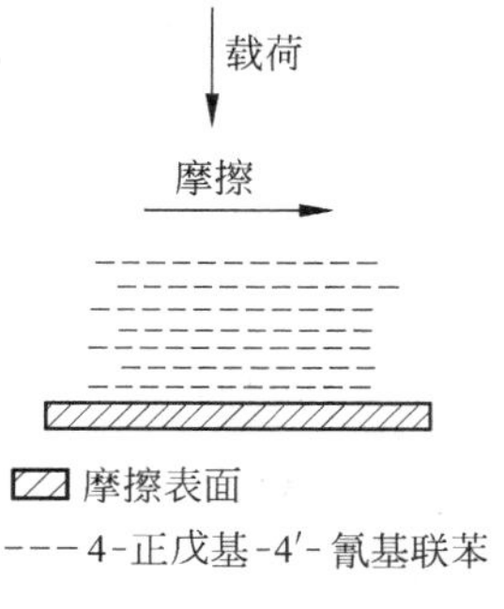

图5-19　4-正戊基-4′-氰基联苯膜结构

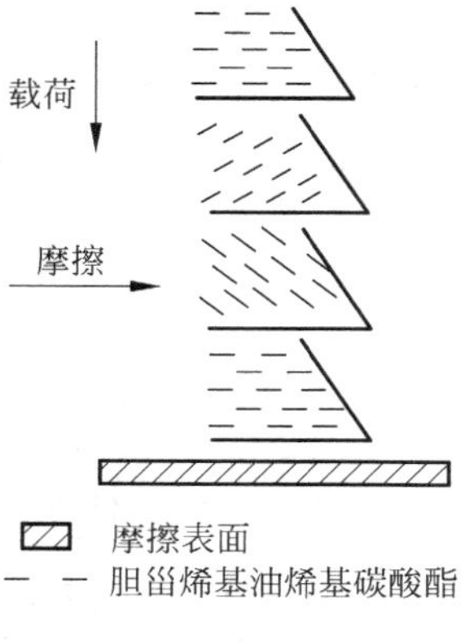

图5-20　胆甾烯基油烯基碳酸酯膜结构

液晶添加剂的另一个应用前景是提高人造关节滑液中的性能。在实验室条件下，使用液晶添加剂可以模拟出人类关节滑液的摩擦学特性。采用色谱技术对关节滑液组分分析表明，在人类关节滑液中含有大量的胆甾醇酯类化合物。

5.4 水薄膜润滑中的双电层效应

由于陶瓷具有比钢还要高的硬度、化学惰性和高温稳定性，陶瓷通常在水润滑条件下作为摩擦副材料，如滑动轴承或机械密封装置。Tomizawa 和 Fisher 发现：Si_3N_4 陶瓷在水润滑条件下，其自身相互摩擦的摩擦因数小于 0.002，并认为形成的流体动压润滑膜厚度为 70nm。随后实验还发现，SiC 也同样有小于 0.01 的低摩擦因数。上述含硅陶瓷水润滑的低摩擦因数通常认为由于在硅和水之间发生的摩擦化学反应而形成光滑表面，并使非常薄的流体动压润滑水膜成为可能。但是，也有实验证明，Al_2O_3 陶瓷具有低于 0.002 的摩擦因数。

进一步研究表明，陶瓷表面水膜中的双电层效应起着重要润滑作用。这里着重介绍陶瓷表面上很薄的水膜的流变特性及其与传统润滑理论的差异。

在固体表面上，由于非常薄的水膜存在的双电层引起的电黏度，将明显改变原来的黏度。Macauley 测量出存在于平行玻璃板间只有 0.25nm～0.1μm 距离的水的黏度值为 0.11Pa·s，而在粗管中水的黏度则为 0.01Pa·s。通过测量估计在表面吸附的水膜的黏度是普通大量水的 5～10 倍。对于非常薄的水膜黏度增加的机理，Elton 认为离子液体在固体表面形成界面双电层引起电黏度增加所致，并提出了一个理论模型。他的理论预测与实验结果趋势一致。Zhang 和 Umehara[7] 对双电层流体动压润滑的雷诺方程做了推导、计算和实验，这里主要以他们的工作为基础，介绍这方面的研究进展。

5.4.1 双电层流体动压润滑理论

1. 双电层结构

双电层发生在离子流体与固体接触的界面上。图 5-21 给出了双电层结构的示意图。双电层由 Stern 层和扩散层组成。Stern 层是水与固体表面的吸附层，并具有电势 ψ。流体的宏观运动被认为是发生在 Stern 层与扩散层相交的一个或几个分子的平面上，这一平面称作滑移平面。在滑移平面上的电势称为 ζ 电势，它可以根据水和陶瓷的特性从理论上确定。

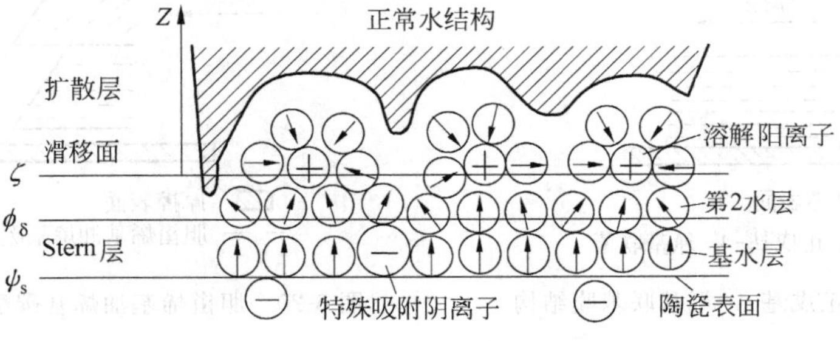

图 5-21 双电层结构示意图

2. 考虑双电层的流体动压润滑理论

图 5-22 给出了双电层流体动压润滑模型。

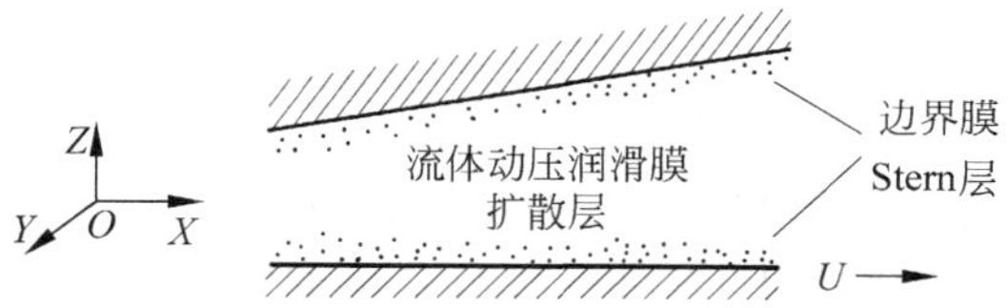

图 5-22 考虑双电层的流体动压润滑模型

设双电层存在于两固体表面。下表面 $z=0$ 沿 X 方向以速度 U 运动，上表面静止。双电层电势沿 Z 方向分布，按下式计算：

$$\psi=\begin{cases}\zeta\exp(-\chi z), & 0<z\leqslant h/2\\ \zeta\exp(-\chi(h-z)), & h/2<z<h\end{cases}\tag{5-23}$$

式中，h 是润滑膜厚；χ^{-1} 是 Debye 双电层厚度；ζ 是滑移面上电势。

在经典润滑理论中，只考虑黏性力和压力作用。但是，对双电层流体润滑问题必须考虑电场力。作用在微元体上的沿 X 和 Y 方向的黏性力分别为

$$\left.\begin{aligned}\mathrm{d}F_x&=\frac{\partial\tau_{zx}}{\partial z}\mathrm{d}x\mathrm{d}y\mathrm{d}z\\ \mathrm{d}F_y&=\frac{\partial\tau_{zy}}{\partial z}\mathrm{d}x\mathrm{d}y\mathrm{d}z\end{aligned}\right\}\tag{5-24}$$

根据牛顿黏性定律，有

$$\tau_{zx}=\eta\frac{\partial u_x}{\partial z}$$

$$\tau_{zy}=\eta\frac{\partial u_y}{\partial z}$$

式中，u_x 和 u_y 分别是流体沿 X 和 Y 方向的速度；η 是流体的黏度。

将上式代入式(5-24)，有

$$\left.\begin{aligned}\mathrm{d}F_x&=\eta\frac{\partial^2u_x}{\partial z^2}\mathrm{d}x\mathrm{d}y\mathrm{d}z\\ \mathrm{d}F_y&=\eta\frac{\partial^2u_y}{\partial z^2}\mathrm{d}x\mathrm{d}y\mathrm{d}z\end{aligned}\right\}\tag{5-25}$$

沿 X 方向经 $\mathrm{d}x$ 产生的压力差 $\mathrm{d}P_x$ 和沿 Y 方向经 $\mathrm{d}y$ 产生的压力差 $\mathrm{d}P_y$ 用下式表示：

$$\left.\begin{aligned}\mathrm{d}P_x&=-\frac{\partial p}{\partial x}\mathrm{d}x\mathrm{d}y\mathrm{d}z\\ \mathrm{d}P_y&=-\frac{\partial p}{\partial y}\mathrm{d}x\mathrm{d}y\mathrm{d}z\end{aligned}\right\}\tag{5-26}$$

沿 X 和 Y 方向的电场力 $\mathrm{d}R_x$ 和 $\mathrm{d}R_y$ 由下式给出：

$$\left.\begin{aligned}\mathrm{d}R_x&=E_x\rho\mathrm{d}x\mathrm{d}y\mathrm{d}z\\ \mathrm{d}R_y&=E_y\rho\mathrm{d}x\mathrm{d}y\mathrm{d}z\end{aligned}\right\}\tag{5-27}$$

式中，E_x 和 E_y 分别是由沿 X 和 Y 方向的在双电层内部的流体流动而产生的流动电势；ρ

是电荷密度。流动电势 E_x 和 E_y 与压力的关系由 Helmholtz -Smoluchowski 公式给出，即

$$\left.\begin{aligned} E_x &= -\frac{\zeta\varepsilon}{4\pi\eta_a\lambda}\frac{\partial p}{\partial x} \\ E_y &= -\frac{\zeta\varepsilon}{4\pi\eta_a\lambda}\frac{\partial p}{\partial y} \end{aligned}\right\} \tag{5-28}$$

式中，η_a 是流体的表观黏度；λ 是电导率；ε 是介电常数。

方程(5-28)是在毛细管的假设下导出的，由于毛细管的直径远大于双电层的厚度，所以原公式中的宏观黏度 η 在考虑双电层时用表观黏度 η_a。对微元体的力平衡条件为

$$\left.\begin{aligned} dF_x + dP_x + dR_x &= 0 \\ dF_y + dP_y + dR_y &= 0 \end{aligned}\right\} \tag{5-29}$$

将式(5-25)、式(5-26)、式(5-27)代入式(5-29)，则得

$$\left.\begin{aligned} \eta\frac{\partial^2 u_x}{\partial z^2} - \frac{\partial p}{\partial x} + E_x\rho &= 0 \\ \eta\frac{\partial^2 u_y}{\partial z^2} - \frac{\partial p}{\partial y} + E_y\rho &= 0 \end{aligned}\right\} \tag{5-30}$$

在双电层内的电势 ψ 由下面的方程表述：

$$\nabla^2\psi = -\frac{4\pi\rho}{\varepsilon} \tag{5-31}$$

将式(5-31)代入式(5-30)，考虑到双电层 X 和 Y 方向的尺寸远大于 Z 方向，即有 $\frac{\partial^2}{\partial x^2} \ll \frac{\partial^2}{\partial z^2}$ 和 $\frac{\partial^2}{\partial y^2} \ll \frac{\partial^2}{\partial z^2}$，经简化，可得

$$\left.\begin{aligned} \eta\frac{\partial^2 u_x}{\partial z^2} - \frac{\partial p}{\partial x} - \frac{E_x\varepsilon}{4\pi}\frac{\partial^2\psi}{\partial z^2} &= 0 \\ \eta\frac{\partial^2 u_y}{\partial z^2} - \frac{\partial p}{\partial y} - \frac{E_y\varepsilon}{4\pi}\frac{\partial^2\psi}{\partial z^2} &= 0 \end{aligned}\right\} \tag{5-32}$$

假设沿膜厚方向的压力是常数，将方程(5-32)的第一式对 z 积分两次，得

$$\eta u_x - \frac{E_x\varepsilon}{4\pi}\psi = \frac{1}{2}\frac{\partial p}{\partial x}z^2 + Az + B \tag{5-33}$$

式中，A 和 B 是积分常数，由下面的边界条件确定：

$$u_x\Big|_{z=0} = -U, \quad \psi\Big|_{z=0} = \zeta$$
$$u_x\Big|_{z=h} = 0, \quad \psi\Big|_{z=h} = \zeta$$

将边界条件代入方程(5-33)，得到下面的关于 A 和 B 的表达式：

$$A = -\frac{h}{2}\frac{\partial p}{\partial x} + \frac{U_\eta}{n}$$

$$B = -\frac{E_x\varepsilon}{4\pi}\zeta - U_\eta$$

作为一个解，将上面的 A 和 B 表达式代入方程(5-33)，得

$$\eta u_x = \frac{z^2}{2}\frac{\partial p}{\partial x} - \frac{hz}{2}\frac{\partial p}{\partial x} + \frac{E_x\varepsilon}{4\pi}(\psi - \zeta) - \eta\left(1 - \frac{z}{h}\right)U \tag{5-34}$$

按同样的方法，在 Y 方向上有

$$\eta u_y = \frac{z^2}{2}\frac{\partial p}{\partial y} - \frac{hz}{2}\frac{\partial p}{\partial y} + \frac{E_y\varepsilon}{4\pi}(\psi - \zeta) \tag{5-35}$$

在方程(5-35)推导中，采用了下面的边界条件：

$$\begin{cases} u_y = 0 \\ \psi = \zeta \end{cases} \quad 在\ z=0\ 和\ z=h\ 处$$

沿膜厚 X 方向的流量为

$$Q_x = \int_0^h u_x \mathrm{d}z$$

将方程(5-34)代入上式，得到

$$Q_x = \frac{1}{\eta}\left\{-\frac{h^3}{12}\frac{\partial p}{\partial x} - \frac{E_x\varepsilon\zeta}{4\pi}\left[h - \frac{2}{\chi}(1-\mathrm{e}^{-\chi h/2})\right]\right\} - \frac{hU}{2} \tag{5-36}$$

同样，可以得到沿 Y 方向的流量，为

$$Q_y = \frac{1}{\eta}\left\{-\frac{h^3}{12}\frac{\partial p}{\partial y} - \frac{E_y\varepsilon\zeta}{4\pi}\left[h - \frac{2}{\chi}(1-\mathrm{e}^{-\chi h/2})\right]\right\} \tag{5-37}$$

在流体不可压缩的假设下，质量守恒定律按下面的方程给出：

$$\frac{\partial Q_x}{\partial x} + \frac{\partial Q_y}{\partial y} = 0$$

将方程(5-36)和方程(5-37)代入上式有

$$\frac{\partial}{\partial x}\left(\frac{h^3}{12\eta}\frac{\partial p}{\partial x}\right) + \frac{\partial}{\partial y}\left(\frac{h^3}{12\eta}\frac{\partial p}{\partial y}\right) = -\frac{U}{2}\frac{\partial h}{\partial x} - \frac{\partial}{\partial x}\left\{\frac{E_x\varepsilon\zeta}{4\pi\eta}\left[h - \frac{2}{\chi}(1-\mathrm{e}^{-\chi h/2})\right]\right\} - \frac{\partial}{\partial y}\left\{\frac{E_y\varepsilon\zeta}{4\pi\eta}\left[h - \frac{2}{\chi}(1-\mathrm{e}^{-\chi h/2})\right]\right\} \tag{5-38}$$

将方程(5-28)中的 E_x 和 E_y 代入式(5-38)，并整理成雷诺方程的形式，为

$$\frac{\partial}{\partial x}\left(\frac{h^3}{12\eta_a}\frac{\partial p}{\partial x}\right) + \frac{\partial}{\partial y}\left(\frac{h^3}{12\eta_a}\frac{\partial p}{\partial y}\right) = -\frac{U}{2}\frac{\partial h}{\partial x} \tag{5-39}$$

式中的表观黏度 η_a 由下式给出：

$$\eta_a = \eta + \frac{3\varepsilon^2\zeta^2\left[h - \frac{2}{\chi}(1-\mathrm{e}^{-\chi h/2})\right]}{4\pi^2\lambda h^3} \tag{5-40}$$

方程(5-39)就是考虑双电层效应的雷诺方程。

表观黏度表达式(5-40)表明，因双电层的存在，实际黏度 η_a 的增加量与 ζ 电势的平方成正比，与 h 的三次方成反比。也就是说，双电层对膜厚很薄的流体动压润滑过程会有显著的影响。此外 ζ 电势将增加流体动压润滑膜的承载能力。这一结论对于选择薄膜润滑状态下的表面材料和润滑剂具有指导作用。

5.4.2　双电层效应对润滑性能的影响

这里通过如图 5-22 所示的滑块问题来介绍陶瓷材料在非常薄的水膜润滑下双电层对最小膜厚和摩擦因数的影响[8,9]。

1. 压力分布

对无限长平面轴承，Y 方向的压力变化可以略去，因此方程(5-39)可简化成

$$\frac{\partial}{\partial x}\left(\frac{h^3}{12\eta_a}\frac{\partial p}{\partial x}\right)=-\frac{U}{2}\frac{\partial h}{\partial x}$$

将上式的两端对 x 积分，有

$$\frac{h^3}{12\eta_a}\frac{\partial p}{\partial x}=-\frac{U}{2}(h-h_0)$$

式中，h_0 是积分常数，可以通过边界条件确定。

将式(5-40)代入上式，得

$$\frac{\partial p}{\partial x}=-\frac{6U(h-h_0)}{h^3}\left\{\eta+\frac{3\varepsilon^2\zeta^2\left[h-\frac{2}{\chi}(1-e^{-\chi h/2})\right]}{4\pi^2\lambda h^3}\right\} \tag{5-41}$$

为了简化计算，假设膜厚 h 远大于 Debye 双电层膜厚，即 $\chi h\gg 1$。在这一假设下，方程(5-41)可简化成

$$\frac{\partial p}{\partial x}=-\frac{6U(h-h_0)}{h^3}\left\{\eta+\frac{3\varepsilon^2\zeta^2}{4\pi^2\lambda h^3}\right\}$$

上式对 x 积分，得到无限长滑块压力分布

$$p=\frac{6U\eta}{\alpha}\left\{\frac{1}{h}-\frac{1}{H_0}-\frac{h_0}{2}\left(\frac{1}{h^2}-\frac{1}{H_0^2}\right)+\frac{3\varepsilon^2\zeta^2}{4\pi^2\lambda\eta}\left[\frac{1}{3h^3}-\frac{1}{3H_0^3}-\frac{h_0}{4}\left(\frac{1}{h^4}-\frac{1}{H_0^4}\right)\right]\right\} \tag{5-42}$$

式中，H_1 和 H_0 分别是滑块出口和入口的膜厚值；α 是滑块表面的倾角，它等于

$$\alpha=\frac{H_1-H_0}{B}$$

在方程(5-42)中，采用了下面的边界条件

$$p\mid_{h=H_0}=0$$

$$p\mid_{h=H_1}=0$$

求得的积分常数 h_0 由下式给出：

$$h_0=\frac{\eta\left(\frac{1}{H_1}-\frac{1}{H_0}\right)+\frac{\varepsilon^2\zeta^2}{4\pi^2\lambda}\left(\frac{1}{H_1^3}-\frac{1}{H_0^3}\right)}{\frac{\eta}{2}\left(\frac{1}{H_1^2}-\frac{1}{H_0^2}\right)+\frac{3\varepsilon^2\zeta^2}{16\pi^2\lambda}\left(\frac{1}{H_1^4}-\frac{1}{H_0^4}\right)} \tag{5-43}$$

将方程(5-42)重新写成量纲化压力形式，有

$$p^*=H_0\left\{\frac{1}{h}-\frac{1}{H_0}-\frac{h_0}{2}\left(\frac{1}{h^2}-\frac{1}{H_0^2}\right)+\frac{3\varepsilon^2\zeta^2}{4\pi^2\lambda\eta}\left[\frac{1}{3h^3}-\frac{1}{3H_0^3}-\frac{h_0}{4}\left(\frac{1}{h^4}-\frac{1}{H_0^4}\right)\right]\right\} \tag{5-44}$$

式中，量纲化压力 p^* 定义如下

$$p^*=p\frac{\alpha H_0}{6\eta U} \tag{5-45}$$

2. 载荷

单位长度上的载荷 W 可以通过对轴承宽度 B 的积分得到，即

$$W=\int_0^B p\mathrm{d}x=\frac{1}{\alpha}\int_{H_0}^{H_1}p\mathrm{d}h=\frac{6U\eta}{\alpha}\int_{H_0}^{H_1}\left\{\frac{1}{h}-\frac{1}{H_0}-\frac{h_0}{2}\left(\frac{1}{h^2}-\frac{1}{H_0^2}\right)+\right.$$

$$\left.\frac{3\varepsilon^2\zeta^2}{4\pi^2\lambda\eta}\left[\frac{1}{3h^3}-\frac{1}{3H_0^3}-\frac{h_0}{4}\left(\frac{1}{h^4}-\frac{1}{H_0^4}\right)\right]\right\}\mathrm{d}h$$

积分并量纲化，得到量纲化流体动压载荷

$$W^* = \ln\frac{H_1}{H_0} - \frac{H_1 - H_0}{H_0} - \frac{h_0}{2}\left(\frac{1}{H_0} - \frac{1}{H_1} - \frac{H_1 - H_0}{H_0^2}\right) + \frac{3\varepsilon^2\zeta^2}{4\pi^2\lambda\eta}\left[\frac{1}{6}\left(\frac{1}{H_0^2} - \frac{1}{H_1^2}\right) - \frac{H_1 - H_0}{3H_0^3} - \frac{h_0}{4}\left(\frac{1}{3h^3} - \frac{1}{3H_0^3} - \frac{H_1 - H_0}{H_0^4}\right)\right] \tag{5-46}$$

式中，流体动压量纲化载荷 W^* 定义为

$$W^* = W\frac{\alpha^2}{6\eta U}$$

3. 摩擦因数

摩擦因数可以通过计算载荷和摩擦力得到。将式(5-28)代入式(5-34)，可以得到 X 方向上的流速表达式：

$$\eta u = \left\{\frac{z^2}{2} - \frac{hz}{2} - \frac{\varepsilon^2\zeta(\psi - \zeta)}{16\pi^2\lambda\eta_a}\right\}\frac{\partial p}{\partial x} - \eta\left(1 - \frac{z}{h}\right)U$$

黏性切应力为

$$\tau_{zx} = -\eta\frac{\partial u}{\partial z} = \left(z - \frac{h}{2} - \frac{\varepsilon^2\zeta}{16\pi^2\lambda\eta_a}\frac{\partial\psi}{\partial z}\right)\frac{\partial p}{\partial x} + \eta\frac{U}{h}$$

在 $z=0$ 的下表面，有

$$\tau_{zx} = -\eta\frac{\partial u}{\partial z}\bigg|_{z=0} = -\left(\frac{h}{2} + \frac{\varepsilon^2\zeta}{16\pi^2\lambda\eta_a}\frac{\partial\psi}{\partial z}\right)\frac{\partial p}{\partial x} + \eta\frac{U}{h} \tag{5-47}$$

需要注意，上面方程中右端项含有流体的宏观黏度和表观黏度两种黏度，它们分别是考虑和不考虑双电层效应的黏度。将式(5-47)积分，并利用 $p(0)=p(B)=0$ 的压力边界条件，可以得到单位长度上的摩擦力为

$$F = \int_0^B \tau_{zx}\,\mathrm{d}x = \int_0^B\left(-\frac{h}{2}\frac{\partial p}{\partial x} - \frac{\varepsilon^2\zeta}{16\pi^2\lambda\eta_a}\frac{\partial\psi}{\partial z}\frac{\partial p}{\partial x} + \eta\frac{U}{h}\right)\mathrm{d}x = \frac{\alpha}{2}W + \frac{\eta U}{\alpha}\ln\frac{H_1}{H_0} \tag{5-48}$$

因此，摩擦因数可以写成

$$f = \frac{F}{W} = \frac{1}{W}\left(\frac{\alpha}{2}W + \frac{\eta U}{\alpha}\ln\frac{H_1}{H_0}\right) \tag{5-49}$$

用量纲化的形式重写方程(5-49)，有

$$f = \frac{\alpha}{2} + \frac{\alpha}{6W^*}\ln\frac{H_1}{H_0}$$

4. 算例

用水作润滑剂，其介电常数 $\varepsilon = 7.08\times10^{-10}$ F/m，电导率 $\lambda = 1.9\times10^{-4}$ S/m，黏度 $\eta = 0.001$Pa·s，若取滑块斜率 $\alpha = 0.003$，滑块宽度 $B = 1\times10^{-4}$ m，在最小膜厚为 70nm 的条件下，考虑双电层影响的量纲化压力分布 p_d^* 和不考虑双电层影响的量纲化压力分布 p_0^*，如图 5-23 所示。

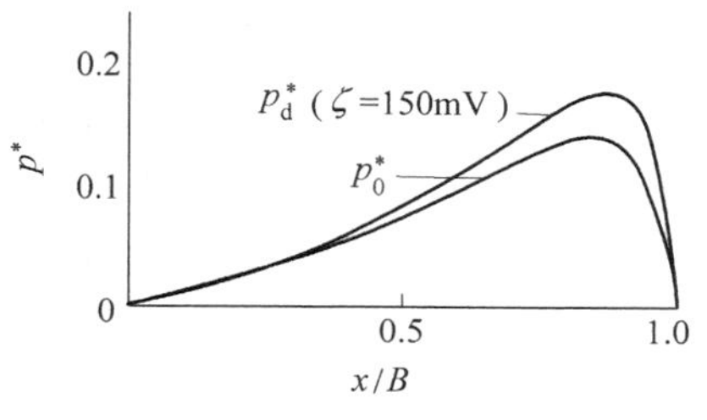

图 5-23 双电层效应对压力分布的影响

显然，当考虑双电层的影响时，润滑膜的压力增加，因此也导致润滑膜的承载能力将明显增加。特别是电势 ζ 越大，膜厚越小时，压力增加得越显著。

表 5-2 给出了不同膜厚下考虑和不考虑双电层影响时的载荷及其比值。计算的工况如上所述。

表 5-2 双电层对载荷的影响

最小膜厚 h_0/nm	W/N(ζ=0mV)	W/N(ζ=150mV)	载荷比
70	0.30	0.36	1.20
30	0.73	1.08	1.48

从表 5-2 可以知道，润滑膜的膜厚越小，双电层上的电势 ζ 对润滑膜的承载能力的影响就越大。

5.5 乳液润滑

乳液由两种以上不相溶的组分组成，包含分散相(内相或不连续相)及连续相(也称外相)，其中，分散相以液滴形式分散于连续相中，通常组分包括水、油及乳化剂，如将油相分散在水中，则形成水包油型乳化液，也称水基乳化液，相反，则为油包水型乳化液。自 20 世纪 40 年代被首次作为润滑剂应用以来[1]，水基乳化液由于其良好的冷却性、清洁性被广泛应用于加工业，尤其是金属加工业中，如金属切削、轧制等。

乳液的摩擦因数受基础油、添加剂、摩擦副、应用场合、温度等众多因素的综合影响，规律较为复杂，Whetzel 等人于 1959 年首次对水包油型乳液的摩擦因数进行了测量[11]，通过轧辊摩擦因数的测量，发现乳化剂的含量对接触表面间的摩擦行为有很大影响，如图 5-24 所示。但到目前为止，对于乳液的摩擦因数变化规律并无统一的定论。在实际应用中，如在金属的轧制过程中[12]，乳液往往在温度和压力的作用下发生相转换，也即由原来的水包油型乳液转换成连续相为油的油包水型乳液或单一油相，而此时润滑添加剂溶解在油相中，进入加工表面，实现润滑、耐磨、抗极压等作用，而水相则发挥冷却和载体的作用。因此，乳液在加工过程中的润滑性能主要由油从乳液中析出的难易程度、析出油相的黏度，以及析出油相中的添加剂类型及含量等因素所决定。以往的研究和实践表明[12]，乳液的液滴尺寸有最优范围，如热连轧乳液的最佳尺寸范围应该为 4～7μm[12] 方能保证最低轧制力，若过于稳定会影响油相析出，相反，乳液过松则会影响咬入；同时，乳液析出油相的疏水黏度(含添加剂的基础油的黏度)也具有最优范围，该值直接影响乳液润滑状态，例如，对于热连轧来说，油相析出的疏水黏度最优范围为 50～70mm²/s。

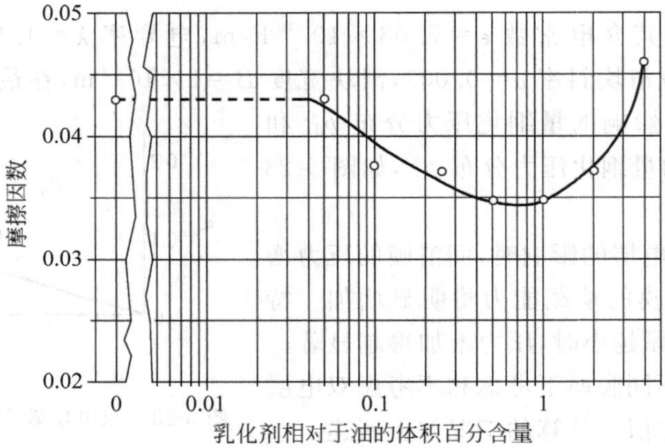

图 5-24 摩擦因数与乳化剂含量的关系[11]

成膜特性是评价润滑剂润滑性能的重要指标，而对于乳液这种两相液体来说，其成膜规律及本质与传统单一相油润滑剂不同。Wan 等人[13]于 1984 年首次观测到乳液成膜与传统油润滑不同的典型规律，即膜厚随速度下降的现象，乳液在低速区的成膜能力与纯油相当，随速度增加，出现膜厚下降的临界速度点[14,15]，如图 5-25 所示[15]为典型的乳液成膜随速度变化的曲线。朱东等人[15]在线接触高速条件下观测到了乳液膜厚存在再次上升的现象，并将其变化分为几个阶段，包括：Ⅰ. 膜厚上升阶段，Ⅱ. 膜厚下降阶段，Ⅲ. 膜厚二次上升阶段。

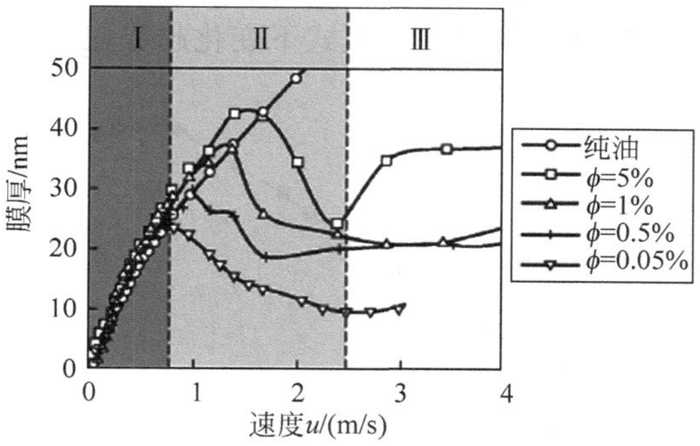

图 5-25　线接触下乳液的典型曲线[15]

ϕ 表示油的体积百分比

乳液中乳化剂的含量种类均对其成膜特性具有重要影响，大量研究结果表明，乳化剂通过对乳液中油相组分在固体壁面的吸附行为，进而影响乳液成膜，表面活性剂在固体表面形成吸附膜，该吸附膜将油相从水中移出，不同类型及不同浓度的乳化剂具有不同移出能力，即在接触固体表面时将油相分离出来的能力。如图 5-26 所示为 Ratio[16]及 Cambiella 等人[17]针对乳化剂含量以及种类对乳液成膜规律影响的研究结果。

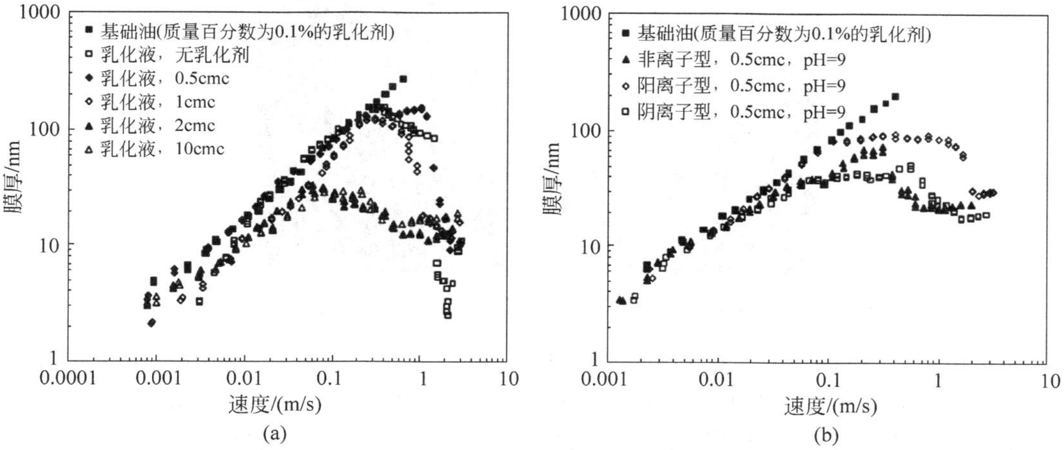

图 5-26　乳化剂对乳液成膜的影响[16]

(a) 非离子型表面活性剂浓度的影响；(b) 表面活性剂类型的影响

cmc 代表乳化剂的临界胶束浓度(critical micelle concentration)

马丽然等人[18-22]针对乳液中油含量、乳化剂含量、乳液稳定性以及供液方式等影响因素进行了系统的研究，发现了超低浓度乳化液的成膜现象，如图 5-27 所示，当乳液体积分数低至 0.0005％时，仍然能够探测到高达近百纳米的润滑膜厚。决定乳液成膜能力的根本原因在于乳液中油相在固体表面的吸附，也即油水两相在接触区分离，并形成油池，该油池为固体表面的接触提供了良好的润滑储备，如图 5-28 所示。而膜厚的下降则取决于含有乳化剂的本体水相对固体表面吸附的油膜也即油池的破坏，该破坏能力的强弱决定了临界速度的大小，而该破坏能力与乳化剂含量、类型及供液方式等因素密切相关。图 5-29 给出了不同浓度液体石蜡所配制的乳液在不同供液方式下的成膜曲线，图 5-30 则为对应的膜厚下降临界速度，可以看到，临界速度在不同的供液模式下变化趋势完全不同。

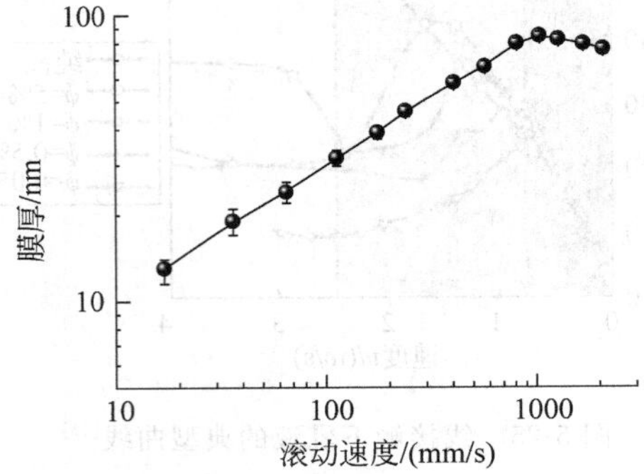

图 5-27 超低浓度乳化液(体积分数为 0.0005％)的成膜特性[18]

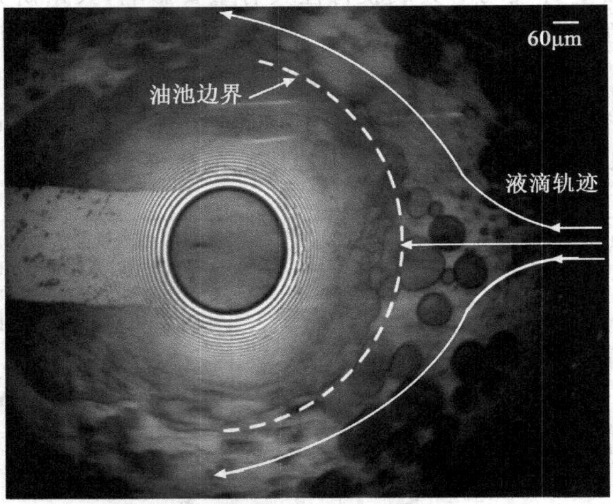

图 5-28 油滴在接触区附近形成连续相油池(体积分数为 0.5％的液体石蜡乳液，5mm/s)[18,19]

与传统单一油润滑不同，对于乳液润滑来说，较为充分的供液方式(如喷液、全浸泡等)常常对两接触表面的成膜来说具有破坏作用，如图 5-31 所示。当接触表面处于乳液充分供给的条件时(如喷液条件下)，高速的乳液流体对已形成的吸附油相进行剪切并形成破坏，也即对已形成的连续相油的二次乳化，与此同时，乳液中的油滴在高速下来不及在固体表面黏附而无法参与为连续相油池的形成，而是绕过接触区逃逸。相对地，不连续或者不充分地给接触区供给乳液，能够有效地将高速流体与固体表面的接触分离，减弱了乳液对连续相油层的剪切破坏。

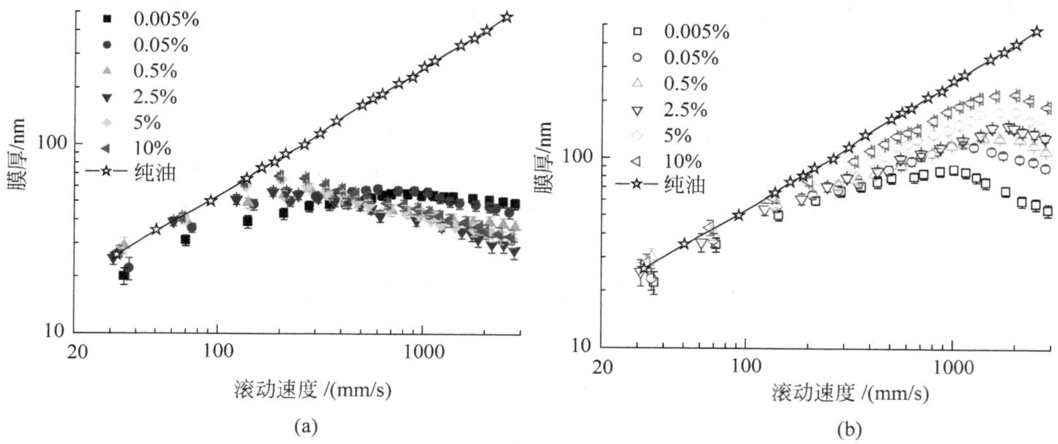

图 5-29　不同浓度液体石蜡乳液的成膜曲线[18,20]

(a) 全浸泡模式；(b) 半浸泡模式

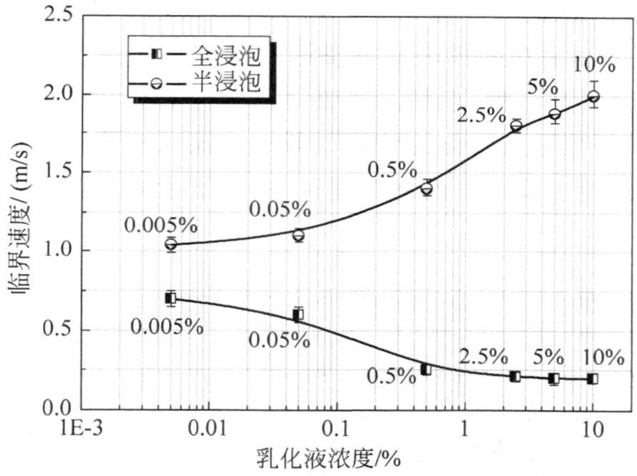

图 5-30　不同浓度液体石蜡乳液成膜的临界速度[18]

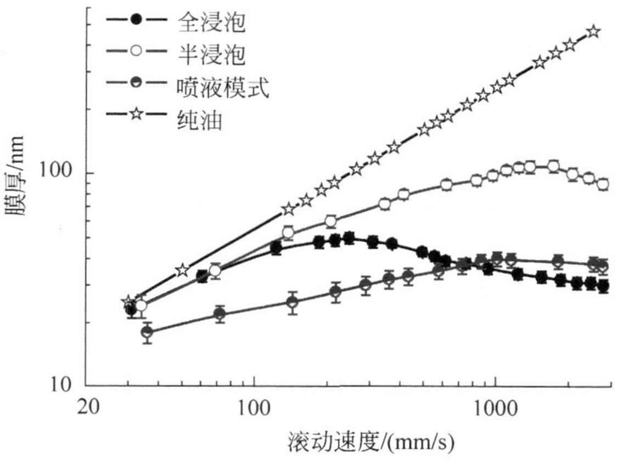

图 5-31　不同供液方式下体积分数为 2.5％的液体石蜡乳液成膜对比[18]

此外，研究表明，当热稳定性高的乳液作为润滑剂时，其成膜能力往往较差，原因是稳定性高的乳液，其油滴的界面破裂困难，以至于难以在接触区附近形成连续相的油池，进一步导致成膜能力较差。

对乳液成膜的直接预测受到多种因素的复杂影响较为困难，马丽然等人[18]在上述实验研究的基础上，结合接触理论、流体力学等，通过进一步的理论分析，初步实现了对成膜起决定作用的油池尺寸的预测。该预测基于一系列假设：假定乳液中油滴直径平均为 d，并假定各油滴独立运动；假设油滴破裂及在固体表面黏附润湿所需的时间可以忽略不计；假设与连续相油池边界接触的液滴均能够汇入油池。在上述假设简化条件下，根据流量守恒原理，给出了如下公式：

$$b = \frac{5}{4}Cd\left(1 - \frac{\pi}{18\eta}(\rho_w - \rho_o)ud\right) \tag{5-50}$$

式中，b 为油池宽度(定义为接触区边缘至油池边缘的距离)；d 为油滴平均直径，ρ_w 为水密度；ρ_o 为油密度；u 为流动速度；C 为乳液浓度；η 为水黏度。根据上述预测公式，可以对一定条件下油池消失的速度进行估算，也即对乳液成膜的临界速度进行预测。

以上对乳液的成膜机制做出了解释[18]，如图 5-32 所示：低速下，乳液能够形成与纯油相当的润滑膜厚，归因于油滴在固体表面的黏附润湿并在接触区附近形成连续相油池；高速下，乳液膜厚下降的原因有多种，包括高速流体对连续相油池的破坏(即流体的二次乳化效应使得固体表面的油相被重新乳化为油滴而脱离油池)、液滴在高速下的离心逃逸运动增强、高速下液滴来不及破裂在固体表面润湿铺展、高速下由表面张力引起接触区的乏油等。

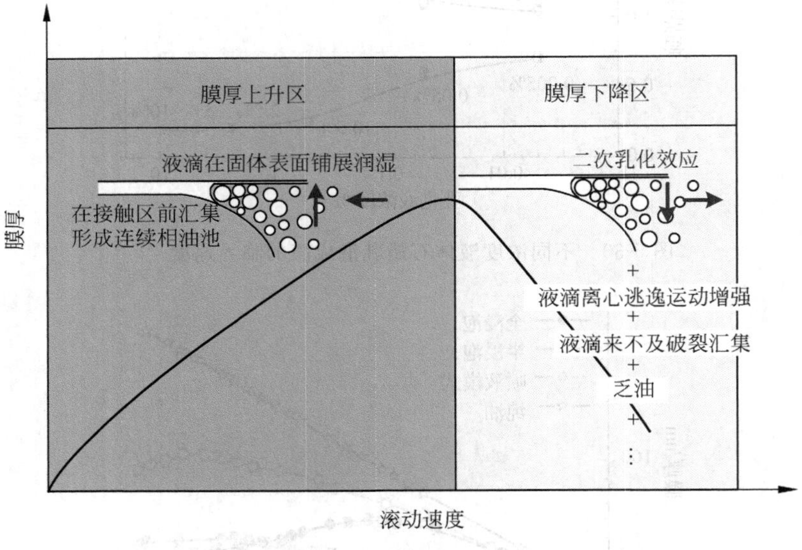

图 5-32 乳液成膜机理示意图[18]

参考文献

[1] 汪仁友. 磁流体弹性流体动力润滑[D]. 北京：清华大学，1992.

[2] SINGH C, SINHA P. The three-dimensional Reynolds equation for micropolar-fluid-lubricated

bearing[J]. Wear, 1982, 76(2): 199-209.

[3] LUKASZEWICZ G. Micropolar Fluids—Theory and Applications[M]. Boston: Birkhauser, 1999.

[4] Girma Biresaw. Tribology and Liquid-Crystalline State[M]. Washington D. C. : America Chemical Society, 1990.

[5] 姚俊兵,温诗铸,王清亮,等. 液晶添加剂 5CB 的减摩性能研究[J]. 润滑与密封,2000(3): 24-27.

[6] 杨晓瑛,卢颂峰,温诗铸. 液晶对矿物油润滑特征的影响[C]//第五届全国摩擦学学术会议论文集: 下册. 武汉: 机械工业部武汉材料保护研究所,1992: 80-87.

[7] ZHANG B, UMEHARA N. Hydrodynamic lubrication theory considering electric double layer for very thin water film lubrication of ceramics[J]. JSME, Series C, 1998, 41(2): 285-290.

[8] 黄平,黄柏林,孟永钢. 双电层对润滑薄膜厚度与压力的影响[J]. 机械工程学报, 2002, 38(8): 9-13.

[9] 白少先,黄平. 双电层电粘度对润滑性能的影响研究[J]. 摩擦学学报,2004, 24(2): 168-171.

[10] 温诗铸,黄平. 摩擦学原理[M]. 2 版. 北京: 清华大学出版社,2002.

[11] WHETZEL J C, RODMAN S. Improved lubrication in cold strip rolling [J]. Iron and Steel Engineer, 1959, 36: 123-132.

[12] 黄平,周昭文. 铝热连轧乳液的润滑特点及其实现[J]. 铝加工,2006,171: 17-19.

[13] BELFIT R W, SHIRK N E. Brass rolling emulsions[J]. Lubr Eng, 1961, 17: 173-178.

[14] WAN G T Y, KENNY P, SPIKES H A. Elastohydrodynamic properties of water based rire-resistant hydraulic fluids[J]. Tribol Int, 1984, 17: 309-315.

[15] BAKER D C, JOHNSTON G J, SPIKES H A, et al. EHD film formation and starvation of oil in water emulsions[J]. Trib Trans, 1993, 36: 565-572.

[16] ZHU D, BIRESAW G, CLARK S J, et al. Elastodydrodynamic lubrication with O/W emulsions [J]. ASME Jour of Trib, 1994,116: 310-320.

[17] RATOI M, SPIKES H A. Optimizing film formation by oil-in-water emulsions[J]. Tribol Trans, 1997, 40: 569-578.

[18] CAMBIELLA A, BENITO J M, PAZOS C, et al. The effect of emulsifier concentration on the lubricating properties of oil-in-water emulsions[J]. Tribol Lett, 2006, 22: 53-65.

[19] 马丽然. 高水基乳化液成膜特性及机理研究[D]. 北京: 清华大学, 2010.

[20] MA L, ZHANG C, LUO J. Direct observation on the behaviour of emulsion droplets and formation of oil pool under point contact[J]. Appl Phys Lett, 2012, 101: 241603.

[21] MA L, ZHANG C, LUO J. Investigation of the film formation mechanism of oil-in-water (O/W) emulsions[J]. Soft Matter, 2011, 7: 4207-4213.

[22] MA L, XU X, ZHANG C, et al. Reemulsification effect on the film formation of O/W emulsion [J]. Journal of colloid and interface science, 2014, 417: 238-243.

第6章 润滑状态转化与纳米级薄膜润滑

1886年雷诺提出润滑方程,开创了流体润滑理论研究。随后,基于黏性流体力学建立的流体动压润滑理论广泛地应用于滑动轴承等面接触机械零件的设计,其润滑膜厚度通常在100μm以上。20世纪60年代以后,人们又将雷诺流体润滑理论与Hertz弹性接触理论相耦合而发展了弹性流体动压润滑理论(简称弹流润滑理论),成功地解决了诸如齿轮传动、滚动轴承等点线接触机械零件的润滑设计问题。由于点线接触表面属于集中载荷作用,润滑膜厚度显著减小,通常在0.1～1μm量级范围内。虽然弹流润滑膜厚度减小,但它与流体动压润滑膜同属于黏性流体膜,以遵循连续介质力学的基本规律为特征。

1919年,Hardy提出边界润滑状态,即润滑油中的成分通过物理或化学作用,在金属表面形成具有润滑作用的吸附膜。边界润滑膜更薄,通常是由定向排列的单分子层或者几个分子层所组成,因而边界膜厚度介于0.005～0.01μm的范围。边界润滑的理论基础主要是物理化学和表面吸附理论。

显然,在整个润滑体系中,无论从润滑膜厚度还是润滑膜物理特征来分析都表明:在边界润滑与流体润滑(包括流体动压润滑和弹流润滑)之间存在一个过渡区。人们很自然地提出这样的问题:润滑膜厚度介于边界膜厚度和动压流体润滑膜厚度之间时存在什么样的润滑状态?从吸附边界膜如何过渡到黏性流体膜?

6.1 润滑状态转化

6.1.1 润滑理论的发展

经典润滑理论认为,随着载荷的增加润滑膜逐渐变薄,当润滑膜厚度减小到表面粗糙峰直接接触时即为润滑失效。因此采用膜厚比λ作为润滑状态的判断准则

$$\lambda = h/\sigma = h/\sqrt{\sigma_1^2 + \sigma_2^2} \tag{6-1}$$

式中,h为润滑膜厚度;σ为表面综合粗糙度;σ_1和σ_2分别为两表面粗糙高度的均方根偏差。

通常认为,$\lambda \geqslant 2 \sim 3$为全膜弹流润滑,否则为部分流体润滑,即润滑膜与粗糙峰接触同时存在的混合状态。然而,弹流润滑研究的深入发展揭示出润滑膜具有强大的承载能力,上述判断准则不完全符合实际。

6.1.2 流体动压润滑向弹流润滑转化

1885年,美国机械工程师学会第一任主席Robert H. Thurston首次观察到径向滑动轴

承随着载荷增加出现最小的摩擦因数，并认为它是流体动压润滑与混合润滑的转化点。随后，Gümbel 将这一现象与 Stribeck 实验曲线相结合，提出如图 6-1 所示的润滑状态图。他根据摩擦因数 f 与量纲化参数 $\eta\omega/p$ 的变化规律，将润滑状态划分为流体动压润滑、混合润滑（当时）、边界润滑 3 种状态。这里，η 为润滑油黏度；ω 为轴颈旋转角速度；p 为单位投影面积上的载荷。通常认为，流体动压润滑最小的摩擦因数为 10^{-3} 量级，边界润滑的摩擦因数为 0.1，而混合润滑状态是流体膜与边界膜共存的润滑，随着流体膜的比例增加，摩擦因数逐渐降低。

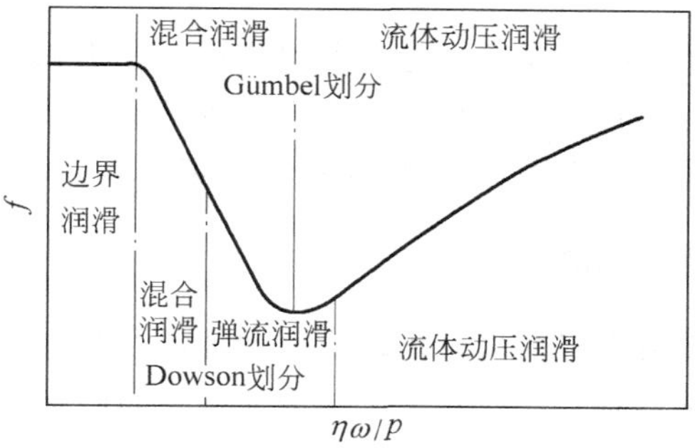

图 6-1 润滑状态图

20 世纪 60 年代发展的弹流润滑是流体膜润滑状态的一种特殊形式。流体膜润滑状态转化可以用膜厚 h 和摩擦因数 f 两个量的变化来分析，它们可以表示为

$$h \propto \frac{\eta\omega^a}{p}$$

$$f \propto \frac{\eta\omega^b}{p}$$

式中，a 和 b 为与表面接触形状有关的常数。

Dowson[1] 根据线接触弹流润滑的计算结果，将流体动压润滑和弹流润滑中 h 和 f 的变化组成图 6-2，图中 f 的变化与 Stribeck 曲线类似。由图可知，在弹流润滑区表面弹性变形起着阻止摩擦因数和润滑膜厚度随载荷增加而降低的作用。

在此基础上，Dowson 提出如图 6-1 下方的润滑状态划分。膜厚由小到大依次为边界润滑、混合润滑、弹流润滑、流体动压润滑等 4 种状态。他认为，当流体膜减薄到表面粗糙峰之间的间隙达到润滑油分子尺度范围即在粗糙峰顶出现边界膜时，即开始进入混合润滑状态。并提出 25nm 为弹流润滑向混合润滑转变的膜厚值。

Dowson 总结润滑技术的发展时指出，由于润滑设计和制造技术的不断完善，在 20 世纪流体润滑系统的润滑膜厚度日益减小。他提出表 6-1 说明这一发展趋势。

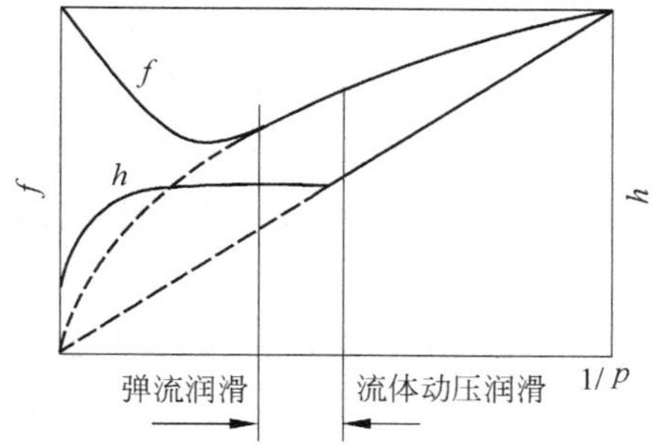

图 6-2 流体膜润滑

表 6-1 20 世纪最小润滑膜厚的发展

年 代	典型实例	最小膜厚/m
1900 年	普通滑动轴承	$10^{-4}\sim10^{-5}$
1950 年	稳态载荷滑动轴承	10^{-5}
1980 年	内燃机曲轴轴承、连杆大端轴承 齿轮传动、滚动轴承	$10^{-5}\sim10^{-6}$ $10^{-6}\sim10^{-7}$
1990—2000 年	粗糙峰润滑、低弹性模量表面、磁记录装置、塑性流体动压润滑	$10^{-7}\sim10^{-8}$ 甚至 10^{-9}

应当指出，以上分析是在弹流润滑研究初期提出的。作者认为，对于精密加工表面，并考虑粗糙表面微观弹流润滑的展平作用，近年来新出现的薄膜润滑应是介于弹流润滑和边界润滑之间的状态，它包容混合润滑，并且出现在相当宽的范围内。

6.1.3 弹流润滑到薄膜润滑

实践证明，对于某些润滑良好的齿轮传动或滚动轴承，如果应用弹流润滑公式计算所得到的油膜厚度值极小，甚至只有十几或几十层润滑油分子的厚度。显然，这样薄的油膜不足以充分保证作为连续介质处理的条件，也就是说弹流润滑理论失去正确的应用基础。由此提出两个问题：首先是如何确定弹流理论可以正确应用的最小膜厚极限值？其次是对于弹流理论丧失应用基础的薄膜润滑，如何评价它的性能和建立物理数学模型？对于前一个问题，Johnston 等人[2]的实验表明，当膜厚小于 15nm 时，膜厚随速度的变化规律偏离弹流润滑理论，其膜厚数值低于弹流理论的计算值。雒建斌[3]的实验得出弹流理论的最小膜厚极限值为 26nm，而 Streator 和 Gerhardstein[4]的实验证明最小膜厚的极限值为 23nm。通常润滑油分子尺寸为 0.5～3nm，可见弹流润滑理论可以应用的最小膜厚极限大约相当于 10～50 层润滑油分子的厚度。而对于上述后一个问题，则提出了开展纳米量级薄膜润滑状态研究的必要性。

随着弹流润滑理论及实验研究的深入发展，20 世纪 90 年代初，作者[5]提出一种新的润滑状态即薄膜润滑(thin film lubrication)状态，用它来描述边界膜润滑与流体膜润滑之间的过渡状态。随后，从理论和实验两方面都论证了这种以亚微米和纳米量级的膜厚为特征的润滑状态的存在，并在薄膜润滑性能和机理研究方面取得重要进展[6]。作者[7]还通过图 6-3 概略地描述了组成润滑体系的各种润滑状态的特征和应用情况。

从弹流润滑向薄膜润滑转化的条件主要取决于润滑膜厚度。当弹流膜厚减薄到一定数值时，膜厚变化规律偏离弹流润滑理论，该膜厚值即为转化膜厚。

Johnston 等人[2]对弹流与薄膜润滑的转化膜厚进行了实验研究，图 6-4 为部分实验结果。

由弹流润滑理论，点接触膜厚公式可简化为

$$h_c = ku^{0.7}\eta_0^{0.7}\alpha^{0.7} \tag{6-2}$$

式中，h_c 为接触区中心膜厚；u 为卷吸速度；η_0 为常压黏度；α 为黏压系数；k 为常数。

可知，在已知润滑剂 η_0 和 α 的条件下，弹流润滑膜厚 h_c 应与卷吸速度 u 在对数坐标系中构成直线变化关系。

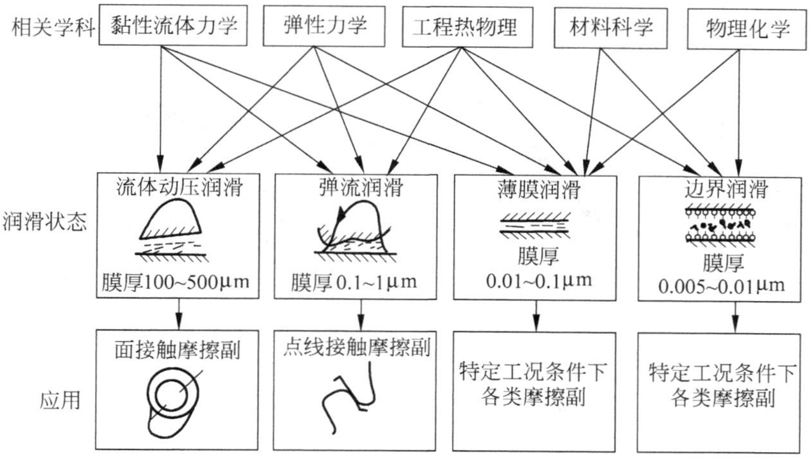

图 6-3 各种润滑状态的特征和应用

图 6-4 表明，各种润滑剂在极低速度下都能保持 5nm 厚度稳定可靠的薄膜。此外，除液晶和黏度低的硅氧烷之外，其他几种润滑剂在膜厚小于 15nm 时，中心膜厚随速度的变化明显地偏离弹流润滑规律即进入薄膜润滑状态。

当膜厚小于 15nm 时，连续介质力学的假设已不尽适用。由于靠近固体表面的液体分子有序排列，润滑膜的有效黏度发生改变。

应当指出，既然弹流润滑向薄膜润滑状态的转化与液体分子排列结构有关，那么转化条件除膜厚之外还应当与液体其他性质有关，而且各种液体的转化膜厚也应当不同。我们[8]对于这一问题采用根据光干涉相对光强原理研制的纳米膜厚测量装置，对点接触弹流膜厚的变化规律进行了系统的实验研究。图 6-5 给出部分实验结果。

由图 6-5 可以看出，在卷吸速度较高的区域，所实验的各种润滑剂的中心膜厚均与卷吸速度呈线性关系，即润滑膜具有弹流润滑性质。对于 13602 标准液，当膜厚减小到 15nm 时，式(6-2)中的速度指数逐渐减小，即膜厚受卷吸速度的影响程度减弱而过渡到薄膜润滑。但是，不同润滑剂转化膜厚的大小各不相同。如图 6-5 所示，液体石蜡的转化膜厚为 20nm，10 号矿物油的转化膜厚为 24nm。对于黏度较小的正癸烷，不仅转化点的膜

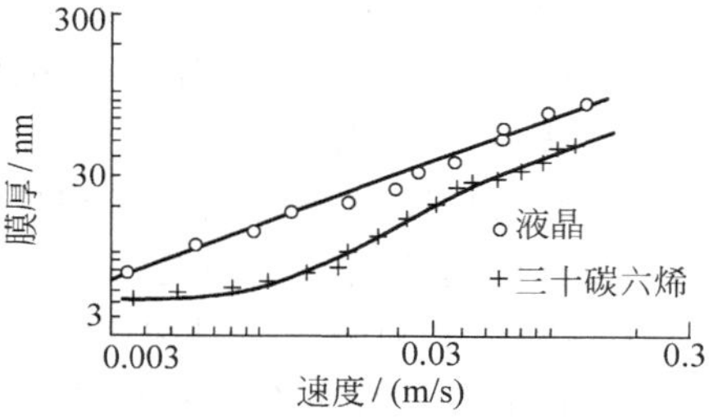

(a)

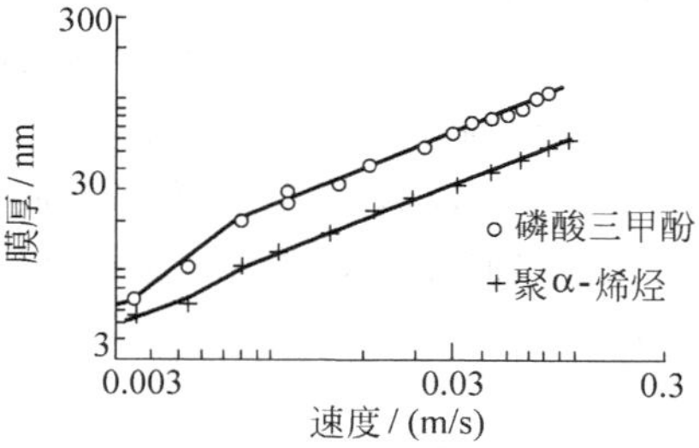

(b)

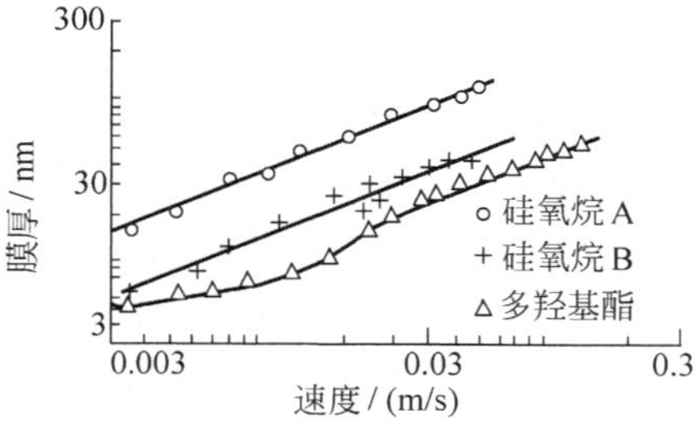

(c)

图 6-4 中心膜厚与速度的关系

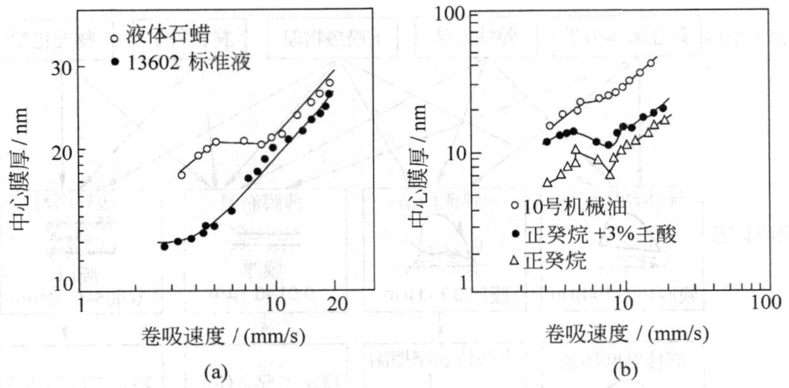

图 6-5　中心膜厚与卷吸速度关系

厚减小，约为 12nm，而且在薄膜润滑区膜厚与速度的关系出现异常情况，即卷吸速度在某个区间变化时，膜厚反而随速度的增加而减小。当在正癸烷中加入 3% 的壬酸以后，虽然膜厚增加了，但膜厚随速度的变化规律与未加壬酸相似。

我们认为，由于薄膜润滑以含有排列规律的分子有序液体膜为特征，有序液体膜的厚度与界面黏附能的大小及其作用范围密切相关。而界面黏附能与液体分子的结构、相对分子质量和环境温度的相关关系又与该液体的等效黏度和它们的相关关系类似。于是，有序液体膜的厚度也应随液体的等效黏度而变化。图 6-6 给出弹流润滑开始向薄膜润滑转化时的膜厚值与润滑剂等效黏度的关系[9]。

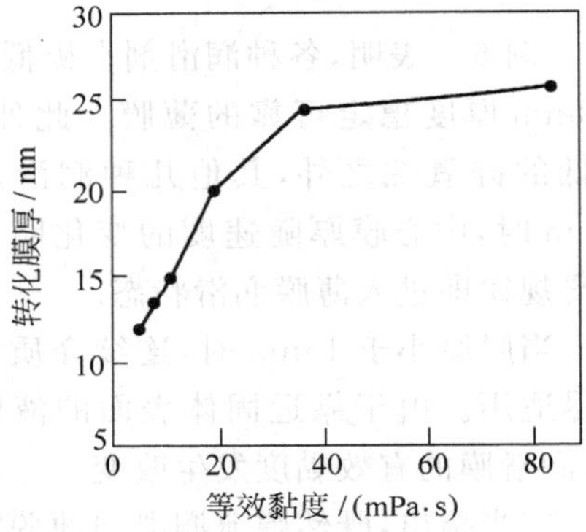

图 6-6　转化膜厚与等效黏度关系

由图 6-6 可以看出，转化膜厚随润滑剂黏度的增加而增加。当膜厚达到 25nm 左右以后，转化膜厚度值的变化非常缓慢，这与黏附能的有效作用范围有关。

6.2　纳米液体薄膜润滑

据调查，工程中实际存在的润滑油膜厚从几个分子层到几百微米，包含不同的润滑状态，而各种润滑状态都具有典型的特征和膜厚范围。经典的 Stribeck 曲线预示了整个润滑体系中摩擦因数的变化，人们对于该曲线中流体膜润滑（包括流体动压润滑和弹流润滑）与边界膜润滑的规律已有较全面的认识。但对于两者的中间状态，通常统称为混合润滑（mixed lubrication），迄今研究得还很不充分，而且存在着各种不同的观点，这正是现代润滑理论需要着重研究的领域。

早在 1971 年 Roberts 和 Tabor 在实验中发现橡胶与玻璃组成的摩擦副之间存在 10nm 厚的水膜。20 世纪 80 年代末期，英国伦敦帝国理工学院 Spikes 主持的研究组采用附加垫层方法改进光干涉弹流膜厚测试技术，首次实现纳米量级薄油膜厚度测量。他们在极低的卷吸速度下，测出点接触区存在 5～10nm 厚的弹流油膜，相当于润滑油分子 3～6 层的厚度。随后，利用此装置对不同润滑材料和添加剂进行实验研究，证明二烷基二硫化磷酸锌(ZDDP)形成厚度仅 10～50nm 的黏性润滑膜。此外，还考察了非碳氢润滑剂、乳化液等纳米薄膜润滑性能。作者主持的研究组[10]采用光干涉相对光强原理研制的纳米膜厚测试装置进一步提高了测量精度和分辨率，也证实点接触表面形成完整的纳米薄膜润滑状态。

实践表明，工业中广泛应用的水基润滑介质，由于其黏度值和黏压系数低而形成薄膜润滑。高温下工作的机械，由于润滑油黏度降低而润滑膜厚常处于纳米量级。某些抗磨添加剂的作用机理就是在表面生成极薄的润滑膜。此外，超低速或者特重载荷的摩擦表面也都处在薄膜润滑状态。

薄膜润滑研究对于深化润滑和磨损理论有着重要意义，而且也是现代科学技术发展的需要，具有广泛的应用前景。薄膜润滑往往是保证一些高科技设备和超精密机械正常工作的关键技术。另外，由于制造技术的提高，一般机械的表面形貌日益改善，再加上粗糙峰微观弹流润滑的展平作用，大大地加强了实现薄膜润滑状态的可能性。

6.2.1 薄膜润滑的现象

雒建斌等人[8,9]采用光干涉相对光强方法对于点接触纳米级薄膜的性能结构及机理进行了系统的实验研究。图 6-7 是在载荷为 6.05N、温度为 20℃、钢球直径为 20mm 的条件下，采用 10 号机械油润滑时，不同卷吸速度的接触区光干涉条纹图像。由图 6-7 看出，在静态接触即卷吸速度为零时，干涉条纹为一组完整的同心圆；而动态接触时，在接触区的出口端呈现颈缩现象，速度越高颈缩越强烈，这是流体动压效应的特征。

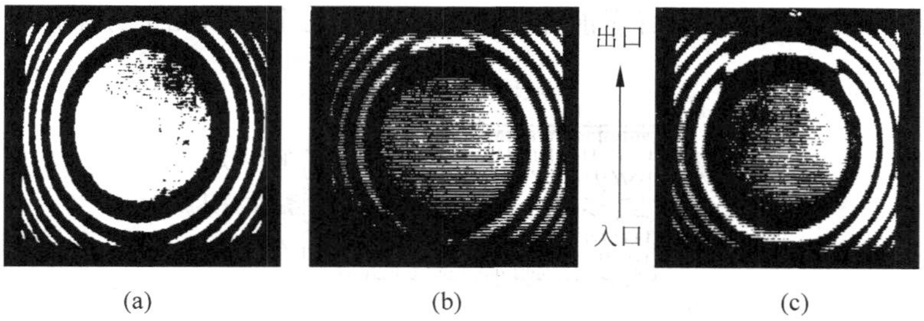

图 6-7 接触区干涉条纹

(a) $u=0$；(b) $u=3.12$mm/s；(c) $u=5.0$mm/s

图 6-8 给出了 13602 标准液在载荷为 4N、温度为 25℃、钢球直径为 20mm 的膜厚测量曲线。静态接触时，膜厚小而且稳定，膜厚分布呈平坦状，因此不存在流体动压效应和端泄现象，此时润滑膜可以认为主要是分子有序排列的吸附膜。而在不同卷吸速度下，速度越低，膜厚越平坦，流体动压效应越弱，说明薄膜下的吸附膜所占比例越大。

在实验分析的基础上，雒建斌[9]提出如图 6-9 所示的薄膜润滑物理模型。他认为，亚微米或纳米量级润滑膜由 3 种结构性能不同的膜组成，即吸附膜、有序膜和黏性流体膜。要点如下。

(1) 靠近摩擦表面的是吸附膜，它由两部分组成，一部分是静态接触时形成的吸附膜，另一部分是在润滑过程中部分有序膜因剪切作用转变成结构更加规则和紧密的吸附膜。吸

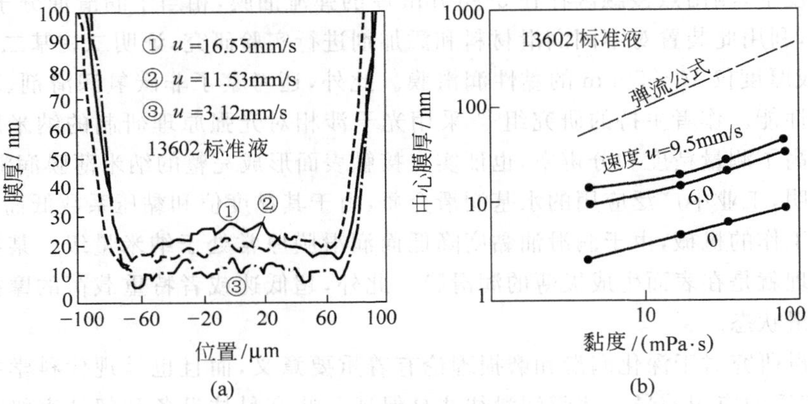

图 6-8　薄膜实验结果

(a) 中心截面膜厚分布；(b) 中心膜厚与黏度关系

附膜的总厚度为几个润滑油分子层，它与表面连接牢固，不具有流体性质，在润滑过程中不参加流动。吸附膜具有边界润滑特征，亦可称为边界润滑膜。

(2) 处于润滑膜中央部分的是黏性流体膜，它是依靠流体动压效应形成的，具有弹流润滑特征，或称为弹流润滑膜。

(3) 介于黏性流体膜与吸附膜之间的是有序膜。它是由于液体分子在摩擦过程中受到剪切和表面能作用促使分子有序排列而形成的。在从黏性流体膜向吸附膜方向上，分子排列的有序度越来越高，即有序液体膜的有序度高于黏性流体膜，而低于靠近金属表面的吸附膜。在一般情况下，薄膜润滑中有序液体膜厚度相当于几个到十几个分子层。

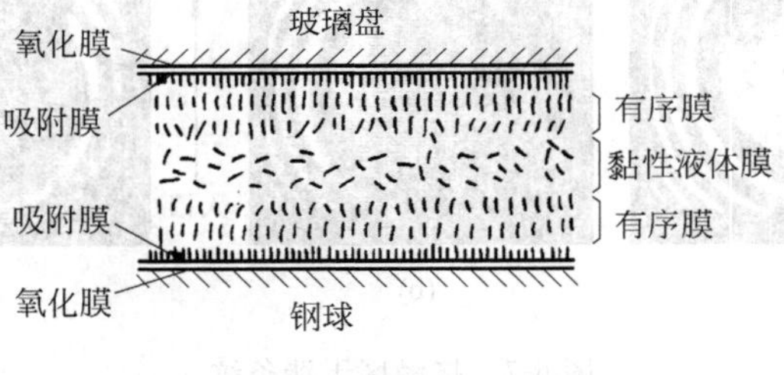

图 6-9　薄膜润滑模型

6.2.2　薄膜润滑的时间效应

我们[3,11]对于钢球与玻璃盘组成的点接触摩擦副，观察到在薄膜润滑条件下有些润滑剂的膜厚随持续剪切时间的增加而增加，并逐步趋于稳定数值。薄膜润滑的时间效应不能用润滑油的触变性来解释。因为润滑油的触变性是稀化作用，即随剪切时间增加而黏度降低，使膜厚逐渐减小而达到稳定。

采用光干涉相对光强原理测量纳米润滑膜厚与运行时间的关系的实验研究表明：薄膜润滑的时间效应的强弱与载荷、卷吸速度和润滑剂黏度有关。

图 6-10 给出钢球直径为 20mm、温度为 27℃、卷吸速度为 4.49mm/s，而载荷分别为 4N

和 7N 时，液体石蜡润滑的中心膜厚随运行时间的变化。对比可知，在其他工况参数不变的条件下，当载荷为 4N，连续运行 80min 以后，膜厚增加了 6nm，运行停止后的静态接触膜厚为 7nm 左右，比运行前静态膜厚增加 2nm。而当载荷提高到 7N 时，虽然开始运行时的膜厚与载荷 4N 时相近，但是膜厚随时间增加较快，运行到 70min 时其增量达到 13nm，运行停止后静态接触膜厚为 12nm，比运行前静态膜厚增加 7nm。由此可见，当载荷增加时，薄膜润滑膜厚随连续运行时间的变化幅度增加，即时间效应加强。

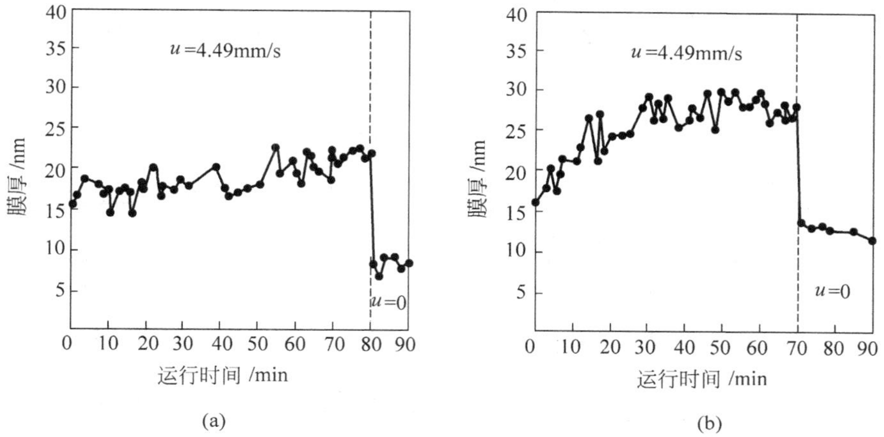

图 6-10 膜厚与运行时间的关系
(a) 载荷为 4N；(b) 载荷为 7N

进一步实验表明，卷吸速度对润滑膜厚度时间效应的影响比较复杂。卷吸速度越低，时间效应越强。静态接触的膜厚不随着时间变化，即没有时间效应。在较高的卷吸速度下也不存在时间效应。只有在一定的速度范围内才具有时间效应。此外，薄膜润滑的膜厚还与承受的剪切历史有关。

润滑膜厚的时间效应还与润滑剂的黏度有关。图 6-11 列出载荷为 4N、卷吸速度为 3.12mm/s、钢球直径为 20mm 的条件下，不同润滑油黏度对时间效应的影响。如图 6-11 所示，10 号机械油的膜厚在连续运行 70min 以后增加到与 30 号机械油的膜厚非常接近。30 号机械油在运行过程中膜厚增加甚少，而黏度更高的 40 号机械油基本上无时间效应。

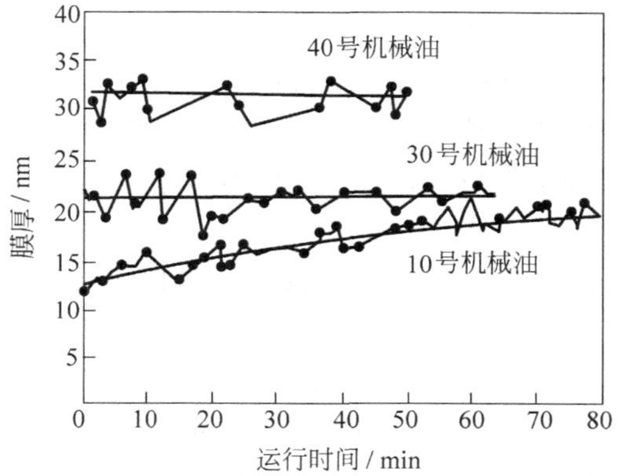

图 6-11 时间效应与黏度的关系

根据大量的实验结果，雒建斌[9]将薄膜润滑剪切时间效应与工况参数的相关关系汇总，并由此得出如图 6-12 所示的时间效应与载荷的关系以及图 6-13 所示的时间效应与卷吸速度和黏度的关系。

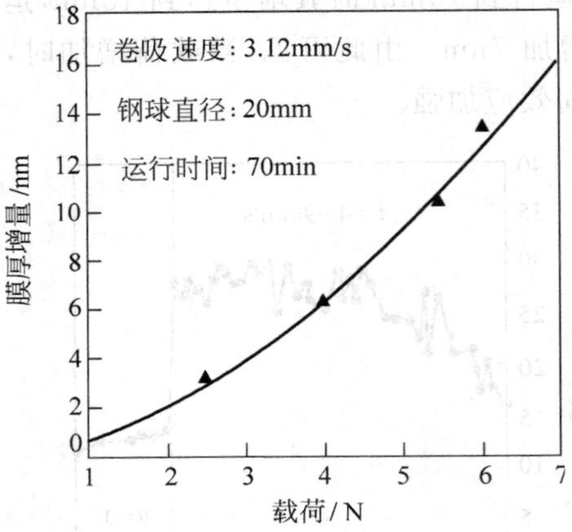

图 6-12 时间效应与载荷的关系

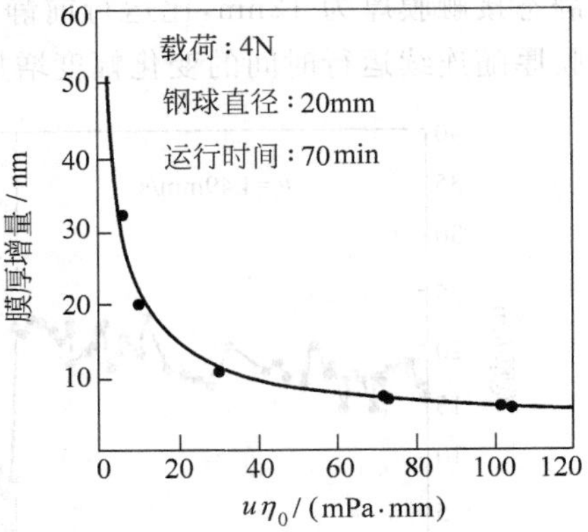

图 6-13 时间效应与黏度、卷吸速度的关系

以上研究说明，在一定的卷吸速度范围内，润滑剂的黏度越小，载荷越大，卷吸速度越低，则薄膜润滑的剪切时间效应就越强，即润滑膜厚随连续运行时间而增加的幅度就越大。然而，根据流体动压润滑理论的分析，上述这些工况参数的变化恰巧是降低黏性流体膜厚的不利因素。这就十分清楚地表明，薄膜润滑的成膜机理与流体动压润滑截然不同，而决定薄膜润滑膜特性的主要因素是表面能的作用和润滑膜分子有序化结构。

实验表明，在薄膜润滑运行过程中，润滑膜厚增加的速度逐步减慢，当膜厚增加到 30nm 左右时，膜厚稳定不变。该膜厚与表面力有效作用范围十分接近，这也表明时间效应促使润滑膜厚增加与摩擦界面上表面能作用有关。

综上所述，可以提出以下的推论：在薄膜润滑状态下，润滑膜约束在摩擦表面之间狭窄缝隙中，由于载荷和表面能作用，在摩擦剪切过程中润滑膜分子将产生结构化。首先是靠近表面的液体分子呈垂直于表面的规则排列而形成吸附膜，进而在表面吸附膜形成的诱导力和吸附势能的作用下，又使邻近吸附膜的分子也逐渐有序化排列。随着运行时间增加，有序排列的分子越来越多，因而靠近表面的分子层有序度增加，同时，有序膜的厚度也不断增加，直至达到表面力有效作用范围时，有序膜厚达到稳定。这种有序排列的分子膜也就是有序液体膜，它比体相液体的分子有序度高，故不易流动，而又兼有液体性质，在流体动压效应作用下，既能够支承载荷又能够减少端泄。在静态挤压载荷作用下，部分有序液体膜能被挤出接触区，但靠近表面的几层分子将与吸附膜一起保留下来，使静态接触膜厚大于未经摩擦剪切的静态膜厚。

以上推论可以被 Thompson 等人[12]以及 Alstern 和 Granick(1990 年)的研究所验证。他们用分子动力学模拟研究润滑薄膜分子在剪切过程中的行为，发现这些分子将打破原有的结构而发生相变或再结晶。球形分子被挤压在两个表面之间比不受约束分子的结晶速度快得多。而链状分子在剪切中保持液体状态的时间比球形分子长得多，在发生相变时，更趋向于形成有序排列的类固体。模拟计算还证明，润滑膜压力增加将促进相变的发生。

以上分析表明，薄膜润滑状态下出现的时间效应是由于润滑膜的分子结构发生变化而产生的。降低润滑剂黏度，增加载荷和减小速度都将加强时间效应，使膜厚随剪切时间增加而增加，随后趋于稳定值。此外，在静态接触下不出现时间效应，而且时间效应还与润滑膜受剪切历史有关。

6.2.3　薄膜润滑的剪应变率效应

Streator 和 Gerhardstein[4] 对于纳米润滑薄膜在不同剪应变率下的润滑性能进行了实验研究。实验是在经改装的硬磁盘与磁头装置上完成的，硬磁盘表面涂有非晶碳薄膜，表面较光滑，粗糙峰高算术平均值偏差 $Ra=3\sim5$nm，磁头材料为 Al_2O_3-TiC 陶瓷，与磁盘接触面积为 3.1mm^2。以 4 种全氟聚醚作为润滑剂，采用浸涂技术(dip-coating technique)将润滑剂涂敷在硬磁盘表面上。当硬磁盘转动时，磁头与磁盘之间形成楔形滑块润滑。4 种润滑剂的性能列于表 6-2。

表 6-2　全氟聚醚润滑剂的性能(温度 26℃)

润滑剂	运动黏度/(mm^2/s)	密度/(g/cm^3)	表面张力/(10^{-5}N/cm)
143AZ	29.4	1.9	16
143AY	104	1.9	18
143AX	300	1.9	18
133AD	1030	1.9	19

Streastor 等人采用载荷 150mN，滑动速度在 0.25～250mm/s 范围内变化，润滑膜厚度介于 2.3～80nm 之间，测量出不同膜厚条件下，摩擦力随着滑动速度的变化，由此发现纳米润滑膜存在 3 种润滑状态，即黏着润滑、流体动压润滑和剪切稀化润滑。

图 6-14 给出润滑膜厚 h 分别等于 40、23、10 和 4nm 时，平均摩擦力与滑动速度的关系，在膜厚不变的条件下即是摩擦力与剪应变率的关系。

图 6-14(a)为膜厚 $h=40$nm 时的情况。在中间速度范围内，摩擦力与滑动速度呈线性变化关系，而且 4 种润滑剂摩擦力的相对大小与表 6-2 中黏度数值相互对应。由此可见，在中间速度(即剪应变率)区域属于流体动压润滑状态。图 6-14(b)的膜厚 $h=23$nm，平均摩擦力的变化规律与膜厚 $h=40$nm 时相似，但流体动压润滑状态的速度范围已经缩小，平均摩擦力却有所增加。

实验表明，膜厚 23nm 是连续介质力学可应用的最小膜厚。低于此膜厚时，将不出现流体动压润滑状态，如图 6-14(c)和(d)所示。除黏度最低的 143AZ 在膜厚 $h=10$nm 时出现很小速度范围的流体动压润滑之外，在膜厚低于 23nm 时的平均摩擦力都随滑动速度增加而降低。平均摩擦力这种特性与边界润滑机理也不相符合，故称为黏着润滑状态。这是因为在低滑动速度时具有较大的平均摩擦力，例如膜厚 $h=10$nm 时低速平均摩擦力最大达到 318mN，超过无润滑的平均摩擦力典型值 50mN 的 5 倍，而边界润滑的平均摩擦力总是低于无润滑的固体摩擦力。其次，根据边界润滑机理，边界膜越厚，平均摩擦力应越小，而由图 6-14(c)和(d)得出，低速时膜厚 10nm 的平均摩擦力反而大于膜厚 4nm 的平均摩擦力。

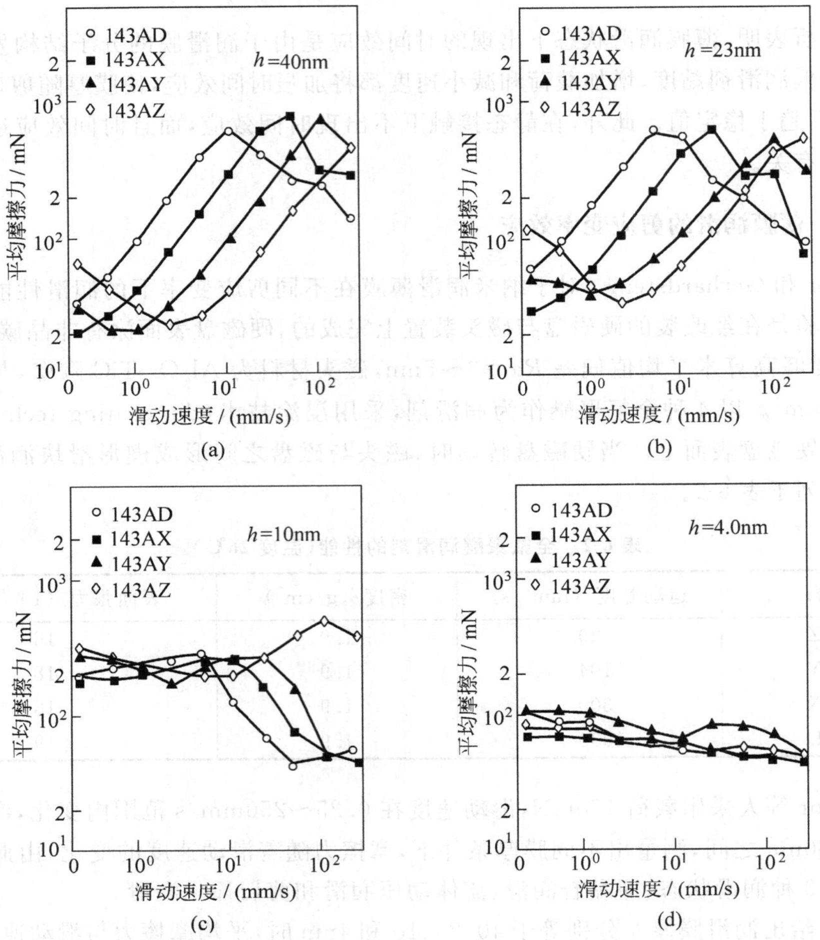

图 6-14　平均摩擦力与滑动速度的关系

黏着润滑的机理十分复杂，可以简单地认为它与表面分子间范德华力（Van-der Wads）作用有关。黏着润滑与流体动压润滑状态之间的转化取决于润滑膜的剪应变率的大小，而后者是由膜厚和滑动速度两个因素决定的。

由图 6-14(a)和(b)可知，在滑动速度更高的区域，纳米润滑膜的平均摩擦力随速度增加而降低。这是由于在高的剪应变率作用下，润滑膜出现强烈的剪切稀化现象使黏度迅速下降，从而导致平均摩擦力降低。例如对于 143AD 润滑剂，在滑动速度为 250mm/s 时，平均摩擦力为 130mN，所对应的黏度值只有 6.7×10^{-3} Pa·s，它比 143AD 的正常黏度 1.95Pa·s 低，后者是前者的 300 倍。这种润滑状态称为剪切稀化润滑。

应当指出，润滑膜承受的剪应变率实质上就是流速沿膜厚方向的速度梯度。由于膜厚处于纳米级尺度，在很小的滑动速度下剪应变率即可达到 $10^7\sim10^8\,s^{-1}$ 量级，因而剪切稀化效应是薄膜润滑不可忽视的因素。

6.3 纳米薄膜润滑数值分析

6.3.1 薄膜润滑数值分析的难点

应当指出对亚微米、纳米薄膜润滑的数值计算将遇到许多复杂现象。例如，润滑薄膜的分子结构和非牛顿特性、薄膜固化与相变、极限切应力与屈服失效、表面粗糙度效应以及润滑膜含固体颗粒等，这些都是现今润滑理论所未涉及而又未被充分认识的重要问题。

如上所述，当润滑膜薄到分子尺度时，由于液体分子结构的有序化，连续介质的假设将不再适用。目前普遍认为，润滑膜厚至少应大于液体分子尺寸一个量级才可以有效地应用连续介质力学分析其润滑行为。对于分子光滑表面，以连续介质力学为基础的雷诺方程适用的极限膜厚为 30nm。也有人认为，对于更薄的润滑膜，只需要引入简单的修正系数，仍可采用雷诺方程进行分析。

液体在高压力作用下将发生相变即固化，各种润滑剂的固化压力与润滑膜厚度和剪应变率有关。胡元中等人[13]通过分子动力学模拟计算得出，纳米薄膜中液体的等效黏度随膜厚减小而逐渐增大，当膜厚减小到一定程度时，黏度急剧增加而完全丧失流动性即出现液固相变，而且相变压力随膜厚减小而降低。Granick(1991 年)指出，连续的剪切运动对液体固化有抑制作用，剪应变率越大，固化压力越高。由此可见，润滑膜固化给薄膜润滑数值分析带来很大困难。

除固化之外，润滑薄膜非牛顿性的另一个重要特性是极限剪应力的存在。如图 6-15 所示，在目前提出的各种流变模型中，对于润滑膜的剪应力极限有黏塑性极限和指数型极限两种。在指数型极限模型中，又提出了不同的指数值。在润滑分析计算中，通常采用指数型流变模型，取 $n=1.8$ 或 2。

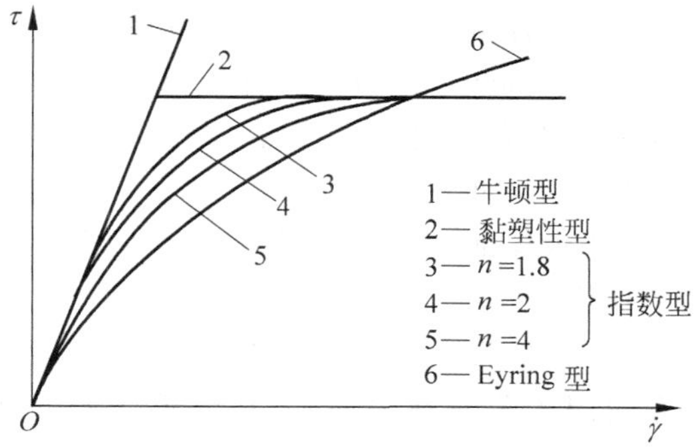

图 6-15 流变模型

润滑膜的极限剪应力作为液体的流变性质，它应当与压力、温度等有关。胡元中等人[13]关于剪切流动的分子动力学模拟计算证明，极限剪应力的数值随膜厚减小而增大。润滑薄膜中液体的流动分为两个区域，在靠近运动表面的区域液体承受很大的剪应力，当它超过极限剪应力时，在液固界面上还将出现速度滑移现象。

黄平和温诗铸[14]考察了润滑膜因极限剪应力诱发润滑膜的失效过程，随后指出，当润滑膜在剪切运动中达到极限剪应力时液体开始屈服，在润滑膜内部或在液固界面上将产生滑动。随着剪应变率增加，滑动区逐渐扩大，进而导致润滑膜丧失承载能力。

另外，随着润滑膜厚的减小，表面形貌的影响变得十分重要。对于薄膜润滑状态，采用由 Navier-Stokes 方程简化而得出的雷诺方程分析粗糙表面润滑是否有效也是需要研究的问题。Elrod(1973 年)提出区分两种粗糙度，即雷诺粗糙度和 Stokes 粗糙度。若以 l 表示粗糙峰波长，h 为各点的膜厚，当 $h/l \ll 1$ 时为雷诺粗糙度，适合薄膜润滑情况，此时可以应用雷诺方程进行分析计算。而当 $h/l \gg 1$ 时为 Stokes 粗糙度，则必须采用 Navier-Stokes 方程。不过，也有人提出采用 Navier-Stokes 方程分析粗糙表面的薄膜润滑更符合实际。

润滑膜含固体颗粒也造成薄膜润滑理论分析的困难。实验表明，经过精细过滤后的润滑油中所含固体颗粒的尺寸通常大于膜厚好几倍。固体颗粒严重影响薄膜润滑性能，甚至造成表面损伤。虽然关于润滑膜中颗粒运动规律的研究已有报道，但是含固体颗粒的润滑模型尚未建立。

总之，虽然薄膜润滑的物理模型和数值分析受到润滑研究者的普遍重视，但由于其复杂性，迄今为止还处于揭示现象和规律以及寻求建立计算模型和求解方法的阶段。

6.3.2　薄膜润滑数学模型

近年来，美国伦塞勒工学院(Rensselaer polytechnic institute)的 Tichy 博士关于薄膜润滑数值计算发表了一系列研究报告，先后提出了 3 种物理数学模型和数值计算结果，对于薄膜润滑理论进行了有益的探索。

1. *方向因子模型*

1993 年，在清华大学召开的摩擦学国际研讨会上，Tichy[15] 提出方向因子(director)模型及其数值分析解。他认为薄膜润滑是由许多产生摩擦和承载的微接触所组成，如图 6-16 所示。微接触区的膜厚 $h=1 \sim 10\text{nm}$，润滑油分子尺寸约为 1nm，微接触的结构是润滑油中的极性分子吸附在表面上，靠近表面的润滑油层呈类固体特性，远离表面的油层保持为液体。为此，Tichy 提出用方向因子即方向跟随分子走向而调整的单位向量来表示润滑膜结构。采用 3 个材料参数表示润滑薄膜的流变性质，即

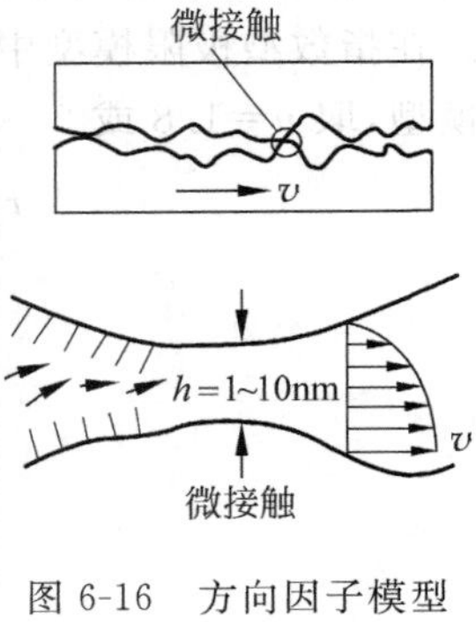

图 6-16　方向因子模型

(1) 常规黏度：表征润滑膜液体部分的黏性阻力，它对润滑的作用与对通常流体润滑的作用相同。

(2) 方向黏度：由于方向因子的方向变化引起的流动阻力。

(3) 弹性模量：由于方向因子附着在表面上，在靠近表面的润滑油层呈现类固体的特性。

对于图 6-16 所示的流变模型，Tichy 计算了楔形滑块的薄膜润滑问题。计算表明，吸附分子垂直于表面，吸附层呈类固体性质。当润滑膜沿垂直于方向因子流动时，黏性阻力很大，该阻力用方向黏度表示。当润滑膜沿方向因子流动时，则黏性阻力大大降低，可以用常规黏度表示。

2. *表面层模型*

根据表面附近吸附膜的黏度可以比体相黏度增加几个量级的情况，Tichy(1995 年)提出薄膜润滑的表面层模型。该模型包含常规黏度、表面层厚度和表面层黏度等 3 个材料参

数。他认为,根据表面附近的润滑剂分子微观结构,可以将其视为黏度很高的刚性表面层。这样,沿膜厚方向润滑膜具有两种黏度。

若 z 为膜厚方向坐标,h 为膜厚,δ 为表面层厚度,η_0 为常规黏度,η_s 为表面层黏度,则

$$\eta = \eta_s, \qquad z \leqslant \delta \quad \text{或} \quad z \geqslant h - \delta$$

$$\eta = \eta_0, \qquad \delta < z < h - \delta$$

以上 η_0 和 η_s 可以用黏度计测量,而 δ 值可以根据润滑剂分子结构和表面能计算。

Tichy 根据表面层模型推导出修正的雷诺方程,并应用于求解楔形滑块薄膜润滑。计算表明,表面层厚度和表面层黏度是影响润滑性能的主要参数,表面层厚度增加或表面层黏度增加都将使承载量增加和摩擦因数减小。

3. 多孔表面层模型

随后,Tichy(1995 年)将润滑膜靠近表面的润滑剂分子结构处理为一层多孔状的涂层,它附着在固体表面上。该模型采用的 3 个材料参数为常规黏度、多孔层厚度和孔状参数。其中,多孔层厚度由润滑剂分子结构和表面能计算,而孔状参数则由实验测定。

Tichy 根据 Darcy 定律确定多孔层的特性,进而推导出修正的雷诺方程,应用它求解楔形滑块润滑的承载量、摩擦因数及其与多孔层厚度和孔状参数的关系。

应当指出,以上几种模型并不完善,材料参数也缺乏实验数据,因此难以实际应用。

张朝辉等人[16]提出基于实验测试的纳米薄膜黏度修正公式,并在此基础上对薄膜润滑进行数值分析,计算结果与实验大体上吻合。

6.4 纳米气体薄膜润滑

一般的气体润滑方程是基于可压缩连续介质气体动力学方程,即通常的气体润滑雷诺方程。但是,在环境接近真空条件下,或在常温、常压、非常小的间隙条件下,基于气体动力学理论的模型不再适用。接近真空条件或非常小间隙流动中的一些独特现象是无法用现有的流体动力学理论加以解释的,被称为稀薄气体流动的问题。随着气膜厚度不断下降到纳米级尺度时,稀薄效应将显现,如在微机电系统中、磁头磁盘的工作过程中都将遇到。

稀薄气体流动首先是在高空稀薄气体环境中高速飞行的物体,其流动表现出稀薄效应。在航空航天实际需要的推动下,国内外已进行了大量稀薄气体动力学和稀薄气体传热学的实验研究,这些研究大大丰富了稀薄气体动力学和稀薄气体传热学的内容。随着 21 世纪发展起来的纳米技术,如离子材料加工、微电子蚀刻、微机电系统(micro-electro-mechanical system,MEMS)、精细化工、真空系统等,遇到的流动问题也涉及稀薄效应问题,而且稀薄效应有时起着关键的作用,使这方面的研究变得十分重要。下面主要讨论微器件纳米气体润滑的稀薄效应[17]。

6.4.1 稀薄气体效应

为了描述气体偏离连续介质的程度,克努森定义了一个量纲化参数 Kn,即克努森数,其表达式为

$$Kn = \frac{\lambda}{h} \tag{6-3}$$

式中，λ 是分子平均自由程；h 是流动特征长度，在气体内部流动中，h 通常是槽沟深度或圆管直径。

从克努森数的定义可以知道：当气体分子自由程变化不大时，特征尺寸 h 越小，克努森数越大，问题也就越偏离经典气体润滑问题。所以，在小尺寸的装置中，会出现稀薄效应。

Kn 的大小表示了气体的稀薄程度，其值越大，稀薄效应越明显。根据 Kn 的大小可将气体划分如下流动区域：

(1) $Kn\leqslant 0.01$ 为连续介质区(continuum regime)。在此区域，流动可由无滑移边界条件的 Navier-Stokes 方程描述。

(2) $0.01<Kn\leqslant 0.1$ 为滑移流区(slip flow)。这时通常假定的无滑移边界条件看来不再适用，大约由一个平均自由程厚的底层即克努森层(Knudsen layer)开始在壁面和流体主体之间起控制作用。在滑移流区，流动由 Navier-Stokes 方程所控制，并采用速度滑移和温度跳变条件，通过在壁面的部分滑移建立稀薄效应的模型。

(3) $0.1<Kn\leqslant 10$ 为过渡流区(transition flow)。这时，Navier-Stakes 方程不再有效，必须考虑分子间的相互碰撞作用。

(4) $Kn>10$ 为自由分子流区(free molecular flow)。在自由分子流区，分子间的相互碰撞作用和分子与边界的作用相比可被忽略。

有时人们常用逆克努森数 D 作为稀薄效应的判据，逆克努森数的表达式为

$$D=\frac{\sqrt{\pi}}{2Kn} \tag{6-4}$$

微纳米尺度的气体流动由于其特征尺寸小，尽管气体并非真的稀薄，但其克努森数仍然会比较大。当克努森数处于 0.01～10 之间时，稀薄气体既不是绝对的连续介质也不是自由分子流，在此区域需要更进一步的分类。

6.4.2 气体润滑的滑流

1. 滑移流区

由于雷诺方程仅适用于气膜厚度远远大于气体分子平均自由程的情况，当气膜厚度的量级与气体分子平均自由程相当时，必须考虑气体稀薄效应的影响。对于亚微米间隙的气体流，在边界面附近存在一个薄流层，称为克努森层，如图 6-17 所示。

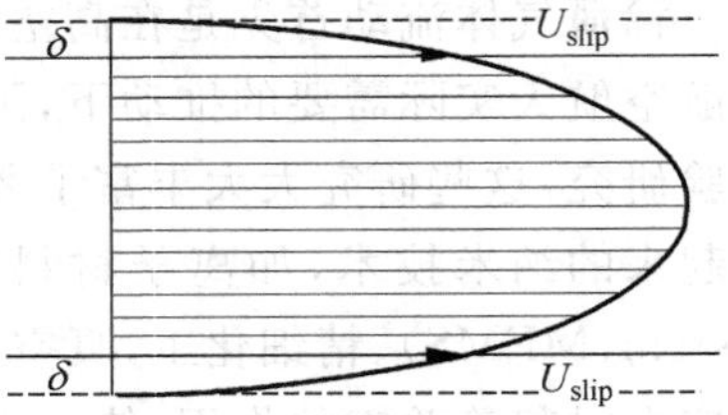

图 6-17 边界滑移示意图

虽然在克努森层连续流体理论不再适用，但是在此层的以外区域，连续流体理论仍适用。可以引入边界滑移速度来描述克努森层，并称这一区域为滑流区。边界滑移速度通常为边界剪应力的函数。下面对几种常用的、适合于滑流区的边界滑移修正模型进行理论推导和分析，考察对象为两块高度为 h 的平行平板的剪切流，上平板固定，下平板以速度 U 平动。

对于 Kn 数远小于 0.01 的稳态气流，流体特性可用 Navier-Stokes 方程描述。在小斜度和膜厚远小于水平方向尺度条件下，在第 2 章得到流速为

$$u=\frac{1}{2\eta}\frac{\partial p}{\partial x}(x^{2}-zh)+(U_{h}-U_{0})\frac{z}{h}+U_{0}$$

$$v=\frac{1}{2\eta}\frac{\partial p}{\partial y}(z^2-zh)+(V_h-V_0)\frac{z}{h}+V_0$$

对流速沿膜厚方向积分，可以得到无滑流边界的流量为

$$\left.\begin{aligned}q_x&=-\frac{h^3}{12\eta}\frac{\partial p}{\partial x}+(U_0+U_h)\frac{h}{2}\\q_y&=-\frac{h^3}{12\eta}\frac{\partial p}{\partial y}+(V_0+V_h)\frac{h}{2}\end{aligned}\right\}\tag{6-5}$$

在稀薄效应下，因为滑流区的存在，因此需要重新分析流速和流量，并据此对润滑控制方程——雷诺方程进行修正。

2. 滑移模型

1）一阶边界滑移模型

设一阶边界滑移模型，即一侧的边界两平行平板上下表面的速度边界条件为

$$\left.\begin{aligned}u|_{z=h}&=U_h-a\lambda\left.\frac{\partial u}{\partial z}\right|_{z=h},\quad v|_{z=h}=V_h-a\lambda\left.\frac{\partial v}{\partial z}\right|_{z=h}\\u|_{z=0}&=U_0+a\lambda\left.\frac{\partial u}{\partial z}\right|_{z=0},\quad v|_{z=0}=V_0+a\lambda\left.\frac{\partial v}{\partial z}\right|_{z=0}\end{aligned}\right\}\tag{6-6}$$

式中，a 为表面适应系数，为气体分子与边界壁面碰撞后的反射类型。

可以得到一阶边界滑移模型的流速，并通过对流速沿膜厚方向积分，从而得到一阶边界滑移模型的流量为

$$\left.\begin{aligned}q_x&=-Q_1\frac{h^3}{12\eta}\frac{\partial p}{\partial x}+(U_0+U_h)\frac{h}{2}\\q_y&=-Q_1\frac{h^3}{12\eta}\frac{\partial p}{\partial y}+(V_0+V_h)\frac{h}{2}\end{aligned}\right\}\tag{6-7}$$

式中，Q_1 为一阶量纲化流量流率

$$Q_1=\frac{D}{6}+\frac{a\sqrt{\pi}}{2}\tag{6-8}$$

2）二阶边界滑移模型

设两平行平板上下表面的速度边界条件为

$$\left.\begin{aligned}u|_{z=h}&=U_h-a\lambda\left.\frac{\partial u}{\partial z}\right|_{z=h}-\frac{1}{2}\lambda^2\left.\frac{\partial^2 u}{\partial z^2}\right|_{z=h},\quad v|_{z=h}=V_h-a\lambda\left.\frac{\partial v}{\partial z}\right|_{z=h}-\frac{a}{2}\lambda^2\left.\frac{\partial^2 v}{\partial z^2}\right|_{z=h}\\u|_{z=0}&=U_0+a\lambda\left.\frac{\partial u}{\partial z}\right|_{z=0}-\frac{1}{2}\lambda^2\left.\frac{\partial^2 u}{\partial z^2}\right|_{z=0},\quad v|_{z=0}=V_0+a\lambda\left.\frac{\partial v}{\partial z}\right|_{z=0}-\frac{a}{2}\lambda^2\left.\frac{\partial^2 v}{\partial z^2}\right|_{z=0}\end{aligned}\right\}\tag{6-9}$$

同理可得，二阶量纲化流量流率 Q_2 为

$$Q_2=\frac{D}{6}+\frac{a\sqrt{\pi}}{2}+\frac{a\pi}{4D}\tag{6-10}$$

3）一阶半边界滑移模型

设两平行平板上下表面的速度边界条件为

$$\left.\begin{aligned}
u\big|_{z=h} &= U_h - a\lambda \left.\frac{\partial u}{\partial z}\right|_{z=h} - \frac{a}{2}\left(\frac{2}{3}\lambda\right)^2 \left.\frac{\partial^2 u}{\partial z^2}\right|_{z=h} \\
v\big|_{z=h} &= V_h - a\lambda \left.\frac{\partial v}{\partial z}\right|_{z=h} - \frac{1}{2}\left(\frac{2}{3}\lambda\right)^2 \left.\frac{\partial^2 v}{\partial z^2}\right|_{z=h} \\
u\big|_{z=0} &= U_0 + a\lambda \left.\frac{\partial u}{\partial z}\right|_{z=0} - \frac{a}{2}\left(\frac{2}{3}\lambda\right)^2 \left.\frac{\partial^2 u}{\partial z^2}\right|_{z=0} \\
v\big|_{z=0} &= V_0 + a\lambda \left.\frac{\partial v}{\partial z}\right|_{z=0} - \frac{1}{2}\left(\frac{2}{3}\lambda\right)^2 \left.\frac{\partial^2 v}{\partial z^2}\right|_{z=0}
\end{aligned}\right\} \tag{6-11}$$

同理有，1.5 阶量纲化流量流率 $Q_{1.5}$ 为

$$Q_{1.5} = \frac{D}{6} + \frac{a\sqrt{\pi}}{2} + \frac{a\pi}{9D} \tag{6-12}$$

4) Liu 一阶和二阶边界滑移模型

Liu 从二维分子动力学的特点推导出新的一阶和二阶边界滑移模型[18]，其 Poiseuille 流率表达式分别为

$$Q_{1,\mathrm{Liu}} = \frac{D}{6} + \left(\frac{2}{3}\right)\frac{a\sqrt{\pi}}{2} \tag{6-13}$$

$$Q_{2,\mathrm{Liu}} = \frac{D}{6} + \left(\frac{2}{3}\right)\frac{a\sqrt{\pi}}{2} + \left(\frac{1}{2}\right)\frac{a\pi}{4D} \tag{6-14}$$

图 6-18 给出了各种模型的流量因子 Q 与逆克努森数 D 的曲线图。由图 6-18 中可以看出，在 D 较大时，各曲线都趋近于连续介质理论的曲线。但是随着 D 的减小，Q 开始增加，且各种模型的曲线出现明显不同。一阶模型的 Q 值偏小，二阶模型的 Q 值偏大，一阶半模型介于前两者之间。Liu 的一阶和二阶模型和原形式相比 Q 值略小。

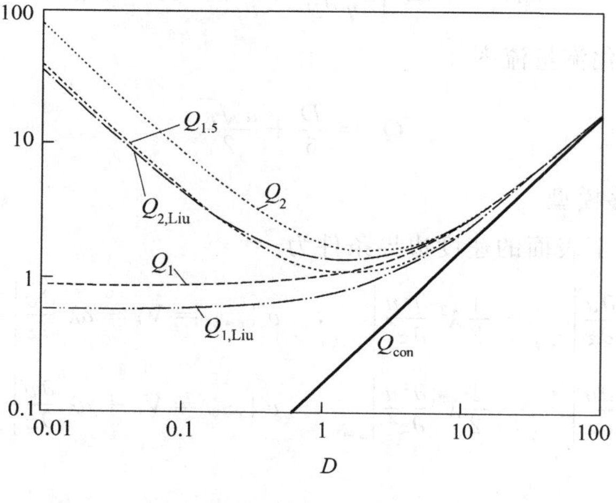

图 6-18 各种滑移模型的 Poiseuille 流量因子 Q 与逆克努森数 D 的关系比较

6.4.3 基于 Boltzmann 方程的定常流数值分析

根据克努森数对气体流动的分类，当微纳气体流动处在过渡区时，更符合实际的是 Boltzmann 方程

$$\frac{\partial f}{\partial t}+v\frac{\partial f}{\partial r}+F\frac{\partial f}{\partial v}=\int_{-\infty}^{+\infty}\int_{0}^{4\pi}(f'f'_1-ff_1)g\sigma(g,r)\mathrm{d}\Omega\mathrm{d}v_1 \tag{6-15}$$

式中，$f=f(r,v,t)$，$f_1=f(r,v_1,t)$，$f'=f'(r,v',t)$，$f'_1=f(r,v'_1,t)$；f 表示 t 时刻处于 r 至 $r+\mathrm{d}r$ 的微体积元中的气体分子的速度处于 v 至 $v+\mathrm{d}v$ 范围内的分子数；v 与 v_1 表示碰撞前两个分子的速度；v' 与 v'_1 是它们碰撞后的速度；两个分子之间的相对速度碰撞前后大小不变，仅有方向的变化，以 Ω 表示碰撞后相对速度 g' 的方向；σ 是微分碰撞截面，它与分子之间的作用力模型有关；F 是单位质量分子的受力。

Boltzmann 方程(6-15)描述了六维相空间(即位置三维空间和速度三维空间)中分子数的守恒关系。鉴于该方程中碰撞积分带来的复杂性，解析求解很困难，目前仅得到以 Maxwell 平衡分布为代表的少数几个解析解

$$f=\frac{n}{\left(\frac{2\pi kT}{m}\right)^{2/3}}\exp\left(-\frac{v_x^2+v_y^2+v_z^2}{\frac{2kT}{m}}\right) \tag{6-16}$$

6.4.4 考虑稀薄气体效应的雷诺方程

硬盘驱动器磁头与磁盘间流体流动表现出明显的稀薄气体效应。磁头与磁盘的间隙已经降低到 10nm 以下，在这样的微小间隙内复杂流域区，稀薄气体效应到底产生怎样的影响，以及流体在各个流域的分布情况都需要进行较深入的分析。

通常是利用流速分布不同对雷诺方程的修正来实现的。下面以 Fukui 从 Boltzmann 方程得到修正可压缩雷诺方程作一介绍[20]。

式(6-4)给出的逆克努森数 D 实际就是压力 P 和膜厚 H 的函数，通过对控制方程的求解，已知压力 P 和膜厚 H 分布后，就可以利用 D 来判断各流域的分布情况。D 还可写成

$$D=D_0PH \tag{6-17}$$

式中，D_0 为特征逆克努森数，由最小膜厚 h_0 和环境压力 p_0 决定，

$$D_0=\frac{p_0h_0}{\eta\sqrt{2RT_0}}$$

式中，R 为气体常数，$R=287\ \mathrm{J/(kg\cdot K)}$；$T_0$ 为室温，一般取 293K；η 为气体黏度。

为了使近似方程能满足超薄气膜的精确分析，通过对线性化 Boltzmann 方程的数值计算，引入修正模型得到适合于超薄气膜润滑的雷诺方程，其量纲化形式为

$$\frac{\partial}{\partial X}\left(PH^3Q\frac{\partial P}{\partial X}\right)+A^2\frac{\partial}{\partial Y}\left(PH^3Q\frac{\partial P}{\partial Y}\right)=\Lambda_x\frac{\partial(PH)}{\partial X}+\Lambda_y\frac{\partial(PH)}{\partial Y}+\sigma\frac{\partial(PH)}{\partial T} \tag{6-18}$$

式中，P 为量纲化压力，$P=p/p_a$，p_a 是环境气压；H 为量纲化膜厚，$H=h/h_0$；X，Y 为量纲化坐标，$X=x/L$，$Y=y/B$；A 为长度与磁头宽度的比率，$A=L/B$；Λ 为轴承数，$\Lambda_x=6\eta UL/p_a/h_0^2$，$\Lambda_y=6\eta UB/p_a/h_0^2$，$\eta$ 为气体黏性系数，U 为滑动速度；Q 为量纲化流量系数；T 为量纲化时间，是以滑板时间谐振的一个特征频率 ω_0 的量纲化时间；σ 为挤压数；$\sigma=12\eta\omega_0L^2/p_a/h_0^2$。

Fukui 和 Kaneko[20]采用分段多项式与数值计算值拟合的方法建立了表面适应系数为 1，以逆克努森数 D 表达的流量系数式为

$$
\left.\begin{aligned}
&Q=\frac{Q_{\mathrm{p}}}{Q_{\mathrm{c}}}\\
&Q_{\mathrm{c}}=\frac{D}{6}\\
&Q_{\mathrm{p}}=\frac{D}{6}+1.0162+\frac{1.0653}{D}-\frac{2.1354}{D^2}, \qquad 5\leqslant D\\
&Q_{\mathrm{p}}=0.138\,52D+1.250\,87+\frac{0.156\,53}{D}-\frac{0.009\,69}{D^2}, \qquad 0.15\leqslant D<5\\
&Q_{\mathrm{p}}=-2.229\,19D+2.106\,73+\frac{0.016\,53}{D}-\frac{0.000\,069\,4}{D^2}, \quad 0.01\leqslant D<0.15
\end{aligned}\right\} \tag{6-19}
$$

6.4.5 磁头/磁盘超薄气体润滑计算[21]

下面对稳态磁头/磁盘在超薄气体下工作的性能进行润滑分析。对应的量纲化的雷诺方程可写成

$$
\Lambda_x\frac{\partial(PH)}{\partial X}+A\Lambda_y\frac{\partial(PH)}{\partial Y}=\frac{\partial}{\partial X}\left(PH^3Q\frac{\partial P}{\partial X}\right)+A^2\frac{\partial}{\partial Y}\left(PH^3Q\frac{\partial P}{\partial Y}\right) \tag{6-20}
$$

1. 大轴承数问题的解决

为了求解超薄气体润滑大轴承数问题，我们对式(6-20)分析如下：

(1) 由于所要解决的是大轴承数问题，因此含有 Λ_x 和 Λ_y 的剪切流项，在 δ_0 很小的时候，其数值远远大于其他的两个压力流项。所以，如果还是按传统的润滑计算，把其作为差分的辅助项计算时，实际上是用大数修正小数，会对较小的压力带来很大的修正量，从而使得迭代过程容易出现失稳。

(2) 在通常的润滑方程中，剪切流并不含有压力项，因此传统的润滑计算必须通过对压力项的差分迭代获得求解变量压力 p。但是方程式(6-20)中，由于气体的可压缩性，剪切流项内包含了求解变量压力 p，这为求解提供了新的可能。

由于以上两点，采用迎风格式可以有效解决大轴承数的问题，将方程(6-20)离散得到

$$
\begin{aligned}
&2\Lambda_x(P_{i,j}H_{i,j}-P_{i-1,j}H_{i-1,j})/\Delta X_i+2A\Lambda_y(P_{i,j}H_{i,j}-P_{i,j-1}H_{i,j-1})/\Delta Y_j\\
&=0.5[(QH^3)_{i+1/2,j}(P_{i+1,j}^2-P_{i,j}^2)-(QH^3)_{i-1/2,j}(P_{i,j}^2-P_{i-1,j}^2)]/\Delta X_i^2+\\
&\quad 0.5A^2[(QH^3)_{i+1/2,j}(P_{i,j+1}^2-P_{i,j}^2)-(QH^3)_{i-1/2,j}(P_{i,j}^2-P_{i,j-1}^2)]/\Delta Y_j^2
\end{aligned} \tag{6-21}
$$

整理后有

$$
\begin{aligned}
\hat{P}_{i,j}=&\{2\hat{P}_{i-1,j}\Lambda_xH_{i-1,j}/\Delta X_i+0.5[(\hat{Q}H^3)_{i+1/2,j}\widetilde{P}_{i+1,j}^2+(\hat{Q}H^3)_{i-1/2,j}\hat{P}_{i-1,j}^2]/\Delta X_i^2+\\
&2\hat{P}_{i,j-1}A\Lambda_yH_{i,j-1}/\Delta Y_j+0.5A^2[(\hat{Q}H^3)_{i,j+1/2}\widetilde{P}_{i,j+1}^2+\\
&(\hat{Q}H^3)_{i,j-1/2}\hat{P}_{i,j-1}^2]/\Delta Y_j^2\}/\{2\Lambda_xH_{i,j}/\Delta X_i+2A\Lambda_yH_{i,j}/\Delta Y_j+\\
&0.5\widetilde{P}_{i,j}[(\hat{Q}H^3)_{i+1/2,j}+(\hat{Q}H^3)_{i-1/2,j}]/\Delta X_i^2+\\
&0.5A^2\widetilde{P}_{i,j}[(\hat{Q}H^3)_{i+1/2,j}+(\hat{Q}H^3)_{i-1/2,j}]/\Delta Y_j^2\}
\end{aligned} \tag{6-22}
$$

式中，变量上面带“~”的变量为迭代前的值，带“^”的变量为迭代后的值。

2. 阶梯突然变化处理

在 3.1.3 节,介绍了处理突变膜厚的方法,磁头/磁盘问题就属于这类情况,利用

$$q_{i+1/2,j}=\frac{2q_{i+1,j}q_{i,j}}{q_{i+1,j}+q_{i,j}} \tag{6-23}$$

式中,$q=PHQ^3$,见式(6-20)。

对 y 方向的流量系数有类似式(6-23)的公式。另外需要特别指出,如果不做如上的折算处理,得到的结果可能出现较大的误差。

3. 多轨式磁头计算结果

实际中使用的多轨磁头的主要尺寸、工况与结构在表 6-3 和图 6-19 中给出。

表 6-3 磁头主要尺寸与工况参数

参 数	数 值	参 数	数 值
磁头长度 L/m	1.235×10^{-3}	外压 p_0/Pa	1.0135×10^{5}
磁头宽度 B/m	0.7×10^{-3}	速度入射角 α_s/(°)	12.361
最小膜厚 $h_{\min}$/m	10×10^{-9}	磁头侧翻角 α_r/rad	$6.146\,53\times10^{-6}$
磁盘线速度 U/(m/s)	25	磁头翻滚角 α_p/rad	1.87×10^{-4}
气体黏度 η/(Pa·s)	1.8060×10^{-5}		

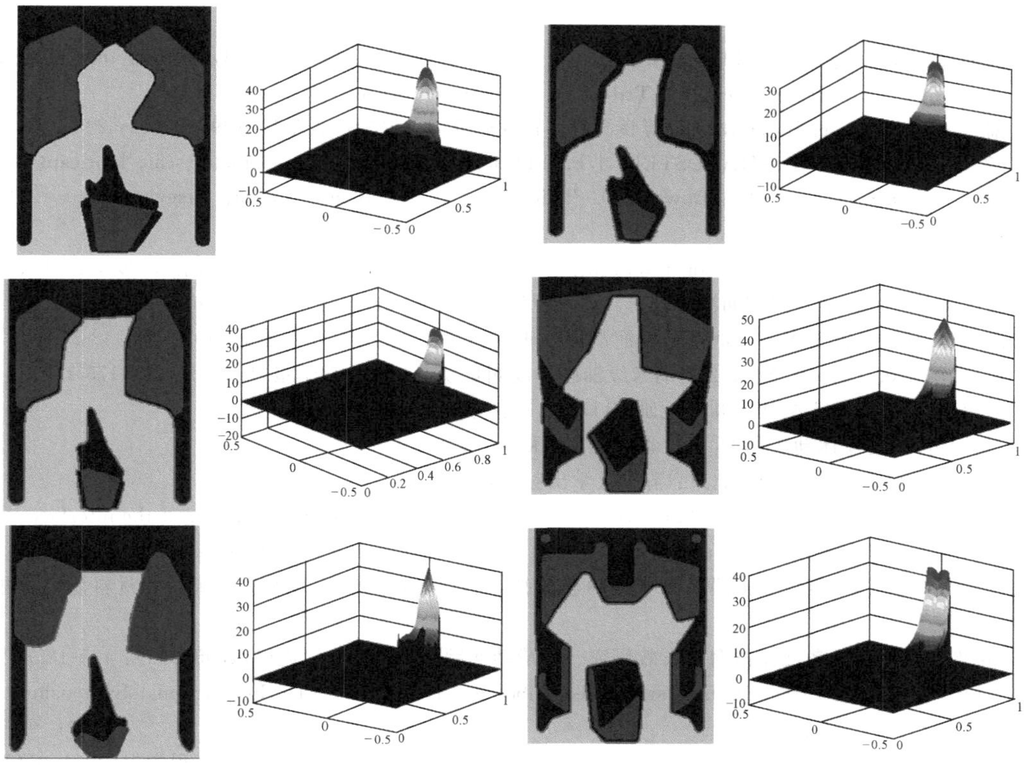

图 6-19 磁头结构与压力分布

磁头具有两级阶梯，两级阶梯相对最小膜厚的高度分别是 114nm 和 1.77μm，膜厚的表达式如下

$$h(X,Y)=h_0(X,Y)+L(X_N-X)\sin(\alpha_p+\alpha_0)+B(Y_M-Y)\sin\alpha_r+(LX+x_0-L)(X-X_0)/(7.8125\times10^6)+h_{min} \tag{6-24}$$

式中，$h_0(X,Y)$为磁头原始高度(即阶梯高度)；右端第 2、3 项为倾斜项；第 4 项是加上了最大高度为 33nm 的圆弧；最后加上最小膜厚 $h_{min}=10$nm 构成了最终的膜厚；x_0 和 α_0 分别为最小膜厚点的位置和初始倾角；X_N 和 Y_M 分别为量纲化生标和尾端坐标。

另外，速度分量按下式计算

$$\left.\begin{aligned}U_x&=U\cos\alpha_s\\U_y&=U\sin\alpha_s\end{aligned}\right\} \tag{6-25}$$

利用式(6-22)和式(6-23)对大轴承数和阶梯突变的流量进行修正，并结合式(6-24)和式(6-25)可以计算得到图 6-19 所对应的 6 种不同结构的实际磁头的压力分布。通过与线接触情况的近似解析解对比，数值解与其很接近，这表明结果是合理的。

参考文献

[1]　DOWSON D. Boundary Lubrication—An Appraisal of World Literature[M]. New York: ASME Press,1969.

[2]　JOHNSTON G J, WAYTE R, SPIKES H A. The measurement and study of very thin lubricant films in concentrated contacts[J]. Tribology Transaction, 1991, 34(2): 187-194.

[3]　雒建斌，温诗铸，黄平，等. 纳米级薄膜润滑的特性研究[J]. 仪器仪表学报，1995，16(1)：240-244.

[4]　STREATOR J L, GERHARDSTEIN J P. Lubrication regimes for nanometer-scale lubricant films with capillary effects[M]//Dowson D. Thin Films in Tribology. Leeds: Elsevier Press, 1993: 461-470.

[5]　WEN S. On thin film Lubrication[C]//Proc. lst International Symposium on Tribology,1993, 1: 30-37.

[6]　温诗铸，雒建斌. 纳米薄膜润滑研究[J]. 清华大学学报，2001，41(4/5)：63-68，76.

[7]　温诗铸. 从弹流润滑到薄膜润滑——润滑理论研究的新领域[J]. 润滑与密封，1993(6)：48-56.

[8]　黄平，雒建斌，温诗铸. NGY-2 型纳米级油膜厚度测量仪[J]. 摩擦学学报，1994，14(2)：175-179.

[9]　雒建斌. 薄膜润滑实验技术和特性研究[D]. 北京：清华大学，1994.

[10]　温诗铸. 弹性流体动压润滑[M]. 北京：清华大学出版社，1992.

[11]　温诗铸. 纳米摩擦学[M]. 北京：清华大学出版社，1998.

[12]　THOMPSON P A, Robbins M O, Grest G S. Simulations of lubricant behavior at the interface with bearing solids[M]//Dowson D. Thin Film in Tribology. Leeds: Elsevier Press, 1993: 347-366.

[13]　胡元中，等. 纳米液体润滑膜的分子动力学模拟：Ⅰ球型分子液体的模拟结果[J]. 材料研究学报，1997，11(2)：131-136.

[14]　黄平，温诗铸. 粘塑性流体润滑失效研究——滑动问题[J]. 自然科学进展，1995，5(4)：435-439.

[15]　TICHY J A. Ultra thin film structured tribology[J]. Proc. of lst International Symposium on Tribology,1993,1: 48-57.

[16]　张朝辉，雒建斌，温诗铸. 纳米级润滑膜的粘度修正与薄膜润滑计算[J]. 机械工程学报，2001，37(1)：42-45.

[17]　牛荣军. 稀薄气体动压润滑数值模拟和实验分析[D]. 广州：华南理工大学，2007.

[18]　LIN W. Physical modeling and numerical simulations of the slider air bearing problem of hard disk

drives[D]. Berkley：University of California，2001.

[19] BIRD G A. Molecular gas dynamics[M]. Oxford：Clarendon Press，1976.

[20] FUKUI S，KANEKO R. Analysis of ultrathin gas film lubrication based on linearized Boltzmann equation：first report-derivation of a generalized lubrication equation including thermal creep flow [J]. Trans. ASME J. Tribol，1988，11：253-262.

[21] 黄平，许兰贵，孟永钢，温诗铸.求解磁头/磁盘超薄气膜润滑性能的有效有限差分算法[J].机械工程学报，2007，43(3)：43-49.

第7章　边界润滑与添加剂

在不能获得流体动压膜和弹流润滑膜的条件下，通过某些含添加剂的润滑油在摩擦副表面生成表面膜也可以降低摩擦和减少磨损。广义而言，这种润滑状态统属于边界润滑状态。

研究边界润滑状态的重要性在于它广泛地存在于实际机械设备中，即便是正常工况下处于流体润滑的表面也有相当长的时间处于边界润滑状态，这是由于启动、停车、超负载运行以及制造装配误差等原因所造成的。

由于以下原因，边界润滑是迄今了解还不够充分的一种润滑状态：

(1) 边界润滑涉及极薄的表面层性质和变化，因而实验测试与理论分析都十分困难；

(2) 边界润滑受到许多难以控制的因素的影响，例如，金属表面特性(几何的、物理和化学的)、润滑油中的微量成分以及介质条件(氧或其他气体介质、温度与湿度等)；

(3) 工程实际中的边界润滑状态通常是几种不同类型的机理同时存在，并相互影响，这就使研究工作复杂化。

目前尚无统一的边界润滑理论，而边界润滑的应用也还处于经验状态。

7.1　边界润滑及其类型

边界润滑状态的特征是在摩擦表面上生成一层与润滑介质性质不同的薄膜，其厚度一般在 0.1μm 以下，统称为表面膜或者边界膜。按照结构性质不同，边界膜主要分为吸附膜和化学反应膜，有时是高黏度厚膜。

7.1.1　流体润滑向边界润滑的转化

对滑动轴承在不同的载荷、速度和黏度下的摩擦因数实验，可以得到图 7-1 所示的著名的 Stribeck 曲线，它粗略地表示了润滑状态的转化关系。

图 7-1 中横坐标表征 S_0＝黏度×速度/载荷，即流体润滑中 Sommerfeld 数；纵坐标是摩擦因数 f。图中Ⅰ区属流体润滑状态，两摩擦副表面被连续的流体润滑膜所隔离，流体膜厚 h 比粗糙峰高度 R 大很多。摩擦阻力产生于流体的内摩擦，随着 S_0 的减小摩擦因数降低。图中Ⅱ区统称混合润滑状态，这时摩擦表面之间的间隔接近于表面粗糙峰的高度，载荷由粗糙峰的接触和不连续的流体膜压力共同承担，摩擦阻力是由润滑流体的剪切和粗糙峰的变形和剪切所产生的。随着 S_0 减小，曲线在 c 点处达到最低点，这时出现最低的摩擦因数。当 S_0 进一步下降时，摩擦因数开始上升，直到 d 点后进入区域Ⅲ。在区域Ⅲ，摩擦面之间的间隔减小，粗糙峰的相互作用加强，表面润滑膜的厚度甚至降低到一两个单分子层的厚度，这时系统的摩擦特性完全由表面膜的物理化学作用和粗糙峰的接触力学所决定。

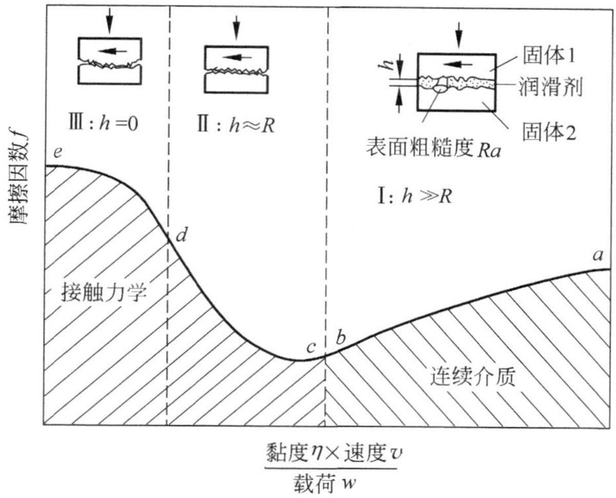

图 7-1　Stribeck 曲线

一般认为边界润滑和混合润滑情况下总摩擦因数包含液体、固体两部分，即流体摩擦因数 f_L、固体摩擦因数 f_S。f_L 由润滑流体的剪切引起，它的值为 $\eta du/dz$，η 是润滑流体的黏度，du/dz 是速度梯度。当两表面处于完全流体润滑时，为了维持摩擦面的完全隔离，必须有足够大的相对滑动速度，f_L 值将随着相对滑动速度的下降而下降。可以把 ab 段的曲线沿着横坐标的减小看作滑动速度 u 的减小。随着 u 的减小，摩擦副之间的间隙也随之减小。当滑动面之间的粗糙峰开始接触从而产生了固体摩擦因数 f_S。由于峰顶的摩擦产生的局部加热作用使周围润滑剂的黏度局部下降，因而造成了 f_L 下降，它的下降值开始超过 f_S 的值，因此总摩擦因数 f 继续沿着 bc 下降到最低点 c。当速度进一步下降时，由于产生固体摩擦的面积增加，固体摩擦因数 f_S 在混合润滑中占优势，所以摩擦因数沿着 cd 上升进入边界润滑状态。

7.1.2　吸附膜及其润滑机理

1. 吸附现象与吸附膜

润滑油中常含有极性物质，以脂肪酸为例，分子式为：$C_nH_{2n+1}+COOH$，它是长链型分子结构，如图 7-2 所示，分子的一端 COOH 称为极性团，整个分子可用直线和圆圈来表示，以圆圈代表极性团。极性团依靠分子或原子间的范德华力牢固地吸附在金属表面上，形成分层定向排列的单分子层或多分子层的吸附膜，这种吸附称为物理吸附。除个别的粗糙峰点之外，吸附膜将两摩擦表面隔开，提供了一个低剪切阻力的界面，因而摩擦因数降低并避免发生表面黏着。长链结构的碳氢化合物都具有物理吸附力，但物理吸附力比较弱，并且物理吸附膜的形成是可逆的。

如图 7-2 所示，吸附膜通常由三四层分子组成，每层分子紧密排列，依靠分子间的内聚力使分子栅具有一定的承载能力，因此两摩擦表面被吸附膜隔开，滑动时是吸附膜之间的外摩擦。

当表面温度较高时，极性分子能与表面金属形成金属皂，例如，$C_nH_{2n+1}+COOM$，它也是极性分子，依靠化学的结合被吸附在金属表面形成分子栅，这种吸附称为化学吸附。需要

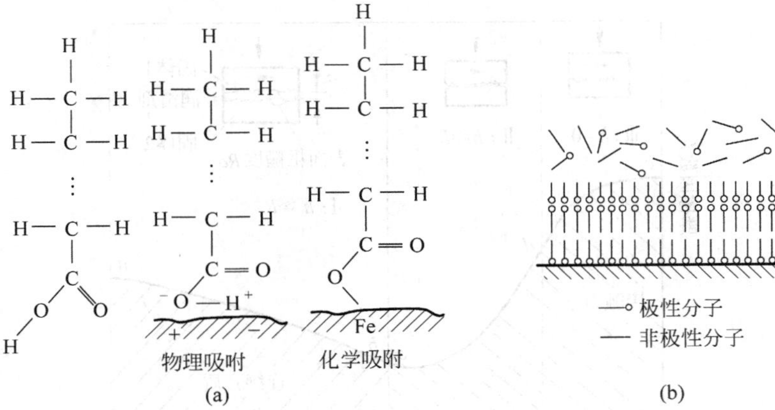

图 7-2 极性分子脂肪酸结构与吸附膜模型

指出，化学吸附膜中的金属离子并不离开原金属的晶格，润滑剂分子也仍保留其原有的物理特性。金属皂膜的熔点比纯脂肪酸的高，热稳定性好。化学吸附膜的形成是不可逆的，与物理吸附膜比较，化学吸附膜可以在较高的载荷、速度和温度下工作。

单位金属表面积上所吸附的分子数量称为比吸附，它是吸附能力的量度。比吸附随极性分子在基液内的浓度增加而增大，各种极性分子都具有最大的吸附量，称为饱和吸附量。图 7-3 给出几种极性分子的吸附曲线。图中表明硬脂酸吸附能力最高，硬脂酸乙酯则较低，在十八醇的曲线上还呈现有转折点，一般认为是相变所致。

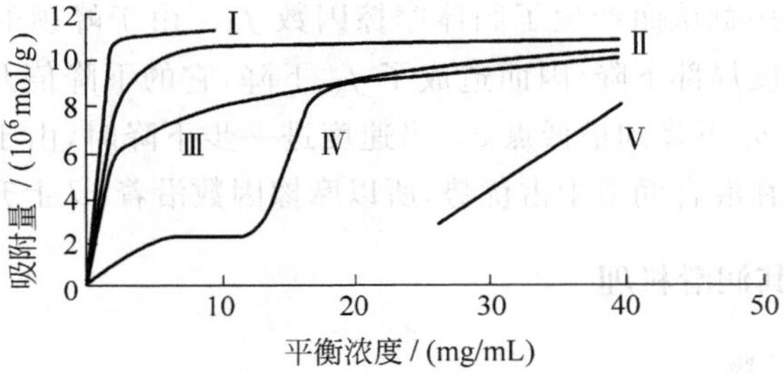

图 7-3 各种极性分子吸附曲线

Ⅰ—硬脂酸；Ⅱ—棕榈酸；Ⅲ—月桂酸；Ⅳ—十八醇；Ⅴ—硬脂酸乙酯

实验表明，在最初阶段吸附进行很快，例如，前 5min 占吸附层约 90%的极性分子完成吸附，但要建立平衡达到饱和状态需要很长的时间。这是由于吸附能力随着与金属表面的距离增加而减小，吸附第二层分子主要依靠第一层分子的吸附力。通常，达到饱和状态的吸附膜具有良好的润滑性能，摩擦因数保持稳定的低值，因此，为了获得良好的润滑效果，吸附膜必须具有一定的层数，如表 7-1 所示。

表 7-1 保证良好润滑条件的吸附膜最佳层数

润滑剂	铂	不锈钢	银	镍	钼
硬脂酸	＞10	3	7	3	3
硬脂酸皂	7～9	1	3	3	3

润滑油与金属表面形成吸附膜的能力以及吸附膜的强度统称为油性。油性是一个综合指标，它同时与润滑油和金属表面的性质和状况有关。动物油的油性最好，植物油次之，而矿物油一般不含脂肪酸，但通常含有未饱和的碳氢化合物，也具有一定的吸附能力，然而油性较弱。活性金属如铜、铁、钒等的吸附能力较强，而金属镍、铬、铂等吸附能力较差。

2. 吸附膜的结构及特性

苏联学者采用气流法测定边界层的黏度，如图 7-4(a)所示。窄缝中的液体在一端通入的气流作用下，液面呈现一定形状。根据液面的形状和牛顿黏性法则可以求得各点的黏度。图 7-4(b)为测量结果。

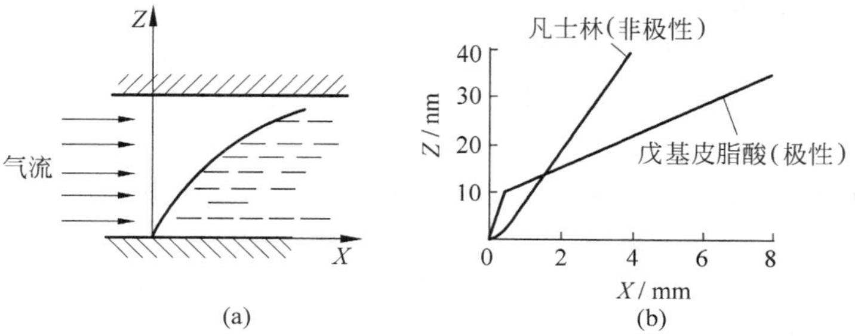

图 7-4 边界层黏度

对于不含极性分子的凡士林油，直到距离固体壁面为 1nm 处，液面保持为一条共同的直线，这说明非极性油的黏度各处相同，而对于极性的戊基皮脂酸，在距离壁面即 10nm 处液面出现转折，即距离壁面一定厚度处的黏度值发生突变，因而其他性质也相应改变。这说明在边界层由于分子的定向排列结构，其性质与液体状态下的不同。

吸附膜中的极性分子相互平行并都垂直于摩擦表面。这种排列方式可以使被吸附的分子数目达到最多。滑动时，在摩擦力的作用下，被吸附的分子将倾斜和弯曲，构成分子刷以减少阻力，因而吸附膜之间的摩擦因数较低，并有效地防止两摩擦表面的直接接触，如图 7-5 所示。

脂肪酸族的分子都能够吸附，但是由于它们的分子链长度不同，吸附膜的润滑效应也不一样。醋酸的分子链最短，而硬脂酸的分子链最长。分子链越长吸附膜越厚，两摩擦表面被隔开得越远。在一般情况下，边界润滑的摩擦因数随极性分子链长的增加而降低，并趋于一个稳定的数值。极性分子的链长取决于分子中的碳原子数，因此随着极性分子中的碳原子数增加，摩擦因数降低。

吸附膜中的分子形成分层定向排列的结构，同一层分子保持一个独立的整体，能够支承载荷，而各层之间形成易于滑动的界面。所以，边界摩擦是各个吸附分子层之间的外摩擦，而边界润滑状态下吸附膜速度沿膜厚方向的变化是阶梯式的，如图 7-6 所示。

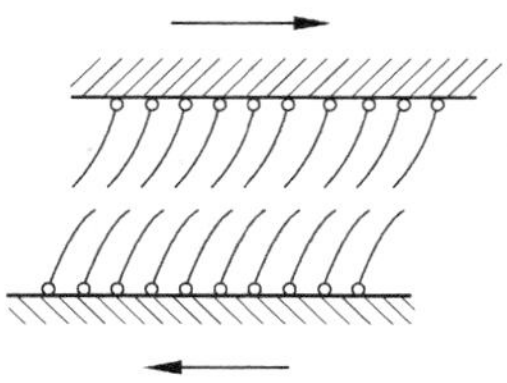

图 7-5 吸附膜的滑动

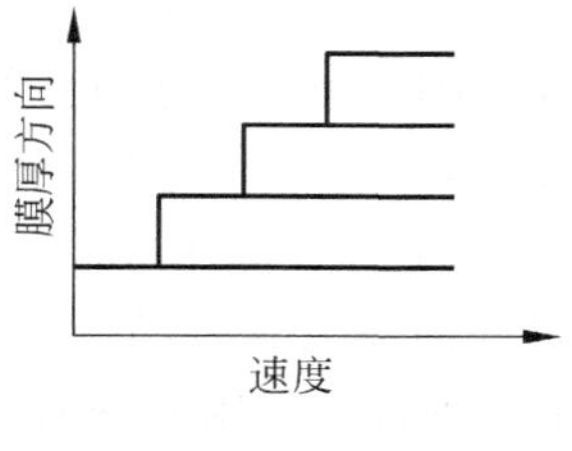

图 7-6 吸附膜流速

边界润滑的效果与润滑油量密切相关，如图 7-7 所示。由于吸附分子覆盖固体表面将使表面的自由能减少。当润滑油量很少时，首先在整个表面上形成单分子吸附层，使表面自由能达到最低。随后，油量增加吸附膜厚度均匀增加，吸附膜形状如图 7-7 中 A 所示。此后自由能的降低将依靠减少吸附膜的表面积，所以油量继续增加，油表面如图中的 B 所示。当油量充足时，润滑油将充满粗糙峰谷而达到图中的 C。由此可知，润滑油量在图 7-7 中的 A 与 C 之间时，粗糙峰顶处的油膜厚度维持不变，而摩擦只发生在峰顶，所以油量不影响摩擦因数的数值。此时，一旦峰顶的油膜破坏，峰谷的油依靠自由能减少的趋势迅速补充峰顶，使峰顶油膜得到恢复。而当油量只能达到 A 或更少时，由于油膜很薄难以流动，峰顶油膜破坏后得不到补充油量，于是产生干摩擦。当油量超过 C 以后，摩擦因数将不稳定。

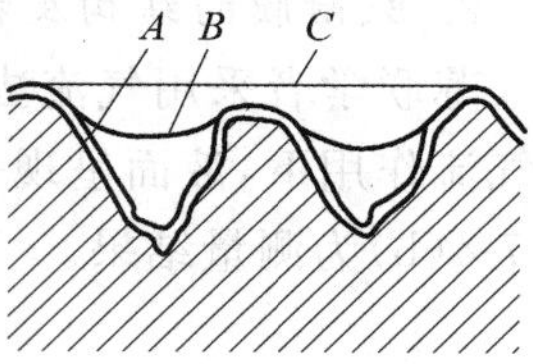

图 7-7 吸附膜油量分配

润滑油中包含的表面极性分子对磨损有双重影响。一方面极性分子形成吸附膜，避免金属直接接触从而减少摩擦和磨损，而另一方面，当金属表面存在裂纹时，极性分子又将促进裂纹扩张，如图 7-8(a)所示，极性分子为了要形成最大的表面吸附膜，乃向裂纹尖端推进，在裂纹表面产生由外向里增加的压力，促使裂纹扩张，此称为尖劈效应。

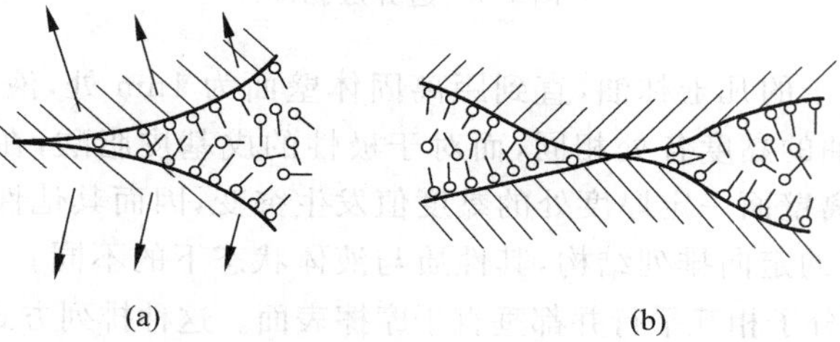

图 7-8 吸附膜的尖劈效应

此外，尖劈效应也是接触峰点处吸附膜承载的原因。如图 7-8(b)所示，接触峰周围的极性分子力图与表面吸附而将两摩擦表面分隔开。尖劈效应还可以使长久静止的两摩擦表面不至于直接接触，因而减少启动摩擦，润滑油尖劈效应的强弱与油性有关。

在载荷过大、冲击性过大、启动停车过于频繁、速度过低或间歇摆动等工况下，一般很难获得足够厚的润滑膜。当表面过于粗糙时，润滑膜的厚度也难以保证粗糙峰脱离接触。这时可以利用润滑油中的极性物质吸附在金属表面形成吸附膜以防止和减轻磨损。为有效利用吸附膜润滑，需要注意以下事项：

(1) 合理地选择摩擦表面材料和润滑剂以及控制表面粗糙度。

(2) 加入必要的油性添加剂。纯矿物油本身不含极性物质，精炼程度不高的矿物油中虽含有 1%～2%的脂肪酸，但它的吸附能力不强。通常的油性添加剂有：高级脂肪酸、酯、醇和它们的金属皂，例如，油酸、二聚酸、硬脂酸铝、油酸丁酯、二聚酸乙二醇单酯、二烷基二硫代磷酸锌、三甲酸磷酸酯以及氯化石蜡等。油性添加剂的加入量通常小于 10%。另外，动植物油也有很好的吸附能力，但缺点是不稳定，易氧化。

(3) 控制工况条件。吸附膜通常只在常温或一二百摄氏度的条件下工作。摩擦副的相对速度也不能太高。在中低速和中轻载荷条件下，吸附膜能有效地减轻黏着磨损、微动磨损和氧化磨损，而对磨粒磨损的减轻程度视磨粒大小而定。

7.1.3　化学反应膜及其润滑机理

对于高速重载的摩擦副，在产生适当接触温度的条件下，润滑油中的成分如极压添加剂中的硫、磷、氯等元素与金属表面进行化学反应，迅速地生成厚的反应膜，如图7-9所示，这种化学反应膜的熔点高，剪切强度低，与金属表面联结牢固，可以保护表面不致发生黏着磨损。在滑动过程中，当反应膜被磨去以后将迅速生成新膜，有效地防止两摩擦表面的直接接触。

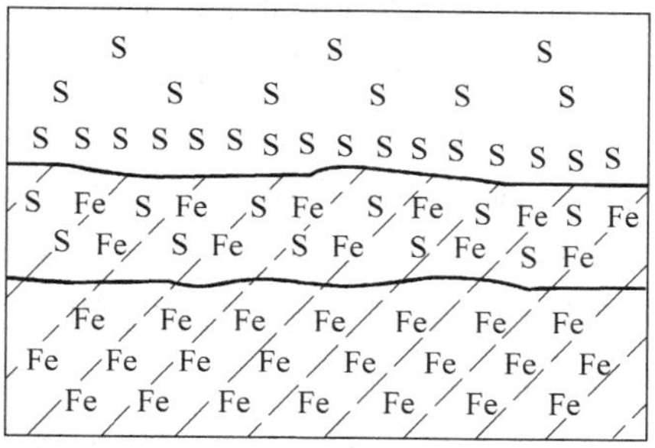

图7-9　化学反应膜的边界模型

化学反应膜主要是防止黏着效应，适用于高温、高速和重载条件，广泛应用于重载齿轮和蜗轮传动的润滑，最常见的化学反应膜是氧化膜。事实上纯净金属表面的摩擦是极少的。通常氧化膜具有减摩作用，但不耐磨损，往往引起氧化磨损。

化学反应膜比吸附膜稳定得多，摩擦因数保持在0.10～0.25之间。良好的润滑效果要求反应膜有一定的厚度，通常化学反应膜厚度为1～10nm。反应膜的形成是不可逆的，但在摩擦过程中，反应膜不断地被磨损又不断地生成，因而它的润滑效果取决于这两种过程的动态平衡。如果反应膜破坏以后不能及时生成新膜，则润滑效果将丧失。

化学反应膜的作用还取决于膜的连接强度，只有当反应膜与母体金属连接牢固时才能起保护金属的作用，否则反应膜反而加剧磨损。此外，生成化学反应膜的添加剂的化学性质相当活泼，容易腐蚀金属，因此应根据摩擦副材料和工况条件等因素来选择添加剂的品种和使用量。

反应膜的主要作用是防止重载、高速、高温下的表面发生胶合，因此这些添加剂叫极压添加剂。因为反应膜毕竟很薄，它减轻磨粒磨损的效果则要根据磨粒的大小而定。反应膜本身属于对金属的腐蚀性产物，所以腐蚀磨损总是存在的。

化学反应膜的临界 pv 值较高，因此润滑油加入极压添加剂可以大大提高摩擦副的抗胶合承载能力，通常为2～4倍，甚至达一个数量级。因此，极压添加剂的研究发展很快。我国研制了各种用途的极压润滑油。以齿轮油为例，中等的极压工业齿轮油已有标准，高极压性的极压齿轮油也已系列化。

1. 化学反应膜的添加剂

(1) 含硫有机化合物中有硫化异丁烯、硫化三聚异丁烯，以及二苄基二硫化物、硫化萜烯等。硫化膜承载能力高，磨损少，水解安定性和熔点都比氯化膜高。含磷有机化合物中常用的有磷酸三甲酚酯、磷酸三乙酯、亚磷酸二正乙酯等。

(2) 磷酸酯、亚磷酸酯和硫化磷酸酯的含氮衍生物作为极压添加剂发展很快，如磷酸酯脂肪胺盐、磷酸酯酰胺、二烷基二硫代磷酸胺盐等，这些化合物不仅保留了硫、磷元素的极压性，而且还引入了胺类长链极性化合物的油性、防锈性和抗氧化性。有机磷化物与金属表面反应生成低熔点合金，对表面起化学抛光作用，所以能减摩和耐磨。

(3) 二烷基二硫代磷酸锌(ZDDP)作为硫-磷型的极压添加剂广泛用于极压齿轮油和液压油，其主要缺点是抗水性差。

(4) 硼酸盐作为极压添加剂在无水的条件下有很好的极压性能。

2. 使用极压添加剂的注意事项

(1) 极压添加剂与油性添加剂要匹配。基础油摩擦因数一般保持高值，而且随温度升高而增加。含脂肪酸(油性添加剂)的润滑油的摩擦因数在临界温度以下工作良好，但在超过临界温度时摩擦因数急剧上升，磨损加速。含极压添加剂的润滑油，在化学反应温度以下工作摩擦因数较高，当达到反应温度以后摩擦因数才下降。对于油性剂和极压剂良好匹配的润滑油，在低温和高温下都能保持稳定的低摩擦因数值。

(2) 与金属表面的材料匹配。极压添加剂本身对金属有腐蚀性，与材料匹配是为了避免发生剧烈的和进展性的腐蚀作用，例如，铜合金轴承遇硫后可能成块剥落，含铅和铜的表面易发生酸蚀等。

(3) 注意极压添加剂对金属的腐蚀作用。在无有效成分控制腐蚀的情况下，应严格控制极压添加剂的添加量，过去常常控制在0.5%以下，目前有越用越高的倾向，有时可达10%～20%。

7.1.4 其他边界膜及其润滑机理

1. 高黏性厚膜

近年来，人们开发出一些有机高分子添加剂，在摩擦过程中由于相互化学作用，在摩擦表面生成高黏性厚膜，其厚度可达1～50nm，呈球形颗粒状或者连续的膜，如图7-10所示。这种膜由于黏度较高，在极低的滑动速度下即可出现流体动压效应而具有承载能力。另外，依靠范德华力作用保证厚膜与固体表面的结合。

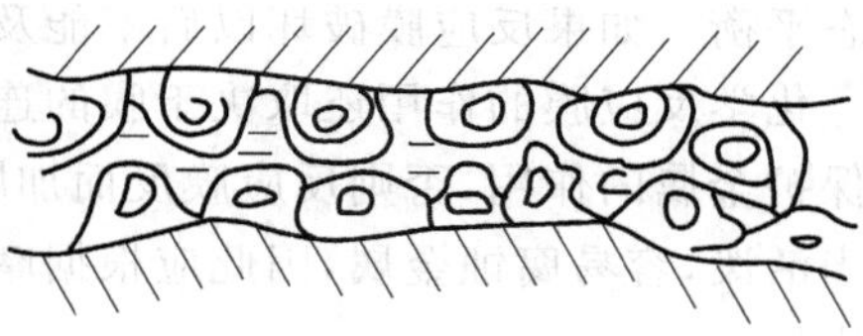

图7-10 高黏性厚膜

这种边界膜可以同时减少黏着效应和犁沟效应，在轻微或中等载荷、中等温度条件下效果显著。

2. 薄膜抛光作用

润滑油中某些成分与金属表面生成很薄的化学反应膜，其剪切强度低而形成易于滑动的界面，所以具有抗黏着能力。此外，在摩擦过程中，该薄膜缓慢地磨去后又生成新的薄膜，使表面逐步抛光修平，因而也减轻犁沟效应。

这种类型的边界膜通常适用于中等温度和中等载荷的工作条件。

3. 表面软化作用

润滑油中所含的特殊化学物质，由于所谓的Rehbinder效应将金属表面软化。这样，由于犁沟效应减少，从而使摩擦因数降低。目前对于这种边界润滑的机理还了解不多，它对于金属表面的精密加工可能是重要的，在摩擦学中的有效应用尚待深入研究。

此外，纯净金属表面自然生成的氧化膜可以显著地降低干摩擦因数，它的作用机理与边界润滑中的化学反应膜基本相同。

7.2　边界润滑的理论

7.2.1　边界润滑模型

一般的工程表面都具有一定的粗糙度。边界润滑通常以混合润滑状态中起主要润滑作用的形式存在，如图 7-11 所示为边界润滑模型。

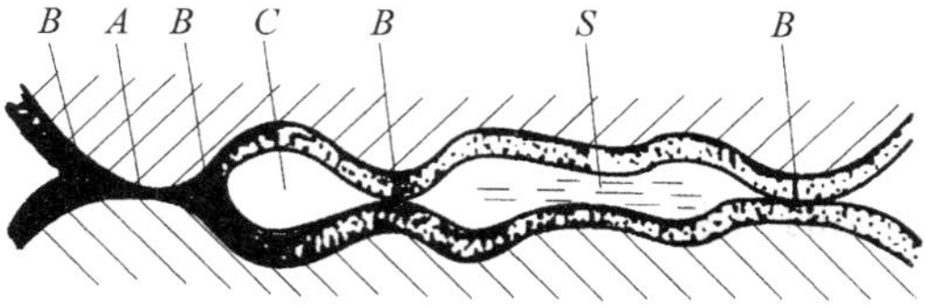

图 7-11　边界润滑模型

当两摩擦表面承受载荷以后，将有一部分粗糙峰因接触压力较大导致边界膜破裂，产生两表面直接接触，如图 7-11 中的 A 所示，而图中 B 表示以边界润滑为主的承载面积，C 为粗糙峰之间形成的油腔，此处边界膜彼此不接触，所以它承受的载荷很小。图中 S 为油膜润滑部分，由于两表面距离很近，运动中产生流体动压或挤压效应而承受一部分载荷。如果滑动面之间的真实接触面积用 A 表示，则摩擦力 F 可以表示为

$$F = A[\alpha_W \tau_S + (1-\alpha_W)\tau_L] + F_P \tag{7-1}$$

式中，α_W 是固体接触面积 A_m 在真实接触面积 A 中所占的百分数，$\alpha_W = A_m/A$；τ_S 和 τ_L 分别是固体和流体表面剪切强度；F_P 是犁沟效应产生的阻力。

总载荷可以写成

$$W = A[\alpha_W p_0 + (1-\alpha_W)p_L] \tag{7-2}$$

式中，p_0 是硬度较低的金属的塑性流动压力；p_L 是润滑剂膜中的压力。取平均压力 $\bar{p}$ 使式(7-2)变为

$$W = A\bar{p}$$

用上式除以式(7-1)，可得到边界润滑的摩擦因数 f_{BL} 为

$$f_{BL} = \frac{F}{W} = \alpha_W\left(\frac{\tau_S}{\bar{p}}\right) + (1-\alpha_W)\frac{\tau_L}{\bar{p}} + f_P \tag{7-3}$$

式中，$f_P = \dfrac{F_P}{\bar{p}A}$，在边界润滑中，式(7-3)的第三项相对很小，可以忽略。

已知干摩擦状态的载荷 W 和摩擦力 F 分别为

$$W = Ap_0$$

$$F = A\tau_S + F_P$$

这里 $p_0 = \bar{p}$ 并可以忽略 F_P，则干摩擦状态下的摩擦因数 f_m 为

$$f_m = \tau_S / \bar{p} \tag{7-4}$$

比较式(7-3)和式(7-4)，并忽略 f_P，可得

$$f_{BL}/f_m = \alpha_W + (1-\alpha_W)\frac{\tau_L}{\tau_S} \tag{7-5}$$

由于 $\tau_L \ll \tau_S$，所以式(7-5)右边第二项可以忽略，也即 $f_{BL}/f_m = \alpha_W$。

对于一般情况，$\alpha_W \ll 1$，由此可知，混合润滑的摩擦因数比干摩擦小很多。

由式(7-3)和式(7-4)，还可以得到

$$f_{BL} = \alpha_W f_m + (1-\alpha_W)\frac{\tau_L}{\bar{p}} + f_P \tag{7-6}$$

对于良好的边界润滑状态，α_W 的值通常在 0.01 或 0.001 以下，甚至更小。这时，式(7-6)可以近似为

$$f_{BL} = \frac{\tau_L}{\bar{p}} + f_P \tag{7-7}$$

7.2.2　影响边界膜性能的因素

为了深入地揭示边界润滑膜的机理，许多学者提出利用润湿性和接触角来判断润滑特性，以及用临界温度计算边界润滑膜失效。虽然这些理论分析尚不够完善，但对于边界润滑理论的发展具有重要作用。

1. 表面张力引起的内部压力

第 1 章介绍了润滑剂的湿润性和接触角的概念、测量及计算。一般认为，润滑剂的湿润性对边界润滑有着重要的影响。润滑剂分子在摩擦表面生成吸附膜所依靠的黏附能与其表面润湿性密切相关。在通常情况下，润湿性是通过测量液体在表面上的接触角实现的。润滑剂与表面的润湿性对于研究表面吸附现象具有重要意义。

当两个平行的固体平板之间存有一滴液体时，会在液滴的端部形成弯月面，若液滴内部的压力小于环境压力，弯月面内凹，如图 7-12(a)所示；反之，弯月面外凸，弯月面内外的压力差称为毛细压力或 Laplace 压力，可以为正值(即内部压力大于环境压力)也可以为负值。

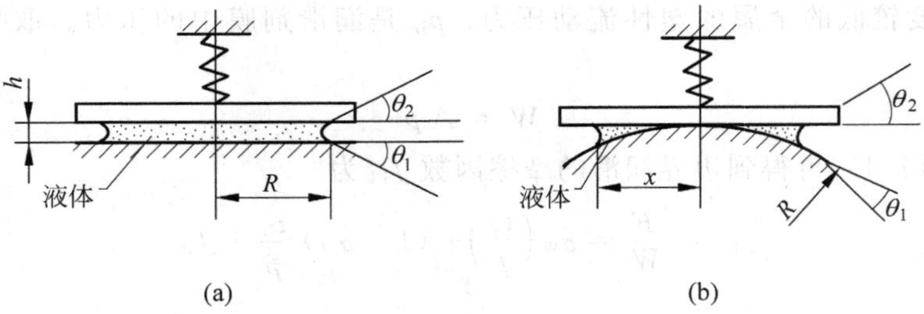

图 7-12　弯月面力

(a) 平板-平板；(b) 平板-球面

根据 Laplace 公式，毛细压力引起的两平行平板间的作用力为

$$F_L = \frac{\pi R^2 \gamma_{lg}(\cos\theta_1 + \cos\theta_2)}{h} \tag{7-8}$$

式中，θ_1、θ_2 分别表示液体与上、下两表面之间的接触角。

可以看出随液滴截面尺寸 R 增大或间隙 h 的减小，弯月面力增大。

若球面与平面相接触，在接触点周围存在液体，如图 7-12(b)所示，则两者之间的弯月

面力为

$$F_L = 2\pi R\gamma_{lg}(\cos\theta_1 + \cos\theta_2)$$

当 $\theta_1 = \theta_2 = \theta$ 时，则有

$$F_L = 4\pi R\gamma_{lg}\cos\theta$$

其大小与球面的曲率半径 R、液体的表面张力以及接触角有关，而与液体体积无关。在边界润滑和微尺度下，弯月面力往往是一个不可忽视的重要作用力。

2. 边界膜吸附热

由边界润滑模型可知，在混合润滑状态下，摩擦副的实际接触面积是由直接接触面积 A_a 和边界膜面积 A_b 两部分组成。若令 $\alpha \equiv \frac{A_a}{A_a + A_b}$，称为相对油膜亏量。由于磨损发生在直接接触部分，所以 α 值表示混合润滑发生磨损的概率。

根据 Bowden 和 Tabor[1] 的分析，混合润滑状态的摩擦因数 f 与干摩擦因数 f_a 和边界膜的摩擦因数 f_b 的关系为

$$f = \alpha f_a + (1-\alpha) f_b \tag{7-9}$$

亦即

$$\alpha = \frac{f - f_b}{f_a - f_b} \quad 和 \quad 1 - \alpha = \frac{f_a - f}{f_a - f_b} \tag{7-10}$$

Kingsbury(1958 年)提出边界膜面积所占比例为

$$1 - \alpha = \exp\left(-\frac{t_x}{t_r}\right) \tag{7-11}$$

式中，t_x 为摩擦表面以滑动速度 U_s 通过接触长度 x 的时间，$t_x = x/U_s$；t_r 为吸附分子占据接触面的平均时间。Frenkel(1924 年) 提出

$$t_r = t_0 \exp\left(\frac{\varepsilon}{R\theta_s}\right) \tag{7-12}$$

式中，t_0 为极性分子垂直于表面的热振动周期；ε 为吸附热即解附热，cal/mol，它是润滑油的基本性质；R 为气体常数；θ_s 为表面接触温度，K。

将以上各式代入式(7-11)后得

$$1 - \alpha = \frac{f_a - f}{f_a - f_b} = \exp\left\{-\left(\frac{x}{U_s t_0}\right)\exp\left(-\frac{\varepsilon}{R\theta_s}\right)\right\} \tag{7-13}$$

或者

$$\ln\left[\ln\left(\frac{1}{1-\alpha}\right)\right]^{-1} = \ln\left[\ln\left(\frac{f_a - f_b}{f_a - f}\right)\right]^{-1} = \ln\left(\frac{U_s t_0}{x}\right) + \frac{\varepsilon}{R\theta_s} \tag{7-14}$$

从式(7-13)或式(7-14)可知，吸附热 ε 越大的润滑剂边界润滑膜所占的比例越大，因此边界润滑效果也就越好。

根据 Lindemann(1910 年)的研究结果

$$t_0 = 4.75 \times 10^{-13}\left(\frac{MV^{2/3}}{\theta_m}\right)^{1/2} \tag{7-15}$$

式中，M 为摩尔质量，g/mol；V 为摩尔体积，cm^3/mol；θ_m 为基础润滑油的熔点，K。

Beerbower(1971 年)提出

$$x = 1.46 \times 10^{-8} V^{1/3} \tag{7-16}$$

并建议选取 $\theta_m = 0.4\theta_r$，θ_r 为润滑油的临界温度值，即开始出现表面擦伤时的绝对温度。将 t_0、x 和 θ_m 值代入式(7-14)得

$$\ln\left[\ln\left(\frac{f_a - f_b}{f_a - f}\right)\right]^{-1} = \ln\left[5.15 \times 10^{-5} U_s \left(\frac{M}{\theta_r}\right)^{1/2}\right] + \frac{\varepsilon}{R\theta_s} \tag{7-17}$$

或

$$\varepsilon = R\theta_s \left\{\ln\left[\ln\left(\frac{f_a - f_b}{f_a - f}\right)\right]^{-1} - \ln\left[5.15 \times 10^{-5} U_s \left(\frac{M}{\theta_r}\right)^{1/2}\right]\right\} \tag{7-18}$$

式(7-18)称为吸附(解附)热方程，它建立了临界温度与吸附(解附)热、摩擦因数和表面接触温度之间的关系。

3. 临界温度

对于边界润滑失效问题，通常根据 Kingsbury(1960 年)提出的 α-θ_r 曲线来分析。由吸附热方程式(7-18)可以计算出在 $0 < \alpha < 1$ 区间不同 α 值时的临界温度 θ_r 值，并作出 α-θ_r 曲线。在实际应用上，通常在 α-θ_r 曲线上选定某个临界点作为边界润滑失效的准则。理论上临界点应当取在 α-θ_r 曲线上曲率变化最大处，即该曲线的拐点，该点应满足 $d^2\alpha/d\theta_r^2$ 为最大值的条件。根据这一条件，可以推导出边界膜失效的临界温度 θ'_r 为

$$\theta'_r = \frac{3\left(\frac{\varepsilon}{R\theta'_r} - 2\right) - \left[5\left(\frac{\varepsilon}{R\theta'_r}\right)^2 - 12\left(\frac{\varepsilon}{R\theta'_r}\right) + 12\right]^{1/2}}{\frac{6.16}{U_s}\left(\frac{\theta_m}{M}\right)^{1/2}\left(\frac{\varepsilon}{R\theta'_r}\right)\exp\left(-\frac{\varepsilon}{R\theta'_r}\right)} \tag{7-19}$$

根据式(7-19)，采用迭代方法可以计算出边界润滑失效的临界温度 θ'_r。

Akin(1972 年)提出了临界温度的简化计算，他以 $\alpha = 0.001$ 作为失效准则，由式(7-14)推导求得临界温度为

$$\theta'_r = \frac{\varepsilon}{R}\left[\ln\left(\frac{x}{t_0}\right) - \ln U_s + 6.907\right] \tag{7-20}$$

即是

$$\theta'_r = \frac{\varepsilon}{R}\left\{\ln\left[3.08 \times 10^4 \left(\frac{\theta_m}{M}\right)^{1/2}\right] - \ln U_s + 6.907\right\} \tag{7-21}$$

式(7-21)称为 Akin 方程。理论上讲，当摩擦副表面接触温度 θ_s 超过临界温度 θ'_r 时，边界润滑膜发生破裂，将出现剧烈磨损。

在平稳的摩擦状态下，边界润滑的摩擦因数一般不随滑动速度改变而保持一定的数值。在由静摩擦向动摩擦转变过程中，吸附膜的摩擦因数随滑动速度增加而下降，然后达到一定数值。化学反应膜的摩擦因数随速度的升高而增加，然后趋于一定数值。在通常的载荷范围内，吸附膜的摩擦因数不因载荷不同而变化。若载荷很高吸附膜发生破裂时，摩擦因数将急剧升高。

温度是影响边界润滑性能的重要因素。各种吸附膜只能在一定的温度范围内正常工作，超过临界温度，吸附膜将发生失向、软化或解附而导致润滑失效。表 7-2 列出由实际得出的饱和脂肪酸的摩擦因数和临界温度。

表 7-2 饱和脂肪酸的摩擦因数和临界温度

名称	熔点/℃	摩擦副材料	低于临界温度时的摩擦因数	临界温度/℃
辛酸	16	钢—铸铁	0.11	70
		钢—钢	0.13	70
癸酸	31.5	钢—钢	0.10	46
十二酸	44	铸铁—铸铁	0.15～0.20	40～50
		锌—锌	0.04	94
		铜—铜	0.10	97
		钢—钢	0.09	84
十四酸	58	钢—钢	0.08	87
十六酸	64	钢—钢	0.08	91
		铜—铜		105

7.2.3 边界膜的强度

边界膜抵抗破裂的能力称为强度。边界膜破裂的原因十分复杂，它取决于膜本身强度以及边界膜与金属表面的连接强度，并受温度、载荷、化学变化等因素的影响。当前采用临界 pv 值、临界温度值或临界摩擦次数来表示边界膜的强度。

在边界润滑条件下，当保持滑动速度不变而逐步增加单位面积载荷 p，或者保持载荷 p 不变而逐步增加滑动速度 v。当 p 与 v 的乘积 pv 达到临界值时，摩擦温度、摩擦因数和磨损量都急剧增加，据此可确定该工况条件下 pv 的临界值。

临界温度是衡量边界润滑膜强度的主要参数。当摩擦表面温度达到使吸附分子失向、软化时，吸附膜则发生解附，摩擦因数迅速增大，但仍然具有一定的润滑作用。这个温度被称为第一临界温度，如表 7-2 中的数值。当表面温度升高到使润滑油或脂发生聚合或分解时，边界膜完全失效，摩擦副将出现急剧磨损，此时的温度称为第二临界温度。脂肪酸的第二临界温度在 150～160℃之间，皂类可以达到 300℃左右。

边界膜失效所经历的重复摩擦次数称为临界摩擦次数。在一般情况下，临界摩擦次数随滑动速度的增加而增多，但随载荷和温度的增加而减少。吸附膜的极性分子链越长，吸附层数越多，则临界摩擦次数就越多。

合理选择摩擦副材料和润滑剂，降低表面粗糙度都能够有效地提高边界膜强度。而最简便的方法是在润滑剂中加入适量的油性添加剂或者极压添加剂。

7.3 润滑油的添加剂

改善润滑油使用性能的有效手段是加入少量的(例如，1%～2%)添加剂。在摩擦过程中，润滑油、添加剂与金属摩擦表面要进行激烈的化学反应，这是很早就知道的现象。通常将这些化学反应区别为摩擦化学反应(tribo-chemical reaction)、摩擦氧化(frictional oxidation)或机械化学(mechanochemistry)反应等分别进行研究。从化学角度来看，摩擦化学反应是化学反应的特殊形式。摩擦促进化学反应的原因有两种，即摩擦生热和摩擦表面活化。伴随着摩擦表面的磨损露出新的金属表面，此时添加剂与表面活性元素反应就发生了所谓的机械化学反应。根据使用目的不同，添加剂的种类[2]主要有以下几种。

1．油性剂

油性添加剂是由极性非常强的长链型分子组成，在常温条件下即可与金属表面形成吸附膜。也有人提出：在中等温度和轻载荷条件下，油性添加剂能够形成厚的高黏性厚膜。良好的油性剂除要求极性团与金属表面具有很强的吸附力之外，为了完全隔开摩擦表面和得到低的摩擦因数，极性分子的组成应包含多于12～14个碳原子数，如图7-13所示。在极性分子结构上，直线型分子链具有良好的效果，即图7-14中图(a)比图(b)的油性好。

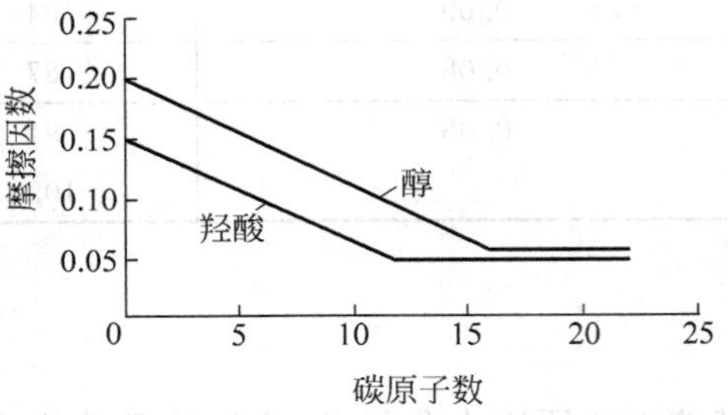

图7-13　碳原子数对摩擦因数的影响

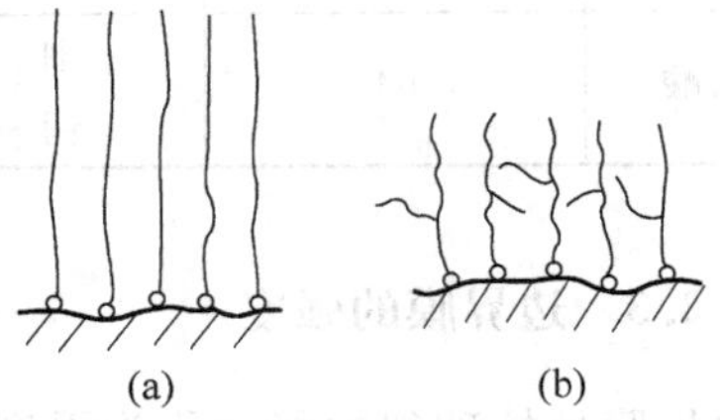

图7-14　极性分子结构

油性剂的种类有动植物油、脂肪酸类、二聚酸类、聚合物和含硫有机化合物等。

(1) 动植物油具有良好的润滑性、附着性、乳化性；其缺点是抗氧化性和溶解性差，且资源有限。

(2) 脂肪酸(如油酸、硬脂酸)具有良好的润滑性；其缺点是油溶性差、长期储存会产生沉淀或混浊，另外由于呈酸性，有腐蚀作用。为弥补脂肪酸的不足，人们发展了脂肪酸盐、脂肪醇、酯和胺等油性剂。

(3) 二聚酸是亚油酸在催化剂下热聚制成的。它具有低温性能好、不结晶、能溶于烃等优点。

(4) 用高分子聚合物作油性剂有一定的发展。用无规聚丙烯(平均相对分子质量＜20 000)与矿物油混合可用来作轧制油。如在环烷基润滑油中加入5%的无规聚丙烯用于轧制铝、镁及其他金属时，其最大的优点是没有油斑。切削乳化液中加入低分子量的聚异丁烯可提高润滑性。聚乙烯也可用作冷轧润滑剂的添加剂。

此外，由于液晶具有特殊的分子排列结构，近年来也常用作减摩添加剂，特别是在低速条件下，可以获得稳定的低摩擦因数[3]，可用作精密导轨防止低速爬行的添加剂。

2．增黏剂

增黏剂为高分子聚合物，它具有链状结构。在温度低时，这些分子卷曲成球状，因而对润滑油黏度影响较小。而当温度高时，链状结构舒展开来，阻碍润滑油分子间的运动，使黏度增加。增黏剂用于发动机改善润滑剂的黏温特性，对轻质润滑油起增稠作用。

通常使用的增黏剂有聚甲基丙烯酸酯、聚异丁烯、乙烯/丙烯共聚物、苯乙烯/双烯共聚物以及聚乙烯正丁基醚等。其中聚甲基丙烯酸酯与聚异丁烯广泛用于发动机、飞机液压系统和数控机床等设备上，它们是油溶性的链状高分子聚合物。

增黏剂的使用性能包括：

（1）热氧化安定性

发动机汽缸润滑油工作部位温度有时高达270℃，在此条件下高分子增黏剂会发生热分解，导致积碳。高分子聚合物的热氧化安定性主要取决于结构，聚甲基丙烯酸酯大约在200℃分解，聚异丁烯在250℃分解。

（2）低温黏度和低温启动性能

发动机的低温启动性能主要取决于稠化机油的低温黏度，而稠化机油的低温黏度主要由基础油的低温黏度决定。

（3）低温泵送能力

发动机在低温启动时，必须在很短时间内使润滑系统的油压达到正常，以保证各关键部位得到及时而充分的润滑。发动机通过油泵将润滑油送到发动机各部件的能力称为泵送能力，稠化机油的泵送能力与它的黏度有很大关系。在常用的增黏剂中，聚甲基丙烯酸酯的低温泵送能力较好。

（4）剪切安定性

润滑油在润滑系统中循环时，由于通过油泵等部件的机械剪切作用会使增黏剂的高分子聚合物的分子链发生断裂，从而使增稠效果下降，引起黏度降低。增黏剂抵抗机械剪切的能力称为剪切安定性。烯烃共聚物比聚乙烯正丁基醚与聚异丁烯有更高的剪切安定性。

3. 极压剂（EP添加剂）

在金属摩擦副承受高速重载荷时产生大量的热，通常的抗磨剂形成的表面膜不能承受这种高温重载条件。而极压添加剂与金属表面生成较强的化学反应膜，可防止金属表面擦伤甚至烧结。通常把这种苛刻的边界润滑叫作极压润滑，因此这种添加剂称为极压添加剂。

极压添加剂是含氯、硫、磷的有机化合物，例如，氯化石蜡、二烷基二硫代磷酸锌等。在高温重载条件下，极压剂分解出活性元素与金属表面生成厚的低剪切强度的金属化合物膜。

在选择极压添加剂时，应使它仅在适当的条件下才与表面作用形成化学反应膜。如果极压剂过分活泼或者使用浓度过高，反而使摩擦表面产生腐蚀性磨损。

4. 抗磨剂（AW添加剂）

对于通常的金属表面承受中等负荷的边界润滑，通过添加剂被吸附在金属表面上或与金属表面发生化学反应形成吸附膜或反应膜，以防止金属表面剧烈磨损，这种添加剂称为抗磨添加剂。

抗磨添加剂是含硫、磷的有机化合物，它的作用是与金属表面形成薄的硫化膜或磷化膜。近来，也有人认为它的润滑机理是形成厚的高黏性膜。与油性剂比较，抗磨剂能够抵抗较高的温度。此外，抗磨剂对金属表面具有抛光作用。

抗磨剂的润滑性能与摩擦副材料密切相关，被称为配伍性，这是选择抗磨剂十分重要的依据[4]。

5. 其他添加剂

其他类型的添加剂还有：

（1）抗氧化剂。润滑油在使用中不断与空气接触而发生氧化反应，抗氧化剂用以延缓氧化过程，以延长润滑油的使用期。

（2）降凝剂。润滑油中的石蜡由于温度下降形成网状结构而使润滑油凝固。降凝剂能防止石蜡形成网状结构，因而降低润滑油的凝固性和改善其低温流动性。

(3) 抗泡剂。循环使用的润滑油混入空气后形成泡沫而降低润滑性能。抗泡剂用来降低表面张力,防止泡沫形成。

(4) 抗腐蚀剂。润滑油由于受热氧化产生过氧化物,生成有害的酸性产物引起金属表面腐蚀。抗腐蚀剂的作用是分解过氧化物,从而减少酸性物,同时与金属表面形成化学反应膜以保护表面。

必须指出,不同添加剂之间有时产生相互制约作用,当几种添加剂复合使用时,必须注意它们之间的影响和综合应用效果。例如,表面极性物质(如油性剂和防锈剂等)可能使极压添加剂失去效能。添加剂的复合作用如图 7-15 所示。

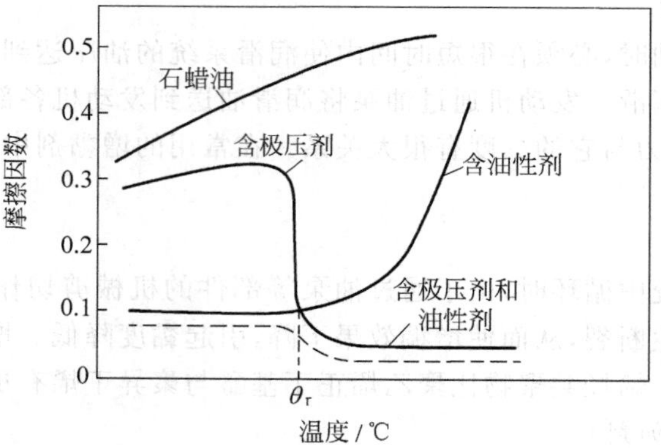

图 7-15　添加剂的复合作用

图 7-15 说明合理使用添加剂的效果,图中列出使用不同添加剂时摩擦因数随温度的变化。石蜡油是非极性的,在整个温度范围内摩擦因数很高,而含油性剂的润滑油在低温下具有良好的减摩作用,但达到吸附膜的临界温度 θ_r 以后,吸附膜失效从而摩擦因数迅速上升。含有极压剂的润滑油在未达到反应温度 θ_r 以前润滑效果不大,摩擦因数很高,而形成化学反应膜后摩擦因数急剧降低。若能选择恰当的添加剂配方,采用极压剂和油性剂的复合添加剂,则能够使摩擦因数在低温区和高温区都保持稳定的低值,如图 7-15 中的虚线所示。

然而要获得添加剂的综合效果往往是不容易的,在某些齿轮油中存在所谓温度缝隙问题,即在中间温度时,吸附膜已破裂,而极压剂尚未生成化学反应膜,因而在此温度范围内会因添加剂无效而出现表面损伤。

参考文献

[1] BOWDEN F P,TABOR D. The Friction and Lubrication of Solid[M]. Oxford: Oxford University Press,1954.

[2] 颜志光. 新型润滑材料与润滑技术实用手册[M]. 北京:国防工业出版社,1999.

[3] 汤晓瑛,卢颂峰,温诗铸. 液晶对矿物油润滑特性的影响[C]//第五届全国摩擦学学术会议论文集:下册. 武汉:机械工业部武汉材料保护研究所,1992:80-87.

[4] 周春红,董浚修,温诗铸. 常用摩擦副材料与抗摩添加剂配伍性研究[J]. 摩擦学学报,1992,12(1):73-80.

[5] 温诗铸. 摩擦学原理[M]. 北京:清华大学出版社,1990.

[6] 温诗铸,黄平. 摩擦学原理[M]. 2 版. 北京:清华大学出版社,2002.

第8章　润滑失效与混合润滑

润滑失效的表征可以是：表面发生磨损或者润滑膜的承载力急剧降低乃至润滑膜完全丧失承载能力。导致润滑失效的主要因素有表面粗糙度、润滑剂非牛顿性和界面温度。在此以前，尽管人们认识到润滑失效是由这些因素引起的，但是并没有很清楚地了解上述因素导致润滑失效的机理。

本章还将讨论混合润滑问题，它是实际机械中最广泛存在的状态。这是由于表面粗糙度使摩擦界面上各点的润滑膜厚度不同，因而导致多种润滑状态同时存在。另外，又由于摩擦表面粗糙度的随机性和滑动过程中表面接触状态随时间而变化，造成混合润滑现象非常复杂，至今尚未建立令人满意的物理模型及理论。

本章针对摩擦学中普遍关心的上述两个问题，介绍作者所在的研究组的研究工作和一些结果。

8.1　粗糙度及材料黏弹性对润滑失效的影响

8.1.1　微观弹流润滑数值分析的修正

常规的微弹流数值解表明，无论是在滑动还是在滚动情况下，即使表面很粗糙，弹流润滑膜仍可以阻止固体表面相互接触。这是因为流体黏度和材料弹性变形随润滑膜压力增大而显著增加，在粗糙峰处的压力迫使材料产生足以避免粗糙峰相互接触和碰撞的变形量，因此，不可能产生材料磨损。然而，常规的弹流润滑理论中采用了下面两个造成求解误差的假设：

(1) 将一般的润滑问题看成一个运动刚性平面和一个不动的弹性曲面的等效问题。

(2) 固体材料被看成是完全弹性体。

如果修正前一个假设，弹性变形应当分别加在两个摩擦副表面上。这一构形将与原来的解有显著差异。

对后一假设加以修正就应当考虑固体材料的黏性。黏性的引入使材料不能像常规弹流润滑理论中认为的那样完全变形，将可能导致润滑磨损的发生。作者[1]修正上述假设，对微观弹流润滑进行了数值分析，得出以下一些新的结果，从而解释了在全膜润滑状态下产生磨损的原因。

下面以一个运动的光滑表面和一个具有正弦粗糙的静止表面的纯滑动微弹流润滑问题为例，讨论常规的等效解与修正前一个假设的实际解中表面构形上的差异。

假定两摩擦表面材料相同，即 $E_1=E_2$ 和 $\mu_1=\mu_2$。等效解的膜厚形状如图 8-1(a)所示。虽然粗糙峰幅值明显高于计算得到的 Hertz 区平均膜厚(其中 $\delta=0.562\mu\text{m}$和$\bar{h}\approx0.119\mu\text{m}$)，但

等效解表明仍有足够厚的润滑膜将两表面分开。特别需要指出的是：从图 8-1(a)中可以看到，等效解中速度平行于表面，这意味着摩擦副间的相对运动不会引起材料间的磨损。图中，b 为 Hertz 接触半径；H 为量纲化膜厚，$H=h/h_{\rm H}$，这里 $h_{\rm H}=b^2/R$。

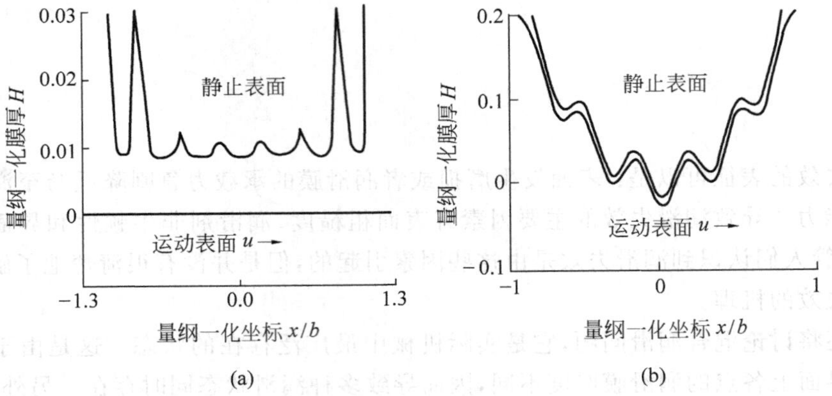

图 8-1 等效解与实际解的弹流接触变形的差异

(a) 等效弹流润滑变形；(b) 实际弹流润滑变形

如果将弹性变形相应分配到两个摩擦副表面，上述情况将发生变化。这时动、静表面的构形按下式计算：

静表面
$$z_1=h_0+\frac{x^2}{2}+h\delta(x)+\nu_1 \tag{8-1}$$

动表面
$$z_2=-\nu_2 \tag{8-2}$$

式中，ν_1 和 ν_2 是分配到静、动表面上的弹性变形。

虽然膜厚的表达式仍为 $h=z_1-z_2$，但是润滑区内间隙形状出现了波动，如图 8-1(b)所示。此时，运动速度不再与任何表面平行，即使表面间存在一层较厚的润滑膜，但是由于变形后的两表面相互嵌入，将可能发生润滑磨损。

8.1.2 表面材料黏弹性模型及其变形

如果只考虑上述真实变形而仍假设材料是完全弹性体，一旦加上载荷材料变形即完全实现，那么磨损依然不会出现。然而，实际上任何材料变形都需要一定的时间，这就是说材料具有黏性。当变形时间远小于加载时间时，材料的黏性可以忽略不计。但是当加载时间与变形时间相当或很短时，不考虑材料的黏性将可能引起较大偏差。点线接触摩擦副的加载时间通常都很短。

目前人们提出了许多固体材料黏弹性模型，最常用和最简单的是 Maxwell 模型和 Kelvin-Voigt 模型。在 Maxwell 模型中，变形被看作是弹性项和黏性项之和，载荷与弹性变形同时存在，而且变形随时间延续而趋于无穷大。所以这一模型实际上改变了经典弹性模型中的变形量数值。Kelvin-Voigt 模型如图 8-2 所示，与 Maxwell 模型相比，它更适合微弹流润滑中所考虑的变形与时间的关系。

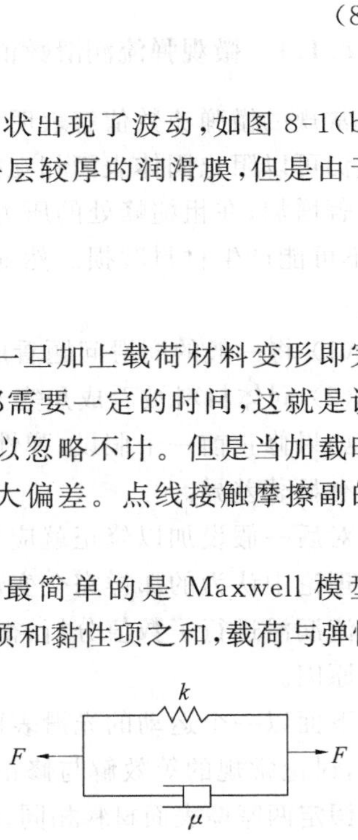

图 8-2 Kelvin-Voigt 黏弹性模型

与 Maxwell 模型不同，Kelvin-Voigt 模型的变形由

弹性项和黏性项共同控制。在变形初期，由于速度较大，黏性项起主要作用。在变形后期，弹性项成为主要因素。总变形被限制在经典弹性模型的数值内，即极限值为弹性模型中的总变形。Kelvin-Voigt 模型的应变与时间的关系式如下

$$\varepsilon = \varepsilon_0(1 - e^{-t/\tau}) \tag{8-3}$$

式中：ε_0 为弹性模型中的总应变；t 为时间；τ 为迟滞时间，$\tau=\eta/G$，其中 η 为表面材料的黏度，G 为剪切弹性模量。

虽然许多材料都是黏弹性体，但对于高弹性材料来说，从实验中要准确测得其黏度尚很困难，原因是材料的黏性只明显表现在变形开始的很短的时间里。实验表明，钢的黏度约为 1MPa·s。因为钢的剪切模量是 80GPa，所以钢材料的迟滞时间约为 1.25×10^{-5}s。需要指出，上述实验数据是从拉伸实验中得到的，接触变形下的黏度数据尚未见报道。

式(8-3)给出了应变与时间的关系。由于变形是应变的积分，因此为方便起见而又不带来实质的偏差，通常用类似的公式来描述变形与时间的关系。如果弹性模型中的总变形为 δ_0，则变形随时间的变化公式为

$$\delta = \delta_0(1 - e^{-t/\tau}) \tag{8-4}$$

如果粗糙度的波长为 Δ，两摩擦表面的相对滑动速度为 u，则一个运动的粗糙峰需要经过 $\tau_1=\Delta/u$ 的时间滑过一个静止的粗糙峰，如图 8-1(b)所示。当 $\tau_1\leqslant\tau$ 时，则粗糙峰在 τ_1 时间内的变形将不完全。如图 8-1(b)所示的算例中，$\tau=8.62\times10^{-6}$s，如果摩擦副的材料是钢，则在加载时间内变形无法实现。所以运动粗糙峰有可能与静止粗糙峰碰撞，这时在润滑条件下的磨损就会发生。

8.1.3 润滑磨损模型

如上分析，如果实际解的粗糙峰的高度超过润滑膜厚度，由于两摩擦表面相互嵌入且材料不完全变形，则润滑磨损将可能发生。基于上述论点，我们[1]提出了润滑条件下的磨损模型。设一个粗糙峰以速度 u 滑过静止表面，并假设：

(1) 粗糙峰运动引起的磨损只发生在静止表面上；

(2) 粗糙峰和静止表面均为黏弹性体；

(3) 按式(8-4)计算表面弹性变形。

下面将先给出磨损发生的条件，再建立相应的磨损模型。

1. 润滑磨损准则

如果 Δ 是粗糙度的波长，δ_0 是粗糙峰总变形高度，则运动的粗糙峰从静止粗糙峰边缘到其中心所需时间为：$t_1=\Delta/2u$。在此期间材料的变形可按下式计算

$$\delta' = \delta_0(1 - e^{-t_1/\tau}) \tag{8-5}$$

当变形后的粗糙峰高度仍然高于润滑膜厚度即 $\delta_0-\delta'\geqslant h_0$，将会发生润滑磨损。将式(8-5)代入这一不等式，可以得到润滑磨损发生时的膜厚、粗糙峰高度、粗糙度波长、相对滑动速度和迟滞时间等 5 个参数的关系：

$$\frac{\Delta}{2u\tau} \leqslant \ln\frac{\delta_0}{h_0} \tag{8-6}$$

2. 润滑磨损模型

在干摩擦条件下，锥形粗糙峰对平面的磨损公式可表达为

$$\frac{dV}{ds}=h^2\tan\theta=k\frac{W}{H}$$

式中，h 为粗糙峰高度；θ 为圆锥角；W 为载荷；H 为材料硬度；k 为磨损系数。

如果用 $u\mathrm{d}t$ 代替位移增量 $\mathrm{d}s$，润滑磨损公式可类似地写成

$$\frac{dV}{dt}=u(\delta_0 e^{-\Delta/2u\tau}-h_0)^2\Delta/\delta_0 \tag{8-7}$$

式(8-7)应用的条件是必须首先满足润滑磨损发生的公式(8-6)。式(8-7)表明，磨损量不再与载荷、材料硬度相关，而润滑膜厚度 h_0、粗糙度波长 Δ、相对滑动速度 u、材料黏度 η 以及迟滞时间 τ 等影响润滑磨损。

3. 润滑磨损的算例

这里给出利用式(8-7)计算的润滑磨损算例[2]，即静止光滑平面和转动的粗糙圆环线接触摩擦副的润滑磨损问题。虽然磨损是一个非稳态过程，但为了方便起见这里采用了准稳态求解整个磨损过程，即在每一步磨损后求解弹流润滑膜压力及膜厚按稳态解出，再利用它们计算下一步的磨损量。此外还假设：当粗糙峰滑过接触区时，材料的磨损仅发生在光滑平面上，粗糙表面不发生磨损。计算工况如下：$E=221\text{MPa}$，$R=0.02\text{m}$，$u=1\text{m/s}$，$\eta_0=0.05\text{Pa}\cdot\text{s}$。

计算表明变形后的粗糙峰高度为初始中心膜厚的 1.1 倍，因此大于膜厚的粗糙峰部分在滑动过程中都将被磨损掉。这里的磨损量是在考虑了弹性变形之后得到的。下一步的弹流润滑求解是在前一步磨损后的构形下得到的。

图 8-3(a)给出了第 10 次和第 25 次滑动后弹流润滑求解的膜厚曲线。从图中可以看出：随磨损过程的发展，润滑区不断增大。初期的磨损形状如同弹流润滑中的膜厚形状，其颈缩现象明显可见。但随着磨损量的增加，磨损区成了抛物线状。这实际就是圆环在接触区的附近未发生变形时的形状。

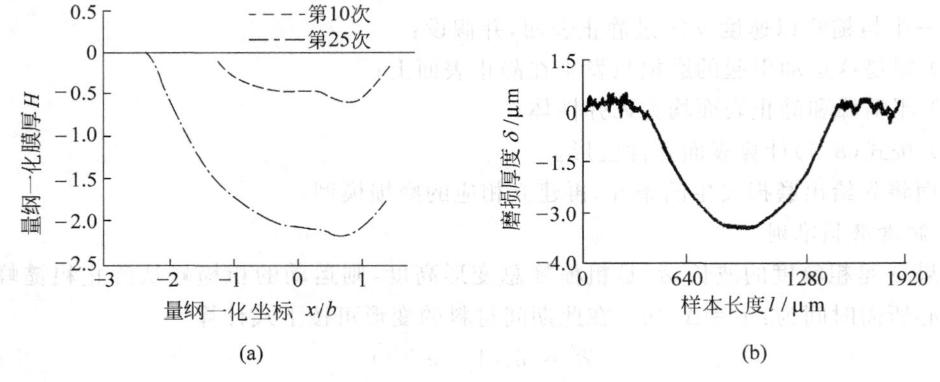

图8-3 磨损形状的对比

(a) 计算磨损表面；(b) 实验磨损表面

图 8-3(b)是作者[2]采用环块磨损试验机对计算的实验验证结果。可以看出，磨损表面形状与计算结果相似，表明了上述分析是合理的。

为了进一步揭示润滑磨损特性，对于润滑磨损与工况条件的相关性进行了计算和实验验证。实验表明，根据材料黏弹性模型分析润滑磨损是可行的。图 8-4 是部分实验结果[2]。

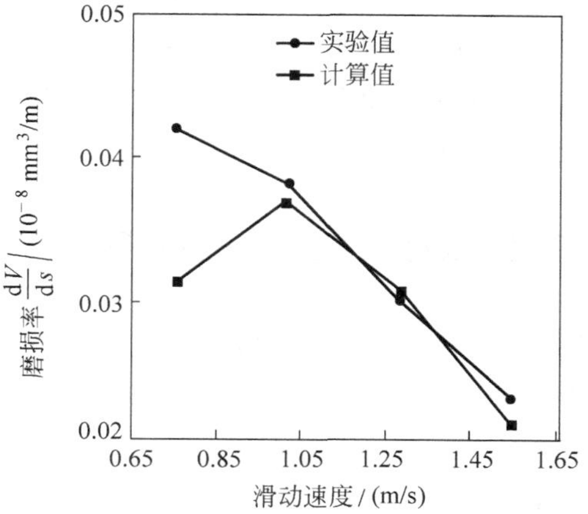

图 8-4　润滑磨损与滑动速度的关系

我们进一步研究了具有强烈黏弹性的橡胶材料的线接触润滑弹流问题[3,4]。摩擦副材料的黏弹性不仅是产生润滑磨损的主要原因，而且对于弹流润滑膜的压力和膜厚有着显著影响，由于橡胶材料弹性变形较大又具有黏性，因此这类材料的弹流润滑与通常的金属材料有较大的差异。图 8-5 和图 8-6 分别是橡胶材料的弹流润滑的压力分布和膜厚曲线。图中，$\tau u_s/b$ 是表明材料黏性的参数。当它为 0 时，就是通常弹流润滑不考虑变形时间的情况。

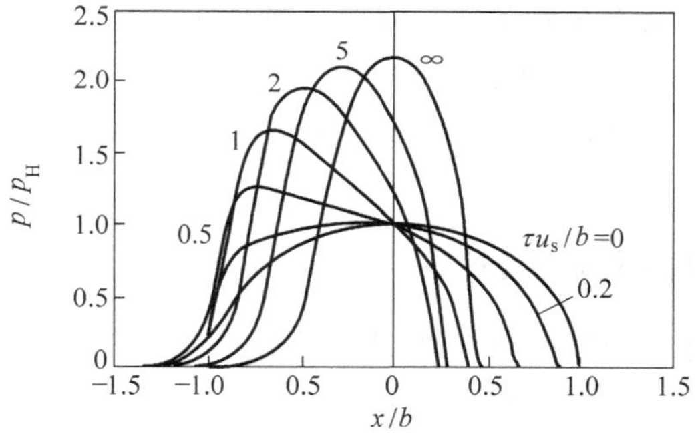

图 8-5　橡胶材料的弹流润滑膜压力解

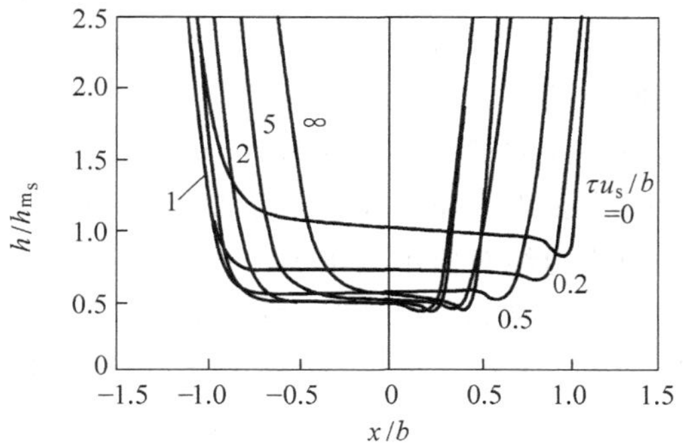

图 8-6　橡胶材料的弹流润滑膜厚度

从图 8-5 和图 8-6 中可以发现，与金属摩擦副的弹流润滑问题不同，在入口区，润滑膜压力出现了明显的峰值。而在出口区虽然膜厚依然具有一定的颈缩，但是二次压力峰几乎没有，且整个压力分布区随 $\tau u_s/b$ 的增加不断减小，最终的润滑区仅为接触区的一半。此外，材料的变形越大，压力越偏向入口处。

8.2 流体极限剪应力对润滑失效的影响

根据润滑理论可知，流体产生的动压力是由剪应力产生的，因此非牛顿性必然会对润滑膜的承载能力产生影响。根据这一事实，我们[5-8]对塑性流体对润滑承载能力和润滑失效的影响进行了较系统的研究。

8.2.1 黏塑性本构方程

图 8-7 是黏塑性流体本构方程的简化形式，其中 τ_L 称极限剪应力。下面我们基于这一本构方程对剪应力达到流体的极限剪应力时润滑膜的承载能力的变化进行讨论。

黏塑性流体本构方程的数学表达式为

$$\left.\begin{array}{ll}\tau=\eta\dfrac{\mathrm{d}u}{\mathrm{d}z}, & \eta\left|\dfrac{\mathrm{d}u}{\mathrm{d}z}\right|\leqslant\tau_L \\ \tau=\tau_L, & \eta\left|\dfrac{\mathrm{d}u}{\mathrm{d}z}\right|>\tau_L\end{array}\right\}\tag{8-8}$$

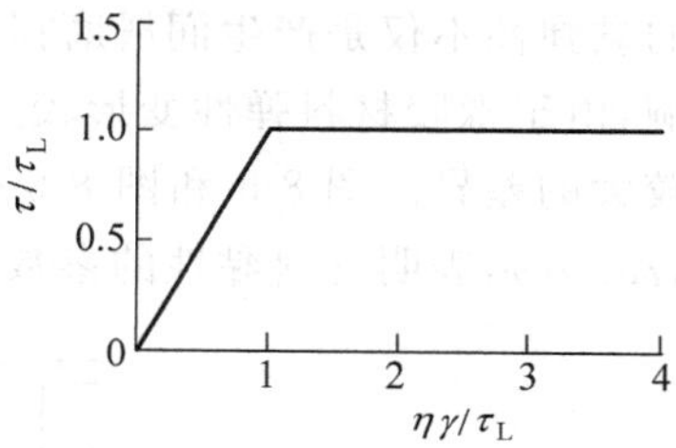

图 8-7 黏塑性流体本构曲线

我们对于黏塑性流体的直线滑块润滑问题计算中采用的参数是：滑块宽度 $b=0.1\text{m}$、间隙比 $K=2.2$、滑动速度 $u_0=5\text{m/s}$、润滑油黏度 $\eta=0.1\text{Pa}\cdot\text{s}$、极限剪应力 $\tau_L=6.9\times10^5\text{Pa}$。

8.2.2 流-固界面滑移的发生与扩展

在图 8-8 中给出了考虑极限剪应力时，直线滑块润滑膜压力分布和界面上剪应力变化曲线[7,8]。图中，$P=p(h_1-h_2)h_2/2u_0\eta b$ 是量纲化压力；$T=\tau/\tau_L$ 是量纲化剪应力；$X=x/b$ 是量纲化坐标。图 8-8 主要说明了流体与固体边界发生滑移和滑移扩展的情况，因为当润滑膜某处的剪应力达到极限值时，该处的流体将发生滑移。从图中可以看出，流体在界面上的滑移是从最小膜厚处开始的。如图 8-8(a)所示，当量纲化最小膜厚 $H_2=h_2/h_m=2.1$ 时（$h_m=\eta u_0/\tau_L\approx0.72\mu\text{m}$），最小膜厚处的上边界的剪应力 T_2 首先达到了极限值，该处产生滑移，同时滑移产生后导致膜厚降低。

从图 8-8 中可以发现，滑移区的扩展主要分两个步骤：

(1) 滑移开始后，随膜厚的继续下降滑移由最小膜厚所处的出口区向中心扩展。与此同时，最大膜厚处下边界的剪应力绝对值不断增加。

(2) 当 H_2 降低到 0.86 时（此时 $H_1=1.89$），最大膜厚所处的入口区下边界的剪应力也达到极限值，这时入口区也开始了滑移。此后，滑移由出口和入口区两端向中间 $\mathrm{d}p/\mathrm{d}x=0$ 处扩展，直至 $H_2=0.60$ 时（此时 $H_1=1.32$）全域都出现了滑移。

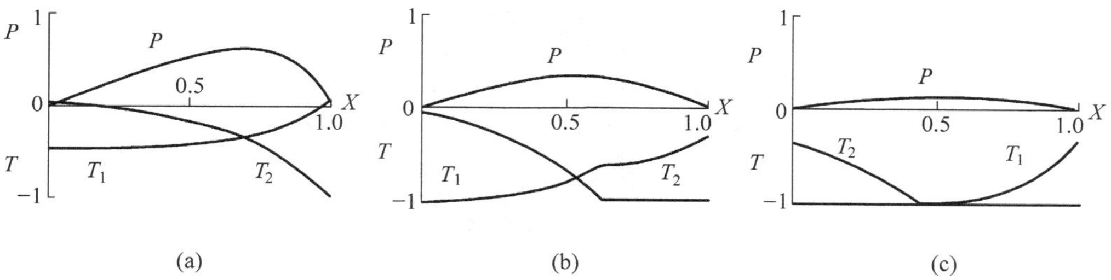

图 8-8 界面剪应力和压力分布曲线

(a) $H_2=2.1$；(b) $H_2=0.86$；(c) $H_2=0.6$

8.2.3 滑移对润滑性能的影响

作者[9]进一步分析由极限剪应力引起的滑移对润滑特性的影响，计算中采用的参数与图 8-8 相同。图 8-9 中给出了考虑极限剪应力时直线滑块润滑的承载力 w、摩擦因数 f 和流量 q 与牛顿流体润滑解 w_0、f_0 和 q_0 之比随膜厚变化的曲线。在图 8-9 中，膜厚 H_2 的取值范围覆盖了从开始出现滑移到全域滑移的全过程。从图 8-9 中可以看出，开始滑移时，承载力、摩擦因数和流量与牛顿流体润滑解的差异很小。随着滑移区增大，两者的差别明显增大。当全域滑移时，承载力降至原来的 22%，摩擦因数却是原来的 3.3 倍，而流量增加了 21%。以上分析表明，在界面产生滑移时，若仍用经典润滑理论来计算轴承的承载力和其他润滑特性，将与实际情况出现明显差异。

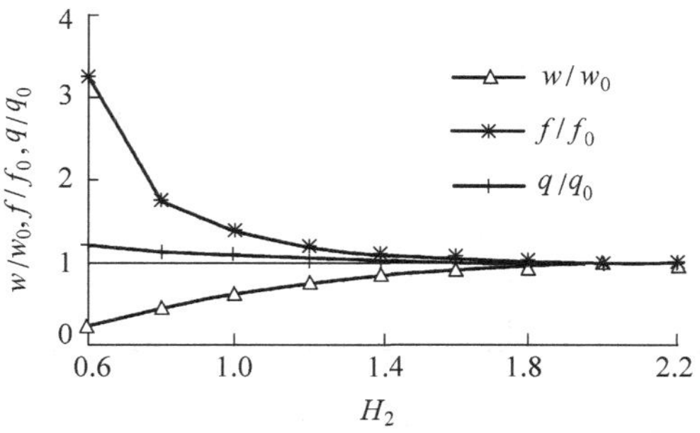

图 8-9 黏塑性流体润滑与牛顿流体润滑对比

黏塑性流体润滑的承载力、摩擦因数和流量变化的原因分别是：

(1) 在考虑滑移时，因量纲化压力的下降造成承载力降低。

(2) 摩擦因数取决于界面剪应力和承载力的变化，由于界面剪应力变化不大而承载力显著下降，造成摩擦因数剧增。

(3) 流量的变化是由流速的改变引起的。

图 8-10 中给出了 $H_2=0.7$ 时，沿膜厚和宽度方向上的流速分布图。图中，$U=u/u_0$ 为量纲化流速；$Y=y/h$ 为量纲化坐标。

由图 8-10 可知，在入口区部分下界面量纲化流速不再是 1，而小于 1。在出口区的部分上界面量纲化流速也不再为 0。当全域滑移发生时，上界面的最大量纲化滑移速度为

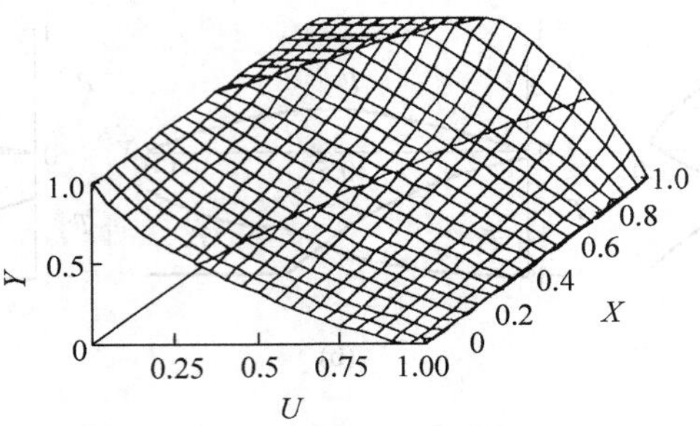

图 8-10　流速沿宽度和膜厚方向分布($K=2.2, H_2=0.7$)

$U=0.6$。

表 8-1 给出在不同间隙比 K 下，开始滑移、两端滑移和全域滑移发生时的最小膜厚值 H_2。由表 8-1 可知，间隙比 K 是影响滑移的重要因素，间隙比大的滑块比间隙比小的滑块开始出现滑移的入口间隙比较大，而出现两端滑移和全域滑移则较小。

表 8-1　不同间隙比下滑移时的最小膜厚 H_2

K	H_2		
	开始滑移	两端滑移	全域滑移
1.2	1.27	1.03	0.87
1.4	1.50	1.01	0.78
1.6	1.69	0.98	0.72
1.8	1.85	0.94	0.67
2.0	2.00	0.89	0.64
2.2	2.10	0.86	0.60
2.4	2.23	0.82	0.58
2.6	2.33	0.78	0.56
2.8	2.42	0.75	0.54
3.0	2.50	0.72	0.53

最后，不同间隙比下全域滑移时的部分润滑性能如图 8-11 所示。它们分别以相对于牛顿流体润滑的比值给出，即承载力 w/w_0、摩擦因数 f/f_0 和流量 q/q_0。

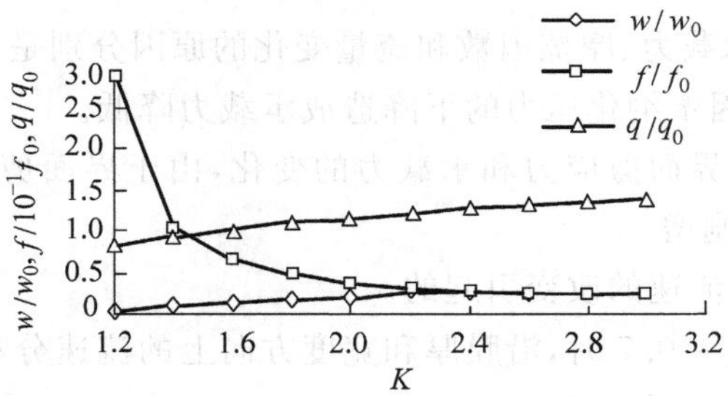

图 8-11　不同间隙比下全域滑移时的润滑性能

极限剪应力对润滑性能的影响可以归纳如下：

(1) 承载力因滑移而减小十分明显。同时，它也随间隙比减小而减小，当间隙比最小时，相对承载力也降至最低。

(2) 摩擦因数增加最为明显，摩擦因数甚至可增加一个数量级以上。

(3) 流量在大多数间隙比下是增加的，只是间隙比较小时，才略有减少。

(4) 间隙比越小，边界滑移对黏塑性流体润滑性能的影响越大。

以下通过牛顿流体与黏塑性流体在流体润滑和弹流润滑过程中的压力分布、膜厚、承载力等来讨论滑移的影响[5,6]。

图 8-12 为牛顿流体和达到极限剪应力时的黏塑性流体在直线滑块润滑的压力分布，图 8-13 是牛顿流体和黏塑性流体的承载力变化。可以看出：牛顿流体(虚线)与黏塑性流体(实线)的压力分布和载荷曲线明显不同，当达到剪应力极限后，黏塑性流体的压力和承载力远远小于牛顿流体。

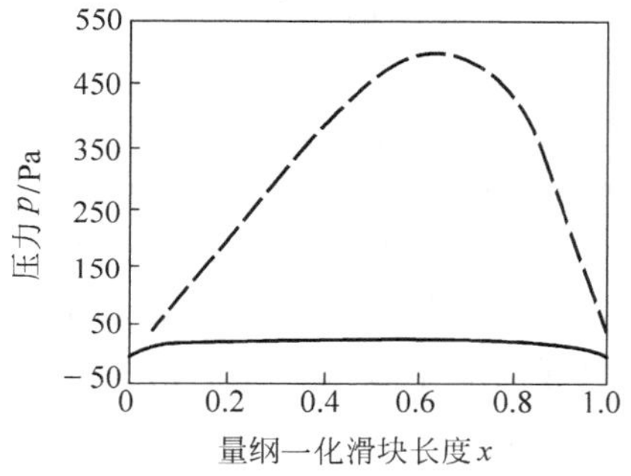

图 8-12　牛顿流体和黏塑性流体压力分布

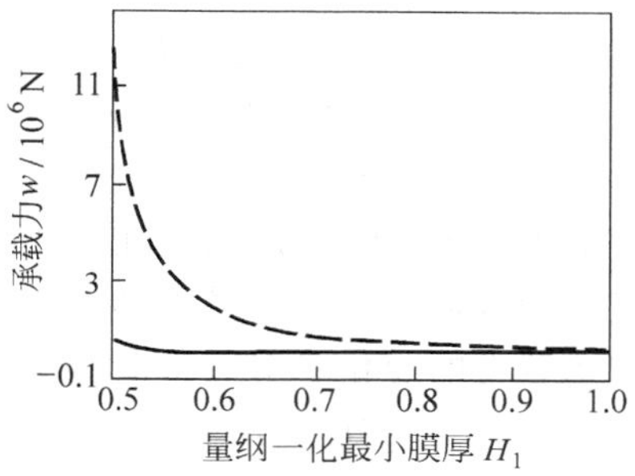

图 8-13　牛顿流体和黏塑性流体载荷曲线

图 8-14 是滑滚比为 1 时黏塑性流体弹流润滑的压力分布和膜厚曲线。图中实线表示最大 Hertz 接触压力为 0.49GPa，此时还没有发生边界滑移，因此它与通常的弹流润滑解没有区别，具有明显的二次压力峰和颈缩。其余的虚线、点线和点画线表示最大 Hertz 接触压力分别为 0.5GPa、0.53GPa 和 0.55GPa 时的情况，这时流体与固体界面间的滑移随着 Hertz 压力增加而明显增大，滑移区域也不断加大。由图还可以看出：发生边界滑移后，不但膜厚明显降低，而且压力分布形状也改变。

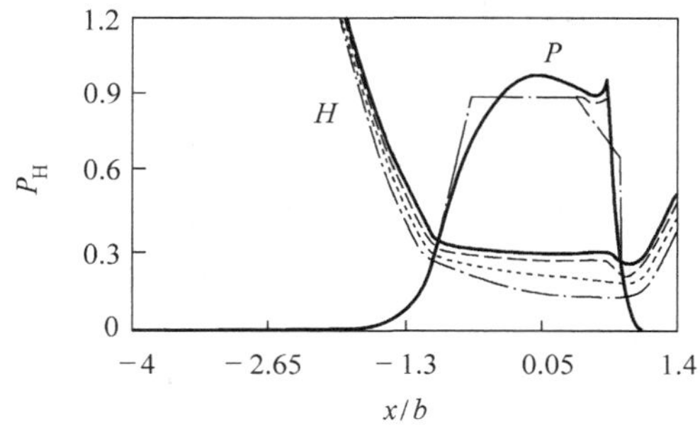

图 8-14　黏塑性流体弹流润滑的压力分布和膜厚曲线

综上所述，根据现代润滑油含高分子添加剂具有的非牛顿特性和极限剪应力而建立的黏塑性流体润滑理论表明：基于牛顿流体的润滑理论在一定条件下不再适用。由于极限剪应力产生的界面滑移将导致润滑膜屈服而使承载能力大大降低甚至润滑失效。

8.3 温度效应对润滑失效的影响

近年来，随着动力机械不断地高速化和大型化，出现的润滑失效越来越为人们所关注。在汽轮发电机组中，由于轴承润滑失效导致的事故时有发生。据苏联统计表明，水电机组因润滑失效导致的事故占总量的60%以上。在我国建成的大中型水电站中，止推轴承润滑失效的事故时有报道。由于润滑失效是突发性事故，研究和解决这一问题有着重要的意义。

实践表明，发生事故的轴承大都经过润滑理论设计，表明润滑条件良好，这使得人们对经典润滑理论预测润滑失效的正确性提出了质疑。因而，除了由于冲击振动、加工安装误差等外界的因素会给理论分析结果带来偏差外，润滑膜内在的因素，也应当作为产生润滑失效的首要考虑因素，即在一定状态下，润滑膜本身将丧失承载能力。

在高速径向轴承中，油膜振荡是人们熟悉的润滑失效形式。而在大型重载止推轴承中，温度对润滑失效起着十分重要的作用。在大型止推轴承的润滑失效发生之前和过程中，温升总是显著增加，所以考虑温度的影响是分析这种润滑失效的关键。虽然热效应在润滑计算中早已为人们所熟悉并采用，但是以往的热流体润滑计算，不能全面反映止推轴承所处的状态和承载力的变化趋势。作者等人[10-12]对于温度引起的非牛顿效应及润滑失效进行了分析研究，以下作简要介绍。

应当指出，大型止推轴承具有载荷重的特点，所以它们一般都是在较小的膜厚下运行的。众所周知，润滑膜厚下降可以显著增加止推轴承的承载力，但同时膜厚减小会使润滑膜剪应变率增大，从而导致温升增加。随着温度的增加，黏度迅速下降，这大大降低了润滑膜内的剪应力，改变了润滑膜的本构特性。近年来，关于温度效应得出了热流体本构方程。通过研究表明，考虑热效应后，流体的剪应力存在极值，在固液界面产生滑移进而改变流速分布。当剪应力达到极限剪应力后，润滑膜的承载能力开始明显降低，甚至丧失承载能力。

下面给出基于热流体本构方程的热流体润滑失效分析，以及润滑失效的判断方法和准则。

8.3.1 温度引起的润滑失效机理

根据雷诺方程得到的润滑膜压力与膜厚的二次方成反比。也就是说，随着膜厚的下降，压力迅速增大导致承载力增大。当考虑温度影响时，膜厚除了对承载力的上述影响外，膜厚的下降会增大润滑膜内部的剪应变率，从而导致温度升高。温升会显著降低润滑剂黏度，由于压力与黏度成正比，黏度下降又会导致润滑膜的承载力降低，因此，出现因温度效应而产生的润滑稳定性问题。其关系如下所示：

$$
\text{膜厚}\downarrow\Rightarrow\begin{cases}\text{压力}\uparrow\uparrow(\text{记为 }\Delta p_1)\Rightarrow\text{承载力}\uparrow\uparrow\\ \text{剪应变率}\uparrow\Rightarrow\text{温度}\uparrow\Rightarrow\text{黏度}\downarrow\downarrow\Rightarrow\text{压力}\downarrow\downarrow(\text{记为 }\Delta p_2)\\ \qquad\Rightarrow\text{承载力}\downarrow\downarrow\end{cases}
$$

根据上面的分析，提出局部热稳定性与全局热稳定性的概念如下[10]：

局部热稳定与热不稳定：对润滑区间的任一点，如果随膜厚下降该点的 $\Delta p_1 > \Delta p_2$，则称该点是热稳定的；若 $\Delta p_1 = \Delta p_2$，则称该点临界热稳定；若 $\Delta p_1 < \Delta p_2$，则称该点热不稳定。

全局热稳定与热不稳定：对整个润滑区间，如果随膜厚下降 $\sum \Delta p_1 > \sum \Delta p_2$，则称全局是热稳定的；若 $\sum \Delta p_1 = \sum \Delta p_2$，则称全局临界热稳定；若 $\sum \Delta p_1 < \sum \Delta p_2$，则称全局热不稳定。

8.3.2 热流体本构方程和临界膜厚

从上面的分析可知，确定润滑膜热稳定状态是确定润滑失效的重要步骤。所以下面讨论如何确定润滑膜热稳定与否，并给出热流体本构方程和临界膜厚。

经典润滑理论认为，滑动轴承间隙中的润滑剂可视为不可压牛顿黏性流体。其本构方程为

$$\tau = \eta \frac{\mathrm{d}u}{\mathrm{d}z}$$

当考虑温度对黏度的影响，并利用简化的能量方程和 Barus 温黏公式，以及考虑到在高剪应变率工况下有 $\dot{\gamma} \approx U/h$，可以推出热流体本构方程，其表达形式如下[10]

$$\tau = \frac{\eta_0 \dot{\gamma}}{1 + \alpha \dot{\gamma}^2} \tag{8-9}$$

式中，$\alpha = \sqrt{\dfrac{2\beta\eta_0 x}{\rho c U}}$。注意：系数 α 与润滑膜的位置有关。

在入口区处，式(8-9)还原为牛顿流体本构方程；而在出口区处，式(8-9)反映的非牛顿性最大。图 8-15 表示牛顿流体和热流体本构方程中剪应力和剪应变率关系的量纲化曲线。

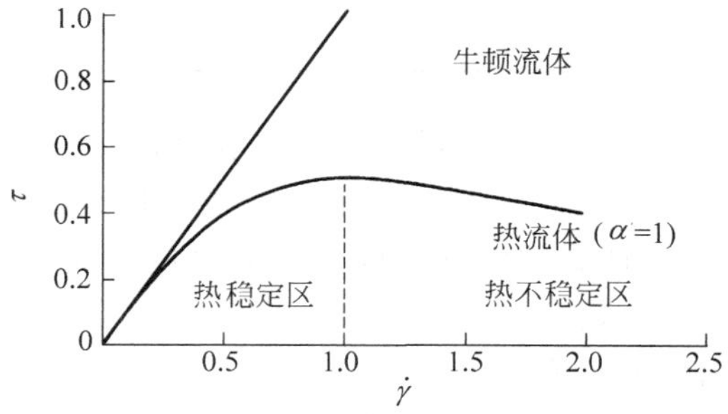

图 8-15 牛顿流体和热流体本构曲线

热流体本构方程与牛顿流体本构方程的区别在于它存在最大剪应力。采用热流体本构方程的优点是，在无需对雷诺方程和能量方程数值求解的情况下，可直接得到轴承不同位置的剪应力达到极值时相应的膜厚值，并可以通过该膜厚值对润滑失效发生的可能性和发展趋势做出近似的预测。

对方程(8-9)求极值，可得到剪应力达到极限剪应力时的膜厚即临界膜厚，其表达式为

$$h_c = \sqrt{\frac{2\beta\eta_0 Ux}{\rho c}} \tag{8-10}$$

在图 8-15 中，标出了以极限剪应力为界限的热稳定区和热不稳定区。利用临界膜厚可以判断润滑膜中任一点的流体处在热稳定区还是热不稳定区及其在图中的位置。由于膜厚与剪应变率成反比，所以对任何一点处 x，当膜厚 h 大于 h_c，即 $h>h_c$，则该点流体处于热稳定区，且膜厚与临界膜厚的差越大表明稳定性程度越高。反之，当 h 小于 h_c，即 $h<h_c$，该点的流体处于热不稳定区，且临界膜厚与膜厚的差越大表明稳定性越差。

8.3.3　算例分析

作者等人[11-13]通过理论计算与实验结果对比，给出了考虑温度效应可倾瓦扇形止推轴承的润滑失效分析结果，如图 8-16 所示。表 8-2 列出了计算与实验所采用的参数。

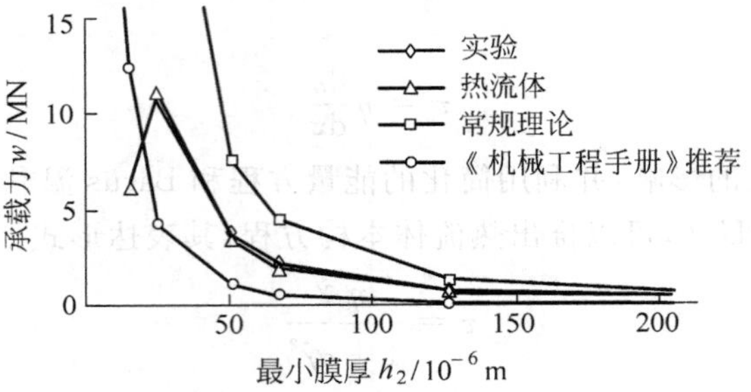

图 8-16　止推轴承承载力与最小膜厚变化

表 8-2　止推轴承的参数

参　数	数　值	参　数	数　值	参　数	数　值
B/m	0.014	U/(m/s)	76.53	η/(Pa・s)	0.014 36
D_2/m	0.565	Z	8	β/(1/K)	0.03
L/m	0.158	α/rad	0.69		

图 8-16 为按热流体本构方程求解得到的止推轴承承载力随膜厚变化的数值计算和实验结果。另外，在图中还给出了在同样工况下，按常规的牛顿流体润滑理论中润滑膜压力与膜厚二次方成反比（$p\propto 1/h^2$）计算的承载力随最小膜厚的变化以及通常机械设计采用的《机械工程手册》给出的计算结果曲线。

由图 8-16 中可以得出以下结论：

(1) 在常规的牛顿流体理论中，随膜厚下降承载力可无限增大，因此无法预测润滑失效的发生；

(2) 在有实验数据的膜厚区域内，按热流体本构方程的计算和实验的承载力十分吻合；

(3) 当膜厚减小到使部分润滑膜进入热不稳定状态后，热流体计算和实验结果的承载力明显低于常规润滑理论的承载力；

(4) 热流体理论的计算结果表明，当轴承长度方向热不稳定状态达到一定程度以后，将达到承载极限，如果继续加载则流体动压润滑将发生失效。

图 8-16 中结果还表明，常规按牛顿流体润滑理论设计和《机械工程手册》[14]规定的两

种方法中承载力随膜厚的下降均可无限增大，因此不能反映润滑失效的发生。而且在小膜厚区给出的承载力迅速增大，而此时正是处在轴承承载力的极限区。

图 8-16 的实验数据未能给出膜厚小于 25.4μm 以后的承载力变化趋势。但是，热流体本构理论则可以对出口处最小膜厚 h_2 直至润滑失效发生的全过程进行计算。根据式(8-10)，若令 $x=L$ 可以求得出口处最小膜厚 h_2 开始进入热不稳定区的临界膜厚 $h_c=91\mu$m。当出口处膜厚 $h_2=25.4\mu$m 时，承载力达到最大。再利用式(8-10)和该状态下的间隙比 $K=4.2$，可以求得 $x/L=0.57$。这就是说，x 大于 0.57L 的区域已经进入了热不稳定区。当不到轴承平均长度的一半进入热不稳定区时，整个止推轴承达到了全局热不稳定的临界点。

8.4 混合润滑状态

传统的观点认为，混合润滑是干摩擦、边界润滑和流体润滑 3 种状态的组合。通过近年来的研究，人们对微观弹流润滑膜对粗糙峰的展平作用和薄膜润滑有了较深入的认识。目前认为，除特殊的条件之外，混合润滑将不包含干摩擦状态，同时，薄膜润滑则成为混合润滑的组成要素之一。

1992 年初，作者对于混合润滑理论提出了以下的构想：

(1) 混合润滑状态是边界润滑、薄膜润滑、微观弹流润滑、流体动压润滑等的共同组合。各种润滑膜都以膜厚值为主要特征，它们的形成机理、润滑特性和失效准则各不相同。

(2) 混合润滑的整体特性是各种润滑膜组成特性的综合表现。各种润滑膜在接触表面上所占的比例与摩擦界面形态和工况条件有关。在摩擦过程中，各种润滑膜的比例及分布处于不断变化之中，因此混合润滑特性具有强烈的时变性。

(3) 混合润滑的重要特征是伴随表面磨损，它以接触疲劳机制和黏着机制为主要形式。根据环境介质和工况条件的不同，这两类磨损机制的主次不同。

(4) 在摩擦过程中，表面层材料承受动应力作用，并导致弹塑性变形，而应力、应变及其承受体积和材料强度都具有时变性。混合润滑状态下的正常磨损主要是因动应力场产生的接触疲劳以及磨粒运动所派生的微切削，统属于机械磨损。

(5) 摩擦热效应以接触闪温、表面温度分布以及沿深度方向的温度梯度等参数表征，它们是决定润滑膜失效和黏着磨损的基本因素。这些参数也具有时变性。

在此基础上，作者还用图 8-17 阐述了对混合润滑研究发展的初步设想和相关关系。

显然，除了极光滑的表面之外，混合润滑将是普遍存在的状态。在一定意义上说，混合润滑研究是考察表面形貌对润滑行为的影响。有关薄膜润滑状态下的混合润滑研究，由于受到实验技术的限制，目前发表的研究报告不多。孔繁荣等人[15,16]采用受抑光全反射技术实现纳米膜厚分布测量，并应用于混合润滑研究。我们采用 3 种表面粗糙度的钢制圆盘与蓝宝石光滑平面组成的线接触滑动摩擦副，考察沿接触线上滑动区润滑膜厚度分布及其变化，并提出了平均膜厚与载荷、滑动速度、润滑油黏度和表面粗糙度之间的关系。

钢制圆盘表面经精磨或精磨后抛光，其粗糙度均方根偏差值 σ 分别为 0.065μm、0.118μm 和 0.166μm，都是纵向纹理方向。采用 40 号和 20 号机械油润滑，它们在 50℃时的动力黏度分别为 0.034Pa·s 和 0.017Pa·s。

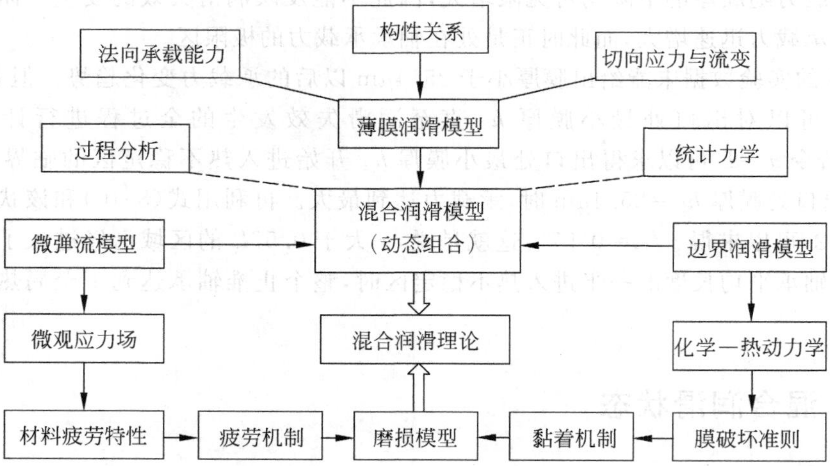

图 8-17　混合润滑研究设想

图 8-18 给出 40 号机械油润滑时，沿接触线中心膜厚平均值 h_m 与滑动速度 v 在对数坐标系中的关系。由图表明，和光滑表面的弹流润滑相同，粗糙表面的平均膜厚与速度也具有指数函数关系，即

$$h_m \propto v^{\alpha}$$

而速度指数 α 的数值与粗糙度有关。如图 8-18，当 $\sigma = 0.065\mu m$ 时，$\alpha = 0.42$；当 $\sigma = 0.118\mu m$ 时，$\alpha = 0.26$；当 $\sigma = 0.166\mu m$ 时，$\alpha = 0.16$，但都低于光滑表面的数值。这说明粗糙度增加使速度对膜厚的影响减小。

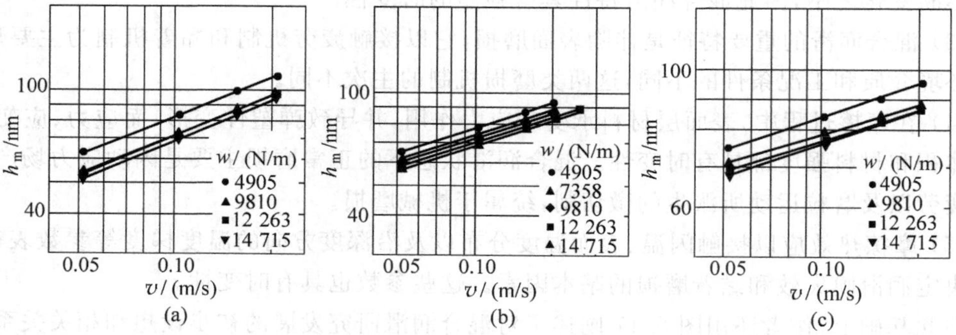

图 8-18　速度对平均膜厚的影响

(a) $\sigma = 0.065\mu m$；(b) $\sigma = 0.118\mu m$；(c) $\sigma = 0.166\mu m$

图 8-19 是速度指数 α 值与粗糙度 σ 的变化关系，横坐标引入 R 是使粗糙度 σ 量纲化，R 为圆盘半径。根据实验数据可以拟合 α 与 σ 的关系式如下

$$\alpha = 0.71 \times 0.8^{\sigma/R} \tag{8-11}$$

当 $\sigma = 0$ 即光滑表面时，则得 $\alpha = 0.71$，非常接近线接触弹流润滑膜厚公式中的速度指数 0.70 的数值。

采用 40 号机械油润滑时，平均膜厚 h_m 与单位宽度载荷 w 的关系的实验结果如图 8-20

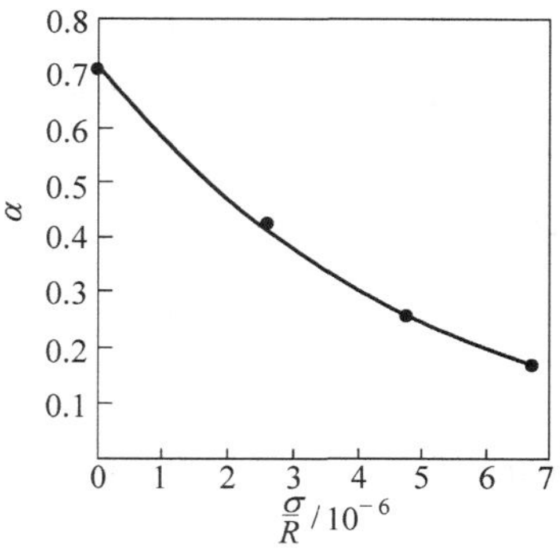

图 8-19 α 与 σ 的关系

所示。膜厚与载荷的关系同样是指数函数规律，即

$$h_m \propto w^{-\beta} \tag{8-12}$$

载荷指数也随粗糙度不同而变化。当粗糙度 σ 值分别为 0.065μm、0.118μm 和 0.166μm 时，相应的 β 值为 0.14、0.12 和 0.09，即粗糙度增加使载荷对膜厚的影响减小。

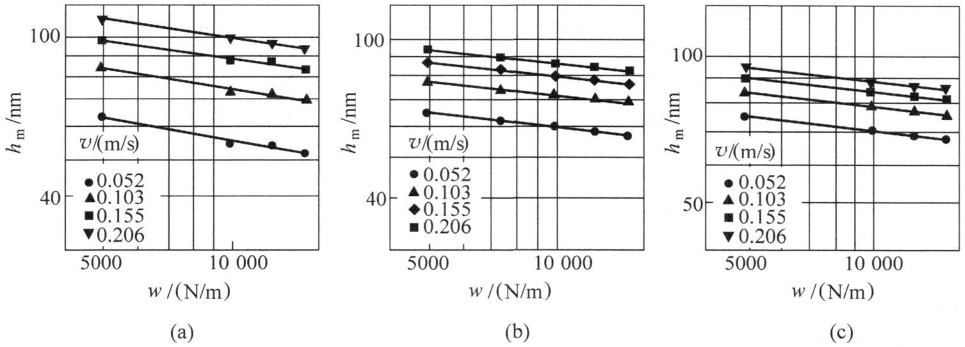

图 8-20 载荷对平均膜厚的影响

(a) σ=0.065μm; (b) σ=0.118μm; (c) σ=0.166μm

图 8-21 表示载荷指数 β 与粗糙度 σ 的关系，其拟合关系式为

$$\beta = 0.18 \times 0.91^{\sigma/R} \tag{8-13}$$

对于光滑表面 $\sigma=0$，则 $\beta=0.18$，与线接触弹流润滑 Dowson 和 Higginson 公式中的载荷指数值相同。

图 8-22 列出不同工况条件下两种机械油黏度对膜厚变化的影响。黏度增加时，润滑膜厚度增加。图中，两种黏度得出的膜厚随速度或载荷的变化是两条平行线，这表明对于相同的粗糙度而言，黏度的变化不影响膜厚的速度指数或载荷指数的数值，即式(8-11)和式(8-13)对于各种黏度的机械油都适用。

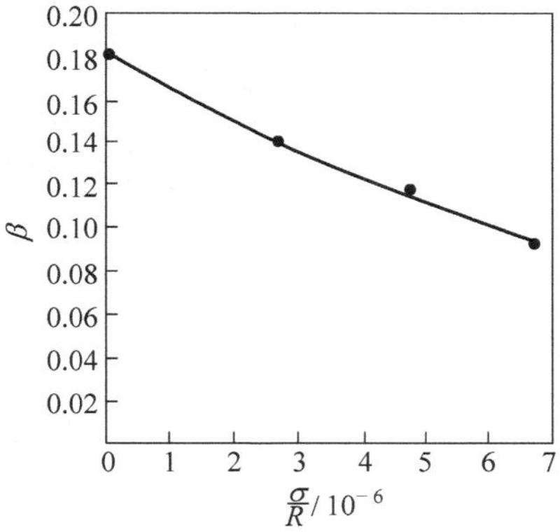

图 8-21 β 和 σ 的关系

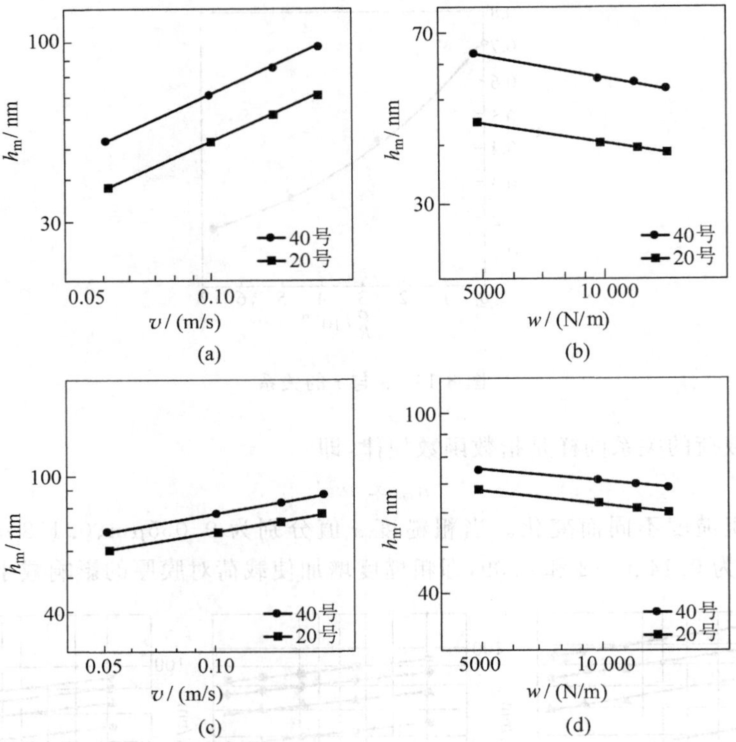

图 8-22　黏度对平均膜厚的影响

(a) $\sigma=0.065\mu m, w=14\ 715 N/m$; (b) $\sigma=0.065\mu m, v=0.052 m/s$;
(c) $\sigma=0.166\mu m, w=14\ 715 N/m$; (d) $\sigma=0.166\mu m, v=0.052 m/s$

粗糙度对于膜厚比 h_m/σ 的影响如图 8-23 所示。由图可知，膜厚比随着粗糙度的增加而减小，同时，粗糙度增加使得速度和载荷对平均膜厚的影响作用减弱。

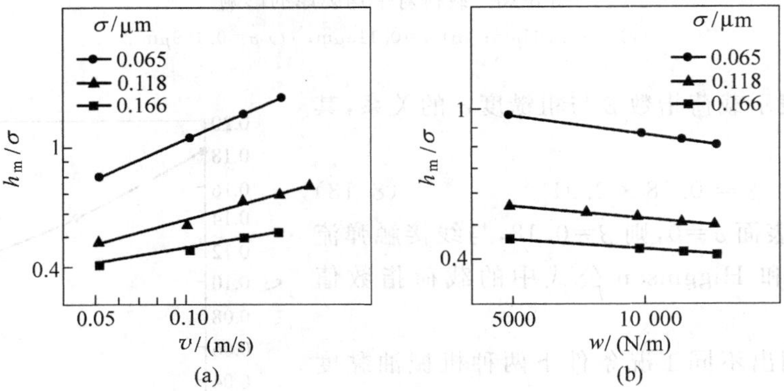

图 8-23　粗糙度对膜厚比的影响

(a) $w=14\ 715 N/m$; (b) $v=0.052 m/s$

应当指出，由于表面粗糙度分布的随机性，它对润滑膜厚度的影响相当复杂，现有的研究结论各不相同，这是一个有待进一步研究的问题。对于上述的实验结果有两点必须着重说明：首先，以上的粗糙度均为实验前表面处于自然状态下的数值；而在润滑过程中，由于微观弹流膜局部压力对粗糙峰的展平作用，实际粗糙度数值将大大地降低，而且表面粗糙度越高，其降低的幅度越大。其次，以上讨论的膜厚 h_m 是指沿接触线上中心膜厚的平均值，事实上接触区各点的实际膜厚不同。根据测量，接触区各点膜的黏度对平均膜厚的影响厚度介于 10～110nm 范围，显然，它是边界润滑、薄膜润滑和微观弹流润滑的混合状态。

1993 年，Jullien 等人对于碳基金属复合材料与玻璃表面在油润滑下的接触与摩擦进行实验研究，揭示出一种新的与混合润滑相似但又不尽相同的状态，他们称为分形薄膜润滑(fractionated thin film in lubrication)。实验表明，摩擦副接触表面出现若干个尺寸约为 100μm 且相互分离的微小平台。润滑膜的压力场分割成若干小的压力区，各压力区由平台之间的零压区分隔开。润滑膜厚度在 0.1～0.5μm 范围，摩擦因数稳定在 0.12～0.15 之间。显然，这种特殊的润滑状态常存在于多孔材料的润滑。

参考文献

[1] 黄平，温诗铸. 粘弹性流体动力润滑与润滑磨损[J]. 机械工程学报，1996，32(3)：27-34.

[2] ZOU Q，HUANG P，WEN S. Abrasive wear model for lubricated sliding contacts[J]. Wear，1996(196)：72-76.

[3] 黄平，郑杰，Hooke，温诗铸. 表面粗糙度对线接触低弹性模量弹流润滑性能的影响[J]. 清华大学学报，1996，36(10)：50-56.

[4] HOOKE C J，HUANG P. Elastohydrodynamic lubrication of soft viscoelastic materials in line contact[J]. Proc. Inst. Mech. Engrs.，1997，211，Part J：185-194.

[5] HUANG P，WEN S. A new model of visco-plastic fluid lubrication for sliding problems[J]. ACTA Tribologyica of Romania. 1994，2(1)：23-30.

[6] 黄平，温诗铸. 粘塑性流体润滑失效研究滑动问题[J]. 自然科学进展，1995，5(4)：435-439.

[7] 黄平，温诗铸. 滑动条件下弹流润滑的屈服膜厚与屈服边界[J]. 润滑与密封，1996(6)：18-23.

[8] HUANG P，LUO J，WEN S. Theoretically study on the lubrication failure for the lubricants with a limiting shear stress[J]. Tribology International，1999，32(10)：421-426.

[9] 黄平，雒建斌，温诗铸. 粘塑性流体的界面滑移对润滑性能的影响研究[J]. 力学学报，1999，31(6)：745-752.

[10] 黄平，陈扬枝，雒建斌，温诗铸. 止推轴承流体动压润滑失效分析[J]. 机械工程学报，2000，36(1)：96-100.

[11] 黄平，温诗铸. 温度的非牛顿效应及其润滑失效机理分析[J]. 润滑与密封，1996(2)：14-16.

[12] 张广军，黄平，温诗铸. 润滑剂的温度非牛顿效应及其对润滑性能的影响[J]. 润滑与密封，1996(3)：5-9.

[13] 张广军，孟惠荣，黄平，温诗铸. 润滑剂边界滑移对弹流润滑特性的影响[J]. 摩擦学学报，1998，18(3)：243-247.

[14] 电机工程手册编辑委员会. 机械工程手册：第 29 篇[M]. 北京：机械工业出版社，1980.

[15] 孔繁荣. 混合润滑的实验技术和特性研究[D]. 北京：清华大学，1993.

[16] ZOU Q，KONG F，WEN S. A new method for measuring the film thickness of mixed lubrication in line contacts[J]. Tribology Transactions，1995，38(4)：869-874.

[17] 温诗铸，黄平. 摩擦学原理[M]. 2 版. 北京：清华大学出版社，2002.

第2篇

摩擦磨损机理与控制

第9章　表面形态与表面接触

摩擦学研究相对运动表面间发生的作用和变化，因此了解和研究摩擦表面形态和接触状况是分析摩擦磨损和润滑问题的基础。任何摩擦表面都是由许多不同形状的微凸峰和凹谷组成的。表面几何特征对于混合润滑和干摩擦状态下的摩擦磨损和润滑起着重要影响。

9.1　表面形貌参数

宏观上光滑、平整的表面，在显微镜下通常会显示出表面由许多不规则的凸峰和凹谷所组成，这是在加工过程中造成的，如图 9-1 所示。

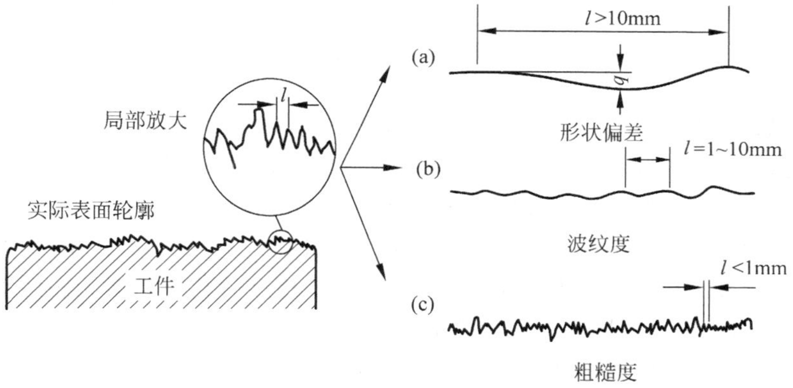

图 9-1　表面形貌轮廓曲线

固体表面几何特征采用形貌参数来描述，根据表示方法的不同可分为一维、二维和三维的形貌参数。

一维形貌通常用轮廓曲线的高度参数来表示，如图 9-1 所示，它描绘沿截面方向（X 方向）上轮廓高度 Z 的起伏变化。选择轮廓的平均高度线亦即中心线为 X 轴，使轮廓曲线在 X 轴上下两侧的面积相等。一维形貌参数种类繁多，最常用的有：

（1）轮廓算术平均偏差或称中心线平均值 Ra。它是轮廓上各点高度在测量长度范围内的算术平均值，即

$$Ra = \frac{1}{L}\int_0^L |z(x)| \mathrm{d}x = \frac{1}{n}\sum_{i=1}^{n} |z_i| \tag{9-1}$$

式中，$z(x)$为各点轮廓高度；L 为测量长度；n 为测量点数；z_i 为各测量点的轮廓高度。

（2）轮廓均方根偏差或称均方根值 Rq 或 σ，其值为

$$\sigma=\sqrt{\frac{1}{L}\int_{0}^{L}[z(x)]^{2}\mathrm{d}x}=\sqrt{\frac{1}{n}\sum_{i=1}^{n}z_{i}^{2}} \tag{9-2}$$

（3）最大峰谷距 $R_{\max}$。指在测量长度内最高峰与最低谷之间的高度差，它表示表面粗糙度的最大起伏量。

（4）支承面曲线。支承面曲线是根据表面粗糙度图谱绘制的。理论的支承面曲线如图 9-2 所示。假设粗糙表面磨损到深度 z_1 时，在左图中形成了宽度为 a_1 和 c_1 的两个平面，将 a_1 和 c_1 求和绘制在右图相应的 z_1 处。这样得到支承面随深度 z 变化的曲线即支承面曲线。

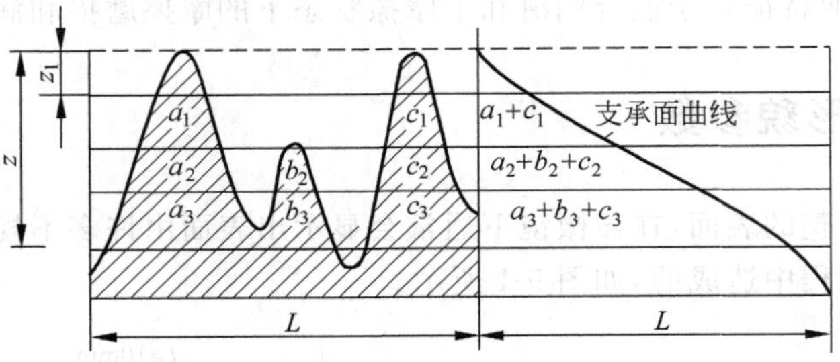

图 9-2 支承面曲线

（5）中线截距平均值 S_{ma}。它是轮廓曲线与中心线各交点之间的截距 S_m 在测量长度内的平均值。该参数反映表面不规则起伏的波长或间距，以及粗糙峰的疏密程度。

应当指出，一维形貌参数并不能完善地描述表面几何特征。如图 9-3 所示，4 种表面轮廓的 Ra 值相同，但形貌却很不一致，甚至完全相反，如图 9-3(a)和(b)。虽然均方根值 σ 比中心线平均值 Ra 稍好一些，但对于图(a)和图(b)两个相反的轮廓仍然无法区别。通常，一维形貌参数仅适用于描述用同一方法制造的具有相似轮廓的表面。如果将一维高度参数和一维波长参数相配合，可以粗略地构成表面形貌的二维图像。

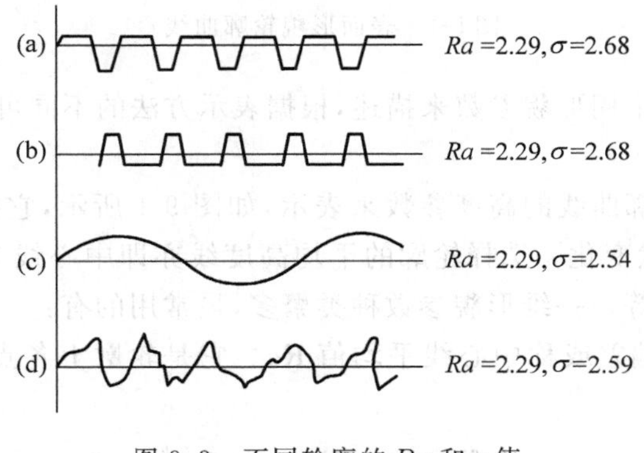

图 9-3 不同轮廓的 Ra 和 σ 值

实践证明，一维形貌参数不足以表征表面的摩擦学特性，而表面轮廓曲线的坡度和曲率与粗糙表面的摩擦磨损特性密切相关。因此，为了更好地反映粗糙表面的润滑效应和接触状况，人们又采用如下的二维形貌参数：

（1）坡度$\dot{z}_a$或$\dot{z}_q$。它是表面轮廓曲线上各点坡度即斜率$\dot{z}=dz/dx$的绝对值的算术平均值$\dot{z}_a$或者均方根值$\dot{z}_q$。该指标对于微观弹流润滑效应十分重要。

（2）峰顶曲率C_a或C_q。一般采用各个粗糙峰顶曲率的算术平均值作为C_a，或者均方根值作为C_q，它对于润滑和表面接触状况都有影响。

然而二维形貌参数还不够全面，描述粗糙表面的最好方法是采用三维形貌参数，例如：

（1）二维轮廓曲线族。如图9-4所示，通过一组间隔很密的二维轮廓曲线来表示形貌的三维变化。

（2）等高线图。如图9-5所示，用表面形貌的等高线表示表面的起伏变化。

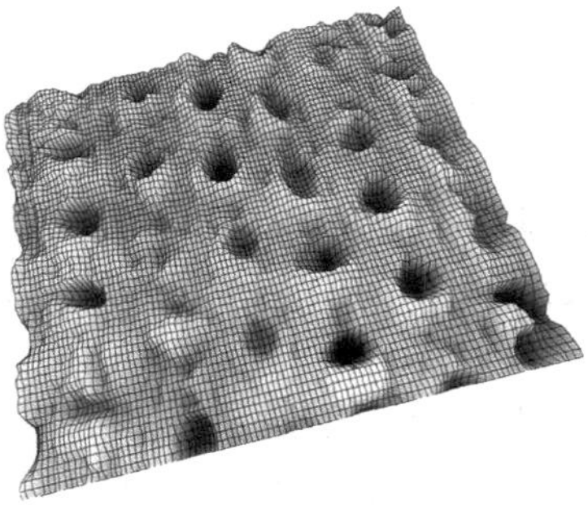

图9-4　二维轮廓曲线族

图9-5　等高线图

9.2　表面形貌的统计参数

切削加工的表面形貌包含着周期变化和随机变化两个组成部分，因此采用形貌统计参数比用单一形貌参数来描述表面几何特征更加科学，能反映更多的信息。这就是用概率密度分布函数来表示轮廓曲线上各点的高度、波长、坡度或曲率等的变化。

9.2.1　高度分布函数

如图9-6所示，以平均高度线为X轴，轮廓曲线上各点高度为z。概率密度分布曲线的绘制方法如下：

由不同高度z作等高线，计算它与峰部实体（X轴以上）或谷部空间（X轴以下）交割线段长度的总和$\sum L_i$，以及与测量长度L的比值$\sum L_i/L$。用这些比值画出高度分布直方图。如果选取非常多的z值，则从直方图可以描绘出一条光滑曲线，这就是轮廓高度的概率密度分布曲线。

切削加工表面的轮廓高度接近于Gauss分布规律。Gauss概率密度分布函数为

$$\psi(z)=\frac{1}{\sigma\sqrt{2\pi}}\exp\left(-\frac{z^2}{2\sigma^2}\right) \tag{9-3}$$

式中，σ为粗糙度的均方值，在Gauss分布中称为标准偏差，而σ^2称为方差。

式(9-3)表示的分布曲线是标准的Gauss分布。概率密度分布函数$\psi(z)$表示不同高度出现的概率。理论上Gauss分布曲线的范围由$-\infty\sim+\infty$，但实际上在$-3\sigma\sim+3\sigma$之间包

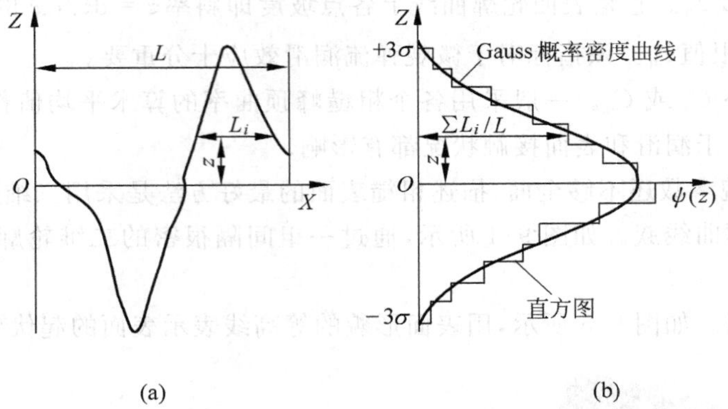

图 9-6　粗糙高度分布密度曲线

含了分布的 99.9%。因此以 $\pm 3\sigma$ 作为 Gauss 分布的极限所产生的误差可以忽略不计。

应当指出，对于二维形貌参数，例如轮廓曲线的坡度和峰顶曲率，也可以用它们的概率密度分布曲线来描述变化规律。

根据表面轮廓曲线求出若干点的坡度数值 $\dot{z}=\mathrm{d}z/\mathrm{d}x$。然后依照坡度等于某一数值的点数与总点数的比值作坡度分布的直方图，进而采用上述方法求得坡度分布的概率密度函数 $\psi(\dot{z})$，如图 9-7 所示。

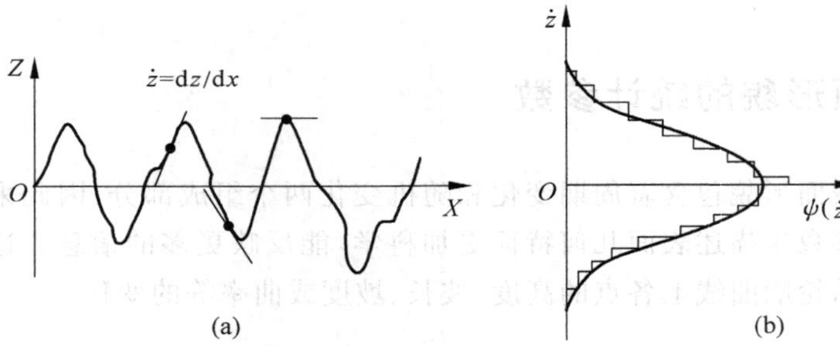

图 9-7　坡度分布密度曲线

对于峰顶曲率 C 或峰顶半径 r，$r=1/C$，采用类似的方法也可以求得其概率密度分布函数 $\psi(C)$ 或 $\psi(r)$。图 9-8 是根据某一实际切削加工表面求得的峰顶半径分布曲线。

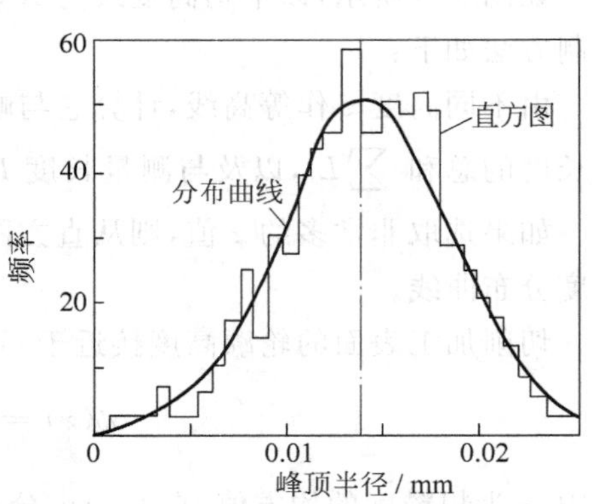

图 9-8　峰顶半径分布密度曲线

9.2.2　分布曲线的偏差

表面形貌的分布曲线往往与标准 Gauss 分布存在一定偏差，通常用统计参数表示这种偏差。

1. 偏态 S

偏态是衡量分布曲线偏离对称位置的指标，它的定义是

$$S=\frac{1}{\sigma^3}\int_{-\infty}^{+\infty}z^3\psi(z)\mathrm{d}z \tag{9-4}$$

将标准的 Gauss 分布函数式(9-3)代入，求得 $S=0$，即对称分布曲线的偏态值 S 均为零。非对称分布曲线的偏态值可为正值或负值，如图 9-9 所示。

2. 峰态 K

峰态表示分布曲线的尖峭程度。定义为

$$K=\frac{1}{\sigma^4}\int_{-\infty}^{+\infty}z^4\psi(z)\mathrm{d}z \tag{9-5}$$

将式(9-3)代入上式求得标准 Gauss 分布的峰态 $K=3$。而 $K<3$ 的分布曲线称为低峰态，$K>3$ 的分布曲线称为尖峰态，如图 9-10 所示。

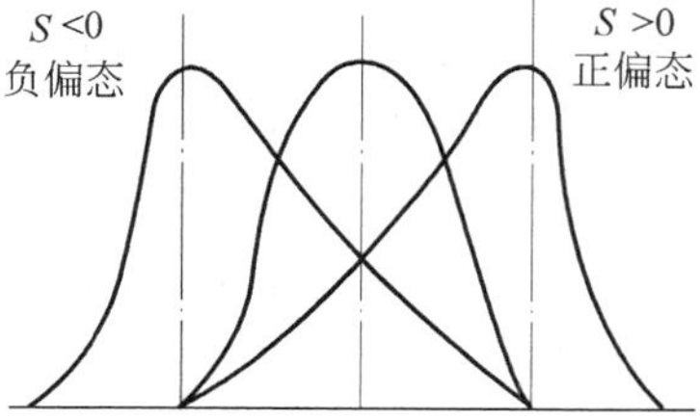

图 9-9　偏态

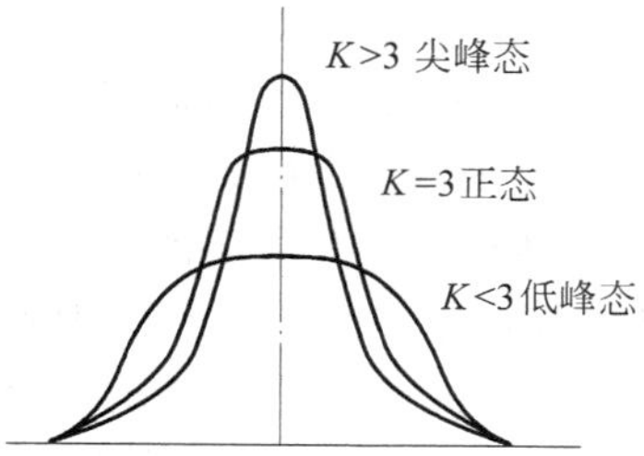

图 9-10　峰态

9.2.3　表面轮廓的自相关函数

在分析表面形貌参数时，抽样间隔的大小对于绘制直方图和分布曲线有显著影响。为了表达相邻轮廓的关系和轮廓曲线的变化趋势，可引用另一个统计参数即自相关函数 $R(l)$。

对于一条轮廓曲线来说，它的自相关函数是各点的轮廓高度与该点相距一固定间隔 l 处的轮廓高度乘积的数学期望(平均)值，即

$$R(l)=E[z(x)\times z(x+l)] \tag{9-6}$$

这里，E 表示数学期望值。

如果在测量长度 L 内的测量点数为 n，各测量点的坐标为 x_i，则 $R(l)$为

$$R(l)=\frac{1}{n-1}\sum_{i=1}^{n-1}z(x_i)\times z(x_i+l) \tag{9-7}$$

对于连续函数的轮廓曲线，上式可写成积分形式

$$R(l)=\lim_{L\to\infty}\frac{1}{L}\int_{-L/2}^{+L/2}z(x)\times z(x+l)\mathrm{d}x \tag{9-8}$$

$R(l)$是抽样间隔 l 的函数。当 $l=0$ 时，自相关函数记作 $R(l_0)$，$R(l_0)=\sigma^2$，即为方差。因此自相关函数的量纲化形式变为

$$R^*(l)=\frac{R(l)}{R(l_0)}=\frac{R(l)}{\sigma^2} \tag{9-9}$$

图 9-11 为典型轮廓曲线概率分布函数及其自相关函数。自相关函数可以分解为两个组成部分：函数的衰减表明相关性随 l 的增加而减小，它代表轮廓的随机分量的变化情况；

函数的振荡分量反映表面轮廓周期性变化因素。

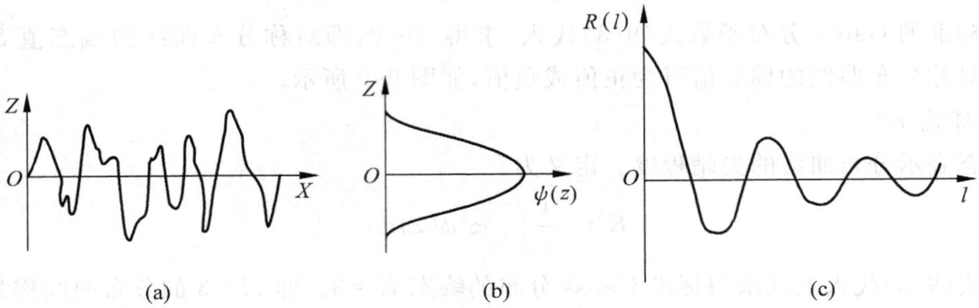

图 9-11　典型的自相关函数

计算实际表面的自相关函数需要采集和处理大量的数据。为简化起见，通常将随机分量表示为按指数关系衰减，而振荡分量按三角函数波动。分析表明，粗加工表面（例如 $Ra=16\mu m$ 的粗刨平面）的振荡分量是主要组成部分，而精加工表面（例如 $Ra=0.18\mu m$ 的超精加工平面）的随机分量是主要的。

自相关函数对于研究表面形貌的变化十分重要。任何表面形貌的特征都可以用高度分布概率密度函数 $\psi(z)$ 和自相关函数 $R^*(l)$ 这两个参数来描述。

近年来，人们应用分形理论来表征表面形貌，进而研究粗糙表面的接触和摩擦磨损问题[1]。

9.3　粗糙表面的接触

当两个粗糙固体表面接触时，实际接触只发生在表观面积的极小部分上。实际接触面积的大小和分布对于摩擦磨损有决定性影响。

在对粗糙峰接触进行理论分析时，通常假设粗糙峰顶的形状为椭球体或球体，两个粗糙面的接触可近似为一系列高低不齐的不同曲率半径的球体相接触。在分析粗糙表面接触时，通常都采用这种模型。

9.3.1　单峰接触

如图 9-12，当两个粗糙峰相接触时，在载荷 W 作用下产生法向变形量 δ，使弹性球体的形状由图示的虚线变为实线。显然，实际接触区是以 a 为半径的圆，而不是以 e 为半径的圆。

根据弹性力学分析可知

$$\left.\begin{aligned} \delta &= \left(\frac{9W^2}{16E'^2R}\right)^{1/3} \\ a &= \left(\frac{3WR}{4E'}\right)^{1/3} \\ W &= \frac{4}{3}E'R^{1/2}\delta^{3/2} \end{aligned}\right\} \qquad (9\text{-}10)$$

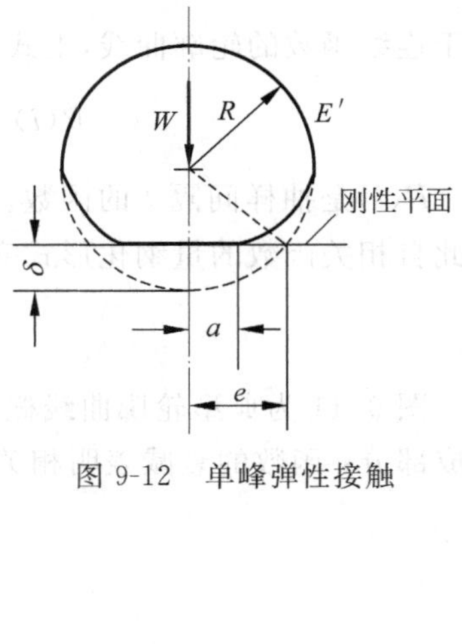

图 9-12　单峰弹性接触

从以上关系可得：$a^2=R\delta$。于是实际接触面积 A 为

$$A = \pi a^2 = \pi R\delta \tag{9-11}$$

再根据几何关系得

$$e^2 = R^2 - (R-\delta)^2 = 2R\delta - \delta^2 \approx 2R\delta$$

因此几何接触面积 A_0 为

$$A_0 = \pi e^2 = 2\pi R\delta = 2A \tag{9-12}$$

可知，单个粗糙峰在弹性接触时的实际接触面积为几何接触面积的一半。

粗糙峰模型除用球体之外，常见的模型还有圆柱体和圆锥体，如图 9-13 所示。球体模型接触区压力分布为椭圆体。圆柱体和圆锥体模型的压力分布出现不定值区域，即在边缘或者中心区域压力趋于无限，因此弹性变形的计算困难。圆柱体模型的实际接触面积保持不变，这与粗糙表面的接触情况不符。而圆锥体模型比较接近实际，可用于摩擦磨损计算。

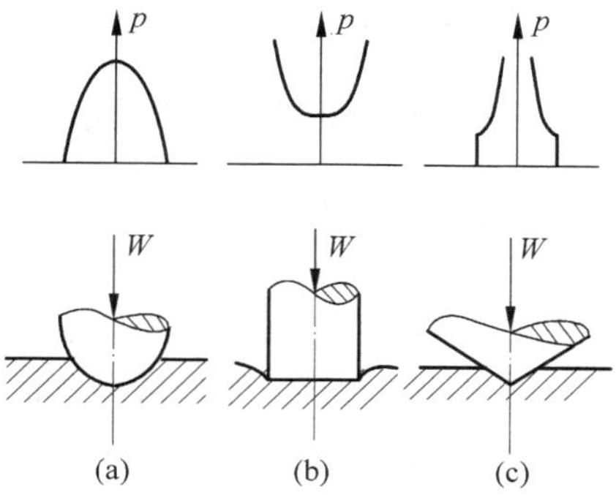

图 9-13　粗糙峰模型
(a) 球体；(b) 圆柱体；(c) 圆锥体

9.3.2　理想粗糙表面的接触

理想粗糙表面是指表面由许多排列整齐的曲率半径和高度相同的粗糙峰组成，同时，各峰承受的载荷和变形完全一样，而且相互不影响。

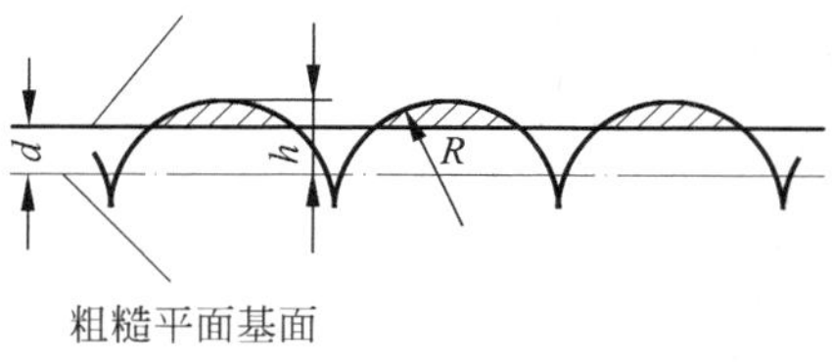

图 9-14　等高球形粗糙表面的接触

如图 9-14，粗糙峰在基面以上的最大高度为 h，当光滑平面在载荷作用下产生法向变形后，法向变形量为 $h-d$，刚性光滑平面与粗糙面基面之间的距离为 d。

如果表面上共有 n 个粗糙峰，每个粗糙峰承受相同的载荷 W_i，则由式(9-10)得总载荷 W

$$W = nW_i = \frac{4}{3}nE'R^{1/2}(h-d)^{3/2} \tag{9-13}$$

实际接触面积为各粗糙峰实际接触面积 A_i 的总和，即

$$A = nA_i = n\pi R(h-d) \tag{9-14}$$

再由以上两式消去$(h-d)$可得

$$W = \frac{4E'}{3\pi^{3/2}n^{1/2}R}A^{3/2} \tag{9-15}$$

由此可知，对于弹性接触状态，实际接触面积与载荷的 2/3 次方成正比。

当表面处于塑性接触状态时，各个粗糙峰接触表面上受到均匀分布的屈服应力 σ_s。假设材料法向变形时不产生横向扩展，则各粗糙峰的接触面积为几何面积，即 $A_{0i}=2\pi R(h-d)$。这样

$$W_i = \sigma_s A_{0i} = 2\sigma_s A_i \tag{9-16}$$

故

$$W = nW_i = 2\sigma_s A \tag{9-17}$$

式(9-17)表明，对于塑性接触状态，实际接触面积与载荷成正比。

在固体摩擦理论研究中，通常认为实际接触面积与载荷保持线性关系。从理想粗糙表面模型的分析表明，只有塑性接触状态，这一关系才成立；而弹性接触的实际接触面积与载荷的关系却是非线性的，其原因在于理想粗糙表面模型过于简化。但从以下的分析可知，当采用随机粗糙模型时，在弹性接触下同样满足实际接触面积与载荷的线性关系。

9.3.3　实际粗糙表面的接触

实际表面的粗糙峰高度是按照概率密度函数分布的，因而接触的峰点数也应根据概率计算[3]。

图 9-15(a)为两个粗糙表面的接触情况。两表面粗糙度的均方根值分别为 σ_1 和 σ_2，h 为中心线之间的距离。它们的接触情况可以转换为一个光滑的刚性表面和另一个具有均方根值为 $\sigma=\sqrt{\sigma_1^2+\sigma_2^2}$ 的粗糙的弹性表面相接触，如图 9-15(b)所示。

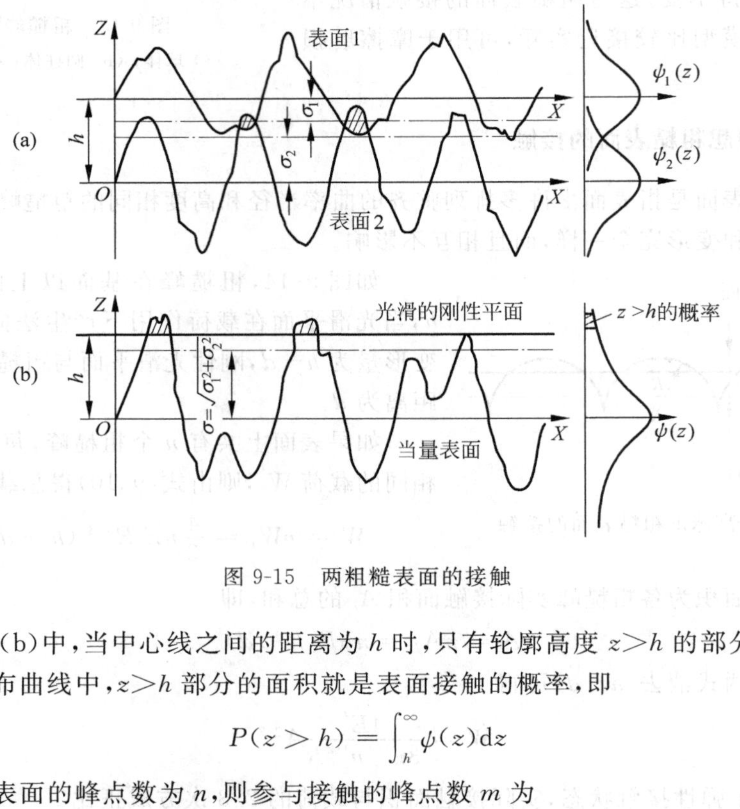

图 9-15　两粗糙表面的接触

在图 9-15(b)中，当中心线之间的距离为 h 时，只有轮廓高度 $z>h$ 的部分才发生接触。在概率密度分布曲线中，$z>h$ 部分的面积就是表面接触的概率，即

$$P(z>h)=\int_h^{\infty}\psi(z)\mathrm{d}z \tag{9-18}$$

如果粗糙表面的峰点数为 n，则参与接触的峰点数 m 为

$$m=n\int_h^{\infty}\psi(z)\mathrm{d}z$$

各个接触峰点的法向变形量为 $z-h$。由式(9-11)得实际接触面积 A 为

$$A=m\pi R(z-h)=n\pi R\int_h^{\infty}(z-h)\psi(z)\mathrm{d}z$$

由接触峰点支承的总载荷量 W 为

$$W = \frac{4}{3}mE'R^{1/2}(z-h)^{3/2} = \frac{4}{3}nE'R^{1/2}\int_h^{\infty}(z-h)^{3/2}\psi(z)\mathrm{d}z \tag{9-19}$$

通常实际表面的轮廓高度按照 Gauss 分布。在 Gauss 分布中，靠近 z 值较大的部分近似于指数型分布。若令 $\psi(z)=\exp(-z/\sigma)$，计算可得

$$\left.\begin{aligned} m &= n\sigma\exp(-h/\sigma) \\ A &= \pi nR\sigma^2\exp(-h/\sigma) \\ W &= \frac{4}{3}nE'R^{1/2}\sigma^{3/2}\exp(-h/\sigma) \end{aligned}\right\} \tag{9-20}$$

从以上各关系式可进一步得出 $W\propto A$，$W\propto m$。由此可知，两个粗糙表面在弹性接触状态下，实际接触面积和接触峰点数目都与载荷呈线性关系。

当两表面处于塑性接触状态时，从以上分析则得

$$\left.\begin{aligned} A &= 2\pi nR\int_h^{\infty}(z-h)\psi(z)\mathrm{d}z \\ W &= \sigma_s A = 2\pi nR\sigma_s\int_h^{\infty}(z-h)\psi(z)\mathrm{d}z \end{aligned}\right\} \tag{9-21}$$

即实际接触面积与载荷为线性关系，而与高度分布函数 $\psi(z)$ 无关。

综上所述，实际接触面积与载荷的关系取决于表面轮廓曲线和接触状态。当粗糙峰为塑性接触时，不论高度分布曲线如何，实际接触面积都与载荷呈线性关系。而在弹性接触状态下，大多数表面的轮廓高度接近于 Gauss 分布，其实际接触面积与载荷也具有线性关系。

9.3.4　塑性指数

实际上两个粗糙表面的接触通常是一种混合的弹塑性系统，也就是较高的峰点产生塑性变形，而较低的峰点处于弹性变形状态。随着载荷增加，两表面法向变形量增大，而塑性变形的峰点数也相应增多，所以法向变形量可以作为衡量表面塑性变形程度的指标。

Greenwood 和 Williamson[4] 就接触变形问题提出如下分析。

由式(9-10)和式(9-11)可以求得接触面积上的平均压力为

$$p_c = \frac{W}{A} = \frac{4E'}{3\pi}\sqrt{\frac{\delta}{R}} \tag{9-22}$$

根据塑性变形计算表明，当平均压力达到 $H/3$ 时，开始在表层内出现塑性变形，这里 H 是材料的布氏硬度(HB)值。而当平均压力增到 H 时，塑性变形达到肉眼可见的程度。通常选取 $p_c=H/3$ 作为出现塑性变形的条件。代入式(9-22)求得出现塑性变形时的法向变形量 δ 为

$$\delta = \left(\frac{\pi H}{4E'}\right)^2 R = \left(0.78\frac{H}{E'}\right)^2 R \tag{9-23}$$

考虑到从弹性变形转变到塑形变形是渐变过程，引入适当裕度，因而取塑性条件为

$$\delta = \left(\frac{H}{E'}\right)^2 R \tag{9-24}$$

为方便应用，以量纲化参数表示塑性条件，取

$$\Omega = \sqrt{\frac{\sigma}{\delta}} = \frac{E'}{H}\sqrt{\frac{\sigma}{R}} \tag{9-25}$$

式中，参数 Ω 称为塑性指数。

当塑性指数 $\Omega<0.6$ 时，属于弹性接触状态；当 $\Omega=1$ 时，即便是极轻的载荷也有一部分峰点处于塑性变形状态；而当 $1<\Omega<10$ 时，弹性变形与塑性变形混合存在，Ω 值越高，塑性变形所占比例越大。

参考文献

[1] 盛选禹，雒建斌，温诗铸．基于分形接触的静摩擦因数预测[J]．中国机械工程，1998，9(7)：16-18.
[2] 温诗铸．纳米摩擦学[M]．北京：清华大学出版社，1998.
[3] HALLING J. Principles of Tribology[M]. London：McMillan Press Ltd.，1975.
[4] GREENWOOD J A，WILLIAMSON J B. Contact of nominally flat surface[J]. Proc. Roy. Soc. A，1966(295)：300-319.
[5] 温诗铸．摩擦学原理[M]．北京：清华大学出版社，1990.
[6] 温诗铸，黄平．摩擦学原理[M]．2版．北京：清华大学出版社，2002.

第10章　滑动摩擦及其应用

两个相对滑动的固体表面之间的摩擦只与接触表面的相互作用有关，而与固体内部状态无关，这称为外摩擦。边界润滑状态下的摩擦是吸附膜或其他表面膜之间的摩擦，也属于外摩擦。而流体中各部分之间相对移动而发生的摩擦，称为内摩擦。

外摩擦和内摩擦的共同特征是：一物体或一部分物质将自身的动量传递给与其相接触的另一物体或另一部分物质，并试图使两者的运动速度趋于一致，因而在摩擦过程中发生能量的转换。

外摩擦与内摩擦的不同特征在于其内部运动状况。内摩擦时流体相邻质点的运动速度是连续变化的，具有一定的速度梯度，而外摩擦则在滑动面上发生速度突变。此外，内摩擦力与相对滑动速度成正比，当滑动速度为零时内摩擦力也就消失；而外摩擦力与滑动速度的关系随工况条件变化，当滑动速度消失后仍有静摩擦力存在。

本章讨论固体表面之间的干摩擦状态，它是在不施加润滑剂的条件下的滑动摩擦和滚动摩擦。

10.1　摩擦的基本特性

一般认为达·芬奇(Leonado da Vinci，1452—1519 年)是第一个提出摩擦基本概念的人。之后，法国科学家 Amontons 进行实验并建立了摩擦定律。随后，库仑在进一步实验的基础上，发展了 Amontons 的工作。由这些初期研究得出了四个经典摩擦定律。

定律一　摩擦力与载荷成正比。

它的数学表达式为

$$F = fW \tag{10-1}$$

式中，F 为摩擦力；f 为摩擦因数；W 为正压力。

式(10-1)通常称为库仑定律，可认为它是摩擦因数的定义。

定律二　摩擦因数与表观接触面积无关。

第二定律一般仅对具有屈服极限的材料(如金属)是满足的，而不适用于弹性及黏弹性材料。

定律三　静摩擦因数大于动摩擦因数。

这一定律不适用于黏弹性材料，尽管关于黏弹性材料究竟是否具有静摩擦因数还没有定论。

定律四　摩擦因数与滑动速度无关。

严格地说，第四定律不适用于任何材料，虽然对金属来说基本符合这一规律，而对黏弹性显著的弹性体来说，摩擦因数则明显与滑动速度有关。

虽然根据最近的研究发现大多数经典摩擦定律并不完全正确，但是经典摩擦定律在一定程度上反映了滑动摩擦的机理，因此在解决许多工程实际问题中依然广泛使用。

深入研究表明，滑动摩擦还具有以下主要特性。

1. 静止接触时间的影响

使摩擦副开始滑动所需要的切向力称为静摩擦力，而维持滑动持续进行所需要的切向力称为动摩擦力。通常，工程材料的动摩擦力小于静摩擦力，黏弹性材料的动摩擦力有时高于静摩擦力。

观察发现，静摩擦因数受静止接触时间长短的影响。如图 10-1 所示，接触时间增加将使静摩擦因数增大，对于塑性材料这一影响更为显著。

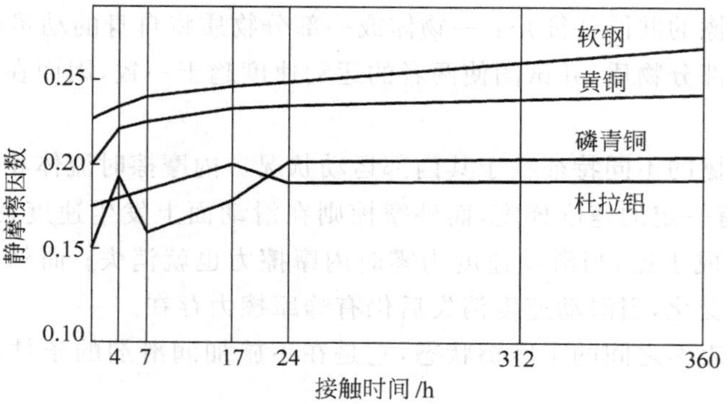

图 10-1 静摩擦因数与接触时间的关系

由于摩擦表面在法向载荷作用下，粗糙峰彼此嵌入并产生很高的接触应力和塑性变形，使实际接触面积增加。随着静止接触时间延长，相互嵌入和塑性变形程度都加强，所以静摩擦因数增加。

2. 黏滑现象

精密的实验研究证明，干摩擦运动并非连续平稳的滑动，而是一物体相对于另一物体断续的滑动，称为黏滑现象。当摩擦表面是弹性固体时，黏滑现象更为显著。黏滑现象是干摩擦状态区别于良好润滑状态的特征。

Bowden 等人提出的摩擦黏着理论说明了黏滑现象的机理，可是黏着理论不能解释非金属材料的断续滑动现象。有人用静电力作用所引起的摩擦力变化来说明黏滑现象，但没有得到满意的结果。

有关黏滑现象比较满意的解释有二：一是黏滑是摩擦力随滑动速度的增加而减小造成的；另一是黏滑是摩擦力随接触时间延长而增加的结果。实际上这两种影响都是产生黏滑现象的原因。在高速滑动条件下，前者的作用为主；而滑动速度较低时，后者是决定性的因素。

滑动摩擦的黏滑现象对机器工作的平稳性产生不利的影响，例如摩擦离合器闭合时的颤动、车辆在制动过程中的尖叫、刀具切削金属时的振动以及滑动导轨在缓慢移动时的爬行现象等都与摩擦黏滑有关。因此，提高摩擦过程的平稳性是减少振动噪声的重要途径。

3. 预位移问题

在施加外力使静止的物体开始滑动的过程中，当切向力小于静摩擦力的极限值时，物体产生一极小的预位移而达到新的静止位置。预位移的大小随切向力而增大，物体开始做稳定滑动时的最大预位移称为极限位移。对应极限位移的切向力就是最大静摩擦力。

图 10-2 中列出了几种金属材料的预位移曲线。由图可知，仅在起始阶段预位移才与切向力成正比，随着趋近于极限位移，预位移增长速度不断加大，当达到极限位移后，摩擦因数将不再增加。

预位移具有弹性，即切向力消除后物体沿反方向移动，试图回复到原来位置，但保留一定残余位移。切向力越大，残余位移量也越大。如图 10-3 所示，当施加切向力时，物体沿 OlP 到达 P 点，其预位移为 OQ。当切向力消除时，物体沿 PmS 移动到 S 点，出现残余位移 OS。如果对物体重新施加原来的切向力，则物体将沿 SnP 移到 P 点。

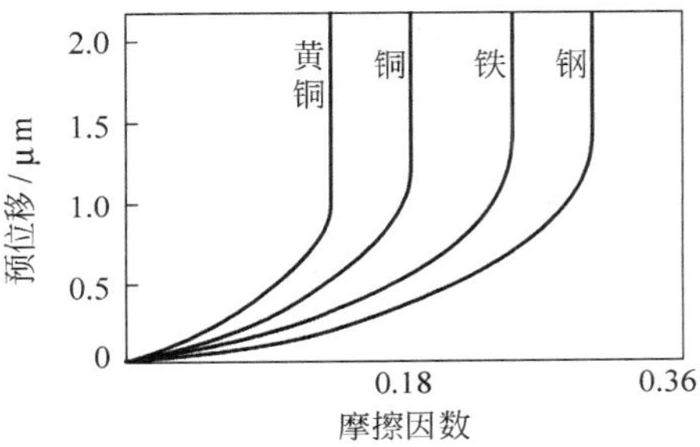

图 10-2　预位移曲线

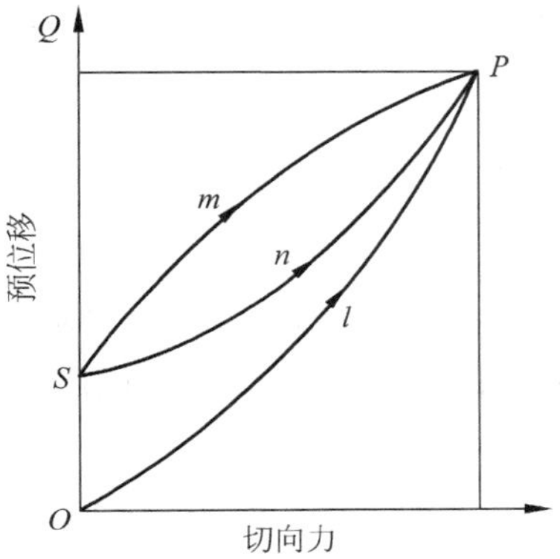

图 10-3　弹性预位移

预位移问题对于机械零件设计十分重要。各种摩擦传动以及车轮与轨道之间的牵引能力都是基于相互紧压表面在产生预位移条件下的摩擦力作用。预位移状态下的摩擦力对于制动装置的可靠性也具有重要意义。

10.2　宏观摩擦理论

摩擦是两个接触表面相互作用引起的滑动阻力和能量损耗。摩擦现象涉及的因素很多，因而提出了各种不同的摩擦理论，主要的宏观摩擦理论有以下几种。

10.2.1　机械啮合理论

早期的理论认为摩擦起源于表面粗糙度，滑动摩擦中能量损耗于粗糙峰的相互啮合、碰撞以及弹塑变形，特别是硬粗糙峰嵌入软表面后在滑动中形成的犁沟效应。

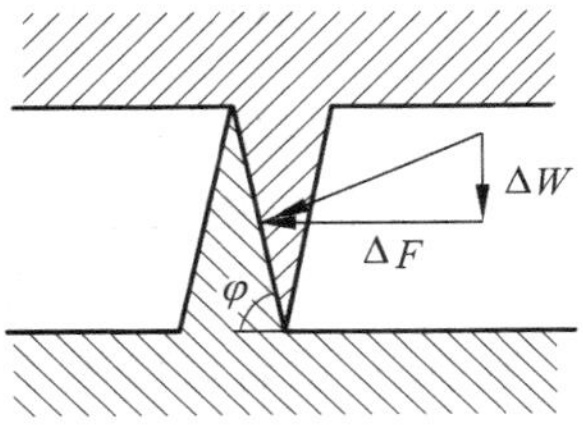

图 10-4　机械啮合模型

图 10-4 是 Amontons（1699 年）提出的最简单的摩擦模型。

摩擦力为

$$F = \sum \Delta F = \tan\varphi \sum \Delta W = fW \tag{10-2}$$

式中，f 为摩擦因数，$f=\tan\varphi$，由表面状况确定。

在一般条件下，减小表面粗糙度可以降低摩擦因数。但是超精加工表面的摩擦因数反而剧增。另外，当表面吸附一层极性分子后，其厚度不及抛光粗糙高度的十分之一，却能显著减小摩擦力。

10.2.2 分子作用理论

随后，人们用接触表面上分子间作用力来解释滑动摩擦。由于分子力作用可使固体黏附在一起而产生滑动阻力，这称为黏着效应。

Tomlinson(1929 年)最先用表面分子作用解释摩擦现象。他提出分子间电荷力在滑动过程中所产生的能量损耗是摩擦的起因，进而推导出 Amontons 摩擦公式中的摩擦因数值。

设两表面接触时，一些分子产生斥力 P_i，另一些分子产生吸力 P_p。则平衡条件为

$$W + \sum P_p = \sum P_i$$

因为 $\sum P_p$ 数值很小，可以略去。若接触分子数为 n、每个分子的平均斥力为 P，因而得

$$W = \sum P_i = nP$$

在滑动中接触的分子连续转换，即接触的分子分离，同时形成新的接触分子，而始终满足平衡条件。接触分子转换所引起的能量损耗应当等于摩擦力做功，故

$$fWx = kQ$$

式中，x 为滑动位移；Q 为转换分子平均损耗功；k 为转换分子数，且

$$k = qn\frac{x}{l}$$

式中，l 为分子间的距离；q 为考虑分子排列与滑动方向不平行的系数。

将以上各式联立可以推出摩擦因数为

$$f = \frac{qQ}{Pl} \tag{10-3}$$

应当指出，Tomlinson 明确地指出分子作用对于摩擦力的影响，但他提出的公式并不能解释摩擦现象。摩擦表面分子吸力的大小随分子间距离减小而剧增，通常分子吸力与距离的 7 次方成反比。因而接触表面分子作用力产生的滑动阻力随实际接触面积的增加而增大，而与法向载荷的大小无关。

根据分子作用理论应得出这样的结论，即表面越粗糙实际接触面积越小，因而摩擦因数应越小。显然，这种分析除重载荷条件外是不符合实际情况的。

10.2.3 黏着摩擦理论

如上所述，经典的摩擦理论无论是机械的或分子的摩擦理论都很不完善，它们得出的摩擦因数与粗糙度的关系都是片面的。在 20 世纪 30 年代末期，人们从机械-分子联合作用的观点出发较完整地发展了固体摩擦理论。在英国和苏联相继建立了两个学派，前者以黏着理论为中心，后者以摩擦二项式为特征。这些理论奠定了现代固体摩擦的理论基础。

Bowden 和 Tabor[1] 经过系统的实验研究，建立了较完整的黏着摩擦理论，对于摩擦磨

损研究具有重要的意义。

1. 黏着摩擦理论基本要点

Bowden 等人(1945 年)提出的简单黏着摩擦理论可以归纳为以下基本要点。

1) 摩擦表面处于塑性接触状态

由于实际接触面积只占表观接触面积的很小部分，在载荷作用下接触峰点处的应力达到受压的屈服极限 σ_s 而产生塑性变形。此后，接触点的应力不再改变，只能依靠扩大接触面积来承受继续增加的载荷。图 10-5 表示摩擦表面接触情况。

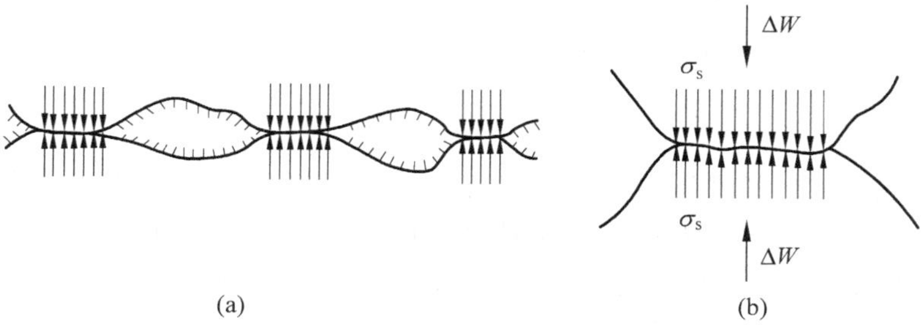

图 10-5 摩擦表面接触情况

由于接触点的应力值为摩擦副中软材料的屈服极限 σ_s，而实际接触面积为 A，则

$$W = A\sigma_s$$

$$A = \frac{W}{\sigma_s}$$

2) 滑动摩擦是黏着与滑动交替发生的黏滑过程

由于接触点的金属处于塑性流动状态，在摩擦中接触点还可能产生瞬时高温，因而使两金属产生黏着，黏着结点具有很强的黏着力。随后在摩擦力作用下，黏着结点被剪切而产生滑动。这样，滑动摩擦就是黏着结点的形成和剪切交替发生的过程。

图 10-6 所示为钢对钢滑动摩擦中摩擦因数的测量值。图中摩擦因数的变化说明滑动摩擦的黏滑过程。实验还证明，当滑动速度增加时，黏着时间和摩擦因数的变化幅度都将减小，因而摩擦因数值和滑动过程趋于平稳。

3) 摩擦力是黏着效应和犁沟效应产生阻力的总和

图 10-7 是由黏着效应和犁沟效应组成的摩擦力模型。摩擦副中硬表面的粗糙峰在法向载荷作用下嵌入软表面中，并假设粗糙峰的形状为半圆柱体。这样，接触面积由两部分组成：一为圆柱面，它是发生黏着效应的面积，滑动时发生剪切；另一为端面，这是犁沟效应作用的面积，滑动时硬峰推挤软材料。所以摩擦力 F 的组成为

$$F = T + P_e = A\tau_b + Sp_e \tag{10-4}$$

式中，T 为剪切力，$T=A\tau_b$；P_e 为犁沟力，$P_e=Sp_e$；A 为黏着面积即实际接触面积；τ_b 为黏着结点的剪切强度；S 为犁沟面积；p_e 为单位面积的犁沟力。

实验证明，τ_b 的数值与滑动速度和润滑状态有关，并且十分接近摩擦副中软材料的剪切强度极限。这表明黏着结点的剪切通常发生在软材料内部，造成磨损中的材料迁移现象。

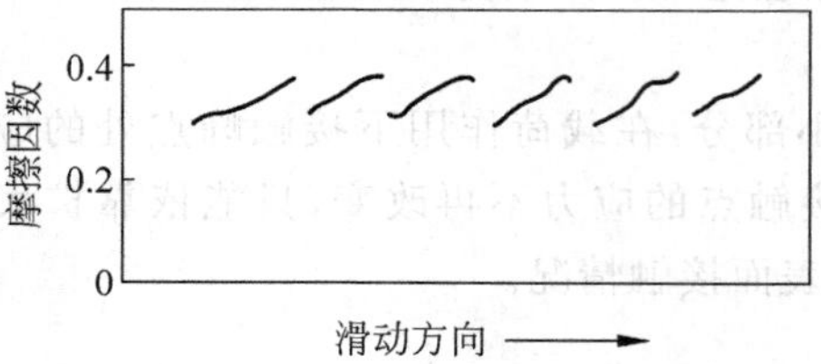

图 10-6 滑动摩擦的黏滑过程

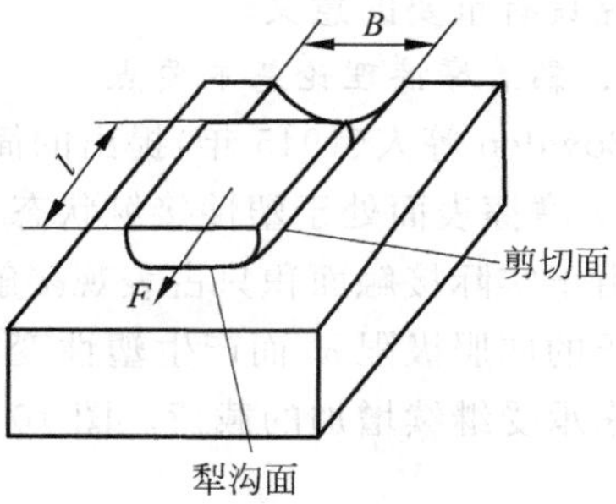

图 10-7 黏着效应和犁沟效应的摩擦力模型

p_e 的值取决于软材料性质而与润滑状态无关。通常 p_e 值与软材料的屈服极限成正比，而硬峰嵌入深度又随软材料的屈服极限的增加而减小。对于球体嵌入平面，可推得犁沟力与软材料屈服极限的平方根成反比，即软材料越硬，犁沟力越小。

对于金属摩擦副，通常 P_e 的值远小于 T 值。黏着理论认为黏着效应是产生摩擦力的主要原因。如果忽略犁沟效应，式(10-4)变为

$$F = A\tau_b = \frac{W}{\sigma_s}\tau_b$$

因此，摩擦因数为

$$f = \frac{F}{W} = \frac{\tau_b}{\sigma_s} = \frac{\text{软材料剪切强度极限}}{\text{软材料受压屈服极限}} \tag{10-5}$$

2. 修正黏着理论

从以上简单黏着理论的式(10-5)得出的摩擦因数与实测结果并不相符合。例如，大多数金属材料的剪切强度与屈服极限的关系为 $\tau_b=0.2\sigma_s$，于是摩擦因数 $f=0.2$。事实上，许多金属摩擦副在空气中的摩擦因数可达 0.5，在真空中则更高。为此，Bowden 等人又提出了修正黏着理论。

Bowden 等人认为，在简单黏着理论中，分析实际接触面积时只考虑受压屈服极限 σ_s，而计算摩擦力时又只考虑剪切强度极限 τ_b，这对静摩擦状态是合理的。但对于滑动摩擦状态，由于存在切向力，实际接触面积和接触点的变形条件都取决于法向载荷产生的压应力 σ 和切向力产生的剪应力 τ 的联合作用。

因为接触峰点处的应力状态复杂，不易求得三维解，于是根据强度理论的一般规律，假设当量应力的形式为

$$\sigma^2 + \alpha\tau^2 = k^2 \tag{10-6}$$

式中，α 为待定常数，$\alpha>1$；k 为当量应力。

α 和 k 的数值可以根据极端情况来确定。

一种极端情况是 $\tau=0$，即静摩擦状态。此时接触点的应力为 σ_s，所以 $\sigma_s^2=k^2$，式(10-6)可写成

$$\sigma^2 + \alpha\tau^2 = \sigma_s^2 \tag{10-7}$$

即

$$\left(\frac{W}{A}\right)^2+\alpha\left(\frac{F}{A}\right)^2=\sigma_s^2$$

或

$$A^2=\left(\frac{W}{\sigma_s}\right)^2+\alpha\left(\frac{F}{\sigma_s}\right)^2 \tag{10-8}$$

另一种极端情况是使切向力 F 不断增大，由式(10-8)可知实际接触面积 A 也相应增加。这样，相对于 F/A 而言，W/A 的数值极小可忽略。则由式(10-7)得

$$\alpha\tau_b^2=\sigma_s^2 \tag{10-9}$$

或

$$\alpha=\sigma_s^2/\tau_b^2$$

大多数金属材料满足 $\tau_b=0.2\sigma_s$，由式(10-9)可求得 $\alpha=25$。实验证明 $\alpha<25$，Bowden 等人取 $\alpha=9$。

由式(10-8)知，W/σ_s 表示法向载荷 W 在静摩擦状态下的接触面积，而 $\alpha(F/\sigma_s)^2$ 反映切向力即摩擦力 F 引起的接触面积增加。因此修正黏着理论推导的接触面积显著增加，所以得到比简单黏着理论大得多的摩擦因数值，也更接近于实际。

如前所述，在空气中金属表面自然生成的氧化膜或其他污染膜使摩擦因数显著降低。有时为了降低摩擦因数，常在硬金属表面上覆盖一层薄的软材料表面膜。这些现象可以应用修正黏着理论加以解释。

具有软材料表面膜的摩擦副滑动时，黏着结点的剪切发生在膜内，其剪切强度较低。又由于表面膜很薄，实际接触面积则由硬基体材料的受压屈服极限来决定，实际接触面积又不大，所以薄而软的表面膜可以降低摩擦因数。

设表面膜的剪切强度极限为 τ_f，且 $\tau_f=c\tau_b$，系数 c 小于 1，τ_b 是基体材料的剪切强度极限。由式(10-7)得摩擦副开始滑动的条件为

$$\sigma^2+\alpha\tau_f^2=\sigma_s^2 \tag{10-10}$$

再根据式(10-9)求得

$$\sigma_s^2=\alpha\tau_b^2=\frac{\alpha}{c^2}\tau_f^2$$

进而，求得摩擦因数

$$f=\frac{\tau_f}{\sigma}=\frac{c}{[\alpha(1-c^2)]^{\frac{1}{2}}} \tag{10-11}$$

图 10-8 绘出了式(10-11)的关系。当 c 趋近于 1 时，f 趋近于∞，这说明纯净金属表面在真空中产生极高的摩擦因数。而当 c 不断减小时，f 值迅速下降，这表明软材料表面膜的减摩作用。当 c 值很小时，式(10-11)变为

$$f=\frac{\tau_f}{\sigma_s}=\frac{\text{软表面膜的剪切强度极限}}{\text{硬基体材料受压屈服极限}} \tag{10-12}$$

由此可知，经过修正的黏着理论更加切合于实际，可以解释简单黏着理论所不能解释的现象。

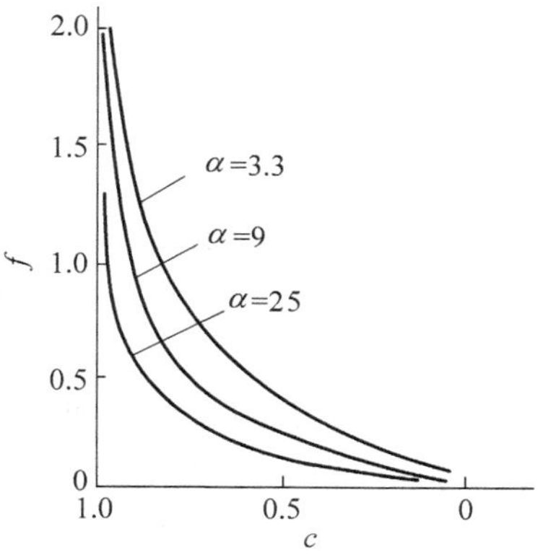

图 10-8 摩擦因数 f 与系数 c 的关系

10.2.4 犁沟效应

犁沟效应是硬材料的粗糙峰嵌入软材料后，在滑动中推挤软材料，使之塑性流动并犁出一条沟槽。犁沟效应的阻力是摩擦力的组成部分，在磨粒磨损和擦伤磨损中，它是摩擦力的主要分量。

如图 10-9，假设硬材料表面的粗糙峰由许多半角为 θ 的圆锥体组成，在法向载荷作用下，硬峰嵌入软材料的深度为 h，滑动摩擦时，只有圆锥体的前沿面与软材料接触。接触表面在水平面上的投影面积 $A=\pi d^2/8$；在垂直面上的投影面积 $S=dh/2$。

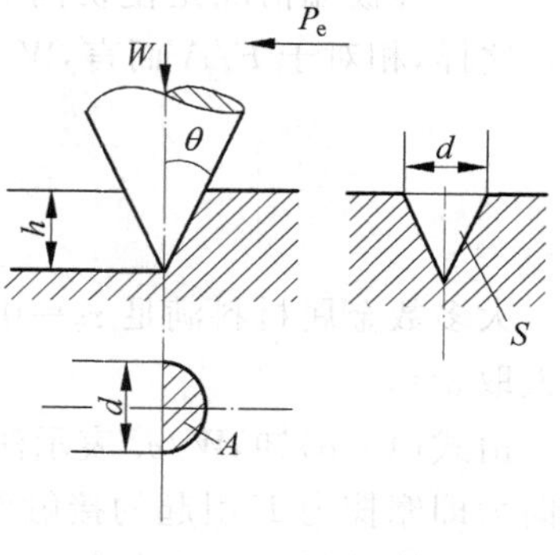

图 10-9 圆锥粗糙峰的犁沟模型

如果软材料的塑性屈服性能各向同性，屈服极限为 σ_s，于是法向载荷 W、犁沟力 P_e 分别为

$$W = A\sigma_s = \frac{1}{8}\pi d^2\sigma_s$$

$$P_e = S\sigma_s = \frac{1}{2}dh\sigma_s$$

由犁沟效应产生的摩擦因数为

$$f = \frac{P_e}{W} = \frac{4h}{\pi d} = \frac{2}{\pi}\cot\theta \tag{10-13}$$

当 $\theta=60°$时，$f=0.32$；而当 $\theta=30°$时，$f=1.1$。实验证明，屈服性能各向同性的条件不能完全满足，可引入表 10-1 中的系数 k_p 将式(10-13)的 f 值增大。

表 10-1 修正系数 k_p

材料	钨	钢	铁	铜	锡	铅
k_p	1.55	1.35～1.70	1.90	1.55	2.40	2.90

如果同时考虑黏着效应和犁沟效应，单个粗糙峰滑动时的摩擦力包括剪切力和犁沟力，即

$$F = A\tau_b + S\sigma_s$$

则摩擦因数

$$f = \frac{F}{W} = \frac{A\tau_b + S\sigma_s}{A\sigma_s} = \frac{\tau_b}{\sigma_s} + \frac{2}{\pi}\cot\theta \tag{10-14}$$

对于大多数切削加工的表面，粗糙峰的 θ 角较大，式(10-14)右端第二项极小，所以通常可以忽略犁沟效应，式(10-14)变成式(10-5)。然而当粗糙峰的 θ 角较小时，犁沟项将成为不可忽视的因素。

应当指出，Bowden 等人建立的黏着理论是固体摩擦理论的重大发展。他们首先测出了实际接触面积只占极小部分，揭示了接触峰点的塑性流动和瞬时高温对于形成黏着结点的作用。同时黏着理论相当完善地解释了许多滑动摩擦现象，例如，表面膜的减摩作用、滑动摩擦中的黏滑现象以及胶合磨损机理等。根据黏着理论得出的磨损中材料迁转现象，也已由示踪放射技术所验证。

Bowden 等人建立的黏着理论简化了摩擦中的复杂现象，因而有不完善之处。例如，实际的摩擦表面相接触处于弹塑性变形状态，因而摩擦因数随法向载荷而变化。又如接触点的瞬时高温并不是滑动摩擦的必然现象，也不是形成黏着结点的必要条件。虽然接触点达到塑性变形时形成黏着，然而对于极软或极光滑的表面，在不大的法向载荷作用下也发生黏着现象。此外，在上述分析中认为犁沟阻力 P_e 与剪切阻力 τ_b 无关，而事实上两者都是反映材料流动能力的指标。而式(10-14)中材料的 τ_b 和 σ_s 都与表面层的应力状态和接触几何有关，因此它们都不是固定的数值。

10.2.5 变形能摩擦理论

黏着理论是从力的方面分析了摩擦，在实际中用能量分析力学现象有时是一种更有效的方式。

设两表面材料相同，其弹性模量为 E、剪切模量为 G，法向力 W 产生的法向变形能和摩擦力 F 产生的切向变形能可分别写成

$$\left.\begin{aligned} E_N &= \frac{1}{2}E\sigma^2 = \frac{1}{2}E\left(\frac{W}{A}\right)^2 \\ E_F &= \frac{1}{2}G\tau^2 = \frac{1}{2}G\left(\frac{F}{A}\right)^2 \end{aligned}\right\} \tag{10-15}$$

式中，σ 为接触表面处的正应力；τ 为接触表面处的剪应力；A 为接触面积。

当摩擦力 F 较小时，切向变形能小于法向变形能时，该摩擦力 F 为静摩擦力，两摩擦表面没有相对运动。随着摩擦力 F 的增加，当切向变形能开始超过法向变形能时，开始出现相对滑动时，可以获得摩擦力的临界值——最大静摩擦力，为

$$E_N = E_F \tag{10-16}$$

将式(10-16)代入式(10-15)，得

$$\frac{1}{2}E\left(\frac{W}{A}\right)^2 = \frac{1}{2}G\left(\frac{F}{A}\right)^2 \tag{10-17}$$

所以，该材料的最大静摩擦力为

$$F = W\sqrt{\frac{E}{G}} \tag{10-18}$$

该材料的最大静摩擦因数为

$$f = \frac{F}{W} = \sqrt{\frac{E}{G}} \tag{10-19}$$

从变形能分析得到的摩擦因数满足经典摩擦学的主要结论：定律一的摩擦力与载荷成正比，定律二的摩擦因数与表观接触面积无关等。

需要指出，①虽然以上各式是在均匀应力条件下得到的，但是考虑每一不同接触点的材料拉伸和剪切弹性模量是一样的，所以推导得到的结果在不均匀载荷条件下也是成立的；②对两摩擦副材料不同时，无论哪一种材料先达到剪切能超过法向能的条件，都将发生滑动。

而实际工况中最大静摩力受材料，表面状态等多种复杂因素综合影响，而不能由上式简单推出。表 10-2 给出了包括非金属材料的部分材料的拉伸、剪切弹性模量和对应的最大静摩擦因数值。从表中可以看出，在不考虑表面污染、润滑剂存在的条件下，纵纹木材的摩擦因数最小，横纹木材的摩擦因数最大，其他材料的最大静摩擦因数一般在 0.5～0.6 之间。

表 10-2 部分材料的拉伸、剪切弹性模量和最大静摩擦因数值

名　称	弹性模量 E/GPa	剪切弹性模量 G/GPa	最大静摩擦因数
铸铁	110～160	45	0.53
球墨铸铁	151～160	61	0.63
碳钢、铸钢	200～220	81	0.61～0.64
合金钢	210	81	0.62
青铜	105～115	42	0.53～0.632
黄铜	91～110	40	0.603～0.62
硬铝合金	71	27	0.617～0.626
轧制锌	84	32	0.617
铅	17	7	0.64
玻璃	55	20～22	0.60～0.63
混凝土	14～23	4.9～15.7	0.59～0.83
纵纹木材	9.8～12	0.5	0.20～0.23
横纹木材	0.5～0.7	0.44～0.64	0.94～0.97
电木	1.96～2.94	0.69～2.06	0.59～0.83
尼龙	2.83	1.01	0.597

10.2.6 摩擦二项式定律

苏联学者 Крагельский 等人[2]认为滑动摩擦是克服表面粗糙峰的机械啮合和分子吸引力的过程，因而摩擦力就是机械作用和分子作用阻力的总和，即

$$F = \tau_0 S_0 + \tau_m S_m \tag{10-20}$$

式中，S_0 和 S_m 分别为分子作用和机械作用的面积；τ_0 和 τ_m 分别为单位面积上分子作用和机械作用产生的摩擦力。

根据他们的研究，提出 $\tau_m = A_m + B_m p^a$。其中，p 为单位面积上的法向载荷；A_m 为机械作用的切向阻力；B_m 为法向载荷的影响系数；a 为指数，其值不大于 1 但趋于 1。

$\tau_0 = A_0 + B_0 p^b$。其中，A_0 为分子作用的切向阻力，与表面清洁程度有关；B_0 为粗糙度影响系数；b 为趋近于 1 的指数。于是

$$F = S_0(A_0 + B_0 p^b) + S_m(A_m + B_m p^a)$$

若令 $S_m = \gamma S_0$，γ 为比例常数。已知实际接触面积 $A = S_0 + S_m$，法向载荷 $W = pA$，令 $a = b = 1$，则

$$F = \frac{W}{\gamma + 1}(\gamma B_m + B_0) + \frac{A}{\gamma + 1}(\gamma A_m + A_0)$$

令

$$\frac{\gamma B_m + B_0}{\gamma + 1} = \beta$$

$$\frac{\gamma A_m + A_0}{\gamma + 1} = \alpha$$

所以

$$F = \alpha A + \beta W = \beta\left(\frac{\alpha}{\beta}A + W\right) \tag{10-21}$$

式(10-21)称为摩擦二项式定律。β 为实际的摩擦因数，它是一个常量。α/β 代表单位面积的分子力转化成的法向载荷，α 和 β 分别为由摩擦表面的物理和机械性质决定的系数。

将式(10-21)与通常采用的单项式(10-1)对照，求得相当于单项式的摩擦因数为

$$f = \frac{\alpha A}{W} + \beta \tag{10-22}$$

可以看出，f 并不是一个常量，它随 A/W 值变化，这与实验结果是相符合的。

实验指出，对于塑性材料组成的摩擦副，表面处于塑性接触状态，实际接触面积 A 与法向载荷 W 呈线性关系，因而式(10-22)中的摩擦因数 f 与载荷大小无关，而符合 Amontons 定律。但对于表面接触处于弹性变形状态的摩擦副，实际接触面积与法向载荷的 2/3 成正比，因而式(10-22)的摩擦因数随载荷的增加而减小。

摩擦二项式定律经实验证实，非常适用于边界润滑，也适用于某些实际接触面积较大的干摩擦问题，例如确定堤坝与岩面基础间的滑动以及计算黏结接头的承载能力等。

10.3 微观摩擦理论

在原子级平坦的晶体界面摩擦实验中，摩擦并未完全消失，有时还相当可观。这说明除了塑性变形、粗糙峰啮合和黏着等宏观的摩擦机理外，还存在着更为基本的能量耗散过程而导致摩擦的产生，因此，从微观上进行摩擦能量耗散过程的研究对探索摩擦起源和摩擦控制具有重要的意义[3,4]。

摩擦过程是非线性的且远离平衡态的热力学过程。从本质上看，摩擦是在外力的作用下，发生相对运动或具有相对运动趋势的物体，受到与其相接触的物质或介质的阻力作用，在其界面上产生的一种能量转换现象。当两个表面作相对运动时，引起运动改变的力就做功，因此在接触的表面上有能量损耗。人们知道，摩擦所做的功有 85%～95%转化为热能，另外部分转化为表面能、声能和光能等。

10.3.1 “鹅卵石”模型

黏着摩擦理论和机械-分子作用理论都是从力的角度探讨摩擦，其中涉及的一些关键参数与表面、界面的基本物理量之间的联系并不明确。最近十几年来，人们从微观上探讨以能量耗散建立摩擦模型，这里介绍 Israelachvili 提出的“鹅卵石”模型[5]。

Israelachvili 通过考虑到分子间作用力对于非常光滑的两接触表面摩擦的影响，提出将外载荷 W 对摩擦的贡献与分子间作用力的贡献分开，摩擦力 F 可以认为是按以下方式叠加

$$F = S_c A + fW \tag{10-23}$$

式(10-23)中，右端第一项表示分子间作用力对摩擦的贡献，S_c 为临界切应力，A 为接触面积；第二项就是库仑定律，但 W 只是外载荷，认为是一常数。

对比式(10-23)和式(10-21)，可以看出两者异曲同工，只是对其中参数的含义有不同的解释。

在 Israelachvili 模型中，物体表面被视为原子级光滑，相对滑动过程被抽象为球形分子在规则排列的原子阵表面上的移动，如图 10-10 所示。

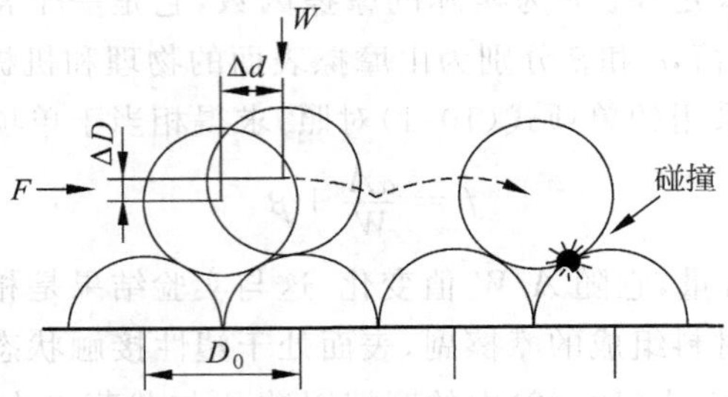

图 10-10 球形分子在表面的滑动

初始时，假设球形分子处在势能最小处并保持稳定。当球形分子在水平方向向前移动 Δd 时，必须在垂直方向往上移动 ΔD。外界通过摩擦力在这一过程所做的功为 $F\Delta d$，它等于两表面分开 ΔD 时表面能的变化 ΔE，ΔE 可以用下式估算：

$$\Delta E \approx 4\gamma A \frac{\Delta D}{D_0}$$

式中，γ 为表面能；D_0 为平衡时界面间距。

在滑动过程中，并非所有的能量都被耗散或为晶格振动所吸收，部分能量会在分子的冲击碰撞中反射回来。设耗散的能量为 $\varepsilon\Delta E$，其中 ε 为一常数，$0<\varepsilon<1$。根据能量守恒定律，有

$$F\Delta d = \varepsilon\Delta E \tag{10-24}$$

因此，临界切应力 S_c 可写为

$$S_c = \frac{F}{A} = \frac{4\gamma\varepsilon\Delta D}{D_0\Delta d} \tag{10-25}$$

Israelachvili 进一步假设摩擦能量的耗散与黏着能量的耗散（即两表面趋近→接触→分离过程中的能量耗散）机理相同，且大小相等。这样，当两表面相互滑动一个特征分子长度 σ 时，摩擦力和临界切应力就可以分别写为

$$F = \frac{A\Delta\gamma}{\sigma} = \frac{\pi r^2}{\sigma}(\gamma_R - \gamma_A) \tag{10-26}$$

$$S_c = \frac{F}{A} = \frac{\gamma_R - \gamma_A}{\sigma} \tag{10-27}$$

式中，$\gamma_R - \gamma_A$ 反映单位面积的黏着滞后。

这个模型表明摩擦力和临界切应力都与黏着滞后成正比，而与黏着力的大小无关，这一结果得到部分实验的证实。

10.3.2 振子模型

1. 独立振子模型

独立振子（independent oscillator，IO）模型由 Tomlinson（1929 年）提出[6]，他首次用这个模型从微观角度解释摩擦现象和阐述分子摩擦理论。20 世纪 80 年代以后，随着人们对微观摩擦认识的深入，IO 模型被用来进行模拟计算和解释实验结果[4]。

IO 模型如图 10-11 所示，其中 E_0 为周期势场的强度，K 为弹簧刚度。固体 A 被简化为一单排刚性连接的原子，B 的表面原子之间没有相互作用，但它们受到 A 表面原子势能的

作用并且通过弹簧连接到代表固体 B 其余部分的刚性支承上，这些弹簧通过向支承传递能量从而使摩擦能量耗散。

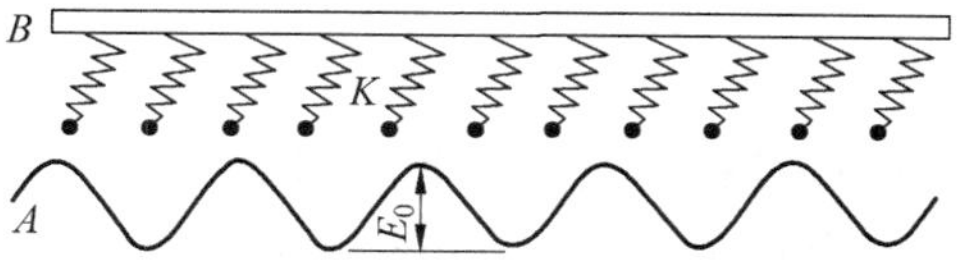

图 10-11　独立振子模型

B 表面原子间没有相互作用，仅研究某个原子 B_0 的运动。B_0 的运动取决于周期势场的综合势能 V_S，图 10-12 表示强表面作用时的情形，其中黑点代表 B_0 在 V_S 曲线上的位置。滑动开始时，B_0 的位置对应于势能的最小值，如果 A 准静态滑动（即滑动速度远小于固体变形弛豫的速度），V_S 变化足够慢，B_0 保持在 V_S 的最小值位置。当周期势场幅值较大时（见图 10-12(c)），B_0 突然跳到势能底部，激发振动，能量不可逆地在固体中以声子的形式耗散掉，周期势场"拉扯"键势，由平动转化储存在 B 中的变形能变成振动能量（热），而周期势场幅值较小时，由于 V_S 无局部极小值，B_0 绝热且无摩擦地滑动。

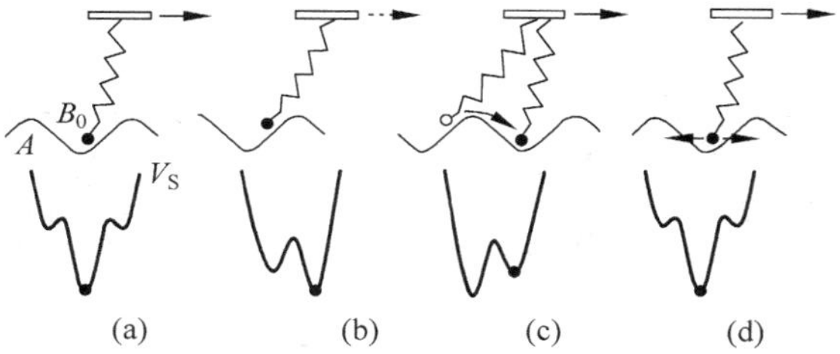

图 10-12　独立振子微观能量损耗机理

IO 模型在微观摩擦研究中应用非常多，如根据 IO 模型研究了不同材料参数对原子尺度黏滑现象的影响，发现基体材料的法向弹性常数对摩擦能量耗散有重要影响。根据 IO 模型，模拟原子力显微镜探针对石墨试样的扫描实验，利用 IO 模型和热激发效应进行计算和分析，得到摩擦力随滑动速度改变，它们之间存在对数关系的结论，成功地解释了原子力显微镜扫描实验的结果。研究了原子力显微镜探针与试样接触对微观摩擦的热激发和黏滑现象动态特性的影响，并建立了黏滑与接触界面原子结构的关系。

许中明根据独立振子模型的能量耗散机理，提出一个用能量原理计算弹性接触光滑界面滑动摩擦力和摩擦因数的方法[8]，即

$$\left.\begin{aligned} F &= 4k\frac{\gamma A}{a_0}\left[1-\left(1+\frac{0.207a_0}{l}\right)e^{-\frac{0.207a_0}{l}}\right] \\ f &= 4k\frac{\gamma A}{a_0 N}\left[1-\left(1+\frac{0.207a_0}{l}\right)e^{-\frac{0.207a_0}{l}}\right] \end{aligned}\right\} \tag{10-28}$$

式中，F 为摩擦力；f 为摩擦因数；k 为系数，与绝对温度有关；γ 为界面自由能；A 为接触面积；N 为法向载荷；a_0 为材料晶格常数；l 为比例系数，按下式计算

$$l \approx 2\left(\frac{2\gamma}{12\pi E r_{WS}}\right)^{0.5}$$

式中，E 为体积弹性模量；r_{WS} 为金属晶体的 Wigner-Seitz 半径。

研究表明，随着粗糙峰的高度增加，摩擦力和摩擦因数也增加，当超过某个临界值时，摩擦力和摩擦因数基本上不再增加，此时能量方法与 Bowden 黏附摩擦理论公式计算值是相近的。

2. 复合振子模型

为了能进一步研究滑动摩擦过程的能量耗散机理，许中明等在独立振子模型的基础上提出无磨损光滑界面摩擦的复合振子模型(composite oscillator model)[3,7]。复合振子模型由宏观整体的弹性振子(刚度分别为 K_A 和 K_B)和界面的多个微观独立振子(刚度分别为 $K_{A,S}$和 $K_{B,S}$)共同组成，见图 10-13。

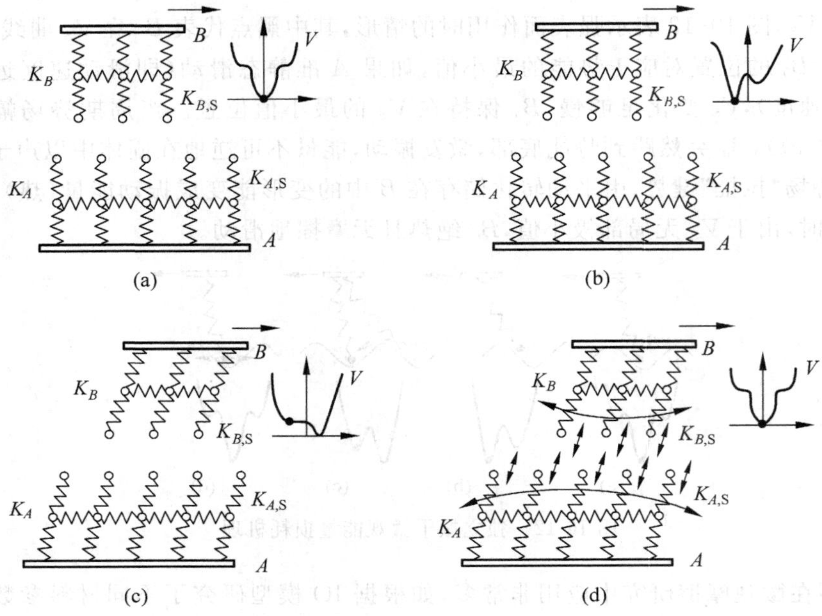

图 10-13 复合振子模型

复合振子模型认为，在摩擦副相对运动过程中，在低速运动表面的振子将高速运动表面能量吸收，而无法返还给高速表面，从而造成了摩擦过程的能量损失。

与独立振子模型比较可以发现，复合振子模型与独立振子模型最大的区别在于下摩擦界面不再简单地采用周期势场来假设，而采用与上界面相同的振子系统来表示，周期势场在这里近似地以界面接触刚度来表示。在独立振子模型中，摩擦体系的上下界面之间是不存在能量的转移的；而在复合振子模型中，很明显外力做功的部分能量将会通过上摩擦界面传递给下界面，这与实际摩擦系统是相符的。

3. FK 模型

FK 模型是由 Frenkel 和 Kontorova(1938 年)提出的，经过多年的研究和发展，现在已成为低维非线性物理中的基本模型[3,4]。FK 模型考虑的是一个线性原子链在一维周期势场中的运动，链中原子间的相互作用同样用弹簧模拟，表面相互作用的原子势能用周期势场模拟，如图 10-14 所示，其中 E_0 为周期势场的强度，K 为弹簧刚度。

FK 模型可用来研究各种非线性摩擦现象。人们通过 FK 模型，在准静态滑动时的摩擦

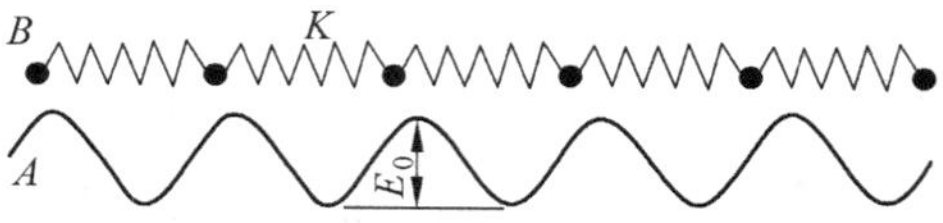

图 10-14 一维 FK 模型

动态特性、黏滑现象的微观机理、公度与无公度的相互转化、声子激发过程等方面的研究取得了较大进展。

Weiss 和 Elmer 在 Burridge-Knopoff 模型的基础上提出 FKT 模型(Frenkel-Kontorova-Tomlinson model),如图 10-15 所示。FKT 模型包括了 FK 模型和 IO 模型的两种弹簧,即同时考虑表面原子相互间的作用以及表面原子与支承的作用。

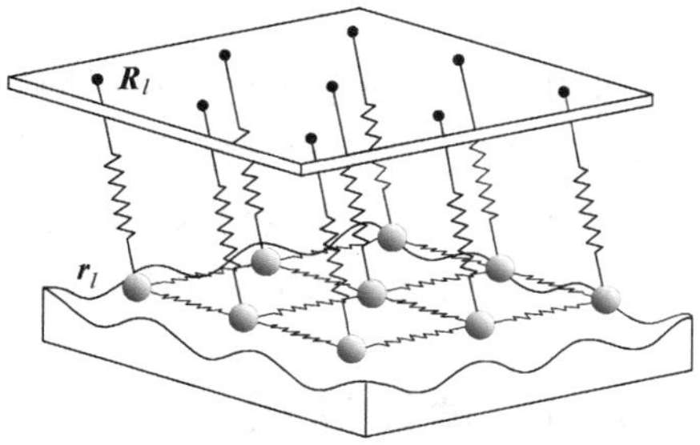

图 10-15 二维 FKT 模型

FKT 模型既考虑表面原子相互作用又考虑基体作用,是研究界面摩擦和微观能量耗散机理较为完善的模型,目前有关研究刚刚开始。例如,Gyalog 和 Thomas 等用二维 FKT 模型研究两个无限大的原子级光滑表面的滑动摩擦现象。他们研究了超滑产生的机理,认为公度性的变化对超滑产生起着关键作用。当两表面接触由公度变为不公度时,将产生零摩擦,但对于摩擦力与交错角之间的关系还需要更多的计算和实验研究。

10.3.3 声子摩擦模型

声子摩擦的概念最早由 Tomlinson(1929 年)提出。20 世纪 80 年代,IBM 公司 Almaden 研究中心的 Gary McClelland 和美国东北大学的 Jeffrey Sokoloff 分别重新提出声子摩擦的观点。1991 年 Tabor 在 NATO 资助的摩擦基础理论研究会议中,提出无磨损摩擦的能量以原子振动的形式耗散[3]。

在无磨损界面摩擦微观能量耗散机理的研究中,目前主要有两种模型:声子摩擦模型(schematic of phonon friction)和电子摩擦模型。声子摩擦发生在邻近表面的原子发生相对滑动的时候,与原子振动有关,这种振动受到界面滑动机械激励,其能量最终以热能的形式耗散,如图 10-16 所示。电子摩擦是由于金属界面上的电子受滑动诱导的激励而产生的。电子摩擦模型涉及量子理论,目前这方面的研究还较少,对其机制的认识尚不清楚。

Krim 利用 QCM 从实验上证实了声子的存在。QCM 很早就被用于测量极轻微的重量和精确的时间,1985 年前后,Krim 和 Widom 等人将其改造成用于测量金属表面的吸附膜的滑动摩擦。通过 QCM,可以测量到寿命不超过几十分之一纳秒的声子的存在。

声子摩擦最大的特征是对滑动接触时两表面的公度性(commensurate)极为敏感。理论上,两表面的接触状态由相称转化为不相称,会大大减小滑动摩擦力。声子摩擦的另一个特征是对于每一对弹性接触的洁净表面,静摩擦力将不存在,即克服摩擦所需要的力只与滑动速度与摩擦因数的乘积成正比。然而,在宏观物体中,静摩擦现象是普遍存在的,驱使静止物体开始做相对运动所需的静摩擦力比保持物体运动所需的滑动摩擦力要大,静摩擦力

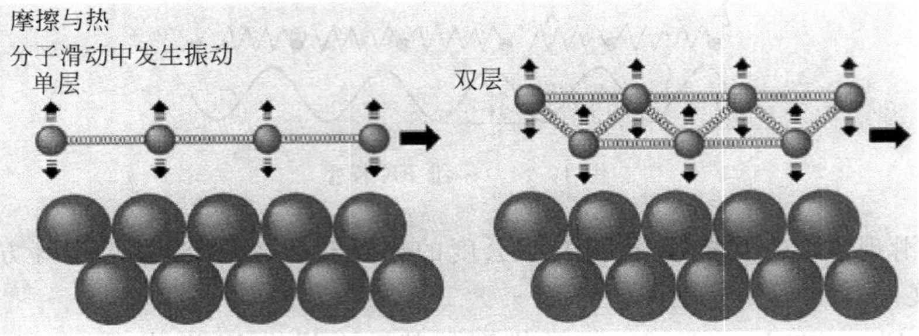

图 10-16 声子摩擦示意图

的大小取决于诸如两表面的接触时间等,因而是变化的。

到目前为止,人们声子摩擦和电子摩擦能量耗散机制对不同尺寸和时间尺度的摩擦系统的适用范围和影响程度仍未弄清楚。另外,除了这两种微观摩擦能量耗散机制之外,是否还有别的摩擦能量耗散机制也有待进一步研究。

10.4 滑动摩擦

研究摩擦因数的变化及其影响因素,以便控制摩擦过程和降低摩擦损耗,是一项具有普遍意义的课题。摩擦因数是摩擦副系统的综合特性,受到滑动过程中各种因素的影响,例如:材料副配对性质、静止接触时间、法向载荷的大小和加载速度、摩擦副的刚度和弹性、滑动速度、温度状况、摩擦表面接触几何特性和表面层物理性质,以及环境介质的化学作用等。这就使得摩擦因数随着工况条件的变化很大,因而预先确定摩擦因数准确的数据和全面估计各种因素的影响是十分困难的。

10.4.1 载荷情况的影响

载荷是通过接触面积的大小和变形状态来影响摩擦力的。用常规方法加工的粗糙表面,摩擦总是发生在一部分接触峰点上。接触点数目和各接触点尺寸将随着载荷而增加,最初是接触点尺寸增加,随后载荷增加主要引起接触点数目增加。实验表明,光滑表面在接触面上的应力约为材料硬度值的一半,而粗糙表面的接触应力可达到硬度的 2～3 倍,而出现表面塑性变形。

如上述,当表面是塑性接触时,摩擦因数与载荷无关。在一般情况下,金属表面处于弹塑性接触状态,由于实际接触面积与载荷的非线性关系,使得摩擦因数随着载荷的增加而降低。

由于摩擦表面处于弹塑性接触状态,这样摩擦因数也将随加载速度而改变。当载荷很小时,加载速度的影响更为显著。表 10-3 说明摩擦因数随加载速度的增加而增加。

表 10-3 加载速度对摩擦因数的影响(青铜-钢)

工况	干摩擦			油润滑		
加载速度/(m/s)	50	110	550	50	110	300
摩擦因数	0.20	0.22	0.26	0.11	0.11	0.14

对于钢与铸铁组成的摩擦副，摩擦因数随加载速度的不同将在 0.17～0.23 之间变化。

10.4.2　滑动速度与温度的影响

当滑动速度不引起表面层性质发生变化时，摩擦因数几乎与滑动速度无关。然而在一般情况下，滑动速度将引起表面层发热、变形、化学变化和磨损等，从而显著地影响摩擦因数。

图 10-17 所示为 Крагельский 等人提出的实验结果。对于一般弹塑性接触状态的摩擦副，摩擦因数随滑动速度增加而越过一极大值，如图中曲线 2 和曲线 3 所示。并且随着表面刚度或者载荷增加，极大值的位置向坐标原点移动。当载荷极小时，摩擦因数随滑动速度的变化曲线只有上升部分，而在极大的载荷条件下，曲线却只有下降部分，如图中曲线 1 和曲线 4 所示。

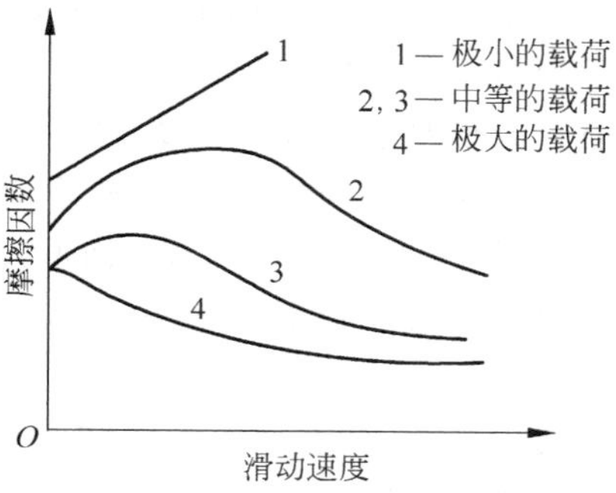

图 10-17　滑动速度与摩擦因数的关系

归纳实验结果，滑动速度对摩擦因数的影响可以采用下列关系式：

$$f=(a+bU)e^{-cU}+d$$

式中，U 为滑动速度；a、b、c 和 d 为由材料性质和载荷决定的常数，如表 10-4 所示。

表 10-4　a、b、c 和 d 的数值

摩擦副	单位面积载荷/(N/mm²)	a	b	c	d
铸铁-钢	1.9	0.006	0.114	0.94	0.226
	22	0.004	0.110	0.97	0.216
铸铁-铸铁	8.3	0.022	0.054	0.55	0.125
	30.3	0.022	0.074	0.59	0.110

滑动速度对摩擦力的影响主要取决于温度状况。滑动速度引起的发热和温度变化，改变了表面层的性质以及摩擦过程中表面的相互作用和破坏条件，因而摩擦因数必将随之变化。而对于在很宽的温度范围内机械性质保持不变的材料(例如石墨)，摩擦因数几乎不受滑动速度影响。

为了全面描述摩擦过程中表面温度的状况，通常采用表面瞬现温度、表面平均温度、体积平均温度、温度梯度、热量分布函数等参数来进行研究。总的来说，摩擦热对摩擦性能的影响表现在两方面：一是发生润滑状态转化，如从油膜润滑转化为边界润滑甚至干摩擦；二是引起摩擦过程表面层组织的变化，即摩擦表面与周围介质的作用改变，如表面原子或分子间的扩散、吸附或解附、表层结构变化和相变等。

温度对于摩擦因数的影响与表面层的变化密切相关。大多数实验结果表明，随着温度的升高，摩擦因数增加；而当表面温度很高使材料软化时，摩擦因数将降低。

10.4.3　表面膜的影响

金属表面上的原子通常处于不平衡状态，易与周围介质作用形成表面膜。而摩擦中的表面变形和温升促进表面膜的形成。有时为了降低摩擦，常常人为地在摩擦表面生成薄的表面膜，例如铟、镉、铅等软金属或者硫化物、氯化物、磷化物的表面膜。

表面膜的减摩作用与润滑膜相似，它使摩擦副之间的原子结合力或离子结合力被较弱的范德华力所代替，因而降低了表面分子力作用。另外表面膜的机械强度低于基体材料，滑动时剪切阻力较小。

表面膜厚度对摩擦因数有很大影响。图 10-18 所示为 Bowden 得到的实验结果，图中给出工具钢表面上铟膜厚度与摩擦因数的关系。当表面膜厚度为 10^{-3}mm 时，摩擦因数为极小值。如果表面膜太薄，其作用不能充分发挥；而厚度太大时，又因表面层较软使实际接触面积增大，摩擦因数相应增加。

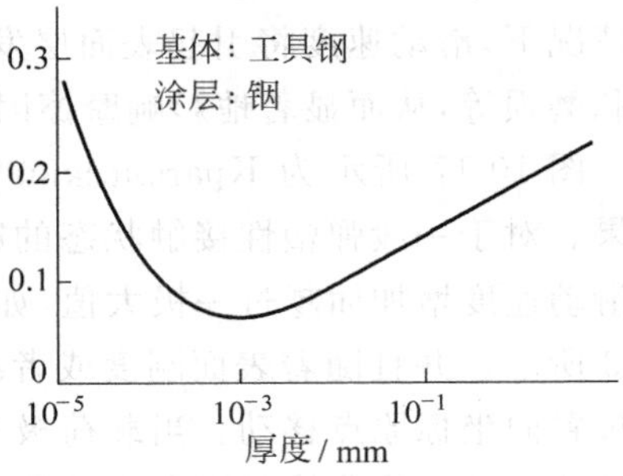

图 10-18 表面膜厚度的影响

表 10-5 说明了表面膜的减摩作用，在干摩擦状态下效果十分显著。

表 10-5 氧化膜和硫化膜的减摩作用

摩擦条件	摩擦副	摩擦因数		
		纯净表面	氧化膜	硫化膜
干摩擦	钢-钢	0.78	0.27	0.39
	铜-铜	1.21	0.76	0.74
硬脂酸润滑	钢-钢	0.11	0.19	0.16

表面膜破坏以后摩擦因数将急剧上升。破坏的原因可能是载荷引起的机械损坏，它取决于表面膜的硬度和与基体的连接强度。对于铅、铟等易熔金属的表面膜，当温度升高到熔点时也发生破坏。

当形成比较坚硬的表面膜(如氧化铝)时，往往因脆性高而使连接强度很低。减摩效果很好的镉膜与基体的连接强度较弱，容易从表面擦掉。金属与石墨摩擦所产生的石墨膜能获得稳定的摩擦因数。

10.5 摩擦的其他问题与摩擦控制

10.5.1 特殊工况下的摩擦

现代机械装备中许多摩擦副在高速、高温、低温、真空等特殊工况下工作，它们的摩擦特性不同于一般工况下的摩擦。

1. 高速摩擦

在航空、化工和透平机械中，摩擦表面的相对滑动速度常超过 50m/s，甚至达到 600m/s 以上。此时接触表面产生大量的摩擦热，而又因滑动速度高，接触点的持续接触时间短，瞬时产生的大量摩擦热来不及向内部扩散。因此摩擦热集中在表面很薄的区间，使表面温度高，温度梯度大而容易发生胶合。

高速摩擦的表面温度可达到材料的熔点，有时在接触区产生很薄的熔化层。熔化金属液起着润滑剂的作用而形成液体润滑膜，使摩擦因数随着速度的增加而降低，如表 10-6 所示。

表 10-6 高速摩擦的摩擦因数

	铜			铁		3 号钢		
滑动速度/(m/s)	135	250	350	140	330	150	250	350
摩擦因数	0.056	0.040	0.035	0.063	0.027	0.052	0.024	0.023

注：对摩件为碳的质量分数为 0.7%的钢环，硬度 HB250，单位面积载荷为 8MPa。

2. 高温摩擦

高温摩擦出现在各种发动机、原子反应堆和航天设备中。用作高温工作的摩擦材料为难熔金属化合物或陶瓷，例如钢、钛、钨金属化合物和碳化硅陶瓷等。

研究表明，高温摩擦时，各种材料的摩擦因数随温度的变化趋势相同，即随着温度的升高，摩擦因数先缓慢减小，然后迅速增大。在这个过程中摩擦因数出现一个最小值。对于通常的高温摩擦材料，最小的摩擦因数出现在 600～700℃。

3. 低温摩擦

在低温下或者各种冷却介质中工作的摩擦副，其环境温度常在 0℃以下。此时摩擦热的影响甚小，而摩擦材料的冷脆性和组织结构对摩擦影响较大。低温摩擦材料主要有铝、镍、铅、铜、锌、钛等合金，以及石墨、氟塑料等。

4. 真空摩擦

在航天和真空环境中工作的摩擦副具有许多特点。如由于周围介质稀薄，摩擦表面的吸附膜和氧化膜经一段时间后发生破裂，而且难以再生，这就造成与金属直接接触，产生强烈的黏着效应，所以真空度越高，摩擦因数越大。在真空中无对流散热现象，摩擦热难以排出，使表面温度高。此外，由于真空中的蒸发作用，使得液体润滑剂失效，因而固体润滑剂和自润滑材料得到有效的应用。为了在摩擦表面上生成稳定的保护膜，真空摩擦副可以采用含二硫化物和二硒化物的自润滑材料以及锡、银、镉、金、铅等金属涂层。

10.5.2 摩擦振动

由于摩擦副的支承弹性影响，滑动摩擦过程常出现摩擦振动。发生宏观的摩擦振动的先决条件是存在下降的摩擦因数速度特性曲线，如图 10-19 所示。

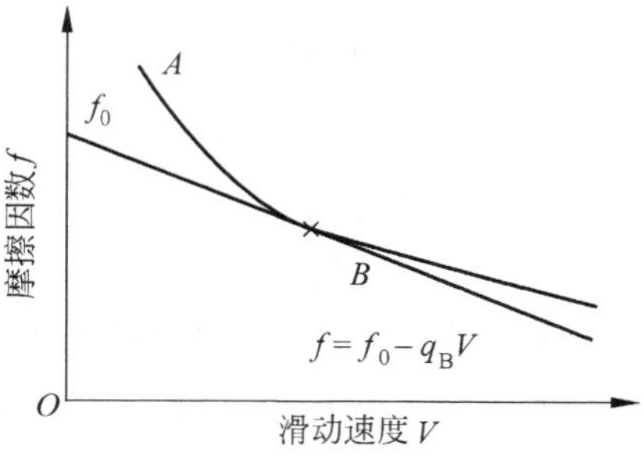

图 10-19 下降的摩擦因数与速度曲线

摩擦过程的宏观振动可以通过实验来分析。如图 10-20(a)所示，一个重量为 W 的滑块在一粗糙的水平基面上滑动。

我们将滑块的支承等效为受到固定在支座上的弹簧 k 和黏滞阻尼器 η 的约束。如果基面向右的运动速度是 V_B，则滑块对基面的相对速度是沿 X 的负方向，即在某一瞬时，滑块以相对速度 V 向左运动，设相当于图 10-19 中的 B 点，此时的滑动摩擦因数可由下式表示

$$f = f_0 - q_B V$$

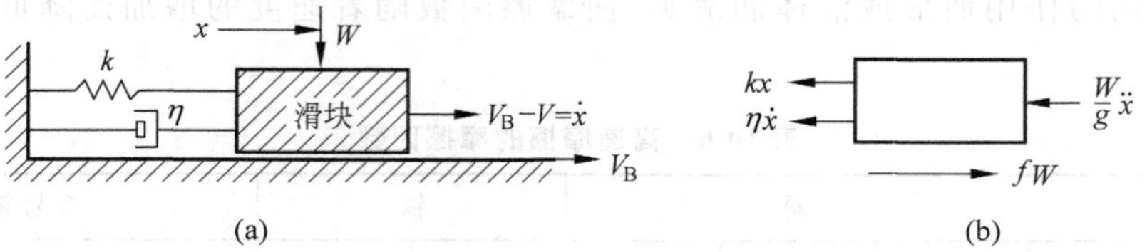

图 10-20 摩擦振动物理模型

式中，q_B 为 B 点位置的摩擦因数与速度曲线的斜率；f_0 为一常数。

图 10-20(b)示出了作用于滑块上的瞬时的力，由此可以写出以下的方程式

$$\frac{W}{g}\ddot{x}+\eta\dot{x}+kx=fW \tag{10-29}$$

将 f 值代入式(10-29)，得到

$$\ddot{x}+K_3\dot{x}+K_4x=K_5 \tag{10-30}$$

式中，$K_3=-[q_B-(\eta/W)]g$；$K_4=kg/W$；$K_5=(f_0-q_BV_B)g$，式中 $V_B=V+\dot{x}$。

对于这一运动，可以认为 q_B 是常数。假定摩擦曲线的斜率 q_B 满足关系：$q_B>\eta/W$。则可以证明式(10-30)中的负阻尼系数 K_3 将给出以指数形式增加的振动振幅。这种自激振动，在机械工程中有许多实例，例如，发生在机车的驱动轮上的噪声，又如粉笔在黑板上的尖啸声。

式(10-30)的解是正弦形式的。而负阻尼系数给系统提供能量是产生振动现象的最重要原因。假如我们考虑到速度减少时摩擦因数与速度曲线的斜率增加(如图 10-19 中的 A 点斜率 q_A)，则 K_3 甚至会变成更大的负值，这会使振动的振幅出现急剧的增加。铁道车辆铸铁刹车块与车轮的摩擦振动就是一个典型的例子。在较高的滑动速度下，斜率实际上为零，所以，刹车开始时较平滑。但是，因为随着速度的减小铸铁的摩擦因数与速度曲线的斜率迅速增加，所以在车辆接近停止时，振动会变得极为剧烈。如果采用摩擦因数随速度的变化比铸铁小得多的非金属刹车块，振动的剧烈程度会大大降低，所有的速度段都会引起一些较小的振动。

10.5.3 地面摩擦

除了前面已经分析的车轮滚动摩擦之外，还有其他的一些地面摩擦方式(如拖拉机行驶或滑雪的摩擦情况)，将在这里简单地加以介绍。

1. 松软土壤(例如软土或砂)上车轮滚动摩擦

在农用拖拉机中，土壤的性能决定了牵引能力和承托车轮的能力。土壤中的切应力 τ 与土壤的黏结系数 c、摩擦角 φ 和作用在车轮与土壤界面处的平均加载压力 $\bar{p}$ 之间的关系为

$$\tau=c+\bar{p}\tan\varphi \tag{10-31}$$

对塑性物质(如含水率饱和的泥土或某种形式融化的雪)的摩擦角 φ 可以认为是零，于是 $\tau=c$。对于更普遍的粒状土壤，没有黏结或没有内部黏合力时，则有 $c=0$，因而，$\tau=\bar{p}\tan\varphi$。但是对于实际土壤来说，由于 c 和 $\bar{p}\tan\varphi$ 对含水率十分敏感，而且土壤通常缺乏那种作为其他易变形材料特征的均匀性，因此问题比较复杂。

现在来研究带肋状轮胎在软土中的牵引力，如图 10-21 所示。理论和经验指出：弹性轮胎面上的链档和肋条，当与地面接触时立即黏住土壤，因而它们在产生牵引力中只起次要

作用。这与汽车轮胎上胎面花纹的作用是不同的。这种肋条的主要作用是使车轮的有效直径从 D 增大到 $D+2t$，这里 D 是未挠曲的平滑轮胎的直径，而 t 为肋条的深度。

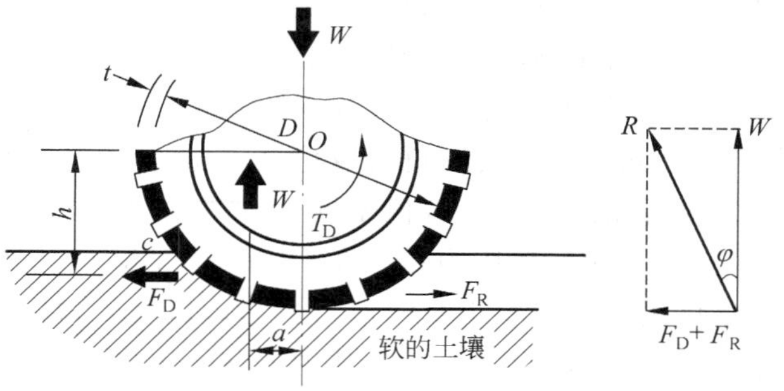

图 10-21　带肋状轮胎在软土上行动

令 T_D 为加在车轮上的驱动力矩，而 F_D 为在车轮中心以下距离 h 处产生的牵引力的平均值。根据力矩平衡有

$$T_D = F_D h + Wa$$

式中，a 为车轮中心到土壤表面上的载荷反力 W 的距离。

公式两侧都除以 h，则得

$$T_D/h = F_D + F_R \tag{10-32}$$

式中，$F_R=W(a/h)$为车轮的滚动阻力。

我们注意到，在软土中行驶时比值 a/h 比通常的轮胎在硬路面上行驶的数值大得多，这是因为载荷仅有效地支承在由初始接触点到最大压入位置的那一段软土上。

由于 F_D 和 F_R 各自按图 10-21 中所指的方向取值为正，因此，在式(10-32)右端，它们在数量上是相减的。把式(10-32)中的每一项除以接触面积 A，于是得到

$$\frac{T_D}{hA} = \tau - \bar{p} f_R = \bar{p}(\tan\varphi - f_R) \tag{10-33}$$

推导上式引用了对粒状土壤 $c=0$，土壤在剪切边界处的剪切强度 $\tau=F_D/A$，$\bar{p}=W/A$，以及滚动阻力系数 $f_R=F_R/W$。式(10-35)清楚地表明，对车轮施加的驱动力 T_D 是土壤摩擦性能和法向载荷的一个函数。这一公式通常用来评价软土和土壤的承载能力。

2. 雪橇在冰上的滑动摩擦

下面研究雪橇在冰上和雪上的摩擦问题。记录到的最低系数发生在冰和雪的熔点附近(在大气压力下为 0℃)。表 10-7 列出了充气轮胎在不同的冰和雪的条件下滑动摩擦因数 f_A 的典型数值。从表中可以看到，从压紧的雪到湿冰，摩擦因数有 10 倍的变化。对于雪橇滑动，系数 f_A 的数值可能与表 10-7 中所列的有差异，但其相对关系将保持不变。

表 10-7　冰或雪在 0℃ 时的典型摩擦因数

冰、雪状态	f_A	速度范围/(km/h)
压紧的雪	0.20	8～65
粗糙的冰	0.12	8～32
光滑的冰	0.057	0～32
湿冰	0.02	—

现在来研究上蜡的雪橇在压紧的雪上滑动的情况，如图 10-22 所示。

上蜡的作用是在雪橇上建立疏水性的表面，产生一种排斥由压力融化而产生水珠的倾向。如图 10-22 所示，运动的上蜡表面与单个水珠间的接触角约为 84°和 66°。在速度大于 0.4mm/s 时，接触角的数值与速度无关。显然，因为前后端的接触角数值不同，由于表面张力效应，将产生一个毛细管阻力作用在雪橇上。这个力 F_{ST} 的大小可按下述方法计算。

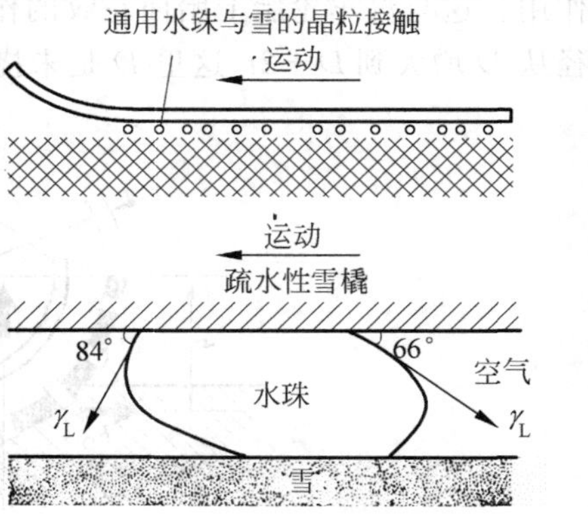

图 10-22 疏水性的雪橇在雪上的接触状态

在水珠周边单位长度上的表面张力 γ_L 与水珠内部压力 p_W 的关系，可用下列熟知的公式表示

$$p_W = 4\gamma_L/d \tag{10-34}$$

式中，d 为水珠直径，通常认为水珠直径约为 30μm。

如果现在研究图 10-22 中表面张力的水平分量，可得到水珠周边单位长度上的毛细管阻力 F'，于是

$$F' = \gamma_L(\cos 66° - \cos 84°) = 0.302\gamma_L \tag{10-35}$$

则每个水珠总的水平毛细管阻力 F 为

$$F = F'd = 0.302\gamma_L d$$

设在雪橇表面的单位面积上有 N_0 个水珠，并设一个水珠的接触面积为 $\pi d^2/4$。于是单位面积上水珠接触面积为

$$k = (\pi d^2/4)N_0$$

这里 k 可以作为雪橇表面温度的量度。于是雪橇单位面积上的总毛细管阻力可从上两式得出，即

$$F_{ST} = N_0 F = 0.386k\gamma_L/d \tag{10-36}$$

把式(10-34)中的 γ_L 代入式(10-36)，得

$$F_{ST} = 0.096 p_W k \tag{10-37}$$

最后，由于雪橇单位面积上的载荷 $\bar{p} = kp_W$，从式(10-37)可求出由毛细管阻力引起的剪应力

$$\tau_{ST} = F_{ST}/\bar{p} = 0.096 = f_{ST} \tag{10-38}$$

事实上，水珠的尺寸和数量以及毛细管阻力，并不单由 $\bar{p}$ 决定。在雪橇与雪界面上的含水率主要取决于温度和雪橇与雪的表面摩擦状态。由式(10-38)中的剪应力 τ_{ST} 也可看作是一个摩擦因数 f_{ST}。随着水珠直径 d 的增大，毛细管阻力 F_{ST} 将按照式(10-36)降到可以忽略的数值。

雪橇滑动的另一项阻力即黏性阻力，通常比由表面张力效应引起的毛细管阻力大得多。根据牛顿的黏性定律，可写出由黏性阻力形成的剪应力 τ_V

$$\tau_V = \eta\frac{V}{d}$$

式中，V 为雪橇的前进速度；η 为水的动力黏度。

可把式(10-34)中的 d 代入上式，这样，黏性摩擦因数成为

$$f_V = \frac{\tau_V}{p_W} = \frac{\eta V}{4\gamma_L} \tag{10-39}$$

如果取 $V=25\text{m/s}$，$\gamma_L=70\text{g/s}^2$，$\eta=1.83\times10^{-3}\text{Pa}\cdot\text{s}$，得 $f_V=0.163$。

雪橇的材料性能对摩擦的改善比增加平均压力 $\bar{p}$ 效果更大，后者的作用是使摩擦界面上产生更多的水量，从而改善润滑条件。从图 10-23 中可以看出，把雪橇的材料由硬铝改为酚醛塑料，可使滑动摩擦力降低 4 倍。其他影响雪橇摩擦的因素还有表面粗糙度和雪橇材料的硬度。硬钢的雪橇比软钢雪橇产生较大的融化效应。光滑表面与粗糙表面相比，在接近 0℃时可能使摩擦降低，但在更低的温度下显现出相反的效果。这是由于在很低的温度下，粗糙的雪橇支承雪橇上载荷的实际压力增大，从而促使雪的压力融化形成水珠。

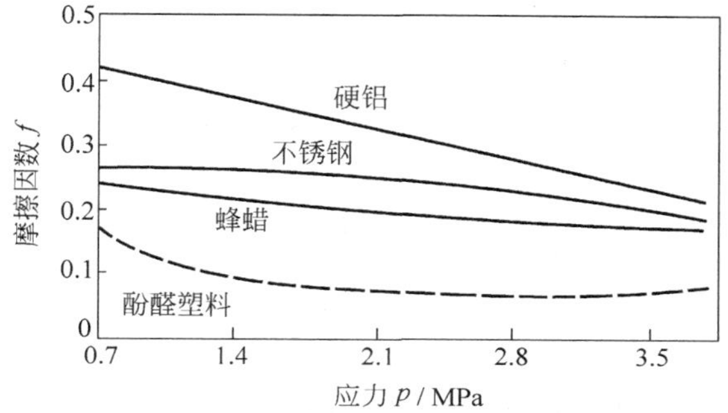

图 10-23　压力和雪橇材料对摩擦的影响

以上对于雪橇滑动摩擦的分析，对于在雪和冰上行动的其他交通工具也是适用的。

10.5.4　摩擦黏滑与噪声

机械运动系统都包含摩擦环节，而接触摩擦界面的力学行为，必然会影响到整个机械系统的动力学特性。不良的摩擦特性往往是造成机械振动和产生噪声的原因。

1. 运动的传递和黏滑效应

由于摩擦中的黏滑效应影响到任何摩擦机械系统的特性，因此下面将对这种效应给予较仔细的讨论。

功能目标与传递运动有关的摩擦机械系统都可用图 10-24 所示图形以简化方式加以模拟。模拟系统包括质量为 m_1 的物体 1，该物体相对于质量为 m_2 的对偶件 2 而运动，对偶件 2 则通过一个弹簧常数为 C_2 的弹簧和一个阻尼系数为 C_d 的阻尼器而固定在地上。物体 1 经由弹簧 C_1 驱动，而弹簧 C_1 按定速 $v_0=s/t$ 运动。

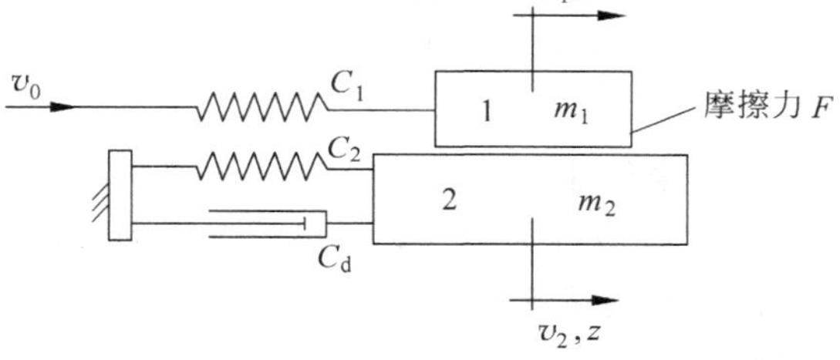

图 10-24　摩擦机械系统模型

速度为 v_1、位移为 x 的物体 1 相对于速度为 v_2、位移为 z 的物体 2 的运动，受到作用于物体 1 和物体 2 之间界面上摩擦力 F 的影响。由下面的简单定性研究可知，运动形式取决于相对速度 v。摩擦力的数值和摩擦力对于相对速度的依赖关系为 $F=f(v)$。假设图 10-24 所示系统的初始状态为弹簧 C_1 及 C_2 处于自然状态，而且 m_1 和 m_2 是静止的。当给予速度为 v_0 的运动时，在 m_1 上的驱动力还没有大到足以克服 m_1 和 m_2 间的静摩擦力之前，就不会有 m_1 相对于 m_2 的运动的"黏滞"阶段。然后，假如 m_1 相对于 m_2 开始运动，即"滑移"阶段，弹簧就减载，于是驱动力就下降某一数量。当 m_1 上的驱动力降到低于动摩擦力时，就会形成第二次"黏滞"阶段。这又引起驱动力的增加，直到第二次滑移阶段的运动开始，如此继续交替下去。

上述模型的方程可写成

$$C_1(v_0 t - x) = F + m_1 \ddot{x}$$

$$-F = C_2 z + m_2 \ddot{z} + C_d \dot{z}$$

或

$$\ddot{x} = -\frac{C_1}{m_1}x + \frac{C_1}{m_1}v_0 t - \frac{F}{m_1} \tag{10-40}$$

$$\ddot{z} = -\frac{C_d}{m_2}\dot{z} - \frac{C_2}{m_2}z - \frac{F}{m_2} \tag{10-41}$$

这些方程反映了图 10-24 所示摩擦机械系统的黏滑特性，可用微积分方法求解。

下面介绍这一系统的黏滑特性。黏滑运动可以由摩擦力 F(或摩擦因数 f)对速度的关系来确定。为了研究具有普遍性的黏滑运动，对于摩擦与速度的特性关系选用了 Stribeck 曲线的形状，而且研究了在 Stribeck 曲线(见图 7-1)不同部分的摩擦机械系统特性。

(1) 对于 Stribeck 曲线摩擦因数最低点附近的摩擦条件来说，系统是不稳定的，由干扰引起的运动将是发散的，即系统自行激发而振动起来。

(2) 对于 Stribeck 曲线最低点左面部分的摩擦条件来说，因为随着速度增加，摩擦因数是降低的，因此会产生典型的黏滑运动。

(3) 而对于在 Stribeck 曲线最低点右面部分的摩擦条件来说，系统是稳定的，即引入系统的振动自行减弱。

以上分析表明，当 Stribeck 曲线的左面部分斜率为负或等于零，即 $\mathrm{d}f/\mathrm{d}v<0$ 时，可能产生黏滑效应。因此黏滑效应只是在固体摩擦、边界润滑或混合润滑的条件下才会产生，而在 Stribeck 曲线最低点的右面部分的流体动压润滑条件下是不可能产生的。

2. 摩擦噪声

1) 声音的产生与传播

机械振动在介质中的传播过程称为机械波。声音作为一种机械波是物体的机械振动通过弹性介质向远处传播的结果。发生声音的振动系统称为声源，如机器的振动系统是机械噪声的声源[9]。

在弹性介质中，依靠弹性力来传播振动的波分为纵波和横波。如果介质质点的机械振动方向和波的传播方向一致，这种波称为纵波；如果质点振动方向在垂直于波的传播方向的平面内，则称为横波。任何复杂的波都是纵波和横波叠加的结果。在通常情况下，因气体和液体没有切变弹性，所以在其内部仅能够传播纵波。而固体则兼有容变弹性和切变弹性，故对纵波和横波都能够传播，且能够传播各种复杂的弹性波。

如图 10-25 所示，当物体 m 在激振力 $F(t)$ 的作用下，产生振动时，其周围空气分子受到振动作用，且由近及远传播出去，从而使空气的密度发生疏密的变化，造成大气压力 $P(x)$ 的波动，这就是疏密纵波，其传播方向与空气质点振动方向相同。大气压力的波动越大，表示声波的振幅也越大，亦即声音越强。

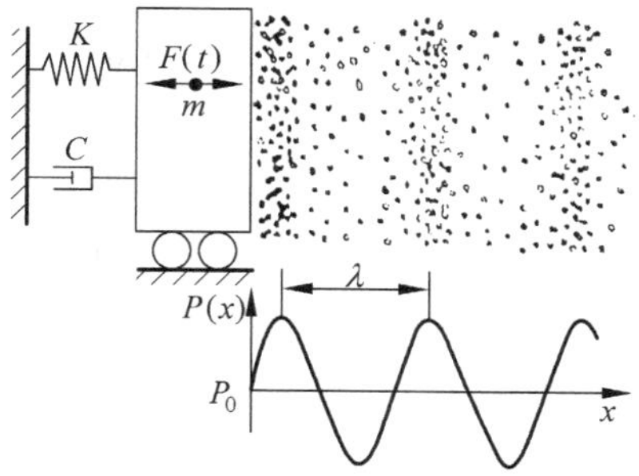

图 10-25　振动与声波示意图

因为声音传播的介质可以是气体、液体，也可以是固体，所以噪声也就有所谓空气噪声（air borne noise，ABN）、流体噪声（fluid borne noise，FBN）和固体噪声。因为在机械中固体都是以某种结构来具体体现，所以固体噪声通常又称为结构噪声（structure borne noise，SBN）。不过，一般所讲的噪声是指传入人耳的空气噪声。

声波从声源向空间传播，传播的空间便称为声场，而声波的传播方向称为声线（波线或射线）。声波向空间传播时，其相位相同的各点可以连成一个面，称为波阵面（或波前）。如果声源的尺寸远小于波长，便可把声源视作一个脉动微小球体或称为点声源，在无限介质中传送出声波。显然这样的波阵面是一个球面，这球面的半径就等于离开声源的距离，这样的波称为球面波，如图 10-26(a)所示。当传播的距离很大时，波阵面上个别部分可视为平面；当声源的尺寸远大于波长时，它的声波将不是向四面八方传播出去，而是按此振动体的振动方向辐射，声线近似为在一个方向上，因此其波阵面亦可视为一个平面，这样的波称为平面波，如图 10-26(b)所示。在各向同性的介质中，声线恒与波阵面垂直。

实际上振动源不会小得成为一个点，也不会大得发出平面声波，多数发声体发出的声波常在一个角度范围内沿振动体的振动方向前后发射，如图 10-27 所示。其他方向也有声波发射出去，但比较微弱。当振动体本身尺寸越大，频率越高，所发出的声波方向性就越强，扩散角也就越小，就接近于平面波。由于绝大多数发声体发出的声波既不是平面波，也不是各个方向均匀辐射的球面波，所以声波总是在某些方向强些，而在另一些方向弱些，这就是声波的指向性（或方向性）。

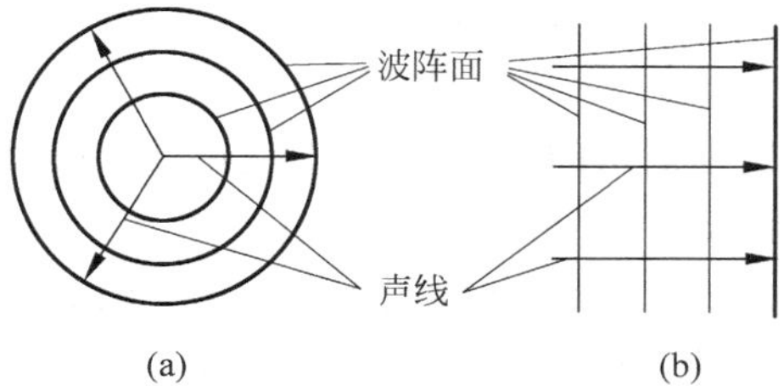

(a)　(b)

图 10-26　波阵面和声线的示意图

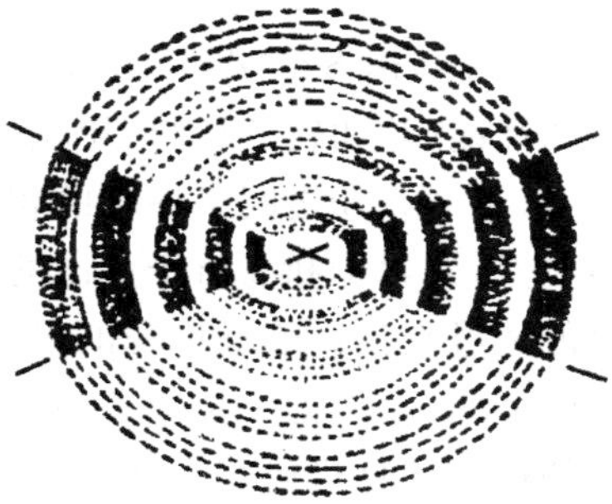
图 10-27　振动体的声波传播

2）轮轨摩擦噪声

铁道列车通过弯道时常常发出尖叫声，这种噪声级别在 4000～8000Hz 频率范围内时高达 120dB。作为典型的例子，图 10-28 表示车辆通过半径为 193m 弯道时测得的噪声曲线。

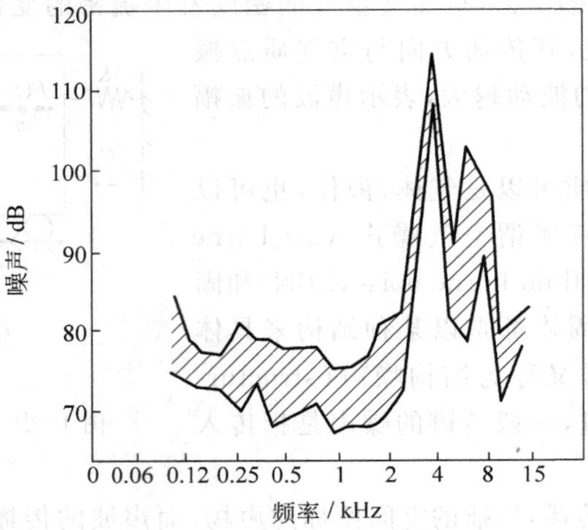

图 10-28 轮轨弯道噪声频谱

当火车通过弯道时，作用于轨道和刚性车轮车架之间的力和运动的理论研究表明，对于轨距为 1.435m 的铁路，如果轨道曲率半径小于 500m，则轮轨间便会发生横向滑动。对于列车速度为 15m/s 而轨道曲线为 200～500m 的铁路，则横向滑动速度 V_t 在 0.1～0.3m/s 范围内。横向滑动和界面摩擦导致轮轨系统黏滑引起的振动，显然就会产生噪声。

对于摩擦机械系统，在深入分析产生噪声的原因之后，可以把发出噪声理解为摩擦学系统引起的“损耗输出”，采用一般的噪声系统描述方法研究产生噪声各参数的相关关系，进而改变各种参数，以减轻噪声源。

摩擦引起的噪声源可用下式描述

$$Z = f(X,S)$$

式中，Z 为噪声；X 为工作参数；S 为系统结构。

(1) 工作参数 $X=\{W,V,T,\cdots\}$，其中 W 为载荷(车辆加旅客质量)；V 为速度(列车速度、横向滑动速度)；T 为温度(取决于季节)。

(2) 系统结构 $S=\{A,P,R\}$，其中 A 为元素(①车轮型式，②轨道型式，③环境状况)；P 为元素的性能(轮和轨的材料，轮轨的几何设计和表面性能，线路的几何设计)；R 为元素的相互关系(①、②、③之间摩擦学的相互关系)。

很显然，元素①和②对于标准的轮轨列车系统是固定的，因此无法改变设计。所以限制噪声只能通过直接影响噪声源的界面摩擦学过程$\{R\}$来进行。

经验证明，如果把一定的磷酸盐溶液喷涂在轨道上，噪声将在很大程度上被消除。从黏滑效应的模拟计算机研究得知，黏滑效应依赖于摩擦速度梯度。为了阐明消除黏滑引起噪声的可能性，并提出轨道表面处理的最优条件，有的学者曾在实验室里进行了黏滑研究。他们使用销-盘和球-盘的摩擦试验机，试件采用实际的轮轨材料，在类似于实际情况的工作条件($p_H=50\times10^7\,N/m^2$；$v=0.02\sim0.2m/s$)下进行。

实验结果表明，黏滑效应明显受到不同的磷化表面处理的影响。通过表面处理静摩擦

因数 f_s 稍有降低，而动摩擦因数 f_d 却大大地增加，两者之差 $\Delta f = f_s - f_d$ 大幅度减小，所以也就满足了抑制黏滑效应的条件并降低摩擦噪声。表面处理对于黏滑特性的影响的典型结果如图 10-29 所示。

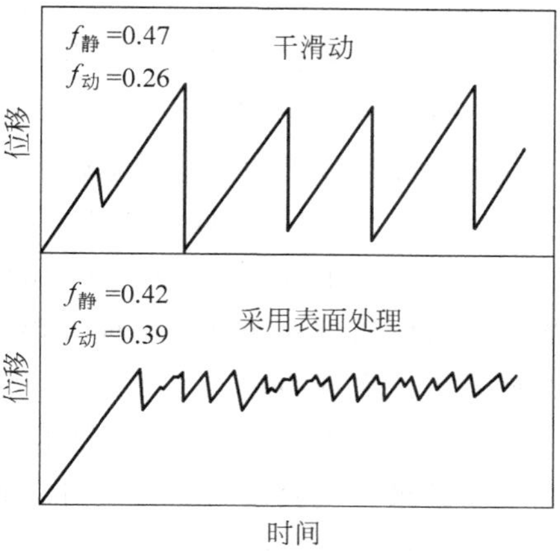

图 10-29　表面处理对黏滑特性的影响

通过系统地实验研究，可以配制出适合于实用目的的磷酸盐溶液。每隔一定时间用这种溶液处理轨道，对于降低轮轨系统黏滑引起的噪声效果良好。

10.5.5　摩擦控制

有效地实时控制摩擦是工程技术界追求和向往的目标。长期以来人们主要通过选择润滑剂和摩擦副材料来减小或增大摩擦因数，并取得了一定的进展。由于摩擦因数依赖于载荷、速度、温度等因素，人们就无法精确地预测摩擦因数随运行工况和运行时间的变化，因此，要准确调整摩擦因数十分困难。这里对近年发展起来的电控摩擦技术作简要介绍。电控摩擦是通过施加外部电压来改变某些材料摩擦特性的一种方法。

1. 电压的施加方式

外部电压的施加方式是实现电控摩擦的重要手段，有以下 3 种方式可供选择，即：

(1) 直接的方法是将摩擦副作为两电极分别连接在电源的两端，如图 10-30(a)所示。但这种方法有很大的局限性，它要求摩擦副必须是由导体(如金属)构成，同时，因为接触电阻很小，所以除非使用大电流源，一般所能施加的电压较低，对金属摩擦副来说只有毫伏量级，因此所能产生的电控摩擦效果也不显著。

(2) 镀膜方法是在其中一个摩擦副表面生成一层绝缘涂层，如图 10-30(b)。此方法要保证涂层在摩擦过程中不发生击穿和磨损也是困难的。如果用导体做摩擦副的一方，用半导体或导电硅橡胶作为摩擦副的另一方，可以使所施加的电压达到伏的量级。

(3) 不直接用摩擦副作为电极，而是在接触区附近引入辅助电极，如图 10-30(c)所示。这样做的优点是可以施加较高的电压，同时摩擦副的一方既可以是导体也可以是绝缘体。其次，可以把辅助电极作为阳极，以避免摩擦副遭受电化学腐蚀。另外，该辅助电极可以不必随摩擦副一起运动，这样对于旋转摩擦副来说施加电压也十分方便。其缺点是在接触区内电场的方向、大小及其分布都较复杂，使分析外加电压与摩擦因数之间的关系变得十分困难。

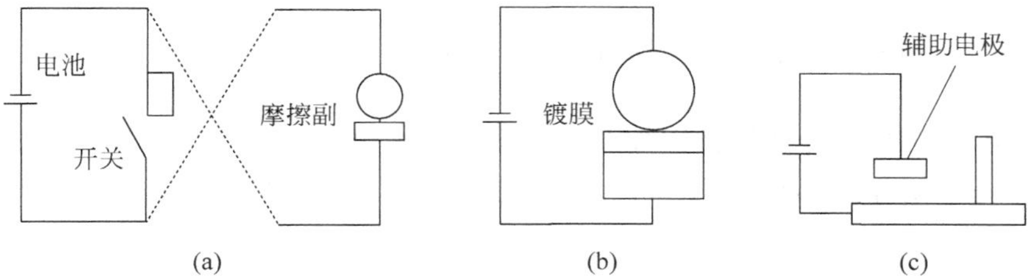

图 10-30　外部电压的施加方式

在施加电压时，另外一个重要因素是润滑条件，是否有润滑剂以及采用什么样的润滑剂对摩擦控制的效果有决定性的影响。

2. 电控摩擦的效果

很多研究人员都尝试过对金属干摩擦副以及油润滑条件下的金属摩擦副施加外电场以改变其摩擦因数，但是所取得的效果都不够显著，摩擦因数的变化量一般只有百分之几至百分之三十。近年来，研究发现水基润滑条件下金属与陶瓷或单晶硅与陶瓷构成的摩擦副的摩擦因数可以通过外加电压实现大幅度、快速和可回复的变化[10,11]，表明在适当条件下电控摩擦是可以实现的。

图 10-31 是氮化硅球与不锈钢平板低速滑动摩擦过程中通过施加方波电压改变摩擦因数的实验结果。实验采用旋转式销盘试验机，润滑剂采用浓度为 0.01mol/L 的十二烷基磺酸钠溶液，电压施加方式见图 10-30(c)，辅助电极选用石墨。氮化硅球的直径为 4mm，实验过程中载荷和速度不变，分别为 3.3N 和 0.3m/s，只改变外电压的大小和极性。从图中可知，在开始的 10s 内，对应无外加电压的状态，电流为零，由石墨-水溶液-不锈钢构成的原电池有约+1V 的槽电压，此时摩擦因数约为 0.13；其后的 10s 内，接通外电源使槽电压升至 9.2V，电流达到约 0.16A，同时摩擦因数升至约 0.4；随后的 10s，切换外电源的极性和大小，使槽电压变为−0.7V，摩擦因数又由 0.4 降至约 0.15。后面的循环基本保持相同的变化幅度。摩擦因数的变化约为 160%，上升和下降的时间均小于 0.5s。切换外电压极性的效果是促使了摩擦因数的迅速回复。

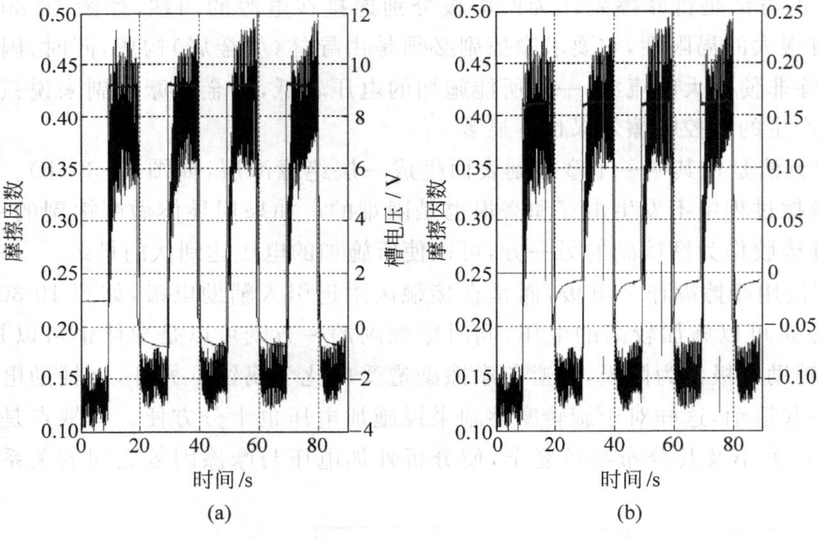

图 10-31 氮化硅球与奥氏体不锈钢滑动摩擦时的电控摩擦效果

研究表明，外加电压导致摩擦因数升高的原因是水电解引起金属表面吸附的表面活性剂膜(在这里起润滑作用)分解而造成的，改变电压的极性则促使了表面活性剂离子重新吸附在金属表面[12]。

3. 摩擦实时控制

图 10-32 是利用电压控制摩擦因数变化的一个例子，目标是通过控制电压的变化产生按给定曲线（这里是正弦曲线）变化的摩擦因数[13]。实验仍然是按图 10-30(c)的施加电压方式进行的，摩擦副材料为工程陶瓷与黄铜。工程陶瓷中 $\alpha\text{-}Al_2O_3$ 含量为 99.7%（质量分数），MgO 含量为 0.25%（质量分数），其余为杂质。陶瓷试样烧结成 $\phi16\times8$ 圆柱，端面经磨削，粗糙度值为 $Ra=0.4\mu m$。黄铜块试样的牌号为 H68，尺寸为 60mm×20mm×12mm，表面粗糙度值 $Ra=1.6\mu m$。试验机为往复滑动式销盘摩擦试验机，所用润滑液为硬脂酸锌水溶液。实验时，首先将理论摩擦因数的中值设定为 0.3，令其以 0.1 为幅值，以 60min 为周期按正弦变化。然后，将理论摩擦因数曲线的一个周期分解为 12 步，每步步长为 5min。取每一段的摩擦因数理论值作为该段时间的目标值，通过前面的实验结果确定要达到该目标值所需的电压。实验结果列于图 10-32，直方图就是设计要达到的正弦摩擦因数的目标曲线，点线是通过控制电压在实验中实际得到摩擦因数。结果表明电控摩擦因数能够较好地按预设的曲线变化。

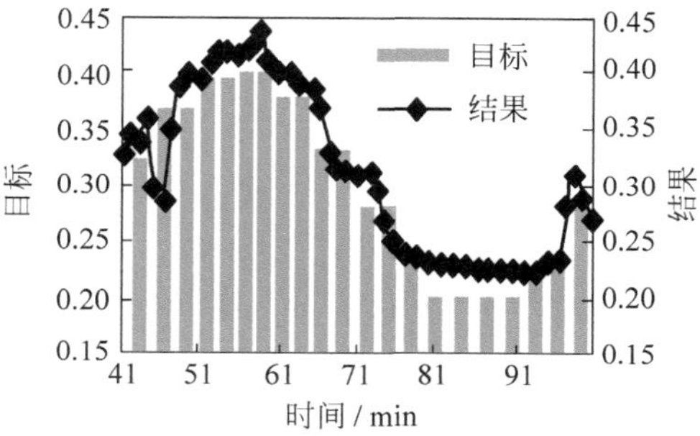

图 10-32 电控摩擦因数实验

应当指出，电控摩擦技术尚处在实验室研究阶段，达到工程应用还需要解决许多实际问题。但是随着研究的深入，控制摩擦因数按一定规律变化是可能实现的。

参考文献

[1] BOWDEN F P, TABOR D. The Friction and Lubrication of Solid[M]. Oxford: Clarenden Press,1964.

[2] 克拉盖尔斯基 N B,等. 摩擦磨损原理[M]. 汪一麟,等译. 北京：机械工业出版社,1982.

[3] 许中明. 基于接触界面势垒方法的摩擦特性与计算研究[D]. 广州：华南理工大学,2006.

[4] 张涛,王慧,胡元中. 无磨损摩擦的原子理论[J]. 摩擦学学报,2001,21(5): 396-400.

[5] ISRAELACHVILI J N. Microtribology and microrheology of molecularly thin liquid film[M]//Modern Tribology Handbook,Bhushan B eds,New York: CRC Press LLC,2001: 24-66.

[6] TOMLINSON G A. A molecular theory of friction[J]. PhilMag Series,1929,7: 905-939.

[7] 许中明,黄平. 摩擦微观能量耗散机理的复合振子模型研究[J]. 物理学报,2006,55(5): 2427-2433.

[8] 裴有福,金元生,温诗铸. 轮轨粘着的影响因素及其控制措施[J]. 国外铁道车辆,1995(2): 5-7.

[9] 摩尔. 摩擦学原理及应用[M]. 黄文治,等译. 北京：机械工业出版社,1982.

[10] JIANG H,MENG Y,WEN S. Effect of external D. C. electric fields on friction and wear behavior of

alumina/brass sliding pairs[J]. Science in China (Series E.),1998,41(6): 617-625.
[11] MENG Y,HU B,CHANG Q. Control of local friction of metal/ceramic contacts in aqueous solutions with an electrochemical method[J]. Wear,2006,260: 305-309.
[12] CHANG Q, MENG Y, WEN S. Influence of interfacial potential on the tribological behavior of brass/silicon dioxide rubbing couple[J]. Applied Surface Science,2002,202(1-2): 120-125.
[13] MENG Y,JIANG H,WONG P L. An experimental study on voltage-controlled friction of alumina/brass couples in zinc stearate/water suspension[J]. Tribology Transactions,2001,44(4): 567-574.
[14] 温诗铸,黄平. 摩擦学原理[M]. 2版. 北京: 清华大学出版社,2002.

第11章　微动摩擦及其应用

微动是指接触表面幅度极小的相对往复运动[1]，微动摩擦学研究微动过程中所涉及的磨损、润滑、摩擦等一系列问题。微动会引起机械零部件接触表面破坏、裂纹萌生、扩展与断裂，最终可导致整个机械运动系统的失效。微动损伤在机械工业、交通运输、电力工业、桥梁、生物器官植入等领域普遍存在，典型的发生微动现象的零部件包括连接件、配合件、弹性支撑机构、紧固夹持机构，以及处于振动条件下的零部件等。本章将介绍微动摩擦的基本知识和理论，其特性与机制不同于滑动接触或滚动接触，目前已成为摩擦学研究中的一个重要分支。

11.1　微动摩擦的发展概况及分类

微动摩擦研究始于20世纪初，Eden等人在1911年[2]首次观察到微动和疲劳的联系，直到1927年Tomlinson[3]第一次将微动作为一个专题进行研究，指出发生微动损伤的条件是微动表面紧密接触和表面间往复振动，并在其研究报告中首次出现“fretting”一词。早期这一阶段针对微动摩擦的主要研究成就在于微动损伤和破坏现象的发现，为人们之后进一步认识和研究微动现象奠定了基础。随后的几十年间，针对微动摩擦磨损的研究报道更为系统和深入。研究发现微动会导致钢材试件的疲劳强度下降13%～18%[4]。Mindlin[5]于1949年提出在一定条件下微动接触区存在滑移区和黏着区，并首次将接触力学引入微动领域。1950年在美国费城召开了首届微动摩擦学会议，并出版了第一本微动论文集。随后，化学机械理论、磨损速率变化理论、微动疲劳模型等理论的提出使得微动摩擦学的发展向前推进了一大步。1972年Waterhouse[6]出版了首部有关微动摩擦学的专著*Fretting Corrosion*。

进入20世纪80年代后，在现代工业高速发展的推动下，微动摩擦学的研究得以大力发展。在理论机制方面，一系列揭示微动摩擦机制的新理论相继提出，Berthier、Vincent和Godet[7]提出了速度调节理论，Godet[8]提出了微动磨损的三体理论。值得一提的是周仲荣和Vincent[9]提出的二类微动图理论揭示了微动运行机制和材料损伤规律，对微动摩擦学的发展做出了重要贡献。在实际应用方面，研究人员也针对不同的领域和工况条件开展了大量研究。例如，发现极苛刻条件下材料的微动行为与常规条件截然不同，低温、外场等均对微动摩擦行为有着重要的影响。同时，核电站、电接触、大型转轴等领域或部件，以及针对生物医学领域中人工关节微动摩擦行为特性的研究也得以开展。

微动摩擦的过程较为复杂，微动摩擦的类型可根据运动方式和产生破坏的特性进行划分。

首先，如按照摩擦副之间的相对运动方式划分，微动摩擦可分为[10,11]平移式微动摩擦、滚动式微动摩擦、径向式微动摩擦，以及扭动式微动摩擦四种类型，如图 11-1 所示，俯视图中箭头所指为相对运动轨迹。图(a)为平移式，也称切向式，下摩擦副表面静止，上摩擦副以平动方式往复运动，是最为普遍的一种微动形式；图(b)为滚动式，上下摩擦副之间的相对运动方式为滚动；而在图(c)所示的径向式微动类型中，两摩擦副之间的相对运动则由法向载荷的周期性变化引起，接触圆半径随法向载荷的变化而变化，如俯视图中箭头所示，因此也称为冲击式；图(d)为扭动式，上下摩擦副之间的相对运动方式为小角度的扭转，如俯视图中箭头所指的运动轨迹所示。上述形式的微动在实际工况中也常以两种以上的形式耦合出现，使得微动摩擦过程变得更加复杂。

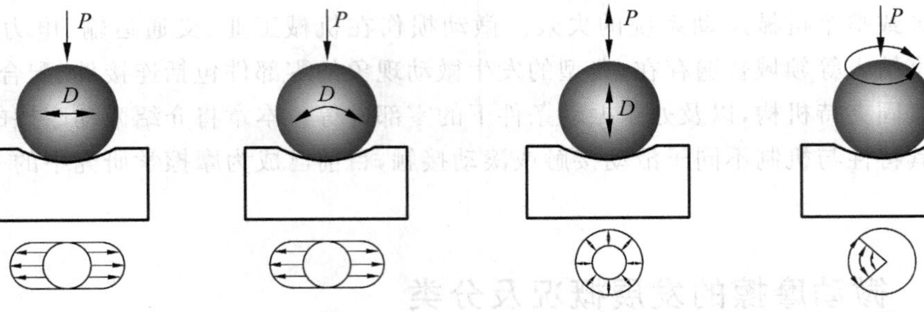

图 11-1　四种典型的微动运动形式

(a) 平移式；(b) 滚动式；(c) 径向式；(d) 扭动式

此外，如根据摩擦过程的实际破坏特性，则可将微动摩擦划分为微动磨损、微动疲劳及微动腐蚀[11,12]，如图 11-2 所示。

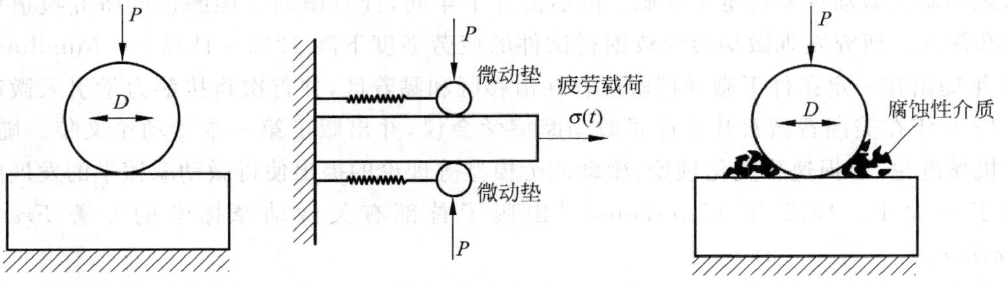

图 11-2　微动性质的分类

(a) 微动磨损；(b) 微动疲劳；(c) 微动腐蚀

(1) 微动磨损：即当摩擦副表面间由于小振幅相对位移(如振动等)而产生的一种复合磨损。处于振动条件下的螺纹连接、花键连接和过盈配合连接等都容易发生微动磨损。在微动磨损中，接触副之间仅受局部接触载荷或者承受固定预应力，而接触副之间的相对运动由外界振动引起，如图 11-2(a)所示。形成微动磨损的基本过程为：接触副表面间的法向压力使表面上的微凸体发生黏着，黏着结点的材料持续的振动剪断形成磨屑并被氧化，进而导致接触表面形成麻点或虫纹形损伤。可以说，微动磨损的内在机制为黏着磨损和磨粒磨损的混合机理。影响微动磨损的因素较多，如载荷，研究表明在一定载荷范围内材料的磨损率随载荷增加而加剧，超过某极大值后逐渐下降；温升也具有加速微动磨损的作用；在选择材料时，可选择抗黏着磨损特性好的材料以提高部件的抗微动磨损能力，例如，可在螺纹连接中使用聚四氟乙烯垫圈等，此外，采用表面处理及添加润滑剂的方法也可降低微动磨损。

(2) 微动疲劳：是指因微动而萌生裂纹源，并在交变应力下裂纹扩展而导致疲劳断裂的破坏形式。在微动疲劳形式中，接触副表面之间的相对运动由其中一接触副所承受的外界交变疲劳应力引起的变形而产生，如图 11-2(b)所示。对于遭受微动疲劳的部件，如在其断裂前沿微动方向剖开，可见亚表层中所产生的疲劳裂纹，而微动摩擦力和疲劳应力的协同作用将导致裂纹的萌生和加速其扩展。微动疲劳的常见影响因素包括微动正应力、微动振幅、环境因素等。研究表明，在一定法向应力范围内，疲劳强度随着微动法向压力的升高而下降，当压力达到一定数值时，疲劳强度基本不变，如图 11-3 所示；而微动疲劳寿命具有临界值，在临界值之前随振幅的增大而减小，之后随振幅继续增大而增加，如图 11-4 所示；此外，研究表明：湿度、气体环境、温度等环境因素也对疲劳强度及寿命有着重要的影响。

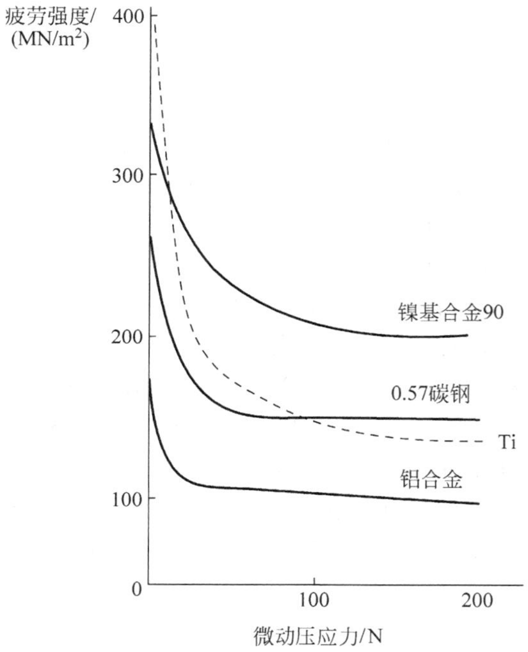

图 11-3　微动压应力对疲劳强度的影响

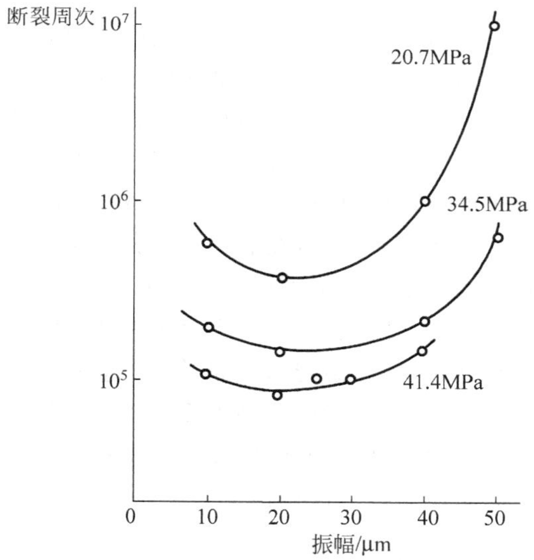

图 11-4　微动振幅对疲劳寿命的影响

Gandiolle 等人[13]对微动疲劳的塑性效应进行了深入的理论研究，讨论了塑性变形对裂纹的生成和裂纹边界的影响，确定了钢界面裂纹成核和裂纹阻滞边界。针对严重的塑性接触条件，提出了能够较好预测疲劳裂纹的成核和裂纹的捕捉的微动疲劳图，如图 11-5 所示。

(3) 微动腐蚀：另外一种形式为微动腐蚀，是指当两接触副处于具有腐蚀性的介质中时所发生的微动，这里所指的腐蚀性介质可包括具有腐蚀性的液体及气体等，如图 11-2(c)所示。

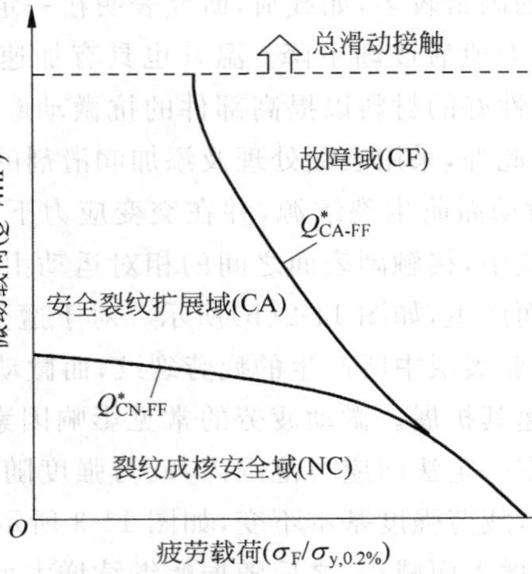

图 11-5 裂纹预测的微动疲劳图

11.2 微动摩擦的基本理论

在微动摩擦研究的发展过程中，研究工作者们结合接触力学、弹塑性力学、断裂力学以及热力学等基础理论，借助实验研究、计算机模拟如有限元分析等多种手段对微动过程中的运动和破坏特性进行模拟和分析，提出并建立了一系列重要的微动摩擦理论模型。

在微动摩擦早期的研究过程中，对微动摩擦磨损机理存在不同的解释，针对早期提出的分子磨损理论、机械化学理论等，都存在着很大的局限性及争议性。具有共识的观点为，对于大多数金属材料，在氧化不十分严重的环境中，微动接触的初期，金属间的接触、黏着和转移是产生金属磨损颗粒的主要原因。早期得到公认的典型理论为 Hurricks 等人相继提出和总结的三阶段理论[14]，该理论指出微动过程可分为三个重要阶段：在初始阶段，循环次数较低，材料接触导致局部冷焊，进而引起摩擦力升高，萌生疲劳裂纹；接下来的阶段则为氧化阶段，该阶段的接触表面处于机械作用和化学作用的共同作用下，氧化物层形成，可导致摩擦力的降低，此阶段较不稳定；最后一阶段为稳态阶段，在经过前述两个变化阶段后，在此阶段摩擦力保持稳定。

11.2.1 三体理论

三体指的是微动体系由两个接触体和第三体磨屑构成，也可进一步分解为五个基本部分，包括两个接触体、依附在接触体上的两个表面膜，以及第三体磨屑。在微动摩擦过程中，上述组成部分独立或耦合发生剪切、变形、滚动等变化。利用三体理论，可对钢铁材料微动过程中的磨损现象及摩擦因数的变化特性进行很好地解释。

在对微动磨损过程中第三体的产生及其作用进行系统分析的基础上，微动三体理论指出[15,16]，在微动过程中金属间的磨损分为磨屑的形成和演变两个过程，这两个过程连续或同时发生。

(1) 磨屑的形成：在这一过程中，摩擦副接触表面在相对运动过程中经历一系列变化，形成磨屑。接触表面发生黏着和塑性变形，引起表面损伤；接触材料发生严重加工硬化进而导致结构的变化，材料脆化，白层形成；脆化的白层材料发生碎裂，颗粒剥落，形成磨损颗粒；磨屑进一步被碎化，并开始从接触面迁移溢出。

(2) 磨屑的演变：在磨屑形成之初，磨屑粒度处于微米量级，被轻度氧化，对金属材料来说磨屑仍为金属本色；进一步，在接触表面的不断往复作用下，磨屑进一步碎化迁移，氧化程度加深，磨屑颜色也发生变化，此时磨屑粒度处于 0.1μm 量级；随着微动过程的推进，磨屑氧化程度进一步加深，呈高度氧化状态，粒度大幅减小，此时磨屑粒度往往处在 10nm 量级，并且伴随着颜色的进一步改变。

利用第三体理论可很好地解释微动条件下的钢铁材料摩擦因数随循环周次的变化过程，微动摩擦因数与循环周次的变化关系[17]见图 11-6。第 1 阶段为接触初期，该阶段持续时间极短，发生的行为主要为清除表面污染膜，刚开始可获得较低的摩擦因数，随着表面膜去除，摩擦力随表面真实接触面积的增加而上升；随后，第 2 阶段接触副表面直接接触，黏着摩擦力逐渐增大至最大值，此时表面硬化并同时伴随内部结构的改变，对于钢材来说，形成脆性白层；接下来的第 3 阶段，发生的变化为磨屑剥落形成第三体保护层，进而使得黏着摩擦力下降，微动体系向三体接触过渡；在最后一个阶段，磨屑不断形成、迁移溢出，并达到动态平衡，此时的三体运动使微动摩擦力保持在一个相对稳定的状态。

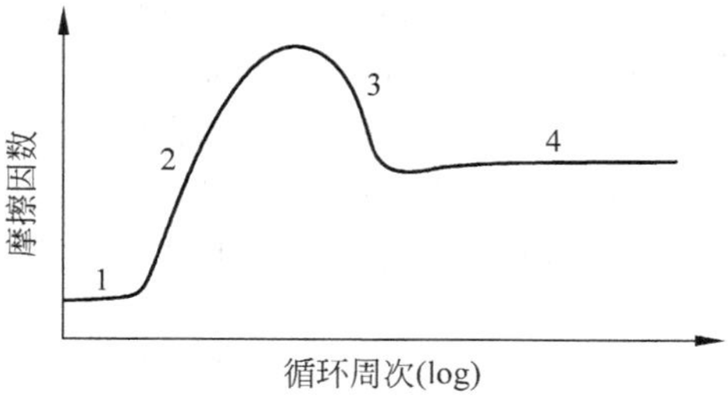

图 11-6　微动磨损的摩擦因数随循环周次变化关系

11.2.2　微动图理论

微动图的概念最早由 Vingsbo 与 Söderberg[18] 提出，而较为完善的微动图理论由周仲荣和 Vincent[19,20] 等人于 20 世纪 90 年代建立，发现了微动运行的混合区，该理论从本质上揭示了微动损伤的内在机制及规律。以下针对两类微动图进行介绍，即运行工况微动图及材料响应微动图。

1. 运行工况微动图

运行工况微动图的提出基于对大量实验结果的总结，这些实验是针对不同接触材料以及在不同的实验条件(包括位移、载荷、循环次数、接触模式等)下开展的。以此为基础，周仲荣等人[21] 获得了能够描述整个微动变化过程的最基本和最为重要的摩擦力 F_t 和位移 D 曲线，图 11-7 所示的三种形状为最普遍的 F_t-D 曲线形状。其中，封闭形(也称直线形)见图 11-7(a)，形成条件为位移幅值极小或接触压力较大，接触表面不发生相对滑动，此时位移主要来自于弹性变形；图 11-7(b)所示的平行四边形 F_t-D 曲线通常发生在接触表面间产生较大相对滑移的状况下；而图 11-7(c)所示的椭圆形 F_t-D 曲线则处于前两种情况之间，接触表面同时存在弹性变形和一定微动循环后的塑性变形。

进一步可获得力-位移随循环次数的三维变化曲线，称为微动摩擦特性 F_t-D-t 曲线，周仲荣等人通过大量实验积累指出，所有的微动过程均可分为如图 11-8 所示的三个区域。部

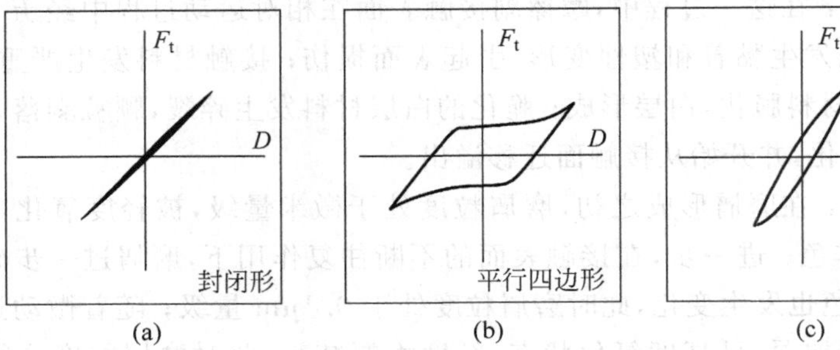

图 11-7 摩擦力-位移基本曲线形状

(a) 封闭形；(b) 平行四边形；(c) 椭圆形

分滑移区，如图 11-8(a)所示，处于该区域时，整个微动过程的 F_t-D 曲线完全封闭，摩擦力稳定不发生变化，两表面间不发生相对运动，而仅仅在接触面的边缘处有轻微滑移，因此称为部分滑移区；混合区，如图 11-8(b)所示，当微动过程处于此区域时，F_t-D 曲线呈椭圆形，摩擦力较大，在循环周次的初始阶段，接触表面之间存在较大的相对运动，摩擦力随循环周次增加而增加，之后，一定的循环周次之后，F_t-D 曲线由封闭变为打开，之后又再次封闭，反复数次后趋于稳定；而当微动运行处于图 11-8(c)所示的滑移区时，F_t-D 曲线呈现完全打开的平行四边形，在整个循环周期中的任意循环周次，两表面之间均具有较大的相对滑移。

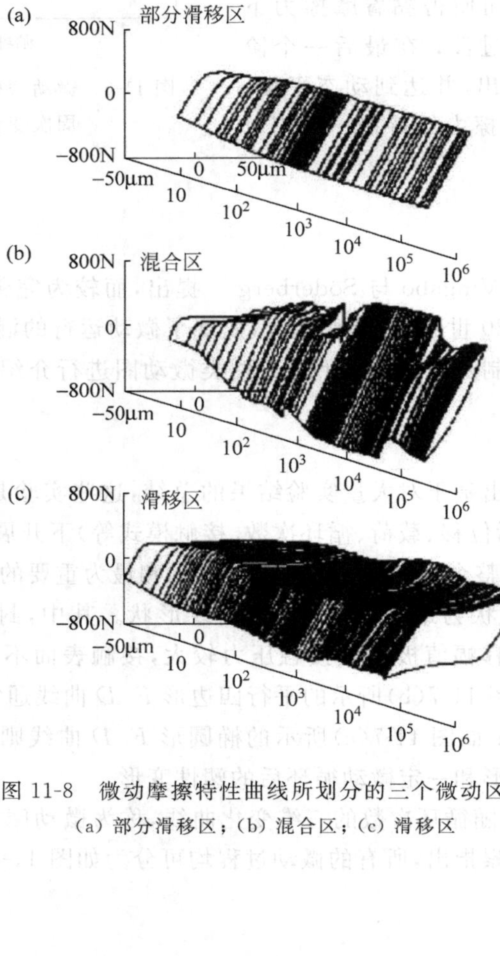

图 11-8 微动摩擦特性曲线所划分的三个微动区域

(a) 部分滑移区；(b) 混合区；(c) 滑移区

周仲荣等人[11,19]在上述基础上提出了具有重要价值的运动工况微动图理论，可以针对实验工况的不同条件，改变两个实验参数，例如，图 11-9 即为非常典型的由正压力和位移两个基本参数构成的运动工况微动图。由图可以清楚地看出，在极小位移或较大压力时，微动运行处于部分滑移区，反之，当位移较大或压力较小时，微动过程处于滑移区；而介于二者之间的混合区的宽度也被证实与材料的塑性密切相关，塑性越大，混合区域越宽。由此可见，周仲荣等人所给出的运行工况微动图具有非常重要的意义，能够对任何工况条件下的微动运行状态给出准确的描述。

2. 材料响应微动图

与运行工况微动图同样重要的另一种微动图是材料响应微动图，以运行工况微动图为基础，周仲荣等人给出了材料响应的微动图，如图 11-10 所示。该微动图很好地对材料在微动过程中发生破坏的状态进行了描述。可以看到，图 11-10 给出的材料响应微动图同样由三个区域组成：磨损区、裂纹区及轻微损伤/无磨损区。当处于轻微损伤/无损伤区时，正压力较大或位移较小，在微动接触区内无明显表面损伤；进入裂纹区时，裂纹形成，并伴有表层冷作硬化和少量磨屑；处于磨屑剥落磨损区时，大量磨屑产生，麻坑形成。

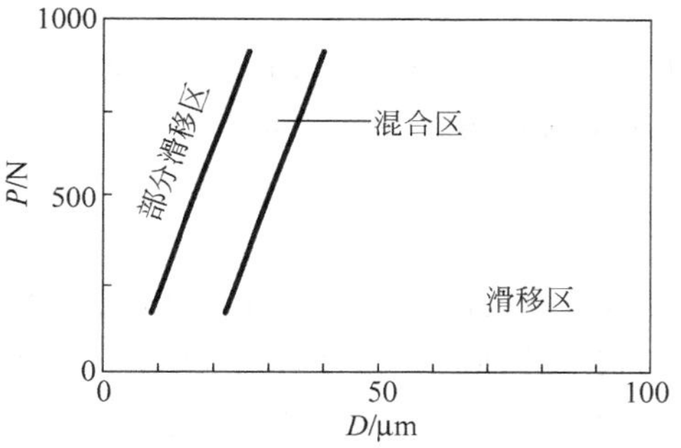

图 11-9 典型的正压力-位移运行工况微动图

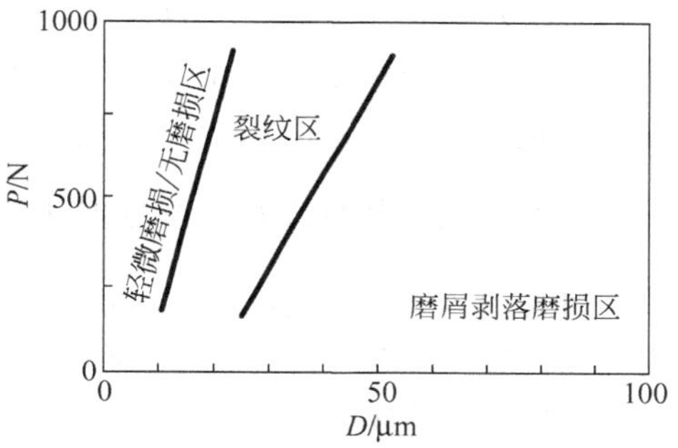

图 11-10 典型的材料响应微动图

上述两类微动图的提出，为减缓和防止微动破坏提供了重要的依据。微动图理论已经指出，当微动位于滑移区和混合区时，材料容易出现磨损和裂纹，鉴于此，可控制条件(如增加压力、降低剪切强度及改变结构设计等)使微动过程尽量避开滑移区和混合区，而位于部分滑移区；此外，也可通过表面处理增加接触表面强度，或通过添加润滑剂降低接触表面间的摩擦因数，进而实现防止和减缓微动破坏的目的。

11.2.3 能量耗散理论

从物理本质上来说，任何摩擦过程都是一个能量产生、转移并耗散的过程。而在微动摩擦学研究中，从能量角度描述微动运行过程是另外一种非常重要的方法，早期这是由 Mohrbacher[21]和 Fouvry 等人[22]在研究金属材料的微动摩擦特性时引入的。有研究指出[23]，在微动过程中，能量释放将在两个区域内进行：其中一个区域为靠近接触界面的聚合物层，此时能量通过剪切断裂或在原始界面上滑动而耗散；另外一个区域是与接触面具有相同数量级的基体区，此区域内能量损失是由于接触面的犁耕引起聚合物表面的塑性流动或黏弹损失。同时，研究工作者在对不锈钢金属板与 PMMA 的微动腐蚀行为进行研究时指出[24]，对一定的能量释放，磨损体积越小，抗微动性能越好。

相对于前述的三体理论及微动图理论，能量耗散理论目前并不完善，目前仅有一些研究工作者对微动现象的解释，并未形成完整的理论体系。而随着研究手段的不断改进，以及对能量方法的逐步深入认识，从能量角度探讨摩擦过程，这不光对微动摩擦过程，而且对整个摩擦学的研究都具有重要意义。

11.3 提高微动摩擦性能的方法

研究微动磨损、疲劳等行为特性的最终目的是为了在无法消除振动源的实际工况下，尽可能地减缓和防止微动运行对材料和零部件造成的破坏。如前所述，有效实现上述目标的方法有消除滑移区和混合区、通过表面处理增加接触表面强度、添加润滑剂降低接触表面间的摩擦因数，同时，适当的选材与材料匹配也可有效地减缓微动损伤。经过前人长期的研究，已经积累了大量有效的技术手段，其中表面工程技术被认为是与微动摩擦学密切结合的研究领域，其迅猛发展为防止微动损伤带来源源不断的创新性技术手段。表面处理和改性技术种类繁多，包括表面化学热处理、表面热处理、表面机械强化、电化学处理、化学转变处理、热喷涂技术、化学气相沉积(CVD)和物理气相沉积(PVD)等。上述手段均在改善微动体系的摩擦学性能中发挥了重要作用。本节选取几种典型的处理手段进行介绍，包括表面热处理与化学处理、表面机械强化、气相沉积以及近年来新兴的高能粒子束处理。

11.3.1 表面热处理与化学处理法

通过表面热处理可在材料表层获得马氏体组织[11]，进而提高表面硬度和强度，减缓微动损伤，同时，通过渗碳元素或氮元素可大大提高金属的抗疲劳强度。已有研究表明，渗氮处理对钢的常规和微动疲劳强度的提高效果要明显高于渗碳。表面化学处理则通常是指通过磷化、硫化和阳极氧化等化学处理手段，在金属表面形成一层非金属涂层，或由于形成的涂层具有多孔性而便于润滑剂的储存，因此在润滑剂参与的情况下，材料抗微动损伤的能力更为明显。

11.3.2 表面机械强化法

表面机械强化主要包括喷丸、滚压等处理手段，通过加工硬化能够有效减少裂纹的形成及扩展。有研究指出[25]，湿喷处理对 Ti-6Al-4V 合金微动疲劳行为和裂纹扩展具有明显效果，能够有效地提高其抗疲劳和抗疲劳磨损的能力，进而延长材料或部件寿命，见表 11-1。

表 11-1 湿喷丸处理对疲劳及微动疲劳性能的影响

疲劳类型	未处理		湿喷丸处理	
	σ_{max}/MPa	寿命	σ_{max}/MPa	寿命
常规疲劳	590	2 000 000	660	2 000 000
	600	1 500 000	680	1 717 000
	610	1 370 000	700	1 348 000
	620	826 000	750	1 174 000
	650	652 000	800	696 000
	700	125 000	850	125 000

续表

疲劳类型	未　处　理		湿喷丸处理	
	σ_{max}/MPa	寿命	σ_{max}/MPa	寿命
微动疲劳（正压力 100N）	500	284 000	500	2 000 000
	550	233 000	550	898 000
	600	159 000	600	534 000
	650	51 000	650	151 000

喷丸处理往往不单独使用而与其他技术联合使用，例如涂层技术，以得到更为优秀的抗微动损伤特性。例如，有研究表明[26]在 30NiCrMo 表面进行喷丸处理和 WC-Co HVOF 涂层喷涂，使得材料的耐磨性能有了大幅提高，如图 11-11 所示。

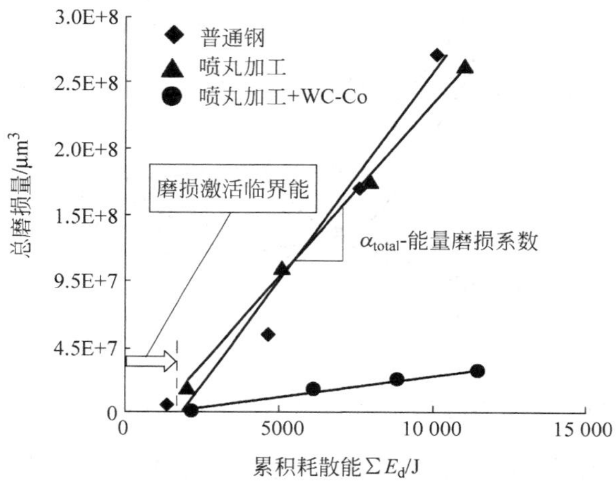

图 11-11　喷丸与涂层技术联合使用降低磨损量实验结果

研究表明，喷丸处理后，改变了样品的微动磨损行为和主裂纹萌生机理，提高了样品的寿命。图 11-12 给出了喷丸处理诱导的多重参数的强化机理[27]。首先，采用喷丸处理后，样品表面粗糙度及硬度增加，塑性形变的降低使得微动磨损的机理发生转变；同时，表面应变硬化层的形成使得局部屈服强度提高，对正常应力的形成具有较好的阻力，进而导致裂纹和磨损坑的形成；此外，对裂纹扩展的拟制效应主要由表面层残余压力所提供。

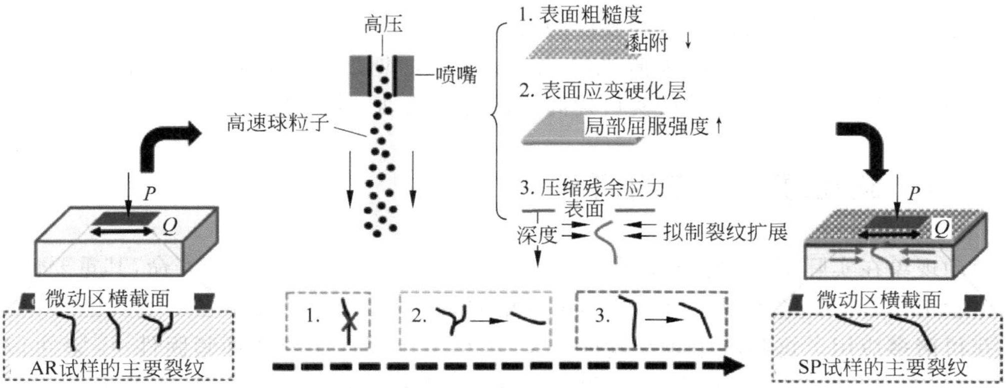

图 11-12　多参数影响的喷丸方法的强化机理

11.3.3 涂层法

在接触表面制备涂层,可有效提高接触材料在微动运行中的抗磨损和抗疲劳性能,在诸多涂层材料中,性能较好的有氮化钛(TiN)涂层、铬(Cr)薄膜、锆(Zr)薄膜等,其中以 TiN 涂层表现最为优异,也是目前人们研究最多的一种涂层材料。

硬质薄膜氮化钛[28,29]及其复合涂层[30]在微动运行中具有优秀的抗磨损和抗疲劳性能,典型的研究结果如图 11-13 所示,可见在铁、钛、铝几种合金材料基体上利用电镀工艺制备氮化钛 TiN 薄膜后,材料的抗微动磨损性能显著提高。此外,类金刚石(DLC)、铬(Cr)、锆(Zr)、碳化硼、金(Au)等材料制备的薄膜也具有很好的抗微动损伤性能。

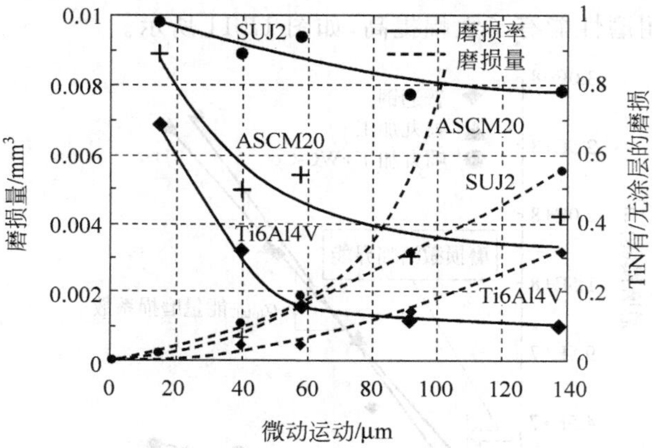

图 11-13 几种合金基体上的 TiN 涂层抗微动磨损性能实验结果(正压力 8N,循环周次 100 000)

在过去几十年中,包括物理气相沉积、化学气相沉积、电镀、离子镀等手段在内的诸多涂层技术在提高微动摩擦性能的研究中备受关注,由于其优秀的性能及成熟的制备工艺,在微动摩擦今后的应用研究中,也将继续发挥重要作用。

11.3.4 基于激光技术的处理方法

近年来,随着激光技术的飞速发展,利用激光束对表面和基体进行加工处理的发展,已在微动摩擦学的研究领域获得越来越多的关注。

激光对材料表面进行处理获得抗微动磨损及抗微动疲劳的机制有如下几种:激光淬火[31]可获得比基体具有更高强度和硬度的马氏体组织,进而提高材料在微动运行中的抗磨损能力;激光表面合金化处理,如激光氮化,提高表面的硬度和强度;此外,激光加工表面微观结构[32],即表面织构,也被证实可提高表面的抗微动磨损性能。

11.4 微动摩擦学应用研究

微动现象在实际工业中普遍存在,直接关系到机械零部件和设备的寿命,其重要性已获得摩擦学工作者的日益重视。由于其不可忽略的重要性,微动摩擦学在工业及医疗等各个领域获得诸多应用。这些应用涉及航空航天、汽车工业等行业的各种紧固件、压紧件、万向节、齿槽配合、发动机轴承、钢丝绳、控制结构等,生物医疗中的矫正装置、人造牙齿、人工关节等方面，同时还涉及核电站、高空电缆、电接触等工业领域中的关键部件。

近年来的应用研究主要集中在对微动损伤敏感的材料和结构以及对材料的防护方面。下面针对几个应用研究的实例进行介绍。研究工作者对叶片/圆盘涡轮发动机的接触界面微动运行特性进行研究[33]，并提出黏结 MoS2 的固体润滑剂能够很好地提升系统的微动摩擦耐久性。针对人造牙齿摩擦中所涉及的问题进行的研究表明[34]，在人工唾液环境中，类金刚石涂层结合氮离子注入技术可使得人造合金材料牙齿的微动磨损性能获得显著提升。针对高空电缆的微动性能研究表明[35]，离子镀 Cr、Zr 等薄膜可很好地应用于细钢缆，有优秀的抗微动耐久性。

未来微动摩擦学的应用研究将更加注重于解决重大工程中存在的微动损伤问题，并进一步加强对关键性机械零部件的深入研究，制备具有高性能的抗微动损伤部件。同时，研究并开发具有优秀性能的新型材料(包括表面涂层和润滑剂材料)也将得到更为深入和广泛的关注。

参考文献

[1] 周忠荣.微动磨损[M]. 北京：科学出版社，2002.

[2] EDEN E M，ROSE W N，CUNNINGHAM F L. The endurance of metals[J]. Proe. Instn. Mech. Eng.，1911，4：839-874.

[3] TOMLINSON G A. The rusting of steel surface in contact[J]. Proc. R. Soc. A，1927，115：472-483.

[4] WARLOW-DVAIES E J. Fretting corrosion and fatigue strength：Brief results of preliminary experiments[J]. Proc. Instn. mech. Engrs，1941，146(1)：32-43.

[5] MINDLIN R D. Compliance of elastic bodies in contact[J]. ASME J. Appl. Mech.，1949，16：259-268.

[6] WATERHOUSE R B. Fretting corrosion[M]. Oxford：Pergamon Press，1972.

[7] BERTHIER Y，VINCENT L，GODET M. Velocity accommodation in fretting[J]. Wear，1988，125：25-38.

[8] GODET M. Third-bodies in tribology[J]. Wear，1990，136：29-45.

[9] ZHOU Z，FAYEULLE S，VINCENT L. Cracking behavior of various aluminium alloys during fretting wear[J]. Wear，1992，155：317-330.

[10] 周忠荣，罗唯力，刘家浚. 微动摩擦学的发展现状与趋势[J]. 摩擦学学报，1997，17(3)：272-280.

[11] 朱旻昊. 径向与复合微动的运行和损伤机理研究[D]. 成都：西南交通大学，2001.

[12] 周忠荣，朱旻昊. 复合微动磨损[M]. 上海：上海交通大学出版社，2004.

[13] GANDIOLLE C，FOUVRY S. FEM modeling of crack nucleation and crack propagation fretting fatigue maps：Plasticity effect[J]. Wear，2015，330-331：136-144.

[14] HURRICK P L. The mechanism of fretting- a review[J]. Wear，1970，15：389-409.

[15] BERTHIER Y，VINCENT L，GODET M. Velocity accommodation in fretting[J]. Wear，1988，125：25-38.

[16] GODET M. Third-bodies in tribology[J]. Wear，1990，136：29-45.

[17] BERTHIER Y，VINCENT L，GODET M. Fretting fatigue and fretting wear[J]. Tribol. Int.，1989，22：235-241.

[18] VINGSBO O，SÖDERBER S. On fretting maps[J]. Wear，1988，126：131-147.

[19] ZHOU Z，VINCENT L. Effect of external loading on wear maps of aluminium alloys[J]. Wear，1993，162-164：619-623.

[20] ZHOU Z, VINCENT L. Mixed fretting regime[J]. Wear, 1995, 181-183: 531-536.
[21] MINDLIN R D, DERESIEWICZ H. Elastic sphere in contact under varying oblique force[J]. ASME Trans J. Appl. Mech. E, 1953, 20: 327-344.
[22] FOUVRY S, KAPSA P, VINCENT L. Wear analysis in fretting of hard coatings through a dissipated energy concept[J]. Wear, 1997, 203-204: 393-403.
[23] KRICHEN A, KHARRAT M, CHATEAUMINOIS A. Experimental and numerical investigation of the sliding behavior in a fretting contact between poly(methylmethacrylate) and a glass counterface [J]. Tribol. Int., 1996, 29(7): 615-624.
[24] MOHRBACHER H, BLANPAIN B, CELIS J P, et al. Oxidational wear of TiN coating on tool steel and nitride tool steel in unlubricated fretting[J]. Wear, 1995, 188: 130-137.
[25] LI K, FU X, LI R, et al. Fretting fatigue characteristic of Ti-6Al-4V strengthened by wet peening [J]. Int. J. Fatigue., 2016, 85: 65-69.
[26] KUBIAK K, FOUVRY S, MARECHAL A M, et al. Behaviour of shot peening combine with WC-Co HVOF coating under complex fretting wear and fretting fatigue loading conditions[J]. Surf. Coat. Tech., 2006, 201: 4323-4328.
[27] YANG Q, ZHOU W, GAI P, et al. Investigation on the fretting fatigue behaviors of Ti-6Al-4V dovetail joint specimens treated with shot-peening[J]. Wear, 2017, 372-373: 81-90.
[28] SHIMA M, OKADO J, MCCOLL I R, et al. The influence of substrate material and hardness on the fretting behaviour of TiN[J]. Wear, 1999, 225-229: 38-45.
[29] MOHRBACHER H, BLANPAIN B, CELIS J P, et al. Oxidational wear of TiN coatings on tool steel and nitrided tool steel in unlubricated fretting[J]. Wear, 1995, 188,: 130-137.
[30] HUQ M Z, CELIS J P. Fretting wear of multilayered (Ti, Al)N/TiN coatings in air of different relative humidity[J]. Wear, 1999, 225-229: 53-64.
[31] DAI Z, PAN S, WANG M, et al. Improving the fretting wear resistance of titanium alloy by laser beam quenching[J]. Wear, 1997, 213: 135-139.
[32] AMANOV A, WATABE T; SASAKI S. The influence of micro-scale dimples and nano-sized grains on the fretting characteristics generated by laser pulses[J]. J. Nanosci. Nanotechno., 2013, 13(12): 8176-8183.
[33] FOUVRY S, PAULIN C. An effective friction energy density approach to predict solid lubricant friction endurance: Application to fretting wear[J]. Wear, 2014, 319: 211-226.
[34] ZHENG X, ZHANG Y, ZHANG B. Effect of N-ion implantation and diamond-like carbon coating on fretting wear behaviors of Ti6Al7Nb in artificial saliva[J]. Trans. Nonferrous Met. Soc. China, 2017, 27: 1071-1080.
[35] OHMAE N, TSUKIZOE T, NAKAI T. Ion-plated thin films for anti-wear applications[J]. J. Lubrication Tech., 1978, 100: 129-135.

第12章 滚动摩擦及其应用

滚动摩擦是指当两物体表面作无滑动的滚动或有滚动的趋势时，由于两物体在接触部分受压发生变形而产生的对滚动的阻碍作用。滚动有 3 种基本形式：

(1) 自由滚动是圆柱体或球体沿着平面无约束地作直线滚动，这是最简单的滚动形式；

(2) 具有牵引力的滚动是在接触区内同时受到法向载荷和切向牵引力的作用，例如摩擦轮传动；

(3) 伴随滑动的滚动是指当两个滚动体的几何形状造成接触面上的切向速度不相等时，滚动中必将伴随的滑动，例如向心推力球轴承中球与滚道之间的滚动。

其他滚动可视为这 3 种形式的组合。

另外，在滚动摩擦过程中，滚动体除了受到重力、弹力外，一般在接触部分还受到静摩擦力的作用。由于物体和平面接触处产生形变，物体受重力作用而陷入支承面，同时物体本身也受压缩而变形，当物体向前滚动时，接触处前方的支承面隆起，而使支承面作用于物体的合力的作用点从最低点向前移。正是这个力，相对于物体的质心产生一个阻碍物体滚动的力矩，这个力矩称为滚动摩阻力矩。

滚动摩擦的研究与应用常见于滚动轴承、高速列车车轮、汽车轮胎、人工关节等中。本章在给出了滚动摩擦基本理论的基础上，对滚动摩擦在高速列车和月球车中的应用予以介绍。

12.1 滚动摩擦基本理论

12.1.1 滚动摩擦因数

摩擦因数是描述运动阻碍作用的常用参数。对滚动摩擦而言，人们通常采用下面两种摩擦因数来描述这一阻碍。

1. 有量纲滚动摩擦因数

如图 12-1 所示，当一圆柱沿平面滚动时，由于接触区的变形使得以接触点 C 为中心的接触压力分布不对称，因而支承面的反力产生偏移 e，产生了对接触点的矩。

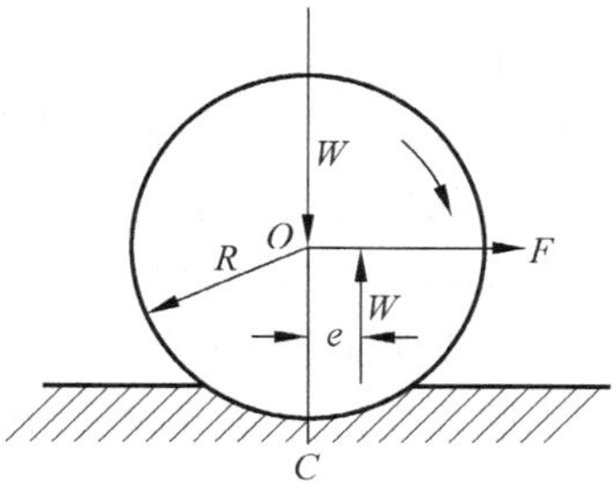

图 12-1 滚动摩擦

有量纲滚动摩擦因数 k 定义为滚动摩擦力矩 FR 与法向载荷 W 之比，即

$$k = \frac{FR}{W} = e \tag{12-1}$$

式中，k 为有量纲滚动摩擦因数，它具有长度量纲，且与材

料硬度及湿度等因素有关，其值由实验测定。几种常用材料摩擦副的滚动摩擦因数见表 12-1。

表 12-1　几种常用材料摩擦副的滚动摩擦因数 k　　mm

材料名称	k	材料名称	k
有滚珠轴承的料车与钢轨	0.09	无滚珠轴承的料车与钢轨	0.21
铸铁与铸铁	0.05	软钢与软钢	0.05
钢质车轮与钢轨	0.05	淬火钢与淬火钢	0.01
软钢与钢	0.5	钢质车轮与木面	1.5～2.5
木与钢	0.3～0.4	轮胎与路面	2～10
木与木	0.5～0.8	软木与软木	1.5

2. 滚动阻力系数

有时，人们也用无量纲的滚动阻力系数 f_r 来表征滚动摩擦力的大小，它等于滚动驱动力产生单位距离所做的功与法向载荷之比。若圆柱滚过角度为 φ，滚过的距离为 $R\varphi$，而驱动力所作的功为 $FR\varphi$，则滚动阻力系数为

$$f_r = \frac{FR\varphi/R\varphi}{W} = \frac{F}{W} = \frac{k}{R} \tag{12-2}$$

式中，k 为有量纲的滚动摩擦因数。

滚动阻力系数 f_r 一般较小，如钢对钢的滚动摩擦阻力系数在 0.0001 的数量级上。Coulomb[1] 最早用实验方法给出滚动摩擦定律，他认为：滚动阻力系数 f_r 与滚动体半径 R 的乘积是一个常量，也就是滚动摩擦因数 k 或者偏心距 e 为常量。它们的数值取决于摩擦副材料性质，而与载荷大小无关。

随后，Dupuit[2] 提出了修正，常称为 Dupuit 定律，即：

$$f_r = \frac{k}{\sqrt{D}} \tag{12-3}$$

式中，D 为滚动体直径，$D=2R$；k 为有量纲滚动摩擦因数。

需要指出：上述的滚动摩擦因数计算公式并未涉及滚动摩擦机理，可以近似地应用于工程计算。

12.1.2　滚动摩擦机理

滚动摩擦机理不同于滑动摩擦。除非接触面存在很大的滑动，滚动摩擦通常不存在犁沟效应，而黏着结点的剪切阻力也不是滚动摩擦的主要原因。一般认为：滚动摩擦阻力主要由以下几个因素产生。

(1) 弹性迟滞。在滚动过程中产生弹性变形需要一定能量，而弹性变形能的主要部分在接触消除后得到恢复，其中小部分消耗于材料的弹性迟滞现象。黏弹性材料的弹性迟滞能量消耗远大于金属材料，它往往是滚动摩擦阻力的主要组成要素。

(2) 塑性变形。在滚动过程中，当表面接触应力达到一定值时，首先在距表面一定深度处产生塑性变形。随着载荷增加，塑性变形区域扩大。塑性变形消耗的能量表现为滚动摩擦阻力。由于塑性变形过程常分为刚塑性变形和弹塑性变形两个阶段，因此滚动摩擦理论也基于塑性变形的不同分为两种类型。

(3) 黏着效应。滚动表面相互紧压形成的黏着结点在滚动中将沿垂直接触面的方向分离。因为黏着结点分离是受拉力作用，不会出现结点面积扩大的现象，所以黏着力一般很小，因此通常由黏着效应引起的阻力只占滚动摩擦阻力的很小部分。应当指出，对于铁道运输中的轮轨摩擦还必须保证一定的黏着性能，以防止滚动中出现打滑现象而加剧磨损。研究表明，轮轨间的黏着效应与材料性能、接触状况以及环境污染等密切相关。

(4) 微观滑动。微观滑动是滚动过程中普遍存在的现象。当两个弹性模量不同的物体作自由滚动时，由于接触表面产生不相等的切向位移，将出现微观滑动。用来传递机械功的滚动接触表面因为有切向牵引力作用，会产生较大的微观滑动。当几何形状使得接触面上两表面的切向速度不同时，将导致较大的微观滑动。微观滑动所产生的摩擦阻力占滚动摩擦的较大部分，它的机理与滑动摩擦相同。

基于以上影响因素，并根据滚动形式和工况条件不同，目前常用的滚动摩擦理论有以下几种。

1. 迟滞理论

在滚动过程中可以观察到：在滚动方向前方的接触表面材料受到挤压，而接触表面后部的材料释放受压。因此，在滚动开始和结束的过程中，材料经历了加载变形和卸载恢复的过程。由于迟滞效应，加载与卸载的变形-应力曲线并不重合，是一个包围一定面积的封闭的曲线[3]。如图 12-2 所示，图中的两条曲线之间的面积表明在滚动变形过程中出现的能量损失及滚动摩擦功损耗。

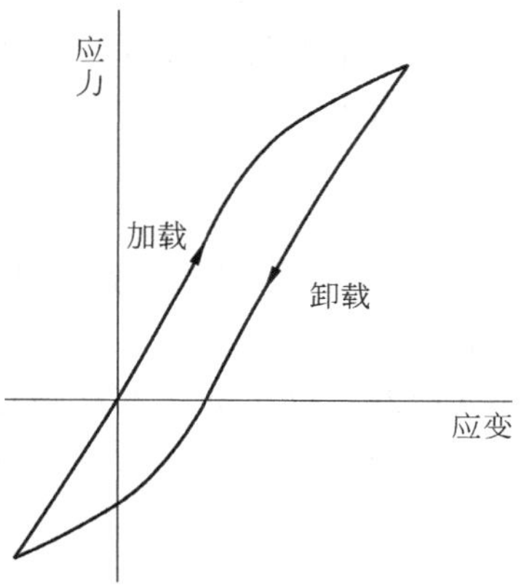

图 12-2 应力循环应力-应变迟滞曲线

接触时的弹性变形要消耗能量，脱离接触时要释放出弹性变形能，但由于弹性迟滞和松弛效应的缘故，释放的能量比吸收的能量要小，两者之差就是滚动摩擦损失。黏弹性材料的弹性迟滞大，摩擦损失也比金属大。因此，Tabor 等人提出：滚动阻力是由材料的迟滞损失造成的。

Greenwood 和 Tabor[4] 估算了弹性迟滞引起的滚动阻力。他们用硬钢球在一软钢平面上滚动，发现滚动阻力随滚动次数而变化。在反复几百次滚动后，引起的塑性变形形成沟槽。这时测得此时的滚动阻力为 0.025N，沟槽的宽度为 0.45mm。在滚动 10 000 次后，沟槽的宽度有所增加，这时的滚动阻力为 0.015N，再经历 20 000 次和 40 000 次滚动后，滚动阻力分别下降到 0.012N 和 0.009N。他们认为这一现象能用弹性迟滞理论完满地解释，即弹性接触时的滚动阻力归因于材料在机械负荷下的迟滞耗损。

Drutowski[5] 通过用球在两平板之间进行滚动，验证了弹性迟滞的存在。在验证中，他用 ϕ12.7mm 的铬钢球在铬钢板上施加大约 356N 法向力后使其滚动。他测得的摩擦因数只有 0.0001。他还发现如果法向载荷足够大时，滚动摩擦阻力本质上要比滑动引起的摩擦力小。Drutowski[6] 的实验还表明：滚动摩擦力与受力材料体积呈线性关系，而弹性迟滞与受力材料在接触区上的载荷和应力有关。

2. 塑性变形理论

当塑性材料滚动接触时，若载荷足够大时，材料会首先在表面层下的一定深度处产生塑性变形。塑性变形消耗的能量构成了滚动摩擦损失，这就是塑性变形理论的基础。在反复循环的滚动摩擦接触时，由于硬化等因素，将产生相当复杂的塑性变形过程。塑性变形理论又分为刚塑性变形理论和弹塑性变形理论两种。

1）刚塑性变形理论

刚塑性材料的特点是：在屈服前处于无变形刚体状态；一旦屈服，立刻进入塑性流动状态。刚塑性滚动摩擦理论认为：在重载下，当一个刚性圆柱在一个比较软的材料的平表面上滚动时，表面下的塑性变形区将扩展到固体表面接触区外的前后方。这时，塑性变形将不再受到限制，因而会出现较大的塑性形变。所以，这时的材料不再是理想弹塑性的，而应看成是理想刚塑性的。

Collins[7]据此提出了刚塑性材料滚动摩擦理论，它建立在下面两个假设的基础上：

（1）材料的变形是完全塑性的，即不考虑弹性形变，从而可不考虑残余应力的影响；

（2）用直线近似地代表圆柱和表面的接触弧，这要求接触弧长要比圆柱半径小得多。

克服滚动阻力驱使圆轮滚动有两种方法：一是在圆轮上施以一个（单位长度上的）水平力 F；另一个则是在轮轴上施以一个（单位长度上的）转矩 Q。在这两种情况下，用刚塑性滚动摩擦理论得到的滚动阻力如下所述。

在受水平牵引力 F 的情况下，有

$$f_r \approx \frac{F}{W} \approx \frac{1}{2(2+\pi)} \frac{W}{\tau_s R} \tag{12-4}$$

式中，W 是垂直作用在轮上的单位长度上的载荷；R 是轮半径；τ_s 是材料在简单切变情况下的屈服应力。

式(12-4)仅在 $W \ll 2(2+\pi)\tau_s R$ 时成立。

在受力矩 Q 驱动的情况下，有

$$f_r \approx \frac{Q}{WR} \approx \frac{1}{4(2+\pi)} \frac{W}{\tau_s R} \tag{12-5}$$

以上两个公式可以用来近似计算不同条件下的刚塑性理论滚动阻力。

2）弹塑性变形理论

对于金属材料的滚动阻力，在较小的载荷下可以用弹性迟滞理论来分析。但是，当载荷较大时，一些金属材料的迟滞损失因子特别大（有时超过30%），刚塑性理论很难解释滚动阻力很小的事实。

Crook[8]在研究两个金属圆柱在足以引起材料屈服的载荷下滚动时发现：当下表面层出现塑性切变时，最外层和核心区还处于弹性变形状态，因此被塑性变形层分隔的弹性表面层会沿着向前滚动的方向对于也是弹性变形的核心区产生相对转动。

Hamilton[9]经过一系列实验研究认为：向前的流动很可能是由于滚动接触中弹-塑性应力应变循环所引起。Merwin 和 Johnson[10]经过研究，提出了滚动摩擦的弹塑性理论。他们提出了3点简化假定：

（1）把研究对象简化为一个刚性圆柱在一个半无限固体表面上的滚动；

（2）固体是弹性-完全塑性，且各向同性（没有冷工硬化）；

（3）变形是平面的。

在此基础上，他们得出的弹塑性滚动摩擦理论解较成功地解释了上面提到的相对转动现象。他们分析，在滚动接触中，固体材料受到一个相反方向的剪应变循环。在循环结束后，残留的残余应变在表面产生向前的位移。塑性剪应变循环所消耗的能量是单向剪应变的3～4倍，这个能量耗损造成了滚动的阻力。

根据弹塑性理论，滚动阻力可以用下式计算：

$$f_r \approx \frac{MG}{Rbp_H^2} \tag{12-6}$$

式中，M是为了克服滚动阻力应施于单位长度圆柱上的力矩；G是剪切模量；R是圆柱半径；b是接触区半长；p_H是最大Hertz接触压力。

需要指出：式(12-6)与屈服剪应力τ_s有关。首先，第一次滚动的滚动阻力比经过多次滚动周期后达到稳定状态时的阻力要大；另外，当$p_H<3.1\tau_s$时一般不会出现塑性变形，所以式(12-6)应当在$3.1\tau_s<p_H<4\tau_s$状态下使用。

3. *微观滑动理论*

Reynolds[11]首先发现了微观滑动现象，他在进行有关高刚性圆柱体在橡胶上滚动实验时，观察到由于橡胶在接触区存在拉伸，圆柱体绕自身轴线旋转一周时，向前滚过的距离小于圆柱体的周长。Reynolds的实验是在没有润滑的干摩擦条件下进行的。

Poritsky[12]证明了火车驱动轮中存在二维微观滑动或蠕动现象，他的实验同样也是在干摩擦条件下进行的。他假定圆柱体之间的法向载荷在接触表面上产生抛物线形状的应力分布与Herzt应力分布相似，并在Herzt应力分布上叠加上切应力构成了滚动摩擦(见图12-3)。

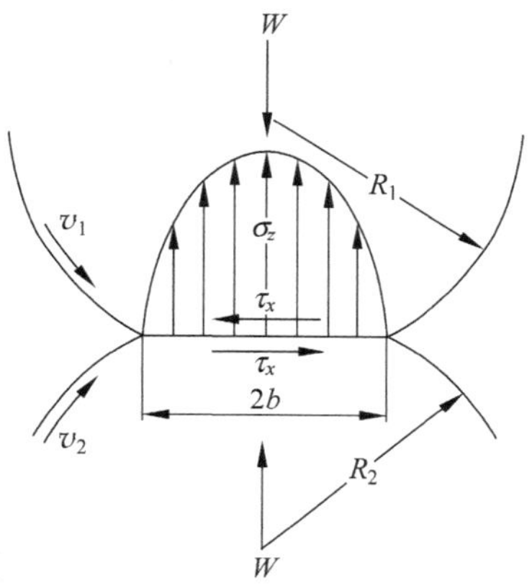

图12-3　表面切应力作用下的滚动[3]

微观滑移可能出现下面几种形式。

(1) Reynolds滑移：当弹性常数不同的两个物体在Hertz接触下自由滚动，尽管作用在每一个物体界面上的压力相同，但在这两表面上产生的切向位移一般是不同的，从而导致界面的滑移过程；

(2) Carter-Poritsky-Foppl滑移：由于在滚动方向上的切向力的影响，与静态问题中黏附区位于中心处的情况不同，滚动时的滑移首先发生于接触面积的前沿；

(3) Heathcote滑移：接触区存在横向效应。球形滚动体在导槽内滚动接触时，尽管在横向方向上滚动体的外形可能与它们滚动的滚道密切一致，但由于表面上各点距回转轴线的距离明显不同，于是引起切向牵引力并发生微观滑移效应。

12.1.3　滚动摩擦黏着效应

与滑动黏着不同，在滚动接触条件下表面黏着力的作用是沿着滚动物体间的界面法向方向，因而不发生黏着结点剪切等现象。黏着力主要属于范德华力类型，而强金属键这类短程力只作用在滑移区内的微观触点上。如果形成了黏着结合，在滚动接触区的后缘，黏着结点受拉伸分离，而不像滑动摩擦那样受剪切分离。因此，滚动摩擦的黏着阻力只占总摩擦阻力的一小部分。

Cain[13]进一步指出，在纯滚动中，黏着区与接触区前缘相重合。这里必须强调的是：只有当无润滑表面之间的摩擦因数足够大时，黏着区才会存在。

Heathcote[14]认为硬球在高密合度的沟道滚动时，仅在两条窄带上不发生滑动。最终，他推导得出这种条件下的滚动摩擦计算公式。Heathcote 分析的滑动与滚动体-滚道变形产生的滑动很相似。但是，在 Heathcote 的分析中没有考虑表面弹性变形的能力，而是考虑了不同伸长引起的表面速度差的影响。Johnson [15]通过接触椭圆，将接触区域划分成微小的带状区(图 12-4)，并对带状区域进行 Portsh 二维分析，从而完善了 Heathcote 的分析。Johnson 使用切向弹性变形进行的分析，证明了微滑动假设所得的摩擦因数低于滑动摩擦因数，图 12-5 显示的是接触椭圆上存在的黏着区和微观滑动区。

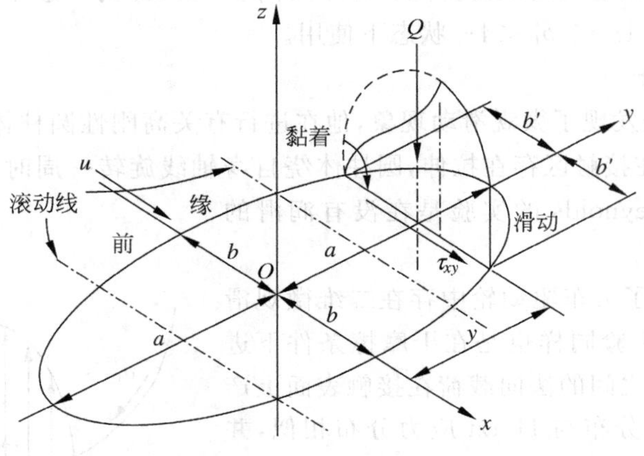

图 12-4 接触区接触椭圆上的黏着区与微观滑动区[3]

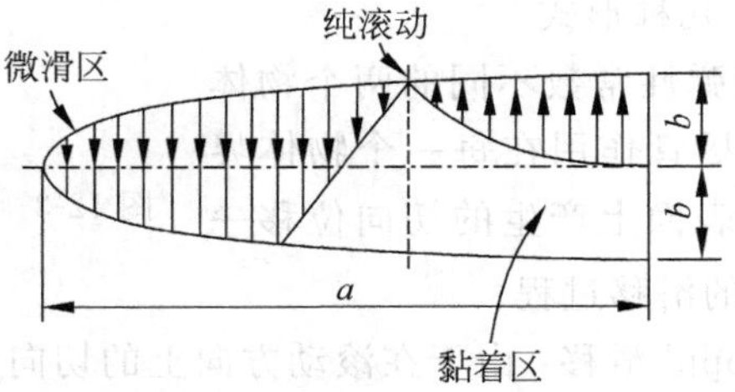

图 12-5 接触椭圆上存在的黏着区和微观滑动区[3]

按 Poritsky[12]的分析，假设在 Hertz 接触区的摩擦因数等于剪应力与正应力的比值，即

$$f_x = \frac{\tau_x}{\sigma_z} \tag{12-7}$$

按式(12-7)，Poritsky 证明了接触区内存在两个区域，一个是不发生滑动的黏着区域，另一个是存在相对移动或滑动的区域，而此前一直认为接触区内只存在滚动。图 12-6 表明了这两种区域的情况。

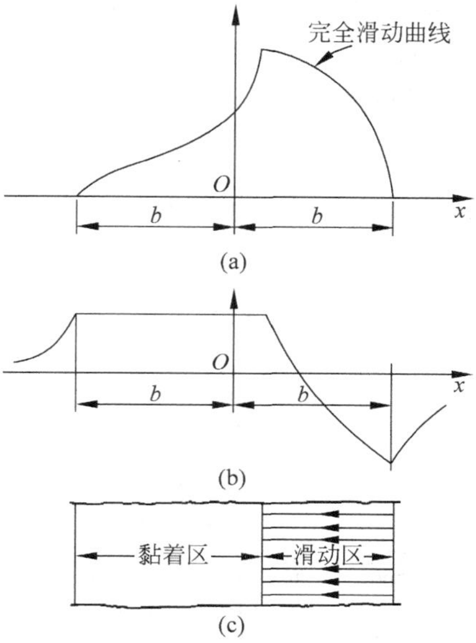

图 12-6　接触区内存在的黏着区和滑动区[3]

(a) 表面切向牵引；(b) 表面应变；(c) 黏着区和微观滑动区

12.2　轮-轨滚动摩擦与热分析

随着机车的轻量化和大功率化，并有效降低空气阻力和车体侧面空气摩擦力，高速列车的速度可达 500km/h 或者更高。2011 年在京沪高铁枣庄至蚌埠间的先导段联调联试和综合试验中，由中国南车集团研制的"和谐号"380A 新一代高速动车组最高时速达到 486.1km。

与在第 4 章介绍的滚动轴承润滑不同，车辆的驱动与制动需要轮轨间摩擦（黏着），从而保证高速列车正常工作。本节对滚动摩擦的黏着现象、黏着对列车速度影响以及改善轮轨黏着的方法等内容逐一介绍。

12.2.1　影响轮轨滚动摩擦黏着的因素

大野薰[16]研究了滚动车轮在轨道上承受因加速或减速转矩时，轮轨之间的滑移率与黏着力的关系，结果如图 12-7 所示。他指出：当黏着力饱和时，钢轮-钢轨的滑移率值在 1%以下。

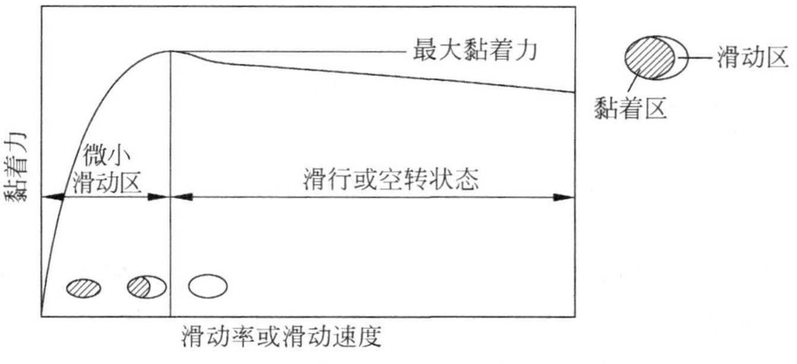

图 12-7　轮轨之间的滑移率与黏着力关系[16]

大野薰[16]通过研究给出影响轮轨间黏着系数的参数，它们包括：运行速度；表面粗糙度；界面介质（如水）的黏度和轮轨间的接触压力。例如，在低速和干燥条件下，轮轨之间的黏着系数为 0.3～0.5。图 12-8 是他给出的高速列车运行速度限界与一些影响因素的关系曲线。

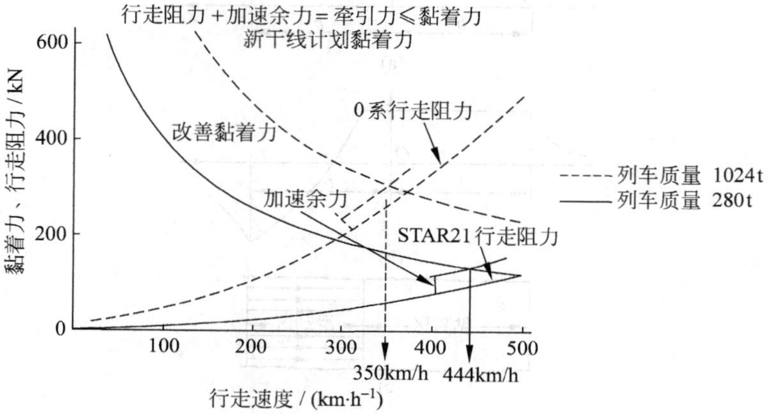

图 12-8　行走速度与黏着力间的关系[16]

裴有福等人在文献[17]中给出了黏/滑曲线，从图 12-9 中可以看出，典型黏/滑曲线存在两个最大值，分别是：①轻微滑移（1.5%）最大值 α；②与黏着值有关的较大滑移（5%～25%）最大值 B。点 B 代表最大黏着值，对轮轨的运动可靠性十分重要。当黏着力增加时，B 点向 α 点靠近；当黏着值为 0.2 时，两点重合。

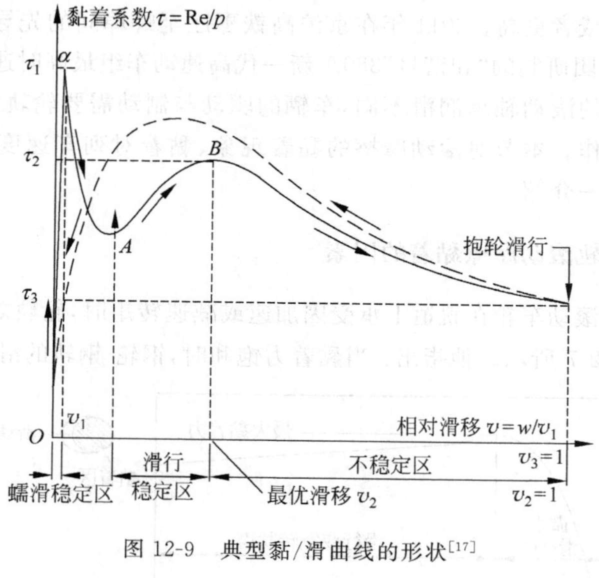

图 12-9　典型黏/滑曲线的形状[17]

通过研究分析表明，影响轮轨黏着的因素很多，主要有：制动方法、轨面污染、气候条件、车辆速度、轮/轨界面间比压。而每个主要因素，又有多个子因素影响。例如，在轨面污染中，有：通过密度、牵引类型、潮湿气候下的静止落叶等。一般认为，其中秋天潮湿的落叶污染最严重。因为，在这种情况下，轨面会被 15～50μm 的落叶浆所完全覆盖，从而显著降低黏着系数。如果轨面是干燥的，则黏着受影响的程度不大，但小雨可使黏着系数降低至 0.03。但持续下雨能软化落叶浆，使之很容易被通过的车轮从轨面上清除掉，从而对黏着系数的影响减小。在所有对黏着系数起不良作用的因素中，静止落叶加潮湿是公认的产生最低黏着的因素。

改善轮轨间的黏着的方法分两大类：

(1) 修正表面条件。可同时修正轮与轨（利用轮轨滑移）、只修正车轮（以摩擦块增加摩擦）或只修正钢轨（电磁制动）。

(2) 往钢轨上撒某些物质，以抵消污染或去除污染。

具体措施如下：

① 从机车往钢轨上撒干砂来改善黏着。撒砂法是一种较古老的方法，存在以下问题：干砂难以准确控制和供给；速度低于 140km/h 时有效，当速度高于 200km/h 时效果很小；当落叶等异物存在于轨面时，会起反作用。有将撒砂法用于有轨电车和快速公共交通铁路的其他产品，如撒麻来石（$Al_2O_3 \cdot 2SiO_2$）或刚玉（Al_2O_3）等。

② 使用带铸铁块的复合制动来改进黏着。在日本的新干线上，用树脂黏固磨粒的制动块可较明显地改善黏着状况，使黏着系数提高 20%～30%。

③ 改善制动方法，例如使用电磁制动（EMB）。

④ 对钢轨进行打磨或清洁钢轨表面，克服钢轨污染对黏着系数的影响。

⑤ 设法去除钢轨表面的水分，消除水污染的影响，如利用轮轨中后部的黏着力。

⑥ 车轮表面处理，例如机械处理或化学处理等。

12.2.2　轮轨滚滑摩擦热分析

当高速列车牵引或制动超过了最大黏着时，就会在轮轨接触面间产生明显滑动，该滑动导致轮轨的接触温升。轮轨温升会加剧轮轨的磨损，甚至会使轮轨材料产生相变，导致轮轨表面的裂纹，造成车轮的破坏和剥落。在正常的高速行驶情况下，轮轨之间的蠕滑也能使轮轨产生较大的温升，起到软化轮轨材料的作用，从而降低轮轨之间的黏着。因此，研究轮轨在各种工况条件下的接触温升具有很大意义。以下的分析多来自裴有福等人的研究[17]。

1. 轮轨接触传热模型

轮轨接触情况如图 12-10 所示。若椭圆接触区接触椭圆长半轴为 a、短半轴为 b，以接触区中心为原点建立直角坐标系的各坐标轴分别为 x，y 和 z，则由接触理论将接触压力写成（图 12-11）：

$$p = \frac{3W}{2\pi ab}\sqrt{1 - \frac{x^2}{a^2} - \frac{y^2}{b^2}} \tag{12-8}$$

设接触区内任意点的滑动速度为 v_s，根据摩擦功耗可求得该点的热流密度为 q[18]

$$q = fpv_s \tag{12-9}$$

式中，f 为轮轨之间的滑动摩擦因数；p 为接触压力，由式（12-8）给出。

注意到，热流密度与压力成正比，且摩擦因数和速度一般可视为常数，所以热流密度与压力的分布相同，见图 12-11。

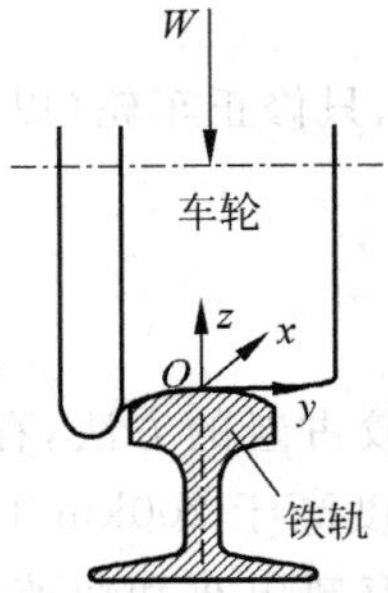

图 12-10 轮轨接触及二维传热模型

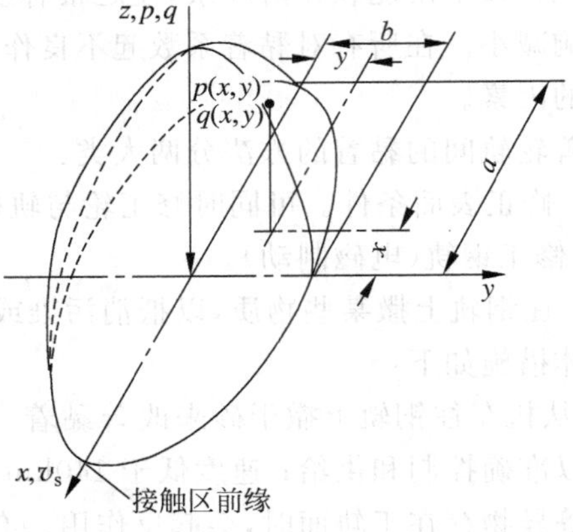

图 12-11 接触压力与热流密度分布

为了便于分析，可将原来的动坐标系 $x'Oz$ 的原点固定于接触区前缘，转化成静坐标系 xOz [18]。转化关系为 $x' = x + v_s t$，则可得无限大区域的稳定导热微分方程为

$$\frac{\partial^2 T}{\partial x^2}+\frac{\partial^2 T}{\partial y^2}+\frac{\partial^2 T}{\partial z^2}=\frac{v_s}{k}\frac{\partial T}{\partial t} \tag{12-10}$$

式中，$k=\lambda\rho c_p$ 为热扩散系数，又称导温系数；λ 为导热系数；ρ 为材料密度；c_p 为比定压热容。

由于车轮和钢轨的横向尺寸相对于纵向尺寸来说很小，因而热流的横向变化可以略去不计，从而可以将轮轨接触的三维传热简化成为二维传热问题，见图 12-12。

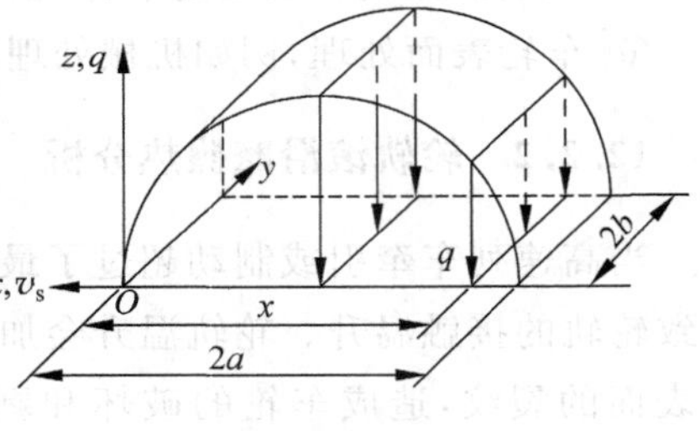

图 12-12 二维热流密度分布

考虑二维问题时可略去方程(12-10)中含 y 的项，其边界条件如下。

(1) 强制边界条件

$$T\big|_{x=0}=0 \tag{12-11}$$

需要指出，若边界的温度不为 0，而为 T_0，则求解得到的 T 为温升，即实际温度等于 T_0+T。

(2) 自然边界条件

在接触区内的表面($0\leqslant x\leqslant 2a, z=0$)，若有摩擦热流入，则边界条件为

$$-\lambda\frac{\partial T}{\partial z}\bigg|_{z=0}=q(x),\quad 0\leqslant x\leqslant 2a \tag{12-12}$$

对于接触区外的表面($x>2a, z=0$)，与空气间存在对流换热，则边界条件为

$$-\lambda\frac{\partial T}{\partial z}\bigg|_{z=0}=\alpha(T_\infty - T\big|_{z=0}),\quad x>2a \tag{12-13}$$

式中，α 为轮轨表面与空气的对流换热系数，与列车速度有关；T_∞ 为环境的空气温度。

2. 轮轨接触温升分析

如图 12-11 所示，考虑接触区内的一点(x,y)。设数值计算时已将接触区离散为 $M\times N$ 个单元，点(x,y)位于元素(i,j)处，那么

$$x=\frac{a}{M}i,\quad y=\frac{b}{N}j \tag{12-14}$$

点(x,y)处的切向压力 p_t和法向压力 p_n均可由轮轨滚动接触理论算出。

如果点(x,y)以速度 v_s 滑动，则该点处单位时间、单位面积的热通量为(见式(12-9))：

$$q(x,y)=fp(x,y)v_s(x,y) \tag{12-15}$$

或者以离散形式写作

$$q_{i,j}=fp_{i,j}v_{s\ i,j} \tag{12-16}$$

只要有滑动发生，接触区上轮、轨的相接触点的速度就不相同。

对于钢轨

$$v_{sx\mathrm{R}}=v,\quad v_{sy\mathrm{R}}=0 \tag{12-17}$$

对于车轮

$$v_{sx\mathrm{W}}=v\pm v_x,\quad v_{sy\mathrm{W}}=\pm v_y \tag{12-18}$$

式中，v 为车辆行驶的速度；v_x和 v_y分别为接触区局部滑动速度 v_s 在 x 和 y 方向的分量；下标 R 为钢轨；下标 W 为车轮。

若假设没有其他能量损失，摩擦功全部转换成热，即 $q_\mathrm{R}+q_\mathrm{W}=q$。若 $q_\mathrm{R}/q_\mathrm{W}=\delta$，则

$$\left.\begin{aligned}q_\mathrm{R}&=\frac{\delta q}{1+\delta}\\ q_\mathrm{W}&=\frac{q}{1+\delta}\end{aligned}\right\} \tag{12-19}$$

由于轮轨接触不可能有内部热源，故其一般热传导方程见式(12-10)。

在车轮的二维模型图 12-13 中，接触区 S 受摩擦热流的输入，同时还存在与空气间的对流换热；在 A、B、C 三个方向车轮与空气间有换热，其中 A、B 可视为有水平旋转轴的圆盘面，C 为旋转圆柱面；因 D 处于车轮内部，远离接触区，故作内部单元处理；在边界内的所有内部单元，只考虑热传导，不考虑辐射换热。

进行有限元计算时的网格划分如图 12-14 所示，其中距离接触区较近的区域网格划分得比较细密一些。

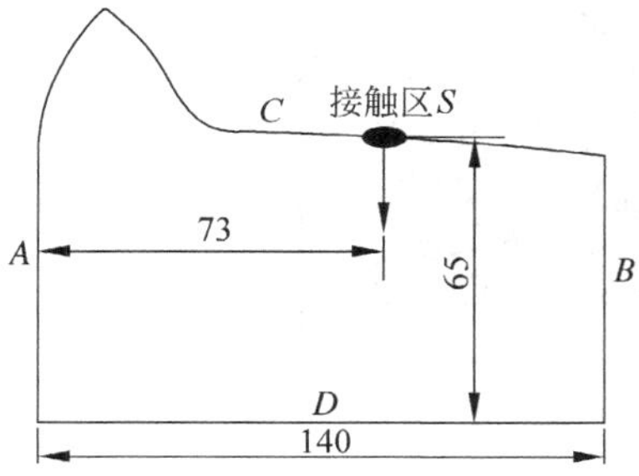

图 12-13　车轮的二维模型轮廓图[19]

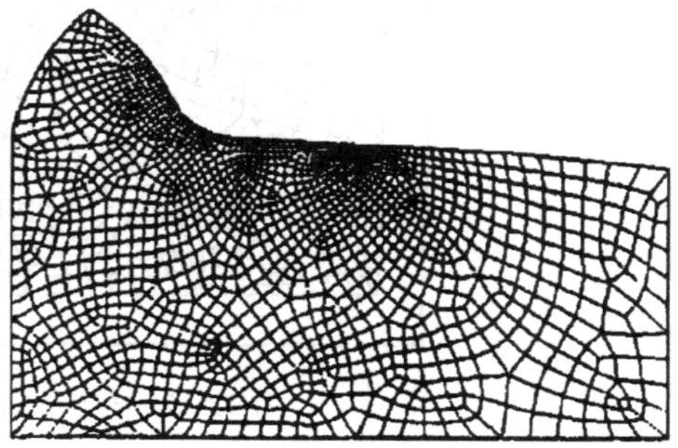

图 12-14　车轮二维模型的有限元网格[19]

为简化计算，导热系数 λ 按车轮材料取为定值。对流换热系数 k，对于具有水平旋转轴车轮侧面可按下式选取：

$$k=\begin{cases}0.0195\lambda R^{0.6}\left(\dfrac{\omega}{\nu}\right)^{0.8} & Re=\dfrac{\omega R^2}{\nu}\geqslant 240\,000\\[2ex] 0.36\lambda\left(\dfrac{\omega}{\nu}\right)^{0.5} & Re=\dfrac{\omega R^2}{\nu}<240\,000\end{cases}\tag{12-20}$$

而对于旋转圆柱面则为

$$k=0.1\lambda\frac{Re^2}{2R}\qquad Re=\frac{2Rv_t}{\nu}\tag{12-21}$$

式中，Re 为空气流动的雷诺数；ω 为旋转角速度；v_t 为旋转线速度；R 为计算点的旋转半径；ν 为平均温度作为定性温度时的空气相对黏度（m^2/s），这里平均温度指空气温度与车轮壁温度的平均值。

其他材料物性参数，如密度、比热容等，均根据车轮材料选定。所采用的主要工况参数有：轴重取为 50 000kgf，车辆速度为 350km/h，假设仅有纵向蠕滑，其值为 10%，摩擦因数 $f=0.3$。在接触区内，仅在滑移区内有摩擦热流输入，黏着区内没有相对滑动速度，所以没有摩擦热流输入。

图 12-15～图 12-18 所示为二维稳态热分析结果。图 12-15 所示为车轮二维模型的温度分布，由图可见，仅在接触区附近的一个较小的区域里有明显的温升，而较远处温度保持为与环境温度相同的 25℃。图 12-16 为接触区附近温度分布的局部放大图，图 12-17 为与此图对应的等温线图，图 12-18 则示出了最高温度节点附近的节点温度。从这几张图中可以看出，在车轮二维稳态模型中，有温度变化的表面层并不太厚，而且越接近表面、越接近最高温度处，温度梯度变得越小。表 12-2 所示为此例的温度变化范围与相应的表层深度。

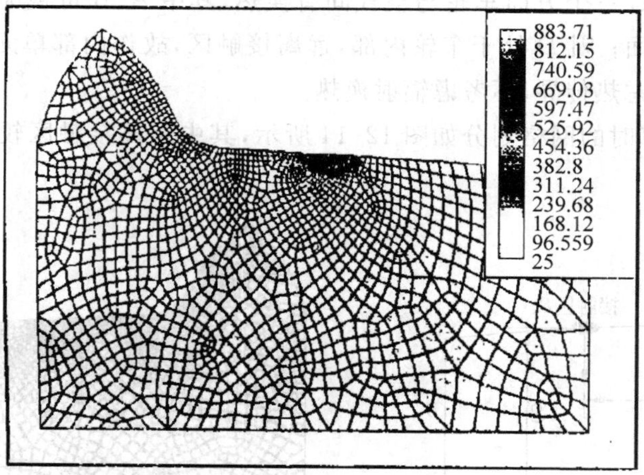

图 12-15　车轮二维模型的温度分布[19]

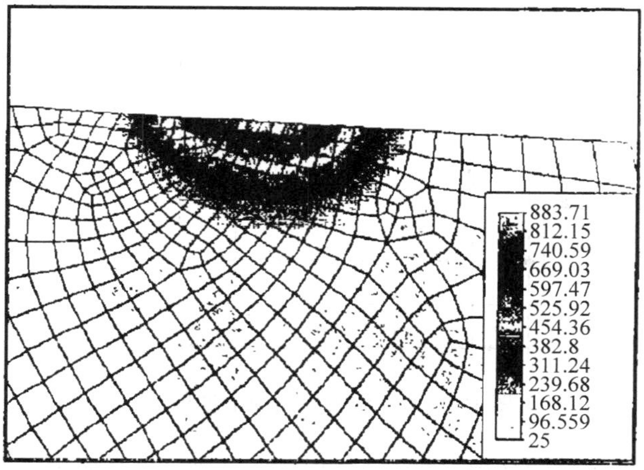

图 12-16　接触区附近的温度分布[19]

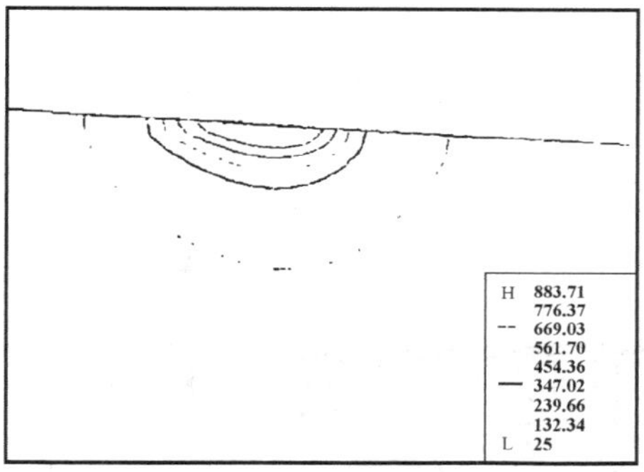

图 12-17　接触区附近的等温线图[19]

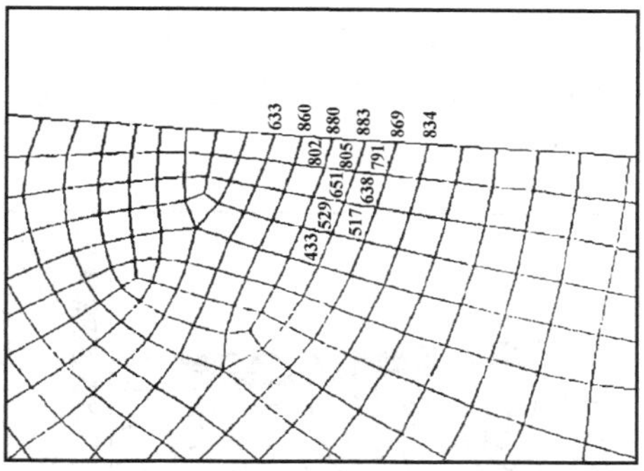

图 12-18　最高温度节点附近的节点温度[19]

表 12-2　温度变化与相应的表层深度[19]

温度变化范围/℃	相应表层深度/mm	温度变化范围/℃	相应表层深度/mm
100～200	2.9772	500～800	1.6310
200～300	1.7984	800～883	0.6724
300～500	1.6172	100～883	8.6972

3. 车轮接触温升二维热冲击瞬态分析

从车轮圆周方向上取一截面，作平面问题处理，并假设接触区总是保持接触。实际上，车轮表面的一点在车轮旋转一圈的过程仅形成一个接触区，并通过此接触区，而不是始终保持接触。

为此，考虑这样的热冲击问题：对车轮上的某一点，认为车轮每旋转一圈受到一次热冲击；且不考虑邻近接触点对此点的影响，也不计接触过程中接触区的变化。这样的热冲击过程如图 12-19 所示，图中 a 为接触区半轴长；d 为车轮直径；v 为车辆速度。

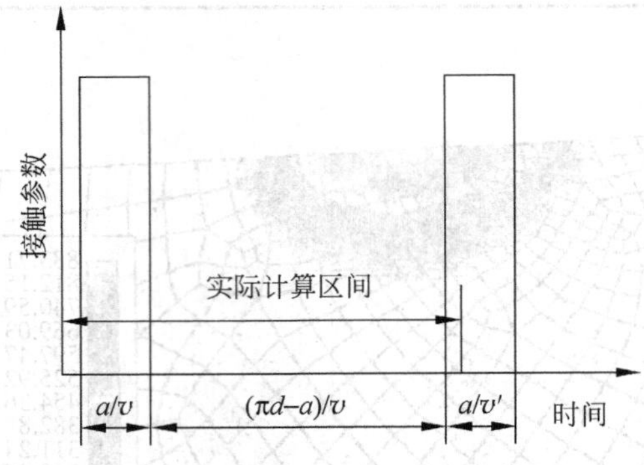

图 12-19 二维瞬态热冲击过程[19]

图 12-20 所示为接触过程的温升变化情况，其中：图(a)尚未进入接触；图(b)刚刚进入接触区；图(c)～图(e)处于接触区内的温度进程；图(f)开始退出接触。图中每两个图之间只差一个步长。从图中可以看出，冲击温升比稳态持续接触温升低得多，同时温升层也薄得多。另外，退出接触后的冷却过程却较慢，在图(h)后的计算步长中，最高温度仍保持在 200℃ 左右，并持续较长时间，使其进入下一个接触过程的起始温度比初始温度场要高。

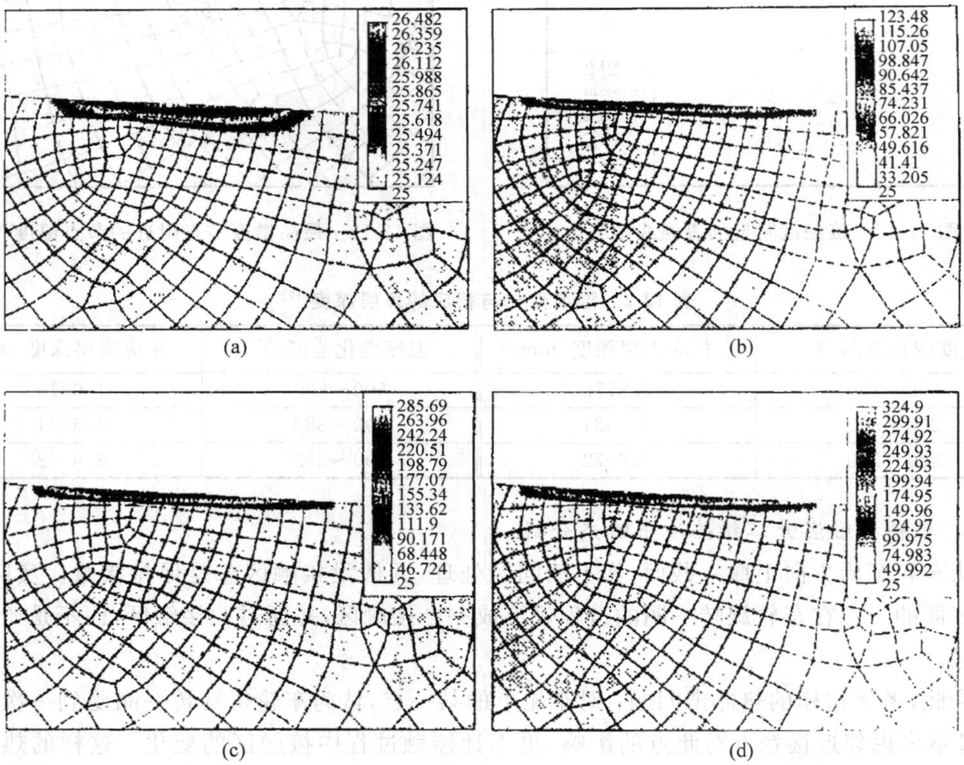

图 12-20 瞬态温度变化过程[19]

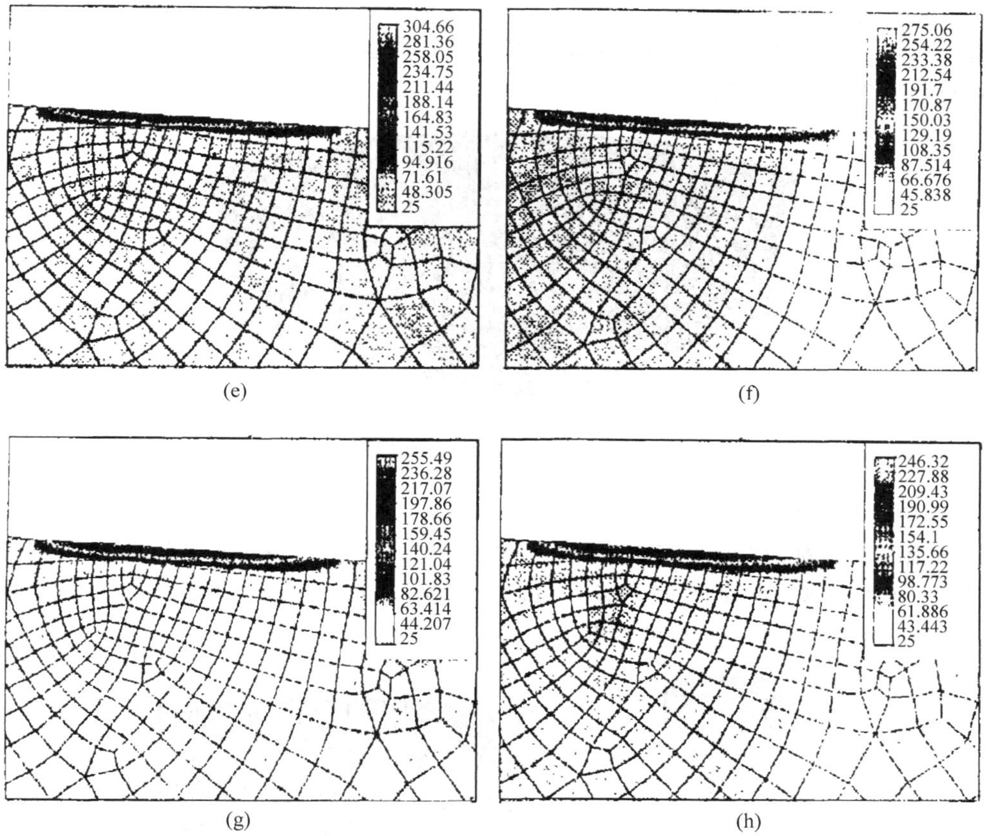

图 12-20(续)

4. 车轮接触温升三维瞬态分析

轮轨接触点是在不断变化的，尽管车轮在几何上是轴对称的，但其力载荷和热载荷却不是轴对称的。因此，需要建立的模型应该能考虑到下面的情况：

(1) 车轮表面上的一点，在车轮旋转一圈的过程中受到一次热冲击，而且车辆速度越高，热冲击的频率越高；

(2) 车轮表面上的接触点在不断变化，不同接触点的叠加效应应该加以考虑；

(3) 对整个车轮来说，它在圆周方向被不同接触点轮流输入摩擦热。

这样的模型是三维瞬态模型。为简便起见，作者将前面建立的二维模型沿车轴旋转叠加，只取车轮的四分之一，形成三维物理模型，如图 12-21 所示[19]。如前给定边界条件和有关参数以后，同样可给出许多结果数据和结果图。限于篇幅，这里仅作如下简要说明：

(1) 考虑圆周上单点热冲击的情况，与二维热冲击瞬态分析结果类似，最高温度略低。但是热冲击后的冷却过程明显比二维的冷却过程要缓慢，而且列车速度越高，受到前一次冲击的影响越大，冷却也就越加不容易。

(2) 不同接触点的叠加效应是以人工逐个增加接触点的方法来实现的。考虑不同接触点温升的叠加效应后，最高接触温度并没有太大的提高，但是温升幅度较大的区域却明显扩大。

(3) 圆周方向不同接触点轮流输入摩擦热的结果是使车轮圆周上的接触点及附近区域轮流有温升，最高接触温度比单点热冲击稍高。为简单起见，这种瞬态问题从平均角度看实际上可近似处理为稳态问题。

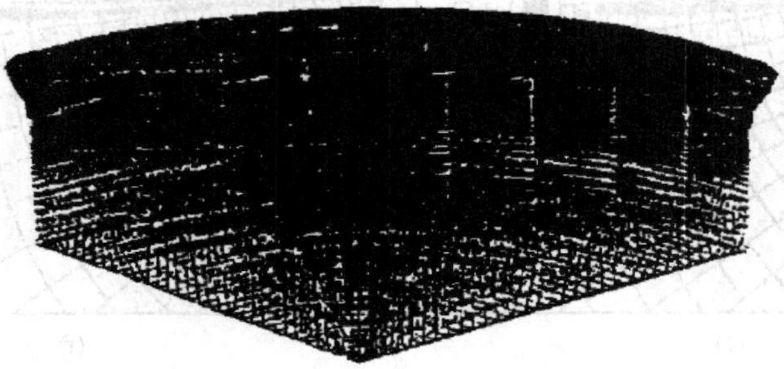

图 12-21 车轮三维分析的物理模型[19]

5. 钢轨接触热解

裴有福等人还对钢轨接触温升进行了分析。对钢轨进行的分析与车轮类似。取钢轨的一个截面为物理模型，如图 12-22 所示。以此为基础，可进行与车轮二维稳态分析类似的分析，从而得到钢轨二维稳态接触的温度场。

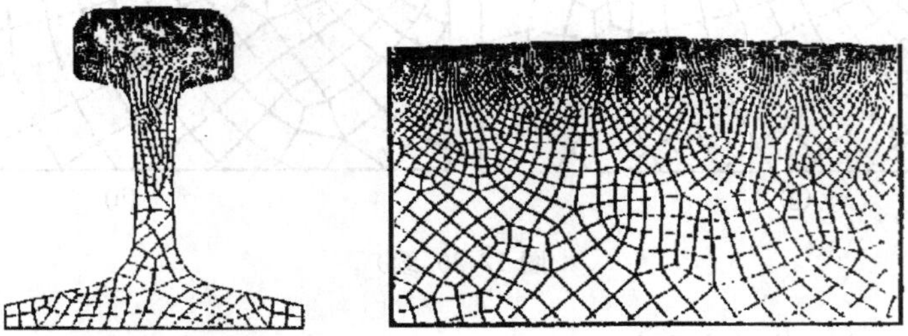

(a) (b)

图 12-22 钢轨二维稳态分析物理模型[19]

(a) 钢轨二维模型全局图；(b) 接触区附近局部放大图

钢轨的二维稳态分析结果与车轮类似。最主要的差别是：由于轨头截面积较小，因而热容量较小，所以在同样工况条件下，钢轨接触温升的最大值比车轮要高 10% 左右。同时，温升明显的区域相对也较大。

考虑到钢轨的接触过程时，也可进行钢轨接触的瞬态分析。对于钢轨上一点，其接触过程可描述如下(见图 12-23)：

车轮滚过时的接触时间 t(接触)→两个车轮间的暂停时间 t_1(不接触)→另一个车轮滚过时的接触时间 t(接触)→另两个车轮间的又一个暂停时间 t_2(不接触)→t→t_1→t→两节车厢之间的两个车轮的暂停时间 t_3(不接触)。

钢轨的瞬态接触热分析原则上与图 12-19 所示的车轮瞬态热冲击处理方法类似，只是接触过程更复杂而已。可将钢轨视为半平面进行二维计算，也可将图 12-21 的模型平移后构成三维模型进行三维计算。

由于钢轨上的点接触过程是断续而且不均匀，热输入与冷却交替进行，所以瞬态分析结

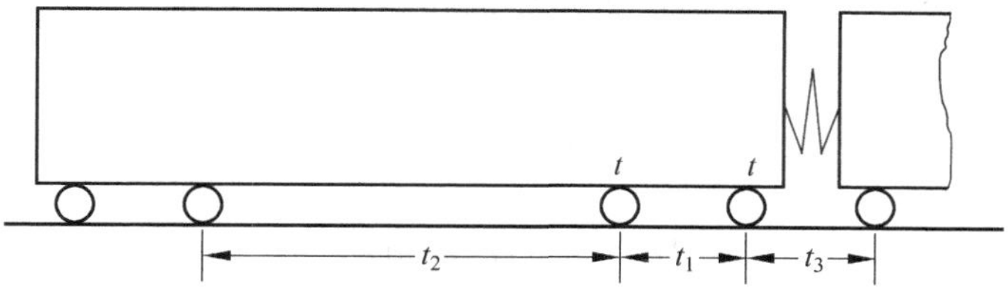

图 12-23　钢轨上一点的接触过程[19]

果与车轮最大的不同是在一个接触周期中接触温度会发生波浪式的变化，不同时期的最高温度数值不同。这种温升特点对钢轨造成的影响也可能是钢轨产生波浪损耗的一种机理。

12.3　滚动摩擦在月球车设计中的应用

月球车是探访外界星球常用的、软着陆探测装备，是为在真空、低重力、温度变化剧烈等环境中工作而设计的电动车，其运动性能在很大程度上取决于车轮与接触面作用的运动与力学性能，因此进行月球车车轮与土壤作用分析就显得非常重要[20]。现有的部分月球车车轮的形式见图 12-24。

美国索杰纳火星车　我国自研"月面巡视探测器"原理样机

LRV wheel　Mars Rover wheels　Michelin Tweel　Tri Star Ⅳ wheel

图 12-24　月球车车轮形式

研究车轮通过未整备过的月面的力学是十分重要的。研究车轮和地面相互作用的基本目的之一，是提供一个可靠的方法来预测各种不同类型行走装置的牵引力和行驶阻力。下面给出地面车辆设计原理中预测刚性轮车辆行走装置在未整备过的地面上阻力和牵引力的计算方法[21-23]。

12.3.1　刚性车轮受力分析基础

1. 刚性轮的行驶阻力

为了预测刚性轮的行驶阻力，Bekker 提出了一个半经验方法[24]。图 12-25 为一简化的

车轮-土壤相互作用模型。若假定地面给车轮的作用力均沿径向，则水平和垂直方向的合力可写成

$$\left.\begin{aligned} R_c &= b\int_0^{\theta_0} \sigma r \sin\theta \mathrm{d}\theta \\ W &= b\int_0^{\theta_0} \sigma r \cos\theta \mathrm{d}\theta \end{aligned}\right\} \tag{12-22}$$

式中，R_c 是水平运动阻力；W 是垂直载荷；σ 是法向应力；b 是车轮的宽度；r 是车轮半径，$r=D/2$，D 是车轮直径；θ_0 是接触角；另外，根据几何关系，有 $r\sin\theta\mathrm{d}\theta=\mathrm{d}z$ 和 $r\cos\theta\mathrm{d}\theta=\mathrm{d}x$，见图 12-25。

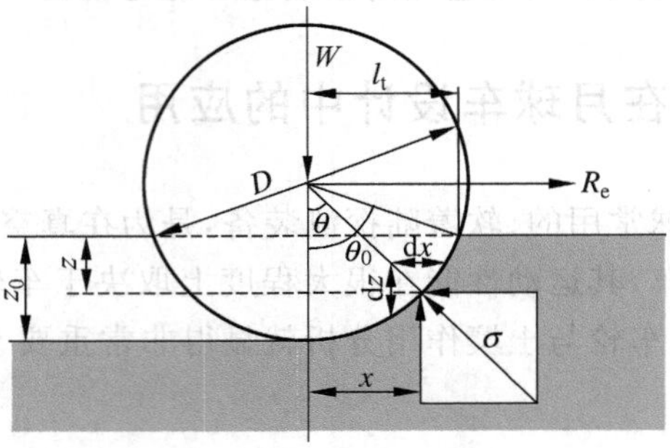

图 12-25　简化的车轮-土壤相互作用模型[21]

若假定作用在轮缘的径向压力 σ 为在相同深度 z 处平板下的法向压力 p，利用压力沉陷量关系有[21]

$$\sigma = p = \left(\frac{k_\varepsilon}{b} + k_\phi\right) z^n \tag{12-23}$$

式中，k_ε 和 k_ϕ 分别是土壤内聚和摩擦变形模量；n 为下陷模量。

将式(12-23)、$\mathrm{d}z=r\sin\theta\mathrm{d}\theta$ 和 $\mathrm{d}x=r\cos\theta\mathrm{d}\theta$ 代入式(12-22)第 1 式并积分得

$$R_c = b\left(\frac{z_0^{n+1}}{n+1}\right)\left(\frac{k_\varepsilon}{b} + k_\phi\right) \tag{12-24}$$

由图 12-25 给出的几何关系可得

$$x^2 = [D - (z_0 - z)](z_0 - z) \tag{12-25}$$

式中，D 为车轮直径。

当沉陷量很小时，$x^2 \approx D(z_0 - z)$，即有 $2x\mathrm{d}x = -D\mathrm{d}z$。由式(12-22)的第 2 式得

$$W = b\left(\frac{k_a}{b} + k_\phi\right)\int_0^{z_0} \frac{z\sqrt[n]{D}}{2\sqrt{z_0 - z}}\mathrm{d}z \tag{12-26}$$

做参数变换，令 $z_0 - z = t^2$，则 $\mathrm{d}z = -2t\mathrm{d}t$，代入式(12-26)有

$$W = b\left(\frac{k_a}{b} + k_\phi\right)\sqrt{D}\int_0^{\sqrt{z_0}} (z_0 - t^2)^n \mathrm{d}t \tag{12-27}$$

因为 $z = z_0 - t^2$ 很小，展开 $(z_0 - t^2)^n$ 项，并仅取其前两项，使式(12-27)可积，积分后整理，最终可得沉陷量为

$$z_0 = \left[\frac{3W}{b\left(\frac{k_a}{b} + k_\phi\right)\sqrt{D}(3-n)}\right]^{2/(2n+1)} \tag{12-28}$$

将式(12-28)的 z_0 代入式(12-24)，求得阻力 R_c 为

$$R_c=\left[\frac{(\sqrt{D})^{2n+2}}{(3-n)^{2n+2}(n-1)^{2n+1}n\left(\frac{k_a}{b}+k_\phi\right)(3W)^{2n+2}}\right]^{1/(2n+1)} \tag{12-29}$$

由式(12-29)可以看出：因为方程中的 D 比 b 幂次高，所以为了减小压实阻力，增加直径 D 比增加轮宽 b 更为有效。

2. 车轮的驱动力与滑转率

为了评价刚性轮的驱动力和滑转率之间的关系，首先必须确定沿车轮-土壤分界面形成的剪切位移。刚性轮沿接触面产生的剪切位移可以根据车辆滑转速度 v_s 的分析来确定。对于一个刚性轮，轮缘上与地面相对应一点的滑转速度，是该点绝对速度的切线分量，如图 12-26 的图解说明。轮缘上一点滑转速度 v_s 的大小，随接近角 θ 和滑转率 s 的大小而变化，可表示为

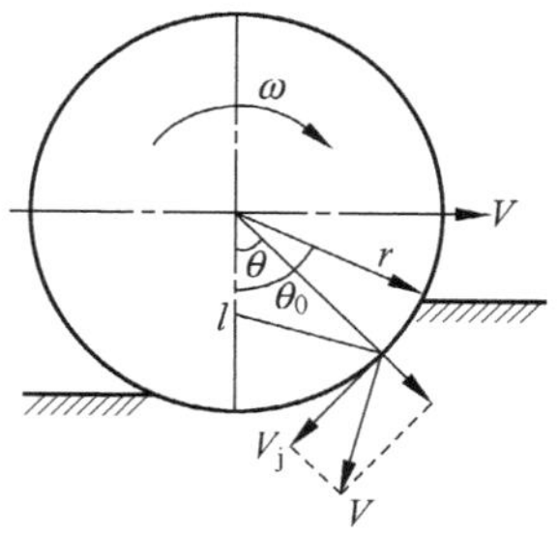

图 12-26 在刚性车轮作用下的剪切位移[21]

$$v_s=r\omega[1-(1-s)\cos\theta] \tag{12-30}$$

式中，θ 是接近角，定义为轮缘开始与地面接触点的角度。

可见，刚性轮的滑转速度随接近角 θ 和滑转率 s 而变化。沿车轮-土壤交界面上的剪切位移分布 γ 由下式给出：

$$\gamma=\int_0^t v_s\mathrm{d}t=\int_\theta^{\theta_0}\frac{r\omega[1-(1-s)\cos\theta]}{\omega}\mathrm{d}\theta=r[(\theta_0-\theta)-(1-s)(\sin\theta_0-\sin\theta)] \tag{12-31}$$

根据上述剪切应力和剪切位移之间的关系，可以确定刚性轮沿接触面上的应力分布。可利用 Janosi 提出的土壤剪切模型得到剪应力 τ[21] 为

$$\begin{aligned}\tau&=[c+\sigma\tan\phi](1-\mathrm{e}^{-\gamma/k})\\&=[c+\sigma\tan\phi]\{1-\mathrm{e}[-(\gamma/k)(\theta_0-\theta-(1-s)(\sin\theta_0-\sin\theta))]\}\end{aligned} \tag{12-32}$$

式中，c 为土壤的内聚力；ϕ 为土壤的内抗剪强度角；k 为土壤的水平剪切变形模数。

在整个接触面上，对切向应力的水平分量积分就可以确定总的驱动力：

$$F=\int_0^{\theta_0}\tau\cos\theta\mathrm{d}\theta \tag{12-33}$$

应当注意，接触面上剪切应力的垂直分量支承了作用在车轮的垂直载荷部分，而这一点在前面的简化模型中忽略了。若在对车轮-土壤相互作用的更全面的分析中，考虑了剪切应力的作用，则有垂直载荷：

$$W=rb\left[\int_0^{\theta_0}\sigma\cos\theta\mathrm{d}\theta+\int_0^{\theta_0}\tau\sin\theta\mathrm{d}\theta\right] \tag{12-34}$$

水平牵引力：

$$F=rb\left[\int_0^{\theta_0}\tau\cos\theta\mathrm{d}\theta-\int_0^{\theta_0}\sigma\sin\theta\mathrm{d}\theta\right] \tag{12-35}$$

扭矩：

$$M=r^2b\int_0^{\theta_0}\tau\mathrm{d}\theta \tag{12-36}$$

应当指出，这里剪应力 τ 是作用在牵引刚性轮(主动轮)沿接触面上的。对于从动轮，剪

切应力在车轮-土壤分界面上的一个特定点改变方向，该特定点称为过渡点，该点的绝对速度与直径成 $45°-\phi/2$ 角，如图 12-27 所示。

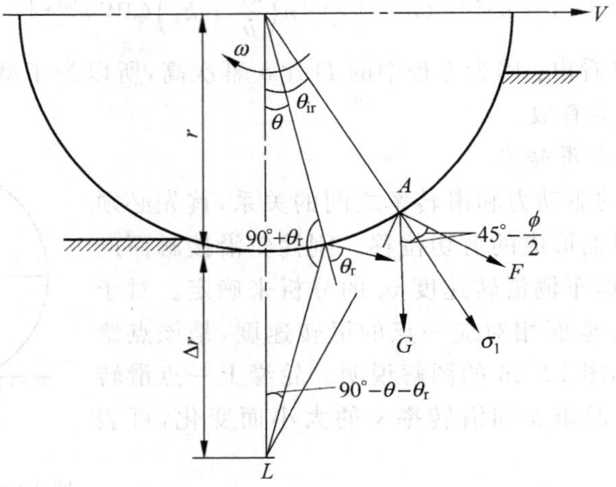

图 12-27 确定刚性从动轮切向应力过渡点位置方法

12.3.2 松软月面车轮力学模型

月球表面是一个由疏松矿物颗粒构成的小颗粒、松软、弱结合层（风化层），月球车在该松软表面上行走时容易下陷或被卡住。因此，为保证月球车的安全性需要分析其车轮的运动。下面是葛平淑等人所建立的滚动力学分析模型[26]，其主要内容就是依据上面给出的刚性轮地面车辆原理。

1. 车轮下陷

在松软路面上，车轮的牵引能力很大程度上取决于其下陷量的大小。车轮的静态下陷是由接地压力产生的，取决于车轮载荷和土壤承载能力，也受车轮半径、轮胎宽度等因素的影响。图 12-28 为静态下陷示意图，接地区域由进入角 θ_f 和离去角 θ_r 表示，而离去角的产生主要是由于在接触面后部压力降低时引起轮胎胎壁的弹性回跳。对于刚性轮，离去角 θ_r 通常假定为零。

则由式(12-37)可得到进入角 θ_f。

$$W = rb\int_0^{\theta_f}\sigma\cos\theta\mathrm{d}\theta = (k_c + k_\phi b)r^{n+1}\int_0^{\theta_f}\cos\theta\,(\cos\theta - \cos\theta_s)^n\mathrm{d}\theta \tag{12-37}$$

式中，W 为车轮所受垂直载荷；σ 为法向应力，σ 的计算公式参见式(12-23)，为

$$\sigma = \left(\frac{k_\varepsilon}{b} + k_\phi\right)r^n\,(\cos\theta - \cos\theta_s)^n \tag{12-38}$$

通过几何关系得到静态下陷量 z_0 为

$$z_0 = r(1 - \cos\theta_f) \tag{12-39}$$

对式(12-37)进行积分后将其代入式(12-39)，可得到静态下陷量（参见式(12-29)）：

$$z_0 = \left[\frac{3W}{(k_\varepsilon + bk_\phi)\sqrt{D}(3-n)}\right]^{2/(2n+1)} \tag{12-40}$$

另外，还有动态下陷（主要是由于冲击、振动等原因引起）和滑转下陷（当车轮打滑时，车轮切削月壤引起）。

2. 土壤变形应力模型

当刚性轮行驶在松软路面上时，会引起土壤变形，轮下的变形应力主要包括法向应力和剪切应力。应力模型与车轮坐标系定义如图 12-29 所示。

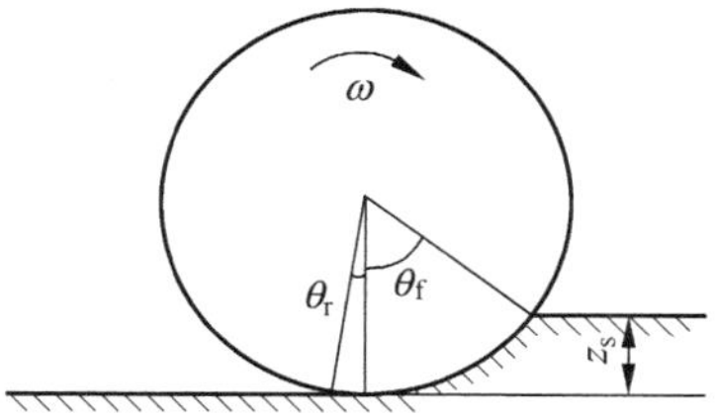

图 12-28　车轮静态下陷几何关系

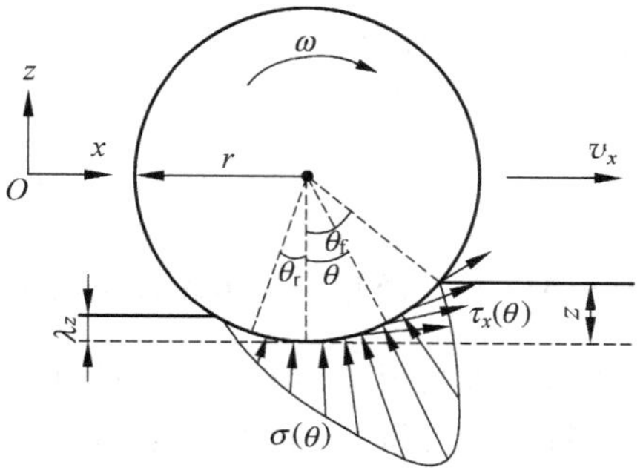

图 12-29　应力模型与车轮坐标系定义[26]

1）法向应力

法向应力 σ 的表达式如下：

$$\sigma = \begin{cases} \sigma_m\left(\dfrac{\cos\theta - \cos\theta_f}{\cos\theta_m - \cos\theta_f} + k_\phi\right), & \theta_m \leqslant \theta \leqslant \theta_f \\ \sigma_m\left[\dfrac{\cos\left\{\theta_f - \dfrac{\theta-\theta_r}{\theta_m-\theta_f}(\theta_f-\theta_m)\right\} - \cos\theta_f}{\cos\theta_m - \cos\theta_f}\right]^n, & \theta_r \leqslant \theta \leqslant \theta_m \end{cases} \tag{12-41}$$

式中，σ_m 为最大法向应力，$\sigma = r^n\left(\dfrac{k_\varepsilon}{b} + k_\phi\right)(\cos\theta_m - \cos\theta_f)^n$，参见式(12-23)；$\theta_m$ 为最大法向应力对应的角度，$\sigma_m = (a_0 + a_1 s)\theta_f$；$\theta_f$ 为进入角，$\theta_f = \arccos(1 - z/r)$；$\theta_r$ 为离去角，$\theta_r = \arccos(1 - \lambda z/r)$；$a_0$ 和 a_1 是与车轮-土壤相互作用有关的经验值；λ 见图 12-29。

滑转率 s 定义为

$$s = \frac{r\omega - v}{r\omega} \tag{12-42}$$

式中，ω 是车轮旋转角速度；v 是车轮前进速度。

2）剪切应力和剪应变

剪切应力可以采用 Janosi 应力模型来描述，参见式(12-32)：

$$\tau = \tau_{\max}(1 - e^{\frac{-\gamma}{k}}) = (c + \sigma\tan\varphi)(1 - e^{\frac{-\gamma}{k}}) \tag{12-43}$$

式中，c 为月壤内聚力；φ 为月壤内摩擦角；k 为剪切变形模量；γ 为纵向剪切位移，计算参见式(12-31)，为

$$\gamma = r[\theta_f - \theta - (1 - s)(\sin\theta_f - \sin\theta)] \tag{12-44}$$

3. 车轮-土壤相互作用力

通过对前面描述的承压应力和剪切应力进行水平方向和垂直方向上的积分，可以得到各个方向上的合力和转矩，参见式(12-34)～式(12-36)。

垂直方向合力为

$$W = rb\left(\int_0^{\theta_m} \sigma\cos\theta\mathrm{d}\theta + \int_0^{\theta_m} \tau\sin\theta\mathrm{d}\theta\right) \tag{12-45}$$

水平方向合力为

$$F = rb\left(\int_0^{\theta_m} \tau\cos\theta\mathrm{d}\theta - \int_0^{\theta_m} \sigma\sin\theta\mathrm{d}\theta\right) \tag{12-46}$$

式中,第 1 项为附着力,第 2 项为压实阻力和滚动过程中产生的推土阻力之和。

所需的电机扭矩为

$$M = r^2 b\int_0^{\theta_m} \tau\mathrm{d}\theta \tag{12-47}$$

12.3.3 不等径月球车车轮在土壤上滚动力学分析

陶建国等人基于车辆地面力学的理论,对所研制的月球车不等径刚性车轮在土壤上滚动的力学特性进行研究,下面是他们的分析方法和结果[27]。

1. 不等径车轮结构

不等径车轮轮缘由 3 个钛合金轮圈构成,两侧轮圈的直径小于中间轮圈的直径,如图 12-30 所示。与等径车轮相比,中间凸起的大径在松软土壤上能起到抵抗侧滑并提高附着能力的作用。

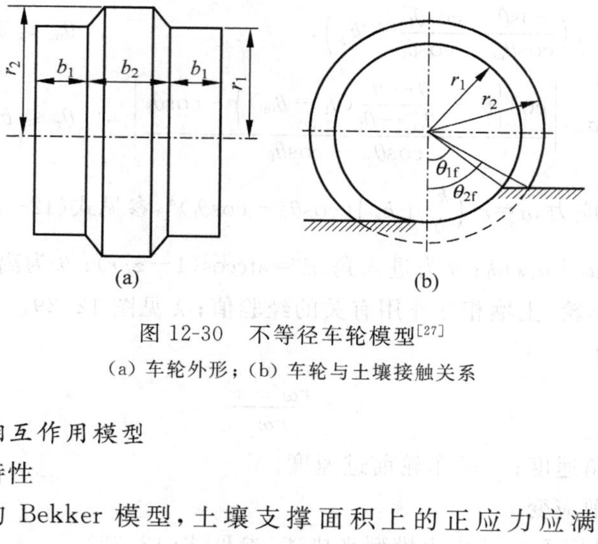

图 12-30 不等径车轮模型[27]

(a) 车轮外形;(b) 车轮与土壤接触关系

2. 车轮与土壤相互作用模型

1) 土壤的力学特性

应用前面介绍的 Bekker 模型,土壤支撑面积上的正应力应满足如下关系(参见式(12-23)):

$$\sigma = \left(\frac{k_c}{b} + k_\phi\right)z^n \tag{12-48}$$

土壤的剪应力满足如下关系,参见式(12-32):

$$\tau = \tau_{\max}(1 - \mathrm{e}^{\frac{-j}{k}}) \tag{12-49}$$

$$\tau_{\max} = c + \sigma\tan\varphi \tag{12-50}$$

2) 车轮与土壤作用的力学模型

根据地面车辆理论,刚性车轮底面与土壤接触区域内任意一点的应力可分解为法线方向的正应力和切线方向的剪应力，车轮的受力情况如图 12-31 所示。

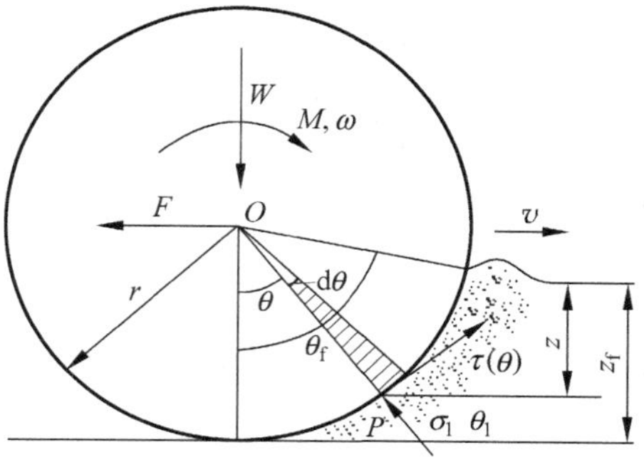

图 12-31　滚动车轮受力图[27]

在图 12-31 中，σ 是车轮底面在接触区域内任一点 P 受到的正应力；τ 是车轮在该点受到的剪应力；W 是施加在车轮上的垂直载荷；M 是车轮的驱动转矩；F 是车轮受到的挂钩牵引力；ω 是车轮滚动的角速度；v 是车轮前进的线速度；r 是车轮半径；θ_f 是车轮的进入角(图中未绘出离去角，即设 $\theta_r=0$)，θ_f 的大小可以由图中的几何关系得出：

$$\theta_f = \arccos(1 - z_0/r) \tag{12-51}$$

式中，z_0 是车轮最大下陷量。

车轮在 P 点的下陷量为

$$z = r(\cos\theta - \cos\theta_f) \tag{12-52}$$

从而，应用式(12-45)～式(12-47)可求得垂直载荷 W、挂钩牵引力(水平载荷)F 和转矩 M。

$$W = rb\left[\int_0^{\theta_f}\sigma(\theta)\cos\theta\mathrm{d}\theta + \int_0^{\theta_f}\tau(\theta)\sin\theta\mathrm{d}\theta\right] \tag{12-53}$$

$$F = rb\left[\int_0^{\theta_f}\tau(\theta)\cos\theta\mathrm{d}\theta - \int_0^{\theta_f}\sigma(\theta)\sin\theta\mathrm{d}\theta\right] \tag{12-54}$$

$$M = r^2 b\int_0^{\theta_f}\tau(\theta)\mathrm{d}\theta \tag{12-55}$$

从式(12-31)可知，土壤剪切位移为

$$\gamma = r[(\theta_f - \theta) - (1 - s)(\sin\theta_f - \sin\theta)] \tag{12-56}$$

式中，s 为车轮的滑转率，它体现出车轮打滑的程度，定义为

$$s = (r\omega - v)/(r\omega) \tag{12-57}$$

参数挂钩牵引力 F 和驱动转矩 M 表明了车轮运动性能的好坏。车轮承受相同载荷且在滑转率相同时，如果挂钩牵引力越大，施加的驱动转矩越小，则车轮的运动性能越好。

3. 不等径车轮运动的模型与参量计算

不等径车轮与土壤作用的力学模型，可引用等径车轮与土壤作用的一般力学模型，但需作修正。由图 12-30(b)中的几何关系知，车轮大径和小径部分进入角有如下关系：

$$r_1\cos\theta_{1f} = r_2\cos\theta_{2f} \tag{12-58}$$

$$\theta_{2f} = \arccos(r_1/r_2\cos\theta_{1f}) \tag{12-59}$$

式中，θ_{1f} 和 θ_{2f} 分别是车轮小径部分和大径部分的进入角。设车轮小径部分和大径部分的滑

转率分别为 s_1 和 s_2，则

$$s_1 = \frac{r_1\omega - v}{r_1\omega} = 1 - \frac{v}{r_1\omega} \tag{12-60}$$

$$s_2 = \frac{r_2\omega - v}{r_2\omega} = 1 - \frac{v}{r_2\omega} \tag{12-61}$$

则车轮大小径 2 部分的滑转率满足如下关系：

$$\frac{1 - s_1}{1 - s_2} = \frac{r_2}{r_1} \tag{12-62}$$

为便于与近似的等径车轮进行对比分析，根据车轮大、小径部分在宽度上所占的比例，定义车轮平均滑转率为

$$s = \frac{2b_1 s_1 + b_2 s_2}{2b_1 + b_2} \tag{12-63}$$

该车轮的力学模型可以看作 3 部分圆柱的组合。假设车轮大径部分和小径部分的正应力和剪应力沿其宽度方向是均匀分布的，则各力学参量为

$$W = 2r_1 b_1 \int_0^{\theta_{1f}} (\sigma_1 \cos\theta + \tau_1 \sin\theta)\,d\theta + r_2 b_2 \int_0^{\theta_{2f}} (\sigma_2 \cos\theta + \tau_2 \sin\theta)\,d\theta \tag{12-64}$$

$$F = 2r_1 b_1 \int_0^{\theta_{1f}} (\tau_1 \cos\theta - \sigma_1 \sin\theta)\,d\theta + r_2 b_2 \int_0^{\theta_{2f}} (\tau_2 \cos\theta - \sigma_2 \sin\theta)\,d\theta \tag{12-65}$$

$$M = 2r_1^2 b_1 \int_0^{\theta_{1f}} \tau_1\,d\theta + r_2^2 b_2 \int_0^{\theta_{2f}} \tau_2\,d\theta \tag{12-66}$$

相关文献还介绍了利用强制滑转原理设计的简易实验装置，验证了以上所建的滚动摩擦模型，具体内容可参见该文献，这里不再赘述。

参考文献

[1] COULOMB C A. Théorie des machines simples en ayant égard au frottement de leurs parties et a la roideur des cordages[J]. Mém. des Math. Phys., 1785, 10: 161-342.

[2] DUPUIT A J E J. Resume de Memoire sui ie tirage des voitures et sur le frottement de seconde espece [J]. C. R. Aca. Sci., 9: 659-700, 779.

[3] HARRIS T A, KOTZALAS M N. 滚动轴承分析：第 2 卷 轴承技术的高等概念[M]. 罗继伟，等译. 北京：机械工业出版社，2009.

[4] GREENWOOD J, TABOR D. The friction of hard sliders on lubricated rubber: The importance of deformation losses[J]. Proc. Phys. Soc. London, 1958, 71: 989-1001.

[5] DRUTOWSKI R. Energy losses of balls rolling on plates [R]. Friction and Wear, Elsevier, Amsterdam, 1959, pp. 16-35.

[6] DRUTOWSKI R. Linear dependence of rolling friction on stressed volume [R]. Rolling Contact Phenomena, Elsevier, Amsterdam, 1962.

[7] COLLINS I F. Slip Line Field Solutions for Compression and Rolling with Slipping Friction[J]. Int. J. Mech. Sci., 1969, 11(12): 971-978.

[8] CROOK. Simulated gear-tooth contacts: some experiments upon their lubrication and subsurface deformation[J]. Proc. Inst. Mech. Eng., 1957, 171: 187.

[9] HAMILTON G M. Plastic flow in rollers loaded above the yield point. In: Proc. Inst. Mech. Eng., 1963, 177: 667-675.

[10] MERWIN J E, JOHNSON K L. An Analysis of Plastic Deformation in Rolling Contact[C]. Proceedings, Institution of Mechanical Engineers, 1963, London, 177: 676-685.

[11] REYNOLDS O, PHILOS. On Rolling Friction[J]. Trans. R. Soc. London, 1875, 166: 243-247.

[12] PORITSKY H. Stresses and deflections of cylindrical bodies in contact with application to contact of gears and of locomotive wheels[J]. J. Appl. Mech., 1950, 72: 191-201.

[13] CAIN, B. Contribution to discussion on (19)[J]. J. Appl. Mech., 1950, 72: 465-466.

[14] HEATHCOTE H. The Ball Bearing: In the Making, Under Test, and on Service[J]. Proc. Inst. Automob. Eng., London, 1921, 15: 569-702.

[15] JOHNSON K. Tangential tractions and micro-slip[R]. Rolling Contact Phenomena, Elsevier, Amsterdam, 1962.

[16] 大野薰. 轮轨间滚动摩擦及其控制[J]. 国外铁道车辆,2001,38(1): 36-41.

[17] 裴有福,金元生,温诗铸. 轮轨黏着的影响因素及其控制措施[J]. 国外铁道车辆,1995,2: 5-8.

[18] 孙琼,陈泽深,臧其吉. 轮轨接触温升及其数值分析研究[J],中国铁道科学,1997,18(4): 14-23.

[19] 裴有福,金元生,温诗铸. 轮轨接触温升的有限元分析[J]. 中国铁道科学,1996,7(4): 48-58.

[20] HUNTSVILLE, ALABAMA. A Brief History of the Lunar Roving Vehicle As Part of the History of the NASA Marshall Space Flight Center, April 3, 2002, Mike Wright and Bob Jaques, Editors, http://history.msfc.nasa.gov.

[21] 黄祖永. 地面车辆原理[M]. 北京: 机械工业出版社,1985.

[22] 王若云. 地面车辆理论[M]. 张声涛,译. 哈尔滨: 黑龙江科学技术出版社,1987.

[23] 庄继德. 计算汽车地面力学[M]. 北京: 机械工业出版社,2002.

[24] BEKKER M G. Introduction to Terrain-Vehicle System[M]. University of Muchigam Press, Ann Arbor, Mi, 1969.

[25] WANG J, REECE A R. Soil Failure Beneath Rigid Wheels[C]. Proc. of the Second International Conference of The International Society for Terrain Vehicle System, University of Toronto Press, Toronto, 1968.

[26] 葛平淑,郭烈,王孝兰,等. 松软月面上月球车动力学建模及运动控制研究[J]. 计算机工程与应用,2011,47(12): 1-4.

[27] 陶建国,全齐全,邓宗全,等. 月球车不等径车轮在土壤上滚动的力学分析与实验[J]. 哈尔滨工程大学学报,2007,28(10): 1144-1149.

第13章 磨损特征与机理

磨损是相互接触的物体在相对运动中表层材料不断去除的过程，它是伴随摩擦而产生的必然结果。磨损所造成的损失十分惊人。据统计，机械零件的失效主要有磨损、断裂和腐蚀等三种方式，而磨损失效就占60%～80%。因而研究磨损机理和提高耐磨性的措施，将有效地节约材料和能量，提高机械装备的使用性能，延长使用寿命，减少维修费用，这对于国民经济具有重大的意义。

由于科学技术的迅速发展，20世纪30年代以后，磨损问题已成为保证机械装备正常工作的薄弱环节。特别是在高速、重载、精密和特殊工况下工作的机械，对磨损研究提出了迫切的要求。同时，20世纪60年代以来其他学科，例如材料科学、表面物理与化学、表面测试技术等的发展，也促进了对磨损机理进行更深入的研究。

研究磨损的目的在于通过对各种磨损现象的考查和特征分析，找出它们的变化规律和影响因素，从而寻求控制磨损和提高耐磨性的措施。一般来说，磨损研究的主要内容有：

(1) 主要磨损类型的发生条件、特征和变化规律；

(2) 影响磨损的因素，包括摩擦副材料、表面形态、润滑状况、环境条件以及滑动速度、载荷、工作温度等工况参数；

(3) 磨损的物理模型与磨损计算；

(4) 提高耐磨性的措施；

(5) 磨损研究的测试技术与实验分析方法。

13.1 磨损的分类

给磨损分类的目的是为了将实际存在的各式各样的磨损现象归纳为几个基本类型。合理的分类能够使研究工作简化，更好地分析磨损的实质。磨损分类方法表达了人们对磨损机理的认识，不同的学者提出了不同的分类观点，至今还没有普遍公认的统一的磨损分类方法。

13.1.1 磨损分类

早期人们根据摩擦表面的作用将磨损分为以下三大类：

(1) 机械类。由摩擦过程中表面的机械作用产生的磨损，包括磨粒磨损、表面塑性变形、脆性剥落等。其中磨粒磨损是最普遍的机械磨损形式。

(2) 分子-机械类。由于分子力作用形成表面黏着结点，再经机械作用使黏着结点剪切所产生的磨损，即黏着磨损。

(3) 腐蚀-机械类。这类磨损是由介质的化学作用引起的表面腐蚀,而摩擦中的机械作用加速了腐蚀过程。它包括氧化磨损和化学腐蚀磨损。

显然,上述分类虽然在一定程度上阐明了各类磨损产生的原因,但却过于笼统。

13.1.2 磨损过程

Крагельский(1962 年)提出了较全面的磨损分类方法。他将磨损划分为 3 个过程,根据每一过程的分类来说明相互关系,如图 13-1 所示。

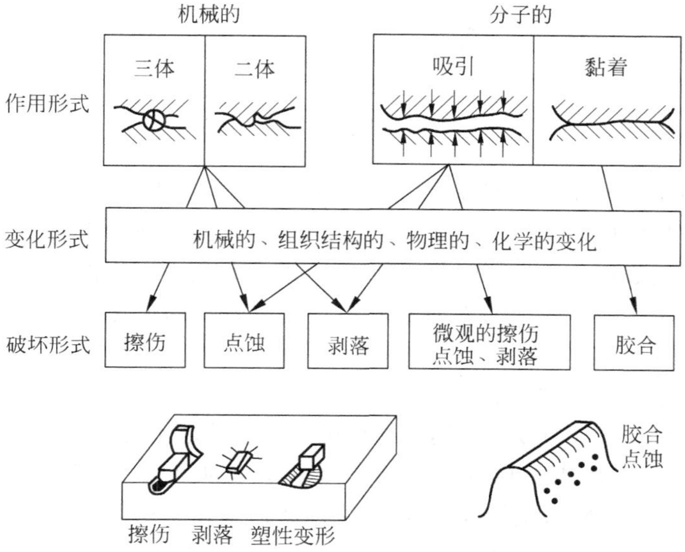

图 13-1 磨损分类图

如图 13-1 所示,磨损现象的 3 个过程如下。

1. 表面的相互作用

两个摩擦表面的相互作用可以是机械的或分子的两类。机械作用包括弹性变形、塑性变形和犁沟效应。它可以是由两个表面的粗糙峰直接啮合引起的,也可以是三体摩擦中夹在两表面间的外界磨粒造成的。而表面分子作用包括相互吸引和黏着效应两种,前者作用力小而后者的作用力较大。

2. 表面层的变化

图 13-2 说明在摩擦磨损过程中各种因素的相互关系及其复杂性。在摩擦表面的相互作用下,表面层将发生机械性质、组织结构、物理和化学变化,这是由于表面变形、摩擦温度和环境介质等因素的影响所造成的。

表面层的塑性变形使金属冷作硬化而变脆。如果表面经受反复的弹性变形,则将产生疲劳破坏。摩擦热引起的表面接触高温可以使表层金属退火软化,接触以后的急剧冷却将导致再结晶或固溶体分解。外界环境的影响主要是介质在表层中的扩散,包括氧化和其他化学腐蚀作用,因而改变了金属表面层的组织结构。

3. 表面层的破坏形式

图 13-1 提出的磨损形式有:

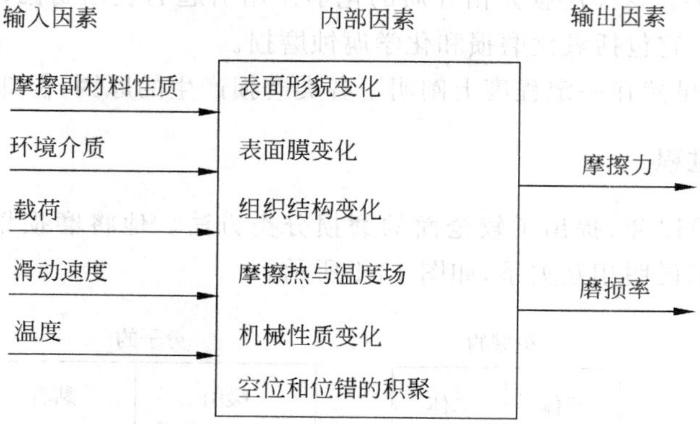

图 13-2　摩擦磨损过程图

(1) 擦伤：由于犁沟作用在摩擦表面产生沿摩擦方向的沟痕和磨粒。

(2) 点蚀：在接触应力反复作用下，使金属疲劳破坏而形成的表面凹坑。

(3) 剥落：金属表面由于变形强化而变脆，在载荷作用下产生微裂纹随后剥落。

(4) 胶合：由黏着效应形成的表面黏着结点具有较高的连接强度时，使剪切破坏发生在层内一定深度，因而导致严重磨损。

(5) 微观磨损：以上各种表层破坏的微观形式。

根据研究，人们普遍认为按照不同的磨损机理来分类是比较恰当的，通常将磨损划分为四个基本类型：磨粒磨损、黏着磨损、表面疲劳磨损和腐蚀磨损。虽然这种分类还不十分完善，但它概括了各种常见的磨损形式。例如，侵蚀磨损是表面和含有固体颗粒的液体相摩擦而形成的磨损，它可以归入磨粒磨损。微动磨损的主要原因是接触表面的氧化作用，可以将它归纳在腐蚀磨损之内。

应当指出，在实际的磨损现象中，通常是几种形式的磨损同时存在，而且一种磨损发生后往往诱发其他形式的磨损。例如，疲劳磨损的磨屑会导致磨粒磨损，而磨粒磨损所形成的洁净表面又将引起腐蚀或黏着磨损。微动磨损就是一种典型的复合磨损。在微动磨损过程中，可能出现黏着磨损、氧化磨损、磨粒磨损和疲劳磨损等多种磨损形式。随着工况条件的变化，不同形式磨损的主次不同。

13.1.3　磨损的转化

磨损形式还随工况条件的变化而转化。图 13-3(a)是在载荷一定时改变滑动速度得到的钢对钢磨损量的变化和磨损形式的转化。当滑动速度很低时，摩擦是在表面氧化膜之间进行的，所以产生的磨损为氧化磨损，磨损量较小。随着滑动速度增加，磨屑增大，表面出现金属光泽且变得粗糙，此时已转化为黏着磨损，磨损量也增大。当滑动速度再增高，由于温度升高，表面重新生成氧化膜，又转化为氧化磨损，磨损量又变小。若滑动速度继续增加，再次转化为黏着磨损，磨损剧烈而导致失效。

图 13-3(b)是滑动速度保持一定而改变载荷所得到的钢对钢磨损实验结果。载荷小产生氧化磨损，磨屑主要是 Fe_2O_3。当载荷达到 W_0 后，磨屑是 FeO、Fe_2O_3 和 Fe_3O_4 混合物。载荷超过 W_c 以后，便转入危害性的黏着磨损。

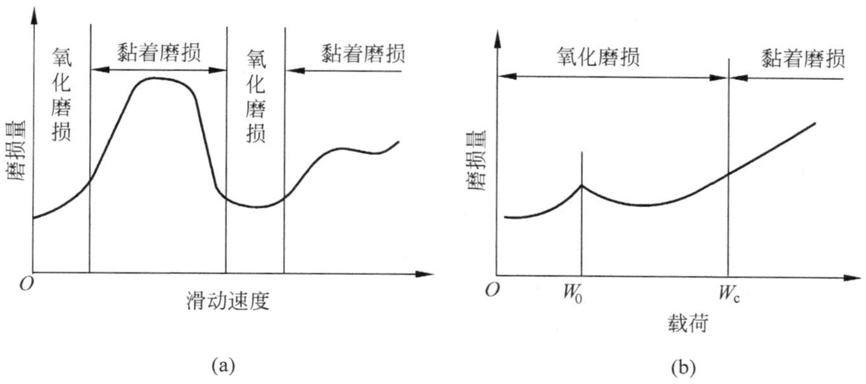

图 13-3　磨损形式的转化

13.2　磨粒磨损

外界硬颗粒或者对磨表面上的硬突起物或粗糙峰在摩擦过程中引起表面材料脱落的现象，称为磨粒磨损。例如，掘土机铲齿、犁耙、球磨机衬板等的磨损都是典型的磨粒磨损。机床导轨面由于切屑的存在也会引起磨粒磨损。水轮机叶片和船舶螺旋桨等与含泥沙的水之间的侵蚀磨损也属于磨粒磨损。

13.2.1　磨粒磨损的种类

磨粒磨损有以下 3 种形式。

(1) 磨粒沿一个固体表面相对运动产生的磨损称为二体磨粒磨损。当磨粒运动方向与固体表面接近平行时，磨粒与表面接触处的应力较低，固体表面产生擦伤或微小的犁沟痕迹。如果磨粒运动方向与固体表面接近垂直时，常称为冲击磨损。此时，磨粒与表面产生高应力碰撞，在表面上磨出较深的沟槽，并有大颗粒材料从表面脱落。冲击磨损量与冲击能量有关。

(2) 在一对摩擦副中，硬表面的粗糙峰对软表面起着磨粒作用，这也是一种二体磨损，它通常是低应力磨粒磨损。

(3) 外界磨粒移动于两摩擦表面之间，类似于研磨作用，称为三体磨粒磨损。通常三体磨损的磨粒与金属表面产生极高的接触应力，往往超过磨粒的压溃强度。这种压应力使韧性金属的摩擦表面产生塑性变形或疲劳，而脆性金属表面则发生脆裂或剥落。

磨粒磨损是最普遍的磨损形式。据统计，在生产中因磨粒磨损所造成的损失占整个磨损损失的一半左右，因而研究磨粒磨损有着重要的意义。一般来说，磨粒磨损的机理是磨粒的犁沟作用，即微观切削过程。显然，材料相对于磨粒的硬度、载荷以及滑动速度起着重要的作用。

13.2.2　影响磨粒磨损的因素

在实验室中研究磨粒磨损通常是将试件材料在磨料纸上相互摩擦。虽然由于略去了冲击、腐蚀和温度等因素的影响，使实验室中得到的数据与实际存在差别，但它反映了磨粒磨损的基本现象和规律，所得的结论仍十分有用。

首先，磨料硬度 H_0 与试件材料硬度 H 之间的相对值影响磨粒磨损的特性，如图 13-4 所示。当磨料硬度低于试件材料硬度，即当 $H_0<(0.7\sim1)H$ 时，不产生磨粒磨损或产生轻微磨损。而当磨料硬度超过材料硬度以后，磨损量随磨料硬度而增加。如果磨料硬度更高将产生严重磨损，但磨损量不再随磨料硬度变化。因此，为了防止磨粒磨损，材料硬度应高于磨料硬度，通常认为当 $H\geqslant1.3H_0$ 时，只发生轻微的磨粒磨损。

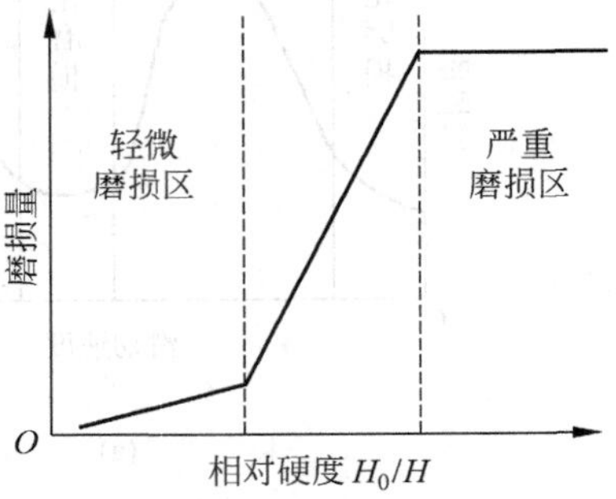

图 13-4 相对硬度的影响

磨损量可以用体积或厚度的变化来表示。在滑动位移 s 中，如果垂直表面的磨损厚度为 h，则单位位移的磨损厚度 $\frac{dh}{ds}$ 称为线磨损度。耐磨性 E 可表示为磨损度的倒数：

$$E=\frac{ds}{dh}$$

通常采用相对耐磨性来说明材料的抗磨粒磨损能力，相对耐磨性 R 的定义为

$$R=\frac{E_s}{E_f} \tag{13-1}$$

式中，E_s 为试件材料的耐磨性；E_f 为基准耐磨性，它是以硬度为 $H_0=22\,457\text{MPa}(2290\text{kgf/mm}^2)$ 的钢玉为磨料时含锑的铅锡合金材料的耐磨性。

苏联学者 Хрущов 等人[1] 对磨粒磨损进行了系统的研究，指出硬度是表征材料抗磨粒磨损性能的主要参数，并得出以下的结论。

(1) 对于纯金属和各种成分未经热处理的钢材，耐磨性与材料硬度成正比关系，如图 13-5 所示。通常认为退火状态钢的硬度与碳的质量分数成正比，由此可知，钢在磨粒磨损下的耐磨性与碳的质量分数按线性关系增加。图 13-5 中的直线可用下式表示：

$$R=13.74\times10^{-2}H \tag{13-2}$$

(2) 如图 13-6 所示，用热处理方法提高钢的硬度也可使它的耐磨性沿直线缓慢增加，但变化的斜率降低。图中每条直线代表一种钢材，含碳的质量分数越高，直线的斜率越大，而交点表示该钢材未经热处理时的耐磨性。热处理对钢材耐磨性的影响可以表示为

$$E=E_p+C(H-H_p) \tag{13-3}$$

式中，H_p 和 E_p 为退火状态下钢材的硬度和耐磨性；H 和 E 是热处理后的硬度和耐磨性；C 为热处理效应系数，其值随碳的质量分数增加而增加。

(3) 通过塑性变形使钢材冷作硬化能够提高钢的硬度，但不能改善其抗磨粒磨损的能力。

Хрущов 等人对以上实验结果的分析认为，磨粒磨损的耐磨性与冷作硬化的硬度无关，这是因为磨粒磨损中的犁沟作用本身就是强烈的冷作硬化过程。磨损中的硬化程度要比原始硬化大得多，而金属耐磨性实际上取决于材料在最大硬化状态下的性质，所以原始的冷作硬化对磨粒磨损无影响。此外，用热处理方法提高材料硬度，一部分是因冷作硬化得来的，这部分硬度的提高对改善耐磨性作用不大，因此用热处理提高耐磨性的效果不很显著。

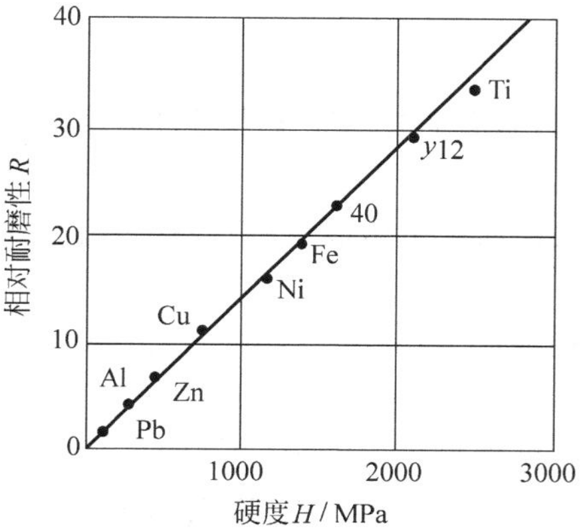

图 13-5　相对耐磨性与材料硬度的关系

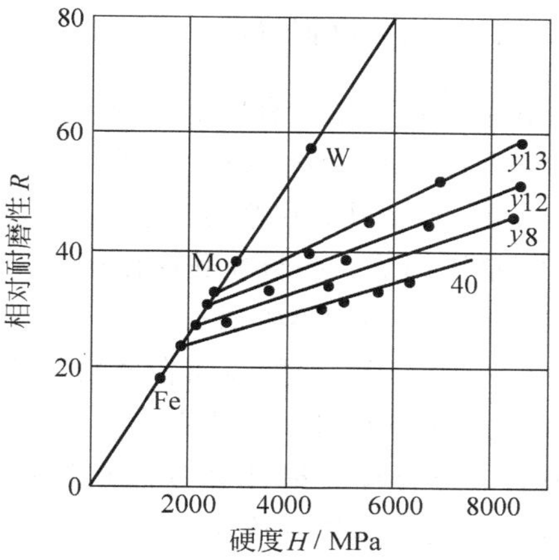

图 13-6　热处理对耐磨性的影响

综上所述，提高钢材硬度的方法有改善合金成分、热处理或冷作硬化等三种。而材料抗磨粒磨损的能力与硬化方法有关，所以必须根据各种提高硬度的方法来考虑耐磨性与硬度的关系。

应当指出，当金属硬度大于磨料硬度时也会被磨损，这是由于磨料压入金属的能力不仅取决于相对硬度，同时也与磨粒的形状有关。例如，固体平面可以被材料相同而具有球形、尖锥形或其他尖刃形的颗粒压入形成压痕。所以讨论磨粒磨损性能时，除相对硬度之外，还应考虑以下因素：

(1) 磨粒磨损与磨料的硬度、强度、形状、尖锐程度和颗粒大小等因素有关。磨损量与材料的颗粒大小成正比，但颗粒大到一定值以后，磨粒磨损量不再与颗粒大小有关。

(2) 载荷显著地影响各种材料的磨粒磨损。图 13-7 说明线磨损度与表面压力成正比。当压力达到转折值 P_c 时，线磨损度随压力的增加变得平缓，这是由于磨粒磨损形式转变的结果。各种材料的转折压力值不同。

(3) 图 13-8 给出线磨损度与重复摩擦次数的关系。在磨损开始时期，由于磨合作用使线磨损度随摩擦次数而下降，同时表面粗糙度得到改善，随后磨损趋于平缓。

(4) 如果滑动速度不大，不至于使金属发生退火、回火效应时，线磨损度将与滑动速度无关。

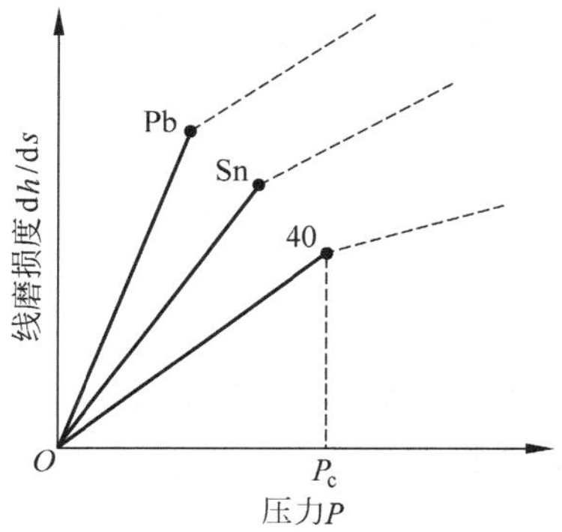

图 13-7　线磨损度与表面压力的关系

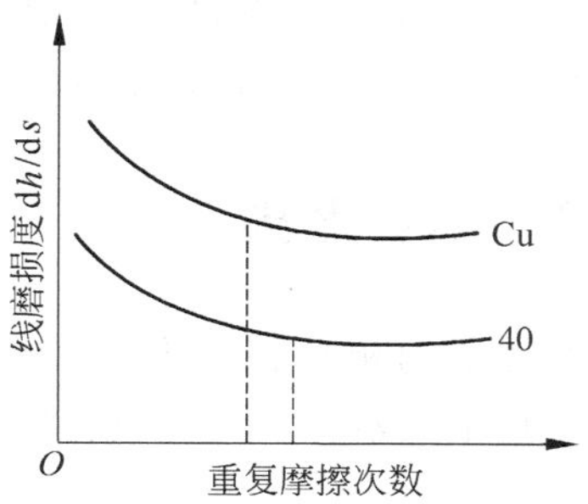

图 13-8　线磨损度与重复摩擦次数的关系

13.2.3　磨粒磨损机理

磨粒磨损机理主要有以下 3 种。

(1) 微观切削。法向载荷将磨料压入摩擦表面，而滑动时的摩擦力通过磨料的犁沟作用使表面剪切、犁皱和切削，产生槽状磨痕。

(2) 挤压剥落。磨料在载荷作用下压入摩擦表面而产生压痕，将塑性材料的表面挤压出层状或鳞片状的剥落碎屑。

(3) 疲劳破坏。摩擦表面在磨料产生的循环接触应力作用下，使表面材料因疲劳而剥落。

最简单的磨粒磨损计算方法是根据微观切削机理得出的。图 13-9 为磨粒磨损模型。

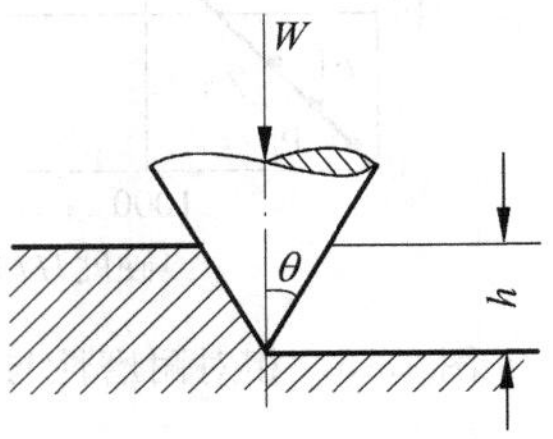

图 13-9　圆锥体磨粒磨损模型

假设磨粒为形状相同的圆锥体，半角为 θ，压入深度为 h，则压入部分的投影面积 A 为

$$A = \pi h^2 \tan^2\theta$$

如果被磨材料的受压屈服极限为 σ_s，每个磨粒承受的载荷为 W，则

$$W = \sigma_s A = \sigma_s \pi h^2 \tan^2\theta$$

当圆锥体滑动距离为 s 时，被磨材料移去的体积为 $V = sh^2\tan\theta$。若定义单位位移产生的磨损体积为体积磨损度 $\frac{dV}{ds}$，则磨粒磨损的体积磨损度为

$$\frac{dV}{ds} = h^2\tan\theta = \frac{W}{\sigma_s \pi \tan\theta} \tag{13-4}$$

由于受压屈服极限 σ_s 与硬度 H 有关，故

$$\frac{dV}{ds} = k_a \frac{W}{H} \tag{13-5}$$

式中，k_a 为磨粒磨损常数，由磨粒硬度、形状和起切削作用的磨粒数量等因素决定。

应当指出，上述分析忽略了许多实际因素(例如，磨粒的分布情况、材料弹性变形和滑动前方材料堆积产生的接触面积变化等)，因此式(13-5)近似地适用于二体磨粒磨损。在三体磨损中，一部分磨粒的运动是沿表面滚动，它们不产生切削作用，因而式(13-5)中的 k_a 值应当降低。

总之，为了提高磨粒磨损的耐磨性必须减少微观切削作用。例如，降低磨粒对表面的作用力并使载荷均匀分布，提高材料表面硬度，降低表面粗糙度，增加润滑膜厚度以及采用防尘或过滤装置保证摩擦表面清洁等。

13.3　黏着磨损

当摩擦副表面相对滑动时，由于黏着效应所形成的黏着结点发生剪切断裂，被剪切的材料或脱落成磨屑，或由一个表面迁移到另一个表面，此类磨损统称为黏着磨损。

根据黏着结点的强度和破坏位置不同，黏着磨损有几种不同的形式，从轻微磨损到破坏性严重的胶合磨损。它们的磨损形式、摩擦因数和磨损度虽然不同，但共同的特征是出现材料迁移，以及沿滑动方向形成程度不同的划痕。

13.3.1 黏着磨损的种类

按照磨损的严重程度，黏着磨损可分为以下几种。

1）轻微黏着磨损

当黏着结点的强度低于两摩擦副材料的强度时，剪切发生在结合面上。此时虽然摩擦因数增大，但是磨损却很小，材料迁移也不显著。通常在金属表面具有氧化膜、硫化膜或其他涂层时发生轻微黏着磨损。

2）一般黏着磨损

黏着结点的强度高于摩擦副中较软材料的剪切强度时，破坏将发生在离结合面不远处软材料表层内，因而软材料黏附在硬材料表面上。这种磨损的摩擦因数与轻微磨损差不多，但磨损程度加剧。

3）擦伤磨损

当黏结强度高于两摩擦副材料强度时，剪切破坏主要发生在软材料表层内，有时也发生在硬材料表层内。迁移到硬材料上的黏着物又使软表面出现划痕，所以擦伤主要发生在软材料表面。

4）胶合磨损

如果黏着结点强度比两材料的剪切强度高得多，而且黏着结点面积较大时，剪切破坏发生在一个或两个材料表层深的地方。此时，两表面都出现严重磨损，甚至使摩擦副之间咬死而不能相对滑动。

高速重载摩擦副中，由于接触峰点的塑性变形大以及表面温度高，使黏着结点的强度和面积增大，通常产生胶合磨损。相同材料组成的摩擦副中，因为黏着结点附近的材料塑性变形和冷作硬化程度相同，剪切破坏发生在很深的表层，胶合磨损更为剧烈。

13.3.2 影响黏着磨损的因素

除润滑条件和摩擦副材料性能之外，影响黏着磨损的主要因素是载荷和表面温度。然而，关于载荷或温度哪个是决定性的因素迄今尚未取得统一认识。

1. *表面载荷*

苏联学者 Виноградова 系统地研究了载荷对胶合磨损的影响，她认为当表面压力达到一定的临界值，并经过一段时间后才会发生胶合。因此，载荷是胶合磨损的决定性因素。几种材料的临界压力值列于表 13-1。

表 13-1 胶合磨损的临界载荷

摩擦副材料	临界载荷/MPa	胶合发生时间/min
3 号钢—青铜	170	1.5
3 号钢—GCr15 钢	180	2.0
3 号钢—铸铁	467	0.5

观察各种材料的试件在四球机实验中磨痕直径的变化，也表明当载荷达到一定值时，磨痕直径骤然增大，这个载荷称为胶合载荷，如图 13-10 所示。

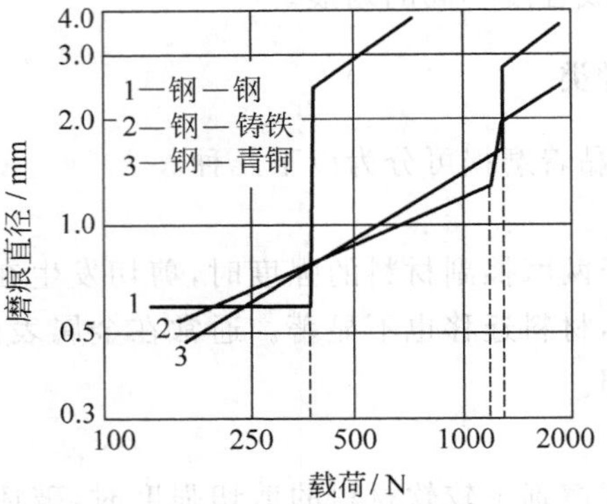

图 13-10　四球机实验曲线

实验还证明，如果将试件浸入油中加热，当载荷低于临界值而使油温升高，并不能发生胶合。这说明温度升高不会产生胶合。

然而，载荷引起表面弹塑性变形必然伴随高温的出现，而且根据实验发现各种材料的临界载荷值随滑动速度增加而降低，这说明温度对胶合的发生起着重要作用。

2. *表面温度*

摩擦过程中产生的热量使固体表面温度升高，在接触点附近形成半球形的等温面，在表层内一定深度处各接触点的等温面将汇合成共同的等温面，如图 13-11 所示。

图 13-12 所示为温度沿表面深度方向的分布。摩擦热产生于最外层的变形区，因此表面温度 θ_s 最高，又因热传导作用造成变形区非常大的温度梯度。变形区以内为基体温度 θ_v，变化平缓。

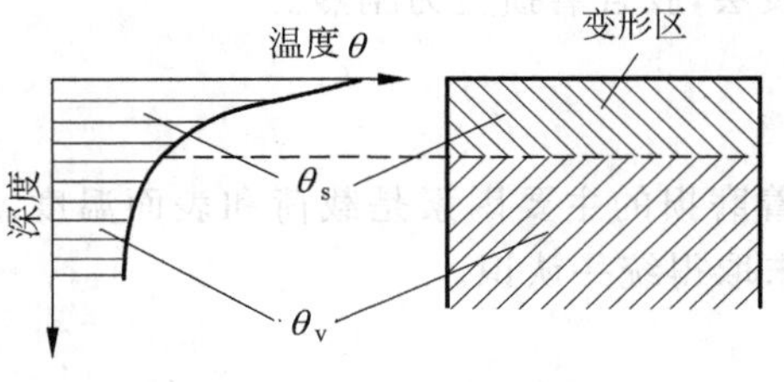

图 13-11　表层内的等温线

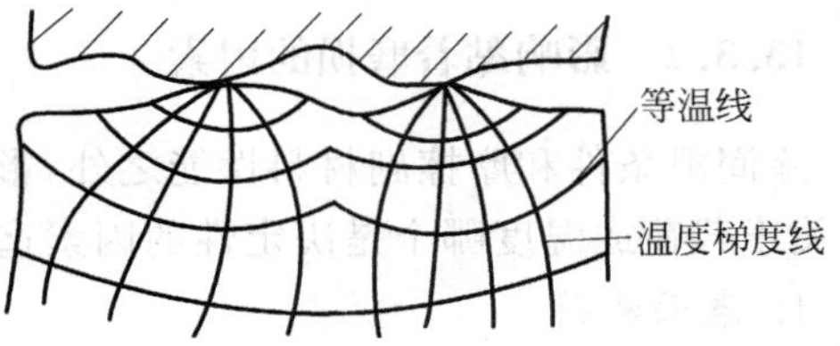

图 13-12　温度沿深度的分布

表层温度特性对于摩擦表面的相互作用和破坏影响很大。表面温度可使润滑膜失效，而温度梯度引起材料性质和破坏形式沿深度方向变化。

图 13-13 所示为 Rabinowicz(1965 年)提出的实验结果，他采用放射性同位素方法测量金属迁移量。可以看出，当表面温度达到临界值(约 80℃)时，磨损量和摩擦因数都急剧增加。

影响温度特性的主要因素是表面压力 p 和滑动速度 v，其中速度的影响更大，因此限制 pv 值是减少黏着磨损和防止胶合发生的有效方法。根据实验和计算分析得出的表面温度

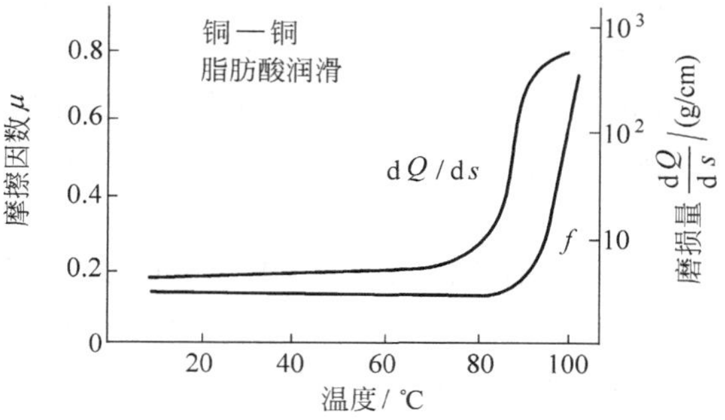

图 13-13 温度对胶合磨损的影响

场与速度和压力的关系见表 13-2。

表 13-2 表面温度场与速度和压力的关系

温度场	接触状态			
	塑性接触		弹性接触	
	压力 p	滑动速度 v	压力 p	滑动速度 v
表面温度 θ_s	—	$\sqrt{v}$	p^n	$\sqrt{v}$
温度梯度	—	v	p^n	v
基体温度 θ_v	p	v	p	v

注：$n<1$。

3. 摩擦副材料

脆性材料的抗黏着磨损的能力比塑性材料高。塑性材料形成的黏着结点的破坏以塑性流动为主，它发生在离表面一定的深度处，磨屑较大，有时长达 3mm，深达 0.2mm。而脆性材料黏着结点的破坏主要是剥落，损伤深度较浅，同时磨屑容易脱落，不堆积在表面上。根据强度理论，脆性材料的破坏由正应力引起，而塑性材料的破坏取决于剪应力。而表面接触中的最大正应力作用在表面，最大剪应力却出现在离表面一定深度处，所以材料塑性越高，黏着磨损越严重。

相同金属或者互溶性大的材料组成的摩擦副黏着效应较强，容易发生黏着磨损。异性金属或者互溶性小的材料组成的摩擦副抗黏着磨损的能力较强。而金属和非金属材料组成的摩擦副的抗黏着磨损能力高于异种金属组成的摩擦副。从材料的组织结构而论，多相金属比单相金属的抗黏着磨损能力高。

通过表面处理方法在金属表面上生成硫化物、磷化物或氯化物等的薄膜将减少黏着效应，同时表面膜也限制了破坏深度，从而提高抗黏着磨损能力。

此外，改善润滑条件，在润滑油或脂中加入油性和极压添加剂，选用热传导性高的摩擦副材料或加强冷却以降低表面温度，改善表面形貌以减小接触压力等，都可以提高抗黏着磨损的能力。

13.3.3 黏着磨损机理

通常摩擦表面的实际接触面积只有表观面积的 0.01%～0.1%。对于重载高速摩擦副，接触峰点的表面压力有时可达 5000MPa，并产生 1000℃以上的瞬现温度。而由于摩擦副体积远大于接触峰点，一旦脱离接触，峰点温度便迅速下降，一般局部高温持续时间只有几毫秒。摩擦表面处于这种状态下，润滑油膜、吸附膜或其他表面膜将发生破裂，使接触峰点产生黏着，随后在滑动中黏着结点破坏。这种黏着、破坏、再黏着的交替过程就构成黏着磨损。

有关黏着结点形成的原因存在着不同的观点。Bowdon 等人认为黏着是接触峰点的塑性变形和瞬时高温使材料熔化或软化而产生的焊合。也有人提出，温度升高后，由于物质离解所产生的类似焊接的作用而形成黏着结点。然而非金属材料也能发生黏着现象，用高温熔焊的观点不能解释非金属黏着结点的形成。

Хрушов 等人认为黏着是冷焊作用，不必达到熔化温度即可形成黏着结点。有人提出黏着是由于摩擦副表面分子作用。也有人试图用金属价电子的运动或者同类金属原子在彼此结晶格架之间的运动和互相填充来解释黏着现象。但是这些观点尚未取得充足的实验数据。

虽然有关黏着机理目前还没有比较统一的观点，但是黏着现象必须在一定的压力和温度条件下才会发生这一认识是相当一致的。

黏着结点的破坏位置决定了黏着磨损的严重程度，而破坏力的大小表现为摩擦力，所以磨损量与摩擦力之间没有确定的关系。黏着结点的破坏情况十分复杂，它与摩擦副材料和黏着结点的相对强度以及黏着结点的分布有关。

黏着磨损计算可以根据图 13-14 所示的模型求得，它是由 Archard(1953 年)提出的。

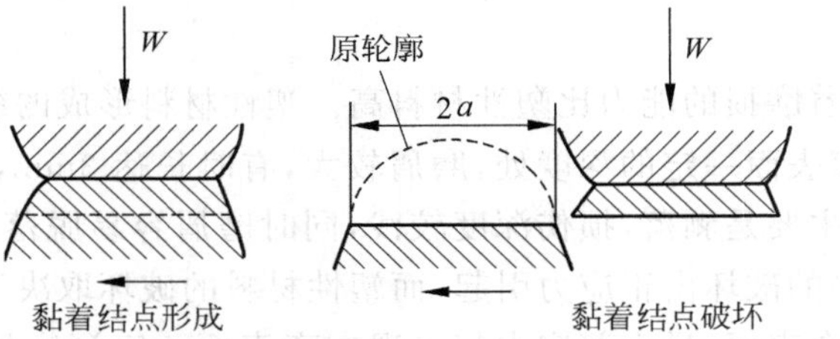

图 13-14　黏着磨损模型

选取摩擦副之间的黏着结点面积为以 a 为半径的圆，每一个黏着结点的接触面积为 πa^2。如果表面处于塑性接触状态，则每个黏着结点支承的载荷为

$$W = \pi a^2 \sigma_s$$

式中，σ_s 为软材料的受压屈服极限。

假设黏着结点沿球面破坏，即迁移的磨屑为半球形。于是，当滑动位移为 $2a$ 时的磨损体积为 $\frac{2}{3}\pi a^3$。因此体积磨损度可写为

$$\frac{dV}{ds} = \frac{\frac{2}{3}\pi a^3}{2a} = \frac{W}{3\sigma_s} \tag{13-6}$$

考虑到并非所有的黏着结点都形成半球形的磨屑，引入黏着磨损常数 k_s，且 $k_s \ll 1$，则 Archard 公式为

$$\frac{\mathrm{d}V}{\mathrm{d}s}=k_s\frac{W}{3\sigma_s} \tag{13-7}$$

式(13-7)与磨粒磨损计算公式(13-5)的形式基本相同。

Archard 计算模型虽然是近似的,但可以用来估算黏着磨损寿命。Fein(1971 年)用四球机测得几种润滑剂的抗黏着磨损性能,如表 13-3 所示。表 13-4 列出了 Tabor(1972 年)用销盘磨损机测定的几种材料在干摩擦条件下的 k_s 值。

表 13-3 几种润滑剂的 k_s 值

(四球机实验,载荷 400N,滑动速度 0.5m/s)

润滑剂	摩擦因数 f	磨损常数 k_s	当量齿轮寿命总转数
干燥氩气	0.5	10^{-2}	10^2
干燥空气	0.4	10^{-3}	10^3
汽油	0.3	10^{-5}	10^5
润滑剂	0.12	10^{-7}	10^7
润滑油加硬脂酸(冷却)	0.08	10^{-9}	10^9
标准发动机油	0.7	10^{-10}	10^{10}

表 13-4 几种材料的黏着磨损常数 k_s 值

(销盘磨损机实验,空气中干摩擦,载荷 4000N,滑动速度 1.8m/s)

摩擦副材料	摩擦因数 f	磨损常数 k_s
软钢—软钢	0.6	10^{-2}
硬质合金—淬火钢	0.6	5×10^{-5}
聚乙烯—淬火钢	0.65	10^{-7}

表 13-4 中黏着磨损常数 k_s 值远小于 1,这说明在所有的黏着结点中只有极少数发生磨损,而大部分黏着结点不产生磨屑。对于这种现象目前还没有令人十分满意的解释。

13.3.4 胶合计算准则

胶合是破坏性最大的磨损形式,被磨损表面凹凸不平,有时磨痕深达 0.2mm,表面材料堆积,使摩擦因数很高而且不稳定。胶合磨损一旦发生就很严重,往往在百分之几秒内导致摩擦副完全失效,所以应尽力避免胶合的发生。

目前尚无统一的判断胶合发生的观点。有人用表面形貌来判断,即在磨损过程中当垂直于滑动方向的粗糙度剧烈增加时表示胶合磨损发生。也有人提出以摩擦温度达到临界值作为判据。但是通常都采用摩擦因数突然增加并出现大幅度变化来判断胶合发生。

胶合磨损的发生不仅取决于润滑油膜的破裂,而且与摩擦表面上化学反应膜的形成情况有关。樊瑜瑾等人[2]通过测量摩擦过程中表面温度、摩擦力和油膜的变化以及表面反应膜的形成情况,探讨了油润滑下 GCr15 与 45 钢发生胶合的条件。实验表明,滑动速度对胶合的发生有很大影响。在较低的速度下,油膜破裂后能够生成化学反应膜防止胶合发生,只有当表面温度过高,使反应膜失效后才会发生胶合。而在较高的速度下,一旦油膜破裂很难形成反应膜,立即发生胶合,胶合前的温度和摩擦力都较低。在中等速度下,油膜破裂后能够生成反应膜,此时胶合发生是由于反应膜的磨损率大于它的生成速率引起的。

通常胶合磨损出现在高速重载和润滑不良的诸如齿轮-蜗轮传动、滚动轴承和滑动轴承等摩擦副。为了防止胶合的发生,近年来对胶合计算准则进行了广泛的研究,其中对齿轮胶合的研究最多。然而,目前提出的各种胶合计算准则尚属半经验计算,缺少足够而准确的数据,因此还不能有效地普遍应用。

早期采用的胶合计算是从静载荷出发,以提高材料的表面硬度作为抗胶合的主要措施。随后的研究表明摩擦副温度对胶合发生起着重要作用,因此提出了以热负荷为基础的胶合计算准则。

以下介绍几种常用的胶合计算准则。

1. $p_0U_s \leqslant c$ 准则

Almen(1953 年)统计了美国通用汽车公司生产的汽车后桥圆锥齿轮的胶合失效情况,提出防止胶合磨损的准则为

$$p_0U_s \leqslant c \tag{13-8}$$

式中,p_0 为 Hertz 最大应力;U_s 为相对滑动速度;c 为实验常数,根据工况条件 c 在 $32\times10^2 \sim 15\times10^4$ MPa·m/s 范围内变化。

式(13-8)的计算结果比较粗略,数据离散范围达到 50%。但由于它形式简单,常用作初步计算,作为选择抗胶合材料的依据。

Blok 根据实验分析提出,以 $\sqrt{p_0^3U_s}$ 作为胶合计算准则更切合实际,又因为它与接触瞬现温升成正比,实际上在胶合计算中引入了温度因素。

2. $WU_s^n \leqslant c$ 准则

Borsoff 等人(1963 年)对齿轮胶合的研究得出如图 13-15 所示的结果,即胶合发生点的载荷 W 与滑动速度 U_s 满足指数关系。近年来提出的几种指数型准则都可以归纳为下式:

$$WU_s^n \leqslant c \tag{13-9}$$

为了确定指数 n 的数值,人们从不同角度研究,所得的数据变化范围很宽,$-1\sim+2$,造成选用时的困难。如果能够针对实际工况用实验测定 n 的数值,这一准则可以得到满意的结果。

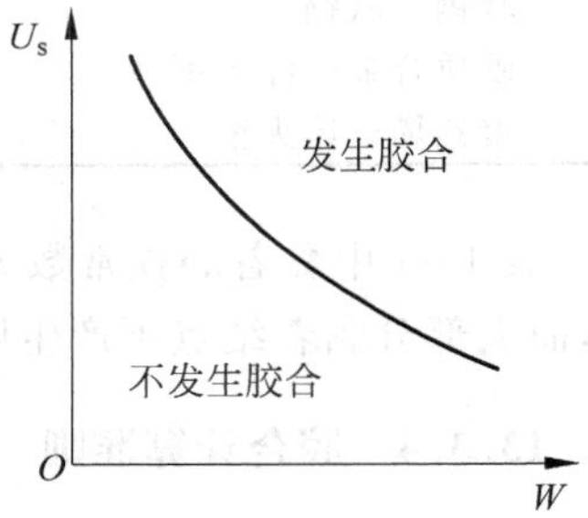

图 13-15 $WU_s^n \leqslant c$ 准则曲线

3. 瞬现温度准则

图 13-16 是 Wilson(1980 年)提出的齿轮胶合磨损过程中齿面温度的分布和变化,它显示了胶合与温度的密切关系。

Blok 认为胶合的产生是由于表面局部瞬现温度达到临界值引起的,他提出的瞬现温度准则得到广泛的采用。

设胶合临界温度为 θ_{sc},摩擦表面本体温度为 θ_b,而局部瞬现温升为 θ_{fm},则

$$\theta_b + \theta_{fm} \leqslant \theta_{sc} \tag{13-10}$$

有关瞬现温升的计算和表面最大温度的确定可参考文献[3]。

胶合临界温度 θ_{sc} 应根据摩擦副材料、润滑油品种和润滑状态等因素来确定。例如,对于一般润滑条件下的淬火齿轮可选取 $\theta_{sc}=150\sim250$℃,未淬火钢齿轮取 $\theta_{sc}=60\sim150$℃。采用普通矿物油润滑时,胶合温度通常接近润滑油从金属表面蒸发的温度。

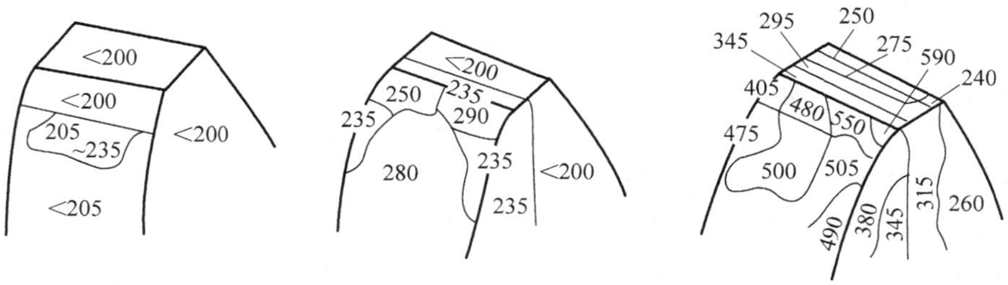

(a) (b) (c)

图 13-16 胶合过程中齿面温度(图中温度单位℃)

(a) 胶合前;(b) 胶合发生;(c) 严重胶合

实践证明,瞬现温度准则与指数型准则所得的计算结果十分相近。在高速滑动条件下,瞬现温度准则相当于 $n=2/3$ 时的指数型准则。

应当指出,迄今为止还不能准确地决定胶合发生时表面瞬现温度的数值,无论是用测量还是用计算方法都是十分困难的。

4. 胶合因子准则

胶合因子 t_f 定义为齿轮表面上的点通过齿面接触区所需的时间,单位为 s。若 Hertz 接触区半宽为 b,则 t_f 的数值为

$$t_f = \frac{2b}{U_s} \tag{13-11}$$

胶合发生时的临界载荷 W_c 与胶合因子的关系表达式为

$$W_c = at_f + c \tag{13-12}$$

式中,a 和 c 为实验常数。

当 $W_c \gg c$ 时,可以略去 c 值,则式(13-12)的计算结果与式(13-9)指数型准则的相近似。

综上所述,由于胶合现象的复杂性,目前各种计算准则都有待于进一步完善,为此必须对胶合机理进行更深入的研究。

13.4 疲劳磨损

两个相互滚动或滚动兼滑动的摩擦表面,在循环变化的接触应力作用下,由于材料疲劳剥落而形成凹坑,称为表面疲劳磨损或接触疲劳磨损。除齿轮传动、滚动轴承等以这种磨损为主要失效方式之外,摩擦表面粗糙峰周围应力场变化所引起的微观疲劳现象也属于此类磨损。不过,表面微观疲劳往往只发生在磨合阶段,因而是非发展性的磨损。

一般来说,表面疲劳磨损是不可避免的,即便是在良好的油膜润滑条件下也将发生。对于发展性的疲劳磨损应保证在正常工作时间内不致因表面疲劳凹坑的恶性发展而失效。

13.4.1 表面疲劳磨损的种类

1. 表层萌生与表面萌生疲劳磨损

表层萌生的疲劳磨损主要发生在一般质量的钢材以滚动为主的摩擦副中。在循环接触

应力作用下，这种磨损的疲劳裂纹发源在材料表层内部的应力集中源，例如非金属夹杂物或空穴。通常裂纹萌生点局限在一狭窄区域，典型深度为0.3mm左右。与表层内最大剪应力的位置相符合。裂纹萌生以后，首先顺滚动方向平行于表面扩展，然后又延伸到表面。磨屑剥落后形成凹坑，其断口比较光滑。这种疲劳磨损的裂纹萌生所需时间较短，但裂纹扩展速度缓慢。表层萌生疲劳磨损通常是滚动轴承的主要破坏形式。

近年来，由于真空冶炼技术和退氧钢的发展，钢材内部质量明显提高，大大降低了疲劳裂纹在表层内萌生的可能性，使表面产生疲劳磨损的可能性增加。

表面萌生的疲劳磨损主要发生在高质量钢材以滑动为主的摩擦副。裂纹发源在摩擦表面上的应力集中源，例如，切削痕、碰伤痕、腐蚀或其他磨损的痕迹等。此时，裂纹由表面出发以与滑动方向成20°～40°夹角向表层内部扩展。到一定深度后，分叉形成脱落凹坑，其断口比较粗糙。这种磨损的裂纹形成时间很长，但扩展速度十分迅速。

由于表层萌生疲劳破坏坑的边缘可以构成表面萌生裂纹的发源点，所以通常这两种疲劳磨损是同时存在的。

2. 鳞剥与点蚀磨损

按照磨屑和疲劳坑的形状，通常将表面疲劳磨损分为鳞剥和点蚀两种。前者磨屑是片状，凹坑浅而面积大；后者磨屑多为扇形颗粒，凹坑为许多小而深的麻点。

日本学者Fujita和Yoshida(1979年)在双圆盘试验机上采用不同热处理状态的钢进行实验时发现：对于退火钢和调质钢，疲劳磨损以点蚀形式出现，而渗碳钢和淬火钢的疲劳磨损是产生鳞剥。这两种磨损的疲劳坑形状如图13-17所示。

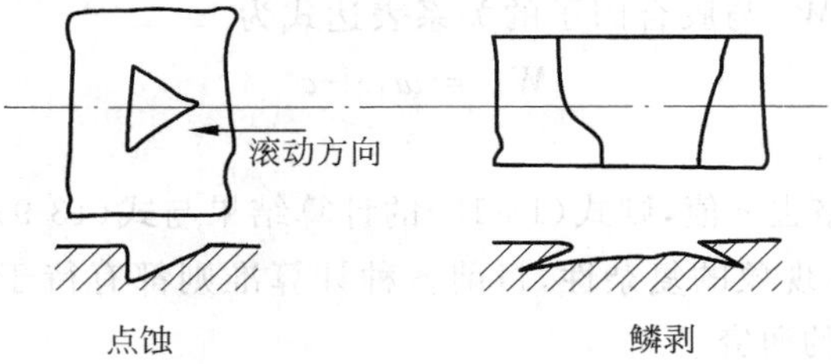

图13-17 点蚀与鳞剥

实验表明，无论是退火钢还是调质钢，纯滚动或滚动兼滑动的摩擦副的点蚀疲劳裂纹都起源于表面，再顺滚动方向向表层内扩展，并形成扇形的疲劳坑。鳞剥疲劳裂纹始于表层内，随后裂纹与表面平行向两端扩展，最后在两端断裂，形成沿整个试件宽度上的浅坑。

Fujita等人提出以应力和硬度的比值作为疲劳发生的准则，认为裂纹萌生在$\sigma/\sqrt{3}H$或τ/H最大值处。根据测定的沿深度方向的硬度值和计算的应力值，他们提出，对于发生点蚀的软材料而言，作用在表面的$\sigma/\sqrt{3}H$值最大，因而可以用它作为发生点蚀的决定应力；而硬材料的最大的应力和硬度比值是作用在表层内的τ/H值，所以用它来判断鳞剥的发生。

Martin和Cameron(1966年)对疲劳磨损的分析表明，磨屑有椭圆形和扇形两类。椭圆形磨屑是片状的，数量很少，而扇形磨屑的裂纹从表面上一点开始辐射状向表层内扩展，与表面夹角为30°～40°。图13-18为沿深度方向微硬度分布，可以看出，表层内存在硬度峰，其位置与最大剪应力深度相吻合。这一结果支持了 Crook 和 Welsh 的论点，即在循环应力作用下，表层内部由于塑性变形而形成硬化带。较深的疲劳坑的形成通常是裂纹从表面开始，以 40°向下扩展，而达到硬化带后改变成与表面平行的方向扩展。硬化带构成屏障，阻止裂纹穿过。

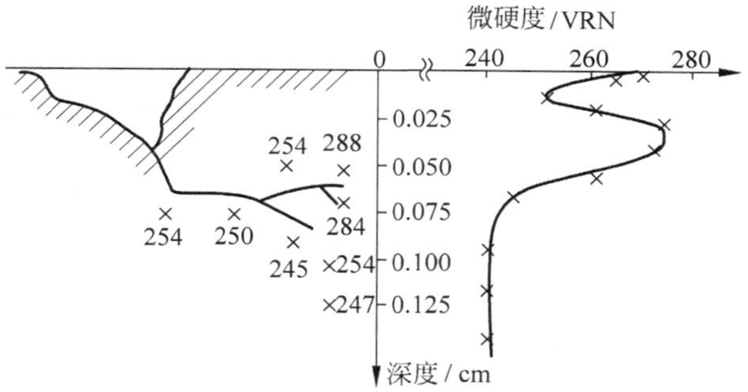

图 13-18 微硬度分布与裂纹扩展

应当指出，就目前的研究状况而言，还不能认为表面萌生或表层萌生与点蚀或鳞剥之间存在对应联系。在实际的表面疲劳磨损中，不同形式的磨屑同时发生。此外，各种疲劳磨损虽然在宏观上不同，但材料在疲劳过程中的微观结构变化却是相同的。

13.4.2 影响疲劳磨损的因素

接触疲劳磨损过程十分复杂，影响因素繁多，长期以来进行了大量的实验研究，但仍然存在不少争论的问题。

总的来说，影响表面疲劳的因素可以归纳为以下 4 个方面：

(1) 在干摩擦或润滑条件下的宏观应力场；

(2) 摩擦副材料的机械性质和强度；

(3) 材料内部缺陷的几何形状和分布密度；

(4) 润滑剂或介质与摩擦副材料的作用。

这里仅介绍几个主要因素的影响。

1. 载荷性质

首先载荷大小决定了摩擦副的宏观应力场，直接影响疲劳裂纹的萌生和扩展，通常认为是决定疲劳磨损寿命的基本因素。此外，载荷性质也有着巨大的影响。Павлов 在封闭式齿轮试验机上，就周期性高峰载荷对于接触疲劳的影响进行了系统的研究。他首先使未经淬火的齿轮在不变的接触应力 850MPa 作用下，一直工作到疲劳破坏。然后用同样的试件，以 850MPa 为基本载荷，每隔 10×10^4 转将载荷分别提高到 950MPa、1050MPa 或 1150MPa，持续工作 2×10^4 转，结果发现试件附加周期性高峰载荷以后破坏前的总工作转数都有所增加，如图 13-19 所示。

实验表明，短期的高峰载荷周期性地附加在基本载荷上，不仅不降低反而提高了接触疲劳寿命。只有当高峰载荷作用时间接近于循环周期时间的一半时，高峰载荷才开始降低接触疲劳寿命。

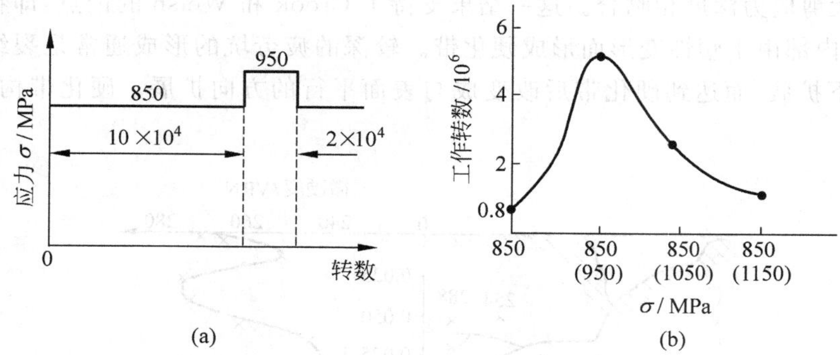

图 13-19　高峰载荷对接触疲劳的影响

作者[4]研究了复合应力对接触疲劳的影响。采用钢球与圆柱试件相挤压，产生最大接触应力 2954MPa。在此基础上，附加大小低于 6%的轴向弯曲应力。实验结果表明，附加拉伸弯曲应力显著地缩短接触疲劳寿命，而压缩弯曲应力的影响取决于它的数值大小。较小的附加压缩应力能够增加疲劳寿命，而大的压缩应力将降低疲劳寿命。存在一个临界压缩弯曲应力值，此时疲劳寿命最大，如图 13-20 所示。

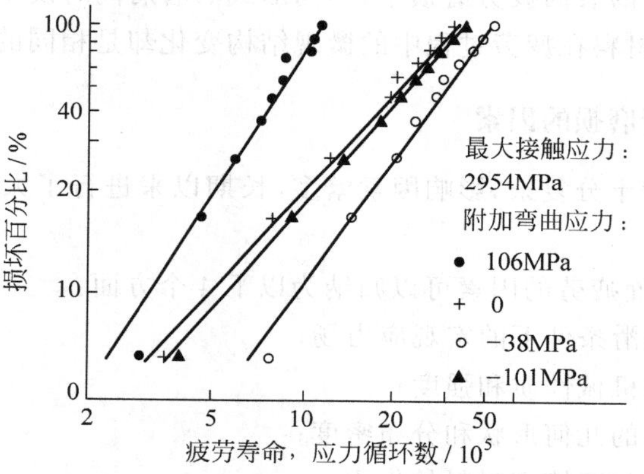

图 13-20　复合应力下的疲劳寿命

接触表面的摩擦力对于疲劳磨损有着重要影响。图 13-21 表明，少量的滑动将显著地降低接触疲劳磨损寿命。通常纯滚动的切向摩擦力只有法向载荷的 1%～2%，而当存在滑动时，切向摩擦力可增加到法向载荷的 10%。摩擦力促进接触疲劳过程的原因是：摩擦力作用使最大剪应力位置趋于表面，增加了裂纹萌生的可能性。此外，摩擦力所引起的拉应力促使裂纹扩展加速。

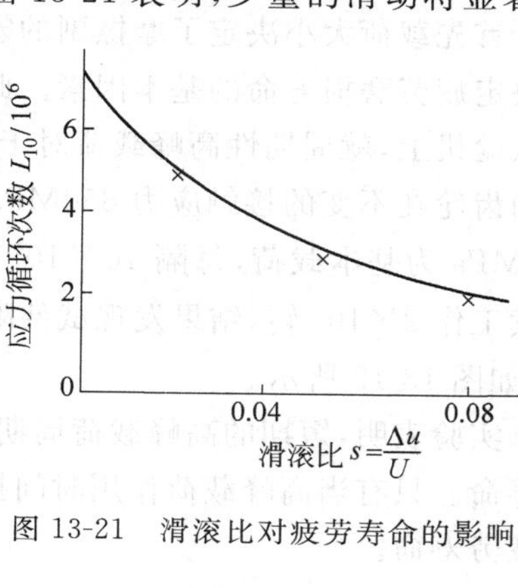

图 13-21　滑滚比对疲劳寿命的影响

应力循环速度也影响接触疲劳。由于摩擦表面在每次接触中都要产生热量，应力循环速度越大，表面积聚的热量和温度就越高，使金属软化而降低机械性能，因此加速表面疲劳磨损。

应当指出，在全膜弹流润滑下，油膜压力分布与 Hertz 应力不同，改变了表层内部应力场。尤其是二次压力峰的大小和位置，以及颈缩造成的应力集中都影响疲劳磨损。有关弹流润滑条件下的接触疲劳问题至今尚研究不够。

2. 材料性能

钢材中的非金属夹杂物破坏了基体的连续性，严重降低接触疲劳寿命。特别是脆性夹杂物，在循环应力作用下与基体材料脱离形成空穴，构成应力集中源，从而导致疲劳裂纹的早期出现。

渗碳钢或其他表面硬化钢的硬化层厚度影响抗疲劳磨损能力。硬化层太薄时，疲劳裂纹将出现在硬化层与基体的连接处，容易形成表层剥落。选择硬化层厚度应使疲劳裂纹产生在硬化层内。此外，合理地提高硬化钢基体的硬度可以改善表面抗疲劳磨损性能。

通常增加材料硬度可以提高抗疲劳磨损能力，但硬度过高，材料脆性增加，反而会降低接触疲劳寿命。

摩擦表面的粗糙度与疲劳寿命密切相关。资料表明，滚动轴承的粗糙度值为 $Ra=0.2$ 的接触疲劳寿命比 $Ra=0.4$ 的高 2～3 倍，$Ra=0.1$ 的比 $Ra=0.2$ 的高 1 倍，$Ra=0.05$ 的比 $Ra=0.1$ 高 0.4 倍，粗糙度值低于 $Ra=0.05$ 的对寿命影响甚微。此外，在部分弹流润滑状态下，由油膜厚度和表面粗糙度所确定的膜厚比是影响表面疲劳的重要参数。

3. 润滑剂的物理与化学作用

实验表明，增加润滑油的黏度将提高抗接触疲劳能力。表 13-5 所列为在相同的疲劳寿命下的实验数据。

表 13-5 黏度对齿轮接触疲劳磨损的影响

油 品	供油温度/℃	黏度/(m^2/s)	接触疲劳应力/MPa	传递功率/kW
3 号锭子油	20	116×10^{-6}	450	4.9
机械油	20	757×10^{-6}	600	8.8
6 号汽缸油	82	84×10^{-6}	430	4.5
	57	303×10^{-6}	490	5.0
	45	757×10^{-6}	550	7.4

然而，关于黏度影响疲劳磨损的机理人们提出了不同的观点。通常认为，增加润滑剂黏度可以提高疲劳寿命是由于弹流油膜增厚，从而减轻粗糙峰互相作用的结果。但这种观点不能解释某些无油滚动时不出现接触疲劳，而加入润滑油后迅速发生接触疲劳磨损的现象。

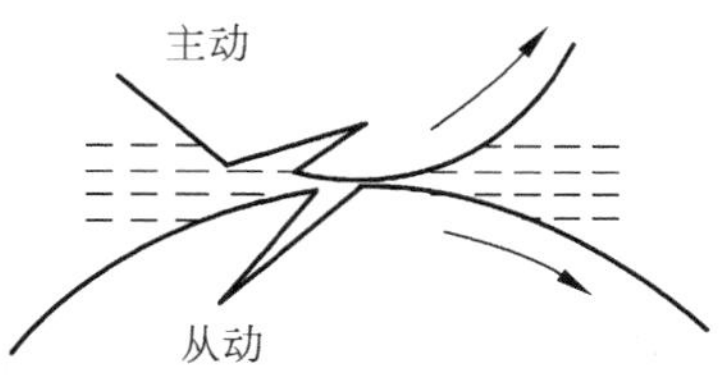

图 13-22 疲劳裂纹的油压机理

Way(1935 年)提出疲劳裂纹油压机理。如图 13-22 所示，在摩擦过程中，摩擦力促使表面金属流动，因而疲劳裂纹往往有方向性，即与摩擦力方向一致。如图所示，主动轮裂纹中的润滑油在对滚中被挤出，而从动轮上的裂纹口在通过接触区时受到油膜压力作用促使裂纹扩展。由于油的压缩性和金属的弹性，油压传递到裂纹尖端将产生压力降。而黏度越大的润滑油所产生的压力降越大，即裂纹尖端的油压越低，故裂纹扩展缓慢。

随后，Culp 和 Stover(1976 年)的实验报告指出，采用在相同温度下具有相等黏度的合成油和天然油分别进行接触疲劳实验，得出合成油的接触疲劳寿命较高。原因是合成油的黏压系数值较大，因而油膜厚度较大。这说明油膜厚度对阻止裂纹形成具有一定的影响。

综上所述，接触疲劳磨损机理可以归纳如下：在疲劳磨损的初期阶段是形成微裂纹，无论有无润滑油存在，循环应力起着主要作用。裂纹萌生在表面或表层，但很快扩展到表面，此后，润滑油的黏度对于裂纹扩展起重要影响。

润滑剂的化学作用是近年来研究接触疲劳磨损所关注的问题。研究表明，改变润滑剂的黏度数值可使接触疲劳寿命相差 2 倍，而润滑剂的化学成分不同可以影响接触疲劳寿命变化 10 倍。一般来说，润滑剂中氧气和水分将剧烈地降低接触疲劳寿命。当含有对裂纹尖端有腐蚀作用的化学成分时，也显著降低接触疲劳寿命。如果添加剂能够生成较强的表面膜并减少摩擦时，对提高抗疲劳磨损能力有利。

13.4.3 接触疲劳强度准则与疲劳寿命

1. 接触应力状态

严格地说，Hertz 接触理论的应用条件应是无润滑条件下完全弹性体的静态接触。而实际的接触摩擦副都是相对运动的，往往还施加有润滑剂。因此，应用 Hertz 接触理论来分析接触疲劳磨损问题不是十分严格。

弹性体接触的一般情况是椭圆接触问题，它的应力状态如图 13-23 所示，接触区形状为椭圆，其长短轴之半分别为 a 和 b。接触区上的压力按椭圆体分布，最大接触应力为 p_0。

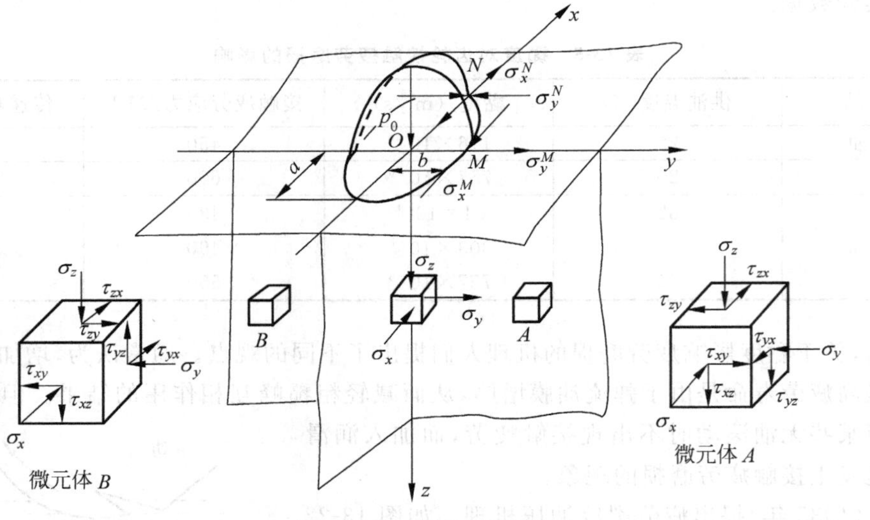

图 13-23 接触应力状态

根据接触力学的分析，接触体的应力状态可归纳如下：

(1) 正应力 σ_x、σ_y 和 σ_z 为负值即压应力。在 Z 轴上各点没有剪应力作用，因而 Z 轴上的正应力为主应力。在离接触中心较远处（理论上是无穷远处）σ_x、σ_y 和 σ_z 的数值为零，在 Z 轴上它们的数值为最大值。由此可知，在滚动过程中材料受到的正应力是脉动变化应力。

(2) 正交剪应力 τ_{xy} 的正负符号取决于各点位置坐标 x 和 y 乘积的符号。在远离接触中心以及 $x=0$ 或者 $y=0$ 处，它的数值为零，因此在滚动过程中，这两个应力为交变应力。

(3) 正交剪应力 τ_{zx} 的正负符号取决于位置坐标 x 的符号，在远离接触中心和 $x=0$ 处，其数值为零。而 τ_{yz} 的符号取决于位置坐标 y 的符号，在远离接触中心和 $y=0$ 处数值为零。这样，在滚动过程中，这两个剪应力分量也是交变应力。

(4) 接触表面上的应力状态比较复杂。由于接触疲劳裂纹萌生于表面的可能性增加，近年来接触表面的应力状态分析受到重视。

这里仅介绍接触椭圆对称轴端点的应力状态。如图 13-23 所示，在端点 N 和 M 处所受的径向应力和切向应力数值相等而符号相反，即

$$\left.\begin{aligned}\sigma_x^N &= -\sigma_y^N \\ \sigma_x^M &= -\sigma_y^M\end{aligned}\right\} \tag{13-13}$$

所以椭圆端点处于纯剪切状态。计算得出，在椭圆接触中，当 $\sqrt{1-b^2/a^2}<0.89$ 时，最大的表面剪应力作用在椭圆对称轴的端点 N 或者 M 点。

以上表明，在滚动过程中，接触体各应力分量的变化性质不同，有的是交变应力，有的是脉动应力。同时，正应力和剪应力的变化不同相位。所以，要建立接触疲劳强度准则与所有应力分量的关系十分困难，因而提出了各种强度假设，以个别的应力分量作为判断接触疲劳发生的准则。

2. 接触疲劳强度准则

通常采用的接触疲劳强度准则有以下几种。

1) 最大剪应力准则

根据 Z 轴上的主应力可以计算出 45°方向剪应力。分析证明，在这些 45°剪应力中的最大值作用在 Z 轴上一定的深度。它是接触体受到的最大剪应力 $\tau_{\max}$，所以最先被用作接触疲劳准则，即认为当最大剪应力达到一定值时将产生接触疲劳磨损。在滚动过程中，最大剪应力是脉动应力，应力变化量为 $\tau_{\max}$。

2) 最大正交剪应力准则

分析表明，正交剪应力 τ_{yz} 的最大值作用在 $x=0$ 而 y 和 z 为一定数值的点；同样，τ_{zx} 最大值的位置坐标为 $y=0$ 而 x 和 z 等于一定值的点。这样，当滚动平面与坐标轴之一重合时，正交剪应力将是交变应力。例如，当滚动平面包含椭圆短袖时，在滚动过程中正交剪应力 τ_{yz} 的变化是：从远离接触中心处的零值增加到接近 Z 轴处的最大值 $+\tau_{yz\max}$，再降低到 Z 轴上的零值。随后应力反向，再逐步达到负的最大值 $-\tau_{yz\max}$，而后又变化到零。所以每滚过一次，正交剪应力 τ_{yz} 的最大变化量为 $2\tau_{yz\max}$。

应当指出，虽然正交剪应力的数值通常小于最大剪应力，然而滚动过程中正交剪应力的变化量却大于最大剪应力的变化量，即 $2\tau_{yz\max}>\tau_{\max}$。由于材料疲劳现象直接与应力变化量有关，所以 ISO(国际标准化组织)和 AFBMA(美国减摩轴承制造商协会)提出的滚动轴承接触疲劳计算都采用最大正交剪应力准则。

3) 最大表面剪应力准则

通常接触表面上最大剪应力作用在椭圆对称轴的端点。例如，当滚动方向与椭圆短轴一致时，最大表面剪应力作用在长轴的端点，在滚动过程中它按脉动应力变化。

虽然表面剪应力的数值小于最大剪应力和正交剪应力，但由于表面缺陷和滚动中的表面相互作用，使疲劳裂纹出现于表面，表面剪应力对此的影响大大加强。

4）等效应力准则

滚动过程中材料储存的能量有两种作用，即改变体积和改变形状。后者是决定疲劳破坏的因素，按照产生相同的形状变化的原则，将复杂的应力状态用一个等效的脉动拉伸应力来代替。等效应力 σ_e 的表达式为

$$\sigma_e^2 = \frac{1}{2}[(\sigma_x - \sigma_y)^2 + (\sigma_y - \sigma_z)^2 + (\sigma_z - \sigma_x)^2 + 3(\tau_{xy}^2 + \tau_{yz}^2 + \tau_{zx}^2)] \tag{13-14}$$

等效应力准则考虑了全部应力分量的影响，但由于计算复杂和缺乏数据，目前还难以普遍应用。值得注意的是近年来弹塑性接触理论有了很大的发展，在此基础上 Johnson(1963年)提出了如下的塑性剪切准则。

Crook(1957 年)发现：圆盘在滚动过程中，表层内存在塑性剪切层。由于塑性流动局限在很薄的一层金属内，所以形成弹性的表面层相对于弹性的内核沿滚动方向转动。Hamilton(1963 年)进一步实验证明：塑性剪切随着应力循环不断积累，直至出现疲劳裂纹。Johnson 从弹塑性理论出发分析了上述现象，并根据不产生连续塑性剪切的条件提出接触疲劳的塑性剪切准则

$$p_0 = 4k \tag{13-15}$$

式中，p_0 为最大 Hertz 应力；k 为剪切屈服极限。根据 Tabor 的经验公式：$k=6\mathrm{HV}$，HV 为维氏硬度值。

当接触表面 Hertz 最大应力超过式(13-15)以后，表层内的正交剪应力引起与表面平行方向的塑性剪切变形。当滚动中伴随滑动时，如果摩擦力为法向载荷的 10%，则式(13-15)中 $4k$ 应降低为 $3.6k$。

多年来对于各种接触疲劳强度准则的适用性进行了大量的实验研究。例如，观察疲劳裂纹的萌生位置和微观组织的结构变化，研究表面层初应力状态、接触椭圆形状和滚动方向等因素对疲劳寿命的影响等。这些实验研究表明，任何一个准则都不能完全符合实验结果。各种准则却只能部分地解释疲劳磨损现象，而对另一些现象却不能解释，甚至相互抵触。例如，正交剪应力准则完全符合增加椭圆率 b/a 可使疲劳寿命提高，以及沿椭圆长轴滚动的寿命比沿短轴滚动的寿命长等现象。但它却不能解释表层压缩初应力能成倍地提高接触疲劳寿命，而拉伸初应力降低疲劳寿命的现象，因为初应力的存在不改变正交剪应力的数值。

作者[5]对于各种接触疲劳准则进行了研究。其方法是：在接触应力之上附加一个数量很小的轴向弯曲应力以改变应力场，并对这种复合应力作用下的接触疲劳进行实验，结果如图 13-20 所示[4]。在这些实验中，疲劳寿命的变化仅仅由于不同轴向应力作用的结果，因而提供了评价接触疲劳准则的依据。计算分析表明：最大剪应力准则和正交剪应力准则都不能解释实验结果，等效应力准则只能部分地说明附加弯曲应力的影响。而最大表面剪应力的位置和大小随附加弯曲应力而改变。同时，接触疲劳寿命随最大表面剪应力的增加而降低，即弯曲应力是通过改变最大表面剪应力来影响疲劳寿命。所以，在该实验条件下，最大表面剪应力准则与实验结果相吻合，而疲劳裂纹萌生于金属表面。

此外，工程实际中广泛存在的变载荷作用下的接触疲劳磨损，情况更加复杂。刘健海等人[6]对变载荷接触疲劳的设计准则进行了实验研究。

3. 接触疲劳寿命

接触疲劳现象具有很强的随机性质，在相同条件下同一批试件的疲劳寿命之间相差很

大。为了保证数据的可靠性，相同条件下的实验批量通常应大于 10，并须按照统计学方法处理数据。

接触疲劳寿命符合 Weibull 分布规律，即

$$\lg\left(\frac{1}{S}\right)=\beta\lg L+\lg A \tag{13-16}$$

式中，S 为不损坏概率；L 为实际寿命，通常以应力循环次数 N 表示；A 为常数；β 称为 Weibull 斜率，对于钢材，$\beta=1.1\sim1.5$，纯净钢取高值。对于滚动轴承：球轴承 $\beta=10/9$，滚子轴承 $\beta=9/8$。

采用专用的 Weibull 坐标纸，即纵坐标为双对数和横坐标为单对数，式(13-16)应为一条斜直线，如图 13-24 所示。

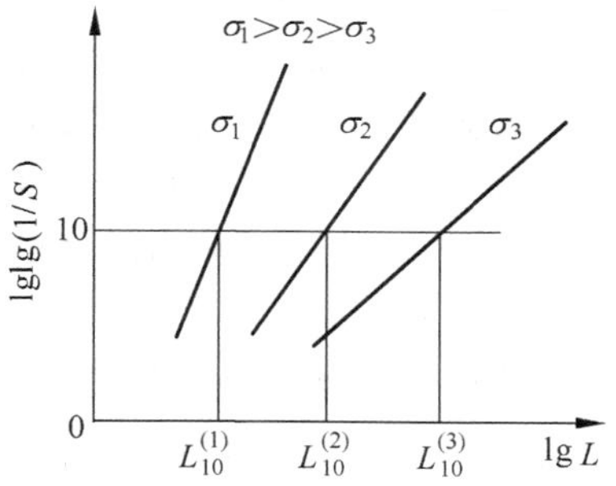

图 13-24　Weibull 分布图

当取得一批实验数据以后，通过统计学计算可以绘制 Weibull 分布图，从而求得接触疲劳寿命分布斜率 β、特征寿命 L_{10} 和 L_{50} 的数值。L_{10} 和 L_{50} 分别是损坏百分比为 10%和 50%的寿命值。严格地说，只有在 L_7 到 L_{60} 之间的接触疲劳寿命才符合 Weibull 分布直线。

斜率 β 表示同一批实验数据的分散程度。如图 13-25 所示，当载荷增加时，分布斜率 β 增大，因而寿命的变化范围缩小，即分散程度减小。

如果接触疲劳寿命 L_{10} 或 L_{50} 用应力循环次数 N 表示，通常认为应力循环次数与载荷的 3 次方成反比。根据这一近似关系可以求得 σ-N 曲线，如图 13-26 所示，图中 σ 为接触应力。这样，从 σ-N 曲线就能够推算出任何应力条件下的寿命值。

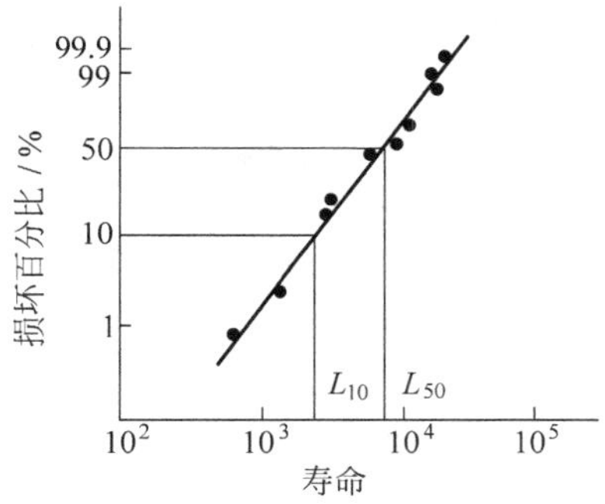

图 13-25　不同载荷下的分布图

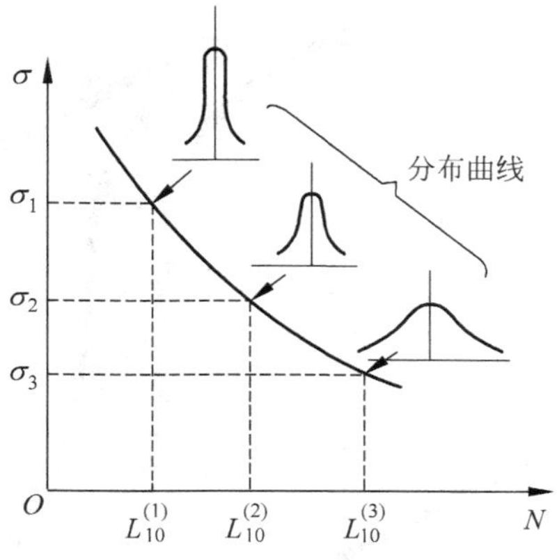

图 13-26　σ-N 曲线

13.5　腐蚀磨损

摩擦过程中，金属与周围介质发生化学或电化学反应而产生的表面损伤称为腐蚀磨损。常见的有氧化磨损和特殊介质腐蚀磨损。

13.5.1　氧化磨损

当金属摩擦副在氧化性介质中工作时，表面所生成的氧化膜被磨掉以后，又很快地形成新的氧化膜，所以氧化磨损是化学氧化和机械磨损两种作用相继进行的过程。

氧化磨损的大小取决于氧化膜连接强度和氧化速度。脆性氧化膜与基体连接的抗剪切强度较差，或者氧化膜的生成速度低于磨损率时，它们的磨损量较大。而当氧化膜韧性高，与基体连接处的抗剪切强度较高，或者氧化速度高于磨损率时，氧化膜能起减摩耐磨作用，所以氧化磨损量较小。

对于钢材摩擦副而言，氧化反应与表面接触变形状态有关。表面塑性变形促使空气中的氧扩散到变形层，而氧化扩散又增进塑性变形。首先，氧在表面达到饱和，再逐次向表层内扩散，因而由外向内氧的含量逐渐降低。根据载荷、速度和温度的不同，可以形成氧和铁的固溶体、粒状氧化物和固溶体的共晶或者不同形式的氧化物，如 FeO、Fe_2O_3、Fe_3O_4 等。这些氧化物硬而脆。

氧化磨损的磨屑是暗色的片状或丝状。片状磨屑是红褐色的 Fe_2O_3，而丝状磨屑是灰黑色的 Fe_3O_4。有时用磨屑的这些特征来判断氧化磨损处于哪个过程。

影响氧化腐蚀磨损的因素有摩擦副的滑动速度、温度、接触载荷、氧化膜的硬度、介质的含氧量、润滑条件、材料性能等。通常氧化磨损率比其他的磨损率小。图 13-27 给出了销盘实验的钢铁材料腐蚀磨损过程中温度、冲击速度和载荷的影响。

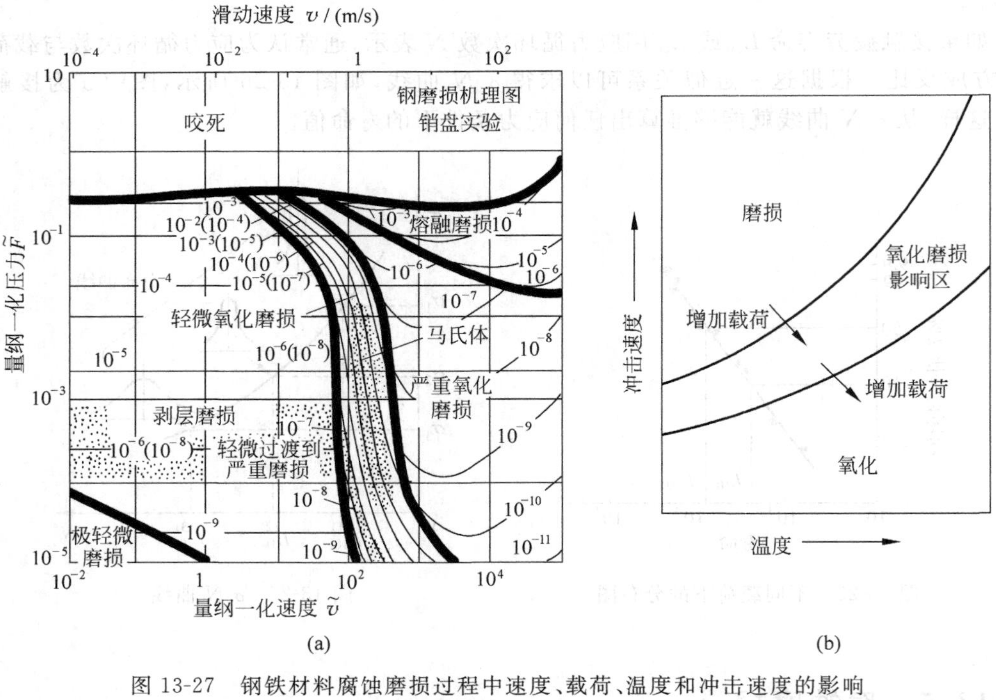

图 13-27　钢铁材料腐蚀磨损过程中速度、载荷、温度和冲击速度的影响

(a) 速度和载荷的影响；(b) 温度和冲击速度的影响

由图 13-27 可以看出，低速摩擦时，钢表面主要成分是氧铁固溶体以及粒状氧化物和固溶体的共晶，其磨损量随滑动速度升高而增加；速度较高时，表面主要成分是各种氧化物，

磨损量略有降低；当滑动速度很高时，由于摩擦热的影响，将由氧化磨损转变为黏着磨损，磨损量剧增。

载荷对氧化磨损的影响表现为：轻载荷下氧化磨损磨屑的主要成分是 Fe 和 FeO，而重载荷条件下，磨屑主要是 Fe_2O_3 和 Fe_3O_4，并会出现咬死现象。

温度加强氧化磨损，而冲击速度虽可增加磨损，但它会降低氧化程度。

13.5.2　特殊介质腐蚀磨损

1. 腐蚀磨损的影响因素

对于在化工设备中工作的摩擦副，由于金属表面与酸、碱、盐等介质作用而形成腐蚀磨损。腐蚀磨损的机理与氧化磨损相类似，但磨损痕迹较深，磨损量也较大。磨屑呈颗粒状和丝状，它们是表面金属与周围介质的化合物。

由于润滑油中含有腐蚀性化学成分，滑动轴承材料也会发生腐蚀磨损，它包括酸蚀和硫蚀两种。除了合理选择润滑油和限制油中含酸和含硫量外，轴承材料是影响腐蚀磨损的重要因素。表 13-6 给出常用轴承材料的抗腐蚀能力。

表 13-6　常用轴承材料的腐蚀量　g/h

轴承材料	锡基巴氏合金	铅锑合金	铅基巴氏合金	铜铅合金	锡铝合金
腐蚀量	0.001	0.002	0.004	0.453	1.724

2. 腐蚀磨损在现代技术中的应用——化学机械抛光[7]

化学机械抛光法(chemical mechanical polishing)是目前能提供超大规模集成电路制造过程中全面平坦化的一种新技术。用这种方法可以真正使整个硅圆晶片表面平坦化。它利用的加工方式属于腐蚀磨损，利用化学与机械相互的作用来实现抛光。据报道，其抛光圆晶表面的精度可小于 1nm。

在化学机械抛光法中，化学和机械作用来完成：①在圆晶片和研浆颗粒表面的氧与氢形成化学键，在圆晶片和研浆之间形成化学键，以及在圆晶片与研浆之间形成分子键；②在一定压力下，通过抛光垫旋转，带动研浆运动，借助机械作用使研浆颗粒离开，表面的化学键或分子键被打破，实现抛光。化学机械抛光工作原理与装置见图 13-28。

13.5.3　微动磨损

早在 1937 年前后，美国 Chrysler 汽车厂的产品在运输过程中发现一些相互配合的光洁表面出现严重的损伤。这种两个表面间由于振幅很小的相对运动而产生的磨损称为微动磨损或微动腐蚀磨损。

在载荷作用下，相互配合表面的接触峰点形成黏着结点。当接触表面受到外界微小振动时，虽然相对滑移量很小，通常为 0.05mm，不超过 0.25mm，黏着结点将被剪切，随后剪切面逐渐被氧化并发生氧化磨损，产生红褐色 Fe_2O_3 的磨屑堆积在表面之间。此后，氧化磨屑起着磨料作用，使接触表面产生磨粒磨损。

由此可见，微小振动和氧化作用是促进微动磨损的主要因素，而微动磨损是黏着磨损、氧化磨损和磨粒磨损等多种磨损形式的组合。

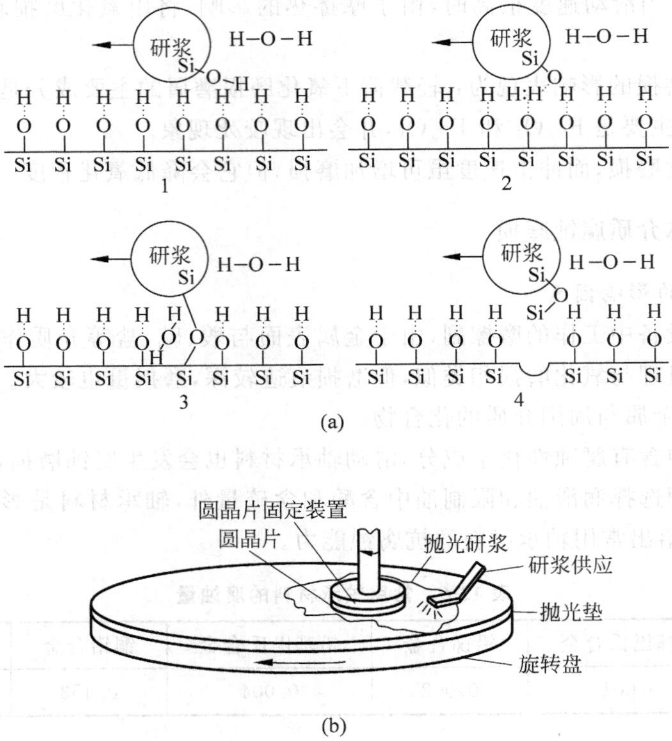

图 13-28　化学机械抛光原理和装置

(a) 化学机械抛光工作原理；(b) 化学机械抛光装置

摩擦副材料配对是影响微动磨损的重要因素。一般来说，抗黏着磨损性能好的材料也具有良好的抗微动磨损性能。提高硬度可以降低微动磨损，而表面粗糙度与微动磨损性能无关。

适当的润滑可以有效地改善抗微动磨损能力，这是因为润滑膜保护表面防止氧化。采用极压添加剂或涂抹二硫化钼都可以减少微动磨损。郭强等人[8]针对桥梁用钢索中钢丝表面的微动损伤问题，研究了高分子材料表面膜的抗微动磨损的机理。

微动磨损量随载荷增加而加剧，但当超过一定载荷以后，磨损量将随着载荷的增加而减少。通常微小振幅的振动频率对于钢的微动磨损没有影响，而在大振幅振动条件下，微动磨损量随振动频率的增加而降低。

13.5.4　气蚀

气蚀是固体表面与液体相对运动所产生的表面损伤，通常发生在水泵零件、水轮机叶片和船舶螺旋桨等表面。

当液体在与固体表面接触处的压力低于它的蒸发压力时，将在固体表面附近形成气泡。另外，溶解在液体中的气体也可能析出而形成气泡。随后，当气泡流动到液体压力超过气泡压力的地方时，气泡便溃灭，在溃灭瞬时产生极大的冲击力和高温。固体表面经受这种冲击力的多次反复作用，材料发生疲劳脱落，使表面出现小凹坑，进而发展成海绵状。严重的气蚀可在表面形成大片的凹坑,深度可达 20mm。

气蚀的机理是由于冲击应力造成的表面疲劳破坏,但液体的化学和电化学作用加速了气蚀的破坏过程。

减少气蚀的有效措施是防止气泡的产生。首先应使在液体中运动的表面具有流线形,避免在局部地方出现涡流,因为涡流区压力低,容易产生气泡。此外,应当减少液体中的含气量和液体流动中的扰动,也将限制气泡的形成。

选择适当的材料能够提高抗气蚀能力。通常强度和韧性高的金属材料具有较好的抗气蚀性能,提高材料的抗腐蚀性也将减少气蚀破坏。

应当指出,上述的氧化磨损、特殊介质腐蚀磨损、微动磨损和气蚀等的共同特点是表面与周围介质的化学反应起着重要作用。所以可将这几种磨损统称为腐蚀性磨损。

在多数情况下,腐蚀性磨损首先产生化学反应,然后由于摩擦中的机械作用使化学生成物从表面脱落。由此可见,腐蚀性磨损过程与润滑油添加剂在表面生成化学反应膜的润滑过程基本相同,其差别在于化学生成物是起保护表面防止磨损的作用,还是促进表面脱落。

表面化学生成物的形成速度与被磨掉速度之间存在相对平衡关系,两者相对大小不同产生不同的效果。这里以防止胶合磨损的极压添加剂为例来说明它的不同效果。

通常化学反应膜的生成速度遵循 Arrhenius 定律,即

$$V = KCe^{E/RT} \tag{13-17}$$

式中,V 为化学反应速度即膜的生成速度;C 为润滑油中极压添加剂的浓度;E 为表征极压添加剂活性的常数;T 为绝对温度,单位为 K;R 为气体常数;K 为比例常数。

显然,在稳定工况条件下,腐蚀性磨损的磨损率取决于表面化学生成物的生成速度。由式(13-17)可知,磨损率与腐蚀介质的浓度成正比,而与温度按指数关系变化。

在前面曾经指出,采用极压添加剂降低黏着磨损时,应选择合适的化学活性,即添加剂的成分和浓度。图 13-29 给出了黏着磨损和由极压添加剂引起的腐蚀磨损与添加剂化学活性的关系。黏着磨损的磨损率随化学活性的增加而降低。而腐蚀磨损的磨损率随化学活性按线性增加。因而图中 A 点是最佳活性,此处磨损率最低。

如图 13-30 所示,当摩擦副的载荷较大或者油膜厚度较薄时,黏着磨损曲线的位置改变。此时应选择较高的化学活性,最佳活性为 B 点。增加添加剂的化学活性可以是提高润滑油中添加剂的浓度或者选用活性更强的添加剂。

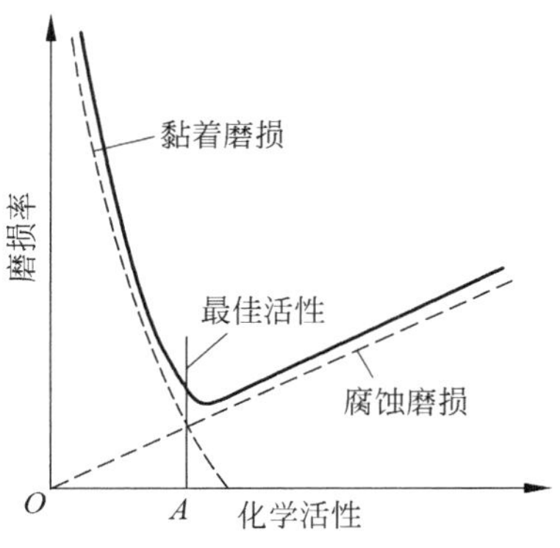

图 13-29 最佳活性位置

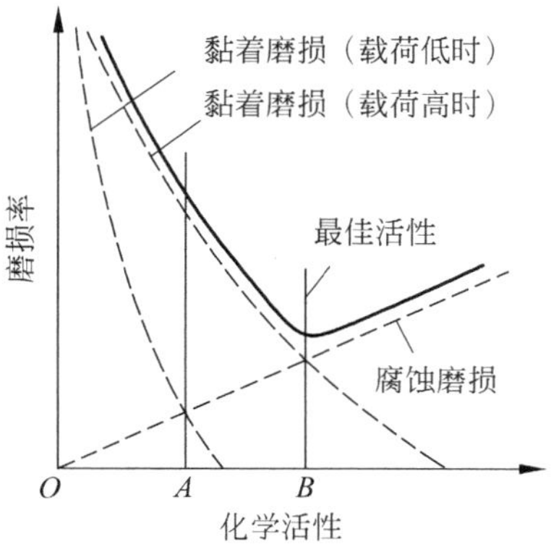

图 13-30 最佳活性选择

由此可见，极压添加剂的效果和腐蚀作用是同一现象的两个方面。图 13-31 是两种磨损试验机对极压添加剂的实验结果表明，极压添加剂的抗胶合能力随其浓度而增加，同时添加剂引起的腐蚀磨损也相应增加。

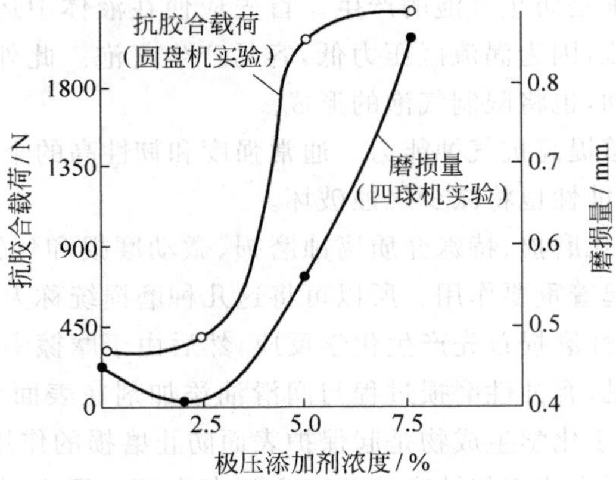

图 13-31　极压添加剂浓度的影响

参考文献

[1]　赫鲁晓夫 M M，等. 金属的磨损[M]. 胡绍农，等译. 北京：机械工业出版社，1966.

[2]　樊瑜瑾，苏振武，温诗铸. 滑动速度对油润滑表面胶合的影响[J]. 机械工程学报，1988，24(1)：18-87.

[3]　温诗铸. 摩擦学原理[M]. 北京：清华大学出版社，1990.

[4]　温诗铸. 复合应力对接触疲劳的影响[J]. 机械工程学报，1982，18(4)：1-7.

[5]　温诗铸. 对于接触疲劳各种强度准则的评价[J]. 清华大学学报，1982，22(4)：9-18.

[6]　刘健海，王慧，温诗铸. 变载荷条件下接触疲劳设计准则的实验研究[C]//全国第一次摩擦学设计学术会议论文集. 北京：清华大学出版社，1991：406-414.

[7]　李兴. 高速发展的化学机械抛光技术[J]. 半导体杂志，1999，24(3)：31-34.

[8]　GUO Q，WEN S，LUO W. Fretting wear resistence mechanism of transferred film from organic high moleular materials[J]. Progress in Natural Science，1996，6(5)：593-601.

第14章　宏观磨损规律与磨损理论

对于摩擦学中的磨损问题通常从微观和宏观两个角度进行研究。微观研究是从物理、化学、材料科学等方面研究各种磨损的形成、变化和破坏机理，建立物理模型，探索各种磨损的本质和基本规律。而宏观研究则是把各种磨损形式作为一种共同的表面损伤现象，研究它的形态变化、影响因素和提高耐磨性的措施，为工程应用提供依据。这两方面的研究工作都是重要的，将机理研究和应用研究结合起来将能有效地分析和处理实际磨损问题。

第 13 章讨论的各种磨损形式有着不同的作用机理：磨粒磨损主要是犁沟和微观切削作用；黏着磨损过程与表面间分子作用力和摩擦热密切相关；接触疲劳磨损是在循环应力作用下表面疲劳裂纹萌生和扩展的结果；而氧化和腐蚀磨损则由环境介质的化学作用产生。

实际的磨损现象通常不是以单一形式出现，而是以一两种为主，或是几种不同机理磨损形式的综合表现。例如，犁耙的磨损主要是磨粒磨损，但由于水和泥土中某些物质的化学作用，也会产生氧化磨损和腐蚀磨损。

随着工况条件的变化，实际机械零件的主要磨损形式也会相应改变。图 14-1 给出了齿轮失效方式随载荷和速度的变化情况。本章中，把磨损视作综合的表面损伤现象，来讨论磨损的宏观变化规律、影响因素和抗磨措施。

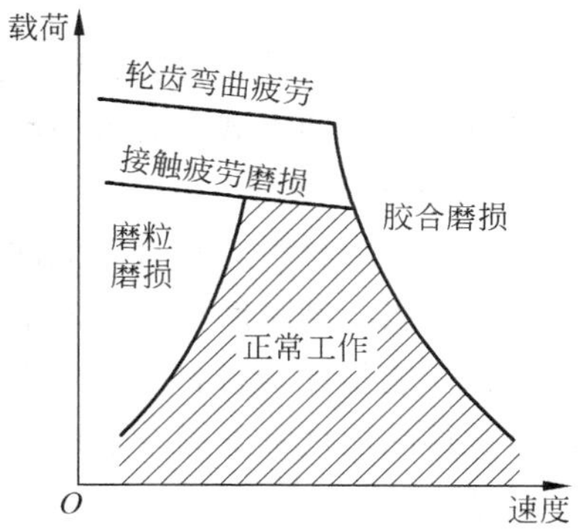

图 14-1　齿轮失效方式

为了设计具有足够抗磨能力的机械零件和估算其磨损寿命，必须建立适合于工程应用的磨损计算方法。近年来通过对磨损状态和磨屑分析以及对磨损过程的深入研究，提出了一些磨损理论，它们是磨损计算的基础。

磨损计算方法的建立必须考虑磨损现象的特征。而这些特征与通常的强度破坏很不相同。例如，摩擦副的实际接触点是离散和变化的，因而摩擦副承载材料的体积很小并在磨损过程中不断变化。又如摩擦表面的材料性能在磨损过程中不断改变，因而材料的破坏形式也将不断改变。此外，在磨损过程中的热效应和物理化学作用使磨损理论的建立造成困难。

由此可知，表层材料在磨损过程中的动态特性和破坏特点，以及材料与周围介质的作用等，对于建立磨损理论及计算方法具有十分重要的意义，而这一任务的复杂性使得磨损计算至今还不能满足应用的要求。

14.1 摩擦副材料

根据使用要求不同,摩擦学中的材料可分为摩阻材料和摩擦副材料两类。摩阻材料用在各种机器设备的制动器、离合器和摩擦传动装置中。对材料主要要求是具有较高和热稳定的摩擦因数。而摩擦副材料又分为减摩材料和耐磨材料。一般情况下,材料的减摩性与耐磨性是统一的,即摩擦因数低的材料通常也具有耐磨损性能。然而,并非所有的摩擦副材料都兼有这两种性能。有些减摩材料并不耐磨,而某些耐磨材料可能摩擦因数很高。

摩擦副材料的选择依据主要是摩擦表面的压力、滑动速度和工作温度。例如,对于以面接触的滑动轴承,由于其表面压力较低,黏着磨损为主要失效形式,因而通常采用软硬配合的材料配对。而对于以点线接触(如齿轮或滚动轴承等)的摩擦副,由于是载荷集中作用,主要发生接触疲劳磨损,则应使用硬材料配对。

14.1.1 摩擦副材料性能

通常对于摩擦副材料的主要技术要求有以下方面。

1. 机械性能

由于摩擦表面的载荷作用和运动中的冲击,材料应具有足够的强度和韧性,特别是抗压能力。此外,疲劳强度也很重要,例如,滑动轴承的轴瓦约有60%是由于表面疲劳剥落而失效的。

金属材料硬度越高,其耐磨性越好。而良好的塑性使摩擦表面能迅速地磨合,塑性低的耐磨材料在受到冲击载荷时容易脆裂。

2. 减摩耐磨性能

良好的耐磨材料应具有较低的摩擦因数,它不但本身耐磨,同时也不应使配对表面的磨损过大。所以减摩耐磨性能实质上是相互配对材料的组合性能。

磨合性能是评价材料的技术指标。良好的磨合性能表现为:在较短的时间内以较小的磨损量获得品质优良的磨合表面。

3. 热学性能

为了保持稳定的润滑条件,特别是在边界润滑状态下摩擦副材料应具有良好的热传导性能,以降低摩擦表面的工作温度。同时,材料的热膨胀系数不宜过大,否则会使间隙变化而导致润滑性能改变。

4. 润滑性能

摩擦副材料与所使用的润滑油应具有良好的油性,即能够形成连接牢固的吸附膜。此外,摩擦副材料与润滑油的润湿性能要好,从而润滑油容易覆盖摩擦表面。

14.1.2 材料的减摩耐磨机理

应当指出:材料的摩擦学性能除与成分相关之外,还取决于材料的组织结构。为了开发优良的摩擦副材料,人们提出了各种材料减摩耐磨机理。主要的减摩耐磨机理有如下方面。

1. 软基体中硬相承载机理

通常认为减摩耐磨材料的组织应当是在软的塑性基体上分布着许多硬颗粒的异质结构。例如，锡基巴氏合金的组织是以含锑与锡固溶体为塑性基体，在该软基体上面分布着许多硬的 Sn-Sb 立方晶体和 Cu-Sn 针状晶体。在正常载荷作用下，主要由突出在摩擦表面的硬相直接承受载荷，而软相起着支持硬相的作用。由于是硬相发生接触和相对滑动，所以摩擦因数和磨损都很小。又由于硬相被支持在软基体之上，易于变形而不至于擦伤相互摩擦的表面。同时，软基体还可以使硬相上压力分布均匀。当载荷增加时，承受压力增大的硬相颗粒陷入软基体中，将使更多的硬颗粒承载而达到载荷均匀分布。

2. 软相承载机理

与上述观点相反，有人认为材料的减摩耐磨机理在于软相承受载荷。在这类材料中，各种组织的热膨胀系数不同，软相的膨胀系数大于硬相。在摩擦过程中，由于摩擦热引起的热膨胀使软相突起几个油分子的高度而承受载荷。由于软相的塑性高，因而减摩性能良好。

3. 多孔性存油机理

现代机械装备中广泛应用的粉末冶金材料是典型的多孔性组织。这种材料是将金属粉末与非金属粉末混合，并掺入各种固体润滑剂，如石墨、铅、硫及硫化物等，以改善材料的减摩性能，再经过成型烧结等工艺而制成。

粉末冶金材料的孔隙占 10％～35％。将粉末冶金材料放在热油中浸渍数小时后，孔隙中充满润滑油。当摩擦副相对滑动时，摩擦热使金属颗粒膨胀，孔隙容积减小。而润滑油也膨胀，其膨胀系数比金属大，因而润滑油将溢出表面起润滑作用。

在巴氏合金和铅青铜等轴承材料的组织结构中，各相的热膨胀系数不同，经过工艺过程中的热胀冷缩而形成许多小孔隙。因此也具有与粉末冶金孔隙相同的润滑效果。

4. 塑性涂层机理

近年来，多层材料日益广泛地应用于轴瓦和其他摩擦副。在硬基体材料表面覆盖一层或多层软金属涂层。常用的涂层材料有铅、锡、铟和镉等。由于表面涂层很薄，并具有良好塑性，因而容易磨合和降低摩擦因数。

14.2　磨损过程曲线

14.2.1　磨损过程曲线简介

图 14-2 给出了典型的磨损曲线，它表示磨损量 Q 随时间 t 的变化关系。各种磨损曲线通常由表示不同的磨损变化过程的三种磨损阶段组成。

组成磨损曲线的 3 种磨损阶段为：

Ⅰ. 磨合磨损阶段：磨损率随时间增加而逐渐降低。它出现在摩擦副开始运行时期。

Ⅱ. 稳定磨损阶段：摩擦表面经磨合以后达到稳定状态，磨损率保持不变。这是摩擦副正常工作时期。

Ⅲ. 剧烈磨损阶段：磨损率随时间迅速增加，使工作条件急剧恶化，而导致零件完全失效。

图 14-2(a)是典型的磨损过程曲线。在工况条件不变的情况下，整个磨损过程由 3 个阶

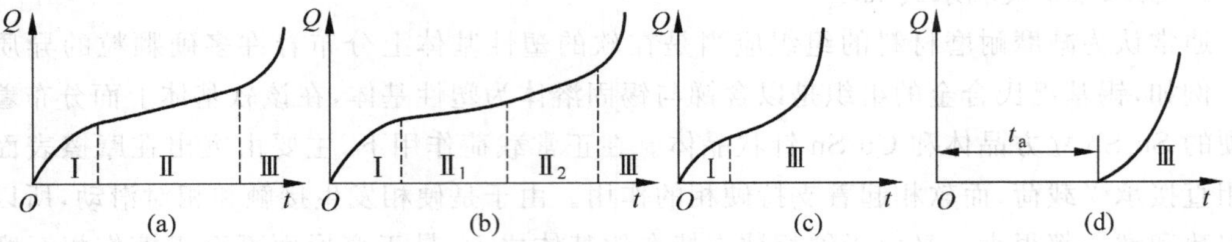

图 14-2　磨损过程曲线

段组成。

图 14-2(b)的曲线表示磨合期以后，摩擦副经历两个磨损工况条件，因此有两个稳定磨损阶段。在这两个阶段中，虽然磨损率不同，但却属于正常工作状态。

图 14-2(c)是恶劣工况条件的磨损曲线。在磨合磨损之后直接发生剧烈磨损，不能建立正常工作阶段。

图 14-2(d)属于接触疲劳磨损的过程曲线。当零件正常工作到接触疲劳寿命时，随即开始出现疲劳磨损，并迅速发展导致失效。

14.2.2　磨合磨损

加工装配后的摩擦副表面具有微观和宏观几何缺陷，使配合面在开始摩擦时的实际接触峰点压力很高，因而磨损剧烈。为此在新机器正常运行之前，通常要采用合适的规范进行磨合。在磨合过程中，通过接触峰点磨损和塑性变形，使摩擦副接触表面的形态逐渐改善，而表面压力、摩擦因数和磨损率也随之降低，从而达到稳定的磨损率进入正常磨损阶段。

由于磨合期表面形态发生急剧变化，通常的磨损率较正常工作时大 50～100 倍，磨去最大粗糙峰高度 h_{max} 的 65%～75%。

通过磨合磨损不仅使摩擦副在几何上相互帖服，同时还使表面层的组织结构发生变化，获得适应工况条件的稳定的表面品质。

图 14-3 表示磨合前后表面形貌变化。磨合使接触面积显著增加，峰顶半径也增大。图 14-4 是塑性指数曲线。随磨合时间的延续，经过磨合磨损表面由塑性接触过渡到弹塑性接触，甚至弹性接触状态。

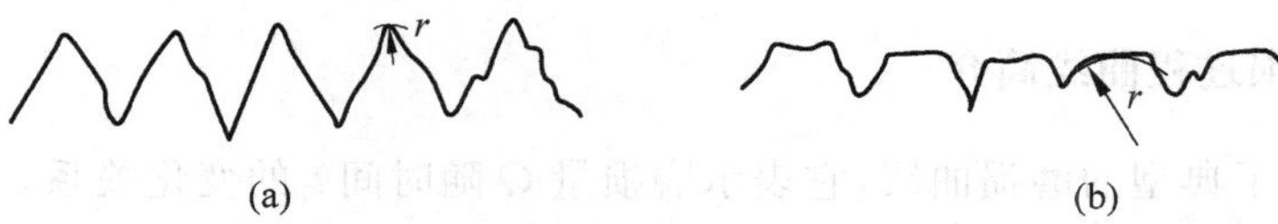

图 14-3　磨合前后的表面形貌变化

(a) 磨合前；(b) 磨合后

1. 磨合与磨损寿命

采用不同的磨合规范可以使磨合时间、磨合磨损量以及磨合后的磨损率有很大的不同。实践证明，良好的磨合能够使摩擦副的正常工作寿命提高 1～2 倍。

在图 14-5 中，若以下标 0 表示磨合磨损的物理量；而以下标 a 表示稳定磨损的物理量。令磨损率 γ 为单位时间的磨损量，则有

$$\gamma = \frac{\mathrm{d}Q}{\mathrm{d}T}, \quad \gamma_a = \tan\alpha \tag{14-1}$$

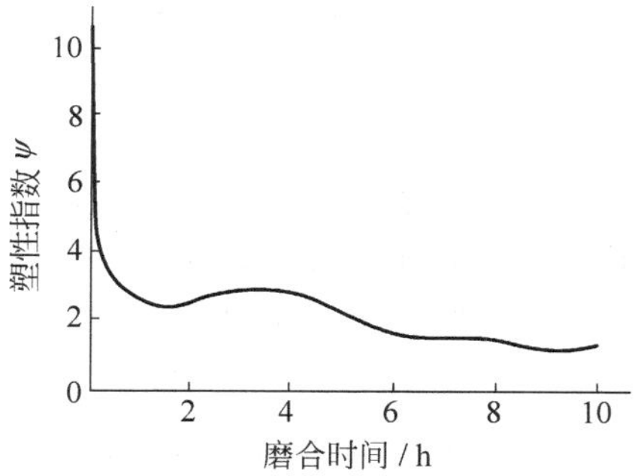

图 14-4　塑性指数随磨合时间的变化

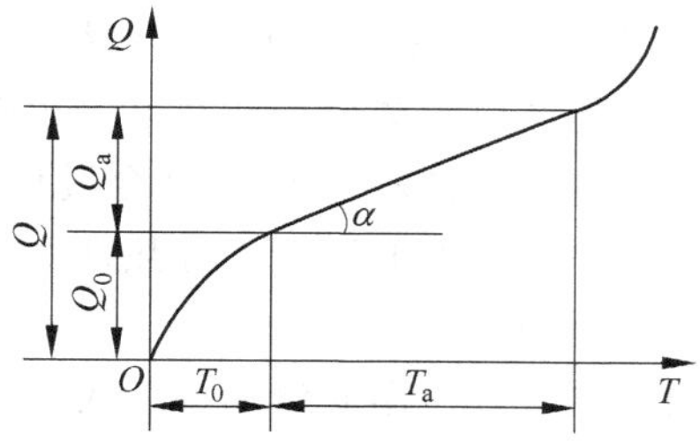

图 14-5　磨合磨损

总磨损量 $Q=Q_0+Q_a$，而稳定磨损量 $Q_a=\gamma_a T_a$。因此，正常磨损寿命为

$$T_a = \frac{1}{\gamma_a}(Q-Q_0) \tag{14-2}$$

由此可知，正常磨损寿命 T_a 随着 Q_0 和 γ_a 的减小而增加。

图 14-6 表示同一型号的三部发动机采用三种磨合规范所得的磨损曲线。如果三者允许的总磨损量相同，则它们的磨损寿命不同。由图可知，2 号机组的磨合规范比 1 号机组的合理。虽然它们磨合后的表面品质相同，因而稳定磨损率相同，但是 2 号机组的磨合期磨损量较小，即 $Q_0<Q_0'$，所以它的磨损寿命将比 1 号机组的大，即 $T_{a2}>T_{a1}$。3 号机组的磨合最为有利，不仅磨合磨损小，而且它获得较低的稳定磨损率，即 $\alpha'<\alpha$，所以它的磨损寿命 T_{a3} 最长。

此外，良好的磨合还能够有效地改善摩擦副其他性能。如图 14-7 所示，滑动轴承经磨合后可以改善表面形貌，使轴承临界特性数降低，更利于建立流体动压润滑膜。又如发动机的合理磨合提高了缸套活塞环的表面品质，减少擦伤痕迹，提高密合性，可使发动机的耗油量较一般情况下降达 50%。

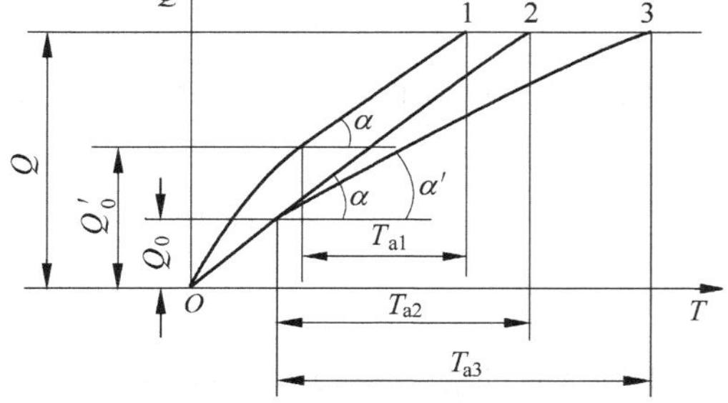

图 14-6　三种磨合规范的磨合曲线

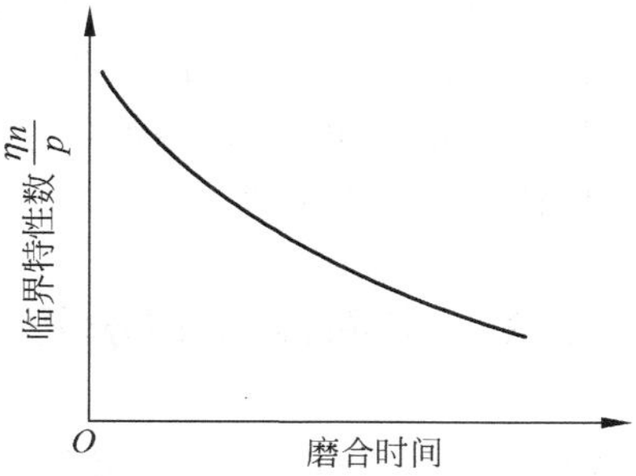

图 14-7　滑动轴承的磨合

2. 提高磨合性能的措施

良好的磨合性能表现为磨合时间短，磨合磨损量小，以及磨合后的表面耐磨性高。为提高磨合性能一般可采取以下措施。

1）选用合理的磨合规范

新机器开始工作时载荷不可过大，否则将严重损伤表面，造成早期磨损失效。合理的磨合规范应当是逐步地增加载荷和摩擦速度，使表面品质得到相应改善。而磨合最后阶段的工作条件要接近使用工况。

2）选择适当的润滑油和添加剂

润滑油性质对磨合表面有显著影响。观察采用不同润滑油时磨合前后摩擦表面的形貌发现：随着润滑油黏度增加，磨合过程中黏着磨损所形成的擦痕也较深和较宽，使表面耐磨性降低。而低黏度的润滑油导热性好，容易维持表面吸附膜，磨合过程中黏着磨损较轻，使表面品质得到改善。

如果在磨合所用润滑油中加入适当的油性添加剂，一方面可以加速磨合过程，另一方面由于加强了吸附膜，可以避免严重的黏着磨损痕迹，因而提高了表面品质。

3）采用合适的材料配对

摩擦副的磨合性能是配对材料的组合性质。磨合性能良好的材料不仅本身易于磨合，而且又能够对互配件的磨合起促进作用。

以滑动轴承材料为例，通常轴颈材料为钢，轴承材料采用巴氏合金时，磨合性能较好。因为巴氏合金塑性好本身易于磨合，而组织中又含有 SnSb 硬颗粒，对轴颈表面起磨合作用。铅青铜整个组织质地较软，本身容易磨合，但对轴颈的磨合作用不大，故磨合时间较长。而铁铝青铜中含有 $FeAl_3$ 颗粒，硬度很高，因而本身难以磨合又容易伤轴，与它相配的轴颈表面必须淬火硬化。

为了改善材料本身的磨合性能，可以在表面镀一层薄塑性金属，例如铸铁活塞环表面镀锡。如果要加速配对表面的磨合过程，有时在摩擦表面间加入适当的磨料，但是应当选择恰当。

4）控制制造精度和表面粗糙度

显然，提高摩擦副表面的制造和装配精度将显著地减少磨合阶段的磨损量。而表面粗糙度的选择应根据磨损工况条件来确定。

Хрущов（1946 年）研究轴颈与轴承表面的磨合时指出，不同加工方法得到的不同粗糙度的表面磨合后的粗糙度相同，但磨合时间不同。许多实验都证明，磨合结束后形成的表面粗糙度与机械加工得到的原始粗糙度无关，而取决于磨合工况条件。磨合后粗糙度是与给定工况条件相适应的最佳粗糙度，它保证磨损率最低。如果磨合前的粗糙度接近最佳粗糙度，可以使磨合磨损量成倍地降低。

14.3 表面品质与磨损

摩擦表面经过加工成形工艺以后具有不同的几何品质即表面形貌（如粗糙度、波纹度、宏观几何偏差和加工痕迹方向等）以及不同的物理品质（如冷作硬化、微硬度和残余应力等），这些都对磨损有重要的影响。

14.3.1 几何品质的影响

加工表面的特征是外形轮廓起伏变化，表面几何品质可以用表面形貌参数来描述。设

峰高为 H，两峰之间距离为 L，根据 L/H 的大小可分为粗糙度 H_R、波纹度 H_W 和宏观偏差 H_M，如图 14-8 所示。

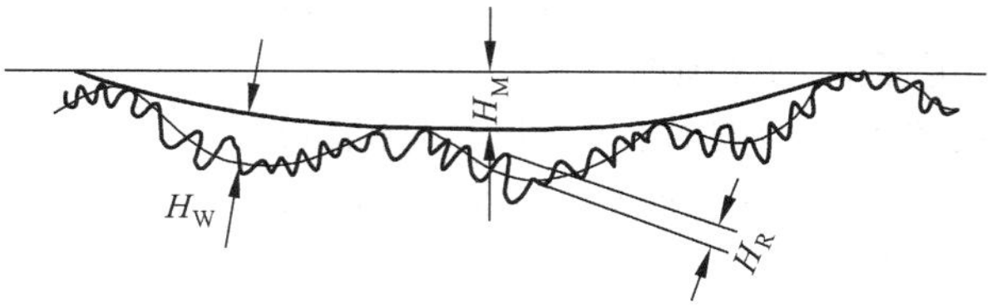

图 14-8　加工表面外形轮廓

通常表面波纹度是周期性重复的起伏，峰距较长，一般在 1～10mm 范围。表面粗糙度无明显的周期性，峰距为 2～800μm，峰高为 0.03～400μm。

关于粗糙度与磨损的关系曾有着不同的认识。1938 年，美国 Chrysler 汽车厂提出：粗糙度越小即表面越光滑，则磨损量越小。因此，其主要零件表面都采用超精密加工。这实际上反映了摩擦磨损是表面粗糙峰机械作用的认识。1941 年，美国 Buick 工厂认为：表面分子作用是摩擦磨损的基本原因，因此提出摩擦表面要有足够的粗糙度才耐磨，因而主张对零件表面进行腐蚀加工。苏联科学院机械研究所的学者对表面品质对磨损的影响进行了系统的研究，下面介绍他们得出的、并得到普遍认可的主要结论。实验研究得出：对于不同的磨损工况条件，表面粗糙度都具有一个最优值 H_{R0}，此时磨损量最小，如图 14-9 所示。这一结论已为许多实验所证实。

最优粗糙度的存在表明：磨损过程是摩擦副表面之间机械的和分子的联合作用。当表面粗糙度小于最优粗糙度时，磨损加剧是由表面分子作用造成的；而当表面粗糙度大于最优值时，磨损主要是由表面机械作用产生的。

实验还得出：摩擦副所处的工况条件不同，最优粗糙度也不同。在繁重工况条件下，由于摩擦副的磨损严重，因而最优粗糙度也相应增大，如图 14-10 所示。工况条件包含摩擦副的载荷、滑动速度的大小、环境温度和润滑状况等。

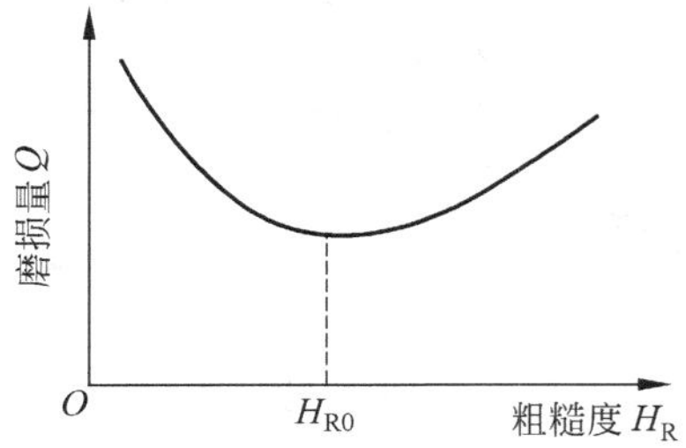

图 14-9　粗糙度与磨损量

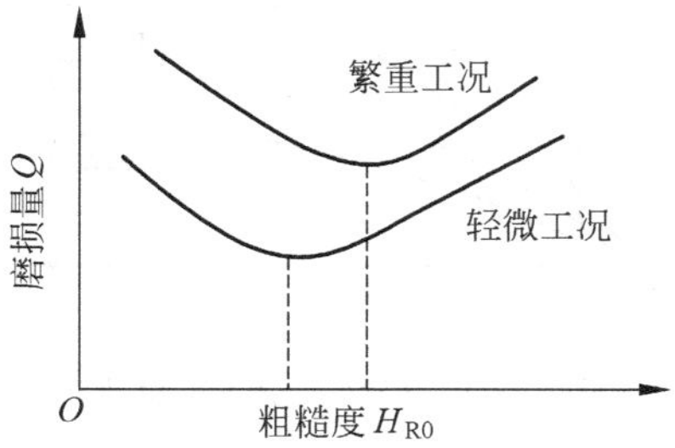

图 14-10　不同工况的 H_{R0} 值

由图 14-11 可知，不同粗糙度的表面在磨合过程中粗糙度的变化。在一定的工况条件下，不论原有的粗糙度如何，经磨合后都会达到与工况相适应的最优粗糙度。此后，表面粗糙度稳定在最优粗糙度下持续工作。如图所示，当 $H_R > H_{R0}$ 时，由于剧烈的机械磨损使 H_R 下降而趋于 H_{R0} 值；而当 $H_R < H_{R0}$ 时，表面分子作用使 H_R 增加到最优值 H_{R0}。所以，只有在表面具有最优粗糙度的情况下磨损量才会最小。

表面波纹度对于磨损的影响与粗糙度相类似。此外，波纹度大的表面将使相配合表面的磨合磨损量增加，而磨合后的稳定磨损率却趋于一致。图 14-12 为巴氏合金试件与不同波纹度钢表面磨合时的磨损曲线。

摩擦表面的加工痕迹方向影响磨合时间和磨合磨损量，而磨合以后的痕迹方向总是顺着摩擦方向，此后的磨损率与原来的痕迹方向无关。

图 14-13 和图 14-14 所示为表面加工痕迹方向对磨损的影响。图中轻微工况是指摩擦表面压力 $p=14.2$MPa 和润滑良好的工作状况；繁重工况是指 $p=66$MPa 和润滑不良的工作状况。

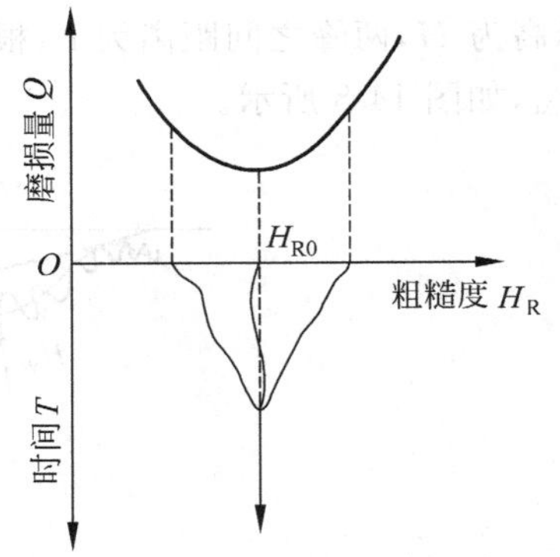

图 14-11　磨合中的 H_R 变化与最优粗糙度

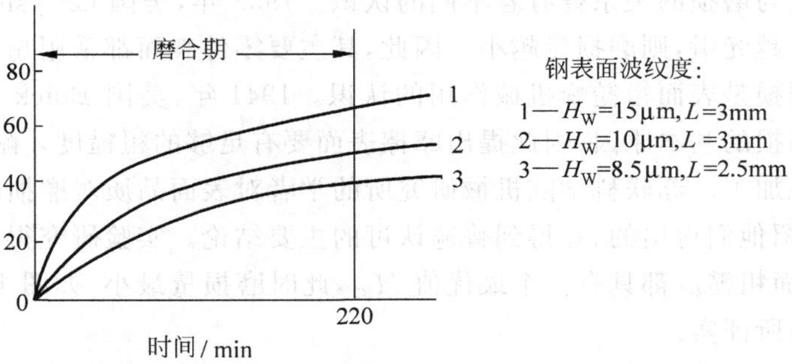

图 14-12　巴氏合金试件与钢磨合时的磨合曲线

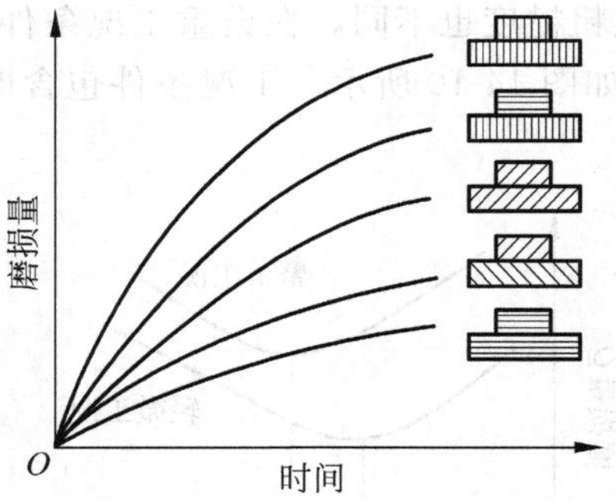

图 14-13　轻微工况下的磨损

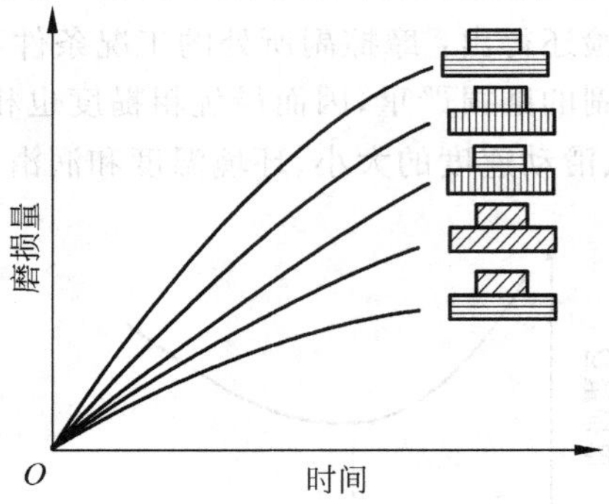

图 14-14　繁重工况下的磨损

由图 14-13 和图 14-14 可知，在轻微工况条件下，摩擦副表面的痕迹方向相互平行并与摩擦方向一致时，磨合磨损量最小。这是因为轻微工况下表面压力不高而润滑充足，润滑膜易于形成，磨损主要由于粗糙峰的机械作用引起。但是，繁重工况下，黏着磨损出现的可能性增加，相互交叉的痕迹方向将避免大面积的接触点，从而提高抗磨损性能。通常，机床导轨属于繁重磨损工况，宜采用交叉的痕迹方向。

14.3.2　物理品质的影响

加工的表面由于切削过程中变形和热的急剧变化而形成表面层特定的物理品质，包含冷作硬化、微硬度和残余应力的分布。表面层物理品质的不同，其磨损性能将有显著的变化。然而，物理品质对磨损的影响往往被人们忽视，因此研究得还很不充分。

在冷作硬化过程中，表面的塑性变形促进氧在金属中的扩散，形成连接牢固的氧化膜，因而使抗氧化磨损性能提高。表面经冷作硬化后，塑性降低，硬度提高，从而减少了黏着磨损，并提高了抗胶合能力。接触疲劳裂纹在表面硬化层中的萌生和扩展必须在较高的应力和更多次应力循环下才能发生，因而冷作硬化可以提高表面疲劳磨损寿命。总的来说，经过冷作硬化的表面对于各类磨损的耐磨性都有一定程度的提高。一般粗加工表面硬化层深度为0.3～1mm，精车、精铣的硬化层为0.1～0.2mm，而磨削加工的硬化层只有0.05～0.1mm。

表面层的应力状态对磨损性能有很大的影响。在切削过程中，由于切削变形、刀具与表面的摩擦、切削热引起的相变和体积变化等原因形成表面残余应力。而残余应力的分布状态受各种因素的综合影响，情况比较复杂。残余应力对于磨损的影响有着不同的实验结论。有人认为，表面拉伸残余应力和压缩残余应力都能提高耐磨性，应力越大磨损越小。这是因为残余应力是体积应力，能减少金属原子的活动性，因而磨损进行缓慢。也有人提出：只有拉伸残余应力能提高耐磨性。因为在磨损过程中表面出现的塑性变形将产生压缩应力，当表面压缩应力达到一定数值时，出现裂纹而加速磨损。这样，摩擦表面原来的拉伸应力越大，则表面达到临界压缩应力的时间就越长，所以耐磨性越高。多数实验结果证明：表面压缩残余应力能提高材料的抗接触疲劳磨损能力；相反的，拉伸残余应力将降低疲劳磨损寿命。这一结论可以由接触应力分析中得到解释，即压缩残余应力可以降低表面最大剪应力和等效应力，有时也能降低表层内的最大剪应力。

综上所述，表面品质包括几何品质和物理品质，其对磨损性能有着重要的影响。由于表面品质是由加工制造条件所确定的，因而研究表面品质与磨损的关系，目的在于根据最优的表面品质来选择合适的表面制造方法。

14.4　黏着磨损理论

近年来由于磨损表层微观分析技术的发展，推动了对各种磨损现象本质的深入研究，从而提出了许多有关材料磨损的理论。以下简要介绍几种重要的磨损理论。

在早期研究中，Tonn(1937年)试图建立磨损与材料机械性质的关系，曾提出磨粒磨损的经验公式。以后Holm(1940年)根据磨损过程中原子之间的作用推导出单位滑动位移中的磨损体积为

$$\frac{\mathrm{d}V}{\mathrm{d}S}=P\frac{W}{H} \tag{14-3}$$

式中，V为磨损体积；S为滑动位移；W为载荷；H为材料硬度；P为原子与原子接触后脱离表面的概率。

Achard(1953年)在其建立的黏着磨损理论中，提出的磨损计算公式(13-7)与Holm公

式(14-3)在形式上相同。Rowe(1966 年)对 Archard 公式进行修正,他考虑表面膜的影响以及切向应力和边界膜脱附使接触峰点尺寸的增加,得出体积磨损度公式为

$$\frac{\mathrm{d}V}{\mathrm{d}S}=k_{\mathrm{m}}(1+\alpha f^{2})^{1/2}\beta\frac{W}{\sigma_{\mathrm{s}}} \tag{14-4}$$

式中,k_m 为与材料性质有关的系数;α 为常数;f 为摩擦因数;β 为与表面膜有关的系数;σ_s 为受压屈服极限。

从 Holm 和 Achard 公式可以得出,磨损量与滑动距离和载荷成正比,而与摩擦副中软材料的屈服极限或硬度成反比。

实验研究表明,磨损量与滑动距离成正比的结论基本上适合于各种磨损条件。而磨损量与载荷的正比关系只适合于一定的载荷范围。例如,钢对钢的摩擦时,当载荷超过 $H/3$ 时,磨损量将随载荷以指数形式增加。磨损量与材料硬度成反比的关系也已被许多实验所证实,特别适合于磨粒磨损。当然摩擦副材料的其他性质对于磨损过程的影响也不可忽视。

Rabinowicz(1965 年)从能量的观点来分析黏着磨损中磨屑的形成。他指出,磨屑的形成条件应是分离前所储存的变形能必须大于分离后新生表面的表面能。据此 Rabinowicz 分析了 Achard 模型中半球形磨屑在塑性变形和形成黏着结点所储存的能量,得出单位体积的储存能量 e 为

$$e=\frac{p_{\mathrm{s}}^{2}}{2E}$$

式中,p_s 为材料产生塑性变形时的表面压应力;E 为弹性模量。

如果磨屑沿接触圆半径 a 的平面分离,分离后单位面积的表面能为 γ,则磨屑形成条件为

$$\frac{2}{3}\pi a^{3}\left(\frac{p_{\mathrm{s}}^{2}}{2E}\right)>2\pi a^{2}\gamma \tag{14-5}$$

由弹性接触理论可知,对于金属材料而言,$p_s=\frac{1}{3}H$,其中 H 为硬度,所以得

$$a>\frac{54E\gamma}{H^{2}}\quad \text{或}\quad a>\frac{KE\gamma}{H^{2}} \tag{14-6}$$

系数 K 应根据磨屑的形状来确定。

事实上,在摩擦过程中表面还存在其他形式的能量,因而磨屑的尺寸在未达到式(14-6)之前就已经与表面分离。所以,式(14-6)中的 a 值应当作为磨屑的最大尺寸,即

$$a\leqslant\frac{KE\gamma}{H^{2}} \tag{14-7}$$

14.5 能量磨损理论

Fleisher(1973 年)提出能量磨损理论,其依据是摩擦过程中由于能量消耗而产生磨损。能量磨损理论的基本观点是:摩擦过程中所做的功虽然大部分以摩擦热的形式散失,但是其中 9%~16%的部分以势能的形式储存在摩擦材料中,当一定体积的材料积累的能量达到临界数值时,便以磨屑的形式从表面剥落,所以,磨损是能量转化和消耗的过程。

在 Fleisher 分析过程中,引入了能量密度的概念。它表示材料单位体积内吸收或消耗

的能量。假设 E_e 为表面摩擦一次时材料所吸收的能量密度，E_k 为每次摩擦中转化为形成磨屑的能量密度，则

$$E_k = \xi E_e$$

式中，系数 ξ 用以考虑并非全部吸收的能量转化为形成磨屑。

如果经 n 次摩擦才产生磨屑，那么在磨屑产生前的 $n-1$ 次摩擦中转化为磨损的全部能量为 $E_k(n-1)$。而最后一次摩擦中所吸收的能量 E_e 全部消耗于磨屑脱离表面。所以磨屑形成所需全部能量密度 E'_b 为

$$E'_b = E_k(n-1) + E_e$$

即

$$E'_b = E_e[\xi(n-1)+1] \tag{14-8}$$

式(14-8)给出的能量密度是根据每次摩擦吸收相同能量的条件得出的，因而是平均的能量密度。实际上各次摩擦所吸收的能量并不相同。

根据 Tross 的研究，磨屑的实际断裂能量密度为平均能量密度的 K 倍，且 $K>1$。于是实际形成磨屑的能量为 $E_b = KE'_b$，所以

$$E_e = \frac{E_b}{K[\xi(n-1)+1]} \tag{14-9}$$

如果令 E_R 为磨损的能量密度，即磨损单位体积所消耗的能量，则

$$E_R = \frac{\text{摩擦功}}{\text{磨损体积}} = \frac{\tau_y \Delta s}{\Delta h}$$

从而得

$$\frac{dh}{ds} = \frac{\Delta h}{\Delta s} = \frac{\tau_y}{E_R} \tag{14-10}$$

式中，τ_y 为单位面积上的摩擦力；Δs 为滑动距离；Δh 为磨损厚度；dh/ds 称为线磨损度。

由于 E_R 是磨损单位体积所需要的能量，而 E_e 是摩擦一次材料单位体积所吸收的能量，需经过 n 次才形成磨屑，于是

$$E_R = nE_e$$

考虑到接触峰点处产生变形的体积即储存能量的体积 V_d 比被磨掉的体积 V_w 大，若令

$$\gamma = \frac{V_w}{V_d}$$

因而可得

$$E_R = \frac{nE_e}{\gamma} \tag{14-11}$$

将式(14-9)代入式(14-11)，则得

$$E_R = \frac{nE_b}{K[\xi(n-1)+1]\gamma}$$

由于形成磨屑需要很多次摩擦，即 $n \gg 1$，上式可改写为

$$E_R = \frac{nE_b}{K[\xi n+1]\gamma} \tag{14-12}$$

式(14-12)建立了摩擦次数 n 和磨损所需的能量密度 E_R 与形成磨屑的能量密度 E_b 之间的关系。为了计算线磨损度可将式(14-11)代入式(14-10)。这样

$$\frac{\mathrm{d}h}{\mathrm{d}s}=\frac{\tau_y\gamma}{nE_e} \tag{14-13}$$

或将式(14-12)代入式(14-10)，得

$$\frac{\mathrm{d}h}{\mathrm{d}s}=\frac{\tau_y K[\xi n+1]\gamma}{nE_b} \tag{14-14}$$

以上各系数 K、ξ 和 γ 都与摩擦材料的物理性质和组织结构有关，临界摩擦次数受载荷大小和材料吸收与储存能量能力的影响。此外，摩擦中能量积累能力还取决于储存体积，后者又与接触峰点的微观几何有关。

14.6 剥层理论与疲劳磨损理论

14.6.1 剥层磨损理论

通常认为，磨粒磨损和腐蚀磨损的机理比较成熟，而黏着磨损、微动磨损和表面疲劳磨损有许多共同的特征，却还没有一种理论来解释这三种磨损的机理。金属剥层磨损理论是由 Suh(1973 年)[1]提出的。这一理论建立在弹塑性力学分析和实验基础之上，并总结了以往大量的研究成果，因而是较完整的一种磨损理论，它能够解释许多磨损现象。实践证明，剥层理论促进了对磨损的共同本质更深入的研究。

通过扫描电子显微镜照片分析表明，磨屑形状为薄而长的层状结构，它是表层内裂纹生成和扩展的结果。剥层磨损理论是以位错理论以及靠近表面金属的断裂和塑性变形为基础来解释片状磨屑的形成机理。

其基本论点是：当摩擦副相互滑动时，软表面的粗糙峰容易变形，同时在循环载荷作用下软粗糙峰首先断裂，从而形成较光滑的表面。这样，接触状态不再是粗糙峰对粗糙峰，而是硬表面的粗糙峰在相对光滑的软表面上滑动。硬表面粗糙峰在软表面上滑动时，软表面上各点经受一次循环载荷，在表层产生剪切塑性变形并不断积累，这就在金属表层内出现周期的位错。由于映像力(image force)的作用，距离表面深度约为几十微米的表层位错消失。这样靠近表面的位错密度小于内部的位错密度，即最大的剪切变形发生在一定深度以内。在摩擦过程中，剪切变形不断积累，使表面下一定深度处出现位错堆积，进而导致形成裂纹或空穴。当裂纹在一定深度形成后，根据应力场分析，平行表面的正应力阻止裂纹向深度方向扩展，所以裂纹在一定深度沿平行于表面的方向延伸。当裂纹扩展到临界长度后，在裂纹与表面之间的材料将以片状磨屑的形式剥落下来。

剥层磨损理论能够较完善地说明许多实验观察到的磨损现象。例如，表面层的变形、裂纹的形成与扩展、贝氏体层的形成，以及润滑剂、滑动速度和复合载荷对磨损的影响等。

根据剥层磨损理论可以得出简单的磨损计算公式。硬表面对软表面滑动时的总磨损量可以用下式表示

$$Q=k_0Ws \tag{14-15}$$

式中，k_0 为磨损系数；W 为载荷；s 为滑动距离。

片状磨屑厚度 h 可以根据低位错密度区的厚度来确定，即

$$h=\frac{Gb}{4\pi(1-\nu)\sigma_j} \tag{14-16}$$

式中，G 为剪切弹性模量；ν 为材料的泊松比；σ_j 为表面摩擦应力；b 称为 Burger 矢量。

磨损体积 V 与滑动距离 s 和临界滑动距离 s_0 有关。临界滑动距离是指与空穴和裂纹形成时间和裂纹扩展到临界尺寸的速度有关的滑动距离。磨损体积 V 为

$$V=\left(\frac{s}{s_0}\right)Ah$$

片状磨屑的面积 A 与载荷和材料屈服极限有关，即 $A=\frac{W}{\sigma_s}$。将 A 和 h 代入上式，则得

$$V=\frac{WsGb}{4\pi s_0\sigma_s(1-\nu)\sigma_j} \tag{14-17}$$

若令

$$K=\frac{Gb}{4\pi s_0(1-\nu)\sigma_j}$$

最后得

$$\frac{dV}{ds}=\frac{V}{s}=K\frac{W}{\sigma_s} \tag{14-18}$$

剥层理论得出的式(14-18)表明，磨损量与载荷、滑动距离成正比，而不直接与材料的硬度相关，这点不同于黏着磨损的计算公式。

14.6.2 疲劳磨损理论

苏联学者从材料疲劳的角度研究磨损过程，Крагельский[2]提出的固体疲劳磨损理论受到广泛的重视。疲劳磨损理论的基本观点是：①由于表面粗糙度和波纹度的存在，摩擦副的表面接触是不连续的，因此摩擦时表面受到周期性载荷的作用；②材料磨损是由于接触峰点的局部变形和应力而产生的表面机械破坏过程；③摩擦表面局部材料的疲劳破坏取决于接触峰点的应力状态。

在磨损过程中，接触峰点受到很大的周期性变化的应力作用，当应力循环次数达到一定时产生疲劳裂纹，进而扩展形成磨屑。表面接触峰点疲劳破坏的形式与接触状态有关。在弹性接触状态下，达到破坏的应力循环次数通常在千次以上；而塑性接触的疲劳过程，达到破坏的应力循环次数则只有十几次以上，即低循环次数的疲劳破坏。

表面磨损属于材料疲劳破坏，必须施加多次反复摩擦作用。引起磨损的摩擦次数可根据接触峰点的破坏形式来决定，而接触峰点的破坏形式与应力状态有关。这样，根据摩擦副的载荷、运动状况、表面形貌和材料性质确定接触峰点的应力状态，进而建立磨损计算的关系式。

Крагельский 等人建立的疲劳磨损理论已由金属和非金属材料的实验所验证，包括橡胶、聚合物塑料和自润滑材料等。根据这一理论还建立了一些机械零件的磨损计算方法，但是疲劳磨损理论的计算公式相当复杂，许多参数也缺乏准确的数据，应用上存在局限性。

14.7 磨损计算

14.7.1 IBM 磨损计算方法

美国国际商用机器公司 IBM 的 Bayer 等人(1962 年)提出了磨损计算模型，并通过实验方法取得数据，拟定了能直接用于预测机械零件磨损寿命的计算方法。

首先将磨损划分为零磨损和可测磨损两类。零磨损的厚度不超过表面原始粗糙度高度，而可测磨损是指厚度超过表面粗糙度的磨损。

大量的实验表明，为了保证摩擦副在一定的时间内处于零磨损状态，必须满足以下条件

$$\tau_{\max} \leqslant \gamma \tau_s \tag{14-19}$$

式中，$\tau_{\max}$为机械零件所受的最大剪应力；τ_s为剪切屈服极限；γ为系数，它与材料、润滑状态和工作期限等有关。

在IBM计算方法中以行程次数表示磨损寿命。一个行程表示的滑动距离等于沿滑动方向摩擦副相接触的长度。通常选定行程次数$N=2000$来确定零磨损系数。此时，γ系数以γ_0表示，因为在这段时间以内将能较稳定地显示出磨损的特性。

实验得出，当行程次数$N=2000$时，对于流体润滑状态，$\gamma_0=1$；干摩擦状态，$\gamma_0=0.2$；边界润滑时，$\gamma_0=0.2$或0.54；润滑油中含有活性添加剂时，可采用$\gamma_0=0.54$。

参照金属材料疲劳曲线，可以建立保证零磨损条件下行程次数与最大剪应力之间的关系式

$$\left.\begin{aligned} \tau_{\max}^9 N &= (\gamma_0 \tau_s)^9 \times 2000 \\ \tau_{\max} &= \left(\frac{2000}{N}\right)^{1/9} \gamma_0 \tau_s \end{aligned}\right\} \tag{14-20}$$

采用式(14-20)预测摩擦副保证零磨损的寿命时，需将工作时间折算成行程次数。式中剪切屈服极限τ_s可以由图14-15的经验关系曲线来确定。

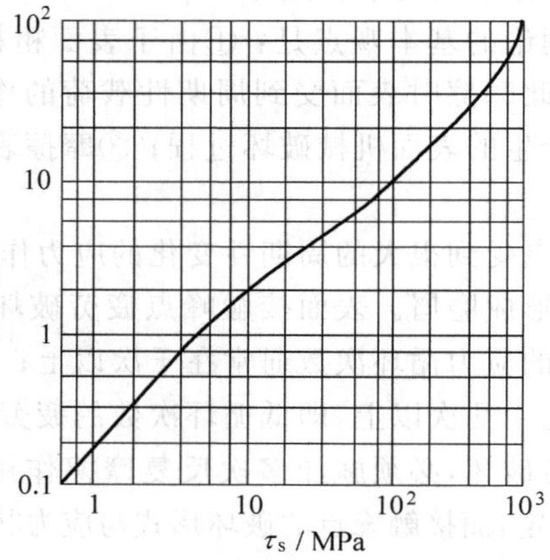

图14-15　剪切屈服极限

对于可测磨损，IBM的科技人员提出的计算模型是：磨损量是每次行程内磨损所消耗的能量和行程次数这两个变量的函数。这种磨损中变量之间的关系可用下列微分方程式表示

$$\mathrm{d}Q = \left(\frac{\partial Q}{\partial E}\right)_N \mathrm{d}E + \left(\frac{\partial Q}{\partial N}\right)_E \mathrm{d}N \tag{14-21}$$

式中，Q为可测磨损量；E为每次行程中磨损所消耗的能量；N为行程次数。

可测磨损可以按照两种类型来进行计算。

1. A 型磨损

这种磨损的能量消耗量在磨损过程中维持不变。它主要出现在干摩擦、重载荷或者存在严重的材料转移和擦伤磨损的情况下。

对于 A 型磨损，可以将式(14-21)简化为

$$\mathrm{d}Q = c\mathrm{d}N \tag{14-22}$$

式中，c 为该磨损系统的常数，其数值通过实验测定。

2. B 型磨损

此种磨损每改变一次行程消耗于磨损的能量也随之改变，它出现在有润滑或者轻载荷的条件下，通常属于疲劳型的磨损。

对于这种磨损，式(14-21)可写为

$$\mathrm{d}\left[\frac{Q}{(\tau_{\max}s)^{9/2}}\right] = c\mathrm{d}N \tag{14-23}$$

式中，s 为每一行程中的滑动距离。

将式(14-22)或式(14-23)积分后即可求得磨损量与行程次数的关系。

IBM 的科技人员在一系列的文献中介绍了应用零磨损和可测磨损计算解决实际设计问题的方法。

14.7.2　组合磨损计算方法

Проников[3](1957 年)提出了相互滑动摩擦副的磨损计算。他把磨损分为表面磨损和组合磨损。表面磨损是摩擦表面在垂直表面方向的尺寸变化，在通常情况下表面磨损厚度分布不均匀。组合磨损是由于互相配合表面在摩擦过程中的磨损所造成两个表面相互位置的变化。显然，组合磨损改变了摩擦副配合性质，进而影响机械零件的工作性能。

组合磨损计算的基本原则就是根据机械零件工作性能确定相配合表面所允许的位置变化量，即组合磨损量，然后由组合磨损量计算机械零件的磨损寿命。

下面扼要地介绍组合磨损计算的要点。

1. 首先按照实际工况条件确定摩擦副的磨损曲线和相应的磨损率

如图 14-2 所示，通常的磨损计算只考虑图 14-2 中(a)和(b)两种情况。对于正常工作的机械零件而言，稳定磨损所占的时间最长，因此以稳定磨损的时间作为零件的实际磨损寿命。

如前所述，稳定磨损中的磨损率保持不变。若以磨损厚度 h 表示磨损量，t 表示时间，则线磨损率定义为

$$\gamma = \frac{\mathrm{d}h}{\mathrm{d}t} = \tan\alpha = \text{常数} \tag{14-24}$$

实验表明，式(14-24)对以磨粒磨损为主的摩擦副是适用的，对于除接触疲劳磨损之外的其他磨损形式也可以近似地采用。

2. 根据实验方法确定线磨损率与工况参数之间的关系

通常认为磨损率主要取决于表面压力 p 和滑动速度 v，即

$$\gamma = Kp^m v^n \tag{14-25}$$

式中，K 为工况条件系数，与材料、表面品质和润滑状态等因素有关。例如，在一般润滑条

件下青铜与钢摩擦时，选取青铜 $K=3.35$、钢 $K=0.92$；m 和 n 分别为表面压力和滑动速度对磨损率的影响指数，它们的数值根据工况条件不同将在 0.6～1.2 间变化。

实验证明磨粒磨损的线磨损度与表面压力成正比，而与滑动速度无关，即

$$\frac{\mathrm{d}h}{\mathrm{d}s}=Kp$$

于是

$$\frac{\mathrm{d}h}{\mathrm{d}t}=\frac{\mathrm{d}h}{\mathrm{d}s}\frac{\mathrm{d}s}{\mathrm{d}t}=Kpv$$

所以磨粒磨损的指数 $m=n=1$，线磨损率可简化写成

$$\gamma=Kpv \tag{14-26}$$

3．确定组合磨损与两个配合表面磨损量之间的关系

由于摩擦表面的磨损通常以垂直表面的磨损厚度表示，而组合磨损则以两个配合表面磨损后的位置变化来度量，因此必须根据机械零件的几何结构来确定两种磨损之间的关系。

如图 14-16 所示为圆锥止推轴承。轴颈 1 和轴承 2 表面的磨损厚度分别为 h_1 和 h_2，而磨损以后引起的相对位置变化是轴向位移，该轴向位移量即是组合磨损量 H。

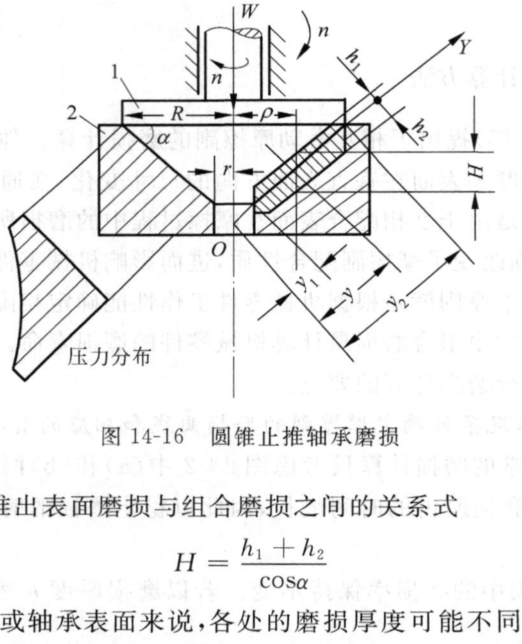

图 14-16　圆锥止推轴承磨损

根据几何形状可以推出表面磨损与组合磨损之间的关系式

$$H=\frac{h_1+h_2}{\cos\alpha} \tag{14-27}$$

应该指出，对于轴颈或轴承表面来说，各处的磨损厚度可能不同，即表面磨损分布不均匀。然而根据两表面保持接触的条件，各处的组合磨损量 H 必定相等。

图 14-17 是块式制动器的磨损情况。两个配合表面磨损以后也产生轴向位移，造成瓦块与圆盘之间的松动，从而影响制动力矩。此时的组合磨损量 H 与表面磨损量 h_1 和 h_2 的关系式与式(14-27)相同，不过 α 的数值随各点位置而变化。

4．根据机械零件的工作性能和使用要求，选定组合磨损的极限数值

例如，凸轮与挺杆机构的最大组合磨损量应由所允许的最大运动误差来决定；传动螺旋与螺母之间的组合磨损极限值决定于传动精度或反转空程的大小；而齿轮传动的组合磨损量应考虑分度精度或限制轮齿冲击载荷和平稳性等因素。

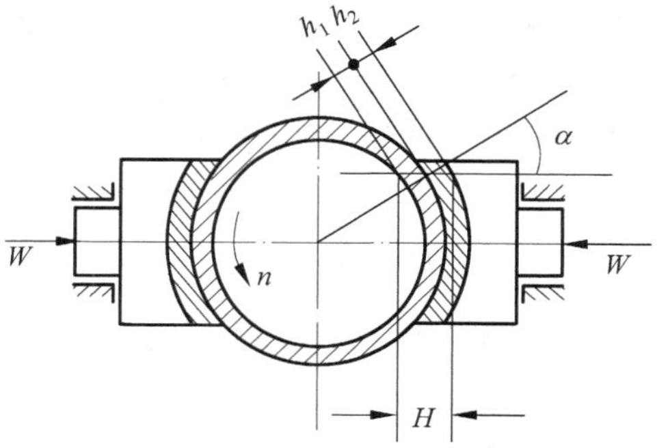

图 14-17　块式制动器磨损

5. 磨损寿命计算

这里以图 14-18 所示的平面止推轴承为例说明磨损寿命的计算方法。

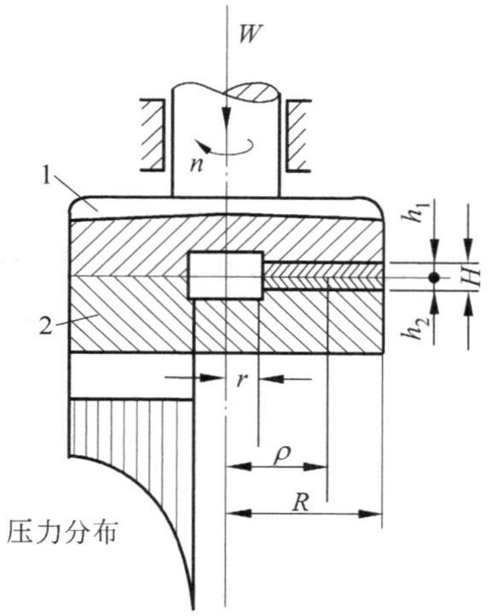

图 14-18　平面止推轴承磨损

在轴向载荷 W 作用下，轴颈的转速为 n。若以磨粒磨损为主要磨损形式，根据式(14-26)，半径为 ρ 的任意点处的线磨损率为

$$\gamma_1 = K_1 p \times 2\pi n\rho$$

$$\gamma_2 = K_2 p \times 2\pi n\rho$$

由于组合磨损量 $H=h_1+h_2$，因而组合磨损率 Γ 为

$$\Gamma = \gamma_1 + \gamma_2 = 2\pi n\rho(K_1 + K_2)p$$

即

$$p = \frac{\Gamma}{2\pi n(K_1 + K_2)} \frac{1}{\rho}$$

上式说明，当轴颈旋转时，平面止推轴承的表面压力沿半径方向按双曲线规律分布。

轴承总承载量 W 为

$$W = \int_r^R 2\pi\rho p\,\mathrm{d}\rho = \frac{\Gamma}{n(K_1 + K_2)}\int_r^R \mathrm{d}\rho$$

$$W = \frac{\Gamma(R-r)}{n(K_1 + K_2)}$$

所以

$$\Gamma = \frac{Wn(K_1 + K_2)}{R-r}$$

组合磨损量 H 与磨损时间 T 之间的表达式为

$$H = \Gamma T = \frac{Wn(K_1 + K_2)}{R-r}T \tag{14-28}$$

此外，不难得出轴颈和轴承表面的磨损厚度分别为

$$h_1 = \gamma_1 T = \frac{WnK_1}{R-r}T$$

$$h_2 = \gamma_2 T = \frac{WnK_2}{R-r}T$$

由上式可知，h_1 和 h_2 与 ρ 无关，所以平面止推轴承的表面磨损分布是均匀的。在式(14-28)中，若 H 以极限数值代入，则求得的 T 表示该止推轴承的磨损寿命。

对于图 14-16 所示的圆锥止推轴承，可以采用类似的方法进行分析。由于 α 为常数，由式(14-27)可以推得

$$\Gamma = \frac{\gamma_1 + \gamma_2}{\cos\alpha}$$

如图 14-16 所示，选定 OY 坐标轴，则摩擦表面上任意点的滑动速度为

$$v = 2\pi\rho n = 2\pi n y\cos\alpha$$

轴颈和轴承表面的线磨损率分别为

$$\gamma_1 = 2\pi K_1 n p y\cos\alpha$$

$$\gamma_2 = 2\pi K_2 n p y\cos\alpha$$

$$\Gamma = \frac{\gamma_1 + \gamma_2}{\cos\alpha} = 2\pi n p y(K_1 + K_2)$$

所以

$$p = \frac{\Gamma}{2\pi n(K_1 + K_2)}\frac{1}{y}$$

由上式可知，圆锥止推轴承的表面压力沿母线方向按双曲线规律分布。为了确定 Γ 值，需求得载荷 W 与表面压力 p 之间的关系，即

$$W = \int_{y_1}^{y_2} 2\pi p\rho\cos\alpha\,\mathrm{d}y = 2\pi\cos^2\alpha\int_{y_1}^{y_2} p y\,\mathrm{d}y$$

其中

$$y_1 = \frac{r}{\cos\alpha},\quad y_2 = \frac{R}{\cos\alpha},\quad \rho = y\cos\alpha$$

将 p 代入上式，积分得

$$\Gamma = \frac{Wn(K_1 + K_2)}{(R - r)\cos\alpha}$$

于是，组合磨损量与磨损时间的关系式为

$$H = \Gamma T = \frac{Wn(K_1 + K_2)}{(R - r)\cos\alpha}T \tag{14-29}$$

最后，必须强调指出，磨损现象是表面层微观动态过程，而材料的磨损性能不仅与材料的固有特性有关，而且主要表现为摩擦学系统的综合性能，影响因素非常复杂。因此，磨损问题在摩擦学中是理论和实践上都不够完善的领域。据报道[4]，近几十年来，发表过数百个对于各种磨损的计算公式，涉及磨损过程有关材料、力学、热物理、化学等参数最基本的有 100 多个。而这些公式的适用性却有很大限制。显然，对于复杂而多变的磨损要建立统一的量化关系是十分困难的。

参考文献

[1] SUH N P. The delamination theory of wear[J]. Wear, 1973,25(1): 111-124.
[2] 克拉盖尔斯基 И В，等. 摩擦磨损计算原理[M]. 汪一麟，等译. 北京：机械工业出版社，1982.
[3] ПРОНИКОЬ А С. Износ и долговечность станков[M]. Киев-Москва: Машгиз, 1957.
[4] LUDEMA K C. Mechanism-based modeling of friction and wear[J]. Wear, 1996(200): 1-7.
[5] 温诗铸. 摩擦学原理[M]. 北京：清华大学出版社，1990.

第15章 抗磨损设计与表面涂层

随着工业技术的发展，对各种机械装备的表面性能要求越来越高，一些在高速、高温、重载或腐蚀介质下工作的零件，往往因其表面局部损伤最终导致整个设备失效。为此，通过抗磨损设计以达到提高零件的耐磨性、延长使用寿命的目的，受到工程技术部门的广泛重视。

机械零件抗磨损设计最有效的方法是在摩擦表面之间建立一层润滑膜，包括流体润滑膜、表面吸附膜和化学反应膜等。为此，必须根据摩擦副的工况条件正确地选择润滑油脂，有时还需要选用适当的添加剂以使润滑膜具有特殊性能。抗磨损设计中另一个重要问题是对摩擦副材料的配对、表面强化措施的合理选择。此外，润滑油供应系统的过滤与摩擦表面的密封等也是抗磨损设计的重要环节[1]。

表面涂层是新发展起来的能有效提高机械零件使用寿命的重要技术。通过堆焊、热喷涂、刷镀及其他物理化学方法，使材料表面具有耐磨损、耐高温、抗腐蚀等特殊性能，从而获得显著的经济效益。

15.1 润滑剂与添加剂选择

润滑膜应有适当的厚度，才能保护摩擦表面，以达到防止或减轻磨损的目的。实践证明，在多数情况下油膜厚度无需完全覆盖住表面的粗糙峰就可以有效的润滑，而油膜过厚也有不良影响，例如刚性较差。通常利用膜厚比（$\lambda = h_{\min}/\sigma$）作为衡量润滑状态的参数。一般认为，$\lambda \geqslant 1.5$ 就可把各种类型的磨损控制在轻微的程度内而获得合理的寿命。还可以进一步的划分：对于较低的速度或较低的表面粗糙度，要求$\lambda \geqslant 0.5 \sim 1$；对于较高的速度或粗糙的表面，则应使 $\lambda \geqslant 2$；对于磨合过的表面，取 $\lambda \geqslant 0.5 \sim 1$，而对于未磨合的表面则应取 $\lambda \geqslant 2$；如果是平面或圆柱面接触，要求 λ 大一些，例如，$\lambda = 2 \sim 5$，甚至更大，以补偿表面的波纹度和形状误差；在载荷不稳定的情况下，也应提高 λ 值。

15.1.1 润滑油的选择

润滑油的选择应当根据使用条件对润滑油的主要特性进行综合分析，表 15-1 列出基础油的各种特性。

对润滑油的一般要求如下：

1. 黏度、黏度指数及黏压系数

适当的黏度可以保证达到油膜厚度的要求，但黏度值太高则会使摩擦阻力增加并引起发热。黏度值受温度影响很大，当工作温度和环境温度变化较大时，除润滑油黏度之外，还需要选择合适的黏度指数，它是衡量润滑油热稳定性的重要指标，黏度指数越高即温度影响

表 15-1 选择各种基础油时考虑的特性

特性 \ 基础油	二元酸酯油	新戊基多元醇酯(复合酯)	典型磷酸酯	典型聚甲基硅油	典型苯基甲基硅油	氯化苯基甲基硅油	聚乙二醇(防腐蚀的)	聚苯醚	矿物油
无氧最高温度/℃	250	300	120	220	320	305	200	450	200
有氧最高温度/℃	210	240	120	180	250	230	200	320	150
最低温度/℃	−35	−65	−55	−50	−30	−65	−20	0	−50～0
密度/(g/cm³)	0.91	1.01	1.12	0.97	1.06	1.04	1.02	1.19	0.88
黏度指数	145	140	0	200	175	195	160	−60	0～140
闪点/℃	230	250	200	310	290	270	180	275	150～200
自燃发火点	低	中	很高	高	高	很高	中	高	低
边界润滑性	好	好	很好	尚好	尚好	好	很好	尚好	好
毒性	微	微	有一些	无	无	无	低	低	微
相对价格	5	10	10	25	50	60	5	250	1

越小。如果黏度低或黏温特性不够好，可以加入增黏添加剂加以改进。常用的增黏添加剂有：聚乙烯基正丁基醚、聚甲基丙烯酸酯和聚异丁烯等。这些高分子聚合物不仅可以使油的黏度增大，而且其分子链能随温度改变形态。低温时卷曲成小球状，增黏作用小，而高温时舒展成线状，增黏作用加强，从而改善黏温特性。如前所述，润滑油的黏压系数对于弹流润滑的油膜厚度有显著的影响。

2. 稳定性

在润滑油使用过程中，由于氧化变质会丧失润滑性能，大大降低工作寿命。因此，润滑油需要有较好的稳定性。图 15-1 给出了几种常用合成油的使用温度界限，如超出允许温度上限，则会加速氧化。

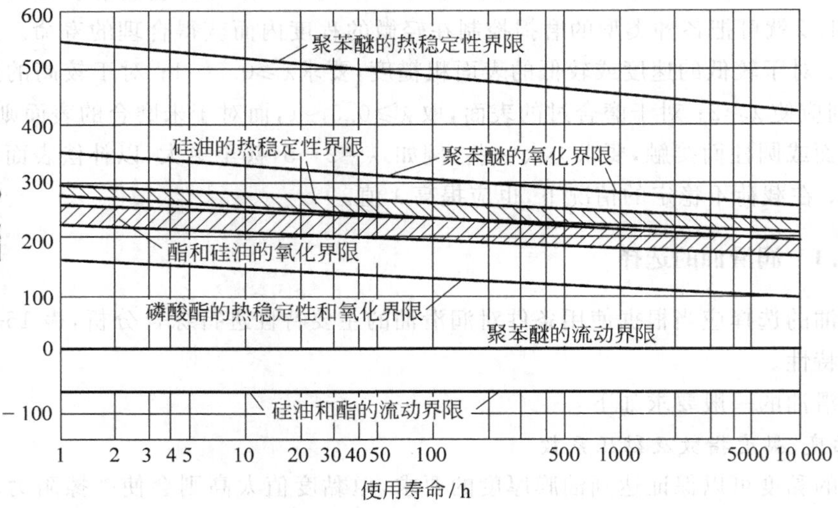

图 15-1 部分合成油的使用温度界限

常用的抗氧化添加剂有：二烷基二硫磷酸盐对羟基二苯胺、2,6-二叔丁基对甲酚二苯胺。它们在金属表层形成的保护膜既可防止锈蚀，又可阻止金属对润滑油氧化所起的触媒作用，因而降低氧化速度。

3. 其他要求

对润滑油的要求还需要考虑其他功能，如冷却、密封、防蚀、排屑、防火安全性以及与环境的相容性等。表15-2列出一些润滑油选取的基本原则。

表15-2　润滑油选取的基本原则

工作条件	润滑油特性
重载	应选用黏度较高的油
高速	润滑油的动压效应强，但发热量大，应选用黏度较低的油，并采用循环供油系统
变速、变载、变向	润滑油的黏度增高25%左右
精密机床和液压系统	黏度可低，以避免发热
温升大	选用黏度高、抗氧化性能好的矿物油或合成油
温度变化较大	选用黏度指数高的油
低温	润滑油凝点应低于最低工作温度50℃
磨损严重	应增加油的黏度，并加入抗磨或油性添加剂
磨屑多	应增加润滑油用量，并在循环系统中设置过滤装置，必要时还应使用清净添加剂或分散添加剂
使用寿命长	选用黏度较高、抗氧化性能较好的润滑油
配合间隙大或表面较粗糙	选用黏度较高的润滑油
有燃烧危险处	使用防火性能好的合成润滑剂或采用水基润滑，加入抗磨或极压添加剂可改善其润滑性

其他注意事项有：

(1) 易氧化处及循环润滑系统，不宜掺用动物油或植物油；

(2) 汽油机油与柴油机油不宜用于潮湿处；

(3) 变压器油不宜作润滑油用；

(4) 内燃机等高温机械不宜用汽轮机油和液压油；

(5) 当工作温度低或要求黏度较低时，可与煤油掺和使用，但煤油量不宜超过50%；

(6) 煤油不宜用于精密机械。

15.1.2　润滑脂的选择

1. 润滑脂的组成

润滑脂俗称黄油或干油，由润滑油加入稠化剂在高温下混合而成。在润滑脂中，润滑油是主要成分，占总质量的75%～85%，稠化剂占10%～20%，还有0.5%～5%的添加剂。润滑油决定了润滑脂的润滑性能、低温性能和抗氧化安定性。高速轻载用的润滑脂须用黏度较低的润滑油，低温用的润滑脂须用低凝点的矿物油。

2. 稠化剂的作用

稠化剂的作用是减少润滑油的流动性，同时增强密封性、耐压性、缓冲性等。润滑脂的耐温性、耐水性和软硬程度主要决定于稠化剂的品种和含量。例如，用钙皂作稠化剂的润滑脂耐水不耐温，而钠皂稠化剂耐温不耐水。润滑脂的分类按所用的稠化剂种类来划分，如钙基脂、钠基脂等。

3. 润滑脂添加剂

添加剂在润滑脂中的作用与在润滑油中相似，如添加石墨和 MoS_2 可提高润滑脂的抗磨耐压性能，添加胺基化合物可提高其抗氧化安定性。

15.1.3 固体润滑剂

固体润滑剂是指一些低剪切强度的固体，例如软金属、软金属化合物、无机物、有机物和自润滑复合材料。它们的特点是耐热、化学稳定性好、耐高压、不挥发、不污染，因此，特别适用于不能密封和供油的系统中。对某些用常规润滑方式难以解决问题的场合，如原子能工业、塑料工业、火箭、人造卫星等领域具有特殊的意义。其缺点是通常润滑表面磨损比油润滑高。由于不能有效地带走热量，因而可能导致胶合。常用的固体润滑剂的特性见表 15-3。

表 15-3 常用固体润滑剂的特性

润滑剂种类	温度界限/℃	典型摩擦因数	使用方式
1. 层状固体			
二硫化钼	350(在空气中)	0.1	粉末、黏结膜、阴极真空喷涂
石墨	500(在空气中)	0.2	粉末
二硫化钨	440(在空气中)	0.1	粉末
氟化钙	1000		熔融涂敷
氟化石墨		0.1	擦抹或阴极真空镀膜
滑石		0.1	粉末
2. 热性料			
聚四氟乙烯(未填充)	280	0.1	粉末、固体块、黏结膜
尼龙 66	100	0.25	固体块
聚酰亚胺	260	0.5	固体块
乙缩醛	175	0.2	固体块
聚苯硫醚(填充)	230	0.1	固体块或涂敷
聚氨基甲酸乙酯	100	0.2	固体块
聚四氟乙烯(填充)	300	0.1	固体块
尼龙头 66(填充)	200	0.25	固体块
3. 其他			
三氧化铝	800		粉末
酞菁	380		粉末
铅	200		擦抹或阴极真空镀膜

图 15-2 给出了各种润滑剂的使用范围的大致界限，可供设计时参考。

15.1.4 过滤与密封

机械系统中相对运动部件需要通入润滑剂或冷却剂，而这些润滑剂和冷却剂就经常被外来尘土所污染，加剧表面磨损。实践表明，润滑剂清洁与否，能够使摩擦副寿命相差达 10 倍。因此，要求对进入摩擦表面间的润滑剂和冷却剂进行过滤和密封，以清除有害颗粒，这也是抗磨损设计的措施之一。

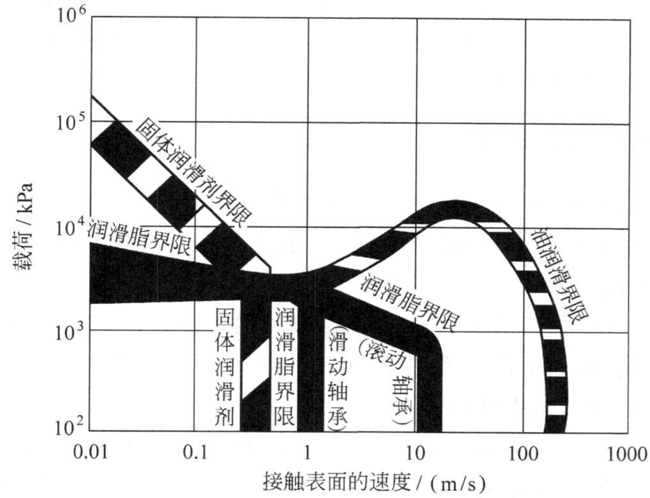

图 15-2 润滑剂的使用范围

润滑剂颗粒主要有硬颗粒和软颗粒。硬颗粒易导致摩擦副过早磨损和油孔梗阻。

润滑剂中颗粒造成表面磨损的机理可以分为 3 类：

(1) 硬颗粒嵌在摩擦表面上，对磨表面起切削作用造成磨粒磨损，其磨损的严重程度与颗粒的数目及硬度成正比。

(2) 摩擦面间的硬颗粒在摩擦过程中不断进行碾、划、挤压，使表面产生局部塑性变形和原子位错，最终导致表面的疲劳磨损。

(3) 硬颗粒的碾、划、压挤作用，还可以在表面上挤出高垄来。这些高垄在以后的摩擦过程中将导致金属的直接接触以及发展为黏着磨损。

润滑剂中的颗粒类型及来源由表 15-4 给出。

表 15-4 润滑剂中的颗粒类型及其来源

颗粒类型	来 源
金属颗粒	加工、装配、铸造以及磨损的产物等，尤其在新装配的部件中多见
金属的氧化物(如氧化铝)、金属盐(如氯化物或硫化物)	摩擦表面或悬浮着的金属颗粒经过腐蚀以后的生成物
油泥状沉积物	燃烧后的产物，润滑油受热老化、油中混入了水与盐以后产生的沉淀物
橡胶颗粒	密封圈、挠性管、衬垫等磨损的产物
纤维	棉花(棉线)、过滤器滤芯上脱落下来的产物
无机晶粒(如沙粒)	运转过程或维修过程中由周围环境进入

15.2 摩擦副材料选配原则

摩擦副材料的耐磨性是重要的选材依据。耐磨性是材料的硬度、韧性、互溶性、耐热性、耐蚀性等性质。不同类型的磨损，由于其磨损机理不同，可能侧重要求上述性质中的某一方面或两方面。此外，还要注意摩擦副材料配偶表面的匹配性，有时硬配硬好（如滚动轴承），有时硬配软（如滑动轴承）耐磨，有时还不得不特意让磨损限制在某一零件（如活塞环）上以保证配偶零件（如缸套）的耐磨性。下面按不同磨损类型对材料选配加以介绍。

15.2.1　磨粒磨损的摩擦副材料的选配

如前所述，对于磨粒磨损，纯金属和未经热处理的钢的耐磨性与自然硬度成正比。靠热处理提高硬度时，其耐磨性提高不如同样硬度的退火钢。对淬硬钢来说，硬度相同时，含碳量高的耐磨性优于含碳量低的。

耐磨性与金属的显微组织有关。马氏体耐磨性优于珠光体，珠光体优于铁素体。对珠光体的形态，片状的比球状的耐磨，细片的比粗片的耐磨。回火马氏体常常比不回火的耐磨，这是因为未回火的显微组织硬而脆。

对于同样硬度的钢，含合金碳化物比普通渗碳体耐磨，碳化物的元素原子越多就越耐磨。钢中所加合金元素若越容易形成碳化物则越能提高耐磨性，例如 Ti、Zr、Hf、V、Nb、Ta、W、Mo 等元素优于 Cr、Mn 等元素。

对于由固体颗粒的冲击所造成的磨粒磨损来说，需要正确的硬度和韧性相配。对于小冲击角，即冲击速度方向与表面接近平行的情况，如图 15-3，例如犁铧、运输矿砂的槽板等，在硬度和韧性的配合中更偏重于高硬度，可用淬硬钢、陶瓷、铸石、碳化钨等以防切削性磨损；对于大冲击角的情况，则应保证适当的韧性，可用橡胶、奥氏体高锰钢、塑料等，否则碰撞的动能易使材料表面产生裂纹而剥落；对于高应力冲击，如图 15-4 所示的破碎机碾子、球磨机滚筒、钢轨等，可用塑性良好且在高冲击应力下能变形硬化的奥氏体高锰钢。

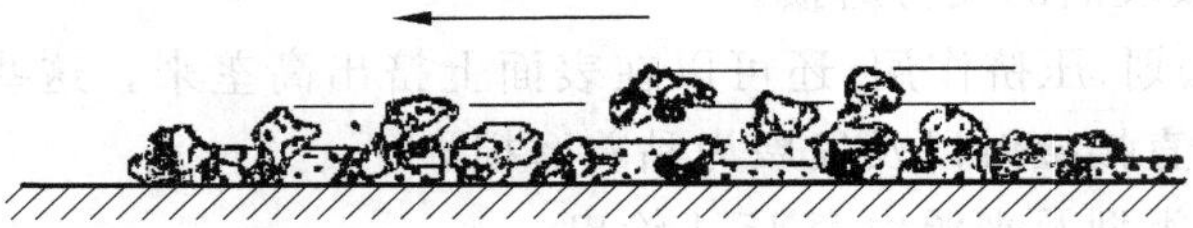

图 15-3　小冲击角磨粒磨损

对于三体磨损来说，一般是提高摩擦表面的硬度，当表面硬度约为 1.4 倍颗粒硬度时耐磨效果最好，再高则无效。三体磨损的颗粒粒度对磨损率也有影响。实验表明，当粒度小于 100μm 时，越小则表面磨损率越低；粒度大于 100μm 时，粒度与磨损率无关。

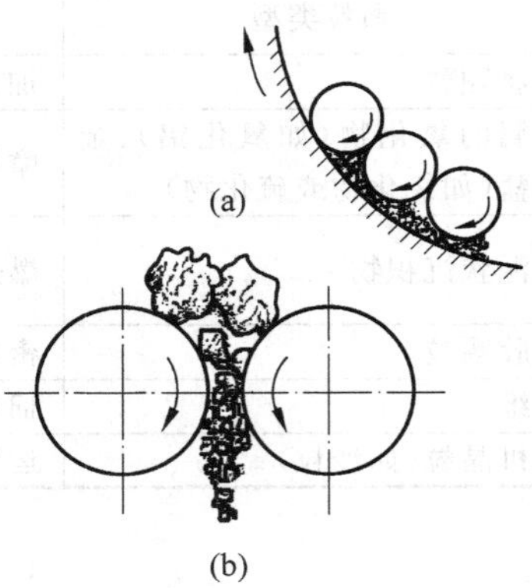

图 15-4　高应力冲击条件下的磨粒磨损

15.2.2　黏着磨损的摩擦副材料的选配

前已述及，黏着现象常常是因摩擦热引起材料的再结晶、扩散加速或表面软化，甚至由于接触区的局部高压、高温而导致表面熔化。因此，黏着磨损与表面材料匹配密切相关，对于材料的匹配有以下规律。

固态互溶性低的两种材料不易黏着。一般来说，晶格类型、晶格常数相近的材料互溶性较大，最典型的例据是相同材料很容易黏着。

两种材料形成金属间化合物，也较少发生黏着现象，因金属间化合物具有脆弱的共价键。塑性材料往往比脆性材料易发生黏着现象，且塑性材料形成的黏着结点强度常大于母体金属，因而撕裂常发生于次表层，产生的磨粒较大。

材料熔点、再结晶温度、临界回火温度越高，或表面能越低，越不易黏着。从金相结构上看，多相结构比单相结构黏着效应低，例如珠光体就比铁素体或奥氏体黏着效应低。金属中化合物比单相固溶体黏着效应低。六方晶体结构优于立方晶体结构。金属与非金属如碳化物、陶瓷、聚合物等的配对比金属与金属的配对抗黏着能力高。聚四氟乙烯(PTFE)与钢配对抗黏着能力很高，而且摩擦因数低，表面温度低。耐热的热固性塑料比热塑性塑料要好。

其他条件相似的情况下，提高表面硬度，不易产生塑性变形，因而不易黏着。对于钢来说，700HV(或 70HRC)以上可避免黏着磨损。

15.2.3　接触疲劳磨损的摩擦副材料的选配

接触疲劳磨损是由于循环应力使表面或表层内裂纹萌生和扩展的过程。由于硬度与抗疲劳磨损能力大体上呈正比关系，一般来说，设法提高表面层的硬度有利于抗接触疲劳磨损。

表面硬度过高，则材料太脆，抗接触疲劳磨损能力也会下降。如图 15-5 所示，轴承钢硬度 62HRC 时，抗接触疲劳磨损的能力最高，如果进一步提高硬度，反而会降低平均寿命。

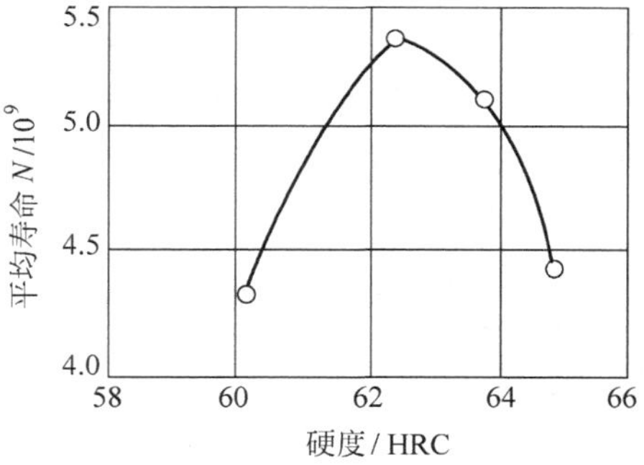

图 15-5　疲劳磨损寿命与硬度的关系

对于高副接触的摩擦副，配对材料的硬度差 50～70HBS 时两表面易于磨合和服帖，有利于抗接触疲劳。

为控制初始裂纹和非金属夹杂物，应严格控制材料冶炼和轧制过程。因此，轴承钢常采用电炉冶炼，甚至采用真空重熔、电渣重熔等技术。

灰口铸铁虽然硬度低于中碳钢，但由于石墨片不定向，而且摩擦因数低，所以有较好的抗接触疲劳性。合金铸铁、冷激铸铁抗接触疲劳能力更好；陶瓷材料通常具有高硬度和良好的抗接触疲劳能力，而且高温性能好，但多数不耐冲击，性脆。

15.2.4　微动磨损的摩擦副材料的选配

由于微动磨损是黏着磨损、氧化磨损和磨粒磨损等的复合形式，一般来说，适于抗黏着磨损的材料配对也适于抗微动磨损。实际上,能在微动磨损整个过程的任何一个环节起抑制作用的材料配对都是可取的,例如,抗氧化磨损或抗磨粒磨损良好的材料都能改善抗微动磨损能力。

15.2.5 腐蚀磨损的摩擦副材料的选配

应选择耐腐蚀性好的材料,尤其是在它表面形成的氧化膜能与基体结合牢固,氧化膜韧性好,而且致密的材料具有优越的抗腐蚀磨损能力。

15.2.6 表面强化

表面强化处理是在选用通用材料的基础上,用工艺手段使材料表面改性,提高耐磨损性能。常用的强化处理有机械加工、扩散处理和表层覆盖3类。

(1) 机械加工强化是不改变表面的化学成分,通过加工过程改变材料表面的组织结构、机械性能或几何形貌来达到强化目的。

(2) 扩散处理强化是依靠渗入或注入某些元素的办法改变表面的化学成分,或同时附加热处理的手段,使表面得以强化,例如各种化学处理和化学热处理。

(3) 表面覆盖的特点是直接在材料表面进行镀、涂或用物理、化学方法覆盖上一层强化表面层。覆盖层分硬涂层和软涂层两种,硬涂层经常是镀铝、堆焊以及喷涂碳化物与陶瓷等;软涂层则常常是针对黏着磨损而进行的,目的是降低摩擦因数和提高耐温性等,软涂层包括涂覆铜、铟、金、银等软金属,也包括涂覆PTFE和MoS_2等固体润滑剂。

表面强化效果评定可以用f/f_0、k/k_0、F/F_0参数来表示。这里,f_0与f分别代表强化处理前后材料的摩擦因数;k_0与k分别代表处理前后的耐磨性指标(如疲劳负荷);F_0与F则分别代表强化处理前后的胶合负荷。表15-5给出了化学热处理强化效果的评价数据。

表 15-5 常用化学热处理的强化效果

化学热处理名称	推荐材料	f/f_0	k/k_0	F/F_0
渗碳	碳素钢和合金钢	0.8～1.0	2～3	1.0～1.5
氮化	合金钢	0.8～1.0	2～4	1.0～1.5
碳氮共渗	碳素调质钢、合金钢	0.7～0.8	2～5	1.5～2.0
氰化	碳素调质钢、合金钢	0.7～0.8	2～5	1.5～2.0
渗硼	中碳钢、合金钢	—	2～5	—
硫氰共渗	碳素钢、合金钢和不锈钢	0.5～0.6	2～5	4～5
渗硫	碳素钢和铸铁	0.4～0.5	1.5～3	5～10
碘-镉浴处理	钛合金	0.5～0.6	—	5～10

15.3 表面涂层

表面涂层是在固体表面涂覆一层或多层不同材料的薄膜来达到强化表面或使表面具有特殊功能的目的。因各种涂层的制备技术不同因而性能各异,各种涂层只在特定的范围内使用才能取得良好的效果,因此,了解表面涂层的类型、性能和设计准则才能有效地发挥各种涂层优势达到工程应用的目的。下面对常用的表面涂层的主要方法、类型、特性和用途等加以介绍[2]。

15.3.1　常用的表面涂层方法

1. 堆焊

堆焊是利用焊接的方法使零件的表面覆盖一层具有一定耐磨、耐热或耐蚀的金属。堆焊的冶金过程和热物理过程基本上与一般的焊接工艺相同，但是其主要目的是获得特殊性能的表面，因此，它并不完全等同于焊接。

常用的堆焊方法有：普通堆焊、电弧堆焊、埋弧堆焊、等离子堆焊和二氧化碳气体保护自动堆焊等，如图 15-6 所示。

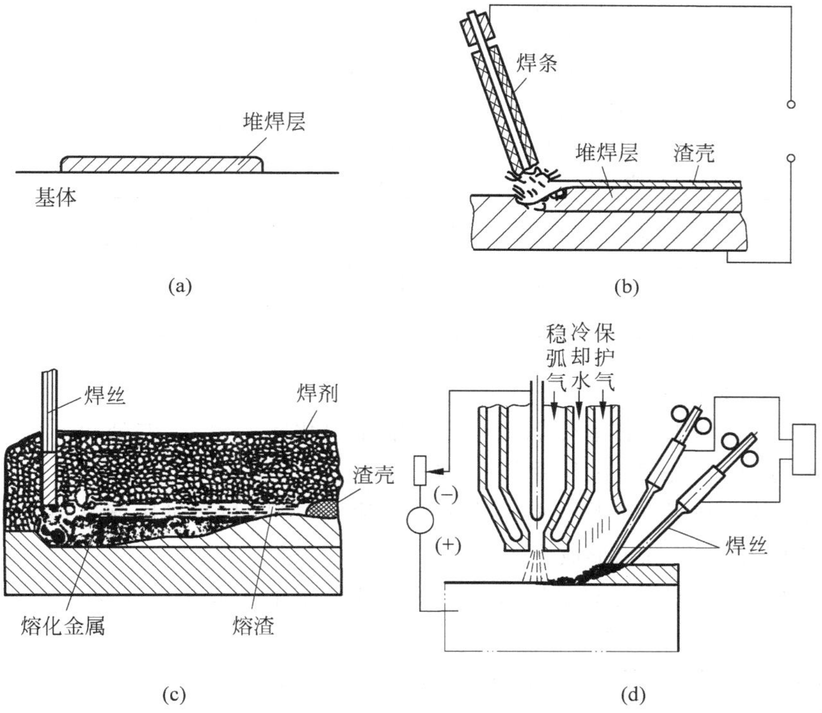

图 15-6　堆焊方法

(a) 普通堆焊；(b) 电弧堆焊；(c) 埋弧堆焊；(d) 等离子堆焊

普通堆焊是采用氧-乙炔作为热源，火焰温度较低，一般可以得到小于 1mm 的均匀堆焊层，适用于较小的零件表面。

电弧堆焊生产效率较高，但是由于电弧区保护作用差，有时表面容易形成气孔或产生裂纹。通过向保护区喷射水蒸气、二氧化碳等可以起到保护作用，以提高堆焊层的质量。

等离子弧堆焊由于其温度很高，因此可以堆焊难熔材料。另外，它还具有很高的堆焊速度和熔敷率以及很低的稀释率，因此得到了较广泛的应用。

2. 热喷涂

热喷涂是将熔融或半熔融的材料微粒或粉末以很高的速度喷涂到基体的表面，从而获得所需的表面涂层。热喷涂具有许多优点，如基体材料和零件的形状尺寸一般不受限制、涂层的种类多、基体材料在喷涂过程中不变化、涂层的厚度变化范围较大等。

热喷涂材料可以是金属、合金、金属化合物、陶瓷、塑料、玻璃和复合材料等，在表15-6中给出了热喷涂材料的类型和特性。

表15-6 热喷涂材料的类型及特性

热喷涂材料	类型	特性
金属线材	Zn、Al、Zn-Al合金、Cu及其合金、Ni及其合金、Pb及其合金、Mo及其合金、碳钢及不锈钢等	应用广泛，具有耐磨、耐蚀、耐热等特性
合金粉末、自熔性粉末及复合粉末	Ni基、Fe基和Cu基合金粉末及Ni-B-Si、Ni-Cr-B-Si、Ni-Cr-B-Si-Mo和Co-Cr-W自熔性合金以及复合粉末	具有良好的喷涂和喷熔、耐磨和耐腐蚀性
耐热合金材料	Ni/Cr、Ni/Al、Ni-Cr/Al+MCrAlX（其中M可以是Ni、Co、Fe、Ti、V、Zr、Ta、Ni-Co、Ni-Fe等，X可以是Y、Hf、Sc、Ce、La、Th、Si、Ti、Zr、Ta、Pt、Rh、C、Y_2O_3、Al_2O_3、ThO_2等）	在高温下具有较好的蠕变强度、高温韧性和良好的耐腐蚀、耐磨、抗疲劳、抗冲击等特性
陶瓷	Cr_2O_3、Al_2O_3、$ZrSiO_4$、ZrO_2、Al_2O_3-TiO_2等	具有耐磨、耐腐蚀、耐热、耐高温氧化、绝缘、绝热等性能
塑料	聚乙烯、尼龙、EVA树脂、环氧树脂+TiO_2、$CaCO_3$、SiO_2等	耐蚀

热喷涂方法主要有：

(1) 火焰喷涂：利用气体氧化燃烧释放的能量熔化涂层材料，并通过压缩气体将熔化的金属微粒喷射到基材表面，沉积后获得涂层。

(2) 电弧喷涂：利用电弧热和放电能量熔化涂层材料，并通过压缩气体将熔化的金属微粒喷射到基材表面，经沉积形成涂层。

(3) 等离子喷涂：利用等离子焰将喷涂粉末加热至熔融或半熔融状态，并在等离子焰作用下喷射至基材表面形成涂层。

此外，还有气体爆炸喷涂法、高能密度气体喷涂法、激光喷涂法、水稳等离子喷涂法等。

3. 浆液涂层

浆液涂层是把固液混合物以浆液的形式涂覆于固体表面，然后在一定的条件下固化而形成涂层。浆液涂层的优点是在较低温度下成膜。在较低的处理温度下，浆液中的陶瓷或金属颗粒一般不会发生冶金化结合，而是通过化学反应本身或通过化学反应原位形成的黏结剂相互结合。黏结剂的形成和性能对涂层性能至关重要。因此，浆液中的添加物质的选择和加入量需要严格控制，根据基体材料和所需涂层的性能来确定。

根据成膜的方法不同，浆液涂层有以下几种。

1) 料浆涂层

将含有黏结剂、固体颗粒和液体载体的浆液以刷涂或喷涂方式施于基体表面，先在较低的温度下烘干，在烘干过程中黏结剂部分或完全挥发。随后在更高的温度下烧结，从而形成所需要的表面涂层。烧结过程可以是在常压，但更多情况下是在真空或惰性气体的环境中进行。这种方法所制备的涂层，一般以耐高温为目的，其基体材料通常为耐热合金。

2）胶黏涂层

胶黏涂层（或冷敷涂层）可以分为有机和无机胶黏涂层两类。前者是将作为胶黏剂的树脂、固化剂、固体粉末填料等按比例混合制成具有一定黏度的浆液，然后涂覆于所要处理的基体表面，固化后形成所需的涂层。根据胶黏剂不同，固化可以在室温也可以在一定的温度下进行。添加不同的固体填料可以获得诸如耐磨、减摩、防腐蚀等不同性能的涂层，涂层与基体材料的结合通常为简单的机械结合。目前，这种涂层大多适应于低应力磨损或稍高于常温的工作条件，如机床导轨无磨料滑动磨损、冲蚀磨损、气蚀磨损以及腐蚀磨损等。根据资料介绍，只要涂层与基体结合牢固，则涂层寿命一般会比普通金属材料提高7～10倍以上。

3）热化学反应浆液涂层

热化学反应浆液涂层是通过浆液中所含化合物就地转化而获得，涂层与基体之间是依靠化学键结合。热化学反应浆液涂层的主要优点在于，这种方法可以在相对较低的温度和相对简单的条件下获得与基体结合良好的表面涂层，处理温度一般为316～538℃。

4）基于铬元素价态转化的热化学反应浆液涂层

将含有可溶性铬化合物、固体颗粒及其他添加物质的浆液反复涂覆在金属基体表面，然后在一定的温度下进行加热处理，铬化合物受热时发生价态转变，同时在加热过程中，浆液中的某些成分通过一定的化学反应，在基体表面就地转化为所需的物质。

邵天敏等人[3]应用基于铬元素价态转化的热化学反应浆液涂层方法在较低的温度（190～200℃）下，以较少的涂覆次数（3次）在铝、铝合金以及铁合金的基体上制备出具有一定的耐磨和耐腐蚀性能的 Cr_2O_3 基陶瓷涂层。他们的实验表明，涂层表面的微观硬度可达400～800HV。选择合适的浆液配方所制备的涂层在常温下具有良好的摩擦学性能，而且可以在400℃以上的环境温度中正常工作。

4．电刷镀

电刷镀技术是通过与直流电源阳极相接的镀刷和与负极相接的工件来形成涂层。镀刷常采用高纯细石墨块作阳极材料，石墨块外面包裹上棉花和耐磨的涤棉套。在进行电刷镀时，将浸满镀液的镀刷在适当的压力下与工件表面上作相对运动。由于电场的作用，镀液中的金属离子经镀刷与工件接触的部位扩散到工件表面；再从表面获取电子后还原成金属原子，这些金属原子沉积结晶就形成了镀层。

一般认为，电刷镀镀层金属与基体金属的结合机理包括机械结合、物理结合和电化学结合的三重作用。机械结合是利用基材表面不平整而造成的镶嵌作用；物理结合则是物质之间互相接触而产生电子相互交换的过程；电化学结合是电解液中无数的金属离子经过电化学作用还原为金属原子，继而形成金属镀层与基材牢固地结合。

由于镀层金属与基材金属一般都是不同化学成分的固体，在它们的界面上每个镀层原子都与一些基体原子按照规律组成一定形式的晶格。这些原子并非简单堆砌在一起，而是随原子电子的得失存在着强烈的相互作用。金属键合的强度决定于两种界面的晶体结构和晶面性质，而镀层结合强度主要取决于键合的强度。因此，在镀层与基体的结合强度上，主要是电化学结合的作用，其次是机械结合和物理结合。

电刷镀技术的基本原理与普通电镀相似，但它也有其自身特点。电刷镀设备多为便携式，因而体积小、质量轻，用电、用水量少。电刷镀溶液大多数是金属有机络合物水溶液，络合物在水中有相当大的溶解度，并且有很好的稳定性，镀液中金属离子的含量高，性能稳定，能在较宽的电流密度和温度范围内使用，且不易燃、无毒、腐蚀性小。表 15-7 给出了常用的电刷镀溶液的种类。

表 15-7　常用的电刷镀溶液及其成分

名　称	类　型	主要成分
电净液	表面处理液	氢氧化钠、磷酸三钠、镓酸钠、氯化钠等
活化液		络活化液、银汞活化液
纯化液		锌纯化液、银纯化液
退镀液		镍、铜、锌、钢、铬、铜镍铬、钴铁、焊锡、铅锡
Ni 类	单金属溶液	特殊镍、快速镍、半光亮镍、致密快镍、酸性镍、中性镍、碱性镍、低应力镍、高温镍、高堆积镍、高平整半光亮镍、轴镍、黑镍
Cu 类		高速铜、酸性铜、碱铜、合金铜、高堆积铜、半光亮钢
Fe 类		半光亮中性铁、半光亮碱性铁、酸性铁
Co 类		碱性钴、半光亮中性钴、酸性钴
Sn 类		碱性锡、中性锡、酸性锡
Pb 类		碱性铅、酸性铅、合金铅
Cd 类		低氢脆镉、碱性镉、酸性镉、弱酸镉
Zn 类		碱性锌、酸性锌
Cr 类		中性铬、酸性铬
Au 类		中性金、金 518、金 529
Ag 类		低氢银、中性银、厚银
其他		碱性钢、砷、锑、镓、铂、铑、铝
二元合金	合金镀液	镍钴、镍钨、镍钨(D)、镍铁、镍磷、钴钨、钴银、锡锌、锡铟、锡锑、铅锡、金锑、金钴、金镍
三元合金		镍铁钴、镍铁钨、镍钴磷、镍铅锑、巴氏合金

电刷镀可以用于提高零件的耐高温、耐腐蚀和耐磨性能，可以修补已磨损零件的尺寸与几何形状，也可以填补零件表面的划伤沟槽以及加工超差产品。

5. 镀膜

这里介绍的主要是气相沉积镀膜技术，包括物理和化学两大类。物理气相沉积亦称 PVD，主要有真空蒸发镀膜、溅射镀膜和离子镀膜；化学气相沉积亦称 CVD，包括化学气相沉积和等离子体增强化学气相沉积。

1）真空蒸发镀膜

真空蒸发镀膜是在真空环境中把材料加热熔化后蒸发（或升华），使其大量原子、分子、原子团离开熔体表面，凝结在作为衬底的被镀件表面上形成镀膜，如图 15-7 所示。蒸发材料可以用金属、合金或化合物，制出的薄膜也可以是金属、合金或化合物。真空蒸发制成的镀膜具有材料纯、品种多样、质量高的特点。在光学、微电子学、磁学、装饰、防腐蚀和减摩耐磨等多方面得到应用。

2）溅射镀膜

溅射镀膜利用辉光放电或离子源产生的包括正离子在内的荷能粒子轰击作为薄膜材料的靶材料时，通过粒子动量传递打出靶材料中的原子及其他粒子即为溅射过程，然后沉积凝聚在衬底表面形成薄膜，如图 15-8 所示。

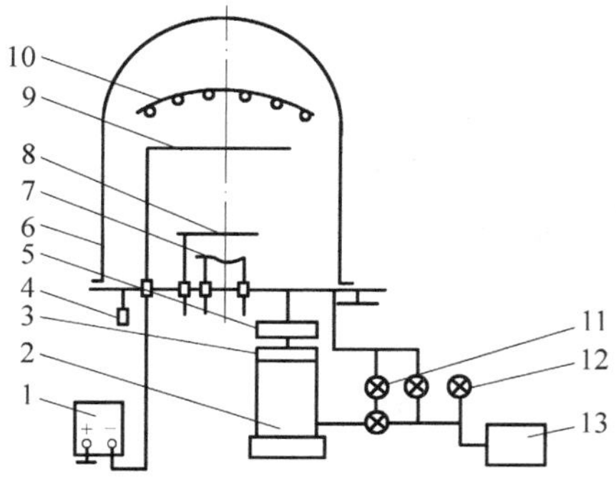

图 15-7 真空镀膜

1—直流辉光放电清洗电源；2—油扩散泵；3—水冷障板；4—规管；5—高真空阀门；6—真空室钟罩；7—蒸发源(加热体)；8—挡板；9—工件架；10—加热器；11,12—放气阀门；13—机械泵

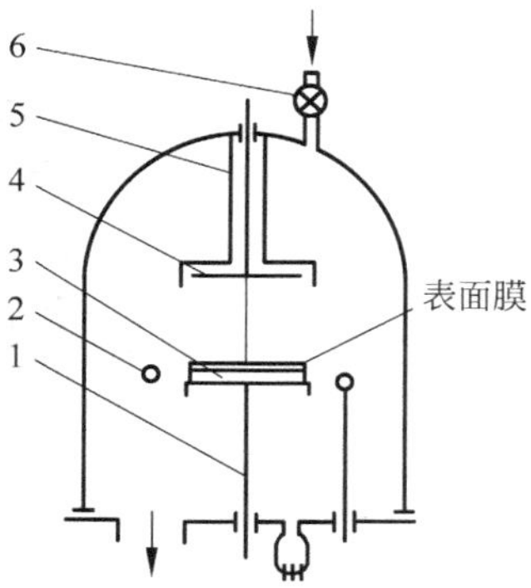

图 15-8 溅射镀膜

1—衬底架；2—阳极；3—衬底；4—靶；5—靶屏蔽；6—充气阀门

溅射镀膜可根据产生溅射粒子的方法分为直流溅射镀膜、射频溅射镀膜、磁控溅射镀膜和离子束溅射镀膜。溅射镀膜具有许多独特优点：可实现高速大面积沉积；几乎所有金属、化合物、介质均可作为靶材；在不同材料衬底上得到相应材料的薄膜等。因此，溅射镀膜技术受到关注，尤其是在 20 世纪 70 年代初期发展的磁控溅射镀膜技术在许多行业得到广泛应用。

3）离子镀膜

蒸发源蒸发出的粒子主要是平均动能在 0.2eV 左右的原子或分子，溅射粒子主要是由靶材原子组成，平均能量在 5～10eV。而离子镀膜时，凝聚成膜前的粒子有千分之几至百分之几被电离为正离子，其能量从几电子伏至数百电子伏，并且在薄膜凝聚和生长过程中伴有荷能离子轰击，荷能离子可以是膜材料离子或工作气体离子，在多数工艺中二者同时存在。离子镀膜形成的薄膜与衬底附着牢固、膜结构致密、性能优良。离子镀膜是继蒸发镀膜、溅射镀膜之后发展起来的又一种强有力的 PVD 镀膜方法，如图 15-9 所示。

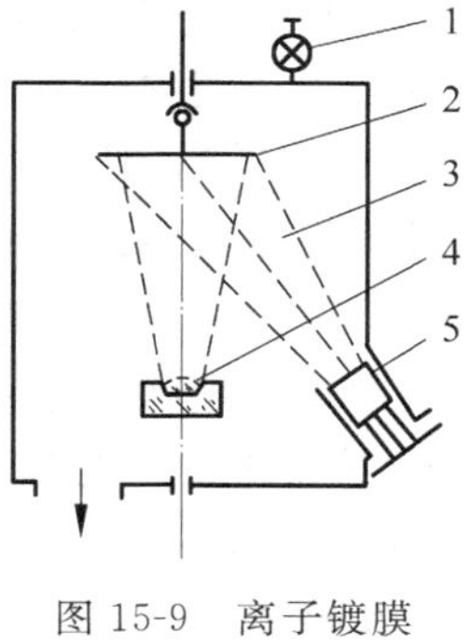

图 15-9 离子镀膜

1—充气阀门；2—衬底；3—离子束；4—坩埚；5—考夫曼型离子源

离子镀膜方法，可在金属、非金属衬底上镀金属、合金、陶瓷及化合物薄膜[4]。它可作为防腐蚀、耐磨、润滑、装饰等的镀膜，而被广泛应用。

4）化学气相沉积

化学气相沉积薄膜是利用含有薄膜元素的一种或几种气

相化合物、单质气体，在衬底表面上令其进行化学反应生成的固体薄膜，又称 CVD 薄膜。图 15-10 是化学气相沉积镀膜原理图。利用 CVD 技术，可以沉积出玻璃态薄膜，也能制出纯度高、结构高度完整的结晶薄膜。与其他薄膜制备技术相比，CVD 技术在较大范围内容易准确控制薄膜化学成分及膜结构。

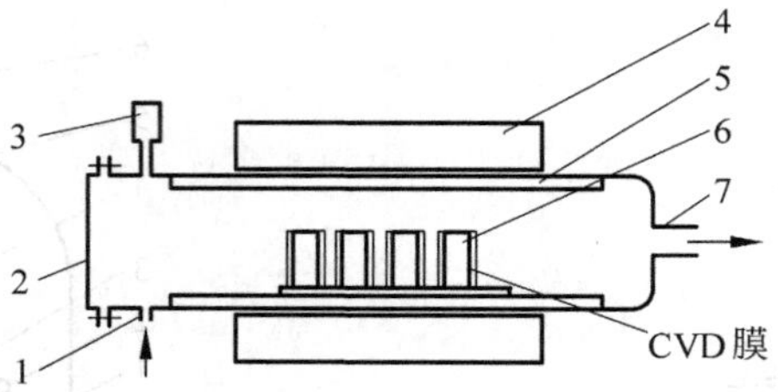

图 15-10　化学气相沉积镀膜

1—进气口；2—衬底送入口；3—压力计；4—加热器；5—石英管；6—衬底；7—排气口

化学气相沉积技术可沉积纯金属膜、合金膜以及金属间化合物膜，例如硼、碳、硅、锗、硼化物、硅化物、碳化物、氮化物、氧化物、硫化物、金刚石以及类金刚石等薄膜，可作为耐磨、耐腐蚀、装饰、光学、电学等功能薄膜而得到应用。

CVD 技术主要缺点是薄膜沉积时衬底的温度高，因而限制了它的应用范围。例如沉积氮化物、硼化物作为硬质膜时，衬底需要加热到 900℃以上。

15.3.2　表面涂层设计

表面涂层技术是利用表面冶金强化或表面镀膜强化方法，获得高质量的表面涂层。应用时，首先必须了解预涂零件的工作条件和可能发生的失效类型，从而设计涂层性能和选择涂层材料。其次，是根据各种涂层方法特点及其适用范围，选择适合的涂层工艺。因此，表面涂层设计是一项重要的工作。

1. 表面涂层设计的一般原则

(1) 满足工况条件的要求。根据涂层受力状态和工况条件需要选择涂层类型。例如，在氧化气氛或腐蚀介质中工作，可以采用热喷涂，选择如陶瓷、塑料等非金属喷涂材料。而提高表面耐磨性，则应选用陶瓷或者合金钢涂层材料。如果涂层工作温度很高或温度变化很大，则必须选用耐热钢、耐热合金或陶瓷涂层。

(2) 具有适当的结构和性能。根据涂层的工况条件，设计涂层厚度、结合强度、尺寸精度，以及确定涂层内是否允许有孔洞，是否需要机械加工及加工后的表面粗糙度等。

(3) 与基体材质、性能的适应性。涂层与基体的材质、尺寸外形、物理化学性能、热膨胀系数、表面热处理状态等应有良好的适应性。

(4) 技术上的可行性。为了实现设计的表面涂层性能，应分析选定的涂层方法的可行性。若单一表面涂层的性能不能满足要求时，可否采用复合涂层。

2. 表面涂层方法的选择

在选择表面涂层方法时，通常应从以下方面考虑：

(1) 涂层材料的熔点高低。例如，陶瓷涂层材料的熔点高于金属材料，常选用等离子喷涂或镀膜等表面涂层方法。

(2) 涂层厚薄。涂层方法不同,其最佳涂层厚度也不相同。一般情况下,堆焊层厚度范围较宽,为2～5mm;热喷涂涂层厚度为0.2～0.6mm;喷熔涂层厚度为0.2～1.2mm;电刷镀涂层厚度在0.5mm以下;镀膜涂层厚度在0.05mm以下。

(3) 涂层与基材结合强度。堆焊与喷熔涂层可获得高的结合强度,例如,镍基自熔性合金粉末喷熔涂层与基材结合强度可达$35\times 9.81\times 10^{-2}$MPa以上;热喷涂涂层一般为$(3\sim 5)\times 9.81\times 10^{-2}$MPa;电刷镀涂层与基材的结合强度大体上相当;镀膜涂层高于电刷镀涂层,而低于喷熔涂层。

(4) 基材耐热温度。堆焊涂层可使在基材表面达到熔化状态;喷熔涂层使基材表面温度在1000℃左右;喷涂涂层使基材表面温度上升至300℃以下;电刷镀和浆液涂层可在室温条件下进行;镀膜工艺的基材温升也较低,通常可在室温或略高的温度下进行。

15.4 涂层性能测试

随着各类涂层及表面改性技术的广泛应用,涂层质量和性能检测的研究越来越受到人们的重视。由于涂层是通过不同工艺方法得到的,因此对涂层性能的测试方法也就不尽相同,对有些涂层只能以定性或半定量方式来进行评定。下面,对在实际应用中常见涂层的性能测试方法进行介绍。

15.4.1 外观与结构

1. 涂层外观

涂层表面应光滑平整、组织致密、无气泡、无起皮、无脱落、色泽一致。若涂层不光滑或有少量针孔存在,可进行补充抛光处理。

2. 涂层厚度测定

常用的涂层厚度测量方法可以利用显微镜、千分尺或传感器进行,具体如下:

(1) 在显微镜下对涂层试样的断面进行两个以上视场的测量,每个视场以相等的间隔测定5点以上,以平均值或最小值作为涂层的厚度。对热喷涂涂层可采用20倍的倍率,对刷镀涂层可采用200～500倍的倍率进行测量。

(2) 先用千分尺测定基体的厚度,然后在喷涂或刷镀后再在相同位置测量3个以上点位,与基体的测量结果比较,求得涂层厚度的平均值或最小值。

(3) 利用电涡流式、磁力式或触头扫描式传感器进行测量。电涡流测量是利用产生于涂层表面的涡流振幅及相位随涂层厚度不同而改变的性质,通过检测涂层的涡流损耗来确定涂层的厚度。

3. 涂层孔隙率测定

涂层都存在孔隙,它可储存润滑剂和容纳磨粒,使涂层更耐磨。但腐蚀介质也会通过孔洞浸透到基材表面降低涂层的结合强度而产生剥离。孔隙率是指单位面积上孔隙的多少,通常为5%～15%。常用的孔隙测定方法如下:

(1) 将涂层与基体剥离后放在105～120℃的空气中干燥约2h,称得质量m_1。再将涂层片浸入室温的蒸馏水中,在真空下浸润排气后,称得含水涂层质量m_2。将出水试样表面擦干称得质量m_3。则表面孔隙率ε可由下式计算

$$\varepsilon = \frac{m_3 - m_1}{m_3 - m_2} \times 100\%$$

(2) 在规定的圆柱形坯样凹面上进行喷涂，精加工至规则的圆柱形，由圆柱坯料的原尺寸可知涂层的体积，准确称量磨削后圆柱重量，即可求出涂层的质量和密度，根据下式计算涂层的孔隙率

$$\varepsilon = \left(1 - \frac{\rho_a}{\rho}\right) \times 100\%$$

式中，ρ 为喷涂材料的真密度；ρ_a 为喷涂层的表观密度。

15.4.2　结合强度试验

喷涂层的结合强度包括涂层与基体间的结合强度和涂层粒子间的结合强度。而对喷熔层及刷镀层，一般只需检测涂层与基体之间的结合质量。

1. 落锤冲击试验

锤重为 500g，从高度为 100mm 处对试片同一部位进行反复锤击，以涂层剥离时的锤击次数作为检测标准，如图 15-11 所示。

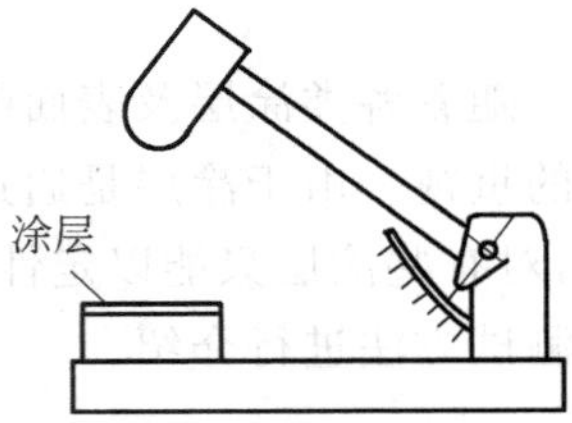

图 15-11　落锤冲击试验

2. 振动子冲击试验

使用振动子式重锤对涂层进行冲击，以涂层开裂或剥离时的冲击吸收功来表征涂层与基体的结合强度。该方法对评价陶瓷等热喷涂涂层的结合状态较为适宜。

3. 划痕试验

使用针状工具垂直地把涂层划透，然后根据涂层类型按规范判定。该方法适用于铝、锌、铅等软质金属喷涂层，以及塑料喷涂层、刷镀涂层。

4. 折断试验

在 1mm 厚的低碳钢板上刷镀 0.1mm 的涂层，将试样夹持于虎钳上，用手反复弯曲另一端，直至断裂。如断裂处涂层无脱落现象，则说明结合良好。

5. 法向结合强度测试

一般在拉伸试验条件下进行，拉伸试样可分为用黏结剂和不用黏结剂两类。

图 15-12 给出一种不用黏结剂试样的试验，在基体中心开孔，柱销与中心孔采用间隙配合，并使基体面与柱销端面处于同一平面后喷涂，然后按图所示施加载荷，即可求出结合强度。

不用黏结剂试验的缺点是：即使柱销与基体的间隙配合精度很高，在两者间仍会形成桥状涂层，造成该部位应力集中成为断裂纹源，因此，这种方法得出的测定值一般偏低。另外，要求涂层具有一定的厚度，否则会使涂层产生剪切断裂，从而测不出拉伸结合强度。而涂层太厚会使结合强度下降。

图 15-13 给出用黏结剂黏结试样的拉伸试验。在对偶试件的一个端面喷涂，随后用黏结剂把另一对偶试件的端面黏到涂层上。磨去黏结处外溢的黏结剂以及基体外圆上的喷涂涂层。

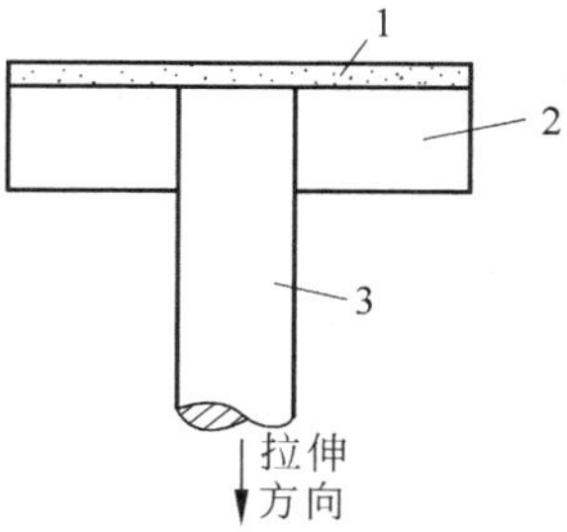

图 15-12 无黏结剂结合强度试验

1—涂层；2—基体；3—柱销

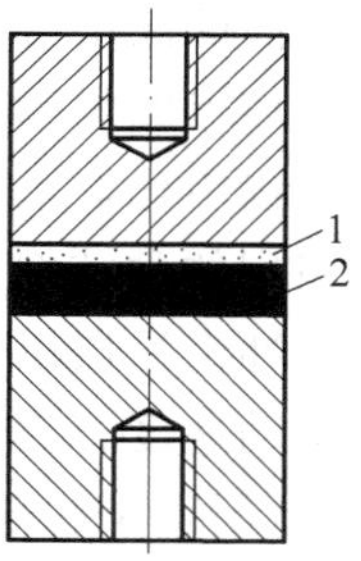

图 15-13 有黏结剂结合强度试验

1—黏结剂；2—涂层

由于黏结剂在黏结对偶试样的过程中不可避免地要渗入涂层孔穴内，使测试结果难以直接与不用黏结剂试验进行比较。黏结对偶试样拉伸试验所测得的强度较高，通常不适用于喷熔涂层结合强度的测试，对于塑料喷涂层用该方法测试可得到较圆满的结果。

6. 切向结合强度测试

涂层切向结合强度是指涂层抗剪切结合强度。切向结合强度也有黏结与无黏结两种，如图 15-14 所示。图 15-14(a)是用黏结剂把涂层黏结在两杆件上，拉伸杆件至涂层破坏获得涂层切向结合强度。图 15-14(b)是用两块平行板试样进行喷涂后进行剪切的试验。还有其他剪切试验，可参考文献[2]。

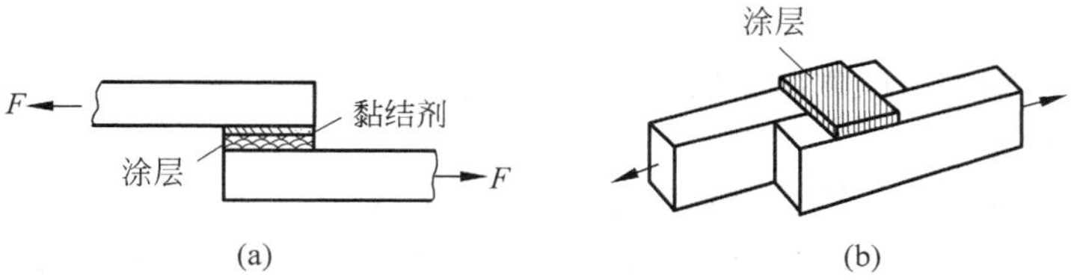

图 15-14 切向结合强度试验

7. 涂层内部结合强度测定

涂层内部间结合强度即涂层粒子间的附着力，它反映粒子间内聚力的大小，故亦称涂层强度。涂层强度在平行于涂层方向与垂直于涂层方向上差别较大。

平行于涂层方向的涂层自身强度测试的夹具及试件尺寸如图 15-15 所示。加载速度原则上规定为 9807N/min，而后用简单的方法即可求出拉伸强度。

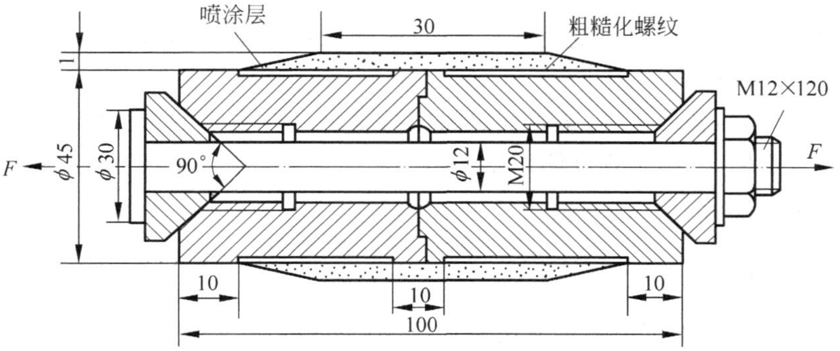

图 15-15 平行方向涂层强度试验

垂直于涂层方向的涂层自身强度测试过程如图 15-16 所示。如图 15-16(a)所示，先在坯料端面上制成低熔点的焊锡薄膜，用喷砂法对该薄膜作粗糙处理，然后在表面上喷涂待试验的涂层。再把焊锡熔化取下涂层，按图 15-16(b)所示黏结在两个拉杆端面之间，即可进行拉伸试验。所使用的黏结剂强度应大于涂层的自身强度。

高速束流粒子冲击涂层以测量涂层强度，如图 15-17 所示，从喷嘴喷出的高速粒子，可以精确控制粒子运动速度、流量以及对试样的冲击作用点。通过高速运动的束流粒子对试样的冲击，使部分涂层粒子脱落，以涂层粒子的脱落程度来衡量涂层粒子之间的结合强度。它是涂层粒子间结合性能的高精度测试方法。

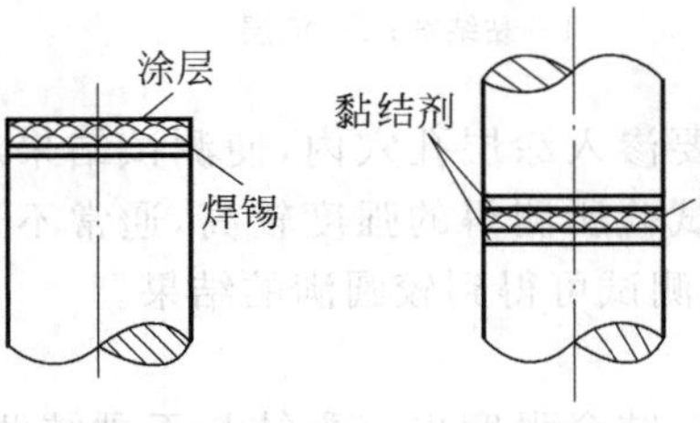

图 15-16　垂直方向涂层强度试验

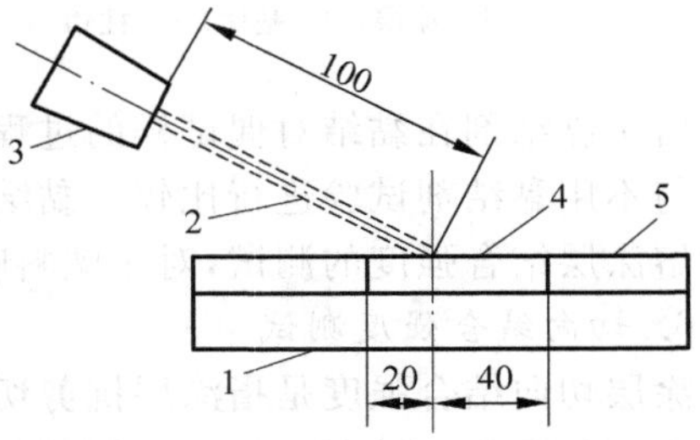

图 15-17　高速束流粒子冲击试验
1—电磁吸盘；2—高速粒子；
3—喷嘴；4—喷涂层；5—橡胶板

这种方法与垂直于涂层方向测试法一样，不适用于喷熔涂层，它主要应用于陶瓷喷涂层及一些较硬金属喷涂层。

刷镀涂层自身强度的扭转试验如图 15-18 所示。对试样进行纯扭转试验，以涂层开裂作为检测标准。此法所测试的是涂层自身的抗扭转剪切强度极限。如以刷镀层脱落作为检测标准，也可近似地认为是涂层与基材间的结合强度。

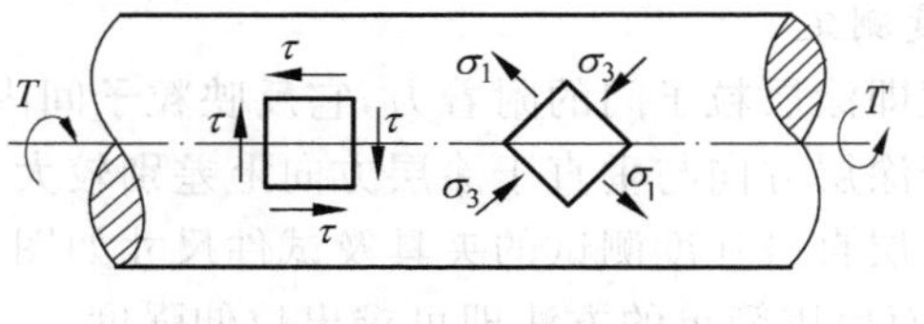

图 15-18　刷镀涂层自身强度扭转试验

扭转试验测量精度较高，重复性好。然而，刷镀涂层厚度对测量数据影响较大，应尽量保证涂层厚度的均匀性。

应当指出，上述的各种定性、定量测定涂层与基材结合强度的方法中，由于涂层形成的工艺方法和规范不同，其结合强度测定结果将会有一定误差，当涂层制成条件不同时，其结合强度值往往难以比较。

15.4.3　硬度测试

表面涂层的硬度测试可由多种方法来完成，但不同的测试方法，其涂层硬度的含义也不相同。通常测量物体硬度的方法分为两种，即静力测量法(压入法)和动力测量法。静力测量法包括布氏、洛氏、维氏硬度等，动力测量法包括锤击硬度、肖氏硬度等。此外，表面划痕硬度法也用于表面涂层的测试。由于常规硬度试验在许多书中都有介绍，这里只介绍两种特殊的硬度测试。

1. 显微硬度(Hm)测试

其特点是把试验对象缩小到显微尺度以内，常用来测定某一组织的组成物或某一组成相的硬度。此外，测定单个喷涂粒子的硬度使用显微硬度计效果也很好。显微硬度计在原理上与维氏硬度计相同，但负荷较小，通常使用的负荷为 2g、5g、10g、20g、50g、100g、200g，适用于除塑料涂层以外的所有涂层，特别是测定小于 0.3mm 厚的刷镀涂层。

在研究喷熔涂层相结构时，显微硬度得到广泛应用。

2. 霍夫曼(Hoffman)划痕硬度测试

该方法可以间接测定涂层的硬度及耐磨损性能，适用于软的金属涂层和塑料涂层，要求最小涂层厚度为 0.89mm。采用 6mm 有斜面的负荷压头在 2×9.807N 负荷作用下在喷涂层表面刻划，以划痕宽度表示硬度及耐磨性。划痕越宽硬度就越低，涂层结合状况也越弱。Hoffman 划伤硬度值 H_N 可按下式计算：

$$H_N = \frac{b}{5} \times 10^{-3}$$

式中，b 为划痕沟槽宽度，以 in 为单位。

15.4.4 磨损试验

涂层应用最多和最能发挥其作用的性能是耐磨损性能。涂层的耐磨性是指涂层与它相互接触的物体抵抗磨损的能力。喷熔涂层的耐磨性取决于金相组织与硬度的配合。由于喷涂涂层中存在一些气孔，而且氧化物作为薄膜介于涂层粒子之间，或以不同形态(如粒状)存在于涂层组织内，因此，虽然其宏观硬度并不很高，但却具有很高的耐磨性。尤其是在有润滑油的情况下，涂层的气孔起到储油孔的作用，从而具有一定的润滑性。刷镀涂层的耐磨性能不仅与涂层的硬度有关，还与涂层组织结构、镀液成分及刷镀工艺参数等有直接关系。此外，涂层的摩擦磨损性能，并非材料的固有特性，而是由磨损系统中许多因素共同决定的。若条件改变，其磨损试验的数据会发生很大变化。因此，只有在某种具体条件下才能对涂层的耐磨性能进行评价。有关磨损试验方法将在第 16 章作详细阐述。

15.4.5 其他性能试验

1. 疲劳强度测试

通常采用四点弯曲式疲劳试验，以裂纹产生时的循环次数来表示涂层抗疲劳破坏的性能。此外，还可采用扭曲疲劳、旋转弯曲疲劳试验等方法。

2. 残余应力的测定

涂层会因其凝固收缩或不平衡结晶等原因产生残余应力。基体材料与涂层材料之间的膨胀系数相差越大，则涂层中的残余应力也就越大。当刷镀液的成分、刷镀温度、基体温度以及操作工艺参数发生改变时，会引起残余应力的改变。一般涂层越厚，残余应力也越大。另外，残余应力还与涂层材料的熔点等因素有关。不同的热喷涂方法及涂层材料，会使涂层中产生不同的应力。当涂层材料为金属材料时，等离子焰喷涂后的残余应力高于氧乙炔焰；

而当涂层为陶瓷材料时，氧乙炔焰喷涂层的残余应力又高于等离子焰喷涂层。

1）X 射线衍射法

在进行测量之前，先将涂层试样表面经砂纸打磨抛光，制成光滑试样，残存的表面最大粗糙度为 Ra 40～70μm。X 射线衍射装置可测试室温至 600℃条件下涂层的应力。其最大优点是非破坏性，缺点是只能测定表面应力，因此对于厚的涂层而言，难以准确地测定涂层与界面的应力分布状态与应力水平。一般涂层厚度在 0.15mm 以内时，测试结果较为准确。

2）环状试样弯曲曲率法

先将试样坯料加工成环状，在环状坯料上喷涂涂层或刷镀涂层。由于涂层内存在一定的应力，会使坯料的曲率发生变化，可以根据测量到的曲率变化，通过下式计算出残余应力

$$\sigma_r = \frac{1}{1-\nu^2}\left[\frac{h_1^3 E_1 + h_2^3 E_2}{6\rho h_1(h_1+h_2)} + \frac{E_1(h_1^3 E_1 + h_2^3 E_2)}{12\rho^2(h_1 E_1 + h_2 E_2)} + \frac{E_1 E_2 h_2 (h_1+h_2)}{2\rho(h_1 E_1 + h_2 E_2)}\right]$$

式中，E_1、E_2 分别为涂层和基体的弹性模量；h_1、h_2 分别为涂层和基体的厚度；ρ 为曲率半径；ν 为涂层和基体的泊松比；σ_r 为残余应力。

除了上述方法外，还有一些方法如电阻应变仪测量法、幻灯投影法及梯形槽法等也都用来测量应力，但均不如 X 射线衍射法方便准确。

参考文献

[1] 葛中民，侯虞铿，温诗铸. 耐磨损设计[M]. 北京：机械工业出版社，1991.

[2] 陈学定，韩文政. 表面涂层技术[M]. 北京：机械工业出版社，1994.

[3] 邵天敏，金元生. 浆液涂层研究进展[J]. 摩擦学进展，1996，3：31-35.

[4] WANG Y, JIN Y, WEN S, The analysis of the friction and wear mechanisms of plasma-sprayed ceramic coating at 450℃[J]. Wear, 1988, 128: 265-276.

第16章 摩擦学实验与状态检测

16.1 摩擦学实验方法与装置

摩擦磨损实验的目的是考察实际工况条件下它们的特征与变化，揭示各种因素对摩擦磨损性能的影响，从而合理地确定符合使用条件的最优设计参数。

由于摩擦磨损现象十分复杂，实验方法和装置种类繁多，所得的实验数据具有很强的条件性，往往难以进行比较。所以人们提出摩擦磨损实验的标准化问题，以便统一实验规范和方法。近年来，实验方法的标准化已得到越来越多的国家和组织的重视。

摩擦磨损性能是多种因素影响的综合表现，因而必须严格地控制实验条件才可能得出可靠的结论。

目前采用的实验方法可以归纳为下列三类。

1. 实验室试件实验

根据给定的工况条件，在通用的摩擦磨损试验机上对试件进行实验。由于实验室实验的环境条件和工况参数容易控制，因而实验数据的重复性较高，实验周期短，实验条件的变化范围宽，可以在短时间内取得比较系统的数据。但由于实验条件与实际工况不完全符合，因而实验结果往往实用性较差。实验室实验主要用于各种类型的摩擦磨损机理和影响因素的研究，以及摩擦副材料、工艺和润滑剂性能的评定。

2. 模拟性台架实验

在实验室实验的基础上，根据所选定的参数设计实际的零件，并在模拟使用条件下进行台架实验。由于台架实验的条件接近实际工况，增强了实验结果的可靠性。同时，通过实验条件的强化和严格控制，也可以在较短的时间内获得系统的实验数据，还可以进行个别因素对磨损性能影响的研究。台架实验的主要目的在于校验实验室实验数据的可靠性和零件磨损性能设计的合理性。

3. 实际使用实验

在上述两种实验的基础上，对实际零件进行使用实验。这种实验的真实性和可靠性最好。但是实验周期长，费用大，实验结果是各种影响因素的综合表现，因而难以对实验结果进行深入分析。这种方法通常是检验前两种实验数据的一种手段。

以上三类实验可根据实验研究的要求选择其中的一种或几种。应当指出，摩擦磨损性能是摩擦学系统在给定条件下的综合性能，因此，实验结果的普适性较低。所以在实验室实验时，应当尽可能地模拟实际工况条件，其中主要有：滑动速度和表面压力的大小和变化、表面层的温度变化、润滑状态、环境介质条件和表面接触形式等。对于高速摩擦副的摩擦磨损实验，温度影响是主要问题，应当使试件的散热条件和温度分布接近实际情况。在低速摩擦副的实验中，由于磨合时间较长，为了消除磨合对实验结果的影响，可以预先将试件的摩擦表面磨合，以便形成与使用条件相适应的表面品质。对于未经磨合的试件，通常不采纳最初测量的几个数据，因为这些数据可能不稳定。

一般使用最多的通用摩擦磨损试验机主要用来评定在不同速度、载荷和温度条件下各种材料和润滑剂的性能，也可以用来进行各种磨损机理的研究。

图 16-1 为通用摩擦磨损试验机所采用的试件接触情况和运动方式。试件之间的相对运动方式可以是纯滑动、纯滚动或者滚动伴随滑动。实验机的试件有的采用旋转运动，也有的采用往复运动。试件的接触形式可以有面接触、线接触和点接触三种。通常面接触试件的单位面积压力只有 50～100MPa，常用于磨粒磨损实验。线接触试件的最大接触压力可达到 1000～1500MPa，适合于接触疲劳磨损实验和黏着磨损实验。点接触试件的表面接触压力更高，最大可达 5000MPa，适用于需要很高接触压力的实验，例如胶合磨损或高强度材料的接触疲劳磨损实验。

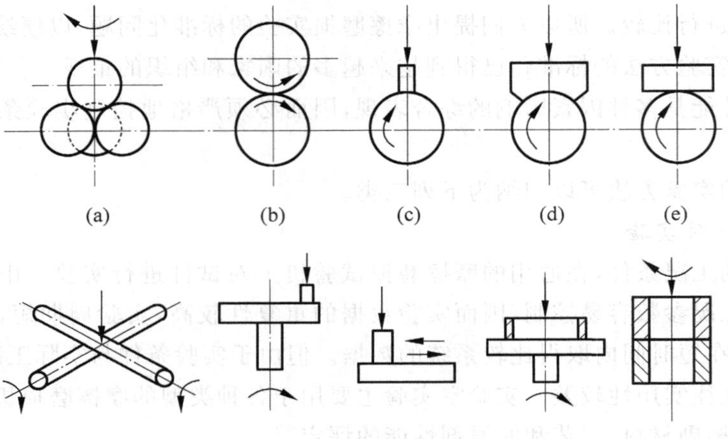

图 16-1 摩擦磨损试验机的试件形式

16.1.1 几种常用的摩擦磨损试验机

四球试验机是根据图 16-1(a)所示的原理制成的。将四球当中的三个球夹紧成巢状置于带有滚道的套杯中，如图 16-2。另一个球置于上方，在轴向载荷下保持与其他三个球分别构成点接触，同时被驱动旋转，与下面的三个球相对滑动。四球试验机通常用来评定润滑油添加剂的性能，根据磨痕直径和摩擦因数对实验结果进行分析。

Timken 试验机又称环块试验机，它是根据图 16-1(e)的形式设计的线接触试验机。旋转圆环作为实验基准，一般用圆锥滚子轴承的外套圈或标准件将它压紧在矩形试块上。随着旋转时间的加长，矩形试块表面将出现条状磨痕。通过测量条状磨痕的宽度，以评定润滑剂或矩形试块材料的摩擦磨损性能。

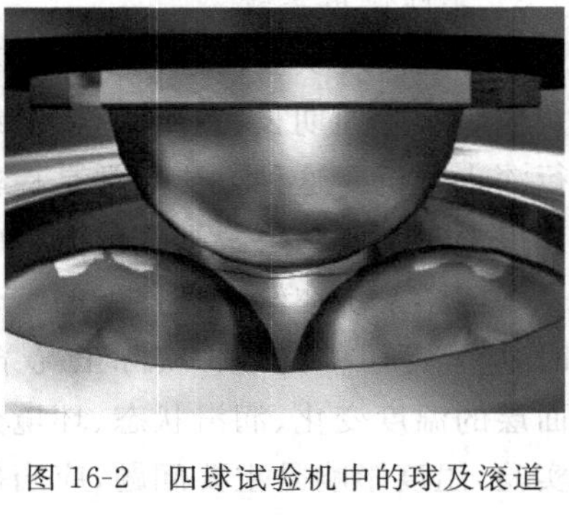

图 16-2 四球试验机中的球及滚道

销盘式试验机是按图 16-1(g)、图 16-1(h)形式设计的面接触摩擦副试验机。它采用圆柱体和圆盘做连续滑动或者往复滑动，对任何材料都能够方便地制作试件。

目前，已有许多新型的多功能摩擦磨损试验机，它们具有多种试件接触和运动形式，只要更换试件，就可以完成多种不同类型的实验或组合实验。

虽然通常的摩擦磨损试验机都具有同时测量摩擦力的功能，但测量精度低，不能满足某些对摩擦性能实验研究的要求。以下介绍两种测量摩擦的装置。

图 16-3 是 Bowden-Leben 摩擦试验机，用来精确测量边界润滑摩擦行为。摩擦力的测量是在平试样 A 与半球头试样 B 之间进行。平试样安装在拖板 C 上，由液压缸中的活塞平稳地向前推进。上试样由测力环 F 压紧在下试样上，而环 F 则由螺钉 G 张紧，并与臂 E 成刚性连接。臂 E 悬挂在由钢丝 DD 组成的框架上。当 B 上作用的摩擦力对双线悬挂的轴线产生一个力偶时，使臂 E 绕某一铅垂轴线转动。转动的范围由观察镜 M 来测量。摩擦力不同观察镜的转角不同，从而可以精确地测量摩擦力大小。

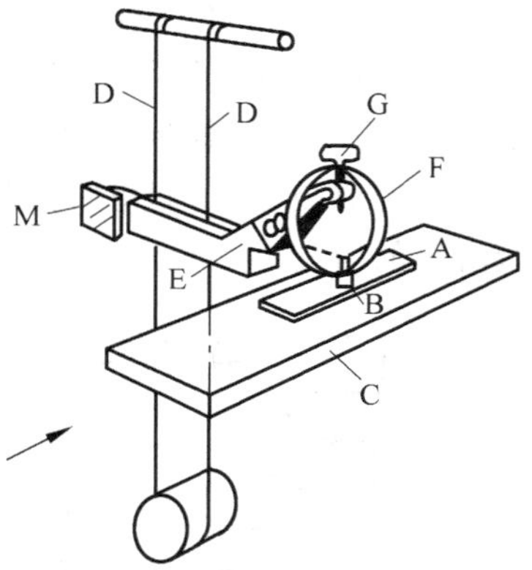

图 16-3 Bowden-Leben 摩擦试验机

图 16-4 是动摩擦试验机。动摩擦试验机采用液压装置驱动避免了因机械传动的不精确而产生的附加加速运动，从而保证工作平稳。试验机应用由两个衍射光栅产生的莫尔条纹的方法获得匀速运动。短光栅与上试样安装在一起，长光栅安装在拖板上。利用并联的相差 90°的光电晶体管装置，在示波器上画出近似于圆的轨迹。当把光束调整到某一固定频率，就可用很高的精度来检验运动的规律性。摩擦副是由两个相交错成 90°的圆柱体构成的点接触，其优点是两个试件可以加工成相同的形状。圆柱试件的安装有两种方式：其一是使它们的支架分别平行和垂直于运动的方向；另一是两圆柱体均与运动方向成 45°。在后一安装中，通过接触区域在两试样上连续改变位置，可以研究氧化膜性能的极面效应。

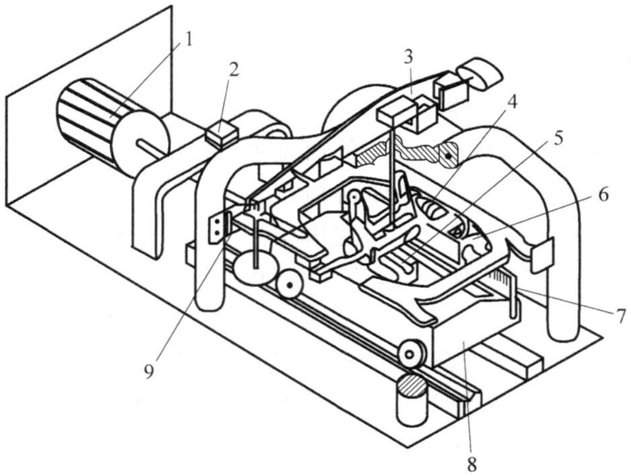

图 16-4 动摩擦试验机

1—液压缸；2—安装在橡皮上的未黏合电阻丝应变仪；3—杠杆加载系统；4—上试样；5—下试样；6—光源及光电池；7—衍射光栅；8—液压驱动小车；9—四点挠性板式悬挂

16.1.2 弹流润滑与薄膜润滑实验

1. 弹流润滑与薄膜润滑试验台

如图 16-5(a)所示是作者等根据光干涉原理设计的薄膜和弹流润滑膜厚度试验台[1]。仪器通过杠杆加载，在相对运动的钢球和玻璃盘间形成弹流薄膜，外光源通过斜置的半反半透镜投射在玻璃盘的半反半透膜和钢球表面，反射向上的两束光形成干涉，通过体式显微镜放大、单色仪分光、CCD 接受，最后送至计算机图像采集卡获得干涉图像(图 16-5(b))。再利用相对光强原理最终得到膜厚的曲面图[2]。该仪器可用于点接触润滑薄膜厚度和形状的测量，润滑膜厚度随载荷、速度、温度等的变化规律，特殊介质(如高水基介质、微极流体)和添加剂等的成膜能力，润滑膜失效规律及其准则，弹流润滑向边界润滑过渡的转化规律及混合润滑等的研究。

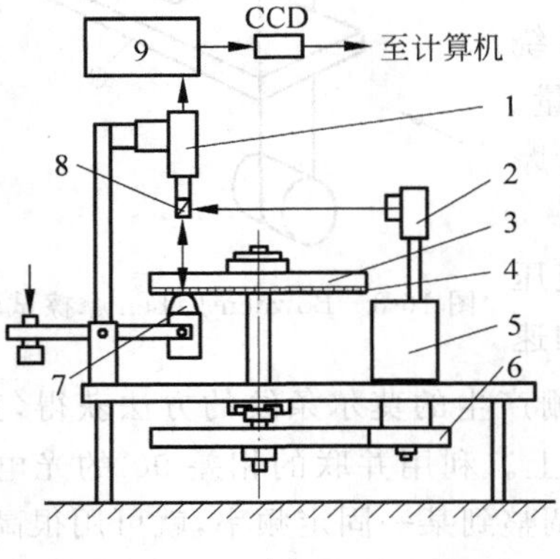

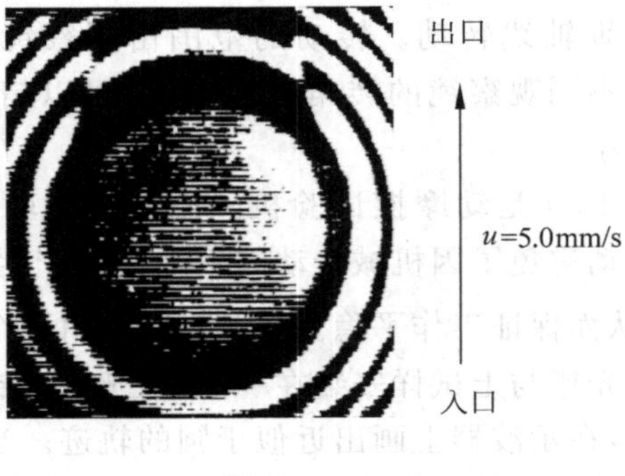

图 16-5 薄膜和弹流润滑膜厚度试验台

(a) 工作原理；(b)干涉图像

1—体式显微镜；2—外光源；3—玻璃盘；4—半反半透膜；5—电机；6—传动机构；7—钢球；8—斜置半反半透膜反光镜；9—单色仪

2. 相对光强原理

相对光强原理以光作为测量膜厚的基本要素，该方法的标定及测量结果通常与入射光强的绝对值有关。因此，光源或外界光的改变对膜厚的测量结果会有较大影响，其次，如何标定以及通过待测点光强准确求得该点膜厚值，这里给出的相对光强原理测膜厚，在这两方面有较好的特性。

光干涉原理用于测量弹流或薄膜润滑膜厚如图 16-6 所示，在钢球对玻璃盘加载时，由于润滑剂的存在，两者之间形成了一层润滑膜。当入射光束经过玻璃盘到达铬层表面和钢球表面时所产生的反射光①和反射光②将产生干涉。根据光干涉原理，当垂直入射时，任一点的干涉光强与两束反射光的强

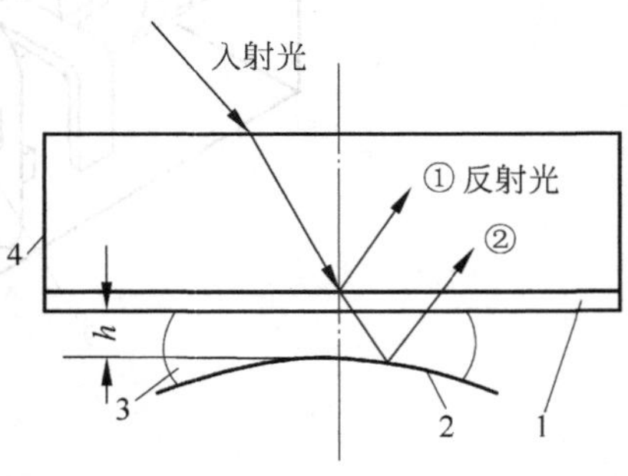

图 16-6 光干涉测量膜厚示意图

1—半反半透膜；2—钢球；3—润滑膜；4—玻璃盘

度以及该点的润滑膜厚的关系是

$$I = I_1 + I_2 + 2\sqrt{I_1 I_2}\cos\left(\frac{4\pi nh}{\lambda} + \varphi\right) \tag{16-1}$$

式中，I 为对应膜厚点处的光强；I_1、I_2 分别为反射光①、②的光强；λ 为光波长；n 为润滑剂折射率；φ 为由镀膜、钢球等引起的相位差；h 为待测膜厚。

由于钢球与玻璃盘间各点润滑膜厚度不同，故干涉光强亦不同式(16-1)中的反射光强 I_1 和 I_2 可以用干涉图像中的极大光强 I_{max}和极小光强 I_{min}来确定。设$I_1 \geqslant I_2$，有

$$\left.\begin{aligned} I_1 &= (I_{max} + I_{min})/4 + \sqrt{I_{max} I_{min}/2} \\ I_2 &= (I_{max} + I_{min})/4 - \sqrt{I_{max} I_{min}/2} \end{aligned}\right\} \tag{16-2}$$

若记相对光强度为

$$\bar{I} = 2(I - I_a)/I_d \tag{16-3}$$

式中，I_a 为平均光强，$I_a = (I_{max} + I_{min})/2$；$I_d$ 为光强差，$I_d = I_{max} - I_{min}$。它表示了该点光强在干涉图像最大、最小值间的相对位置。

将式(16-2)代入式(16-1)，并利用式(16-3)，整理后取反余弦，就可得到膜厚与光波长、折射率和相对光强的关系式

$$h = \frac{\lambda}{4\pi n}(\arccos\bar{I} - \varphi) \tag{16-4}$$

若利用标定得到膜厚为 0 时的相对光强 $\bar{I}_0$，代入上式确定 φ 后可以得到 0 级条纹到 1 级条纹内的膜厚计算公式为

$$h = \frac{\lambda}{4\pi n}(\arccos\bar{I} - \arccos\bar{I}_0) \tag{16-5}$$

相对光强原理中的膜厚计算公式是从光干涉理论的两束同频光干涉直接得到的。它除了略去了高次反射的干涉外，其他影响因素(如光波在各界面的损失、金属上的吸收、镀膜厚度等)都归结为对零膜厚相对光强 $\bar{I}_0$ 的实验标定，从而使累积误差减少。

相对光强原理利用了干涉图像中的光强的极大值、极小值作为上、下限对干涉光强归一化。由于同一干涉级上的极大(或极小)值点所对应的光程差是相同的，所以相邻极大值、极小值点的膜厚差也是确定的。利用图像处理技术，可以得到分辨率较高的膜厚测量结果。其膜厚方向上的分辨率为

$$\text{单位光强所对应的膜厚} = \frac{\lambda}{4nI_d} \tag{16-6}$$

例如，对应光波长为 600nm，润滑剂折射率为 1.5，若最大光强差 $I_d > 100$ 时，相对光强测量的分辨率就可以小于 1nm。

相对光强原理的优越性还在于它抗外界光干扰能力较强。当外界附加上一均匀光场时，真实干涉图像会产生平移(图 16-7(b))，但相对光强图像不变。当外界加入一直线分布的光场时，真实光强曲线会发生倾斜(图 16-7(c))或压缩(图 16-7(d))等情况，这些都可以利用极值点光程的不变性通过线性变换得到正确的相对光强曲线(图 16-7(a))，从而减少了外界光对测量结果的影响。

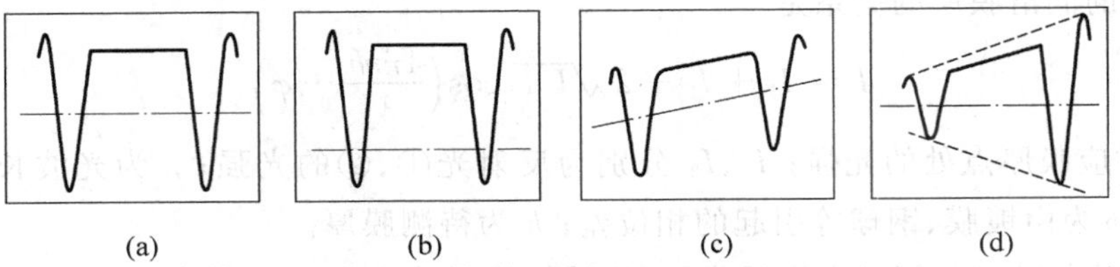

图 16-7　对外界干扰的修正

(a) 标准；(b) 平移；(c) 倾斜；(d) 压缩

16.2　磨损量的测量

机械零件的磨损量可以用磨下材料的质量、体积或者磨去的厚度来表示。磨损质量和磨损体积是整个磨损表面的总和，而磨损厚度测量能够反映磨损沿摩擦表面的分布情况。

常用的磨损量测量方法如下。

1. 称重法

用称量试件在实验前后的质量变化来确定磨损量。通常采用精密分析天平称重，测量精度为 0.1mg。由于测量范围的限制，称重法仅适用于小试件。对于微量磨损的摩擦副需要很长的实验周期才能产生可测量的质量变化。如果磨损过程中试件表层材料产生较大的塑性变形，试件的形状虽然变化但质量损失不大，则称重法不能反映表面磨损的真实情况。

2. 测长法

使用精密量具、测长仪、万能工具显微镜，或其他非接触式测微仪测量试件在实验前后法向尺寸的变化，或者磨损表面与某基准面距离的变化。

测长法可以测量磨损分布情况。但是这种方法存在误差，例如测量数据包含了因变形所造成的尺寸变化，接触式测量仪器的测量值受接触情况和温度变化的影响等。

3. 表面轮廓法

用表面轮廓仪可以直接测量磨损前后表面轮廓的变化来确定零磨损量，即磨损厚度不超过表面粗糙峰高度的磨损。

为了保证准确地描绘磨损前后相同部位的轮廓，可以采用图 16-8 的装置，通过显微镜和试件上的定位基准确定测量位置。

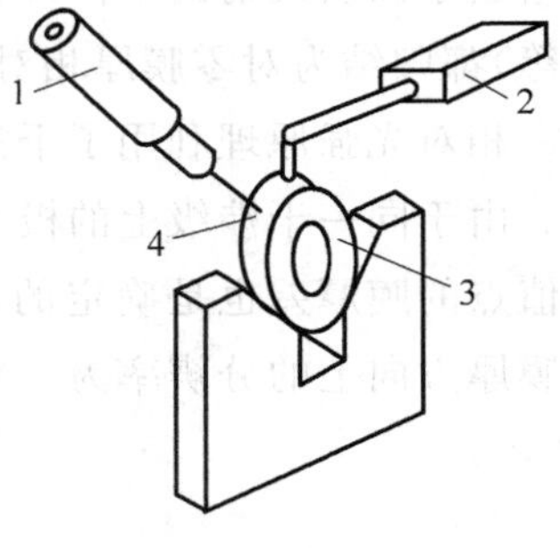

图 16-8　表面轮廓测量

1—显微镜；2—轮廓仪；3—试件；4—定位基准

当轮廓法用来测量表面的可测磨损时，即测量磨损厚度超过表面粗糙度的磨损必须采用测量基准。图 16-9 给出两种测量基准，图 16-9(a)是用未磨损表面作为基准，而图 16-9(b)是在表面上开设一个楔形槽，根据磨损前后楔形槽宽 B 和 b 的数值计算磨损厚度 h。

轮廓法可以记录表面轮廓在磨损过程中的变化和磨损分布。但是轮廓法测量手续复杂，被测零件的形状和尺寸受量程范围的限制。

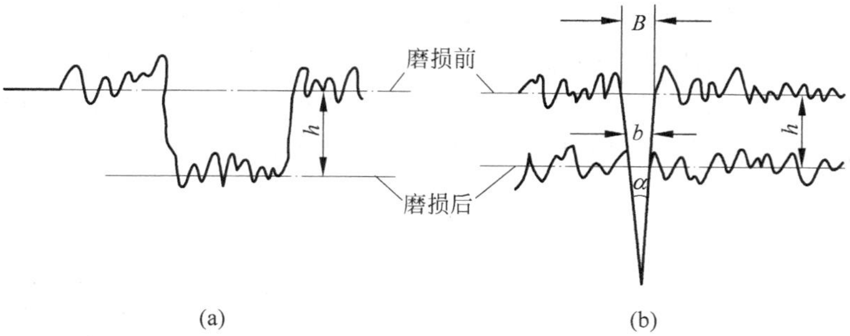

图 16-9 可测磨损的轮廓法测量

4. 压痕或切槽法

人为地在摩擦表面上压痕或者切槽作为测量基准，用基准尺寸沿深度变化的规律度量磨损厚度。如果在摩擦表面上不同部位布置基准，还可以测量磨损沿表面的分布规律。

压痕法通常采用维氏硬度计的压头在摩擦表面压出正方角锥形的坑，如图 16-10 所示。如果锥面角为 α（通常 $\alpha=136°$），对角线长为 d，则高度 h 为

$$h=\frac{d}{2\sqrt{2}\tan\frac{\alpha}{2}}=\frac{d}{m} \tag{16-7}$$

$$m=2\sqrt{2}\tan\frac{\alpha}{2}\approx 7$$

当表面磨损以后，通过测量对角线的变化计算高度的变化。如果磨损前后对角线由 d 变化到 d_1，于是磨损厚度 δ 可以按下式计算：

$$\delta=h-h_1=\frac{1}{m}(d-d_1) \tag{16-8}$$

压痕法也可以用来测量圆柱面上的磨损。图 16-11 表示内圆表面上的测量，R 为磨损前内圆半径，d 和 d_1 为磨损前、后的对角线长，此时内圆表面的磨损厚度 δ 为

$$\delta=\frac{1}{m}(d-d_1)-\frac{1}{8R}(d^2-d_1^2) \tag{16-9}$$

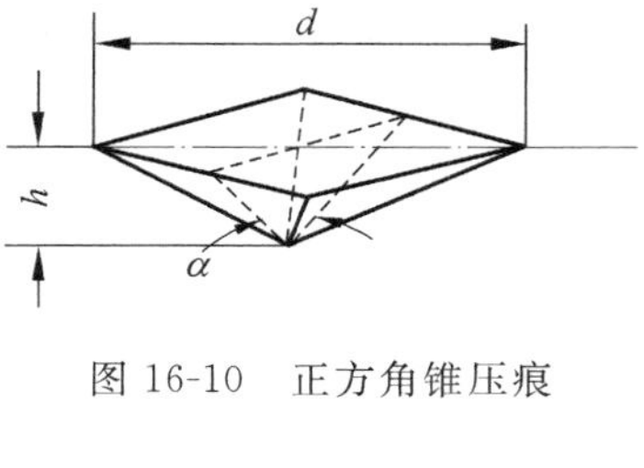

图 16-10 正方角锥压痕

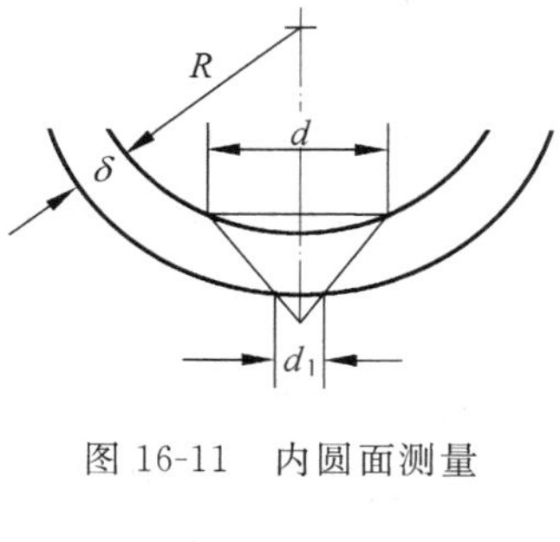

图 16-11 内圆面测量

外圆表面的压痕尺寸如图 16-12 所示，磨损厚度 δ 的计算公式为

$$\delta=\frac{1}{m}(d-d_1)+\frac{1}{8R}(d^2-d_1^2) \tag{16-10}$$

应当指出，按照上述公式计算的磨损厚度有一定的误差。因为压痕过程并非是完全塑性变形，所以压坑与压头的形状不完全相同。考虑弹性变形的影响应将 m 数值增大。当锥

面角 $\alpha=136°$时，根据经验可按以下数值选取：塑性良好的金属(例如铅)，选取 $m=7$；铸铁，选取 $m=7.6\sim8.2$，平均值为 7.9；轴承钢，选取 $m=7.7\sim8.4$，平均值为 8。

压痕法产生误差的另一个因素是压坑四周形成鼓起，使表面形状变化，并影响摩擦副的配合性质和磨损测量精度。图 16-13 表示压坑四周鼓起情况，尺寸 a 和 a_0 的大小依材料性质而定。

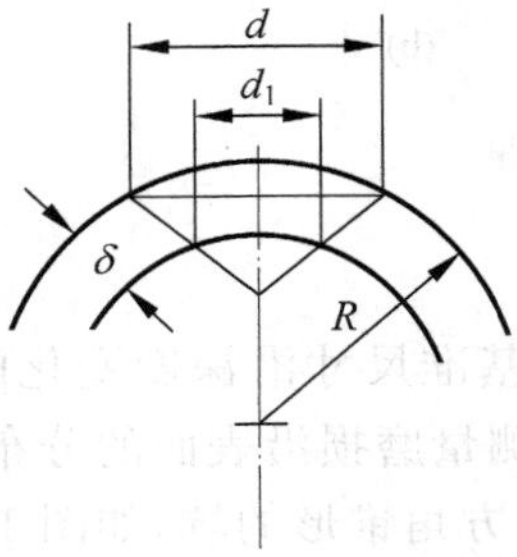

图 16-12　外圆面测量

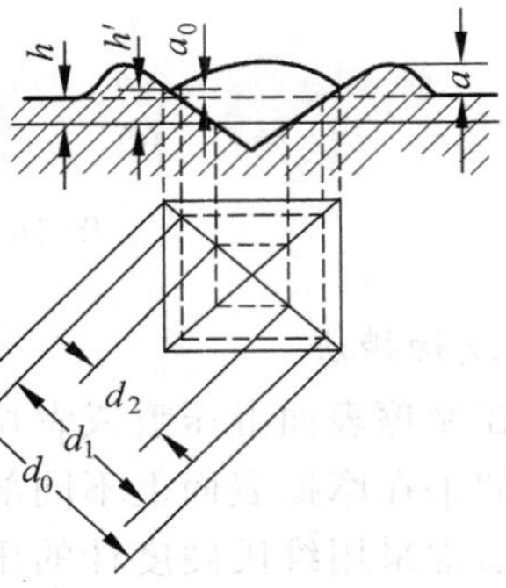

图 16-13　压痕变形

如果磨损前后对角线尺寸由 d_1 减少到 d_2，则实际磨损厚度 h 为

$$h=\frac{1}{m}(d_1-d_2)$$

但由于压坑四周鼓起的影响，测量的磨损厚度 h' 为

$$h'=\frac{1}{m}(d_0-d_2)$$

测量误差

$$E=\frac{h'-h}{h}=\frac{d_0-d_1}{d_1-d_2} \tag{16-11}$$

通常 E 的数值可达到 60%，甚至更高。所以为了减少测量误差，必须采用专用工具修整，或实验前经过充分磨合，或在终加工工序之前进行压痕等方法来消除压痕四周的鼓起。

如果要测量磨损分布，可以在摩擦表面上布置一系列的压痕。为了保证测量精度，应当使作为测量用的对角线与滑动方向垂直，而另一对角线则与滑动方向一致。各个压痕的尺寸应尽可能相同。为了使各个压痕尺寸大致相同，在进行压痕时常采用专门的载荷限制器。

压痕时的压头压入力可以由下式计算：

$$P=54\frac{d^2}{H_v} \tag{16-12}$$

式中，P 为压入力，N；d 为对角线长度，mm，通常取 $d=1$；H_v 为材料的维氏硬度，MPa。

切槽法测量磨损与压痕法十分相似，但是切槽法排除了弹性变形回复和四周鼓起的影响。虽然由于切削中的弹性变形和切削热等因素造成槽形几何误差，但一般不超过 5%，所以测量精度比压痕法高。图 16-14 示出切槽尺寸。

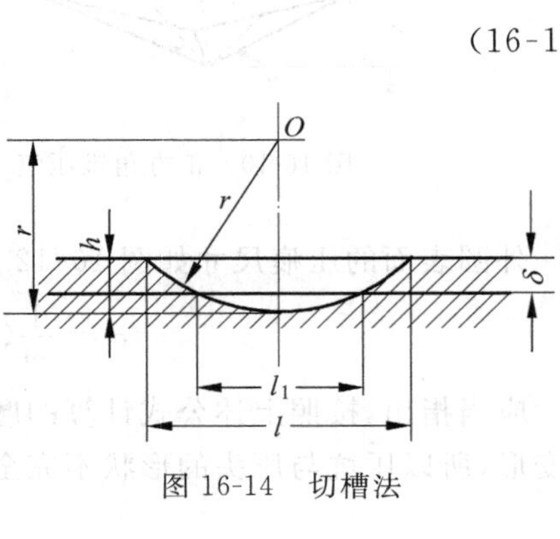

图 16-14　切槽法

根据几何关系得

$$h = r - \sqrt{r^2 - \frac{l^2}{4}}$$

或

$$h \approx \frac{l^2}{8r} \tag{16-13}$$

按照近似公式(16-13)计算的误差最大不超过1%。

根据切槽宽度l的变化计算磨损厚度δ

$$\delta = \frac{l^2 - l_1^2}{8r} \tag{16-14}$$

当测量圆柱表面上的磨损量时,如果圆柱面半径为R,则测量内圆表面的磨损厚度δ为

$$\delta = \frac{1}{8}(l^2 - l_1^2)\left(\frac{1}{r} - \frac{1}{R}\right) \tag{16-15}$$

外圆表面的磨损厚度δ为

$$\delta = \frac{1}{8}(l^2 - l_1^2)\left(\frac{1}{r} + \frac{1}{R}\right) \tag{16-16}$$

为了避免磨屑堵塞槽内,影响测量精度,槽的长度方向应当与滑动方向垂直。通常选择槽长尺寸为1.5mm左右,而槽深应超过表面粗糙度和磨损厚度。

压痕法和切槽法只适用于磨损量不大而且表面光滑的试件。由于这两种方法都要局部破坏试件的表层,因而不能用来研究磨损过程中表面层组织结构的变化。

应当指出,上述各种磨损测量方法的共同缺点是测量时必须拆卸机器,所以操作复杂。此外,测量磨损量随时间变化时,磨损工况条件将因每次拆装而改变。下面介绍的两种方法可以实时测量磨损量,避免了上述缺点。

5. 沉淀法或化学分析法

将润滑油中所含的磨屑经过过滤或者沉淀分离出来,再由称重法测量磨屑重量。另外,也可以采用定量分析化学的方法测量润滑油中所含磨屑的组成和重量,这不仅可以测量各种磨损元素的重量,还可以根据材料使用情况来判断磨损的部位。

如果定期地从润滑系统中取出油样进行测量,这两种方法都可测量磨损量随时间的变化。但是它们测量的是整个表面的总磨损量,无法确定摩擦表面的磨损分布。此外,润滑油的合理取样是保证测量精度的关键。

6. 放射性同位素法

将摩擦表面经放射性同位素活化,则在磨损过程中落入润滑油中磨屑具有放射性。因此,定期地测定润滑油的放射性强度,就可以换算出磨损量随时间的变化。

图16-15为同位素法测量滑动轴承磨损的装置。具有放射性的磨屑随着润滑油的循环流动通过盖格计数器附近,计数器及其定标装置记录放射性辐射脉冲数目,从而连续地测量磨损量的大小。

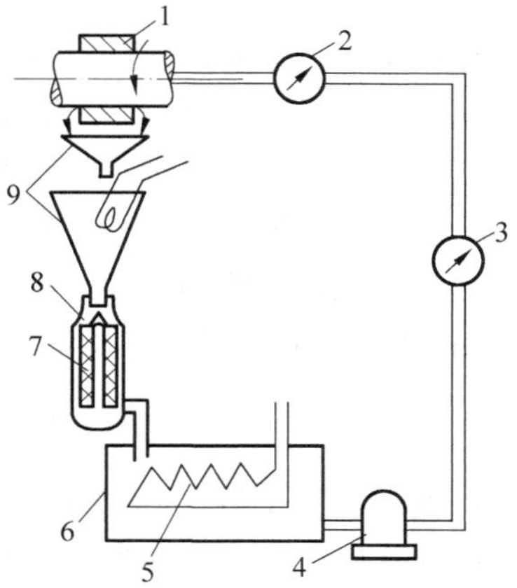

图16-15　同位素法测量磨损

1—轴承部件;2—流量计;3—压力计;4—油泵;5—冷却器;6—油箱;7—专用过滤器;8—盖格计数器;9—漏斗

放射性同位素法最大的优点是测量磨损量的灵敏度高，可达 $10^{-7}\sim10^{-8}$ g。同时还可以分别测量几个摩擦表面和部位的磨损量。

试件表面的活化方式有镀层法、熔铸法、嵌入法、照射法及扩散法等 5 种。根据试件放射性强度的大小需要采取不同的防护措施。

16.3 摩擦表面形态分析

由于摩擦学现象发生在表面层，表层组织结构的变化是研究摩擦磨损规律和机理的关键，现代表面测试技术已先后用来研究摩擦表面的各种现象。

16.3.1 表面形貌的分析

摩擦过程中表面形貌的变化可以采用表面轮廓仪和电子显微镜来进行分析。

表面轮廓仪是通过测量触针在表面上匀速移动，将触针随表面轮廓的垂直运动检测、放大，并且描绘出表面的轮廓曲线。再经过微处理机的运算还可以直接测出表面形貌参数的变化。

采用透射电子显微镜和反射电子显微镜可以研究摩擦表面形貌和亚表面的破坏特性以及表面氧化膜的形貌。但由于它们只能作复型检测，且检测范围有限、测量误差大以及操作不便，目前已逐渐被扫描电子显微镜替代。

扫描电子显微镜能够直接观察摩擦表面的形貌及其在摩擦过程中的变化。电子扫描的图像清晰度好，并有立体感，放大倍数变化范围宽，检测范围亦较大，甚至可以直接用于测量小型零件的摩擦表面。

应当指出，表面形貌分析局限于在磨损前后进行，不能考察磨损过程中的表面变化。王伟强和温诗铸[3]采用原位观察技术对干摩擦磨损过程中的表面变化进行了研究。

16.3.2 原子力显微镜

如图 16-16 所示，当原子与原子很接近时，彼此电子云斥力的作用大于原子核与电子云之间的吸引力作用，所以整个合力表现为斥力的作用；反之若两原子分开达一定距离时，其电子云斥力的作用小于彼此原子核与电子云之间的吸引力作用，故整个合力表现为引力的作用。图 16-17 所示为原子力显微镜工作原理图。

另外，从能量的角度看，这种原子与原子之间的距离与彼此之间能量的大小可从 Lennard-Jones 的公式得到验证。

$$E_{\text{pair}}(r)=4\varepsilon\left[\left(\frac{\sigma}{r}\right)^{12}-\left(\frac{\sigma}{r}\right)^{6}\right] \tag{16-17}$$

式中，ε 和 σ 为 L-J 常数；r 为原子之间的距离。

由公式(16-17)可知，距离 r 与能量 E 的关系是确定的，如图 16-17 所示的原子力显微镜工作原理就是利用这一确定的关系。它可以通过测量能量的变化，得到距离的变化量；也可以保持能量不变(即探针与表面的距离不变)，通过步进电机调整的垂直距离就是表面形貌的变化，从而得到表面形貌图。图 16-18 所示为用原子力显微镜测得的光盘表面形貌。

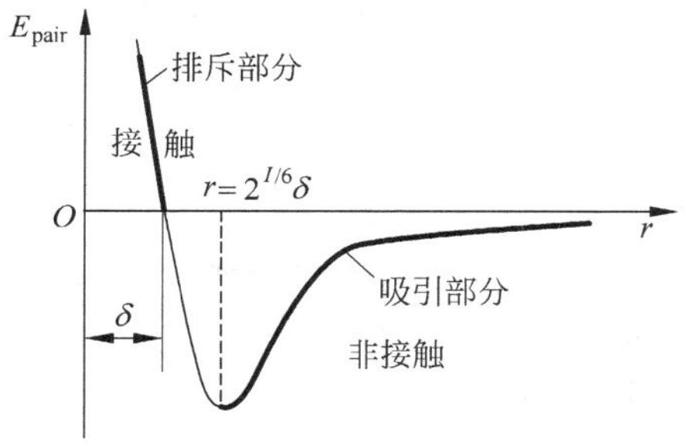

图 16-16　接触能与距离关系曲线

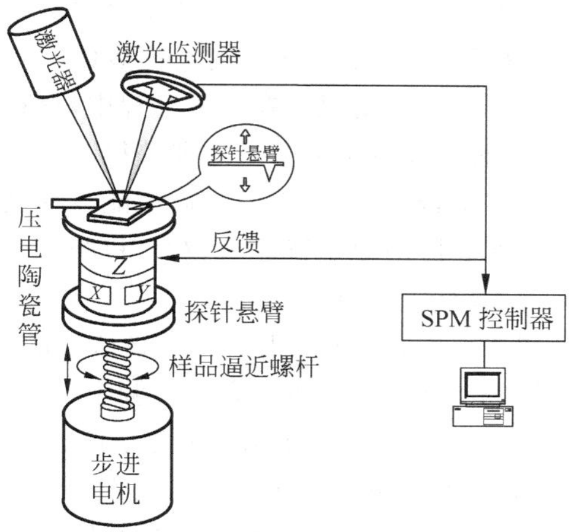

图 16-17　原子力显微镜工作原理

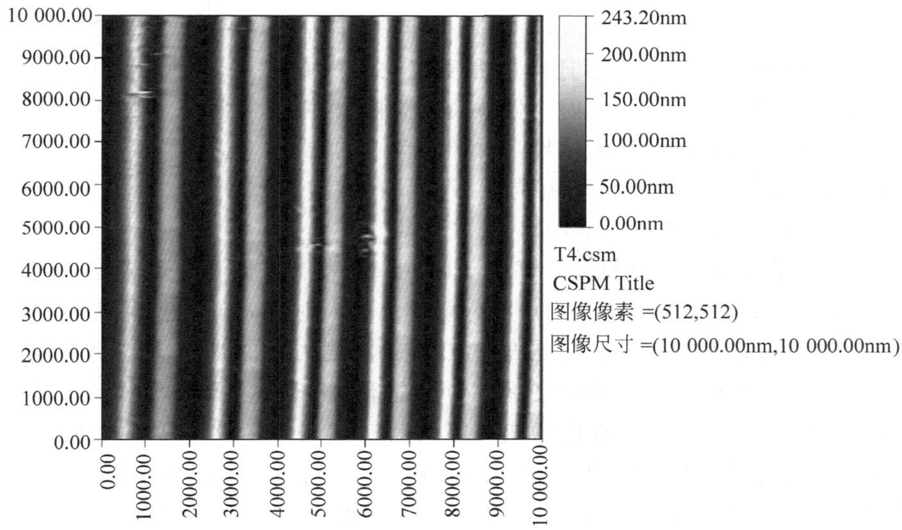

图 16-18　原子力显微镜测得的光盘表面形貌图

16.3.3　表面结构的分析

金属表面在磨损过程中表层结构的变化通常用衍射技术来分析。它是将电子束照射到磨损表面，由于金属晶体中原子的有序排列，使电子的散射在特定的方向上形成衍射斑点。不同的原子和晶体衍射斑点的分布情况是不同的，可以用它来分析表面结构及其变化。

电子衍射的穿透能力小，散射厚度仅为 $10^{-9}\sim10^{-10}$ m。电子衍射仪可用来进行薄层的摩擦表面分析，例如研究金属的黏着磨损和摩擦副材料迁移现象。

X 射线与电子束一样能够产生衍射斑点，其穿透能力大，散射层厚度可达 $10^{-6}\sim10^{-4}$ m。X 射线衍射仪常用来对较厚的摩擦表面进行结构分析，也有人用它研究润滑油添加剂在金属磨损中的润滑机理。

如前所述，通过表面观测考察材料磨损所采用的仪器有光学显微镜、扫描电子显微镜、X射线衍射仪等，它们可以对磨损表面的形貌以及磨损颗粒进行观测，但是无法提供包括材料亚表层在内的情况。在磨损过程中，材料亚表层发生很大的变化，使用上述这些表面成像仪器，须将样品做剖面分析才能获得亚表层信息，这样就破坏了样品原有的磨损特征。

近年来，新研制的声学显微镜能无损地揭示材料亚表层的结构，不需要把样品剖开，从而保留亚表层的原始特征，这对材料磨损的研究具有广泛的应用前景。下面介绍声学显微镜的基本原理和应用[4,5]。

图16-19给出了反射式声学显微镜的基本原理。它由四部分构成：换能器-透镜、信号检测电路、机械扫描系统和成像显示系统。其中，换能器-透镜是核心部分，其作用是超声波激励和聚焦，包括压电换能器、石英阻尼杆以及球形声透镜。阻尼杆的一端为抛光表面并镀上金属膜，膜上是压电换能器；另一端被磨成球形以形成一个声透镜。高频电信号激励压电换能器产生超声波，超声波以纵波的形式在阻尼杆中传播，最后被声透镜聚焦，通过耦合液（一般是水）到达样品表面和内部。当超声波遇到样品中不连续的介质或缺陷（例如空洞、裂纹、夹杂等）将发生反射，反射信号被换能器接收并转换为电信号，经检波、放大作为灰度信号。对样品台上的样品逐点进行扫描，采集每一点的电信号就构成了样品在该扫描区域的声显微图像，它的分辨率为5μm。

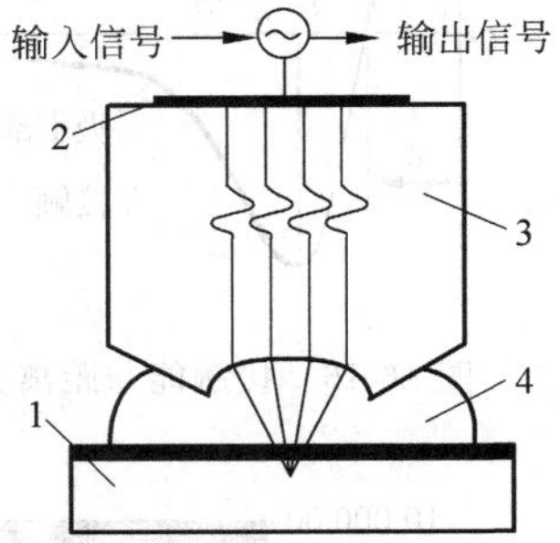

图16-19　反射式声学显微镜原理图

1—样品；2—压电换能器；3—阻尼杆；4—耦合液

目前，扫描声学显微镜有两种成像模式，即表层/亚表层成像和内部成像。图16-20(a)给出了表层/亚表层成像的原理图。当声波入射样品的入射角大于产生瑞利波的临界角时，会在样品表面激励起瑞利波。瑞利波是表面波，传播深度为一个波长，瑞利波在传播的过程中向外辐射能量，以瑞利角射出，故而又称之为泄漏瑞利波。这样，接收射出的泄漏瑞利波就得到了样品的一个瑞利波波长深度的亚表层信息。图16-20(b)示出了内部成像的原理。内部成像采用较低的频率和较大的镜头曲率，在样品表面不激发瑞利波，纵波经透镜汇聚到样品一定深度，然后接收该深度范围内传回的声波，以得到样品该深度内的图像。但由于受频率的限制，分辨率一般不高。

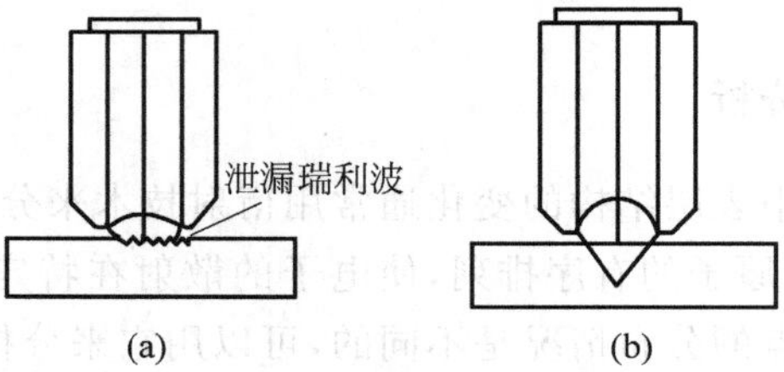

图16-20　声学显微镜成像原理

(a) 表层/亚表层成像；(b) 内部成像

图16-21为彭海涛等人[5]通过声学显微镜获得的三种涂层亚表层的声显微图像。图像中存在白和黑两种区域，白区为金属合金，黑区为氧化物与合金的混合组织。

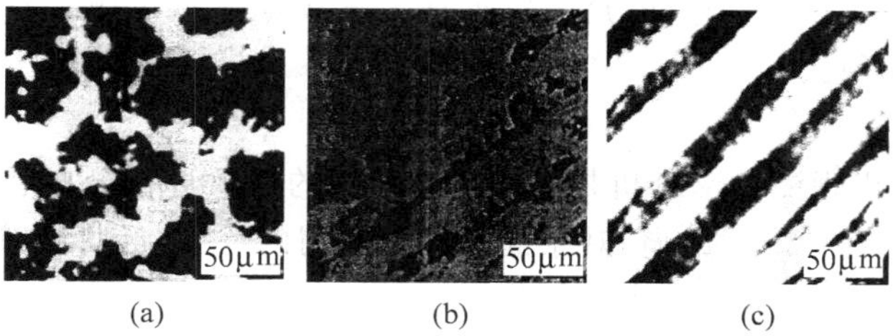

图 16-21 三种涂层亚表层的声显微图像($f=150\text{MHz}, z=-25\mu\text{m}, A=2.5\times2.5\mu\text{m}$)
(a) CoCrMoSi+$Al_2O_3TiO_2$；(b) CoCrMoSi+Fe_3O_4；(c) 碳钢

应当指出，声学显微镜可以无损地实现对材料亚表层组织结构的观测，目前应用尚处于初期阶段，还需要其他手段验证和补充。可以预计，随着其功能不断发展和完善，声学显微镜在磨损过程研究方面必将成为重要工具之一。

16.3.4 表面化学成分的分析

摩擦表面化学成分的分析对摩擦磨损机理研究十分重要，因为表面层的化学成分与分布特点反映了摩擦副表面间的化学反应和元素迁移。下面介绍几种常见的分析方法。

1. 能谱分析

将电子束、X射线或真空紫外光束照射到试件表面，表面受到激发而产生俄歇电子或光电子，测量和分析这些电子的能量即可确定表面的化学成分。

俄歇电子能谱仪是通过电子束使表面激发而产生二次放射的俄歇电子。各种元素的俄歇电子的能量不同，收集这些电子进行能谱分析能够研究摩擦表面上二三层原子厚度内的组织成分变化。如果将俄歇电子能谱仪配置电子束扫描，将能够对表面更大范围内的成分和元素分布作定量分析。

X射线光电子能谱仪是用X射线激发表面产生光电子，并进行能谱分析。它适用于研究表面膜的形成以及添加剂对磨损的影响。

2. X射线显微分析(电子探针)

通过电子束对试件表面的作用，使各元素发生相应的射线谱，根据不同特征的X射线的波长和强度来确定表面组织成分和含量。通常将电子探针与扫描电镜组合成扫描式电子探针，它不仅可以对微米范围内的成分作定点测量，还能够使电子束在试件表面作线或面的扫描，分析表面的元素分布。

应当指出，随着电子技术和超高真空技术的发展，将各种表面分析技术结合而组成多功能的测量仪器，实现同时对表面的形貌、组织结构和化学成分进行全面的分析，这将在摩擦磨损机理研究中起着更加重要的作用。

16.4 磨损状态检测

在大型成套机组或者重要的机械系统中，要求在运转过程中对于关键摩擦副的磨损状态进行检测，及时预报它们的工作状况，以便采取有效的维修措施，避免机械装备的突然损坏或发生重大事故[6,7]。

通常采用物理的或化学的检测方法，定期地或连续地显示机械装备的磨损状态。常用的检测方法有以下几种。

1. 铁谱分析

20 世纪 70 年代出现的铁谱分析是将润滑油所含的磨屑进行分离和分析的技术。由于大多数机械的磨损过程是形成磨屑，观察润滑油中磨屑的尺寸、形状和组成就可以判断磨损的形式、磨损的激烈程度和磨损发生的部位。

如图 16-22 所示，从润滑油循环系统中抽取少量的润滑油，将油样在低而稳定的速度下流经铁谱仪中的磁极，在磁场力作用下制作铁谱片。由于液体在倾斜的玻璃片上向下流动，油的流动仅限于在玻璃片的中央狭带位置。又因为玻璃片离磁极面的距离在顶部略小于出口端，随着颗粒向下流动，磁场梯度增加，这将使作用在颗粒上的黏性力和磁场力的总效果将磨屑颗粒按尺寸分开。较大的颗粒首先沉积下来，较小的颗粒在玻璃片尾部沉积。当一定量的润滑油流经玻璃片后，经清洗及固定过程来除去多余的油，并使颗粒定位，即完成铁谱片的制作。

图 16-23 为一典型的铁谱片，其中沉积的颗粒表现为沿玻璃片中间的一条暗带。在典型情况下，沉积物总质量约为 10μg。用铁谱仪沿玻璃片不同位置处测量其光的密度即可估计出磨屑的密度和分布。

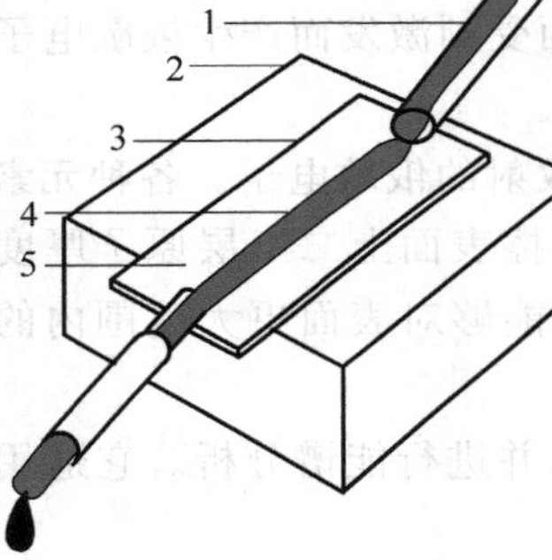

图 16-22 铁谱测量原理

1—油样入口；2—磁铁装置；
3—铁谱基片；4—润滑油；5—磁极

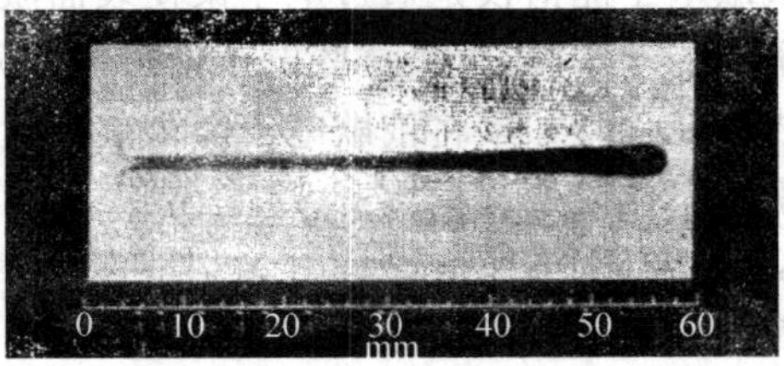

图 16-23 典型铁谱片

根据大量的检测结果，将磨屑图像汇编成标准的铁谱图册供测量时参考。利用光学显微镜对制成的铁谱片进行观察，并与铁谱图对照，即可根据磨屑的形状和分布密度确定磨损的状态。例如，正常磨损的磨屑一般呈片状，磨粒磨损或犁沟作用形成的磨屑具有螺旋状或卷曲状，而球形磨屑则是表面接触疲劳磨损产生的。对于氧化磨损或腐蚀磨损，它们的磨屑是由化合物组成的，在有色光作用下显示出不同的颜色。此外，磨屑的浓度说明各种磨损的严重程度。图 16-24 是由光学显微镜观察到的各种不同磨屑的形状。

2. 光谱分析

光谱分析是利用组成物质的原子在一定条件下能发射具有各自特征的光谱的性质，用来分析润滑油中的金属含量。

在一般情况下，原子处于稳定态。当得到一定能量以后，原子被激发。处于激发态的原

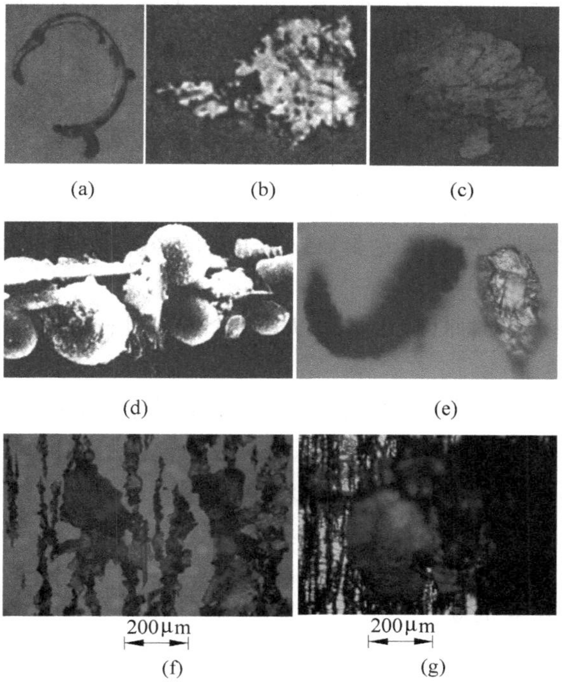

图 16-24 铁谱片上的各种磨屑

(a) 切削磨粒；(b) 疲劳磨粒；(c) 层状磨粒；(d) 球状磨粒；
(e) 氧化铜磨粒；(f) 中度剥落磨损磨粒；(g) 严重剥落磨损磨粒

子是不稳定的，在极短的时间内转化为稳定态，同时将多余的能量以光的形式释放出来而产生光谱。不同的原子所产生的光谱不同，因此通过光谱分析可以测定润滑油中金属元素的含量变化，从而预测磨损状态。

光谱分析方法通常应用于铁路机车、船舶柴油机以及航空发动机的磨损检测，以防止故障发生。

3. 润滑油成分分析

采用理化分析仪器对于润滑油的酸度、添加剂浓度、不溶物质的含量和组成进行测定，也是分析磨损状态的方法。

4. 机械振动或噪声分析

通过机械设备在运行中的振动或噪声测定是鉴别磨损状态变化的重要手段，它可以实现连续检测。将振动或噪声测量的信号经过频谱分析等处理，还能够预示严重磨损的出现。

这种间接检测的方法在低噪声零件中应用的效果较好，例如滑动轴承。而在诸如齿轮传动等产生较大振动和噪声的零件中应用时，往往难以将零件本身的振动与因磨损恶化所产生的振动区分开来而影响检测的可靠性。

5. 润滑状态的分析

对于全膜润滑的摩擦副，采用传感器测量摩擦表面之间的油膜厚度、摩擦因数、接触状况以及表面温度等参数来检测润滑状态。

在以上的检测系统中，当采用电测技术时，可以进行连续测量，甚至于实现自动控制。

例如，当油膜厚度或温度达到临界数值时，通过自动控制系统及时调节工作参数，以保证继续正常工作或者停机，以防止事故发生。

16.5　磨损失效分析

在实际生产中，磨损失效分析是一个十分重要的问题。为了准确地判断发生磨损失效的原因和决定对策，需要具有广泛的专业知识和丰富的经验，本节仅扼要地介绍磨损失效分析的一般方法。

为了确定产生磨损失效的原因，通常从以下几个方面进行分析。

1. 现场调查

应尽可能到失效现场收集资料，了解失效过程和有关情况，主要有以下 4 方面：

(1) 被磨损零部件的实物和图纸，如果可能应收集未使用的相同零件，以便分析对比。

(2) 磨损失效零部件所在系统的工作情况，包括载荷、速度、温度等参数，以及破坏过程和部位。

(3) 润滑油供应系统和技术性能。

(4) 维护保养和操作规范等。

2. 润滑油及其供应系统

着重检查以下问题：

(1) 润滑油的品种和性能。检查油的黏度和黏温特性，检查润滑油的灰分即完全燃烧后剩余的残渣以及所用添加剂中 Zn、Ba 和 Ca 的含量，必要时进行光谱分析以确定润滑油的化学组成和添加剂含量。

(2) 润滑油变质和污染程度。检查润滑油的酸度或碱度，以及不溶物质、水分、乙二醇、污染物等的含量。检查润滑油中是否含有过量的、大块的或者异常的磨屑，必要时进行铁谱分析，检查润滑油的更换周期。

(3) 润滑油供应系统的工作状况。包括油泵和过滤器的工作性能以及供油系统的流量。

3. 被磨损零部件

(1) 分析零件开始破坏的位置和破坏的发展过程。

(2) 确定主要磨损形式。采用光学显微镜观察摩擦表面，根据磨损特征判断磨损形式。切截剖面观察疲劳裂纹和表层结构等组织变化。对于大型零件不便在实验室分析，可以采用复印技术即用专门的聚合物贴附在磨损表面，将破坏部位的形貌详尽地复印出来，供在实验室中观察和分析。

(3) 材料选择的合理性分析。采用能谱技术分析材料的化学成分和含量，检查磨损前后表面形貌和硬度等机械性能的变化。用切截剖面观察非金属夹杂物尺寸和分布情况。

4. 设计和运行情况

分析失效零部件设计的合理性。对于全膜润滑的摩擦副，核算油膜厚度、膜厚比、润滑油流量、表面压力以及工作温度。了解磨损失效前后载荷、速度、温度以及振动、噪声的变化情况。

通过以上的观察和分析，有助于确定造成零部件失效的主要磨损形式和原因。一般说来，磨损失效最常见的原因是：

(1) 摩擦副材料或润滑剂选择不当；

(2) 润滑油供应系统工作不正常或润滑油变质和污染；

(3) 工况条件超过设计参数所允许的范围；

(4) 制造和安装误差造成的恶劣工作条件。

Shell 石油公司的科技人员经过多年的调查研究，总结出磨损失效的统计表，如表 16-1 和表 16-2 所示。

表 16-1 失效形式统计

失效形式	数量
腐蚀(电腐蚀、弱有机酸腐蚀、低温腐蚀)	408
沉积	266
磨损	146
高温腐蚀	136
疲劳折断	155
表面接触疲劳磨损	149
黏着磨损、擦伤	83
断裂	102
浸蚀	70
气蚀	41
磨粒磨损	40
胶合磨损	26
熔融软化	24
微动磨损	18
其他	55
总计	1719

表 16-2 失效零部件统计

零部件	数量
滑动轴承、滚动轴承	320
缸套与活塞环	241
燃烧装置零件(如排气阀)	150
海水装置	110
燃油系统零件	73
锅炉、加热器及其管道	72
透平叶片	64
齿轮传动	55
燃料输送和储存设备	41
机架、底座	38
润滑系统零件	31
压缩机、透平增压器	30
冷却系统零件	15
其他	138
总计	1378

参考文献

[1] 黄平，雒建斌，邹茜，温诗铸. NGY-2 型纳米级润滑膜厚度测量仪[J]. 摩擦学学报，1994，14(2)：175-179.

[2] 黄平，雒建斌，邹茜，温诗铸. 相对光强原理测量纳米级润滑薄膜原理的研究[J]. 润滑与密封，1995(1)：32-34.

[3] WANG W，WEN S. In situ observation and study of the unlubricated wear process[J]. Wear，1993(171)：19-23.

[4] WANG Y，JIN Y，WEN S. The inspection of the sliding surface and subsurface of plasma-sprayed ceramic coating using scanning acoustic microscopy[J]. Wear，1989(134)：399-411.

[5] 彭海涛，等. 三种等离子喷涂涂层的声显微镜观察[J]. 摩擦学进展，1999，4(2)：1-9.

[6] 樊建春，林富生，温诗铸，等. 设备状态监测中的摩擦学应用工程[J]. 润滑与密封，1997(4)：13-14.

[7] HUO Y，CHEN D，WEN S. Monitoring of the wear condition and research on the wear process for running equipment[J]. Tribology Transactions，1997，40(1)：87-90.

[8] 温诗铸. 摩擦学原理[M]. 北京：清华大学出版社，1990.

第 3 篇

应用摩擦学

第17章 微观摩擦学

微观摩擦学(micro tribology)或称纳米摩擦学(nano tribology)、分子摩擦学(molecular tribology),它是在原子、分子尺度上研究摩擦界面上的行为、损伤及其对策[1]。

纳米摩擦学在学科基础、研究方法、实验测试设备和理论分析手段等方面都与宏观摩擦学研究有很大差别。微观摩擦学实验研究仪器主要是扫描探针显微镜,它包括原子力显微镜和摩擦力显微镜。在理论分析方面,宏观摩擦学通常是根据材料表面的体相性质在摩擦界面上的反应来表征其摩擦磨损行为,并应用连续介质力学包括断裂和疲劳理论作为分析的基础。而纳米摩擦学则是从原子、分子结构出发,考察纳米尺度的表面和界面分子层摩擦学行为,其理论基础是表面物理和表面化学,采用的理论分析手段主要是计算机分子动力学模拟,实验测试仪器是各类扫描探针显微镜以及专门的微型实验装置。

本章对微摩擦、微接触与黏着以及微磨损现象进行介绍。另外,还将对分子膜润滑等内容加以讨论。

17.1 微观摩擦

17.1.1 宏观摩擦与微观摩擦

Bhushan 和 Koinkar[2]分别采用球-盘摩擦试验机和摩擦力显微镜 FFM,对材料的宏观和微观摩擦因数进行了对比实验,如表 17-1 所示。宏观摩擦因数测定采用直径为 3mm 的铝球与试件相对滑动,滑动速度为 0.8mm/s,载荷为 0.1N,相应的 Hertz 应力为 0.3GPa。微观摩擦因数测定为 FFM 的探针与试件滑动摩擦,探针材料为 Si_3N_4,针尖半径约为 50nm,滑动速度为 5μm/s,探针扫描面积为 1μm×1μm,载荷为 10～150nN,相应的 Hertz 应力为 2.5～6.1GPa。

表 17-1 宏观与微观摩擦因数

试件材料	粗糙度 Ra/nm	宏观摩擦因数	微观摩擦因数
Si(111)	0.11	0.18	0.03
C^+-注入 Si	0.33	0.18	0.02

表 17-1 说明,微观摩擦因数往往远远低于宏观摩擦因数。Bhushan 等人认为,在纳米摩擦学实验中,根据微小尺度和极轻载荷测量的材料硬度和弹性模量都比宏观测量的数值高,因而微观摩擦过程中,材料的磨损极少,从而摩擦因数低。同时,微观摩擦中,嵌入表面的磨粒少,也减少了犁沟效应对摩擦力的影响。

17.1.2 微观摩擦与表面形貌

Ruan 和 Bhushan[3] 利用摩擦力显微镜 FFM，对于纯度 99.99% 的高定向热解石墨 HOPG(highly oriented pyrolytic graphite)的新劈开表面进行滑动摩擦实验。实验表明，当探针滑过 HOPG 基片表面(图 17-1(a))时，摩擦力变化(图 17-1(a))与表面形貌变化相互对应，但摩擦力变化相对于表面形貌峰值的位置存在一定的偏移，如图 17-1(b)所示。分析表明，摩擦力偏移是由粗糙峰的斜率造成的。

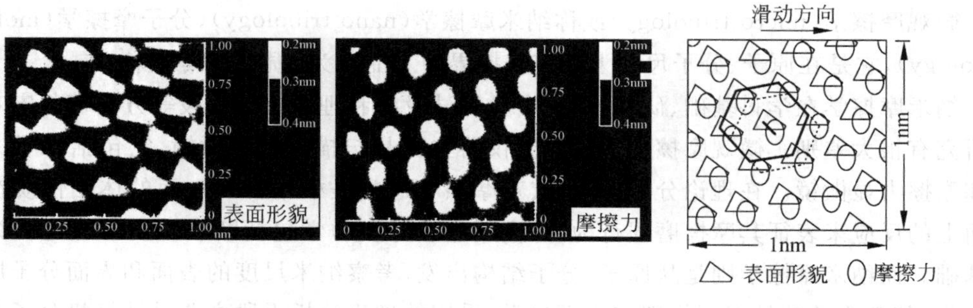

(a) (b)

图 17-1 HOPG 微观摩擦图像

图 17-1(a)中，左图为 1nm×1nm HOPG 基片表面形貌灰度图像，右图是相同面积内摩擦力变化灰度图像。图 17-1(b)是根据图 17-1(a)中表面形貌和摩擦力灰度图像重叠在一起绘制的，图中三角形和圆形符号分别对应形貌和摩擦力峰值的位置。由图可以看出，形貌峰值的位置与摩擦力峰值的位置在空间存在很规则的偏移。

表面形貌还使得微观尺度的摩擦具有显著的方向性或称各向异性特征，即沿不同方向滑动所得到的摩擦力大小不同。如图 17-2 所示，图(a)是根据 HOPG 摩擦力分布灰度图，图(b)和图(c)分别是沿 *A*—*A* 和 *B*—*B* 方向摩擦力的变化和平均值。显然，沿 *A*—*A* 方向的摩擦力大于沿 *B*—*B* 方向的摩擦力。

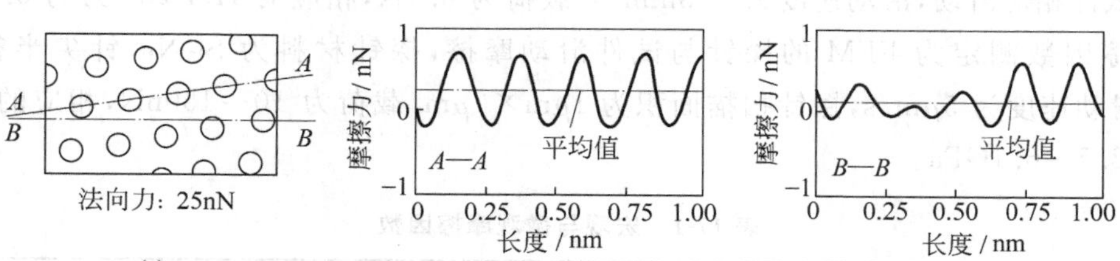

(a) (b) (c)

图 17-2 摩擦的方向性

Ruan 和 Bhushan 根据图 17-1 所示的摩擦力变化与形貌变化具有相同的周期并相互对应的特征，提出微观摩擦的“棘轮(ratchet)”模型。认为粗糙峰斜率是决定摩擦因数的关键因素。

微观摩擦力与粗糙峰斜率的相关关系已被用 Si_3N_4 探针与 HOPG 基片或单晶金刚石基片的 FFM 摩擦实验所证明。图 17-3 给出单晶金刚石表面在 200nm×200nm 范围内粗糙峰高度、斜率和摩擦力分布的灰度图，摩擦力分布与粗糙峰斜率分布基本相同，而与峰高关系不大。

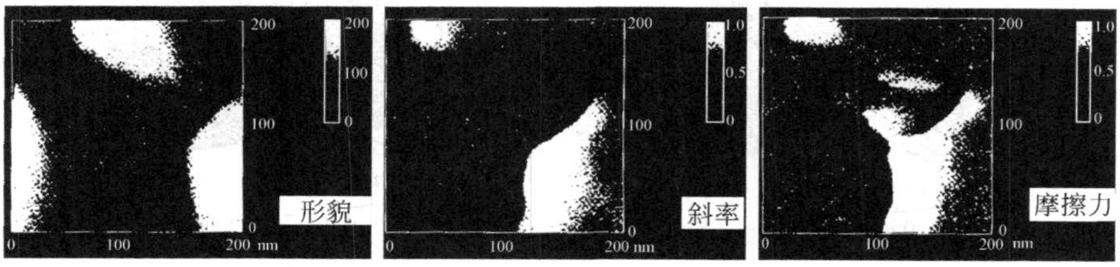

(a)　(b)　(c)

图 17-3　单晶金刚石微观摩擦

Si_3N_4 探针在 42nN 的法向载荷作用下，以 1μm/s 的速度沿石墨表面滑动。在 1μm×1μm 范围内表面粗糙峰高度分布和摩擦力分布的相应关系如图 17-4 所示。HOPG 基片原子尺度光滑表面部分的摩擦因数极低，而在条状形貌区域内，其摩擦因数骤然增加。

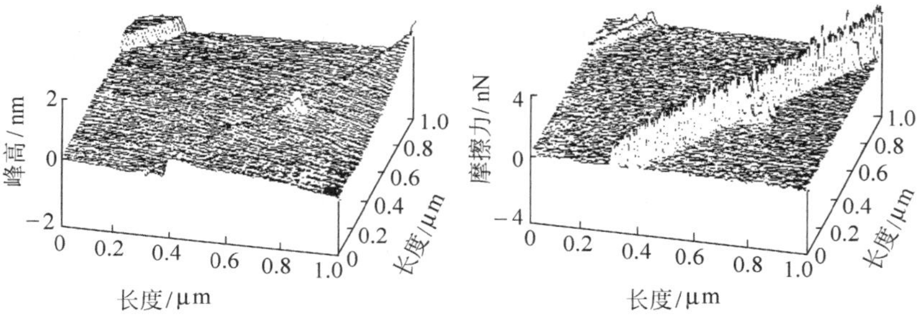

(a)　(b)

图 17-4　HOPG 微观摩擦

(a) 形貌；(b) 摩擦

为了考察条状形貌对摩擦的影响，以及棘轮模型的适用性，Ruan 和 Bhushan[4] 进一步分析了探针在往返滑动中粗糙峰斜率与摩擦力的对应关系，如图 17-5 所示。

由左侧的两图对照可知，在负斜率条状形貌 DD' 处的摩擦力高于光滑表面的摩擦力；而在正斜率 U_1U_1' 和 U_2U_2' 处，其摩擦力更高。同时还可以看出，虽然沿 U_1U_1' 和 U_2U_2' 的斜率差别很大，但它们的摩擦力却基本上相同。类似的情况也存在于右侧两图所表示的探针反方向滑动中。此外，虽然 D_1D_1' 和 D_2D_2' 的斜率相差较大，而它们的摩擦力却几乎相等。

图 17-5 的实验结果说明，单纯用粗糙峰斜率来表征摩擦力大小的观点，对于经粗化处理的复杂形貌，特别是具有条状形貌的表面不能适用。

17.1.3　犁沟效应与黏着效应

1. 犁沟效应

微观摩擦是在极轻载荷下分子光滑表面之间的摩擦。根据 Bowdon 和 Tabor 提出的黏着摩擦理论的摩擦力模型，一个硬粗糙峰在软表面滑动的摩擦阻力包含推动粗糙峰前方材料产生的阻力和分离黏着接触面积上产生的阻力。在考察犁沟效应时，通常是在排除黏着

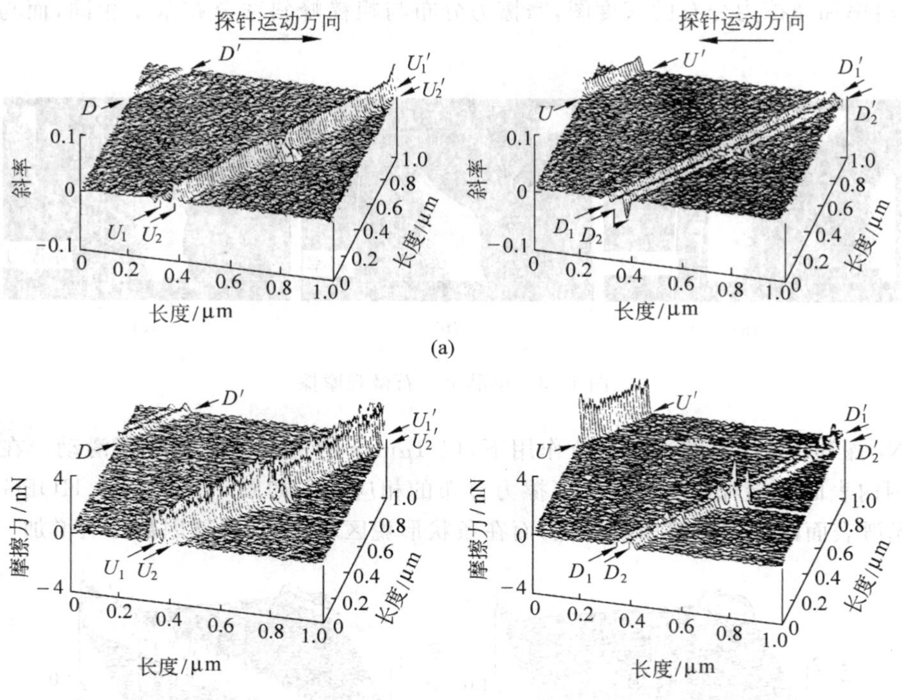

图 17-5　条形形貌斜率与摩擦力

(a) 表面斜率；(b) 摩擦力

力的条件下测定摩擦因数 μ_p，并以 μ_p 表示犁沟效应的强弱。分析表明，球形粗糙峰犁沟产生的摩擦因数取决于球形半径和压入深度，而锥形粗糙峰的犁沟摩擦因数只与锥顶角有关。

Guo 等人[5]采用金刚石圆锥探针与硬的类金刚石碳膜涂层基片进行犁沟实验得出，当载荷低时，涂层主要是塑性变形。当载荷高，表面断续地出现微小的断裂区，而且每一次断裂出现都伴随着摩擦力的突然下降。图 17-6 给出滑动过程中摩擦力的变化。图中符号 A 表示微观断裂发生时摩擦力的突然下降。

在犁沟过程中，不同材料的力学行为不同，韧性材料产生波动式的塑性变形，而脆性材料则断续地出现微观断裂，其结果都导致犁沟力变化。

2. 黏着效应

Guo 等人[5]采用摩擦力显微镜对于高真空条件下钨探针和金基片进行摩擦实验，发现明显的黏滑现象。他们根据 Bowdon 和 Tabor 的修正黏着摩擦模型中法向力（载荷）和切向力（摩擦力）联合作用下接触面积计算公式，以及接触面积和接触电阻关系式，分析计算了探针和基片在完全塑性接触和零载荷下滑动时摩擦力 F 与接触电阻 R 的关系，如图 17-7 所示，计算值和测量值吻合较好。图中接触面积与接触电阻成反比，因此，随着接触面积增加摩擦力也增加。

Pivin 等人[6]采用金属铱（Ir）探针与共价化合物 Ni_3B 基片组成摩擦副，在高真空环境和负载荷 $P=-0.9\mu N$ 条件下进行摩擦实验。Ir 是硬金属材料，而 Ni_3B 是单晶状态，表面非常光滑，并具有导电性，可以采用测量接触电阻来计算接触面积。图 17-8 给出表面黏着

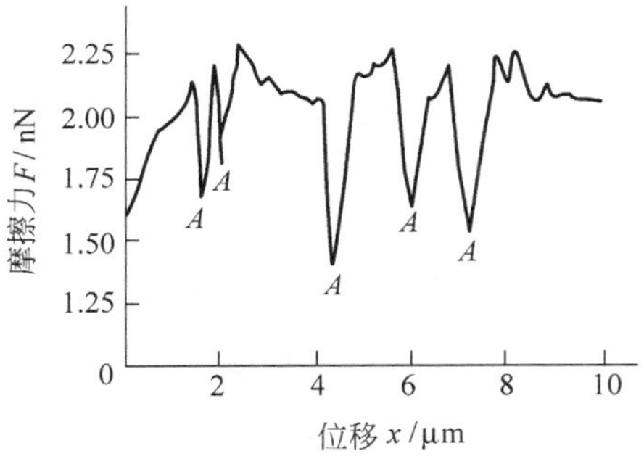

图 17-6　陶瓷材料脆性断裂

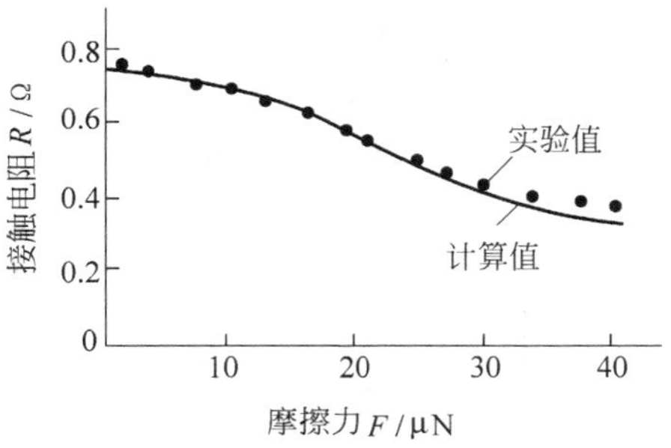

图 17-7　零载荷下摩擦

过程中摩擦力和接触电阻(与接触面积成反比)随滑动位移的变化。实验表明，负载荷下的滑动呈现强烈的黏滑现象。图 17-8 是在一次黏着过程中摩擦力和接触面积的变化，即摩擦力增加而接触面积减小。

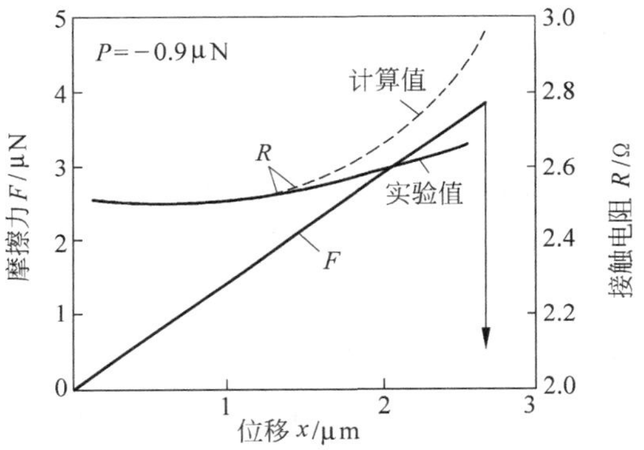

图 17-8　负载荷下摩擦

17.2　微接触与黏着现象

17.2.1　固体表面的微接触

1. 零载荷接触

1981 年，Pollock 根据高真空条件下探针与基片的微观接触实验，给出不同材料组合的接触面积与载荷之间的关系如图 17-9 所示。横坐标为外加载荷 P，纵坐标为接触电阻 R，它与接触区半径成反比。

图 17-9(a)的材料组合为钨探针和金基片，材料经离子腐蚀清洁和接近熔点温度的退火处理。图中 A 部分显示在载荷极小或零载荷条件下，接触电阻迅速降低即接触面积增大到一定数值。这是由于表面黏着能引起的表面接触和塑性变形。图 17-9(b)的材料也是钨探针和金基片，实验前预先暴露在氧气中，表面受到污染，此时零载荷的接触电阻变化不明显。图 17-9(c)为钨探针与 Ti_4O_7 基片，实验表明无零载荷接触出现，而且分离接触的载荷非常小，说明其黏着能较低。

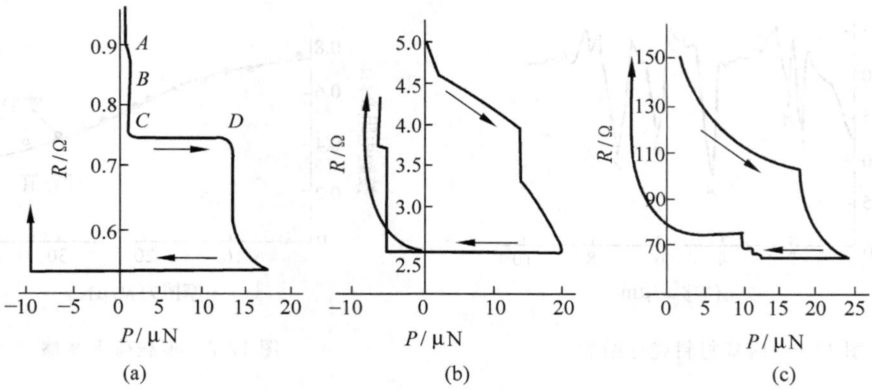

图 17-9　接触面积与载荷的关系

上述实验表明，界面上的黏着能和表面力对于表面接触和变形有重要影响，不同材料组合的黏着能大小不同，表现出不同的接触状态与行为。

2. 弹性、弹塑性和塑性接触

Pollock 等人[5]将宏观力学中如硬度、弹塑性、韧性等概念引入微观接触分析，推导出相关的近似公式。

将表面力 S 的等效为载荷作用。对于半径为 r 的弹性半球体与刚性平面相接触，在外加载荷 P 作用下的接触圆半径 a 应当是总载荷 $P+2S$ 作用下的接触圆半径，由 Hertz 弹性接触理论

$$P + 2S = K\frac{a^3}{r} \tag{17-1}$$

式(17-1)与 1971 年 Johnson、Kendall 和 Roberts 考虑表面能作用提出的弹性接触 JKR 公式内涵相同。

根据半球体与平面接触的应力场计算，接触中心轴上开始出现塑性变形时的近似关系式为

$$P + 1.5S = 1.1\pi a^2 Y \tag{17-2}$$

式中，Y 为弹性极限。

当接触载荷 P 满足式(17-2)时，即开始进入弹塑性接触状态。

如果不考虑黏着能的影响，由经典接触理论得出，当塑性变形区扩展到接触表面即达到完全塑性接触时，接触圆半径 a_r 的近似值为

$$a_r \approx 60r\frac{Y}{E} \tag{17-3}$$

考虑黏着能的影响，根据经典的塑性接触分析提出塑性接触关系式，即

$$P + 2\pi wr = \pi a^2 H \tag{17-4}$$

式中，H 为硬度；w 为黏着能。

当式(17-3)和式(17-4)同时得到满足时即达到完全塑性接触状态。

17.2.2　固体黏着

关于固体表面黏着微观机理最有影响的研究报告是 1990 年 Landman 和 Luedtke 等

人[7]提出的。他们采用分子动力学模拟研究了硬的镍探针与软的金基片之间法向趋近与分离过程。结果发现，当探针以准稳态方式慢速向下趋近基片表面达到0.4nm时，探针移动开始出现不稳定，同时，在表面力作用下金基片的表面逐渐向镍探针鼓起。随后，金晶体的原子突然在极短时间内迅速向上跳跃，在10^{-12}s时间内向镍探针跳动距离0.2nm，两表面形成黏着接触。

在探针继续向下移动压入金基片过程中，探针表面黏附的金原子逐渐增多，金基片的晶格产生滑移和缺陷，此时金材料由弹性变形转变为塑性变形。

当探针反方向移动即向上分离时，与探针相连的基片材料发生韧性拉伸和颈缩，呈现出明显的塑性流动和材料转移。进而形成原子尺度的连接探针和基片的金丝。最后，连接丝断裂，探针与基片完全分离，分离后的金基片表面出现损伤痕迹，而镍探针表面黏附金材料。

17.3　微观磨损

17.3.1　微观磨损实验

在极轻载荷作用下产生的表面原子分子层的损伤，其磨损深度通常在纳米量级，也称纳米磨损。实验主要采用原子力显微镜AFM、摩擦力显微镜FFM或者其他专门研制的纳米磨损试验机。磨损形成大都是通过锥形探针在法向载荷作用下沿基片即被试材料的表面上滑动。

通常纳米磨损测量根据试样表面品质的不同，可以采用磨损深度或者极限磨损次数来表示材料的抗磨性能或者表面涂层的耐磨损寿命。对于光滑表面，可以根据磨损表面高度变化来确定磨损深度，并用它表征材料的抗磨性能。但是对于粗糙表面，通常采用磨去一定厚度的表面层所需极限磨损次数来衡量材料的抗磨性能。

Jiang等人[8]对于探针载荷、磨损次数、纵向滑动速度和横向移动步距等对磨损深度的影响进行了实验研究。实验采用金刚石探针与硅基片上用CVD沉积厚度800nm金膜表面对磨。图17-10给出滑动速度3.06μm/s、步距30nm条件下，经3次磨损后金膜表面的载荷与磨损深度的关系。图17-11表明在不同载荷下，表面磨损深度随磨损次数线性增加。

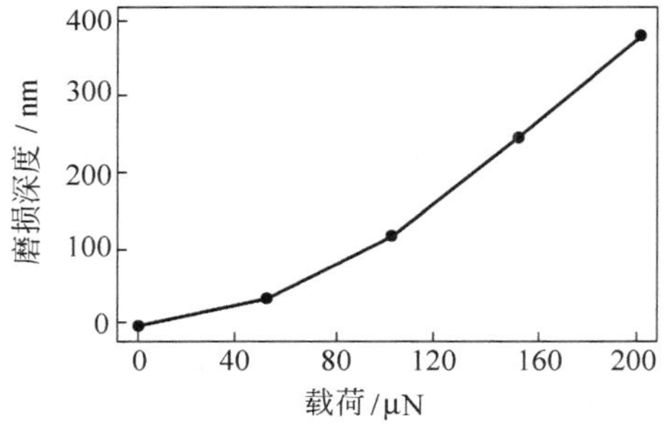

图17-10　载荷与磨损深度的关系

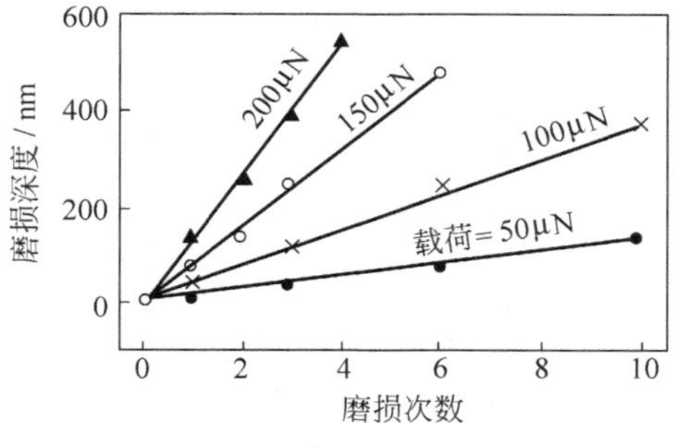

图17-11　磨损次数与磨损深度的关系

图17-12和图17-13分别为两种载荷作用下，单次磨损的深度与速度和步距的关系。图17-12的步距为30nm，图17-13的滑动速度为3.06μm/s。

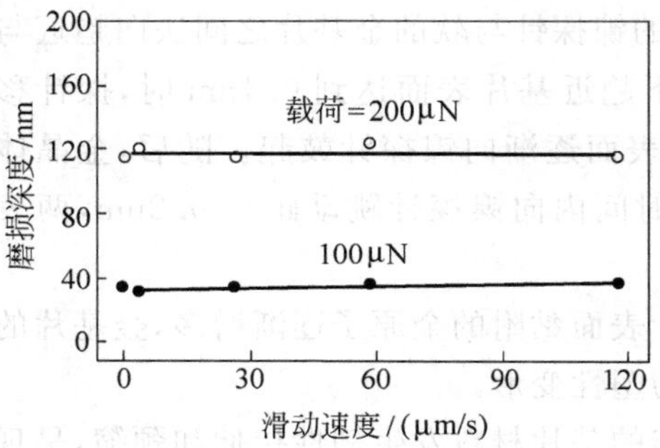

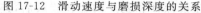

图 17-12 滑动速度与磨损深度的关系

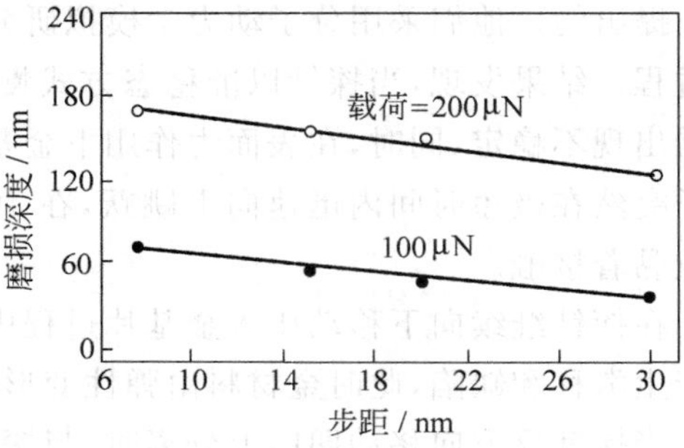

图 17-13 步距与磨损深度的关系

图 17-12 表明，滑动速度对纳米磨损几乎没有影响，这是由于实验中采用的速度较低，而且金膜材料较软的缘故。

应当指出，迄今所报道的微观磨损实验或者分子动力学模拟计算都是针对理想化的材料表面进行的，它与工程实际表面存在差异。实际摩擦副材料即使是简单晶体材料，它的强度也仅是理想晶体强度的 $10^{-4}\sim10^{-5}$ 倍，这是由于实际晶体内部存在许多位错和微裂纹等缺陷造成的。此外，许多材料是多晶体或非晶体，而且表面常被污染，因而不是均质的。所以，微观磨损实验所得的数据通常难以直接应用于工程问题的定量分析，但作为定性分析的依据仍然是十分重要的。

17.3.2 磁盘-磁头的微观磨损

磁记录装置中磁头与磁盘的间隙也称为平均运行高度介于 5～76nm，相对运动速度为 3～30m/s。它们之间的接触与摩擦磨损会严重影响磁记录装置的工作精度和可靠性。因此，微观摩擦学研究是发展高密度磁记录装置的关键问题之一。

在磁头-磁盘机构方面，Bhushan 和 Koinkar[2] 对于各种硅材料的摩擦磨损性能用 FFM 进行了实验研究。实验条件和实验方法可参考文献[1,2]。经过大量的实验，将各种硅材料的微观摩擦磨损性能汇总于表 17-2。

表 17-2 各种硅材料微观摩擦磨损性能

试样号	材料	粗糙度 Ra①	摩擦因数	刻划深度② /nm	磨损深度② /nm	微硬度③ /GPa
1	单晶硅 Si(111)	0.11	0.03	20	27	11.7
2	单晶硅 Si(110)	0.09	0.04	20		
3	单晶硅 Si(100)	0.12	0.03	25		
4	多晶硅	1.07	0.04	18		
5	多晶硅(抛光)	0.16	0.05	18	25	12.5
6	PECVD 氧化硅 Si(111)	1.50	0.01	8	5	18.0
7	干燥热氧化硅 Si(111)	0.11	0.04	16	14	17.0
8	潮湿热氧化硅 Si(111)	0.25	0.04	17	18	14.4
9	C^+ 离子注如入硅 Si(111)	0.33	0.02	20	23	18.6

① 测量面积 500nm×500nm；
② 探针载荷 40μN；
③ 探针载荷 150μN。

图 17-14 是在不同的探针载荷下，经过 10 次刻划行程后表面形貌的测量结果。图 17-14 中 4 种试样材料分别为：(a)为 Si(111)表面，(b)为 PECVD 氧化 Si(111)表面，(c)为干燥环境热氧化 Si(111)表面，(d)为 C^+ 离子注入 Si(111)表面。可以看出，PECVD 氧化处理的 Si(111)表面粗糙，但具有较高的抗划伤能力。

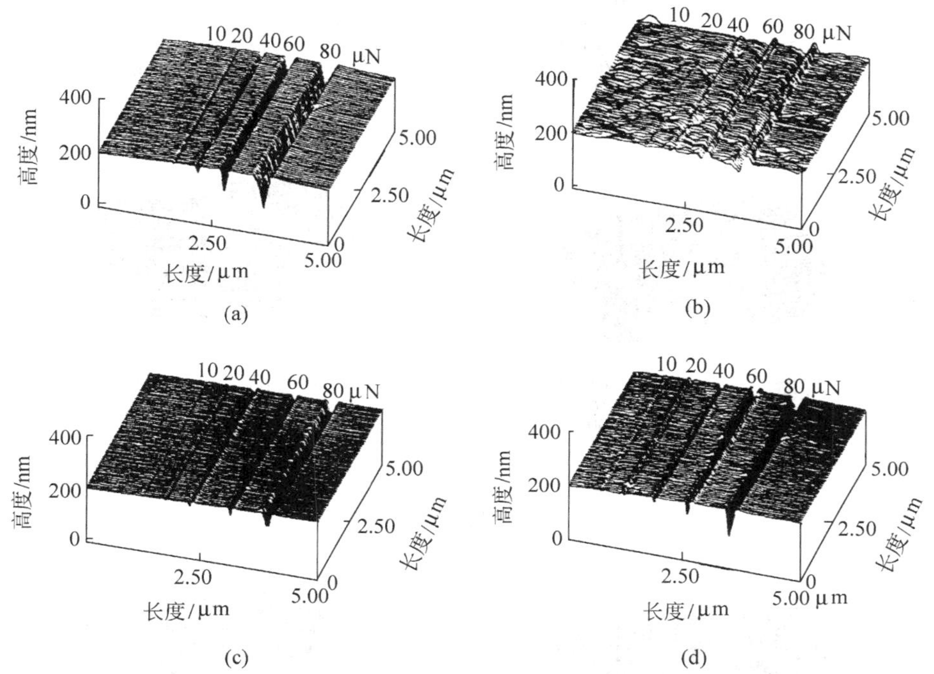

图 17-14　微刻划表面形貌

图 17-15 是相同条件下得出的 4 种硅材料表面磨痕形貌图像。图 17-15(a)～(d)依次是未经处理的 Si(111)表面，经 PECVD 氧化，干燥环境热氧化和 C^+ 离子注入等强化处理的 Si(111)表面。实验表明，PECVD 氧化处理的表面具有最高的抗磨损性能，同时，4 种硅材料表面抗磨损能力的排序与抗刻划能力相同。此外还观察到，由于纳米磨损深度很小，磨屑很容易从表面上清除，在探针扫描运动中，磨屑自动脱落。

Bhushan 和 Koinkar 等人采用 AFM 对表面有类金刚石碳膜涂层的铝基片进行磨损实验，测出在载荷 20μN 作用下不同磨损行程次数时的表面形貌。如图 17-16 所示，微观磨损先在表面缺陷处产生划痕，随后，由于划痕处的表面能较高而构成损伤的薄弱部位，划痕逐渐扩展。而在无划痕的部位具有相对高的抗磨能力，这就造成微观磨损分布的不均匀性。

硬磁盘-磁头机构通常在磁介质表面加涂一层耐腐保护膜，再加涂一层液体润滑膜，用来改善摩擦磨损性能。Bhushan 等人实验研究了润滑膜对微观摩擦磨损的作用，其结果如图 17-17 所示。图 17-17(a)为植入 C_{18}SAM 润滑表面磨损形貌。图 17-17(b)为 LB 膜润滑表面磨损形貌，表面层结构为 ZnA/ODT/Au/Si。

采用 FFM 检测得出，SAM 膜润滑的摩擦因数为 0.018，在 40μN 载荷下的磨损深度为 3.7nm，磨痕表面平整光滑，而 LB 膜润滑时的摩擦因数为 0.03，在较低的载荷 200nN 下的

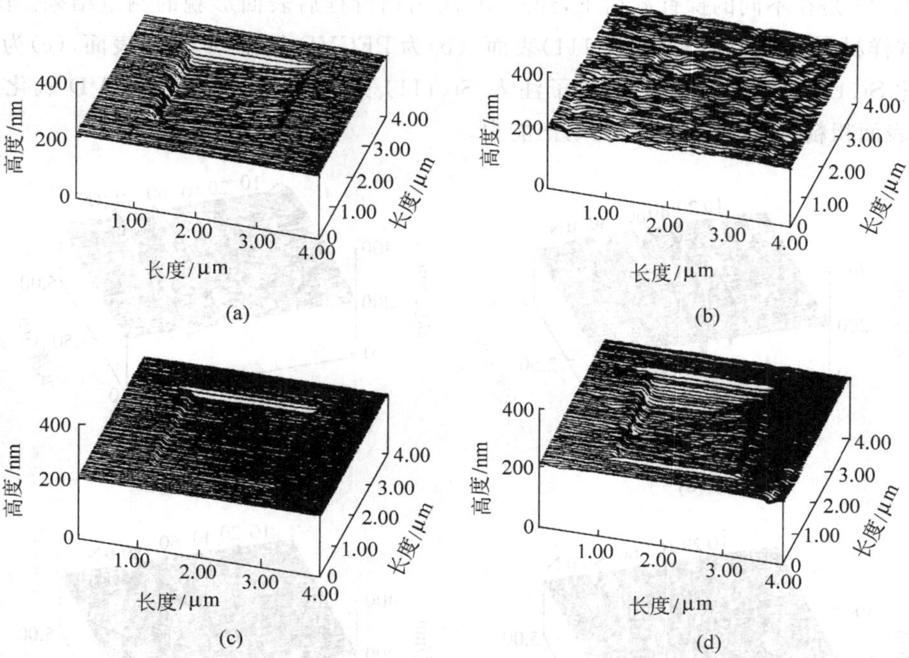

图 17-15 磨痕表面形貌图像

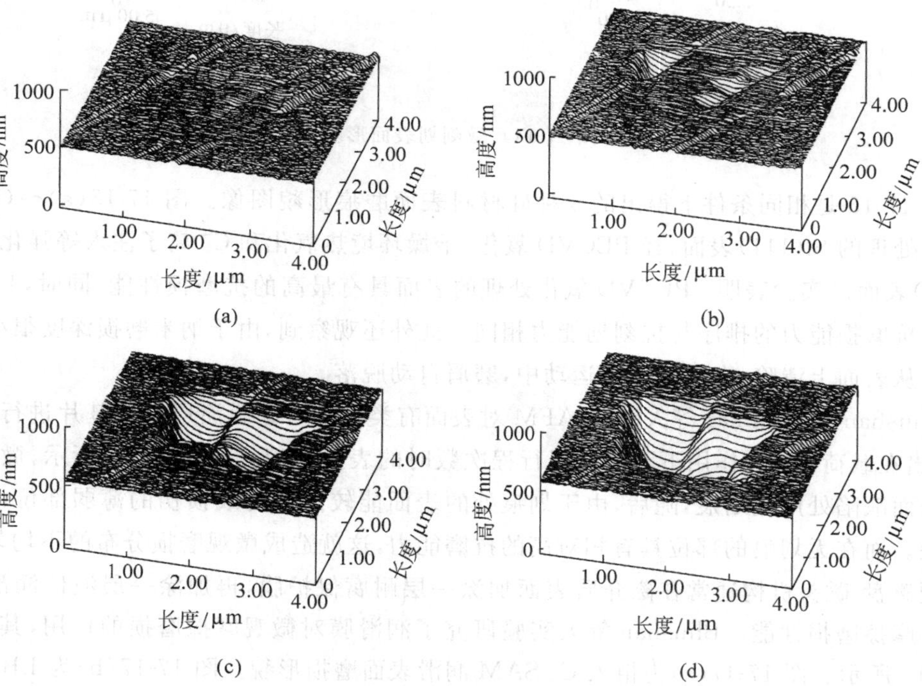

图 17-16 微观磨损的不均匀性

(a) 20μN,5 次；(b) 20μN,10 次；(c) 20μN,15 次；(d) 20μN,20 次

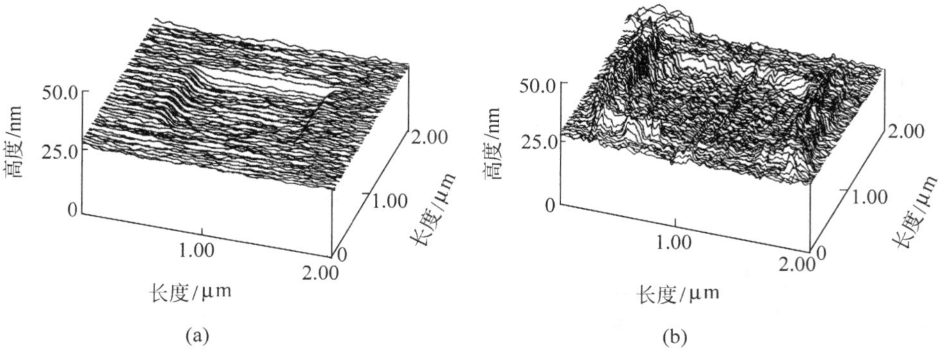

图 17-17 SAM 膜与 LB 膜润滑

(a) $C_{18}/SiO_2/Si$,40μN,3.7nm;(b) ZnA/ODT/Au/Si,200nN,6.5nm

磨损深度高达 6.5nm,磨痕表面及边缘相当粗糙。原因可归结于 LB 膜与基片的连接是依靠范德华吸力,结合强度微弱,而 SAM 膜则是通过共价键的化学结合,适当选择键长和极性团还可以进一步改善 SAM 膜边界润滑性能。作者的研究生钱林茂[9]、蒋玮[10]分别采用原子力显微镜和微型球盘试验机对自组装膜的润滑性能进行了全面研究。

17.4 分子膜与边界润滑

边界润滑是纳米摩擦学中最活跃的研究领域之一。通过原子力显微镜 AFM、摩擦力显微镜 FFM 和表面力仪 SFA 的实验研究,以及分子动力学模拟的理论分析,近年来,在边界润滑特性和黏滑现象以及边界膜的流变性能和物理形态等方面的研究取得一系列重要进展。

17.4.1 分子膜静态剪切性能

介于两固体表面微小间隙中的液体称为受限液体(confined liquid),固体表面可以通过范德华力影响邻近它的液体分子的排列结构,而两个相互贴近表面的协同影响使液体分子结构变化更大。因此,受限液体的分子空间排列结构和流变性能与体相状态很不相同。

图 17-18 是 Ni(100)表面在低速 10μm/s 和温度 120K 条件下的摩擦实验,得出摩擦因数随乙醇 C_2H_6O 分子覆盖量的变化关系。当摩擦表面不能全部被单分子层覆盖时,摩擦因数很高,滑动中表面黏着强烈,并出现严重磨损。当表面被单分子层或多分子层完全覆盖以后,摩擦因数稳定在 0.2 左右,并且摩擦因数与覆盖分子层数无关。

法国 Vinet[11]在他的博士学位论文中报道了一系列润滑剂的剪切行为。在假定泊松比为常数的条件下得出聚苯乙烯的剪切弹性模量 G_c 与接触压力 p 之间的关系,如图 17-19 所示。

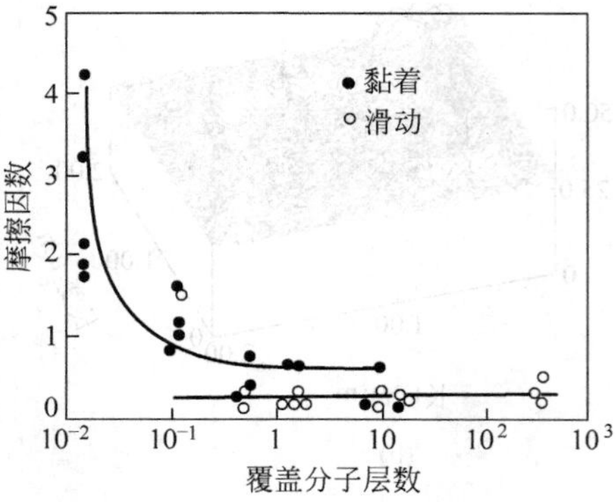

图 17-18　摩擦因数与覆盖量的关系

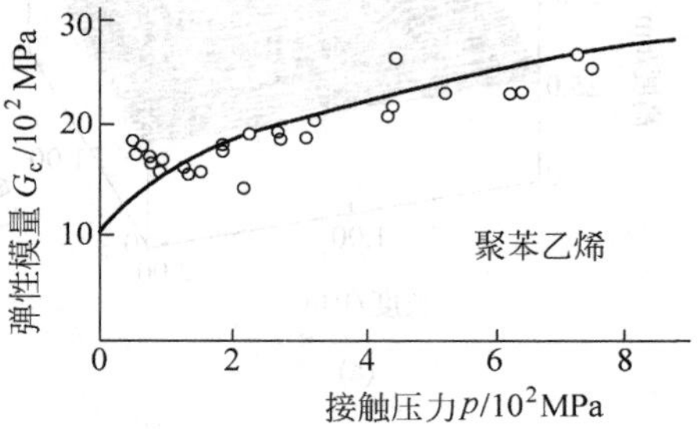

图 17-19　剪切弹性模量与接触压力的关系

17.4.2　分子膜动态剪切性能与黏滑现象

Israelachvili 等人[12-14]对界面分子膜黏滑问题开展了全面深入的研究。他们采用云母材料作为摩擦表面，八甲基环四硅氧烷(OMCTS)作为润滑剂，利用表面力仪对于黏滑规律进行实验研究。OMCTS 是一种非极性的硅液体，在云母表面形成的分子膜层次清晰。图 17-20 是典型的摩擦黏滑曲线，图中，n 为分子层数，P 为法向载荷，v 为滑动速度。

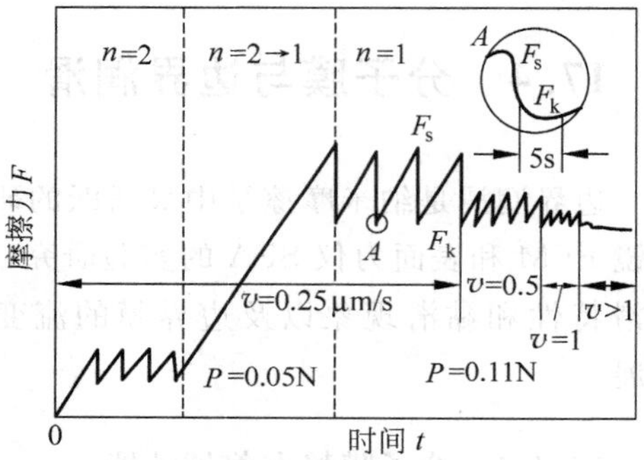

图 17-20　黏滑曲线

由图 17-20 可知，滑动过程中，摩擦力波动变化。从黏着接触到开始滑动，摩擦力稳定增加到最大值即静摩擦力 F_s，它表示静态极限剪应力。然后突然滑动到新的黏着接触，摩擦力减少到最小值即动摩擦力 F_k，它表示动态极限剪应力。黏着与滑动的交替过程周而复始，而表面并无磨损痕迹。此外，在达到静摩擦力后，滑动进行非常快，而由动摩擦转变为静摩擦则是渐变过程，如图所示，这种转变需要 5s 时间。

静、动摩擦力的数值与分子膜的分子层数和滑动速度有关。当分子层数 n 减少时，F_s 和 F_k 均增加，交替变化的幅值 $\Delta F = F_s - F_k$ 亦增加，而变化频率 f 减小。随着滑动速度 v 增加，幅值降低，频率增加，直至达到临界滑动速度 v_c 时，黏滑现象消失，此后将以动摩擦力 F_k 作平稳滑动。

从黏着摩擦理论中界面摩擦力公式 $F = \tau_c A$，可得

$$\Delta F = A(\tau_{cs} - \tau_{ck}) = A\Delta\tau_c$$

$$\Delta\tau_c = \tau_{cs} - \tau_{ck}$$

式中，A 为接触面积；τ_{cs} 和 τ_{ck} 分别为静、动摩擦的极限剪应力。

图 17-21 列出不同滑动速度下摩擦力变化 ΔF 随接触面积 A 变化的实验结果。图示 ΔF 与 A 的线性关系证明了 $\Delta\tau_c$ 为常数，说明黏着摩擦理论中 F 与 A 成正比的结论是正

确的。

由图 17-21 可以建立 $\Delta\tau_c$ 与 v 的关系，如图 17-22 所示。将线段外延至与横坐标的交点，即可求得 F_s 与 F_k 相等即黏滑消失时的临界滑动速度。如图 17-22，当 $n=1$ 时，OMCTS 的临界滑动速度约为 3μm/s；当 $n=2$ 时，v_c 介于 1～2μm/s 之间，$\Delta\tau_c$ 和 v_c 的数值均比 $n=1$ 时降低。

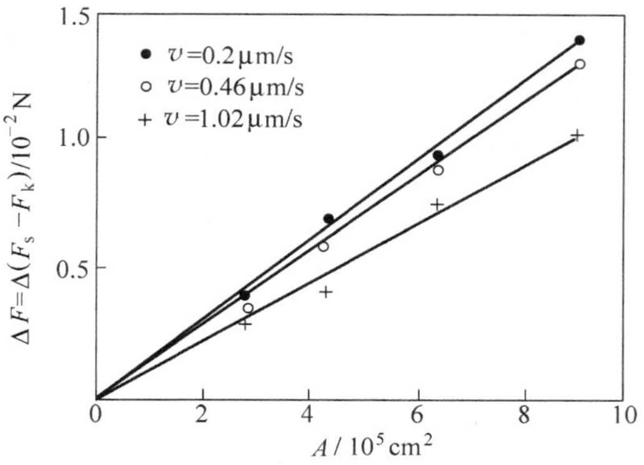

图 17-21　ΔF 与 A 的关系

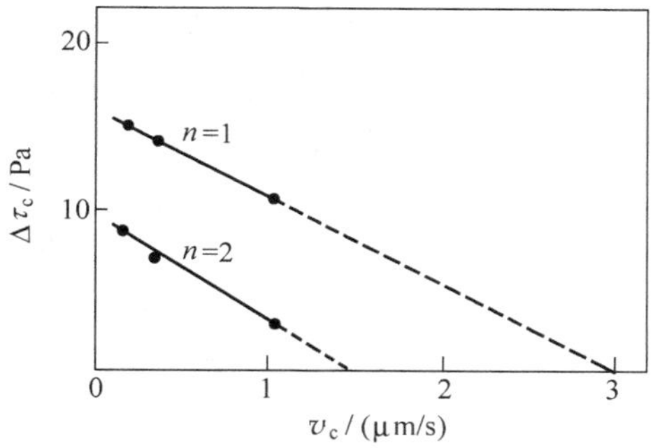

图 17-22　$\Delta\tau_c$ 和 v_c 的关系

对于通常的边界润滑系统，都具有如图 17-22 所示的典型的摩擦规律，它们的摩擦状态都是由两个区域组成，即 $v<v_c$ 的黏滑区和 $v\geqslant v_c$ 的平滑区。其原因是摩擦过程中分子膜周期性相变，即由类固体（凝结状）的黏着转变为类液体（熔融状）的滑动，而当超过临界滑动速度时，分子膜来不及凝结固化而保持类液体状态的平稳滑动。

17.4.3　物理形态与相变

界面分子膜在摩擦过程中所处的状况极为特殊。这种受到微小间隙约束的液体，在结构化力和法向载荷作用的同时还承受切向剪切运动，因而其分子结构和性质与体相状态显然不同。通常认为约束液体根据工况条件而具有不同的形态，而且在摩擦过程中发生相变。

Israelachvili 等人[13]提出界面分子膜在滑动过程中具有三种物理形态，即类固体、非晶态和类液体，如图 17-23 所示。他们从这种观点出发对边界润滑特性进行分析和解释，取得相当满意的结果。

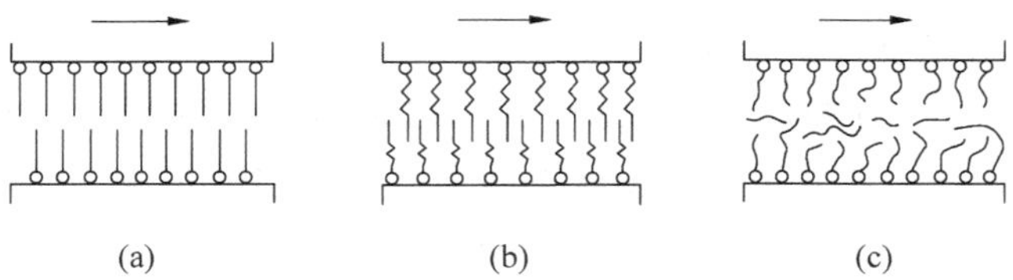

图 17-23　三种物理形态

(a) 类固体；(b) 非晶态；(c) 类液体

图 17-23 所示的形态及其相互转化并不是液体的固有特性，它只是在构成界面分子膜并与滑动过程相关出现的动态性质。决定分子有序排列的主要因素是表面能的作用，并受

到温度、载荷和滑动速度或剪切率的影响。通常较高的滑动速度和较低的温度趋向于形成类固体,而低滑动速度和高温度易于形成类液体。

17.4.4 摩擦的温度效应与机理

关于分子膜润滑状态的摩擦机理,人们还从分子膜的物理性质和能量转换的角度进行研究。Yoshizawa 和 Israelachvili 等对于 DHDAA 的单分子膜滑动摩擦的温度效应进行了实验研究。图 17-24 为干燥环境即相对湿度 RH=0 条件下的实验结果。由图可知,摩擦力随温度的变化不是单调的,随着温度升高,摩擦力先增加而后降低,摩擦力的最大值在 25℃左右。这种现象与聚合物黏弹性引起的能量损耗随温度的变化一致。聚合物在某一温度时的缠绕程度最大,即能量损耗最大。

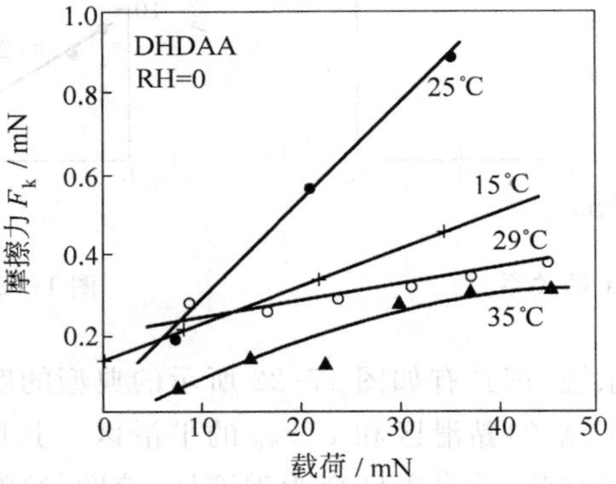

图 17-24 温度效应

可以认为,DHDAA 的摩擦行为与它的黏弹性有关。在温度较低的摩擦中,分子膜处于类固体状态,如图 17-23(a)所示,分子间的缠绕不易发生,因而能量损耗小,摩擦力小。在高温条件下,分子膜为类液体,如图 17-23(c)所示,虽然滑动中链状分子的缠绕较多,但由于液体分子活动大,解除缠绕容易,因此能量损耗和摩擦力也较低。在中间温度时,分子膜为非晶状,分子缠绕不易消除,因而摩擦力较大。

17.4.5 分子膜的流变特性

滑动中润滑膜在动态剪切时的力学响应即流变特性,对于工程设计十分重要。Granick 等人[14]在温度 28℃和低剪应变率条件下,测得十六烷 $CH_3(CH_2)_{10}CH_3$ 的等效黏度 η_e 与膜厚的关系,如图 17-25。在膜厚 4.0nm 时,η_e=10Pa·s。已知十六烷是简单液体,它的体相黏度仅为 0.0001Pa·s,比处于分子膜状态的黏度低许多数量级。同时,随着膜厚减小,等效黏度剧增。当分子膜厚度为 2.6nm±0.1nm 时,间隙尺寸与十六烷分子直径接近而阻止其流动,所以等效黏度突然发散。

通常体相状态的十六烷是牛顿流体,但是在受到微小间隙约束时,流变特性变得相当复杂。图 17-26 给出在对数坐标中十六烷分子膜的等效黏度 η_e 与剪应变率 $\dot{\gamma}$ 的关系。由图可知,在极低的剪应变率时,等效黏度保持常数,即十六烷呈牛顿流体性质。随着剪应变率升高,等效黏度按指数规律衰减,出现非线性剪切稀化现象。

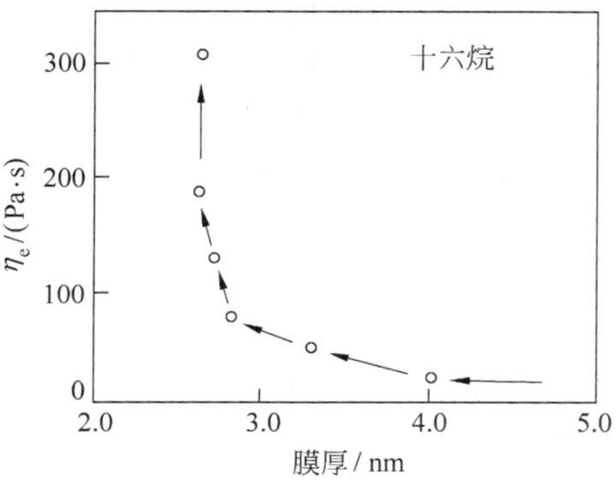

图 17-25 等效黏度与膜厚的关系

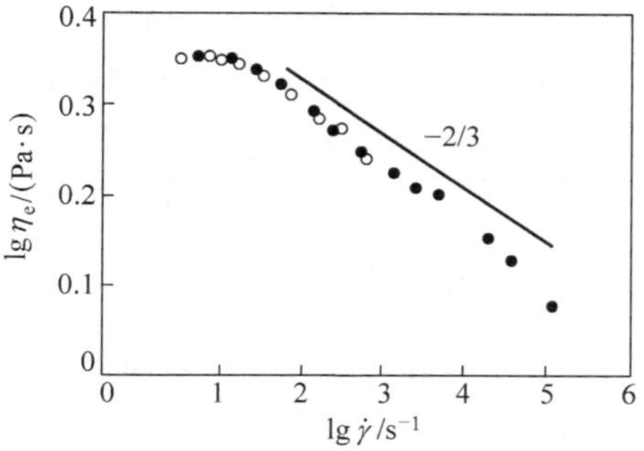

图 17-26 等效黏度与剪应变率的关系

Alsten 和 Granick[15]对十二烷分子膜测得的黏度与膜厚的关系如图 17-27 所示。图中数值表示分子膜的平均压力，单位为 MPa。实验表明，分子膜黏度不仅与膜厚，而且与压力有关。

图 17-28 列出十二烷类固体膜的极限剪应力 τ_s 与平均压力 p 的关系。极限剪应力随平均压力线性增加，它们的关系式为

$$\tau_s = \tau_{s0} + \alpha p$$

式中，τ_{s0} 为 $p=0$ 时的极限剪应力；$\alpha \approx 20$。

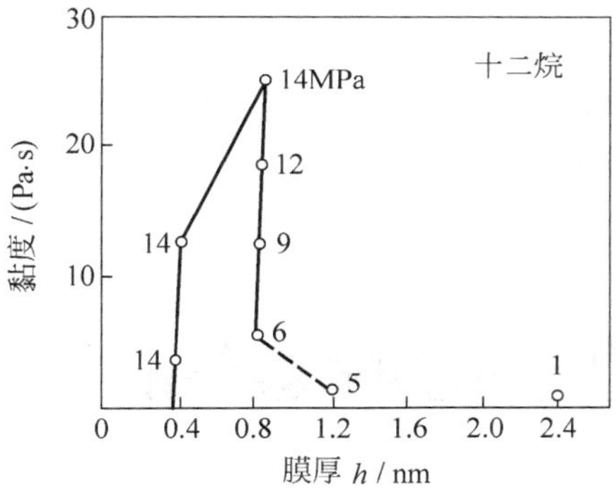

图 17-27 黏度与膜厚和压力的关系

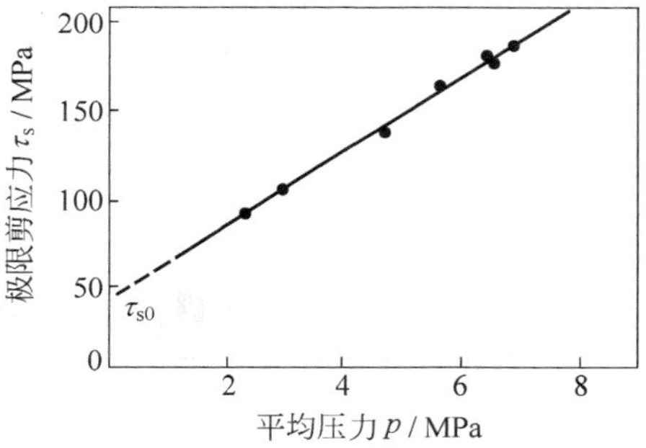

图 17-28 极限剪应力与压力的关系

实际上，类固体的极限剪应力是开始滑动时的剪切屈服应力，显然，它与分子膜的静摩擦性质有关。

Alsten 和 Granick 研究指出，分子膜的屈服应力与它所经历的过程有关。液体固化后的极限剪应力还随着静止等待时间不断增大。图 17-29 是一种非晶态聚合物聚苯甲基硅氧烷固化膜极限剪应力随静止时间的变化。开始测量的极限剪应力为 1MPa，经过 4h 增加到近 3 倍。这说明固化是分子膜分子重新排列的过

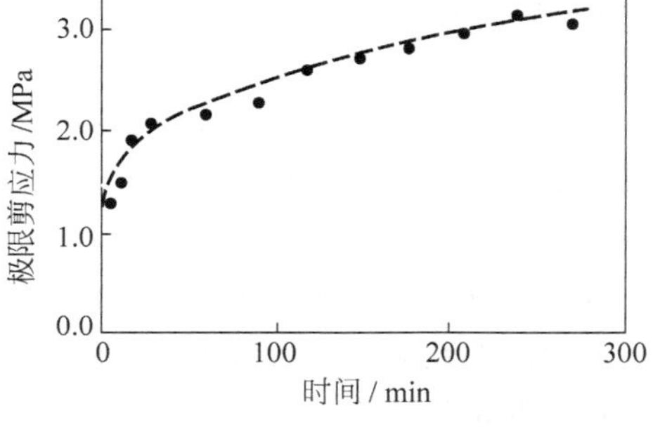

图 17-29 极限剪应力变化

程，开始生成的固化膜在结构上可能包含许多空穴，随着时间不断地调整充实。

固体静摩擦因数随着持续接触时间而增加，传统的观点认为：由于法向载荷使两个表面粗糙峰相互嵌入和变形导致接触面积增加，随着静止接触时间延长，嵌入和变形程度加强，因而使得静摩擦力增加。然而，对于分子膜润滑，静摩擦力变化的原因则是约束液体需要有足够时间来完成分子的重新排列。

17.4.6 有序分子膜

有序分子膜是覆盖在固体表面上的排列有序而结构致密的单分子层，或者由若干单分子重叠而成的多分子层膜。通过调整制备方法可以改变有序分子膜的组成结构，还可以根据使用要求在结构中引入特殊功能的基团，从而提供了一种依靠表面分子工程来控制摩擦学性能的途径。

目前有序分子膜应用较多的主要是：LB(langmuir-blodgett)膜和自组装膜(self-assembled monolayer，SAM)。这里介绍它们的结构、制备与应用。

1. LB膜

LB膜是将有机两亲分子在水与空气界面上生成排列高度有序的单分子膜，而后再把它转移到固体表面上形成的超薄有序体系。LB膜的成膜分子为两亲分子，分子的一端具有亲水性，另一端具有亲油疏水性。典型的两亲分子如脂肪酸 $C_nH_{2n+1}COOH$，其亲水端为羧基团(—COOH)，疏水端为烷基链。

图17-30表示LB膜制备过程。如图17-30(a)所示，将两亲分子溶于有机溶剂后滴加到水面上，待溶剂挥发后便在水与空气的界面上留下一层单分子。如图17-30(b)所示，由于分子间距离较大，移动障板以压缩界面上的分子，逐渐形成紧密的有序排列。如图17-30(c)所示，将其向基片表面转移，最常见的是采用垂直提升方法。

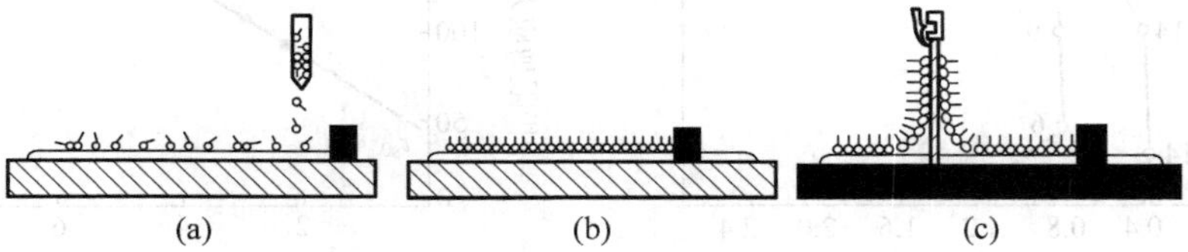

图17-30 LB膜的制备过程

LB膜在摩擦学中应用实例是作为硬磁盘的润滑剂。例如，在硬磁盘磁记录介质表面利用LB技术制备一层厚度为1～10nm的全氟聚醚(PFPE)润滑膜，从而改善磁盘与磁头的摩擦磨损性能。

影响LB膜润滑性能的因素很多，除了滑动速度、载荷和工作温度等工况参数之外，还有成膜物质、膜的层数与结构、基体表面状态、亚相液体性质和界面的化学反应等。

2. 自组装分子膜

自组装分子膜的成膜机理主要依靠固—液界面上的化学作用。将适当材料的基片浸入含有表面活性剂的有机溶液中，活性剂分子的反应基(或称头基)与基片表面自动地发生化学吸附或者化学反应，从而在基片表面形成化学键连接的、紧密排列的单分子膜。如果活性剂分子的尾基也具有化学反应活性，则又可以与别的物质相作用，构筑同质或异质的多层膜。然而，这种表面化学反应具有选择性，不同反应基需要选择与之相匹配的基片材料才能实现自组装作用。图 17-31 表示自组装单分子膜的制备过程。图 17-32 为表面活性剂分子的结构简图。

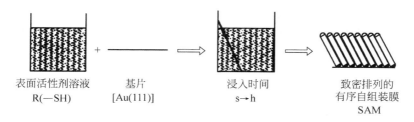

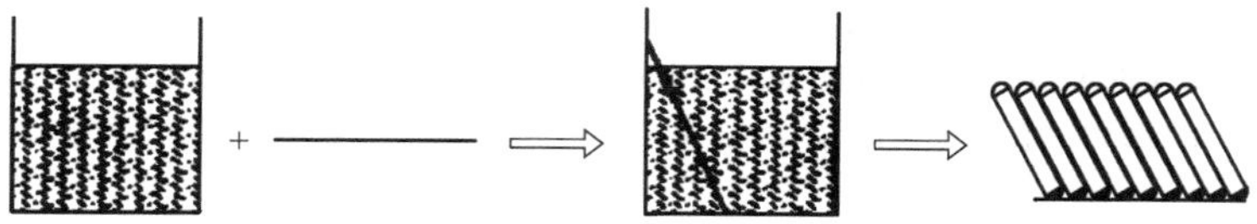

图 17-31 自组装单分子膜的制备

如图 17-32 所示，制备自组装膜的表面活性分子的结构应包含 3 部分，即能与基片产生化学吸附的头基、能通过范德华力与相邻分子发生链间结合的烷基链以及尾部的功能性基团。影响自组装膜质量和成膜能力的因素很多，主要是基片材料、表面粗糙度、活性剂分子反应基的活性、分子链的大小和极性、尾基的活性以及成膜溶液中溶剂的极性和浓度等。

由于自组装膜结构致密而且稳定性高，它在润滑和磨损防护方面具有广泛的应用前景。近年来，有关它的研究报道日益增多，研究范围也不断拓展。

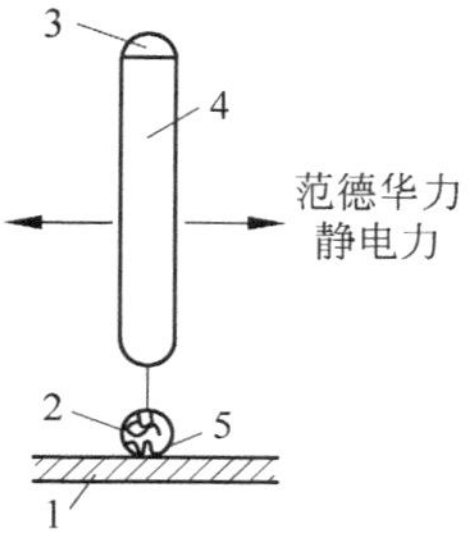

图 17-32 活性剂分子结构

1—基片；2—反应基(头基)；3—尾基；4—烷基链；5—化学吸附

参考文献

[1] 温诗铸. 纳米摩擦学[M]. 北京：清华大学出版社，1998.

[2] BHUSHAN B，KOINKAR V N. Tribological studies of silicon for magnetic recording applications [J]. J. Appl. Phys.，1994，75(10)：5741-5746.

[3] RUAN J，BHUSHAN B. Atomic-scale and microscale friction studies of graphite and diamond using friction force micooscopy[J]. J. Appl. Phys.，1994，76(9)：5022-5035.

[4] RUAN J，BHUSHAN B. Frictional behavior of highly oriented pyrolytic graphite[J]. J. Appl. Phys.，1994，76(12)：8117-8120.

[5] GUO Q，ROSS J D J，POLLOCK H M. What part do adhesion and deformation play in fine-scale static and sliding contact? [J]Proc. of MRS. Boston，1988，140：51-66.

[6] PIVIN J C，TAKADOUM J，ROSS J D J，POLLOCK H M. Tribology：50 Years On[M]. London：Mech. Eng. Publications，1987.

[7] LANDMAN U，LUEDTKE W D. Interfacial junctions and cavitations[J]. MRS Bulletin，1993，18(5)：36-43.

[8] JIANG Z G，LU C，BOGY D B，MIYAMOTO T. An investigation of the experimental condition and characteristics of a nano-wear test[J]. Wear，1995，181-183：777-783.

[9] 钱林茂，雒建斌，温诗铸，等. 二氧化硅及其硅烷自组装膜微观摩擦力与黏着力的研究[J]. 物理学报，2000，49(11)：2240-2253.

[10] 蒋玮，雒建斌，温诗铸. OST 分子膜的摩擦特性[J]. 科学通报，2000，45(17)：1900-1904.

[11] VINET P, PhD Dissertation. Ecole Centrale de Lyon. ECL Lyon, 1986.
[12] ISRAELACHVILI J N. Intermolecular and Surface Force[M]. New York: Academic Press, 1991.
[13] YOSHIZAWA H, CHEN Y L, ISRAELACHVILI J. Recent advances in molecular level understanding of adhesion, friction and lubrication[J]. Wear, 1993, 168(1-2): 161-166.
[14] GRANICK S. Molecular tribology[J]. MRS Bulletin, 1991, 16(10): 1-6.
[15] ALSTEN J V, GRANICK S. Molecular tribology: recent results and future prospects[J]. Proc. of MRS. Boston, 1988, 140: 125-130.

第18章 金属成形摩擦学

自然界的金属在古代就被人们锻打成形。然而，研究成形过程中的摩擦学问题却是相当近代的事。早期的金属成形工艺采用的润滑剂大多为植物和动物油脂，或者是对它们改进而得到的润滑剂。20 世纪 40 年代以后，对成形润滑剂的研究得到了迅速的发展，同时对润滑剂提出了更严格的要求。一些新开发的金属材料应用于航空航天技术和电子工业，而它们的成形工艺与常用的金属有很大不同，因而在润滑方面也出现了相当困难的问题。这就使得人们对塑性加工摩擦学领域极其关注[1-3]。

在材料成形过程中，模具和工件间的摩擦力总是存在的，如锻件和砧子间的摩擦、坯料和挤压模间的摩擦、金属从模膛流出时的摩擦以及轧件与轧辊间的摩擦等。金属成形摩擦与常规摩擦不同，它是在高压下产生的，压力最大可达 2500MPa。而且成形大都是在高温下进行的，温度范围一般在 800～1200℃。这时，金属的组织和性能会发生明显的变化，给润滑带来很大困难。此外，成形摩擦常常由于变形产生的新的接触表面而不断改变工具与工件之间的接触条件，接触面上金属各点位移情况不同，也给润滑增加了困难。

由于摩擦的作用，模具会产生磨损，工件表面也会出现划伤，从而缩短模具寿命，影响产品表面质量。此外，摩擦使金属变形的力和功相应加大，使锻件脱模困难，还会引起金属变形不均，严重时会使产品出现裂纹或产生黏模现象。然而，摩擦有时也有好的作用，如轧制时增加轧辊与坯料间的摩擦力可以提高咬入能力。

18.1 成形中的力学基础

18.1.1 屈服准则

根据塑性力学理论，使金属产生塑性变形的各应力分量之间满足一定关系。一般来说，有两个常用的屈服准则。

一个是 Tresca 屈服准则，为

$$\frac{\sigma_{\max}-\sigma_{\min}}{2}=\frac{\sigma_s}{2} \tag{18-1}$$

另一个是 Mises 屈服准则，可写成

$$(\sigma_1-\sigma_2)^2+(\sigma_2-\sigma_3)^2+(\sigma_3-\sigma_1)^2=2\sigma_s^2 \tag{18-2}$$

式中，σ_1、σ_2 和 σ_3 是 3 个主应力；σ_s 是材料的屈服应力。

屈服准则可以简单地用平面应力状态（$\sigma_3=0$）的应力图来表示，如图 18-1。Tresca 屈服准则为六边形，而 Mises 屈服准则为一个椭圆。

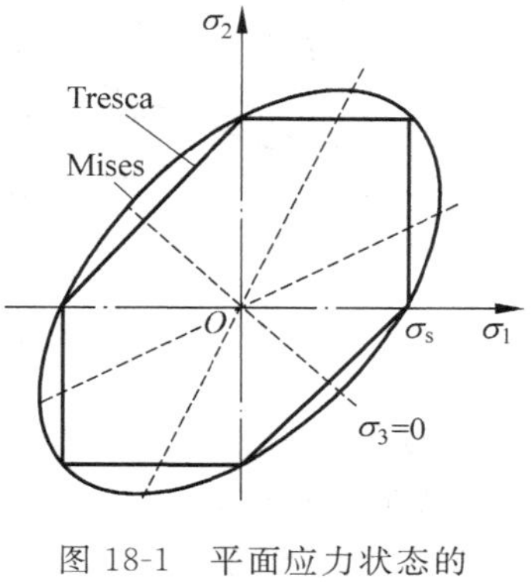

图 18-1 平面应力状态的两种屈服准则

通常的塑性变形有如下一些形式：

(1) 拉伸：单向拉应力达到屈服应力 σ_s 时开始塑性变形。

(2) 压缩：材料在压缩屈服应力下开始变形，对延性材料，一般等于拉伸屈服应力 σ_s。

(3) 板材涨形：板材表面两个主应力相等，并且必须达到 σ_s 时开始塑性变形。

(4) 纯剪：两个主应力大小相等方向相反，当达到剪切屈服应力 τ_s 时产生塑性变形。剪切屈服应力有时用 k 来表示。

(5) 平面应变：当工件受到限制，只能在一个方向上发生变形而其他方向不能变形时，则不变形方向上产生的应力等于其他主应力的平均值。对 Tresca 准则，屈服应力仍是 σ_s，而对于 Mises 准则，则为 $1.15\sigma_s$。

18.1.2　摩擦因数与剪切系数

如前所述，模具和工件界面间存在摩擦会影响成形过程。而通常的塑性理论简化了界面上的受力和摩擦情况。

1. 摩擦因数与界面黏着

摩擦因数可表示成

$$f = \frac{F}{N} = \frac{\tau_i}{p} \tag{18-3}$$

式中，p 是正压力；τ_i 是剪应力。它们分别由摩擦力 F 和正压力 N 除以表观面积 A 得到。

当 τ_i 达到 k 值时，滑移不一定出现在工具与工件的界面上，它可以发生在工件内部，而界面仍然保持不动。此时产生了成形中的界面黏着(图 18-2)。黏着的条件是

$$\tau_i = fp > k \tag{18-4}$$

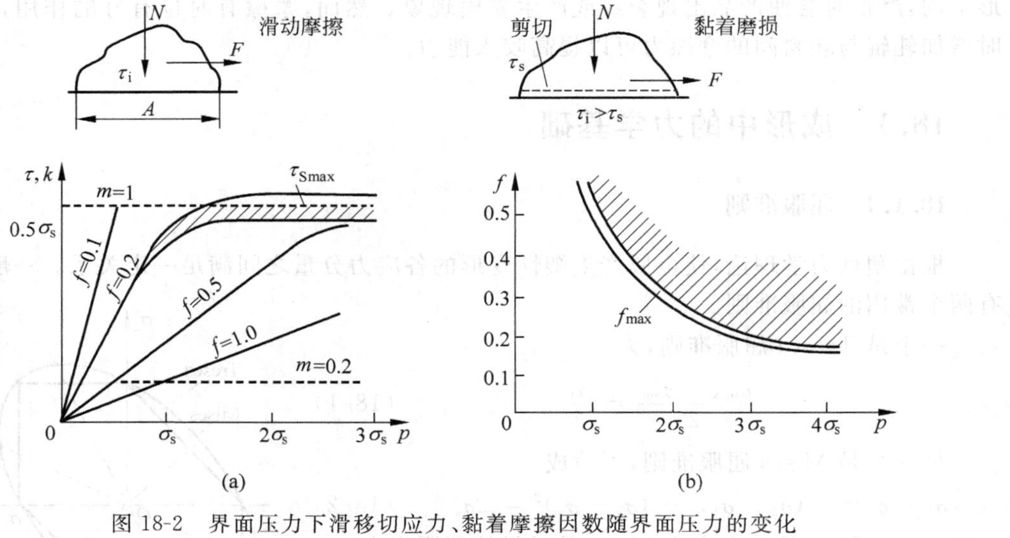

图 18-2　界面压力下滑移切应力、黏着摩擦因数随界面压力的变化

2. 剪切系数

在成形过程中，按式(18-3)计算得到的摩擦因数变化会很大。如果界面上没有相对滑移，可以得到极低的 f 值。相反，如果拉伸应力很大，界面压力下降，则 f 值会变得极高。因此，有人建议采用剪切系数描述界面的摩擦。这时，剪应力为

$$\tau = mk \tag{18-5}$$

式中，m 为摩擦剪切系数。

对无摩擦界面，$m=0$；而在黏着摩擦时，$m=1$(图 18-2)。然而，使用 m 并不很方便，因为界面通常与工件材料有紧密关系。把式(18-4)和式(18-5)联立，得到

$$\tau = fp = mk \approx m\sigma_f/2 \tag{18-6}$$

式中，σ_f 为拉应力。

由此可以看出，两种方法的差别将随着界面压力的增加而加大。

18.1.3 金属成形中摩擦的影响

金属成形中摩擦的影响反映在多方面，并与其他因素相互影响。

1. 摩擦对变形力的影响

材料成形时所需的压力由三部分组成

$$p = f_1(\sigma_f)f_2(\tau_i)f_3 \tag{18-7}$$

式中，f_1 是纯变形力，反映材料性能的影响，它的数值通常有±5%的波动；f_2 为摩擦的影响，在具有良好润滑的冷轧或拉丝中，它不到纯变形力的 5%；f_3 是过程几何条件函数，反映不均匀变形的影响，它可使变形力大幅度增加，甚至完全掩盖摩擦的影响。

当工具与工件发生相对运动时，它们之间必然发生摩擦，进而影响变形力。例如，正挤压时坯料沿着挤压筒壁向前运动产生了滑动摩擦，如图 18-3(a)所示；以及金属丝拉过拉模的摩擦都使得材料的变形力增加，如图 18-3(b)所示。

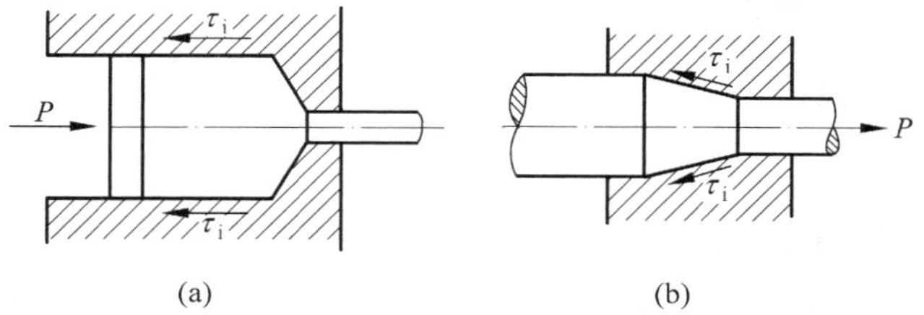

图 18-3 摩擦增加变形力的情况

在镦粗过程中，材料的滑移所引起的摩擦力并不十分明显。如图 18-4(a)所示，随着圆柱体的高度减小和直径增加，扩展的表面向外运动而沿着模具表面滑移，界面将产生摩擦阻力。为了克服这个阻力，界面压力必须增加。随着与边部距离的增加，端面上的摩擦力和模具压力也必定增加，导致了摩擦峰的出现如图 18-4(b)所示。结果，模具压力可能大大高于用材料屈服应力 σ_s 所估算的值。

2. 变形不均匀性

为方便起见，在分析金属成形时常常假设变形是均匀的，实际上这一假设并不适用。

首先，摩擦对变形施加限制使工件的表面层受到剪切，工件以最小能的方式进行变形。由于受到黏着摩擦区的约束，就导致了相邻局部的变形，并产生金属死区，如图 18-4(c)所示。又由于加热和冷却的影响，工件内部变形可能与外部变形差别很大。

另外，加工过程本身的几何条件也可能引起变形不均匀性。在成形过程中，当工件整个厚度承受变形时其几何条件造成的变形不均匀性不是非常明显。

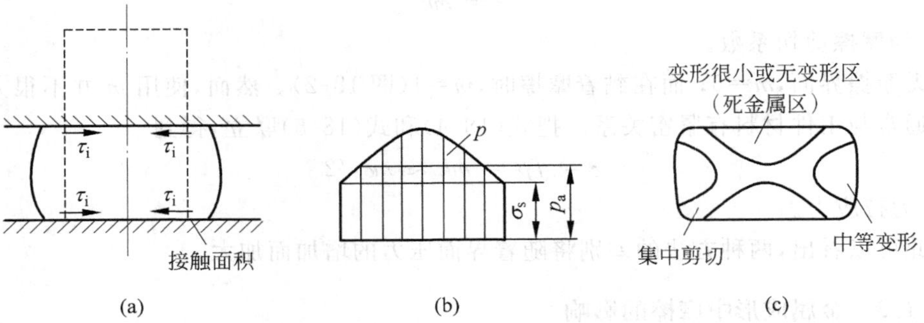

图 18-4 镦粗时摩擦的影响

(a) 切应力的方向；(b) 界面压力的增加；(c) 变形不均匀性

在许多加工过程中，由于摩擦和几何条件引起的变形不均匀性同时出现，有时互相加强，有时互相抵消。

18.2 锻造摩擦学

锻造是最早出现的塑性加工技术，包括热锻、冷锻、自由锻、模锻、开式模锻等，皆为间歇工艺过程，因此在锻造时的残余润滑剂、磨损或产品表面也总是不断地变化的。由于锻造过程很少有稳定状态，因此对其进行系统的分析很困难。这里将通过轴对称圆柱镦粗、开式模锻和闭式模锻等介绍这类问题的摩擦学分析方法。

18.2.1 镦粗的摩擦

1. 圆柱体的镦粗

由于在镦粗中锻件侧面可以自由变形，因此工件变形所需要的能量最小。变形时的应力状态由屈服应力 σ_s 和剪应力 τ 合成。载荷对镦粗中的应力、应变和摩擦峰的影响如图 18-5 所示。

依据圆柱体直径与高度比 d/h_0，可以归纳为以下几种情况：

(1) 图 18-5(a)零摩擦。由于不存在摩擦，端面可自由扩大，工件保持圆柱形，此时平均压力 $p_a=\sigma_s$。

(2) 图 18-5(a)低摩擦。端面扩展受到摩擦剪应力 τ 阻碍，当 $\tau<k$ 时，圆柱侧面出现明显的凸肚，端面从中心点向外滑动，圆柱中心点为中性点，其压力存在低的摩擦峰，如图 18-5(d)的左侧。平均压力只比屈服应力 σ_s 略高。

(3) 图 18-5(a)黏着摩擦。当 d/h_0 比例足够大时为黏着状态，即 $k=fp_a$，当摩擦不大时变形的死金属区近于零，此时摩擦峰为圆弧形，如图 18-5(d)的右侧。压力 p_a 增加也比较剧烈。

(4) 图 18-5(b)、图 18-5(e)、图 18-5(f)表示 d/h_0 值大的情况。当接触面所有点为 $\tau>k$ 时，变形金属死区增大，摩擦峰陡峭程度增加，如图 18-5(e)、图 18-5(f)的右侧。此时即使是用粗糙无润滑模具的镦粗，总的压力值并不大，因为工件侧面发生压缩和弯曲变形，如图 18-5(e)的右侧。当接触面 $\tau<k$ 时，平均压力剧烈增加，如图 18-6(b)所示。摩擦峰及剪

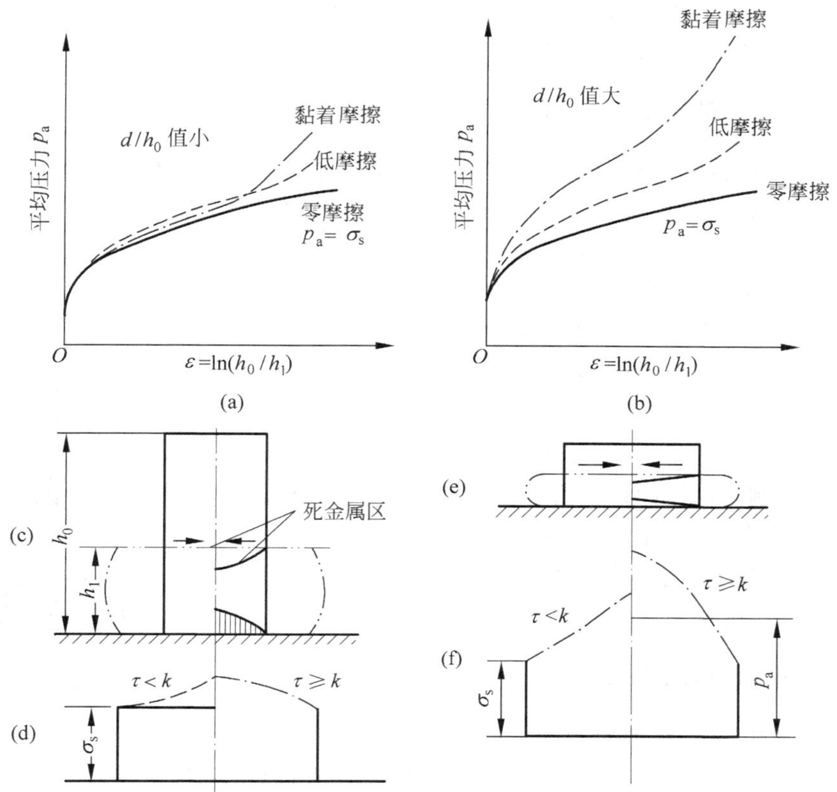

图 18-5　圆柱体镦粗的变形与压力

切变形如图 18-5(e)、图 18-5(f)的左侧。

2. 环形件的镦粗

如图 18-6 所示。当表面摩擦力为零时，环形件压缩变形使圆环扩展，径向变形速度超过其他全部表面，摩擦稍有增加。由最小能原理可知，其中心孔的直径增加较小而中性圆环直径增加，其变形和压力分布如图 18-6(a)所示。当摩擦力较高时，环形件内径减小，并且内、外侧面为鼓形，压力峰值有较大增长，如图 18-6(b)所示。

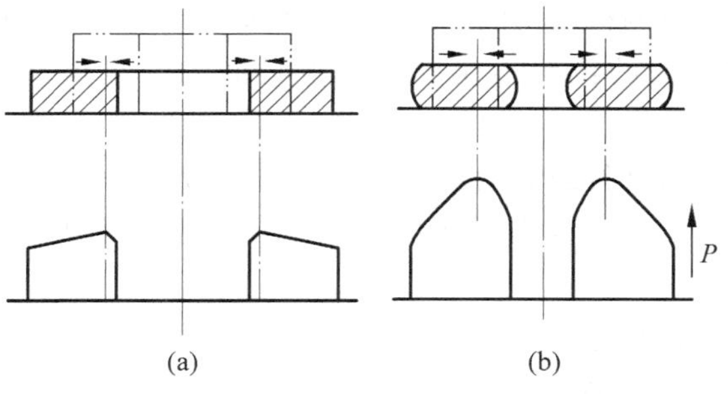

图 18-6　环形件镦粗的变形与压力

(a) 低摩擦；(b) 高摩擦

环形件镦粗可用来评价轧制润滑剂性能,观测其内径的变化,如果直径减小量较少,说明剪切阻力小,摩擦力低,润滑剂性能好。

18.2.2 开式模锻的摩擦

开式模锻在分模面处设计有金属飞边,它的作用是使金属充满整个模膛。坯料开始变形时,金属流入模膛同时也流入飞边槽。一旦坯料过剩,金属充满飞边槽而形成阻力,使金属充满模膛各凹角处,当模具分界面形成完整飞边时,金属充满模空腔。因此,在飞边槽中应具有高摩擦,而在模膛中则要求低摩擦,这样才有利于成形。

在一般开式模锻中,一般润滑剂几乎不能在模膛中形成低摩擦而又同时在飞边槽中形成高摩擦。通常在模锻较大断面锻件时,为使充满模膛才使用润滑剂。也有人发现,在开式模锻中使用润滑剂会妨碍金属充满模膛,因为润滑会使金属从飞边槽中溢出。

根据测量锻制工件后的推出力,可以估计工件与锻模之间黏着摩擦力的大小。例如,利用一个带有锥形孔的环形模(图 18-7),将圆柱形坯镦粗、锻造,充满模中的锥形孔;然后将模子翻转 180°,测出推出力 P_E,进而确定黏着摩擦力。

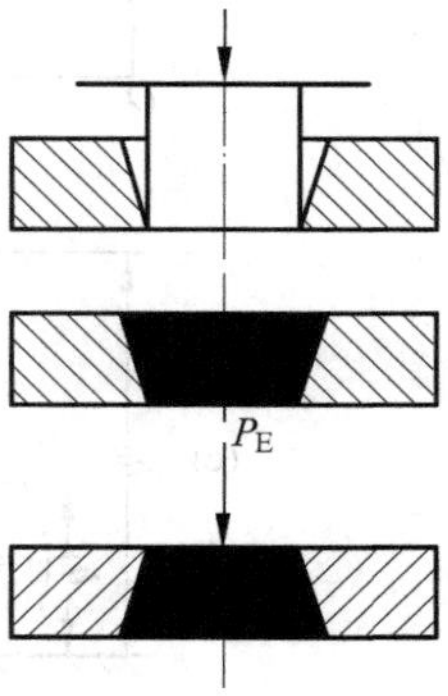

图 18-7 推出实验测量摩擦力

18.2.3 闭式模锻的摩擦

在闭式模锻过程中,模膛是封闭的,其分模面的间隙保持不变。基本工序是正、反挤压变形工序的联合。挤压总是伴有模壁摩擦而妨碍材料流动,因此必须进行有效的润滑。

在锻造时使用润滑剂的作用是在锻造过程中材料与模壁相对滑动时或将成品推出模具时保护已形成的表面。通常润滑剂破裂和模具黏结往往发生在推出过程中,而不是成型过程中。

18.2.4 润滑与磨损

根据工艺的难易程度,如工件的几何形状、锻造时表面的接触压力、材料延伸与滑动的程度等来精选润滑剂。

润滑剂适用性的评价,大多以实验为根据。通常用压力的变化和模子的黏着程度作为评价的依据。锻造润滑剂性能评定方法如图 18-8 所示。图 18-8(a)表示在倾斜模具面上锻造扁坯,引起中性面向收敛侧移动,并且朝着扩展侧金属流量增加。这一方法被广泛用来评价润滑剂性能,因为中性面的位置不仅取决于模具面的倾斜角,而且也依赖于界面摩擦阻力。

使用较好的润滑剂时,材料的流动总是在宽度方向较多。这样就可以根据材料流动情况,确定平均表面摩擦因数 f 或根据适当的方法求得表面剪切因子 m,对润滑剂进行评定分级。

其他评定锻造润滑剂的方法还有:

(1) 把板料夹在两个倾斜面间,如图 18-8(b)。根据作用力,计算水平力和垂直力的比例,确定摩擦因数。

(2) 使用夹角为 30°的尖劈进行压痕实验,如图 18-8(c)。当力作用之后,其尖劈的渗透

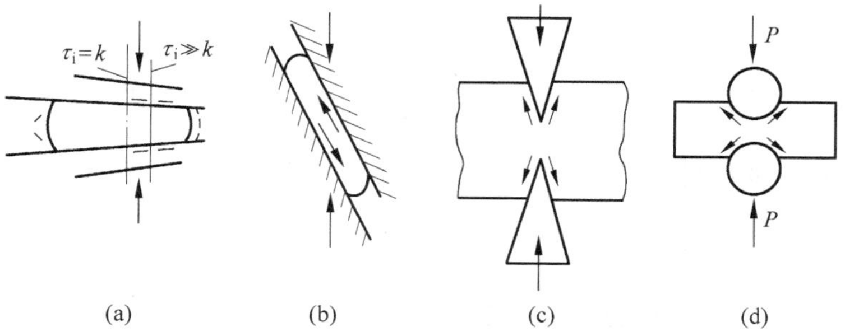

图 18-8　锻压润滑剂的评定方法

率可以根据滑移线理论计算得出。这种实验方法对于高摩擦力有着足够的灵敏度。

(3) 如图 18-8(d)，使用两圆柱形压头，施以压痕力后，其渗透性与压痕力和压头形状有关。首先确定用粗糙的压头作为黏着摩擦的压痕力，然后用光滑压头和被测的润滑剂进行压痕，确定其压痕力，根据力的大小可以计算出摩擦因数。此实验方法简单可靠，常用来评价高温特性的润滑剂等级。

在用液体润滑剂的模锻，有可能局部形成塑性流体动力润滑(PHD)状态，但大部分区域是边界润滑，因此，实际上为混合润滑状态。

冷锻工艺中对润滑剂的要求是：在承受 20MPa 以上的压力下保持低的摩擦因数；有良好的热稳定性，在 300～400℃范围内润滑效果不降低；涂覆性好和易于清除，例如轻质矿物油，或者二硫化钼、石墨和油酸组成的混合剂。

高压力和大表面扩展挤压变形时，使用液体润滑剂将引起严重黏着磨损。因此，要应用固体合成润滑剂，如用热塑性材料如聚乙烯或聚氯乙烯在表面形成固体薄膜润滑，但它们价格较高。

锻造过程中变形金属与模壁间的滑动摩擦过程，迄今的研究还无法满意地确定摩擦因数值。典型的摩擦因数值为 0.05～0.1，含良好的添加剂的液体润滑摩擦因数较低，而工件与模具产生黏着时，摩擦因数可能高达 0.3 以上。

锻造模具的表面粗糙度影响金属流动的摩擦阻力和模具磨损寿命，通常选择粗糙峰高度的算术平均偏差 $Ra=2.50\sim0.125\mu m$。而对于某些冷冲压模具表面常要求更低的粗糙度，如 $Ra=0.25\sim0.125\mu m$。

一般来说，锻造过程中接触表面在极高的压应力下发生滑动，并伴随很高的温度，但是滑动速度和滑移量一般不大。在这种工况条件下，模具磨损机理包含了黏着磨损、氧化磨损、磨粒磨损甚至疲劳磨损等形式。各个模具的主要磨损形式和磨损部位需要根据模具材料和构造，以及锻造工艺等因素来确定。

通常冷锻模具寿命很高，用于冷挤压变形时，钢模可加工 10 万件，碳化钨模还可增加 3～5 倍。所用模具材料应具有足够的硬度和耐磨性，而且不能与极压添加剂发生化学作用而形成腐蚀磨损。

实践证明，润滑剂可显著地减小模具的磨损。图 18-9(a)是根据冲头直径的改变来判断磨损程度。图中表明，使用轻煤油为基础的氧化石蜡磨损最大，用含有极压剂的工业用冷顶镦润滑剂磨损较少，而用磷皂系润滑剂则磨损极其微小。图 18-9(b)是用峰谷距平均值表示

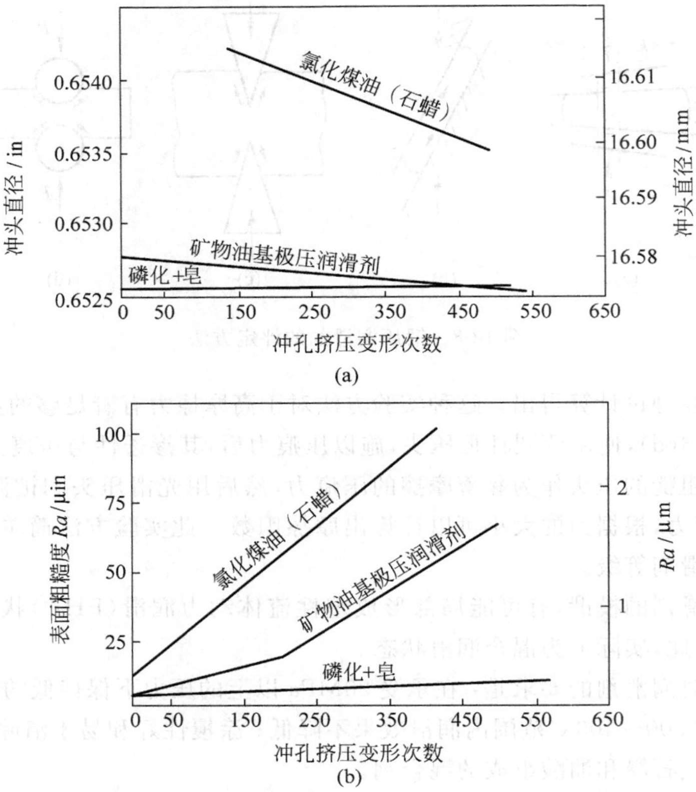

图 18-9　模具磨损曲线

被冲孔的表面粗糙度来表征模具在磨损过程表面粗糙度的变化。

18.3　拉拔摩擦学

18.3.1　摩擦与温度

如图 18-10 所示，拉拔过程中在拉拔力 P_0 的作用下，金属对模壁作用的压力为 p_a，金属的变形分布为 ε、产生摩擦力的剪应力为 τ，轴向和径向正应力分别为 σ_1 和 σ_r。

由图 18-10 可知，摩擦力为

$$F = A\tau \tag{18-8}$$

式中，A 为接触面积；τ 为剪切应力。

由于金属发生塑性变形的屈服极限为 σ_s，此时的摩擦因数 f 为

$$f = \frac{F}{N} = \frac{A\tau}{A\sigma_s} = \frac{\tau}{\sigma_s} \tag{18-9}$$

在金属拉拔过程中产生的能耗主要用于金属的有

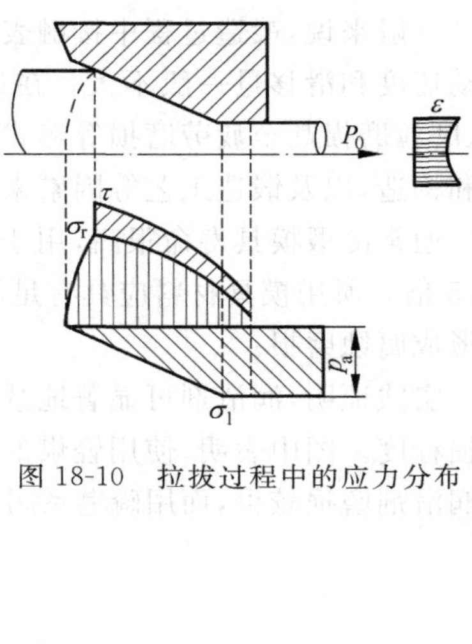

图 18-10　拉拔过程中的应力分布

效变形、金属的不均匀变形及金属内部滑移的内摩擦损失和克服金属与模具间的外摩擦损失。研究表明，摩擦约占总能耗的10%。随着摩擦因数增加，摩擦能耗占总能耗的比例增加。当摩擦因数 f 由0.02变化到0.1，减面率即截面积减小的比率为10%～40%时，摩擦消耗功所占比例将由6%增加到40%。

摩擦功几乎都转变为热能。由于摩擦产生的热，对拉拔过程也有不利的影响。摩擦功 w_f 可由微分式表示

$$\frac{\mathrm{d}w_f}{\mathrm{d}t} = fpv \tag{18-10}$$

式中，v 为拉拔速度。

拉拔后线材的温度可以按下面的方法计算。首先计算拉拔应力 σ

$$\frac{\sigma}{\sigma_y} = \ln\frac{1}{1-\varphi} + \frac{2}{\sqrt{3}}\left(\frac{2}{\sin^2\alpha} - \cot\alpha\right) + \frac{f}{\sin\alpha}\left(1+\frac{1}{2}\ln\frac{1}{1-\varphi}\right)\ln\frac{1}{1-\varphi} \tag{18-11}$$

式中，σ_y 为平均屈服应力；f 为摩擦因数；φ 为减面率；α 为模具半锥角。

式(18-11)包括三项，即纯变形功、剪切功和摩擦功。金属拉拔加工产生的80%～90%热量蓄存于金属中。设纯变形功和剪切功全部用于金属升温，而摩擦功考虑只有 m 份用于升温，则拉拔后的温升 ΔT 为

$$\Delta T = \frac{\sigma_y}{J\rho c}\left\{\ln\frac{1}{1-\varphi} + \frac{2}{\sqrt{3}}\left(\frac{2}{\sin^2\alpha} - \cot\alpha\right) + \frac{mf}{\sin\alpha}\left(1+\frac{1}{2}\ln\frac{1}{1-\varphi}\right)\times\ln\frac{1}{1-\varphi}\right\} \tag{18-12}$$

式中，ρ 为金属密度；c 为比热容；J 为热功当量。

图18-11给出拉拔速度分别为100m/min和10m/min，减面率为39.2%时，拉拔含硫量为0.62%的碳钢，钢丝变形区的温度分布。

由图18-11可知，在模具出口处的钢丝中心温度约135℃，拉拔速度对它几乎无影响。但与模壁相接触的钢丝表面温度，则随拉拔速度的增加而升高。这是由于拉拔速度高，模壁与钢丝表面摩擦产生的热量来不及传导，致使摩擦功转变的热全部由钢丝表面吸收而温度迅速升高。

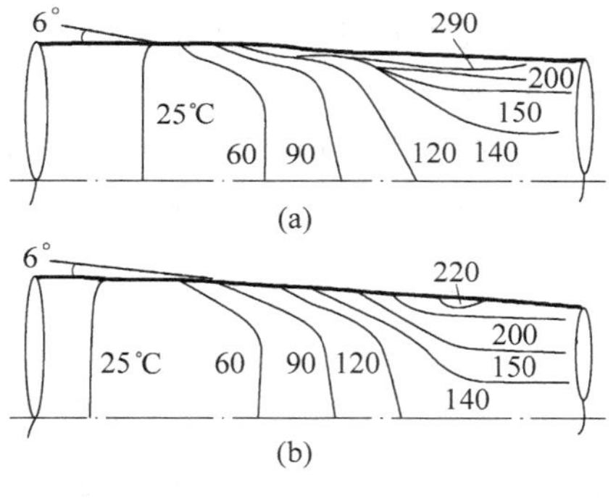

图18-11 拉拔钢丝的温度分布

(a) 拉拔速度100m/min；(b) 拉拔速度10m/min

18.3.2 润滑

润滑是影响拉拔工艺的重要因素，不良的润滑不仅影响产品质量，甚至使拔制变形无法实现。

拉拔润滑的目的包括：减小摩擦以降低拉拔动力消耗；降低拉拔产品表面温度，减小应力分布不均，避免出现断裂；减少磨损，防止锈蚀，延长模具寿命。

为了减小拉拔过程的摩擦，可将润滑剂在金属进入拉模前直接涂在线(丝)材上，同时起冷却和润滑作用。对润滑剂的要求应能抗高压，且在高温下保持其润滑性能和润滑薄膜的完整性。例如，在拉拔高碳钢丝时，润滑剂在拉模内受到的压力达2100MPa，并且变形区终

端温度可达 200℃，而在润滑条件不好时，温度还会更高。此外，拉拔润滑剂应与钢丝表层黏附良好，否则润滑剂就会从钢丝上拉脱下来。同时，拉拔后制品表面的润滑膜又能容易地被去除。

金属在拉拔时的润滑机理是多种润滑状态的组合。在变形区可能存在流体润滑区、边界润滑区和混合润滑区。

在拉拔时，由于模具的锥角润滑剂在变形区入口处具有强烈的油楔效应，润滑剂将被曳入变形区而形成一定厚度的流体动压润滑膜。此外，由于模具和拔制金属表面存在的凹穴形成储存润滑剂的小池，拉拔时润滑剂将随之带入变形区。表面越粗糙带入的润滑剂越多，润滑膜越厚。在边界润滑区，润滑剂在拔制金属表面产生吸附起到润滑作用。当在润滑剂中加入含有硫、磷、氯等活性添加剂时，在摩擦产生高温条件下，便与金属发生化学反应，从而生成低摩擦的化学反应膜。

18.3.3　润滑剂流体动压的建立

良好的润滑状态应使流体润滑区在变形区中占主导地位甚至全部实现流体润滑。

1. 拉拔压力管润滑计算

拉拔压力管如图 18-12 所示。

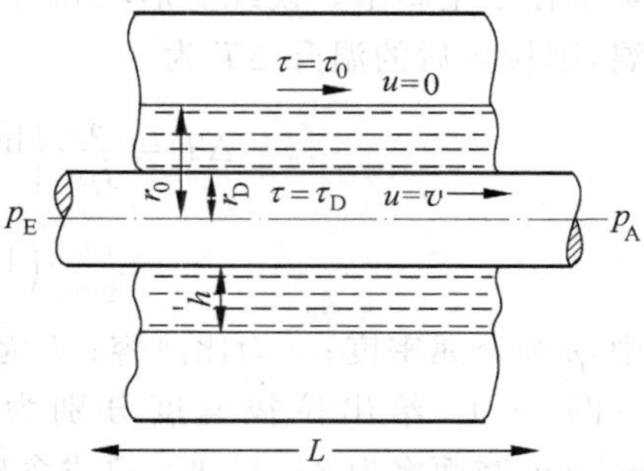

图 18-12　钢丝通过压力管的润滑

图 18-12 中，r 为压力管内孔的半径坐标；r_0 为压力管内孔的半径；r_D 为钢丝半径；$h=r_0-r_D$ 为钢丝与压力管内壁之间的间隙；L 为压力管的长度；v 为钢丝运动速度；p_E、p_A 分别为压力管入口和出口端流体的单位面积压力；τ_0 为压力管内壁表面流体的剪应力。

当存在压力差时，即 $\Delta p=p_A-p_E\neq 0$，当流体在轴向处于平衡状态时，应有

$$\tau_0\pi(d+2h)L+\tau_D\pi dL=p_A\pi(d+h)h$$

即

$$p_A=\left(\tau_0\frac{d+2h}{d+h}+\tau_D\frac{d}{d+h}\right)\frac{L}{h} \tag{18-13}$$

式中，d 为钢丝直径；τ_D 为钢丝表面的剪应力。

因为 $h\ll d$，故式(18-13)可简化为

$$p_A\approx(\tau_D+\tau_0)\frac{L}{h} \tag{18-14}$$

由上式可知，在 τ_D 和 τ_0 一定的情况下，改变 L/h，p_A 也就随之改变，因此，可以通过合理选择 h 和 L 来获得所需要的润滑剂的压力。若提高润滑剂黏度，即 τ_D 和 τ_0 提高，同样可以使润滑剂压力升高。但是由于流体润滑剂黏度一般比较小，即 τ_D 和 τ_0 比较小，实现完全的流体润滑拉拔时，润滑剂压力 p 应达到在拔制条件下能使金属屈服变形的值，润滑膜才能保持一定厚度，使变形钢丝表面和模壁完全分开。故为了实现流体动压润滑，除了要求间隙 h 比较小以外，压力管必须具有较长的长度。

2. 拉拔流体动压润滑计算

拉拔常采用皂粉润滑剂，属非牛顿流体。这种流体的本构关系可用下式近似表示为

$$\tau = A + B\frac{\mathrm{d}u}{\mathrm{d}z} \tag{18-15}$$

式中，τ 为剪应力；$\frac{\mathrm{d}u}{\mathrm{d}z}$为剪应变率；$A$ 和 B 为润滑剂雷诺系数，它们与压力的关系可用指数形式表示

$$\left.\begin{aligned} A &= A_0\exp(\phi p) \\ B &= B_0\exp(\phi p) \end{aligned}\right\} \tag{18-16}$$

式中，A_0 和 B_0 为压力 $p=0$ 时的雷诺系数；ϕ 为润滑剂压力系数。

由一维雷诺方程和式(18-15)可得

$$h^3\frac{\mathrm{d}p}{\mathrm{d}x} = -6B\nu(h-h^*)$$

将式(18-16)代入上式得拉拔非牛顿润滑基本方程为

$$\exp(-\phi p)\frac{\mathrm{d}p}{\mathrm{d}x} = -6B_0\nu\frac{h-h^*}{h^3} \tag{18-17}$$

式中，h^* 为常数。

用式(18-17)可计算非牛顿流体拉拔时的动压润滑的压力分布。

18.3.4 拉拔模具磨损

拉拔是金属通过模孔的变形过程，金属在通过模孔时存在很高压力作用下的摩擦，从而使模孔产生黏着磨损。磨损导致模孔直径增大，产品直径增加，因此生产中必须规定一定的允许磨损值。

另外，在拉拔过程中由于模孔磨损的不均匀性，使模具几何形状发生变化。这不仅引起润滑膜的破坏，同时也影响拉拔产品的质量。

1. 模具形状磨损

经拉拔使用后的模具的磨损形状如图 18-13 所示。磨损主要发生在三个位置上：

(1) 线材入口处。该处磨损严重，模具呈环状磨痕，致使线材入口形状和位置改变，和拉拔产品表面及润滑膜厚度变化。

(2) 锥角磨损。它将引起模具工作锥形状改变，直接影响润滑膜厚度和拉拔力。

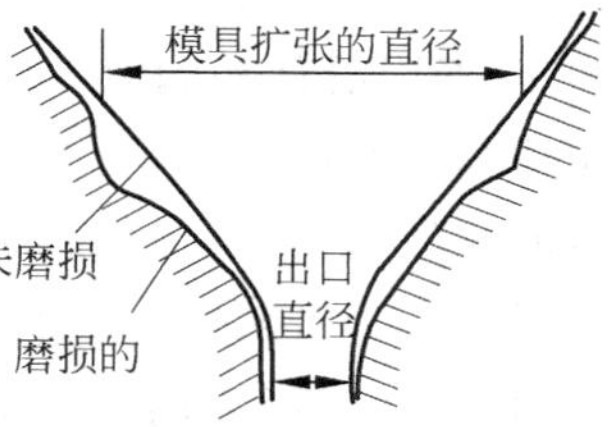

图 18-13 拉拔磨损后的截面形状

(3) 直径磨损。它使产品的直径变大，因超差而降低模具寿命。如果模具磨损不均匀，拔制品还会形成非圆形断面，使得成品圆度超差。

2. 磨损机理

拉拔模具的主要磨损有黏着磨损、磨粒磨损和疲劳磨损。在许多情况下还包括化学侵蚀和物理损伤。当摩擦表面出现严重的黏着以及在运动部件上有显著的振动时将产生严重的黏着磨损，如图 18-14 中曲线 I 所示。

磨粒磨损的形成是由于经热加工的拔制金属表面大多带有较硬脆的氧化物，其剥落后构成磨粒，或者某些润滑剂和涂层本身含有中等磨粒，或者在湿拉拔中的磨损碎屑在拉拔中

不能连续不断地清除。另外，当金属与模具相接触就有可能发生二体磨粒磨损，其磨损严重与否取决于工件与模具材料的配合。

疲劳磨损是由于拉拔时模孔内具有高应力梯度，而且是在连续加载条件下。钢丝振动使疲劳磨损进一步恶化。这种高温造成的热疲劳磨损可能引起钢制模具的裂纹，但疲劳磨损通常不是主要的形式。

3. 减少磨损的措施

1）改善模具材料

使用耐磨性强的材料制作模具。一般拉拔模用WC-CO系硬质合金，拉拔极细钢丝则用金刚石石墨、陶瓷模，用 ZrO_2 陶瓷涂层来拔制不锈钢丝尤其被认为是最有前途的模具。模具表面进行喷镀硬铬等也是提高模具寿命的途径之一。

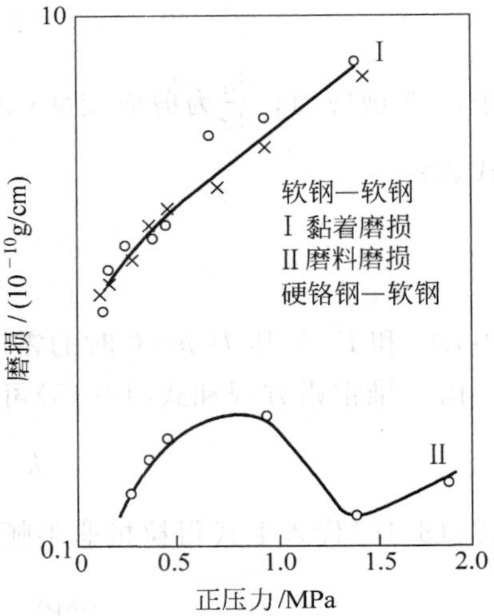

图 18-14　无润滑磨损与载荷的关系

2）模具加强冷却与线材直接冷却

拉拔时模具发热会引起润滑失效，因为各种润滑剂都是在特定的温度范围内有效。超出该范围之后，则因化学分解和焦化，使润滑膜破坏，模具磨损加剧。拉拔时约有 20% 的热量累积在模具中，如不及时消除，有可能使模具温度很高，再加上温度分布不均，局部高温使模具磨损严重，或因与钢套分离造成模芯爆裂。

采用水冷模具或直冷模具都会使模具温度下降，更重要的是能改善模具内温度分布，使模套温度显著降低。此外，在拉拔时采用直接冷却钢丝不仅可以改善钢丝的机械性能，而且影响模具温度下降，从而可以提高模具的寿命。

3）改善润滑剂和润滑方法

拉拔润滑剂的种类不同，模具磨损也不同。图 18-15 所示为各种润滑方法的拉拔模具磨损量的比较，磨损量以线径的增大表示。表 18-1 给出各种润滑方法对模具寿命的影响。强制润滑拉丝、直冷拉丝与通常拉丝相比，模具寿命提高一倍。若是强制润滑与直冷拉丝并用，则模具寿命可提高两倍。湿式拉拔中用强制润滑模具寿命可提高 2～3 倍。

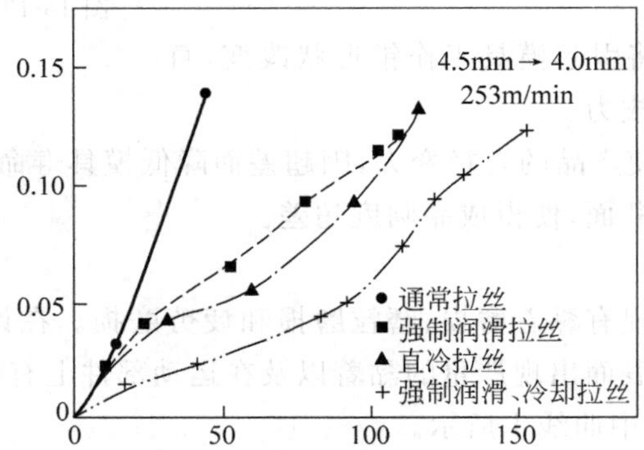

图 18-15　不同润滑下的模具磨损

表 18-1 各种润滑方式的模具寿命比

润滑方法	干式润滑	湿式润滑
通常拉丝	1.0	1.0
强制润滑拉丝	2.0	—
直冷拉丝	2.1	—
强制润滑、冷却拉丝	3.0	—
强制润滑拉拔	—	3.0～3.8

图 18-16 所示为通常干式润滑拉拔与强迫润滑拉拔模具磨损截面。可见，在同样拉拔条件下拉拔 762m 钢丝后，只因为润滑方式不同，其模具磨损有明显差异。

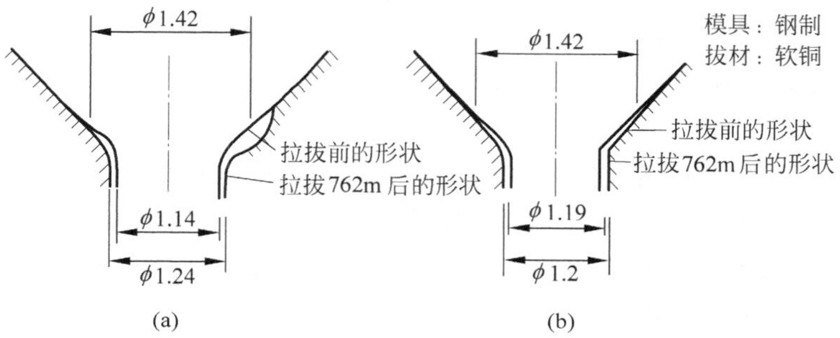

图 18-16 模具的磨损

4）采用反拉力拉拔

反拉力拉拔是在金属丝拉拔模前入口端施加一个与其前进方向相反的拉力的一种方法。金属在未进入模孔前就产生了拉伸弹性变形，使其直径变小，拉应力增加，其结果引起的径向应力和摩擦力减小，改善了模孔的磨损。

5）采用旋转拉模拉拔

旋转拉模拉拔是将拉模安装在可旋转的圆筒体内，通过一套机构在拉拔过程中使筒体转动带动模具旋转。因此，金属在旋转模内变形时，变形金属表面与模孔产生相对螺旋运动，改变金属与模具之间的摩擦力方向，使阻碍拉拔的轴向摩擦力减小，致使模具磨损减小。由于在拉拔时模具高速旋转，使模孔内壁磨损较均匀，也可使模具使用寿命增加。研究表明，使用旋转模能使模具寿命增加 10～100 倍。

18.3.5 超声波在拉丝加工中的减摩作用

1955 年，Blaha 和 Lan-glueker 发现超声波可使单晶锌的塑性变形抗力显著降低的所谓 Blaha 效应。随后，人们不断探索将超声波应用于各种塑性加工过程中。研究表明，超声波可以降低拉丝时的拉拔力和摩擦阻力，提高线材的表面质量，减少中间退火次数，有利于塑性低的难加工材料的成形以及极细线材的成形。拔管时在芯棒上施加超声波，除了可以获得减摩降载的效果外，还可以提高断面减缩率，特别适合于薄壁管的成形。另外，在深拉延方面应用超声波，也能取得降低拉延力，增加深冲比的效果。因此，可以说将超声波应用于塑性加工是一种很有潜力的特种加工技术。下面介绍孟永钢等人[4]对超声波在拉丝加工中的减摩降载作用的研究结果。

超声波拉丝实验装置如图 18-17 所示，它主要包括超声波发生器、超声换能器、超声变幅杆以及拉丝模几个部分。超声波发生器的作用是将 50Hz 的交流电变成有一定功率输出的高频振荡信号以提供激振模具所需要的能量。

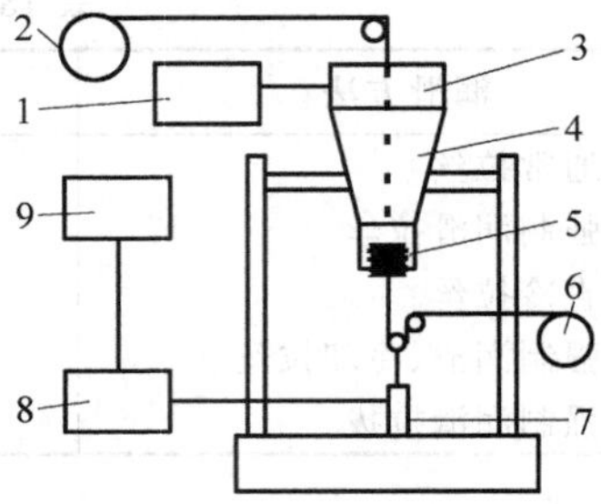

图 18-17 超声波拉丝实验装置简图

1—超声波发生器；2—供线轮；3—超声换能器；4—超声变幅杆；5—拉丝模；6—卷筒；7—传感器；8—动态应变仪；9—计算机

实验中拉拔力由应变式测力传感器测得。实验时将铜线的一端预先磨细穿过拉丝模后缠绕在卷筒上，该卷筒经由一个可控硅直流调速装置控制的电机驱动，通过改变电机转速以实现不同的拉拔速度。实验使用皂化液、黏度为 17mPa·s 的机械油和一种水基润滑液三种介质作为模具与线材之间的润滑材料。

图 18-18 是超声输出电流对拉拔力的影响实验曲线，拉丝速度为 131.3mm/s，皂化液润滑。细线为未施加超声波时的拉拔力，而粗线则表示施加了输出电流为 0.7A 的超声振动的实验结果。施加超声波后所引起的拉拔力下降是十分明显的，用拉拔力的时间平均值来衡量，施加超声波后拉拔力下降了约 37%。

从图 18-18 中还可以看出，施加超声波后拉拔力随时间的波动明显增大了。平均拉拔力 F_{av} 随超声波发生器的输出电流 I 的变化如图 18-19 所示。在本实验条件下，平均拉拔力随输出电流的增加而近似线性减小。

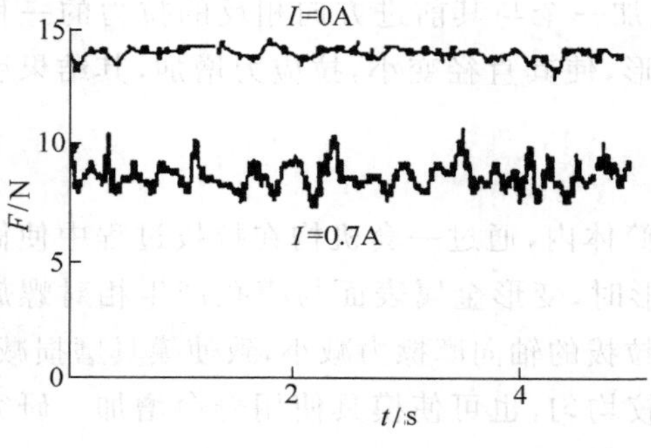

图 18-18 不同输出电流时拉拔力随时间的变化

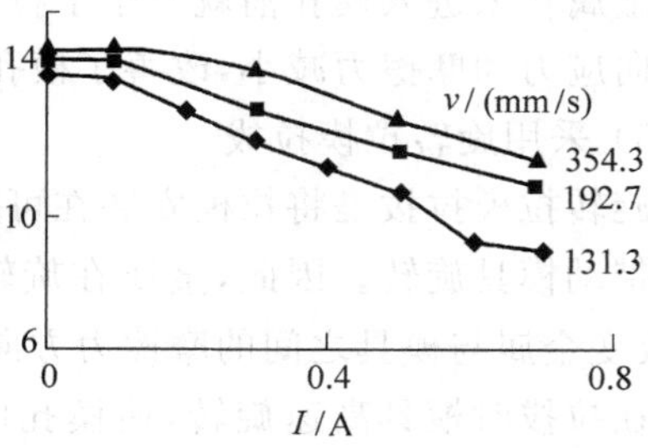

图 18-19 平均拉拔力随输出电流的变化

图 18-19 还给出了几种拉丝速度下测得的拉拔力，所用的润滑材料均为皂化液。在同样的超声振动强度下，拉丝速度越大，超声波所产生的降载效果越小。

尽管实验时所选用的三种润滑材料的化学组成和黏度等性能都有很大差别，但实验发现在其他加工条件相同的情况下，润滑材料并不影响拉拔力的变化。尽管超声波的作用可能会引起润滑条件的改善和摩擦阻力的下降，但不可能因此而导致拉拔力的显著改变。

单从拉拔力的实验结果难以分辨出超声波对界面润滑和摩擦的影响程度。因此，研究中还比较了有无超声作用情况下拉丝后所得到的线材的表面形貌。图 18-20 是输出电流分别为 0A 和 0.5A 时线材表面的扫描电镜照片。在无超声振动时，线材表面存在较多的凹坑和微小的裂纹，加工纹路不够清晰，有黏着发生的迹象。而当有超声振动作用时，表面穿过模孔时留下的纹路十分清晰和均匀，比较平滑，无细小裂纹。由以上结果可以判断由于超声振动的作用，模具与线材间的润滑得到了改善，减少了表面黏着和损伤，线材的表面光洁度提高。

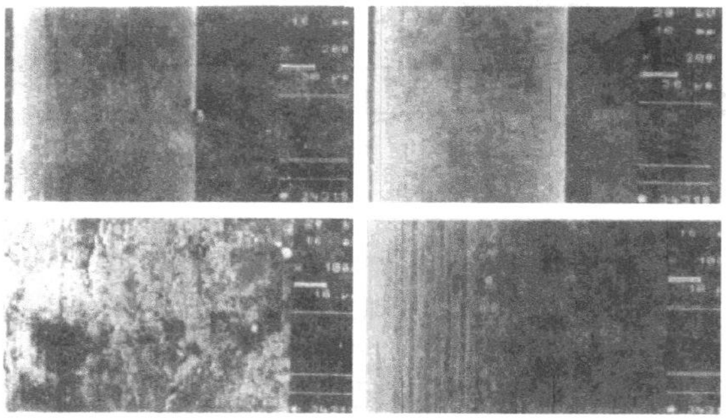

(a)　　(b)

图 18-20　拉丝线材表面扫描电镜照片

(a) $I=0$A；(b) $I=0.5$A

根据实验研究，孟永钢等人提出了以下几种因素可能是导致超声波在塑性加工中产生减摩降载作用的原因：①Blaha 效应；②模具对工件的高速冲击作用；③模具的振动使得在某些瞬间模具相对于工件超前运动，因而产生一个促使工件运动的正向摩擦力，从而抵消了一部分摩擦阻力；④超声波促使润滑剂易于进入接触界面从而提高了润滑性能；⑤超声振动导致工件温度升高，变形抗力下降。

18.4　轧制摩擦学

18.4.1　轧制过程中的摩擦

1. 单位压力和摩擦力分布

实验表明，摩擦力沿接触弧的变化规律比较复杂，它既不服从干摩擦定律，也不服从黏着摩擦理论的规律。它和金属的滑动有密切关系，因而单位摩擦力与单位压力具有较复杂的相互关系。轧制变形区的摩擦力的方向应当指向中性面，它限制轧件沿接触弧相对运动，这就是单位压力沿变形区分布出现所谓摩擦峰的原因。

关于轧制过程沿接触弧单位摩擦力的分布有不同的假设，单位摩擦力分布特点及变形区几何特点对摩擦峰的形状及数值有很大影响。图 18-21 绘出不同条件下单位压力和摩擦力分布，由图中可以明显看出摩擦峰的变化。以下分别说明图 18-21 中各图的情况。

图 18-21(a)中，当 $l/h>5$ 时，在接触弧上靠近出口、入口处的部分为滑动区，该区遵从干摩擦定律，单位压力 p 向接触弧中心方向逐渐升高。当单位摩擦力因 p 升高而达到 $k/2$ 值，即 $\tau=fp=k/2$ 时，摩擦力为常数，在黏着区中部为塑性变形停滞区，在该区域内没有塑性变形发生。对于此种工况，摩擦力近似按直线规律变化，此时摩擦峰很陡峭。

图 18-21(b)中，当 $l/h=2\sim5$ 时，单位摩擦力常数区段消失，摩擦力沿接触弧分布呈三

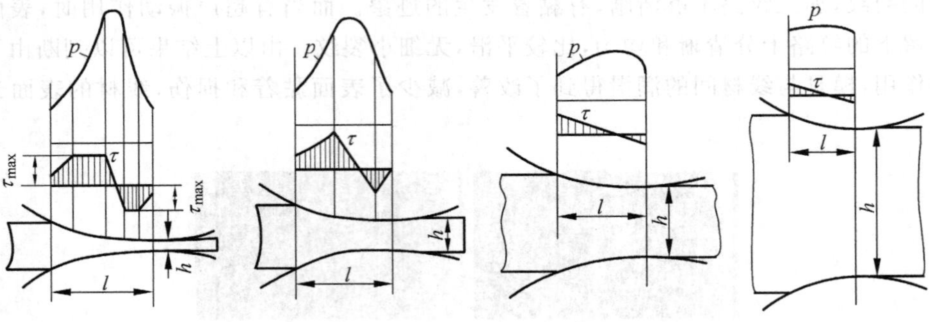

图 18-21 压力和摩擦力在接触弧上的分布

角形。产生上述情况是因为接触弧长度还不足以使单位摩擦力达到最大值时出现塑性变形停滞区。此时压力分布中的摩擦峰较陡峭。

图 18-21(c)中，当 $l/h=0.5\sim2$ 时，黏着区发生在整个变形区，金属滑动趋势非常小，摩擦力可用近似于停滞区的三角形分布来表示。此时摩擦峰较为平缓。

图 18-21(d)中，当 $l/h<0.5$ 时，金属沿接触弧滑动趋势更小，摩擦力对单位压力影响减弱，摩擦峰很平缓。

2. 轧制时摩擦因数的计算

轧制过程的摩擦情况复杂，影响因素很多，通常采用以下几种方法近似地计算摩擦因数。

1) 按扭矩计算摩擦因数

在带材轧制中，当后张力不断增大直到中性面移到出口点，此时带材开始打滑，如图 18-22(a)所示。根据打滑时的扭矩可以确定摩擦因数，即

$$f=\frac{M}{PR} \tag{18-18}$$

式中，M 为两个轧辊的总扭矩；P 为轧制力；R 为轧辊半径。

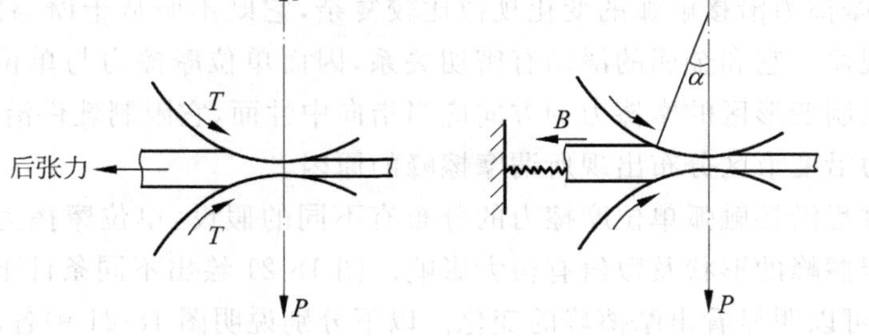

图 18-22 通过打滑确定摩擦力

如果轧机没有装扭矩测量装置，可把带材固定在一个弹簧拉力器上，如图 18-22(b)。根据 Pavlov 的理论，此时摩擦因数为

$$f = \frac{B}{4P} + \tan\frac{\alpha}{2} \tag{18-19}$$

式中，B 为张力；α 为吸入角。

2）按前滑计算摩擦因数

在中性面上带材与轧辊以相同的速度运动。因此，带材出口速度更高。如图 18-23 所示，前滑定义为

$$S_f = \frac{v_1 - v_0}{v_0} \tag{18-20}$$

式中，v_0 为在吸入角 α 处的速度；v_1 为在中性角 ϕ 处的速度。

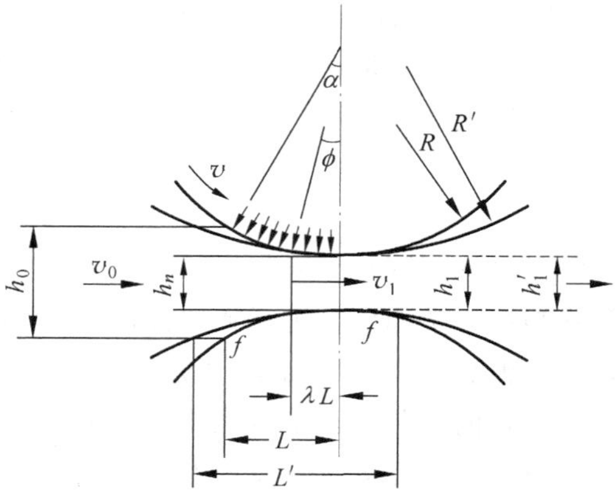

图 18-23 轧制过程的几何形状

根据轧制过程的几何参数，前滑近似等于

$$S_f = \frac{1}{2}\phi^2\left(\frac{2R'}{h_1} - 1\right) \tag{18-21}$$

式中，ϕ 为中性角；R'为轧辊变形后半径；h_1 为轧制厚度。

由图 18-23 可知，中性角为

$$\phi = \frac{\alpha}{2} - \frac{1}{f}\left(\frac{\alpha}{2}\right)^2 \tag{18-22}$$

式中

$$\sin\alpha = \frac{L}{R} = \left(\frac{h_0 - h_1}{R}\right)^{1/2} \tag{18-23}$$

把式(18-23)代入式(18-22)，当 α 很小时，$\sin\alpha \approx \alpha$，可得

$$\phi = \left(\frac{h_0 - h_1}{4R}\right)^{1/2} - \frac{1}{f}\left(\frac{h_0 - h_1}{4R}\right) \tag{18-24}$$

前滑的数值可由轧辊表面刻痕法测得，因此由式(18-21)确定中性角 ϕ 后，从式(18-24)可求得摩擦因数 f。

3）按打滑计算摩擦因数

随着压下量增加，中性角逐步移向出口。在某一临界压下量时中性面移到出口截面处，即 $\phi=0$，此时出现打滑现象。当没有张力和 α 角较小的情况下，由式(18-23)和式(18-24)

可以求得打滑时的吸入角

$$\alpha_{打滑} = \left(\frac{h_0 - h_1}{R}\right)^{1/2} = 2f \tag{18-25}$$

测得吸入角后，可由上式得到轧制时的摩擦因数。

18.4.2　轧制中的润滑问题

在轧制工艺中润滑极为重要，迄今已开发出许多类别的具有良好润滑性能的轧制液。通常使用的润滑剂是含各种添加剂的矿物油和动、植物油脂，同时，水基介质和乳化液作为润滑剂也受到重视。

大多数带材的轧制采用低吸入角和高轧制速度，有利于促进油膜的形成。但是由于需要一个稳定的前滑值，再加上带材表面质量和退火时色斑的限制，因此，实际生产中的润滑常常是混合润滑状态，轧件与轧辊表面有接触。尽管是混合润滑为主，但其他润滑机理也会起一定的作用。

1. 全膜润滑

在弹性流体动压润滑理论发展的基础上，人们对轧制过程的润滑问题提出塑性流体动压润滑理论，将流体力学和弹塑性力学相耦合进行数值分析，并提出了一些轧制中润滑膜厚公式。显然，与点线接触表面的弹流润滑问题相比，要建立完备的轧制中塑流润滑问题的物理数学模型是很困难的，况且实际的轧制过程不可能实现全膜润滑。因此，通常是根据一些近似的膜厚公式进行粗略的分析，而研究的重点应放在混合润滑状态。

常用的一种轧制塑流润滑油膜厚度计算公式为

$$h = \frac{6\eta v}{2k\tan\theta} \tag{18-26}$$

式中，黏度 η 为温度采用室温或轧辊入口处的温度、压力采用大气压或入口区压力下的数值；速度 v 用轧辊圆周速度或入口处带材与轧辊的平均速度；屈服应力 k 一般用平面应变屈服剪应力表示，即 $\sigma_1 - \sigma_3 = 2k = \sigma_f$，也有一些理论考虑加工硬化的影响；$\theta$ 为油楔在入口处的曳入角。

由式(18-26)知，油膜厚度随着屈服应力或轧制压力的减少而增加。通常轧制压力可以通过张力的调整来改变，因此对于给定的金属，调整张力可以影响油膜状况。

应当指出，塑性流体动压润滑还可以应用于其他金属成型问题，例如孟永钢等人[5]对冷锻中的塑流润滑进行了有限元分析。

2. 混合润滑

实际的轧制过程都是在混合润滑状态下进行的。润滑状况取决于带材表面质量以及润滑剂的流体动压特性及边界润滑特性。

1）油膜厚度

在混合润滑条件下平均油膜厚度反映了流体动压润滑对润滑效果的贡献大小。

一般影响油膜厚度的因素有入口几何参数、黏度和轧制速度。

(1) 入口几何参数

在式(18-26)实际应用中，经常使用轧制吸入角 α，而不用 $\tan\theta$。从图 18-23 的几何关系可知，随着轧辊直径增加和压下量减少，α 角变小，则由式(18-26)得到膜厚 h 增加。

（2）黏度

随着润滑剂黏度的增加，平均油膜厚度也增加，其润滑更加趋于流体动压润滑。

在考虑黏度选择润滑剂时，油的组成和它的黏压系数的影响不能忽略。例如，黏度非常低的油有时比黏度高的油有更大的压下量。又如石蜡比相同黏度的环烷合成油更有效。在油中加入3%的低比重极压剂，由于有效黏度增加，可以得到很低的摩擦因数。

（3）轧制速度

高的轧制速度有利于形成流体动压润滑和增加油膜厚度，然而轧制速度的增加受到工艺的限制。

2）润滑膜破裂

润滑膜包括流体膜和边界膜，其破裂表现为表面黏结和损伤。轧制铝时，在某一临界压下量下，黏结首先出现在严重损伤的表面上。低压下量时，轧制还能继续进行，但在高压下量时，黏结在轧辊表面不均匀地扩展，最后由于带材表面变得粗糙、开裂，并且覆盖着一层金属碎末，轧制不得不停止。对于一个给定的油膜厚度、轧制速度和压下量，可以通过界面添加剂来延缓黏结的发生。

轧制钢和不锈钢时，只有在足够高的速度下，轧制产生大量的热才产生局部的黏结。因此，经常把在带材表面上局部的、拉长的缺陷称为热擦伤或摩擦黏结。热擦伤的防止要求轧机的速度低于临界速度。

3）水基润滑剂

水是很好的冷却剂，同时又是较差的润滑剂。它不能防止黏结，因此，水只是偶尔单独用于轧制不易黏结的金属，如普通碳钢和铜。但在实际应用中，水往往与润滑剂结合使用。对于冷轧带钢，应用相当普及的有以下两种基本方法。

（1）水与润滑剂分离

将纯净的不含水的润滑剂预先加到带材表面上，然后，把水再加到轧机上。这种技术主要用于以棕榈油为润滑剂的串联轧机轧制板带钢中。从被轧带材的表面质量可以判断出，加到油脂表面的水几乎很少或根本对润滑没有改善作用，这时的水只起冷却作用。

（2）乳化液

用乳化液做润滑剂时，在金属表面具有良好的浸润性。矿物油基乳化液的润滑能力较差，对于有色金属来说，加入油脂化合物能改善润滑能力。脂基乳化液应用于钢轧制具有较好的润滑能力。以复合矿物油为基的乳化液，在浓度未到10%以前，其润滑能力随浓度的增加而改善。因此，低稳定度的乳化液浸润性比高稳定度的乳化液要好。在带材上预先涂上一定量的乳化液，可以降低对润滑的敏感性。

18.4.3　轧辊磨损

在大多数情况下正常磨损与滑动距离成比例。在轧制中，相对滑动距离只是整个轧出长度的一部分。因此，轧制时的磨损量较小，但是轧辊表面的初始光洁度在轧制过程中将逐渐消失，影响产品的表面质量。

通常黏着磨损和磨粒磨损是轧辊磨损常见的形式，但是轧辊报废的主要原因是由于疲劳造成的表面剥落。

对于较软的轧制材料(例如铝)，黏着磨损主要由局部的微粒间的黏着作用而致；而对于较硬的材料(例如钛)，可能发生直接的黏着磨损。当表面上的氧化物很硬且由坚实的基体支持时，磨粒磨损是很明显的。轧制硬铝合金、不锈钢和镍基合金时，轧辊磨粒磨损占整个磨损的大部分。使用某些润滑剂在使轧辊寿命延长的同时，可能会产生腐蚀磨损，不过这种损伤是局部的。

使轧辊报废的主要原因是疲劳剥落。这种剥落有时很深，使得冷轧轧辊表面的硬化层只留下少量的一层。由于局都磨损而产生的不均匀应力分布、轧辊表面研磨时产生的裂纹及残余应力都将加剧剥落的发生。剥落是由于浅层裂纹或延伸到硬化层与轧辊心部边界的环形裂纹而形成的。浅层薄片形成的剥落可以对轧辊重新研磨表面进行修复。

轧辊表面的破坏有时是偶然而严重的。例如带材的焊接点、偶尔进入变形区的外界物体或者带材表面的折叠都可使轧辊表面损坏。还可能是局部的热冲击，或者高速连续轧机失去控制时产生的对轧辊的破坏等。据统计这类破坏占所有轧辊损坏的 20％～50％。

18.4.4 轧制用乳化液润滑性能

近年来兼有润滑和冷却作用的乳化液在轧制工艺中有着广泛的应用前景，钱林茂和孟永钢等人[6]对于轧制用乳化液的润滑性能进行了实验研究，这里介绍他们得到的一些结果。

实验是在清华大学摩擦学国家重点实验室的混合润滑试验台上进行的。由软钢轧材制成的试块和 52100 钢(硬度 58～62HRC)制成的圆盘组成线接触滑动摩擦副，它们的表面粗糙度分别为 $Ra=0.130\mu m$ 和 $Ra=0.157\mu m$。

实验用润滑剂有 3 种，分别为体积分数 2.0％、3.5％和 5.0％的 N54 油液与水配制而成的冷轧带材用轧制乳化液。对于同种浓度的乳化液，分别在 $P=7.65N$、17.45N 和 27.25N 3 种载荷下和转动速度处于 0～400r/min 范围内进行实验。采用电阻法测量混合润滑状态下表面接触时间率。得到在不同油相体积分数 φ_0(％)和不同载荷下接触时间率随转动速度的变化关系，如图 18-24 所示。

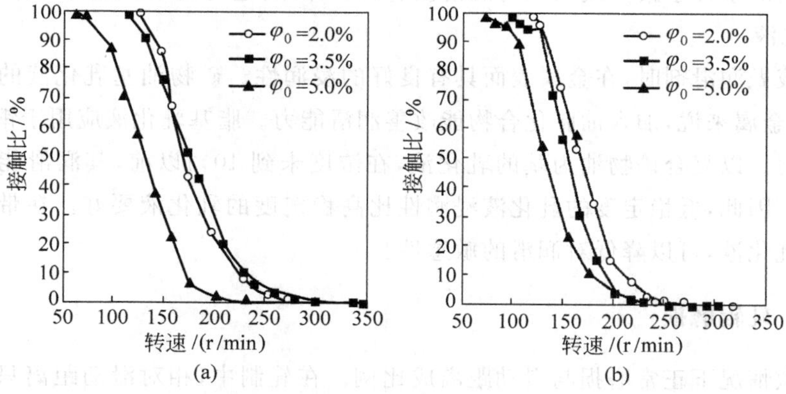

图 18-24 乳化液润滑性能

(a) $P=7.65N$；(b) $P=17.45N$；(c) $P=27.25N$；(d) $\varphi_0=2.0\%$；(e) $\varphi_0=3.5\%$；(f) $\varphi_0=5.0\%$

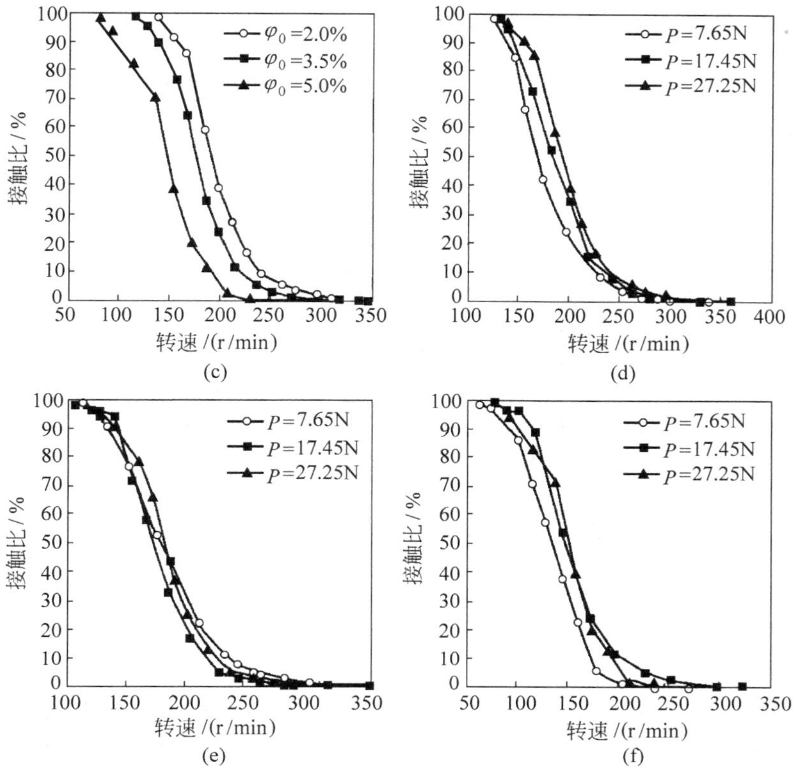

图 18-24(续)

由图 18-24 可以看出，不同工况得到的曲线按转动速度都可以分为 3 个区域，分别是：低速区（0～150r/min）、中速区（151～300r/min）和高速区（301～500r/min）。在低速区，接触时间率接近 1，表明存在连续接触，处于边界润滑状态。在中速区，接触时间率介于 0 与 1 之间表明是断续接触，处于混合润滑状态，在这一区域，接触时间随速度升高急剧减小。在高速区，表明接触表面存在完整的润滑油膜，处于全膜润滑状态，此后转动速度继续升高基本无变化。

综上所述，在足够高的速度和油相体积分数条件下，轧制乳化液可以显示出良好的润滑性能，减少混合润滑过程中表面接触时间。

18.5 切削摩擦学

在机械加工中，切削技术应用非常普遍。切削物与被切削物在切削过程中发生一系列的剪切、挤压及变形，切削摩擦学则是研究切削过程中摩擦、磨损、润滑等问题的科学，尤其是切削过程中所导致的剧烈摩擦和磨损。与一般摩擦学相比，它具有自身的特点，比如接触应力大，切削温度高，摩擦表面不断变化以及损伤形态多样等。现阶段的研究也主要集中于降低刀具的摩擦、延长刀具的使用寿命，提高加工过程的生产效率，发展绿色无污染的润滑技术以及微型化、纳米尺度加工等。

18.5.1　切削过程中的摩擦

切削加工过程中最为典型的两个摩擦副，是前刀面-切屑组成的摩擦副以及后刀面-工件组成的摩擦副，主要机理如图 18-25 所示。

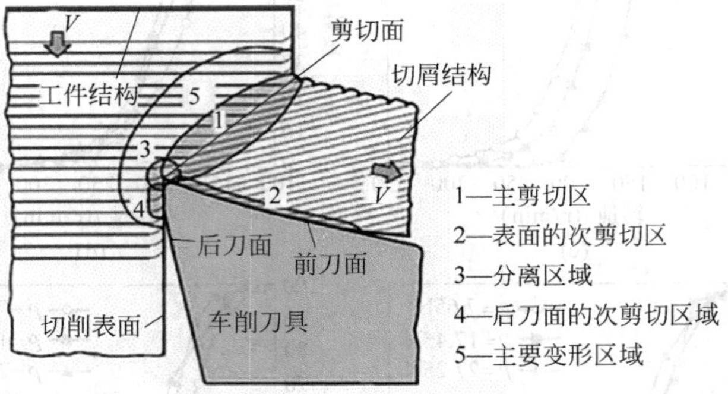

图 18-25　金属切削过程中的变形与摩擦

1. 切削摩擦的主要发生部位

根据摩擦副分类，简要介绍金属切削过程中的摩擦。

1）刀具-切屑摩擦

金属切削时，刀具的前刀面对切屑有很大的挤压作用，再加上几百度的高温，导致两者非常容易发生黏结。图 18-26 显示了切屑在前刀面的运动与摩擦情况，刀具前刀面与切屑接触常分为黏结区和滑动区[7]。

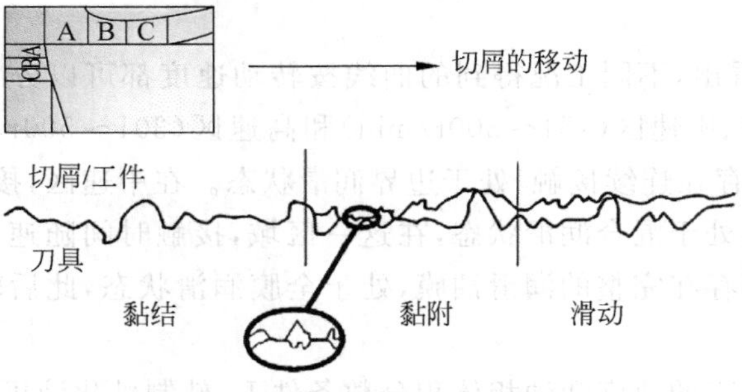

图 18-26　刀具-切屑之间的相对运动与摩擦

在滑动区，摩擦为外摩擦，刀屑接触状态为峰点接触，与名义接触面积相比，实际接触面积要小很多，库仑定律依然可以适用[8]；黏结区则为内摩擦，发生在切屑和刀具黏结层之间，摩擦规律与外摩擦不同。

2）刀具-工件摩擦

刀具-工件摩擦直接作用在工件表面，因此已加工表面的完整性对刀具与工件之间的摩擦状态比较敏感。刀具与工件之间为外摩擦，其大小与前刀面摩擦力相比要小得多。这主要是因为：第一，作用在后刀面的正压力一般比作用在前刀面的正压力小得多，因此刀工接触区的塑性变形小，而以弹性变形为主；第二，刀具设计时总留有一定的后角，保证刀具后刀面与工件表面之间具有一定的间隙。

2. 高速切削过程中的摩擦

高速切削是相对常规切削而得名的，在现代机械制造业中，高速切削加工技术因其材料切除率高、切削力消耗低、加工表面质量好等显著优点，必将代替传统的切削加工，发展前景非常广阔[9]。但其影响摩擦的因素更多，状况更复杂，研究也更广泛、更深入，因此着重对高速切削中的摩擦问题进行探究。

高速切削引起刀屑以及刀工之间产生高温高压，使高速切削的摩擦特性明显不同于普通切削。高温容易使黏结区的材料软化，刀具表面易形成新的氧化膜，从而降低摩擦力。根据已有研究对高速切削过程中摩擦因数的报道可以看出，如图 18-27，随着切削速度的增大，摩擦因数一般都减小[10,11]。另一方面，高温也容易促进摩擦化学反应的发生，从而影响摩擦因数。也有研究指出，高速切削使刀具和切屑之间产生摩擦氧化反应，也可使得摩擦因数降低。

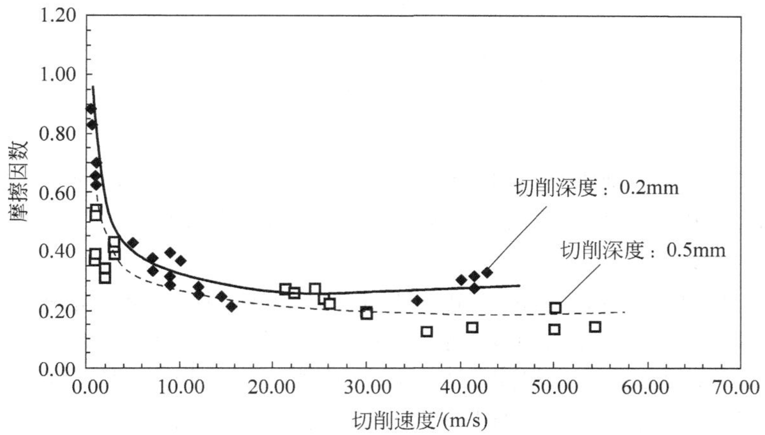

图 18-27 刀具-切屑界面摩擦因数与切削速度的实验关系曲线

高速切削过程中的摩擦情况较为复杂，仅仅采用实验难以解决，近年来计算机数值仿真的方法发挥了重要的作用。研究人员[12]利用 Deform 3D、Advant Edge 等大型仿真软件，模拟了高速切削过程中摩擦因数对切削加工性能的影响，以便提前了解切削力、切削温度等的变化规律及其影响因素，解决了加工性能差等问题，为其在航空航天等领域的应用奠定了良好的基础。

虽然针对高速切削领域已有大量的研究，但由于其复杂性，目前对于此过程中的摩擦情况并不完全了解。今后此领域的发展趋向于探究内在的摩擦机理，寻找适合高速切削的新型刀具材料，提高刀具使用寿命等。

18.5.2 切削过程中的磨损

刀具磨损是金属切削加工中的一个最基本、最重要的问题，早已引起了人们的高度重视，研究磨损的原因和规律，以便采取有效措施控制或减小磨损，在实际应用中具有重要作用。工件、刀具、切削环境、切削条件等因素都将影响磨损机理和磨损形态。最典型的磨损形态主要有前刀面磨损、后刀面磨损以及边界磨损等[13]（如图 18-28 所示）。

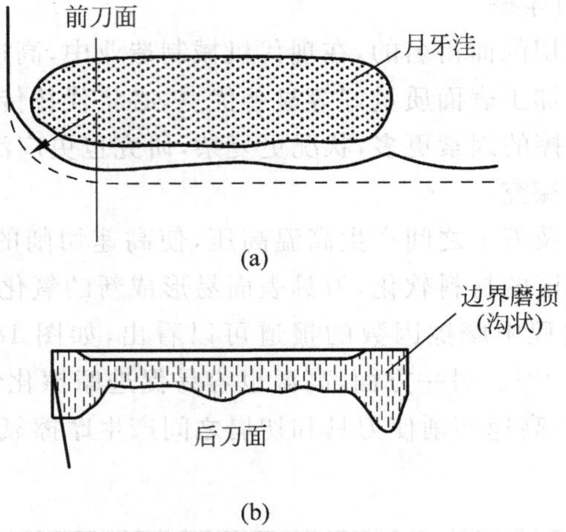

图 18-28 典型刀具磨损形式的简明示意图

(a) 前刀面磨损；(b) 后刀面磨损和边界磨损

1. *前刀面磨损*

这种磨损常发生在切削钢材料时，又称月牙洼磨损，如图 18-28(a)所示。加工中切屑与前刀面的接触面积很小，接触应力与温度极高，前刀面磨损主要是由刀具与工件材料的组成分子相互扩散所造成。

在高速加工中，刀具面临严峻的工况条件，高温导致前刀面月牙洼磨损的形成，并持续增加。然而月牙洼磨损的形成机制较为复杂，并未被充分认识。研究表明[14]涂层可以明显减缓月牙洼磨损。如图 18-29 为相同加工条件下不同刀具的月牙洼深度随切削时间的变化曲线，可以明显看出，金刚石涂层刀具与未涂层刀具相比，月牙洼的扩展非常缓慢。

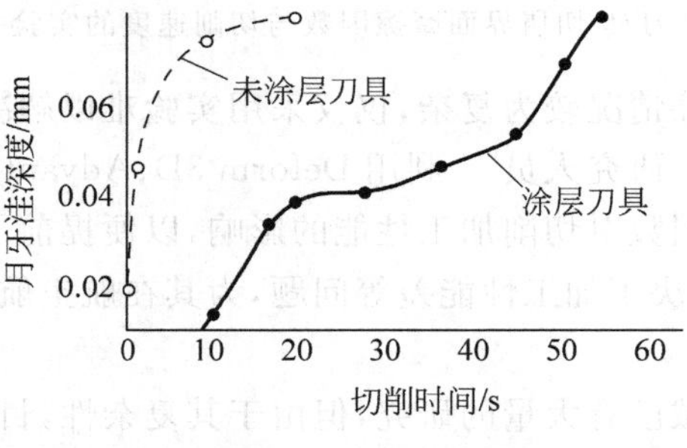

图 18-29 涂层与未涂层刀具月牙洼深度随时间变化曲线

2. *后刀面磨损*

后刀面磨损主要是由刀具主后刀面与加工表面间机械摩擦造成的，磨损往往不均匀，如图 18-28(b)中 C 区、B 区所示，刀尖部分磨损比较严重；主切削刃靠近工件外皮处的 N 区属于边界磨损；在磨损带中间部位磨损均匀。对于氮化硅 Si_3N_4 基陶瓷刀具的研究表明，切削时刀具的主后刀面与工件在高应力下接触发生剧烈摩擦，产生较高的温度，是导致刀具后刀面发生严重磨损及破损的直接原因。

3. *边界磨损*

除了前刀面磨损、后刀面磨损外，在前后刀面刀屑接触及刀工接触的边缘部分，如

图 18-28(b)，边界磨损也时常发生。工件表面的黑硬皮、白口层、加工硬化层、边界氧化所造成氧化磨损等都是引起边界磨损的原因。

4. *刀具材料*

随着现代机械制造业的发展，传统的高速钢刀具和硬质合金刀具已越来越难以满足实际工程领域的使用要求。因此，进入 20 世纪 90 年代以来，新型的刀具材料受到越来越多的关注，包括陶瓷、聚晶金刚石(PCD)、立方氮化硼(PCBN)等。其中，聚晶金刚石材料因其具有高硬度、可焊接性、良好的耐磨性以及导电性等优势，而被广泛应用于特殊材料和难加工材料的加工，其应用在国内外已经获得很大进展[15]。对聚晶金刚石刀具的切削性能和磨损机理的研究指出，其耐磨性能随金刚石粒度的增大而增强，磨损机理主要是晶粒间微裂纹。此外硼化物的活性较高，容易发生摩擦化学反应，生成氧化物润滑膜，从而减少摩擦和磨损。在使用聚晶立方氮化硼(PCBN)刀具切削加工奥氏体高锰钢的研究[16]中发现，相对较低温度下两者之间发生严重的机械磨损，而随着切削温度升高逐渐向扩散磨损过度，刀具后刀面的磨损宽度随切削速度的变化趋势表明该刀具更适用于高速切削。

18.5.3　切削过程中的润滑

合理高效的润滑是减轻切削过程中摩擦与磨损的关键方法，因其独特的优势吸引了大量的关注，目前，该领域在理论研究以及生产实践中都取得了一定的成效。切削加工润滑的方式不断发展与改进，主要包括采用切削液、在刀具表面涂覆润滑涂层、使用自润滑刀具以及最近兴起的冷却润滑等。

1. *切削液*

传统的切削液带来的环境污染与目前绿色环保的理念相违背，使其应用不断受到限制。切削液可以分为油基和水基两大类，近年来针对微量润滑的研究也备受瞩目。切削液润滑性能与其渗透性和形成吸附薄膜的牢固程度有关，并受切削速度影响。

在切削液中加入添加剂被证实是有效地提高切削液性能的方法。近年来，硼酸酯作为一种新型抗磨添加剂得到了广泛关注。在边界润滑状态下，基础油不足以形成极压抗磨润滑油膜，而含硼抗磨添加剂中的油性剂(如亚油酸和植物油)分子具有强极性基团，可以在表面形成化学吸附油膜，具有良好的润滑作用；与此同时，还可以由摩擦化学反应形成化学反应膜，从而起到极压承载与减摩、抗磨的作用。此外，在切削加工中通常使用的固体润滑剂主要有石墨、MoS_2、WS_2 以及硼酸盐等。一般可以将各种固体润滑剂均匀分散于油基或水基切削液中，以便通过液相介质将粒径适宜的固体颗粒引入摩擦副接触表面之间，在实行液相润滑的同时发挥固体润滑剂的特殊润滑和承载作用。

目前的微量润滑技术(MQL)多采用将润滑液与压缩空气进行混合，然后对其进行气化后喷射到切削加工区，从而达到润滑的目的。此技术所消耗的润滑液很少，既可以降低成本，又不会对环境造成污染；与此同时，润滑效果也异常显著，是目前发展最为迅速的润滑方式之一。研究指出[17]，对比研究水冷、干切和微量润滑方式切削 AISI9310 钢时刀屑接触区温度、切屑变形系数和刀具寿命可发现：微量润滑 MQL 方法能有效降低刀屑接触区温度、减小切屑变形系数从而提高刀具寿命。

2. *刀具涂层*

随着材料表面改性技术的不断发展，对刀具进行涂层涂覆处理已成为提高切削过程摩擦性能的重要途径之一，该方法使得切削刀具的综合性能、机械加工效率等都得到有效提升。20 世纪 80 年代左右，化学气相沉积、物理气相沉积等涂层技术对硬质合金刀具以及高速钢刀具的发展起到了巨大的促进作用，在此之后，又不断涌现出各种新的涂层材料、涂层方法等。例如，金属 Al、Ti、Si 等的氧化物保护膜的剪切强度较低，采用离子束混合（IBM）和离子束辅助沉积（IBAD）等技术对刀具材料进行离子注入处理以引入这些元素，可以赋予改性表面以良好的润滑功能。近年来，纳米涂层改善刀具切削性能的研究也引起重视[18]，通过对纳米涂层的组成和结构合理和科学的设计，刀具可获得优异的减摩抗磨性能。

3. 自润滑技术

切削加工中采用切削液进行润滑虽然简单，但却存在环境污染、油品能源消耗等一系列问题；此外，刀具表面涂层技术具有良好的应用前景，但涂层容易因为磨损脱落而发生失效。在此背景下，刀具自润滑技术得以发展，既解决了切削液润滑中的污染与资源消耗等问题，又解决了刀具涂层润滑不稳定的问题，具有明显优势。可以说，刀具自润滑是目前切削加工中最具发展前景的润滑技术。目前针对自润滑技术的研究已取得了一系列进展，总结来说已得到应用和公认的实现刀具自润滑的方法大致包括以下 4 种：

（1）原位反应自润滑：此方法的机理主要是切削加工使温度升高，导致刀具材料容易发生摩擦化学反应，从而在表面原位生成润滑膜，从而实现刀具的自润滑[19]。从机理分析，刀具的自润滑能力在较高温下更好，适用于高速切削。

（2）软涂层润滑：在刀具表面沉积具有润滑性能的涂层（如 MoS_2、WS_2、MoS_2/Mo 等），有利于减小摩擦因数，减轻黏结、降低切削力和切削温度。与“硬”涂层涂覆刀具不同，采用合适的硬、软相材料成分和特殊工艺可以在“软”涂层涂覆刀具表面获得具有特定组织、微结构和形态的优化结构，其在高温高压下可以表现出良好的减摩和抗磨作用[20]。

（3）基体添加固体润滑剂[21]：常用的固体润滑剂有 MoS_2、CaF_2 等化合物及 Pb、W、Ag 等软金属，通过合理的组分设计，将其直接加入刀具的基体，制成复合刀具材料，利用固体润滑剂减摩抗磨的特点，使刀具在切削加工过程中表面形成固体润滑层，实现刀具材料的自润滑。

（4）微池润滑：通过在刀具前刀面易磨损部位加工一定尺寸、阵列、形状的装有润滑剂的微细小孔，润滑剂在切削过程中受热膨胀，或受工件的摩擦挤压作用，在刀具表面自发形成润滑层，实现“微池润滑”[22]，进而提高刀具的摩擦磨损特性。

4. 冷却润滑

机械加工中常用的冷却方式有使用水基冷却液、油基冷却液，以及低温冷却等，良好的冷却介质和方法不仅能够有效地减小摩擦和磨损，还能带走切削区内产生的热量以降低切削温度和切削力，减少切削变形程度，提高刀具寿命和工件加工精度。此外，低温冷风切削[23]是最近兴起的一种绿色加工方法，是指采用冷风对切削区进行强烈的冲刷。如果添加微量润滑油混合雾化，将低温冷风切削与微量润滑的方法结合，则会得到更明显的改善。低温冷风切削在钛合金、高硅铝合金等难加工材料的高速切削中有着优异的效果。

18.5.4 纳米切削

随着对于加工精度和表面质量的要求逐步提高，材料加工已向纳米级发展，微加工和超精密加工的广泛应用使纳米级切削成为热点，其在复杂形面加工方面的应用前景尤为广阔[24]。相比于传统加工方式以及其他微纳加工技术，纳米切削的最大优势在于可直接加工具有纳米级表面粗糙度的复杂面型。但由于纳米切削过程的高速瞬态过程不易表征，同时人们对纳米切削过程中材料的原子级去除机理尚不清楚，而基于宏观塑性力学的连续介质理论也已不能直接应用于纳尺度切削过程。因此目前对于纳米切削的研究较为分散，相关研究也都处于初步阶段。

针对纳米切削的机理模型，研究者开展了大量的研究工作，指出由于纳米切削尺寸效应和刃口效应的存在，传统的切削理论模型已不能完整解释纳米级表面的形成过程。因此，建立纳米尺度下材料切削去除的理论模型是纳米切削的重要任务。房丰洲等人[25]在大量实验研究和计算机仿真的基础上给出了纳米切削的模型，实现了粗糙度为 1nm 的单晶硅表面纳米切削。所提出的纳米切削模型如图 18-30 所示。与传统切削过程不同，纳米切削中刀具刃口半径远大于切削深度，为负值的有效前角为刀刃前方产生塑性变形提供了必需的压应力。切削深度 a_c 与刃口半径 r 之比 a_c/r 存在临界值，当切削深度与刃口半径比 a_c/r 小于临界值时，接触区只发生弹性变形 D_e 和塑性变形 Δ，而无切屑产生，此时情况如图 18-30(a)所示。当刀刃最低点切过加工材料表面，弹性变形部分 D_e 恢复，塑性变形部分形成永久的变形，切削深度与刃口半径比 a_c/r 大于临界值，前刀面处形成区域 S，此区域内材料被向上推挤形成切屑，另一部分材料沿刀面向下流动形成已加工表面，如图 18-30(b)所示。图中，β 角为合力方向与竖直方向的夹角；θ 角为驻点；S 为竖直方向的夹角；L 为最低切削点；P 为永久变形起始点。

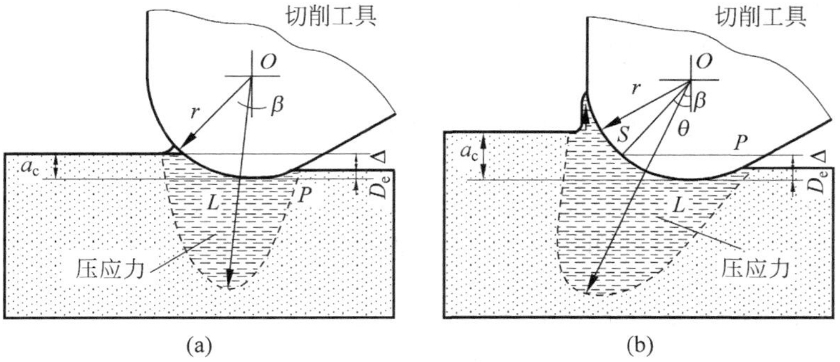

图 18-30　纳米切削模型

(a) 切削深度与刃口半径比 a_c/r 小于临界值；(b) 切削深度与刃口半径比 a_c/r 大于临界值

刀具刃口半径越小，所能得到的极限切削深度越小。因此，尽可能减小刀具刃口半径是获取纳米切削极限的必要途径，如图 18-31 所示为研究人员用聚焦离子束刻蚀方法所获得的纳米刀具[26]。

目前，对纳米切削的对象已有大量报道，材料广泛种类各异，由于其性质差异较大，同时微观作用机制也不尽相同，尤其涉及不同的原子种类、排布以及晶体结构变化，因此对切削对象材料的研究也呈现了分散性，即对不同材料有针对性地研究其规律特性以及建立不同的理论。目前已经开展的纳米切削对象材料研究包括塑性材料、脆性材料、黑色金属以及高分子材料等。在开展上述研究时，研究人员有效地利用微观测试表征手段(如原子力显微镜 AFM、扫描电镜 SEM)以及计算机分子动力学仿真等方法，对不同材料的去除机理进行揭示[27,28]。总体上来说，纳米切削发展前景广阔，意义重大，但由于其微观机制复杂难以表

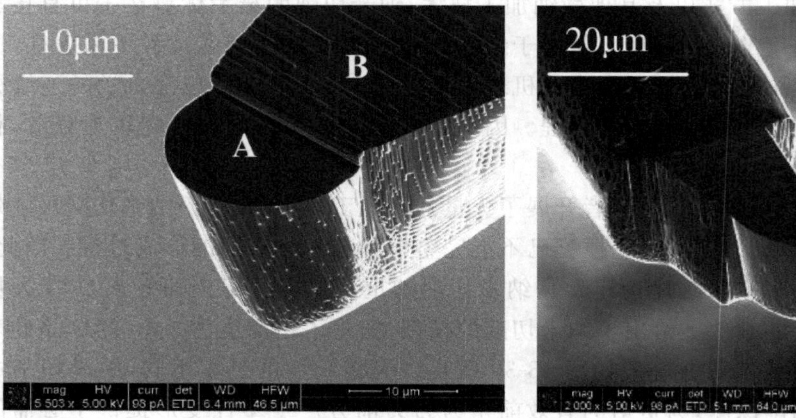

(a) (b)

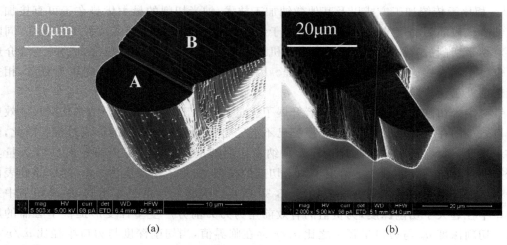

图 18-31 聚焦离子束制备得到的纳米刀具

(a) 圆形刀具；(b) 半圆形刀具

征，目前仍未形成系统的理论基础，并且亟待高精密的切削加工设备以及成熟工艺的开发。

参考文献

[1] 茹铮，余望，阮熙寰，等. 塑性加工摩擦学[M]. 北京：科学出版社，1992.

[2] 李虎兴. 压力加工过程的摩擦与润滑[M]. 北京：冶金工业出版社，1993.

[3] 格鲁捷夫，等. 金属压力加工中的摩擦和润滑手册[M]. 北京：航空工业出版社，1990.

[4] 孟永钢，刘新忠，陈军. 超声波在拔丝加工中减摩降载作用的研究[J]. 清华大学学报，1998，38(4)：28-32.

[5] MENG Y，WEN S. A finite element approach to PHD in cold forging[J]. Wear，1993(160)：163-170.

[6] 钱林茂，孟永钢，黄平，等. 电阻法检测乳化液润滑状态的变化[J]. 摩擦学学报，1996，16(3)：239-246.

[7] 陈日曜. 金属切削原理[M]. 北京：机械工业出版社，2004：40-43.

[8] 石森森. 切削中的摩擦与切削液[M]. 北京：中国铁道出版社，1994：10-21.

[9] 王晶晶，李新梅. 高速切削加工技术及其重要应用领域浅析[J]. 机床与液压，2015，43(4)：177-180.

[10] FARHAT，Z N. Wear mechanism of CBN cutting tool during high-speed machining of mold steel [J]. Materials science and Engineering：A，2003，361(1-2)：100-110.

[11] SUTTER G，MOLINARI A. Analysis of the cutting force components and friction in high speed machining[J]. Journal of Manufacturing science and Engineering，Transactions of the ASME，2005，127(2)：245-250.

[12] 张慧萍，刘壬航，李珍灿，等. 300M 超高强度钢高速切削过程仿真研究[J]. 机械科学与技术，2017，36(10)：1-6.

[13] 庞丽君，尚晓峰. 金属切削原理[M]. 北京：国防工业出版社，2009：56-59.

[14] 钟启茂. 金刚石涂层刀具高速铣削石墨的磨损形态与破损机理[J]. 工具技术，2009，43(6)：36-39.

[15] HOOPER R M，HENSHALL J L，KLOPFER A. The wear of polycrystalline diamond tools used in the cutting of metal matrix composites[J]. International Journal of Refractory Metals & Hard Materials，1999，17：103-109.

[16] 张增志，张利梅，白兵占，等. 聚晶立方氮化硼刀具切削高锰钢的磨损机制[J]. 摩擦学学报，2004，

24(3)：202-106.

[17] KHAN M M A, MITHU M A H, DHAR N R. Effects of minimum quantity lubrication on turning AISI 9310 alloy steel using vegetable oil-based cutting fluid[J]. Journal of Materials Processing Technology, 2009, 29：5573-5583.

[18] JULTHONGPIPUT D, AHN H S, SIDORENKO A. Towards self-lubricated nanocoatings[J]. Tribol. Int. ,2002, 35(12)：829-836.

[19] DENG J, CAO T, LIU L. Self-lubricating behaviors of Al_2O_3/TiB_2 ceramic tools in dry high-speed machining of hardened steel[J]. Journal of the European Ceramic Society, 2005, 25(7)：1073-1079.

[20] 邓建新，葛培琪，艾兴. 切削加工润滑技术研究现状及展望[J]. 摩擦学学报，2013，23(6)：546-550.

[21] 邓建新，曹同坤，艾兴. $Al_2O_3/TiC/CaF_2$ 自润滑陶瓷刀具切削过程中的减摩机理[J]. 机械工程学报，2006，42(7)：109-113.

[22] 宋文龙，邓建新，王志军. 微池润滑刀具干切削过程中的减摩机理[J]. 摩擦学学报，2009，29(2)：103-108.

[23] 苏宇，何宁，李亮. 冷风切削对高速切削难加工材料刀具磨损的影响[J]. 摩擦学学报，2010，30(5)：485-490.

[24] 房丰洲，赖敏. 纳米切削机理及其研究进展[J]. 中国科学：技术科学，2014，44(10)：1052-1070.

[25] FANG F, WU H, LIU Y. Modelling and experimental investigation on nanometric cutting of monocrystalline silicon[J]. Int J Mach Tool Manu, 2005, 45：1681-1686.

[26] XU Z, FANG F, ZHANG S, et al. Fabrication of micro DOE using micro tools shaped with focused ion beam. Opt Express, 2010, 18：8025-8032.

[27] NARULKAR R, BUKKAPATNAM S, RAFF L M, et al. Graphitization as a precursor to wear of diamond in machining pure iron：a molecular dynamics investigation[J]. Comp Mater Sci, 2009, 45：358-366.

[28] YAN J, ASAMI T, HARADA H, et al. Fundamental investigation of subsurface damage in single crystalline silicon caused by diamond machining[J]. Precis Eng, 2009, 33：378-386.

第19章　生物摩擦学

人体内存在各种摩擦，如关节的摩擦，管腔（血管、气管、消化道、排泄道）内的摩擦，运动时产生的肌肉、肌腱间的摩擦等。由于摩擦可以引起人体许多生理变化和疾病。

20 世纪 80 年代兴起的生物摩擦学是摩擦学与生物力学、生物化学、流变学等的交叉学科，在医学与摩擦学工作者的共同努力下得到迅速发展[1]。

在生物摩擦学领域，特别是人和动物的关节与人造关节的润滑机理，是摩擦学原理的应用发展得最快的一个方面。近年来对关节中各种润滑机理和摩擦磨损行为获得了比较深入的了解。

19.1　生物软组织的力学基础

19.1.1　软组织的流变学特性

为了认识生物体器官的生理机能，必须首先了解软组织的流变特性[2]。生物组织都是复合材料，所以其流变性质可视作复合材料的力学性能来处理。根据应力范围的不同，承载的单元是不同的。对生物组织来说，加载和卸载时的本构方程不一样，而且各向异性非常显著。

图 19-1 是收缩后的肌肉纤维的应力-伸长比曲线。图中实线是按式(19-1)算出的理论曲线，它和实测结果非常吻合。

$$\sigma = \frac{1}{3} G \sqrt{N} \left[L^{-1}\left(\frac{\gamma}{\sqrt{N}}\right) - \gamma^{-3/2} L^{-1}\left(\frac{1}{\sqrt{\lambda N}}\right) \right] \tag{19-1}$$

式中，σ 为变形前的应力；λ 为伸长比（伸长后的长度与初始长度之比）；γ 为常数；$G = nkT$，其中 n 为单位体积中所具有的网目链数，k 为玻尔兹曼常量，T 为绝对温度；N 为网目链中的随机链环数；L 是 Langevin 函数：$L(x) = \coth x - 1/x$；L^{-1} 是 L 的逆函数。

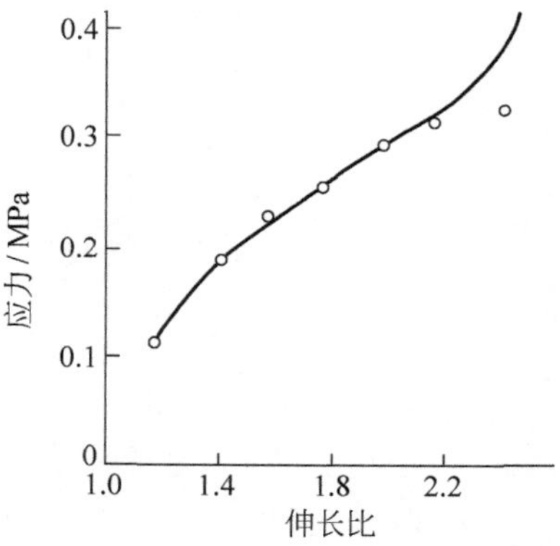

图 19-1　收缩状态肌肉纤维的应力-伸长比曲线

19.1.2　应力-应变曲线的分析

图 19-2 所示为动物的心肌沿轴向以一定的应变速度拉伸，又以同一速度卸载时，测得的应力-应变曲线。

图 19-3 所示为动物主动脉周向切片，在纵向拉伸时，张力 T 和 $\mathrm{d}T/\mathrm{d}\lambda$ 的曲线，T 为相应于初始截面积的载荷，λ 为伸长比。

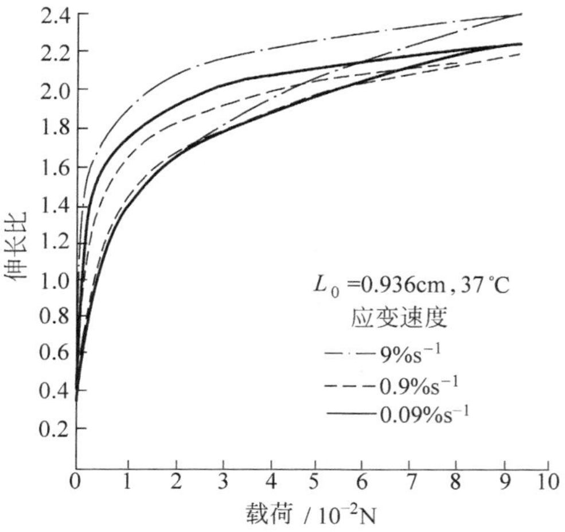

图 19-2　动物心肌应力-应变曲线

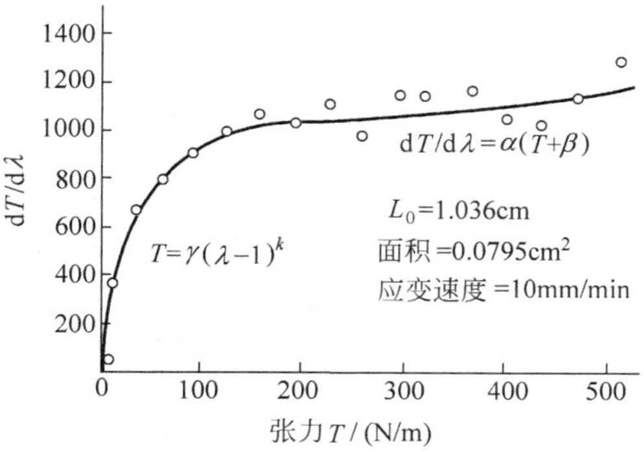

图 19-3　动物主动脉周向切片的 $\mathrm{d}T/\mathrm{d}\lambda$-$T$ 曲线

如图 19-3 所示，当张力 $T>200\mathrm{N/m}$ 时，有

$$\frac{\mathrm{d}T}{\mathrm{d}\lambda}=\alpha(T+\beta) \tag{19-2}$$

积分式(19-2)得

$$T=(T^*+\beta)\mathrm{e}^{\alpha(\lambda-\lambda^*)}-\beta \tag{19-3}$$

式中，当 $\lambda=\lambda^*$ 时，$T=T^*$。

同样按图 19-3 可以求得当 $T<200\mathrm{N/m}$ 时，张力与伸长比的关系为

$$T=\gamma(\lambda-1)^k \tag{19-4}$$

上述应力-应变关系除可用于主动脉外，还可以用于肠系膜、皮肤、尿管、心肌等许多组织。这些组织的应力-应变关系的一个特征是：加载和卸载时的曲线不一样(图 19-2)；也就是说，参数 α、β、γ、k 在加载或卸载时数值不同。

生物组织的应力-应变曲线的另一特征是，无论是加载还是卸载，应变速度的影响很小。在图 19-2 中，应变速度变化范围为 100 倍，曲线的变化并不显著。所以，试样作正弦型伸长时，滞后回线不随频率而变化。Fung 等人[3]在周期为 1～1000s 的频率范围内进行的测量结果证明，上述结论对于肠系膜、动脉、皮肤、肌肉、尿管等都是正确的。

19.1.3　各向异性关系

生物组织几乎都是各向异性的。而目前有关软组织流变性质的数据，大都是在一维条件下测定的，如细长圆管状试样拉伸。要研究组织的各向异性特性，必须采用二维测量方法。

Fung 等人[3]用动物的腹部皮肤做了二维拉伸实验，其结果如图 19-4 所示。所谓二维拉伸就是在两个相互垂直的方向上，分别加力使之拉伸。取腹皮纵向和侧向的坐标轴为 x、

y,这时,τ_{xx}、τ_{yy} 都是沿 x、y 方向伸长比 λ_x、λ_y 的函数。图中的曲线是分别固定 λ_x、λ_y 其中之一得到的。

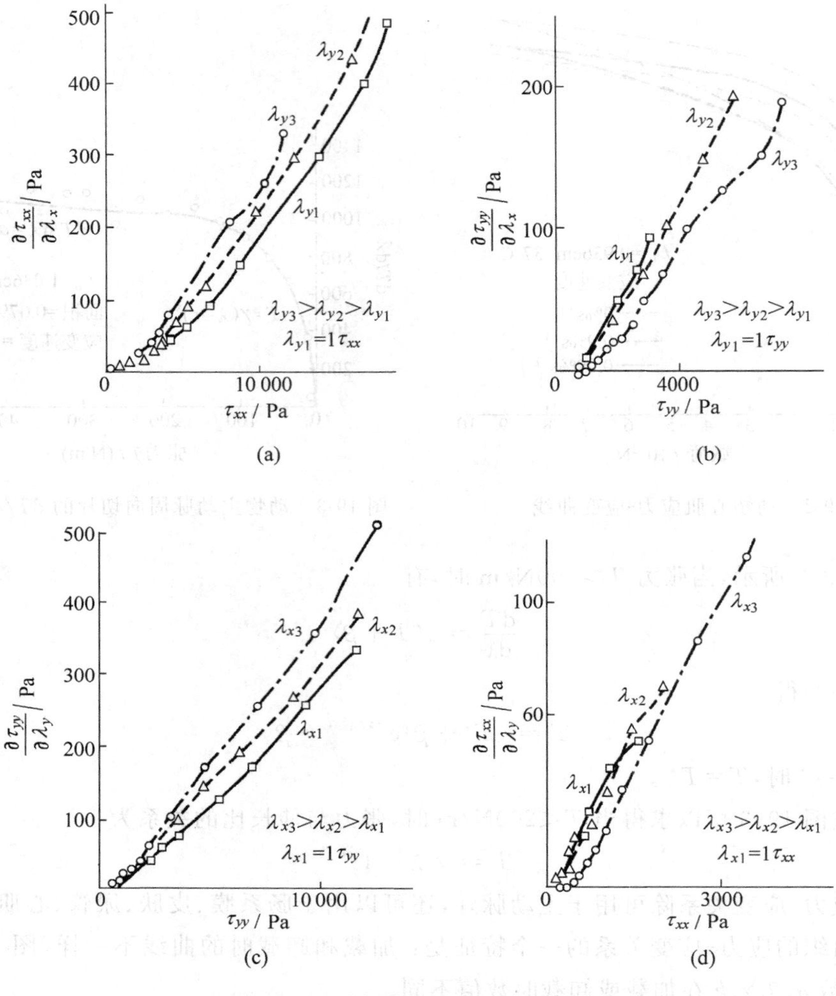

图 19-4 动物腹部皮肤的二维拉伸

另外 Fung 等人关于动物肠系膜的实验得出,剪切弹性模量不是常数,而是随应力增大而增大的。若将应力 τ_{ij} 与剪应变率 γ_{ij} 的关系写为

$$\tau_{ij} = G\gamma_{ij} \tag{19-5}$$

则根据实验数据得出

$$G = G_0 + f_1(I_1) + c_2 I_2^{1/2} \tag{19-6}$$

这里,G_0、c_2 是常数;I_1、I_2 分别为应力张量的第 1 和第 2 不变量。

$$I_1 = \tau_{11} + \tau_{22} + \tau_{33} \tag{19-7}$$

$$I_2 = \frac{1}{6}[(\tau_{11} - \tau_{22})^2 + (\tau_{22} - \tau_{33})^2 + (\tau_{33} - \tau_{11})^2] + \tau_{12}^2 + \tau_{23}^2 + \tau_{31}^2 \tag{19-8}$$

19.2 关节润滑液的特性

19.2.1 关节润滑液

关节润滑液含有称之为黏蛋白(mucn)的糖蛋白质,它不是单纯的黏性液体,而是具有弹性的黏弹性液体,且有拉丝性。由于关节炎的影响,关节润滑液的拉丝性有明显的变化。例如,蛋白、研磨后的芋薯之类的物质也是黏弹性液体,也有可拉丝性。所谓拉丝性,就是像蒸熟后发霉的豆那样,可以拉出丝来的性质。胶体化学中习惯于把液体的弹性称为流动弹性。

关节润滑液是由血浆透析而生成的,它不含纤维蛋白原,故不会凝固。黏蛋白的主要成分是透明质酸,关节润滑液的黏弹性主要是它引起的。透明质酸通常总是和蛋白质结合,以复合体的形式出现的,如图 19-5 所示。

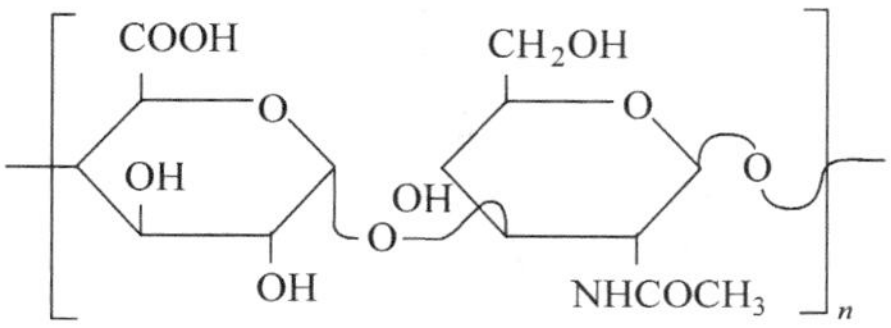

图 19-5 透明质酸的分子结构

在这种复合体中,蛋白质占 2%,只要透明质酸不发生分解、复合,蛋白质是很难分离出来的。所以,透明质酸的黏弹性与复合体形成的程度没有明显的关系。透明质酸的分子量约为 10^6,它的分子由可卷曲的随机螺旋形链构成,各种外界的作用(例如化学药品、放射线、热、溶剂、重金属离子等)都很容易使它的分子链裂解或复合。由于剪应力也可以使透明质酸的分子裂解,故静态和动态下测得的黏度不一样。

19.2.2 关节液润滑特性

下面介绍 Myers 等人[4]关于关节润滑液的研究结果。所用测定装置为扭转振动型同心圆黏度计。这种装置在 5~25Hz 的低频域内使用特别方便。在内、外圆筒的间隙之间,装入关节润滑液,外筒作振幅为 3°的正弦型扭转振动,从内筒的振幅和相位角的滞后特性可以求出关节液的动黏度 η' 和动剪切弹性模量 G',它们都是频率的函数。试样取自患者并在 0℃下保存。

一般对于动黏弹性问题,应力和应变关系分别用复数表示,即

$$\frac{\tau}{\gamma} = G' + \mathrm{i}G'' \tag{19-9}$$

若复数黏度用 η 表示,则 $\eta\dot{\gamma}=\tau$,取角频率 ω,$\dot{\gamma}=\mathrm{i}\omega\gamma$,因而

$$\eta = \frac{G''}{\omega} - \mathrm{i}\,\frac{G'}{\omega} \tag{19-10}$$

所以动黏度 η' 为

$$\eta' = \frac{G''}{\omega} \tag{19-11}$$

由于关节润滑液的动黏度 η' 随 ω 和温度 T 而变化,所以需要按照时间与温度换算法则,将测定值用折合因子 a_T 换算成 25℃时的数值。若 25℃时的定常黏度为 η_0,而温度 T 时的定常黏度为 η,则折合因子为

$$a_T = \frac{\eta}{\eta_0} \tag{19-12}$$

图 19-6 示出了 $\lg a_T$ 和 $1/T$ 的关系。

图 19-7 所示为动黏度 η' 和角频率的关系，图 19-8 所示为动态剪切模量 G' 和角频率的关系。可见 η' 随角频率增大而降低；而 G' 则相反，随角频率增大而升高。

由于 $\omega \to 0$ 时，G' 急剧减小，关节润滑液可以认为是没有屈服应力的。由图 19-9 可知，静黏度依赖于剪应变率，故关节润滑液是非牛顿流体。当 $\dot{\gamma} \to 0$ 和 $\omega \to 0$ 时，静黏度的极限值和动黏度的极限值相等。

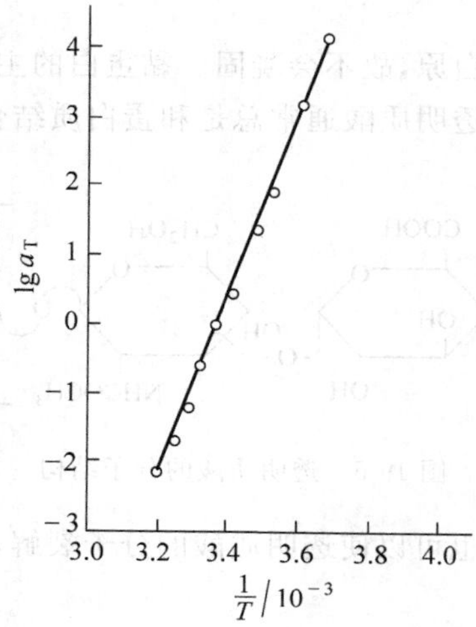

图 19-6 关节润滑液的折合因子 $\lg a_T$ 与 $1/T$ 的关系

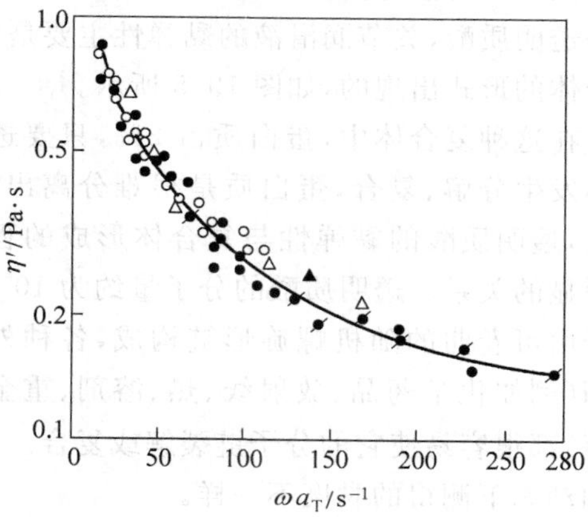

图 19-7 关节润滑液动黏度与角频率的关系

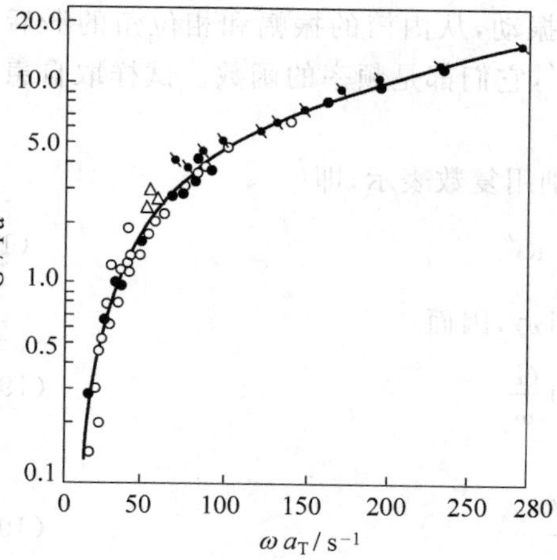

图 19-8 关节润滑液动态剪切模量与角频率的关系

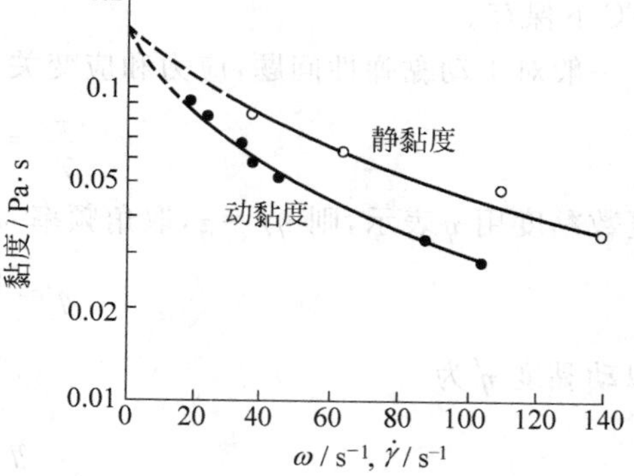

图 19-9 关节润滑液静、动黏度

上述实验结果表明，关节润滑液在相当于关节做缓慢运动的低频域内，其性能类似黏性液体，而在相当于关节做剧烈运动的高频域内，性能则趋于弹性体。

虽然氢化可的松不直接影响关节润滑液的静黏度，但注射氢化可的松以后，关节润滑液的动黏度 η' 和弹性模数 G' 均增大。

关节润滑液的动黏度主要取决于透明质酸的浓度，部分依赖于透明质酸和蛋白质的复合体的形成。而另一方面关节润滑液的动弹性模量和复合体的形成呈线性关系。

19.3 人和动物关节的润滑

图 19-10(a)为人关节的示意图，它粗略地表明膝部、臀部或脊骨共有的特性。关节传递载荷的结构件是骨骼，它们的端部可以用一球体的或椭圆体的表面(臀部)来表示，用以提供某种形式的支承面积。而在另一情况下用圆柱体(膝部)可能更恰当。

图 19-10(b)中展示了关节等效的润滑模型。骨骼表面在关节的内部由一层较软的和多孔的关节软骨组织所覆盖，这就是支承材料。上下骨骼上的软骨组织由润滑液分开，这种润滑液由隔膜包住并在关节之间提供必要的润滑作用。

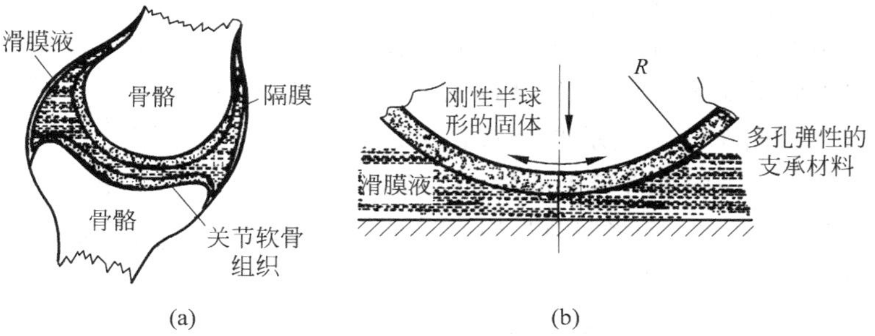

图 19-10 人关节及其润滑模型

(a) 人关节；(b) 等效润滑模型

从自然进化的人的关节结构远远胜过人类能够制造的人工关节。如正常的人类关节显示摩擦因数处在 0.001～0.03 的范围以内，这甚至比流体动压润滑的径向轴承或精密的滚动轴承都要低得多。最早的关节润滑机理研究推测这是一种流体动压作用，但很快发现以此来解释人类关节中实际测到的极低的摩擦因数是不正确的，因为在骨骼表面之间的相对滑动速度从没有大于每秒几厘米的情况，不可能产生足够的承载力。

人们还提出过边界润滑、分泌和弹流润滑等机理，这些机理在关节的润滑中起着重要的作用。另一种润滑形式是在软骨组织之间存在挤压膜，它强烈地阻止骨骼表面的相互接近，特别是当膜厚变薄的时候(例如为 0.25μm 时)。人和动物关节中的整个润滑机理可以看作是以挤压膜作用为主，加上边界润滑、分泌和弹流润滑效应的组合。后面几种作为挤压膜的补充作用。

19.3.1 人体关节的性能

人体关节的软骨组织是平滑的软骨，铺衬在关节中骨脂的表面上。其功能是吸收由于关节运动所造成的磨损，提供一种润滑机理以使关节的摩擦降到最低，并传递身体内部发生的载荷。关节软骨组织的厚度对每一个关节是不同的，而且在同一关节的表面上各个位置也有所不同。在青年时期，较大的关节软骨组织的厚度可以达到 4～7mm，而较小的关节软骨组织的平均厚度为 1～2mm。

软骨组织的结构由分布在整个三维的骨胶原纤维网状组织中的单细胞所构成。这种网状组织埋在一种称为软骨胶硫酸盐的基体物质之中，并由一种液体充满。液体组分弥散在整个固体骨架之中，并以不同程度的分子吸引力与骨架连接在一起。某些液体分子牢固地结合在纤维结构之上，但大多数仅仅是保留在纤维间的空隙之中。这些液体分子在由压力梯度所造成的整体流动和化学浓度局部差异所引起的扩散的联合作用下，穿过细胞的基体而转移。发生在软骨组织中的两种主要的物理化学过程是集结与膨胀，它们是液体流入和流出细胞组织的结果。集结过程是当外部的压缩载荷加到软骨组织上时，引起了液体含量的减少，而膨胀则意味着液体含量的增加。这种液体发生变换的速率是特别有意义的，因为它决定软骨组织厚度变化的时间。

关节软骨组织最重要的结构特征是它的多孔性，孔的平均尺寸约为 6nm。这些孔在软骨组织表面上的分布对润滑起重要作用。用探针扫描仪器测出的软骨组织表面粗糙度表明，它的结构比工程支承面要粗糙得多。图 19-11 表示两个软骨组织表面轮廓的对比，图(a)为健康青年人的软骨表面，图(b)为老年人的软骨表面。前者呈现"波纹"或明显的宏观结构，在每一宏观凸体的表面叠加微观粗糙度，后者表现出更大的宏观起伏波纹度。

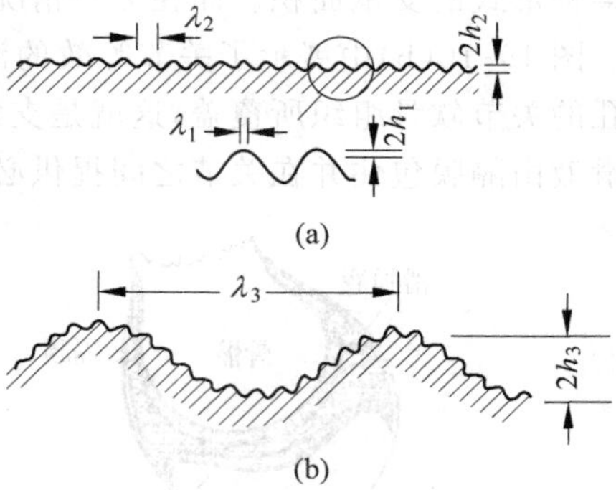

图 19-11 典型关节软组织的表面粗糙度
(a) 健康青年人；(b) 老年人

19.3.2 关节润滑液

关节润滑液是一种透明、黄色而发黏的物质，存在于自由运动的关节腔穴中，并与软骨组织相互作用以实现润滑功能。从工程的观点，可以把润滑液结构看作是由黏朊酸构成的蜂窝状的网状组织的界壁，而水状组分处于其中。因此，在健康状态下润滑液似乎具有海绵状结构。化学成分表明，它是一种血浆的渗析物加上黏朊酸和一种微小的细胞状组分。润滑液最重要的性能是它的黏度，而这似乎主要与黏朊酸组分有关。作为一种边界润滑剂，黏朊酸能够影响软骨组织的摩擦性能。

润滑液属于非牛顿液体，它有明显的剪切稀化特性即黏度几乎与剪应变率呈线性下降。如果在软骨组织表面间的膜厚低于 1μm，则液体分子能显著地影响关节滑动性能，并显示出边界润滑剂的特性。这是由于在载荷作用下润滑液浓缩，因而在软骨组织的表面上形成一种凝胶体，它比整体液体的黏度高得多。凝胶体的形成是在法向载荷下低黏度的液体渗过软骨组织的海绵状结构而引起的。凝胶体状的润滑液被截留在软骨组织表面上的凹陷处成为储存器，以维持必要的边界润滑作用。图 19-12 所示为分泌作用的边界润滑图形，它是由于润滑液从软骨组织的孔中逸出，凝胶体截留在隔离的坑中而形成的。

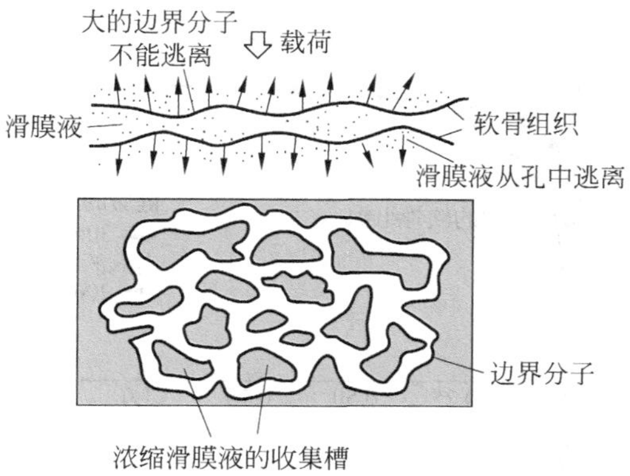

图 19-12 含润滑液(滑膜液)的关节软组织接触区

19.3.3 关节润滑机理

如上所述,动物关节中的润滑机理较为复杂。在承受载荷的关节中,流体动压效应对润滑的作用很小,然而在轻载状态下(如在行走中的摆动状态),两个软骨组织的表面可能是由于流体动压力的产生而被分开的。这个效应可以认为是对主要的挤压膜作用的一种补充机理,挤压膜在承载中起主导作用。

两个平行表面相互接近的挤压膜效应,可表示为

$$t=\frac{K\eta L_{\mathrm{T}}^{4}}{W}\left(\frac{1}{h^{2}}-\frac{1}{h_{0}^{2}}\right) \tag{19-13}$$

式中,t 为时间;K 为表面形状系数;η 为润滑剂黏度;L_{T} 为当量长度;W 为载荷;h 为膜厚;h_0 为初始膜厚。

上面是挤压润滑膜的一般形式,也可以适用于关节承载的情况。由式(19-13)可以得出,当保留的挤压膜厚度 h 达到足够小的数值时,接近时间会变得很大。而令人惊奇的是从人体关节实验中观察到的挤压膜的时间,比式(19-13)理论上预示的要大很多,这是由于关节润滑膜的黏度大幅提高所致。例如,当 $t=40$s,且最小膜厚相当于黏朊酸的分子直径(约为 0.5μm)时,可以发现润滑膜的平均黏度是 20Pa·s。这比润滑液的整体黏度(约为 0.01Pa·s)大得多。这一结果表明,在挤压过程中,一种十分厚的物质或凝胶体在软骨组织的表面上形成,即软骨组织中的孔允许小分子物质渗出,而把大的凝胶体状的分子留下,如前文和图 19-12 中所描绘的那样。

当开始行走时关节在轻载下摆动以前,加载的时间一般小于 1s,因此可以肯定,在流体动压作用尚未产生以前,挤压膜的减薄是十分微小的。在长期站立时间内,挤压膜效应产生一种加稠的凝胶体物质,用以提供边界润滑作用,这样,仍保持较低的摩擦因数(约为 0.15)。图 19-13 比较了有病的和健康的软骨组织的挤压膜润滑效应,它用达到边界膜状态的时间 t 对挤出时间百分率的曲线表示。在这里,把挤出时间定义为在压挤载荷下,软骨组织中的润滑液从初始的完全饱和状态下降到最后实际上干摩擦状态所需的时间。

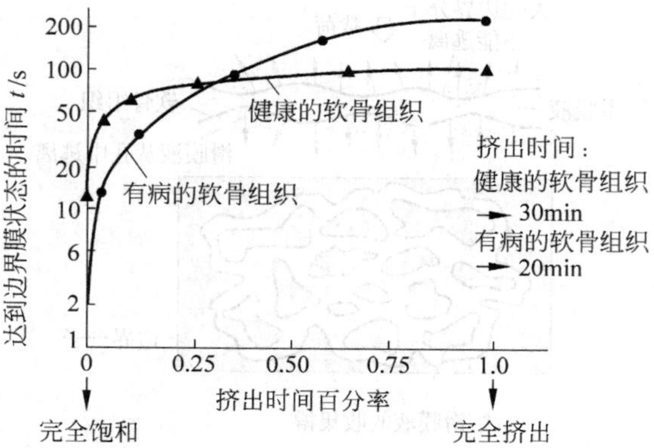

图 19-13 健康的与有病的关节软骨组织挤压性能比较

在辨别图 19-13 中健康的和有病的软骨组织的性能时，可以看出，从完全饱和到完全挤出达到边界膜状态所需的时间逐渐增加，而有病的软骨组织要大得多。这可能部分是由于在使黏度较低的润滑液渗透多孔结构和在胶凝现象的综合效应上，健康的和有病的软骨组织有不同的能力。

在长时间的站立之后，图 19-12 中环绕截留液体的各凹坑边缘将处于边界润滑状态，而在挤压过程中这些边缘的尺寸将增大。同时，由于软骨组织表面上的不均匀(见图 19-11)在承受压力下将形成非常大的面积接触，弹性流体动压效应将会出现，而且它比边界润滑效应较好地发生在挤压过程中。弹性流体动压的、边界的和流体动压的膜厚，与关节软骨组织表面粗糙度相对尺寸的比较次序示于图 19-14 中。

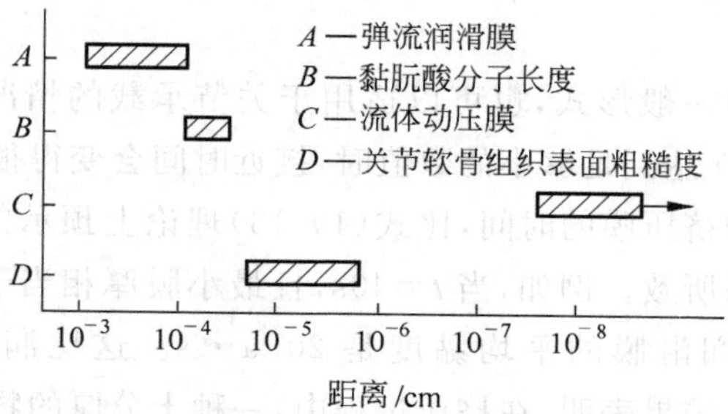

图 19-14 人体关节润滑中的相对尺寸

对人体关节润滑的研究，有助于寻求消除影响老年人关节疾病的方法。骨关节炎是常见疾病之一，影响臀部和膝部行动。虽然其原因还没有完全清楚，但痛苦和僵直与软骨组织的磨损和润滑破坏密切相关。把一种人造润滑液注入关节中，可能是防止进一步恶化的方法。如果人造润滑液的黏度足够高，它将形成厚膜把骨骼表面隔开，使痛苦和磨损减少。然而，高黏度将要求高的剪切力，这就需要有坚强的肌肉方可使关节动作。患关节炎的关节的肌肉能否克服这些高的剪切力并容许关节自由运动是值得怀疑的。

19.4 人工关节的摩擦与磨损

19.4.1 摩擦磨损实验

下面介绍 Yoshinori 等人[5]对人工关节所进行的模拟实验和一些结果。

1. 模拟试验机

试验机的原理如图 19-15 所示。

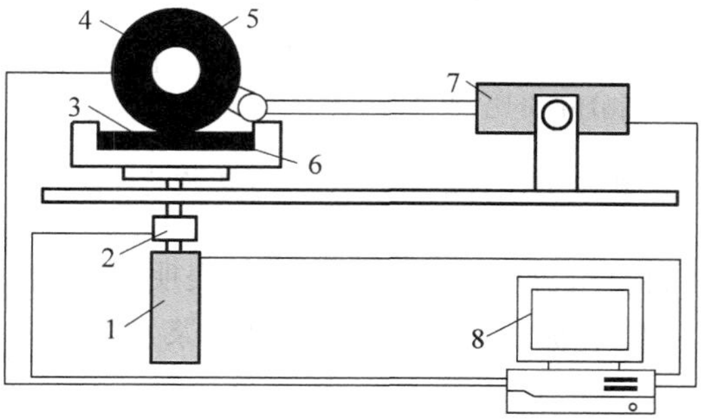

图 19-15 膝关节模拟试验台

1—液压加载缸；2—加载件；3—油池；4—电位计；
5—股骨元件；6—胫骨元件；7—柔性液压缸；8—计算机

该实验台是为模拟膝关节弯曲-伸展运动和行走运动中胫骨承受轴向载荷的情况而设计的。施加载荷是通过下面和侧面的两个液压激振器来实现，这些激振器由计算机控制。在股骨和胫骨之间的摩擦力是利用应变片测量股骨轴的转矩而获得的。

图 19-16 是试件的结构尺寸图。

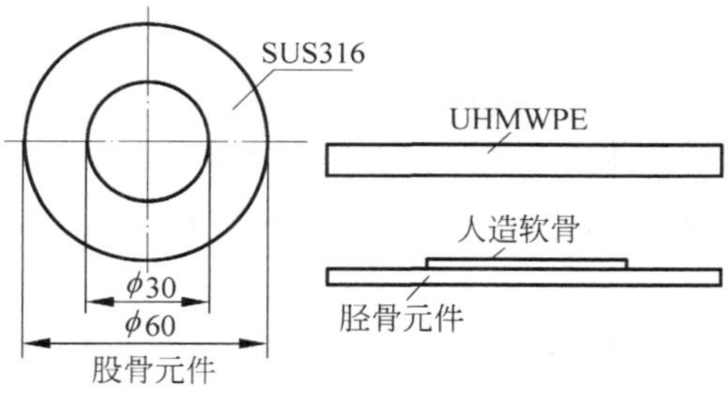

图 19-16 试件的结构尺寸

圆柱形的股骨关节用 SUS316 不锈钢制成，一块 UHMWPE（超高分子质量聚乙烯）平板作为胫骨元件。在实验中，采用 PVA 水凝胶和聚亚胺酯两种人工软骨材料。在 PVA 水凝胶中的平衡水为 79%，PVA 的平均聚合度为 2000，其平均皂化度为 99%。聚亚胺酯是采用医用材料。胫骨元件是用人工软骨材料聚甲基丙烯酸甲酯（polymethyl）——甲基丙酸烯（methacrylate）作表面，并用氰基丙烯酸盐（cyanoacrylate）黏合而成。所有的实验是在 14℃±1℃ 的室温下进行的。

2. 实验结果

图 19-17 给出了 UHMWPE 胫骨元件与不锈钢股骨元件配合时转矩随循环百分比的变化曲线。图中结果表明，在行走的条件下，浆液蛋白可以增加摩擦。血清蛋白和球蛋白都能增加不锈钢股骨和 UHMWPE 胫骨间的摩擦力，而球蛋白更加明显有效。

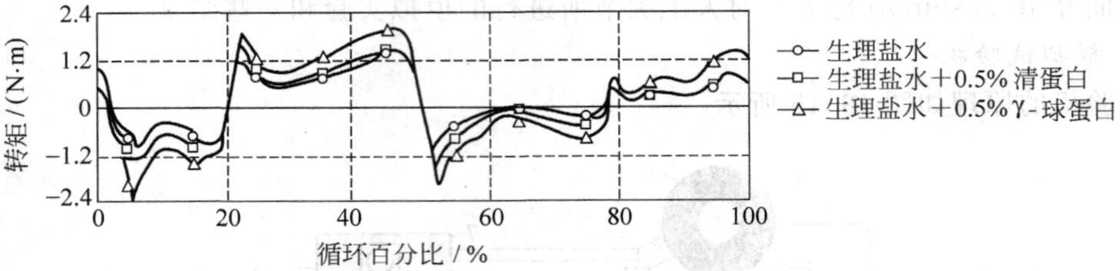

图 19-17 转矩与循环次数关系变化曲线

对于两种人工软骨材料受蛋白质影响的长期实验表明，聚亚胺酯的摩擦力受浆液蛋白质的影响而增加，球蛋白的影响更加明显。另一方面，浆液蛋白质减少 PVA 水凝胶的摩擦力。

19.4.2 人工关节的磨损

人膝关节发生磨损时，将产生磨粒。这些磨粒由关节表面材料组成，通过磨粒分析可研究磨损表面的状况。以往的研究已开发出一种使滑液中磨粒磁化并进行铁谱分析的方法。这里介绍应用这种方法对人膝关节滑液的抽出物和关节生理盐水冲洗液进行铁谱分析的一些结果[6]。

从骨性关节炎患者和风湿关节炎患者的关节滑液抽出物的铁谱分析证实磨粒的存在。通过双色偏振光显微镜和扫描电子显微镜能够识别和区分骨性关节炎和风湿关节炎的关节骨、软骨及纤维组织的磨粒。

与滑液分析的其他技术相结合，上述方法可作为一种无损伤、反复评估关节的磨损率以及根据磨粒进行磨损机制和病理研究的手段。对于骨性关节病关节采用此分析技术也有可能作为关节病早期诊断，以及对治疗效果的评估及预测关节病进程的一种方法。

1. 实验仪器及方法

实验过程是将人体关节滑液中的磨粒通过磁化而分离出来，制成铁谱基片，在双色显微镜下对磨粒进行观察和分析，从而获得磨损信息。

1）预处理液的制备

通过医用无菌针头从患者关节中抽取滑液 3mL，并用等体积生理盐水稀释。对于风湿性关节炎患者滑液需经过真菌透明质酸酶(fungal hyaluronidase)处理，以避免软骨组织磨粒生成凝块状沉淀；而对于骨性关节炎患者所抽取的滑液无须经过酶处理。经过酶处理后的试样，须在 37℃左右保持 30min，取稀释后的试样 1mL 注入试管并摇匀，在医用离心机以 6000r/min 离心处理 10min。离心处理后，试管内液体分成上、下两层，去除上层清液，留下底层沉淀，再加入 1mL 生理盐水摇匀，重新进行离心处理。按以上滑液处理顺序重复两次后得到预处理液。

2）生物磨粒铁谱基片的制备

在预处理液中加入含 Er^{+3} 磁化液 1mL 进行磁化，并充分振荡使磨粒悬浮。在铁谱制谱仪上(图 19-18)，试样 1 被微量泵 2 输送到与磁铁 4 上方呈一定角度的玻璃基片 3 上。随液体试样流下的过程中，磁化的磨粒在磁场梯度作用下，由大到小依次沉积在玻璃基片的不同位置，经清洗残液和固定颗粒的处理后，制成铁谱基片。

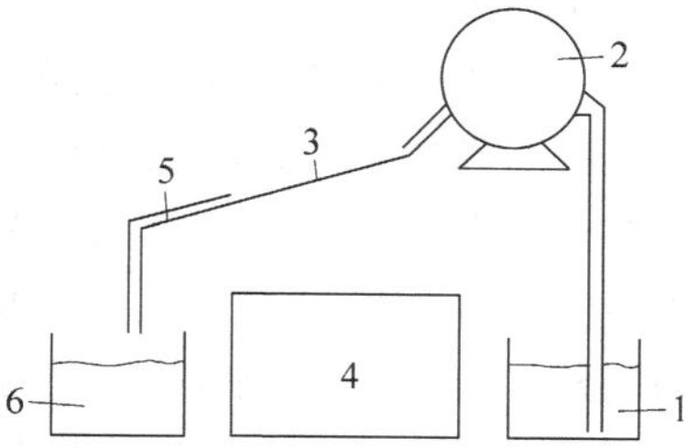

图 19-18 铁谱制谱仪工作原理

1—试样；2—微量泵；3—玻璃基片；4—磁铁；5—导流管；6—储油杯

在双色显微镜下对铁谱基片定好起始坐标，利用不同光强的透射光、反射光及不同角度的偏振光对磨粒进行观察。图 19-19～图 19-22 为磨粒图像。

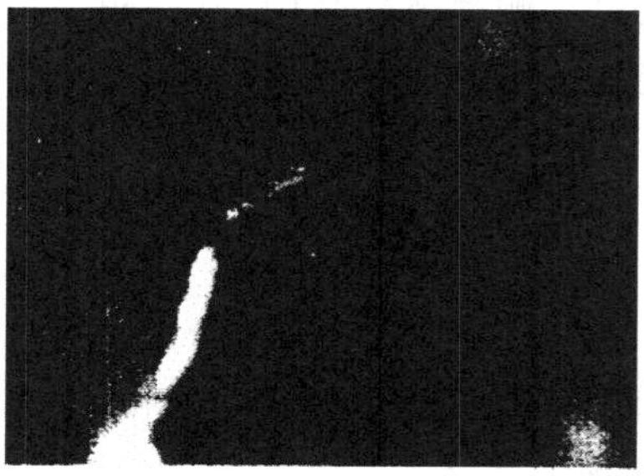

图 19-19 风湿关节炎中条状纤维组织

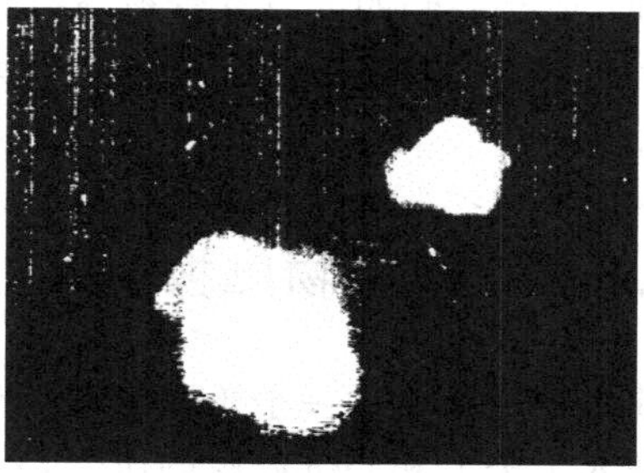

图 19-20 类风湿关节炎的球状磨粒

图 19-21 骨性关节炎的骨磨粒(白色)

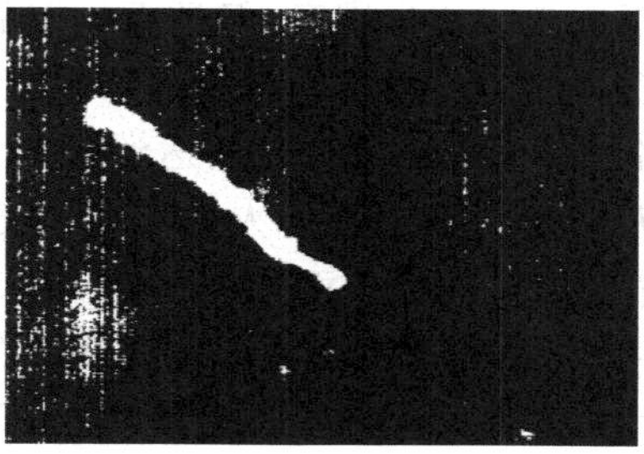

图 19-22 骨关节炎中的细条状磨粒

2. 实验结果

根据人膝关节滑液抽出物的磨粒谱片分析可看出，沉积于铁谱基片上的不同磨粒具有不同形状及不同的光学性能，这就为磨粒种类(如骨、软骨、纤维组织等)的识别提供了依据。和正常人骨、软骨、纤维组织的标准试样对比，证实了根据光学特性可区分骨、软骨及纤维组织的磨粒，电子能谱分析表明骨性关节炎患者滑液中的软骨磨粒存在钙化层。

根据磨粒分析可以得出人膝关节的磨粒有如下一些特征：

(1) 纤维组织的磨粒旋光性高，呈细条状，长度为 10μm～10mm，一般沉积在铁谱片的中、后部接近出口处。

(2) 软骨磨粒旋光性适中，在偏振光下呈黄色。骨性关节炎磨粒多为条状、块状，长度为几微米到几百微米。风湿性关节炎磨粒多为直径 10～25μm 块状，沉积在铁谱片的中、后部接近出口处。

(3) 骨磨粒旋光性很高,偏振光下呈白色,一般呈颗粒状、块状。骨性关节炎关节滑液中产生的磨粒较细,沉积在铁谱片的前部入口处。

在骨性和风湿性关节炎的关节滑液中,软骨磨粒较多,有条状、块状和球状。其中球状软骨磨粒多出现于风湿性关节炎中。条状和块状的软骨磨粒在骨性关节炎患者滑液中居多,其磨损表面凹凸不平,棱角边缘尖锐,大多是长而薄的磨损微片剥层,具有典型的疲劳磨损特征。这是由于关节软骨之间反复摩擦,接触面存在着高度应力集中,在周期性载荷作用下疲劳剥落而形成磨粒。

骨性关节炎患者的骨磨粒明显地比风湿性关节炎患者多。严重的骨性关节炎患者滑液中存在较多骨磨屑。这种磨粒的产生或是由于关节软骨被磨掉后引起骨表面产生裂纹,造成骨切削;或是一侧的关节软骨被磨掉时,磨粒嵌入另一侧关节软骨中,其凸出部分与骨直接接触,犁削出一系列的微小磨粒。这些骨磨粒表面凹凸不平,呈片状或块状,具有典型的疲劳磨损特征。

19.5 其他生物摩擦研究

目前生物摩擦学中一个重要的研究目标是研制摩擦磨损低、病理反应小的人工器官,主要集中在人工关节和心脏瓣膜的研究,有时被称为生物工艺学。

现在人工关节已经大量地应用于关节炎晚期、外伤致残或骨瘤切除病人的关节置换。根据调查推算,我国可能有 100 万～150 万骨关节患者需要做人工关节手术。通常手术后 10 年的近期效果相当满意,但是更长期的工作可能因磨损、滑液老化或生物相容性不适而出现脱位、松动甚至引起骨折。关节置换的耐久性逐年提高,根据国外报道,手术后 20 年全膝和全髋置换术的成功率分别达到 93%和 86%[1]。

自从 1960 年首次进行人工心脏瓣膜置换手术以来,人工心脏瓣膜为延长心瓣膜疾病患者的寿命做出了一定的贡献,但迄今尚未能取得满意的结果,原因是心瓣膜材料与血液反复摩擦产生的磨损以及疲劳断裂产生不良的影响。

以上讨论的人类和动物关节的润滑问题,可以提供一个对所涉及的原理的基本知识,然后运用这些知识可能提供假肢设计的改进方法,或恢复有病关节功能的人工关节设计等。其他同等重要的例子包括应用摩擦学原理对于血管和毛细管中血的流动、体内废液的排泄,以及人造心脏膜瓣的研究等。可以预料,这些领域的工作将有助于提出减少血凝结、血栓形成、血管扩张和心脏病发生的参考意见。

用摩擦学系统的测量方法检验皮肤病是生物工艺学另一项实用技术,它处在发展阶段。在有病的皮肤上,滑动摩擦因数与正常健康皮肤不同,设计一种轻便的摩擦仪器用作检验皮肤病的医疗器械。它有可能检验皮肤遭受各种不同外伤所引起的摩擦性能的反应,如烧伤、结疤和引起严重感染的擦伤等。

参考文献

[1] 温诗铸.世纪回顾与展望——摩擦学研究的发展趋势[J].机械工程学报,2000,36(6):1-6.
[2] 岡小天.生物流变学[M].北京:科学出版社,1980.

[3] FUNG Y. Biorheology of soft tissues[J]. Biorheology,1973, 10(2): 139-155.

[4] MYERS R R, NEGAMI S, WHITE R K. Dynamic mechanical properties of synovial fluid[J]. Biorheology, 1966, 3: 197-209.

[5] TERUO M, YOSHINORI S. Effect of serum proteins on friction and wear of prosthetic joint material [C]//Proc. of First Asia International Conf. On Tribology, Beijing: Tsinghua University Press, 1998, 2: 828-833.

[6] GU Z, et al. A preliminary ferrographic study of the wear particles in synovial fluid of Human Knee Joints[C]//Proc. of First Asia International Conf. On Tribology, Beijing: Tsinghua University Press,1998,2: 838-841.

第20章 空间摩擦学

随着人们对空间开发以及各类型的空间飞行器的设计、制造和使用，大大拓宽了人们认识自然的范围。同时，随着太空技术的不断进步，也带来了不少特殊的摩擦学问题，包括：暴露于极低的环境气压、辐射和原子氧中，存在宇宙尘，没有重力场等。在20世纪50—60年代，太空设备的寿命在数十分钟至数十小时，由于当时的电子技术还很不发达，大部分的电子器件是电子管、电子单器件，这些器件的故障率很高，因此机械部件的寿命并不是太空飞行器的主要问题。然而，随着电子技术，特别是大规模集成电路、计算机的迅速发展，电子器件的可靠性大大提高，另外航天任务也增加到十多年乃至数十年，机械部件的寿命成为航天技术中急需解决的问题之一。虽然摩擦学器件造价仅占空间飞行器的很小一部分，但是经常由于它们的失效使得整个昂贵的卫星无法使用[1]。

图20-1所示为Kannel和Dufrane研究了过去发生的和将来可能发生的空间摩擦学的问题后给出了一个定性的趋势[2]。图中表明，尽管在空间摩擦学方面取得了显著的进步，但是未来空间任务对摩擦学需求的增长明显比已解决的摩擦学问题要快。

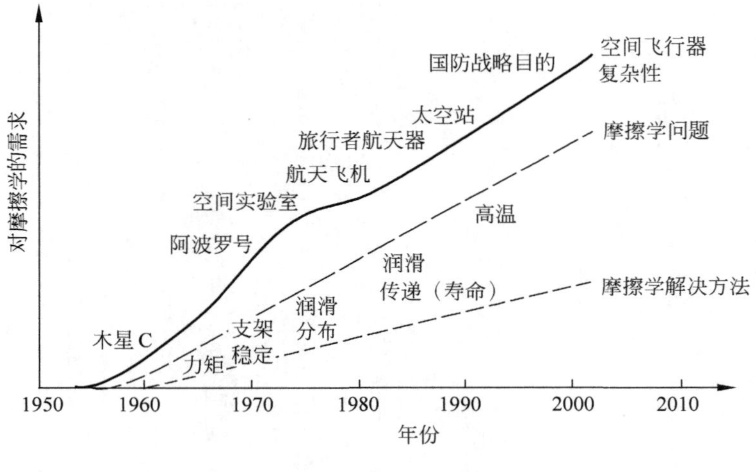

图20-1　空间技术发展对摩擦学需求的增长趋势

本章首先介绍空间摩擦学问题的特点，然后对空间摩擦学常见的挥发性、蠕动、干涸润滑等内容进行详细的分析，并介绍空间弹流润滑剂特点和滚动轴承的润滑技术。最后，将介绍空间机构试验方法和装置。本章很大一部分内容取材于参考文献[3,4]。

20.1 空间机构与空间摩擦学的特点

20.1.1 机构部件工作条件

太空飞行器包含大量需要润滑的仪器和机构，包括太阳列阵、力矩轮、反作用轮和滤光轮、跟踪天线、扫描装置和传感器等。这些装置都有单独的硬件需要润滑。在表20-1中给出了一些空间主要机构转速范围，并指出这些机构的工作条件。

表20-1 空间主要机构的转速范围和工作条件

机　构	转速/(r/min)	工作条件
陀螺仪	8000～30 000	高速、其滚动轴承弹流润滑
力矩轮	3000～10 000	中速
扫描装置	400～1600	中低速
跟踪天线	±100	低速、边界润滑
反作用轮	±10	低速、边界润滑
滤光轮	<±10	低速、边界润滑
传感器	微小摆动	低速、润滑可能
滑动环	几转/分～20 000	范围较大，低速时润滑困难

陀螺仪常以8000～30 000r/min的转速高速运转并具有很高的精度。轴承是陀螺仪最重要的零件。轴承反应转矩的波动、噪声和大量的生热都会引起陀螺仪产生位移偏差。陀螺仪用润滑剂应具有高抗磨性、摩擦尽可能小和低蒸发速率。此外，用定量、少量(3mg)润滑剂为陀螺仪整个工作期间进行润滑。由于陀螺仪的万向节是在低速下工作的，所以该轴承运行在边界状态下。

力矩轮的正常工作转速是3000～10 000r/min。目前，力矩轮与润滑有关的主要问题是不充分润滑、润滑剂损失或润滑剂蜕化等，这些是力矩轮失效的主要原因。力矩轮的工作转速较高，润滑剂需要能够承受较高的工作温度。高温会增加蠕动和蜕化的速率，目前实际降低润滑剂损失的方法包括：利用合成润滑剂、采用迷宫密封和防漏涂层、将润滑剂充满保持架或提供润滑供给系统等。

反作用器的设计与力矩轮相同，但它的工作速度较低。它的支撑轴承大多数工作在混合润滑状态下。所以，反作用器用润滑剂必须具有良好的边界润滑特性。

控制力矩陀螺仪(CMG)是陀螺仪和力矩轮组合装置，它可以对空间飞行器的姿态进行控制。所以，选择润滑剂时要考虑这两种装置的情况。

用于扫描和转动传感器的装置是另一类需要润滑的空间机构。水平扫描传感器是其中一个例子。这一装置用来测量地球的水平，使得太空飞行器自己定位。中等工作速度(400～1600r/min)和低载荷的轴承润滑剂较容易选择。另一方面，用于摆动运动的传感器更需要润滑剂。因为摆动角度微小，外部润滑剂无法带进接触区，所以摆动角度微小的轴承是工作在边界润滑状态。

滑动环是空间应用的常用机械的另一个需要润滑剂的例子。在100r/min情况下容易正常工作，但有时工作转速会很低或很高，如只有几转/分或20 000r/min。低速运转和电导性是影响润滑剂选择的两个重要因素。过多的电噪声是引起滑动环失效的最主要原因,这通常是由于表面污染。选择适合的润滑剂可以减少表面的污染。

许多其他空间机构也需要润滑。这些例子包括太阳列阵驱动器(SAD),它转动空间飞行器的太阳能板、球、滚子梯形螺旋以及多种齿轮和传动装置。

20.1.2 空间摩擦学问题的特点

空间摩擦学是研究卫星和太空飞行器行为可靠性的摩擦学分支。它涵盖了几乎所有普通摩擦状态,包括流体润滑、弹性流体润滑、干涸润滑、混合润滑和边界润滑。但是,由于空间环境的特殊性,许多润滑条件的改变带来了不同的润滑问题[5]。表 20-2 列举了几种主要空间摩擦学现象。

表 20-2 空间零件的摩擦学特点

现　象	结　果	措　施
挥发	液体润滑剂以很大的速度挥发,造成润滑剂流失	选择蒸汽压和挥发速度低的润滑剂,采取密封、紧密公差、防护片
低温	黏度升高、转矩增加,稳定性降低,产生相对滑动	选择低黏度的、温度指数较小的润滑剂
蠕动	液气、液固张力改变、湿润,导致润滑剂损失	选取表面张力较大的润滑剂,控制温度分布尽可能均匀
缺乏反应物	无法生成表面氧化层,摩擦因数增大,表面易产生胶合	在润滑剂中加入氧化反应剂、极压剂等
辐射	有机润滑剂离子化和置换,导致润滑剂蜕化	尽可能将润滑剂与辐射隔离

挥发性:指物质由固体或液体变为气体或蒸汽的过程。绝对压强决定蒸发分子返回速度。在绝对真空中,因为分子不能返回,因此润滑剂将不断失去分子。在空间下工作的大多数润滑剂是包含在密封的容器中的,因此可以建立起平衡分压强,但是润滑剂的蒸汽压越高,逃逸的速度会越快,所以应该尽可能选择最低蒸汽压的润滑剂。

黏度:润滑油的挥发速度随黏度增加而减小,另外黏度对摩擦学特性影响至关重要,低黏度润滑剂阻力小,容易出现相对滑动。高黏度润滑剂能减少滑动,但会增大转矩。

蠕动:润滑剂蠕动现象是指润滑剂在接触表面,不受作用而不断扩展的现象。一般来说,蠕动受表面张力和黏度的影响。表面张力越大、黏度越高的润滑剂蠕动越慢。试验表明,润滑剂一般不能爬过陡峭边缘、渣道和较大热梯度区域。

缺乏反应物:在大气环境下,金属常会被氧化,形成氧化膜,这显著降低了摩擦因数。在空间环境下,由于缺乏像氧分子等物质,因此初始氧化膜一旦从表面磨掉,而不能形成新的氧化膜,摩擦因数就会明显增加,导致润滑失效。

辐射:空间辐射较强,紫外线和 X 射线对有机材料的损害很大,会导致材料离子化,或把电子激发到高能态,使材料的反应能力增强。另外,吸收紫外辐射会导致交叉耦合、断链和分子链的随机断裂。红外辐射会导致润滑剂的热蜕化。通常可以将润滑剂与辐射隔离。

原子氧:低地球轨道的大气是原子氧,它会与碳(润滑剂中主要成分之一)迅速反应生成不稳定的氧化物,聚合物材料如环氧、聚亚胺酯、聚酰亚胺也会与原子氧发生反应,造成负面影响。

另外，还有冷凝、失重条件、热传导、宇宙尘和空间杂质等因素，也可能导致润滑剂影响空间飞行器的仪器、器件的正常工作。

20.2 空间摩擦学性能分析

20.2.1 乏油润滑分析

在润滑的空间机构中，弹流润滑、混合润滑和边界润滑状态都可能发生。由于润滑剂流失和无法持续补充而造成润滑剂减少，导致零件在乏油条件下工作。乏油理论在多年前就提出了，它描述了发生在球轴承中受限供油条件下的情况，因为压力无法在接触的入口区处产生，导致乏油润滑的膜厚比经典弹流润滑理论计算得到的结果要薄[6]。笔者等人进行了系统的实验研究，使用光干涉法来显示弹流润滑油膜的形成，其膜厚的量级为10nm[7]。

参考文献[8]对点接触弹流润滑供油条件退化的乏油问题进行了分析，结果如图20-2所示。当供油油量较多，润滑油泄漏较多，h_{oil}、h_{cen}和h_{min}减少得很快。随着润滑次数的增加，供油量逐渐减少，入口区的油几乎全部从出口区流出，三种膜厚都趋于稳定值，有效油膜形成位置接近于Hertz接触区。弹流润滑逐渐趋向稳定状态，即极端乏油状态。

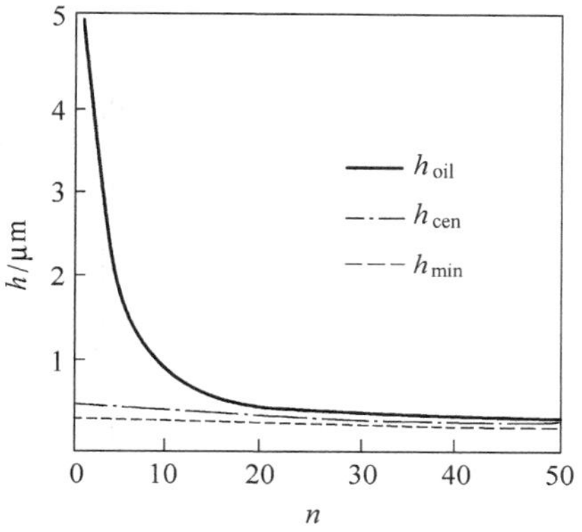

图20-2 h_{oil}、h_{cen}、h_{min}随润滑次数n的变化

但是，乏油弹流润滑理论有时很难说明一些弹流润滑的现象。例如，在实际中发现，在乏油条件下，常常观测不到颈缩现象。基于干涸润滑的弹流润滑理论描述了这一行为。干涸润滑理论认为极端乏油条件下，摩擦系统中不再有自由体润滑剂，干涸润滑的油膜很薄，且被束缚在Hertz接触区内。这一状态对空间机构特别重要，因为干涸润滑轴承需要最少的驱动力矩和十分精准的转动轴。

20.2.2 干涸润滑

干涸润滑常见于保持架自润滑及油脂润滑中。Akagami等用极少量的油润滑了一套滚动轴承，通过用变形的方法测量弹流润滑油膜厚度，发现当供油量减少时，油膜变薄[9]。如图20-3所示，甚至当转速升高时，油膜也不变厚。进一步研究还发现，这种薄层油膜可能会维持一个相当长的时间，如图20-4所示。

刘建海与笔者曾对干涸润滑进行了数值分析[10]。结果表明，润滑行为与转速和供油条件有关。高速和少油下多为乏油润滑。当油量的恢复受到极大限制时，将出现干涸润滑，这时流体油膜将完全破坏。可以用下面的公式计算得到油膜厚和图20-5来确定不同状态[10]

$$\frac{h}{h_w} = 1 - c_1 H_w^p H_D^q W^r k^s e^{-uT} \tag{20-1}$$

式中，h是膜厚；h_w是上游远处膜厚，H_w为量纲化值；H_D为量纲化弹流膜厚，利用式(3-43)或式(3-50)计算；W是量纲化载荷；k是曲率半径比；T是量纲化温度；c_1、p、q、r、

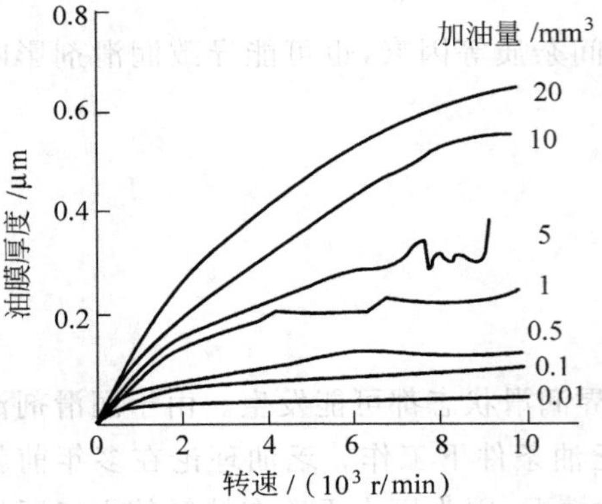

图 20-3 使用导轨油润滑的轴承的油膜厚度测量

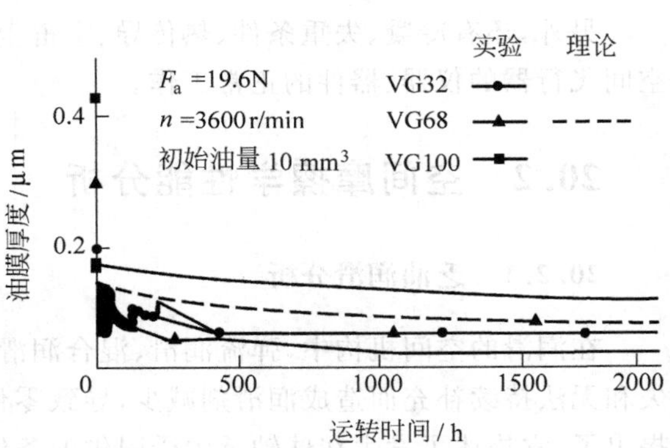

图 20-4 长期试验期间的油膜厚度

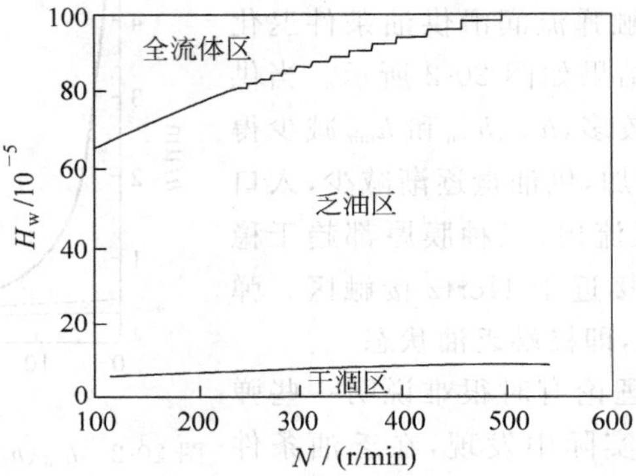

图 20-5 润滑状态随转速的变化

s 和 u 为常数，具体数值参见参考文献[10]。

另外，轴承的保持架可提高 Hertz 接触区必要的润滑油量，因此它对维持干涸润滑起着重要的作用。

另一对空间机构弹流润滑影响较大的是过渡或不稳定状态行为。许多实际机械零件，例如滚动轴承、齿轮、凸轮和牵引驱动零件等工作在不稳定状态条件下。这时载荷、速度和接触几何形状在工作期间不是常数。特别地，像步进电机等许多空间机构常用部件就是工作在这一状态。

20.2.3 挥发性分析与措施

虽然迷宫密封广泛用在空间机构中，润滑剂的损失对长期工作的机构仍然是一个问题。润滑剂损失直接与蒸发压有关，温度对挥发速度的影响也很大。因为大多数低地球轨道卫星在 280～320K 的温度范围工作，所以应特别注意挥发性带来的问题。导致挥发的原因，可以通过热力学进行分析。

在地球大气以外接近真空的环境里，绝对压强大约是 10^{-11} Pa，而在进入轨道的第一年，密封的卫星中水汽的实际压强大于 10^{-5} Pa，因此液体润滑剂以很大的速度挥发。对于一定的液体薄膜，可以用 Langmuir 的表达式来估算挥发速度[5]

$$R = \frac{d_m}{d_t} = \frac{p}{17.14}\sqrt{\frac{m}{T}} \tag{20-2}$$

式中，R 为挥发速度；p 为平衡分压强；m 为分子量；T 为温度，K。

平衡分压强是特定分子种类的热力学函数，当分子返回表面的速度等于分子离开表面的速度时，平衡分压强就确定了。绝对压强并不影响某种物质固相或液相的平衡分压强，绝对压强决定的是返回速度。这是因为存在这种可能性：蒸发的分子和其他分子碰撞，并返回表面。在绝对真空中没有分子返回，因此所有离开的分子永远丢失，不会达到平衡。严格地说，只有当真空无边无际，也就是没有屏障时，才会出现这种情况，而大多数空间润滑剂都包容在几乎密封的容器中，因而不会出现上述情况。但即使这样，高蒸汽压意味着逃离的速度会更快，所以应该尽可能选择最低蒸汽压的润滑剂。随润滑油类型和平衡分压强的不同，矿物油能迅速在几分钟或最多一天内挥发完，而氟化聚乙烯的挥发速度慢得多，如图 20-6 所示。

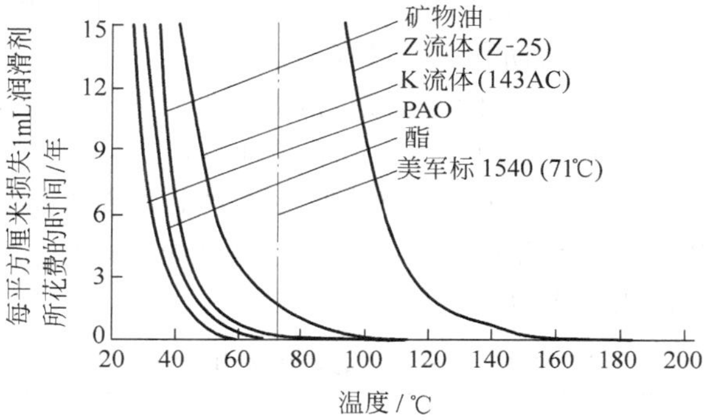

图 20-6 航空润滑剂相对蒸发速率[3]

油润滑系统的密封方式及空间逸出量分析如下。在正常工况下润滑油的损耗主要有两种形式：一是通过旋转部件的出轴端以油蒸汽方式被抽走，或者从热至冷的直接可视区之间的油蒸汽传输；另一种是表面传输。对于第一种形式，必须在旋转部件的出轴端设计可靠的动密封结构，在中高速轴承润滑系统中，常采用间隙密封或迷宫密封的方式。

图 20-7 为环状管道间隙密封结构[11]，其中 r_1 为转轴的内径，r_2 为轴孔的外径。在气体分子的平均自由程 λ 远大于轴半径时，环形管道的气导 C 为

$$C = 30.48\sqrt{\frac{T}{M}}\,\frac{(r_2^2 - r_1^2)(r_2 - r_1)}{l} \tag{20-3}$$

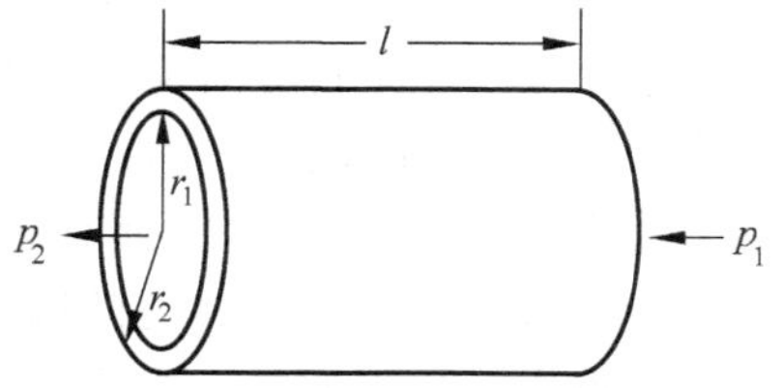

图 20-7 环状管道间隙密封结构

式中，T 为绝对温度；M 为气体摩尔质量；l 为管道长度。

环形管道中的气体流量 U 为

$$U = (p_1 - p_2)C \tag{20-4}$$

式中，$p_1 - p_2$ 是环形管道两边的压力差。

由式(20-4)可知,从环形管道中逸出的气体流量与压力差及气导有关。在空间环境中,$p_2 \approx 0$,所以环形管道两边的压力差主要取决于转动装置内部的气体压力。根据上面的分析,只要选择低饱和蒸气压的润滑油,控制转动轴的出轴间隙和长度,在电机储油器及轴承保持架内存储足够的润滑油,是可以使电机内部长期保持润滑油的饱和蒸气压,达到轴承润滑的目的。

为增加密封的效果,可以采用环状圆周管道和环状端面管道组合的迷宫结构,根据不同的结构有不同的计算公式,最后计算出总的迷宫气导 C。已知润滑油的饱和蒸汽压 p、在轨时间 t 以及气导 C 就可得出在轨期间通过迷宫逸出的润滑油总的气量 $q=Cpt$,再通过理想气体方程式,即可求得总的润滑油逸出量,然后按照足够的安全裕量,一般为整个寿命期间所需油量的数十倍,以决定保持架的浸油量。

20.2.4 蠕动(爬移)

液体润滑剂在轴承表面上的蠕动或迁移趋势与它的表面张力成反比。PFPE 流体的表面张力很低,所以比传统的流体(像碳氢物、酯和硅油等)更易蠕动。但是,这些流体可以被留在用低表面能氟化碳阻障膜覆盖的轴承滚道中。但是,长期的接触 PFPE 流体有溶解阻障膜的趋势。所以,它们不能有效防止 PFPE 迁移。

P 基(pennzane)润滑剂具有较高的表面张力,因此蠕动趋势也就较弱。比如氯苯基硅油的表面张力为 2.06×10^{-2}N/m。对于大多数金属而言,它们的表面张力可达到 1N/m 以上。因此,轴承滚道、钢球表面与油分子间的黏附功要大于润滑油分子间的内聚功,所以液相与固相间的相互作用足以使液相铺展湿润,这在空间微重力条件下尤为明显。表 20-3 所示为部分液体在 20℃时的表面张力。

表 20-3 部分液体的表面张力(20℃)

液 体	表面张力/(mN/m)	液 体	表面张力/(mN/m)
纯水	72	聚 α-烯烃	28.5
机械油	29	癸二酸二辛酯	31
季戊四醇酯	30	季戊四醇四己酸酯	24
全氟聚醚	20	甲基硅油	21

这样,润滑油在轴承滚道、钢球表面会很快铺开以致覆盖整个表面,一方面可以形成良好的油膜;另一方面润滑油及其添加剂中的极性物质就可以吸附在轴承滚道和钢球表面形成吸附膜,或者和金属元素生成反应膜,起到润滑作用。不过也会造成润滑油的铺展流失,统称之为润滑油蠕动损失,因而有必要采取"防爬"措施。

润滑剂蠕动还受温度梯度的影响。图 20-8 示出了超精炼矿物油 KG-80 在 2.2℃的热梯度和零重力环境下的蠕动模式。此图表明,润滑油从热的区域向冷的区域蠕动。

表征轴承润滑状态的一个重要参数是最小弹流膜厚和轴承合成表面粗糙度之比[6],即

$$\lambda = h_0/\sigma \tag{20-5}$$

式中,σ 为轴承的合成表面粗糙度,$\sigma=\sqrt{\sigma_1^2+\sigma_2^2}$;$h_0$ 为最小膜厚。

$$h_0 = 0.04\,(\phi GU)^{0.74}\,W^{-0.074}R_x \tag{20-6}$$

式中,ϕ、G、U、W 为无量纲参数;R_x 为当量曲率半径。

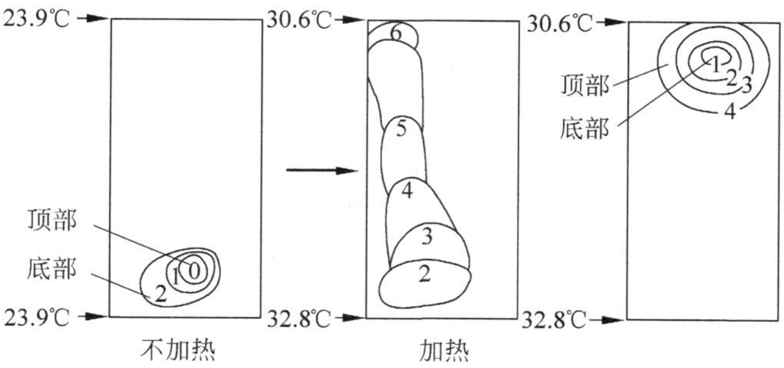

图 20-8 在 2.2℃的温度梯度时，超精炼矿物油 KG-80 的蠕动模式[12]

图 20-9 是轴承的疲劳寿命和比值 λ 之间的关系，可见，当 $\lambda=1.5$ 时可接近设计疲劳寿命，当 $\lambda<0.5$ 时将不能正常工作。

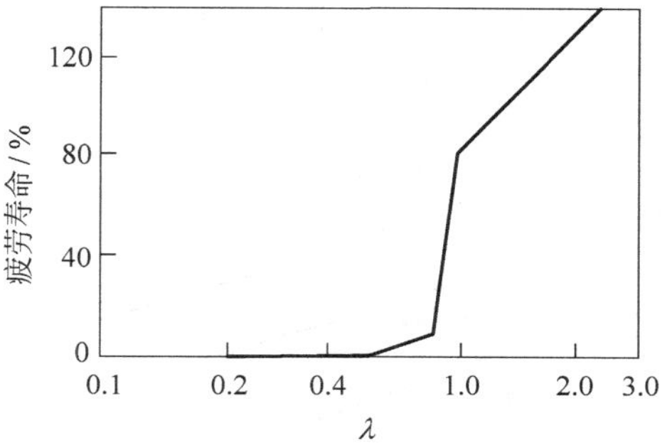

图 20-9 疲劳寿命和 λ 之间的关系

对于由润滑油蠕动造成的损耗，是由于润滑油的表面张力大大低于金属的表面张力，这样对润滑有利，润滑油可以很快地在滚道、滚珠表面铺开，然而也会造成润滑油从迷宫口“爬”出，因此需要在迷宫口、轴承端盖处涂一层低表面能材料，其表面张力要小于润滑油的表面张力，使润滑油与该涂层不润滑，至少不能铺展延伸。能用于“防爬”的材料很多，如官能团为高氟烷基的硅烷，当形成高氟十二烷酸单分子膜时，其临界表面张力只有 6×10^{-3} N/m，可有效地减少润滑油的蠕动损失。

20.2.5 黏度-温度特性

虽然液体润滑的空间应用的温度变化区间不大，但是低温 $-10\sim-20$℃的温度条件还是会遇上的。所以，获得具有低蒸发压和合理黏度的低滴点流体的温度可望到 75℃。在聚合物重复的单元中，无支链 PFPE 流体的黏温斜率与碳氧比(C/O)成正比，如图 20-10 所示。

这里，用黏温斜率表示相关性。高黏温斜率说明黏度随温度变化大。三种流体 K、D(Denmum)、Z(Fomblin)的黏温斜率的比较由图 20-11 所示。

有分支的 K 流体(Krytox)有较高的斜率，其中的三氟甲基化 pendant 族，会引起黏度性质的蜕化。Z 的流体的 C/O 比较低，其黏度特性最好；D 流体的 C/O 比为 3，黏度特性中等。

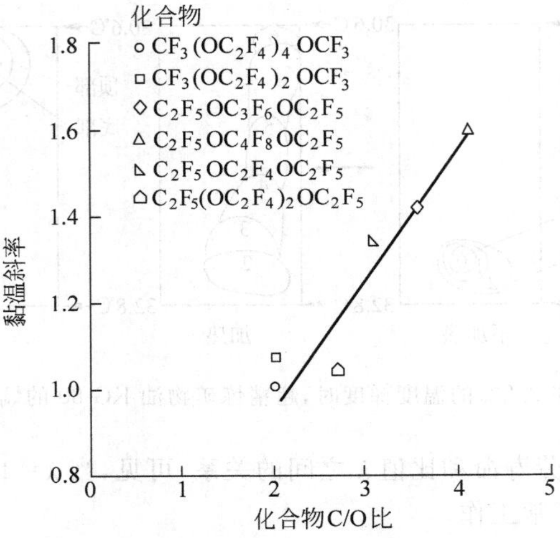

图 20-10 黏温斜率随碳氧比的变化[3]

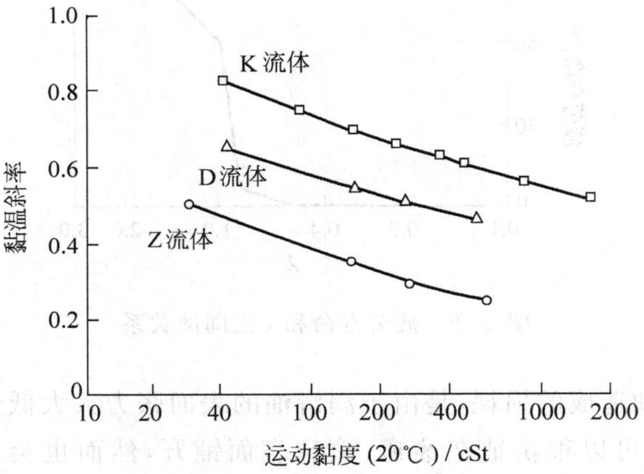

图 20-11 20℃下 K、D和 Z 流体的黏温斜率（ASTM D 341-43)随运动黏度变化曲线[3]

20.3 空间润滑剂

无论液体还是固体润滑剂在空间机构中都有使用。但是，它们各自有不同的优点和不足之处。表 20-4 给出了对比。

表 20-4 空间固体和液体润滑剂的相对优缺点[13]

固体润滑剂	液体润滑剂
可忽略蒸发	有限蒸发压
工作温度区间宽	黏度、蠕动和蒸发压与温度有关
可忽略表面迁移	需要密封
适用于加速试验	不适合加速试验
在潮湿空气中寿命短	对空气和真空不敏感

续表

固体润滑剂	液体润滑剂
磨粒可引起摩擦噪声	低摩擦噪声
与摩擦速度无关	与摩擦速度有关
寿命与润滑剂磨损有关	寿命与润滑剂蜕化有关
热性能差	高热导性
电导性	电绝缘性

20.3.1 液体润滑剂

近几十年来，各种类型的液体润滑剂，包括矿物油、硅油、聚苯醚、酯和全氟聚醚，在空间都有应用。近年来，一种合成的碳氢化合物的P基润滑剂代替了许多旧的润滑剂。现有的大多数太空飞行器采用P基或PFPE材料，对这两种材料将作详细的讨论。

1. *矿物油*

矿物油是由自然存在的碳氢化合物的复杂混合物组成，具有相当宽的原子质量。它们包括V-78、BP110、Apiezon C和ok C(Coray 100)，SRG系列超精炼矿物油包括KG-80等。这些矿物油由于是通过氢化或通过矾土过滤除去极性杂质而高精炼获得的，因此并不是良好的润滑剂，但是通过添加剂可以明显改善它们的特性。Apiezon C仍然在商业中使用，但是其他种类的矿物油已经很难再见到了。不过，SRG油仍然用于力矩轮和反作用轮的轴承润滑中。它们的使用时间超过了20年。

2. *酯*

酯是一种良好的边界润滑剂，并有较宽的黏度范围。英国石油(BP)在20世纪70年代开发了三酯基润滑剂——BP135，这一材料通过了实验室的测试。过去使用的是另一种萘基酯NPT-4(neopentyl polyol)。萘基润滑剂具有较低挥发性，如UC4、UC7和UC8等。

3. *硅油*

硅油族被用在早期的空间计划中。对于钢对钢的摩擦系统来说，它们是较差的边界润滑剂，F-50是一种早期使用的硅油类润滑剂。在边界润滑试验中，PFPE和聚α烯烃(PAO)也有使用的报告。它们的相对寿命对比参见图20-12。应注意：硅油混入聚合物磨粒后容易蜕化。

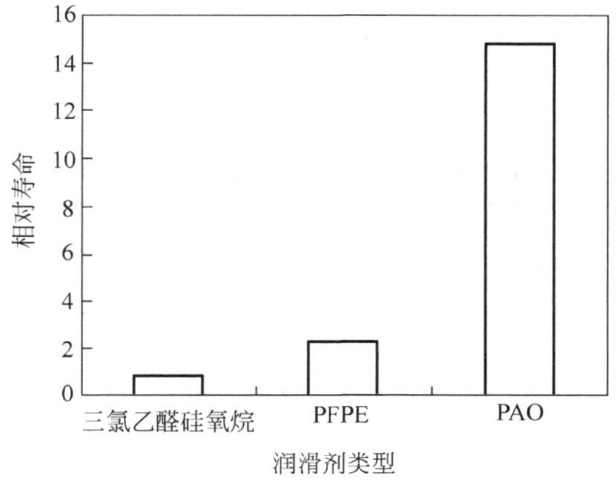

图20-12 扫描机构相对寿命比较结果[3]

4. 合成碳氢油

目前使用的合成碳氢油有两种类型：PAO 和多烷基环戊烷(MAC)。前者是通过线性α-烯烃的低聚化形成的，有 6 个或更多的碳原子。另外，前面提过的奈基润滑剂的许多 PAO 也有用于空间。这 3 种 PAO 的性质对比如表 20-5 所示。

表 20-5　3 种商业聚 α-烯烃的典型特性

性　能	OIL 132	OIL 182	OIL 186
210°F 黏度/SUS	39	62.5	79.5
210°F 黏度/cSt	3.9	10.9	15.4
100°F 黏度/SUS	92	348	552
100°F 黏度/cSt	18.7	75.0	119
0°F 黏度/cSt	350	2700	7600
闪点/℉	440	465	480
滴点/℉	−85	−60	−55
350°F 6h 蒸发量/%	2.2	2.0	1.9
25℃密度	0.828	0.842	0.847

其他类型的碳氢化合物有 MAC，是通过环戊二烯与乙醇在强基下反应合成，并通过氢化后得到最终产品，2-、3-、4-或 5-烷基环戊烷。改变反应条件可以控制这几种物质的比例。近年来，只有 3-2-辛烷基癸基替代环戊烷一种产品被用于空间机构中。这一产品为 P 基 SHF-X2000，其性能与奈基合成油 2001A 类似。奈基 2001A 的性质如表 20-6 中所示。使用 P 基铅环烷酸盐配方来评估轴承装置 6 年寿命试验与参考文献[13]给出的结果十分吻合。

表 20-6　奈基合成油 2001A 的典型性质(SHF X-2000)

参　数	数　值	参　数	数　值	参　数	数　值
100℃黏度/cSt	14.6	着火点/℃	330	热膨胀系数/℃	0.0008 cc/cc
40℃黏度/cSt	108	滴点/℃	−55	100℃ 24h 蒸发量	无
−40℃黏度/cSt	80 500	25℃密度	0.841	25℃折射率	1.4671
黏度指数	137	100℃密度	0.796	25℃蒸发压/Torr	$10^{-11}\sim10^{-10}$
闪点/℃	300				

5. 全氟聚醚

这些流体为 PFPE 或 PFPAE，有线性 Z 流体、线性 D 流体、分支 K 流体和分支 Y 流体。它们和 P 基 SHF X-2000 的物理性质如表 20-7 中所示。

表 20-7　几种 PFPE 和 P 基 SHF X-2000 润滑剂的物理性质

润滑剂	平均分子质量	200℃黏度/cSt	黏度指数	滴点/℃	蒸发压/Pa	
					20℃	100℃
Z-25	9500	255	355	−66	3.9×10^{-10}	1.3×10^{-6}
DS-200	8400	500	210	−53	1.3×10^{-8}	1.3×10^{-5}
K 143AB	3700	230	113	−40	2.0×10^{-4}	4.0×10^{-2}
K 143AC	6250	800	134	−35	2.7×10^{-6}	1.1×10^{-3}
P SHF X-2000	1000	330	137	−55	2.2×10^{-11}	1.9×10^{-8}

6. 碳氢硅化合物

它是由美国空军材料实验室开发的一种新型的空间润滑剂，包含了硅、碳和氢元素，它不像硅油那样边界润滑性能差。此外，这种单分子材料具有低挥发性和宽黏度范围。硅原子由 3 种分子形式 3-、4-、5-系列的碳氢硅化合物合成，它们的运动黏度是温度的函数，如图 20-13 所示。为了比较，图中还给出了 P 基润滑剂斜线。

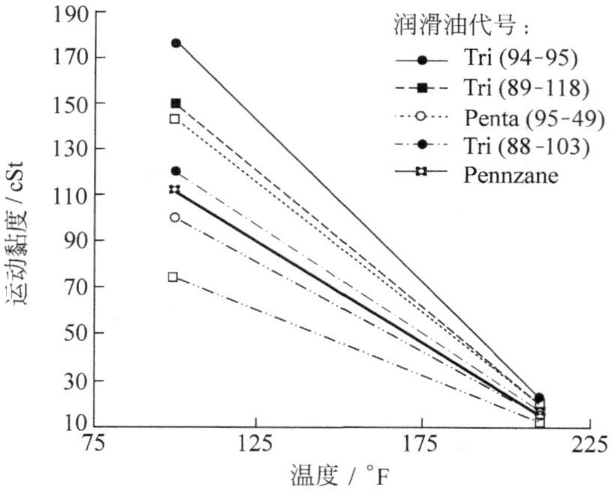

图 20-13 碳氢硅化合物运动黏度随温度的变化[3]

弹流润滑性质测量表明[12]，21℃时，3-碳氢硅的黏压系数 $\alpha=16\text{GPa}^{-1}\pm0.3\text{GPa}^{-1}$，而 5-碳氢硅的黏压系数 $\alpha=17\text{GPa}^{-1}\pm0.3\text{GPa}^{-1}$。40℃时，3-碳氢硅的黏压系数 $\alpha=11\text{GPa}^{-1}\pm1\text{GPa}^{-1}$，5-碳氢硅的黏压系数 $\alpha=13.5\text{GPa}^{-1}\pm1\text{GPa}^{-1}$。用同样的方法可得 P 基润滑剂在 30℃时，$\alpha=9.8\text{GPa}^{-1}\pm0.3\text{GPa}^{-1}$。所以，在同样的条件下，碳氢硅化合物产生的弹流润滑膜比 P 基润滑剂更厚。

20.3.2 液体润滑剂的性质

因为现在应用 PFPE 较多，下面介绍 PFPE 的液体和脂润滑剂。

1. PFPE

首先，液体润滑剂必须具有一定的物理和化学性质以完成空间机构润滑所需的功能。例如，这些润滑剂必须具有真空稳定性（低蒸发压），低蠕动性，高黏度指数（宽液体范围），良好的弹性流体和边界润滑性质，抗辐射和原子氧的能力，另外光学性和红外穿透性也有应用的要求。

虽然迷宫密封广泛用在空间机构中，润滑剂的损失对长期工作的空间机构仍然是一个关键问题。对一定的温度下和出口区结构，润滑剂损失直接与润滑剂的蒸发压有关。在同一黏度区间，与传统的润滑剂相比，PFPE 从蒸发损失来看是最少的。虽然目前 PFPE 还没有在空间机构中应用，但是由于许多添加剂可溶于 PFPE，这些年已经在开发抗磨损剂、抗腐蚀剂和抗锈蚀剂。添加了不同添加剂的 PFPE 的抗磨损性能的真空四球试验机的试验结果（见图 20-14）。

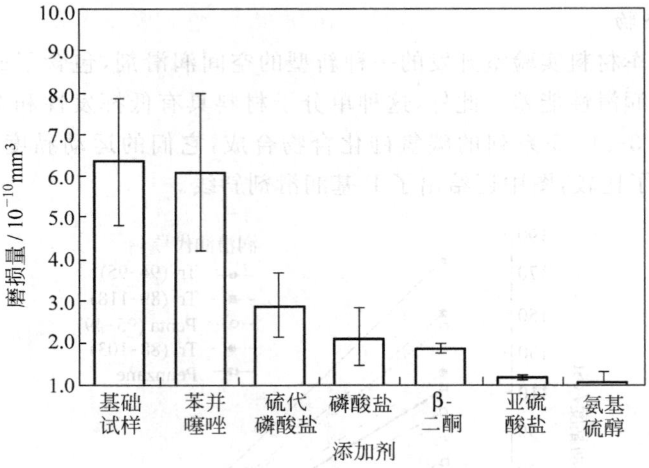

图 20-14 添加不同添加剂的 PFPE 的真空磨损性能试验[3]

2. 脂

PFPE 基脂与 PTFE 增膜剂(如 K240 系列和 B600 系列)已经广泛用于空间机构中。此外,P 基和 Nye 润滑剂基体的碳氢脂(称为 R 基 2000)也有应用。近来,新的 PFPE 配方(B700 和 701)与边界添加剂一起可用来改善许多磨损性质(见图 20-15)。

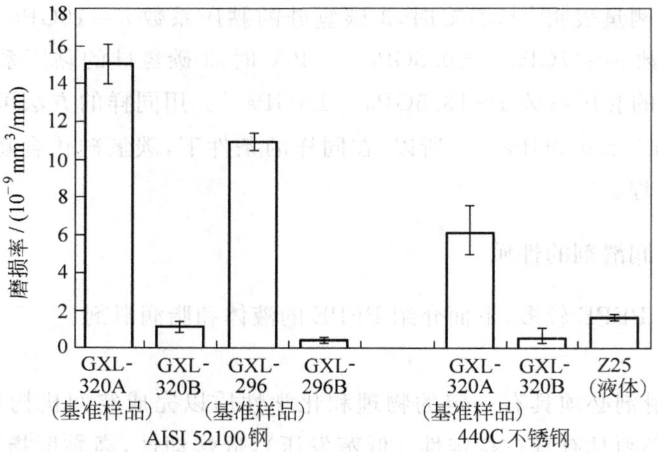

图 20-15 多种 PFPE 配方脂在真空四球机上的平均磨损率[3]

20.3.3 固体润滑剂

几十年来,有许多固体润滑剂在空间中使用,包括薄层固体、软金属和聚合物。薄层固体包括过渡金属双硫化物,如二硫化钼(MoS_2)和二硫化钨。软金属包括铅、金、银和铟。聚合物包括聚酰亚胺类和聚四氟乙烯。固体润滑剂使用方法与液体润滑剂不同,常是通过离子涂层和喷涂形成软金属和薄层固体薄膜(一般小于 1μm)得以应用。另一种应用方法是,将润滑剂填入表面受限膜内,将润滑剂与有机黏合剂混合,然后通过喷涂或浸泡覆在表面起到润滑作用。这种膜一般大于 10μm，并可以在高温下修复。自润滑聚合物和聚合物合成物最常见的使用方法是做成滚动轴承的保持架或瓦块。

用在空间机构的大多数的普通固体润滑剂是离子涂刷铅和多种形式的喷溅沉积 MoS_2。离子涂刷铅在欧洲是精密太空飞行器轴承所选的润滑剂。它常用在青铜保持架的连接处。铅涂层保持架成功地应用在早期的低温空间应用中，如在 GIOTTO、OLYMPUS 和 GERB 等航天器中。虽然它并不像在美国用的广泛，但是这一组合最近也被用在 SABER 航天器的编码器轴承上，并获得了速度、膜厚和亚表面粗糙度影响的大量数据。

这一润滑方式的一个缺点是在实验室条件下其寿命有限，它在空气中有很高的磨损率，并产生大量的氧化铅，这些磨粒将引起力矩噪声。

MoS_2 成功地在空间应用了许多年。MoS_2 膜在真空条件下具有十分低的摩擦因数(小于 0.01)。优化后的薄膜(小于 1μm)可通过喷涂和沉积获得，其摩擦学性能十分依赖喷涂条件。喷涂条件控制其微结构，这些微结构反过来确定结晶度、表面波纹度和合成物。例如，喷涂环境下氧的存在会影响摩擦因数和磨损寿命。更多的喷涂例子可参见参考文献[14]。此外，亚表面粗糙度也对摩擦因数和磨损具有明显的影响。例如，在轴承表面最优耐久性发生在名义表面粗糙度等于 0.2μm 的情况下。试验环境也会显著影响 MoS_2 膜的摩擦性能和寿命。在超高真空下，这些膜表现为超低摩擦因数(小于 0.01)，如图 20-16 所示。在普通真空条件下，摩擦因数的范围为 0.01～0.04，并具有很低的磨损和很长的持久寿命。当试验在潮湿空气下进行时，这些膜初始摩擦因数接近 0.15，且寿命十分有限，如图 20-16 所示。

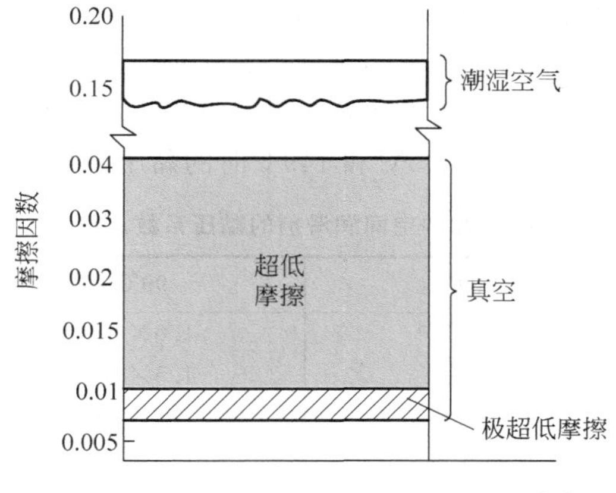

图 20-16　喷涂 MoS_2 膜的摩擦因数变化[14]

一种制作 MoS_2 膜的方法是通过压层或同时与金属一起沉积。如在干氮下，加入金可成倍增加膜持久性，在空气中膜的持久性可增加 3 或 4 倍。同时与沉积其他金属（如 Cr、Co、Ni 和 Ta)也体现出协同效应。通过与 Ti 同时沉积，MoS_2 膜的性质也同样得到改善。有报道表明，将 Ag 离子植入膜内(而不是同时沉积)也会增加膜的持久性。这些膜与纯 MoS_2 膜相比，对大气中的水蒸气很不敏感。研究还表明在潮湿空气中膜性能变差与 MoS_2 晶格边缘处的水分子吸附有关。

20.4 空间润滑特性

20.4.1 空间润滑剂的弹流特性

从上文可知，中速至高速运转的点、线接触零件的表面之间会形成弹性流体动压润滑膜。对于弹流润滑零件，当零件的尺寸、表面形貌等确定后，轴承润滑膜厚与工况相关。经典线、点膜厚计算公式(3-43)或式(3-50)如下：

线接触 Dowson-Higginson 公式

$$H_{\min}^{*} = 2.65\frac{G^{*0.6}U^{*0.7}}{W^{*0.13}}$$

点接触 Hamrock-Dowson 公式

$$H_{\min}^{*} = 3.63\frac{G^{*0.49}U^{*0.68}}{W^{*0.073}}(1-e^{-0.68k})$$

润滑剂黏度与工作状态下的温度、压力有关，其关系式为式(1-17)和式(1-18)

Barus 公式

$$\eta = \eta_0 \exp[\alpha p - \beta(T - T_0)]$$

Reolands 公式

$$\eta = \eta_0 \exp\left\{(\ln\eta_0 + 9.67)\left[(1+5.1\times10^{-9}p)^{0.68}\left(\frac{T-138}{T_0-138}\right)^{-1.1} - 1\right]\right\}$$

根据给定零件的几何参数、润滑剂属性、工作条件，是可以计算得到运动时形成的润滑膜厚以及膜厚比的，由此可以判定零件润滑状态。

从上面可知，动力黏度 η 和黏压系数 α 是润滑剂影响弹流润滑膜形成的两个物理性质。而分子质量和化学结构都会影响润滑剂的黏度。除了低分子重量流体外，α 值仅与结构有关。黏压系数能够直接利用传统的高压黏度计测定或间接地从光学弹流润滑实验中获得。几种空间润滑剂在温度分别为 38℃、99℃和 149℃时的黏压系数 α 值如表 20-8 所示。

表 20-8 几种空间润滑剂的黏压系数 α 值[15]

润滑剂	38℃	99℃	149℃
酯	1.3×10^8	1.0×10^8	0.85×10^8
合成石蜡	1.8×10^8	1.5×10^8	1.1×10^8
Z 流体(Z-25)	1.8×10^8	1.5×10^8	1.3×10^8
Naphthenic 矿物油	2.5×10^8	1.5×10^8	1.3×10^8
牵引油	3.1×10^8	1.7×10^8	0.94×10^8
K 流体(143AB)	4.2×10^8	3.2×10^8	3.0×10^8

图 20-17 示出了带分支 PFPE 和 K143AB 的 α 值。通过传统的(低剪切)测量得到的黏压系数的数据用空心符号表示。从弹流润滑实验间接测量的 α 值用实心符号表示。用不同方法测得的数据有较好的一致性。

图 20-18 给出了单支 PFPE 和 Z-25 黏压系数随温度变化的相似的数据。另外，图中还有一组定义为有效系数的数据，它明显低于用传统方法测得的数据值。

出现这一不同结果有两种可能性：一是入口区的热量在弹流润滑测量时使黏度降低，

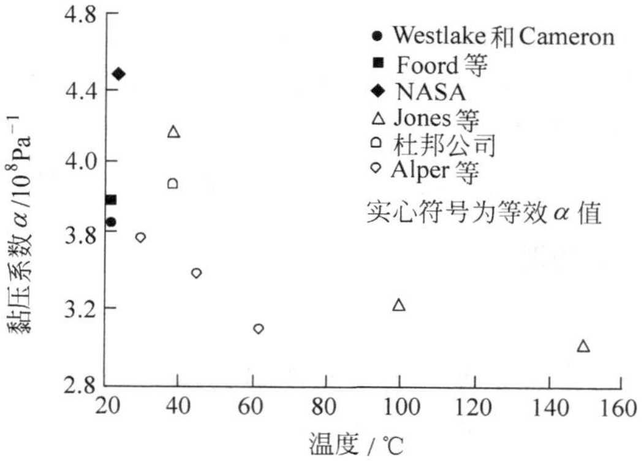

图 20-17 PFPE 和 K143AB 的黏压系数 α 值随温度的变化情况[3]

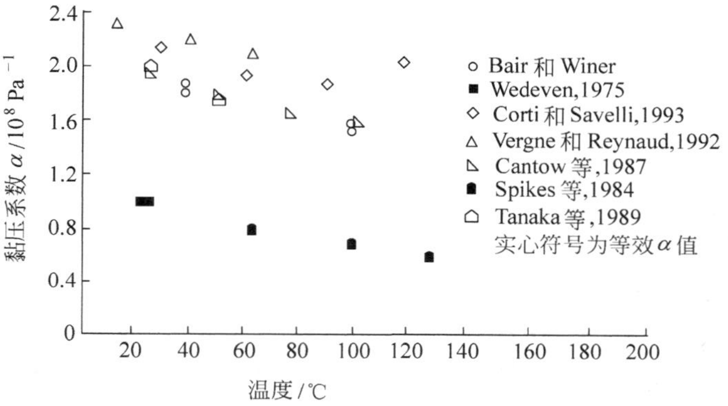

图 20-18 PFPE 和 Z-25 的黏压系数 α 随温度的变化情况[3]

从而降低了膜厚和计算结果，导致得到了较低的 α 值；二是聚合物流体呈现非牛顿剪切效应，切应变率在弹流润滑入口区的变化范围为 $10\sim10^7/s^{-1}$。

表 20-9 所示为几种非 PFPE 空间润滑剂的有效 α 值，包括 P 基和一些 P 基润滑剂配方流体。

表 20-9 非 PFPE 空间润滑剂的测量黏度和计算黏度系数 α 值[16]

温度/℃	P 2001 -合成油	PAO-186 -合成油	NPE UC-7-酯	P 2001+5% Pb Napthenate	P 2001+3% Pb Napthenate
黏度/(cPa·m)					
40	88	90	37	98	96
80	19	21	10	21	21
100	12	13	6	12	12
120	8	8	4	8	8
黏度系数 α/GPa^{-1}					
40	11.0	12.5	6.5	12.0	10.0
80	9.5	9.0	5.0	9.0	9.0
100	7.0	7.0	5.0	6.5	7.0
120	7.0	5.0	5.0	6.0	7.0

从弹流润滑理论可知，在室温下，并假设入口的黏度接近相等时，最大的 α 值的润滑剂的弹流膜最厚。但在许多应用中，润滑剂必须经历较宽的温度区间。所以，如果黏度的温度系数高时，弹流润滑入口区的黏度可能是最重要的因素。对与温度有关的 PFPE 流体来说，温度引起不同润滑剂的状态发生改变的程度亦不同，如图 20-19 所示。

20.4.2 空间滚动轴承润滑

1. 轴承镀膜

轴承零件镀膜的匹配性对轴承摩擦力矩有明显影响，这在设计和镀膜处理时应引起足够重视[18]。轴承的镀膜分 3 种：①在轴承内外滚道上镀膜；②在轴承内外滚道及滚动体上镀膜；③在滚动体上镀膜。上述 3 种情况下测得的摩擦力矩如图 20-20 所示，对应的工况分别是：真空度为 $10^{-3}\sim10^{-4}$Pa，载荷为 25N，转速为 800r/min。可以看出，只镀内外滚道的轴承摩擦性能最好。

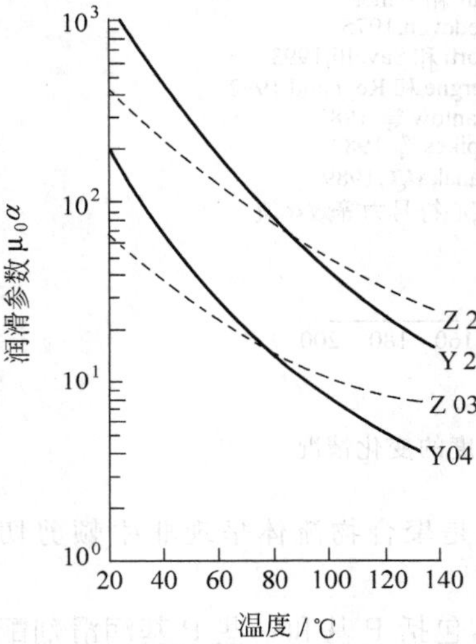

图 20-19 两种 PFPE 的润滑参数随温度的变化[17]

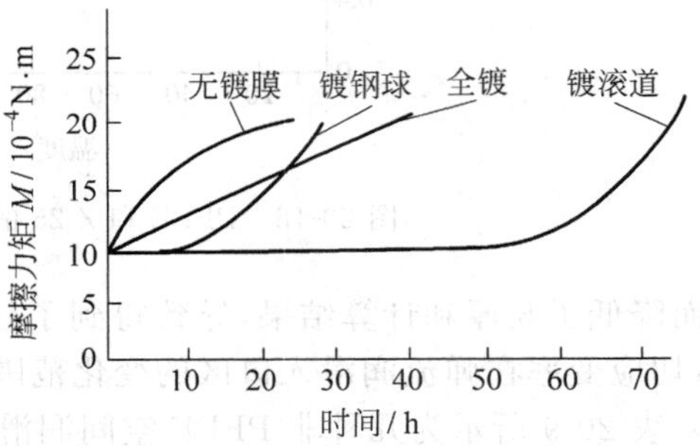

图 20-20 镀溅射 MoS_2 膜的轴承摩擦力矩

轴承一般采用蒸发镀、离心镀、射频溅射 3 种方法。离子镀一般用于镀钢球，处理温度在 120℃左右，膜厚 0.3μm 左右，膜有很好的结合强度，钢球精度保持性好，采用镀 TiN、TiC 和 Ti (Al、V)N。溅射一般用于镀套圈，溅射采用的软金属有 Ag、Au 和 Pb，非金属有 MoS_2、PTFE 和 WS_2等，处理温度在 150℃左右，短时间表面温度达 180℃，膜层厚度 1μm 左右，轴承尺寸精度和旋转精度略有改变，但零件几何精度(如圆度、椭圆度等)变化较大，硬度降低 1～2HRC。由于套圈镀膜后，零件几何精度变差，为保持产品较高精度，建议对零件采用 200℃高温回火及 150℃的稳定处理。由于 MoS_2 膜承载能力强，摩擦因数小，润滑性能好，特别是在真空中的摩擦因数和磨损寿命优于大气环境，所以使用较为广泛，采用较多的是 MoS_2＋Au＋稀土元素的复合组分。

2. 润滑膜传递技术

提高球轴承 MoS_2 膜持久寿命的方法是把它与 PTFE 合成保持架材料。在万向节的轴承寿命试验中，先进的 MoS_2 膜与 PTFE 基合成的保持架寿命超过 45×10^6。

将轴承保持架用复合润滑材料制作，这样润滑剂可以传递到滚动体上，进入滚道。图 20-21 所示为这一薄膜的形成机理。一般这种润滑形态只能在轻载的条件下使用，但是，这种技术现已被用在航天飞机涡轮泵的滚动球轴承润滑，并在液态氢泵中应用获得部分成功，但是它在液态氧泵却不能很好地工作。NASA 现在正在研究这个问题。

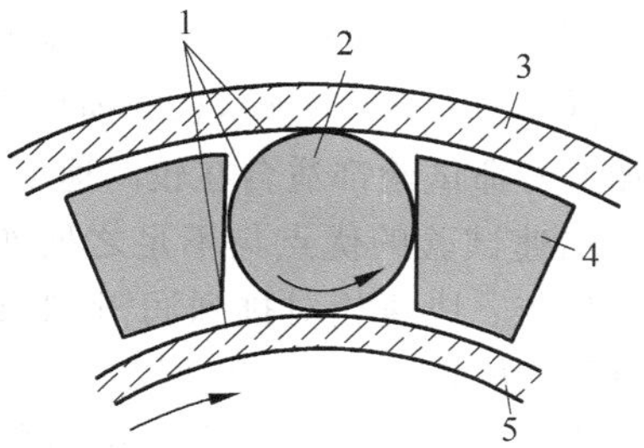

图 20-21　润滑膜形成机理[19]
1—传递膜；2—球；3—外滚道；
4—保持架；5—内滚道

3. 保持架的不稳定性研究

转子轴承中存在保持架不稳定问题，是影响转子轴承的一种最易出故障的失效形式，其表现是以三倍值的驱动力矩变化和伴随着振动的高噪声。不稳定性可能连续存在，也可能突然出现和消失。由于同时发出噪声，不稳定性也被称作啸声。一些有较小啸声的轴承在太空中已经运转了好几年，并没有出现其他问题。

转子轴承中产生的典型机械频率大约为几百赫兹，在发生啸声期间所测到的频率有几千赫兹，有时这些较高频率接近计算的保持架一阶环弯曲模型。有观点认为带有啸声的保持架是作为一个刚体在涡动，涡动模型已经成为很多数值稳定性分析的基础，可以解释啸声的许多特性。为有效地控制保持架啸声，可以采取以下措施。

(1) 保持架材料采用多孔聚酞亚胺。

(2) 球兜孔间距不等分。

(3) 采用失配钢球装入轴承(球径差≤0.5μm)。

国内为控制保持架啸声，采用不同的保持架兜孔，引导间隙配合，以寻找合适的工程解决方案，并取得了一定的效果，保证了相应飞行任务的完成。

20.5　加速寿命试验及其装置

由于随着对太空飞行器机构的要求不断提高，新的润滑剂和添加剂不断研发。这些材料必须经过地面试验以确保它们能够满足长期工作的要求和当今任务严厉环境的考验。

过去，有两种方法评价空间润滑剂：一是在实际飞行器硬件上进行系统级试验；二是模拟飞行系统条件进行试验[3]。然而这类试验步骤得到的结果花费很高，包括时间和资金。所以，只有几种待用润滑剂可能进入试验，这导致大多数润滑剂必须通过实际飞行的考验。

加速寿命试验是让润滑剂快速显示性能的方法。试验结果虽然不能用来推断和预测部件的寿命，但是在润滑工况相似条件不同时，加速寿命试验可用来选择较好的润滑剂。加速试验通常不需要实际的飞行器硬件，而是使用普通装置使润滑剂经历极端条件。

加速试验中可改变试验参数，如速度、载荷、温度、污染物、润滑剂的使用量和表面粗糙度等。选择渐进变化对全面了解接触条件和使用的润滑剂是十分重要的。

在液体润滑环境中，速度或温度的明显变化可能会引起润滑状态的变化。当速度增大或温度降低时，膜厚也会增加，使轴承从边界润滑状态向混合状态、弹流润滑状态过渡。如前所述，每一润滑状态有一定的和不同的磨损特性。同样，随时间变化的参数(如蠕动、润滑剂蒸发、流失和蜕化)很难通过加速寿命试验模拟。

固体润滑剂的加速寿命试验相对容易些。如果系统使用的是专门的固体润滑剂，速度相对较低（小于 50r/min），且磨损率不随速度变化，那么增加试验的速度是可行的。固体润滑剂的加速寿命试验都适合在较高速度下，并存在因惯性或部件稳定性引起的附加载荷时。

加速试验的优点与不足之处如下所述。

优点：快速相对排列润滑剂，试验易控，数据可用于提升润滑剂或添加剂设计或建模中，以及快速产生基本数据。

不足：不适合因温度变化的潮湿条件、因温度和压力变化的化学变化、因温度和压力变化的氧化过程、流体动压区域变化情况、磨损/摩擦聚合物变化和重载下（固体润滑）涂层破裂情况；不适用于动力学变化的保持架等部件；未标准化，且可信度较低。

下面介绍几种空间机构加速寿命试验装置。

20.5.1 偏心轴承试验装置

美国航空空间公司[3]开发的基于 22.1mm(0.900in)直径轴承测量装置，可在接近 10^{-8} Torr 真空度下进行试验，如图 20-22 所示。它主要由翻转滚道构成可转动的基座，基座的上平面抛光至 0.25μm (10μin)侧平面组成。下轴承滚道可以偏心安装，为不对中加速磨损过程而设计。平面的工作应力状态比曲面滚道上的应力要高。两个轴承都在较严酷的摩擦学条件下进行试验。

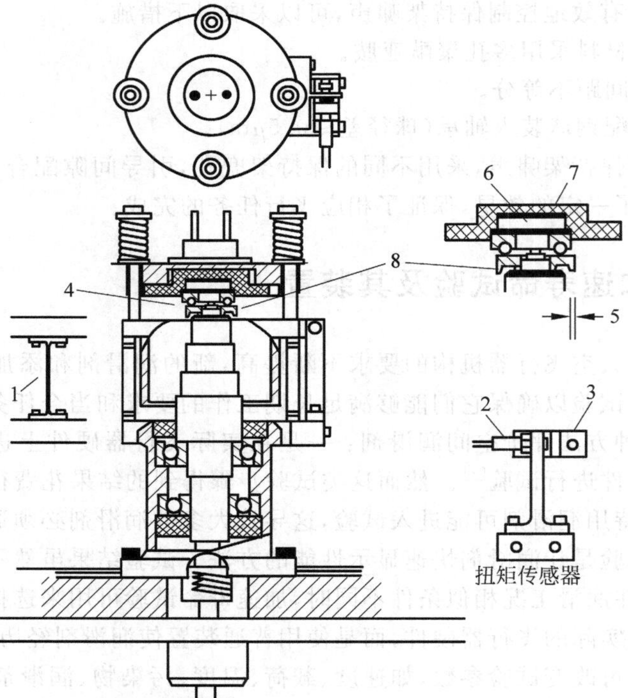

图 20-22 偏心轴承试验原理[3]

1—弹性挠件；2—接近探头；3—参考表面；4—整体轴承；
5—电源；6—接近探头；7—振动面；8—翻转滚道

下滚道固定在可旋转的轴上，具有刚性支承。上滚道放置在加载单元装置下。载荷通过压缩弹簧施加在轴承上推动上滚道夹紧。设计的偏心可以设置为 0～3.06mm，以加速润滑剂蜕化。实验得到的一个宽的磨损痕迹便于后面的表面分析。

上下箱体通过一组铝柔件相连，使得上箱体在试验中可以轻微弯曲，用于力矩测量和计算。通过固定在下箱体上的接近传感器可测量偏角。

20.5.2 螺旋轨道滚动接触试验机

NASA 的 GRC(glenn research center)开发的摩擦试验机(SOT)基于简化止推轴承设计。装置包含两表面和一个球体，如图 20-23 所示。载荷通过底部的静止平板施加，板的上表面转动。球运动的轨迹是螺旋线。轨道的斜度与摩擦因数有关。导向板用于推动球体返回原位置。该装置在 10^{-8} Torr 或更高的真空度下工作。实验是测量驱动力，并计算摩擦因数。

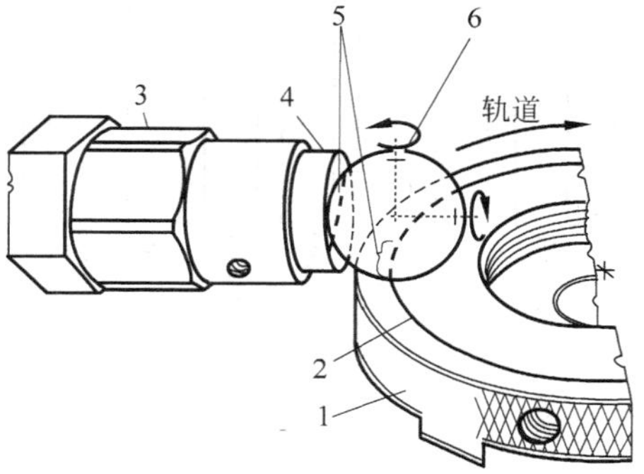

图 20-23 SOT 试验机局部

1—底盘；2—螺旋轨迹；3—力传感器；4—导向板；5—摩擦部位；6—球在上面板滑动处

球与导向板接触，称为擦拭，见图中的摩擦部位。大多数的摩擦学条件发生在擦拭过程中。擦痕很容易在板的表面找到，使得后面分析很方便。因为所有的接触表面是平面，因此简化了分析过程。

寿命通过两种途径来控制：一是装置可以工作在不同应力状态下，也可以通过改变载荷或球的直径实现，可以通过球对平面的几何结构计算得到 Hertz 接触应力；二是通过改变润滑剂的使用量实现。对一个试验，一般使用 50μg 的润滑剂。在这一用量下，几乎所有的润滑剂都能完成 1000 次的接触。这比采用一个大润滑剂池，更容易检测出任何摩擦引起的变化。

该装置的特点如下：

(1) 工作在真空和典型轴承接触应力范围内，完成滚动零件试验；

(2) 工作在边界润滑状态；

(3) 可用于简单和严酷的润滑剂接触应力和能量损失分析；

(4) 方便用于摩擦零件和润滑剂蜕化的试验后检验中；

(5) 具有表面和薄膜分析技术；

(6) 可测量摩擦因数；

(7) 可确定系统压力上升和用于在摩擦应力下的润滑剂因蜕化而产生的局部气体释放压力分析；

(8) 工作在极少或有限的润滑剂下，提供了最大可能性进行润滑剂的摩擦学试验，展示了润滑剂经历的摩擦学蜕化过程。

这一装置的优点是球在滚动、铰支和滑动接触时，相当于真正的轴承，短寿命是由于润滑剂量有限，其操作简单，并容易试验后分析。由于球没有磨损，后处理分析可以很准确。此外，利用SOT得到的相对寿命结果与实际轴承试验结果一致。几种空间润滑剂的相对寿命试验结果如图20-24所示。至今，大部分的SOT试验是用在液体润滑剂中，但是它也可以用在脂和固体润滑剂试验中。

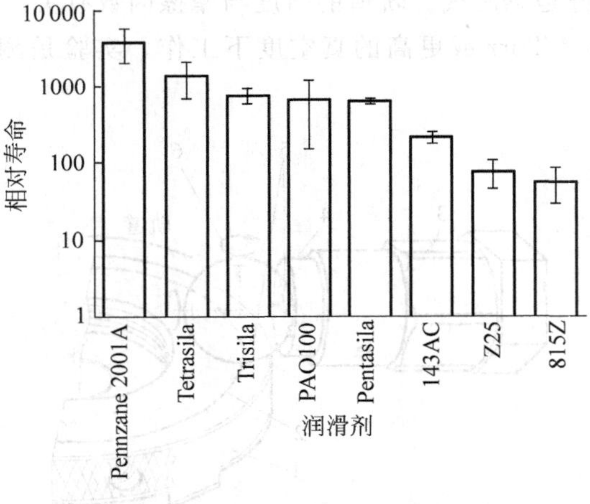

图 20-24 不同空间润滑剂在SOT摩擦试验机上的相对寿命[3]

20.5.3 真空四球摩擦试验机

图20-25为NASA的GRC开发的四球摩擦试验机的示意图。

它是为液体润滑剂在纯滑动和室温条件下设计的，真空度在10^{-6} Torr以下。四球试验机内部和工作原理与普通四球机相同，可参见图20-2。系统通过气压缸加载，推动润滑剂杯中的静止球与转动球接触。润滑剂杯由一柔性铰支定位。柔性铰支具有一定的弹性系数，可以在旋转方向上产生一定的角位移。柔性大小通过计算力矩和当量摩擦力测得。

典型的试验工况是：转动球的直径为9.82mm(3/8in)、转速100r/min、室温以及初始Hertz接触应力为3.5GPa。在这一应力下，随着试验时间增加，静止球上的磨斑不断扩大。每小时停止试验，测量一次磨斑的直径。并配有专门的平台可用于测量磨斑，而无须将球移出杯外，这使得恢复后的试验与前面的试验条件一致。全部试验需要4h。试验完成后，绘制磨损量随移动距离变化的曲线，磨损率可以通过计算曲线的斜率获得。这一装置提供了润滑剂和添加剂组合后磨损的快速信息。

20.5.4 真空销盘试验机

图20-26所示为一种用于固体膜涂层实验的超高真空销盘试验机。

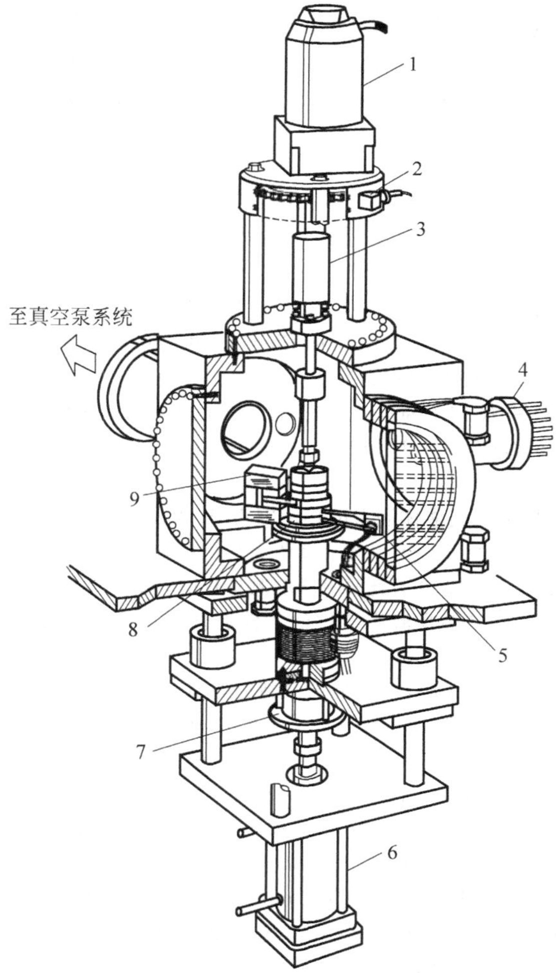

图 20-25 真空四球摩擦试验机[3]

1—驱动电机；2—速度传感器；3—磁流体离合器；4—残留气体分析仪；
5—霍尔转矩传感器；6—气动加载装置；7—加载室；8—柔性铰支；9—涡流阻尼器

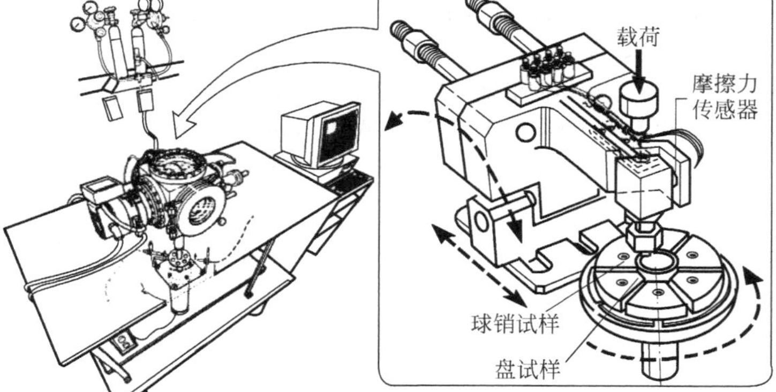

图 20-26 超高真空销盘实验机[3]

该装置将已知直径的静止销的一端压在转动的盘上，表面覆盖着试验的润滑剂。销沿圆的切线方向移动，测量摩擦因数。转动机构密封在真空室内，试验时的真空度可达到 10^{-9} Torr 或更低。该装置也可以充入氮气或潮湿空气，从而进行地球大气对空间润滑剂膜的影响研究。

参考文献

[1] 于德洋，薛群基．空间摩擦学研究的前沿领域[J]．摩擦学学报，1997，17(4)：380-384.

[2] KANNEL，J W，DUFRANE K F. Rolling Element Bearings in Space[R]. The 20th Aerospace Mechanisms Symposium，NASA CP-2423，1986.

[3] JONES W R，Jr.，JANSEN M J. Space Tribology[R]，2000，NASA/TM—2000-209924.

[4] JONES W R，Jr.，JANSEN M J. Lubrication for Space Applications[R]，2005，NASA/CR—2005-213424.

[5] 姚志雄，黄立峰，黄健．影响空间液体润滑的环境因素[J]．润滑与密封，2005，169(3)：155-157.

[6] 温诗铸，黄平．摩擦学原理[M]．2 版．北京：清华大学出版社，2002.

[7] 黄平，雒建斌，温诗铸．NGY-2 型纳米级油膜厚度测量仪[J]．摩擦学学报，1994，14(2)：175-179.

[8] 谭洪恩，杨沛然，尹昌磊．点接触弹流润滑供油条件退化的乏油分析[J]．润滑与密封，2007，32(4)：50-54.

[9] 刘春浩，李建东．NSK 滚动轴承研究和发展的最新趋势[J]．轴承，1999，10：34-39，8.

[10] LIU J，WEN S. Fully flooded，starved and parched lubrication at point contact system[J]. Wear，1992，(159)：135-140.

[11] 袁杰．空间有效载荷用长寿命中高速滚动轴承的润滑[M]．润滑与密封，2006，175：156-158.

[12] KANNEL J W，DUFRANE K F. Rolling Element Bearings in Space[R]. The 20th Aerospce Mechanism Symposium，NASA CP2 2423，1986.

[13] ROBERTS E W，TODD M J. Space and Vacuum Tribology[J]. Wear，1990，136：157-167.

[14] SPALVINS T. Lubrication with Sputtered MoS_2 Films：Principles，Operation and Limitations[J]. J. Matl. Engr. and Perf.，1992，1：347-352.

[15] JONES W R，Jr. JOHNSON R L，WINER W O，et. al. Pressure-Viscosity Measurements for Several Lubricants to 5.5×108 Newtons per Square Meter (8×104 psi) and 149C (300F)[J]. ASLE Trans.，1975，18(4)：249-262.

[16] SPIKES H A. Film Formation and Friction Properties of Five Space Fluids[R]. Imperial College (Tribology Section)，London，UK，1997，Report TS037/97.

[17] SPIKES H A，CANN P，CCPORICCIO G. Elastohydrodynamic Film Thickness Measurements of Perfluoropolyether Fluids[J]. J. Syn. Lubr.，1984，1：73-86.

[18] 梁波，葛世东，席颖佳．宇航固体润滑轴承技术[J]．轴承，2001，5：8-12，45.

[19] BREWE D E，SCIBBE H W，ANDERSON W J. Film-Transfer Studies of Seven Ball-Bearing Retainer Materials in 60°R (33K) Hydrogen Gas at 0.8 Million DN Value[R]. NASA TN D-3730，1966.

第21章 海洋摩擦学

海洋是人类赖以生存的载体,海洋面积占据了地球表面的 71%。随着陆地资源开发难度的日益增大,对海洋的探索受到人们越来越多的重视,海洋资源的战略开发和深度利用对国家的经济发展起到关键性的作用,这已经成为一个评价国家综合实力的重要指标。海洋工程装备是海洋资源开发和海洋经济发展的基础,提升海洋工程技术,加速海洋工程装备的发展,对加快国家海洋资源开发,维护国家的海洋权益,以及高端海洋装备的发展具有重要意义,是国家实施海洋强国战略的重要基础和支撑[1]。海洋运输船舶、水下潜艇/潜器、海底采矿装备,以及油气开发设备等,都是海洋开发中的重要装备[2]。这些海洋工程装备中所涉及的摩擦问题与其服役寿命和性能密切相关,如按摩擦磨损占生产总值的 4.5%计算,海洋材料每年由于摩擦磨损造成的损失高达上千亿元人民币[3],因此,海洋中的摩擦学问题近年来受到人们的高度关注。海洋摩擦学便是在此背景下孕育和兴起的一个重要研究领域,研究海洋开发装备和系统中存在的界面间的科学与技术[2],海洋摩擦学的研究致力于解决在苛刻海洋环境中装备的摩擦、磨损、润滑、腐蚀以及密封等一系列重要问题。

21.1 海洋环境及海洋摩擦学的特点

海洋是指地球上广袤连续的总水域,包括海水、海洋生物、海水中溶解悬浮的物质和海底沉积物,是生命的摇篮和人类的资源宝库。在赵淑江的《海洋环境学》[4]中这样定义海洋:海洋是大气、海水、海洋生物和岩石圈相互联系、相互作用的场所。因此,海洋中所有的因子,包括海洋气候、海水运动、海水自身性质、海洋生物等组成了互相制约又互相联系的复杂生态生态系统。在海洋摩擦学所涉及的问题中,影响材料的摩擦和腐蚀的因素主要是和海水有关,包括海水温度、海水及海洋大气成分、海水运动、海洋浮游生物等几个方面。

海洋环境的复杂性使得海洋摩擦学的研究有着与传统机械摩擦学不同的特点,需要解决海洋装备中所面临的磨损、润滑、腐蚀、冲蚀、污染等多种问题的协同和耦合作用,如图 21-1 所示。

21.1.1 海水温度所引起的摩擦学问题

大洋中水温大致分布在−2~30℃之间,取决于太阳光的吸收与辐射过程、海水蒸发、洋流运动、纬度等因素;随着深度增加,阳光无法透射水层,水温会逐渐将低。大洋表层水温的分布主要取决于太阳辐射和洋流性质。等温线大体与纬线平行,低纬度水温高,高纬度水温低,纬度平均每增高 1°,水温下降 0.3℃[5]。对比海洋表层年平均水温,太平洋最高,印度洋次之,大西洋最低,北冰洋和南极海域最冷。温度影响材料的腐蚀速率、电解质的活性以

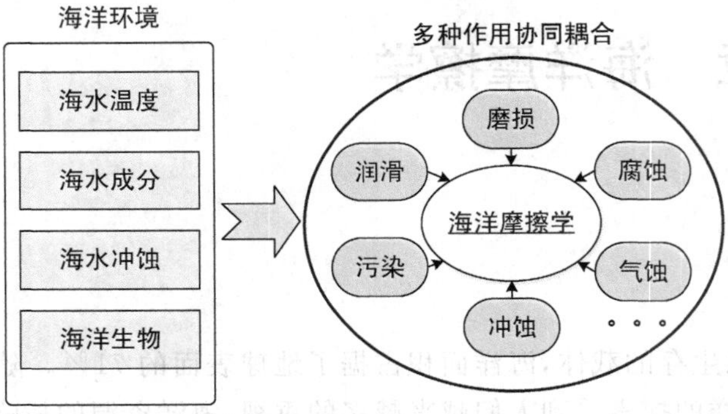

图 21-1 海洋摩擦学的特点

及材料的低温时的脆性断裂。在南北极寒冷水域，材料容易发生脆性断裂，导致装备零部件无法正常运行；而在温度高的水域，材料的腐蚀速率则会快速增加。

21.1.2 海水成分及海洋大气成分所引起的摩擦学问题

海水中包含很多种盐类，在海水中已发现的元素近80种，绝大部分呈离子状态，其中含量大于1mg/L的元素称为常量元素，主要有氯、钠、镁、硫、钙、钾、溴、碳、锶、硼、氟、硅等12种；此外，还有氧、氢、二氧化碳等气体[6]。海水是一种典型的腐蚀性电解质，不仅含有大量氯化盐，还含有大量饱和的碳酸盐以及镁、钙离子，其导电性比普通水大几十倍，能引起绝大多数金属材料的电化学腐蚀，尤其是钢铁材料；多数高分子材料在海水中会化学老化，即使用陶瓷涂层材料作金属表面的保护层，也有可能引起涂层材料的某些元素选择性析出以及两相界面的间隙腐蚀，加快磨损的速度，引起材料的疲劳破坏，降低工件寿命。

与此同时，海水中含有大量泥沙颗粒，这些泥沙颗粒在海水的运动下会给材料表面造成划伤，而当进入摩擦副时也会给摩擦副材料造成磨粒磨损。

此外，海洋上空的空气湿度大并且盐分含量大，容易造成海洋装备表面附着盐层，盐层进一步吸湿将引起装备表面材料的腐蚀。

21.1.3 海水运动所引起的摩擦学问题

在万有引力和地球自转离心力的作用下，海水在不停运动着，波浪、潮汐和洋流等都是海水的运动形式。其中对海洋材料损害较为严重的是波浪和潮汐的冲蚀作用。冲蚀主要发生在浪溅区，浪溅区指材料与海水、空气接触的区域，波浪在浪溅区反复拍打冲刷，破坏材料的保护层，从裂缝中侵蚀材料基底；同时海水中的盐浓度高，产生电化学腐蚀，两者的耦合作用加剧了材料的腐蚀磨损。

此外，海洋风浪等不稳定状态，容易使海洋装备长期处于剧烈的振动中，因此，关键零部件的摩擦状态也常处于极端工况，接触表面常面临干摩擦和润滑失效的状态，磨损加剧，严重影响零部件的性能和整体装备的服役寿命。

21.1.4 海洋浮游生物所引起的摩擦学问题

海洋浮游生物是在海洋水层中漂浮生活的动、植物。这群生物个体都很小，运动能力微弱，随波逐流。浮游生物的种类很多，数量很大，分布也相当广泛。在动物性浮游生物中，对材料损坏较为严重的是甲壳类和软体动物。植物性浮游生物比动物性浮游生物种类少，其中藻类占绝大部分，如绿藻类、硅藻类和蓝藻类等。

无论是动物还是植物，主要的破坏作用是附着在材料表面生长生活，不仅增加海洋运载工具航行阻力，而且其新陈代谢时分泌有机酸等各类代谢产物造成材料表面腐蚀，给海洋开发和装备服役带来不可估量的损失。同时，海水中的微生物也易诱发海水气化，导致气蚀，剥蚀材料表面[2]。

21.2　海洋摩擦学所涉及的关键系统及装备[2]

目前海洋工程设备和装备主要包括水下空间站、水下机器人和潜航装备、船舶、石油采集平台、海上风力发电装置、潮汐能发电装置、深海资源钻采等。下面将引用严新平等人的综述文章[2]对其中所涉及的摩擦学问题分别进行介绍。

21.2.1　水下装备的摩擦学问题

海洋中的水下装备主要包括水下航行器及水下空间站。对于这些水下装备来说，诸多关键零部件均涉及在海洋环境中的摩擦学问题，如海水泵、重心调整机构等。以海水泵为例，其中的主要摩擦部件包括滑靴与摩擦盘、柱塞与缸孔、斜盘与推力轴承、主轴与滑动轴承等[2]，上述摩擦副的磨损和腐蚀直接影响着海水泵的机械效率和服役寿命。与此同时，随着水下装备的潜入深度逐步推进，这些部件所承受的压力要求也逐步升高，也使得关键摩擦副的润滑面临着泄漏的问题，进而导致密封失效，摩擦、磨损、气蚀等问题变得更为严重。因此，针对上述问题，对水下装备的关键摩擦部件的结构、材料、配伍等进行系统的、合理的摩擦学设计是水下装备重要的技术保障。

21.2.2　水中航行体的摩擦学问题

水中航行体主要指船舰，对船舰在海洋中性能的要求主要集中在快速、高效和节能方面，是海洋工程装备中最为重要和常见的体系。船舰所涉及的摩擦学问题包括两大方面：外摩擦问题和内摩擦问题，其中外摩擦问题主要涉及航行体外部防污和减阻，而内摩擦问题主要涉及内部零部件的润滑和磨损等。

1. 防污问题

有效提高船舰在海洋中的航速是全世界在该领域共同追求的目标，我国船舰的航行时速目前处于 24～44km/h[2]，阻碍船舰航速提升的瓶颈在于航行体与海水之间的摩擦阻力，理论上该流固阻力随速度平方增长，给航速提升带来了巨大的难度。同时海洋中的浮游生物极易在船体表面发生附着污染，导致减阻材料失效，难以很好的应用。在过去的几十年中，大批研究工作者致力于船舰减阻和防污问题的研究，在新材料开发和材料表面结构设计等方面取得了一系列的成果和进展。

为实现航速提升，首先要解决船体污染的问题。目前主要的方法有三类，包括物理法、生物法和化学法。其中物理防污方法包括用辐射、超声等方法破坏生物在船体的附着[7]，或者改变船体表面材料的物理特性和微观形貌来防止污染物附着[8-10]。在物理防污方面，人们受生物体，如鲨鱼表皮、贝壳表面等的启示，开展了相关研究，如图 21-2 所示为常用的聚二甲硅氧烷高分子(PDMSe)船体涂层所制备的具有不同微结构的防污材料[9]。生物方法是利用生物体自身酶的分解作用等来实现防污效果，其中关键问题为各种酶的活性、稳定性以及适应性。化学防污方法则主要是利用防污涂层在海水中的释放以达到杀灭微生物的目的，目前常用的涂层为含铜和锌的涂层。

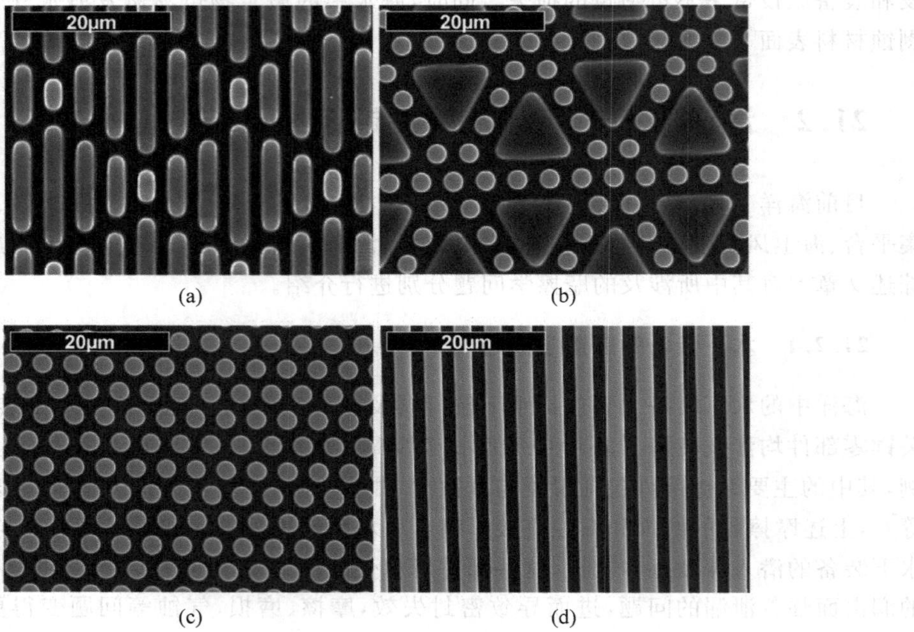

(a) (b) (c) (d)

图 21-2 具有微结构的聚二甲硅氧烷高分子防污涂层

2. 减阻问题

在船舰减阻方面，过去的几十年间人们提出了大量减阻方法和理论，主要集中在通过表面结构和材料等的设计实现对流场的控制，或实现气相结构以达到降低流体与固体界面间的摩擦阻力的目的。

船舰在航行过程中所受到的阻力包括兴波阻力、压差阻力和流体摩擦阻力，其中流体黏性所引起的摩擦阻力占总阻力的 50%～80%。因此，减小船舰的能耗关键在于降低行驶中的摩擦阻力，该摩擦阻力表达式如下：

$$\tau = \frac{\mathrm{d}u}{\mathrm{d}y}\mu \tag{21-1}$$

式中，τ 为流体黏性剪应力；u 为近壁面流体的实际流速；y 则为流体与壁面的实际距离；μ 为流体动力黏度。从此式中可见，对于水中航行体的减阻应该着力于减小速度梯度或降低流体黏度。可通过控制湍流边界层来改变湍流边界层状态进而影响流场分布，或人为构造壁面滑移。此外，更为有效的方法为在壁面处实现气相结构，原因是气相黏度远小于海水黏度[11]。

1) 流场调控方法

目前众多的减阻方法的出发点集中在改变边界层内湍流底层的流动状态进而降低边界层内的速度梯度，图 21-3 为近壁面处边界层内的流体状态[11]。具体方法包括：制备表面微结构、使用添加剂、柔性壁以及运动壁面减阻等方法。

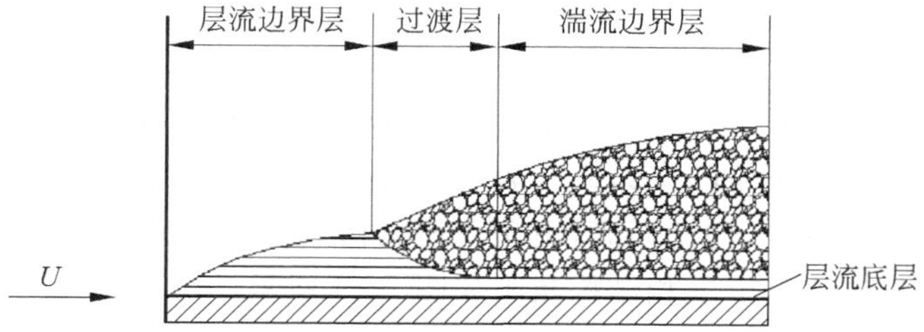

图 21-3　近壁面处边界层内的流体状态

制备表面微结构的方法研究众多，被证实具有较好效果的包括模拟鲨鱼表面盾鳞的顺向沟槽、展向沟槽以及其他微结构表面（如仿生微米级凹坑表面）等。王宝等人总结了已被报道的顺向沟槽所获得的减阻效果，如表 21-1 所示，其中已实现的最高减阻效果为张德元等人复制鲨鱼盾鳞表面所获得的 24.6%的减阻效果[12]，图 21-4 给出了鲨鱼盾鳞表面的微观肋条结构。

表 21-1　顺向沟槽结构减阻效果

沟槽形状	分布状态	研究方法	减阻效果
锯齿状	连续分布	模拟与实验研究	6.36%～13%
外接圆	连续分布	实验研究	8%～10%
半圆状	连续分布	模拟与实验研究	6.36%～8%
刀片状	连续分布、交错分布	模拟与实验研究	4.54%～9.9%
梯形	连续分布	实验研究	8%
防鲨鱼盾鳞	连续分布	实验研究	10%～24.6%

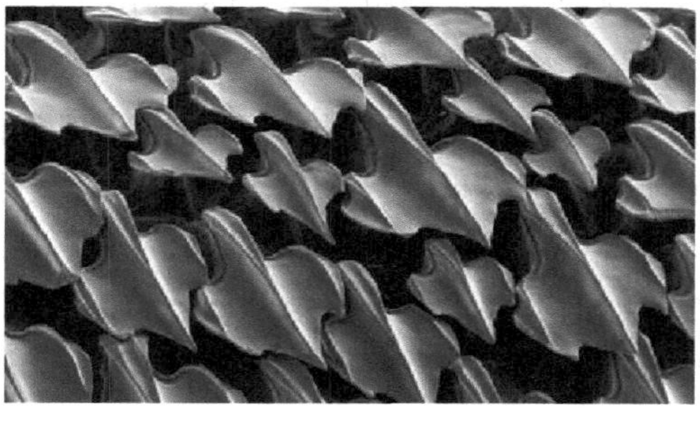

图 21-4　鲨鱼盾鳞表面的微观肋条结构

与此同时，可利用高分子聚合物添加剂的 Tomas 减阻现象来实现水中航行体减阻的目的。其本质是利用高分子聚合物在船体表面的扩散，使得分子拉伸变形进而导致剪切力各向异性，从而减小近壁面速度梯度，减少旋涡的发生及速度。目前常用的添加剂种类有十六烷基三甲基氯化铵（CTAC）、聚 α 烯烃、电解质溶液以及表面活性剂等[13]。

受海豚游动的启发，柔性壁面减阻方法也受到众多学者的重视，通过对海豚表皮力学性能进行研究和模拟，目前已获得 7%～15%的实验水下减阻效果[14]。目前认为该方法的机制为由于柔性壁面能够实现对边界层内速度扰动的降低，进而控制湍流边界层的湍流程度。

此外，壁面运动减阻也是通过调控流场实现减阻的一种有效方法，通过壁面的振动，可改变边界层状态，人们通过实验室测试和计算机模拟的方法，通过振动避免方法获得了10%～17%的减阻效果[14]。

2）气相结构减阻方法

从式(21-1)中可以看出，若要获得更高的减阻效率，更为有效的方法为降低流体相的黏度μ，气体的黏度仅为水黏度的1/50，研究表明，当固液界面间存在气相时，气相结构的存在改变了流体局部黏度和密度，与此同时，由于气相结构的存在，固液界面间会产生壁面滑移，使得边界层内速度梯度降低。气相结构减阻如图 21-5 所示[11]。

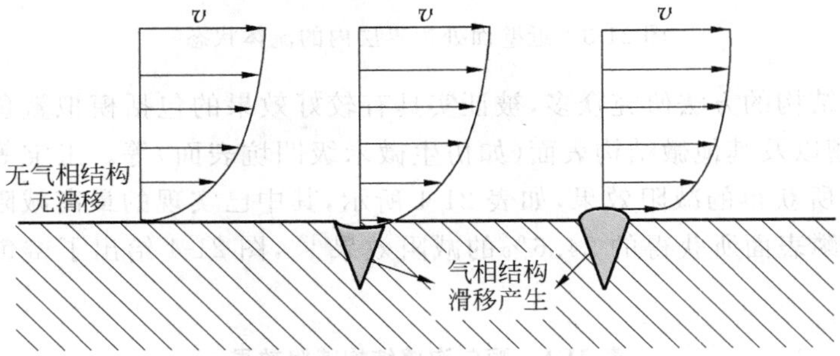

图 21-5 气相结构减阻的原理

构建气相结构实现减阻的方法包括主动气相结构减阻法和被动气相结构减阻法。其中主动气相结构减阻法包括空气注入法（在固液界面处人为注入空气以替代固液之间的剪切）、热解和电解法（通过热解和电解的方法在固液界面处产生气泡）等。利用主动气相结构减阻法目前已报道的试验减阻率最高可达约 80%[15]。与之相对应的被动结构减阻方法则是在船体表面构筑微结构或创建超疏水表面，其中，超疏水表面能够在固液界面处使气相在微结构内驻留，进而引起速度滑移而实现减阻，目前已实现的用该种方法的实验室减阻效率约达 30%[16]。但基于超疏水表面实现的气相驻留在水中并不稳定，会随时间逐渐消失进而丧失减阻效果。而超空泡减阻法则是利用微结构表面的空化现象在水中形成气泡，获得较大的壁面速度滑移量，进而实现减阻效果，与超疏水表面法相比空泡法已被证实可获得稳定的减阻效果。汪家道、陈大融等人[17,18]做了表面微结构的设计，利用疏水性的展向微沟槽结构使沟槽内部不断生成气相结构，而形成的气象结构被相邻沟槽间的脊状结构挡住，从而不能轻易地被水流冲刷掉，最终在固/液界面间构建相对稳定的气膜，并获得了 15%的壁面速度滑移率，如图 21-6 所示。

虽然目前国内外研究工作者已经利用实验和计算机模拟的方法开展了大量相关研究，但是，海洋中的生物在船体表面的污染和附着使得在实际工程应用中几乎所有的减阻技术都无法得以良好的应用，需综合考虑防污和减阻的协同作用。因此，在减阻的研究方面，仍然有大量的工作需要在未来进一步开展。

3. 润滑及磨损问题

水中航行体的内摩擦体现在船舰内部的主要机械部件的润滑和磨损问题。例如，主机中的活塞、缸套、气阀等部件中的摩擦副，由于海洋环境复杂，这些部件常年处于易腐蚀环境、沙尘环境，以及振动、高温、高压的工况中，进而引起失效。表面微结构的设计可用以改善缸套-活塞环的润滑性能[19]。此外，联轴器、齿轮箱、推力轴承、艉轴承等零部件的润滑和

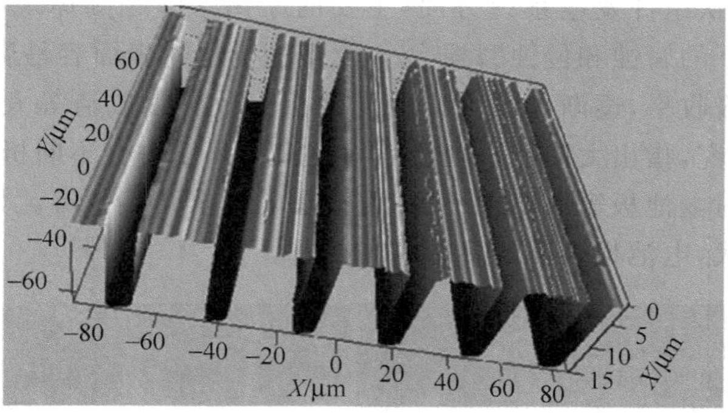

(a)

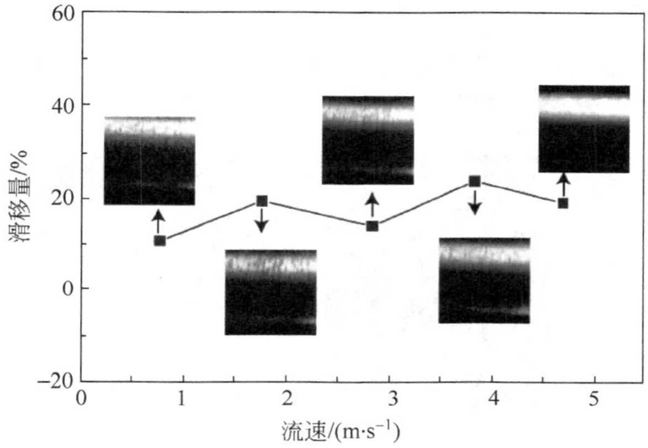

(b)

图 21-6　疏水性微沟槽表面微观形貌及滑移量

密封问题的解决也是保障船舰机械效率和正常运行的重要方面，相关研究主要集中在新型水润滑轴承的结构和材料设计方面[20, 21]，并已在实际应用中获得较为良好的效果。

21.2.3　海上能源开发装备的摩擦学研究[2]

海洋能源的开发是未来能源开发的主体，主要包括风能、太阳能、波浪能、潮汐能和温差能等。

在海上风能发电方面，风机故障的主要原因是由于腐蚀和冲击等恶劣极端环境造成的风轮、叶片、轴承等的磨损和破坏。据统计数据，风力发电机组故障的 25％～70％均来自于齿轮箱的故障[2]，包括轴承失效、断齿、齿面点蚀、胶合等方面。同时，在海浪等的冲击作用下，机械部件的微动磨损情况也非常突出，使得机组寿命大幅降低。对上述问题的解决基于对系统的状态监测和故障诊断，进一步针对故障常发的摩擦副进行材料和结构设计。

与风能发电不同，波浪能、潮汐能的发电系统常年浸入海水中，因此其中的关键摩擦学问题包括机械部件摩擦副之间的摩擦磨损、旋转轴的密封，以及叶片等浸水部件的腐蚀和污染问题。研究表明，携带颗粒物的波浪对涡轮叶片的冲刷会对叶片造成严重的腐蚀磨损；更为严重的是生物污染和附着使得转子和轮轴等部件发生污染点蚀，进而导致机组失效[22]。需要结合防污技术对波浪能和潮汐能发电系统进行摩擦学设计。

在海洋太阳能光伏组件发电系统方面，主要的摩擦学问题则体现在电池板在水浸、盐蚀、振动等因素作用下的腐蚀和侵蚀磨损[23]。太阳能电池板表面容易腐蚀、污损、黏附杂物等，影响对太阳光的吸收率，逐渐导致太阳能电池板失效。袁成清等人[23]在电池板的腐蚀防污方面做了大量研究，指出太阳能电池板表面在海水环境中会不断析出盐粒，逐渐在表面集聚长大形成盐斑，对电池板表面腐蚀严重，直接影响光电转换效率。如图 21-7 所示，盐浓度越高，盐斑面积越大，电池板表面的腐蚀越为严重。

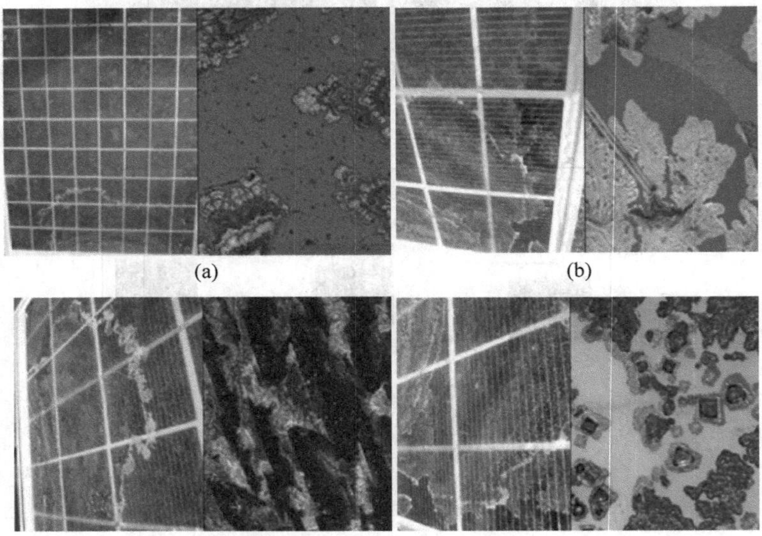

图 21-7 模拟海洋环境条件下的太阳能电池片对比试验
(a) 3.5% NaCl；(b) 5% NaCl；(c) 10% NaCl；(d) 20% NaCl

21.3 海洋材料的摩擦学特性[24]

由前述内容可知，海洋的苛刻极端条件使得零部件材料的摩擦学问题与陆地相比格外突出，面临着腐蚀、冲蚀、污染、磨损等一系列影响因素的耦合作用，因此，海洋装备的摩擦学问题中最为重要的问题之一即为可用于海洋环境的材料的开发、推广与应用。目前该部分研究工作主要集中在金属材料、陶瓷材料及有机高分子材料。本节将参考严新平、袁成清等人[24]的综述文章，对海洋环境中材料的摩擦特性分别进行介绍。

21.3.1 金属材料在海洋中的腐蚀及摩擦特性

金属及金属合金材料具备强度高、耐高压高温、价格相对便宜和耐腐蚀等优点，成为关键零部件制造的一类重要材料。近年来，随着我国海洋战略的大举开发和推进，一些性能优异的合金，如钛合金、不锈钢、金属基复合材料等成为水下机器人、深海探测器、船舶、潜艇等领域关键摩擦副材料的首选用材。因此，研究金属材料在苛刻海洋环境中的摩擦学特性具有重要意义。

在对不同金属材料在海水静压力下的摩擦特性研究中[25]（包括 316 钢、Hastelloy C-

276、Inconel 625 和 Ti6Al4V 钛合金等)发现,316 钢、Hastelloy C-276 的磨损率随水静压的增加成指数型增加,Ti6Al4V 合金的磨损率则随着压力的增加而减小,表明 Ti6Al4V 合金在深海区能够表现出优异的摩擦学性能,如图 21-8 所示[25]。

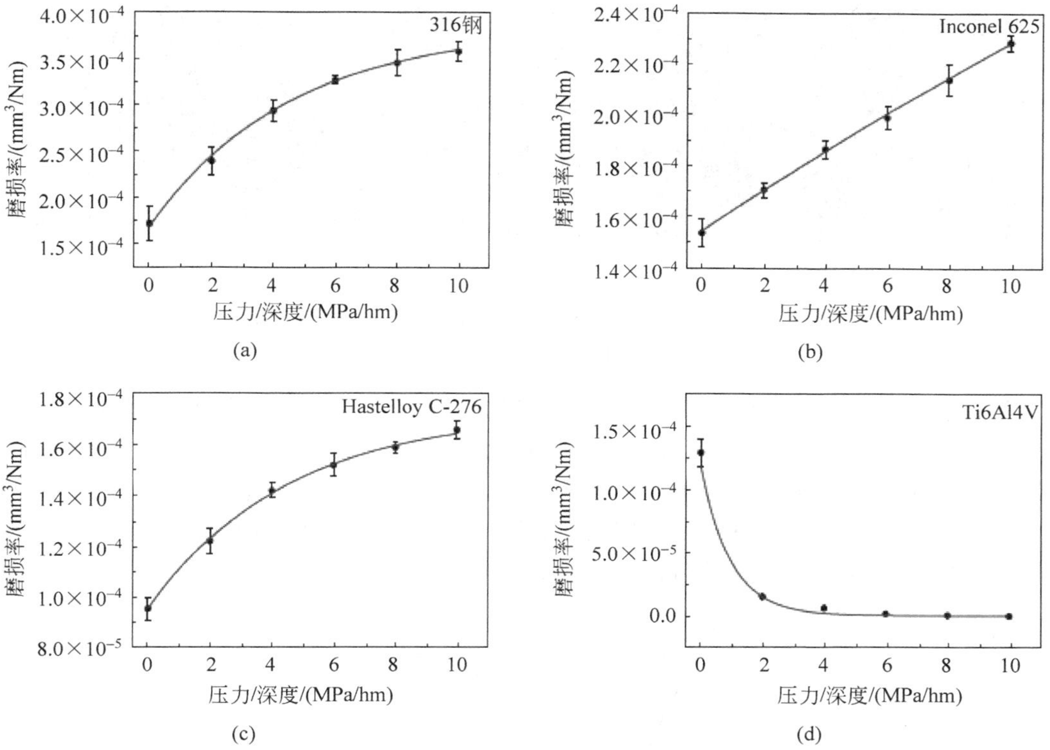

图 21-8 几种金属材料的磨损率与海水压力的关系图

针对海洋环境的腐蚀,研究人员[26,27]利用自行开发的模拟腐蚀装置对钢铁试样进行大周期的挂片蠕变和冲蚀等耦合作用下的腐蚀试验,并指出,试样在浪花飞溅区的平均腐蚀速率是全浸区的 2～3 倍,说明海浪的冲蚀对金属材料的腐蚀严重。而对于腐蚀机制的解释目前尚无统一的认识,目前能够解释浪溅区严重腐蚀的原因有如下几方面:海水长时间浸泡材料,电化学腐蚀占主导作用;干湿交替频率高,反复暴露在空气中氧化破坏;海盐粒子的大量积聚,加剧了电化学腐蚀;海浪飞溅的冲刷冲蚀作用;表面锈层自身作为氧化剂,导致阴极电流变大。考虑到钢铁材料在海水中特殊的腐蚀特点,可通过添加合金元素,增加保护涂层等有效措施来提高金属材料的耐腐蚀性。

海水环境中,金属材料往往处于磨损与腐蚀耦合交替的作用下。钛合金是目前公认最优异的抗海洋腐蚀的金属合金材料[28],其表面易生成一层致密 TiO_2 钝化膜,使得内层金属不被继续腐蚀。但该层钝化膜存在不耐磨损的问题,容易在与硬度较高的材料接触时产生划伤,进而在接触海水时产生腐蚀,这也是典型的海水环境下的腐蚀和磨损的耦合现象。例如,对 TC4 钛合金与 GCr15 钢摩擦副的摩擦特性的研究表明[29],TC4 合金在模拟的海水环境中腐蚀速度较快,磨损率最高,腐蚀和磨损两者相互促进,材料表面破坏最为严重,如图 21-9 所示。而 TC4 合金在模拟海水环境中能够获得摩擦因数较低的原因是由于良好润滑膜的形成。与钛合金类似，同样存在磨损腐蚀耦合现象的金属材料还有高铬不锈钢，其表面也能形成一层致密的钝化膜。相比普通碳钢，表现出非常低的腐蚀速率，但摩擦磨损会使钝化膜慢慢地被破坏诱导发生腐蚀。

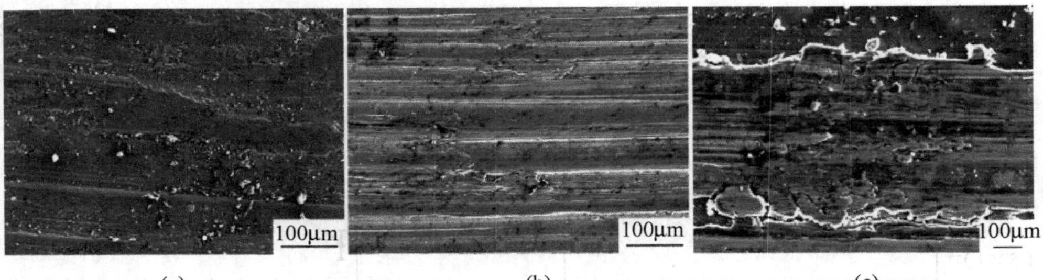

图 21-9 TC4 钛合金在不同环境介质中磨面的电镜形貌图

(a) 空气；(b) 水；(c) 质量比为 5% 的 NaCl 溶液

除海水中盐分的腐蚀外，金属材料在海水环境中同时面临着泥沙等颗粒物的冲蚀腐蚀。对多种不锈钢材料的冲蚀磨损研究表明[30]：相比含沙清水中的冲蚀率，试样在含沙海水中的冲蚀率普遍较大，并随着流速的增加而增加，但增大的趋势逐渐变平缓；在含沙海水中以电化学腐蚀磨损为主，冲蚀属于小角度剥蚀磨损。同时，钢的冲蚀腐蚀磨损率随 pH 值降低而增加，耐腐蚀性能降低；腐蚀与冲蚀的耦合作用越大，钢的冲蚀磨损越严重，如图 21-10 所示[30]。

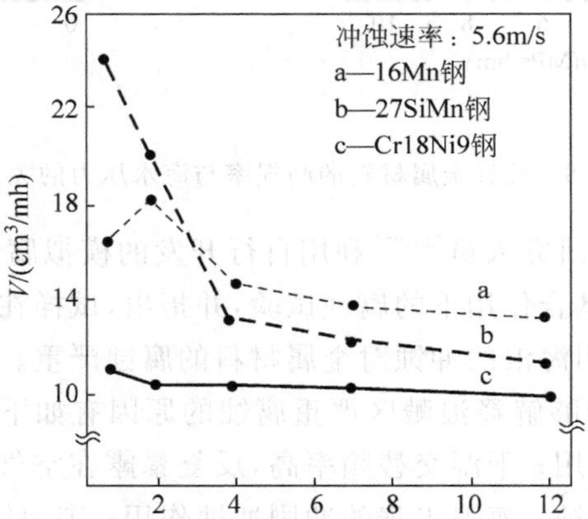

图 21-10 几种不锈钢材料腐蚀冲蚀磨损率随浆体 pH 值变化曲线

海水环境中金属材料的腐蚀和磨损的交互作用是影响金属材料摩擦学特性的关键因素。磨损与腐蚀之间交替重复发生，二者互相促进，摩擦表面微裂纹不断萌生扩展，裸露的新表面则在盐分环境下进一步被腐蚀破坏，海水的渗入又促进裂纹的扩展和增多；同时，金属表面产生的塑性变形，也使其更容易被腐蚀，而被腐蚀过的表面使得钝化膜更容易剥落，导致接触应力增大，如此循环往复，造成材料的严重损伤。针对腐蚀与磨损之间的关系，可有如下定量描述[1,31]：

$$T = W_{\text{pure}} + C_{\text{pure}} + \Delta T \tag{21-2}$$

$$\Delta T = \Delta W_c + \Delta C_w \tag{21-3}$$

式中，T 为腐蚀磨损造成的材料总损失量；C_{pure} 为纯腐蚀引起的损失量；W_{pure} 为纯磨损引起的损失量；ΔW_c 为腐蚀对磨损的增加量；ΔC_w 则为磨损对腐蚀的增加量。该式建立了腐蚀与磨损之间的耦合作用关系。

21.3.2 陶瓷材料在海洋中的摩擦学特性

陶瓷涂层的摩擦学机理与金属材料、高分子材料的有显著的不同，具体表现在：陶瓷材料可以在海水环境中水解形成自润滑膜，大幅降低摩擦因数和磨损率；海水中一些金属阳离子能促进摩擦化学反应的进行，从而加快自润滑膜的形成。例如，大量研究表明，在海水中氮化硅陶瓷（Si_3N_4）和碳化硅陶瓷（SiC）表现了优秀的摩擦性能[32]，如图 21-11 所示，摩擦因数可低至 0.002[33]。这主要归因于两种陶瓷材料摩擦表面发生了化学反应以及自润滑薄膜的形成，摩擦表面 Si_3N_4 水解生成 $Si(OH)_4$，经过磨合后，粗糙接触面平整化，润滑状态由边界润滑转化为流体润滑。

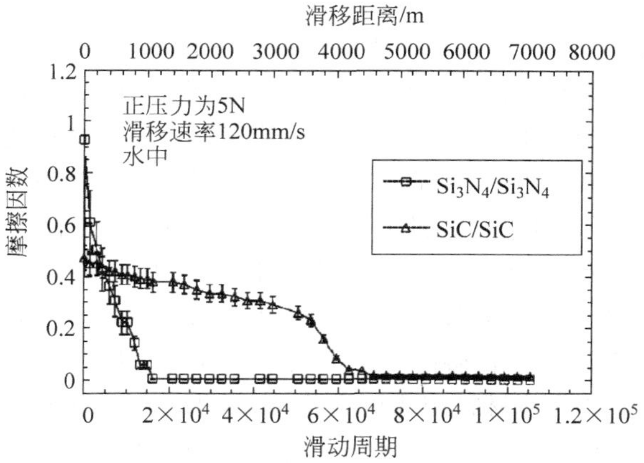

图 21-11 氮化硅、碳化硅陶瓷材料在海水环境中的摩擦性能

其他众多种类的陶瓷材料也被证实在海水中具有优秀的摩擦性能，包括 ZrO_2、Al_2O_3、Ti_3SiC_2、TiC/N、C-Co 等一系列陶瓷材料，其共同的润滑机制均为化学或摩擦学反应促使在陶瓷材料表面形成表面自润滑膜。

此外，涂层薄膜技术与陶瓷材料的联合应用也获得了良好的效果，如在氮化硅（Si_3N_4）基底上沉积类金刚石（DLC）薄膜以及纳米晶体金刚石（NCD）薄膜可在海水环境中获得很好的摩擦性能[34]。

陶瓷涂层优异的摩擦性能有利于该材料在海洋工程中的应用，但同时陶瓷材料的塑形差、易脆性断裂以及抗拉能力差等特点也在一定程度上限制了其进一步广泛应用。因此如何改善陶瓷材料的性质具有重要的研究意义。陶瓷基体特种材料的开发是解决上述问题的有效途径，其中金属陶瓷材料硬度高、耐磨性好、化学稳定性高，近年来受到人们的关注，具有很好的发展前景。金属陶瓷是指用粉末冶金方法制取的金属与陶瓷的特种材料。

21.3.3 有机高分子材料在海洋中的摩擦学特性

高分子材料具有耐腐蚀性好、自润滑、减震吸震和包覆磨粒异物的能力强等一系列优异的特性。因此近些年来其在海洋装备上应用越来越广泛，关键部件包括船舶推进器轴承、海洋平台减震橡胶支座、高强度耐压橡胶管、海洋特殊密封部件、自润滑活塞等。

大量研究发现，超高分子量聚乙烯(UHMWPE)与聚四氟乙烯(PTFE)等高分子材料均为性能优异、具有良好发展潜力的海洋摩擦材料[35]，其耐磨损性能好、抗疲劳和抗冲击性能优异、能够良好的自润滑。同时，上述材料几乎不发生吸水塑化，并且在极端条件下化学稳定性好。在此基础上，在聚四氟乙烯 PTFE 中添加不同含量的碳纤维(CF)和聚酰亚胺(PI)，可以有效地进一步提高材料的耐磨性，降低摩擦因数，应用前景广泛。研究指出，当同时添加质量分数为 5%的 PI 和质量分数为 15%的 CF 时，PTFE 减摩耐磨效果最好。

此外，玻璃钢(俗称纤维强化塑料)具有一系列优秀的性能，相比于金属材料，质量约为碳钢的 1/5～1/4，强度却超过碳钢。此外玻璃钢具有耐腐蚀、绝热绝缘性好、工艺性优良等特点，已被广泛应用于各类船体的建造。

21.4 海洋摩擦学未来的发展趋势

开展海洋摩擦学研究，不但可以丰富现有的摩擦学理论，促进海洋极端环境下摩擦学应用的长足发展，同时引入材料学、腐蚀学等学科，可以综合各学科的特长，为解决我国海洋领域存在的工程技术问题提供新的思路与方法。虽然海洋环境下材料的摩擦学有了一定的发展，但由于海洋环境自身的复杂性，装备开发难度大等问题，目前，该领域仍有许多问题值得进一步研究。未来海洋摩擦学的发展将主要集中在以下几方面：需进一步开发新型的试验方法和技术，以探索和揭示海洋装备中关键摩擦学问题的本质规律和内在机制，为研发新材料和新结构设计奠定基础，同时，开发更为完善的装置系统以实现对真实海洋环境更好的模拟；海洋装备所面临的多因素耦合协同的恶劣极端条件，使得对海洋装备材料的防腐蚀、防污、抗磨损等性能的要求与陆地材料相比更为苛刻，亟待对新材料和涂层技术进行深入的研发；建立海洋材料腐蚀的关键试验技术和数据库，为海洋材料的寿命预测和设备的安全服役期限提供保障。

参考文献

[1] 王伟，文怀兴，陈威. 海水环境下材料摩擦学行为研究现状[J]. 材料导报，2017，31(11)：51-58.

[2] 严新平，白秀琴，袁成清. 试论海洋摩擦学的内涵、研究范畴及其研究进展[J]. 机械工程学报，2013，49(19)：95-103.

[3] 谢友柏. 摩擦学科学及工程应用现状与发展战略研究[M]. 北京：高等教育出版社，2009.

[4] 赵淑江，吕宝强，王萍，等. 海洋环境学[M]. 北京：海洋出版社，2011.

[5] 李晓婷，郑沛楠，王建丰，等. 常用海洋数据资料简介[J]. 海洋预报，2010，27(5)：81-89.

[6] 哈格. 海水成分知多少[J]. 海洋世界，2016，8：62-63.

[7] BRANSCOMB E S，RITTSCHOFD. An investigation of low frequency sound waves as a means of inhibiting barnacle settlement[J]. Journal of Experimental Marine Biology and Ecology，1984，79(2)：149-154.

[8] DINESHRAM R，SUBASRI R，SOMARAJU K R C，et al. Biofouling studies on nanoparticle-based metal oxide coatings on glass coupons exposed to marine environment[J]. Colloids and Surfaces B：Biointerfaces，2009，74(1)：75-83.

[9] SCHUMACHER J F, CARMAN M L, ESTES T G, et al. Engineered antifouling microtopographies-effect of feature size, geometry, and roughness on settlement of zoospores of the green alga Ulva[J]. Biofouling, 2007, 23(1): 55-62.

[10] BAI X, XIE G, FAN H, et al. Study on biomimetic preparation of shell surface microstructure for ship antifouling[J]. Wear, 2013, 306(1-2): 285 -295.

[11] 王宝. 基于展向疏水沟槽结构的水下气相减阻研究. [D]. 北京: 清华大学. 2014.

[12] LI F, KAWAGUCHI Y, YU B, et al. Experimental study of drag-reduction mechanism for a dilute surfactant solution flow[J]. International Journal of Heat and Mass Transfer. 2008, 51(3): 835-843.

[13] 黄微波,陈国华,卢敏,等. 聚脲柔性减阻材料的制备及性能[J]. 高分子材料科学与工程,2007,23(3): 247-250.

[14] 侯晖昌. 减阻力学[M]. 北京: 科学出版社,1987.

[15] VAKARELSKI I U, MARSTON J O, CHAN D Y C, et al. Drag reduction by Leidenfrost vapor layers[J]. Physical review letters, 2011, 106(21): 214501.

[16] CHOI C H, KIM C J. Large slip of aqueous liquid flow over a nanoengineered superhydrophobic surface[J]. Physical review letters. 2006, 96(6): 066001.

[17] 王宝,汪家道,陈大融. 基于为空泡效应的疏水性展向为沟槽表面水下减阻研究[J]. 物理学报,2014, 63: 074702.

[18] WANG B, WANG J, CHEN D. Continualautomatic generation of gas hydrophobic transverse microgrooved surface[J]. Chemistry Letters, 2014, 646-648.

[19] 刘鹏,袁成清,郭智威. 缸套微观形貌对缸套-活塞环振动及润滑性能的影响[J]. 兵工学报,2012,33(2): 149-154.

[20] HIRANI H, VERMA M. Tribological study of elastomeric bearings of marine propeller shaft system[J]. Tribology International, 2009, 42(2): 378-390.

[21] 吴铸新,刘正林,何春勇,等. 船舶水润滑推力轴承数值分析与计算[J]. 大连海事大学学报,2009,35(3): 97-100.

[22] APOLINARIO M, COUTINHO R. Understanding the biofouling of offshore and deep-sea structures[M]. Cambridge, UK: Woodhead Publishing, 2009.

[23] 赵亮亮,袁成清,董从林,等. 船用太阳能电池板玻璃盖片腐蚀损伤效应研究[J]. 润滑与密封,2010, 35(4): 58-61.

[24] 董从林,白秀琴,严新平,等. 海洋环境下的材料摩擦学研究进展与展望[J]. 摩擦学学报,2013, 33(3): 311-320.

[25] WANG J, CHEN J, CHEN B, et al. Wear behaviors and wear mechanisms of several alloys under simulated deep-sea environment covering seawater hydrostatic pressure[J]. Tribology International, 2012, 56(3): 38-46.

[26] ZHU X, HUANG G, LING C. Study on the corrosion peak of carbon steel in marine splash zone [J]. Chinese Journal of Oceanology and Limnology, 1997, 15(4): 378-380.

[27] JEFFREY R, MELCHERS R E. Corrosion of vertical mild steel strips in seawater[J]. Corrosion Science, 2009, 51(10): 2291-2297.

[28] 陈君,阎逢元,王建章. 海水环境下 TC4 钛合金腐蚀磨损性能的研究[J]. 摩擦学学报,2012,32(1): 1-6.

[29] 李新星,李奕贤,王树奇. TC4 合金在不同环境介质中的磨损行为及磨损机制研究[J]. 稀有金属, 2015, 39(09): 793-798.

[30] 赵会友,陈华辉,邵荷生. 几种钢的腐蚀冲蚀磨损行为与机理研究[J]. 摩擦学学报, 1996, 16(2): 112-119.

[31] ZHANG Y, et al. Effect of halide concentration on tribocorrosion behavior of 304SS in artificial seawater[J]. Corros Sci,2015,99: 272.

[32] CHEN M, KATO K, ADACHI K. The Difference in Running-In Period and Friction Coefficient Between Self-Mated Si3N4 and SiC Under Water Lubrication[J]. Tribology Letters, 2001, 11(1): 23-28.

[33] FISCHER W, WITUSCHEK H, WOLF G K. Modification of the mechanical surface properties and tribochemistry of structural ceramics by ion beam techniques[J]. Surface Coatings Technology,2003, 59: 249-254.

[34] VILA M,CARRAPICHANO J M. Ultra-high performance of DLC coated Si3N4 rings for mechanical seals[J]. Wear, 2008, 265: 940-944.

[35] XIONG D, GER S R. Friction and wear properties of UHMWPE/Al_2O_3 ceramic under different lubricating conditions[J]. Wear,2001,250: 242-245.

第22章　微机电系统摩擦学

22.1　微机电系统中的摩擦学问题

信息、生物、军事、航空航天等高新技术领域的微型化趋势极大地促进了微机电系统(MEMS)以及微/纳器件的发展如图 22-1 所示[1,2]。当器件尺度减小到微纳米量级时，以黏着力和摩擦力为代表的表面力相对体积力增大近千倍，导致微机电系统可能会产生严重的黏着、摩擦与磨损问题，从而产生出微/纳摩擦学的新研究方向。

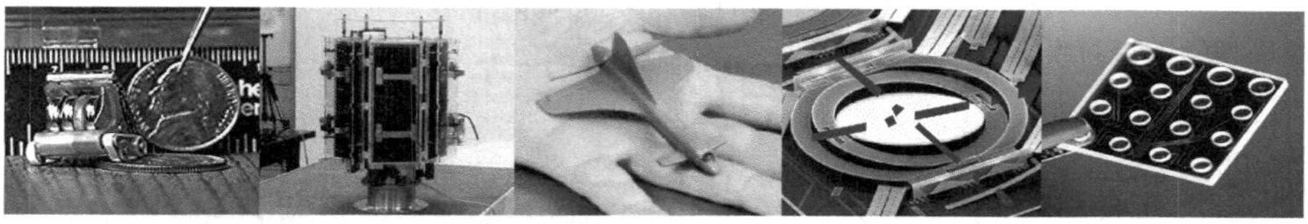

图 22-1　典型的微机电系统[2]

在目前已商用化的微机电系统中，存在大量的摩擦学问题。如图 22-2 所示，喷墨打印头的喷孔直径仅为 60～70μm，其工作时由孔下方的热电偶加热产生一个气泡，挤出墨滴实现打印。气泡破裂会产生气蚀磨损，打印纸对表面有滑动磨损，交变热应力会产生疲劳磨损，为此，在其压力槽壁制备了 200nm 厚的碳化硅薄膜。又如，用于汽车胎压测量的压力传

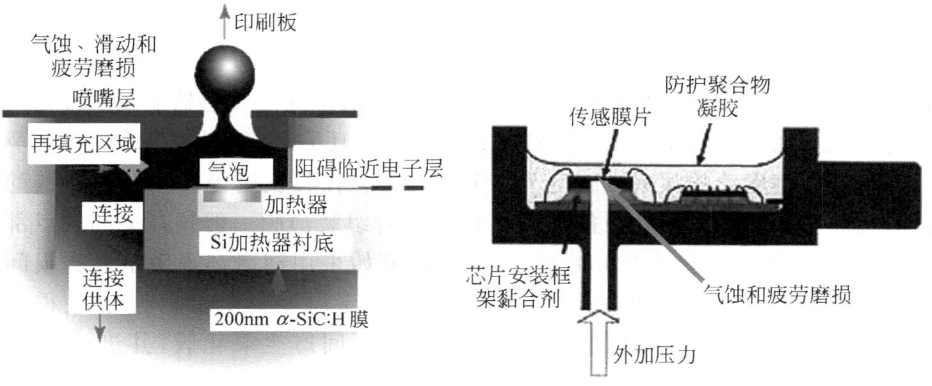

(a)　　　　(b)

图 22-2　商用微机电系统中的磨损

(a) 喷墨打印头 (Baydo et al.,2001)；(b) 压力传感器 (www.sensorsmag.com)；
(c) 加速度传感器 (Sulouff,1998)；(d) 光学开关 (Suzuki,2002)；
(e) 数字微镜 (7000Hz) (Hornbeck,1999)

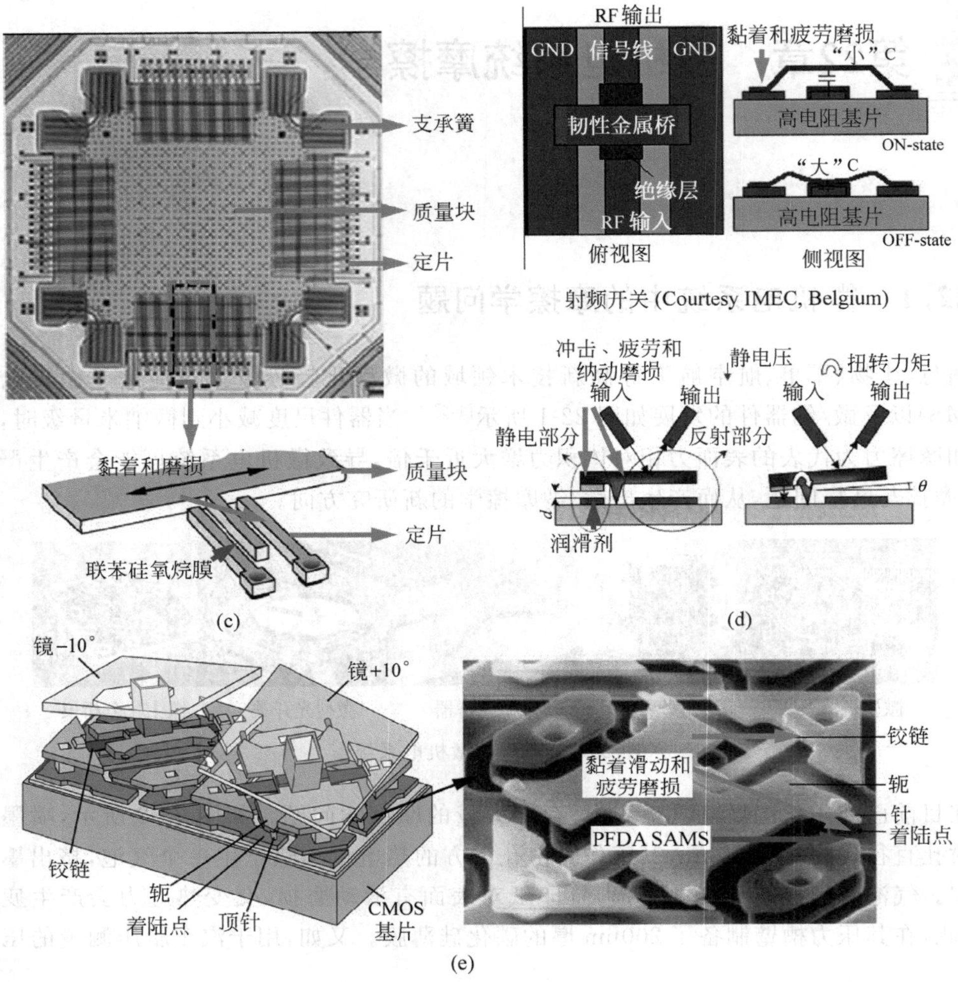

图 22-2(续)

感器，其单晶硅膜片易受气蚀和疲劳磨损。此外，为解决加速度传感器质量块和定片之间的黏着和磨损问题，在其表面制备了一层联苯硅氧烷膜。还有，数字微镜每个三维的驱动系统控制一个像素点，其运动的频率可高达 7000Hz。因此，在其铰链等部位存在严重的黏着和磨损问题，为此在其接触界面处制备了一层 PFDA 自组装薄膜。射频开关的触点部位存在严重的黏着和疲劳磨损；光学开关的触点部位，已开始采用润滑剂来缓解其磨损问题。最后，在这种微机电系统的常闭开关的触点接触区域，由于温度变化和振动，会使得上下触点间出现纳米量级的相对运动，这种运动有可能使界面间产生氧化膜，并进一步导致接触失效。

22.2　微机电系统摩擦分析技术

由于微机电系统的零件微小，对其产生的摩擦学现象须采用精密测量仪器来进行分析。原子力显微镜是测量微观摩擦力、磨损和黏着的主要工具。它利用原子间的范德华力作用来呈现样品的表面特性，其工作原理参见16.3节。它是通过位于悬臂的探针尖端和样品表面之间的作用，以及原子间的交互势能的变化，实现表面相貌、作用等参数的测量。

22.2.1 微纳摩擦力测量

图22-3所示为利用AFM扫描得到的石英表面形貌及对应的摩擦力回路曲线。与图22-3(a)中形貌相对应，图22-3(b)中的回路曲线表现为一种典型的锯齿状，且其变化周期与石英的晶格周期(约0.5nm)大致相同，即产生了通常所说的“黏滑”现象，曲线A、B所包含的面积S为摩擦力在该扫描区间上耗散的能量。名义摩擦力F_f即可通过计算回路曲线所包含的面积除以两倍的扫描距离得到，即

$$F_f = \frac{S}{2vt} \tag{22-1}$$

图22-3(b)示出了摩擦力回路曲线典型实验值与CO模型理论计算的对比，结果表明实验值和理论值较为吻合。

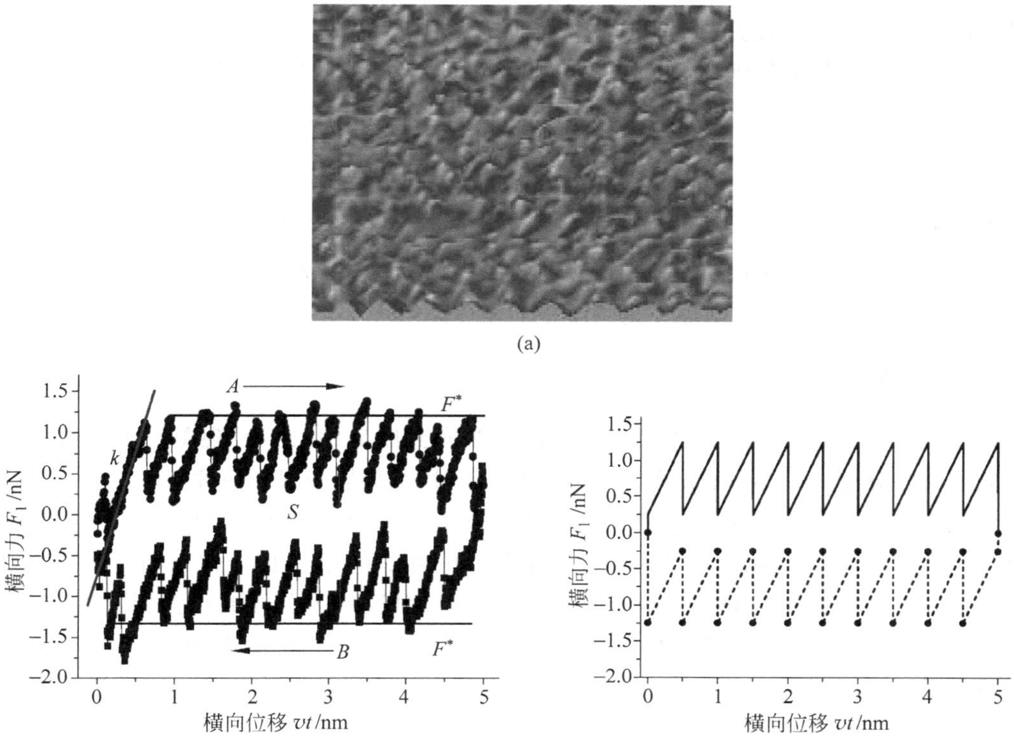

图22-3 石英表面形貌及对应的摩擦力回路曲线[3]

(a) 石英表面形貌；(b) 典型的摩擦力回路曲线；(c) CO模型理论拟合曲线

图22-3(b)中F^*即为振子跳跃时的临界横向力，该值随着法向载荷的增加而增加。当滑动速度很小时，可以近似认为该值等于静摩擦力F_s。另外，黏着阶段横向力的斜率即为摩擦力计算中使用的系统有效刚度系数k。在AFM实验中，法向和横向的有效刚度系数k代表着3个弹簧的联合作用(如图22-4所示)，即通过悬臂的横向扭转刚度系数k_{can}，扫描探

针的横向弯曲刚度系数 k_{tip} 和系统接触刚度系数 k_{con} 而表示的 k 的关系式如下：

$$\frac{1}{k}=\frac{1}{k_{can}}+\frac{1}{k_{tip}}+\frac{1}{k_{con}} \tag{22-2}$$

界面接触理论系统接触刚度 k_{con} 与真实接触半径 r^* 之间的关系为

$$k_{nc}=2r^*E^*,\quad k_{tc}=8r^*G^* \tag{22-3}$$

式中，E^* 和 G^* 分别是两接触表面的综合弹性模量和综合剪切模量，其中，$\frac{1}{E^*}=\frac{1}{E_1}+\frac{1}{E_2}$，$\frac{1}{G^*}=\frac{1}{G_1}+\frac{1}{G_2}$。

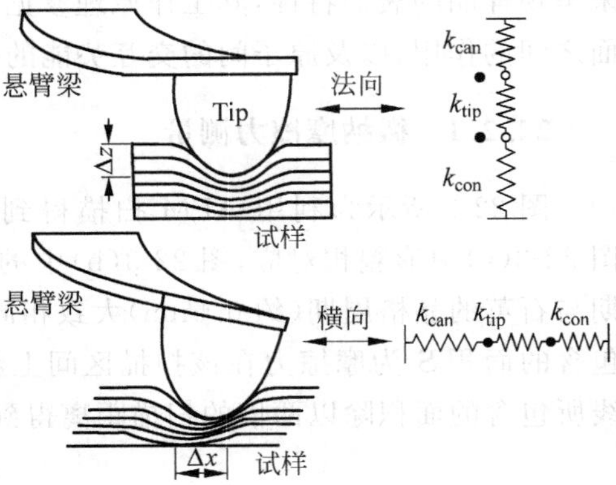

图 22-4 AFM 探针力学模型[4]

上述两个表达式均可用于间接测量探针与试样接触时的真实接触面积，但由于从图 22-3(b)所示的横向力回路曲线中通过测量黏着阶段横向力的斜率可以很方便地得到系统横向有效刚度系数 k_t^*，当 k_{can} 和 k_{tip} 已知时，可以利用式(22-3)很方便地得到横向系统接触刚度系数 k_{tc}，故采用后一式计算真实接触面积比较方便：

$$A=\frac{\pi k_{tc}^2}{64G^{*2}} \tag{22-4}$$

事实上，通常 k_{can} 和 k_{tip} 都比较大，一般在 $100\mathrm{N\cdot m^{-1}}$ 以上，如图示结果所用探针的悬臂横向力常数为 $204.44\mathrm{N\cdot m^{-1}}$，但同时系统横向接触刚度系数 k_{con} 则要低两个数量级，通常仅为几个 $\mathrm{N\cdot m^{-1}}$。三者的串联使得系统横向刚度系数 k_t^* 与 k_{con} 很接近，这样 $k_t^*\approx k_{con}$。

22.2.2 黏滑现象

如图 22-3(b)所示，在低速滑动实验时能够观察到明显的“黏滑”现象。由于试样表面晶格原子规则分布，从而导致原子在晶格表面运动时，其势能表现为一种与表面微观形貌相同的变化。与势能变化相对应，摩擦力也必然表现出一种相同的规律，而且其变化周期也很可能与晶格周期相同。从图 22-3 所示的回路曲线中可以看出，力的变化周期与两种材料的晶格周期大致吻合。根据 Rabinowicz[5] 的研究，当接触区域为单峰或很少粗糙峰接触时，瞬时摩擦因数的急剧变化也会导致黏滑现象的产生。此时产生的黏滑现象是非规则的，这与实验中观察到的现象是一致的。因此，在这里可以认为 AFM 黏滑受到探针滑动过程中所受势能的周期性变化和微观摩擦因数瞬时变化的双重影响。

22.2.3 微观黏着力测试

黏着效应在纳米尺度摩擦研究中比较重要。从 AFM 的“力距离”曲线图中可以测量探针-试样间的黏着效应强度。不同界面材料、工况条件下的黏着强弱也不相同，尤其是在温度和相对湿度发生变化的情况下。图 22-5 示出了新鲜解理云母表面在 23℃ 和 46% 的相对湿度下的距离-力(电压)曲线。图中探针跳跃阶段电压，换算后可得这种工况下硅探针与云母表面接触的脱离力为 26.55nN。

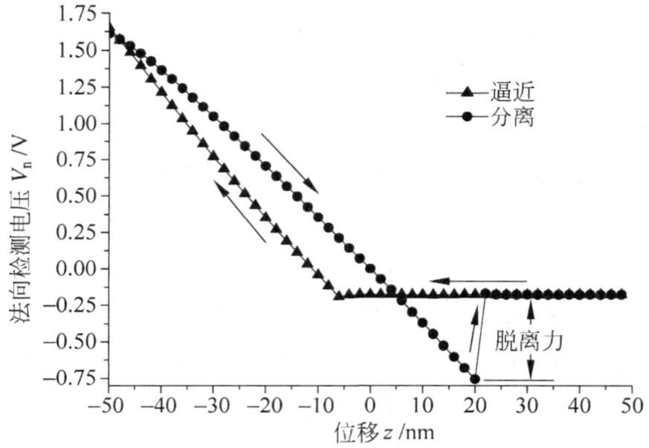

图 22-5　硅探针云母距离-力(电压)曲线

22.2.4　影响表面分析的因素

1. 法向载荷的影响

1）对静摩擦因数的影响

当法向载荷很小时，静摩擦因数随法向载荷增加而减小的幅度很大；当法向载荷很大时，静摩擦因数的变化渐趋平缓。采用 AFM 在极慢速度($1nm \cdot s^{-1}$)下分析了硅片、石英和云母表面的摩擦学行为。取探针临界跳跃处的横向力作为最大静摩擦力。实验中扫描范围为 5nm，环境温度为 290K，相对湿度为 40%，每个不同载荷工况采集数据点 1228 个，进行 3 次实验取平均值，数据处理时取中间规则黏滑段数据，实验结果如图 22-6 所示。

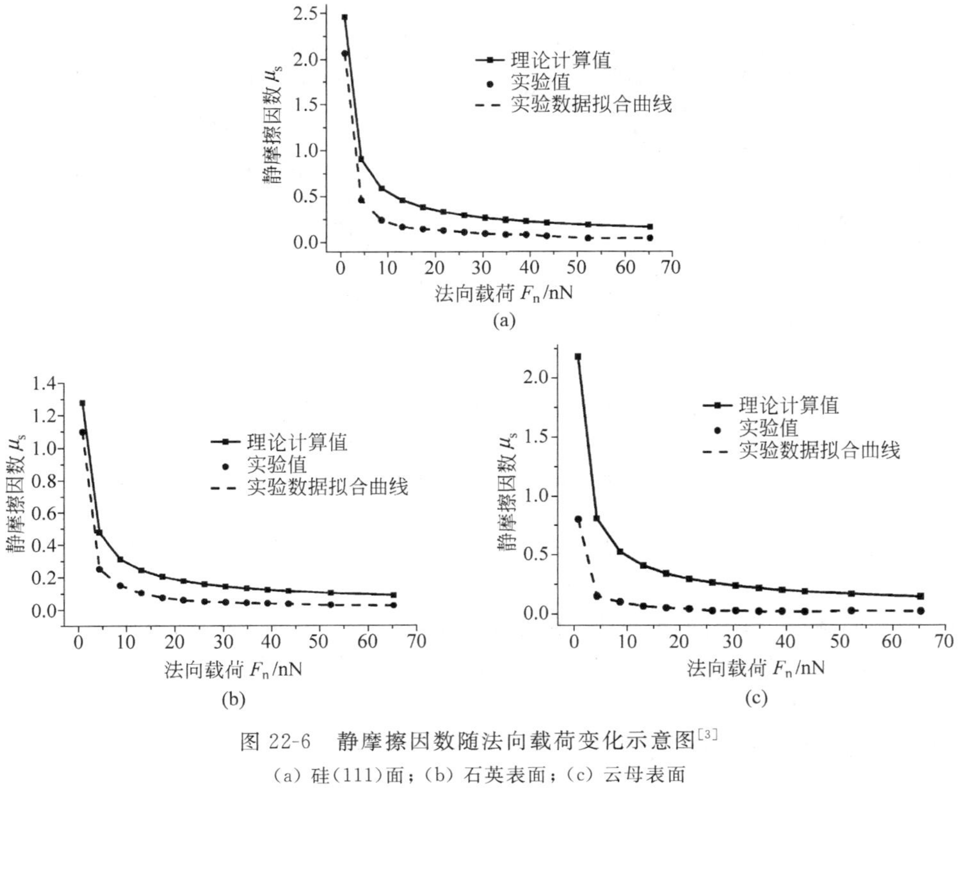

图 22-6　静摩擦因数随法向载荷变化示意图[3]

(a) 硅(111)面；(b) 石英表面；(c) 云母表面

从图 22-6 中可以看出，3 种材料的静摩擦因数均随着法向载荷的增加而减小，且影响规律与理论计算值较为一致，规律性很明显。

2）对摩擦力的影响

滑动摩擦宏观理论认为固体摩擦遵循 Amontons 摩擦公式，即摩擦力 F_f 与载荷 F_n 成正比，其比例常数 μ 为摩擦因数，即

$$F_f = \mu F_n \tag{22-5}$$

考虑到微纳米结构间表面力的作用，纳米尺度摩擦力与外加法向载荷之间并不是一种线性关系，图 22-7 所示为硅探针在 3 种试样表面滑动时摩擦力与法向载荷的关系。摩擦力微载荷实验环境温度为 288K，相对湿度为 56%，扫描范围为 500nm，扫描速度为 $2\mu m \cdot s^{-1}$。

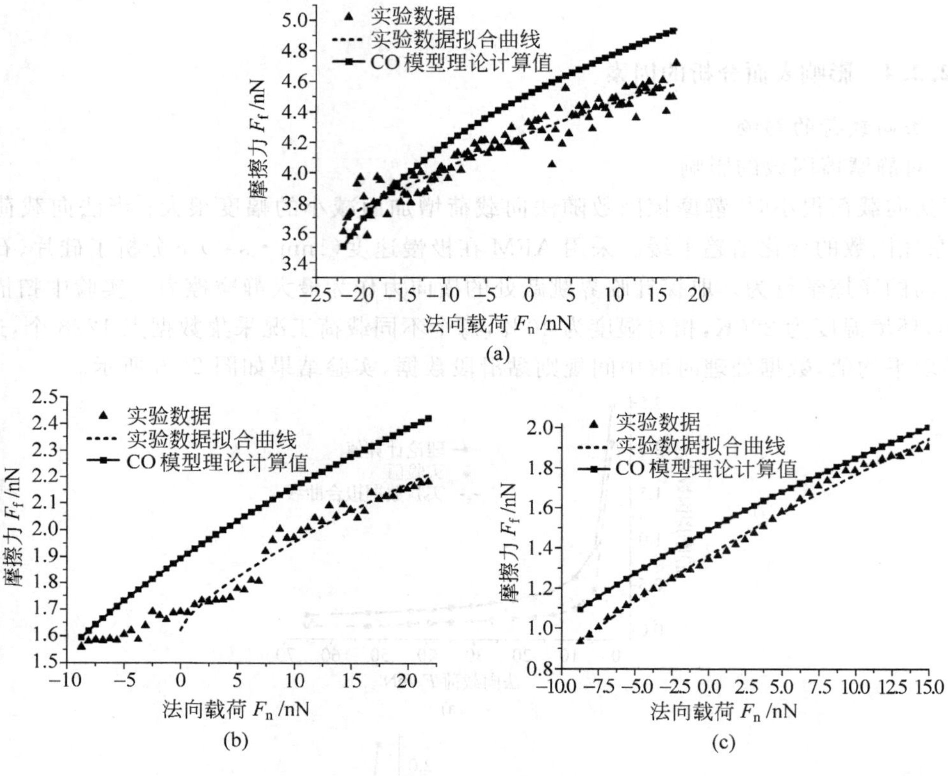

图 22-7 摩擦力与法向载荷的关系（轻载）[3]

(a) 硅片（耗散系数 $\zeta=0.5$，黏着力 $F_{adh}=55nN$）；(b) 石英（耗散系数 $\zeta=0.5$，黏着力 $F_{adh}=40nN$）；(c) 云母（耗散系数 $\zeta=0.4$，黏着力 $F_{adh}=25nN$）

表面力的作用下，纳米尺度下摩擦力与法向载荷的关系可以简化表示如下

$$F_f = F_0 + fF_n^{\beta} \tag{22-6}$$

式中，F_0 为法向载荷为零时的摩擦力，不同材料对应的 F_0 不同，图中新鲜解理云母表面最小，其次是石英表面，最大的为硅片表面；f 为与摩擦因数类似的系统参数，主要取决于摩擦系统的接触状态和材料性能；指数 β 许多学者推导出不同的取值[6-8]，如 1、2/3、0.5 和 1/3 等，但是大多数研究皆表明 β 取 2/3 时与实验值更接近。

AFM 在较强法向载荷微摩擦力实验的环境、工况以及数据处理方法均与弱载荷实验相同，实验结果和数据拟合曲线如图 22-8 所示。从图中可以看出在较强法向载荷情况下，微观摩擦力近似与法向载荷成正比，Table Curve 软件拟合曲线与实验数据相比，硅片和云母表面的实验数据线性度较高，拟合度均超过 95%，而石英表面实验稍微差一点，但是整体趋势还是比较明显的，实验值的局部偏差可以认为是环境影响所致。

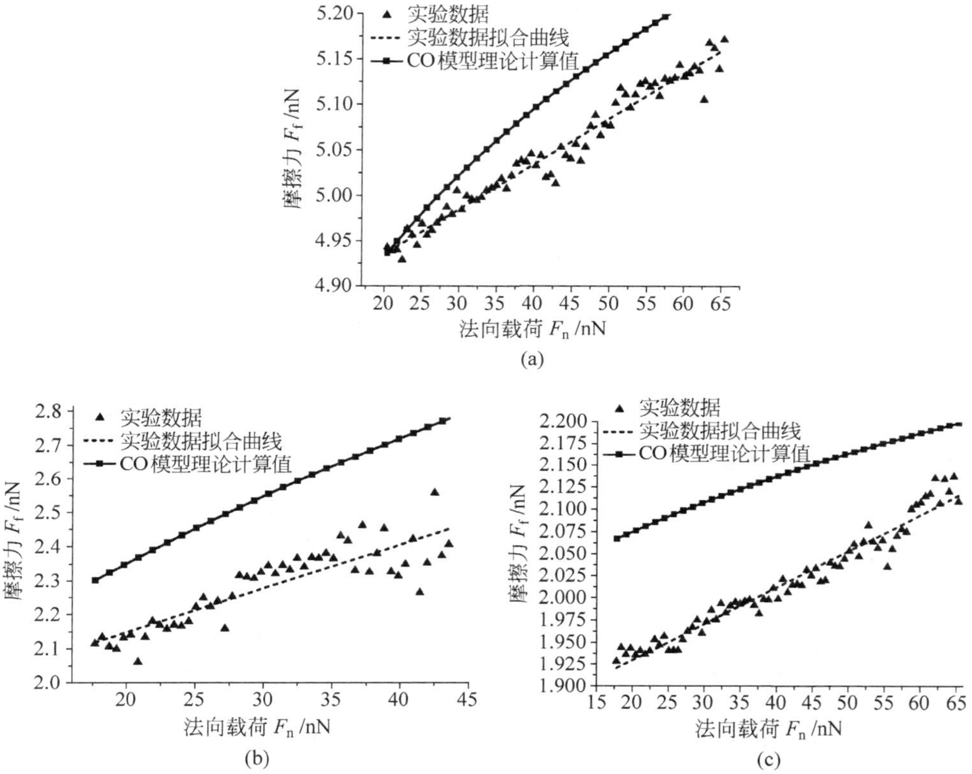

图 22-8　摩擦力与法向载荷的关系(重载)[3]

(a) 硅片(耗散系数 $\zeta=0.25$，黏着力 $F_{adh}=55nN$)；(b) 石英(耗散系数 $\zeta=0.5$，黏着力 $F_{adh}=40nN$)；(c) 云母强载荷(耗散系数 $\zeta=0.5$，黏着力 $F_{adh}=25nN$)

图 22-7 示出了相应的 CO 理论分析曲线，与前面弱载荷区域处理方法相同，采用了同样的黏着力，3 种材料所取用的能量耗散系数 ζ 分别为 0.25、0.5 和 0.5。通过图中理论计算曲线与实验数据拟合曲线的对比，可以发现对于某些材料如硅片，尽管采用了较小的能量耗散系数，但此时理论计算值已经与实验值有了较大的偏差，理论计算公式已经不再适用了；而对于表面更加光滑的石英和云母表面，如果在强载荷的情况下进一步减小能量耗散系数，理论计算值将与实验值比较吻合，即意味着此时理论计算公式仍继续适用。

3) 对真实接触面积的影响

前面已指出，在 AFM 实验中，通过计算横向力回路曲线中探针黏着阶段直线的斜率，很容易得到系统横向接触刚度系数，进而利用式(22-4)可以间接测量探针试样接触系统的真实接触面积。

图 22-9 显示了 3 种试样与硅探针滑动接触过程中真实接触面积随法向载荷的增长规律。图中 A_0 是法向载荷为零，即仅存在黏着力作用时的真实接触面积，MD 拟合曲线采用表 22-1 中所示数据。从图中可以看出，随着法向载荷的增长，真实接触面积也有较大增长，理论计算值与实验值的整体趋势一致。

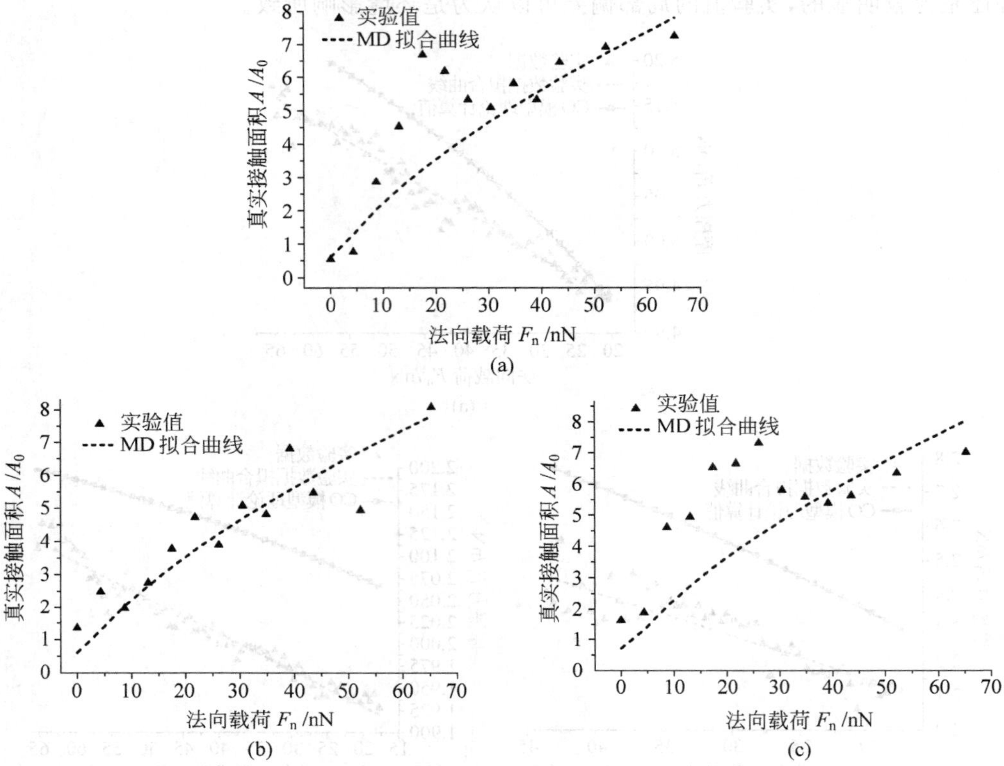

图 22-9　硅探针试样表面真实接触面积与法向载荷之间的关系[3]

(a) 硅(111)面；(b) 石英；(c) 云母

表 22-1　加热系统的主要性能指标

性能指标	温度	相对湿度
范围	55～150℃	0～100%RH
分辨率	0.01℃	0.03%RH
精度	0.1℃	0.5%RH
响应时间	5000ms	4000ms
非线性度	±0.18℃	<1%RH
长时间稳定性	±0.08℃	<1%RH

2. 温度的影响

1）对摩擦力的影响

前面在温度对量子谐振子的能级分布的影响和对试样材料力学性能的影响方面作了一些探索，并推导出摩擦力随温度变化的理论关系式，其影响规律与已公布的部分实验结果是吻合的。为进一步验证和探索其影响规律，王亚珍利用改进的 AFM 进行了相关实验[10]。

实验采用的 CSPM5500 原子力显微镜配置了样品加热系统(实物及结构,如图 22-10 所示),通过温度控制器调节合金样品台和样品的温度,由于不具备冷却系统和真空隔离装置,目前仅可以实现扫描区域温度控制在室温至 150℃。加热系统的主要性能指标如表 22-1 所示。

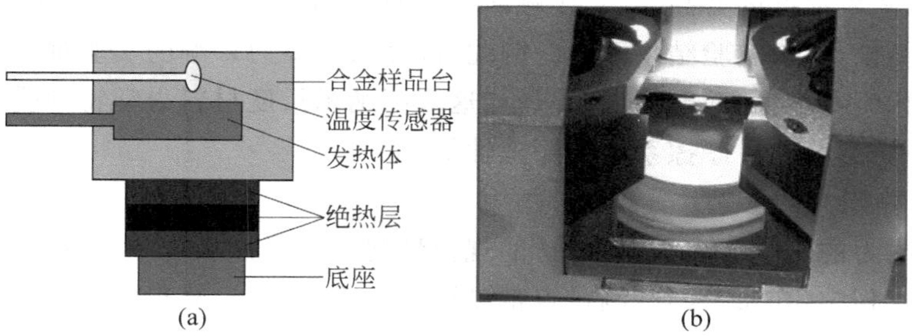

图 22-10 AFM 样品加热系统结构及实物图

与前面的实验一样,采用硅片、石英和云母 3 种试样进行微观摩擦力的温度影响实验。实验时加载电压 0.1V,扫描范围为 500nm,探针扫描速度为 $2\mu m \cdot s^{-1}$,每一温度水平测量 3 组回路曲线,计算取摩擦力平均值,最后得到的实验结果如图 22-11 所示。从图中可以看出,随着温度的上升,摩擦力整体上呈下降趋势。

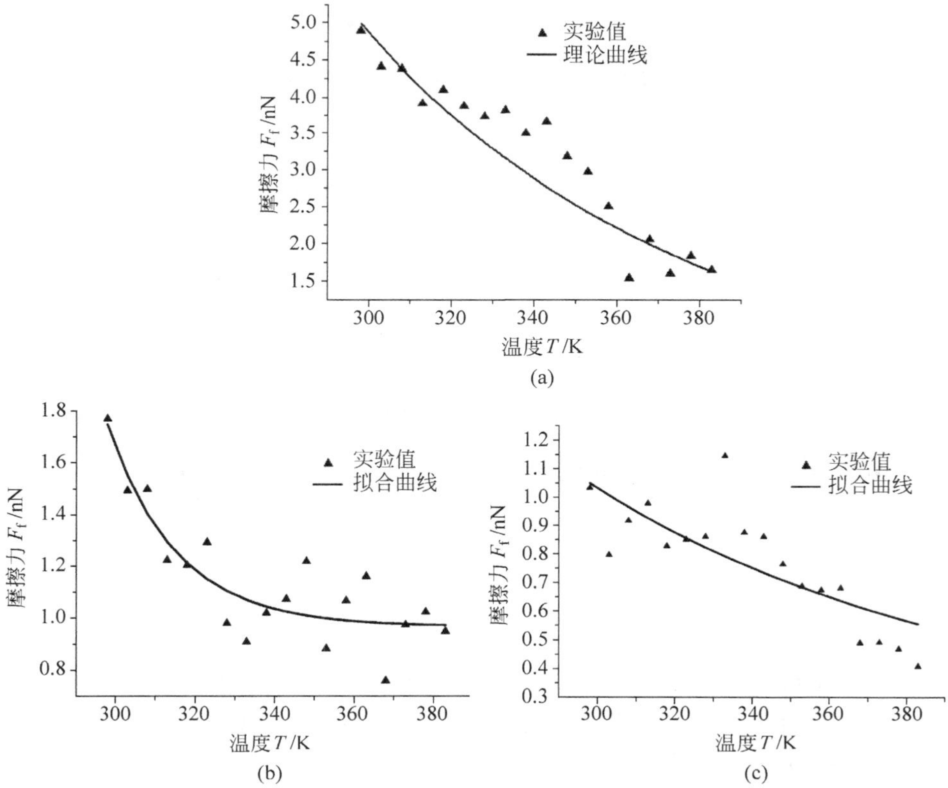

图 22-11 温度对表面摩擦力的影响[10]

(a) 硅;(b) 石英;(c) 云母

此外，通过前面关于真实接触面积的实验还可以发现，随着温度的升高，真实接触面积是略有增加的。Bowden 理论认为摩擦力与真实接触面积成正比，即满足关系式 $F_f=\tau A$，实验结果表明工况条件变化时 τ 不是一个定值，尤其是在温度和载荷变化的情况下。如果 τ 保持不变，那么随着温度的升高，真实接触面积也有所增大，从而将得出摩擦力随着温度的升高而增大的结论，这与实验结果不同。因此，温度对摩擦力影响的实验证明：温度升高引起真实接触面积略有增大，而摩擦力却减小，这表明纳米尺度材料力学特性受到了温度较大的影响，并进一步影响到了摩擦系统的摩擦性能。

2）对表面黏附力的影响

温度对黏附力的影响有多大，有怎样的规律性呢？为了证实这一点，在进行温度对摩擦力影响的实验过程中，在每一温度测量点都测试了黏附力，并计算得出 3 种试样在不同温度条件下的黏附力，结果如图 22-12 所示。

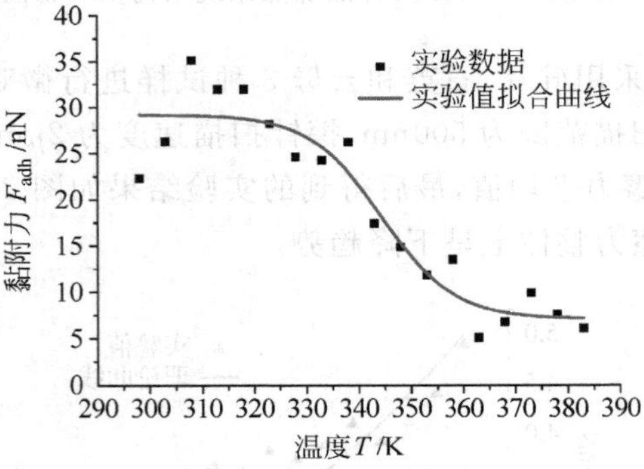

(a)

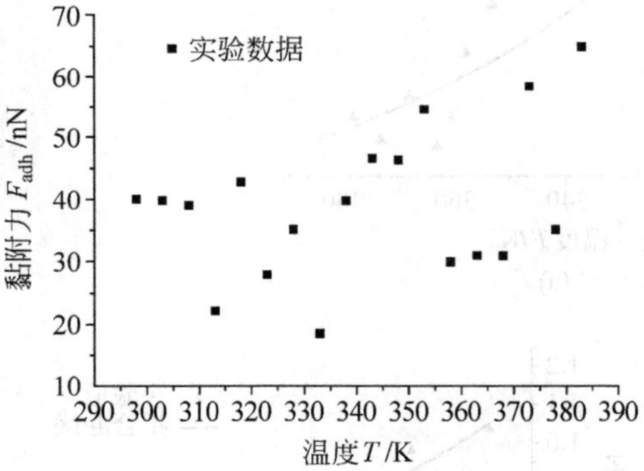

(b)

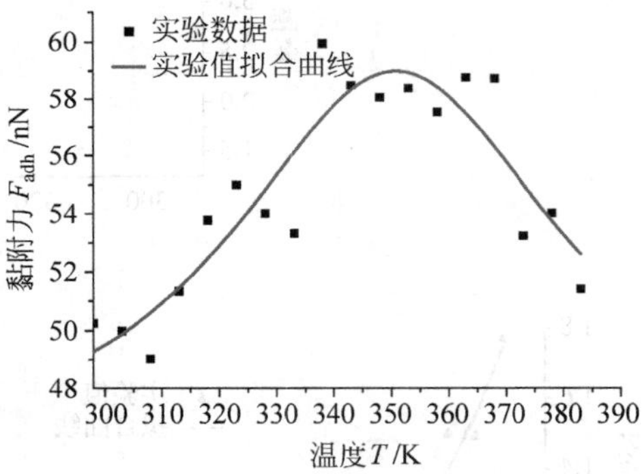

(c)

图 22-12 温度对表面黏附力的影响[10]

(a) 硅；(b) 石英；(c) 云母

从图 22-12 中可以看出，温度对黏附力有比较大的影响，但从实验的结果来看，黏附力的大小与温度之间并没有确定的增大或减小关系，究竟黏附力和温度之间存在怎样的关系，还需要进行更多实验和理论研究。

3）对真实接触面积的影响

此外，在探讨摩擦温度效应时还提出温度变化会对真实接触面积产生一定的影响，这里也进行了相关实验加以验证。前面的分析已经说明，真实接触面积的间接计算法有一定的随机性和误差，为简化说明，这里仅以表面最光滑的云母试样实验为例进行分析，硅片和石英试样的处理方法与此相同。由于云母的主要材料为 SiO_2，所以表 22-2 中云母的 L-J 势能参数取 SiO_2 的数据。进行变温度摩擦测试时，主要工况参数为：加载电压 0.1V，扫描范围为 500nm，探针扫描速度为 $2\mu m \cdot s^{-1}$。

表 22-2　云母的 L-J 势能参数及晶格常数

材料	σ/Å	ε/eV	α/Å
Mica	3.706	0.2545	5.19
Si	2.910	0.2616	5.42

Mica 为云母；Si 为硅；α 为材料的晶格常数。

图 22-13 示出了硅探针-云母表面的测试结果，图中 A_{25} 为 25℃时的真实接触面积。实验结果整体上偏差比较大，并不像图 22-9 中真实接触面积随法向载荷增加而增长得那么明显。

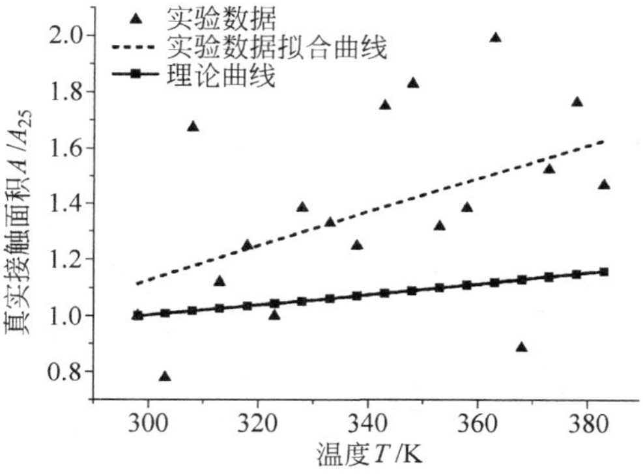

图 22-13　硅探针-云母表面真实接触面积与温度之间的关系[3]

从图 22-13 中可以看出，在其他参数保持不变的情况下，随着温度的升高，接触面积也有一定程度的增加，但是增加幅度有限。在本实验中，当温度从 298K 增加到 380K 时，真实接触面积仅增大了不到 50%。图中同时还显示了根据云母 L-J 势能曲线计算得到的真实接触面积与温度理论曲线，理论曲线与实验拟合曲线二者整体上的趋势相同。

3. *滑动速度的影响*

利用传统的热激发理论研究温度效应对摩擦力的影响时，通过推导发现振子在临界平衡点处的势垒 ΔE 应该与摩擦力 F_f 的平方成正比，并进而推导出当滑动速度较小时，摩擦力与滑动速度之间的关系满足下式

$$F_f(v) = \left(F_s{}^2 - \frac{k_B T}{f}\ln\frac{v_c}{v}\right)^{1/2} \tag{22-7}$$

利用 AFM 进行了 3 种材料表面的摩擦力速度实验。测试了 $1 \sim 400\mu m \cdot s^{-1}$ 范围内滑动速度对微观摩擦力的影响。

法向加载分别为 8nN 和 16nN。结果如图 22-14 所示。从图中实验数据可以看出，对于纳米尺度干摩擦，滑动速度对摩擦力的影响明显分为两个区域。当滑动速度较小时，摩擦力随着速度的增加迅速增大；而当滑动速度增加到某一临界速度 v_c 时，摩擦力也增加到最

大值。此后随着滑动速度的进一步增大，摩擦力出现一定程度的下降，并逐渐趋于稳定。此外，从实验数据的变化规律中还可以得出一些与理论计算有关的参数，如系统某一工况下的临界滑动速度 v_c 值等。从图中可以看出，对于不同的试样材料以及不同的法向载荷，临界速度并不一致，这与系统本身的材料特性和接触状态有关。此外，从图中还可以看出，当法向载荷较大时，摩擦力随着滑动速度增加增大更快。

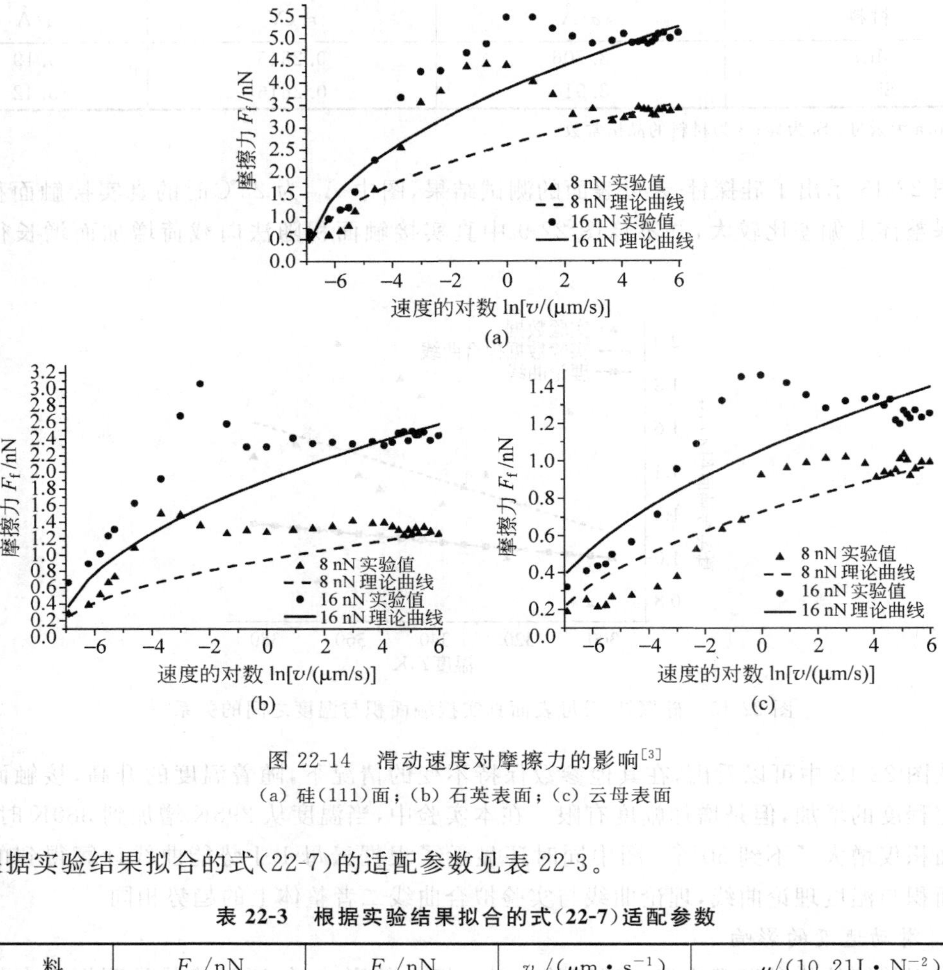

图 22-14 滑动速度对摩擦力的影响[3]

(a) 硅(111)面；(b) 石英表面；(c) 云母表面

根据实验结果拟合的式(22-7)的适配参数见表 22-3。

表 22-3 根据实验结果拟合的式(22-7)适配参数

材料	F_n/nN	F_s/nN	v_c/(μm·s^{-1})	μ/(10.21J·N^{-2})
Si(111)	8	2.8	3	2.9
	16	4.1	2.5	1.3
Quartz(石英)	8	0.9	0.5	23
	16	1.9	1	5.5
Mica(云母)	8	0.8	5	40
	16	1.1	2	20

图 22-14 中同时示出了根据式(22-7)绘制的理论曲线，计算所用参数如表 22-3 所示，表中临界横向力 F_s 采用 CO 模型静摩擦力理论公式计算得到，而系统临界滑动速度 v_c 由实验数据的变化规律得出，μ 值为自由参数，通过理论曲线与实验值的拟合得到。从图中可以看

出，虽然实验结果与理论曲线均表明在一定范围内摩擦力随着速度增加而增长，但是二者描述的趋势还是存在较大区别。3种试样表面的摩擦力随着滑动速度的增加均是在增长到一定程度后，出现略微的下降，这一趋势是理论推导所无法解释的。此外，当滑动速度较小时，理论曲线与实验值的变化趋势差异较大，对3种试样来说均是如此。这一差异表明，尽管实验值的略微下降以及局部偏差无法排除实验误差的可能性，但是通过热激发效应推导速度对摩擦力的影响规律的方法仍需要更多实验来验证。

22.3 微电机摩擦研究

微电机是最早研制的MEMS设备之一。图22-15[2]所示为1989年研制出的世界上第一台静电微电机，其转子与定子之间的间隙仅为2μm，在其制造和运转过程中不可避免地出现黏着和磨损问题。2001年研制的涡轮微电机，其转速高达百万转每分，流体对叶片的冲蚀磨损严重。另外，在这些齿轮驱动系统中，由于在运动过程中受交变应力的作用，轮轴和轮齿的疲劳和微动磨损值得关注。下面介绍Sundararajan在这方面研究的一些结果[11]。

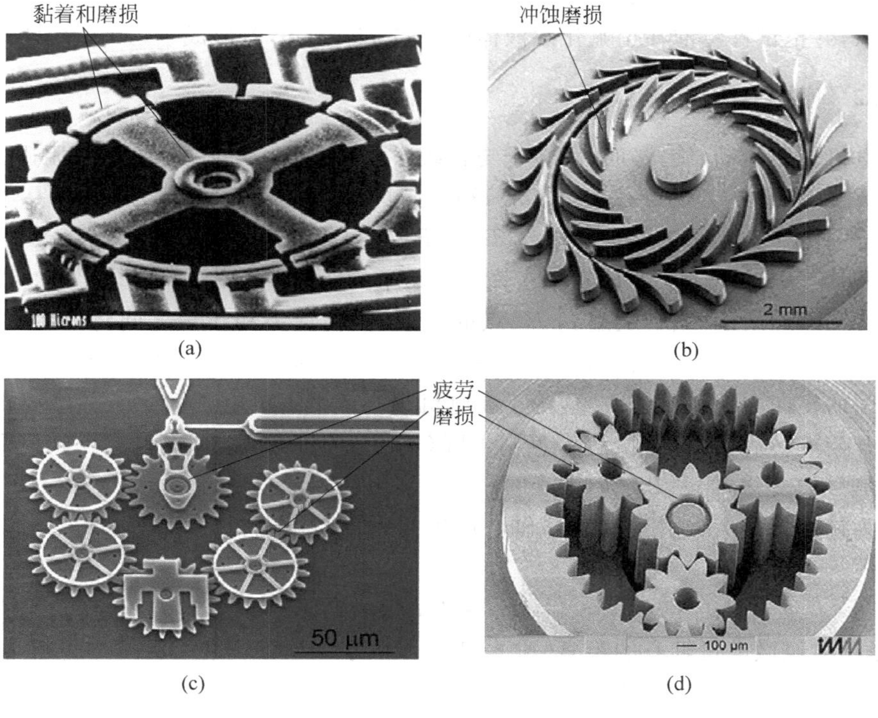

图22-15 微机电系统中的磨损[2]

(a) 静电微马达（2μm间隙）(Tai et. al.，1989)；(b) 涡轮微马达（10^6 r/min）(Spring et. al.，2001)；(c) 齿轮系统（www.sandia.gov）；(d) 金属齿轮系统（Lehr et. al.，1996）

22.3.1 微电机润滑

Sundararajan研究中所用的多晶硅静电微电机如图22-16所示[11]。

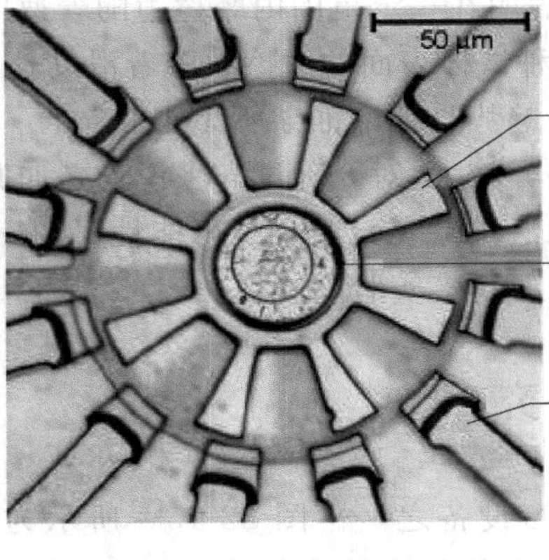

图 22-16　多晶硅微电机照片[11]

一般的 MEMS 主要形式是边界润滑。实验表明：采用聚醚润滑油(Z-DOL)对 MEMS 润滑不易流离，在正常载荷下持续的时间很长。Sundararajan[11] 制作润滑膜的步骤是：将部件浸入 0.2%的 Z-DOL 润滑剂(HT-70)稀溶液 10min，然后提出晾干，这会在表面附着一层 2nm 厚的 Z-DOL；然后将部件在 150℃温度条件下烘烤 1h 再冷却；最后，将润滑剂无黏结部分拆除，并把试件浸泡在全氟化碳液体(FC-72)里 5min，就形成了约 1nm 厚度的薄膜。

22.3.2　摩擦力测量

当微电机转子运动(旋转)时，因转子与轮毂法兰间接触，其间的摩擦力将阻碍微电机运行。如果 F_s为在点 P_1处的摩擦力(图 22-17)，它对电机轴 O 产生摩擦力矩为

$$T_s = F_s l_1 \tag{22-8}$$

式中，l_1是距离 OP_1，为摩擦力 F_s发生在该中心的平均距离。

如图 22-17(a)所示，当针尖遇到 P_2 点的转子，扭转针尖和转子之间将产生侧向力，并对电机中心产生一个扭矩。由于针尖正试图向图中所示的箭头方向移动，针尖将继续扭转，使转子之间的横向力变得足够大，这等于在电机中心产生了扭矩 T_f和最大值摩擦转矩 T_s。

转子开始旋转后，悬臂的扭矩将急剧下降(图 22-17(b))，这时将引起反映横向位移大小的电压信号的变化，如图 22-17(d)所示。

若认为针尖载荷 F_f作用在微电机轴心产生的力矩与微电机的摩擦力 F_s对轴心的力矩相同，则有

$$F_s = F_f l_2 / l_1 \tag{22-9}$$

式中，l_2 是针尖至微电机轴心的距离(图 22-17(a)中的 OP_2)。从图 22-16 中可得，经实验可确定 l_1=22mm；l_2=35mm±5mm。

通过偏转电压信号 V_f得到摩擦力计算式如下：

$$F_s = k_f V_f l_2 / l_1 \tag{22-10}$$

式中，k_f是电压转换针尖载荷系数，可由标定得到。

Sundararajan 对多个微电机(M1～M8)的摩擦力进行了测量，图 22-18(a)示出了实际摩擦力测量结果，图 22-18(b)和(c)对所测摩擦力按微电机重量做了归一化处理[11]。

图 22-18(a)表明：在所有情况下，初始的摩擦力(实心符号)比运动值(空心符号)明显

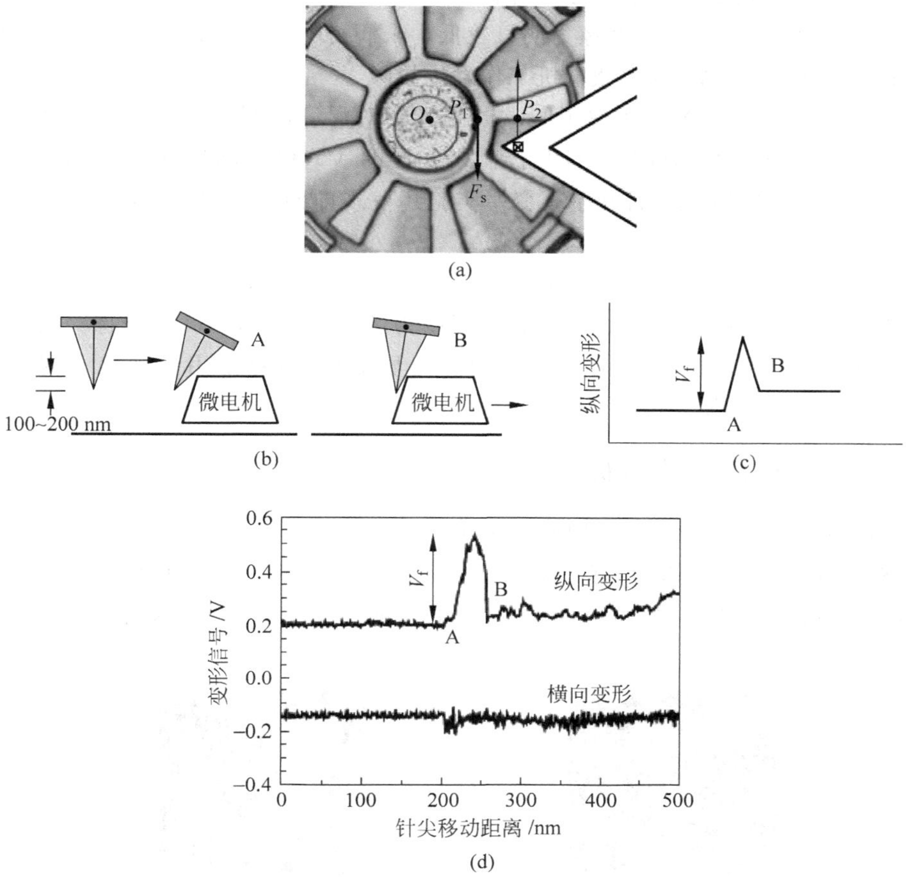

图 22-17 使用的 AFM/FFM 测量微电机摩擦力的原理

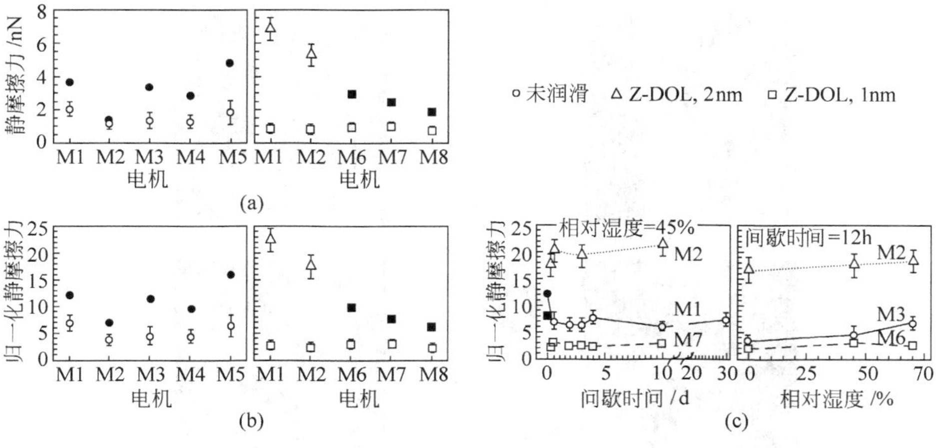

图 22-18 微电机摩擦力测量结果[11]

要高。而未润滑和润滑的初始值接近,它们的归一化值为 5 和 12 之间。而运行中,润滑层减摩作用得以显现,所以它们的摩擦力明显较低。未润滑的 M2 的摩擦力比其他的高 3 至 5 倍,所以在实际中出现黏结,导致微电机工作发生故障。

图 22-18(c)示出的摩擦力考虑了间歇时间和相对湿度的影响。间歇时间是指电机停运,然后开始实验所经过的时间。由图看到,未润滑的 M1 和 Z-DOL 润滑的 M7 的摩擦力差距明显,M1 很高,M7 很低,且几乎不变。实验还发现即便 10 天后,M7 的润滑膜的效果依然有效。

图 22-18(c)示出了不同相对湿度的摩擦力测量结果。结果表明:湿度在 0～45%RH 范围内,湿度对摩擦力的影响不大。然而,当湿度为 75%RH 时,M3 的摩擦力有一定的增加,而因为润滑层的疏水性,M6 的摩擦力没有明显变化,但对使用流动较大的润滑剂的 M2,其摩擦力却一直较高。

22.3.3 微电机表面磨损分析

图 22-19 示出了利用原子力显微镜轻敲模式测得的微电机各部位的表面形貌图。从转子下部到外缘、中边缘和内边缘,有明显的差别。在上部和外缘表面有微小圆形粗糙,而在中缘和内缘则有深坑(见图 22-19)。由于它们的表面加工方法不同,这对表面粗形貌有明显影响。

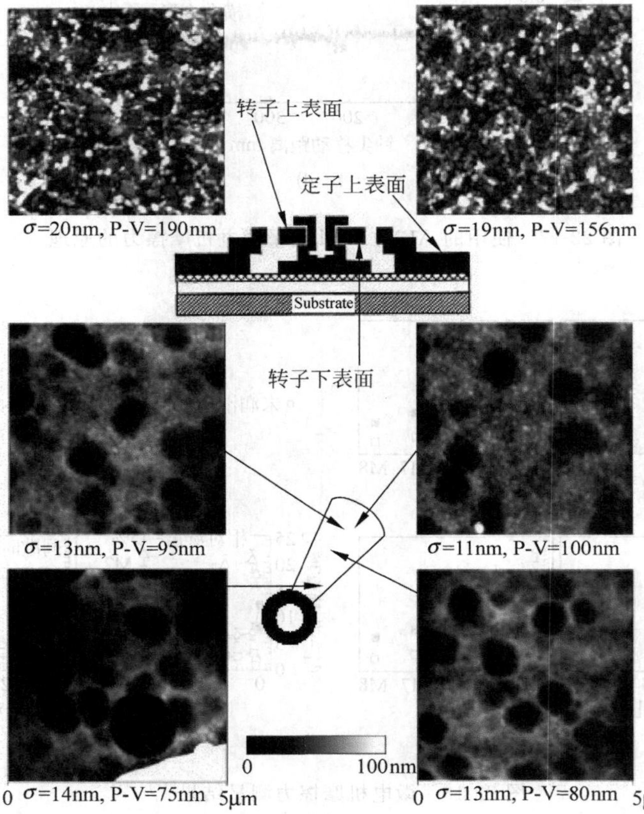

图 22-19 轻敲模式测量的表面形貌 [11]

图 22-20 示出了转子下表面形貌，与初始表面形貌有差异。最初在制造时，转子下方(B区)和远离转子处(A 区)的粗糙度存在差异，B 区的形貌低于 A 区。这表明：在摩擦力的作用下，转子枢面产生了磨损，造成 B 区的内部材料的暴露。

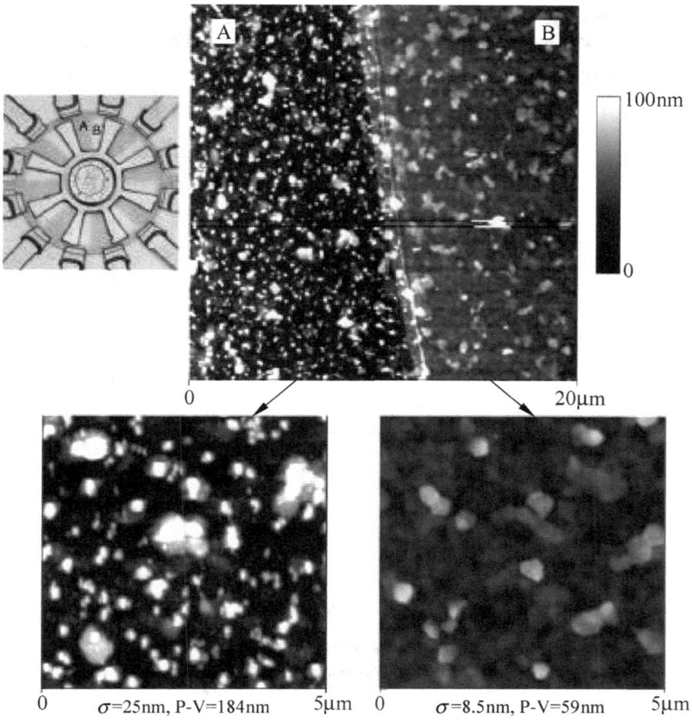

图 22-20 转子多晶硅地区的表面形貌(M1)[11]

22.3.4 流体膜与边界膜

下面分析在接触表面上润滑剂所形成的弯月面对摩擦力的影响(M1 和 M2)。当流体润滑剂不足时，因为毛细管效应，流体润滑剂会在两个接近的表面的间隙中形成弯月面，见图 22-21。即使是很薄的一层液体润滑膜也会引起很高的摩擦力，这就是弯月面效应。虽然弯月面会使初始的表面摩擦力增加，但是微电机一旦开始转动，这种构造会遭到破坏，从而使微电机的摩擦力显著下降。弯月面阻力的大小与转子和轮毂表面的黏合能值、空气中的水蒸气表面和接触面积有关。

如果流体润滑剂充足，表面会形成完全流体润滑。虽然在这种情况下没有弯月面阻力，只有黏性摩擦力，但是这不是微电机实用的润滑和包装形式。

疏水性边界润滑剂层(如 Z-DOL)会改善微电机的摩擦特性。因为，疏水性边界润滑剂可以抑制接触面间的弯月面的形成，从而使得甚至在高湿度条件下也可以得到较低的摩擦力(图 22-18(c))。这表明：疏水性边界润滑剂是理想的 MEMS 润滑剂，而流动的润滑油却会增加 MEMS 摩擦力。

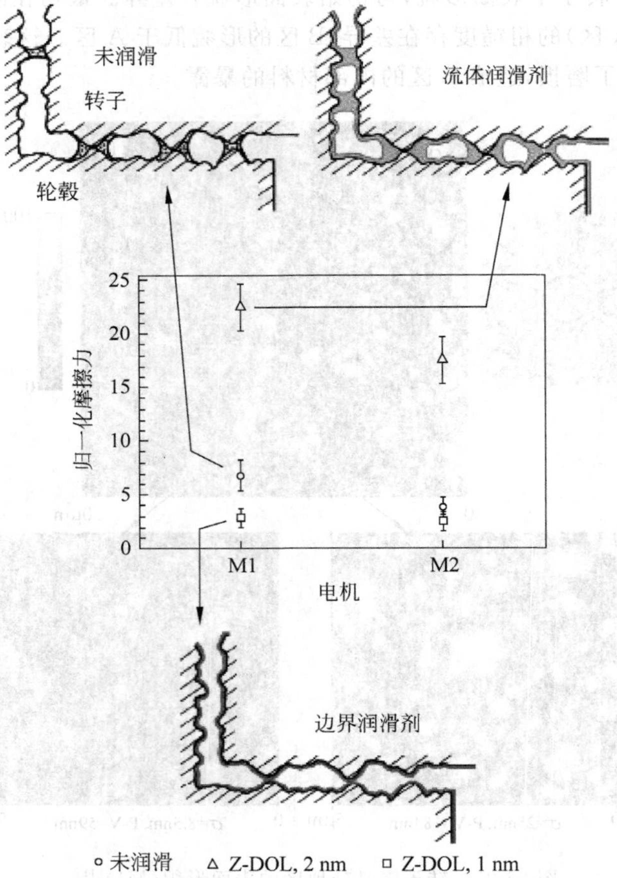

图 22-21 固体和液体润滑剂的作用原理[11]

22.4 微机电系统磨损分析

微机电系统的关键摩擦学问题一是黏着问题，即由于毛细作用力、范德华力、静电力等造成的界面黏着失效，通常采用各种润滑膜以降低表面能；另一主要的问题是微观磨损，包括黏着磨损、磨粒磨损、疲劳磨损、腐蚀磨损和微动磨损，这些是造成微机电系统失效的主要原因。

目前，人们通常采用原子力显微镜进行微观磨损研究，包括有扫描划痕和线划痕两种模式，如图 22-22 所示，两种模式各有优缺点，面扫描容易将针尖磨钝，线扫描要求针尖精确定位。

22.4.1 微磨损机理分析

在微磨损的研究初期，研究多集中于材料微磨损性能的评定。Bhushan 等人[12]研究了 Si(111)表面的划痕损伤情况(见图 22-23)。他们利用曲率半径为 100nm 的金刚石针尖在

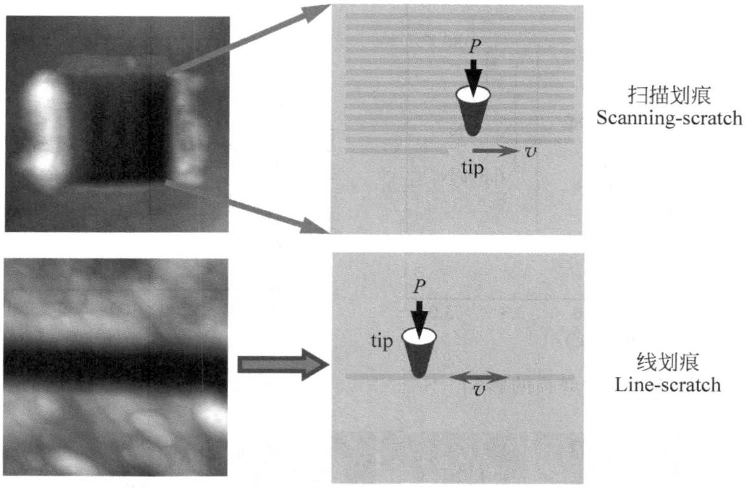

图 22-22　微磨损的两种模式[1]

单晶硅表面做划痕实验，发现硅表面的划痕呈沟槽状，沟槽的深度随着载荷的增加而增加，与宏观磨损的规律一致；但是在一定载荷下，扫描速度对沟槽深度没有影响，而且划痕深度几乎不受硅表面晶体取向的影响。为了改善单晶硅材料的微磨损性能，人们设计了各种超薄耐磨涂层，如三氧化二铝、氮化钛、类金刚石薄膜、碳氮涂层等。Jacoby 等人[13]对碳氮涂层的研究表明，含氮量越少或室温下膜越厚，薄膜的耐磨性能越好(见图 22-24)。

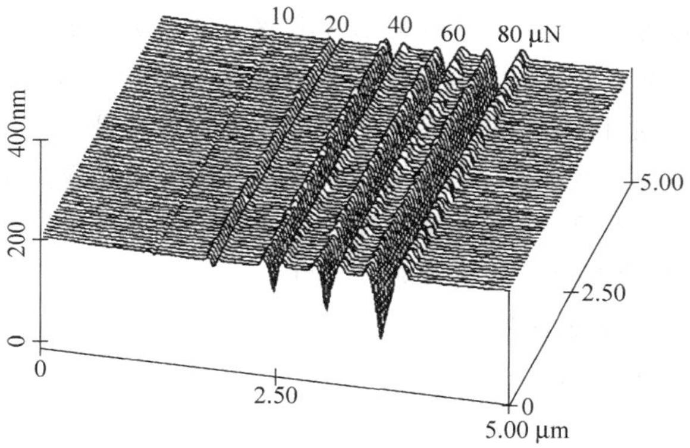

图 22-23　Si(111)表面的微磨损[12]

也有部分研究者侧重于微观磨损机理的探讨。Khurshudov 等人在对聚碳酸酯表面的微磨损研究表明[14]，在一定的载荷下，随着循环次数的增加，其磨损过程大致经历表面隆起、出现凹陷和材料去除三个阶段，如图 22-25 所示。其中，表面隆起可能是微观磨损区别于宏观磨损最主要的特征之一，其产生原因可能在于塑性变形层中微裂纹和孔洞的形成。Qian 等人[15]在对镍钛合金的微磨损研究过程中，也发现了类似的表面隆起现象，如图 22-26 所示。在 20μN 载荷下，经过 200 次磨损，表面未出现损伤；当载荷增大到 30μN 时，表面出现了隆起现象；进一步增大到 40μN，出现一个下陷的磨痕；当载荷增大到 100μN 时，发生了材料的去除。

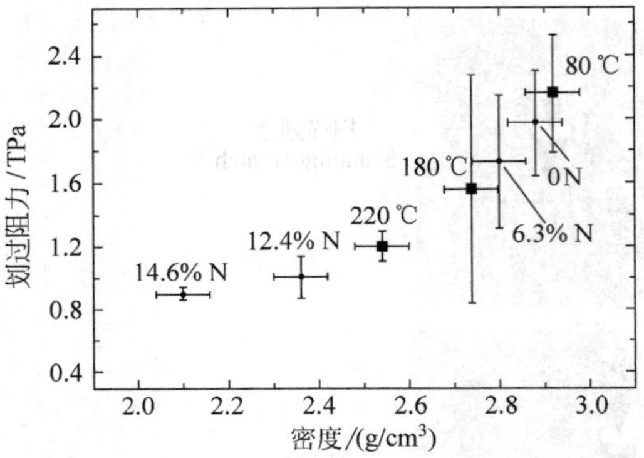

图 22-24 含氮量对 CN_x 膜微磨损的影响[13]

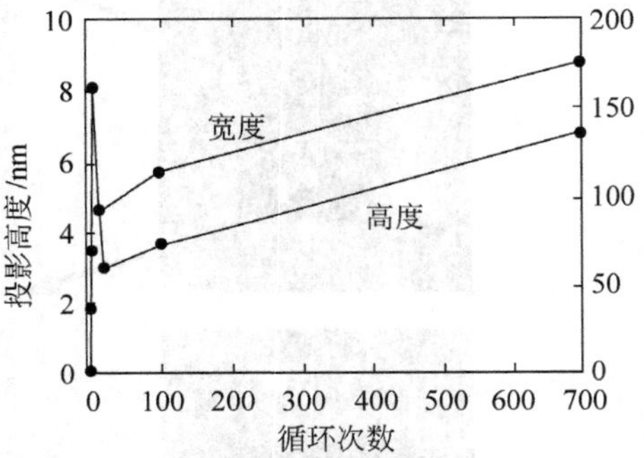

图 22-25 聚碳酸酯表面的微磨损[1]

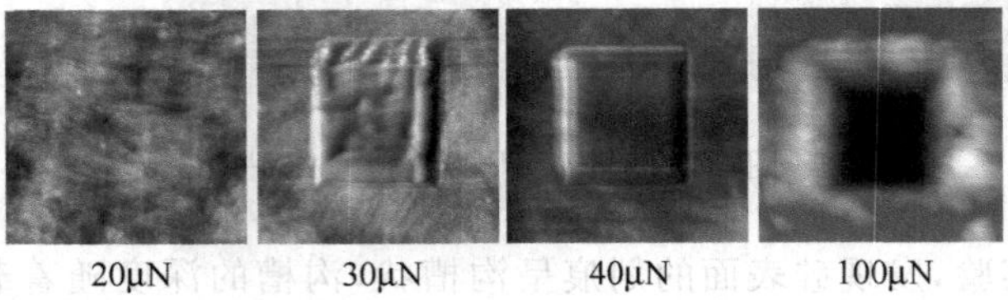

图 22-26 镍钛形状记忆合金表面的微磨损[15]

22.4.2 单晶硅微磨损

人们关注较多的还是单晶硅表面的微磨损机理。硅材料具有优良的机械性能，适于批量生产微机械结构和微机电元件，与微电子集成电路工艺兼容较好，这些优点使硅成为制造微机电系统的最主要的材料。硅在集成电子线路和微电子器件生产中有着广泛的电子学特性；在微机械构建中，则是利用其机械特性；当同时利用其机械和电子特性时，则会产生新一代的硅机电器件和装置。在800℃以下，硅基本是无塑性和蠕变的弹性材料，在所有环境中几乎不存在疲劳失效。但是，在微机械构件接触时，由于表面和尺寸效应，表面间的黏着现象十分严重，由此带来的表面磨损问题颇受关注。

如图 22-27 所示，单晶硅表面的磨损过程包括表面隆起到材料下陷阶段，继续增加载荷或磨损次数，便会发生材料去除。

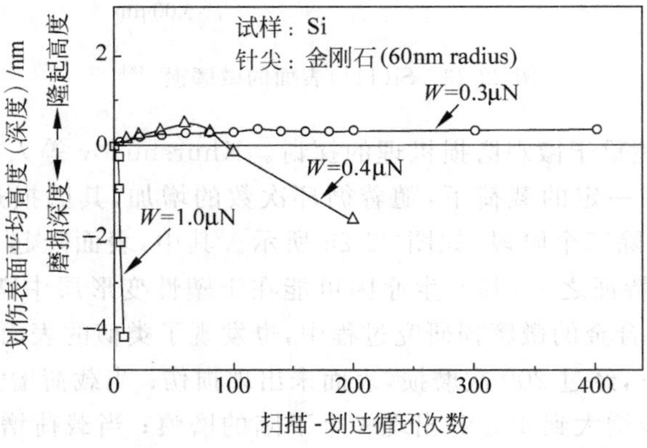

图 22-27 Si(100)表面的微磨损区的高度(深度)随载荷的变化曲线[1]

为分析单晶硅表面在微磨损过程中产生隆起的原因,研究者分别在大气和真空下进行相同的磨损实验,如图 22-28[16] 所示。

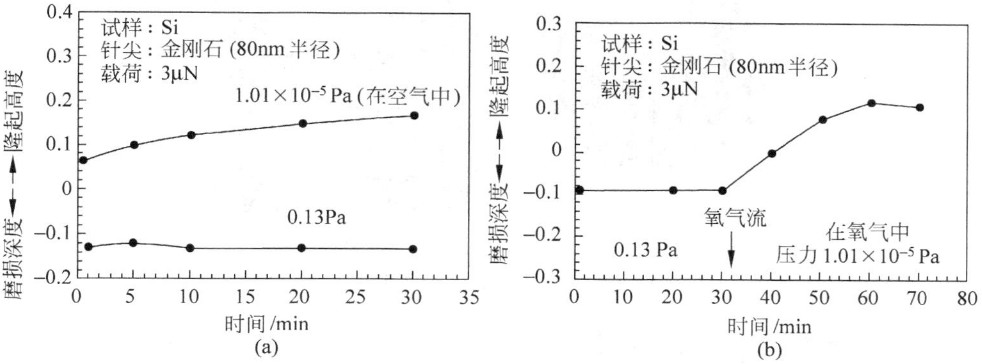

图 22-28 在真空(0.13Pa)与大气中单晶硅(100)表面的微磨损[16]

硅在大气中磨损后会形成约 0.1nm 的表面隆起;而在 0.13Pa 的真空下则出现 0.1nm 的凹陷,这种下陷的表面在通入氧气时会重新形成 0.1~0.2nm 的表面隆起。为此,研究者认为这种表面隆起是由摩擦化学反应引起的。

对磨损后单晶硅表面的显微分析表明,在近表面存在一层由于塑性变形产生的非晶硅层,其厚度可达几个到几十纳米,如图 22-29 所示。这似乎暗示单晶硅表面隆起与塑性变形相关。

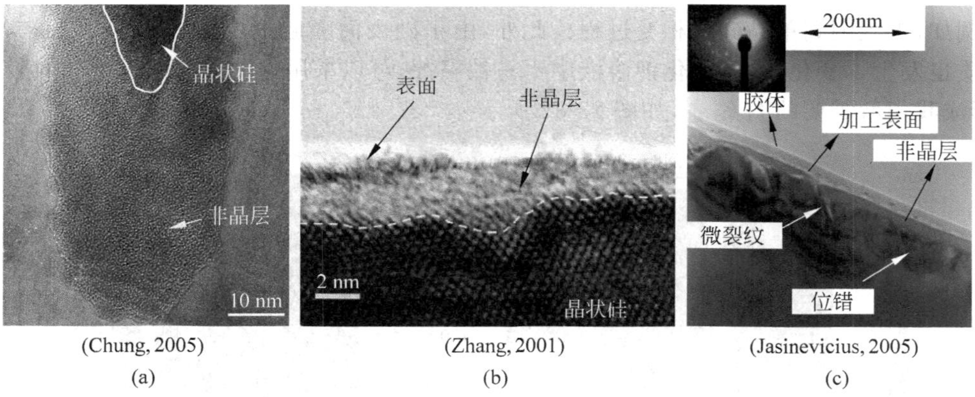

图 22-29 磨损后在单晶硅表面形成的非晶层[17-19]

Xu 等人[20] 在用透射电镜分析硅表面在纳米尺度颗粒冲击下的损伤时,也观察到单晶硅表面的一层非晶硅层,如图 22-30 所示。尽管如此,单晶硅表面隆起产生的机理仍不清楚。

最近,为了深入理解单晶硅表面的微磨损机理,研究者们还采用透射电镜对其微磨损过程进行原位观测。如图 22-31 所示,其微磨损过程包括未接触、刚接触的变形环、裂纹的萌生、接触中心的移动、第二个裂纹的产生和非晶态硅区域的形成[21]。当然,为了实现透射电镜的观测,其实验样品厚度仅为几十微米,其变形和磨损过程和体相材料相比有很大的差异。

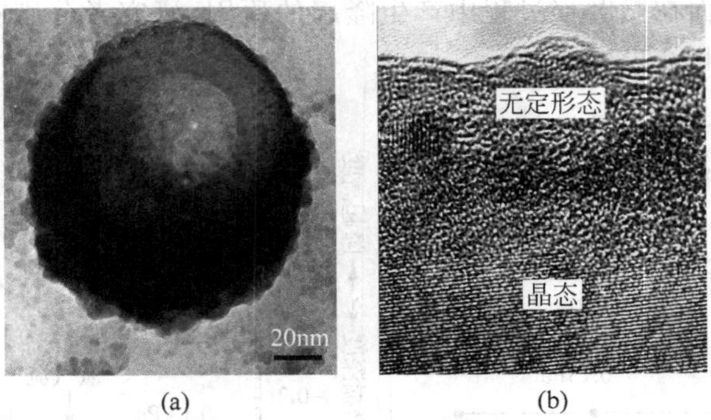

图 22-30　冲击磨损后在单晶硅表面形成的非晶层[20]

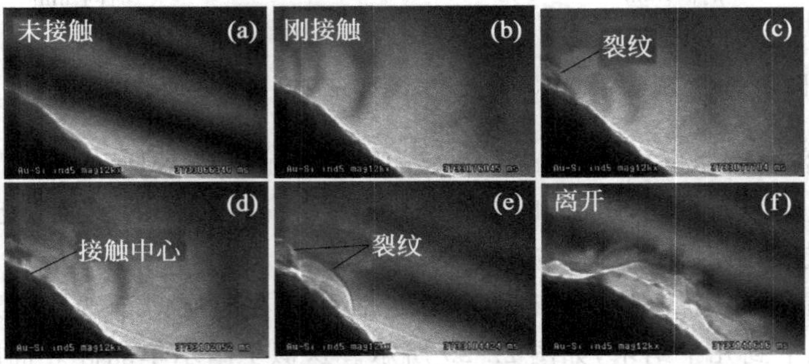

图 22-31　Si(100)表面微磨损的原位透射电镜观测[21]

例如，未观测到单晶硅的相变过程。此外，由于硅表面隆起区域形成了非晶态硅，其化学性质也发生了变化，在氢氧化钾溶液中不易被腐蚀，可以采用这种方法来进行硅的表面加工，形成我们所需要的图案[22]，如图 22-32 所示。

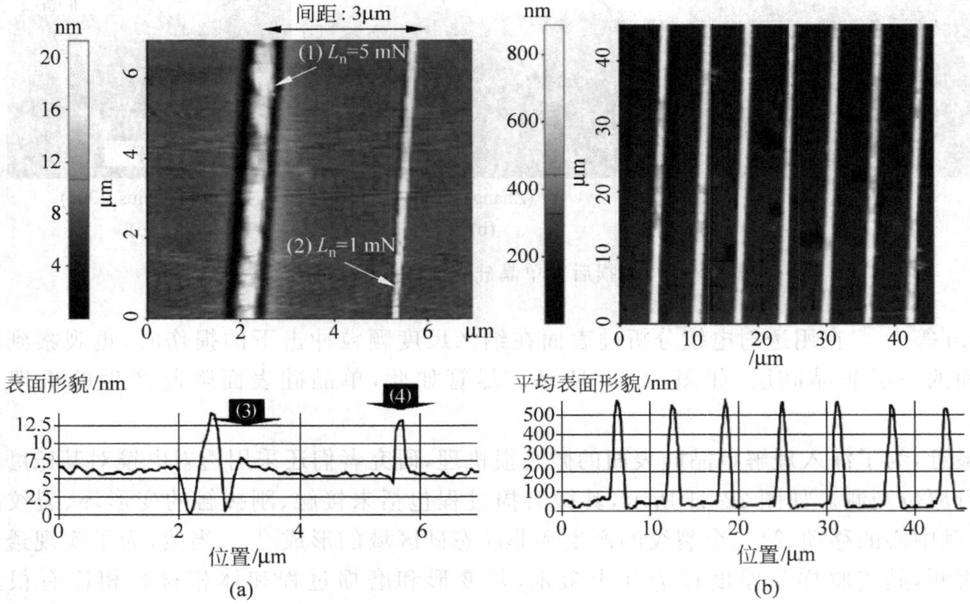

图 22-32　磨损后的 Si(100)化学性质发生了变化[22]

22.4.3 NiTi 形状记忆合金微磨损

镍钛形状记忆合金具有功率密度高、输出力和位移大等突出优点，是研制微机电系统驱动器(MEMS)的理想材料。针对其相变相关的微磨损问题，Qian 等人[23]遵循从压痕、划痕到磨损的研究思路，实验研究了不同温度下镍钛合金应力诱发相变对其变形和磨损的影响，并建立了不同工况下的零磨损条件。如图 22-33 所示，对镍钛合金微磨损的测量结果表明：①在给定的温度下，存在着一个磨损临界载荷，低于此载荷，基本无磨损发生，高于此载荷，磨损深度随载荷的增加而增大；②临界磨损载荷随温度的增加而降低。另外，在给定载荷下，温度越低，NiTi 合金的耐磨性越好。

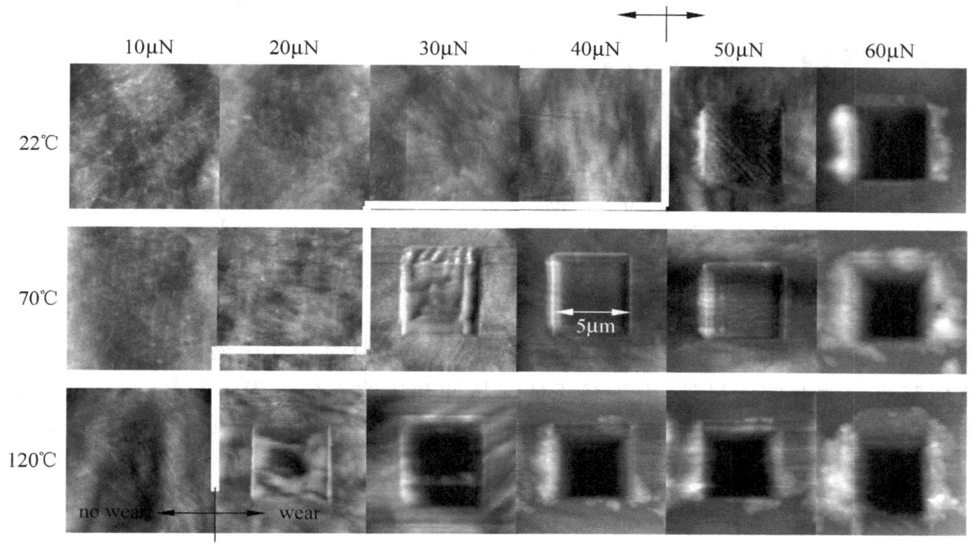

图 22-33 NiTi 合金在不同载荷和不同温度下经过 200 次微磨损循环后的原位磨斑形貌[23]

1. 压痕分析

为理解镍钛合金的磨损性能，在 100～8000μN 载荷范围内以及 22～120℃温度范围内，研究了镍钛合金的压痕硬度，结果如图 22-34 所示。在压痕深度低于 75nm 低载范围内，压痕硬度随压痕深度的增加而减小，表现出明显的压痕尺寸效应。随着压痕深度的进一步增加，对应不同温度下的压痕硬度逐渐趋于一个常数。而且，这种稳态压痕硬度基本上随温度的增加而线形增加。结合微磨损的实验结果，可发现镍钛合金的低硬度实际上对应着高的耐磨性。镍钛合金的这种耐磨性与硬度的反常关系无法用现有的磨损理论解释，可能与其独特的温度依赖的相变特性相关。

通过镍钛合金的一条典型的应力-应变曲线，在加载过程，镍钛合金先后经历了以下 4 个变形过程：奥氏体的弹性变形、奥氏体-马氏体相变、马氏体的重取向和弹性变形，以及马氏体的塑性变形。由于镍钛合金的超弹特性，其弹性变形和相变变形在卸载过程中将会完全恢复，而残余变形主要源于马氏体的塑性变形。镍钛合金的压缩应力-应变曲线与拉伸实验类似，但表现出更高的相变应力和马氏体屈服应力。下面我们将用一个简单的接触模型来分析相变在镍钛合金压痕变形中的作用。

如图 22-35 所示，对应于接触深度 h_c 的投影面积 A_c 可以简单地分为两个主要区域：相变区 A_t 和马氏体屈服区 A_m。其中，奥氏体的塑性变形面积 A_p 在计算中可以被忽略。原因在于低温时，由于马氏体相变应力低于奥氏体屈服应力，A_p 为零；高温时，由于奥氏体屈服的应变强化，A_p 远低于 A_t 和 A_m。如果定义恢复比 $\eta=A_t/A_c$，那么

$$\begin{cases} A_t = \eta A_c \\ A_m = (1-\eta)A_c \end{cases} \tag{22-11}$$

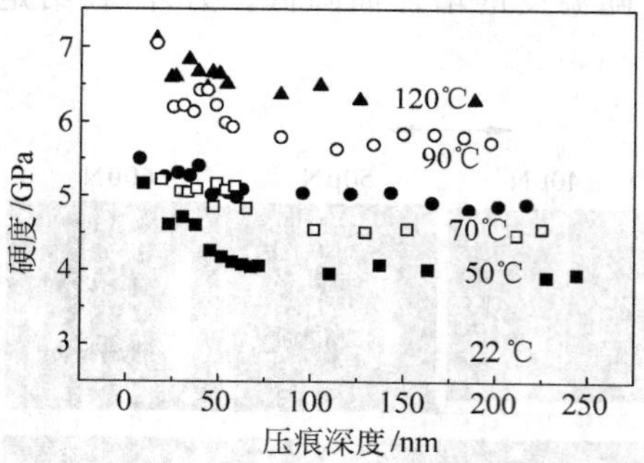

图 22-34 NiTi 合金的硬度[1]

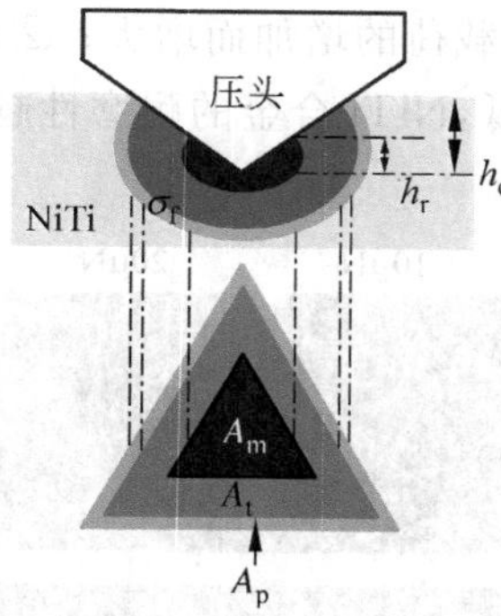

图 22-35 NiTi 合金压痕接触区的变形[1]

在压痕实验中，相变区和马氏体屈服区的正压力分别约为其压缩变形下的相变应力和马氏体屈服应力的 3 倍。另外，由于马氏体在拉伸和压缩变形过程中的各向异性，其拉伸变形下的相变应力 σ_t 和马氏体屈服应力 σ_m 分别为其压缩条件下的 2/3。根据压痕硬度的定义有

$$H = P_{max}/A_c \tag{22-12}$$

式中，P_{max} 是压入过程的峰值载荷。利用混合律，可得

$$P_{max} = 4.5\sigma_t A_t + 4.5\sigma_m A_m \tag{22-13}$$

结合式(22-11)～式(22-13)，可得

$$H = 4.5\eta\sigma_t + 4.5(1-\eta)\sigma_m \tag{22-14}$$

式中，恢复比 η 的大小可由维数分析和尖压头几何相似性概念的分析得到。

由于实验中采用 Berkovich 压头并且具有较大的压入深度，镍钛合金在压入后的应变分布主要取决于压头的面角，而与压入载荷和深度无关。因此，在不同压入载荷(深度)下，镍钛合金具有相同的恢复比 η。另外，分析表明不同温度下镍钛合金无量纲的力-位移曲线基本重合，意味着恢复比 η 在实验的温度范围内为一常数。采用室温下的一组硬度 H、相变应力 σ_t 和马氏体屈服应力 σ_m，由式(22-14)可计算出 $\eta=0.59$。这表明在不同载荷和温度条件下，相变区面积约为整个接触区投影面积的 60%。可见，实验测量的超弹镍钛合金压痕硬度不再是单一材料性能(塑性屈服应力)的反映，而是材料马氏体塑性屈服应力和相变应力的综合反映。利用拉伸实验测得的相变应力 σ_t 和马氏体屈服应力 σ_m，由式(22-14)可计算出对应不同温度下镍钛合金的硬度，发现超弹镍钛合金硬度的计算值与压痕仪的直接测量值之间吻合得很好(表 22-4)。由于马氏体屈服应力随温度的增加基本保持不变，因此镍钛合金硬度随温度的增加主要源于其相变应力的增加。

表 22-4　测量的压痕硬度与式(22-14)计算出的压痕硬度

温度/℃	22	50	70	100	120
相变应力 σ_t/GPa	0.55	0.89	1.13	1.46	1.66
马氏体屈服应力 σ_m/GPa	2.40	2.40	2.43	2.49	2.45
测量的压痕硬度 H/GPa	3.93	4.52	5.03	5.71	6.22
计算的压痕硬度 H/GPa	4.04	4.58	5.01	5.65	6.10

2. 温度影响

镍钛合金温度相关的微磨损性能也可以由其独特的相变特性解释。在微磨损实验的载荷范围内(10～100μN)，由于压痕深度小于 15nm，金刚石压头可假设为刚体而且其尖端的形状可近似为半径为 R 的球冠。基于最大剪应力屈服准则，临界磨损载荷可由下式计算[24]：

$$P_c = 17.96R^2\frac{\sigma_a^3}{E^2} \tag{22-15}$$

当温度高于 70℃时，由于奥氏体屈服应力低于奥氏体-马氏体相变应力，奥氏体将先屈服后相变。这样，磨损将发生在屈服的奥氏体相，采用镍钛合金相应温度下的奥氏体弹性模量和屈服应力，可由式(22-15)估算出对应的微磨损临界载荷。如表 22-4 所示，当温度从 70℃升高至 120℃时，由于奥氏体屈服应力不随温度变化，镍钛合金临界磨损载荷的降低主要源于其奥氏体弹性模量的增加。然而，在 22℃时，由于奥氏体屈服应力高于奥氏体-马氏体相变应力，奥氏体将先相变后屈服，磨损将出现在屈服的马氏体相。尽管由于相变变形的存在，无法用 Hertzian 接触理论直接估算出临界磨损载荷，但我们仍可以对临界磨损载荷做一个保守的估计。如果假设镍钛合金不发生相变，由室温时的奥氏体弹性模量和屈服应力，可以计算出室温时的临界磨损载荷，结果如表 22-4 所示。可见，随温度的增加，计算的临界磨损载荷逐渐减小，与实验测得的临界磨损载荷有相同的变化趋势。因此，镍钛合金温度相关的微磨损特性实际上源于以下两个关键因素：即随温度增加而增加的奥氏体弹性模量和与镍钛合金温度相关的相变与塑性之间的交互作用。

最近，Feng 等人[25]采用线扫描方式在形状记忆 NiTi 合金表面进行磨损实验。结果如图 22-36 和图 22-37 所示，在室温下，划痕深度在最初 20 次中迅速增加，其后趋于稳定；由于其形状记忆特性，加热到 120℃后，划痕基本恢复。当温度增至 60℃和 120℃时，NiTi 样品已处于超弹状态，在当前的实验条件下，基本没有磨损发生。为此，他们引入了一个“相变安定”的概念来解释该现象。在第一次划痕时，样品中的弹性应力场会产生很强的应力集中，同时产生很大的相变应变并在划痕周围形成很高的残余应力场。随着划痕次数的增加，残余应力场越来越高，几何效应变得越来越明显。最后，随着划痕次数的进一步增加，划痕形貌、参与应力场和相变应变场会达到一个稳定的状态，即相变安定态。如图 22-36 和图 22-37 所示，该 NiTi 合金达到相变安定状态所需的划痕次数约为 20 次。NiTi 合金压痕接触区的变形情况如图 22-38 所示。

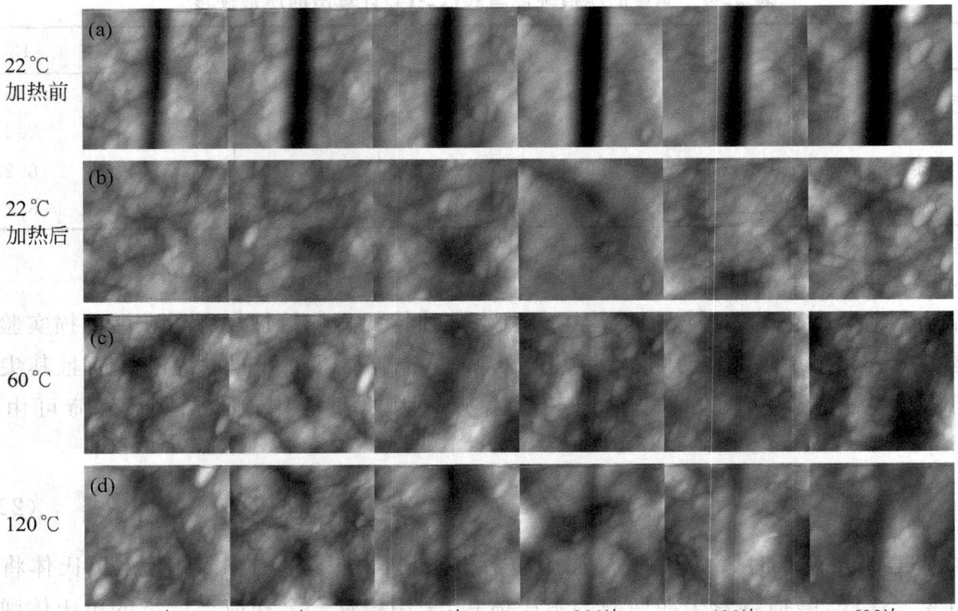

图 22-36　NiTi 合金表面的划痕及其恢复[25]

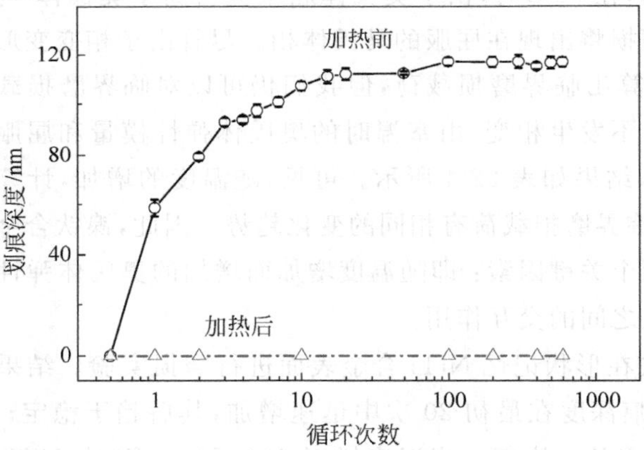

图 22-37　形状记忆 NiTi 合金室温下的划痕深度及其恢复[25]

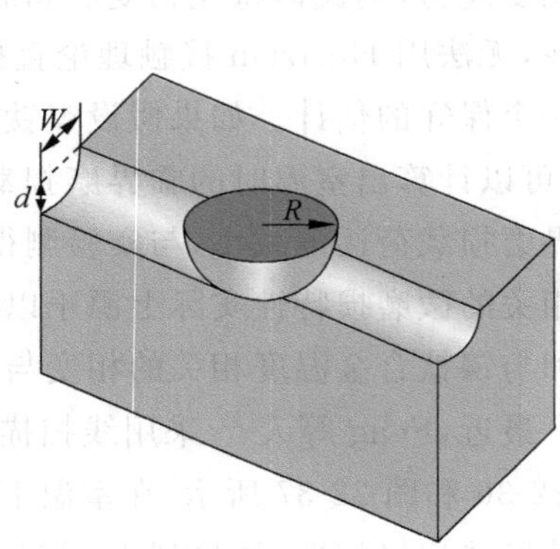

图 22-38　NiTi 合金压痕接触区的变形[25]

22.4.4　表面隆起分析

如前所述，单晶硅在微磨损过程中会出现表面隆起的现象，也是其磨损前期的典型特征。为了探究单晶硅在微磨损情形下表面隆起产生的机制，分别在真空（$<2.7\times10^{-4}$ Pa）和大气环境中进行了隆起现象的对比研究，并用微区 X 射线光电子能谱（XPS）和俄歇（AES）对隆起表面做了相关的元素分布及 O 元素的深度分析。微磨损试验在原子力显微镜（AFM，SPI3800，Seico，Japan）上进行，采用金刚石针尖在Si(100)表面做往复线扫描（line scratch），

扫描速度是 40μm · s^{-1}，载荷范围是 45～135μN。划痕试验结束后，换上悬臂梁弹性系数低(0.1N · m^{-1})、灵敏度高的氮化硅针尖(R=20nm)扫描划痕形貌，以便获得更清晰的 AFM 图像。

采用硅平面为基准面，运用积分的方法，可以将大气和真空条件下得到的隆起高度和体积计算出来以便精确地量化并比较不同试验条件下硅表面所产生隆起的高度和体积。从图 22-39 中可以看出，在同样的载荷和循环次数条件下，真空下的隆起具有更大的高度和体积。假设氧化反应是硅在微磨损中表面隆起的主导因素，那么相同条件下真空下应该无隆起或隆起更低；但是，事实恰恰相反，这说明氧化并不是主导隆起的因素。

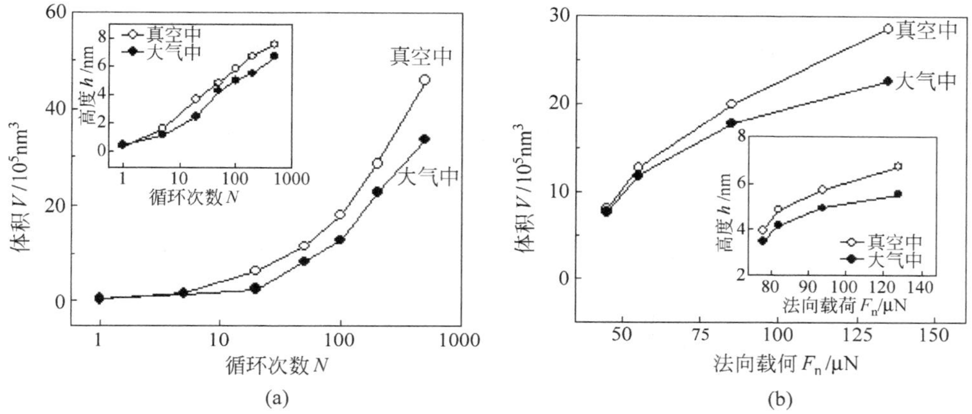

图 22-39 隆起的高度和体积对比[1]

(a) 135μN 时不同磨损循环次数后所产生隆起；(b) 循环次数为 200 时，不同载荷下产生的隆起

在实验中发现，这种隆起在玻璃和石英表面均可以出现。在石英表面产生了隆起完全是由机械作用导致塑性变形引起，而非氧化作用。因此，氧化作用不是产生隆起的必要因素。

采用 AFM 面扫描模式分别在真空和大气中在硅表面做了一系列的隆起，这些隆起的高度不低于 3.5nm，再对原始硅表面和隆起的硅表面做了微区 XPS 的元素分析(图 22-40)。XPS 全谱(图 22-40(a))表明，在磨损前后元素种类没有明显的增加，而且 N 元素信号很弱，磨损前后看不到其含量发生变化，这说明氮元素在磨损过程中并没有参与反应。因此，只有氧元素在磨损过程中最可能参与摩擦化学反应。

从图 22-40(b)中可以看到，与原始表面相比，真空下隆起的表面二氧化硅含量变化不大，而大气中隆起表面的二氧化硅明显增多。因此，真空和大气下的隆起可能经历不同的过程：大气中含有较多氧气，氧化伴随磨损过程而发生；真空下的氧气含量极少，氧化反应受到限制。尽管如此，真空下还是产生了相对较高的隆起。

根据 AES 检测的氧浓度随深度的变化关系，计算氧化对隆起高度的贡献量，如图 22-41 所示。

由图 22-41 可见，原始硅表面由自然氧化所产生的表面增高约为 0.11nm，扣除这一原始增高量后，可以得到大气中和真空中由于氧化而产生的增高分别是 0.41 和 0.11nm，分别占整个隆起高度(3.5nm)的 12% 和 3%。因此，氧化对硅表面隆起的贡献是十分有限的。

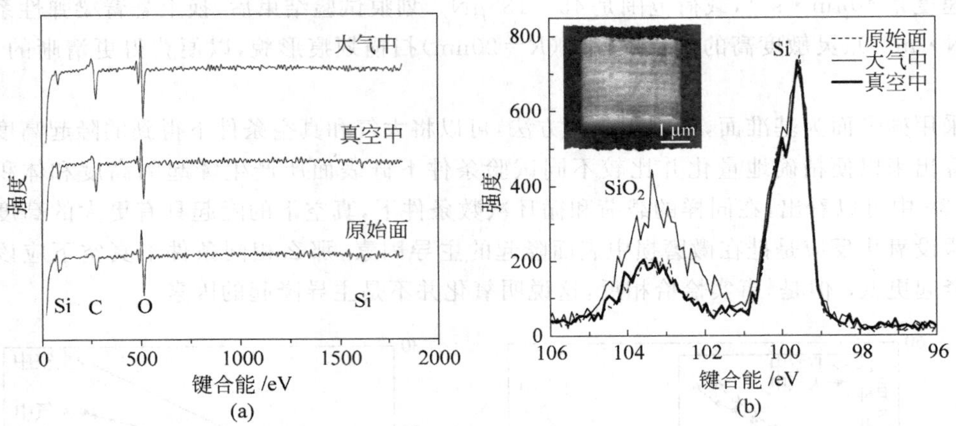

图 22-40 原始硅表面、真空及大气中的隆起表面的微区 XPS 分析结果[1]

(a) XPS 全谱；(b) Si2p 高分辨谱

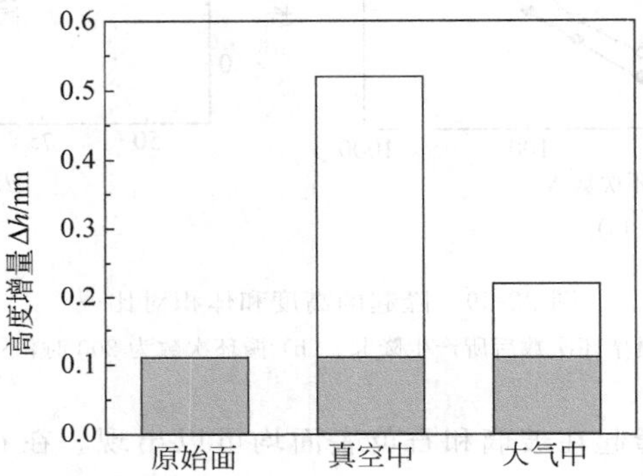

图 22-41 磨损过程中的氧化作用所引起的硅表面的增高量(Δh)[1]

反过来，机械作用导致的塑性变形是单晶硅在微磨损过程中表面发生隆起的主导因素。

机械作用主导单晶硅表面隆起的过程可分为如下阶段：

(1) 单晶硅在外力下发生相变，单晶硅由金刚石结构转变为 β-tin 相结构；

(2) β-tin 相结构划痕模式的快速卸载下转变为非晶态结构(amorphous phase)，表面开始出现隆起；

(3) 非晶态硅在外力不断的剪切下，硅原子间距不断增大，硅-硅键甚至发生断裂，隆起的高度显著增加；

(4) 断裂的硅-硅键具有较大的反应活性，表层硅原子与氧气发生反应，生成氧化物，进一步促进隆起高度的增加。

参考文献

[1] 温诗铸，黄平，等. 界面科学与技术[M]. 北京：清华大学出版社，2011.

[2] BHUSHAN B, KOINKAR V N. Tribological studies of silicon for magnetic recording. applications

[J]. J. Appl. Phys., 1993, 75(10): 5741-5746.
[3] 丁凌云.基于能量原理的摩擦机理与实验研究[D].广州:华南理工大学,2009.
[4] DEDKOV G V. Experimental and Theoretical aspecs of the modern nanotribology[J]. Physica Status Solidi (a), 2000, 179(1): 3-75.
[5] RABINOWICZ E. Friction and Wear of Materials[M]. 1965, New York: Wiley, 94-101.
[6] CILIBERTO S, LAROCHE C. Energy dissipation in solid friction[J]. The European Physical Journal B, 1999, 9: 551-558.
[7] HILD W, AHMED S I U. HUNGENBACH G., et al. Microtribological properties of silicon and silicon coated with self-assembled monolayers: effect of applied load and sliding velocity[J]. Tribology Letters, 2007, 25(1): 1-7.
[8] PUTMAN C, REIZO K. Experimental observation of single-asperity friction at the atomic scale[J]. Thin Solid Films, 1996, 273(1-2): 317-321.
[9] 戴振东,王珉,薛群基.摩擦体系热力学引论[M].北京:国防工业出版社,2002.
[10] 王亚珍.基于热力耦合的界面摩擦机理的研究[D].广州:华南理工大学,2010.
[11] SRIRAM S. Micro/nanoscale tribology and mechanics of components and coatings for mems[D]. The Ohio State University, 2001.
[12] BHUSHAN B. Nanotribology and nanomechanics of MEMS/NEMS and BioMEMS/BioNEMS materials and devices[J]. Microelectron. Eng., 2007, 84: 387-412.
[13] JACOBY B, WIENSS A,OHR R, et al. Nanotribological properties of ultra-thin carbon coatings for magnetic storage devices[J]. Surface and Coatings Technology, 2003, 174-175: 1126-1130.
[14] KHURSHUDOV A, KATO K. Wear mechanisms in reciprocal scratching of polycarbonate, studies by atomic force microscopy[J]. Wear, 1997, 205: 1-10.
[15] QIAN L, SUN Q, XIAO X. Role of phase transition in the unusual microwear behavior of superelastic NiTi shape memory alloy[J]. Wear, 2006, 260: 509-522.
[16] KANEKO R, MIYAMOTO T, ANDOH Y,et al. Microwear[J]. Thin Solid Films, 1996, 273: 105-111.
[17] CHUNG K H, LEE Y H, KIM D E. Characteristics of fracture during the approach process and wear mechanism of a silicon AFM tip[J]. Ultramicroscopy, 2005, 102: 161-171.
[18] ZHANG L, ZARUDI I. Towards a deeper understanding of plastic deformation in mono-crystalline silicon[J]. Int J Mech Sci, 2001, 43: 1985-1996.
[19] JASINEVICIUS R G, PORTO A J V, DUDUCH J G, et al. Multiple Phase Silicon in Submicrometer Chips Removed by Diamond Turning[J]. J. of the Braz, Soc. of Mech. Sci. & Eng., 2005, XXVII (4): 440-448.
[20] XU J, LUO J, LU X,et al. Atomic scale deformation in the solid surface induced by nanoparticle impacts[J]. Nanotechnol, 2005, 16: 859-864.
[21] RIBEIRO R, SHAN Z, MINOR A M, et al. In situ observation of nano-abrasive wear[J]. Wear, 2007, 263(7-12): 1556-1559.
[22] YOUN S W, KANG C G. Effect of nanoscratch conditions on both deformation behavior and wet-etching characteristics of silicon(100) surface[J]. Wear, 2006,261: 328-337.
[23] QIAN L, XIAO X, SUN Q,et al. Anomalous relationship between hardness and wear properties of a superelastic nickel-titanium alloy[J]. Appl Phys Lett, 2003, 84(7): 1076-1078.
[24] WASEDA A, FUJII K. Density evaluation of silicon thermal-oxide layers on silicon crystals by the pressure-of-flotation method[J]. IEEE T Instru Meas, 2007, 56(2): 628-631.
[25] FENG X, QIAN L, YAN W, SUN Q. Wearless scratch on NiTi shape memory alloy due to phase transformational shakedown[J]. Appl Phys Lett, 2008, 92: 121909-1-121909-3.

中英文对照及索引

（英文按字母排序，中文按拼音字母排序）